Guido Rappe

Archaische Leiberfahrung

LYNKEUS
Studien zur Neuen Phänomenologie
Band 2

Herausgegeben von der Gesellschaft für Neue Phänomenologie

Guido Rappe

Archaische Leiberfahrung

Der Leib in der frühgriechischen Philosophie und in außereuropäischen Kulturen

Akademie Verlag

Die Deutsche Bibliothek – CIP-Einheitsaufnahme

Rappe, Guido:
Archaische Leiberfahrung : der Leib in der frühgriechischen Philosophie und in aussereuropäischen Kulturen / Guido Rappe. – Berlin : Akad. Verl., 1995
(Lynkeus)
Zugl.: Kiel, Univ., Diss., 1994
ISBN 3-05-002714-2

Gedruckt auf chlorfrei gebleichtem Papier.
Das eingesetzte Papier entspricht der amerikanischen Norm ANSI Z.39.48 – 1984 bzw. der europäischen Norm ISO TC 46.

Satz: Akademie Verlag / Hans Herschelmann
Druck: GAM Media GmbH, Berlin
Bindung: Dieter Mikolai, Berlin
Gestaltung: Günter Schorcht, Berlin

Printed in the Federal Republic of Germany

Inhaltsverzeichnis

Vorwort 9

Erstes Kapitel
Der Leib 13

1. Leibperspektiven in der phänomenologischen Forschung 16
2. Die Leibesinseln 20
3. Innenwelt und Introjektion 24
   Homer und der Beginn der Introjektion 30
4. Zusammenfassende Begriffsbestimmungen 34

Zweites Kapitel
Der Leib in der frühgriechischen Philosophie 35

1. Homer 35
   Leibesinseln versus „Organseelen" – Überblick der Forschungsgeschichte 36 Der neuere Forschungsstand 40 Die Bezeichnungen des Leibes und seiner Glieder 42 Melea und guia – der Leib als Vereinigung der „Glieder" 42 Demas und soma – lebende Gestalt und Leichnam 46 Psyche – der Totengeist 47 Noos – der Bemerk 54 Die anderen Leibesinseln in der Ilias 62 *Thymos* und *phrenes* – die Leibesinseln der Brust und des Bauches 65 Zur Forschungsgeschichte der Begriffe *thymos* und *phrenes* 69 *Kradie, etor, ker* die Differenzierung des Leibesinneren 75 Menos – die leibliche Intensität und Spannkraft 80 Von der Ilias zur Odyssee 87 Introjektion und Selbstbemächtigung in der Odyssee 91
2. Anaximenes 95
   Die Anfänge der philosophischen Systembildung bei Anaximander 95 Der *aer* des Anaximenes 97 Der *aer* und die leiblichen Regungen 102 Fragment B 2 103 Der *aer* und die *psyche* 106 Fragment B 2 und die Mikro-Makro-Kosmos-Doktrin 109

3. Heraklit 114

Die *psyche* 117 Die *psyche* und das Feuer 118 Die *psyche* und die Unsterblichkeit 122 Die *psyche* als Kraft 124 Die *psyche* und der *thymos* 126 Das *ethos* und der *daimon* 130

4. Parmenides.......... 135

Das Proömium als Schilderung einer ekstatischen Erfahrung 135 Schamanistische Himmelsreise oder der Weg des Denkens? 137 Das Sein und der Leib 142 Der Dualismus des Parmenides 146 Das zitterfreie Herz 150 Der *noos* bei Parmenides 152 Parmenides Fragment B 16 155 Die „Mischung der Glieder" 158 Erste These: Die angebliche Identität zwischen den Gliedern und dem Denken 160 Zweite These: Die Identität der Glieder mit den beiden Formen „Licht und Nacht" 164 Fr. B 16 und die *psyche* 168

5. Empedokles 170

Liebe und Streit 171 Die vier „Elemente" und ihre Mischung 172 Die anthropologischen Vorstellungen 176 Der noos 178 Fragment 110 179 Fr. 110 und der angebliche Schamanismus des Empedokles 186 Der „gefallene" Dämon 193

6. Demokrit 200

Vom Leib zum Körpermodell 204 Der Mensch als Mikrokosmos 206 *Psyche* und *skenos* 208 *Noos* und *phrenes* 209 Die Ethik 212 Die *euthumia* 215 Zur Introjektion bei Demokrit 218

7. Platon.......... 222

Platon und Homer 225 Platon und vorsokratische Konzepte 228 Pythagoreer und Orphiker als Quellen der Platonischen Seelenvorstellungen 235 Platon und der Schamanismus 239 Platons Streben nach Rationalisierung medizinisch-therapeuthischer Techniken 241 Körper und Gymnastik bei Platon 248 Die *psyche*-Konzeption in ihrer Entwicklung innerhalb der Platonischen Philosophie 251 Die Anthropologie des Platonischen Timaios 257 Psyche *und* soma 259 Die weiteren anthropologischen Vorstellungen im Timaios 262 Das *epithumetikon* 262 Das *thumoeide* 267 Das *logistikon* 270 Schluß 271

DRITTES KAPITEL

Das Herz im alten Ägypten und die anthropologischen Vorstellungen der Hebräischen Bibel 273

1. Das Herz im alten Ägypten 273

Das Herz als Mittelpunkt des Kanalsystems 275 Krankheitsursachen und das Kanalsystem 278 Herz und Magen 279 Weitere altägyptische Vorstellungen des Herzens 281 Das Problem der Mikro-Makrokosmos-Lehre 285

2. Die Leibschemata der Hebräischen Bibel 287

Zum Vergleich der Bezeichnungen für die Leibesinsel Herz 288 Organ oder Leibesinsel – Zur Diskussion um den *leb* 291 Auswirkungen der Diskussion auf die Wortfelduntersuchung zum altarabischen Herz 293 *Nepes* – der Leib in seiner Lebendigkeit 296 *Ruah* – Kraft und Atmosphäre 304 Der anthropologische Aspekt von *ruah* 305 Der theologische Aspekt von *ruah* 307

3. Das Atmosphärische, der Raum und der Leib 312

VIERTES KAPITEL
Indonesische Leibschemata 324

1. Kurze historische Skizze 324
Ursprung und Verwandtschaft – die philosophischen Grundlagen indonesischer Menschenbilder 327 Individuation statt „Schöpfung" 331 Zur Frage nach der Mikro-Makrokosmos-Lehre 342

2. Die Leibschemata der Batak 349
Zum weiteren Vergleich zwischen *tondi* und *thymos* 355

3. Balische Leibschemata 359
Der hinduistische Einfluß auf balische Vorstellungen vom Menschen 360 Indische und balische Sicht des Leibes 363 Das balische System des Kreisens der Kraft 371 Körperbeherrschung versus Leibbemeisterung – zum Kulturvergleich 375

FÜNFTES KAPITEL
Chinesische Leibschemata 378

1. Der frühe Daoismus und die frühgriechische Philosophie 378
Das *dao* als Seinserfahrung 381 Das *dao* als das Volle 386 Das *dao* als Prinzip der Ordnung 398 Zur Individuation im Daodejing Kapitel 42 und im Zhuangzi Kap. 12, 8 399 Das indefinite Sein 401 Das Eine und das Sein 406 Die Polarität 412 Das *qi* und die Entstehung der Welt 416 Das *dao* als Sein und als Individuationsordnung 421

2. *Qi*, *yin-yang* und *wu-xing* – Die leibliche Basis frühchinesischer Ordnungsvorstellungen 424
Das *qi* und der Leib 425 Das *qi* und der Energiebegriff 425 Die phänomenologisch-historischen Untersuchungen 430 Die yin-yang Polarität 444 Die Polarität in der Anthropologie 447 Die 5 „Elemente" (*wu-xing*) 452 Ergebnis 458

3. Leibschemata und Leibbemeisterung 459
Leibesinsel, Organ und Funktionskreis – das Beispiel des Herzens 460 Zum Problem des Herzens im Buch Zhuangzi 461 Das Herz in der entsprechungssystematischen Medizin 467 Techniken der Leibbemeisterung 474 Techniken der

Leibbemeisterung im frühen Daoismus 475 Das *daoyin*, die „Übungen zum Leiten und Dehnen“ 481 Atemtechniken im Daoismus 485 Der Kreislauf des Lichtes 491 Schluß 495

Bibliographie 501

Personenregister 533

Vorwort

Angesichts eines immer schnelleren Zusammenwachsens der Menschen und Kulturen hat die Philosophie heute mehr denn je die Aufgabe, sich gegenüber fremdem Gedankengut zu öffnen und daraus neue Erkenntnisse zu gewinnen. Der Weg zum Verständnis des Fremden verläuft aber über die eigenen Wurzeln, die im Fall der europäischen Kultur bei den frühen Griechen liegen. Die zeitliche und räumliche Distanz zu den außereuropäischen Kulturen erfordert ein Vorgehen, das zunächst die Basis der europäischen Philosophie und Vergegenständlichungsweise bloßlegt und dann mit den gewonnenen Ergebnissen einen Vergleich mit dem Denken in andereren Kulturen vornimmt.

Der Leitgedanke dieser Untersuchung zu ontologischen und anthropologischen Grundlagen der verschiedenen Kulturen war die Frage nach der Rolle, die der Leib bei der Entwicklung philosophischer Systeme spielte. Wenn in der Überschrift von außereuropäischen Kulturen die Rede ist, so gilt dies mit der Einschränkung, daß nur ausgewählte Beispiele – der Schwerpunkt liegt auf indonesischen und altchinesischen Systemen – behandelt werden. Der Abschnitt über die altägyptischen Herzvorstellungen dient als Ergänzung der Untersuchungen zu Platons Anthropologie und ihren Einflußquellen. Aus den dabei zutagegetretenen Parallelen ergab sich fast zwangsläufig ein Abstecher in die bis heute heftig diskutierte Anthropologie der Hebräischen Bibel. Mit den sich anschließenden Studien zu indonesischen und chinesischen Vorstellungen sollen Alternativen zu den dominanten europäischen Menschenbildern diskutiert und gleichzeitig die Fruchtbarkeit der hier angewandten neuen phänomenologischen Perspektive gezeigt werden.*

Alle in der vorliegenden Arbeit behandelten Denker haben individuelle Entwürfe zur Lösung der Frage nach dem Sichfinden des Menschen in seiner Welt vorgelegt. Ihre Antworten regten den philosophischen Diskurs an, und manche bestimmten ihn sogar über erstaunlich lange Zeit. Der heutige Versuch, seinen Standort und seine Haltung zu bestimmen, kann aus der Beschäftigung mit historischen Konzepten fruchtbare Inspiration gewinnen, wenn das Wissen um die einzelnen Alternativen ausreicht, vorschneller

* Um den Interessenten der verschiedenen Fachbereiche das Lesen zu erleichtern, wurde auf die jeweiligen Umschriftsysteme zurückgegriffen. Die Bezeichnungen sollen nur dazu dienen, dem Fachmann eine Identifikation der Begriffe im Originaltext zu ermöglichen. Auf die Akzentsetzung wurde aus technischen Gründen verzichtet.

Meinungsbildung und leichtfertiger Argumentation entgegenzutreten. Ziel der Arbeit ist es, den grundlegenden Impulsen der frühen Philosophen genügend Raum zu verschaffen, ihre aktuelle Bedeutung voll zu entfalten. Durch die ausgiebige Darstellung der wesentlichen wissenschaftlichen Positionen soll das vorhandene Material gesichtet und eine Interpretation gewonnen werden, die hilft, gegenwärtige Zustände besser zu verstehen.

Die Anknüpfung an die heutige Zeit wird durch die Einbindung in das Begriffssystems der „Neuen Phänomenologie" des Kieler Philosophen Hermann Schmitz gewonnen. Mit seinem Versuch, das „große und wichtige Gegenstandsgebiet des Spürens am eigenen Leib von der Wurzel her begrifflich-kategorial zu rekonstruieren und in seiner Bedeutung für das Menschsein zu bestimmen", leistete er einen wesentlichen Beitrag zur Erschließung leiblicher Phänomene. Eine Anwendung der Begriffe auf die frühgriechische Philosophie findet sich in seinen Büchern „Der Ursprung des Gegenstandes" und „Anaximander und die Anfänge der griechischen Philosophie" (1988). Dem dort vorgezeichneten Weg der Interpretation wurde ein gutes Stück nachgegangen und versucht, die erarbeiteten Ergebnisse zu sichern, ergänzende Informationen zusammenzutragen und eine etwas geänderte Blickrichtung vorzunehmen. Der erste Teil der vorliegenden Arbeit dient als Einleitung und kurze Einführung in sein terminologisches System, dessen philosophiegeschichtlichen Ort er skizziert.

Eine weitere Methode, eine Brücke zur rezenten Situation zu schlagen, ist die Diskussion aktueller Probleme, z. B. die Frage nach den sogenannten „Organempfindungen" oder dem *qi*-Begriff. Bei den Untersuchungen zu Praktiken der chinesischen Medizin oder den Techniken der Leibbemeisterung stößt der Forscher auf ein teilweise noch nicht genügend erschlossenes Gegenstandsgebiet, das aus der Leibperspektive interpretiert und mit Ergebnissen der Analyse frühgriechischer Vorstellungen verglichen werden soll.

Das naturwissenschaftliche Körpermodell entstand als eine kulturspezifische Konstruktion und Ausprägung in der Zeit der frühgriechischen Philsophie, also in der in dieser Arbeit zu behandelnden Epoche. Damals stellten Leukipp und Demokrit die kleinsten unteilbaren Teilchen, die Atome, als Kombinationseinheiten für die Zusammensetzung von komplexen Körpern bereit, und Platon vollendete dann durch radikale Trennung zwischen Körper und Seele den Bruch des Menschen mit seinem Leib. Damit war eine bis in unsere Zeit wirkende Dichotomie geschaffen. Während der Diskussion um einzelne Interpretationsrichtungen frühgriechischer Texte wird offenbar, wie sehr deren Verständnis durch platonisch beeinflußte Dogmen verstellt wird. Erst wenn es gelingt, Platons Ideologie aus der eigenen Perspektive herauszuhalten und die Philosophen von Anaximander bis einschließlich Empedokles in ihrer Eigenart zu würdigen, erschließen sich diese Ursprünge der europäischen Philosophietradition. Heidegger bemerkte einmal: „Wenn man Parmenides als Vorsokratiker vorstellt, dann ist dies noch törichter, als wenn man Kant als Vorhegelianer kennzeichnen wollte." (Heidegger 1954, 113) Kann auf die in der Literatur vielfach benutzte Bezeichnung „Vorsokratiker" auch nicht ganz verzichtet werden, so ist sie hier doch nur im zeitlichen Sinne gemeint.

Um zu zeigen, wodurch der Wandel des Menschenbildes herbeigeführt wurde, mußten zunächst die Grundlagen der frühen Philosophen besprochen werden. Das erste schriftliche Zeugnis, aus dem sich komplexe Aussagen über das europäische Menschenbild gewinnen lassen, sind die Epen Homers. Seit über hundert Jahren versucht die Forschung, aus ihnen Hinweise auf das menschliche Selbstverständnis der damaligen Zeit zu gewinnen. Da die anschließende Entwicklung der frühgriechischen Leibschemata nur von den homerischen Anschauungen her zu verstehen ist, wurden diese breit diskutiert und detailliert dargestellt. Der weitere Gang der Untersuchung beschäftigt sich mit den ontologischen und anthropologischen Vorstellungen der frühen Philosophen und macht ihren Abstand zu Demokrit und Platon deutlich. Die aus dieser Gegenübersetzung gewonnenen Ergebnisse sollen helfen, die Vorstellungen anderer Kulturen besser zu verstehen.

Obwohl die Forschung häufig auf Parallelen und Unterschiede zu außereuropäischem Denken hinwies, fehlt bis heute eine geeignete Perspektive, sich mit den schwer zugänglichen philosophischen Systemen anderer Kulturen vergleichend zu beschäftigen. Mein Versuch, aus einer philosophischen Sicht heraus die einzelnen Systeme zu interpretieren, soll zur fachübergreifenden Diskussion anregen. Das oben erwähnte schnelle Zusammenwachsen der Kulturen verlangt ein erhöhtes wechselseitiges Verständnis. Dafür bedarf es einer soliden philosophischen Basis, an deren Gestaltung ich mitzuwirken versucht habe.

Die vorliegend Arbeit ist im Februar 1994 von der Philosophischen Fakultät der Christian-Albrechts-Universität in Kiel angenommen worden. Der Anstoß, einen Kulturvergleich auf ontologischem und anthropologischem Gebiet von der frühgriechischen Philosophie aus vorzunehmen, kam von Herrn Professor Schmitz. Für mich war der Versuch insofern reizvoll, als sich hier die Möglichkeit bot, die persönliche Entfaltung und den Fortschritt in der Disziplin auf fruchtbare Weise in Einklang zu bringen. Als unentbehrlicher und wohlwollender Ratgeber stand mir Professor Schmitz während der Ausarbeitungszeit hilfreich zur Seite. Diese Arbeit steht unter dem tiefen Eindruck seines gesamten Werkes.

Der Teil über China kam in dieser Form und in diesem Umfang nur durch den Zuspruch und die Ermutigung von Frau Professor Gudula Linck zustande. Ihre großzügige Unterstützung war in meiner bisherigen wissenschaftlichen Laufbahn zweifellos eines der erfreulichsten und fruchtbarsten Erlebnisse. Der Abschnitt über Indonesien geht auf Anregungen zurück, die sich bis zu meiner Kölner Zeit und meinem Studium bei Herrn Professor Rainer Carle zurückverfolgen lassen. Viele wertvolle Hinweise und kritische Anmerkungen zu diesem Kapitel entstanden auch aus den intensiven Diskussionen mit meinem Freund Herbert Jardner. Nicht zuletzt stand mir während der Ausarbeitung auch Herr Professor Dr. Hans-Joachim Waschkies immer mit freundschaftlichem Rat zur Seite.

Der größte Dank gebührt aber zweifellos meinen Eltern, die mich über all die Jahre unterstützt und mir dieses Projekt überhaupt erst ermöglicht haben. Ihnen ist diese Arbeit gewidmet. Der Gesellschaft für Neue Phänomenologie, insbesondere Herrn Dr. Hans Werhahn, danke ich für die großzügige Förderung. Weiterer Dank gilt dem

Akademie Verlag Berlin und seinem Lektor, Herrn Thomas Egel. Zum Schluß möchte ich allen meinen Freunden danken, die mit hilfreichen Anregungen und kritischen Bemerkungen das Entstehen dieser Arbeit begleiteten.

Viersen im September 1994 Guido Rappe

ERSTES KAPITEL

Der Leib

Die Entfaltung des Menschen in seine Welt geschieht auf der Basis seiner Leiblichkeit. Ob Menschen sich mit anderen unterhalten, ob sie beim Spazierengehen Wind und Wetter fühlen, ob sie sitzen oder liegen, essen oder trinken, sehen oder hören, es ist immer der Leib, der den Ort des einzelnen in der Welt bestimmt und den Menschen schicksalhaft mit seiner Umgebung verbindet. Sowohl in der Freude wie in der Angst, in der Lust oder im Schmerz „drängt" er sich auf, macht sich bemerkbar. Jeder Mensch erfährt ihn als „eigenen" Leib auf subjektive Weise, die nicht unabhängig von Zeit, Ort und Kultur ist. Neben dem rein persönlichen Leiberleben kann eine Dimension der Intersubjektivität angegeben werden, die als die „Struktur des Leibes" allgemeinverständlich beschreibbar ist. Einer solchen Form der Objektivierung des Leibes, die versucht, durch genaue Begriffe eine größtmögliche Annäherung an die in der Alltagswelt und in Extremsituationen auftauchenden Phänomene zu erreichen, widmete Hermann Schmitz große Teile seines „Systems der Philosophie". Durch genaues Beschreiben leiblicher Erfahrungen und durch sorgfältiges Vergleichen der Zeugnisse unterschiedlichster Menschen und Kulturen hat er in seinem zehnbändigen Werk ein geeichtes begriffliches Instrumentarium zur Verfügung gestellt, das der weiteren Anwendung harrt. Die phänomenologisch gewonnenen Kategorien zur differenzierten Analyse leiblicher Phänomene erfassen die „Grundzüge" des Leibes, mit denen dessen Regungen begrifflich rekonstruiert werden können, „so etwa, wie sich ein Wort aus Buchstaben oder Phonemen bilden läßt" (Schmitz 1968, 5). In diesem Sinn entwickelte Schmitz ein „Alphabet der Leiblichkeit", mit dem es möglich ist, den Leib betreffende Sachverhalte in einleuchtender, an täglichen Erfahrungen orientierter Weise darzustellen, ohne auf metaphysische Spekulationen oder naturwissenschaftliche Vorstellungen zurückgreifen zu müssen (Schmitz 1965, 170). Aus den Einzelergebnissen seiner Untersuchungen gewann er die „Realdefinitionen" seines Systems, die gleichsam als Buchstaben des „Alphabetes" zur Charakterisierung des Leibes dienen. Zu ihnen gehören die Begriffe „Enge, Weite, Engung, Weitung, Spannung, Schwellung, Intensität, Rhythmus, Richtung, protopathische Tendenz, epikritische Tendenz, Leibinselbildung und Leibinselschwund", die in polarer Zusammengehörigkeit die „Struktur des Leibes" erfassen. (Schmitz 1968, 5f.)

Der Terminus „Leib" ist laut Schmitz als „Inbegriff der leiblichen, d. h. am eigenen Leib spürbaren Gegenstände (z. B. Regungen, Zustände usw.)" zu verstehen (Schmitz 1968, 5). Die Erfahrungen, bei denen der Mensch sich spürt, haben für ihn absoluten

Charakter, d. h. sie ergreifen ihn zu genau diesem Zeitpunkt und genau an diesem Ort auf so einzigartige Weise, daß er sich nicht entziehen kann. Dies wird besonders in Situationen der Angst oder des Schreckens deutlich, in denen sich der Leib als eine „Enge" aufdrängt, aus der kein Entfliehen möglich ist. Diese Enge ist der „absolute Ort des Leibes". Je mehr der Mensch in seiner Angst „wegstrebt" aus der ihn einengenden und bezwingenden Situation, es aber nicht kann, da ihm die Impulsrichtungen abgeschnitten sind, um so größer ist die „Spannung" seines leiblichen Erlebens. Diesem Zurückgeworfenwerden auf die Enge des Leibes, auf die den Menschen gleichsam mit unerbittlichem Griff umklammernde „Engung", steht als polare Entsprechung die leibliche Regung der Weite gegenüber, die ihn für ein entspanntes Erleben seiner Umwelt aufschließt. „Zur Enge des Leibes", so Schmitz, „gehört als ihr Gegenspieler die Weite. Ohne Weite, in der ein Mensch sich leiblich findet, könnte ihm kein absoluter Ort des eigenen Leibes gegeben sein. Dieser muß sich nämlich aus einer Weite wie von einem Hintergrund abheben; was sich nicht so abhebt, ist überhaupt nicht örtlich." (Schmitz 1965, 74)

Zur Weite des Leibes, die als Hintergrund des sich durch Enge abzeichnenden Zentrums einen Spielraum leiblicher Bewegung und Regung konstituiert, gehören auch die Umgebung und die Umwelt. Durch den zusammenziehenden Prozeß der Engung erfährt der Mensch sein eingeschränktes In-der-Welt-Sein; durch die Weitung öffnet er sich zum Raum hin. Schmitz gab folgende Beispiele: „Enge tritt besonders hervor in Angst, Schmerz, Beklommenheit, Kummer, Sorge und gedanklicher Konzentration. Weite spüren wir in teils trivialen, teils ekstatischen Vorkommnissen, z. B., wenn es uns in erfreulicher Umgebung ‚weit ums Herz' wird, wenn wir tief aufatmen, wenn wir beim Aufschrecken aus dämmerndem Dösen das Gefühl haben, weit weg gewesen zu sein, im Einschlafen, im Geschlechtsakt, im religiösen Erleben." (Schmitz 1968, 6) Enge und Weite stehen nicht in einem dualen, quantifizierbaren Verhältnis zueinander, sondern werden als ein polares, qualitatives Sich-Bedingen, nämlich als „Polarität" wahrgenommen (Schmitz 1965, 88).

Mit seinen Tendenzen der Engung und Weitung, Spannung und Schwellung bildet der Leib ein Kraftfeld, in dem sich die verschiedenen Regungen ausbalancieren. Erst in der Bewußtlosigkeit oder im Tod spürt ihn der Mensch nicht mehr. Dazu schrieb Schmitz: „Solange aber noch leibliche Regungen im definierten Sinn, d. h. als örtliche, andauern, schwankt das leibliche Befinden zwischen dem Maximum möglicher Enge (bloßer primitiver Gegenwart) und dem Maximum möglicher Weite (reiner, maßloser Weite) in tausendfältigen Abwandlungen, ohne je ganz einen dieser Pole zu erreichen." (Schmitz 1965, 75) Enge und Weite bedingen sich gegenseitig und kommen meist nicht in reiner Form vor. Deshalb sind die vertrauten leiblichen Regungen Kompromisse, denn „ebenso wenig, wie sie in maßloser Enge untergehen, gelangen sie zur unbeschränkten, reinen maßlosen Weite. Dies gelingt nur den höchstgesteigerten Formen der Ekstase, bei denen der körperliche Leib zerfließt und ins Unendliche verströmt." (Schmitz 1965, 74)

Gegenüber den unabweisbar aufdringlichen Regungen des Leibes, die seine absolute Örtlichkeit bestimmen, sind „die sicht- und tastbaren, aber nicht leiblich spürbaren Gegenstände“, nach Schmitz, „nur relativ *örtlich*“ zu erfassen. Ihnen fehlt die eindeutige Identifikation als eigene Regung. Relative Örtlichkeit setzt ein nach Lagen und Abständen konstruierbares Gefüge voraus, absolute Örtlichkeit drängt sich als Enge des Leibes auf. Diese Differenz zwischen absolut und unabweisbar gespürter Regung und nur getasteter oder gesehener Wahrnehmung zeigt sich besonders deutlich an der Gegenüberstellung von Leib und Körper, denn der absolute Ort des Leibes ist gegenüber dem relativen Ort des Körpers durch die Betroffenheit unterschieden, mit der das subjektive Leiberleben einsetzt. Diese fehlt dem nur sicht-, riech- und tastbar zu erfahrenden Körper, der also für die Person nie die subjektive Bedeutung des direkt spürbaren Leibes erlangt.

Neben dem Leib, den der Mensch als den seinigen erfährt, und dem Körper, den man betasten und zur Schau stellen kann, hat die europäische Kultur aufgrund einer spezifischen Abstraktionsmethodik bestimmte Modelle zur Erklärung von Zusammensetzung und Aufbau des Körpers entwickelt. Diese auf physikalischen und anatomischen Betrachtungsweisen basierenden naturwissenschaftlichen Konzepte werden besonders in der Medizin zusammengefaßt und koordiniert. Sie prägen als „Körpermodell“ unsere anthropologischen Vorstellungen.[1]

Im Gegensatz zu dem nach Lagen und Abständen exakt bestimmbaren Körpermodell ist die intersubjektive Dimension des Leibes nicht meßbar, kann aber trotzdem genau beschrieben und begrifflich nachgezeichnet werden. Das ist die Aufgabe des Phänomenologen, der nicht wie sein naturwissenschaftlicher Kollege in einem Laboratorium experimentell seine Formeln und Strukturen aus den Phänomenen reduktiv herausdestilliert, sondern der bemüht ist, der alltäglichen Lebenserfahrung Grundzüge leiblichen Befindens abzulauschen und durch beständiges Eichen seiner Begriffe an den Situationen eine exakte und geschmeidige terminologische Rekonstruktion der Gegebenheitsweisen des Leibes zu ermöglichen. Phänomenaler Leib, sicht- und tastbarer Körper und reduktionistisch abstrahiertes Körpermodell dürfen trotz bestimmter Übergänge nicht vermengt werden. Der relative Ort des sicht- und tastbaren Körpers kann sich mit der „absoluten Örtlichkeit des Leibes“ decken, ohne dadurch selber die Qualität des Spürbaren zu erlangen, und auch das Körpermodell läßt sich räumlich teilweise in Übereinstimmung mit gespürten Regungen bringen, ohne daß deshalb eine Identität vorliegen muß.

Ein weiterer wesentlicher Unterschied zwischen absolutem Ort und relativer Körperstelle besteht darin, daß die leiblichen Regungen stets „unteilbar ausgedehnt“ sind, „während das nicht leiblich spürbare Körperliche stets teilbar ausgedehnt ist“ (Schmitz 1968, 5). Der Leib wird als ein „Gewoge verschwommener Inseln“ erfahren, die einerseits in separate „Leibesinseln“ zerfallen, andererseits durch den „absoluten Ort des Leibes“

1 Zum Modellbegriff Heidegger: „Wo Gegenstände unanschaulich geworden sind und wo gleichwohl die Notwendigkeit der Berechenbarkeit aufrecht erhalten wird, kommt das Modell ins Spiel. ... Wo ein Modell auftritt, hat der Entwurf nur noch einen instrumentalen Charakter, nicht mehr ontologischen Charakter“ (Heidegger 1987, 267f.)

zusammengehalten werden und so die „Einheit des Leibes als Ganzes" bilden. Die leiblichen Regungen stehen in ihrer unteilbaren Ausdehnung dem in Teile zerlegbaren Körper gegenüber, werden allerdings im „körperlichen Leib" kunstvoll aneinander vermittelt und können sich sogar räumlich überlagern. Das führte Schmitz zur Entdeckung eines wichtigen Sachverhaltes, denn „offenbar kann nichts zugleich teilbar und unteilbar ausgedehnt sein, während durchaus etwas sowohl absolut-örtlich als auch relativ-örtlich sein kann" (Schmitz 1965, 53).

Wenn der Leib sich mit einer schmerzhaften Regung meldet, wird der Mensch gezwungen, sich mit ihm zu befassen. Man denke beispielsweise an einen Patienten, der, vom Arzt gefragt, wo es ihm denn „weh tut", auf eine bestimmte Stelle zeigt. Der Arzt versucht dann, den vom Patienten leiblich gespürten und körperlich lokalisierten Schmerz mit seinem gelernten kulturspezifischen Körpermodell zur Deckung zu bringen, um so die Störung zu diagnostizieren und sein anatomisch-physiologisches Wissen anwenden zu können. Die Vermittlung von naturwissenschaftlicher Körpervorstellung und regungshaft gespürtem eigenen Leib, die durch die gemeinsame Lokalisation von unteilbar ausgedehnter, absolut örtlich gespürter Regung und teilbar ausgedehnter, relativ örtlich bestimmter Körpersektion zustande kommt, ermöglicht es dem Arzt, eine Diagnose zu erstellen. Sein Vorgehen orientiert sich zwar am Körpermodell, die Therapie wirkt aber auch auf den gespürten Leib, denn der gezielte Eingriff in den Körper führt auch zu einer Erfahrung der hervorgerufenen Umorganisation des ortsgleichen Leibes.

1. Leibperspektiven in der phänomenologischen Forschung

Der Unterschied zwischen spürbarem Leib und objektiviertem Körper wurde von der phänomenologischen Forschung seit Anfang des Jahrhunderts immer wieder thematisiert. Am Ende seiner Schaffenszeit hob Edmund Husserl in seiner „Krisis"-Schrift ihn deutlich hervor, indem er sich gegen die reduktionistischen Verfahren der Naturwissenschaften wandte: „So sind rein wahrnehmungsmäßig Körper und Leib wesentlich unterschieden; Leib nämlich als der einzig wirklich wahrnehmungsmäßige Leib, mein Leib." (Husserl, 1976, 109)

Diese Erkenntnis umreißt zwar die Grundposition der phänomenologischen Leibforschung, doch Husserls Beitrag dazu ist damit auch schon erschöpft. Seinem Leibbegriff muß man mit Vorsicht begegnen, da er gänzlich in die Konstruktion seiner „Transzendentalen Subjektivität" eingebaut ist. Dadurch entging er nicht der Einordnung in ein dualistisches Körper-Seele-Schema, sondern bildet die vermittelnde Instanz zwischen der naturwissenschaftlichen Körperwelt und der transzendental-phänomenologischen Seele: „Wie sehr der menschliche Leib auch zu den Körpern zählt, er ist doch ‚Leib' – ‚mein Körper', den ich ‚bewege', in dem und durch den ich ‚walte', den ich ‚beseele'." (Husserl, 1976, 216) Hier ist zwar die Besonderheit des menschlichen Leibes im Unterschied zum abstrahierten Körper nochmals herausgestellt, doch ist die Vorstellung einer

Seele oder eines beseelenden Ichs, das den Körper bewegt, so stark am traditionellen platonisch-anthropologischen Dualismus orientiert, daß Husserl keine vorurteilslose Erforschung des Leibes und seiner Gegebenheiten gelang.

Eine unverstelltere Beschäftigung mit dem Leib als Forschungsgebiet setzte in der Phänomenologie erst allmählich ein.[2] Einer der ersten Wissenschaftler, der den Leib zum Gegenstand ausgedehnter phänomenologischer Untersuchungen machte, war Maurice Merleau-Ponty. Seine Sicht wurde unter anderem von Martin Heidegger vorbereitet, obwohl dieser den Leib nicht in den Mittelpunkt seines Interesses stellte.[3] Erst gegen Ende seines Lebens beschäftigte er sich ausführlicher mit der Thematik.[4] In „Sein und Zeit" spielt der Leibbegriff jedoch keine ausgezeichnete Rolle. An seine Stelle tritt der Begriff des „Daseins". Den ganzheitlichen Aspekt dieses Begriffs spielte Heidegger dann gegen Husserl aus, indem er sich gegen dualistische anthropologische Schemata wandte. Er betonte: „Dasein ist weder eine Verkoppelung von Verhaltungen noch ein Zusammengesetztes aus Leib, Seele und Geist, wobei nach dem Sinn des Seins dieser Einheit des Zusammengesetzten vergeblich gesucht wird; auch ist es nicht ein Subjekt oder Bewußtsein, das sich gelegentlich erst eine Welt zulegt, noch ist es ein Zentrum von Akten, aus dem diese hervorschießen, wobei weder das Sein dieses Zentrums noch das Sein der Akte bestimmt ist." (Heidegger 1988, 422)

Heidegger distanzierte sich hier von Husserl, der ihm zu sehr an Descartes und dessen Modifikation des platonisch-anthropologischen Dualismus orientiert war.[5] Seine ei-

2 Unkritisch übernahm beispielsweise Ludwig Landgrebe die dualistische Position, als er mit Bezug auf Husserl schrieb: „Das Leibliche ist also einerseits ‚gegeben als in den Kausalzusammenhang der physischen Natur verflochten', auf der anderen Seite ist der Leib der ‚seelischen Realität' zugehörig." (Landgrebe 1965, 297). In der englischsprachigen Diskussion der letzten Zeit wird mit Bezug auf die phänomenologische Tradition zwischen „subjective" und „objective body" unterschieden. Eliot Deutsch definierte: „The ‚subject-body' as phenomenon is the immediate sense one has of one's object-body primarily as it is a seat of potential activity." (Deutsch 1993, 104) Der Versuch von Deutsch, durch das Konzept des „appropriated body" das Problem zu lösen, überzeugt nicht. Durch seine sich schon bei Husserl abzeichnende (s. u.) Überbetonung der willentlichen Aktivität und des Ermächtigungsstrebens vernachlässigt er wesentliche Aspekte der Leiberfahrung.

3 Graham Parkes und Michael Großheim konnten zeigen, daß Heidegger zwischen dem „Haben" und dem „Sein" des Leibes unterschied (Parkes 1987, 11f. A. 9; Großheim 1994, 386). Großheim wies außerdem nach, daß sich diese „Gedankenstruktur" bei Heidegger schon 1922 finden läßt. Heideggers Bemühen um Überwindung des cartesianischen Dualismus wurde besonders von Parkes betont. S. a. die kritischen Bemerkungen zum „*embodying*" des Denkens bei David Levins (1987, 265).

4 S. die von Medard Boss angeregten Zollikoner Seminare. Daraus z. B.: „Nur darf man unser existentielles Leiblich-sein nicht mit der Körperhaftigkeit eines leblosen, bloß vorhandenen Gegenstandes verwechseln." (Heidegger 1987, 294) Oder: „Der Leib ist jedenfalls kein Ding, kein Körper, sondern jeder Leib, das heißt der Leib als Leib ist je mein Leib. Das *Leiben des Leibes* bestimmt sich aus der Weise meines Seins." (Heidegger 1987, 113)

5 Heidegger bemängelte bei Husserl vor allem die unbestimmte „Seinsart" der „Akte": „Die Vereinzelung ist aber immer die durch den Leib bedingte. Zwar wird ausdrücklich gesagt, der Erlebniszusammenhang hat in sich selbst seine Individuation, es ist immer der eines bestimmten Ich-Subjektes, aber die Seinsart der Akte bleibt unbestimmt." (Heidegger 1988, 170ff.)

gene terminologische Lösung ist in dieser Hinsicht unbelastet, denn in seinem „Daseins"-Begriff laufen die verschiedenen Aspekte des Menschen ohne ontologische Teilung zusammen.[6] Das „Dasein" Heideggers meint den Menschen als Ganzen und ist „keineswegs nur in dem Raumstück vorhanden, den der Leibkörper ausfüllt". „Existierend hat es sich je schon einen Spielraum eingeräumt." (Heidegger 1977, 486) Durch die von Heidegger angesprochene Differenz von Dasein und Leibkörper, Spielraum und Raumstück zeigt sich zwar der Ansatz eines Durchbruchs hin zu einem ganzheitlichen Verständnis von Mensch und Leib; was Heidegger allerdings genau unter dem Begriff „Leibkörper" verstand, ist nicht ganz klar. Dieser dürfte – ähnlich dem „körperlichen Leib" bei Husserl und dem davon zu unterscheidenden „körperlichen Leib" in den frühen Werken von Schmitz (z. B. 1965, 54) – als ein Schema für die Verbindungen und Zusammenhänge zwischen dem sicht- und tastbaren Körper und dem spürbaren Leib zu verstehen sein. Heidegger steht, metaphorisch gesprochen, in der Mitte zwischen Husserl und Schmitz. Er lehnte Husserls Seelenkonstruktion ab, drang aber nicht bis zu einer ausgefeilten Leibterminologie vor, und die Beziehungen zwischen „Leibkörper" und „Dasein" bleiben dunkel.

Husserl und Heidegger rezipierend, versuchte auch Sartre sich aus phänomenologischer Sicht dem Problemkreis zu nähern. Obwohl auch er sich nicht zu einem klaren Leibbegriff durchdrang, wurde von ihm der Unterschied zwischen Körper und Leib – in seiner Terminologie „mein Körper, so wie er *für mich* ist" – erkannt (Sartre 1993, 539).[7]

Die räumliche Differenz zwischen Körper und Leib, die Heidegger vage vorzeichnete, als er den Menschen nicht auf das vom „Leibkörper ausgefüllte Raumstück" beschränken wollte, wurde dann von Merleau-Ponty deutlicher herausgearbeitet.[8] Wie seine Vorgänger stellte auch er den naturwissenschaftlichen Körper und den wahrgenommenen Leib als verschiedene Konzepte gegenüber. Im Anschluß an Heidegger lehnte auch er Husserls Konstruktion „psychischer Akte" und des „zentralen Ichs" ab (Merleau-Ponty 1966, 463 mit Bezug auf Heidegger 1977, 512). Er unterschied „den Leib" von „dem objektiven Leib", „wie ihn die physiologischen Lehrbücher beschreiben".

6 Z. B.: „Dasein ... ist nicht die Existenz als die Verbindung von vorhandener Seele und vorhandenem Leib, d. h. die rechtverstandene Existenz ist nicht die Verbindung von Getrenntem, sondern die ursprüngliche Seinsart, die dieses Seiende ontologisch bestimmt." (Heidegger 1988, 402)

7 Zum Begriff des Körpers „für mich" s. a.: „Geburt, Vergangenheit, faktische Bedingung jedes möglichen Einwirkens auf die Welt: das ist der *Körper*, das ist er *für mich*." (Sartre 1993, 579f.)

8 Schmitz machte darauf aufmerksam, daß die absolute Örtlichkeit des Leibes wenigstens ansatzweise von Merleau-Ponty erkannt worden war, denn er habe „das Ungenügen der bloß relativen Örtlichkeit für eine Charakterisierung des Leiblichen richtig gespürt" (Schmitz 1965, 11). Daß die Gedanken Merleau-Pontys für die phänomenologische Forschung fruchtbar genutzt werden können, hat unlängst Jürgen Seewald, der sich auch auf Schmitz bezog, gezeigt (Seewald 1992, 34). Im weiteren sei bezüglich des Leibproblems bei Merleau-Ponty auf diese ausführliche Untersuchung verwiesen. Seewald betonte die „plastische und `leibnahe` sprachliche Anschauungsform" der Schmitzschen Begriffe, „die umständliche Definitionen entbehrlich macht" (Seewald 1992, 36 A. 22). Warum er diese „nur im Ausnahmefall" anwenden will, ist mir allerdings nicht verständlich, zeigt er doch selber, wie gewinnbringend diese eingesetzt werden können.

Dieser „objektive Leib" war für Merleau-Ponty nur „ein verarmtes Gebilde aus dem ursprünglichen Phänomen des Leibes-für-uns, des Leibes menschlicher Erfahrung oder des Wahrnehmungsleibes". (Merleau-Ponty 1966, 402) Damit hatte er zwar den Unterschied von Leib und Körpermodell thematisiert, aber die Begriffe noch nicht genügend scharf umrissen. Der Leib als „Wahrnehmungsleib" sollte vom „objektiven Leib", den er mangels einer klaren begrifflichen Trennung auch „objektiven Körper" nannte, unterschieden werden. Der „objektive Leib", den er meinte, ist in der Neuen Phänomenologie von Schmitz weder der Leib, den jeder zwar subjektiv erfährt, der aber objektiv beschreibbar ist, noch der Körper, den man besehen, beriechen und betasten kann, sondern das naturwissenschaftliche Körpermodell, das in Merleau-Pontys schwankendem Wortgebrauch auch als „objektiver Leib der Physiologie" bezeichnet wird. Mit Merleau-Pontys Untersuchungen zum Leibproblem war zwar ein ernsthafter Versuch gegeben, der naturwissenschaftlich-reduktionistischen Bestrebungen mit ausgedehnten phänomenologischen Untersuchungen gegenüberzutreten, aber eine eigentliche begrifflich stringente Bestimmung des Leibes blieb aus.[9]

Die Differenz zwischen Körpermodell und spürbarem Leib scheint mittlerweile selbst im medizinischen Denken der heutigen Zeit immer stärkere Berücksichtigung zu finden. Bereichert um außereuropäisches Wissen und konfrontiert mit den Grenzen einer einseitig auf den Körper ausgerichteten naturwissenschaftlichen Medizin, dringt der Gedanke an eine gegenseitige Befruchtung der verschiedenen Sichtweisen immer mehr durch.[10]

9 Zur mangelnden Differenzierung von Leib und Körper im Französischen s. a. Seewald (1992, 28 A. 10). Zu einer „Nivellierung und Inflationierung der Begriffe" bei Merleau-Ponty, „die seinen phänomenologischen Bemühungen eher schaden" s. a. Seewald (1992, 43). Nach Heidegger und Merleau-Ponty thematisierte auch Klaus Held die räumliche Bedeutung des Leibes und sprach vom „Hier meiner selbst im leiblichen Da". Er meinte weiter, daß dieser Ort des „leiblichen Da" sowohl räumlich als auch zeitlich ein „absoluter" und „einziger" sei, nämlich das „absolute Hier des Vollziehers" (Held 1980, 538f.).

10 Dazu mit Bezug auf Schmitz Gernot Böhme (1985, 120). Zu den „intersubjektiven Einigungsformen" als Basis eines anderen, aber auch universalistischen Wissenschaftsverständnisses, wie es in asiatischen Techniken der Leibbemeisterung und Leibtherapeuthik entwickelt wurde s. G. Böhme (1985, 178). Auch in der Ethnomedizin hat sich die generelle Gegenüberstellung von Körper(modell) und Leib durchgesetzt, denn nach Thomas Ots besteht gerade darin „der kleinste gemeinsame Nenner, auf den sich heute Anhänger einer ganzheitlichen Sicht einigen" können. Ots faßte die Positionen weiter so zusammen: „Durch die Überbewertung des Faßbaren und der Meßbarkeit wird von unserer ‚Schulmedizin' die Krankheit von ihrem Träger getrennt. Die moderne Medizin erfaßt den Körper als Objekt, nicht jedoch den Menschen als Subjekt. Der Mensch hat einen Körper, aber er ist nicht eins mit seinem Leib. Darüber hinaus zerteilt die ‚Schulmedizin' den Körper in immer kleinere Einheiten, sie macht zunehmend mehr das Molekül zu ihrer Betrachtungsebene." (Ots 1987, 187)

2. Die Leibesinseln

Der Leib drängt sich dem eigenen Spüren auf, wenn er beispielsweise bei abendlicher Müdigkeit als schwer, abgekämpft und kraftlos wahrgenommen wird, oder wenn er am Morgen nach gut durchschlafener Nacht ein Gefühl von Ausgeruhtheit, Frische und Stärke vermittelt. Diese den ganzen Leib durchziehenden Regungen bestimmen die jeweilige Tönung des Befindens und können den Menschen sogar zur Rücksichtnahme und zu anderen Formen der Auseinandersetzung mit dem eigenleiblichen Zustand zwingen. Der berühmte „Kater" am Morgen nach durchzechter Nacht oder der Schwindel am Abgrund sind nur zwei leicht verständliche Beispiele. Neben diesen ganzheitlich den absoluten Ort Leib „färbenden" Gefühlen können auch einzelne Stellen oder Zentren des Leibes sich abhebend bemerkbar machen, indem sie sich entweder angenehm oder unangenehm „mitteilen". Die in der Grundstruktur des Leibes vorgegebenen Schwerpunkte leiblicher Regungen bezeichnete Schmitz als „Leibesinseln" oder „Regungsherde".[11] Diese werden von der leiblichen Spannung zur „Einheit des Leibes" gebunden, können aber auch (z. B. bei Entspannung) deutlich voneinander abgehoben hervortreten und sich entfalten.

Die Alltagserfahrung kennt genügend Beispiele für die Ausstrahlung einzelner leiblicher Zentren. Nennen ließe sich der „hungrige" Magen oder das vor Schreck „stillstehende" Herz. Auch das in den Adern „kochende" oder „gefrierende" Blut, die „den Dienst versagenden" Beine oder die Leibesgegend der Lunge, wenn einem „die Puste wegbleibt", werden als leibliche Regungen aufdringlichst verspürt. Diese Leibesinseln sollten nicht mit Körperteilen oder Organen verwechselt werden, obwohl eine solche falsche Identität durch Benutzung der gleichen Namen im Sprachgebrauch gefährlich naheliegt. Da Körperteile durch relative Örtlichkeit bestimmt sind und die anatomisch-physiologischen Organe durch atomistische und chemikalische Modelle konstruiert werden, die Leibesinseln sich aber von dem absoluten Ort her bemerkbar machen, handelt es sich um unterschiedlich ontologisch fundierte Phänomene. Darauf hatte beispielsweise Sartre aufmerksam gemacht, als er vom „Sein meines Körpers *für-mich*" – also dem Leib – schrieb: „Vergeblich würde man da die Spuren eines physiologischen Organs, einer anatomischen und räumlichen Konstitution suchen." (Sartre 1993, 598)

Der beständige Wandel der Leibesinseln und Ströme einzelner leiblicher Regungen bilden das „Gefüge" des sie umspannenden und aneinander vermittelnden Leibes. „Jeder Spannungs- und Entspannungsimpuls, jeder leise oder laute Schmerz oder Kitzel, ja sogar ein beständiger, nicht von außen oder durch Willkür herbeigeführter, geräuschloser und gewöhnlich unbeachteter Wandel verschieben unablässig das Gefüge des körperlichen Leibes." (Schmitz 1965, 26) Dieser stetige Wandlungsprozeß verschiedener Impulse und Abläufe drängt sich der Person meist nicht in fest und genau umrissener Gestalt oder Örtlichkeit auf, sondern bleibt, solange sich nicht eine Störung bemerkbar

11 „Im Gegensatz zum eigenen Körper und wohl auch zum Körperschema ist der körperliche Leib diskret: er zerfällt in Inseln ohne stetigen räumlichen Zusammenhang." (Schmitz 1965, 25)

macht, dem Gespür größtenteils verborgen. Normalerweise schwankt das leibliche Befinden stets zwischen den sich immer weiter herausbildenden und den mehr und mehr ineinander verfließenden Regungen. Dadurch ist der Intensitätsgrad, mit dem sich die einzelnen Leibesinseln oder die ganzheitlich den Leib durchziehenden Regungen der Person gegenüber verselbständigen und sie in die Rolle eines koagierenden Partners zwingen, unterschiedlich. In der Mitte der Bewegung zwischen den Leibesinseln mit ihrer „Bildung" und ihrem „Schwund" auf der einen und dem Leib als „Ganzem" auf der anderen Seite spielt sich das alltägliche leibliche Geschehen ab. „In diesem Gewoge" stellte Schmitz drei Arten von Vorgängen fest: 1. „die Umbildung bestehender Inseln", 2. das Schwinden alter" und 3. „die Bildung neuer Inseln." „Außerdem können die einzelnen Leibinseln gegenüber der Einheit des Leibes bald mehr hervor- bald mehr zurücktreten; das Maß ihrer Selbständigkeit und Abgehobenheit schwankt." (Schmitz 1965, 151) Das Wechselspiel der leiblichen Regungen, zum Gefüge koordiniert, prägt das ganzheitliche Erleben des eigenen Leibes. Es bildet sich durch Vermischung und Zusammenspannung der einzeln lokalisierbaren Zentren zu einem Konzert leiblicher Regungen aus, die im und als Leib sowohl „ausgedehnt und ganzheitlich" als auch „teilheitlich", d. h. auf einzelne „Leibesinseln verteilt", gespürt werden (Schmitz 1968, 5).

Die Leibesinseln als Erfahrungen des Zusammenspiels der von Zentren ausgehenden Regungen sind nicht deckungsgleich mit den Körperorganen, denn die relative konstante Lage eines anatomisch-physiologischen Substrates steht im Gegensatz zu der „labilen Wandelbarkeit" und geringen Schärfe des Umrisses von dem „verschwommenen Gewoge", das für die Leibesinseln kennzeichnend ist. Ebenso wie die Leibschemata in anderen Kulturen wird auch unser europäisches Körpermodell mit seinen Atomen, Molekülen, Zellen sowie Blut- und Nervenbahnen wesentlich über die Sozialisation vermittelt. Es basiert auf den anatomisch und physiologisch relativ genau bestimmbaren „Organen" und bietet gleichsam als Ersatz für diese reduktionistische Betrachtungsweise eine Seelen- oder Geistideologie an, um die leiblichen Phänomene zu erfassen, die sich der radikalen Zurückführung auf physikalisch-anatomische Vorstellungen entziehen.[12]

Konkret gespürte leibliche Regungen können den Menschen so sehr ängstigen, daß er einen Arzt ruft, der aber keine körperliche Ursache feststellt. Bei „Herzbeschwerden" kann es z. B. vorkommen, daß sie vom Arzt nicht diagnostiziert werden können, so daß der Patient als körperlich gesund gilt, sich aber trotzdem „krank fühlt". Der Mensch hat von seinem Spüren her meist nicht die Möglichkeit, ein krankes „Organ" genau zu bestimmen. Das liegt keinesfalls nur an seinem anatomisch ungeschulten Wissen oder an mangelnder Sensibilität für seinen eigenen Leib, sondern erweist sich als prinzipiell

12 Zum Problem physiologischer Erfassung leiblicher Lebendigkeit s. a. Sartre: „Die synthetische Rekonstruktion des Lebendigen von Leichen aus ist die Physiologie. Sie hat sich von Anfang an dazu verurteilt, vom Leben nichts zu verstehen, da sie es einfach als eine besondere Modalität des Todes begreift." (Sartre 1993, 614) Und auch die Vivisektion bringt diesbezüglich nicht weiter, denn, so Sartre, „das beobachtete Organ ist lebendig, aber es ist nicht in der synthetischen Einheit eines Lebens verschmolzen, es wird von der Anatomie, das heißt vom Tod, her verstanden" (Sartre 1993, 614).

unmöglich. Das anatomisch-physiologische Organ muß im Krankheitsfall erst diagnostisch ermittelt werden. Zwar ist die Möglichkeit nicht auszuschließen, daß die lokalisierte leibliche Regung des Schmerzes sich mit dem geschädigten körperlichen Organ örtlich deckt, doch ebensogut könnte der gespürte Schmerz seine Ursache in der Erkrankung eines anderen Organs an anderer Stelle im Körper haben. Das menschliche Spüren bietet nur eine erste Orientierung, die genaue Beziehung zum Körpermodell und seinen Organen stellt erst der Arzt her. Bezüglich des phänomenologischen Unterschiedes zwischen gespürtem Schmerz und rationaler Erklärung schrieb Sartre: „Selbstverständlich *sind* die ‚Magen'schmerzen der Magen selbst, insofern er schmerzhaft erlebt wird. … Nur daß auf dieser Ebene ‚der Magen' etwas Unaussprechliches ist, das weder benannt noch gedacht werden kann: er ist lediglich diese erlittene Gestalt, die sich auf dem Hintergrund des existierenden-Körpers abhebt. Das objektive Wissen, das jetzt das erlittene Leiden auf den benannten *Magen* hin überschreitet, ist Wissen von einer gewissen objektiven Natur des Magens … Jedenfalls kann das mein Leiden nicht konstituieren, insofern ich es erleide, sondern insofern es mir entgeht." (Sartre 1993, 626)

Obwohl also die naturwissenschaftlich-objektive Natur des anatomischen Organs den Schmerz in phänomenologischem Sinne nicht konstituieren kann, sondern durch ihre abstrakten Erklärungen vom Phänomen der persönlichen Betroffenheit zum unpersönlichen, nicht mehr erfahrbaren Modell übergeht, wurde die These von der Empfindbarkeit anatomisch-physiologischer Organe, den sogenannten „Organempfindungen", immer wieder unkritisch vertreten. Dies kritisierte Schmitz mehrfach: „Die dualistische Tradition sucht sich die leiblichen Regungen als Organempfindungen zurechtzulegen; ‚Organ' soll die körperliche ‚Empfindung', die seelische Hälfte sein, in die das schlichte Phänomen zerrissen wird." Doch, so Schmitz weiter, „es gibt keine Organempfindungen" (Schmitz 1978, 221). Eine Zuordnung von bestimmten Empfindungen, Sensationen oder Affekten zu anatomischen Substraten oder „Organen" wirft die Frage auf, was man genau unter Organ verstehen will und wie es naturwissenschaftlich möglich sein soll, daß physiologische Einheiten wie Zellen, Muskeln und Gewebe „seelisch" gefühlt werden können.[13] Physiologische Abläufe werden berechtigterweise als naturwissenschaftlich objektivierte Vorstellungen des Körpers von sogenannten „seelischen", subjektiven Gefühlen scharf geschieden. Henri Bergson hatte am Beispiel des Zahnschmerzes verdeutlicht, daß das Gespürte mit den körperlichen Abläufen nicht übereinstimmt (Bergson 1982, 43). Auch Hans Driesch griff den Gedanken auf und formulierte den Sachver-

13 S. dazu auch Jean-Paul Sartre, der den Unterschied zwischen physiologischen Sachverhalten und leiblichen Regungen am Beispiel des Durstes verdeutlichte. Mit Bezug auf das Problem des „psychophysischen Parallelismus" meinte er: „Der Durst als organisches Phänomen, als ‚physiologischer' Wasserbedarf existiert nicht. Der des Wassers beraubte Organismus zeigt bestimmte positive Phänomene, zum Beispiel eine bestimmte Gerinnungsverdickung der Blutflüssigkeit, die ihrerseits gewisse andere Phänomene hervorruft. Das Ganze ist ein positiver Zustand des Organismus, der nur auf sich selbst verweist, genau wie die Verdickung einer Lösung, deren Wasser verdampft, nicht an ihr selbst als Begierde der Lösung nach Wasser betrachtet werden kann." (Sartre 1993, 186)

halt so: „Physiologisch Harmloses wie die Erkrankung eines Zahnes kann sehr schmerzhaft sein; der an schwerster Lungentuberkulose Leidende ist oft frei von Schmerz." (Driesch 1954, 123) Er kam zu dem Ergebnis: „Nicht erlebt also werden Reizungen von Zentren, Nervenleitungen und Muskelkontraktionen als solche." (Driesch 1954, 136) Und auch Schmitz hob mehrfach hervor, daß, „was etwa bei Zahnschmerz in der Zahngegend und bei Herzklopfen oder verwandten Sensationen in der Brust gespürt wird, mit den als ortsgleich in Frage kommenden Körperteilen nur sehr wenig zu tun" hat und statt dessen „als Gegenstand eigenleiblichen Spürens nach einer Beschreibung anderer Art mit eigenständigen Kategorien" verlangt (Schmitz 1974b, 333).

Das Problem einer exakten phänomenologischen Beschreibung des leiblichen Geschehens mit seinen Strömen und Inseln beschäftigte übrigens schon G. W. F. Hegel, der eine „psychische Physiologie" forderte, als er schrieb: „Das System des innern Empfindens in seiner sich verleiblichenden Besonderung wäre würdig, in einer eigentümlichen Wissenschaft, – einer psychischen Physiologie, ausgeführt und abgehandelt zu werden. ... es würde die interessanteste Seite einer psychischen Physiologie sein, nicht bloße Sympathie, sondern bestimmter die Verleiblichung zu betrachten, welche sich geistige Bestimmungen insbesondere als Affekte geben. Es wäre der Zusammenhang zu begreifen, durch welchen der Zorn und Mut in der Brust, im Blut, im irritabeln System, wie Nachdenken, geistige Beschäftigung im Kopfe, dem Zentrum des sensiblen Systems, empfunden wird. Die Eingeweide und Organe werden in der Physiologie als Momente nur des animalischen Organismus betrachtet, aber sie bilden zugleich ein System der Verleiblichung des Geistigen und erhalten hierdurch noch eine ganz andere Deutung." (Hegel, 1975, 327)

Somit kann Hegel als Vorläufer jener „neuen Fragestellung" gelten, von der Schmitz behauptet, sie betreffe „die räumliche Gliederung des körperlichen Leibes in einem beliebigen Augenblick". Diese Frage eröffne ungeahnte Erkenntnismöglichkeiten, denn dadurch entstünde „die Idee einer neuen Wissenschaft, die in Bezug auf den körperlichen Leib dieselbe Aufgabe zu erfüllen hätte, wie die topographische Anatomie in Bezug auf den reinen Körper". Das angestrebte Ziel sei dann eine „Topographie des Leibes", die als wissenschaftliche Aufgabe den Vergleich zwischen den Zeugnissen der verschiedenen Kulturen fordere. Sie habe zwar kein „deutliches, beharrliches, beliebig transportierbares Substrat vor sich" und sei „gleichsam eine Anatomie im Dämmerlicht, die zunächst die Übung eines neuen Sehens erfordern würde", doch hielt Schmitz „die Einsichten, die auf diesem Weg zu gewinnen seien, für so fruchtbar und aufschlußreich," daß er ihn zu betreten wage (Schmitz 1965, 283f.). Diese Arbeit will ihm ein Stück folgen und versuchen, die bisher erreichten Ergebnisse zu sichern und um neue Erkenntnisse zu bereichern.

3. Innenwelt und Introjektion

Der Verdeckung des Leibes, die in der europäischen Tradition seit Platon so kulturprägend wirkte, geht ein ganz anderes Spüren des Menschen voraus. Wie die Leibesinseln und Gefühle sich speziell dem Menschen aus Ilias und Odyssee bemerkbar machten und sich ihm aufdrängten, soll noch genauer untersucht werden. Homer bietet insofern einen wichtigen Ausgangspunkt, als sich bei ihm das Spüren des eigenen Leibes mit einer Deutlichkeit zeigt, die reichlich Aufschlüsse über das Verhältnis zwischen Person und Regung gibt. Es folgten Anaximenes, Heraklit, Parmenides und Empedokles, denen Demokrit und Platon als die Initiatoren unseres kulturspezifisch-europäischen Menschenbildes gegenüberstehen. Die „fruchtbare Phase der Prägung" erhielt das „Dogma" des anthropologischen Dualismus also in der „für das menschliche Selbstverständnis in den folgenden Jahrtausenden schlechthin entscheidenden Entwicklung zwischen Homer und Platon" (Schmitz 1978b, 223). Mit Demokrit und Platon schließt die Entwicklung ab, die zur naturwissenschaftlichen Sicht des Körpers und zur geisteswissenschaftlichen Sicht einer irgendwie gearteten Seele führte. Platon vollendete die spezifisch europäische Psyche-Vorstellung, indem er sich einer speziellen Technik, der „Introjektion", bediente, die sich bereits bei Demokrit zeigt, deren früheste, vorbereitende Ansätze sich aber bis auf die Odyssee zurückverfolgen lassen. Die Introjektion ist nach Schmitz „das wichtigste Werkzeug des geschichtsmächtigen Strebens, das Verständnis des Menschen von sich selbst der praktischen Aufgabe personaler Emanzipation unterzuordnen, d. h. der souveränen Erhebung der menschlichen Person über das Konzert der leiblichen und sonstigen Regungen, denen sie ausgesetzt ist, zu der Meisterschaft, die dann u. a. auch eine über ablenkende Wallungen des Augenblicks erhabene Zuverlässigkeit beim Halten von Versprechungen verbürgt." (Schmitz 1969, 10)

Die Zuverlässigkeit der Person, ihre Glaubwürdigkeit und ihre Vertrauenswürdigkeit sowie die Beherrschung des Leibes mit seinen Bedürfnissen sind Voraussetzungen für Zivilisation und Kultur. Doch nicht jede Kultur hat ein Menschenbild entwickelt, das den sterblichen Körper gegen die unsterbliche Seele setzte. Auch die Griechen kannten diese Trennung in ihrer vollen Konsequenz und begrifflichen Ausgestaltung erst seit Platon. Mit Hilfe der Introjektion, der „eine entscheidende Rolle bei der Ausbildung des psychosomatischen Dualismus" zufiel, schuf Platon den Prototyp einer Vorstellung, die „den Menschen als ein aus Körper und Seele Zusammengesetztes auffaßt und die leiblichen Phänomene, die auf beiden Seiten keinen Platz finden, entweder verlegen als unklare Grenzfälle behandelt oder mit rüstiger Unbefangenheit auf eine von beiden Seiten hinüberzerrt oder gar nicht zur Kenntnis nimmt" (Schmitz 1965, 451f.). Um seine Trennung von Körper und Seele konsequent durchführen zu können, begann Platon mit dem Aufbau einer Innenwelt, die ein Behältnis bot, um sowohl Erkenntnisse als auch Gefühle und leibliche Regungen aufzunehmen. Dieses kulturspezifisch-europäische Bild vom „Gehäuse des Bewußtseins" (Heidegger s. u.) findet sich in paradigmatischer Form bereits im „Taubenschlag" des Theaitetos (197d). Durch die Introjektion von Gefühlen in einzelne „Seelenteile" wurde deren gefährlicher, ergreifender Charakter gebannt und die personale Kontrolle gefestigt. Dazu erklärt Schmitz weiter: „Die Introjektion entsteht dadurch, daß die Erfahrung leiblicher Regungen im konkret-räumlichen Inneren des Körpers als Vorbild eines metaphorischen Sprechens gewählt wird, das in unklarer Weise etwas in ein Inneres eines unkörperlichen und unleiblichen Reiches von Erlebnissen verlegt." (Schmitz 1965, 467f.)

Die Aussage: „Es tut mir in der Seele weh" oder die landläufige Rede vom „Seelenleben" einer Person können als einfache, noch heute übliche Beispiele dieses Sachverhaltes dienen. Im ersten Fall meint man wohl eine im Inneren des Leibes empfundene, aber körperlich nicht lokalisierbare Regung, im zweiten scheint eher ein Gesamtzustand angesprochen zu sein. Die Kritik an introjektionistischen Vorgehensweisen ist nach Schmitz, der sich auf Richard Avenarius und Ernst Mach berief, schon Gedankengut der philosophischen Bestrebungen des vorigen Jahrhunderts.[14] Das Bild vom „Leibesinneren", das die „physiologische Psychologie" Hegels oder die „Topographie des Leibes" von Schmitz beschreibt und das sich abzeichnet, wenn die leiblichen Regungen nicht mehr als bloß körperliche Zustände oder rein seelische Erlebnisse nach Art von Bewußtseinsinhalten interpretiert werden, unterscheidet sich also erheblich von naturwissenschaftlichen oder psychologischen Modellen. Trotz dieses Unterschieds von phänomenologisch erschlossenem Leibschema und konstruktivistischem Körpermodell müssen beide nicht miteinander in Widerstreit stehen. „Der Anschein solchen Widerstreits entsteht" nach Schmitz „nur durch die Doppeldeutigkeit der Rede vom ‚Leibesinneren' – besser: Körperinneren" (Schmitz 1965, 300), die einmal auf die anatomisch sichtbaren Strukturen des Körpers bzw. auf das damit zusammenhängende Innere des Körpermodells zielt, zum anderen aber den Platz des Fühlens im eigenen Leib meint, der dem relativen Ort nach mit der Lokalisation im Körper übereinstimmen kann. Um diese Doppeldeutigkeit zu vermeiden, wird hier im weiteren Verlauf vom *Leibesinneren* gesprochen, wenn das, was der Mensch als Inneres seines Leibes fühlt, gemeint ist; dagegen vom *Körperinneren*, wenn die anatomischen und physiologischen Organe in den Blick kommen.

Das Körperinnere läßt sich in die verschiedenen Fachbereiche der Medizin aufgliedern. Diesen steht das Bild der Psyche gegenüber, die als davon unabhängige Konzeption ohne eigentliche Lokalisation im Körper, ja ohne räumliche Ausdehnung überhaupt auskommen soll. Trotzdem beinhaltet sie angeblich eine ganze „Innenwelt". Dabei wird durch metaphorische Ausdrucksweise der Anschein eines selbständigen Bereichs erweckt. Indem der Seele ein Inneres zugesprochen wird, so Schmitz, erhält sie ein Merkmal, „das eigentlich nur dem Körperlichen – ... – zusteht." Damit aber wird sie „insgeheim als quasi-körperlich verstanden, ebenso wie das Bewußtsein bei der in moderner Zeit beliebten Rede von Bewußtseinsinhalten." (Schmitz 1965, 467f.)

Das Problem der Quasi-Körperlichkeit der Seele beschäftigte auch Husserl, der diesen Punkt bei Descartes kritisierte (Husserl 1976, 232). Er warf Descartes vor, mit dem Begriff „Sache" (*res*) sowohl die körperliche Ausdehnung als auch das Denken erfaßt zu

14 Zu Mach und Avenarius s. a. Lübbe (1972b, 54) u. Heidegger (1988, 225). Zu den Beziehungen zwischen Mach und Husserl s. a. Manfred Sommer (1988, 309ff.).

haben. Dadurch sei der besondere Unterschied zwischen naturwissenschaftlicher, körperlicher Realität und seelischer, transzendentaler Realität nicht genügend beachtet worden. Seine eigene Lösung, mit der er diesen Mißstand verändern wollte, konnte sich aber nicht von der Introjektion freimachen. Dies wird besonders deutlich, wo er behauptet: „Daß das seelische Sein an und für sich keine räumliche Extension und Örtlichkeit hat, ist immer beachtet worden." (Husserl, 1976, 220f.) Damit ist einerseits die angebliche Unkörperlichkeit der Seele klar ausgesprochen, andererseits stimmt die Behauptung so nicht, denn schon 1896 hatte Henri Bergson darauf hingewiesen: „Alle Empfindungen nehmen an der Ausdehnung teil; ... Der Gedanke, daß alle unsere Empfindungen in einem gewissen Grade extensiv sind, dringt in der modernen Psychologie mehr und mehr durch." Und, so Bergson weiter: „Es ist der Irrtum des vulgären Dualismus, daß er vom Gesichtspunkte des Raumes ausgeht und auf der einen Seite die Materie mit ihren Modifikationen in den Raum, auf der anderen die unausgedehnten Empfindungen in das Bewußtsein verlegt." (Bergson 1982, 216 u. 220)[15]

Wie stark zumindest der späte Husserl in introjektionistischen Vorstellungen verhaftet blieb, zeigt vor allem die Terminologie der Krisis-Schrift.[16] Husserl spricht dort vom „reinen Ichleben" als einem „intentionalen Leben" der „reinen Immanenz", vom „reinen ‚Innenleben'", der „‚neuen Innenwelt'", vom „‚Innensein' der Menschen", das erreicht wird, wenn „alles Außerpsychische, die im psychischen Leben geltende Welt ausgeschlossen" wird, bis daß „das rein psychische Universum eine geschlossene Welt für mich ist" (Husserl 1976, 246 ff.). Letztlich wird die ganze Welt in den Menschen hineingesteckt, denn, so Husserl: „Daß wir in unserer jeweiligen Umwelt leben, der all unser Sorgen und Mühen gilt, bezeichnet eine rein in der Geistigkeit sich abspielende Tatsache. Unsere Umwelt ist ein geistiges Gebilde in uns und unserem historischen Leben." (Husserl 1976, 317/Herv. d. Verf.)

Das Problem der Innenwelt deutete sich in den „Logischen Untersuchungen" zwar auch schon an, ist dort aber noch lange nicht so ausgeprägt. Trotzdem ähnelt Husserls Vorstellung vom Bewußtsein auch dort einem „Behälter", denn die Frage nach dem Inhalt des Bewußtseins beantwortete er folgendermaßen: „Was es in sich findet, was in ihm real vorhanden ist, das sind die betreffenden Akte des Wahrnehmens, Urteilens usw." (Husserl 1984, 361 f.) Aber nicht nur die Akte wurden von Husserl ins Bewußtsein gesteckt, hinzu kam noch deren „wechselndes Empfindungsmaterial", mit dem er diese fragliche metaphysische Konstruktion füllte. Im Falle des „empirischen Ichs" sollte sich dieses Material in dessen „phänomenologisch einheitlichem Bewußtseinsstrom" befinden. Doch wo der leibliche oder körperliche Ort dieses Bewußtseinsstroms zu finden ist,

15 S. a. Merleau-Ponty: „Jede Empfindung ist räumlich" (Merleau-Ponty 1966, 259).

16 „Jede Seele, auf ihre reine Innerlichkeit reduziert, hat ihr Für-sich- und In-sich-Sein, hat ihr original eigenes Leben." (Husserl, 1976, 258). Zum „rein innerlichen Sichbeziehen der Personen auf die ihnen bewußten, ihnen intentional geltenden Dinge innerhalb der ihnen intentional geltenden Welt" und zur „reinen Inneneinstellung der Epoché", zum „in sich geschlossenen Universum der reinen Seelen in seiner eigenwesentlichen und durchaus intentionalen Abgeschlossenheit" s. a. Husserl (1976, 241f.)

wo er fließt und wie er, vom Ich eingegrenzt, in seinem Bett gehalten wird, sagt Husserl nicht. Den introjektionistischen Ansichten Husserls trat dann vor allem Heidegger entgegen, der bemängelte: „Aus dieser Ganzheit des Erlebnisstromes als eines in sich geschlossenen ist jedes Ding, d. h. jeder reale Gegenstand, zunächst alle, die ganze materielle Welt ausgeschlossen." (Heidegger 1988, 133)[17] Weiter stellte er fest, daß beim Ausrichten der Aufmerksamkeit das „Dasein nicht etwa erst aus seiner Innensphäre hinaus" geht, „in die es zunächst verkapselt ist, sondern es ist seiner primären Seinsart nach immer schon ‚draußen' bei einem begegnenden Seienden der je schon entdeckten Welt." Auch sei „das Vernehmen des Erkannten nicht ein Zurückkehren des erfassenden Hinausgehens mit der gewonnenen Beute in das ‚Gehäuse des Bewußtseins', der Immanenz" (Heidegger 1977, 83).

Die Konstruktion der transzendentalen Innerlichkeit, die Möglichkeit des Menschen, sie zu erreichen, wird bei Husserl durch die „Epoché" bestimmt. Um das Arbeitsfeld des von ihm beschworenen künftigen Psychologen zu erreichen, soll dieser die „universale Epoché" vollziehen: „‚Mit einem Schlage' muß er die Totalität aller Mitgeltungen außer Vollzug setzen". Außerdem bedarf es einer spezifischen „Ichspaltung", in deren Verlauf ein „‚uninteressierter Zuschauer' und Erforscher seiner selbst wie aller Anderen, und das ein für allemal" etabliert werden soll.[18] Denn, so Husserl: „Nur in dieser Haltung hat er die wesensmäßig einheitliche, in sich absolut abgeschlossene ‚Innen'-Welt der Subjekte und hat er die universale Gesamtheit des intentionalen Lebens als seinen Arbeitshorizont." (Husserl, 1976, 243)

Das Motiv der Inauguration eines Beobachters, der im eigenen Bewußtsein seine eigenen Akte betrachtet, erinnert sehr stark an Platon.[19] Das von Husserl geforderte „außer Vollzug setzen" von Geltungen ist aber ein schwieriges Problem, denn wie genau die absolute Epoché ausgeführt werden soll, sagt Husserl eigentlich nicht. Es handelt sich um eine rein abstrakte Technik, die keinen Bezug zur Leiblichkeit hat und die nicht mit den Techniken der Leibbemeisterung, wie sie beispielsweise in Asien entwickelt wurden, verwechselt werden darf.[20]

Immer wieder dringt bei ihm platonisches Gedankengut durch. Dies zeigt sich z. B. auch an folgender Aussage: „Der Geist (die Seele, das konkrete personale Sein) ist in

17 Die Scheidung von Immanenz und Transzendenz bei Husserl sei insofern merkwürdig, weil „gerade die Sphäre der Immanenz, die Erlebnissphäre, die Möglichkeit bestimmt, innerhalb deren überhaupt die durch eine Kluft getrennte transzendente Welt gegenständlich werden kann" (Heidegger 1988, 134).

18 Zur „Ich-Spaltung" bei Husserl s. a. Großheim (1994, 43).

19 Zu Husserls Platonismus s. a. Lübbe (1972, 31), Schmitz (1964, 127) u. Großheim (1994, 43).

20 Als Scheler Husserl und Buddha gleichsetzte, entging ihm dieser Unterschied, denn Nirvana-Erfahrung und transzendentale Subjektivität sollten nicht verglichen werden. Zur Kritik an Scheler s. Großheim (1994, 68 ff.). Schelers Unterscheidung zwischen „Geistesmystik" und „Vitalmystik" zeugt von einer mangelnden kritischen Haltung Platon gegenüber. Mithin bleibt Großheim nur zuzustimmen, wenn er schreibt: „Auf keinen Fall darf die Ekstase mit den verschiedenen Geistes- und Vitaltechniken aus dem Spätwerk Schelers auf eine Stufe gestellt werden." (Großheim 1994, 171)

der Raumzeitlichkeit da, wo sein Leib ist, ... Und dahin gehört, daß er beständig ein ausgezeichnetes Erfahrungsbewußtsein von ‚seinem' Leib hat, also das Bewußtsein hat, bei diesem Objekt ganz unmittelbar zu sein und in ihm in der Weise des affizierten und des waltenden Ich beständig zu ‚leben' und zu ‚können'." (Husserl, 1976, 303)

Hier steht der Geist (od. die Seele) dem Leib als einem „Objekt" getrennt gegenüber. Beide sind zwar gemeinsam an einem Ort, doch nicht in einem identifikatorischen Verhältnis verschmolzen, der Mensch ist nicht sein Leib, sondern Husserl postuliert ein beständiges Bewußtsein der Person, das diese von ihrem Leib als einem Objekt haben soll. Bemerkenswert an dieser Stelle ist noch, daß Husserl hier vom affizierten und waltenden Ich spricht. Normalerweise betont er nämlich nur die eine Seite des Verhältnisses von Person und Leib, die des Waltens und Könnens. So hatte er zuvor sogar ausdrücklich behauptet, daß das „original erfahrene Walten" des Ichs die „einzig originale Erfahrung der Leiblichkeit als solcher" darstellt (Husserl, 1976, 221). Diese einseitige Betonung des waltenden und bemächtigenden Aspekts im Verhältnis von Person und Leib kommt nochmals an anderer Stelle klar zum Ausdruck: „Was Leiblichkeit eigenwesentlich ausmacht, erfahre ich nur an meinem Leib, nämlich an meinem ständig – und einzig in diesem Körper – unmittelbar Walten. Nur er ist ursprünglich sinnhaft mir gegeben als ‚Organ', und als gegliedert in Teilorgane; ein jedes seiner Leibesglieder hat das Eigene, daß ich in ihm in Sonderheit unmittelbar walten kann" (Husserl, 1976, 220). Hier ist nichts davon zu finden, daß sich beispielsweise mein Herz auch bemerkbar machen kann, ohne daß ich in ihm „walte". Den Leib und seine Glieder zu einem Organ zu machen, das einem abstrakten Ich untersteht, ist eine bereits bei Platon vorgezeichnete Haltung, und so läßt sich mit Großheim sagen: „Bei Husserl feiert das uralte Ideal der Selbstbeherrschung des Menschen neue Triumphe." (Großheim 1994, 49) Das zeigt sich auch sehr klar am Endziel Husserls, denn dieses besteht in einer „Praxis, die darauf aus ist, durch die universale wissenschaftliche Vernunft die Menschheit nach Wahrheitsnormen aller Formen zu erhöhen, sie zu einem von Grund aus neuen Menschentum zu wandeln, befähigt zu einer absoluten Selbstverantwortung aufgrund absoluter theoretischer Einsicht" (Husserl 1976, 329).[21] Als Ausweg aus der „Krise des europäischen Daseins" empfiehlt er dementsprechend eine Haltung der Bemächtigung, nämlich „die Wiedergeburt Europas aus dem Geiste der Philosophie durch einen den Naturalismus endgültig überwindenden Heroismus der Vernunft" (Husserl 1976, 347f.).

Die von Husserl hier propagierte neue Vernunftreligion, die stellenweise auch an Hegels Geistmetaphysik erinnert,[22] hat ihre Entstehungsquellen bei den frühen Griechen, und „Rationalität" ist bei Husserl gemeint „in jenem hohen echten Sinne, von dem wir allein sprechen, als dem urtümlichen griechischen" (Husserl 1976, 337). Demgegenüber er-

21 Zum Platonismus s. a. Husserl: „Ideen sind stärker als alle empirischen Mächte." (Husserl 1976, 335)

22 S. dazu beispielsweise folgende Passage: „Die Universalität des absoluten Geistes umspannt alles Seiende in einer absoluten Historizität, welcher sich die Natur als Geistesgebilde einordnet." Husserl rekurriert allerdings nicht auf Hegel, denn: „Erst die intentionale, und zwar transzendentale Phänomenologie schaffte durch ihren Ausgangspunkt und ihre Methoden Licht." (Husserl 1976, 347)

scheinen andere Denkweisen minderwertig. Ohne schärfer zwischen platonischer Seelenideologie und Rationalität überhaupt zu unterscheiden, bewegte sich Husserl im evolutionistischen Eurozentrismus seiner Zeit, der die Entwicklung des Menschen anhand von Stufen der Vernunfterkenntnis maß.[23] In diesem Sinne fallen auch die „polytheistischen Religionen" seiner abwertenden Haltung zum Opfer. Er schrieb: „Götter im Plural, mythische Mächte jeder Art, sind umweltliche Objekte von derselben Wirklichkeit wie Tier und Mensch." (Husserl 1976, 335) Ob Götter und Mächte treffend als „umweltliche Objekte" beschrieben werden, sei dahingestellt. Wenn Husserl sie hier „derselben Wirklichkeit wie Tier und Mensch" zurechnet, so läßt sich das nur so verstehen, daß hier noch keine Innenwelt vorhanden ist, in der die religiösen Gefühle lokalisiert werden könnten. Allerdings zählt diese Form der Religiosität für ihn überhaupt nicht als Religion. Das, was hier fehlt, ist für Husserl die „absolute innere Bindung" (*Herv. v. Verf.*) des Menschen an seinen Gott. Angesichts dieser Haltung wundert es nicht, wenn überhaupt der Ursprung der Philosophie in Griechenland gesucht und anderen Kulturen die Philosophie einfach abgesprochen wird. Für Husserl ist es „eine Sinnesverfälschung, wenn man, ... schon von indischer und chinesischer Philosophie und Wissenschaft spricht, also Indien, Babylonien, China europäisch interpretiert" (Husserl 1976, 331). Das stimmt, sofern man den europäischen Platonismus zur Philosophie überhaupt hochstilisiert, denn dann kennt Asien allerdings keine Philosophie. Doch diese Reduktion der Philosophie auf eine Vernunftideologie und die damit verbundene Abwertung des Leibes verschleiert lediglich den Blick für die großen Leistungen beispielsweise chinesischer Philosophen. Diese sollen im zweiten Teil der Arbeit genauer in den Blick genommen und von der Leibperspektive her interpretiert werden.

Eine wesentlich unvoreingenommenere Position asiatischer Philosophie, insbesondere dem frühen Daoismus gegenüber, läßt sich beispielsweise bei Husserls Zeitgenossen Ludwig Klages finden, der Lao-tzu geradezu enthusiastisch feierte (Klages 1933, 33). Aber auch der späte Heidegger interessierte sich für den frühen Daoismus und bemühte sich sogar um eine Übersetzung des Daodejing.[24] Wie weit allerdings tatsächlich seine Affinität zu daoistischer Philosophie geht, bleibt offen. Hinweise dazu sollen später bei der Besprechung des frühen Daoismus gegeben werden. Wie bereits oben erwähnt, drang Heidegger zu einem etwas unverstellteren Verständnis der Leiblichkeit durch. Bezüglich der Introjektion gelang es ihm, mit seinem Begriff „Stimmung" introjektionistische Vorstellungen zumindest teilweise zu durchbrechen. Er schrieb: „Die Stimmung überfällt. Sie kommt weder von ‚Außen' noch von ‚Innen', sondern steigt als Weise des In-der-Welt-seins aus diesem selbst auf. ... Das Gestimmtsein bezieht sich

23 Dazu Husserl: „Nach der guten alten Definition ist der Mensch das vernünftige Lebewesen, und in diesem weiten Sinne ist auch der Papua Mensch und nicht Tier. ... Aber so wie der Mensch und selbst der Papua eine neue Stufe der Animalität, gegenüber dem Tier nämlich, darstellt, so stellt in der Menschlichkeit und ihrer Vernunft die philosophische Vernunft eine neue Stufe dar." (Husserl 1976, 338)

24 Zu Heideggers Verhältnis zum frühen Daoismus s. a. Pöggeler (1987, 47–76), Stambaugh (1987, 79–90) Shih-yi Hsiao (1987, 93–103) u. Parkes (1987, 105–138).

nicht zunächst auf Seelisches, ist selbst kein Zustand drinnen, der dann auf rätselhafte Weise hinausgelangt und auf die Dinge und Personen abfärbt." ... Er ist eine „existenziale Grundart der gleichursprünglichen Erschlossenheit von Welt, Mitdasein und Existenz" (Heidegger 1977, 182). Großheim hat das Problem von Stimmung und Introjektion bei Heidegger ausgiebig diskutiert. Im Unterschied zu Klages, der in diesem Punkt wesentlich weiter ging, gelang es Heidegger nach Großheim nicht, sich vollständig von der Introjektion zu lösen.[25]

Später kritisierte auch Merleau-Ponty die Innenwelthypothese bzw. die introjektionistische und reduktionistische Vorgehensweise. Er warf ihr „verarmte Wahrnehmung" vor und wandte sich gegen die Sicht, Gefühle wie „Freude und Traurigkeit, Lebhaftigkeit und Erschlaffung" als „Gegenbenheiten der Introspektion" anzusehen (Merleau-Ponty 1966, 44). Er lehnte „die Inhärenz aller Phänomene in ‚Bewußtseinszuständen'" ebenso ab wie „die Beschlossenheit aller Phänomene in einem konstituierenden Bewußtsein", die so zum „Selbstbesitz des klaren Denkens" würden (Merleau-Ponty 1966, 429). Das Feld der am eigenen Leib gespürten Phänomene ist aus seiner Sicht nicht eine „Innenwelt"; die „Phänomene" selbst sind keine „Bewußtseinszustände" oder „psychische Tatsachen", denn, so Merleau-Ponty: „die Erfahrung der Phänomene ist keine Introspektion" (Merleau-Ponty 1966, 81). Außerdem hatte er klar und deutlich erkannt, daß die naturwissenschaftliche Betrachtungsweise den Leib zum Körpermodell reduziert. Er schrieb: „Das Empfinden, also abgelöst von Affektivität und Motorik, wurde zur bloßen Rezeption einer Qualität, und die Physiologie glaubte, die Projektion der Außenwelt ins Innere eines lebenden Wesens vom Empfänger bis in die Nervenzentren verfolgen zu können. Der also entstellte lebendige Leib war nicht mehr mein Leib, sichtbarer Ausdruck eines konkreten Ich, sondern nur mehr Gegenstand unter anderen." (Merleau-Ponty 1966, 79)

Homer und der Beginn der Introjektion

Es war Platon, der als erster – allerdings im Gefolge Demokrits – den Leib zum „Gegenstand unter anderen" machte, indem er ihn als Körper (*soma*) der Seele (*psyche*) radikal dualistisch gegenüberstellte. Daß damit eine grundsätzlich andere Art der Weltbetrachtung einsetzte, die zwar auf dem Vorhergegangenen aufbaute, aber in einem Umschmelzungsprozeß eigenständige Positionen gewann, ist immer wieder betont worden. Erec Dodds bemerkte zur platonischen Umformung: „Die Leidenschaften werden nicht länger als eine Infektion äußeren Ursprungs angesehen, sondern als ein notwendiger Teil des seelischen Lebens – was unserer heutigen Auffassung genau entspricht – und sogar als Quelle der Energie, ... die entweder zur sinnlichen oder geistigen Aktivität umgeleitet werden kann." (Dodds 1970, 112)

25 Dazu a. Großheim (1994, 392). Den Problemen um Heideggers Stimmungsbegriff hat Großheim noch einen eigenen Aufsatz gewidmet, in dem er zeigt, daß Heidegger immer wieder „an den Gitterstäben des Gefängnisses" introjezistischer Vorstellungen rüttelt (Großheim 1993, 23).

Abgesehen davon, daß Dodds nichts Näheres zur „Energie" (s. u.) sagt, wurde die Transformation der Gefühle in seelische Produkte klar erkannt. Im Gegensatz dazu war der Mensch, wie er uns in den Epen Homers entgegentritt, wesentlich offener gegenüber den ihn ergreifenden Kräften, die nicht als durch den Körper verursacht interpretiert, sondern als göttliche Mächte an ihren Wirkungen erkannt wurden. Eine der einleuchtendsten Formulierungen dieses „homerischen" Zustandes der erhöhten Ergreifbarkeit durch Regungen und Gefühle stammt von Hermann Fränkel, der vom Menschen Homers als einem „offenen Kraftfeld" sprach: „Die Person hat sozusagen noch keine undurchlässige Außenhaut, und der Gott ist keineswegs etwas bloß Fremdes. Kräfte strömen in den Menschen frei hinein; ... Sie sind spontan, und lassen sich nicht aus den mechanischen und motivischen Gegebenheiten ableiten; sie transzendieren seine eigene Person, und haben Weltgeltung und Weltwirkung." (Fränkel 1955c, 168)[26]

Auch Schmitz betonte die Differenz zwischen dem vorplatonischen Menschenbild und den durch platonisches und cartesianisches Denken geprägten Weltanschauungen. Den Beginn der Veränderung sah er ebenfalls bei Homer: „So etwas wie eine Seele, in der das Individuum eine ihm privat reservierte Innenwelt zur Verfügung hätte, kennt der Homer der Ilias noch nicht; seine Menschen können von sich wohl ‚ich' sagen, aber das, was sie damit meinen, nicht schon als gesonderten Vorrat nach Art einer Seele von allem Ichfremden abheben." (Schmitz 1978, 225)[27] Der Mensch der Ilias empfand „autonome Regungsherde", Gefühle und „Leibesinseln", die sich ihm oft mit einer solchen Intensität aufdrängten, daß er an sie die Initiative verlor. Schmitz sprach von einer „bezeichnenden Eigenschaft der Religiosität in der *Ilias*", nämlich der „fast vollständigen Auslieferung der Menschen an die göttlich-dämonischen Eingebungen, die über sie kommen" (Schmitz 1965, 444). Er hob ferner hervor, daß diese Phänomene in der Antike, aber auch bei den sogenannten ‚Naturvölkern', häufig als Besessenheit von einem Dämon umgedeutet wurden.[28] Eine solche, „bei Besessenheit in den Besessenen eingefahrene Macht" sei „in Wirklichkeit keine Person", sondern eine „heftige und intensive Ergriffenheit von einem Gefühl" (Schmitz 1977, 46).[29] Folgt man ihm weiter, so be-

26 Dazu Fränkel: „Wenn so der Mensch wie ein Kraftfeld ist, dessen Linien in Raum und Zeit hinausziehen ohne Grenze und Schranke, so können ebensogut ungehindert auch andere Kräfte in ihn hineinwirken, ohne daß es Sinn hätte zu fragen, wo das Eigne anfängt und das Fremde aufhört. Auch aufnehmend und leidend sind diese Menschen bedingungslos der Welt geöffnet – so weit geöffnet, daß die für unser Bewußtsein grundlegende Antithese zwischen dem Ich und dem Nichtich für das homerische Bewußtsein noch nicht besteht." (Fränkel 1951, 113)

27 Ähnlich meinte Held, daß von Innen- und Außenwelt auch bei den „Milesiern" nicht gesprochen werden kann (Held 1980, 136).

28 Dazu Schmitz: „Bisweilen geht die Auslieferung an das Göttliche bis zur Besessenheit, zur participation mystique, die nach Lévy-Bruhl für die Weltanschauung der Naturvölker charakteristisch ist." (Schmitz 1965, 444) Zur Intensität der Erfahrung von göttlichen Kräften und Mächten im religiösen Erleben s. a. Rappe (1993, 391ff. u. A. 23).

29 Dazu a. Bickel: „Dämonisch sind sämtliche Innenerlebnisse, bei denen die Spontaneität des menschlichen Ich durch übergewaltigen Drang übermannt wird." Diese „Dämonen" erklärte Bickel als „das instinktive Bewußtsein der menschlichen Passivität, wie sie ... in unheimlicher Hilflosigkeit einem

gann sich die Person in der Odyssee gegenüber dem, was sie ergreifen konnte, allmählich immer stärker abzugrenzen, denn an die Stelle der „Durchstimmtheit von Mächten" trat nun immer häufiger „die eigene Initiative" (Schmitz 1965, 447 u. 451f.). Er kam zu dem Ergebnis: „Der Mensch gilt hier nicht mehr hauptsächlich als Gefäß von Regungen, sondern als Vollzieher von Akten, die von den übergeordneten Mächten bloß noch ergänzt werden." (Schmitz 1965, 448) Er sei jetzt „nicht mehr ohne Weiteres durchlässig für die Mächte," sondern, und dies ist das Neue, er „stellt sie sich gegenüber". Dieser Prozeß habe seine „entscheidende Förderung" durch „die Introjektion" erhalten (Schmitz 1965, 462). Mit der Umdeutung des „konkret gespürten Inneren des körperlichen Leibes", das „durch sprachliche Metaphernbildung" immer mehr „in ein fiktives seelisches Inneres – ein Reich der intimen Innerlichkeit" gewandelt würde, ginge viel Sensibilität für die Leiblichkeit verloren. Die leiblichen Regungen würden „aus ihrer Schlüsselstellung im Erleben verdrängt", so daß sie „allmählich nur noch als Quellen und Anlässe metaphorischen Sprechens über Innerlichkeit" für die philosophische Besinnung Bedeutung besäßen, etwa so „wie wir heute gern vom Herzen sprechen". Sein Fazit lautete: „Die festgestellte zentrale Ichschwäche des homerischen Menschen ist nämlich nicht einfach seine Idiosynkrasie, sondern ein Phänomen, das in freilich wechselnden Graden immer vorhanden ist und nur in moderner Zeit durch ‚faustische' Wunschträume von Philosophen, Dichtern und anderen Menschen aus dem Bewußtsein verdrängt wird. Die großen asiatischen Kulturen sind von dergleichen Umdichtungen der Wirklichkeit weitgehend verschont geblieben und stehen daher dem phänomenologisch korrekteren homerischen Standpunkt in der *Ilias* näher als dem europäisch-amerikanisch modernen." (Schmitz 1965, 444f.)

Nicht nur bei den frühen Griechen oder den großen asiatischen Kulturen, sondern bei den meisten außereuropäischen Ethnien lassen sich Belege für eine solche Auffassung finden. In der Ethnologie wies bereits Leo Frobenius auf den Unterschied zwischen der Homerischen Weltanschauung und dem anthropologischen Dualismus hin.[30] Einen ähnlichen Schluß zog Heelas, der sich auf Own Barfield[31] und Ruth Padel stützend den Beginn des Internalisationsprozesses ebenfalls in der Odyssee sah.[32] Padel

unsichtbaren Etwas gegenüber zum Ausdruck kommt" und reduzierte sie auf „lediglich Innenerlebnisse der Passivität und des rätselhaften Überwältigtwerdens von innen heraus" (Bickel 1926, 118). Damit schloß er fälschlicherweise eine Außenursache aus.

30 Frobenius: „Noch im homerischen Griechentum (...) entscheidet zuletzt im Denken der Gott mit seinem Hinzutreten. Also geht hier noch ein ‚es denkt in mir' dem späteren griechischen: ‚ich denke' voraus, das dann im cartesischen ‚cogito, ergo sum' festeste Gestalt gewonnen hat."(Frobenius 1932, 181)

31 Über die Resultate des Internalisierungsprozesses schrieb Barfield: „on the one hand the peculiar freedom of mankind, the *spontaneous* impulses which control human behaviour and destiny, are felt to arise more and more from *within* the individual, ... on the other the spiritual life and activity felt to be immanent in the world outside ... grow feebler." (Barfield 1985, 171)

32 Heelas: „In many respects, it is not too far amiss to envisage early Greek thought as seeing phenomena of the external world as ‚subjects' and individuals as ‚objects' acted upon. ... Moving forward in time,

war zu dem Ergebnis gekommen: „Fifth-century Greek ideas of personality seem to have been far more exterior than ours. We assume that other people have a continuous inner life of their own; we speculate about it and reconstruct it from their behaviour. But fifth-century Athenian awareness of other people did not, apparently, include this kind of speculation." (Padel 1981, 116)

Über ähnliche Erfahrungen mit ergreifenden Mächten, wie sie die frühen Griechen der Ilias gehabt haben müssen, wußte auch Fritz Kramer aus Afrika zu berichten. Die große Ähnlichkeit der Menschenbilder spricht unter anderem daraus, daß Kramer (im Anschluß an Leenhardt) den Begriff „passiones" benutzte, um die Kräfte und Mächte in ihrer Wirkung auf den Menschen zu beschreiben.[33] Mit Dodds läßt sich der Zusammenhang mit den europäischen Vorstellungen folgendermaßen darstellen: „Der Grieche hatte immer die Leidenschaft als etwas Mysteriöses und Erschreckendes erlebt, als eine Kraft, die in ihm war und eher ihn besaß, als daß er sie beherrschte. Gerade das Wort *páthos* kann das bezeugen. Wie sein lateinisches Äquivalent *passio* bezeichnet es etwas, das einem Menschen ‚zustößt'; dessen passives Opfer er ist."(Dodds 1970, 98)

Die Vorstellungen vom Menschen als Opfer göttlicher und dämonischer Einflüsse, die einem schicksalhaft zustoßen, sind nicht nur weltweit verbreitete Erklärungen für Krankheiten, sondern kennzeichnen darüber hinaus eine Konstellation von Person und Leib, die den Menschen über seinen Leib geradezu magisch an die Welt bindet, ohne eine feste Grenze zwischen von außen eindringendem Affekt und im Inneren gespürter Regung zu ziehen.[34] Doch genauer den Weg zu beschreiben, der sich von dem homerischen Bild der mit den Regungen des Leibes koagierenden Person durch die frühgriechische Philosophie bis hin zu Platons Sicht des aus herrschender Seele und unterworfenem Körper zusammengesetzten Menschen zieht, ist die Aufgabe des weiteren Verlaufes der Studie, denn dieser Weg führte vom Leib zum Körpermodell.

Barfield's internalization process proceeding apace, many of the powers previously attributed to the external world or to the bodily are gradually reconceptualized as belonging to the inner autonomous self."(Heelas, 1981, 8)

33 Kramer: „Die Subjekte der passiones befinden sich ... nicht nur im Himmel, in Sonne, Regen, Erde und Wildnis, sondern zugleich auch im Inneren des Menschen. Das bedeutet einmal, daß man sie nicht als ausgedehnte, an einen Ort gebundene Körper oder Substanzen auffassen darf, und zum anderen, daß das menschliche Subjekt nicht, wie im europäischen Denken, als integriertes Selbst gilt, sondern als eine Vielfalt von heterogenen Subjekten, die sich unter bestimmten rituellen Bedingungen dissoziieren. Im Zustand der Dissoziation wird man eine Person nicht als die ansprechen, die sie im ‚normalen' Zustand ist, sondern als die Macht, die sich, von anderen Subjekten dissoziert, in ihr verkörpert, deren Handlungen sie als passiones darstellt." (Kramer 1984, 308)

34 Dazu Heelas: „The difficulty in establishing the natural foundations of passiones formulations is that almost any experience can be constructed as integral to the self (...), and, conversely, almost any experience is capable of dissociation –..." (Heelas 1981, 51) Und an andere Stelle: „Modified passiones formulations such as organs, the unconscious or ways of conceptualizing emotions allow experiences to be anchored in the ‚self'; they ensure that these experiences are happening to the self; and they facilitate dissociation or exorcism." (Heelas 1981, 48) Ähnlich auch Padel: „Mental events were motivated from inside and from outside; were caused both by gods and by something within the human being." (Padel 1981, 118)

4. Zusammenfassende Begriffsbestimmungen

Im weiteren wird mit folgenden Begriffen gearbeitet:

1. Der Leib: Von ganzheitlichen und teilheitlichen leiblichen Regungen durchzogen, stellt er mit seinen Bewegungsrichtungen der Engung und Weitung den Inbegriff des leiblichen Spürens dar.
2. Der Körper: Dieser ist nicht leiblich spürbar, sondern durch Schmecken, Sehen, Tasten, Hören und Riechen zugänglich.
3. Das Körpermodell: Es setzt sich aus physiologisch-anatomischen Strukturen zusammen und bestimmt als naturwissenschaftliches Bild des Körpers – wie es beispielsweise in den anatomischen Atlanten dargestellt wird – vor allem die medizinischen Vorstellungen. Der Begriff wird hier ausschließlich als eine solche abstrakte und auf einem spezifischen Verständnis methodischer Reduktion beruhende Vorstellung vom Leib verwendet.
4. Die Leibesinseln: Sie bilden als Regungsherde und Zentren leiblicher Aktivität das spürbare Gegenstück zu den Organen der Physiologie, die der direkten Erfahrung nicht zugänglich sind. Diese physikalisch-chemischen Einheiten des Körpermodells müssen ebenfalls von den sichtbaren Körperorganen unterschieden werden, die schon den frühesten und einfachsten Formen der Anatomie (sog. „Küchentischanatomie") bekannt waren.
5. Das Leibschema: Als begriffliches Hilfsmittel zum Beschreiben und Erforschen kulturspezifischer Symbolsysteme soll dieses definitorisch folgendermaßen eingeführt werden: *Ein Leibschema ist eine kulturspezifische, systematische Darstellung des Leibes und seiner Regungen.* Es umfaßt sowohl die Symbolisation des ganzen Leibes als auch die jeweiligen Ordnungen und Aufteilungen des Leibes in Zentren und Bereiche. Im Rahmen eines bestimmten kulturspezifischen Kontextes von Wissen stehend, dient es als wesentlicher Bestandteil der Weltanschauung zur allgemeinen Orientierung. Das europäische Körpermodell ist – von der internationalen Relevanz einmal abgesehen – nur ein kulturspezifisches „Leibschema". Es entstand aus der Umwandlung des archaischen Menschenbildes durch Demokrit und Platon. Wie diese Umformung genauer verlief und welche alternativen Leibschemata in anderen Kulturen entwickelt wurden, sollen die folgenden Kapitel zeigen.

Zweites Kapitel

Der Leib in der frühgriechischen Philosophie

Der folgende Gang durch die frühgriechische Philosophie beginnt bei der Frage nach den Homerischen Leibschemata, um dann zu den Philosophen Anaximenes, Heraklit, Parmenides und Empedokles überzuleiten. Diese frühen Denker waren noch nicht von der Demokritischen Reduktion und der Platonischen Seelenideologie infiziert, sondern philosophierten aus einer unverstellteren Haltung und einem ursprünglicheren Erleben heraus. Die umwälzenden Veränderungen, die durch Demokrit und Platon in die griechische Philosophie eindrangen, werden am Schluß des Kapitels besprochen. Damit schließt sich der Bogen von den Anfängen bis zu den entscheidenden Prägungen.

In dieser Epoche wurden nicht nur die ersten Systeme der frühgriechischen Philosophie entwickelt, sondern auch in den anderen Bereichen der stark expandierenden Wissenschafttten fanden erstmalig grundlegende Erkenntnisse ihre schriftliche Fixierung. Die besonders von den alten orientalischen Kulturen beeinflußten medizinischen und mathematischen Wissenschaften erlebten ihre theoretische Fundierung. Im Rahmen dieser Arbeit kann aber nur gelegentlich und im Vergleich mit den philosophischen Konzepten auf die Entwicklung medizinischer Leibschemata hingewiesen werden. Die anderen Probleme werden hier nicht behandelt, denn im Zentrum der Untersuchung steht die Frage nach dem Leib in den Konzeptionen der alten Philosophen.

1. Homer

Die Bedeutung der uns durch Homer überlieferten ersten schriftlichen Quellen kann gar nicht hoch genug eingeschätzt werden. Es scheint wünschenswert – wenn nicht sogar erforderlich – zur Grundlegung einer phänomenologischen Anthropologie ein möglichst genaues Bild von dem zu bekommen, was hinter den Begriffen *melea*, *guia*, *demas*, *soma*, *psyche*, *noos*, *thymos*, *phrenes*, *kradie*, *etor*, *ker* und *menos*, um nur die bedeutendsten zu nennen, an leiblichen Phänomenen sichtbar wird. Was unter diesen Ausdrücken zu verstehen ist, welches Menschenbild sich mit ihnen verbindet, wurde und wird in der Homerphilologie ausgiebig diskutiert. Diese Diskussion soll nun nachgezeichnet und um die phänomenologische Leibperspektive bereichert werden.

Leibesinseln versus „Organseelen" – Überblick der Forschungsgeschichte

Seit über hundert Jahren versuchen die Forscher unterschiedlicher Disziplinen das Problem zu lösen, wie sich die so fremd wirkenden kulturspezifischen Verbindungen von einzelnen Regungen, Gedanken und Gefühlen mit den verschiedenen „körperlichen Organen" adäquat beschreiben und erklären lassen. Insbesondere die Frage nach den Bezeichnungen der Leibesinseln und Regungsherde bei Homer hat innerhalb der wissenschaftlichen Auseinandersetzung eine lange Tradition. Immer wieder glaubte man, anatomische Substrate seien spürbar. Erwin Rohde, dessen Werk für die Frage nach den frühgriechischen Seelenvorstellungen in unserem Jahrhundert die Rolle des maßgeblichen Impulsgebers spielte, stellte das Problem folgendermaßen dar: „Die ursprüngliche Auffassung des ‚Naturmenschen' weiss die Regungen des Willens, Gemüthes, Verstandes nur als Handlungen eines innerhalb des sichtbaren Menschen Wollenden, den sie in irgend einem Organ des menschlichen Leibes verkörpert sieht oder verborgen denkt, zu verstehen." (Rohde 1925a, 44) Die einzelne Bezeichnung dieses „Wollenden" war für Rohde ein „Name der Gemüthsbewegungen", die in dem Organ „lokalisiert" und „verkörpert" würden. Die Lokalisation, die gemeint ist, wenn man z. B. vom „zornigen Herzen" spricht, zielt nicht auf das abstrakte anatomisch-physiologische Körperorgan, sondern auf eine Stelle im Leib, so daß sich allenfalls von einer „Verleiblichung" des Zorns sprechen ließe, der einen „leibhaftig" ergreift.

Neben Rohde beeinflußten vor allem Wilhelm Wundts Vorstellungen das vom Imperialismus, Evolutionismus und Animismus bestimmte wissenschaftliche „Klima" seiner Zeit. Homers Weltanschauung wurde für ihn weitgehend von einem „polymorphen Nebeneinander" der verschiedenen „Seelen-Formen" bestimmt. Er behauptete: „Neben dem Körper überhaupt wird ein einzelnes Organ als der Sitz einer psychischen Funktion unmittelbar empfunden." (Wundt 1920, 79, 109 u. 121)[35] Zwar hatte er erkannt, daß in vielen Kulturen der Leib („der Körper überhaupt") als ein Ganzes gespürt und bezeichnet wurde, und daß die vorplatonischen Anthropologien mit denen außereuropäischer Kulturen in mehreren Beziehungen übereinstimmten, aber seine Wortprägung „Körperseele"[36] war schon wegen ihrer dualistischen Kombination von Körper und Seele wissenschaftlich ebensowenig brauchbar wie seine terminologisch fragwürdige Bezeichnung „Organseele". Dieser lag angeblich die Erfahrung zugrunde, daß Wille und Gefühl untrennbar an den Körper gebunden seien. Das „unreflektierte" Bilden von Begriffen aus dem Empfinden „einzelner Organe als Sitz einer psychischen

35 Nach Bickel ist „die Realität der körperlichen Lebendigkeit im Menschen" durch „unmittelbare Erfahrung ohne Analogieschluß auf die Existenz irgendeines besonderen Ichs solcher ‚Seele' gegeben" (Bickel 1926, 63).

36 Unter der „an den Körper gebundenen Seele" verstand Wundt die Empfindung des „Körpers überhaupt" oder des „Körpers als Ganzem". Bickel hielt trotz seiner Kritik an Wundt gerade den Begriff ‚Körperseele' für zwar „anscheinend paradox gestaltet", aber doch für „zutreffend geprägt" (Bickel 1926, 41).

Funktion" stand für ihn am Anfang der evolutionistischen Stufenleiter. Es habe einzelne „seelische Tätigkeiten" ausgesondert und so begonnen, allmählich die Vorstellungen zu differenzieren. Die zeitliche Abfolge der Entwicklung ist aber kritisch zu betrachten (Wundt 1920, 109).[37] Zumindest Homer kannte keine „einheitliche Körperseele", wohl aber Bezeichnungen für Leibesinseln, also das, was Wundt irreführend „Organseelen" nannte. Der generelle Unterschied zwischen dem Leibschema als Vergegenständlichung leiblichen Spürens und dem Körpermodell als dem dualistisch geprägten anatomisch-physiologischen Bild vom Menschen wurde weder von Rohde noch von Wundt genügend beachtet. Sie scheiterten letztlich am platonisch geprägten Begriffssystem und verstellten sich so einen unvoreingenommenen Zugang zugunsten eines von Edward Tylor beeinflußten Evolutionismus. Ihre Terminologie wirkte aber vielfach weiter, nicht nur in der Homerphilologie.

In der Psychologie beispielsweise wurden die „Organseelen" von C. G. Jung aufgegriffen und in ihrer Aktualität für den Menschen des 20. Jh. diskutiert. Jung bezeichnete sie als „psychische Komplexe", die als „abgespaltene psychische Fragmente" nur noch „ein ganz merkliches Überbleibsel des *primitiven Geisteszustandes*" seien.[38] Der „primitive Geisteszustand" wiederum war in den Augen Jungs „von hochgradiger Dissoziierbarkeit", die sich daran zeige, „daß von Primitiven sehr häufig mehrere Seelen ... angenommen" würden (Jung 1971, 98). Doch Begriffe wie „primitiver Geisteszustand" und „Dissoziation" verlangen genauere Analysen, als sie von Jung geleistet wurden.

Auf die frühen Griechen bezogen, hatte sich Martin P. Nilsson ebenfalls in diesem Sinne geäußert; er sprach vom „labilen psychischen Gleichgewicht des homerischen Menschen". Dieser sei „der Herrschaft des Affekts des Augenblicks unterworfen" und lebe in einer „Art Persönlichkeitsspaltung" (Nilsson 1924, 374). Ernst Bickel vertrat einen ähnlichen Standpunkt, als er schrieb: „Der für allen menschlichen Seelenglauben gegebene anthropologische Dualismus bekundet sich ... erstens in der Scheidung zwischen Lebensseele und Lebewesen" und „zweitens in der Lokalisation der bewußten Innenvorgänge in einzelnen Körperteilen bzw. im ganzen Menschen, die schließlich auf die sogenannte Persönlichkeitsspaltung hinausläuft" (Bickel 1926, 100). Nun gibt es weder einen „für allen menschlichen Seelenglauben gegebenen anthropologischen

37 Dazu a. Bickel: „Die historische Entwicklung des Seelenglaubens vollzieht sich nicht so, daß der Glaube an die ‚Körperseele' durch den Glauben an die ‚freie Seele' abgelöst worden wäre und überhaupt in Übereinstimmung mit der Wundtschen Zweiteilung der Seelenvorstellungen in ‚Körperseele' und ‚freie Seele' Reiche der wirklichen Erfahrung sich schieden."(Bickel 1926, 41f.) S. a. J. Böhme (1929, 89)

38 Jung bezog sich bei seinen Beispielen auf Joh. Warneck und den *tondi*-Begriff der Batak. Dieser wurde schon von Arbman behandelt (Arbman 1926, 124 u. 1931, 375f.). Pfister und J. Böhme verglichen ihn mit dem *thymos* bei Homer (Pfister 1922, 2117f. u. J. Böhme 1929, 77 A. 6). Dazu a. E. L. Harrison (1960, 70). Eine allgemeine Übereinstimmung zwischen homerischer und „primitiver" Weltanschauung anzunehmen, erscheint nicht falsch, doch das Forschungsmaterial zum Vergleich zwischen *thymos* und *tondi* ist bis in unsere Zeit hinein ziemlich dünn (s. u. Kap. 10. 4). Zum Vergleich der Vorstellungen Homers und der anderer „Naturvölker" in der „Homerphilologie" s. a. Jahn (1987, 166) und dazu Joachim Latacz (1984, 38).

Dualismus" noch eine „Lebensseele" bei Homer. Die dortige Bedeutung von *psyche* als „Leben" hat auch nichts mit Seele im Sinne von psychologischen Funktionen zu tun (s. u.). Die „Innenvorgänge" wurden nicht in anatomischen Substraten lokalisiert, und die angebliche „Persönlichkeitsspaltung" muß ebenfalls als äußerst fragwürdig betrachtet werden. Von einer grundsätzlichen Schizophrenie (in diesem Begriff steckt das bei Homer so wichtige Wort *phrenes*) zu sprechen, scheint unangebracht. Solche pathologisierende Begrifflichkeit bietet keinen unverstellten Zugang zu den Phänomenen, sondern bezeugt eher Verständnischwierigkeiten, wo eine andere Art, die Welt, den Menschen und seinen Leib zu sehen, ausschlaggebend ist.[39]

Der Mensch Homers findet sich „seltsam ungeschützt, gleichsam ohne Hausmacht, in einem Konzert leiblich lokalisierter Regungsherde" (Schmitz 1981, 80). In Anspielung auf „die psychoanalytische Beziehung für namentlich beim Neurotiker verselbständigte Regungsherde" benutzte Schmitz auch den Begriff „Komplexe", verstand diesen aber nicht im psychologischen, sondern im phänomenologischen Sinn (Schmitz 1978, 225). So, wie ihn Jung anwandte, ist er in vieler Hinsicht irreführend. Selbst die Tatsache, daß Jung den Begriff „Primitiver" nicht abwertend verstanden wissen wollte, kann nicht darüber hinwegtäuschen, daß seine Einteilung und Zuordnung der „Komplexe" vor allem da fragwürdig ist, wo er sie zum einen aus dem „persönlichen Unbewußten" und zum anderen aus dem „kollektiven Unbewußten" herleitete.[40] Weder vom persönlichen noch vom kollektiven Unbewußten läßt sich irgendwie feststellen, wo es sich im Leib befindet. Die weitgehend autonomen Regungsherde und Leibesinseln zeichnen sich aber gerade durch ihre leibliche Lokalisation aus. Sie werden als absolute Orte gefühlt, wenn auch die Ortsangabe nicht anatomisch genau ist.

Die Tatsache, daß weder Organe noch physikalische Kräfte, weder Nervenleitungen noch sonstige anatomisch-physiologische Einheiten direkt gespürt werden können, wurde besonders in der Homerphilologie meist verkannt. Nach Bickels Ansicht sind das „elementare Gefühlsbewußtsein" und das „allgemeine Lebensgefühl" das „Ergebnis der mannigfaltigen Vitalempfindungen", egal ob diese nun „Respiration, Zirkulation" oder „Alimentation" betreffen (Bickel 1926, 62). Gemeint sind hier die leiblichen Regungen, die die phänomenologische Basis der einzelnen Bezeichnungen bilden. Gegen Bickels Auffassung von „Vitalempfindungen" wandte sich Joachim Böhme, der nicht glauben wollte, „daß alle homerischen Seelenbezeichnungen ursprünglich Namen von

39 Deshalb betonte Schmitz: „Man spricht angesichts solcher ebenso uralter wie neumodischer Sprengung des individuell zentralisierten Erlebens besser nicht von Partialseelen, sondern von Regungsherden." (Schmitz 1981, 80). In Bezug auf Homer und die als Beispiel immer wieder angeführten „Selbstgespräche" stellte schon Fränkel klar: „Es handelt sich also nicht um eine wirkliche Spaltung des Ich, sondern nur um diskursives Denken." (Fränkel 1951, 111)

40 Dazu Jung: „Die Seelen der Primitiven entsprechen den autonomen Komplexen des persönlichen Unbewußten, die Geister dagegen den Komplexen des kollektiven Unbewußten."(Jung 1971, 199) Zur Entsprechung des „von Homer Erkannten" mit dem, „was die moderne Psychologie das ‚Unbewußte' zu nennen pflegte", s. Plamböck, der, ohne zu überzeugen, Leibniz zum „Urheber" desselben machte (Plamböck 1959, 129).

Körperorganen oder -zuständen gewesen seien". Er kritisierte die „ganz unprimitive Erfassung des spezifisch körperlichen Lebens in Begriffen wie ‚Blutwallung' und ‚Muskelspannung'", die Bickel den „Primitiven" unterschoben habe (J. Böhme 1929, 27). Sicherlich ist J. Böhmes Kritik insofern berechtigt, als es keine Organempfindungen gibt. Allerdings ist trotzdem Vorsicht geboten. Eine „Blutwallung" als heftig anschwellende Bewegung im Leib, die mit einem warmen Gefühl und eventuell mit einem Erröten einhergeht, läßt sich als ganzheitliche leibliche Regung durchaus spüren. Man sagt dann beispielsweise „das Blut schoß ihm in die Adern" oder „die Schamesröte ergoß sich über sein Gesicht". Daß bei diesen Gefühlen auch das physiologische Blut beteiligt ist, soll nicht bestritten werden, doch wird man kaum den Fluß der einzelnen Blutkörperchen in ihren Kapillaren emotional nachverfolgen können. Auch leibliche Spannung und Kraftanstrengung der Glieder sind phänomenologisch leicht nachvollziehbar, wohingegen sich die Zurückführung auf Muskeln, Sehnen und Nerven dem Erleben nicht eindeutig aufdrängt, auch wenn körperliche Veränderungen wie beispielsweise das Anschwellen des Bizeps sichtbar sind. Anstelle solcher von Bickel versuchten „Erfassung des körperlichen Lebens" sprach J. Böhme von „Erlebniskomplexen".[41] Damit löste er die von Bickel geknüpfte Verbindung zum Körpermodell und rückte den Aspekt der Eigenständigkeit des Erlebens stärker in den Vordergrund. Versteht man den Begriff „Komplex" im oben erwähnten phänomenologischen, nicht im psychologischen Sinn, so kann ihm zugestimmt werden. Doch blieb er im weiteren innerhalb der von Wundt beeinflußten Terminologie, der sich auch Bickel angeschlossen hatte. Er hob sich zwar von Wundt ab, folgte aber Ernst Arbman und benutzte den Ausdruck „funktionelle Seelen" (J. Böhme 1929, 89 A. 1). Arbman hatte erkannt, daß sich der „Primitive" in einem für uns außergewöhnlichen Zustand befand, für den die noch nicht durchgeführte „Einheit des Selbst" charakteristisch sei (Arbman 1926, 172); ein Phänomen, das ebenso für Homer zutrifft und im weiteren Verlauf dieser Arbeit noch öfter zur Sprache kommen wird. Doch von „psychischen Organen" zu sprechen (Arbman 1931, 300), brachte ihm keinen Erkenntnisgewinn. Da für ihn die „funktionellen Seelen" in Beziehung zu bestimmten Organen standen, bezeichnete er sie schließlich (wie Wundt vor ihm) als „Körper-" oder „Organseelen" (Arbman 1926, 167).

Gerade die Organseelen-Vorstellung wurde von der Homerphilologie bereitwillig aufgegriffen und lebhaft diskutiert. J. Böhme variierte sie und machte aus den Organseelen „Seelenorgane". Er sprach von der „Lokalisation des seelischen Erlebens in bestimmten Körperorganen", aber auch „in Seelenorganen" (vgl. J. Böhme 1929, 28). Das übernahm Hermann Fränkel, als er schrieb: „Jedes einzelne Organ des homerischen Menschen kann eine eigene Energie entfalten, aber jedes repräsentiert zugleich die Gesamtperson. Körperliche und seelische Organe erscheinen nebeneinander auf gleicher Stufe" (Fränkel 1951, 109f.).[42] Aber auch er klärte nicht, was für eine „eigene

41 J. Böhme: „Die einzelnen Seelenbezeichnungen umspannen nicht das seelische Leben in seiner Gesamtheit, sondern nur bestimmte Erlebniskomplexe." (J. Böhme 1929, 87)

42 Fränkel weiter: „Die homerische Sprache unterscheidet mehrere Organe des Fühlens und Denkens. Jedes hat eine spezifische Funktion, aber naturgemäß überschneiden sich die Aktionsbereiche, für wel-

Energie" gemeint war und welche energetische Konzeption zugrunde lag. Das Konzept der „Seelenorgane" wurde auch von Bruno Snell benutzt. Er sah in dem Tatbestand, „daß der Name eines Organs auch dessen Funktion bezeichnet", eine der „geläufigsten Formen" von Metaphern bei Homer und meinte, dadurch würde der Name auf „etwas Undingliches" abzielen und so zum „Vorläufer des Abstraktums" werden (Snell 1978, 11f.). „Vorläufer"-Vorstellungen müssen aber kritisch betrachtet werden – evolutionistische Konnotationen sind zu suggestiv mit solchen Gedanken verbunden.

Bei seinen weiteren Untersuchungen kam Snell dann auf den „paradoxen Begriff des ‚geistigen Organs'". Diese Bezeichnung entbehrt jeder anthropologischen Grundlage und wurde mittlerweile von Gert Plamböck und Thomas Jahn kritisiert. Solche Kombinationen von Begriffen wurzeln in Vorstellungen des vorigen Jahrhunderts und sind die Last der evolutionistisch-animistischen Denkweisen, die seit Rohde und Wundt über Bickel und J. Böhme von Snell weitergeschleppt wurden.[43] Auch mit der Kritik von Schmitz an Snell läßt sich schließlich klar zeigen, daß auf so fragliche Begriffe wie „Körperseele", „Organseele" oder „Seelenorgan" gänzlich verzichtet werden sollte (Schmitz 1965, 409).

Der neuere Forschungsstand

Stehen die Arbeiten von Rohde, Wundt, Bickel, J. Böhme, Snell, Regenbogen und Fränkel in einer historischen Situation, die zu ihrer Zeit ein Durchbrechen des anthropologischen Dualismus nicht zu ermöglichen schien, so gilt das nicht mehr für Jahn. Zwar hatte er die Forschungsgeschichte kritisch aufgearbeitet,[44] doch fehlte ihm die Reflexion auf die eigene anthropologische Perspektive. Er glaubte, daß „die Zuständigkeit von Körperteilen im Körperinneren für psychische, ebenfalls *im Inneren* empfundene Phänomene" auf einer „allgemein menschlichen Erfahrung von psychosomatischen Wechselbeziehungen" beruhe (Jahn 1987, 10). Psychosomatik setzt aber eine Trennung von *psyche* und *soma* voraus, die dann wieder als irgendwie zusammenhängend gedacht werden. Wie sehr Jahn im dualistischen Denken verhaftet blieb, zeigt sich daran, daß seiner Meinung nach die Bezeichnungen für die Leibesinseln immer einen „materiellen Gegenstand als Subjekt" voraussetzen, denn, so Jahn: „Neben dem Herzklop-

che die verschiedenen Organe zuständig sind." Zu den „„mental organs"" s. E. L. Harrison (1960, 63), zu dem „System der seelischen Organe" s. Erbse (1990, 1) sowie Jahn (1987, 26 u. 252).

43 Snell (1931, 77), Plamböck (1959, 65) u. Jahn (1987, 173). Regenbogen hatte Snell und vor allem Bickel vorgeworfen, „in dem undurchführbaren Bemühen, homerische Ausdrucksgestalten in moderne Worte zu kleiden", der Gefahr einer „Zerfaserung einheitlicher Komplexe in koordinierte Einzelelemente" nicht entgangen zu sein (Regenbogen 1948, 9). Bei der Frage nach den „Erlebniskomplexen und Erlebnisweisen" gab er J. Böhme teilweise recht. Er wollte wie dieser anstelle der „Vielheit von Lebensseelen" lieber von „einer Vielheit seelischer Funktionen des lebenden Organismus, die jeweils auf der Grundlage belebter Körperlichkeit sich vollziehen", sprechen (Regenbogen 1948, 10 zu J. Böhme 1929, 89 A. 1). Doch damit kam auch er nicht über eine dualistische Terminologie hinaus.

44 Dazu Jahn (1987, 124ff.).

fen, -schlag ist ein Klopfen/Schlagen des Mutes, Gemüts, Sinns etc. unvorstellbar und daher eine inadäquate, absurde Bildung: Die Vorstellung des Schlagens, Klopfens im Innern ist untrennbar mit dem Gedanken an etwas *Körperliches* verbunden."(Jahn 1987, 10 A.10)

Herzklopfen ist für Jahn das Schlagen des materiellen Substrates „Herz". Doch wie genau stellt er sich das Schlagen vor? Als eine Zuckung welcher einzelnen Muskeln? Und wie hängt der Mut damit zusammen? Abgesehen davon, kannte Homer keine Materie und deshalb auch kein „materielles Subjekt" und keinen „Körper" in unserem Sinn. Es fand bei ihm weder eine Übertragung statt, noch bestand ein „Referenzverhältnis" zwischen Organ und Regung.[45] Die Bezeichnungen dienten nicht dazu, die „Funktionen" der „Organe" zu begreifen, sondern gespürte Regungen zu benennen. Diese drängten sich dem konkreten Erleben auf; man stellte sie sich nicht irgendwie nur vor, sondern erfuhr sie direkt. Dabei mögen auch Bewegungen der Muskulatur beteiligt gewesen sein, denn Leib und Körper widersprechen sich nicht. Nur das Gefühl des Schlagens und Wallens des Mutes auf Muskelzuckungen zu reduzieren geht zu weit. Das leiblich Gespürte selbst ist das gesuchte Phänomen. Abstrakte Erklärungsmodelle und Bezüge zu neurophysiologischen und chemikalischen Abläufen im naturwissenschaftlichen Körper helfen zum Verständnis der leiblichen Dimension bei Homer nicht. Als Jahn von einer „unvorstellbaren, inadäquaten und absurden Bildung" sprach, demonstrierte er lediglich seine eigene Befangenheit, die es ihm nicht erlaubte, über das dualistische Denkschema von „psychosomatischen Wechselbeziehungen" hinauszublicken. Die Vorstellung vom „Schlagen und Klopfen im Inneren", das an etwas „Körperliches" gebunden sein soll, entspricht den alten Wundtschen „Organempfindungen". Da es aber keine Organempfindungen gibt, der meßbare „Herzschlag" und das „materielle Subjekt" des anatomisch-physiologischen Herzens eben nicht gespürt werden können, da sich aber andererseits nicht bestreiten läßt, daß Spannungen und Regungen, Wallungen und Strömungen, Rhythmus und Stockung die leibliche Intensität bestimmen, kann durchaus von einem „Schlagen des Mutes" oder „Aufbrausen der Regung" gesprochen werden. Auch heute noch sagen wir beispielsweise, daß ihm der Mut im Herzen anschwoll, oder daß das Herz vor Freude im Leibe hüpfte, womit in beiden Fällen sicher nicht das physiologische Substrat Herz gemeint ist, aber auch keinesfalls eine „absurde Bildung" vorgenommen wurde. Die Schilderung dieser Erregung mittels der Herzmetaphorik ist sogar phänomenologisch exakt, vorausgesetzt allerdings, man meint die Leibesinsel „Innere Brust" bzw. das Innere des Leibes und nicht das naturwissenschaftliche Körperinnere, also das Körperorgan „Herz". Diesen Unterschied bekam Jahn nicht in den Blick. Es zeigt sich also, daß Jahn selber eine „absurde Bildung" vornahm, als er glaubte, leibliche Regungen wären die „Funktionen" anatomischer Organe, denn absurd ist es, Organempfindungen zu postulieren und

45 Dazu Jahn: „Es ist sehr wahrscheinlich, daß im *körperlichen* Bereich zwischen jeder dieser Bezeichnungen und einem bestimmten (inneren) Körperorgan jeweils ein strikt determiniertes Referenzverhältnis bestand. Nachweisen läßt sich dies nicht ..." (Jahn 1987, 296)

das direkte Spüren, wie es durch das „Schlagen des Mutes" ausgedrückt werden kann, für inadäquat zu erklären.

Jahn wurde von Hartmut Erbse kritisiert, der aber sehr an Snell hing und von „seelischen Organen" sprach (Erbse 1990, 2). Seiner Meinung nach würde Jahn zu Unrecht „den überaus glücklichen Gedanken seiner Vorgänger, daß die Kräfte des menschlichen Innenlebens in Analogie zu den Vorstellungen vom Körper als ‚Seelenorgane' gedacht worden sind", verwerfen (Erbse 1990, 6). Doch gerade in diesem Punkt ist Jahns Kritik an Snell zuzustimmen.

Damit ist das vorläufige Ende der Diskussion über das Verhältnis von „körperlichen" Organen und seelischen Empfindungen erreicht. Von Rohde und Wundt als den exponiertesten Vertretern des vorigen Jahrhunderts über Bickel, J. Böhme, Snell und Fränkel bis hin zu Jahn und Erbse zeichnet sich also eine Forschungsgeschichte ab, in der darüber gestritten wird, ob nun „Organseelen" oder „Seelenorgane" die adäquate Bezeichnung für die Leibesinseln seien. Fest steht, daß die verhängnisvolle Verfangenheit in der platonisch geprägten, dualistischen Anthropologie ein tieferes Eindringen in die Denkweise vergangener Epochen verhinderte.

Die Bezeichnungen des Leibes und seiner Glieder

Zeigt also schon der Überblick der Forschungsgeschichte die grundsätzliche Problematik bei der Beschreibung homerischen Leibempfindens, so sollen nun bei der konkreten Diskussion um die einzelnen Begriffe des Leibes und seiner Glieder zwei Aspekte besonders berücksichtigt werden. Erstens taucht die Frage auf, was an Wissen zu den Leibvorstellungen Homers positiv festgestellt werden kann, und zweitens gilt es zu klären, wie sich durch den Paradigmenwechsel vom Körper zum Leib diese Fakten neu interpretieren lassen. Was ändert sich also, wenn anstelle von Körpermodell und anatomischen Organen vom Leib und seinen Regungsherden gesprochen wird?

Melea und *guia* – der Leib als Vereinigung der „Glieder"

Auf homerische Vorstellungen den späteren anthropologischen Dualismus zu stülpen, sollte unbedingt vermieden werden. Dies stellte Snell, der starken Einfluß auf die Erforschung des frühgriechischen Menschenbildes nahm, heraus, indem er in seiner kritischen Besprechung von J. Böhmes Werk über die hier genannten Begriffe warnte: „Schon das Körperliche, um von diesem Gegensatz zum Geistigen auszugehen, stellt sich Homer anders dar als uns; so wenig wie das Geistige wird es als organische Einheit begriffen: es gibt bei Homer kein Wort für Leib oder Körper." (Snell 1931, 75) Allerdings zeigt die Aussage auch terminologische Schwierigkeiten Snells. Da dieser nicht zwischen Körper und Leib unterschied, mußte er mit einem dualistischen Erklärungssystem Sachverhalte beschreiben, die weder als körperlich noch als geistig bezeichnet werden können. Homer kannte kein abstraktes und aus Teilen aufgebautes Körpermodell. Seine Vorstellungen lassen sich auch nicht irgendwie auf einen Geistbegriff bringen. Überhaupt sind Worte wie „das Geistige" oder „das Seelische" keine präzisen Bezeichnungen für leibliche Phänomene. Zwar kommt der *psyche*-Begriff und auch das Wort *soma* bei Homer vor, doch haben beide dort ganz andere Bedeutungen als später bei Heraklit, Demokrit und Platon. Snells Behauptung, es gebe bei Homer kein Wort für den „Körper", trifft insofern, als daß der von Demokrit und Platon angewandte Begriff *soma* bei Homer den Leichnam in einem leiblich-magischen Sinne meint (s. u.). Damit soll aber nicht gesagt werden, Homer habe keinen Begriff für den spürbaren Leib oder den sicht- und tastbaren Körper gehabt. Im Gegenteil: Anstelle des nachplatonischen „Körpers" kannte Homer die mit *demas* bezeichnete sichtbare Gestalt sowie die mit *melea* oder *guia* bezeichneten „Glieder". Mit den beiden Begriffen *melea* und *guia* sind die Glieder des menschlichen Leibes in einem vorphilosophischen Sinn gemeint, nämlich nicht in unserem heutigen Verständnis, sondern auf eine veränderte, uns nur noch schwer zugänglich erscheinende Art. Die Menschen Homers erlebten „ihren Körper weitaus weniger zentralisiert, eher als locker gefügten Gliederhaufen", den sie von daher mit den Worten *guia* oder *melea* treffend bezeichneten (Schmitz 1988a, 74).[46] Sie hatten nach Schmitz eine „befremdlich pluralistische Auffassung vom menschlichen Körper", denn in Homers Sprache sei „die Einheit des Leibes noch nicht markiert" (Schmitz 1965, 443). Was also bei Homer fehlt, ist nicht ein Wort für Körper oder Leib, sondern die Vorstellung einer Zusammensetzung des Menschen durch Körper und Seele. Außerdem besteht keine Bezeichnung für die eindeutige und durchgängige Einheit des Leibes und der Person.

Die Erfahrungen von spürbaren und sich aufdrängenden Regungen, die hinter der Bezeichnung „die Glieder" stehen, lassen sich an einigen Beispielen verdeutlichen. Daß es uns auch heute noch möglich ist, das homerische Leibgespür zumindest ansatzweise nachzuvollziehen, kann mit der Iliasstelle 3. 34 gezeigt werden, wo Paris beim Anblick des ihm mit Tötungsabsicht gegenübertretenden fürchterlichen Menelaos die Glieder (*guia*) zitterten. Wenn wir davon sprechen, daß der Mensch vor Angst bebte, so tritt der leibliche Hintergrund hervor, und es zeigt sich eine gewisse Verselbständigung

46 Dieser Sachverhalt wird trotz terminologischer Unschärfe in der Forschung allgemein anerkannt. Zu *melea*, „lit. ‚limbs', i. e. the body, for which no collective word was yet in common use" s. W. K. C. Guthrie (1965, 67). Hans Schwabl, der begrifflich nicht zwischen Körper und Leib unterschied, kam mit generellem Bezug auf „primitive Sprachen" zu dem Ergebnis: „Und auch für das Griechische müssen wir uns vor Augen führen, was es heißt, daß Homer eines Begriffes wie Seele oder Leib (in unserem Sinne) ermangelt: daß dafür das Nebeneinander der ‚natürlichen' Glieder tritt". (Schwabl 1986, 397) Carl Werner Müller definierte *melea* als „Glieder, beseelter Leib, individuelle Konstitution" (C. W. Müller 1965, 19 A. 16) und verwies auf W. J. Verdenius (1949, 126). J. Mansfeld meinte, *melea* wären „die Teile des *menschlichen* Körpers, Rumpf, Kopf, Arme und Beine" (Mansfeld 1964, 188). Fränkel sprach von den Gliedern als Teilen des „beseelten Leibes" und ergänzte, „wir müssen ‚beseelten' zufügen, denn eine Unterscheidung von Leib und Seele gab es bei Homer für den lebenden Menschen noch nicht." (Fränkel 1955c, 175) S. a. Adkins: „Both words are neuter plural, and mean ‚limbs': *guia* being the limbs as moved by the joints, *melea* the limbs in their muscular strength. ... There is no word for the body as a whole:...the plurals *guia* and *melea* refer to it as an aggregate of units." (Adkins 1970, 21)

der leiblichen Regungen, die die Person unabweisbar in einen Zustand versetzen, dem sie sich nicht entziehen kann.

Noch ein weiteres Beispiel soll das Zusammenwirken der Gefühle mit den „Gliedern" illustrieren. In Ilias 24. 514 befreit sich Achill von der Trauer und der Sehnsucht, die sich seit dem Tod des Patroklos in seinen „Gliedern" (*guia*) manifestiert hatten. „Ihm saß der Schmerz um den gefallenen Freund in den Gliedern", könnte es in unserer Umgangssprache heißen, ohne daß dabei angegeben würde, welche einzelnen Körperteile genau gemeint sind und wo exakt das Gefühl „sitzt". Dabei deutet schon die Tatsache, daß der heutige allgemeine Sprachgebrauch zwar gerne den Begriff „Körperteile" verwendet, aber von Körpergliedern viel zurückhaltender spricht, auf einen Unterschied zu homerischen Vorstellungen hin. Trauer und Sehnsucht hatten Achill so sehr ergriffen, daß sie seinen ganzen Leib in Mitleidenschaft zogen. Hier war noch keine Trennung in ein „psychisches" Gefühl und ein „körperliches" Symptom vorhanden, sondern die Sehnsucht wurde so mächtig gespürt, daß sie die einzelnen Glieder des Leibes durchdrang und den Leib als Ganzen belastete. Auch heute noch sieht man einem traurigen oder vom Leid geschlagenen Menschen seinen Zustand geradezu an, wenn er ihn nicht absichtlich verstellt. Trauer kann sich in ihrem leiblichen Ausdruck so sehr verdichten, daß sie gleichsam ausstrahlt, ohne daß sich nun sagen ließe, welche anatomisch-physiologischen Anzeichen dafür sprechen. Es drängt sich dann ein Eindruck auf, der einem mit intuitiver Sicherheit die Situation des Anderen zumindest ansatzweise erschließt. Achill war nicht im naturwissenschaftlichen Sinne krank oder körperlich verändert, sondern mit der Trauer in den Gliedern ist ein ganzheitliches Gefühl gemeint, das zwar leiblich gefühlt wird und im Ausdruck sichtbar ist, aber körperlich nicht genau lokalisiert werden kann.

Im folgenden Fall ist der Gebrauch des Begriffs *melea* etwas schwieriger verständlich. Das Knirschen des Kiefers in Ilias 23. 689, das beim Kampf des Epeios gegen Eurylaos zu Ehren des gefallenen Patroklos „aus den Gliedern heraus" oder „von den Gliedern (*meleon*) her" zu hören ist, unterstreicht das Gefühl der Heftigkeit, mit dem die zwei Leiber aufeinanderprallen und die Kämpfer ihre Kräfte messen. Zwei Zeilen weiter hat Epeios den Kampf gewonnen und dem Eurylaos „die Glieder gebrochen" (Ilias 23. 691), nämlich ihn bewußtlos geschlagen. Das „Brechen" oder das „Lösen der Glieder" (Ilias 4. 469) sind beliebte Bilder für Tod und Ohnmacht, also für den Verlust leiblicher Kraft und Spannung. Hier von einem Brechen der Körperteile zu sprechen, ergäbe keinen Sinn, denn gebrochen werden nicht einzelne Teile, auch nicht einzelne Glieder, sondern es ist eher der Zusammenhalt des Leibes, der, sind die Glieder nicht mehr miteinander verbunden, verlorengeht.

Damit tritt die Bedeutung der Bezeichnung *melea* oder *guia* für den Verbund der separaten Glieder zu einem ganzheitlichen Leib prägnant hervor, und es zeigt sich, daß Homers Leibbegriff die Pluralität seiner Glieder so umfaßt, daß sie weder fest und eindeutig koordiniert noch einer Zentralinstanz untergeordnet sind.[47] In dieser plurali-

47 Neben Snell behauptete auch Hans Herter, Homer habe „von einzelnen Gliedern statt vom ganzen Leib" gesprochen (Snell 1931, 92f.). Das stimmt aber nur mit der Einschränkung, daß Herter hier mit

stischen Auffassung des Leibes mit ihrer „Bevorzugung der Glieder" sah Herter ein ganz natürliches Charakteristikum des Sprechens zu „allen Zeiten", das in Ausdrücken wie „kräftige Arme, hurtige Beine und sich regende Knie" bis heute vorkommt. Ergänzen ließen sich noch Beispiele wie die geschickte Hand, die tragenden Füße, das flinke Auge, der tastende Finger oder die atmende Brust. Die relative Selbständigkeit der Glieder, die sich in diesen Ausdrücken andeutet, betonte auch Snell, der in diesem Zusammenhang vom „dinghaften Nebeneinander der Glieder" sprach und von Homer meinte: „Was uns als Leib erscheint, ist ihm die Summe einzelner Organe; es fehlt das Bewußtsein von einem einheitlichen Organismus." (Snell 1931, 75) Snells Rede von Organen übernahm auch Fränkel, als er behauptete: „Der homerische Mensch ist nicht eine Summe von Leib und Seele, sondern ein Ganzes. Aber an diesem Ganzen können jeweils bestimmte Teile, oder besser: Organe, besonders hervortreten." Was er unter diesen Organen verstand, führte er weiter so aus: „Die Arme sind ebensogut ein Organ des Menschen, nicht des Körpers, wie der Thymos (das Organ der Erregung) ein Organ des Menschen, nicht der Seele, ist. Der ganze Mensch ist überall gleich lebendig; jene Aktivität, die wir ‚seelisch' nennen würden, kann jedem seiner Glieder zugeschrieben werden." (Fränkel 1951, 109)

Hier hatte Fränkel – ähnlich wie Snell – etwas Wichtiges gesehen, aber ungenaue Begriffe benutzt. Für Homer bestand der lebende Mensch sicherlich nicht aus Körper und Seele, sondern aus den Gliedern, die ein Ganzes bildeten. Dieses Ganze war aber mehr als die Summe von Teilen, denn eine solche zerfällt, wenn man sie auflöst, in wertkonstante Bruchstücke (Teile), wohingegen beim „Lösen der Glieder" das Leben und die Spannung, die eigentlich die Snellsche „Summe" erst ausmachen, entweichen. Arme, Beine und *thymos* sind bei Homer keinesfalls „Teile" einer Summe und „Organe" nur im metaphorischen, nicht im anatomisch-physiologischen Sinne. Der Unterschied zu unserem heutigen Spüren des Leibes besteht darin, daß die Aktivitäten der einzelnen Leibesinseln, die sich als Regungen und Bewegungen äußern, bei Homer intensiver wahrgenommen wurden. Die durch eine wesentlich größere Autonomie bedingte pluralistische Auffassung zeigt ein eher koordinierendes und koagierendes Verhältnis des Menschen zu dem lockeren Aggregat der disparaten Elemente seines Leibes. Dieses „Gliederkonzept" ist ein Leibschema, das sich im Vergleich zur nachplatonisch geprägten Denkart durch eine veränderte Selbstwahrnehmung auszeichnet. Der Mensch von heute richtet sich viel weniger nach seinem Leib, sondern orientiert sich an dem von der Wissenschaft zur Verfügung gestellten Körpermodell. Homers Sicht wird dagegen durch eine Leibperspektive bestimmt.

„Leib" das Körpermodell meint und mit „den Gliedern" nicht primär einzelne Körperteile, sondern den Leib in einer pluralistischen Verbundenheit anspricht. S. a. Hermann Koller: „Homer kennt keinen Ausdruck, der unserem Wort ‚Körper' entsprechen würde". (Koller 1958, 266)

Demas und *soma* – lebende Gestalt und Leichnam

Neben den „Gliedern" gibt es noch einen weiteren Begriff, der den sichtbaren Leib des Menschen bezeichnet, nämlich *demas*, die Gestalt.[48] Dazu schrieb Ernst Bickel: „Der Begriff des ‚lebendigen Körpers' ist für Homer gleichbedeutend mit dem Menschen überhaupt und seiner ‚Gestalt'." (Bickel 1926, 56) Ähnlich betonte Hans Schwabl den ganzheitlichen Eindruck des lebenden Menschen, der im Begriff *demas* erkennbar wird. Er meinte, „daß die Einheit des Menschen bei Homer die Gestalt ist, die als solche die Wurzeln des bestimmten Handelns und des bestimmten Sichbewegens in sich trägt und so die Grundlage der ganzen Darstellung bildet. Freilich gehört, eng verschlungen, zu dieser Gestalt noch vielerlei: Verhältnis zu den Göttern, Abstammung, Stand." (Schwabl 1955, 58)[49] Herter stellte dem Gliederkonzept den Begriff *demas* gegenüber. *Demas* war für ihn aber ein eher „abstrakter Begriff" (Körperbau), eine Art „kümmerlicher Ersatz" für die sonst nicht vorhandene Einheit des „ganzen Körpers", durch den die „leibliche Einheit" doch nicht völlig „im Vokabular" Homers fehlen würde (Herter 1975, 94). Die sichtbare Gestalt (*demas*) und die gespürten Glieder (*guia*, *melea*) lassen sich als gespürter und gesehener Aspekt des Leibes grob gegeneinanderstellen. Beide meinen den lebendigen Leib in seiner Umwelt, während sich der Begriff *soma* auf den toten Leib bezieht.

Sowohl Hermann Koller als auch Herter überprüften die These, daß *soma* bei Homer hauptsächlich die Bedeutung von Leichnam zukommt.[50] Herter glaubte nachweisen zu können, daß schon bei Homer *soma* als „lebendiger Körper" verstanden wurde. Er bestritt keineswegs, daß vorwiegend der „tote Leib" gemeint sei, diskutierte aber dann die Stellen Ilias 18. 161ff. und Ilias 3. 21ff., in denen die Bedeutung Leichnam nicht direkt ersichtlich ist. Seine Folgerung, hierin einen Belege dafür zu sehen, daß *soma* bei Homer auch den lebenden Leib bezeichnet (Herter 1975, 105), geht etwas zu weit, denn gerade diese beiden Stellen wurden von Koller anders interpretiert. Die Auslegung des Löwengleichnisses (Ilias 3. 23) führte Koller zu der These, daß *soma* dort als „Beute" des Löwen, als „Gelegenheit" oder als „Gegenstand", an dem er seinen Hunger befriedigen kann, anzusehen sei. Der Aspekt, daß strenggenommen die „Beute" noch solange lebt, bis sie vom Löwen getötet wird, spielte in Kollers Sicht kaum eine Rolle, denn als Beute des Löwen sei diese „fast auf der Stelle eine Leiche". Ilias 18.161ff. läßt sich nach Koller ebenfalls in diesem Sinne deuten. Hier war auch Herter der Meinung: „Faktisch mag das Beutetier tot sein, wenn der Löwe es gleich richtig getroffen oder wenn er

48 Vgl. a. Adkins, der *demas* mit „structure" übersetzte (Adkins 1970, 21).

49 S. a. Koller, der *demas* mit „Bau, Gestalt" übersetzte (Koller 1958, 266). Jenny Clay,, die *demas* etymologisch mit *demo* „to build or construct" verknüpfte, meinte, *demas* würde meist in Begrenzung auf die „external and visible human form" verstanden, z. B. in Ilias 5.801 oder Odyssee 10.240; 17.307f. (Clay 1974, 129).

50 Den Unterschied zwischen *demas* (lebende Gestalt) und *soma* (toter Leib) hob Aristarch hervor. Dazu Clay (1974, 129), Koller (1958, 277), Herter (1975, 94) u. Bickel (1926, 9). Zu *soma* als Leiche s. a. Snell (1931, 75) und zur späteren Auffassung als „lebender Körper" Bickel (1926, 9).

es lange genug zerfleischt hat" (Herter 1975, 97). Seine weitere Interpretation von Ilias 3. 23 nahm allerdings keine Rücksicht darauf, daß eine „faktisch" schon tote „Gelegenheit" oder „Beute" gemeint war. Er postulierte, *soma* bedeute bei Homer „‚Leib' schlechthin", „gleichgültig, ob lebend oder tot" (Herter 1975, 105). Daraus weiter zu folgern, *soma* könne allgemein den lebenden Leib bezeichnen, projiziert eine zu große analytische Schärfe in die Gedankenwelt Homers. Dies mochte Herter selber geahnt haben, denn er betonte in seiner Schlußbetrachtung: „Es bleibt jedoch, ich wiederhole es, die eigentümliche Abneigung Homers gegen das Wort und überhaupt gegen eine zusammenfassende Bezeichnung des Körpers".

Psyche – der Totengeist

In der Ilias (1. 3ff.) wird zu Beginn gesagt, daß der Zorn des Achill den Achaiern große Leiden zufügte „und die Seelen so vieler gewaltiger Helden zum Hades sandte, aber sie selbst zum Raub den Hunden gewährte und den Vögeln zum Fraß". Mit diesen Zeilen lassen sich die Grundzüge der Homerischen *psyche*-Vorstellung charakterisieren. Die Seelen werden als kraftlose Schatten in den Hades geschickt, die Leiber aber den Hunden und Vögeln zum Fraß vorgeworfen. Was dabei erstaunt, ist die Behauptung, daß die Leiber die Helden selbst sind. Verwunderlich ist diese Vorstellung aber nur wenn man an eine ‚unsterbliche Seele' denkt, die das Wesentliche, die Essenz der Person, verkörpert, wohingegen der vergängliche Körper – nur aus Asche und Staub gemacht – wieder zu Staub wird. Bei Homer ist aber der Leib die Person und die *psyche* nur ein vages, luftartiges Gebilde (*eidolon*), das zwar durch den Tod freigesetzt wird, das aber während des Lebens keine Rolle spielt und auch im Hades lediglich ein Schattendasein führt.[51] Das brachte Fränkel zu der pointierten Formulierung: „Die Sprache Homers hat kein Wort für die Seele eines lebenden Menschen, und konsequenter Weise auch keines für seinen Leib. ... Er fühlte sich nicht als eine gespaltene Zweiheit, sondern als ein einheitliches Selbst." (Fränkel 1951, 108)

Sofern die „Glieder" einen lebendigen Zusammenhang bilden, läßt sich vielleicht von einem gewissen „einheitlichen Selbst" sprechen, allerdings wird dies nicht mit einem eigenen Begriff, sondern allenfalls mit dem jeweiligen Namen der Person bezeichnet. Von einer „gespaltenen Zweiheit" kann bei Homer sicherlich nicht die Rede sein. Wenn aber Homer kein Wort für die „Seele eines lebenden Menschen" hatte, was genau verstand er dann unter *psyche*?

Auf diese Frage gibt es zwei Antworten: einmal die gerade erwähnte Vorstellung der *psyche* als Totengeist, der in den Hades fährt, zum anderen die Bedeutung von „Leben"

51 S. a. W. F. Otto: „Die körperliche Erscheinung allein ist es, die ‚den Menschen selbst" repräsentiert. Die Psyche des Verstorbenen ist diese körperliche Erscheinung, allerdings umgesetzt in einen luftartigen Stoff. Angesichts des materiellen Leichnams kann nur ihm die Bezeichnung ‚er selbst' zukommen. Die Psyche ist ja nur das gewissermaßen entmaterialisierte Nachbild des Körpers." (W. F. Otto 1962, 36)

im weitesten Sinn.[52] Die Totengeist-Vorstellung läßt sich kurz mit Walter F. Otto so beschreiben: „Schattenhaft, rauchartig, flüchtig und dementsprechend kraftlos denkt Homer sich diese abgeschiedene Psyche, im übrigen aber als ein vollkommenes Abbild des Menschen und seiner Leiblichkeit." (W. F. Otto 1962, 21) Schwieriger wird es, den Ausdruck „Leben" zu deuten. Eine vage Verknüpfung von Totengeist und „Leben" kommt durch die Begriffe „Atem, Hauch" zustande. Zur *psyche* Homers schrieb Rohde: „Ihr Name bezeichnet sie, wie in den Sprachen vieler andrer Völker die Benennungen der ‚Seele', als ein Luftartiges, Hauchartiges, im Athem des Lebenden sich Kundgebendes." (Rohde 1925a, 3) Doch hier muß man Vorsicht walten lassen. Eine genaue Beziehung zwischen *psyche* und Atem, also wie sie sich „kundgibt", oder gar die beliebte Deutung als letzter Atemzug, Lebensatem kann für Homer nicht nachgewiesen werden (s. u.). Trotzdem gingen Eduard Zeller und Wilhelm Nestle davon aus. Sie formulierten eine im vorigen Jahrhundert populäre Theorie, nach der das Entstehen dieser Vorstellungen auf zwei Ursachen zurückzuführen sei: „Die Unterscheidung der Seele vom Leib entsteht dem sinnlichen Menschen durch die Erfahrung von ihrer wirklichen Trennung, durch die Anschauung des Leichnams, aus dem der belebende Atem gewichen ist, und die vermeintliche Anschauung der Abgeschiedenen in Erinnerungs- und Traumbildern." (Zeller/Nestle 1919, 165)

Ähnliche evolutionistische Theorien wurden von dem Animisten Tylor, dem Wundt und Rohde folgten, vertreten, aber von W. F. Otto in glänzender Weise widerlegt.[53] Ihm schien es äußerst unwahrscheinlich und der Intensität des Erlebens nicht angemessen, daß die Hadesvorstellungen und die damit verbundenen *psychai* irgendwann einmal aus den Erinnerungsbildern an Tote hervorgegangen sein sollten. Ähnlich hatte auch Durkheim die animistische Theorie verworfen. Er bemängelte, daß „der Begriff der Seele" nach „Tylor und seinen Schülern zur Gänze aus den vagen und inkonsistenten Bildern aufgebaut" sein sollte, „die unseren Geist im Schlaf beschäftigen". Konsequenterweise müßte man daraus schließen, daß religiöse Erfahrungen „nur ein systematisierter und erlebter Traum" wären, „der in Wirklichkeit keine Grundlage hat" (Durkheim 1984,

---

52 Jahn sah drei typische Formen der Anwendung von Psyche: 1. im lebenden Menschen, 2. im Tode, wenn sie den Besitzer verläßt und zum Hades gelangt, und 3. Handlungen in der Unterwelt (Jahn 1987, 27). Punkt 2 gehört einerseits zu Punkt 1, denn der Tod wird als Verlust des Lebens interpretiert. Die *psyche* ist in diesem Sinn der Indikator für das Leben. Andererseits gehört er zu Punkt 3, denn der Tod bringt zwangsläufig die Hadeswelt mit sich.

53 Vgl. Tylor (1958, 12f.) u. Wundt (1920, 79). Zu Wundts (1920, 23f.) Kritik an Tylor s. Arbman (1926, 87f.; 1931, 297, 314, 319) und Hultkrantz (1953, 19). Zu Wundt s. Bickel (1926, 41f.) und J. Böhme (1929, 2, 89 A. 1), sowie zur Übereinstimmung mit Arbman s. J. Böhme (1929, 122). Kritik übte auch W. F. Otto (1962, 97f.) und Jahn (1987, 166—170). Zur Kritik der „animistischen Auffassung" der Homerischen Psyche bei Rohde s. W. F. Otto (1962, 14) sowie Bickel (1926, 33f. 53), J. Böhme (1929, 1), Nilsson (1976, 192) und Claus (1981, 2). Auf Nilsson bezog sich Regenbogen (1926, 3), um Bickel zu kritisieren. Regenbogen glaubte aber, daß sich „Spuren einer Entwicklung zum Animismus hin", insbesondere in der Odyssee finden lassen (Regenbogen 1948, 5f.). Dazu a. Theodor Gomperz (1911, 414 A.1) u. Rappe (1993, 388ff.).

102f.). Ohne hier weiter auf die angesprochene Problematik einzugehen, bleibt festzuhalten, daß die *psyche* Homers als ein Totengeist vorgestellt wurde, der erscheinen konnte, und daß diese Bedeutung eine tragende war.

Das Verhältnis dieses Totengeistes zum lebenden Leib ist unklar. Die *psyche* verläßt die Glieder, ohne daß vorher gesagt wurde, ob, und wenn ja, wo sie in ihnen „wohnte".[54] W. F. Otto formulierte das recht deutlich: „Homer selbst spricht nicht bloß an keiner Stelle von einem Aufenthalt der Psyche im Körper des Menschen, sondern vermeidet ... einen Ausdruck dieser Art" (W. F. Otto 1962, 24) Obwohl die *psyche* beim „Lösen der Glieder" den Menschen verläßt,[55] bedeutet das nicht, daß sie schon vorher als ein selbständiges Wesen in ihm vorhanden war. Die einzige Stelle, die eine solche Interpretation nahelegen könnte, Ilias 21.568f., wurde von Otto anders interpretiert (W. F. Otto 1962, 25). Das besondere Verhältnis der *psyche* zum Lebenden besteht darin, daß sie sich nur einmal endgültig entfernt – beim Tod. Wie sie aber in den Lebenden hineingekommen ist, interessiert nicht. Damit zeichnet sich auch die Bedeutung „Leben" klarer ab, denn gemeint ist die Belebtheit und Bewegtheit in ihrer Möglichkeit des einmaligen und endgültigen Verlustes.

Die Verbindung zwischen Totengeist und Belebtheit, die die Evolutionisten über die Bedeutung „letzter Hauch" und „Atem" konstruierten, erwies sich als nicht tragfähig (W. F. Otto 1962, 27f.). Das Entweichen des Lebens aus der Wunde spricht nicht für eine eindeutige Identifizierung mit der Seele, und es ist auch nicht der letzte Hauch, der den Lebenden im Tode verläßt, sondern es wird die lebendige Spannung gelöst. Deren Fehlen fällt auf, wohingegen der letzte Atemzug meist nicht mehr zu bemerken ist. Außerdem kann der letzte Hauch als Atem wohl kaum durch die Wunde entweichen.[56]

Die Theorie einer „Atemseele", die sich einerseits aus der angeblichen Beobachtung dieses letzten Atemzuges und damit verbunden aus dem Spüren der Atmung entwickelt habe, wurde nicht nur von Wundt vertreten. Richard Onians hatte mit Bezug auf Homer festgestellt, daß ein Zusammenhang zwischen Emotionen und dem regelmäßigen Fluß der Atmung besteht, der sich tatsächlich ändert, wenn eine heftige Gefühlsregung den Leib durchfährt.[57] Zu Recht wies er auf die Spaltung zwischen „Gefühl" auf der einen und „körperlichem Symptom" auf der anderen Seite hin, die unser kulturspezifisches

54 Dagegen behaupteten Zeller/Nestle: „Die Seele wird als ein hauch- und luftartiges Wesen vorgestellt, körperlich, denn sie wohnt im Körper und verläßt ihn beim Tode auf räumliche Weise, aber ohne die Fülle und Kraft des lebenden Menschen." (Zeller/Nestle 1919, 165) Regenbogen bestätigte: „Es muß wohl dabei bleiben, daß die Seele in den Gliedern wohnt." (Regenbogen 1948, 14)

55 Zum Entweichen der *psyche* und damit des Lebens durch eine Wunde: Ilias 16.505, 856; 22.362 und allgemein Odyssee: 10.490ff.; 11.34ff., 150ff. 215ff. 385ff. 467ff.; Ilias 1.3ff. 23.69ff.

56 Eine fragliche Verbindung von *psyche* und Atem bei Homer wurde jüngst von Simen Mazaheri vertreten, obwohl Liddell & Scott mit Hinweis auf das Verlassen des ‚Lebens' durch eine Wunde solche Theorien berechtigterweise bezweifelt hatten (Mazaheri 1992, 145).

57 Onians: „The consciousness is naturally identified with the breath not only because the breathing is affected when there is violent emotion, and not only the breathing but the flow of blood. There is pulsation with flushing or pallor." (Onians 1951, 49)

Leibschema von Körper und Seele suggeriert.[58] Doch die „Assoziation von Emotionen mit der Atmung", auf die er anspielte, muß kritisch betrachtet werden. Wir kennen das „den Atem anhalten vor Angst" oder den „keuchenden Atem" bei heftiger Erregtheit. Daraus eine Atemseele zu gewinnen, geht aber zu weit. Sicherlich wirken Gefühle als leibliche Regungen **auch** auf die Atmung, aber eben **auch** und nicht **nur**. Das Zentrum der Gefühle, der Ansatzpunkt, liegt in der Brust und ist nicht die Lunge, sondern ein Regungsherd, der zwar mit der Atmung verbunden ist, der aber mehr umfaßt. Zwar läßt sich beim Tod das Aufhören der Atmung feststellen, aber nicht weil der Atem entflohen ist, sondern weil die Lebendigkeit, die Kraft zu atmen, fehlt.

Dazu soll eine Beobachtung von John Warden nicht unerwähnt bleiben. Mit Bezug auf Ilias 4.469; 7.12; 11.240; 16.312 machte er darauf aufmerksam, daß die Vorstellung des „Lösens der Glieder" beim Tod kein Abtrennen zwischen Körper und Seele sei, sondern lediglich die Beschreibung der Destruktion und Auflösung eines einzigen Objekts (Warden 1971, 99). In seiner Sicht wird bei Homer das Auflösen und Aufhören der Spannkraft des Leibes als ein Auseinanderfallen des ganzen Menschen betrachtet. Ähnliches deutete Bickel im folgenden Zitat an: „Auf der homerischen Glaubensstufe ist der Tod eine Abspaltung und Ablösung eines Gleichen vom Gleichen, keine Ablösung eines grundsätzlichen Lebensprinzips von etwas, das ohne dies Prinzip unbelebt wäre. Mag auch das Abgespaltene konzentriertes Leben sein, Leben ist der zurückbleibende Mensch selber auch noch. Eine andere Ablösung, nämlich das Auseinanderfallen des Menschen in grundsätzlich Verschiedenes, ist der Tod bei den späteren Griechen." (Bickel 1926, 83)

Die durch den Tod freiwerdende *psyche* ist also weder Atem noch Leben, sondern nur ein vager Schatten, dem ohne Verbindung zum Leib alle Kraft fehlt. Als weiteres Beispiel, in dem die *psyche* eine solche Auflösungsvorstellung zeigt, interpretierte Warden Ilias 5. 296. Der Verlust der Belebtheit wird durch das Entweichen von *psyche*, *menos* oder *thymos* ausgedrückt und dadurch der allgemeine Zerfall angedeutet. Wardens Folgerung, daß die *psyche* bei Homer „nichts anderes als Leben" bedeute, weil der Aspekt des ‚in den Hades Kommens' immer mehr zurückgetreten sei, ist allerdings zweifelhaft (Warden 1971, 95). Er ordnete die Vorstellung des in der Hadeswelt existierenden Schatten- oder Totengeistes als einer abgetrennten und personifizierten Einheit unter den Begriff „Leben" ein. Diese Bedeutung, so Warden, sei die wesentliche (Warden 1971, 103). Doch bereits W. F. Otto, dessen Schrift Warden nicht erwähnte, zeigte, daß es gerade das Leben bzw. die Lebenskraft war, die den *psychai* fehlte, denn: „Die Psyche des Toten ist also sowenig die Lebensseele, daß ihr vielmehr gerade diese fehlt zum vollen Leben. Sie ist keine entkörperte ‚Seele', wie man meint, sondern gerade umgekehrt: ein Leib, dem die Substanz verlorengegangen ist" (W. F. Otto 1962, 34).[59]

58 Onians: „This association of the emotion with the breathing may seem strange to us, since we are in the habit of abstracting the emotion itself from its bodily expressions und thinking that the latter are *epiphenomena* or after-effects;" (Onians 1951, 52f.)

59 Dazu Walter Burkert: „nur wenn es um Tod und Leben geht, geht es um die psyché. Psyché ist nicht Seele als Träger von Empfindungen und Gedanken, nicht Person, auch nicht Doppelgänger des Men-

Der Unterschied in den Bedeutungen von „Leben" und „Totengeist" wurde von Warden verwischt, als er beide praktisch gleichsetzte. Es bleibt zu fragen, wie aus dem Leben und der Beweglichkeit, aus der Spannkraft des Leibes ein Schatten und Abbild werden kann, das kraftlos zum Verblassen im Hades verdammt ist. Dabei ist die große Bedeutung, die Warden auf den Aspekt von *psyche* als „Leben" im weitesten Sinne legte, nicht in Zweifel zu ziehen; sie wurde auch von anderen Forschern – W. F. Otto (1962, 25–31) eingeschlossen – hervorgehoben. Allerdings muß mit Bickel betont werden: „Für die homerische Zeit aber führt es in die Irre, bei der Erörterung des Seelenglaubens vom ‚lebenden Körper' zu reden und ihn der Psyche des Lebenden gegenüberzustellen, die in Wahrheit ja auch nichts weiter als lebendige Körperlichkeit ist." (Bickel 1926, 56)

Die Spannkraft des Leibes wurde bei Homer zwar als „Leben" betrachtet, doch verlor sie im Tod ihre Funktion, so daß der Mensch sich in seine Komponenten auflöste. Diese entstehen erst durch den Tod, es sind keine Einheiten, die zur Entstehung des Lebens notwendig wären. Erst durch den Tod wird aus der Quelle der Beweglichkeit und Kraft nur noch ein flüchtiges Abbild (*eidolon*). Der lebende Mensch wurde bei Homer also nicht dualistisch als aus Körper und Seele zusammengesetzt betrachtet, sondern als ein beweglicher und kraftvoll gespürter Leib wahrgenommen. Dessen Integrität zerfällt beim Tod. Es bleiben einerseits der noch personal gedachte Leichnam und andererseits der mehr oder weniger funktionslose Schatten zurück.

Zwar hatte Bickel jegliche dualistische Konnotationen abgewiesen, doch seine Terminologie erscheint in weiten Teilen fraglich.[60] So erklärte er die Empfindung der „lebendigen Körperlichkeit" als „die dumpf gefühlte organische Lebendigkeit, das rätselhafte Uhrwerk im Innern des Menschen, das spontan wie der Mensch selber ist, über das er aber keine Macht besitzt, mit seinem bald regelmäßigen, bald unregelmäßigen Gang, mit seinem unklaren Verhältnis zur Persönlichkeit", denn dies sei „das ‚Leben', die ‚Lebensseele'" (Bickel 1926, 63). Hier zeigt sich, was Bickel unklar war. Daß die *psyche* „im Inneren" lokalisiert ist, sagt Homer nicht. Bickel präsentierte sie aber als eine Art deus ex machina, nämlich als die spontane Macht im Inneren der Organmaschine (Uhrwerk), mit der der Widerspruch von regelmäßigen und unregelmäßigen Aktivitäten gelöst werden sollte, indem aus der Beweglichkeit des Leibes eine „Lebensseele" gemacht wurde. Was „organische Lebendigkeit" über „Lebendigkeit" hinaus noch meinen könnte, ist nicht zu erkennen. Weder sind Organempfindungen phänomenologisch haltbar, noch ist die Behauptung, die leiblichen Regungen würden „dumpf gefühlt", klar. Auch Erbse schrieb in einer an Bickel erinnernden Terminologie: „Die dumpf empfundene Einheit ist die Eigenheit der Person, wie sie sich in der Sprache kundtut." (Erbse 1990, 2) Doch warum sollte es sich hier um „dumpfe" Empfindungen handeln?

schen. Von dem Augenblick an jedoch, da sie den Menschen verläßt, wird sie auch als eidolon bezeichnet. Es geht keine Kraft, keine Lebensenergie von den *psychai* aus, sie sind ‚Häupter ohne Lebenskraft'." (Burkert 1977, 301)

60 Dazu Regenbogen (1948, 7).

Sowohl Bickel als auch Erbse muß hier mit Fränkel vorgehalten werden: „Jedenfalls ist der homerische Mensch nicht verworren und dumpf, sondern klar und bewußt; er verfügt über feine Verkehrsformen; er redet mit erstaunlichem Geschick" (Fränkel 1951, 107). Die Terminologie von Bickel und Erbse ist in diesem Punkt revisionsbedürftig, obwohl Homer in dem Gliederkonzept **auch** die Einheit des Leibes und der Person sah. Er thematisierte sie aber nicht.

Der schillernde Begriff „Lebensseele", auf den auch W. F. Otto nicht verzichtete, sorgte sowohl bei der Diskussion um die homerischen Vorstellungen als auch bei der Erforschung außereuropäischer Leibschemata immer wieder für Konfusion. Er wurde von Wundt eingeführt und von Arbman sowie seinem Schüler Ake Hultkrantz übernommen. Sie glaubten, einen allgemeinen „Seelendualismus" feststellen zu können. Noch 1980 wurde von Jan Bremmer, der angeblich einen „frischen" Versuch wagen wollte, dieses alte dualistische Schema von Wundt und Arbman wieder aufgegriffen, – was ihm dann auch Martin West (1985, 58) und Leonardo Woodbury (1983, 206f.) vorwarfen. Ebenso hatte schon J. Böhme die zu schroffe Trennung übernommen, als er Arbman darin zustimmte, „daß die durchaus herrschende Seelenvorstellung eine dualistische ist, daß Totengeist und Lebensseele zwei verschiedene Vorstellungen darstellen" (J. Böhme 1929, 122). Dieser Standpunkt scheint ähnlich einseitig wie Wardens Behauptung, es handele sich bei der *psyche* nur um die Bedeutung „Leben". Beide Aspekte sollten weder radikal getrennt noch einfach vermischt werden.

Die Bedeutung der *psyche* als Wundtsche „Lebensseele", die als Indikator der Lebendigkeit des Menschen betrachtet wird, nahm J. Böhme dann nochmals auf, als er meinte: „Der homerische Mensch kennt also nicht ‚die' Lebensseele, sondern eine Vielheit von Lebensseelen oder funktionellen Seelen" (J. Böhme 1929, 91). Bereits Hultkrantz hatte hervorgehoben, daß die „Vielheit der Assoziationsbündel", die sich hinter den einzelnen Seelenbezeichnungen verbergen, im Gegensatz zu „Tylor's ‚monistischer' Haltung" ständen (Hultkrantz 1953, 33f.). Damit benutzte er das, was Wundt „polymorphes Nebeneinander" genannt hatte, oder, wie er sich ausdrückte, die „unhomogene Struktur der primitiven Seelenkonzeption", um Tylor's Bild des Primitiven zu widerlegen (Hultkrantz 1953, 23). Ein ähnliches Argument[61] diente J. Böhme dazu, hinsichtlich der frühgriechischen Denkweise, wie sie uns bei Homer begegnet, festzustellen: „Jeder Versuch, gegenüber dieser Vielheit von Seelenbezeichnungen an der Einheit der Lebensseele doch noch festzuhalten, scheitert." (J. Böhme 1929, 89) Das, was Wundt, Arbman und J. Böhme als „funktionelle Seelen" oder „Vielheit von Lebensseelen" anführten, sind Homerische Leibschemata, die aber von der *psyche* nicht zu einer Einheit zusammengefaßt wurden, denn eine solche kannte Homer nicht – darin sind sich alle Forscher einig.[62]

61 S. a. Wundt (1920, 81) und den „Komplex von disparaten Vorstellungen" bei Arbman (1926, 126).

62 Belege für diese Einigkeit: „Die Idee des Gesamtgemüts, ... kennt Homer nicht." (J. Böhme 1929, 91) Den Begriff „Gesamtgemüt" nahm er von Bickel. Böhme meinte, daß „der Begriff des ‚ganzen inneren Menschen', d. h. der Gesamtheit des Innenlebens" eben eine „Abstraktion" sei, wohingegen hinter den

Es ist also unsinnig die homerische *psyche* zu einer Seele in modernem Sinn, etwa wie er im Begriff Psychologie verstanden wird, zu machen. Bei dem Begriff „Seele“ setzte dann auch Snells Kritik an J. Böhme ein.[63] Sein Vorwurf, J. Böhme habe zu wenig beachtet, daß der anthropologische Dualismus für Homer nicht gelte, hätte Jahn vorsichtig machen sollen. Jahn bemängelte zwar ebenfalls, daß J. Böhme „das Wortfeld Geist-Seele nicht exakt abgesteckt bzw. unterteilt“ habe. Aber auch Snells Ansichten fanden nicht seine Zustimmung (Jahn 1987, 170 u. 173). Schließlich ignorierte er selber den immer wieder betonten Unterschied zwischen den anthropologischen Vorstellungen Homers und denen nachplatonischer Zeit, obwohl er behauptete, „der Terminus Wortfeld Seele-Geist“ habe „lediglich den Charakter eines Annäherungswertes“, denn der „vielschichtige, schillernde und seinerseits definitionsbedürftige Inhalt“ der Worte „Seele“ und „Geist“ sei „in diesem Zusammenhang“ einfach „irrelevant“ (Jahn 1987, 7). Die große Relevanz zeigt sich aber in Jahns Benutzung dieser Begriffe, die er gebraucht, um das Wortfeld aufzugliedern. Die von ihm entworfene Wortfeldstruktur basiert auf dem klassifizierenden Merkmal „Körperlichkeit“ und unterstellt dadurch automatisch eine dualistische, für Homer inadäquate Anthropologie. Er unterteilte weiter vertikal in das „Lebensprinzip“, dann in „Instanzen, Zentralen“, in „Fähigkeiten“ und schließlich in „Äußerungen“. Die horizontale Gliederung arbeitete mit der dualistischen Terminologie von „psychisch“ und „physisch“, wobei „psychisch“ nochmals in „rational“ und „emotional“ aufgespalten wurde (Jahn 1987, 119–122). Damit

Begriffen *kradia* und *thymos* „Einzelerlebnisse“ stehen, die auch in ihrer Addition „niemals die einheitliche Vorstellung des ganzen inneren Menschen konstituieren.“ (J. Böhme 1929, 90) Er erkannte weiter, daß die Idee einer „einheitlichen Lebensseele“ ebenso bei den homerischen Griechen wie bei vielen anderen Völkern fehlt.“ (J. Böhme 1929, 115) Zu Homer s. a. Regenbogen: „Empfindungsleben und Psyche wachsen für ihn noch nicht zu einer vollen Einheit zusammen.“ (Regenbogen 1948, 23) Nach Jahn besteht das Wesen der Psyche im lebenden Menschen darin, „für das Leben ganz allgemein zuständig zu sein, mit Regungen dagegen, Intelligenz erfordernden Aktivitäten oder Antrieb zu Handlungen irgendwelcher Art hat sie nichts zu tun“ (Jahn 1987, 32). S. a. den sich auf Snell beziehenden Dodds: „Der homerische Mensch hat keine einheitliche Vorstellung von dem, was wir ‚Seele‘ oder ‚Persönlichkeit‘ nennen.“ (Dodds 1970, 14) Und Claus, der von einem „largely disunified conception of personality“ bei Homer sprach (Claus 1981, 14). Sowie Adkins über Homer: „His *psuche* is not his self, or his personality.“ (Adkins 1970, 14) Und: „The Homeric *psuche* has no specific mental or emotional functions in life: it is simply that whose presence ensures that the individual is alive.“ (Adkins 1979, 15) Zur „grundsätzlichen Unvereinbarkeit“ von *psyche* mit den anderen Bezeichnungen der „homerischen Psychologie“ wie *thymos*, *phrenes*, usw. s. Jahn (1987, 34), sowie Darcus, die meinte, daß man vorsichtig sein müßte, zu behaupten, daß ein „concept of a unified soul or self „ fehlen würde (Darcus 1988, 198). Zur Kritik an Darcus s. Erbse, der den Stand der Homerforschung so beschrieb: „Die Vorstellung von einer denkenden oder fühlenden Gesamtseele ist ihm ebenso fremd wie der Gedanke an einen Mittelpunkt, der das System der seelischen Organe beherrschen könnte.“ (Erbse 1990, 1f.) Auch Darcus vertrat diese These: „What is lacking in Homer is a single word for soul, one that would signify the seat of thoughts, emotions, and will: in short, personalitiy.“ (Darcus 1988, 2) Die *psyche* würde erst in der Zeit um Plato ein solcher „term“ werden.

63 Snell forderte: „Wir müssen uns also bei der Analyse des homerischen Weltbildes von den Wörtern Körper und Geist (Seele) möglichst frei machen. J. Böhme dagegen gründet seine Arbeit gerade auf dem Gegensatz Körper-Geist.“ (Snell 1931, 76)

hatte er seiner Untersuchung ein platonisches Schema unterlegt und seine Ergebnisse bereits im Ansatz verfälscht.

Seine Interpretation der *psyche* als wertvoller „Besitz" des Menschen und seine Übersetzung „Leben, als Besitz gesehen", stellen allerdings eine brauchbare Ergänzung des Bedeutungsspektrums dar (Jahn 1987, 29 u. 32). Es hieße aber die Metapher „kostbarer Besitz" zu überdehnen, wollte man sich vorstellen, die *psyche* sei von einem Behälter umschlossen im Körper eingesperrt. Gegen eine Interpretation von *psyche* als einer inneren Lebenskraft wandte sich E. L. Harrison, der meinte, die *psyche* bei Homer sei „einfach der Repräsentant seiner Sterblichkeit". Sie dürfe weder als ein „mental organ" bezeichnet werden, noch sei sie eine „enlivening force" (E. L. Harrison 1960, 75).

Zusammenfassend läßt sich also sagen, daß die *psyche* während des Lebens, obwohl sie einen kostbaren Besitz darstellt, über die Bezeichnung der Lebendigkeit hinaus keine besondere Bedeutung hatte. Der bemerkbare Verlust der leiblichen Spannung, der als Phänomen durch das angebliche Verlassen der *psyche* beschrieben wurde, bietet die Brücke zum Verständnis. Solange die *psyche* noch nicht endgültig abgeschieden, sondern als Besitz vorhanden war, lebte der Mensch noch, und deshalb konnte dieses Leben als *psyche* bezeichnet werden, ohne daß ihre genaue Funktion angegeben oder sie im „Körper" lokalisiert worden wäre. Genausowenig wie sie eine irgendwie geartete Kraft darstellte oder eine zusammenhaltende Funktion ausübte, wurden ihr irgendwelche „psychologischen" Fähigkeiten zugesprochen.

Noos – der Bemerk

Mit *noos* und dem dazugehörigen Verb *noein* bezeichneten die frühen Griechen das, was wir heute „Denken" im weitesten Sinne nennen, doch würde eine solche Übersetzung Homers Auffassung sicherlich nicht gerecht, denn für ihn war *noein* kein sich im Gehirn abspielender Denkprozeß und *noos* kein im Kopf sitzender „Verstand". Um eine größtmögliche Annäherung an die mit *noein* und *noos* verbundenen Vorstellungen zu erreichen, wird im weiteren in Anlehnung an Schmitz von „bemerken" und dem „Bemerk" gesprochen. Diese neutrale Übersetzung ermöglicht einen unverstellten Zugang zu den Phänomenen, ohne von vornherein eine Spaltung in Sinneswahrnehmung und Denktätigkeit vorzunehmen.

Die für den *noos* im hier zu bearbeitenden Zeitraum maßgebliche Begriffsgeschichte erstellte Kurt v. Fritz (1986, 246–363). Er zeigte, daß zumindest zwei grundlegende Bedeutungen für die *noos*-Vorstellung prägend waren, nämlich erstens das Erkennen einer Situation, also ein offenbarendes oder offenbartes Durchschauen und zweitens das Beabsichtigen einer Handlung, das Planen (v. Fritz 1986, 260). Beide Bedeutungen hängen nach v. Fritz insofern zusammen, als der Vorgang des Planens eine Reaktion auf das Erfassen der Situation ist. Unter *noein* kann also ein Bemerken verstanden werden, dem eine Konsequenz folgt und das sich dadurch beispielsweise vom einfachen Sehen (*idein*) unterscheidet, ohne damit in der Homerischen Anthropologie eine Trennung zwischen „körperlicher" Wahrnehmung und „geistiger" Verarbeitung zu implizieren. Diesem Ergebnis der Untersuchungen ist die Forschung bis heute im Grundsätzlichen gefolgt.[64] Kritik an v. Fritz wurde allerdings von Plamböck und in letzter Zeit von Jahn sowie von Arbogst Schmitt geübt.

Der *noos* kann also als „Vergegenwärtigung" einer Situation im weitesten Sinne und *noein* als ein „Durchschauen" verstanden werden, berücksichtigt man dabei die Passivität des Subjekts, dem das Durchschauen gleichsam begegnet, indem sich ihm die in der Situation für sein Handeln relevanten Sachverhalte abheben und erschließen. Dem Menschen wird durch den *noos* eine Situation verdeutlicht, er führt sie sich nicht selbst rational vor Augen. Weiter muß beachtet werden, daß nach Schmitz das Besondere des *noos* darin besteht, daß er „leiblich" gemeint ist, nämlich „als Regung oder latenter Herd einer solchen". „Dies gilt", so Schmitz, „auch dann, wenn er denkt, plant usw. Ein Denken, das nicht am eigenen Leibe gespürt wird wie Hunger oder Durst, scheint dem Dichter der *Ilias* noch unbekannt." (Schmitz 1965, 426) Deshalb läßt sich vom Erkennen bei Homer sagen, daß es durch ein „Aufblitzen des aktiven Regungsherdes" zustande kommt, das den Menschen im Moment betroffen macht und ihn mit der Situation konfrontiert, ihn an diese leiblich anschließt. Auch hier herrscht die schon oben für die Glieder herausgestellte Semiautonomie der Leibesinseln, die zwar einerseits zur Person gehören, andererseits in einem so lockeren Gefüge gebunden sind, daß sie jederzeit aus diesem ausbrechen und der Person als Partner gegenübertreten können.

Eine Interpretation des *noos*, die die passive Haltung der Person und den begegnenden Charakter des *noein* nicht genügend berücksichtigte, wurde von Plamböck vorgenommen, der hier einen rationalen „Denkakt" sah. Zu dem Ausdruck „vergegenwärtigen" – ein Übersetzungsvorschlag von v. Fritz – meinte er: „Man müßte dabei wohl an eine vom Subjekt ausgehende geistige Tätigkeit denken, welche durch zusammenfassendes Ins-Bewußtsein-Heben verschiedener Momente zu einer Klarheit über sie gelangt." (Plamböck 1959, 66) Doch die unter *noos* zu verstehende spontane Aktivität darf nicht als eine „vom Subjekt ausgehende geistige Tätigkeit" oder als ein rationales „Erfassen" konstruiert werden – das hatte v. Fritz klarer gesehen.[65] Von daher muß Plamböcks Kritik zurückgewiesen werden (Plamböck 1959, 9–11). V. Fritz wurde beispielsweise auch von Kurt Riezler bestätigt, der zwischen rationalistischem, „begrifflichem Denken" und einem intuitiven Bemerken, einem „Schauen, als Zusammenschauen des Untrennbaren" unterschied (Riezler 1986, 18).

Daß Plamböck unreflektiert mit Begriffen des anthropologischen Dualismus arbeitete, fällt da auf, wo er das *noein* als „fundamentale psychologische Urerfahrung" bezeichnete, in ihm einen „ursprünglich psychologischen Begriff" sah und ihn zum „Urphänomen des Geistigen" erklärte (Plamböck 1959, 20 u. 25). Dabei soll nicht bestritten werden, daß es sich um eine fundamentale Erfahrung handelt, auf der die späteren „Geist-Begriffe" aufbauten.[66] Doch daß im Hinblick auf die Zeit Homers Begriffe wie

64 S. z. B. die Zusammenstellung bei Kirscher (1984, 141ff.).

65 Gegen eine solche Interpretation wandte sich v. Fritz (1967) in dem Nachtrag zu seinem Aufsatz.

66 Dazu Fränkel: „Als ‚Gedanke' und ‚Plan' kann sich Noos von der Person emanzipieren und den Inhalt des Denkens an sich selbst bezeichnen." Und weiter: „Daraus erklärt sich die spätere Bedeutung des

Psyche und Geist keine geeigneten Termini zur Beschreibung von leiblichen Erfahrungen sind, kam Plamböck nicht in den Sinn. Die *psyche* Homers hat eben mit moderner Psychologie nichts zu tun. *Noein* ist bei Homer keine „psychologische" Erfahrung, sondern wird dies erst durch die Umdeutungen der Terminologie des zwanzigsten Jahrhunderts, die Plamböck auf Homer preßte. Das Resultat dieser mangelnden terminologischen Differenzierung ist eine Unschärfe, die z. B. erkennbar wird, wenn Plamböck behauptet, *noein* bezeichne „eine psychische Betroffenheit durch das Objekt, ein sich im Innern abspielendes geistiges Geschehnis" (Plamböck 1959, 24). Weder eine „psychische Betroffenheit" im Gegensatz zu einer physischen, noch ein „geistiges Geschehen" im Unterschied zum körperlichen kommen bei der Betrachtung des *noos* und der Tätigkeit des *noein* in Frage, denn die Betroffenheit ist durch und durch leiblich und wird in Abhängigkeit von der Situation konkret und aufdringlich gespürt. Schmitz warnte davor, „bloße Metaphern anzunehmen, wo es sich um Schilderung leiblicher Vorgänge handelt". Er bemühte sich um eine genauere Phänomenbeschreibung des *noos*, indem er von einem „Herd" oder „Typus leiblicher Regung" in der „Brustinsel" des Leibes sprach (Schmitz 1965, 424). Der *noos* ist zwar unkörperlich, deshalb aber noch lange nicht „geistig". Er hat zwar im Körpermodell keinen Ort, wird aber leiblich meistens im Brustbereich (*eni stethessin*) gespürt.[67]

Auch Plamböcks Interpretation von Odyssee 18.136f., wo der *noos* des Menschen in seiner Unbeständigkeit mit dem Tag, den Zeus herbeiführt, verglichen wird, muß zurückgewiesen werden (Plamböck 1959, 76).[68] Dieses Beispiel benutzte Plamböck, um nachzuweisen, daß der *noos* kein „festes Wesen", sondern eine „bedingte geistige Zuständlichkeit" sei, „die ganz von den Umständen her bestimmt" würde und „sich nicht durchzuhalten vermag". Die Zuständlichkeit, die Plamböck hier meint, umfaßt die ganze Situation des Zusammenspiels von *noos* und Leib. Das läßt sich mit Krischer zeigen, der die gleiche Stelle so interpretierte: „Befindet sich ein und derselbe Mensch in unterschiedlichen Situationen, so ändert sich jeweils seine Disposition, d. h. die Grundlage (…), von der aus sein Handeln verstehbar wird." (Krischer 1984, 144) Im Falle des Menschen ist diese Grundlage immer sein Leib.[69] Hatte Krischer auch erkannt, daß der Wandel einer Situation durch den *noos* zu einer Veränderung der gesamten Organisation führen kann, so muß seine Auffassung, daß *noos* auch das „Haben" einer solchen Disposition bedeutet, dagegen kritischer betrachtet werden, da sie den Schwerpunkt zu sehr auf den aktuellen Zustand legt. Schmitz machte darauf aufmerksam, daß für Homer der *noos* „ein leiblich lokalisierter und affizierter Regungsherd" ist, „der auch im

---

Noos für die Philosophie. Das Denken löst sich von der Bindung an die denkende Person und wird zum reinen ‚Geist'." (Fränkel 1951, 111) S. a. Guthrie (1965, 17).

67 Z. B. Ilias 3. 63, 4. 309, 9. 554 13. 732 u. Odyssee 10. 329, 13. 255, 20. 366. Dazu a. Schmitz, der von der „leiblichen Natur" des *noos* und dessen „häufiger Lokalisation in der Brust" oder (Ilias 18.419) in der Zwerchfellgegend, den *phrenes*, sprach (Schmitz 1965, 422).

68 Mit Bezug auf Odyssee 10. 269 u. Odyssee 18. 136 s. a. Fränkel (1951, 184).

69 Zur Verbundenheit des *noos* mit der „Handlungssituation" s. Krischer (1984, 147) u. Schmitz (1988a, 66).

Latenzzustand, anders als eine Disposition, aktiv sein, z. B. etwas verbergen kann" (Schmitz 1988a, 64 A. 76). Wenn in Odyssee 24. 474 Zeus auf Athenes Frage nach dem Inhalt seines *noos* sich zwar leicht scheltend gegen den Ausforschungsversuch seiner Lieblingstochter wehrt, dann aber antwortet, daß ihn das grausame Schicksal des Odysseus tief bewegt habe, so gibt er damit seine Betroffenheit zu erkennen, und es wird deutlich, daß er sich längst Athenes Meinung angeschlossen hatte. Seine Absicht blieb aber in seinem *noos* verborgen, ohne ihn zum aktiven Handeln zu bewegen oder sich Athene zu offenbaren. Das Beispiel zeigt, daß nicht Zeus seine Einstellung vor Athene zurückhielt, sondern sein *noos*. Damit kommt wieder die Selbständigkeit des Regungsherdes zum Ausdruck, der hier in virtueller Trennung von der (göttlichen) Person eigenmächtig handelt, also nicht nur eine Disposition im Latenzzustand darstellt, sondern semiautonom der Person gegenüber – in diesem Fall sogar dem Göttervater selbst – reagiert. Ferner trifft Plamböcks These von einem geringen Durchhaltevermögen nicht auf alle Fälle zu, denn der *noos* des Zeus hält gegen Athenes Umstimmungsversuch durch. Auch in Odyssee 2. 92 hatte der *noos* Penelopes über längere Zeit anderes im Sinn, als ihr Verhalten gegenüber den Freiern zeigte.

Verfolgt man die Forschungsgeschichte, so wird deutlich, daß Plamböcks Aussagen zum *noos* in Teilbereichen der Homerphilologie weiterwirkten. Seine Sicht der „vom Subjekt ausgehenden geistigen Tätigkeit" wurde von Jahn in einen „Dynamis-Charakter" des *noos* verwandelt, und Schmitt überzog ähnlich stark, als er kundtat, daß der *noos* der Menschen „das eigentlich bewegende Prinzip in ihrem Inneren" sei, ein „frei über sich verfügender *Nóos*", der zusätzlich die Einheit der Person garantiere (Schmitt 1990, 183 u. 211).

Jahn ordnete dem *noos* folgende drei Bedeutungen zu: erstens „Gedachtes (Plan, Gedanke, Absicht u. ä.)" als „Resultat" des *noein*, zweitens „Denkung (Planen, Denken, innere Disposition, Gesinnung, Charakter)" als „Verlauf, Art und Weise gedanklicher Aktivität" und drittens „Denkvermögen (Verstand(eskraft), Intelligenz, Intellekt)" als „Fähigkeit" (Jahn 1987, 64).[70] Die erste Definition steht auf der von v. Fritz herausgearbeiteten Basis und ist unstrittig. Bei der zweiten Auslegung sollte beachtet werden, daß die Umschreibung „gedankliche Aktivität" nur als eine äußerst vage Metapher für das ganzheitliche Wahrnehmen einer Situation verstanden werden darf. Der Ausdruck „innere Disposition" führt in die Irre. Mit dem Begriff der Fähigkeit wird die homerische Sicht endgültig verlassen, denn ein „Denkvermögen" oder einen „Intellekt" in Jahns Sinne kannte Homer nicht. Für diesen entstanden die Gedanken, – soweit man bei ihm überhaupt von „Gedanken" sprechen kann, – durch die sich aus der Situation ergebenden Sachverhalte. Hier vom Produkt eines Vermögens zu sprechen, ist falsch. Jahn sah aber gerade diesen dritten Punkt als bedeutsam an und entwickelte daraus seine These vom „*dynamis*-Charakter" des *noos*. Er glaubte sogar, dies „endgültig gesi-

70 Zum *noos* s. weiter Jahn (1987, 58f.): als „Lebenseinstellung, Denkweise, Mentalität, Charakter" (1987, 70), sowie als „Gesinnung, Sinnesart, Mentalität, Charakter" (1987, 73) und als „Denkresultat, Absicht, Vorhaben, Wille, Wunsch" (1987, 76).

chert" zu haben und definierte den *noos* als „geistige, rationale, theoretische *Fähigkeit*", die er den „körperlichen Fähigkeiten" gegenübersetzte (Jahn 1987, 11, 93 u. 121).[71]

Jahns Einstellung konnte innerhalb der Homerphilologie nicht unwidersprochen bleiben, sondern wurde von Erbse mit den Begründungen kritisiert, Jahns *noos*-Begriff sei nicht „zutreffend bestimmt", und der angebliche Dynamis-Charakter sei zu einseitig herausgestellt worden. *Noos* könne „gleichzeitig eine Tätigkeit (bzw. ein Organ mit seiner Funktion) und das Ergebnis dieser Tätigkeit bezeichnen". Erbse bestätigte damit v. Fritz und sah den *noos* einerseits als „Geist oder Verstand mitsamt dem ihm eigenen Denken", andererseits aber auch als „das Ergebnis des Denkens, das Gedachte" (Erbse 1990, 5).[72]

Ist die Kritik an Jahn auch berechtigt, – seine eigene Definition befriedigt nicht. Weder kann *noos* als ein Organ angesehen, noch mit „Denken" oder „Verstand" zutreffend übersetzt werden, denn in den Begriffen liegt die Gefahr, den Vorgang wieder zu sehr vom Subjekt aus zu betrachten.[73] Gerade der leibliche Aspekt des *noos*, die Tatsache, daß er nicht als Akt eines Subjektes erfahren wird, sondern als leibliches Geschehen, das einen ergreift, einem die Situation transparent macht und so einen Plan „reifen" läßt, den der Mensch schließlich ausführt, gerade diese für Homer so charakteristische Bedeutung wurde von Jahn ignoriert. Jahn erklärte statt dessen, *noos* sei, da unkörperlich, keine „Instanz", sondern müsse als „intellektuelle Tüchtigkeit", als „Fähigkeit zu gedanklicher Leistung" oder als „Fähigkeit zu rationalem Handeln" verstanden werden (Jahn 1987, 62). Mag auch der von Jahn zurückgewiesene Begriff „Instanz" nicht ganz exakt sein, so drückt er doch den Aspekt des leiblich gespürten Regungsherdes gut aus, denn dieser geht durch den Begriff „Fähigkeit" vollkommen verloren. Jahns Behauptung, am „rationalen Charakter", an der „inneren Kraft" des *noos* bestehe „kein Zweifel", denn er sei „nichts anderes als" eine *„geistige Fähigkeit"*, ist genauso unhaltbar wie sein Versuch, aus dem *noos* eine „innere Kraft" zu machen (Jahn 1987, 117). Der *noos* wird zwar im Leibesinneren gespürt, aber nicht als eine dem Menschen zur Verfügung stehende Fähigkeit, die er benutzen kann wie der moderne Mensch sein Denken, aber auch nicht als eine „innere Kraft", sondern als eine Reaktion auf eine Situation, die ihm im *noein* intuitiv durchsichtig wird.

Damit zeigt sich insgesamt, daß Plamböck und Jahn die „unwillkürlichen leiblichen Regungen zu selbständigen Akten der Person" umzubilden versuchten (Schmitz 1965, 421). Diesem zweifelhaften Vorgehen schloß sich jüngst Schmitt an, der besonders gern

71 Jahn behauptete auch, was *noos* „auf dem geistigen Gebiet" darstelle, sei *menos* „im physischen Bereich: eine körperliche, praktische Fähigkeit" (Jahn 1987, 121 A. 5).

72 Zur Doppeldeutigkeit von Tätigkeit und Ergebnis s. a. W. J. Verdenius: „Diese Ambivalenz, dieses Schweben zwischen der subjektiven und der objektiven Sphäre ist charakteristisch für eine ganze Reihe griechischer Wörter, die geistige Aktivität ausdrücken." Er gab *noos* folgende Bedeutungen: „das Erkennen und als dessen Resultat die Erkenntnis, aber auch das, worauf die Erkenntnis sich bezieht, besonders die Bedeutung eines Wortes" (Verdenius 1966, 84f.).

73 Vgl. die Kritik von Plamböck an J. Böhme (und v. Fritz), von dem er meinte, der „Sinn seines Wortes ‚Verstand'" sei „derart unklar", daß er keine Erklärungshilfe biete (Plamböck 1959, 64).

von „Akten" sprach.[74] Das von Plamböck initiierte und dann von Jahn weitergeführte Bestreben, im *noos* eine aktive Potenz zu sehen, wurde von ihm noch gesteigert. Er glaubte in der oben kurz erwähnten Odyssee-Stelle 2. 92 einen Beleg gefunden zu haben, den *noos* als einen „seelischen Ort" oder als „aktive innere Potenz" ausweisen zu können, und behauptete: „Daß dieser innere Bereich nicht nur als ein Raum, sondern als eine aktive innere Potenz des Menschen verstanden wurde, belegt z. B. Antinoos' Vorwurf gegen Penelope, daß ihr *Nóos* etwas anderes ersinne (oder vorhabe) als das, was sie den Freiern kundgibt." (Schmitt 1990, 142) Er sah darin einen Beweis für die „Innerlichkeit des Menschen mit gewissen ihr allein zugehörigen Fähigkeiten". Doch im Text steht nichts dergleichen, nicht einmal vom Leibesinneren ist die Rede. Sicherlich muß dem *noos* hier eine gewisse Aktivität zugesprochen werden. Ähnlich wie in Odyssee 11. 532, wo es um die Absicht geht, den Gegner zu vernichten, plant Penelope auch hier, Zeit zu gewinnen. Ihr *noos* will etwas anderes, als sie den Freiern sagt. Doch dieses Wollen erinnert eher an den Latenzzustand, der am oben angeführten Beispiel (Odyssee 24. 474), wo die Sicht des Zeus im *noos* verborgen blieb, erläutert wurde. Die Semiautonomie des Regungsherdes, dessen Latenzzustand keine Aktivität ausschließt, verbietet es, ihn als willentlichen „Akt" der Person zu betrachten. Penelope handelt anders als ihr *noos*, sie täuscht die Freier. Ihr *noos* ist nicht eine „innere geistige Potenz", sondern ein Plan, eine Absicht, die sich gebildet hat und auf etwas anderes zielt, als die Person ihren Gegnern gegenüber glauben macht. Wir kennen auch heute noch den Ausdruck „jemand hegt einen Plan in seiner Brust", der ähnlich wie Goethes „zwei Seelen" auf ein Gefühl im Brustbereich hinweist, das mit Absichten, Plänen, Gedanken und Entscheidungen verbunden ist, ohne daß die Person selber eingreift. Es wird etwas Vorhandenes gehegt und gepflegt, nicht selber hervorgebracht. Die für Homers Denken ausgesprochen typische Lockerheit des leiblichen Gefüges erlaubt eine virtuelle Distanz und sogar Abspaltung einzelner Leibesinseln, denen dadurch eine für uns nur noch schwer verständliche Beweglichkeit zukommt.

Diese Distanz zwischen der Person und dem eigenleiblich gespürten Regungsherd steht zu einer weiteren These Schmitts im Widerspruch. Er behauptete nämlich, es könne „gar keine Frage sein, daß die Einheit der Person bei Homer vom *Nóos* gestiftet wird", daß der *noos* als „aktives Prinzip der Einheit der Seele" anzusehen und „daß die einheitliche Quelle aller menschlichen Aktivitäten letztlich der *Nóos*" sei (Schmitt 1990, 224). Dies muß bezweifelt werden, denn in dem Penelope-Beispiel bilden Person und *noos* keine Einheit, sondern verhalten sich fast gegensätzlich. Penelope, nicht ihr *noos*, zeigt sich als Meisterin des Umgangs mit Menschen, einer Kunst, die es ihr ermöglicht, ihr Gefühl der Sorge sowie ihr Bemühen um Zeitgewinn von ihrem Verhalten den Frei-

74 Zur Aktpsychologie s. Schmitt, der von „seelischen Potenzen (z.B. Sehen und Fühlen), die aber zusammen einen Akt bilden" sprach und davon „wie verschiedene seelische Akte in einen Akt münden können". (Schmitt 1990, 127f.) Außerdem bezeichnete er das „Fühlen, Erleben usw." als eine „Aktivität" des Bewußtseins, „die in ihm stattfindet" (Schmitt 1990, 160). Ohne Husserl zu nennen, benutzte Schmitt auch den Begriff „Bewußtseinsstrom". (Schmitt 1990, 155) Zur Kritik am „Bewußtseinsstrom" und der husserlschen Aktpsychologie s.o.

ern gegenüber zu lösen. Übrigens widerspricht das Beispiel auch der schon erwähnten Auffassung Plamböcks von der nur kurzfristigen Wirkung, denn Penelopes *noos* ist sehr wohl in der Lage, den Zustand über längere Zeit und sogar gegen das soziale Verhalten der Person durchzuhalten.

Ein weiteres Beispiel, eine Szene aus Ilias 23. 590, kann zeigen, daß die „Aktivität" des *noos* zwar aus der Leibperspektive heraus durchsichtig wird, einer „geistigen" Sicht aber verschlossen bleibt. Der junge Antilochos entschuldigte sich bei Menelaos dafür, daß er trotz seines unfairen Überholens beim Wagenrennen einen Siegespreis beansprucht hatte. Für die Tat machte er sein Alter und einen allzu heftigen, überhitzten und vorschnellen *noos*, der nur von geringer, schwacher und kraftloser Einsicht gewesen sei, verantwortlich und bat Menelaos, er möge sein Herz (*kradie*) beruhigen. Über dieses Verhalten war Menelaos (Ilias 23. 604) erfreut, erklärte sich mit der Schuldursache einverstanden und bescheinigte gleichsam Antilochos, daß nur seine Jugend, also eigentlich nicht er selber, die Schuld trug.

An dieser Szene tritt Homers Sicht der Regungsherde besonders gut hervor, denn die hier angesprochenen leiblichen Aspekte des *noos* sind auch unserer Erfahrung noch zugänglich. Heftig, hitzig und schnell sind Eigenschaften leiblicher Bewegung, die der spürbaren Regung einen Charakter verleihen. Sie führen aber nur zu einer Einsicht, welche ebenfalls mit leiblich spürbaren Regungen beschrieben wird, nämlich zu einer schwachen und kraftlosen, eben jugendlichen Erkenntnis. Ferner wird die Schuld von Antilochos auf seinen *noos* verlagert, der auch tatsächlich vorher durch das Gespräch mit seinem Vater „angestachelt" oder „aufgeheizt" worden war.

Zeigte Penelope in der Odyssee einen virtuellen Umgang mit ihrem *noos*, so kann davon bei Antilochos keine Rede sein. Hier war die Mächtigkeit des Regungsherdes so groß, daß der Person die Einwirkungsfähigkeit entglitt, der *noos* ging mit Antilochos gleichsam „durch" wie ein Pferd mit seinem Reiter. Menelaos erkannte das und half Antilochos dabei, durch geschickte Verlagerung der Schuld auf den *noos* sein „Gesicht zu wahren". Schmitt dagegen interpretierte diese Szene völlig anders, so als ob Menelaos behauptet hätte, der *noos* habe „nicht mitgewirkt", Antilochos hätte ihn „gar nicht bestätigt" (Schmitt 1990, 208).[75] Dies führte ihn dann zu der seltsam anmutenden Aussage: „Deshalb ist ein hitziger *Nóos* so gut wie gar kein *Nóos*, gar kein wirklicher *Nóos*: es fehlt ihm genau das, was den *Nóos* zum *Nóos* macht, der freie Blick auf das Ganze einer Sache." (Schmitt 1990, 209)

Der überhitzte, allzu schnelle *noos* ist als leiblich gespürte Regung der intensiven Spannung, die während eines Wagenrennens den Fahrer geradezu „besiegt" und ihn zu einem unbesonnenen Verhalten zwingt, so „wirklich", daß zumindest jeder Rennbegeisterte dies auch heute noch leicht nachfühlen dürfte. Offensichtlich ist es auch nicht der „freie Blick auf das Ganze", der den *noos* zum *noos* macht; die jeweilige Lage wird vom *noos* berücksichtigt und an die Person vermittelt. Diese Vermittlung besteht in

75 Schmitt sprach von einem „sich selbst entfremdeten *Nóos*", der ein „gebundener *Nóos*" sei (Schmitt 1990, 187).

einer der Situation angepaßten charakterlichen Färbung der leiblichen Regung, die den Menschen ergreifen und überwältigen, von der er sich aber auch distanzieren kann. Die Fähigkeit zur Distanz scheint beispielsweise bei Penelope im Vergleich zu Antilochos größer gewesen zu sein. Schmitt verkannte die Abhängigkeit des *noos* von der Situation und der Person, als er behauptete, der *noos* sei „der kausale Anfang von Leidenschaft, nicht das handelnde Subjekt leidenschaftlicher Erregung" (Schmitt 1990, 186). Sowohl der *noos* Penelopes als auch der des Antilochos sind Zentren der „Erregungen", nicht der kausale Anfang ihrer eigenen „Leidenschaften". Diese werden von den Umständen, von der Situation bestimmt und setzen beim *noos* an, – der ist hitzig, nicht aber der normalerweise besonnene Antilochos. Außerdem können die „Leidenschaften" durchaus die Regie des Subjekts übernehmen und eine Zeitlang die Rolle der Person sozusagen besetzt halten, wie eben das Beispiel des Antilochos zeigt. Schmitt konstruierte dagegen eine Aktpsychologie ohne Husserl, denn: „Alle diese und ähnliche Aktivitäten des leidenschaftlich Erregten sind durchaus nicht reine Affekt- oder Willenshandlungen, sondern sind Akte, ... deren Leistung gebunden ist von der den Zorn auslösenden Erkenntnisperspektive." (Schmitt 1990, 192) Die erschließt angeblich der *noos*, und, so Schmitt weiter, „von diesem Akt des aufmerksamen Begreifens oder Innewerdens hängt das Gefühl ab" (Schmitt 1990, 158). Doch Gefühle hängen nicht von Akten des Begreifens ab, sondern sie besitzen eine „Eigendynamik". Das Modell eines Menschen mit einem Gehirn als Zentrale, die dann dem Körper den Befehl erteilt, über eine Hormonausschüttung ein Gefühl zu erzeugen, ist eine naturwissenschaftliche Vorstellung die innerhalb des Körpermodells Relevanz besitzt. Zum Verständnis Homerischen Leiberlebens ist sie gänzlich ungeeignet. Das zeigt sich auch an folgender Erklärung von Schmitt: „Dieses Innewerden ist aber ... kein nur rezeptiv empfangender sinnlicher Eindruck, sondern ein (intelligentes) ‚Durchschauen' des sinnlich Vorgestellten auf seine nur begreifbare Bedeutung hin, und in diesem Sinn muß es zu recht als ein geistiges Tun verstanden werden." (Schmitt 1990, 158)[76] Der „Akt" des „Durchschauens" auf die „nur begreifbare Bedeutung" hin trennt Sinne (Körper) und Verstand (Geist). Aber für Homer sind die Wahrnehmungen nicht exakt in sinnliche und verstandesmäßige Akte unterteilt, sondern laufen im Begriff des *noein* zusammen.[77] Gerade vom *noein* behauptete hingegen Schmitt, „daß Homer schärfer, als wir es gewohnt sind, zwischen Wahrnehmen und Denken unterscheidet und daher auch dort, wo uns noch eine reine Wahrnehmung vorzuliegen scheint, das Übergewicht der geistigen Erkenntnisleistung erfaßt und betont" (Schmitt 1990, 131). Die Gegenüberstellung von „reiner Wahrnehmung" und „geistiger Erkenntnisleistung" muß jedoch für Homer abgelehnt werden. Sehen als einfachem Vorgang liegt – etwa wenn man etwas oder jemanden sieht –, wohingegen beim *noein* ein Bemerken erfolgt, das für die Person Konsequenzen hat –

76 Zu *noein* als „geistiges Gewahrwerden" sowie als „eine Art geistiges Schmecken der Sache selbst" s. Schmitt (1990, 183)

77 S. dagegen Schmitts Aussage, die „Unterscheidung" zwischen „sinnlichen und geistigen Akten" sei „bei Homer sogar ... konsequent und einsichtig durchgeführt" (Schmitt 1990, 137).

etwa wenn ihr eine Situation klar wird und sie intuitiv weiß, was sie zu tun hat. Von einer „aktiven Erkenntnisleistung" kann beim *noein* nicht gesprochen werden. Der *noos* wandelt die Situation des Menschen, indem er ihn Bedeutungen erkennen läßt, ihm Zusammenhänge offenbart. Die beim *noein* aktivierte Wahrnehmung ist keine kausal-analytische Erforschung der Wirklichkeit, es werden nicht einzelne, vom Verstand synthetisch zusammengesetzte Sinnesdaten wahrgenommen. Statt dessen empfängt der Mensch ganzheitliche Eindrücke von Situationen, die ihn leiblich spürbar betreffen, wobei Intuition und Intelligenz verschmelzen.[78]

Daß der *noos* ferne Dinge so erfaßbar machen kann, als ob sie anwesend wären, läßt sich an Ilias 15. 80–83 zeigen. Dort wird die Schnelligkeit, mit der der *noos* eines vielgereisten Mannes durch die Länder seiner Erinnerung zieht, mit dem Flug Heras zum Olymp verglichen.[79] Diese im Vergleich zu unserem Verständnis des Denkens erweiterte Sicht, die auch Wahrnehmungen mit einbezieht, die wir heute der Phantasie und dem Traum zuordnen, zeigt den Unterschied der anthropologischen Vorstellungen. Der *noos* ist auch nicht das von Held herausgestellte „Organ für die Welt als Welt", denn eine Organvorstellung steht z. B. zu Odyssee 20. 82 im Widerspruch. Nach Ansicht von Schmitz zielt an dieser Stelle *noema* auf die „Gedanken an Lust", die Penelope durch ihr Aussehen erwecken möchte, nicht auf das Geschlechtsorgan (Schmitz 1965, 422). Penelope versucht nicht, Lust bereitende Gedanken zu erzeugen. Hier handelt es sich um einen ganzheitlichen Eindruck, einen erotischen Reiz, der in seiner Fülle auf den Mann ausstrahlt und ihn ergreift. Nur wenn man bedenkt, daß sich die Wirkung des *noos* nicht auf eine gedankliche Abstraktionsleistung beschränken läßt, sondern den ganzen Leib betrifft und die ganze Situation mit einbezieht, wird dies verständlich.

Die anderen Leibesinseln in der Ilias

Die Phänomene, die mit den Begriffen *phrenes* und *thymos* bezeichnet werden, bilden zusammen mit *kardie*, *etor* und *ker* das frühgriechische Wortfeld für die Leibesinsel Herz. „Es handelt sich primär", so Schmitz, „um verschiedene, in der Brustgegend lokalisierte, für Homer und seine Hörer dem Typus nach deutlich erkennbare und unterscheidbare leibliche Regungen, die wegen ihres übereinstimmenden Lokals ihren Namen gelegentlich auch an das körperliche Brustinnere – besonders an das Herz – abge-

78 Dazu schrieb v. Fritz: „Jede volle Erkenntnis einer Situation schließt eine geistige Schau ein, die nicht nur tiefer dringt, sondern auch ‚weiter sieht', sowohl räumlich wie zeitlich, als unsere Augen." (v. Fritz 1986, 272)

79 S. a. Guthrie (mit Bezug auf v. Fritz und Parmenides Fr. 4,1): „Similarly it may mean the visualization of things distant in time or space." (Guthrie 1965, 18) Sowie Snell (1978, 41). Held sprach von dem „Vermögen, die Anwesenheit des einzigen, absoluten Hier in all den vielen Hier und Dort … zu durchschauen. Der *nus* … macht es möglich, daß uns auch das vermeintlich Abwesende, d. h. das Vergegenwärtigte, als vorbekannt, d. h. aber: als in seiner zuständlichen Bestimmtheit gegenwärtig, erscheint." (Held 1980, 540)

ben können, einander aber auch zu durchdringen vermögen, ohne sich in einander aufzulösen." (Schmitz 1965, 429) Dieser leibliche Regungsherd der „inneren Brust" ist der Ort für die dort mehr oder weniger verschwommen spürbaren Regungen, Gefühle und Gedanken. Selbst Götter besitzen sie, wie der oben erwähnte *noos* des Zeus zeigte, der die Gedanken verbarg. Apoll hörte am Anfang der Ilias den klagenden Chryses, was ihn veranlaßte, mit „zürnendem Herzen" (*ker*, Ilias 1.44) vom Olymp herabzustürmen. Das zürnende Herz ist nicht das einzige Beispiel für eine uns geläufige Metapher, bei der das gespürte Leibesinnere in Mitleidenschaft gezogen ist, ohne daß dabei an das anatomische Substrat „Herz" gedacht wird. Der vor Zorn „kochende" Mensch ist durchaus sichtbar erregt, ohne daß dabei genau gesagt werden kann, welche Muskeln an dem Eindruck des Erzürnten beteiligt sind. So wie der Zorn ein ganzheitliches Gefühl ist, vermittelt der Eindruck einen ganzheitlichen und unmißverständlichen Charakter der gerade vom Zorn ergriffenen Person.

Ein anderes, in der Leibesmitte „Herz" lokalisiertes Gefühl ist die Sorge. So erwägt z. B. Achill im sorgenden Herzen (*etor*, Ilias 1. 188), ob er Agamemnon direkt mit dem Schwert töten soll. Daß aber dabei sein Herzmuskel betroffen wäre, scheint absurd. Auch wenn er dies in der Tiefe seines Herzens (*kata phrena kai kata thumon* / Ilias 1. 193) überlegte, um die Wut im Herzen (*thymos* Ilias 1. 217) zu unterdrücken, – das anatomische Organ spielte keine Rolle dabei.

Dies gilt für alle weiteren Beispiele von Aktivitäten, die sich „auf" oder „in" einer Leibesinsel abspielen. So bedachte Zeus im *thymos* (Ilias 2. 36), was nie zur Vollendung bestimmt war. Der Gram drang Odysseus in Herz und Gemüt (*kradien kai thumon* Ilias 2. 171). Alexandros erschrak im Herzen (*etor* Ilias 3. 31) beim Anblick des Menelaos. Kein mutiges Herz (*kradie* Ilias 12. 247) hatte Polydamas. Hektor warf Paris vor, er habe weder Kraft noch Stärke in den *phrenes* (Ilias 3. 45), und Paris erwiderte, Hektor habe ein hartes Herz (*kradie* Ilias 3. 60). Ein Herz (*etor* Ilias 24. 521) aus Eisen bescheinigt Achill Priamos. Das „Herz in der Brust" (*thymos eni stethessin* Ilias 6. 51) wurde Menelaos gerührt und gebot (Ilias 7. 369) Priamos das Reden. Schmerz und Trauer herrschte bei Hektor in den düsteren *phrenes* (Ilias 8. 124). Das „Herz in der Brust" (*etor eni phresi* Ilias 8. 413) wütete bei Hera und Athene und (*thymos eni phresi* Ilias 21. 386) entschied, auf welche Seite des Kampfes die einzelnen Götter sich jeweils wandten. Sein vergeßliches Herz (*anoon kradie* Ilias 21. 441) hielt Poseidon Apollon vor. Das „Herz in der Brust" (*thymos eni stethessin* Ilias 9. 8) wurde den Achaiern zerrissen, und Achill sollte (Ilias 9. 255f. u. 18. 113 sowie 19. 66) seines bändigen. Von heftigem Gram war Agamemnons Herz (*etor* Ilias 9. 9) verwundet. In den *phrenes* (Ilias 9. 611) sollte Phoinix die Worte Achills bewahren, um dessen *thymos* (Ilias 9. 612) nicht mit Bitten und Klagen zu belasten.

Die aufgezählten Beispiele zeigen, daß hier die Übersetzung nur vage das Gemeinte umreißt. Die verschiedenen Begriffe charakterisieren die Bandbreite der in der Leibesinsel „innere Brust" lokalisierten unterschiedlichen Gefühle, die sich dem Menschen aufdrängen und dort als „Regungen des Herzens" gespürt werden. Daß bei Homer die Brust (*stethos*) als das Innere des Leibes der zentrale Bereich des menschlichen Spürens war, wurde in der Forschung weitgehend anerkannt.[80] Ist es auch berechtigt, bei der Übersetzung generell die Herzmetaphorik anzuwenden, um zu einem gewissen Vorverständnis zu gelangen, so darf damit Homer nicht unterstellt werden, er hätte zwischen seinen Bezeichnungen keinen Bedeutungsunterschied gemacht. Dies behauptete allerdings Jahn, als er, um seine These von der „semantischen Nullwertigkeit" der Lexeme zu beweisen, in seiner Studie über die verschiedenen homerischen Bezeichnungen bezüglich der Leibesinsel „Herz" schrieb: „Innerhalb dieses allgemeinen Zuständigkeitsbereichs existiert jedoch keine weitere Differenzierung etwa der Art, daß einzelne Segmente des Seelisch-Geistigen an bestimmte Instanzen gebunden wären." (Jahn 1987, 297) Sein Begriff des „Seelisch-Geistigen" verschleiert das Problem. Wenn er sogar meint, „interne Abgrenzungen" wären „nicht nur fließend", sondern „gar nicht vorhanden", so geht das zu weit. Zwar verschwimmen die einzelnen Bereiche des Brustinneren ineinander, doch daß überhaupt keine Unterschiede, nicht einmal schwerpunktmäßig, gemacht werden können, daß die einzelnen Bezeichnungen also semantisch „nullwertig" sein sollen, erscheint zweifelhaft.

Auf die Frage, warum der Dichter unterschiedliche Bezeichnungen für die Leibesinsel „Herz" wählte, gab Jahn die Antwort, daß rein metrische Gründe vorherrschend gewesen seien.[81] Er erledigte das durch die Verwendung unterschiedlicher Worte naheliegende Problem der „substantiellen Nuancierung des dargestellten Geschehens" einfach durch eine „Nullösung". Da „jeweils andere innere Zentren" für die gleiche „seelisch-geistige Aktivität derselben Person" als „verantwortliche Instanzen" auftreten könnten, handele es sich hier um ein „rein *formales* Ausdrucksmittel" (Jahn 1987, 195ff.). Daraus folgerte er: „Die seelisch-geistigen Instanzen sind ... im Rahmen ihrer Kontexte *uneingeschränkt austauschbar*." (Jahn 1987, 199)

Diese generelle Reduktion der semantischen Bedeutung auf einen Nullwert läßt keinen Raum für die Entfaltung einzelner Nuancen. Jahn schließt diese Möglichkeit aus und ersetzt sie durch einen dichterischen Apparat von Lexemen, der es Homer angeblich ermöglichte, metrische Zwänge einzuhalten. Dieses Vorgehen ähnelt Nilssons Versuch, Homer einen „Götterapparat" unterzuschieben.[82] In beiden Fällen wird der Dich-

80 Dazu Schmitz: „Homer läßt also die Brust als die jähen Impulsen der Schwellung und Spannung am meisten ausgesetzte Gegend des körperlichen Leibes erscheinen." (Schmitz 1965, 428) Zur Lokalisation des seelischen Erlebens in der Brust vgl. J. Böhme (1929, 28) und Jahn (1987, 18). Jahn schrieb: „Seelisch-geistiges Geschehen spielt sich in der homerischen Vorstellungswelt allein im inneren Brustbereich ab" (Jahn 1987, 297).

81 Jahn: „Das Nebeneinander der 45 ... festgehaltenen Wendungen resultiert nicht aus irgendwelchen noch so minimalen Schattierungen im *semantischen* Bereich, sondern allein aus der *metrischen* Verschiedenheit seiner Einzelelemente." (Jahn 1987, 258) „Die Theorie," so Jahn, „daß für den oral poet nicht der semantische, sondern der metrische Kontext die Wortwahl im Bereich der psychischen Instanzen diktiert," läßt sich zumindest für den „Nominativbereich als gültig erweisen" (Jahn 1987, 255). Zur Kritik an der „oral poetry-Theorie" s. Erbse (1990, 7).

82 Dazu Nilsson (1924, 390). Nilsson erklärte die ganze Homerische Götterwelt zu einem „Götterapparat", einer „Göttermaschine" und sprach von „dem leeren Gerassel der Göttermaschine", der „Fortwucherung der Göttermaschine", und dem „allzu leichten Inbewegungsetzen des Triebwerks der Göttermaschine".

ter zum bloßen Handwerker, die göttliche Inspiration auf eine technische Ausführung reduziert. Die Möglichkeit, daß die Begriffe unterschiedliche Bedeutungen haben, aber auch austauschbar sein können, müssen keine Widersprüche sein. Erstens überlagern sich die Phänomenbereiche, und zweitens kann Homer Inspiration und metrischen Zwang angewandt haben, ohne daß genau zu beweisen ist, wie und wo. Die von Jahn postulierte uneingeschränkte Austauschbarkeit der Begriffe erscheint zu radikal. Er entging nicht dem Widerspruch, einerseits zu behaupten, die Lexeme seien „semantisch austauschbar, semantisch nullwertig", andererseits sollte den einzelnen Begriffen „ein gewisser (grundlegender) semantischer Eigenwert natürlich nicht abgesprochen werden" (Jahn 1987, 200). Wie verträgt sich aber „nullwertig" mit „Eigenwert"? Schließlich gab Jahn sogar zu, daß es bei der Verwendung von *thymos* und *phrenes* dem Dichter möglich wäre, „eine ganze Palette feiner Nuancierungen zum Ausdruck zu bringen" (Jahn 1987, 224). Diese Palette beleuchtete Jahn nicht näher. Das hatte zwanzig Jahre früher Schmitz getan, der zeigte, daß die leiblichen Regungen trotz ihres schwankenden Charakters so nuanciert erfahren würden, daß sie unterschiedliche Schwerpunkte bildeten. Dabei dürfe die „Lokalisierung" in der Brust keinesfalls nur metaphorisch als eine „bloße poetische Phrase und Veranschaulichungshilfe" verstanden werden. Sie sei „etwas aufdringlich Gespürtes" und präsentiere sich dem Menschen ganz „unmetaphorisch als leibliche Stätte des Erlebens" (Schmitz 1965, 408 u. 426).

Thymos und *phrenes* – die Leibesinseln der Brust und des Bauches

Die Forschung betonte immer wieder den konkreten Charakter des Erlebens der einzelnen leiblichen Regungen, die als Erfahrungen hinter den Begriffen standen. Rohde sah den *thymos* „als die Stelle der Affekte", die auch „eine Kraft, eine Eigenschaft eben dieses lebendigen Leibes" darstellt (Rohde 1925a, 45 A. 1). Ähnlich erklärte A. W. H. Adkins ungefähr hundert Jahre später, die in Frage kommenden Bezeichnungen würden die Erfahrungen des Homerischen Menschen beschreiben, und zwar so, wie er sie direkt spüre. Adkins betonte: „He felt a surge within, a hot sensation within the chest, and that was *thymos*." (Adkins 1970, 17) Allerdings muß beachtet werden, daß diese „hot sensation" mehr als nur ein Wärmegefühl war. Zorn oder Scham lassen sich nicht auf das Spüren von Wärme reduzieren, sondern sind ganzheitliche Regungen, die im leiblichen Ort nur ihren Ansatzpunkt haben. Sie bringen den leiblichen Effekt der Wärme als Tönung mit, die die Situation des Erlebens prägt und gleichsam als Niederschlag oder Kondensation des Gefühls in der leiblichen Reaktion verdichtet ist. Die Trennung von Gefühl, in diesem Fall dem Zorn, und gespürter Wärme (hot sensation) ist nachträglich und künstlich verglichen mit der ursprünglichen Intensität des Erlebens, das eine solche Spaltung nicht kennt.

Dagegen wandte sich Schwabl (1955, 46f.) und in letzter Zeit Schmitt, der meinte, der „Götterapparat" könne als endgültig „überwunden gelten" (Schmitt 1990, 248 A.212).

Genauer lassen sich *thymos* und *phrenes* als Bezeichnungen für die „gespürte Erfülltheit des eigenen Leibes durch Regungen" verstehen (Schmitz 1965, 409). Beide drücken jeweils ein Gefühl aus, das „im eigenen Leib aufsteigt und namentlich in der Brustgegend gespürt wird, wenn ein plötzliches, aufwühlendes Betroffensein, ein unvermuteter, aus dem Rahmen fallender Impuls über den Menschen kommt"(Schmitz 1965, 408).[83] Von den vielen Beispielen bei Schmitz sollen nun zwei erwähnt werden, die das Bedeutungsspektrum der den Menschen betroffen machenden Gefühle sehr schön aufzeigen (Schmitz 1965, 405). In Ilias 13. 468 wird Aeneas durch die Nachricht vom Tod seines Schwagers Alkathoos „getroffen", und zwar tief in der Brust, sozusagen „mitten ins Herz" (*thymos*), um eine auch uns geläufige Metapher zu benutzen. Dieses Gefühl läßt sich auch heute noch verstehen. Es ist wie ein „Stich ins Herz", der tatsächlich leiblich gespürt wird und die ganze Härte, die den Menschen trifft, ausdrückt. Ist es an dieser Stelle der Verlust und die Trauer, die Aeneas überfallen, so kommt in Ilias 13. 494 Freude in seinem Herzen (*thymos*) auf, als er sieht, wie seine Freunde und Kampfgefährten mit vielen Männern seinem Ruf folgen, um den Toten zu rächen. Das ist leicht nachfühlbar. Es zeigt, wie Trauer und Freude abwechselnd den *thymos* auf eine Art „befallen" können, die dem Menschen eine Abstandnahme nicht gestattet, sondern ihn im konkreten Erleben unabweisbar betroffen macht.

Gleiches gilt für die *phrenes*. Auch hier beschränke ich mich auf zwei Beispiele, nämlich Ilias 24. 282, wo von den *pukina phresi* die Rede ist, und Ilias 10. 9, wo Agamemnons *phrenes* innerlich beben.[84] Im ersten Beispiel planen Priamos und sein Herold den Aufbruch zu Achill mit „dichten Gedanken im Herzen" (*pukina phresi medea*). Hier sind nach Schmitz nicht wohlüberlegte, kluge und kühle Gedanken gemeint, sondern ein gepreßtes und intensives Erleben der Vorstellungen und Bilder, denen der Druck und die Last der Mission keine freie Entfaltung und Abstandnahme erlaubt (Schmitz 1965, 391). Diese Enge, die sich auf die Zwerchfellgegend legt und in den *phrenes* ein Gefühl der dicht gedrängten, zusammengezogenen Spannung erzeugt, wird nach Schmitz vor allem durch das Adjektiv *pukinos* deutlich. Dessen Übersetzung läßt gemeinhin die Alternativen „dicht" und „klug" zu, ohne daß bisher ein Zusammenhang zwischen beiden ersichtlich wurde. Schmitz, der sich von J. Böhme abhob, legte dar, daß bei einem leiblichen Verständnis des Geschehens in den *phrenes* die Bedeutung „dicht" für *pukinos* ausreicht, um auch sogenannte intellektuelle Leistungen zu erklären.[85] „Kluges

83 Zu den „mannigfachen Regungen des Angezogen- und Abgestoßenseins", die in der Situation das leibliche Befinden „überkommen", schrieb Held: „Der *thymós* ist nichts anderes als der Erfahrende selbst, sofern er sich als der Vollzieher solcher Regungen erschlossen ist, von denen er in seiner jeweiligen ansichtshaften Lebens- bzw. Erfahrungslage umgetrieben wird." (Held 1980, 238) Was Held hier mit „Vollzieher" meint, ist nicht klar.

84 Dazu Ireland, Hull u. Steel (1976, 183) sowie Schmitz (1965, 390, 427).

85 Zu *pukinos* als dicht und klug bei J. Böhme s. a. Plamböck (1959, 75). Er sprach von *pukinos* = dicht als Intensität des „Gegenwärtigen", *phronein* (Plamböck 1959, 148). Zu *pukinos* als „thick, dense, frequent" und *phrenes* als „firm, prudent or wise" s. a. Darcus (1988, 138). Zu *pukinos*, „d. h. nach homerischem Sprachgebrauch so viel wie ‚intensiv', ‚tief'", s. a. Voigt (1933, 22 u. 25) mit Bezug auf

Denken", so Schmitz, „ist für Homer eben kein rein geistiger Vollzug, sondern Leistung kraftvoller, vornehmlich in der Zwerchfellgegend spürbarer Spannung." (Schmitz 1965, 390) Die stark erlebten Vorstellungen und Gedanken ballen sich gleichsam wie Gewitterwolken zusammen, und es entsteht im Leib ein Gefühl der intensiven Dichte, das keine klare Überlegung mehr zuläßt.

Ein anderer Gebrauch liegt in Odyssee 3. 23 vor, wo Telemachos vom „Ballen" (*pukinoisin*) der Worte spricht, das er noch nicht ausreichend erprobt habe, um den großen, greisen Helden Nestor würdig anzusprechen. Er will einen guten Eindruck erwecken, fürchtet aber das Mißlingen, denn er weiß, daß er die Worte richtig wählen muß, daß er sie „dicht" machen muß, um ihre Wirkung nicht zu verfehlen. Heute würden wir sagen, daß er den richtigen Ton treffen mußte, und meinen damit ein auf die ganze Situation abgestelltes Reagieren und Ansprechen des Betroffenen.

Das zweite Beispiel (Ilias 10. 9) soll ebenfalls den Zusammenhang zwischen Gefühl und leiblicher Regung an den Begriffen *pukinos* und *phrenes* hervorheben. Agamemnon stöhnte auf, nämlich „in dichter Brust" und „von unten her aus dem Herzen (*kradie*)", „ihm bebten die *phrenes* innerlich" (Schmitz 1965, 427 A. 121). „In dichter Brust" (*pukin' en stethessin*) deutet hier ein intensives leibliches Spüren an, eine Beklommenheit und Enge in der Brustgegend. Schon in Ilias 10. 4 konnte der Archaierfürst nicht schlafen, weil die Sorgen seine *phrenes* bedrängten. Die lastende, drückende Atmosphäre kulminierte im Stöhnen aus tiefstem Leibesinneren (Ilias 10. 9), das aber nicht richtig befreite, sondern in der dichten oder beklommenen Brust gefangen blieb. Dieses gedrängte und gepreßte Gefühl der Sorge wird noch durch das Beben oder Zittern (*treo*) der *phrenes* unterstrichen, was als leibliche Reaktion auf die übermäßige Spannung leicht zu verstehen ist.[86] In Ilias 10. 93–95 wird dies nochmals ausführlich erklärt. Dort bebte Agamemnon vor Angst um die Danaer, die feste, unerschütterliche Gesinnung (*etor empedon*) war fort, das Herz (*kradie*) wollte aus der Brust springen, und vor Sorge und Furcht zitterten (*treo*) die Glieder (*guia*) – ein sichtbarer Zustand, dessen leibliche Auswirkungen direkter wohl kaum beschrieben werden können.[87] Die gestauten Impulse entluden sich in extremen, von der Person nicht mehr kontrollierbaren

---

Snell. Der hatte auf die Stellen bei J. Böhme verwiesen, hob den „quantitativen, extensiven" Aspekt im Gegensatz zum „intensiven" hervor und sprach „von gehäuften, gleichsam ‚massiven' Gedanken" (Snell 1931, 81). Dies scheint mir irreführend, da *pukinos* nicht auf eine Häufung im Sinne einer großen Anzahl von Gedanken zielt, die auch einen lockeren Verband auf ausgedehntem Raum bilden können, sondern auf eine Dichte, auf ein Zusammendrängen und Ballen an einem Ort mit nur begrenzter Ausdehnung, das intensiv, nämlich leiblich erlebt wird. Mit *pukinos* ist hier keine zentrifugale Quantität, sondern eine zentripetale leibliche Qualität gemeint.

86 Zu Ilias 10.9 vgl. Voigt: „Es ist hier alles auf die Stimmung, nicht aber auf das sachliche Problem abgestellt." (Voigt 1933, 16) Zum Zittern der *phrenes* s. a. Snell (1978, 83).

87 Ingenkamp erklärt dieses „Hineinversetzen" nicht näher. Ausdrücke wie „die Furcht stand ihm im Gesicht geschrieben", „er zitterte vor Furcht" oder „die Last der Verantwortung drückte ihn nieder" zeigen, daß Gefühle ohne introspektive Ergriffenheit am Menschen wahrnehmbar sind. Sie sind ihm „anzusehen".

Regungen. Auch Menelaos bebte vor Angst und Sorgen (Ilias 10. 25) und konnte, wie Agamemnon, von „Gram gebeugt" nicht schlafen.

Gegenüber den *phrenes* sind die Regungen des *thymos* beweglicher und diffundieren stärker. Das Betroffensein bei Trauer und die Ergriffenheit bei Freude sind im *thymos* flächig angelegt, wohingegen sich die *phrenes* mehr in der leiblichen Gegend des Zwerchfells konzentrieren. Nach Schmitz unterscheiden sich die beiden in ihrem Verhältnis zur Person, nämlich darin, wie sie Leibliches ausdrücken. Die *phrenes* bezeichnen „in erster Linie eine Leibesinsel" – die Gegend der Magengrube und des Sonnengeflechts – und erst sekundär die auf dieser Insel heimischen Regungen. Der *thymos* ist dagegen primär keine Leibesinsel, „sondern ein Typus leiblicher Regung" (Schmitz 1965, 408). Dieser kann sowohl in der Brust als auch in den *phrenes* lokalisiert werden. Die hier von Schmitz bemerkte Nuance wurde von J. Böhme ansatzweise vorgezeichnet, als er von den *phrenes* als „Sitz" des *thymos* sprach. Sie seien „gleichsam das Zentrum, nach dem hin er sich sammelt" (J. Böhme 1929, 101 A. 5). Das dichte und kompakte, eher zentripetale Spüren im Leibesinneren, das mit den *phrenes* gemeint ist, kennzeichnet diese als stärker an den leiblichen Ort gebundene Insel, wohingegen der *thymos* mehr diffundierend schwillt und zentrifugal ausstrahlt. Er ist nicht so intensiv auf das leibliche Lokal fixiert.[88]

Die Lokalisationsstellen des *thymos* in den *phrenes* wurden von Schmitz in zwei Gruppen unterteilt, „von denen die eine auf eine dauerhafte Gesinnung oder Einstellung der Person geht, die andere auf Wiederherstellung … des Gleichgewichts der Erlebnislage" (Schmitz 1956, 399f.). Die erste Gruppe (Ilias 10. 232; 13. 280; 22. 356; 21. 386; 19. 178; 9. 462) zielt auf eine „relativ dauerhafte Disposition", fast auf den Charakter eines Menschen. In der zweiten Gruppe (Ilias 24. 321; 23. 600) findet sich die erleichternde, eine düstere und bedrohliche Situation ausgleichende Freude. Gemeinsam ist beiden Gruppen die durch diese doppelte Lokalisationsform angedeutet gesteigerte Intensität. In der ersten Gruppe kommt die Steigerung durch die Dauer und Beständigkeit der Disposition sowie durch die Intensität der Regungen zum Ausdruck; so z. B. in Ilias 13. 280, wo sehr genau das typische Verhalten eines furchtsamen Mannes geschildert wird, dessen *thymos* in den *phrenes* ihn weder ruhen noch rasten läßt. Sein Herz (*kradie*) klopft mit heftigen Schlägen, und die Zähne klappern. Diese Symptome sind so leiblich, daß sie bis heute gelten. In der zweiten Gruppe wird die Intensität durch ein „Umkippen" der Gefühle, durch eine „Entladung" der Spannung erhöht. Die zuvor herrschende große Ungewißheit und das Düstere der Situation lösen sich gleichsam in Luft auf, und der betroffene Mensch schwingt befreit von einem Extrem zum anderen, wie dies eindrucksvoll in Ilias 24. 321 zum Ausdruck kommt. Dort sandte Zeus einen Adler als Zeichen. Diesen gewahrend, stieg in Priamos und den Männern Hoffnung auf und erleichterte dadurch den *thymos* in den *phrenes*. Der Druck wich, die Angst und Bedenken schienen verflogen, und hurtig machte sich Priamos auf den Weg.

88 Zum *thymos* und seinem Regungscharakter s. a. Voigt (1933, 28). Er übersetzte Odyssee 9.302 mit: „eine andere Regung hielt mich zurück".

Die Kombination der Begriffe deutet also eine Intensivierung der Situation an, die sich sowohl durch Verfestigung einer extremen Disposition als auch in einem Aufschwung, der das Vorherige plötzlich zusammenfallen läßt, bemerkbar macht. Dauerhafter Aspekt und augenblickliche Wandlung vereinen sich unter dem Gesichtspunkt des intensivierten Erlebens, das durch den dichterischen Effekt der Lokalisation des *thymos* in den *phrenes* zum Ausdruck kommt und so die Palette der Bedeutungsnuancen um eine weitere bereichert.

Zur Forschungsgeschichte der Begriffe *thymos* und *phrenes*

Die lockere Gebundenheit der Leibesinseln, ihre relative Selbständigkeit, wird in den sogenannten Selbstgesprächen besonders erkennbar. Ein Beispiel hierfür ist Ilias 11. 403–410. Dort erwägt Odysseus im *thymos*, ob er fliehen soll, erkennt dann aber, daß es sich nur um einen Anflug von Furcht handelt, dem ein tapferer Held natürlich zu widerstehen hat. Also distanziert er sich schleunigst von diesen Überlegungen und fragt sich, warum sein *thymos* dieses überhaupt erwog.[89] Damit zeichnet sich ein Verhältnis von Person und Regungsherd ab, das den für die Leibgebundenheit dieses „Denkens" typischen koagierenden Charakter verdeutlicht. „Gedacht" wird bei Homer eben nicht mit dem „Kopf", sondern mit dem *thymos*, der die Aufgabe des Erwägens einer Situation anscheinend unabhängig von der Person übernehmen kann.[90] Es denkt also nicht das Ich, sondern eben ein „Es", der *thymos*, der diese Regung so für die Person oder an ihrer Stelle vollzieht, daß Odysseus fast befremdet fragt: „Aber warum hat der *thymos* für mich so gesprochen?"

R. W. Sharples, der dieser Stelle einen ganzen Artikel widmete (Sharples 1983, 2), kam nicht auf die Idee, bei der formelhaften Frage nach der Aktivität des *thymos* mit dem Begriff *moi* könne ein possessiver Dativ gemeint sein, und es müsse, wie Schmitz in Anlehnung an J. Böhme (1929, 90) zeigte, in der Frage des Odysseus „für mich" und nicht „mit mir" heißen (Schmitz 1965, 413). Er ging einfach von einem Gespräch zwischen *thymos* und Person aus. Der Interpretationsrichtung von Sharples folgte Richard Gaskin, der Ilias 11.403–410 als „a dialogue of the self with itself" bezeichnete. Schmitz konnte aber nachweisen, daß es sich um keine direkte Unterredung des Helden mit seinem *thymos* handelte, sondern um ein „unechtes Selbstgespräch", bei dem die Sprecherrolle dem *thymos* nachträglich zugewiesen wurde.

Gaskin sah ferner im *noos* und *thymos* zumindest in einigen Fällen so etwas wie ein schematisches „concept of the self" (Gaskin 1990, 3f.). Ähnlich wie Schmitt glaubte er, daß Homer zwar kein Wort für „self", aber ein „concept of selfhood" hatte.[91] Mit Bezug

89 Ähnlich auch Ilias 17.90,97; 21.552,562; 22.98,122. Dazu Voigt: „Mit der Wendung ‚er ist Herr seiner schwächlichen Regung geworden' würden wir diesen Vorgang ganz angemessen beschreiben." (Voigt 1933, 87–91)

90 S. a. Schmitz (1965, 412ff.) u. Voigt (1933, 54).

91 Zu der „bereits methodisch (und jedenfalls historisch) bedenklichen", aber m. E. keineswegs richtigen Meinung, „Homer habe noch keinen Begriff von der Seele gehabt, weil in dem homerischen Wort

auf Ilias 11. 403–410 sah er in den beiden Begriffen jeweils das „integrated, unitary item", auf das sich auch das Wort „self" bezöge. Ein integrierendesKonzept des „Selbst" kann für Homer nicht nachgewiesen werden. Weder *noos* noch *thymos* eignen sich dafür. Der *thymos* kann zwar die Sprecherrolle übernehmen und die Person überwältigen, aber gerade diese Selbständigkeit spricht gegen eine zusammenhaltende Funktion. Solche Versuche, ein fehlendes „Gesamtgemüt" herauszuanalysieren, bringen keinen Erkenntnisgewinn.

Ebenso fraglich ist das andere Extrem, nämlich aus den Regungsherden vollkommen unabhängige Einheiten zu machen, wie dies Nilsson tat, für den der *thymos* ein „selbständiges Wesen" darstellte (Nilsson 1924, 375). Das Phänomen der Semiautonomie von Leibesinseln verdeutlicht jedoch lediglich, daß eine beherrschende Zentralinstanz noch nicht ausgebildet war. Daraus ist nicht die vollständige Trennung von Person und Regungsherd zu folgern. Die Distanz zwischen beiden, die als ein typisches Merkmal eines archaischen, nicht auf Griechenland beschränkten menschlichen Selbsterlebens betrachtet werden kann, ist keine Spaltung im Menschen selbst, der dann ein „selbständiges Wesen" im Leib hätte und schizophren wäre.

Nilssons Sicht versuchte Bickel mit der oben schon erwähnten Konstruktion von „Vitalempfindungen" zu korrigieren, indem er behauptete: „Für Homer war ‚selbständiges Wesen' im Menschen das selbständig und ohne Zutun des Ichs pochende Herz oder die mechanisch sich ohne Zutun des Ichs vollziehende Atmung und die übrigen Vitalprozesse." (Bickel 1926, 55) Doch Bickels Hinweis auf das Spüren von Herz, Atmung und die „übrigen Vitalprozesse" läuft Gefahr, leibliche Regungen durch anatomisch-physiologische Vorstellungen zur erklären. Dieser erlag Onians, der eine Identifikation von *thymos* und Lunge zu erkennen glaubte.[92] Doch wenn Zeus im „Herzen" (*thymos* Ilias 2. 36) bedachte, was nie zur Vollendung bestimmt war, so spielte seine Lunge dabei wohl kaum eine Rolle, und auch seine Atmung muß sich dabei nicht verändert haben, denn es ist immer das sich leiblich äußernde Gefühl die Ursache der Veränderung. Gegen den *thymos* als Atemseele wandte sich dann auch Erec Dodds.[93]

Nicht nur Bickel kritisierte Nilssons Vorstellung des *thymos* als ein „in sich geschlossenes Wesen", auch J. Böhme hatte Bedenken (J. Böhme 1929, 101). Allerdings konnte seine Interpretation, die *phrenes* seien auf psychischer und physischer Ebene vorhandene „Organe", begrifflich auch nicht überzeugen. Für ihn waren sie sowohl „Seelen-" als auch „Körperorgan" (J. Böhme 1929, 29). Daß dies so sei, könne „nicht aus irgendwelcher Reflexion über den Zusammenhang von körperlichem und seelischem Leben" begriffen werden, „sondern nur aus der im konkreten Erleben gewonnenen unmittelba-

Psyché noch nicht die verschiedenen seelischen Potenzen in ihrem gemeinsamen Aspekt umfaßt seien" s. Schmitt (1990, 222).

92 Zur Beziehung von *thymos*, Atem und Denken s. a. Onians (1951, 50). Zum Denken als Sprechen im Herzen und den *phrenes* s. a. Onians (1951, 13) u. Horand Pfeiffer (1975, 31).

93 „Der *thymós* mag einmal eine primitive ‚Atemseele' oder ‚Vitalseele' gewesen sein; aber bei Homer bezeichnet er weder die Seele noch (wie bei Platon) einen ‚Seelenteil'." (Dodds 1970, 14) Zum Zusammenhang von *thymos* und Atmung, dem *Hauch*, s. a. Schmitz (1965, 438f.).

ren Gewißheit der Einheit von Körper und Seele" (J. Böhme 1929, 8).[94] Dieser „Einheit von Körper und Seele", deren „konkretes Erleben" J. Böhme ausdrücklich hervorhob, wird aber der Organbegriff nicht gerecht. Der *thymos* ist kein „Körperorgan" (Schmitz 1965, 375).

J. Böhme teilte Snells Meinung, daß bei Homer dualistische Vorstellungen nicht greifen: „Die Alternative: hat das Wort ‚körperliche' oder ‚geistige' Bedeutung?, ist also falsch gestellt; ‚*phrenes*' erfaßt nicht das Geistige im Gegensatz zum Körperlichen, das Abstrakte hebt sich vom Konkreten nicht als Eigenständiges ab." (Snell 1978, 54) Obwohl er sich also gegen die Körper-Seele-Dichotomie wehrte, half ihm dies nicht, einer terminologischen Verfangenheit in dualistischen Begriffen zu entgehen. Der „körperliche" Aspekt der *phrenes* wurde für ihn, – und hier steht er im Einklang mit J. Böhme und Arbman – durch das „Organ" repräsentiert; den „geistigen" Aspekt bildete die „Funktion".[95] Ähnlich bemerkte auch Adkins, daß es sich hier um „confusedly physical locations or organs" handele, welchen bestimmte Emotionen zugeschrieben würden. Außerdem gehörten seiner Meinung nach noch „psychological functions" dazu, durch die diese Emotionen ihren Ausdruck finden sollten (Adkins 1970, 18).[96] Diese Aufspaltung von Organ und Funktion ist, und daran ändert auch ihre Beliebtheit nichts, ein Erklärungsschema, dem sich mit v. Fritz entgegenhalten läßt: „Die homerischen Dichtungen enthalten keine so abstrakten Begriffe wie ‚Organ' oder ‚Funktion'." (v. Fritz 1986, 250 u. 254 mit Bezug auf Snell)

Nicht nur die Zurückweisung der Organempfindungen überhaupt, sondern auch die Frage nach der Abgrenzung zwischen *thymos* und *phrenes* spricht dagegen, daß sich die Begriffe als Organe interpretieren lassen. Nach Schmitz ist der Organbegriff nämlich nur dann sinnvoll, „wenn sich die Sphären der den verschiedenen Organen zugewiesenen Vorgänge nicht hemmungslos überschneiden". Sonst sei der Begriff „Organ" (= Werkzeug) für die Beschreibung des Verhaltens nutzlos (Schmitz 1965, 376f.). Nach seiner Ansicht können Organe nur durch ihre Funktion adäquat beschrieben werden. Sein Fazit: „Die Zurückführung einer Weise menschlichen Verhaltens oder menschli-

94 Dazu J. Böhme: „Auszugehen haben wir nicht von einer solchen abstrahierenden Unterscheidung von körperlichem und seelischem Leben, sondern von konkreten Erlebnissen, in denen sich der Mensch als einheitliches körperlich-seelisches Wesen erfährt." (J. Böhme 1929, 28)

95 Snell: „Was später das ‚Geistige' heißt, ist dem Menschen nur bewußt als die Funktion eines lebendigen Organs; *phrenes* oder ein davon abgeleitetes Wort erhält ‚abstrakten' Sinn erst, wenn eine Aussage ausdrücklich dem widerspricht, was man sinnvoll von dem Organ oder seiner Funktion sagen kann." (Snell 1978, 54) Zum *thymos* als „organ" und „function" s. a. Handley (1956, 207), Ireland, Hull u. Steel (1976, 187), Giacomelli (1981, 3) u. Darcus (1979, 160).

96 Zur Brust als „Ort, an dem die Organe der Emotionen", nämlich hauptsächlich der *thymos*, „lokalisiert sind", und zum „Organ der Empfindung" als Ort, an dem sie gespürt werden, s. a. Jarcho (1968, 151). Dodds Lösung ist ebenfalls nicht befriedigend. Er schrieb vom *thymos*, dieser ließe sich „ganz grob und allgemein definieren" als ein „Organ der Empfindung". Daß er sich bei dieser Definition nicht ganz wohl fühlte, zeigt seine weitere Erklärung: „Aber er erfreut sich einer Unabhängigkeit und Selbständigkeit, die sich für uns mit dem Wort ‚Organ' nicht verbindet, da wir von der späteren Konzeption von ‚Organismus' und ‚organischer Einheit' beeinflußt sind." (Dodds 1970, 14)

cher Gesinnung auf ein Organ wäre also ganz überflüssig, wenn die typische Funktion dieses Organs nicht gegen die typischen Funktionen der mit ihm gemeinsam erwähnten Organe einigermaßen deutlich abgegrenzt werden könnte." (Schmitz 1965, 380f.) Zwar lassen sich Nuancen des Erlebens von Regungsherden erkennen, aber es kann keine „typische Funktion" des *thymos* angegeben werden, die es erlauben würde, ihn von den *phrenes* abzuheben. Beide vermögen ihre Rollen hinsichtlich ihrer „Aufgaben" zu tauschen (Schmitz 1965, 383-386). Ist aber keine klare Abgrenzung zwischen beiden gegeben, so läßt sich auch keine ausschließlich für sie „typische Funktion" erkennen; es fehlt das Kriterium, um sie als „Organe von Erlebnisfunktionen" zu bezeichnen. Doch diese Erkenntnis darf nicht dazu führen, die Begriffe für „semantisch nullwertig" zu erklären, wie das Jahn tat. Selbst Schmitt wollte zwischen *thymos* und *phrenes* einen Bedeutungsunterschied machen.[97] Dieser besteht sicherlich, doch nicht in Organfunktionen, sondern in der Art der Erfahrung, die der Mensch mit seinen Leibesinseln macht. Nach Schmitz gibt es zwar „keine einigermaßen scharfe Arbeitsteilung" zwischen beiden Regungsherden, es zeichnet sich aber ein Unterschied „an ihrer Stellung zur Person" ab (Schmitz 1965, 386). Diesen sah er in der erwähnten Nuance von Dichte und lokaler Begrenzung, die zwischen dem *thymos* als leiblicher Regung und den *phrenes* als Leibesinseln der Zwerchfellgegend besteht.

Eine Interpretation unter Zuhilfenahme des physikalischen Organbegriffs führt in jedem Fall in die Irre, wie das folgende Beispiel zeigen soll. J. Böhme war der gleichen Ansicht wie Snell und kam beim Begriff *phrenes* auf das anatomische Zwerchfell, von dem er glaubte, es sei beispielsweise beim Schock spürbar.[98] Dies lehnte Schmitz mit dem Hinweis auf Organempfindungen ab, würdigte aber die Erkenntnis, daß die *phrenes* bei Homer nicht rein „geistig" aufgefaßt wurden. Er wandte sich ebenfalls gegen den *thymos* als „Seelenorgan" im Sinne Snells, denn, so Schmitz: „Zu diesem Organ fehlt gänzlich das organisierende Gefüge, ohne dessen regulierende Kraft – mag es der Wille des Handwerkers oder die automatische Regulation des biologischen Organismus sein – die Rede von einem Organ m. E. sinnlos wird." (Schmitz 1965, 380)

Eine neuere Interpretationsvariante des *thymos* bot Schmitt, der ebenfalls den spürbaren Charakter der Regungen herausstellte, als er schrieb: „Wenn auch einmal bei Homer gesagt ist, daß der *Thymós* heftig schlägt (Ilias 23.370), dann ist damit doch nicht der körperliche Herzschlag, sondern die Heftigkeit des Siegesverlangens gemeint."

97 Er behauptete: „Daß die Weise des Denkens, Fühlens und Wollens aber in den *Phrénes* ‚rationaler', d. h. weniger vom Blick auf Gegenwärtiges gebannt ist, scheint mir zumindest wahrscheinlich." (Schmitt 1990, 200) Das implizierte Verständnis von Rationalität, die mit steigender Ablösung von der Sinneswahrnehmung „Blick" angeblich immer „rationaler" wird, scheint, abgesehen von der Frage, wie sich überhaupt Rationalität steigern läßt, platonischer Machart und ungeeignet zum Verständnis an den Leib gebundenen Bemerkens.

98 „Was die *phrenes* anatomisch sind, … ist umstritten; wenn in ihnen ein Schock spürbar wird, ist die alte Erklärung ‚Zwerchfell' plausibel." (Snell 1978, 57) S. dazu die Betonung der „relative insignificance" von Zwerchfell und Pericardium „as a feature of the human anatomy" bei Ireland, Hull u. Steel (1976, 187).

(Schmitt 1990, 296 A. 554) Ähnliches gilt auch für die oben bereits erwähnte Schilderung eines ängstlichen Mannes, dem das Herz in der Brust mit heftigen Schlägen klopft. Damit ist ein Gefühl der Furcht gemeint, das sekundär zu einer Veränderung des Pulses führen kann, primär aber als ergreifende Spannung erlebt wird. Die Absage an die von Bickel postulierten Vitalempfindungen führte bei Schmitt aber zu der Feststellung: „Das körperliche Herz gerät erst durch dieses heftige seelische Verlangen auch seinerseits in heftige Bewegung und erweist sich damit als das dem *Thymós* dienende Organ ... Nicht der *Thymós* also ist eine Funktion eines körperlichen Organs, sondern das Organ steht (bisweilen) im Dienste einer Funktion des *Thymós*, es setzt seine heftige Erregtheit in körperliche Aktion um, ist sozusagen das dem *Thymós* entsprechende Körperorgan." (Schmitt 1990, 296 A. 554) Hier wird also einfach der Spieß umgedreht und das anatomische Herz in den Dienst des *thymos* gestellt. Diese Konstruktion bringt eine physiologisch-physikalische Ebene in die Gedankenwelt Homers, die dort nicht zu finden ist.

Den dualistischen Auffassungen von Leibesinseln als „psychische-" oder „physische Organe" mit entsprechenden „Funktionen" steht die neuere Forschung generell skeptisch gegenüber. Adkins meinte von Homer: „He had not the conceptual framework with which to distinguish between a psychological function and an organ with a physical location." (Adkins 1970, 17) Ihm folgte Claus, der die weite Verbreitung des Organ-Modells hervorhob (Claus 1981, 14).[99] Er sprach davon, daß zwar einige Etymologien den Gebrauch von *kardie* als anatomisches Herz suggerieren würden, doch führe dies in die Irre. Ferner kritisierte er diese Haltung bei J. Böhme und Onians. Er besprach auch Snell, den er für einen weniger „dogmatischen" Vertreter dieser Sicht hielt.[100] Seine Untersuchungen brachten ihn schließlich dahin, die „orthodoxe Analyse" dieser Worte mit Hilfe der Etymologie und die Identifikation mit „spezifischen physikalischen Organen" zurückzuweisen. Außerdem bezweifelte er die weitverbreitete Ansicht, das menschliche Leben sei bei Homer als ein „Feld" zu interpretieren, auf dem „verschiedene, physikalische und mentale Organe" miteinander konkurrieren (Claus 1981, 7).

Ist auch seine Ablehnung der „physikalischen oder physiologischen Organe" ein bemerkenswerter Schritt zu einem unverstellten Verständnis Homerischer Leibschemata (Claus 1981, 47), so kann seine eigene terminologische Lösung kaum zufriedenstellen. Für ihn waren die Regungsherde – ähnlich wie oben bei Nilsson – eine Art „human psychological agents" oder „autonomous entities acting and acted upon" (Claus 1981, 7). Er wurde von Shirley M. Darcus kritisiert, die den Begriff „physical entities" für nicht angebracht hielt.[101] Sie verzichtete gänzlich auf das Organmodell und sprach statt dessen von „faculties indeterminately corporeal" (Darcus 1988, 198). Der „faculty"-Begriff erinnert an den „Dynamis"-Charakter, den Jahn dem *noos* beilegen wollte.

99 „In the case of the ‚soul' words, an ‚organic' model of the psychological life has dominated efforts to interpret and translate from archaic Greek to modern sensibilities." (Claus 1981, 13)

100 Claus bezog sich auf Snell (1932, 16ff.). S. a. Schmitt, der Snells „Seelenorgan" kritisierte (Schmitt 1990, 295 A. 554).

101 Darcus (1988, 201 A. 18) gegen Claus (1981, 21).

Außerdem erklärte sie die *phrenes* im Unterschied zu Claus nicht zu physikalischen, sondern zu psychischen Einheiten (psychic entities). Allenfalls kann man von einer jeweils unterschiedenen Einheit (distinct entity) sprechen,[102] doch die von ihr postulierte Begriffsveränderung durch eine Entwicklungsfolge von einer physikalischen über eine physiologische hin zu einer psychologischen Bedeutung muß in jedem Fall abgelehnt werden.[103] Schließlich kam Darcus zur Aufteilung der Regungsherde in einen „physical aspect" und eine „faculty" und damit zu einer Variation des Organ-Funktion-Denkens.[104] Die Modifikation dieses Modells bei Darcus bestand lediglich darin, beide Seiten nicht mehr scharf zu unterschieden. Hier hatte sie in Claus einen Vorgänger, der schon bezüglich der *phrenes* die „ambiguity of agent and function" hervorgehoben hatte mit der Behauptung, die *phrenes* kämen sowohl als „autonomous psychological agent (‚that which thinks')" als auch als „function of such agent (the ‚thought')" vor (Claus 1981, 16). Ähnlich definierte Darcus sie als „faculty indeterminately corporal with the distinction between agent and function not clearly drawn"(Darcus 1988, 63).[105]

Sicherlich schwingen in dem Wort *phrenes* viele Bedeutungen mit. Wenn ihnen Tätigkeiten zugesprochen wurden, die man heute allgemein als Denken bezeichnet, so muß mit Snell darauf verwiesen werden, daß es sich um ein „Denken in Eindrücken" handelt,[106] das die moderne Unterscheidung zwischen Gedanken und Gefühlen noch nicht kannte. Dieses intuitive Bemerken läßt ausreichend Raum für die Selbständigkeit des Vorgangs, der sich auch unabhängig von der Person vollziehen kann. Im Zusammenhang damit erscheint Plamböcks Übersetzung von *phronein* mit „gegenwärtigen" wenig überzeugend (Plamböck 1959, 106). Wenn er *phroneo* als „eine geistige Tätigkeit des Subjekts, die sich als Gegenwärtigung mentaler Objekte realisiert", beschreibt (Plamböck 1959, 131), entgeht ihm – wie schon bei seiner Interpretation des *noos* –, daß es für Homer keine vom leiblichen Erleben losgelöste „Gegenwärtigung" des Menschen gibt. Die *phrenes* „gegenwärtigen" nicht „mentale Objekte", sondern reagieren

102 „*Phrenes* in Homer do not simply designate a mental function of the person in whom they are located. Rather, they form a distinct entity to which the person relates." (Darcus 1988, 30)

103 „In relation to such activities, the physiological meaning of *phrenes* appears to have faded, and a more clearly psychological one has come to prevail." (Darcus 1988, 29)

104 „To indicate the physical aspect of *phrenes*, we would describe them as ‚entities located generally within the chest region'. To indicate the nature of *phrenes* as faculty, we would translate them as ‚thinking', ‚mind', ‚heart', ‚feeling', ‚will', ‚character', ‚disposition', ‚intelligence', ‚wits', ‚feelings', ‚thoughts', ‚plans', ‚intentions'. All these translations illustrate the wide range in meaning of *phrenes*. But the word *phren* designates much more." (Darcus 1988, 199) Gegen die *phrenes* als „the abstract quality ‚mind' with all its connotations of consciousness, rationality, and memory" s. Ireland, Hull u. Steel (1976, 182).

105 Dazu Darcus: „We may note that, with regard to these psychological activities in Homer, agent and function are not distinguished in the use of psychic terms." (Darcus 1988, 7) Sowie: „We find in Homer's language ambiguity between the meanings of psychic terms as either agent or function." (Darcus 1988, 30)

106 „Wo die *phrenes* mit dem verknüpft sind, was wir etwa Erkennen und Verstehen oder Denken nennen würden, handelt es sich immer um lebhafte ‚Eindrücke'." (Snell 1978, 55) E. L. Harrison erläuterte: „Thought in Homer tends to be emotional" (E. L. Harrison 1960, 67).

auf Eindrücke. Wesentlich dabei ist ihr fast selbständiges Agieren, ein Umstand, den Plamböck mit seiner Rede von einer „geistigen Tätigkeit des Subjekts" verzerrte. Denken und Fühlen waren bei Homer auf faszinierende Weise aneinander gebunden und ineinander verflochten. Schmitz hob hervor, daß Homer nicht nur das Denken, sondern auch Stimmungen als „leiblich spürbare Vorgänge oder Zustände" deutete, nämlich als „Affektionen einer Leibesinsel" (Schmitz 1965, 393). Er betonte mit Bezug auf die *phrenes*: „Die Denkvorgänge sind selbst leibliche Regungen, Affektionen dieser Insel." (Schmitz 1965, 396) Nur wenn man diesen leiblichen Ansatz berücksichtigt, wird das Verhältnis von Person und Regungsherd deutlich.

Kradie, *etor*, *ker* – die Differenzierung des Leibesinneren

Einer der großen Unterschiede zwischen Homerischen und modernen Leibschemata besteht darin, daß die Organe des Körpermodells unverbunden mit dem sind, was psychische Vorgänge genannt wird, während Homer mehrere Bezeichnungen hatte, die auf ein differenziertes Fühlen des Leibesinneren verweisen. Neben dem gerade besprochenen *thymos* und den *phrenes* benutzte er noch *kardie*, *etor* und *ker*, um leibliche Regungen und Gefühle zu beschreiben. Zwar läßt sich keine „ganz säuberliche Scheidung" zwischen ihnen durchführen, doch können ähnlich wie bei *thymos* und *phrenes* „Schwerpunkte" angegeben werden, die das „Wortfeld des Erlebens" wesentlich bestimmen. Dabei gilt es zu beachten, daß keine „Körperteile" unterschieden werden, sondern leibliche Regungen, die dem Lokal nach zusammenfallen.[107] So ist nach Schmitz *kardie* die „Regung der Initiative" und als „‚angeregter' Zustand elastischer Überlegenheit" eine „Reserve", die der Mensch „von sich aus einsetzt". *Ker* bezeichnet eine mehr „düstere Regung", ein „beklommenes, verklemmtes, bedrängtes Zumutesein", und *etor* meint ein „leibliches Betroffensein", wie wenn man „einen Schlag vor die Brust erhält", also eine Regung, die dem Menschen widerfährt und auf die hin er standhaltend reagiert oder von der er überwältigt wird (Schmitz 1965, 432–437). Diese feinen Nuancen entgingen nicht nur Jahn, sondern auch Claus, der alle Bezeichnungen auf sein „life-force"-Modell zurückführen wollte.[108] Zwar stehen die Überschneidungen außer Zweifel, doch schließen sie eine unterschiedliche Gewichtung des Erlebens nicht aus. Das sollen die folgenden Beispiele zeigen.

107 Adkins meinte, der Unterschied von *thymos* zu *kardie*, *etor* und *ker* bestünde darin, daß die letzteren „more physical as ‚organic'" wären (Adkins 1970, 16). Aber solche Unterteilungen greifen bei Homer nicht.

108 Zu *ker* als „life-force" s. Claus (1981, 30). Diese würde mal als „physical" mal als „psychological" wahrgenommen. Auch die Begriffe *etor* und *thymos* könnten als „life-force" verstanden werden. Er bemerkte weiter: „It seems obvious that, whatever their differences, the words in question are employed with an extraordinary degree of mutual substitution, which must in turn depend upon a unity of meaning not derived from identification as the bodily organ or process." (Claus 1981, 44ff.) Zu *etor* als „das affektierte Organ" sowie zum *thymos* als „die Lebenskraft überhaupt", die „ja die Seele charakterisiert", s. a. Tsagarakis (1980, 62f.).

In Ilias 7. 428 u. 7. 431 kommen Beklommenheit und Düsterkeit des *ker* besonders gut zum Ausdruck. Dort werden zweimal kurz hintereinander die hoch aufgerichteten Scheiterhaufen erwähnt, um die Atmosphäre der Trauer und Verzagtheit einzufangen, die sich des *ker* und damit der Person bemächtigt hatte. In Ilias 9. 646 dagegen ergreift die *kradie* des Achill die Initiative. Sie schwillt vor Zorn und Galle (*cholo*), sobald Agamemnon in Sicht kommt. Jahn kommentierte die Stelle so: „Das Bild des seelischen Aufwallens verdeutlicht Achills innere Erregung; das ganze Geschehen spielt sich auf der inneren Ebene ab: Das Aufwallen ist natürlich kein sinnlich wahrnehmbarer, sondern ein psychischer Vorgang." (Jahn 1987, 234) Hier verkannte Jahn die leibliche Dimension des Aufwallens und Anschwellens im Zorn und deutete das direkte Erleben als „nicht sinnlich wahrnehmbar" zu einem „psychischen Vorgang" um. Zu behaupten, Achills Erregung sei „kein sinnlich wahrnehmbarer Vorgang", wo doch das ganze Heer unter den Spannungen litt und man sich nur mit äußerster, ritueller Vorsicht über Herolde und Abgesandte an Achill wandte, ist kaum nachvollziehbar. Der Schmerz und der Zorn des überragenden Einzelnen hält hier ein ganzes Volk im Bann und bildet das Grundthema des Gesanges. Dies alles soll „nicht sinnlich wahrnehmbar" sein? Jahns Rede von einer „inneren Ebene" und einem unsichtbaren „psychischen Vorgang" zeugt von introjektionistischer Denkart – ähnlich wie Schmitts Behauptung, nur Achills **Denken** sei schmerzhaft. „Der Schmerz Achills", so Schmitt, „besteht vielmehr in gar nichts anderem als in dem immerwährenden Denken an das Unrecht. Indem er genau dies tut, empfindet er Schmerz, und d. h., dieses Denken selbst ist schon schmerzhaft, der Schmerz ist nicht eine eigene psychische Entität." (Schmitt 1990, 187) Wie das „Denken selbst" gespürt werden kann, ist fraglich. Richtiger ist es, die Verhältnisse umzukehren. Achills Gefühl beherrscht sein Denken. Dieses Gefühl wurzelt in dem an ihm begangenen Unrecht. Weil Achill dieses geradezu leiblich als einen Schmerz, eine bittere Kränkung empfindet, denkt er daran, und weil der Schmerz wie eine Wunde vorhanden ist, tut das Denken an ihn weh, wie der neuralgische Punkt, auf den man drückt.

In einer weiteren Ilias-Stelle (9. 646) sah Schmitz eine Parallele zwischen *kradie* und dem *noos*, der in Ilias 9. 554 bereits durch Zorn anschwoll (Schmitz 1965, 423). Hier überlagern sich die Begriffe dadurch, daß beide Male das leibliche Betroffensein im Vordergrund steht. Damit erweist sich Jahns Behauptung, der *noos* sei „so gut wie ausschließlich auf die rationale Ebene beschränkt", als falsch (Jahn 1987, 179). Ein unerschütterlicher *noos* in der Brust (*eni stethessin*), wie er in Ilias 3. 63 erwähnt wird, ist ein Gefühl der Ruhe und Kraft, das nicht auf „die rationale Ebene beschränkt" ist, sondern von der Brust her auf den ganzen Menschen ausstrahlt.

Ähnlich wie *noos* und *thymos* können auch *noos* und *phrenes* „sich lokal decken".[109] Adkins meinte: „*Noos* is more concerned with noticing present facts or picturing future ones, *phrenes* with reasoning about them." (Adkins 1970, 20) Doch dies ist keinesfalls sicher, sondern ähnlich zweifelhaft wie seine weitere Unterscheidung, daß beide mehr

109 Darcus rückte die *phrenes* in die Nähe zum *noos*, als sie schrieb: „*Phrenes* thus appear to be the ‚thinking' or ‚thoughts' that grasp a present situation." (Darcus 1988, 41)

„intellectual" als „emotional", *kardie*, *etor* und *ker* dagegen mehr „emotional" als „intellectual" seien. Die Spannbreite zwischen „intellectual" und „emotional" kann als Vorläufer des von Schmitt gemachten Unterschieds zwischen mehr oder weniger „rational" betrachtet werden. Nicht nur, daß Schmitt unterschiedliche Rationalitätsgrade zwischen *thymos* und *phrenes* ausgemacht zu haben glaubte, er unterschied auch zwischen dem „reinen Denken" des *noos* und dem „eifernden Denken" des *thymos* (Schmitt 1990, 198). Diese Einschätzung widerspricht der obigen, allerdings ebenfalls fraglichen Behauptung von Adkins, die *phrenes* seien rationaler als der *noos*. Schmitt bezeichnete das „eifernde Denken" als ein „gebundenes Denken" und meinte, durch seine Bindung an das Gefühl könne „ein Handeln aus dem *Thymós* auch als ein Handeln aus einem geschädigten Nóos bezeichnet werden" (Schmitt 1990, 224). Ebenso hat die von Schmitt aufgestellte Skala zwischen einer emotionalen subjektiven und unobjektiven Sicht, die den *thymos* im Vergleich mit der rationalen, objektiven, der Realität entsprechenden Sicht des *noos* angeblich kennzeichnen soll (Schmitt 1990, 210), keine Basis im Text. Schmitt wandte sich sogar gegen das für Homer typische Leibschema der koagierenden Regungsherde, indem er ein „additives Nebeneinander der verschiedenen seelischen Kräfte" ablehnte und statt dessen ihr „Zusammenwirken" postulierte (Schmitt 1990, 224). Fragt man sich, wo genau der Unterschied liegt, zeigt sich, daß Schmitt nicht ein freies Zusammenwirken der Regungen und Impulse meinte, die untereinander koagieren und konkurrieren, sondern ein Parieren unter der Zentralinstanz *noos*. „Wenn der *Nóos* über den *Thumós* siegt," so Schmitt, „dann führt das nicht zu einer Isolierung des *Nóos*, sondern im Gegenteil dazu, daß alle Seelenkräfte miteinander übereinstimmen." (Schmitt 1990, 223) Umgekehrt sollte aus dem Sieg des *thymos* dessen Isolierung folgen. Schmitt kam zu der These: „In dieser hierarchischen Über- und Unterordnung der verschiedenen seelischen Akte liegt die Einheit der Seele begründet." (Schmitt 1990, 226) Diese Projektion einer Seelenideologie auf Homer führte ihn weiter zu der Behauptung, Homer habe „der vom *Nóos* ausgelösten leidenschaftlichen Aktivität eigene Seelenzentren zugewiesen" (Schmitt 1990, 192). Der *noos* als „Auslöser" und die Regungsherde als „Seelenzentren" sind Konstruktionen, die der Homerischen Auffassung nicht gerecht werden. Wie sehr Schmitt vor allem Platonischem Denken verpflichtet war und dieses auf Homer übertrug, zeigt sich an der hierarchischen Unterordnung der angeblichen „Seelenpotenzen", denn sie seien es, die „gebändigt werden sollen, damit jemand seine Leidenschaft überwindet" (Schmitt 1990, 185). Die imaginierten „Seelenzentren" wurden von Schmitt – nicht von Homer – dann so unter eine Zentralinstanz gebracht, „daß der Intellekt die primäre, das Gefühl die sekundäre Ursache ist" (Schmitt 1990, 161). Doch es ist einfach falsch, wenn Schmitt schließlich vom Homerischen Denken behauptet: „die Differenz zwischen einem höheren Seelenteil, der die Herrschaft behalten soll, und einem niedereren, der sie – bisweilen – an sich reißt, gibt es sehr wohl" (Schmitt 1990, 290 A. 516).

Phänomenologisch genauer lassen sich die *phrenes* vom *noos* und auch vom *thymos* in ihrem Lokalisationsgrad sowie in ihrem Verhältnis zur Person unterscheiden. Sie werden intensiver am leiblichen Ort des Denkens, der Leibesinsel, gespürt. Der *noos* hingegen war die leibliche Regung des intelligenten Bemerkens, das auch in die Ferne schweift und das in die Lage versetzt, einen größeren Umkreis zu überblicken und zu durchschauen. Ein ähnlich differenziertes Verhältnis besteht zwischen *noos* und *thymos*. Nach Schmitz wird der *thymos* in der Ilias "fast nur als selbständiger, impulsgebender Partner und eigentlicher Motor der Person vorgeführt". Ihm fehle das „Abschweifende" des *noos* (Ilias 15.80-83) sowie „jede Unterordnung unter das Gesetz eines seelischen Gesamtorganismus". Seine Aktivitäten, so Schmitz, seien „Einfälle", die ihn „spontan" und an die Situation gebunden bestimmen (Schmitz 1965, 378f.).

Damit zeigt sich also ein Spektrum verschiedener Lokalisationsformen, die sich zwar nicht scharf trennen lassen, aber in ihrer Beziehung zur Person unterschieden werden können. Dabei rücken *thymos* und *etor* aneinander wie beispielsweise in Ilias 10. 93, wo es um ein festes Herz und einen unerschütterlichen Mut geht, der diesmal aber fehlt, ebenso wie die Reserve und Initiative, denn das *kradie* will aus der Brust springen, und es zittern Agamemnon die Glieder (*guia*). Der Hinweis auf die Glieder vollendet die Darstellung des von Not und Angst geplagten Achaierfürsten, die als Ergänzung zu der schon oben besprochenen Stelle die sorgenvolle Situation nochmals unterstreicht und hervorhebt, wie konkret leiblich die Bedrängnis erfahren und gespürt wurde. In Ilias 10. 10 ist es die *kradie*, die aus der Tiefe der beklommenen oder dichten Brust „aufstöhnt". Auch hier kommt im Gebrauch von *kradie* wieder die Initiative zum Vorschein. Die oben erwähnte Bitte des jugendlichen Antilochos (Ilias 23. 590), Menelaos möge sein Herz (*kradie*) besänftigen, zeigt ebenfalls die relative Selbständigkeit der Leibesinseln. Antilochos bat Menelaos, nicht „sich", sondern sein „Herz" zu besänftigen und versicherte sich so des Beistands der Person gegenüber dem eigenen Herd der Initiative, von dem die Regung der Entrüstung über sein Verhalten ausging.

Sowohl *kradie* als auch *phrenes* zeichnen sich gegenüber dem *thymos* durch eine stärkere Gebundenheit an das leibliche Lokal aus, wobei sich *kradie* und *phrenes* wiederum dadurch differenzieren lassen, daß *kradie* (ähnlich dem *thymos*) aktiv wird, wohingegen die *phrenes* mehr reagieren. Die vitale, motorische Bedeutung des *thymos* im Zusammenhang mit den Gliedern (*guia*) kommt besonders deutlich dort zum Ausdruck, wo vom Tod als einem „Lösen der Glieder" (z. B. Ilias 4. 469), aus denen dann der *thymos* entweicht (Ilias 4. 470), gesprochen wird.[110] Nestor äußert (Ilias 7. 131) den ganz unfrommen Wunsch, der *thymos* des Hektor möge dessen Glieder verlassen und direkt zum Hades fahren. J. Böhme interpretierte das „Lösen" der *guia* beim Tod als Verlust der „Spannung der Glieder" (J. Böhme 1929, 108). Schmitz meinte zusammenfassend: „Einzelne Leibesinseln und lokalisierte leibliche Regungen können zu Stellvertretern des ganzen im eigenen Leib spürbaren Geschehens werden, und ihr Verschwinden bezeugt dann das Ende des Lebens überhaupt." (Schmitz 1965, 430f.)

Ein weiteres Beispiel soll zeigen, wie stark *thymos* und *melea* vom leiblichen Erleben bestimmt werden. In Ilias 13. 73 sagt Ajax, sein *thymos* in der Brust sei wütend und kampfbereit, und seine Hände und Füße seien ärgerlich. Zu dieser Textstelle bemerkte

110 S. a. Bickel (1926, 58) sowie Ilias 7.131 , Ilias 13.671 u. Odyssee 15.354.

Adkins: „Here *thymos*, feet and hands instigate the action, and in precisely the same manner. All are felt as springs of action: the blurring of what we should distinguish as psychological and physiological is complete.“ (Adkins 1970, 21f.)

Die Selbständigkeit des *thymos*, aber auch der Glieder allgemein, erlaubt nicht, sie in eine psychologische und eine physiologische Komponente aufzuteilen, sondern verweist auf ein Leiberleben besonderer Art. Nicht nur leibliche Spannung wird in den Gliedern lokalisiert, sondern auch Trauer, die (Ilias 24. 514) sich in den *guia*, aber auch in den *prapides* befinden kann.[111] Jahn interpretierte diese Stelle so: „Achills Verlangen nach Befriedigung seiner Trauer manifestiert sich äußerlich in den *guia*, wurzelt andererseits aber im seelischen Bereich, hier den *prapides*.“ (Jahn 1987, 234 A. 31) Doch weder sind die Glieder eindeutig als „äußerlich“ identifiziert – das scheint eher die sichtbare Gestalt (*demas*) zu sein –, noch ist das Leibesinnere, das hier durch die *prapides* vertreten wird, ein „seelischer Bereich“. Als Ansatzort der Gefühle bildet es das Zentrum, von dem aus Wirkungen den Leib durchziehen und die Person ergreifen können. Das in den Gliedern Achills verfestigte Durchdrungensein des gesamten Leibes vom Gefühl der Sehnsucht nach seinem Freund Patroklos war eine ganzheitliche leibliche Regung ohne einen betont innerlichen oder äußerlichen Aspekt. Die Erleichterung über die endlich vergangene niederdrückende Stimmung, das Schwinden dieses Gefühls aus den *prapides* und den *guia* sowie der mit der Befreiung von der Last verbundene Aufschwung äußerte sich so direkt, daß Achill aufsprang und auch Priamos hochzog. Klarer als in dem Bild des „Nach-oben-Ziehens“ hätte der Dichter wohl kaum die leibliche Dimension des Vorgangs treffen können. Außerdem zeigt sich, wie die Gebärdefigur durch das über den Menschen kommende Gefühl vorgezeichnet wird, wie sehr sich leibliches Befinden und Gestus entsprechen können.

Zum Abschluß sei noch Ilias 19. 164–170 angeführt. Dort schlägt Odysseus vor, die Männer vor der Schlacht zu stärken. Er weiß, daß einem hungrigen Mann in der Schlacht, selbst „wenn er sogar mit *thymos* begehrt zu kämpfen“, die Glieder (*guia*) schwer werden und die Knie „den Dienst versagen“. Ist er aber durch Speise gekräftigt, dann bleibt das *etor* in den *phrenes* mutig, und die Glieder (*guia*) ermatten nicht. Diese einfache Beschreibung verdeutlicht das lockere Zusamengefügtsein der einzelnen Leibesinseln. Diese haben sich zu einer für die Kampfestüchtigkeit notwendigen Einheit verbunden, doch droht bei mangelnder Ernährung ihr Auseinanderfallen bzw. der Verlust der ganzheitlichen Spannkraft. Selbst wenn die Person mit *thymos* kämpft, also einer Regung des heftigen Anstürmens, die sich im Kampfesrausch über das leibliche Befinden hinwegzusetzen pflegt, droht der Verlust der Kraft und das Auflösen des Verbandes, wenn auf Dauer die Glieder – von Hunger gepeinigt – nicht mehr „mitspielen“. Dem Helden „versagen dann die Knie“, wie es auch im heutigen Sprachgebrauch heißt. Diese Be-

111 Die *prapides* ähneln den *phrenes*. Dazu sowie zur deren Lokalisation in der Brustgegend s. a. Darcus (1988, 179f.). Jahn hielt die *prapides* für bedeutungsgleich mit den anderen sechs Lexemen, schränkte dies aber wieder ein, indem er sagte, sie könnten die Funktion haben, „eine bestimmte innere oder persönliche Komponente ... zu betonen“ (Jahn 1987, 231f.).

schreibung ist nicht metaphorisch, sondern konkret. Sie läßt sich bis auf Homer zurückführen, denn schon dort bilden die Knie eine ausgezeichnete und für das Erleben von Spannkraft wichtige Leibesinsel autonomen Charakters. Hat der Mensch aber einen gefüllten Magen, dann hat er Kraft, und selbst sein „tiefstes Leibesinneres", das *etor* in den *phrenes*, wird von dieser ganzheitlichen leiblichen Regung so ergriffen und gestärkt, daß es mutig bleibt, und die Glieder verrichten kraftvoll ihren Dienst. Soweit auch die homerische Sicht des Menschen von unserer heutigen Perspektive entfernt ist, über den menschlichen Leib und die Art, wie er gespürt wird, kann selbst diese uns nur schwer zugängliche Welt erschlossen und einem Verständnis zugänglich gemacht werden.

Menos – die leibliche Intensität und Spannkraft

Das breite Bedeutungsspektrum des Begriffs *menos*[112] umfaßt im wesentlichen zwei Aspekte. Mit J. Böhme lassen sie sich als „starke Aktivität" oder „Drängen nach einem Ziel" (z. B. Ilias 9. 678; 17. 476; 17. 503) und als „unerschütterliche Ausdauer" (z. B. Ilias 17. 742; 5. 254) beschreiben (J. Böhme 1929, 27). Es war sein Verdienst, die Deutung des *menos* als „bloßer Körperkraft widerlegt zu haben", doch fehlte ihm nach Schmitz der zwischen den beiden Grundbedeutungen des „heftigen Andrängens" und der „standhaften Ausdauer" vermittelnde Nenner, der den Zusammenhang der beiden Aspekte verständlich macht. Schmitz wies nach, daß beide Bedeutungen sich im Phänomen der „leiblichen Intensität" treffen, die sowohl beim Andrängen als auch bei der Ausdauer erhöht ist. Die „energische Spann- und Schwellkraft des Leibes", so Schmitz, ist als „simultane Konkurrenz von Spannung und Schwellung" für den „energischen Drang" ebenso charakteristisch wie für „standhafte Ausdauer." Als Beispiel für diese „Leibgebundenheit" des *menos*, das als intensive „Spannkraft" die Person ganzheitlich erfüllt, läßt sich Ilias 13. 60 und 13. 77–79 anführten. Poseidon „rührt" die beiden Ajas so an, daß ihre Glieder wild zucken und vor Kampfesbegierde nicht ruhen können. Schmitz sprach bezüglich des *menos* an diesen Stellen von der „schwellenden Spannung, die den ganzen Leib und damit auch die einzelnen Leibesinseln erfüllt und der Entladung im Kampf bedarf – so sehr, daß die selbständig gewordenen peripherischen Leibesinseln jedem eventuell zügelnden Willen gleichsam davonlaufen" (Schmitz 1965, 418f.). Die Glieder drängen unter dem Einfluß des *menos* die Person immer stärker dazu, die Zügel der Beherrschung „schießenzulassen" und in die Schlacht zu stürmen.

112 Dazu Dodds: „Tiere können es besitzen und es wird in Analogie verwandt, um die verschlingende Gewalt des Feuers zu beschreiben." Und „Die medizinischen Autoren sprechen auch vom *menos* des Weins (Hipp., acut. 63), sogar vom *menos* des Hungers (vet. med. 9), indem sie die innewohnende Kraft bezeichnen, die sich in der Auswirkung auf den menschlichen Organismus kundtut." (Dodds 1970, 8 u. 172 A. 50) Sowie mit Hinweis auf den Besitz eines besonderen *menos* des Königs, Dodds (1970, 172 A. 47). Zum *menos* allgemein s. a. Onians (1951, 52), Dodds (1970, 7f., 98), J. Böhme (1929, 84ff.), Bickel (1926, 51), Schmitz (1965, 418ff.), Claus (1981, 24f., 35, 40), Darcus (1988, 45), Giacomelli (1981, 1) und Jahn (1987, 43).

Dieses Aufwallen und Anspannen der Kräfte, das nur des geringsten Anlasses bedarf, um gleichsam zu explodieren, ist ein Gefühl gesteigerter leiblicher Intensität, das den Menschen zu außergewöhnlichen Leistungen befähigt. Für „leibliche Spannkraft“ als dem *menos* adäquaten, beiden Aspekten übergeordneten Begriff spricht ferner, daß die Kraftgeladenheit nicht nur im Kampfesrausch, sondern auch bei der Ausdauer zum Ausdruck kommt, denn gerade die Standhaftigkeit verlangt eine gesteigerte Kraft, die die Menschen befähigt, wie Maultiere zu tragen und zu schleppen (Ilias 17. 742). Das *menos* verweist also immer auf ein direktes Spüren von erhöhter leiblicher Kraft und gesteigerter Vitalität, wie es sich in Gefühlen von Frische, Mut und Ausdauer äußert. Ein Kraftgefühl als ganzheitliche leibliche Regung ist aber auch das Anspannen des Leibes im Kampf, wenn die Enge des Leibes als Spannung empfunden wird, die als kraftgeladen imponiert. Eine solche Kraftgeladenheit und Steigerung der Vitalität kommt im Begriff *menos* zum Ausdruck.

Die gespürte Vitalität läßt sich zwar als schwungvoll und beschleunigend erfahren, doch ist sie ein Kraftgefühl, eine ganzheitliche leibliche Regung und keine meßbare Größe, denn eine Waage oder ein Metermaß für Vitalität oder deren Steigerung gibt es nicht.[113] Sie sollte auch nicht mit irgendeinem Vitalismus verwechselt werden.[114] Dementsprechend ist leibliche Kraft auch keine physikalische Kraft, denn zwischen phänomenologisch sich zeigender bzw. leiblich spürbarer Kraft und dem naturwissenschaftlich-physikalischen Kraftbegriff, der als eine abstrakte, reduktionistische Vorstellung keinen Bezug mehr zur Leiblichkeit aufweist, muß klar unterschieden werden. Hier hatte Landgrebe bemerkt: „Erst durch methodische Ausschaltung, die die Grundlage jener Objektivierung des Naturgeschehens bildet, kommt es zur Vorstellung von kausal

113 Vitalität als „obligate Komponente“ der leiblichen Disposition betrifft die ganze „Dynamik der leiblichen Ökonomie“. Diese wird von der „teils expansiven (mehr oder weniger schwungvollen), teils kontraktiven (zusammenhaltenden) Lebendigkeit“ bestimmt, die als Kraft „dem Leib immanent“ ist und die er „unabhängig von Außenreizen“ hat, um sich Reizen zuzuwenden („Reizempfänglichkeit“) und auf sie zu reagieren („Zuwendbarkeit“ als „Anpassungsfähigkeit“) (Schmitz 1990, 127f.). Vom „Kraftcharakter“ des Leibes und der „Präsenz meiner als ‚Kraft‘“ schrieb auch Held, diese hätte zwei Aspekte, nämlich einmal den des „gesammelten Bei-sich-Sein als Ballung jeglicher Vollzugsfähigkeit in einem punktuellen Zentrum“, der „geballten Kraft“, und zum anderen „als ausstrahlendes Über-sich-hinaus-Sein als die eine Überallhin ausgreifen könnende Beweglichkeit, die ich bin“, als „ausstrahlende Kraft (Held 1980, 359 mit Bezug auf Merleau-Ponty 1966, 123 und der „zurückgedrängten und sich äußernden Kraft“ bei Hegel 1973, 110f., 114f.).

114 Zur Kritik am Vitalismus s. a. Heidegger: „Auch der Vitalismus ist in diesen Vormeinungen befangen, weil mit mechanischen Begriffen die Lebenskraft zu bestimmen versucht wird.“ (Heidegger 1988a, 5) Gegen eine Projektion des modernen Energiebegriffs auf die Vorstellungen anderer Kulturen wandte sich auch Schmitz, der davor warnte, die religiösen und natürlichen Mächte „nur nach Art unserer physikalischen Energiebegriffe“ zu verstehen. Die „supranormale Kraft“ dürfe nicht als „alldurchdringende Lebenskraft im Sinne eines Pantheismus, Vitalismus oder Ostwald'schen Energiemonismus“ interpretiert werden (Schmitz 1977, 110 u. 113).

wirkender Kraft – eine Vorstellung, der ... nichts von anschaulicher Erfahrung entspricht.“ (Landgrebe 1965, 304) [115]

Leibliche Kraft steht der naturwissenschaftlich physikalischen Kraft – oder deren Derivaten, wie sie im Begriff „Energie“ zum Ausdruck kommen – gegenüber wie der Leib dem Körpermodell. Dieser Unterschied wurde wenig berücksichtigt. Ein prominenter Vertreter der Energieterminologie in der Psychologie war C. G. Jung. Er übernahm den Begriff der „psychischen Energie“, den Nicolas von Grot in die Psychologie eingeführt hatte, und versuchte ihn zu präzisieren (v. Grot 1898, 289). Glaubte v. Grot, durch Anwendung der „energetischen Lehren“, aber in Ablehnung des von Oswalds hypostasierten Energiebegriffs, ein einheitliches Prinzip gefunden zu haben, mit dem er psychische und physische Phänomene erklären konnte,[116] so grenzte sich Jung genau dagegen ab, denn für ihn war die psychische Energie unabhängig von physischer (Jung 1971, 16 zu v. Grot 1898, 270f.). Ferner sprach er von einem „primitiven Energiebegriff“ und kam zu dem Ergebnis: „Die fast universale Verbreitung der primitiven Energieanschauung ist ein deutlicher Ausdruck für die Tatsache, daß das menschliche Bewußtsein schon auf frühen Stufen das Bedürfnis fühlte, den wahrgenommenen Dynamismus des seelischen Geschehens anschaulich zu bezeichnen.“ (Jung 1971, 80f.) Der „wahrgenommene Dynamismus des seelischen Geschehens“, den Jung hier meint, ist die Vitalität und Dynamik der leiblichen Regungen von Engung und Weitung, von Leibinselbildung und Leibinselschwund, die sich der Person im alltäglichen Leben aufdrängt. Zwar wurde diese auch in anderen Kulturen gespürt und bezeichnet, daß deshalb aber überall ein „Energiebegriff“ entwickelt worden sein soll, ist falsch und widerspricht dem von Jung selber herausgearbeiteten Unterschied zwischen „Kraft“ als qualitativem und „Energie“ als quantitativem Konzept.[117] Hinzu kommt, daß sich Jung

115 S. a. Merleau-Ponty: „Die Wissenschaft definierte den theoretischen Zustand eines der Einwirkung keiner Kraft unterliegenden Körpers, definierte eben damit einen Begriff der Kraft und rekonstruierte aus diesen idealen Komponenten alle tatsächlichen Bewegungsvorgänge.“(Merleau-Ponty 1966, 77) Zum Begriff von „elementaren“ und „eigenlebendigen Kräften“ im unterschied zu „mechanischen Kräften“ s. a. Ludwig Klages (1959, 215). Ähnlich bemerkte auch Barfield : „We drew from out our own bodies, ... , the sense-experience of *force* and *pressure* and the like, on which mechanics are based; then we externalized them in tools and machines, and turned them into abstract ‚laws‘ to the familiar objects from which we had first extracted them, and the result was that we turned our previous notions of these inside out.“ (Barfield 1985, 193)

116 V. Grot schrieb: „Hier wollten wir nur nachweisen, dass für die nächste Zeit kein anderer Boden für eine wissenschaftliche Vergleichung der Begriffe des psychischen und physischen Processes, d. h. für die Lösung der Frage von der Natur der wechselseitigen Dependenz zwischen der psychischen Thätigkeit und der physischen Arbeit vorauszusetzen ist, als die Lehren der Energetik. Die energetische Lehre ist thatsächlich im Stande, der Analyse der psychischen und physiologischen Processe ein einheitliches Prinzip zu verleihen. Alle übrigen quasi-wissenschaftlichen Prinzipien, Begriffe und Gesichtspunkte der Psychologie sind veraltert, und selbst der Seelenbegriff, ..., kann einen neuen Sinn und eine neue wissenschaftliche Bedeutung nur auf dem Boden der Bearbeitung des Begriffs der psychischen Energie ... gewinnen.“ (v. Grot 1898, 289)

117 „Die Unterscheidung von Kraft und Energie ist begrifflich unerläßlich, denn Energie ist eigentlich ein Begriff, der objektiv in der Erscheinung an sich nicht vorhanden, sondern immer nur in der spezifi-

– wie seine Vorgänger – nicht von evolutionistischen Vorurteilen freimachen konnte. Mit Bezug auf Warnecks Schilderung der indonesischen Toba-Batak und ihres *tondi*-Begriffs schrieb er: „Natürlich ist keine Rede davon, daß dem Primitiven die abstrakte Idee einer Energie gegeben wäre; aber zweifellos ist seine Anschauung die konkretistische Vorstufe der abstrakten Idee." (Jung 1971, 79) Daß sich zwischen *tondi*, *thymos* und *menos* Ähnlichkeiten finden lassen, soll weiter unten noch gezeigt werden. Von „konkretistischer Vorstufe" zu sprechen, ist denkbar ungeeignet, um homerische oder außereuropäische Anschauungen vom Menschen und seinen Leibesinseln zu beschreiben. Diese sind keine „Vorstufen" eines irgendwie gearteten Energiebegriffs. Der Übergang von der konkreten Erfahrung zur abstrakten „Idee" ist bei Jung ein evolutionistischer Platonismus, der in einem energetischen Gewand auftritt und den Phänomenen nicht gerecht wird.[118] Eine abstrakte Idee, wie die der Energie, ist genausowenig am eigenen Leib spürbar wie die Organe der Anatomie und Physiologie.

Sowohl *menos* als auch *thymos* wurden immer wieder als Energie interpretiert. J. Böhme erklärte, der *thymos* sei „eine Energie", die „in stärkerem oder schwächerem Maße vorhanden sein kann, ... bei der man dann von ‚Sammlung' und ‚Zerstreuung', d. h. stärkerer und geringerer Konzentration sprechen kann" (J. Böhme 1929, 101). Sicherlich läßt sich von einer unterschiedlichen Intensität des gespürten *thymos* sprechen, die als Verdichtung des Erlebens in der Enge des absoluten leiblichen Ortes oder als eher flüchtig ausgedehnte protopathische Regung erfahren wird. Die Dynamik des Leibes ist phänomenologisch als Kräftespiel beschreibbar, das das Gefüge der Leibesinseln durchzieht. Diese Regungen sind in ihrer Bedeutung für das Selbstverständnis des Menschen nicht mit dem physikalischen Energiebegriff zu erfassen. Weder gibt es Maßeinheiten für Gefühle oder für leibliche Intensität überhaupt, noch eine Formel zur Berechnung des Lebens. J. Böhme erweist sich hier entweder als Vorgänger Jungs oder als Nachfolger v. Grots, doch präzisierte er seinen Energiebegriff nicht, so daß unklar bleibt, was für eine Energie hier überhaupt gemeint ist.[119]

Das *menos* kann – ähnlich dem *thymos* – große Gefühlsgebundenheit besitzen und ist dadurch nur schwer beherrschbar.[120] Es umfaßt als ganzheitliches Gefühl Aspekte wie Mut, Drang, Zähigkeit und Ausdauer, die bei der bloß körperlichen Kraft nicht berücksichtigt werden. Schon die beispielsweise beim Gewichtheben meßbare Körper-

---

schen Erfahrungsgrundlage gegeben ist, d. h. in der Erfahrung ist die Energie immer spezifisch als Bewegung und Kraft, wenn aktuell, als Lage oder Kondition, wenn potentiell." (Jung 1971, 24)

118 Jung postulierte eine klare Trennung von Psyche und Physis: „Obschon ich sicher bin, daß die psychische Energie irgendwie mit dem physischen Prozeß aufs innigste verknüpft ist, so bedürfen wir noch ganz anderer Erfahrungen und Einsichten, um auch nur mit einiger Kompetenz von dieser Verknüpfung zu sprechen." (Jung 1971, 15) Er erweist sich hier als Platonist. Platon sprach im Timaios (42—44) anstelle von „Seelenenergie" von „Umläufen der Seele", deren Verknüpfung mit den körperlichen Umläufen er darzustellen versuchte (s. u.).

119 Zum *thymos* als „Energie, die quantitativer Veränderung unterworfen ist" s. a. J. Böhme (1929, 99).

120 Z. B. Ilias 6.407, wo Andromache Hektor vorwirft, zu wenig an Kinder und Weib zu denken und sich zu sehr von seinem *menos* treiben zu lassen. S. a. Schmitz (1965, 416).

kraft hat die leibliche Spannkraft auf ein mechanisch-physikalisches Phänomen reduziert. Der ganzheitliche Aspekt geht dabei zugunsten einer rationalen Erfaßbarkeit verloren. Die Spaltung in „psychisches Gefühl" und „physische Kraft" erlaubt zwar das Messen von körperlicher Kraft, aber nicht von *menos*, das als leibliche Regung nicht in einen körperlichen und einen seelischen Aspekt geteilt werden kann. Die Reduktion der ganzheitlichen Gefühle auf physikalisch erfaßbare Sachverhalte wird auch in der Umdeutung des *menos* zu „Energie" vorgenommen. Zwar hatte J. Böhme einen Unterschied zwischen *thymos* als „Träger seelischer Energie" und *menos* als „seelischer Regung", nämlich der „aufgewandten Energie selbst", wahrgenommen, doch die energetische Terminologie in Kombination mit dem Seelenbegriff führt in die Irre (J. Böhme 1929, 84).[121] Sie ist allerdings sehr beliebt und bis heute üblich. Nicht nur Anne Giacomelli übersetzte *menos* mit Energie, auch Claus meinte, *thymos* und *menos* seien „an undifferentiated energy or impulse", welche für ein breites Spektrum an Aktivitäten verantwortlich seien und nichts anderes als „a general readiness to act" bezeichnen würden.[122] Die generelle Bereitschaft zum Handeln, von der Claus sprach, untertreibt aber das am Beispiel aufgezeigte stürmische Element des *menos*, denn Ergriffenheit und Kampfbereitschaft werden ebensowenig berücksichtigt wie Zähigkeit und Standfestigkeit. Gerade die Standfestigkeit ist keine Bereitschaft zum Handeln, sondern das konkrete Spüren eines „Anschwellens des Leibes gegen die lastende, zusammendrükkende Spannung" (Schmitz 1965, 416).

Das *menos* kann außerdem ähnlich wie die *psyche* und der *thymos* den Toten (z.B. Ilias 8.123) verlassen, worin sich wieder der Spannungscharakter des Phänomens zeigt. Es wird ferner nicht so direkt im Innern lokalisiert wie die *phrenes*, sondern nähert sich in dieser Hinsicht dem *thymos*; es ist also weniger eine einzelne Leibesinsel als vielmehr ein gänzlich durchdringendes Gefühl. Das Verhältnis von *thymos* und *menos* scheint vergleichbar mit dem von *thymos* und *phrenes*, allerdings mit vertauschten Rollen. Der *thymos* kann Ort des *menos* sein, wie z.B. in Ilias 17.451, wo Zeus beschließt, Achills Pferden *menos* in den *thymos* und die Knie zu werfen.[123] Nach Schmitz handelt es sich hier „um eine rein leibliche, am eigenen Leib spürbare Umstimmung, die teils peripher, teils zentral erfolgt" (Schmitz 1965, 419). War der *thymos* als leibliche Regung eher auf den Brustbereich, das Zentrum des homerischen Menschen beschränkt, so verteilt sich das *menos* im ganzen Leib und kann auch als Kraft in den Knien erfahren werden. Die Knie als Ansatzpunkte der peripheren Umstimmungen sind zum Ausdrücken der Kraftgeladenheit deshalb so gut geeignet, weil sie sowohl bei der Standfestigkeit als

121 Zu *menos* als „Energie" meinte J. Böhme, „formal" bezeichne es eine „seelische Energie", „die akut als Regung oder dauernd als Eigenschaft erscheinen" könne (J. Böhme 1929, 85 u. 87).

122. Giacomelli (1981, 3) u. (Claus 1981, 40). Zum *menos* im Kontext von „strength", „readiness for battle", „battle rage", „courage" s. a. Claus (1981, 35). Er wandte sich gegen eine Trennung des Begriff in „a psychological agent" und „an emotion". Die Basisfunktion des Homerischen *menos* sei die einer „fundamental energy and strength".

123 Zur Zuteilung von *menos* durch die Götter s. a. Dodds (1970, 98) und Snell (1978, 58).

auch beim Vorwärtsstürmen die für die leibliche Statik wichtigsten Glieder bilden. Nicht umsonst bedeutet das Lösen der Knie den meist tödlichen Verlust der leiblichen Spannkraft.

Vom *thymos* als Regung unterscheiden sich die *phrenes* als Leibesinsel durch ihre stärkere Gebundenheit an das örtliche Lokal und die größere Dichte, mit der sie dort gespürt werden. Ähnlich läßt sich auch die Differenz von *menos* und *thymos* erklären. Der *thymos* bleibt im Gegensatz zum *menos* stärker an den Brustbereich gebunden, er fällt noch unter die generelle Zuständigkeit der Leibesinsel „Herz" bzw. „innere Brust", während sich das *menos* nicht mehr darauf beschränken läßt.

Beliebt ist auch die Rede vom *menos* als einer „Lebenskraft", wie sie beispielsweise bei Claus (1981, 25: life-force) zu finden ist.[124] Darcus sprach von einer „vital energy", welche die Person charakterisiere,[125] und Dodds erklärte: „Beim Menschen kommt *ménos* der vitalen Energie gleich, dem ‚Schwung', der nicht immer auf Abruf bereitsteht, sondern geheimnisvoll kommt und geht, willkürlich, wie wir sagen würden. Für Homer allerdings hat es mit Willkür nichts zu tun: Für ihn wird hier die Handlung eines Gottes sichtbar." (Dodds 1970, 8) Zwar arbeitete Dodds den ergreifenden ganzheitlichen Aspekt des *menos* hier deutlich heraus, doch eine „vitale -" oder „Lebensenergie" ist als Variante des Energiebegriffs phänomenologisch nicht tragbar, denn sie suggeriert eine physikalische Erklär- und Meßbarkeit, die beim *menos* nicht greift. Ebenso ergeht es Bikkels „Vitalempfindungen".[126] Das *menos* ist eine durch die Götter verliehene Kraft. Dieser Aspekt und der daraus resultierende stürmische Drang wird bei einem vagen „Lebenskraft"-Begriff nicht genügend berücksichtigt.

Selbst wo Parmenides in B 11, 3 vom *menos* der Sterne sprach und Empedokles in B 111 u. 115 ein *menos* der Winde und der Erde erwähnte, deutet sich damit noch keine Tendenz zu einem physikalischen Energiebegriff an. Die frühgriechische Verwendung von *menos* zeigt ein Kraftverständnis, das beim eigenen Leib ansetzt und diesen Bezug auch nicht verliert, wenn es auf die „Naturgewalten" angewandt wird. Die Sterne besitzen *menos*, weil sie ähnlich der Erde als eine Art Lebewesen gedacht wurden. Wenn Dodds feststellte, der „zeitweilige Besitz von verstärktem *ménos*" sei „durch ein besonderes Gefühl in den Gliedmaßen" gekennzeichnet, so kommt hierin der leibliche Bezug sehr deutlich zum Ausdruck (Dodds 1970, 8). Für Dodds war das *menos* „nicht in erster Linie physische Kraft" und auch „kein dauerhaftes Organ des geistigen Lebens wie *thymós* und *nóos*", sondern vielmehr „ein Bewußtseinszustand" (Dodds 1970, 7f.). Der Rückgriff auf den Allerweltsausdruck „Bewußtseinszustand" bietet keine terminologi-

124 Zum *menos* als „a nonhuman force" s. a. Claus (1981, 44). Er meinte, es wäre nicht ein ausgezeichneter „part or process of the body", sondern „an impersonal force" (Claus 1981, 24).

125 S. a. Darcus: „It does not appear to be a permanent part of man but an ‚energy' or ‚fury' that either arises in him from within or can be given to him by the gods. It can be either a positive or negative force within. Evidently *menos* as ‚energy' grows and fades within a person but ideally would remain firm (*empedos*)." (Darcus 1988, 45) S. a. Giacomelli (1981, 15).

126 Bickel bezog sich auch beim *menos* auf seine „Vitalempfindungen der sich straffenden Muskeln" (Bickel 1926, 51).

sche Lösung, zumindest nicht, wenn man Gernot Böhme folgt, der meinte: „Es ist heute sehr verbreitet, von der Möglichkeit verschiedener Bewußtseinszustände zu sprechen. Das ist aber sehr irreführend und borniert, weil in der Unterstellung befangen, daß die fraglichen Modifikationen allein das Bewußtsein betreffen." (G. Böhme 1985, 283) Dadurch werden nämlich die ganzheitlichen Zustände, die die Gesamtorganisation des Menschen, nämlich seinen Leib, betreffen und ergreifen, zu bloßen Zuständen eines Bewußtseins umgedeutet.

Für Giacomelli war das *menos* sowohl „an organ in which an impulse is generated" als auch „the impulse or function generated in the organ". Hatte sich Dodds gerade gegen die Auffassung des *menos* als Organ gewehrt, so schien es Giacomelli demonstrierbar, daß das „Organ" *menos* als Aufbewahrungsort der „particular vital ‚energy'" gedacht wurde, welche die „essence, physiologically and psychologically, of manliness" sei. *Menos* wäre sowohl „matter" als auch „activity", nämlich: „As matter it is a fluid, as activity it is a shooting or thrusting force." In den Menschen sei es ein „fluid", welches sich mit „a shooting energy in or from the body" bewegen würde. Giacomelli, der sich hier an Onians anlehnt,[127] brachte als homerisches Beispiel Odyssee 24.318f., wo Odysseus beim Anblick seines Vaters das *menos* in die Nase fuhr, oder, wie wir uns heute ausdrücken, wo ihm fast die Tränen in den Augen standen (Giacomelli 1981, 3ff.). Allerdings scheint mir dieses Beispiel nicht für den von Giacomelli hier bemerkten „physiological effect" zu sprechen, sondern es zeigt sehr klar die enge Verbundenheit der leiblichen Regung, die in der Nasengegend ansetzt, mit dem Gefühl des Gerührtseins in einer dramatischen Situation. Das Aufwallen des *menos* bei Rührung und Zorn kann sich dem Menschen zwar als Strömen oder Fließen im Leib aufdrängen, aber die Konzeption des *menos* als Energie muß abgelehnt werden. Trifft Giacomellis Kritik auch Dodds, so zeigt seine eigene Benutzung des Organbegriffs für das *menos*, daß auch er sich ebenso seiner dualistischen Anthropologie nicht bewußt war.

Ähnlich abwegig erscheint Jahns Interpretation, das *menos* sei „kein fester Bestandteil des geistig-seelischen Innern", weil seine Bedeutung im Bereich „körperlich-materielle Kraft, Aktivität, Energie" läge. Diese Sicht vereint alle hier bisher kritisierten Merkmale, nämlich die Übersetzungen von *menos* mit Körperkraft oder Energie sowie die Zuordnung zum Gegenteil des „geistig-seelischen Inneren", denn nach Jahn hat es „seinen Platz nicht in der innerlich-psychischen, sondern in der *äußerlich-körperlichen* Ebene" (Jahn 1987, 43f.). Von einer Spaltung in „innere-seelische Ebene" versus „äußerlich-körperliche" kann aber in der Ilias noch keine Rede sein. Homers Beschreibungen sind viel genauer und klarer als fragwürdige Erklärungsversuche. Durch die Analyse des oben gegebenen Beispiels der beiden Ajax, denen Poseidon Kampfkraft verleiht, kam Schmitz zu dem Ergebnis: „Besonders N 59–80 ist das Zusammenwirken zwischen der Erfahrung, dem Numinosen (Poseidon) begegnet und von diesem angerührt zu sein, mit der sich in Brust und Glieder ergießenden schwellenden Spannung und

127 Zum *menos* als „fluid or gaseous", welches wir „for convenience" mit „‚energy'" übersetzen könnten, s. a. Onians (1951, 52).

frischen Geschmeidigkeit wunderbar fein und überzeugend verwoben, so daß sich ein Kabinettstück präziser Schilderung dämonisch-leiblichen Betroffenseins ergibt." (Schmitz 1965, 448) Er sah hier einen Unterschied zur Odyssee, denn „von dieser bruchlosen, organischen Einheit numinoser und leiblicher Widerfahrnisse" sei „in der *Odyssee* keine Rede mehr". Dort erscheine die göttliche Einwirkung nur noch als „leicht durchschaubarer Kunstgriff des Dichters". Das ließe sich nicht durch ein „Nachlassen der dichterischen Kraft" erklären, sondern nur durch „die zunehmende Selbständigkeit der Person". Diese treibe „das Leibliche und das Göttliche auseinander, so daß an die Stelle einheitlicher Durchstimmtheit der Person von leiblich-göttlichen Impulsen" eine Distanz des Menschen sowohl zum „göttlichen Bereich" als auch zu den eigenen leiblichen Erfahrungen trete. Dadurch sei eine veränderte Sicht des menschlichen Selbstverständnisses entstanden, die sich verstärkt um die Kontrolle der leiblichen Regungen bemühe. Die mächtigsten Werkzeuge dieses Versuchs waren die Innenweltvorstellung und das Verfahren der Introjektion. Mit ihnen wurde in der Odyssee begonnen, in der Ilias kamen sie aber noch nicht zur Anwendung.

Von der Ilias zur Odyssee

Homers Helden erfahren Gefühle und Regungen ihres Leibes nicht als private Innenzustände einer unkörperlichen Seele, sondern als vorwiegend im Brustbereich gespürtes Geschehen des Leibes. Die aus der Situation entstandene Betroffenheit ergreift diese Menschen mit einer uns heute fremd erscheinenden Gewalt. Doch auch uns kann noch der Zorn rasend machen oder die Liebe blind, auch wir kennen die Macht der Gefühle, gegen die „kein Kraut gewachsen ist". Das Atmosphärische ihrer Anwesenheit ergreift immer noch, und so kann sich die drohende Stimmung eines heraufziehenden Streites wie schlechtes Wetter ankündigen, indem sie sich ähnlich dunklen Wolken um die Betroffenen zusammenzieht. Wir sprechen dann von „dicker Luft" oder davon, daß „etwas in der Luft liegt". Entlädt sich eine solche Atmosphäre, zwingt sie den Menschen in ein Verhalten, das dem Gewitter gleich losbrechen kann. Dann donnern die Stimmen gegeneinander, und den Blitzen gleich schießen die Blicke Wut und Haß aus den Augen. Gerade diese Analogie zum Wetter macht deutlich, daß die Gefühle nicht reine subjektive Zustände einer sich im Körper aufhaltenden Seele sind, sondern mit Kraft und Gewalt über den Menschen kommen können. Der grundsätzliche Unterschied des platonischen zum homerischen Menschenbild besteht aber darin, daß für die Helden der Ilias das Leibesinnere keine versteckte Tiefendimension oder seelische Innenwelt hatte. Aus diesem Grunde müssen alle modernen Interpretationen, die Homer eine solche unleibliche Innenwelt unterstellen, als Projektionen moderner Sicht auf archaisches Fühlen betrachtet werden.

Jahn glaubte beispielsweise bei seiner Untersuchung der verschiedenen Homerischen Leibschemata, eine Projektion von dem „äußerlich, sinnlich wahrnehmbaren Geschehen" auf die „innere Ebene" feststellen zu können (Jahn 1987, 214). Er sprach von der „Übertragung des *äußeren* Vorgangs auf den *inneren* Bereich" (Jahn 1987, 223), und zwar von „konkreten Begriffen, nämlich Körperteilen, auf eine abstrakte Ebene, das subjektive und irrationale Feld der Psyche“ (Jahn 1987, 298). Ein „subjektives und irrationales Feld der Psyche“ läßt sich aber bei Homer genausowenig nachweisen wie die Modellvorstellung von Teilen eines Körpers, die als „entseelte“ Materie für uns heute nur noch eine blasse Reduktion der bei Homer agierenden leiblichen Glieder darstellen. Ob beispielsweise der *thymos* überhaupt als „Körperteil“ im anatomischen Sinne angesehen wurde, darf wegen seiner wechselnden Lokalisation bezweifelt werden. Einen Jahns These ähnelnden Standpunkt vertrat schon Bickel. Doch er hatte erkannt, daß die Leibesinseln und leiblichen Regungen erst im Laufe der Zeit zu abstrakten Begriffen von „Innenzuständen“ wurden.[128] Dazu bemerkte Schwabl, „daß auf einer höheren Abstraktionsstufe vieles, was ursprünglich als ‚außen‘ aufgefaßt war, nun in einem erweiterten ‚Inneren‘ Platz findet: der abstraktere Seelenbegriff ist die Voraussetzung der Verinnerlichung“ (Schwabl 1955, 49). Daß der „abstrakte Seelenbegriff“ die Voraussetzung der kulturspezifisch-europäischen „Verinnerlichung“ ist, soll nicht bestritten werden. Dieser Seelenbegriff ist aber weder in der Ilias noch in der Odyssee nachzuweisen, denn *psyche* ist entweder der Totengeist oder das Phänomen der Belebtheit, sie bildet nicht eine psychologische Instanz mit irgendwelchen Funktionen. Sie gibt auch nicht den Raum einer Innenwelt an, in dem die Gefühle Platz finden. Sie bezeichnet nicht einmal das Innere des Leibes. Der Ilias-Mensch, meinte Fränkel, habe noch keine „verborgenen Tiefen“ und sei auch „nicht nach außen abgekapselt“. Statt dessen würde das „Sein“ dieser Menschen „sich mit ihren Taten und ihren Schicksalen frei in die Welt“ ausstrahlen. Fränkel kam zu dem Ergebnis: „So ist der Mensch der Ilias ganz eingeordnet in seine Welt. Er steht nicht einem Außen gegenüber mit einer davon verschiedenen Innerlichkeit, sondern das Ganze trägt und durchdringt ihn.“ (Fränkel 1951, 112ff.)

Diesem Entwurf eines Bildes vom homerischen Menschen sind viele Forscher gefolgt. Schwabl kritisierte allerdings Fränkel gerade wegen dieser Konzeption und glaubte zeigen zu können, daß sie für eine Beschreibung des Unterschieds zwischen Ilias und Odyssee nicht ausreicht.[129] Er begründete seine These mit dem Beispiel der Tragödie Achills, die angeblich darauf beruhe, „daß er sich gegen alles abschließt, was nicht er und sein Groll ist“. Dies wäre „in seinem Wesen begründet“, was Schwabl dann zu der Interpretation führte: „Man kann sagen: sein Charakter, seine Art ist sein Schicksal“ (Schwabl 1955, 62ff.). Abgesehen davon, daß sich dies in gewisser Weise von jedem Menschen sagen ließe und daß eine solche Interpretation Homers sehr an Heraklits

128 „Der Bezeichnung der Innenzustände mit abstrakten Begriffen geht die naive Gleichsetzung der bewußten Vorgänge mit Körperteilen und Zuständen des Körpers voraus.“ (Bickel 1926, 66)

129 Zu „Fränkels offenem Kraftfeld“ s. a. Schwabl (1955, 56). Er sprach von der „Notwendigkeit für den Menschen, ‚Gespür‘ zu haben“ und offen zu sein gegenüber den Bedeutungen der Dinge“. Dazu a. Darcus: „*phrenes* within a person are very much an ‚open-field of energy‘ which outside forces and agents can influence.“ (Darcus 1988, 194 u. 9) Fränkel benutzte allerdings nicht den Energiebegriff, sondern sprach von Kraft.

Fragment B 119 erinnert, unterschied Schwabl verschiedene Phänomene nicht deutlich genug. Achill kapselt sich nicht ab, sondern wird von Groll gefangen gehalten. Die Intensität dieses Gefühls erlaubt keiner anderen Regung, sich auszubreiten. Sicherlich mag eine gewisse Starrheit seiner charakterlichen Disposition hinzukommen, doch entscheidend bleibt, daß nicht er sich abschließt, sondern daß er durch sein Gefühl nicht mehr offen für ein anderes ist. Im Gegensatz zu Schwabl ließe sich sogar sagen: Nicht Achills Art ist sein Schicksal, sondern das Schicksal bedient sich seines Charakters. Ferner möchte ich noch folgendes zu bedenken geben. Wer will schon genau entscheiden, ob Achill wirklich zu Unrecht seinem Zorn freien Lauf ließ? Wenn Schwabl von einem „natürlichen Anspruch der Freundschaft" spricht, den Achill mißachtete, wodurch er sich ins Unrecht gesetzt habe, so vergißt er zu erwähnen, daß es gerade diese Freunde waren, die tatenlos zugesehen hatten, wie Agamemnon Achill aufs Schwerste beleidigte. Die dichterische Größe des Epos korreliert mit der Intensität der Gefühle. Diese werden immer mehr gesteigert, was gerade der Tod des Patroklos zeigt. Erst dieser Verlust reißt Achill aus seinem Zorn gegen die Griechen, und hier zeigt sich wieder, daß es ein mächtiges und ergreifendes Gefühl ist, das Achill erneut kämpfen läßt, ihn in die Schlacht treibt. Achill wird so getrieben und ist von dem Drang nach Vergeltung so beherrscht, daß er den Tod in der Schlacht einem ruhigen Altern zu Hause vorzieht. Er ist ein tragischer Charakter, nicht ein halsstarriger – darin besteht der Unterschied zu Schwabls Sicht. Achills Tragik liegt in der Macht der Gefühle, ihrem Imperativ, dem er sich nicht entziehen kann.

Diese Betroffenheit durch mächtig ergreifende Atmosphären ist typisch für den Menschen der Ilias, der in diesem Sinn sehr wohl als ein offenes Kraftfeld bezeichnet werden kann. Auch E. L. Harrison bezog sich auf Fränkel und meinte, der homerische Mensch habe sich Impulsen ausgesetzt gefühlt, von denen er bemerkte, daß sie nicht „in ihm" (within him) entstanden seien (E. L. Harrison 1960, 77). Er machte darauf aufmerksam, daß dies nicht bedeute, die Menschen Homers hätten keine Notwendigkeit der Kontrolle erkannt oder seien nicht in der Lage gewesen, Entscheidungen zu treffen. Die homerische Form der Entscheidungsfindung darf aber nicht mit dem wesentlich anders gearteten Entscheidungsverhalten des heutigen Menschen verwechselt werden, wie dies jüngst Gaskin tat.[130] Problematisch wird es auch, wenn man beispielsweise Voigt oder Snell folgt und die Entscheidungsfreiheit ablehnt, oder wenn man wie bei Gaskin und E. L. Harrison statt dessen ein modernes Verhalten bei Homer zu finden glaubt. Beiden Standpunkten entgeht die Eigentümlichkeit homerischen „Den-

130 Die Frage nach der menschlichen Entscheidungsfähigkeit bei Homer ist bis heute ein viel diskutiertes Thema, muß aber als Scheinproblem angesehen werden. E. L. Harrison ging davon aus, daß der Mensch bei Homer als Person zu verstehen sei, die die Impulse zu einem großen Teil kontrollieren konnte und nicht von ihnen vollkommen abhängig war (E. L. Harrison 1960, 78). S. a. Erbse: „Der homerische Mensch ... fühlt sich gewiß als Person. Aber das besagt ja nicht, daß er eine Vorstellung von der Einheit seiner Seele besitze, daß er gar über die Motive seines Handelns Rechenschaft ablegen könne." (Erbse 1990, 2) Zur Kritik an den Theorien von Gaskin (1990, 1–15) s. a. Schmitz (1994, 7ff.).

kens", das als „Aufblitzen eines Regungsherdes" bemerkt und eben nicht als Leistung der Person betrachtet wird.

Wie die Gefühle, so werden auch die Gedanken, ohne daß scharf zwischen beiden unterschieden würde, nicht als Zustände eines eigenen inneren Vermögens, sondern als Kräfte und Mächte erfahren, die den Menschen von außen her im Leibesinneren treffen und zu einer Auseinandersetzung zwingen. Die Einflüsse, die der Mensch in seiner Brust erfährt, sind keine Innenzustände irgendeiner obskuren „Seele" oder „Funktionen", auch nicht eines „Organs", sondern intensive Gefühle und leibliche Regungen, die ihn in ihren Bann ziehen.[131] Wenn beispielsweise Achill zornig „im Herzen" ist, so droht die metaphorische Übersetzung in die Irre zu führen, wenn man glaubt, der Zorn ließe sich auf ein leibliches Lokal begrenzen und würde dort im „Inneren" wirken. Er setzt dort nur an, durchdringt nicht nur die Person, sondern ist auch von anderen wahrnehmbar, ja er kann andere sogar vollkommen in Mitleidenschaft ziehen. Der Zorn Achills ist eine mächtige Atmosphäre, die sich als Grundthema durch die ganze Ilias zieht. Selbst wenn Achill in Ilias 9. 13 behauptet, er hasse den Mann, der „das eine in den *phrenes* verbirgt und das andere sagt", ist das Verbergen in den *phrenes* noch nicht die Introjektion von Gefühlen in eine Seele, obschon sich hier ein Ansatz dazu zeigt. Vielmehr steht Achill hier einer gewissen zwiespältigen Unehrlichkeit ablehnend gegenüber (Schmitz 1965, 451). Achill beschwert sich über den Mißbrauch der *phrenes* durch die Person, die in ihnen das eine verbirgt, das andere aber öffentlich vorgibt. Die Distanz zwischen Person und *phrenes* wird dabei nicht aufgehoben; es gibt keinen Hinweis, aus dem man ableiten könnte, daß die Person und die *phrenes* sich in einer gemeinsamen Innenwelt befänden oder diese bildeten. Mit der Achill-Stelle läßt sich die schon besprochene Penelope-Szene vergleichen, in der sich die Gattin des Odysseus als geschickt im Umgang mit den Freiern erwies. Beide Bilder können als Beispiele

131 Schmitz sprach von „Durchlässigkeit für das Göttliche" (Schmitz 1965, 444). Dazu auch der an Schmitz gerichtete Brief vom 14. 1. 1979, in dem Kurt von Fritz meinte, daß der Mensch bei Homer unaufhörlich bestimmten göttlichen Einwirkungen unterworfen sei, über die er keine Kontrolle hat. Mit diesen Ausführungen stimmte Schmitz überein. S. a. Fränkel: „Wenn ein Mensch, statt nur auf eine bestehende Situation zu reagieren, etwas Neues und Anderes frisch beginnt, so erlebt er das als eine Eingebung von oben. Es kommt über ihn." (Fränkel 1951, 92) Ferner Dodds: „Die nicht einzuordnenden, nicht trationalen Impulse sowohl wie die aus ihnen resultierenden Handlungen werden vom Ich häufig ausgesondert und einem fremden Ursprung zugeschrieben." (Dodds 1970, 15) Sowie Schwabl: „Der homerische Mensch erfährt ‚Entscheidung' nicht von innen, sondern von außen, als Einfluß einer fremden Macht, die ihn bestimmt." (Schwabl 1955, 48) Und Erbse: „Der homerische Gott aber ist keine Hypostase menschlichen Denkens und Fühlens, sondern eine fremde Macht, deren Wirkung der Einzelne jederzeit an sich und anderen erlebt." (Erbse 1990, 16) S. a. Onians: „A sudden access of courage or impulse or resolve with its accompanying sense of energy and power was conceived as the work of a god." (Onians 1951, 51) Und E. L. Harrison: „Homeric man felt himself to be more exposed to external influences than is the case with ourselves." (E. L. Harrison 1960, 77) S. a. Russo u. Bennett (1968, 489), die den unterschiedlichen sozialen Gesichtspunkt betonten, und meinten: „In the Homeric poems mental life is not primarily private and internal, as we today normally think of it, nor is it normally originated and conducted by the individual in isolation."

eines distanzierten, virtuellen Umgangs mit Regungsherden dienen, unterscheiden sich aber darin, daß Penelope im moralisch positiven Sinn handelte, wohingegen Achill eine negative Tat verurteilte. Wie homerische Menschen eine gewisse Entscheidungsfreiheit hatten, so kannten sie auch die Täuschung. An beiden Stellen, also sowohl bei Achill als auch in der Penelope-Szene, bildet allerdings der Bruch zwischen dem Verbergen und dem Sagen gleichsam den Ansatzpunkt der Introjektion, deren fortschreitende Entwicklung nun kurz an der Figur des Odysseus demonstriert werden soll.

Introjektion und Selbstbemächtigung in der Odyssee

Der Unterschied zwischen Ilias und Odyssee ist ein in der Homerphilologie ausgiebig diskutiertes Problem, das in seiner vollen Breite hier nicht dargestellt werden kann. Eine Skizze der für den weiteren Verlauf dieser Untersuchung wichtigen Gegebenheiten muß reichen. Während bei der Besprechung der Ilias das Verhältnis des Menschen zu seinen autonomen Regungsherden, an die er sogar die Initiative verlieren konnte, im Vordergrund stand, läßt sich in der Odyssee zeigen, wie die Person bemüht war, sich gegenüber der Einflußnahme von außen stärker abzugrenzen.[132]

Mit etwas anderem Schwerpunkt meinte Wolfgang Kullmann, der Dichter der Ilias interpretiere die Welt dahingehend, daß die Gefühle der Götter (passions of the gods) die determinierenden Faktoren dafür seien, was auf der menschlichen Ebene passiere, und zwar ganz unabhängig von ihrer moralischen Qualität. Doch, so Kullmann weiter, wären die Dinge in der Odyssee anders, denn hier seien die Menschen selber, nicht die Götter, verantwortlich für ihre Lage (Kullmann 1985, 3 u. 5). Er betonte den Aspekt der Gerechtigkeit, für den die Götter in der Odyssee verstärkt eintreten, und stellte fest: „The different conception of the gods in the *Odyssey* implies a greater remoteness of man from the deity, i. e. greater independence and responsibility." (Kullmann 1985, 10)[133] Soweit repräsentiert er den allgemein akzeptierten Forschungsstand. Seine Folgerungen daraus sind jedoch kaum zu verstehen. Entgegen der vorherrschenden Auffassung, die Odyssee habe sich zeitlich nach der Ilias und aus dieser entwickelt, vertrat er die Ansicht, die beiden Epen hätten keine Verbindung zueinander, sondern seien unabhängig voneinander entstanden. Das begründete er damit, daß die Differenz zwischen den zwei in ihnen dargestellten Sichtweisen von Religion zu fundamental sei. Die traditionelle Auffassung, die Wirkung des Göttlichen in der Ilias sei der Odyssee gegenüber direkter, wird mittlerweile auch von Schmitt nicht geteilt (Schmitt 1990, 263). Kullmann stellte sie gleichsam auf den Kopf, als er behauptete: „In the *Iliad*, men act according to the decision of their own will and are nevertheless influenced in their

132 Dementsprechend stellte Fränkel fest, „die Menschen der Odyssee" würden sich allmählich „in ihrer Verhaltenheit und Verschlagenheit gegen die Außenwelt" abkapseln. Die Person sei nicht mehr „ein offenes Kraftfeld, sondern das Ich und das Nicht-Ich" setze sich ab, „so daß auch der göttliche Einfluß auf ihr Tun zur Einwirkung von außen" würde (Fränkel 1951, 127).

133 S. a. Kullmann: „Towards the deity Odysseus feels much more autonomous than could be expected from the point of view of the *Iliad*." (Kullmann 1985, 11)

action by the gods, for better or for worse. Divine intervention mostly takes place indirectly, by way of exhortation." (Kullmann 1985, 15) Doch weder handeln die Menschen der Ilias selbständiger, noch ist der Einfluß der Götter indirekter als in der Odyssee. Schmitt setzte diesen Gedankengang mit der Behauptung fort, „die Abhängigkeit des Menschen von den Göttern in der Odyssee" scheine eine „viel unmittelbarere und vollständigere" zu sein als die in der Ilias (Schmitt 1990, 264). Aber gerade in der ermahnenden Einflußnahme der Götter auf den Menschen sah Schmitt dann wieder ein Charakteristikum der Odyssee und nicht (wie Kullmann) der Ilias.

Im Gegensatz zu Kullmann und Schmitt, doch in gewisser Übereinstimmung mit Fränkel bestand für Schmitz das Neue der Odyssee in der „leidenschaftlichen Abstandnahme des Menschen von seinen leiblichen Regungen" (Schmitz 1965, 445). Die Götter der Ilias greifen direkter, unberechenbarer und willkürlicher in das Geschehen ein. In der Odyssee liegt dagegen der Schwerpunkt auf Selbstbemeisterung, Moral und Gerechtigkeit – die Götter haben eher ratgebende und mahnende Funktionen, sie ergreifen den Menschen nicht mehr so stark. Die der Person gegenüberstehenden „eigenmächtigen Impulsgeber" werden „entmachtet", der Mensch befreit sich von ihrer Gängelung.[134] Ähnlich kam Jarcho zu dem Ergebnis: „Die nachhomerische Dichtung folgt einer Linie, deren Beginn schon in der Odyssee zu sehen ist (20. 13–24): Der Mensch erwirbt die Fähigkeit, seine Gefühle zu beherrschen." (Jarcho 1968, 170)[135]

Ein bekanntes, von Jarcho besprochenes Beispiel für ein verändertes Leibverständnis findet sich in Odyssee 20. 13–16, wo dem Odysseus „das Herz (*kradie*) im Leibe bellte", als er das nächtliche Treiben der Mägde mit den Freiern gewahrte.[136] Odysseus schalt das „Herz" (*kradie*) wie eine Hündin und faßte sein *etor* hart an. Dieses gehorchte ihm und übte sich in Geduld. Hier läßt sich wieder der von Schmitz nuanciert herausgearbeitete Unterschied zwischen den beiden Begriffen zeigen, denn das *kradie* als „Regung der Initiative", die in diesem Fall durch das Bellen einer Hündin dargestellt ist, wird angeherrscht und zurückgewiesen, wohingegen es das *etor* ist, der Hort der Betroffenheit und die „Regung des Reagierens", was „hart angefaßt" wird, um es zur Abkapselung zu zwingen. Diese Art des Umgangs mit den leiblichen Regungen hat in der Ilias keine direkte Entsprechung. Das Bild des Herzens als gescholtener Hündin spricht für eine beherrschende Stellung der Person gegenüber ihren leiblichen Regungen. Deshalb irrte G. P. Rose in ihrer Interpretation, als sie behauptete, an dieser Stelle sei die Betonung der Selbstkontrolle des Odysseus „einfach irrelevant" (Rose 1979, 226f.). Odysseus steht seinem „Herzen" wie der Herr dem Hund gegenüber, er zwingt es zur Beherrschung (Schmitz 1965, 446). Das widerspricht nicht der von Rose beton-

134 „Mit der Entmachtung der Leibesinseln und ihrer Regungen als selbständiger Impulsgeber vollzieht sich zugleich eine schärfere Abgrenzung dieser leiblichen Instanzen gegeneinander." (Schmitz 1965, 446)

135 Zur weiteren Entwicklung der Innenweltvorstellung bei den Lyrikern s. a. Jarcho (1968, 165). Er sah dort einen „wichtigen Schritt bei der Entdeckung der inneren Welt des Menschen". Dazu auch Schmitz (1965, 451ff. u. 457ff.).

136 Dazu s. a. Schmitz (1965, 446), Rose (1979, 215ff.), Jahn (1987, 233f.) und Darcus (1988, 87).

ten Tatsache, daß er selber wie ein Hund aufpaßt und seine Familie schützen will. In der Gestalt des Odysseus vereinigen sich archaischer Drang zu Rache und Gerechtigkeit, Kampf und Tod mit kühler Überlegung und eiserner Selbstbeherrschung, aber gerade das macht ihn zum Helden und unterscheidet ihn von seinen Kollegen in der Ilias.[137] Odysseus ist kein tragischer Charakter mehr wie Achill, er ist ein Gewinner. Wenn also Tsagarakis Odyssee 20. 10 als Beispiel für „selbständiges Handeln" ansah und wenn auch Schmitt fragte, ob nicht wenigstens diese Stelle als eine eigenständige Initiative gewertet werden muß, so ist dies zu bejahen (Tsagarakis 1980, 60 u. Schmitt 1990, 19). Wenn sie aber die hier einmalig ablesbaren Sachverhalte auf den Ilias-Menschen übertragen, ist diesem methodisch äußerst zweifelhaften Vorgehen nicht mehr zu folgen. Voigt kommentierte Odyssee 20. 23 so: „Da ist das pochende Herz als etwas Fremdes gesehen, was es ja auch ist, da es in seiner schlagenden Erregtheit dem Willen des Ich nicht unterworfen ist. Durch des Odysseus Monolog mit dem Herzen, diesem revoltierenden Fremdling im eigenen Innern, wird es beruhigt, zum Aushalten überredet." (Voigt 1933, 70f.)[138] Damit beschrieb er anschaulich die sowohl für die Ilias als auch für die Odyssee charakteristische Semiautonomie der Regungsherde, allerdings beachtete er die entscheidende Nuance, daß das Herz gescholten wird, wie man eben einem Hund das Stillsein befiehlt, nicht genügend. An dieser zeigt sich nämlich das veränderte Verhältnis von Person und Regungsherd, wie es in der Ilias noch nicht bestand. Mag auch der Hinweis auf die schlimme Situation, die das „Herz" schon erdulden mußte, die Schelte abmildern, so bleibt es doch dabei, daß Odysseus der Leibesinsel nicht den Spielraum läßt, in die Handlung einzugreifen, sondern daß er sie zwingt. Mit den Worten von Voigt kann gesagt werden: „Der Unterschied gegenüber der Ilias liegt also in einer Verinnerlichung, einer größeren Psychologisierung der Vorgänge: solche Stellen wie das Zwiegespräch des Odysseus mit seinem Herzen gibt es in der Ilias nirgends." (Voigt 1933, 73)

Die generelle Differenz zwischen Ilias und Odyssee läßt sich auch am Vergleich der gerade besprochenen Stelle mit Ilias 1. 188ff. zeigen, wo Achill von Athene abgehalten wird, Agamemnon zu töten. Tsagarakis machte darauf aufmerksam, daß beide, sowohl Achill als auch Odysseus, im Begriff standen, einen Mord zu begehen; Achill wurde mit Hilfe der Göttin zur Vernunft gebracht, während Odysseus ohne ihre Hilfe seine Regungen des Zorns und der Wut unterdrückte (Tsagarakis 1980, 61).[139] Zwar meinte auch Schmitt: „Der Augenblick, in dem Athene erscheint, zeigt ja Achill bereits dabei, von der bloßen Erwägung der gebührenden Rache zur Ausführung weiterzuschreiten", doch sein Schluß überrascht, denn er behauptete: „Dies heißt nicht, daß er ohne Athene an dieser Stelle notwendig zustoßen müßte." (Schmitt 1990, 77) Aber wenn Athene nicht „notwendig" ist, um Achill zurückzuhalten, dann kann sie fast als „überflüssig"

137 Zu Odyssee 20. 13–16 Fränkel: „Die stählerne Gewalt, mit der er Gefühle meistert, Lockungen widersteht und Bindungen zerreißt, ist sein neuartiges Heldentum." (Fränkel 1951, 123)

138 Unberechtigte Kritik an Voigt äußerte Schmitt (1990, 218).

139 S. a. Darcus (1988, 85).

betrachtet werden, womit man sich wieder bedenklich der von Schmitt kritisierten älteren Sicht Snells und W. F. Ottos nähert, die schon Tsagarakis nicht akzeptierte (Tsagarakis 1980, 59ff.).[140] Dieser betonte, daß Athene genau im richtigen Moment erschienen sei, um die Bluttat zu verhindern: „Athene greift erst ein, nachdem Achill den Entschluß gefaßt hat." (Tsagarakis 1980, 70) Natürlich den Entschluß, Agamemnon niederzuhauen, nicht den, das Schwert wieder in die Scheide zu stecken. Daß Achill „impulsiv" ist, wie wir heute sagen, geradezu ein „Thymetiker", kann wohl kaum bestritten werden. Sein Entschluß entstand nicht aus der kühlen Abwägung, ob er Agamemnon erschlagen soll oder nicht. Vielmehr spitzte sich eine dramatische Situation, in der die Achtung vor dem Heerführer mit dem Zorn über dessen Verhalten kämpfte, so zu, daß Achill von der Wut über die ihm angetane Schmach übermannt wurde. Ohne Athenes Eingreifen wäre der Feldzug gescheitert, und so verdichtet sich das Bild eines schicksalhaften Umschwungs in der Epiphanie der Göttin, die Achill zurückreißt.

In der Odyssee hingegen scheint die Autonomie der Regungsherde abgeschwächt, der „selbständige Impulsgeber ‚Herz'" wird stärker kontrolliert und die Person beginnt immer mehr, sich seiner zu bemächtigen. Damit zeichnet sich nach Schmitz ein Wandel im Selbstverständnis des Menschen ab: „Das Unberechenbare, Spontane der leiblichen und göttlichen Impulse und die ihnen entsprechende Durchlässigkeit der Person werden durch deren sich behauptende Selbstkontrolle verdrängt, und diese Selbstkontrolle wirkt sich gegen die impulsgebenden Mächte als Distanzierung aus, die diese Mächte in übersichtliche, gegenständliche Verfügbarkeit um sich herumstellt." (Schmitz 1965, 449)

Zusammenfassend lassen sich also zwei Sichtweisen des Verhältnisses von Person und Leib feststellen: die für die Ilias typische Koordination von Regungsherden und die Subordination. Diese beginnt zwar mit der Odyssee, aber nicht wie später bei Platon als Unterordnung von verschiedenen „Seelenzentren" unter die Herrschaft eines priviligierten Teils, sondern als Gehorsam des Regungsherdes gegenüber dem ganzen Menschen (hier der Person des Odysseus). Die stärkere Bemächtigung der Leibesinsel Herz, ihre Subordination unter die Person, wird in der Odyssee nicht nur durch größere Beherrschung, sondern auch durch die Introjektion von Gefühlen erreicht, wie sie beispielsweise in Odyssee 22. 411 zum Ausdruck kommt. Odysseus fordert dort die Magd Eurykleia auf, die Freude über den Tod der Freier in ihrem *thymos* festzuhalten und nicht laut zu äußern. Schmitz zeigte an diesem Beispiel die „Umdeutung eigenleiblich gespürter Regungen und ihres Herdes". Weil die Freude sich „bloß innerlich abspielen" soll und sich nicht sinnfällig äußern darf, wird das „leibliche Innere" der Erscheinung

140 Auf Schmitt läßt sich auch die Kritik von Erbse an Heubecks Interpretation anwenden, denn Erbse bemängelte: „Diese Deutung entstammt dem Bestreben, in der Darstellung Homers den Punkt zu finden, an dem sich der (vom Dichter seltsamerweise verschwiegene) Begriff der Entscheidung unterbringen ließe ... Die endgültige, vom Hörer aus dem Zusammenhang geschwind zu erschließende Entscheidung steht nun neben der ihr nachfolgenden Epiphanie der Göttin, deren Mithilfe fast überflüssig wird." (Erbse 1990, 15)

entzogen und zur „seelischen Innenwelt" uminterpretiert.[141] Dabei gilt es zu beachten, daß in diesem Beispiel nicht wie bei der oben angeführten Achill-Stelle (Ilias 9. 313) Meinungen und Gedanken verborgen werden, die sich sowieso in den *phrenes* befinden können, sondern das Erleben selbst wird in der Odyssee (22. 411) in den *thymos* hineinverlegt. Damit übernimmt der *thymos* eine Aufgabe, die später, vor allem bei Platon, der Seele zugesprochen wird. Die Freude, die wie Furcht und Trauer in der Ilias als ganzheitliche leibliche Regung „im Herzen" ansetzte, von dort aus dann den gesamten Menschen erfaßte und frei von ihm abstrahlte, ist in der Odysseestelle auf ihr Lokal, die Leibesinsel „Herz", zurückgedrängt und dort eingeschlossen oder „abgekapselt", denn sie soll nun „im" *thymos* „festgehalten" werden. „Das Innere" wird so zur „privaten Intimsphäre", in die sich das Erleben zurückziehen kann. Dadurch, so Schmitz, sei „die entscheidende Voraussetzung" für den platonischen Seelenbegriff geschaffen worden.

2. Anaximenes

Die Geschichte der europäischen Philosophie beginnt mit den milesischen Naturphilosophen Anaximander und Anaximenes, deren Fragmente die ersten frühgriechischen Zeugnisse wissenschaftlich-systematischen Philosophierens darstellen. Mit ihnen zeichnet sich die Philosophie als Disziplin immer klarer gegenüber den alten mythologisch-religiösen Weltanschauungen ab. Anaximander prägte den Begriff *apeiron* und schuf damit die erste philosophische Bezeichnung eines umfassenden, dem kosmischen Drama des Werdens und Vergehens gleichsam eine Unterlage bietenden Seinsgrundes. Anaximenes, der an diese Vorstellungen anknüpfte, entwickelte ein System, in dem die „Luft", der *aer*, als einheitliches Prinzip eine zentrale Rolle spielte.

Die Anfänge der philosophischen Systembildung bei Anaximander

Im Unterschied zu Hesiods theogonischer Weltanschauung ist Anaximanders *apeiron*[142] kein männlicher „Himmelsgott" mehr, sondern durch das Fehlen personaler Konnotationen und räumlicher Begrenzung charakterisiert. Stand bei Hesiod *ouranos* am Anfang der Göttergenealogie und wurde aus der Erde hervorgebracht, mit der er sich dann paarte, um weitere Götter zu zeugen, so hat sich das theologisch-genealogische Modell

141 „Das Leibliche wird durch solche Metaphorik umgedeutet zum Geheimen, Intimen, Privaten des Seelenlebens, vermittelt durch den Vergleichspunkt des verborgenen Darinsteckens." (Schmitz 1965, 450f.)

142 Der Begriff *apeiron* wurde immer wieder und teilweise mit erheblichen Differenzen interpretiert. Hermann Diels bezeichnete ihn als „Urstoff" (Diels 1969a, 6); Leo Sweeney, der die einzelnen Meinungen zusammenstellte, sprach von der „self-animated mass" (Sweeney 1972, 58); David Furley verstand darunter einen „primitive material body" (Furley 1987, 19). S. a. Uvo Hölscher (1986, 174), Wolfgang Schadewaldt (1978, 239), Joachim C. Classen (1986, 75), Charles H. Kahn (1960, 233) u. v. a. m.

der Abkunft von einem „Urelternpaar" bei Anaximander gewandelt. Im Gegensatz zu Hesiods **einem** *ouranos* kannte Anaximander eine Vielzahl *ouranoi*, die sich in ihrem Werden und Vergehen unaufhörlich gegenseitig abwechselten. Deshalb sprach Schmitz statt von einer „Weltentstehungslehre" von einer „Himmelsentstehungslehre" (Schmitz 1988b, 44). Wie differenziert Anaximanders Vorstellungen waren, läßt sich aus den erhaltenen Fragmenten nicht entnehmen. Das Bild vom „besten", „schönsten" und „vollkommensten" Himmel des Platonischen Timaios (92a) oder die aristotelische Vorstellung (*peri ouranos* 272b) vom sich um den Mittelpunkt drehenden *ouranos* treffen hier nicht zu. Platon nannte seinen Himmelsgott „einzigartig" (*heis ouranos hode monogenes on*), und auch Aristoteles übernahm dieses Bild (278b). Er bewies sogar ausdrücklich, daß es nur einen Himmel geben kann (276b), wobei natürlich nicht mehr der Hesiodische „Himmelsvater" gemeint war, sondern eine naturwissenschaftliche Vorstellung vom Aufbau des Kosmos.

Bei Anaximander gehen die Himmel mit ihren Ordnungen nicht wie bei Hesiod aus der Erde und den Götterverbindungen hervor, sondern entwickeln sich aus einem vom *apeiron* abgeschiedenen (*apokrithenai*) Keim (*gonimon*).[143] Zum Unterschied zwischen der mythologisch geprägten und der wissenschaftlich orientierten Anschauung beider Denker bemerkte Olof Gigon, Anaximander habe das „genealogisch personale" *gignesthai* Hesiods durch ein „dingliches" *apokrinesthai* ersetzt (Gigon 1972, 47). Das *apeiron* selber konzipierte Anaximander nach Schmitz weder als „transzendentes Reservoir" noch als ein „von außen umgreifendes Ding"; es wurde auch nicht weltimmanent gedacht. Schmitz legte dar, daß es eher räumlich aufgefaßt werden muß und als *arche* im Sinne von „Herrschaftsgebiet" – und zwar für die Zeit – interpretiert werden sollte (Schmitz 1988b, 29ff.). Es bot lediglich die Bühne des von Schuld und Sühne bestimmten kosmologischen Ablaufs der Himmelsentstehungen, für diese eine Art Unterlage bildend und sie „umfassend" (*periechein*).[144] In diesem Sinn kann es als *Individuationsgrund* bezeichnet werden. Die aus ihm entstehenden Himmel wechseln nach der „Ordnung der Zeit" (Fr. B 1).[145] Diesem Geschehen der konkurrierenden *ouranoi* unterlag eine ausgleichende Gerechtigkeit. Durch ihr Entstehen taten sie einander Unrecht und mußten dafür büßen. Dieses Verhältnis wurde häufig verkannt. Die meisten

143 S. a. Schmitz (1988b, 31), Jula Kerschensteiner (1962, 43f.), Furley (1987, 18), Classen (1962, 168) u. H. B. Gottschalk (1965, 46). Speziell zum Keim bei Anaximanders meinte Furley: „The main explanatory model chosen by the Milesians for their cosmogony was a biological one: growth from seed." (Furley 1987, 21) Daß die Entstehung aus einem Keim als „main explanatory model" bezeichnet werden kann, ist etwas übertrieben, doch gehört sie sicher zu den ältesten und am weitesten verbreiteten Metaphern für die Individuation der Welt.

144 Classen stellte dagegen die Bedeutung „Fundament" und „Grundlage" zurück und betonte mehr den Aspekt des „Dynamischen". Für ihn war das *apeiron* der „‚Ursprung' aus dem und durch den alles wird, aus dem sich auch die unendliche Bewegung herleitet". (Classen 1986, 99)

145 Schmitz über die „ordnende Macht der Zeit": „Diese Ordnung scheint berufen, in gerechtem Ausgleich für gleich lange Perioden zu sorgen." (Schmitz 1988b, 35) Schadewaldt: „daß die Zeit der Raum ist, in dem die Gerechtigkeit sich vollzieht." (Schadewaldt 1978, 246) Zur Arche bei Anaximander und zur Arche als Herrschaftsgebiet s. Jean-Pierre Vernant (1982, 37f., 42 u. 116f.).

Interpreten unterschoben Anaximander eine Sicht, die sich angeblich auf den Wandel von „Elementen“ ineinander oder – damit zusammenhängend – auf den Wechsel der Jahreszeiten beziehen sollte. So vertraten beispielsweise G. S. Kirk, J. E. Raven und M. Schofield eine solche Jahreszeitenwechseltheorie in Verbindung mit dem moralischen Ausgleichsdenken (Kirk/Raven/Schofield 1983, 119f.). Aber so „unzweifelhaft“ wie diese Autoren glaubten, ist diese Verbindung wohl nicht. Joachim C. Classen, der auch den Gedanken an einen Bezug auf die Gegensätze von Tag und Nacht, Sommer und Winter favorisierte, meinte wesentlich vorsichtiger, es sei nicht sicher, „auf welche Bereiche Anaximandros diese Gesetzmäßigkeit bezogen wissen wollte“ (Classen 1986, 71f.). Trotz dieser Zweifel und Unsicherheiten wurde die These einer Anaximandrischen Gerechtigkeitstheorie der Elemente immer wieder aufgegriffen und noch in letzter Zeit von Joyce Engmann vertreten.[146] Sie kritisierte die Überbetonung der von Vlastos und Lloyd propagierten sozialen Metapher. Bei G. E. R. Lloyd wurde in diesem Bild der Streit zweier angeblich gleichrangiger Sozialpartner (*all of equal status*) durch das Gesetz reguliert (Lloyd 1966, 212f.). Engmann wies dagegen darauf hin, daß von einer Gleichwertigkeit weder in der damaligen Gesellschaft noch bei den „Elementen“ gesprochen werden kann (Engmann 1991, 20 u. 23).[147] Insgesamt gesehen ist jedoch der Begriff „Elemente“ hier ein Anachronismus. Anaximander vertrat nach dem uns Überlieferten weder eine Elementenlehre noch eine Jahreswechseltheorie. Als gleichrangige Partner in der durch die Zeit regulierten Auseinandersetzung kommen nur die Himmel in Frage. Anaximanders Neuerung bestand vor allem in einer Schwerpunktverlagerung von theogonischen Spekulationen hin zu kosmogonischen Vorstellungen strakterer Art. Bei ihm fehlte aber noch die Einheit des Weltprozesses. Er entwickelte zwar eine eindeutige Systematik des Weltaufbaus und hatte den Übergang vom *apeiron* in den kontinuierlichen Prozeß der Himmelsentstehung klar durchdacht, doch war die Erde in diese Bewegung nicht integriert.

Der *aer* des Anaximenes

Anaximanders *apeiron* wird als philosophisches Prinzip bei Anaximenes durch den *aer* abgelöst. Dieser erstreckt sich als ein einheitliches Prinzip und Kontinuum von Dichtheitsgraden überallhin und hält in einem permanenten Prozeß von Verdichtung und Verdünnung das Weltganze zusammen. Aus seiner Zusammenballung und Verdichtung

146 Engmann: „And we saw it was reasonable to construe injustice as the change of the elements into one another.“ (Engmann 1991, 19) Auch W. K. C. Guthrie äußerte sich zu den Jahreszeiten als Ordnung der Zeit (Guthrie 1962, 80,101). Furley (1987, 23) übernahm diese Theorie ebenso wie Sweeney (1972, 162). S. a. dessen Zusammenfassung der Meinungen (Sweeney 1972, 52). Ferner Walter Bröcker (1986, 211f.) und Vernant (1982, 126) sowie Diels (1969a, 5). S. a. die besonders auf Walter Burkert (1977, 455) bezogene Kritik von Schmitz (1988b, 32).

147 Zur hierarchischen Auffassung der Elemente bei Anaximander s. a. „den Gedanken der Unterlegenheit des Feuchten“ bei Schmitz (1988b, 49f.). Bicknells Bezeichnung „activity-things“ für die „Elemente“ sei nur als kuriose Namengebung am Rande erwähnt (Bicknell 1966, 40).

sowie aus der Gegenbewegung, der Verdünnung und Erschlaffung, leitete Anaximenes die Formationen der Welt ab, wobei er das Dünne dem Warmen und das Dichte dem Kalten zuordnete (B 1). Der *aer* ist hier Seinsprinzip,[148] das nicht mehr wie bei Anaximander als räumlich gedachte Unterlage eher unverbunden mit dem Weltgeschehen gedacht wurde, sondern dieses konstituiert. Guthrie vernachlässigte diesen wesentlichen Unterschied, als er behauptete, „the *arche* of the Milesians was always something intermediate between two opposites," denn dies war weder bei Anaximander noch bei Anaximenes der Fall (Guthrie 1962, 457).[149] Weder das *apeiron* noch der *aer* wurden zwischen zwei feststehend gedachten Gegensätzen eingeschlossen, sondern umfaßten (*periechein*) polare Konstellationen,[150] wobei das *apeiron* eine Unterlage bot, ohne den Individuationsprozeß der Welt weiter zu beeinflussen; der *aer* differenzierte sich dagegen durch seine dynamisch-polaren Bewegungen und vermittelte so alles.

Sowohl der zwischen dem Anaximandrischen *apeiron* als dem negativ bestimmten Ganzen und dem Anaximenischen *aer* als dem positiv bestimmten „Urstoff" bestehende Unterschied als auch die Bedeutungsverschiebung des Luftbegriffs, der bei Anaximander einen von mehreren Stoffen innerhalb der kosmologisch ausdifferenzierten Welt bezeichnete, bei Anaximenes aber erweiterte Bedeutung erhielt und zum Prinzip überhaupt aufstieg, kennzeichnen den Wandel der philosophischen Konzeptionen. Diesen Unterschied nivellierte Bicknell, dessen *apeiron*-Interpretation als das „Undurchdringliche" ihn (und später Engmann) in die Irre führte. Er resümierte: „In fact Anaximenes' *aer* is little more than the Anaximandrian *apeiron* under a new label, with one great difference that it is now involved in the intra-cosmic process." (Bicknell 1966, 45f.). Dem zweiten Teil der Behauptung und der Herausstellung des „großen Unterschieds" kann zugestimmt werden. Den ersten Teil muß man kritischer betrachten. Das *apeiron* konstituiert die Welt nicht und ist nicht „all-pervasive", wie Bicknell wollte. Gerade diese Eigenschaft kommt dem Anaximenischen *aer* zu, wodurch die gesamte philosophische Konzeption verändert wird. Mit gleichem Recht läßt sich sagen, daß der *aer* nicht wenig mehr (little more), sondern weit mehr ist als das *apeiron*. Außerdem berücksichtigte Bicknell bei seiner Gleichsetzung von *apeiron* und *aer* den sich an homerische und hesiodische Vorstellungen anlehnenden anaximandrischen *aer*-Begriff nicht genügend.[151] Zur Veränderung der *aer*-Vorstellungen in den beiden Konzeptionen erläuterte Schmitz: „Die Luft oder eigentlich der feuchte Dunst, … der im System Anaximanders bloß eine passive Mittelstellung zwischen Feuer und Erde hat, … wird demnach von Anaximenes über ein breites Spektrum von Stoffen und Phänomenen nach zwei Seiten gleichsam aufgespannt." Der *aer* kann „als Äquivalent aller Stoffe ver-

148 Zu Anaximenes s. Schmitz (1988a, 200).

149 Den Fehler übernahm Bicknell, der ebenfalls das *apeiron* als „intermediate" bezeichnete (Bicknell 1966, 46).

150 Schmitz: „Dem Apeiron Anaximanders entspricht bei Anaximenes die Luft, gleichfalls ein Apeiron (DK 13A5.6) und wie jenes (DK 12A11.1) ein Umgreifendes (DK 13B2)." (Schmitz 1988b, 44)

151 Dazu Stellen mit der Bedeutung von *aer* als Nebel, Wolken, feuchter Dunst bei Burkhard Gladigow (1967, 7). Zum Verhältnis von *aer* und *aither* bei Homer s. a. Franz Fürlinger (1948, 6ff.).

standen" werden, welches „die Extreme durch Ausgleich in sich vereinigt". (Schmitz 1988b, 61)

Zwar war der *aer* auch ein *apeiron*, doch wurde er nun positiv als Stoff bestimmt,[152] der die Eigenschaft hat, alles aus sich hervorbringen zu können und mit allem äquivalent zu sein. Aus dieser Äquivalenzfähigkeit folgerte Schmitz, daß Anaximenes mit großer Wahrscheinlichkeit der Autor dessen war, was Aristoteles als das Zwischenelement bezeichnete (Schmitz 1988b, 60f.). Aristoteles (MP 984a, 21f.) versuchte dieses auf eine Unterlagenfunktion zu reduzieren, indem er es mit einem Element wie Holz oder Erz verglich, denn er wollte mit der Behauptung, daß das Zugrundeliegende nicht selber Ursache des Wandels sein könne, diese Theorie natürlich zugunsten seiner eigenen als mangelhaft diskreditieren. Doch die Vorstellungen von einem „Element" im Sinne des Empedokles und Aristoteles sowie deren Nachfolgern muß von dem Anaximenischen Seinsprinzip ebenso unterschieden werden wie die *hyle* (der „Stoff") des Aristoteles, die sich nur durch göttliche Innovation zur Welt entwickelt. Erst dem philosophischen Nachfolger des Anaximenes, dem Diogenes von Apollonia, wird eine ausdrückliche Vergottung der „Luft" mit einhergehender Identifikation von *aer* und *noesis* zugeschrieben (B 4 u. 5).[153] Diogenes verändert die *aer*-Auffassung dahingehend,[154] daß er ausdrücklich die Feuchtigkeit in einen Gegensatz zum *aer* setzte, denn diese trübe dessen noetische Fähigkeiten.[155] Mochte auch Anaximenes die Luft für göttlich gehalten haben, so ist uns jedenfalls davon nichts Definitives überliefert, und eine personifizierte Göttervorstellung ist unwahrscheinlich.[156] In jedem Fall besaß der *aer* die Fähigkeit der Suimodifikation oder Selbstveränderbarkeit, die es ihm erlaubte, alles aus sich zu formen, ohne dafür einen unbewegten Beweger zu benötigen. Mit den aristotelischen Begriffen von Stoff (*hyle*) und Element (*stoicheion*) ist Anaximenische

152 Der Stoffbegriff entzieht sich einer exakten Bestimmung. Vielleicht gelingt es, sich ein Bild von der Eigenschaft des Stofflichen zu machen, wenn man von dem Einzelfall absieht und den Aspekt des Form- und Knetbaren in den Blick nimmt. Ein alles erfüllender und durchdringender Urstoff würde dann die Erfahrung ausdrücken, daß die Wirklichkeit eine gewisse zusammenhängende Dichte besitzt, die ihre eigenen Modifikationen erzeugt. S. a. Schmitz (1980, 203).

153 Zur *aer*-Vorstellung des Diogenes von Apollonia Schmitz: „Die Luft des Diogenes ist also eine Atmosphäre, die alles miteinander, und so auch jeden Menschen, umhüllt und durchdringt; indem sie in der einen oder anderen Weise dessen leibliches Befinden bestimmt, scheint sie sich für Diogenes als Gefühl zu manifestieren." (Schmitz 1969, 477f.)

154 Hier ließe sich fast von einer dreipoligen Relation der historischen Entwicklung sprechen, die vom negativ bestimmten *apeiron* des Anaximanders als des „Allgemeinen" im Sinne Hegels über das „Besondere" des bestimmten Anaximenischen *aer* hin zur „Einzelheit" des diogenischen, nun ausdrücklich mit *noesis* versehenen *aer* verlief. Zu Hegel s. Schmitz (1992, 41ff.).

155 Diogenes v. Apollonia Fr. B 5 u. A 19 (44). Dazu Gladigow (1967, 7 A. 4). Ähnlich verfehlt wie die Gleichsetzung von Anaximandrischem *apeiron* und Anaximenischem *aer* erscheint mir auch Bicknells Verbindung zwischen Diogenes und Anaxagoras: „Diogenes' *aer*, in a certain form, becomes an analogue of Anaxagoras' *nous*" (Bicknell 1966, 37).

156 S. Gigon gegen C. W. Müller u. Karl Deichgräber, der meinte, Anaximander und Anaximenes würden den *aer* als göttlich preisen ähnlich wie Anaxagoras und Diogenes v. Apollonia (Gigon 1972, 46—50; C. W. Müller 1965, 105; Deichgräber 1984a, 53).

Philosophie nicht zu erfassen, und der empedokleische Elementbegriff paßt ebenfalls nicht auf den *aer*. In diesem Sinne ist auch Mazaheris Versuch, den *aer* als „totes Element“ zu definieren, zum Scheitern verurteilt (Mazaheri 1992, 165). Für sie hatte Anaximenes angeblich die „,Luft‘ in ihrer ,Reinform‘ (…) als ein Element ,entdeckt‘“ (Mazaheri 1992, 148). Doch diese physikalistische Interpretation trifft auf Anaximenes nicht zu.

Anaximenes wandelte die Vorstellung vom eher unbeteiligten und unbestimmten Seinsgrund bei Anaximander in die dynamische Sicht eines sich zwischen Verdichtung und Verdünnung fast dialektisch bewegenden „morphotischen Monismus“ (Schmitz).[157] Diese Leistung war eine wesentliche Neuerung und ein wichtiger Schritt hin zu einer kosmologisch-philosophischen Systembildung. Dies wird dadurch bestätigt, daß Anaximenes sowohl von Anaximander als auch von den genealogischen Vorstellungen Hesiods abrückte. Dazu bemerkte Heribert Boeder, daß die Luft nicht als zeitlich erstes Prinzip galt, aus dem dann in unumkehrbarer genealogischer Abfolge die weiteren Formationen entstanden, sondern daß der Prozeß der Weltbildung umkehrbar wurde (Boeder 1962, 47). Allerdings ist eine von Mazaheri herausgearbeitete Verwandtschaft des *aer* mit Hesiods Chaos-Vorstellung wohl nicht ganz zu leugnen.[158]

Stellte schon das Anaximandrische *apeiron* gegenüber der Elternrolle von Himmel und Erde bei Hesiod eine deutliche Bewegung hin zu einer abstrakten Kosmologie dar, so signalisiert die Differenz zwischen dem *apeiron* und dem *aer* bei Anaximenes eine weitere Änderung in Richtung auf eine wissenschaftliche Behandlung von Welt, Mensch und Universum. Dies läßt sich an der Position der ehemals so bedeutenden Erde, die bei Hesiod sogar den Himmel hervorbrachte, demonstrieren. Das Hervorbringen übernahm bei Anaximander das *apeiron*. Es ließ gewissermaßen anstelle der Erde die Himmel entstehen, nicht aber die Erde. Sie blieb als Mittelpunkt „gleichsam der ruhende Pol im kosmischen Drama des Entstehens, Schuldigwerdens und Vergehens der Himmel und der in diesen sich befindenden atmosphärischen Formationen“ (Schmitz 1988b, 43).[159] Genau das änderte sich bei Anaximenes,[160] von dem Schmitz vermutete, daß er gerade „aus Widerspruch gegen diese neutrale Sonderstellung der Erde bei Anaximander die erste philosophische Kosmogonie im Vollsinn, die alle Hauptmassen der sichtbaren

157 Die Dialektik Hegels unterscheidet sich von der des Anaximenes darin, daß die Integration von Ruhe und Bewegung „unvermittelt“ vorgenommen wird, denn „die kontradiktorischen Gegenteile sind unvermittelt eins“ (Schmitz 1992, 190). Bei Anaximenes bleibt die Bewegung immer durch das Medium des *aer* vermittelt und führt nicht zu einem kontradiktorischen Gegensatz.

158 Zum Zusammenhang von *aer* und *chaos* s. Mazaheri: „Das Chaos gleicht einem aus Dunst bestehenden (d. h. dunklen, feuchten, strukturlosen …) Bereich.“ (Mazaheri 1992, 122f.)

159 S. a. Furley (1987, 25) und Vernant (1982, 129).

160 Kerschensteiner charakterisierte den Unterschied: „Bei Anaximenes hingegen vollzieht sich die Weltbildung durch die Wandlung des Urstoffes, der aber auch in seiner ursprünglichen Form innerhalb der Welt bestehen bleibt; verdünnt wird die Luft zu Feuer, verdichtet wird sie zu Wind, ballt sich zur Wolke, dann zu Wasser, und bei noch weiterer Verdichtung wird aus ihr Erde, ja Stein (A 5, A 7, 5). Dieser Prozeß der Verdichtung und Verdünnung spielt sich in einer immerwährenden Bewegung des Urstoffs ab (A 5, A 6, A 7, 2).“ (Kerschensteiner 1962, 67)

Welt erfassen sollte, konzipiert hat" (Schmitz 1988b, 45). Diese Integration der Erde in ein kosmogonisches System war ein wesentlicher Schritt hin zu einer einheitlichen und umfassenden Weltdeutung (Schmitz 1988b, 44).

Jula Kerschensteiner glaubte hingegen, nicht erst Anaximenes habe ein einheitliches System entwickelt, sondern schon Anaximander (Kerschensteiner 1962, 36-38). Dafür spricht aber wenig, denn das Verhältnis der Erde zum *apeiron* ist unklar, und neben einem am Werden und Vergehen der Himmel orientierten Ablauf gibt es in der Philosophie des Anaximander kein für uns greifbares umfassendes Prinzip. Das *apeiron* selber kommt kaum in Frage, seine Funktion beschränkte sich darauf, Hintergrund zu sein und die Keime auszuscheiden. Die Integration der verschiedenen Phänomene in ein System, das auf einer natürlichen und nachvollziehbaren Gesetzmäßigkeit beruht und die einzelnen Komponenten nicht mehr genealogisch wie Hesiod oder „biologisch" wie Anaximander, sondern umkehrbar und kontinuierlich miteinander verknüpft, weist Anaximenes als den ersten europäischen Systembilder der wissenschaftlichen Philosophie aus.[161]

Das Verhältnis zwischen Anaximander und Anaximenes wurde aber in jüngster Zeit von Georg Wöhrle auf zweifelhafte Weise interpretiert. Er ging noch über Kerschensteiner hinaus, als er das Bild geradezu auf den Kopf stellte, indem er schrieb: „Anaximenes' Vorstellungen zeigen ja auch sonst eine Nähe zur unmittelbaren Anschaulichkeit, während die anaximandrische Erklärung der kosmischen Verhältnisse, insbesondere der im und als Zentrum ruhenden Erde, aufgrund des Symmetrieprinzips höhere Abstraktionsfähigkeit erforderte." (Wöhrle 1993, 24) Die Sonderstellung der Erde erinnert an ihre exponierte Position beispielsweise in der Theogonie des Hesiod, wo sie eine hervorbringende Gottheit ursprünglichster Kraft war. Ihre am Drama der miteinander konkurrierenden Himmel unbeteiligte Stellung läßt sich nicht durch einen erhöhten Abstraktionsgrad erklären, sondern allenfalls aus einem Mangel an systematischer Stringenz, dem Anaximenes abzuhelfen versuchte. Weiter unterstellte Wöhrle, Anaximenes verspüre „offenbar insgesamt das Bedürfnis, mit seinen Theorien der erfahrbaren Wirklichkeit näher zu kommen, als das bei Anaximander der Fall war" (Wöhrle 1993, 14). Einer solchen Aussage über das „Bedürfnis" der Philosophen ganz unabhängig von dem Erklärungswert beider Theorien muß man skeptisch gegenübertreten, denn so „offenbar" liegen die Dinge nicht. Anaximenes hatte den Vorteil, Nachfolger Anaximan-

161 Schmitz: „Wenn dieser Unterschied hier richtig charakterisiert und begründet worden ist, gebührt erst Anaximenes die Errungenschaft, die Kerchensteiner ... Anaximander zuschreibt: die ganze sichtbare Welt und den Prozeß ihrer Entstehung als Einheit erfaßt zu haben." (Schmitz 1988b, 45) Dazu auch Schadewaldt: „Wo die Vorigen Vorstöße gemacht hatten, schließt er nun die Dinge zu einer Art von System (noch nicht einem wirklichen System!) zusammen". (Schadewaldt 1978, 258) Doch warum sollte man bei Anaximenes nicht von einem „wirklichen System" sprechen? Dazu a. Classen: „Damit ergibt sich, daß Anaximandros keine Theorie der Verwandlung entwickelte. Er hatte eine naive Vorstellung vom Werden, die sich auf eine unreflektierte Vorstellung von der Substanz gründete. Wenn ihm spätere Autoren sorgfältig ersonnene Begriffe und Theorien zuschreiben, so zeigen sie damit nur ihre eigene Unfähigkeit, die früheren Vorstellungen angemessen zu verstehen." (Classen 1986, 122)

ders zu sein. Wenn Wöhrle dagegen von Anaximenes behauptet, teilweise „bedeuten daher seine Anschauungen eher einen Rückschritt gegenüber den Modellen seines Lehrers", so kann dem auch nicht mehr zugestimmt werden. Schließlich beobachtete Wöhrle, „indem Anaximenes' Prinzip Aer den physikalischen Gesetzen ein für alle Mal genügte, ließ sich auch die Entstehung des Kosmos aus dem Prinzip zwanglos erklären". Es bleibt zwar fraglich, ob überhaupt von „physikalischen Gesetzen" gesprochen werden sollte, doch zeichnet sich hier die Erkenntnis der größeren Stringenz des anaximenischen Systems gegenüber den Ausführungen des Anaximander ab. Seine weitere Behauptung, diese Entwicklung sei „damit erkauft", daß Anaximenes „das abstrakte ‚apeiron' wieder durch eine greifbare Materie" ersetzte (Wöhrle 1993, 14 u. 17), darf aber nicht unwidersprochen bleiben. Weder war das *apeiron* ausschließlich eine reine Abstraktion – es wurde konkret räumlich als ein umschließendes und sozusagen die Unterlage bildendes Herrschaftsgebiet gedacht – noch darf der *aer* als „greifbare Materie" interpretiert werden (Schmitz 1988b, 28ff.). Das *apeiron* zeichnet sich durch Negation aus, ohne daß deswegen eine Abstraktionsstufe angegeben werden kann, und der *aer* war zwar als eine Art Stoff gedacht, aber nicht im Sinne einer Substanz oder Materie, denn dies sind erst viel spätere vom ontologischen Dualismus geprägte Vorstellungen, die in der Athenischen Akademie von Platon und Aristoteles entwickelt wurden.[162]

Der *aer* und die leiblichen Regungen

Neben der gerade diskutierten kosmologisch-ontologischen Sicht verspricht die Aufdeckung einer Beziehung des *aer* zum leiblichen Erleben grundlegende Aufschlüsse über das Verständnis dieser Philosophie. Einem Bericht Plutarchs zufolge stellte Anaximenes am Beispiel der Atemluft zwei den *aer* modifizierende Prinzipien dar. Die mit gepreßten Lippen geblasene kalte Luft erklärte er als durch Verdichtung und den mit offenem Mund ausgehauchten warmen Atem als durch Verdünnung entstanden. Diese Analogie verdeutlicht die Weltsicht des Anaximenes, denn die Erfahrungen, aus denen er seine Konzeption der „Zusammenballung" und „Erschlaffung" des *aer* gewann, erweisen sich als vom leiblichen Erleben her bestimmt.[163] Der gespürte Gegensatz von „pressender, engender Spannung" und „befreiender, weitender Entspannung" diente ihm nach Schmitz als eine paradigmatische, auf das Weltganze angewandte Erklärung (Schmitz 1988a, 198). Dabei dürfen die hier erfaßten Vorgänge nicht mechanisch im Sinne einer späteren Physik verstanden werden, wie Mazaheri glaubte und Wöhrle dies in dem oben angeführten Zitat tat, als er meinte, der *aer* würde „den physikalischen Gesetzen ein für alle Mal genügen" (Wöhrle 1993, 14). Schmitz hatte in seiner Interpretation ausdrücklich darauf hingewiesen, daß Anaximenes versuchte, „mit dem Dichten und Dünnen in erster Linie nicht Ergebnisse physikalischer Beobachtung" begrifflich zu erfassen, sondern bestrebt war, „die Hauptdimension der Erfahrungen des Spürens

162 Gegen einen Substanzbegriff bei Anaximenes s. Joachim Klowski (1972, 140).

163 Classen sprach von „Zusammenpressen" und „Lockern" (Classen 1986, 125).

am eigenen Leibe“ im „Weltgeschehen“ wiederzufinden.[164] In diesem Sinne läßt sich auch Karin Alts Behauptung verstehen, Anaximenes habe die Welt „durch die sie gestaltenden Prozesse erklärt“ (Alt 1973, 164), denn diese Prozesse werden gerade durch die „Modellrolle der Erfahrung am eigenen Leib“ (Schmitz 1988a, 201) als Wirkungen zweier Prinzipien erkannt und auf die Welt übertragen. Dabei diente der *aer* als Träger der Spannung und Entspannung (Verdichtung und Verdünnung) und übernahm so die Rolle als philosophisches Prinzip. Dieser Versuch schuf das erste wissenschaftliche Erklärungssytem, welches das Ganze als einheitlichen Zusammenhang nach Art des leiblichen Befindens interpretierte (Schmitz 1988b, 62). Die gegenüber Anaximander größere Stringenz der Systembildung erklärt sich durch die Entdeckung der beiden vom leiblichen Spüren abgelesenen universalen Prinzipien, die sich nicht mehr wie die basalen Paare Himmel und Erde im Denken seines Vorgängers unvermittelt gegenüberstanden oder sich als Warmes und Kaltes erst aus dem Keim heraustrennen mußten. Das Neue bei Anaximenes ist eine Transformation der religiösen und leiblich erfahrenen Polaritäten zu bloßen Modifikationsrichtungen eines Prinzips. Dadurch rückte er die Dichte und Kontinuität des Seins in den Vordergrund und hob sie auf die Ebene der philosophischen Reflexion. Außerdem wurde so die anaximandrische Differenz zwischen *apeiron* und Welt zum Verschwinden gebracht.

Fragment B 2

Setzt man voraus, daß Fragment 2 wirklich die Vorstellungen des Anaximenes enthält, was bei den erheblich divergierenden Meinungen der Forscher nicht sicher ist,[165] so läßt sich in ihm eine ähnliche Orientierung am eigenleiblichen Spüren feststellen. Meistens wird davon ausgegangen, daß das Fragment zum größten Teil authentische Gedanken des Anaximenes wiedergibt, denn dafür sprechen einige Gründe, die etwas näher betrachtet werden sollen. Der Inhalt läßt sich wie folgt wiedergeben: „so wie unsere *psyche*, die *aer* ist, uns zusammenhält (*synkratein*), so umfassen (*periechein*) *pneuma* und *aer* den ganzen Kosmos.“[166]

Der umstrittene, von der Forschung nicht Anaximenes zugeschriebene Begriff *synkratein* wird hier nur vorläufig mit „zusammenhalten“ übersetzt. Seine Bedeutung in

164 Die leibliche Dimension der Anaximenischen Philosophie wurde von Mazaheri verkannt, als sie vom Erschlaffen schrieb, es ließe „keinen weiteren Aufschluß über die Vorstellung bzw. die *Auffassung* (im Sinne von *Empfinden*) der Verdünnung“ zu (Mazaheri 1992, 159). Ähnlich irreführend wie die Mazaheri- und Wöhrle-Interpretation ist auch Bicknells Hypnosetheorie, denn er meinte von Anaximenes: „He was so hypnotised by his discovery of a mechanical means whereby it produced the derivative world-bodies that he did not trouble to ask how the process of condensation and rarifaction themselves were set in motion.“ (Bicknell 1966, 46) Bicknell projiziert spätere Probleme auf Anaximenes, dessen Philosophie ohne einen initiatorischen Akt auskommt.

165 Karl Reinhard bezeichnete das Fragment als „Phantasiestück“ (Reinhard 1916, 175). Kranz hielt es für „wörtlich echt“ (Kranz 1938, 111). S. a. Longrigg (1964, 1) u. Alt (1973, 129f.).

166 S. a. Longrigg (1964, 2f.) mit ausführlichen Literaturangaben sowie Kerschensteiner (1962, 77–83).

dem Fragment kann nur in Analogie zu *periechein* (umfassen) verstanden werden, allerdings gibt es eine leichte Bedeutungsnuance zwischen beiden Begriffen, die eine etwas differenziertere Übersetzungsmöglichkeit gestattet. Alts Vermutung, hinter dem „auch in späterer Zeit wenig gebräuchlichen Kompositum“ *synkratein* verberge sich das „gut vorsokratische“ *kratein* mit seiner allgemeinen Bedeutung von Herrschen oder Beherrschen, von Kraft und Macht, soll übernommen werden (Alt 1973, 160). Hermann Diels und Walther Kranz übersetzten daher mit „beherrschend zusammenhält“ (Diels/Kranz 1956, 95). Alt sah hierin ein Übergewicht der Bedeutung von *periechein*, also der umfassenden Funktion des *aer*; doch ist die Übersetzung von Diels/Kranz durchaus treffend, wenn auch nicht ganz präzise. Alt gab noch zwei weitere Bedeutungsalternativen des Begriffs an, denn verbunden mit *pneuma* kann er „den Atem anhalten“ heißen,[167] er läßt sich aber auch mit „stärken, kräftigen“ übersetzen (Alt 1973, 130). Sie zog zwar keine direkten Folgerungen aus beiden Alternativen, suggerierte aber einen Zusammenhang mit dem *kratein* bei Diogenes von Appolonia in Fr. B 5, das dort die Bedeutung von „beherrschen“ hat. Ein Zusammenhang mit Fr, B 5 mag bestehen, doch ist er kein Argument, um Anaximenes die Urheberschaft der Gedanken von Fr. 2 zu bestreiten und sie Diogenes zuzuschreiben. Sicherlich könnte das Fragment auch von Diogenes sein. Dagegen läßt sich aber anführen, daß bei Diogenes neben der Funktion des Beherrschens, die die Luft hat, noch die des Steuerns (Fr. 5.3: *kybernasthai*) erklärend hinzukommt.[168] Sein Ziel läßt sich dadurch als Versuch verstehen, den Anaximenischen *aer* von Fr. 2 präziser zu fassen und ihn in eine steuernde und herrschende, mit *noos* begabte Kraft zu verwandeln. Wenn Fr. 2 von Diogenes stammen würde, hätte der Doxograph nicht auf das selten belegte *synkratein* zurückgreifen müssen, sondern wäre mit dem einfachen *kratein* ausgekommen und hätte dem noch ein *kybernasthai* folgen lassen. Alts Rechnung von *kybernasthai* plus *kratein* gleich *synkratein* geht nicht auf, die Benutzung des letzten zeigt, daß die beiden ersten eben nicht gemeint waren. Ein machtvoll ausgeübtes, kräftiges Zusammenhalten ist undifferenzierter und liegt vor der ausdrücklichen Betonung der Funktionen des Steuerns und Herrschens bei Diogenes in Fr. 5. Dies darf zumindest als Indiz dafür dienen, daß bei Anaximenes nicht eine Beherrschung im Sinne von Steuerung oder Lenkung, sondern einfach der zusammenhaltende, spürbare leibliche Effekt gemeint war.[169] Die Anspannung beim Anhalten des Atems, das durch Kräftigung und Stärkung erhöhte intensive leibliche Gespür und die hierarchische Konstellation von Beherrscher und Beherrschtem machen eine starke Leibbezogenheit des Begriffs *synkratein* wahrscheinlich, denn die Bedeutungen werden durch das Phänomen der leiblichen Spannung verbunden, das an der Wurzel des Begriffs zu

167 Stellen und Beispiele bei Alt (1973, 130 A. 8 u.9).

168 Zwar soll nach dem Zeugnis des Aristoteles, das erwähnt auch Alt, Anaximander seinem *apeiron* das *kybernan* beigelegt haben, doch ist ein vom *apeiron* vorgenommenes Steuern der kosmischen Gebilde nur schwer zu erklären.

169 Auch Wöhrle wandte sich gegen Alts Schlußfolgerungen, mit Fr. 2 sei die Lehre des Diogenes von Apollonia gemeint (Wöhrle 1993, 65).

liegen scheint. Kraft, Stärke und Macht waren für den frühen Griechen spürbare Phänomene intensivster Spannung und sind dies selbst für uns heute noch. Um diesen leiblichen Bezug konnotativ zu erhalten, übersetze ich den Begriff *synkratein* mit „zusammenspannen".

Der von der *psyche* garantierte Zusammenhalt ist demnach kein diogenisches Steuern oder Lenken, sondern das Gefühl des durch kraftvolle Spannung zusammengehaltenen Leibes als Ganzem. Im Begriff *synkratein* deutet sich der Versuch an, die gegenüber Homers Vorstellungen besondere Funktion der Seele als gespürte, zusammenhaltende Kraft des Leibes herauszustellen und gleichzeitig das von Anaximander benutzte kosmologische Prinzip des *periechein* durch eine leibliche Erfahrung zu erklären. Hinzu kommt die im Fragment dokumentierte Erkenntnis der Identität von gespürter, zusammenhaltender Kraft (*psyche*) und kosmisch-weltlichem Prinzip (*aer*). Damit übertrug Anaximenes wie schon beim Prinzip der Zusammenballung und Erschlaffung die Bedeutung des am eigenen Leibe gespürten spannungsvollen Zusammenhaltens und Umfassens auf das Weltganze; ein methodisches Vorgehen, das als ein weiteres Indiz dafür betrachtet werden darf, daß B 2 echte Gedanken des Anaximenes enthält.

Hatte also Anaximenes eine Homer gegenüber veränderte Auffassung von *psyche* und diente diese gleichzeitig als Paradigma für die kosmischen Prozesse, hob er sich von Anaximander durch den Versuch ab, stärker zwischen *apeiron* und Welt zu vermitteln, und ging er schließlich vom Spüren am eigenen Leib aus, um seine Prinzipien zu gewinnen, dann bringt das *synkratein* tatsächlich diese Bedeutungen am besten zum Ausdruck. Der Doxograph war geradezu gezwungen, ein Wort zu wählen, das einerseits eine ähnliche Bedeutung wie die des Anaximanderschen *periechein* hatte, also den Aspekt des Umfassens ausdrückte, das sich andererseits aber von diesem durch die stärkere Betonung des leiblichen Aspekts unterschied. Der Begriff mußte ferner geeignet sein, die gegenüber Homer veränderte Bedeutung der *psyche* hervorzuheben und ihre erweiterte Funktion zu kennzeichnen. Außerdem durfte der Doxograph, wollte er keinen Anachronismus begehen, keine zu große Differenziertheit der Funktionen angeben; diese ist erst bei dem gerade nicht gemeinten Diogenes zu finden. Alle diese Voraussetzungen führen auf das seltene *synkratein* in der Bedeutung von „zusammenspannen". Mag der Begriff auch noch nicht von Anaximenes geprägt worden sein, die Gedanken des Fragmentes deuten stark auf ihn als ihren Urheber hin. Ich übersetze folglich B 2 mit: „wie also die *psyche* uns zusammenspannt, so halten *pneuma* und *aer* den Kosmos zusammen."

Diese Betonung des zusammenhaltenden Aspekts der *psyche* verweist auf ein Spüren des Leibes als Ganzem, also nicht auf „Seelenteile" im späteren Sinn und auch nicht auf die nur locker zusammengefügten homerischen Regungsherde. Deshalb läßt sich schon von Anaximenes das sagen, was Nussbaum erst bei Heraklit zu finden glaubte, nämlich die Erkenntnis, daß der Mensch nicht mehr wie bei Homer als „a loosely-joined collection of limbs" betrachtet wurde (Nussbaum 1972, 8). Bereits Anaximenes, nicht erst Heraklit, spannte die „homerischen Glieder" durch die *psyche* zusammen, die damit konzeptionell zwischen den Vorstellungen Homers und Heraklits steht. Sie ist schon die zusammenhaltende und belebende Einheit, aber ihr werden noch keine „kognitiven" Fähigkeiten im weitesten Sinn beigelegt, ihre Ganzheit zielt hauptsächlich auf die leibliche Spannkraft.

Alt meinte dagegen, der Gedanke, die Seele würde „uns zusammenhalten", sei für die Vorsokratik „ohne jede Parallele" (Alt 1973, 130, 135, 160). Sie stand, weil Hinweise darauf fehlen würden, einer „Seelenlehre" des Anaximenes generell skeptisch gegenüber. Doch das Argument ist schwach, denn bei den uns so spärlich überlieferten Zeugnissen bedeutet ein mangelnder Hinweis recht wenig. Was die Fragmente an Informationen bieten, gestattet aber die Erkenntnis, daß Anaximenes mit seiner *aer*-Lehre eine gegenüber Homer veränderte Auffassung der *psyche* vertrat. Auch daß er als erster die Seele mit dem Wind (*pneuma*) und der Luft (*aer*) gleichsetzte, kann angesichts der unbestritten großen Bedeutung, die der *aer*-Begriff in seiner ganzen Philosophie gespielt hat, als naheliegend angesehen werden.[170] Somit läßt sich als vorläufiges Ergebnis festhalten, daß Anaximenes eine neue Sicht des Menschen einführte, die erstmalig die ganzheitliche Regung der Spannung des Leibes mit dem Begriff *psyche* bezeichnete und das Verständnis der *psyche* als Lebens- oder besser als Leibeskraft ausbaute. Die konzeptionelle Stellung zwischen der homerischen und heraklitischen Auffassung von *psyche* spricht für die Echtheit von B 2, denn sie erklärt den Übergang von der vagen Konnotation der *psyche* mit dem Lebensbegriff in Ilias und Odyssee zu ihrer weiteren Ausgestaltung bei Heraklit.

Der *aer* und die *psyche*

Weder ist der *aer* ein transzendentales Reservoir noch ein von außen umgreifendes Ding und auch keine immanente Substanz. Statt dessen bezeichnet er das Prinzip der lebendigen, zusammenhaltenden und beherrschenden Spannung einer lokal modifizierten Dichte von Sein, das an den leiblichen Regungen des Zusammenziehens und Ausdehnens, des Ballens und Entspannens abgelesen und im Weltganzen wiedergefunden wurde. Wenn Kerschensteiner mit Bezug auf den Menschen sagt, daß „der Urstoff", aus dem alles andere hervorgegangen ist, auch „in ihm vorhanden" sei, dann droht durch diese Interpretation ein falsches Anaximenesbild zu entstehen, denn für eine Immanenztheorie, ein „Enthalten sein in", gibt es keinen Beleg. Anaximenes sagt nicht, daß der *aer* „im" Leib ist, beispielsweise wie das Wasser in einem Krug, sondern daß Menschenleib und Kosmos aus *aer* sind, und daß der *aer* als *psyche* den Leib so zusammenspannt, wie er den Kosmos umfaßt. Sicherlich spielte hierbei die Atmung eine herausgehobene Rolle. Karin Alt behauptete: „So wäre denn auch in B 2 die Atemluft und mit ihr – da im archaischen griechischen Denken die Seele als Atem verstanden wird – die Seele eine Art Illustration für die Dominanz und Wichtigkeit der Luft in der Welt schlechthin" (Alt 1973, 132). Die These, daß „im archaischen griechischen Denken die Seele

170 Wöhrle zu Fragment 2: „So bleibt, das Zitat doch in seinem Grundbestand für Anaximenes in Anspruch zu nehmen." (Wöhrle 1993, 66) Ähnlich a. Bicknell (1966, 32).

als Atem verstanden wird", ist eine Generalisierung, die, sieht man von dem ganz in der Tradition des Anaximenes stehenden Diogenes von Apollonia einmal ab, so weder auf homerische Sicht noch auf andere vorsokratische anthropologische Vorstellungen anzuwenden ist, obwohl dies oft versucht wurde.[171] Weder *aer* noch *pneuma* wurden zur Zeit des Anaximenes speziell als Atemluft, sondern wesentlich allgemeiner als atmosphärische Erscheinungen verstanden.[172] Daß in seinem System die Atemluft die Quelle der Prinzipienfindung war, ist genügend betont worden. Es wird aber in B 2 nicht behauptet, die *psyche* sei die Atmung und habe als solche eine zusammenhaltende Funktion, sondern es wird (wie schon in B 1) von leiblich gespürten Regungen auf Vorgänge in der Welt geschlossen.[173] In dem Fragment dient also nicht die *psyche* zur „Illustration der Dominanz und Wichtigkeit der Luft", denn diese braucht, da es sich um das einheitliche Prinzip überhaupt handelt, nicht extra betont zu werden. Eher wird durch die *psyche* die zusammenhaltende, beherrschende und umfassende Wirkungsweise, also die aktive Rolle des *aer*, hervorgehoben und verständlich gemacht. Anaximenes stellte somit den Menschen nicht wie Kerschensteiner wollte in die Welt hinein, er deutete die Welt vom menschlichen Leib her. Da dies innerhalb eines einheitlichen Systems geschah, handelt es sich hier um einen wissenschaftsgeschichtlich bedeutsamen Fortschritt, durch den – über die primär am kosmologischen Geschehen der wechselnden Himmel orientierte Sicht des Anaximander hinaus – der Leib verstärkt als Quelle der Systembildung und Prinzipienfindung in die philosophische Diskussion eingeführt wurde.

Ähnlich ungenau wie der hypostasierte Zusammenhang von Seele und Atmung ist auch Kerschensteiners Konstruktion einer Verbindung zwischen „Seele" und „Leben", die angeblich durch die Bedeutung des Atems als Mittelglied zustande gekommen sei (Kerschensteiner 1962, 73). Nicht nur diese für griechisches Denken zwar nicht fal-

171 So z. B. von Rohde, Guthrie und Kerchensteiner. S. a. M. C. Stokes (1963, 25) u. Burkhard Gladigow (1967, 11). Etwas vorsichtiger äußerte sich Wöhrle: „Daß die Seele indessen als ein ‚Luftartiges, Hauchartiges' im Atem des Lebenden sich Kundgebendes (...) aufgefaßt ist, ist eine alte Vorstellung (...) und von daher für Anaximenes nicht auszuschließen." (Wöhrle1993, 80)

172 Wöhrle meinte, falls Anaximenes nach Kerschensteiner (1962, 79f.) mit *aer* und *pneuma* unterschiedliche Formen von Luft gemeint habe, „so wird gerade daraus noch einmal die Bemerkung über die Synonymie verständlich: Sie soll dem Fehlschluß vorbeugen, mit *pneuma* bei Anaximenes könnte der spätere Begriff vom Lebensprinzip gemeint sein." (Wöhrle 1993, 66) Mansfeld übersetzte *pneuma* in B 2 irreführend mit Atem (Mansfeld 1987, 90). Auch Mazaheri glaubte, *pneuma* habe primär die Bedeutung von Atem und erst darüber hinaus auch eine „atmosphärische oder gar kosmische Dimension" (Mazaheri 1992, 147). *Psyche* und *pneuma* seinen für Anaximenes „Beschreibungsversuche des *physikalischen* Elementes ‚Luft'". Ferner betonte sie, daß es sich um eine „physikalische Erklärung" handele (Mazaheri 1992, 164). Dies ist irreführend, denn von einer Physik im naturwissenschaftlichen Sinn ist bei Anaximenes nichts zu finden.

173 Dazu Wöhrle: „Bemerkenswert ist, daß nach dieser Fassung erstens die Seele nicht ausdrücklich mit der Luft identifiziert wird und zweitens auch keine unmittelbare Analogie zwischen Mensch und Welt hergestellt ist. Das Zitat wäre dann auf die einfache Annahme zurückführbar, daß die Luft als Prinzip aller Dinge in uns ist und um uns ist." (Wöhrle 1993, 66) Ähnlich hatte sich vorher schon Bicknell geäußert, der sich gegen eine Weltseeleninterpretation wandte und lediglich die Parallele der Funktionen von *aer* und *psyche* betonte (Bicknell 1966, 32).

sche, aber für die philosophische Diskussion zu allgemeine Gleichsetzung, sondern auch der postulierte Übergang von der „Luft" in Form des „Hauchs" zur „Hauchseele" und zum „Lebenshauch" ist irreführend. Die *psyche* in B 2 bedeutet nicht „Lebenshauch". Sicherlich mag die Atmung als leibliche Eigenbewegung ein Indiz für die Lebendigkeit sein und als leibliche Wurzel der Prinzipien hilfreich zu deren Formulierung beigetragen haben, doch weder wird in B 1 etwas von Seele gesagt noch wird in B 2 die Atmung erwähnt. Der Begriff „Hauchseele" ist eine äußerst vage, von Wundt benutzte Konstruktion, die mehr ver- als entdeckend wirkte. Auch hat noch niemand wirklich erklären können, was ein „Lebenshauch" ist. Die oft postulierte Verbindung von „letztem Atemzug" und dem Entweichen der *psyche* ist lediglich eine Scheinerklärung zur Beantwortung der Frage nach dem Entstehen von sogenannten „primitiven Seelenvorstellungen". Sie gehört zu den Verfahren, die von mir an anderer Stelle kritisiert worden sind (Rappe 1989, 9ff.). Schon bei Homer verläßt die Seele die Glieder, ohne daß direkt auf die Atmung Bezug genommen werden muß.[174] Auch reicht die homerische Sicht der *psyche* als Leben oder Besitz von Leben als Phänomen nicht aus, um die Funktion des *synkratein* zu erklären. Zwar verläßt mit dem Tod auch die Spannung den Leib, doch wurde die *psyche* zu Lebzeiten bei Homer wahrscheinlich nicht aktiv gedacht. Somit legte erst Anaximenes den Grundstein für ein Verständnis der *psyche* als eine den Menschen umspannende Kraft und führte sie als ein den Menschen umgreifendes Ganzes in die frühgriechische Philosophie und Anthropologie ein.

Mit diesem veränderten *psyche*-Begriff begann ein Prozeß in der Entwicklung anthropologischer Vorstellungen, der u. a. von Heraklit fortgesetzt wurde, der aber auch in den am stärksten auf Anaximenes basierenden Gedanken des Diogenes von Apollonia seine Ausgestaltung erfuhr. Verglichen mit der bereits sehr differenzierten Sicht des Diogenes, der den Schwerpunkt auf die immanente Lenkung durch den *aer* legte, erweist sich die Konzeption des Anaximenes als roher. Sah Anaximenes die *psyche* als das Zusammenhaltende des menschlichen Leibes, so verfeinerte Diogenes diese Sicht, indem er das Durchströmtwerden von leiblichen Regungen genauer erforschte und physiologisch zu fundieren suchte (B 6).[175]

174 In diesem Sinne bemerkte Gladigow, bei Homer seien „kaum Spuren" einer Gleichsetzung von Seele und Luft oder eines Aufenthalts der Seelen in der Luft zu finden. Er kam dann aber zu der Behauptung, die *psyche* Homers sei zweifellos die „Hauchseele" (Gladigow 1967, 11).

175 Von ihm ist uns sogar eine der frühesten griechischen wissenschaftlichen Kenntnisse des menschlichen „Adernsystems" überliefert, so daß er als ein Anthropologe außergewöhnlichen Ranges angesehen werden kann. Zu Diogenes von Apollonia s. a. Burnet (1913, 325). Zeller/Nestl bemerkten eine „nach Maßgabe der damaligen Kenntnis vom menschlichen Leibe genaue Beschreibung des Adersystems" (Zeller/Nestle 1919, 350).

Fragment B 2 und die Mikro-Makro-Kosmos-Doktrin

Neben der inhaltlichen Bedeutung des Fragments B 2 besitzt auch seine Forschungsgeschichte eine beachtenswerte Relevanz für das Verständnis frühgriechischer Anthropologie, denn schon Anfang dieses Jahrhunderts wurde es als der erste Beleg für eine angebliche Mikro-Makrokosmos-Lehre in der europäischen Kultur herangezogen. John Burnet sah bei den ionischen Naturphilosophen frühzeitige Beispiele „des Schließens vom Mikrokosmos auf den Makrokosmos" sowie „die ersten Anfänge eines Interesses an physiologischen Fragen" (Burnet 1913, 63). Ähnlich hatte sich Adolf Meyer geäußert, der Fr. B 2 als Beweis der Mikro-Makrokosmos-Doktrin nahm und sogar „Anaximenes als Begründer der Theorie" bezeichnete (Meyer 1900, 98f.). Doch ein „physiologisches" Interesse ist bei Anaximenes nicht belegbar. Er suchte bzw. gewann seine sowohl für den Menschen als auch für den Kosmos geltenden Prinzipien, ohne aus der Welt einen Makro- und aus dem Menschen einen Mikrokosmos zu machen. Dies wollte wohl auch Meyer andeuten, als er bei seinem Versuch, die Frage nach dem Ursprung der Vorstellungen zu lösen, feststellte, daß keine Reihenfolge des Schließens vom Mikro- auf den Makrokosmos oder umgekehrt angegeben werden kann und daß deshalb von ihrer „Unzertrennbarkeit" gesprochen werden muß. Nicht nur, daß vom Mikro- auf den Makrokosmos geschlossen wurde, Meyer glaubte auch von Anfang an bewiesen zu haben, „dass der Mensch das getreue Abbild, das Ebenbild im Kleinen von der je nach der Individualität des betreffenden Denkers aus einer oder verschiedenen Grundwesenheit bestehenden Welt darstelle". „Es ist dies die von der Theorie des Makrokosmos unzertrennliche Theorie des Mikrokosmos, welche in der Lehre vom Menschen als der Welt im Kleinen gipfelt." (Meyer 1900, 46) Hier irrte Meyer in seinem Bezug auf Anaximenes, denn dieser unterschied weder zwischen Kosmos und Makrokosmos, noch sprach er vom Menschen als einem Mikrokosmos; das tat wahrscheinlich erst Demokrit. Richtig war dagegen Meyers Behauptung: „Das logische Prius ist die Übertragung menschlicher Verhältnisse auf das Weltganze", denn Anaximenes erklärte die Welt tatsächlich nach dem Vorbild leiblicher Erfahrungen (Meyer 1900, 105). Eine solche „Übertragung" führt aber weder zwangsläufig zu einem anthropomorphen Makrokosmos noch setzt sie einen Mikrokosmos voraus, aus dem transferiert wird. Es handelt sich eher um eine Ausdehnung der aus der Lebenserfahrung und Lebenswelt gewonnenen Erkenntnisse auf kosmische oder anthropologische Probleme. Es findet eine Integration verschiedener Phänomene in ein Erklärungssystem statt, dessen Wirkungsbereich sich über die konkrete leibliche Erfahrung hinaus auch auf andere Bereiche erstreckt. Dazu werden keine Grenzen zwischen Makro- und Mikrokosmos benötigt, so daß nicht etwas von dem einen festgelegten Bereich auf den anderen projiziert wird. Statt dessen werden bestimmte leibliche Gesetzmäßigkeiten im kosmischen Geschehen wiedererkannt, ohne daß Anaximes dabei klar zwischen verschiedenen Kosmosvorstellungen unterschied. Dementsprechend stellte Meyer selber eine gegenseitige Abhängigkeit von Mikro- und Makrokosmos fest, bei der sich zwar nicht „der eine restlos auf den anderen zurückführen" ließe, doch würden beide „Anschauungsweisen" auf ein Gemeinsames hindeuten. Seine Konsequenz daraus formulierte er so: „Dieses Gemeinsame ist eine mit menschlichen Attributen operierende und daher anthropomorph-anthropocentrische Weltbetrachtung, welche ihrem innersten und eigentlichsten Wesen nach auf Analogieschlüssen, näher auf Schlüssen aus Analogien zum Menschen beruht." (Meyer 1900, 107)

Meyers Analogien sind die durch die „Modellrolle" des Leibes vorgegebenen Prinzipien der „Verdichtung" und „Verdünnung". Diese entdeckte Anaximenes zwar im Weltganzen wieder, doch entstand dadurch aus dem Kosmos noch kein Makrokosmos, der einem Mikrokosmos gegenübergesetzt worden wäre. Himmel und Erde sind bei Hesiod personifizierte Vorstellungen, also Erklärungen kosmischer Verhältnisse durch menschliche Bilder und damit eine „anthropomorph-anthropocentrische Weltbetrachtung". Doch der ausschlaggebende Unterschied in der Sicht des Anaximenes bestand in der Gewinnung eines einheitlichen Systems, das durch Abstraktion der polaren Qualitäten – beispielsweise repräsentiert in den anthropomorphen göttlichen Gestalten Hesiods. – zu säkularisierten Modifikationsprinzipien des *aer* ein vollkommen neues Erklärungsmodell der Wirklichkeit lieferte.

Obwohl man die Weltanschauungen der frühen Mythen und Anaximanders als eine Denkform in Analogien bezeichnen kann, läßt sich auch dort keine Mikro-Makrokosmos-Lehre nachweisen. Als geeigneter zur Erklärung dieser Sicht erweist sich die Bedeutung des Leibes, die Meyer aber nicht in den Blick bekam.[176] Das erste Beispiel für das Schließen vom Staat auf den Menschen in der griechischen Philosophie dürfte in Platons Politeia (435a–436a) zu finden sein, und diese Stelle kann als eines der frühesten Zeugnisse für eine ausgebildete Mikro-Makrokosmos-Lehre gelten.[177] Analogiedenken ist nicht gleich Mikro-Makrokosmos-Denken. Um mikro-makrokosmische Analogie-Systeme zu erstellen, müssen zunächst beide Welten säuberlich getrennt werden, denn erst dann läßt sich ein Korrespondenzverhältnis zwischen ihnen angeben. Solange dies historisch noch nicht geschehen war, galten die Analogien nicht zwischen zwei Kosmen, sondern als Bestätigung einer allem zugrundeliegenden, also für Mensch und Welt identischen Gesetzmäßigkeit. So erstreckte sich beispielsweise der Erklärungs-

176 Er glaubte eine Patentlösung („ganz einfach") anbieten zu können, indem er behauptete: „Mit einem Wort: Die Theorie vom Mikro- und Makrokosmos geht ganz einfach auf den Analogieschluss zurück. Entweder schloss man direkt makrokosmisch vom Menschen auf das Wesen der Welt, des Alls, resp. auf ein Grösseres wie Staat oder Gesellschaft, oder man schloss von der Welt auf den Menschen, nachdem man zuvor diese Welt oder deren Elemente mit rein menschlichen Attributen versehen hatte." (Meyer 1900, 107) Natürlich soll nicht bestritten werden, daß man von am Leib Gespürtem auf im Kosmos Wahrgenommenes schloß, nur das Gegenteil muß zumindest in der von Meyer postulierten zeitlichen Einordnung bezweifelt werden.

177 Meyer bemerkte: „Genauer besehen schlägt aber die bei Plato zum erstenmal deutlich ausgebildete Theorie vom Mikrokosmos in einen ebenso deutlich ausgebildeten Makrokosmos um." (Meyer 1900, 24) George Perrigo Conger schrieb: „Unless the late Pythagorean and Hippocratean writers can be called Pre-Platonic, the evidence does not allow us to ascribe microcosmic theories definitely and explicitly to any of these thinkers, exept Anaximenes, and in his case the one fragment is hardly sufficient for the foundation of a theory." (Conger 1967, 7 u. 2)

bereich des Prinzips der „Verdichtung“ auf die Atemluft und auf das ganze Weltall. Der Atem des Menschen war nicht die mikrokosmische Ausgabe der im Makrokosmos auftretenden Luft, sondern es war derselbe *aer*, der für Mensch und Welt gleichermaßen wirkte. Daß der Kosmos als eine Vergrößerung des Menschen und dieser umgekehrt als eine Verkleinerung der kosmischen Verhältnisse angesehen wurde, kann aus den überlieferten Fragmenten nicht geschlossen werden.

Die Gleichheit der den Leib und die Welt bestimmenden Prinzipien, Meyers „Gemeinsames“, betonte auch Charles H. Kahn: „The early view of the world, in Greece as elsewhere, has no place for compartmentalization. Man and nature, microcosm and macrocosm, are seen together in a single pattern as two facets of the same stone.“ (Kahn 1960, 110) Und Guthrie behauptete vom „general world-picture“ der Zeit: „In that picture, macrocosm and microcosm were integral parts of the same system, in which the world itself was a living creature.“ (Guthrie 1962, 479) Gigon vertrat ebenfalls verwandte Ansichten,[178] doch ist seine Interpretation dort gänzlich unbrauchbar, wo er aus Anaximenes einen Vorläufer Platons machen wollte, denn er glaubte, daß zu „der Konsequenz, die Gottheit einfach mit der Weltseele zu identifizieren, nur noch ein kleiner Schritt“ führe (Gigon 1972, 49). Angesichts des Abstands zwischen Anaximenes und Platon erscheint der kleine Schritt aber sehr groß. Diese Differenz fast gänzlich ignorierend, fuhr Gigon an gleicher Stelle fort: „Die antike Theologie hat nie sauber zu unterscheiden vermocht zwischen der Gottheit, die als ein steuerndes, ordnendes und wissendes Wesen der Welt gegenübersteht, und der für unsern Begriff ganz andersartigen Gottheit, die die Welt ‚von innen‘ belebt und sich zu ihr verhält wie die Seele zum Körper.“ Hier ist nicht klar, was Gigon überhaupt meint. Daß der *aer* steuert und ordnet, oder daß er als wissend gedacht wurde, kann nur vermutet werden und ist uns ziemlich sicher erst durch Diogenes von Apollonia überliefert. Aber auch der hatte noch keine Mikro-Makrokosmos-Lehre entwickelt, und von einer „Weltseele“ ist bei ihm ebenfalls keine Rede.[179] Der *aer* kann in keinem Fall als eine der Welt gegenüberstehende Gottheit betrachtet werden. Bei Anaximenes gibt es keinen vom *aer* getrennten Weltkörper, sondern Welt und Leib werden als untrennbar und aus *aer* bestehend gedacht. Das Bild der „von innen“ den Weltkörper belebenden Weltseele ist bezogen

178 Gigon: „Es wäre weiter daran zu erinnern, daß bei Anaximenes zum ersten Mal ausdrücklich der menschliche Organismus und der Kosmos-Organismus miteinander verglichen werden“. Damit würde „das Kosmos-Ganze als ein Lebewesen, also als ein Gebilde von personalem Range gefaßt.“ (Gigon 1972, 49) Doch daß Anaximenes vom Kosmos als einem *zoon* sprach, ist nicht überliefert, auch der personale Rang bleibt unbewiesen. Ähnlich auch Zeller/Nestle: „Daß es sich ebenso auch mit dem Weltganzen verhalte, mochte Anaximenes um so eher voraussetzen, da der Glaube an die Lebendigkeit der Welt uralt ...war“ (Zeller/Nestle 1919, 321).

179 S. a. Friedrich Hüffmeier, der sich gegen Willy Theilers Bemühen wandte, in Diogenes den Vater des Mikro-Makrokosmos-Denkens zu sehen (Hüffmeier 1963, 137). Einen ähnlichen Versuch unternahm Bicknell, obwohl er erkannt hatte, daß es bei Anaximenes noch keine Mikro-Makrokosmos-Lehre gab. Er irrte aber, als er mit Bezug auf Diogenes von Apollonia behauptete: „and here the microcosmos-macrocosmos parallel is fully developed“ (Bicknell 1966, 37).

auf Anaximenes ein der Platonischen Philosophie entnommener Anachronismus (s. a. Bicknell 1966, 32). Der von Gigon vermißte „saubere Unterschied" zwischen den Gottesvorstellungen scheitert vor allem an Gigons unsauberer Terminologie, denn erst Platon entwarf eine Gottheit, die sich als Weltseele zum Kosmos so verhält wie die Seele zum Körper. Deutlich ist, daß bei Anaximenes nicht von dualistischen Vorstellungen die Rede sein kann, die Seele wird nicht dem Körper gegenübergesetzt. Mit Alt läßt sich ferner sagen, daß bei Anaximenes die Welt nicht als ein „atmendes oder beseeltes" Wesen verstanden wurde (Alt 1973, 164).[180] Auch wenn Anaximenes die Bedeutung des *aer* zweifellos den eigenleiblichen Regungen entnahm und sich von ihnen leiten ließ, so abstrahierte er doch genügend, um nicht in einer einfachen Projektion dem Kosmos eine Seele zu introjizieren.

Die Ablehnung expliziter Parallelen zwischen Mikro- und Makrokosmos für die Philosophie des Anaximenes wurde auch von James Longrigg und Bicknell geteilt sowie von Karin Alt bestätigt, doch ist bei ihren Thesen eine leichte Einschränkung geboten, denn sie behauptete: „Das Einbeziehen von Mensch und Seele in die Deutung des kosmischen Geschehens finden wir zuerst bei Heraklit, die Analogie von Mensch und Welt, von Mikrokosmos und Makrokosmos aber erst ein Jahrhundert nach Anaximenes."[181] Nicht erst Heraklit, sondern schon Anaximenes deutete das kosmische Geschehen durch Parallelen leiblicher Erfahrungen und bezog damit Mensch und Welt gleichermaßen in sein Erklärungssystem ein. Alts Datierung stimmt nur ungefähr (Alt 1973, 131). Sie erwähnte unter anderen Kirk/Raven/Schofield, die bezüglich der Entstehungszeit der Mikro-Makrokosmos-Lehre einen späteren Zeitpunkt vertraten als der oben zitierte Guthrie.[182] Zu Recht betonten diese Autoren, daß ein voll entwickelter und klar abgegrenzter Gebrauch (clear-cut use) der Doktrin erst nach Anaximenes auftauchte. Zwar gab es immer wieder Versuche, die Mikro-Makrokosmos-Doktrin aus altiranischen Quellen herzuleiten, doch ist dies und eine damit verbundene Datierung nicht unproblematisch. Die von Albrecht Götze vorgenommene Zeitbestimmung wurde von W. Capelle, Hildebrecht Hommel und auch von Kranz als im „Kern" richtig angese-

180 Kahn meinte: „The Milesian conception of the world as a geometrical organism suffused with life is thus the true archetype of the ancient point of view, and, indirectly, the stimulus to all modern endeavors (such as those of Leibniz and, more recently, A.N.Whitehead) to interpret the total process of nature in terms of organic life." (Kahn 1960a, 98) Gegen biologische Modelle wandte sich unter anderen Kerschensteiner, die keinen Anhaltspunkt dafür sah, daß Anaximenes die Welt als „lebendigen Organismus gedacht hat" (Kerschensteiner 1962, 74). Dies soll natürlich nicht heißen, daß er sie als ein totes Substrat betrachtete, sondern nur, daß er nicht ausdrücklich von einem Lebewesen sprach, da für ihn der *aer* der einheitliche Grund des Seins war. Abzulehnen sind dagegen Wöhrles Ansichten, der hier einen „Reflex solcher hylozoistischen oder besser animistischen Konzepte" sah, (Wöhrle 1993, 13). Zum Problem von Animismus und Hylozoismus s. ausführlich Rappe (1993).

181 Longrigg (1964, 4), Bicknell (1966, 32) u. Alt (1973, 164).

182 Kirk/Raven/Schofield: „Yet the fully developed and clear-cut use of the inference from the known microcosm, man, to the unknown macrocosm, the world as a whole, does not otherwise appear until the latter part of the fifth century, under the influence, it is thought, of the new interest in theoretical medicine at that time". (Kirk/Raven/Schofield 1983, 161)

hen.[183] Götzes Hauptthese, nämlich die „Herkunft der Mikrokosmosidee aus Iran" und deren Einwirkung auf die knidische Ärzteschule, insbesondere auf den Traktat Peri Hebdomadon, darf man aber nicht als gesichert betrachten, denn es lassen sich weder Datierungen der altiranischen Quellen genau angeben noch wurde, wie J. Mansfeld zeigte, die Entstehungszeit von „Über die Siebenzahl" korrekt vorgenommen.[184] Fällt, wie Mansfeld überzeugend demonstrieren konnte, der auf diese Zeit fälschlich datierte hippokratische Traktat in nacharistotelische Zeit, so gerät die von Guthrie, Meyer und anderen vertretene These des altiranischen Ursprungs sehr ins Wanken, dann bleibt kein Zeugnis mehr für eine ausgebildete Mikro-Makrokosmos-Lehre vor Platons Politeia.

Mögen auch die orientalischen Einflüsse nicht ganz von der Hand zu weisen sein, so dürften sie bei Anaximenes keine große Rolle gespielt haben, denn seine Konzeption hat ein zu individuelles Gepräge, womit natürlich nicht gesagt sein soll, er habe zur Erklärung anthropologischer Verhältnisse ohne Analogien gearbeitet. In diesem Sinne läßt sich mit Meyer sagen: „Anaximenes z. B. nahm an Welt und Mensch das übereinstimmende Merkmal eines zusammenhaltenden Bandes wahr und statuierte auf Grund dessen eine verhältnismässige, proportionale Analogie; ... zu gleicher Zeit lässt er Metapher und Analogie in Identität umschlagen, indem er auf Grund eines einzigen blossen Merkmals, das er wahrgenommen, Mensch und Welt auch qualitativ gleichsetzt, d. h. identifiziert." (Meyer 1900, 111)

Das „Merkmal eines zusammenhaltenden Bandes", von dem Meyer sprach, kann durch eigenleibliche Erfahrungen erklärt werden, aus denen heraus eine Gleichsetzung von Mensch und Welt stattfand. Damit leistete Anaximenes Ähnliches, wie Empedokles bei dessen Entdeckung, daß die Liebe als Göttin Aphrodite sowohl bei den Menschen als auch in kosmischen Zusammenhängen wirksam sei. Empedokles hatte sich nach Schmitz selber als Entdecker der Tatsache verstanden, daß zwischen der „draußen gesehenen Liebe" und der „am eigenen Leibe gespürten" eine Identität besteht (Schmitz 1988a, 310).[185] In eine ähnliche Identität schlugen die von Anaximenes für seinen *aer* gewählten Analogien und Metaphern um.

183 Götze (1923, 60ff. u. 167ff.), Capelle (1925, 374) u. Hommel (1944, 56). S. a. Burkert (1963, 131).

184 Mansfeld wandte sich gegen die Datierung von Götze und Kranz und konnte nachweisen, daß Peri Hebdomadon nicht vor dem 4. Jh. entstanden sein kann (Mansfeld 1971, 22f.). Zur Datierung auf das 5. Jh. v. Chr. s. a. Kahn (1960, 85). Kranz bezeichnete B 2 als „wichtige Stufe in der Weiterbildung der orientalischen Makro-Mikrokosmoslehre zur echt hellenischen"(Kranz 1967d, 154) und sprach von der „alten, vom Osten her übernommenen Mikrokosmoslehre" (Kranz 1967f, 201 u. 204).

185 Dazu Guthrie: „Love turns out to be no mythical name for an impersonal physical force attracting inanimate bodies to one another in the manner of magnetism or gravity. She is Aphrodite, the same power which men feel in their own hearts, filling them with thoughts of peace and lovingkindness, as Strife (...) induces hatred." und weiter: „Microcosm and macrocosm are governed by the same psychological principles." (Guthrie 1965, 157)

3. Heraklit

Auf Anaximander und Anaximenes folgte als ein weiterer bedeutender ionischer Naturphilosoph Heraklit. Der Umfang der uns bis zu ihm überlieferten Bruchstücke philosophischen Gedankenguts ist vergleichsweise gering im Verhältnis zu dem seiner Fragmente. Das ganzheitliche Prinzip, das er im Sein sah, symbolisierte er durch das Feuer, *pyr*, das an die Stelle des Anaximenischen *aer* trat und nun die Basis des philosophischen Systems bestimmte. Das Feuer darf aber nicht mit dem *aer* gleichgesetzt werden, denn dazu ist Heraklits Konzeption zu eigenständig. Mag man auch vorsichtige Parallelen zwischen dem Prinzip von „Verdichtung" und „Verdünnung" der Luft bei Anaximenes und dem „Mangel" und der „Sattheit" des Feuers in Fr. 65 sowie dem Erbrennen und Erlöschen der Welt in Fr. 30 oder dem Umschlagen der Naturgewalten in Fr. 31 bei Heraklit ziehen, so ist doch die spezifische Identität des Feuers mit allen sonstigen Dingen eine andere als die des *aer* mit der Welt. Es kann nach Fr. 90 als Äquivalent für alles eingetauscht werden und ist nach Fr. 30 „ewig lebend".

Auch das Umschlagen der Gegensätze bei Heraklit, ihre „gegenspännige Harmonie" (Fr. 51: *palintonos harmonie*) läßt gegenüber der Verdichtung und Verdünnung bei Anaximenes auf eine veränderte Konstellation der kosmologisch-leiblichen Kräfte schließen. Ähnlich wie vor ihm Anaximenes übertrug Heraklit die am eigenen Leibe erlebten Spannungen auf die Welt. Gerade hierin sah Schmitz „die phänomenale Heimstätte des beständigen Fließens und der Fügung im Widerstreit (fr.51), der Grundzüge, die Heraklit auf das All übertragen wollte" (Schmitz 1965, 120). Doch bei ihm ging nicht alles aus dem Feuer hervor wie bei Anaximenes aus der Luft. Außerdem vollzog sich der Umschlag der Naturgewalten, der Spannungswechsel, im System des Heraklit wesentlich ruckartiger. Das fiel zumindest Fränkel auf, der den fast gewaltsamen Wechsel bei Heraklit betonte. Anders als Anaximenes, so Fränkel, fasse er „die Wandlungen von einem Zustand zum nächsten nicht als gelinde, allmähliche Übergänge auf, sondern als gewaltsame dramatische Umschläge von einem Gegenteil ins andere" (Fränkel 1955, 280f.).

Bei Heraklit kann alles mit dem Feuer ausgetauscht werden, doch ist hier nicht an die ontologische Identität des Anaximenes, sondern an eine „Tauschidentität" gedacht. Das Feuer ging nicht wie der *aer* bei Anaximenes kontinuierlich in seine Manifestationen über, es wurde nicht durch Prinzipien modifiziert, sondern praktisch im Tauschverfahren ausgewechselt (Fr. 90). Hielt der *aer* alles zusammen, so fehlte eine solche vermittelnde Verbindung bei Heraklit, denn die verschiedenen Tendenzen waren so direkt gegeneinander gespannt, daß sie regelrecht umschlugen. Die „gegenspännige Harmonie" wurde nicht von dem Feuer vereint, sondern nahm ihre Einheit aus der polaren Verbindung der jeweiligen Partner. Innerhalb des ständigen Wechsels blieb die Austauschbarkeit des Feuers mit allem die einzige Identität. Das Feuer kann deshalb nicht, wie C. D. Reeve wollte, als „*principium individuationis* of all opposites, and so of all things" bezeichnet werden (Reeve 1982, 303).[186]

186 Ähnlich irreführend auch Mazaheri: „Es kommt hier bei Heraklit somit zum ersten Mal das Bewußtsein von einer *ständigen Identität* des Grundes mit sich selbst und mit den aus ihm entstandenen

Die Möglichkeit des Austauschs setzt Individuation voraus. Allenfalls ließe sich das Feuer als Individuationsinitiator bezeichnen, seine Dynamik regt den Wandel an, bringt aber die Dinge nicht selber hervor.

Da Heraklits Denken ähnlich wie das des Anaximenes vom Leiblichen her bestimmt war, deuten diese Unterschiede auf eine Veränderung der „leiblichen Intensität“ hin. Unter diesem Begriff verstand Schmitz das „simultane Band zwischen Spannung und Schwellung“ im Unterschied zum leiblichen „Rhythmus“, der das „sukzessive Band“ bildete (Schmitz 1965, 111). Heraklits Betonung des ruckartigen Wandels läßt auf ein Übergewicht der sukzessiven Komponente des ständigen Oszillierens der Regungen gegenüber der des „simultanen Verbandes der konkurrierenden leiblichen Impulse“ schließen. Es bleibt jedoch genug Spannung für den simultanen Verband übrig, der sozusagen die Phase der Aufladung darstellt, die im Umschlagen gipfelt und so den sukzessiven Wandel herbeiführt. Die bei Heraklit auf den Gipfel getriebene Steigerung der intensiv gespürten Konkurrenz leiblicher Regungen kommt besonders klar durch den simultanen Aspekt der „gegenspännigen Harmonie“ (Fr. 51) zum Ausdruck, in der die Kräfte sich gegenseitig unter Druck stellen. Diese simultane Verbindung hob Carl Werner Müller mit der Behauptung hervor, Heraklit habe die Harmonie nicht als „Abfolge“, sondern als „gleichzeitiges Nebeneinander“ verstanden (C. W. Müller 1965, 8). Werner Jaeger vertrat zwar die These einer zeitlichen Abfolge,[187] zielte aber eigentlich auf das gleiche, als er von der „Dynamik der zu vereinter Wirkung zusammengespannten Gegenkräfte“ schrieb, sie würden „von Natur auseinanderstreben, aber in ihrer Zusammenfügung ein Drittes hervorbringen, das sinnvoll gelenkte Kraft ist“. „Das griechische Wort“, so Jaeger weiter, „für diese Zusammenfügung ist Harmonie.“ (W. Jaeger 1953, 139) Damit zeigt sich, daß dem Feuer im Unterschied zum *aer* die Funktion des Zusammenspannens nicht zukommt. Der leibliche Bezug ist deutlich erkennbar, nur wird nicht das einheitliche Prinzip betont, sondern die sowohl simultan als auch sukzessiv zusammengespannten polaren Aspekte. Karl Reinhardt sprach von den „am eigenen Leib erfahrenen Polaritäten der Natur“, und Snell ergänzte: „‚Welle‘ und ‚Spannung‘ sind phänomenologisch irreduzible Wesenheiten.“[188] Soweit kann ihm gefolgt

---

Dingen zum Ausdruck, trotz deren Eigenständigkeit in ihrer phänomenalen Individuation.“ (Mazaheri 1992, 260) Dies gilt eher für Anaximenes.

187 W. Jaeger: „Das Bild des Ineinander-Umschlagens drückt aus, wie in Gegensätzen, die zeitlich aufeinander folgen, also für unser Bewußtsein getrennte Zustände sind, dennoch die Einheit sich behauptet.“ (W. Jaeger 1953, 138)

188 Reinhardt (1942a, 14) u. Snell (1926, 376). Snell meinte zu den in Fr. 126 geschilderten Übergängen vom Kalten zum Warmen und vom Trockenen zum Feuchten: „Der Satz geht aus von der Empfindung für den Wandel in der Natur, von den ganz körperlich erlebten Gegensätzen. Die Worte stehen also der abstrakten Begrifflichkeit besonders fern, sind vielmehr stark gefühlsbetont.“ (Snell 1926, 357) Deshalb sollte nicht mit Marcovich von einer „theoretischen Metaphysik“ gesprochen werden. Auch er betonte „die Spannung (frg. 51) oder den Zwist (frg. 80) als Grundbedingung der Einheit“ (Marcovich 1965, 311). Zum „Umschlag“ als einer „notwendigen Regelung des Nacheinanders der Gegensätze“ vgl. Held (1980, 311).

werden. Leicht überspitzt ist jedoch die Behauptung: „Anstatt von Spannungen des Erlebens muß man also bei Heraklit – heraklitischer – von Spannungen des Kosmos reden“ (Snell 1926, 361f.). Für Heraklit unterliegt den „Spannungen des Kosmos“ die gleiche Polarität, die auch den Leib bestimmt, nämlich ein Umschlagen von zwei miteinander verbundenen, erlebbaren Zuständen.[189]

Die Individuation der Welt vollzieht sich in seinem System durch dieses Umschlagen der Kräfte. Diese im sukzessiven Wandlungsprozeß zusammengespannten (Natur) Gewalten sind nach Fr. B 31 alle auch „Wenden des Feuers“: „zuerst Meer, vom Meer die eine Hälfte Erde, die andere Glutwind“ (Fr. 31).[190] Der hier angesprochene Wechsel tritt unvermittelt ein. Er vollzieht sich nicht wie bei Anaximenes kontinuierlich und an bestimmte Verfahren gebunden. Auch geht die Welt nicht aus dem Feuer hervor, ein *genesthai* fehlt in Fr. 31. Es taucht zwar in Fr. 36 auf, hat dort aber keine direkte Beziehung zum Feuer (zu Fr. 36 s. u.). Wie genau sich das Meer in Erde und *prester* wandelt, sagt Heraklit in Fr. 31 nicht, nur daß es geschieht und daß alle Wenden die des Feuers sind. Zwar werde es zuerst Wasser, „aber nicht, als sei nun weniger Feuer vorhanden; vielmehr bleibt es als Mittelglied weiterer Permutationen in vollem Umfang erhalten, wie das ausgegebene Geld nach dem Tausch in Ware (hier etwa: des Feuers in Meer)“ (Schmitz 1988a, 391).

Die ontologische Identität des Anaximenes wurde gleichsam auseinandergetrieben und durch eine „Wertidentität“ ersetzt, wie sie auch in Fr. 10 – Heraklit sagt dort: „Aus allem Eines und aus Einem alles“ – zum Ausdruck kommt. Bildlich ließe sich sagen, das Feuer stellt die Kehrseite der Welt dar, wohingegen der *aer* das Material der Medaille abgibt. In diesem Sinn kann das Feuer nicht als ein Urstoff oder Individuationsgrund bezeichnet werden.[191] Es ist beweglicher und besitzt abstraktere Qualität. Der eigentliche ‚Brennstoff‘ ist die nach Maßen erglimmende und verlöschende Weltordnung, das kosmische Gefüge, das aus den eigentlichen Weltstoffen besteht. In ihm ist für Heraklit alles zusammengespannt, flackert und schwankt ständig, schlägt um und wandelt sich. Dies zeigt sich in der Übersetzung von Fr. 30: „Diese Weltordnung, dieselbige für alle Wesen, schuf weder einer der Götter noch der Menschen, sondern sie war immerdar und ist und wird sein ewig lebendes Feuer erglimmend nach Maßen und

189 C. J. Emlyn-Jones sprach von „facts which have already been grasped intuitively“ (Emlyn-Jones 1976, 114).

190 S. a. Held (1980, 402); Gigon (1945, 207); Mansfeld (1987, 263); Kahn (1979, 47); Kirk (1954, 325) und Deichgräber (1962, 502).

191 Dagegen Rohde zum Feuer: „Bei Heraklit ist der Urgrund aller Mannigfaltigkeit der Bildungen die absolute Lebendigkeit, die Kraft des Werdens selbst, die zugleich als ein bestimmter Stoff, oder einem der bekannten Stoffe analog gedacht ist.“ (Rohde 1925b, 145) Dazu Snell: „Für Heraklit war das Feuer nicht ‚Stoff‘, aber auch nicht ‚Prozeß‘, überhaupt hat er das Feuer nicht naturwissenschaftlich angesehen.“ (Snell 1926, 374) Fälschlich Spanár: „Unter Feuer ist also die konkrete Materie des Logos zu verstehen. Logos könnte nicht existieren ohne Feuer, mit dem er identisch ist.“ (Spanár 1970, 41) Dagegen Marcovich: „der Feuergott H.‘ ist mit dem Logos nicht gleichzusetzen“ (Marcovich 1965, 305). Zum „Grundfeuer“ als angeblich „ewige Substanz“ s. a. Mazaheri (1992, 262).

erlöschend nach Maßen."[192] Die Welt erglimmt und erlischt in den Maßen, mit denen das ewig-lebende Feuer sie durchzieht.[193] Auch dieses Bild zeigt eine „Wertidentität", denn das Maß bestimmt den Umschlag wie der Wert den Tausch. Das Feuer hat dabei eine initiierende Funktion, denn sein beständiges Aufflackern läßt die einzelnen Wandlungen nicht zur Ruhe kommen, so daß permanent eins ins andere wechselt.

Gigon wollte zur Verdeutlichung zwischen dem „ganz abstrakten Vorgang", bei dem das Feuer „in sein Gegenteil", das Wasser, „umschlägt" und einem konkreten, „physikalischen Prozeß", bei dem aus Wasser Erde wird, unterscheiden (Gigon 1945, 208f.). Doch ob Heraklit tatsächlich zwischen zwei Formen des Umschlagens unterschieden hat, bleibt fraglich. Selbst die Wende von Wasser in Erde ist ein Umschlagen des Feuers – die Identität liegt im Prinzip des Austauschens. Dieses gilt sowohl für Feuer und Wasser als auch für Wasser, Erde und „Glutwind" (*prester*). Einen Unterschied zwischen metaphysischem und physikalischem Feuer thematisierte Heraklit genausowenig wie eine besondere Beziehung zwischen *pyr* und *prester.*[194] Beide sind nur gleich als Tauschobjekte, aber das ist das Wasser auch. Wie letztlich Feuer und Welt, Meer, Erde und *prester* zusammengehören, bleibt dunkel; das Prinzip wird nicht erklärt; der Tausch erscheint geheimnisvoll.

Die *psyche*

Heraklit hebt sich nicht nur durch eine veränderte Auffassung des allem zugrundeliegenden Prinzips von seinen Vorgängern ab, auch seine anthropologischen Vorstellungen und besonders sein Begriff der *psyche* brachten wesentliche Neuerungen. Zum einen faßte er sie als eine Kraft von besonderer Beschaffenheit auf, wobei die von Homer her bekannte Vorstellung der *psyche* als „Leben" weitergeführt und wahrscheinlich auch die Anaximenischen Gedanken der Zusammenspannung einbezogen wurden. Zum anderen begann er die Bedeutung der *psyche* als einer qualitativen Instanz zu entwickeln, die nicht mehr nur abstrakt als Leben und Kraft aufgefaßt wurde, sondern

192 Schmitz machte darauf aufmerksam, daß das Feuer sich hier schlecht selber fangen (wörtlich fassen) kann. Auch das „Verlöschen" eines „ewig lebenden Feuers" ist kaum vorstellbar. Deshalb darf der Schluß (*haptomenon metra aposbennumenon metra*) nicht als Attribut des Feuers interpretiert werden, sondern ist als ein „zweites Prädikatsnomen" mit dem *pyr aeizoon* koordiniert und bezieht sich auf *kosmos*, die Weltordnung (Schmitz 1988a, 391).

193 Deichgräber zu B 30: „Das Sichewiggleichbleibende ist Ewiglebendiges, das statische Bild ist in eine ausgeglichene Bewegung hinübergeführt." (Deichgräber 1962, 24) S. a. Kerschensteiner (1962, 99ff.) sowie Reeve, der auch das Feuer sich erbrennen ließ (Reeve 1982, 304).

194 Deshalb kann die von Held vorgenommene Identifikation des Feuers mit *prester* seine These von der doppelten Bedeutung des Feuers, nämlich einmal als Prinzip und zum anderen als „Element", nicht stützen (Held 1980, 403). Es gibt keine Gewähr dafür, daß Heraklit das Feuer mit dem „Glutwind" anders als mit den restlichen Naturkräften identifizierte. Daß der *prester* nicht „mit der Mächtigkeit des Urfeuers" gleichzusetzen ist, hatte bereits Reinhardt gezeigt (Reinhardt 1942a, 16). Marcovich kritisierte diese Gleichsetzung bei Kirk (Marcovich 1965, 295).

nun zwischen den verschiedenen Graden der „Trockenheit" variieren konnte. Diese machten ihren jeweiligen Wert aus (Fr. 118).

Auf modifizierende Abhebungen Heraklits von traditionellen anthropologischen Vorstellungen wurde in der Forschung mehrfach hingewiesen. Mansfeld versuchte zu beweisen, daß Heraklit in seiner Seelenkonzeption zwei Modelle verschmolz. Einmal habe Heraklit die sonst dem *thymos* zugeschriebenen „functions of consciousness, of feeling, wanting and thinking" übernommen, zum anderen habe er das bereits bei Homer bekannte Bild der *psyche* als Einheit benutzt, ohne die das Leben der Menschen auf Erden unmöglich sei (Mansfeld 1967, 21). Das letzte Argument ist unscharf, denn nicht die Bedeutung des Schattenwesens wurde übernommen, sondern nur die Vorstellung von „Leben als Besitz". Auch Nussbaum bemerkte Veränderungen. Allerdings berücksichtigte sie das Fr. B 2 des Anaximenes nicht. Das Neue der anthropologischen Konzeption beschrieb sie so: „Two gaps in the Homeric picture of man are filled simultaneously, as Heraclitus accounts for the life-activity of that which was previously noticed only in terms of death, and also accounts for the unity of the individual, who had been described as a collection of limbs and faculties." (Nussbaum 1972, 9)

Die das Zusammenspannen der Glieder des Leibes repräsentierende Vorstellung der *psyche*, die schon Anaximenes entwickelt hatte, wurde von Heraklit übernommen und im Kampf der *psyche* mit dem *thymos* geradezu auf die Probe gestellt. Deutete sich bereits bei Anaximenes ein gegenüber Homer verändertes Leibgespür an, so löste Heraklit die *psyche* endgültig von alten Vorstellungen und sprach ihr einen Variationsspielraum zu, der zwischen der „weisesten und besten" (Fr. B 118) auf der einen und der schlechtesten Seele auf der anderen Seite, durch den Gegensatz von trocken und feucht zum Ausdruck gebracht wurde. Er war damit der erste Philosoph, der der *psyche* eine qualitative Dimension zuwies. Ob seine Vorstellungen dabei von orphischen oder pythagoreischen Gedanken beeinflußt wurden, ist nicht entscheidbar. Zwar kannten diese Strömungen durch ihre Lehre von der Seelenwanderung eine moralische Abstufung der *psyche*, doch weder ist bei Heraklit irgend etwas über das Schicksal der Seelen nach dem Tod ausgesagt noch darüber, worauf sich die Qualität der *psyche* genau bezieht.

Die *psyche* und das Feuer

Für Heraklit waren die *psychai* eine Naturgewalt, die im permutierenden Umschlagen der elementaren Zustände einen bestimmten Platz einnahm. Sie wurde als aus Wasser entstehende und sich wieder in Wasser zurückverwandelnde Kraft gedacht. Damit entfiel Homers Hadesvorstellung, und auch die Identität von *psyche* und *aer* bei Anaximenes wurde nicht übernommen. Die *psychai* Heraklits bildeten zusammen mit den Naturkräften Wasser und Erde die gleichberechtigten Partner im ewigen Wechsel des Feuers mit allen Dingen, wobei das Feuer genausogut gegen das Wasser wie gegen die Seele austauschbar war, denn eine spezielle Affinität zwischen *psyche* und *pyr* bestand nicht. Von daher müssen alle Thesen, die bei Heraklit eine besondere Identifikation und Identität der *psyche* mit dem Feuer postulieren, äußerst kritisch betrachtet werden.

Ein frühes Beispiel einer solchen fraglichen terminologischen Lösung gab Rohde, als er schrieb: „So ist es die ‚Seele', das bildende Feuer, die sich selbst den Körper baut. ‚Seele', d. i. Feuer, wandelt sich unaufhörlich in die niederen Elemente; es findet nicht ein Gegensatz zwischen jener und diesen, sondern ein fliessender Uebergang statt." (Rohde 1925b, 147)[195] Doch daß die Seele sich selbst ihren Körper baut, kann den Fragmenten nicht entnommen werden und ist ein für Heraklit unmöglicher Gedanke. Eine ständige Umwandlung der Seele in „niedere Elemente" kann nicht stattfinden, weil Heraklit keine Hierarchie seiner kosmischen Gewalten angibt. Fr. 31 spricht zwar von einer **Reihen**-, aber nicht von einer **Rang**folge. Außerdem ist nur das Feuer gegen alles eintauschbar, nicht die Seelen; die sind an die Reihenfolge und ihren Ort im Permutationssystem gebunden, das Feuer als universale Variable nicht.

Ebenso sind alle weiteren Konstrukte einer über die Tauschidentität hinausgehenden Einheit von Feuer und Seele abzulehnen, also beispielsweise die Sicht Gigons (1945, 217), aber auch die von G. S. Kirk, der als Begründung seiner Gleichsetzungsbehauptung von einer Analogie zwischen den Fragmenten B 36 und B 31 ausging (Kirk 1949, 387).[196] Da, so Kirk, sich Fr B 36 auf die menschliche Ebene bezöge, wohingegen B 31 mehr den „material change on the cosmic scale" beträfe, stünde für das Feuer von Fr. 31 in Fr. 36 die *psyche*. Das ist zweifelhaft, denn in Fr. 31 sind alle Wenden die des Feuers, in Fr. 36 handelt es sich aber nur um den Umschlag der Seelen in Wasser. In Fr. 31 stehen also alle Permutationen dem Feuer als Seinsprinzip gegenüber, in Fr. 36 dagegen bilden die *psychai* nur eine Station im kosmischen Wandel, ein basaler Unterschied in der Konstruktion also, der von Kirk durch seine Auswechselung vollkommen nivelliert wurde. Er bekräftigte später diese Ansicht mit der Behauptung: „It is quite wrong to think of soul in Heraclitus as airy or vaporous, like Nestle, ... it may be maintained by vapour, but its normal constitution is fire." (Kirk 1954, 340)

So „quite wrong", wie Kirk es wollte, waren aber die Beobachtungen von Zeller/Nestle nicht, denn Kahn rehabilitierte deren These als gewinnbringenden Ansatz; und Deichgräber sah eine Verbindung von Seele und Wasser sowie von *psyche* und Dunst (B 12), indem er vom „Hauchwesen Seele" sprach.[197] Auch Mansfeld akzeptierte Kirks Standpunkt nicht und weigerte sich, die Seele mit dem „pure cosmic fire" zu identifi-

195 Rohde weiter: „Aber auch die Seele ist ein solcher Theil des Allfeuers, der bereits in den Wechsel der Daseinsformen hineingezogen ist". S. a. Held: „In Fragment 26 ... spricht Heraklit die begrenzte Dauer des Lebensbrandes der menschlichen Seele selbst aus." (Held 1980, 426 u. 429) Und Verdenius: „The cosmic fire, no doubts, finds its purest manifestation in the soul, but the other parts of the human being are, like everything else, transformations of the same fire." (Verdenius 1943, 115) Weder von einem „Lebensbrand" noch von einer „reinsten Manifestation" ist im Text etwas zu finden.

196 S. Spanár: „So ist es klar, dass die ‚Seelen' in Frg. 36 dieselbe Stelle einnehmen wie das Feuer in Frg. 31, d. h. substantiell mit dem Feuer identisch sind." (Spanár 1969, 46) Zur „‚Feuerqualität'" der Seele s. a. Mazaheri (1992, 262 u. 395).

197 Kahn (1979, 330 A. 324) zu Zeller/Nestle (1919, 815 f.) u. Deichgräber (1962, 503). Zeller/Nestle gingen aber nicht weit genug, sondern vertraten die von Kahn zurückgewiesene Identitätstheorie (Zeller/Nestle 1919, 882f.).

zieren. Er vermutete von den in Fr. 36 angesprochenen *psychai*, daß hier die „life-force of all living beings" gemeint sei (Mansfeld 1967, 19). Schließlich bot er für B 36 als Übersetzungsmöglichkeit an: „from water soul-stuff is born". Diese Alternative betont zwar den stofflich-elementaren Charakter der *psychai*, aber benutzt dazu einen mißverständlichen Terminus. Heraklit sprach nicht von einem Seelenstoff, sondern von Seelen. Mansfelds berechtigte Kritik an der Seelenfeuertheorie wurde von Kahn geteilt, der ebenfalls betonte, daß die Seele bei Heraklit ähnlich wie bei Anaximenes als eine Art Wind oder Dunst aufgefaßt werden müsse.[198]

Auch Held vertrat die Identitätsthese von Seele und Feuer. Seine Behauptung, der angeblich heraklitische „Gedanke, daß die Seele ein Funke des ewigen Feuers sei", würde platonischen Geist „antizipieren", muß abgelehnt werden. Von einem immanenten „Funken des ewigen Feuers" steht bei Heraklit nichts. Held wandte sich gegen C. W. Müller und dessen überinterpretierende Einordnung Heraklits in ein „Gleiches-zu-Gleichem-Schema" (C. W. Müller 1965, 10). Er meinte, daß Heraklit so etwas seines „Wissens nicht dem Wortlaut nach" gelehrt habe. Dann jedoch vertrat er diese These selber, indem er behauptete, Heraklit habe „der Sache" nach gelehrt, „daß Gleiches (das Feuer) durch Gleiches (die feurerartige Seele) erkannt wird". Den Fragmenten kann aber weder dem Wortlaut noch der Sache nach eine solche Lehre entnommen werden. Die Identifikation von Feuer und Seele hat keine Basis im Text, sondern ist nur eine Auslegung Helds. Als er sogar zu dem Schluß kam: „Mit dem Gesagten hat sich verdeutlicht, daß die feuerartige Seele bei Heraklit der Mensch ist, sofern er das Feuer der Identität vollzieht", hatte die Interpretation jeden vertretbaren Rahmen verlassen (Held 1980, 429). Sicherlich ist mit der *psyche* bei Heraklit der Mensch als „das Ganze seines lebenden Leibes" gemeint, aber daß sie „feuerartig" sei steht nirgendwo, und „das Feuer der Identität" ist eine unklare Erfindung Helds.

Ähnlich wurde die Gleichheit von Feuer und Seele von Claus postuliert, der sie bis auf Zeller zurückverfolgte und als ein „general agreement" bezeichnete. Kahn war da anderer Meinung. Darauf bezog sich zwar Claus in einer Fußnote, doch gelang es ihm nicht, Kahn zu diskreditieren (Claus 1981, 126). Der hatte zu der Tendenz moderner Interpreten, die Seele mit dem „cosmic fire" zu identifizieren, in seinem von Claus allerdings nicht mehr berücksichtigten Buch über Heraklit zutreffend gesagt: „They are right in principle though wrong in fact." (Kahn 1979, 128) Richtig ist die **prinzipielle** Identifikation von Feuer und *psyche*, falsch eine Identifiktion, die über die allgemeine Eintauschbarkeit des Feuers mit allen Dingen hinausgeht.

Eine etwas abgewandelte und weiterführende Identitätstheorie führte Kirk in seinem Aufsatz zu den Seelenvorstellungen Heraklits aus. Dort war er der Ansicht, Heraklit sei davon ausgegangen, daß nicht alle Seelen sterbend zu Wasser würden, und fragte nach dem Grund für angeblich unterschiedliche Formen der jenseitigen Existenz. Diesen

198 Kahn meinte: „It was just this commonplace view of the soul as an atmospheric substance like breath that was developed in quasi-scientific form in the school of Ionian natural philosophy from Anaximenes to Diogenes of Apollonia" (Kahn 1979, 240).

glaubte er in der „composition of the soul at the moment of death" gefunden zu haben; eine sehr abenteuerlich anmutende Konstruktion (Kirk 1949, 387). Er entwickelte ein Modell, nach dem Heraklit die Seele als eine Art Behälter aufgefaßt haben soll, in dem sich „varying proportions of fire and moisture" befinden würden. Herrsche eine „predominance" des Wassers über das Feuer, dann sei der Mensch krank, und im Moment des Todes würde seine Seele zu Wasser. Im umgekehrten Fall entginge sie diesem Schicksal und würde sich mit der Weltmasse des Feuers (the world-mass of fire) vereinen (Kirk 1954, 392).[199] Aber weder eine Vereinigung der Seele mit dem Feuer noch ein Behältermodell oder eine Mischungskonzeption sind für Heraklit nachweisbar. Ähnliche Gedanken griff Held auf. Heraklits Aussagen glaubte er entnehmen zu können, „daß bei der Identifikation von Seele und Feuer noch differenziert werden muß: Innerhalb des feurigen Lebens der Seele gibt es Schwankungen der Lebendigkeit; die Seele ist, je nachdem der Mensch wacht oder schläft, zu mehr oder weniger großer Helligkeit entbrannt" (Held 1980, 427).

Die Gleichsetzung von Trockenheit und Feuer bzw. trocken und feurig, die neben Kirk, Held und Deichgräber auch Shirley M. Darcus vornahm (Darcus 1974, 405), erweist sich ebenfalls als Fehlinterpretation.[200] Held erklärte: „Heraklit wählt hier von den beiden Möglichkeiten, die Qualität des Feuers zu kennzeichnen: Wärme und Trokkenheit, die letztere." (Held 1980, 428) Aber, so drängt sich die Frage auf, wieso ist Trockenheit eine „ausgezeichnete" Möglichkeit, die Qualität des Feuers zu kennzeichnen? Heraklit spricht gerade von Trockenheit, nicht aber von Wärme oder Feuer. Warum sollte er trocken sagen, wenn er feurig meint. Unterstellt man mit Held Heraklit einen genauen Wortgebrauch, so spricht schon dieser gegen eine feurige Seele.[201] Z. B. glaubte Mansfeld: „In Heraclitus' view, ‚dry' will often mean ‚consisting of earth'." (Mansfeld 1967, 13 A. 1) Nun soll hier sicher nicht die Theorie vertreten werden, Heraklit habe die Seele für Erde gehalten, aber genauso ist abzulehnen, mit Mansfeld von „fiery soul" zu sprechen (Mansfeld 1967, 14). Wenn Heraklit das Trockene und Feuchte gewählt hat, und vorausgesetzt, daß bei ihm ein genauer Sprachgebrauch vorlag, dann benutzte er diese Begriffe, um gerade nicht von einem Seelen-Feuer zu sprechen. Ein solches Seelen-Feuer müßte auch feucht sein, ein nasses Feuer ist eine kaum akzeptable Konstruktion.

Die Theorien von Kirk, Held und Mansfeld wies Kahn als prinzipiell haltlos ab. Er sah „no evidence" in den Fragmenten für eine solche Interpretation: „The fragments do not speak of psyche as a mixture but as a single entity or substance or elemental prin-

199 S. a. Marcovich: „Je mehr Prozent des Feuers in der menschlichen Seele, desto klüger ist sie ... (frg. 118)." (Marcovich 1965, 307)

200 Held übersetzte Fr. 118 mit: „Trockene Seele ist die weiseste und beste." (Held 1980, 428) S. a. Deichgräbers weniger genaue Interpretation: „Die Seele ist ein Zwischenzustand zwischen Trockenem, Feurigem und Feuchtem." (Deichgräber 1962, 503) Mansfeld behauptete, die Seele könne mehr oder weniger trocken, mehr oder weniger lebendig (alive) sein (Mansfeld 1967, 18) und Kahns Konstruktion diente lediglichlich seiner „light-soul" Theorie (Kahn1979, 77 u. 256).

201 Zum „überaus bewußten Wortgebrauch Heraklits" s. Held (1980, 175).

ciple that can be *either* dry *or* wet. Nothing whatsoever is said about it being fiery." (Kahn 1979, 249) [202]

Während Feuer und Wasser unvereinbare Gegensätze sind, stellen das Trockene und das Feuchte zwei Zustände eines Kontinuums mit unterschiedlichen Qualitäten dar. Damit betonte Heraklit den ganzheitlichen Charakter seiner *psyche*-Auffassung. Das Entstehen der Seele aus Wasser bringt eine moralisch unterschiedlich qualifizierte Einheit hervor. Sie kann mehr oder weniger trocken oder mehr oder weniger feucht sein. Die feuchte ist die schlechte, die trockene die gute *psyche*. Moralisch-kognitive Qualität und Naturkraft sind keine getrennten oder sich ausschließenden Aspekte des Menschen, sondern ihm in seiner *psyche* gegeben. Diese kann sich sogar verändern, wie das Beispiel des Betrunkenen aus Fr. 117, dessen Seele feucht ist, zeigt. Die Erkenntnis einer Modifizierbarkeit des Seelenzustandes war ein weit über Anaximenes hinausreichender anthropologischer Aspekt, der eine Tendenz zur Selbstbeherrschung andeutete, die der Entwicklung späterer Seelenvorstellungen wesentliche Impulse gab.

Die *psyche* und die Unsterblichkeit

Aus der vermeintlichen Gleichsetzung der *psyche* mit dem Feuer und aus dem Verkennen der besonderen Art von Identität resultierten bezüglich des Heraklitischen „Unsterblichkeitsglaubens" mehrere Irrtümer. Held erkannte, „daß eine Unsterblichkeitslehre nicht heraklitisch sei", doch meinte er dann: „sofern Heraklit gegen seine eigentliche Intention den Versuch gemacht hat, bestätigt sich der gegenteilige Eindruck, daß er eine, allerdings durch die Lebensführung bedingte, Unsterblichkeit gelehrt hat." Selbst wenn Heraklit eine persönlich bedingte Unsterblichkeit gelehrt haben sollte, so mußte sich diese nicht auf die *psyche* beziehen. Held räumte selber ein, daß sich die in den Fr. 24 u. 25 angedeutete Unsterblichkeit „zunächst vormetaphysisch rein aus dem Horizont von Sterblichkeit und Ehre" interpretieren ließe. „Das Fortleben" bedeute „dann nicht etwa Teilhabe der Seele am ewiglebenden Feuer, sondern in Gestalt der Ehre nur eine gewisse Übertragung der Unsterblichkeit des Göttlichen auf den Menschen." Schließlich meinte er wieder, es sei nicht deutlich zu erkennen, „ob nicht das Fortleben doch schon als eine Teilhabe der feurig-lebendigen Seele an der Ewigkeit des immer lebendigen Feuer-Kosmos selbst verstanden ist" (Held 1980, 432f.).

Eine solche Teilhabe-Interpretation deutete sich auch bei Kahn an, dessen Konstruktion einer „light-soul" ebenso irreführt wie Helds „feurige Seele" (Kahn 1979, 256). Immer wieder glaubten die einzelnen Interpreten, eine Verbindung von Seele, Feuer und Unsterblichkeit herstellen und bei Heraklit finden zu können. So scheute sich Marcovich nicht, seine eigene Interpretation als dermaßen gültig zu hypostasieren, daß er

202 Weiter stellte er klar: „I agree with Kirk on the need to reconstruct for Heraclitus a kind of ‚identity theory' of body and mind, in which stages of physical change and states of moral psychology are not merely put in one-to-one correspondence but are conceived as aspects of a single reality: wisdom and excellence simply *are* the dry condition of the psyche." (Kahn 1979, 249)

Heraklit Ungereimtheiten vorwarf. Er behauptete, die „Psychologie H'." sei „auch nicht frei von Widersprüchen", denn sofern „die Seele aus göttlichem Feuer" sei, müsse sie nach dem Tod fortdauern. „Insoweit aber sie (so wie das Feuer im Kosmos) am menschlichen Körper beteiligt" werde, sei „sie ‚sterblich'". Da die Seele aber nicht mit dem Feuer gleichgesetzt werden kann, muß ihre Unsterblichkeit angezweifelt werden. Daß die Seelen der Vielen nach Ansicht Marcovichs „sozusagen schon während des Lebens ‚tot'" sein sollen, ist eine phantastisch anmutende Interpretation, ähnlich der von Marcovich unterstellten „Lehre H.' vom jüngsten Feuer-Gericht" in Fr. 16, 66 (Marcovich 1965, 303). Ein „Feuer-Gericht" bei Heraklit hatte schon Reinhardt abgelehnt (Reinhardt 1942, 24), und bezüglich der Unsterblichkeit ist Marcovichs Auffassung nirgendwo belegt.[203] Gegen Zeller gerichtet meinte schon Nestle, bei Heraklit sei keine Unsterblichkeit der Seele zu finden (Nestle 1919, 896f.). Wenn er es ferner „um so befremdlicher" fand, daß Reinhardt „Übereinstimmung mit religiösen Glaubenssätzen der Orphiker" und gar den „Glauben an den Kreislauf der Geburten" bei Heraklit gefunden haben wollte, kann ihm in seiner Kritik nur zugestimmt werden (Nestle 1919, 889 u. A. 1 S. 890).

Gegenüber einer unsterblichen Seele bei Heraklit äußerte sich Nussbaum ähnlich ablehnend. Zwar kenne Heraklit keine kontinuierliche individuelle Unsterblichkeit, habe aber auch nicht von der Bedeutungslosigkeit des individuellen menschlichen Lebens gesprochen.[204] Es bleibe dem Menschen, sich Ruhm zu erwerben, der dann fortlebe (Nussbaum 1972, 160). Das bestätigte Kahn mit der Aussage: „There seems to be no ground or motive for the conservation of the person or psyche as such, as a particular physical and mental form." (Kahn 1979, 251)

Die Unsterblichkeit bei Heraklit bezieht sich vorwiegend auf den Ruhm des Einzelnen, der schon zu Homers Zeiten die Lebensspanne des Individuums überstrahlte. Hier liegt die auch aus anderen Kulturen genügend bekannte allgemeine Quelle der Heldenvorstellungen, der unsterblichen Heroen, die in direktem Zusammenhang zum Ahnenkult stehen. Sie dürfen nicht mit einer Unsterblichkeit der Seele oder einer Seelenwanderungslehre verwechselt werden,[205] denn die Unsterblichkeit des Helden besteht vor allem darin, daß seine Verwandten und Nachfolger tradieren, wer er war und welche Taten er vollbracht hat. Deshalb aber von einer „unsterblichen Seele" zu sprechen, ist reine Mystifikation.

203 Dagegen Mazaheri: „Heraklit scheint tatsächlich ein Weiterbestehen der Seele nach dem Tod angenommen zu haben." (Mazaheri 1992, 273)

204 Dazu Kahn: „It might be called a meaningful conception of the afterlife with no place for personal immortality at all." (Kahn 1979, 253) Es lassen sich Andeutungen über eine Erlebnisfähigkeit des Menschen nach seinem Tod aus Fr. 27 entnehmen, doch sind die Aussagen sehr spärlich.

205 Zu B 62 Deichgräber: „Es geht hier aber nicht um den Glauben an Leben nach dem Tode, das wäre platonisch." (Deichgräber 1962, 29)

Die *psyche* als Kraft

Die leibliche Dimension der Heraklitischen *psyche* wurde in der Forschungsgeschichte schon früh erkannt und hervorgehoben. Für Rohde war sie „vom Leib umfangen, in die Leiblichkeit verflochten" (Rohde 1925b, 147). Hinsichtlich der Fragmente Heraklits fiel Snell auf, „wie stark alles, was er sagt, wirklich auf eigener Empfindung beruht" (Snell 1926, 356). Die von modernen Interpreten angebotenen terminologischen Übersetzungsvorschläge berücksichtigen den leiblichen Aspekt allerdings kaum. Gemeinsam ist ihnen, daß sie auf dem Begriff „Leben" abheben. Für Rohde war die *psyche* „Lebenskraft", Mansfeld variierte sie zur „life-force of all living beings" oder zum „soul-stuff", Nussbaum sah in ihr die „essential life-faculty in the living being", für H. G. Ingenkamp war sie der „physische Lebensträger", Regenbogen machte aus ihr eine „Vital-Seele", Kahn hielt sie für das „life-principle", aus dem er dann seine „light-soul" gewann, und Claus kehrte schließlich wieder zum Begriff „life-force" zurück.[206]

Alle diese Bezeichnungen meinen vermutlich Ähnliches. Es fehlt eine klare, gültige und phänomenologisch geeichte Definition, die die verschiedenen Begriffe zusammenfaßt und zu einer einheitlichen Terminologie führt. An Versuchen, die vagen Bedeutungen zu präzisieren, hat es allerdings nicht gefehlt. So definierte Rohde: „Die Lebenskraft, die Kraft, sich selbst und anderes, das für sich allein starr und regungslos wäre, zu bewegen, ist allem Dasein verschmolzen; wo sie, im geschlossenen Einzelwesen, sich am Kenntlichsten darstellt, ist sie es, was diese Philosophen ‚Psyche' nennen." Diese Seele sei nicht die *psyche* des „Volksglaubens", obwohl sich schon bei Homer Ansätze finden ließen, sie als „Leben" bzw. „Lebensbegriff" zu verstehen. Die *psyche* der Philosophen zeichne sich eher durch eine Zusammenfassung der einzelnen Kräfte „des Sinnens, Strebens, Wollens" aus und stünde damit „fast entgegengesetzt" zu den Vorstellungen des homerischen Sprachgebrauchs. Sie habe ihren Charakter als „Totengeist" verloren, statt dessen wirke und walte sie jetzt als „das Eine Lebendige" oder „die Eine Kraft", die „die Welt bildet und erhält". Sie dürfe aber nicht mit der von Platon im Timaios etablierten „Weltseele" verwechselt werden, sondern sei eher das Leben selbst (Rohde 1925b, 140ff. s. a. Deichgräber 1962, 21, A. 1).

In diesem Sinn glaubte auch Claus, in der frühgriechischen Philosophie sei die hauptsächliche Bedeutung der *psyche* die der „Lebenskraft" (life-force) (Claus 1981, 7). Es wurde aber nie geklärt, was unter „Leben", unter „Kraft" oder unter dem Kompositum von beiden zu verstehen ist.[207] Weder ist „Leben" im naturwissenschaftlich-biologischen Sinn gemeint, noch läßt sich der physikalische Kraftbegriff auf die *psyche* Heraklits anwenden. Was also verbirgt sich hinter dem Begriff „Lebenskraft"?

206 Mansfeld (1967, 19), Nussbaum (1972, 9), Ingenkamp (1975, 48), Regenbogen (1961, 28) u. Kahn (1979, 128 u. 256).

207 Daher trifft Leonardo Woodburys Kritik zu, Claus überdehne seine „life-force" Vorstellung (Woodbury 1983, 202f.).

Platonische Interpretation vorsokratischer Anthropologie ist sicher abzulehnen. Das betonte bereits Kahn, als er bemerkte, daß hier nicht der starre unvermittelbare Gegensatz zwischen „Leib“ und „Seele“ gemeint sei.[208] Die sich bei Homer nur vage abzeichnende belebende und bewegende *psyche* wurde von Heraklit grundsätzlich anders und neu bestimmt. Das hatte Rohde ebenso wie das Fehlen des Totengeistes bemerkt. Was nach dem Tod möglicherweise passieren könnte, blieb bei Heraklit (Fr. B 27) offen.[209] Die bei ihm vollzogene Hinlenkung der Aufmerksamkeit vom Totenreich zum alltäglichen Leben verdeutlicht gleichzeitig eine Schwerpunktverlagerung auf das leibliche Spüren, denn wie Anaximenes versuchte auch er die am Leib sich aufdrängenden Bewegungen im Weltganzen wiederzufinden.[210] Er nahm wahrscheinlich diese schon bei Anaximenes durchscheinende Tendenz auf, band die *psyche* stärker an den Leib und verlieh ihr zusätzlich eine qualitative Dimension. Sie diente ihm (ähnlich wie Anaximenes) vorwiegend als Bezeichnung für leibliche Kraft. Bereits bei Besprechung des *menos* wurde auf den Unterschied zwischen dieser und der physikalischen Kraft oder Energie hingewiesen. Dort wurde mit Bezug auf Schmitz auch das Phänomen der Vitalität vom leiblichen Gesichtspunkt her beleuchtet. Es empfiehlt sich also, hier anstelle von „Lebenskraft“ besser von „Leibeskraft“ (nicht zu verwechseln mit der sogenannten „Körperkraft“) zu sprechen. Diese war allerdings nicht nur auf den Leib beschränkt, sondern wurde ebenso im kosmischen Geschehen erkannt und als Naturgewalt wie das Meer und die Erde betrachtet. Das kommt klar zum Ausdruck in Fr. B 36, das in der allgemein akzeptierten Übersetzung lautet: „Für Seelen ist es Tod, Wasser zu werden, für Wasser aber Tod, Erde zu werden; aus Erde aber wird Wasser, aus Wasser Seele.“ Hier zeigt sich wieder die Identität von kosmischen und leiblichen Kräften, die Welt und Mensch gleichermaßen durchziehen.

Unbestreitbar ist der Bedeutungswandel gegenüber Homers Vorstellungen, in denen die Seele nicht „sterben“ konnte und erst beim Tod aktiv wurde. Die Einbindung der *psychai* in den Kreislauf der Naturgewalten schaffte den Homerischen Hades ab und legte die Basis für eine entmythologisierte Sicht der den Menschen bildenden Komponenten. Die *psyche* wurde von Heraklit nicht hauptsächlich „negativ“ verstanden als

208 S. Kahn: „But the fragments show no trace of a Cartesian or Platonic contrast between mind and matter, soul and body.“ (Kahn 1979, 127) Sowie Kerschensteiner: „Heraklit – wie überhaupt das frühe griechische Denken – kennt noch keine klare Scheidung von stofflichem und geistigem Prinzip: Substanz-Qualität (Feuer), Kraft (Logos) und Form (Kosmos) stellen sich ihm als ein und dasselbe dar.“ (Kerschensteiner 1962, 110) Somit ist also die Behauptung von Spanár, „Herakleitos hat ... die Seele vom Leibe schon klar getrennt“, falsch (Spanár 1969, 45), richtiger dagegen eher seine Aussage: „Doch ist Herakleitos viel zu sehr von seinem Zeitalter abhängig, das das Abstrakte vom konkreten, das Körperliche vom Nichtkörperlichen noch nicht zu trennen vermochte.“ (Spanár 1970, 39) Ob er nicht zu trennen vermochte, muß allerdings dahingestellt bleiben.

209 Nussbaum meinte, Heraklit habe schwerlich „any notion of an individual after-life“ gehabt. „His microcosm picture of human life depends upon the denial of such notions“ (Nussbaum 1972, 155).

210 Claus glaubte, Heraklits Interesse sei auf den „constant reciprocal change within the body“ im Gegensatz zu „longer term cyclical change and externally imposed disequilibrium“ gerichtet (Claus 1981, 137).

das „Leben“, das der Mensch besitzt und das ihn verläßt,[211] sondern eher „positiv“ enger mit dem Spüren des lebenden Leibes verknüpft. Damit folgte er der von Anaximenes eingeschlagenen Richtung und entwickelte ein Verständnis des Menschen, das die aktive Bedeutung ganzheitlichen leiblichen Erlebens berücksichtigte und anthropologisch nutzte.

Die *psyche* und der *thymos*

Die allmähliche Herausbildung der *psyche* zum moralisch-kognitiven Zentrum des Menschen erreichte Heraklit, indem er der Einzelseele jeweils einen bestimmten Grad auf der Skala des Kontinuums von trocken und feucht zuordnete, der die mit ihm korrelierte Qualität anzeigte. Nach Nussbaum faßte er sie als die „faculty“ auf, die für alle Arten der Verbindung zwischen anderen „faculties“ verantwortlich sei. Außerdem sei sie die „central source of intelligent energy“ und „the seat of linguistic understanding“ (Nussbaum 1972, 160). Heraklit war für sie der erste griechische Denker, der eine philosophische Doktrin der *psyche* ausgearbeitet und eine Verbindung zwischen ihren „life-operations“ und der Funktion des linguistischen Verständnisses gezogen habe (Nussbaum 1972, 15). Kahn sprach von einer neuen Konzeption der Seele als „source“ oder Zentrum der menschlichen Persönlichkeit (Kahn 1979, 126). Nach Held wurde der *psyche* nun „zum ersten Mal über den gesamten älteren Sprachgebrauch hinaus so etwas wie eine ‚intellektuelle Funktion‘ zugesprochen“ (Held 1980, 189).[212]

Die von Heraklit in den philosophischen Diskurs eingebrachte neue Konzeption läßt sich am klarsten mit der Auseinandersetzung von *thymos* und *psyche* in Fr. 85 demonstrieren. Dort heißt es: „Mit dem *thymos* zu kämpfen, ist schwer; was nämlich auch er möchte, kauft er um die Seele.“ (Schmitz 1965, 455) Obwohl Schmitz dieses Fragment für „– wie gewöhnlich bei Heraklit – nicht restlos durchschaubar“ hielt, sah er in ihm einen Beleg für die konkurrierende Auseinandersetzung zwischen der „komplexartigen Eigenmacht“ des alten Homerischen *thymos* und einer „neuen Deutung menschlichen Erlebens“. Jedes Nachgeben gegenüber den Einzelbestrebungen des *thymos* führt nach

211 Zur Tendenz Homers, die Psyche nur in „negativem Zusammenhang“, wie z. B. Ohnmacht oder Tod, zu erwähnen, s. Nussbaum (1972, 3).

212 Regenbogen glaubte, bereits während des 7. und 6. Jh. v. Chr. „im Anschluß an homerische Ansätze“ habe „eine wichtige Entwicklung sich nicht nur angebahnt, sondern auch vollzogen“, denn die Seele sei „nicht mehr bloße Vitalseele, sondern volle Vital-Emotional-Willensseele geworden“ (Regenbogen 1961, 24). Genau dagegen wehrte sich V. N. Jarcho, der diese Datierung für zu früh hielt (Jarcho 1968, 149, 159). Seine Kritik an Regenbogen teilte auch Mansfeld (1967, 21). Regenbogens Terminologie ist insgesamt unbefriedigend, vor allem wo er von der „metaphysischen Würde“ der Seele bei Heraklit spricht, die er von den Pythagoreern beeinflußt sah und überhaupt zwischen „metaphysischer Seele“ und „Vital Seele“ unterschied (Regenbogen 1961, 27). Aber auch Jarchos Beschreibungen sind nicht problemfrei. Er sah die *psyche* Heraklits als „Gesamtheit der psychischen Eigenschaften“ und meinte, vielleicht könne „man das als erstes Zeugnis für die Seele als Organ des Intellekts ansehen.“ (Jarcho 1968, 150 A. 4) Doch die Seele bei Heraklit ist kein von einem „Intellekt“ zu benutzendes „Organ“.

Fr. 85 zu einem Verlust des Gesamtzusammenhalts der *psyche*. Daß gerade der *thymos* Heraklit als Beispiel diente, braucht nicht zu verwundern, da er schon bei Homer eine eigenständige Rolle als Impulsgeber spielte. Heraklit machte in dem Fragment auf die Gefahr des Auseinanderfallens der menschlichen „Glieder“ aufmerksam, die bei Homer durch ihre Semiautonomie jederzeit das koordinierte Gefüge des Leibes zu ihren Gunsten verschieben konnten.

Ist auch die Übersetzung relativ unstrittig, so differieren die Interpretationen des Fragmentes doch recht erheblich. Held wollte für *thymos* „Begehren“ einsetzen (Held 1980, 238). Kahn sprach allgemeiner von „passion“ (Kahn 1979, 77). W. J. Verdenius sah den *thymos* nur als „anger“, hob aber den leiblichen Aspekt hervor.[213] Schließlich kam er zu dem fragwürdigen Ergebnis: „So anger always sacrifices life (i.e. soul or fire). Everything spent in outburst of anger is drawn from the soul's fire.“ (Verdenius 1943, 121) Auf Seelenfeuertheorien braucht nicht mehr eingegangen zu werden. Abwegig ist auch Mansfelds Übersetzung, wonach die *psyche* „dem Mut Widerstand“ leisten will (Mansfeld 1987, 275). Bei Marcovich finden sich die verschiedenen Fehlinterpretationen vereint. Er meinte: „Die feurige Seele ist die Denkkraft des Menschen (frg. 118; vgl. frg. 107); sie ist auch seine Lebenskraft (frg. 85). ... Für jede seiner Leidenschaften und Begierden (z. B. nach Wein) hat der Mensch mit einem Teilchen seiner Seele (das Feuer geht ins Wasser über) zu bezahlen.“ (Marcovich 1965, 304) Die „feurige Seele“ wurde oben schon zurückgewiesen. Die angegebenen Fragmente enthalten keine eindeutigen Hinweise auf einen mit „Denkkraft“ gewinnbringend zu übersetzenden Begriff. Allenfalls käme die *psyche sophotate*, die „weiseste Seele“ aus Fr. 118, in Frage, doch kann eine Übersetzung mit „Denkkraft“ nicht als gelungen betrachtet werden. Ob sich der heraklitische Gebrauch des *thymos*-Begriffs hier auf „Leidenschaften“ und „Begierden“ wie den Weingenuss reduzieren läßt, ist fraglich; schon die Wut gehört nicht in eine dieser Kategorien. Die von Marcovich postulierten Seelenteilchen waren Heraklit unbekannt. Die Konstitution der *psyche* besteht nicht aus ineinander „übergehendem“ Feuer und Wasser. Obwohl die Bezahltheorie der Seelenteilchenlehre im Text keine Basis hat, schloß Julius Spanár sich ihr an und meinte: „Es kostet nämlich ein Stück Seele, wenn man der Begierde nachgibt, weil das Feuer um so kleiner wird (Feuer verwandelt sich in Wasser), je mehr es sich an den Körper verschenkt“ (Spanár 1969, 49). Mit solchen Ausdrucksweisen werden Heraklit Konstruktionen unterschoben, die von den Autoren selber stammen und den Blick auf das Wesentliche verstellen.

Gerade die von Heraklit in dem Fragment besonders betonte Stärke der Auseinandersetzung zwischen ganzheitlichem Leib und einzelnen teilheitlichen Gliedern zeigt die Nähe zu Homer, von dem er sich aber abzusetzen begann. Mochte er dabei auf der von Anaximenes eingeleiteten Sicht der *psyche* als zusammenspannende Kraft aufbauen, so spezialisierte er diese Bedeutung aber auf die Auseinandersetzung zwischen ganzheitlicher Regung und teilheitlichem Impuls. Indem er zeigte, daß der *thymos* seine

213 Verdenius: „Apart from this, it is only natural that internal motion and heat were felt to be the symptoms of anger.“ (Verdenius 1943, 119 u. 117)

Aktivität zum Preis der *psyche* erkaufte, gab er gleichzeitig eine Orientierungshilfe zur Änderung dieses Zustandes und forderte indirekt dazu auf, gegen den *thymos* zu kämpfen, den eigenen Regungen standzuhalten und sich nicht von teilheitlichen Bestrebungen ablenken zu lassen. Das darf allerdings nicht freudianisch im Sinne einer Bemerkung von H. Bogner verstanden werden, der schrieb: „Die Triebbefriedigung entfremdet die Seele dem besten Zustand." (Bogner 1942, 215) Dies ist eine aus Platon und Freud gemischte Darstellung, die dem Heraklitischen Leiberleben nicht entspricht, denn bei Heraklit „leidet" der Mensch nicht unter seinem „Triebleben".[214] Daß der *thymos* kein „Trieb" ist und Heraklit kein dichotomisierender Platon, hatte auch Verdenius bemerkt, als er feststellte: „Nowhere does it appear, however, that Heraclitus confined desire to the body nor do we find traces of a complementary relation between body and soul. This idea could hardly be expected from Heraclitus as he does not appear to have made a fundamental distinction between bodily and spiritual functions." (Verdenius 1943, 115)

Die für Heraklit so wichtige Einheit des Leibes droht verlorenzugehen, wenn, wie so oft bei Homer, ein Glied des losen „Gliederhaufens" sich zu sehr durchsetzt und das Handeln der Person bestimmt. Das ist im Fall des *thymos*, der sich gegenüber der *psyche* durchsetzen will, nicht ein Verlust an „life-breath", wie Kahn wollte (Kahn 1979, 243), auch nicht der des „eigenen Lebens", wie es Held vorschwebte (Held 1980, 239), sondern es geht lediglich der Gleichgewichtszustand der leiblichen Regungen – gleichsam die „verborgene Harmonie" (*harmonia aphanes*) – verloren.

Eine Interpretation der *psyche* als platonische Innenwelt, wie dies Kahn tat, der mit Bezug auf Fr. B 50 die gedankliche Aktivität zum „discourse" erklärte, der sich in (within) der Seele abspielen sollte, ist genauso abzulehnen wie Ingenkamps Meinung, Heraklit habe in Fr. B 45 und Fr. B 115 von Psyche als „innerem Selbst" gesprochen (Kahn 1979, 130).[215] Solch introjektionistische Vorstellungen sind Heraklit fremd. Dementsprechend übte Claus Kritik an den modernen Interpretationen der heraklitischen Seelenvorstellungen (Claus 1981, 127), die (wie z. B. Snell 1953, 17) aus der Psyche „a psychophysical self" machten oder wie Kahn die menschliche Seele als „an inner world" betrachteten (Kahn 1964, 201). Claus wandte sich in diesem Sinn auch gegen Nussbaums Bezeichnung „mental agent" (Claus 1981, 135). Die Ablehnung von Meinungen, die Heraklit eine Innenwelt beilegen, läßt sich ferner durch Mansfeld stützen, der mit Bezug auf Snell von dem „well-known archaic phenomenon" sprach, daß die Grenze zwischen Innen und Außen, Subjekt und Objekt nur vage vorhanden, wenn nicht gar gänz-

214 Bogner zu Heraklit: „Der Mensch leidet bei ihm (in einer Art, die bei Homer unbekannt ist) unter der Stärke des Trieblebens." (Bogner 1942, 216) Vollends platonisiert erscheint Heraklit, wenn er weiter schreibt: „bei Heraklit steht das unsichtbare innere Prinzip im Gegensatz zu dem Körper und den körperlichen Trieben." (Bogner 1942, 215) Damit macht er Heraklit zu einem Vorläufer des Platonischen Dualismus und preßt zusätzlich ein Freudsches Schema auf antikes Denken.

215 Ingenkamp sprach vom *noos* und dessen „Emotionalität", die „eigentlich das Gebiet des inneren Selbst: unser Denken, Fühlen und Wollen" seien (Ingenkamp 1975, 51).

lich abwesend sei (Mansfeld 1967, 4).[216] Snell hatte erklärt, daß „Innen und Außen für Heraklit noch auf eine sonderbare Weise ungeschieden" waren (Snell 1926, 376), denn, so Snell an anderer Stelle, die „Scheidung von Ich und Nicht-Ich, zwischen erkennendem Subjekt und erkanntem Objekt," sei „von ihm gar nicht vollzogen." (Snell 1926, 367) Trotz seiner vehementen Kritik an introjektionistischen Theorien wurde Claus schließlich selber inkonsequent, als er die Möglichkeit anführte, daß in den Fragmenten B 117 und B 45 „the notion of an intangible inner self" evoziert würde. Er sprach weiter von dem „psychological value", den die *psyche* für das griechische Denken hätte, um dann sogar selber „in" der Psyche, den „intellect" zu plazieren (Claus 1981, 136ff.). Bei Heraklit läßt sich aber weder eine Innenwelt nachweisen noch darf ihm mit Marcovich ein Mikro-Makrokosmos-Denken unterstellt werden. Marcovich glaubte, Fr. 36 sei „für den Parallelismus zwischen Makro- u. Mikrokosmos bei Heraklit grundlegend". Er entwarf ein Bild folgender Analogisierung: „Unter Wasser müssen Blut und Säfte des Körpers, unter Erde – Fleisch und Ligamente verstanden werden" (Marcovich 1965, 303f.).[217] Zur Stützung seiner Theorie bezog er sich auf Gigon und Kirk sowie auf die stoische Lehre, daß die Seele sich aus Blut ernähre. Von Ernährung der Seele durch das Blut ist im Heraklittext aber keine Rede. Kirk warnte sogar davor, solche Spekulation für sicher zu halten; die Stoiker hätten zwar diese Vermutung aufgestellt, doch sei sie in Bezug auf Heraklit zweifelhaft (Gigon 1945, 230 u. Kirk 1954, 341). Ähnlich fragwürdig ist jede angebliche Verbindung Heraklits mit einer Mikro-Makrokosmos-Lehre.[218] Mag Heraklit am eigenleiblichen Spüren die Zusammenhänge des Kosmos gedeutet haben, für einen Mikrokosmos gibt es bei ihm keinen Beleg, und der Makrokosmos ist bei ihm nur als Kosmos vorhanden.

Auch ein „inneres Selbst" kannte er nicht, bereitete aber die Entwicklung dadurch vor, daß er den Schwerpunkt seiner Anthropologie auf „self-development and individual excellence" legte (Nussbaum 1972, 156).[219] Dies verdeutlicht eine Beobachtung von J. H. Lesher, der den Unterschied zwischen Wahrnehmung und Verständnis, den Heraklit im Gegensatz zu Homer besonders betonte, am Beispiel des Umgangs mit Worten

216 Snell lehnte eine Innenwelt bei Heraklit ab: „Die Erlebnisse, von denen er spricht, sind für sein Bewußtsein von außen an ihn herangetreten, und so ist denn für ihn das Denken über Erlebnisse fast ganz rein ein Denken über die Außenwelt." (Snell 1926, 361)

217 Marcovich weiter: „Die Ausdünstungen aus dem Blut sind die einzige Quelle der Erneuerung der menschlichen Seele."

218 Dazu Nussbaum: „We can say, though, that human life, is, in some way, viewed as a microcosm of cosmic processes" (Nussbaum 1972, 155). Reinhardt: „Makrokosmisches ist umgekehrtes Mikrokosmisches, und umgekehrt. Der Wechsel – der Weg hin und her – ist die Erscheinungsform der Einheit." (Reinhardt 1942b, 243) Und an anderer Stelle: „Wasser oder Erde lebt den Tod des Feuers wie im Mikrokosmos so auch im Makrokosmos (Fr. 62, 76, 77)." (Reinhardt 1942a, 27) S. a. John Burnet (1913, 137).

219 Mit Bezug auf Fr. 116 betonte Nussbaum, daß „the moral indignation", welche in Heraklits Kritik „of the intemperate" involviert sei, zeige, daß er das Gefühl (passion) nicht als „an external force" und als „inexorable as death" betrachtet, sondern mehr als „controllable by moderation" gesehen habe (Nussbaum 1972, 160).

klarmachte: „Homer's characterization of individual words and their production, transmission, reception, and efficacy can leave little doubt as to his physicalistic, indeed ‚pneumatic', view of meaningful discourse." (Lesher 1983, 169)[220] Im Gegensatz dazu trenne Heraklit wiederholt den Sinn eines Wortes von seinen „aural instances". So beispielsweise in Fr. 1, wo Heraklit sagt, daß selbst wenn Menschen Worte hörten, sie nicht zwangsläufig deren Bedeutung erfassen würden (s. a. Fr. 87 u. Fr. 107). Diese Form der Rationalisierung des Wortes durch Ablösung seiner Bedeutung von dem lautlichen Träger sowie die Betonung des Aspekts der Selbstermächtigung gegenüber dem *thymos* sind beides Schritte hin zu einem veränderten anthropologischen Verständnis. Die generelle Verlagerung der Konzentration auf die personale Entfaltung und Bemächtigung, wie sie beispielsweise in der Ablösung des „Ichs" von den homerischen Vorstellungen in Fr. B 101 zum Vorschein kommt, kennzeichnet eine Perspektive, die das Bemächtigungsstreben Demokrits oder Platons zumindest ansatzweise vorbereitete.

In Fr. 101 sagt Heraklit: „Ich machte mich daran, mich selber zu erforschen." Nach Schmitz hatte er damit das Ich als „eigenen, erforschbaren Gegenstand begriffen, während es für den Iliasdichter bloß das nie zum Thema vergegenständlichenden Nachdenkens erhobene Bezugszentrum jener Einwirkungen gewesen war". Schmitz betonte weiter die Vorläuferrolle dieser Sicht für die dann einsetzenden Bestrebungen der Selbstbemächtigung, denn die „Selbstreflexion wird schon bald nach Heraklit zur systematisch gehandhabten Selbstkontrolle, zur Psychotechnik, die den Menschen lehrt, sich dem Diktat der Regungen zu entziehen" (Schmitz 1965, 454).

Das *Ethos* und der *daimon*

Der entscheidende Schritt hin zur Selbstbemächtigung, der später von Demokrit aufgegriffen und von Platon zum kulturprägenden pädagogischen Programm erhoben wurde, zeigt sich nicht nur an Heraklits Verständnis von *psyche*, er kommt auch in einem seiner berühmtesten Fragmente, in B 119, zum Ausdruck, das übersetzt lautet: „Ethos ist dem Menschen sein Dämon".[221]

Unter *ethos* verstand Schmitz die Lebens-, Sinnes-, angeborene und erworbene Art. Darcus bemerkte, der Begriff sei hier erstmals unter den Vorsokratikern erschienen und bezeichne soviel wie „man's disposition, his customary and distinctive manner of acting" (Darcus 1974, 393). Heraklit betone die Möglichkeit eines Wandels des *ethos*,

220 Dazu Lesher : „What is new in Heraclitus is his repeated hammering of the contrast – and schism – between perception and understanding" (Lesher 1983, 167) Er bezog sich auch auf Onians (1951, 67) und bemerkte: „Homer often speaks of the word as being itself an instance of the quality it designates." (Lesher 1981, 16) Und: „For Homer, words were essentially atmospheric phenomena, likened to snowflakes on a winter's day (Il. 3.222),..., or, in the verbal sparring between the champions of the Iliad, aerial arrows." (Lesher 1983, 168) Weitere Beispiele sind die „soft and wheeling words" (Od. 1.56); „wrangling words" (Il. 1.304); „gentle words" (Il. 1.180); „shaming words" (Il. 3.38); „angry words" (Il. 4.241).

221 S. a. Guthrie (1962, 482) und Held (1980, 447).

denn es sei nicht statisch. Die durch Tradition, Sozialisation und Eigenerwerb bedingte Haltung und Art beinhalte die Möglichkeit zur Einflußnahme (Darcus 1974, 399).[222]

Die *daimon*-Vorstellungen haben tiefe Wurzeln. *Daimones* sind Krankheit und Unglück bringende Kräfte und Mächte.[223] Sie ergreifen den Menschen und schädigen ihn. In ihrer Individualität sind sie meist nicht genau abgrenzbar.[224] Zwischen Menschen und Göttern nehmen sie eine mittlere Position ein. Sie haben in der Regel mehr Macht als Menschen, können aber leichter als die Götter (*theoi*) beeinflußt werden.[225] Sie sind selber Schicksal und führen das Schicksal herbei; Wirkung und Ursache gehen ineinander über.[226]

Bei der Diskussion um den *daimon*-Begriff in Fr. B 119 wandte sich Schmitz gegen die ausschließliche Interpretation als „Schicksal" (Schmitz 1969, 480).[227] *Daimon* kann im frühgriechischen philosophischen Kontext, wie ihn beispielsweise Parmenides (Fr. B 1,3) bietet, wie er aber auch schon bei Homer gegeben ist, „Gottheit" heißen.[228] Schmitz zeigte das am Beispiel des Empedokles, für den „Liebe" und „Streit" (Fr.B 59) „Dämonen" waren.Er kam schließlich zu einer vermittelnden Sicht, in der Fr. B 119 zugleich besagt, „daß die eigene Art dem Menschen Schicksal ist, und daß erregende

---

222 „Nach der Auffassung der vorsokratischen Denker", so Deichgräber, sei das *ethos* als „bestimmte Charakterhaltung, die entscheidende Voraussetzung dafür, ob ein Mensch den Hochstand des philosophischen Erkennens erreicht." (Deichgräber 1984c, 82)

223 Burkert: „Jeder Gott kann als *daimon* wirken; nicht in jedem Wirken ist der Gott zu entdecken. *Daimon* ist das verhüllte Gesicht göttlichen Wirkens. Es gibt kein Bild von einem Daimon, es gibt keinen Kult. *Daimon* ist damit das notwendige Komplement eben der plastischen, individuellen, personalen ‚homerischen' Götterauffassung; es deckt den peinlichen Rest, der sich der Gestaltung und Benennung entzieht." Und weiter: „Krankheit kann so beschrieben werden, daß ‚ein verhaßter Daimon' auf den Menschen ‚einstürmt'." (Burkert 1977, 280)

224 Dazu Nilsson: „Der Daimon hat keine echte Individualität, sondern er verdankt die Individualität dem Geschehen, in dem er sich offenbart, d. h. er ist nur der Ausdruck dafür, daß eine höhere Kraft ein Geschehen hervorgebracht hat." (Nilsson 1924, 379) Darcus: „*Daimon* is often used when the speaker attributes some action to a divine power whose actual identity he does not know." (Darcus 1974, 394) Zum Sprachgebrauch des Begriffs „Dämon", der einzelne Götter nicht genau bestimmte und „gewöhnlich bei primitiven Völkern" herrscht, s. a. Dodds (1970, 11).

225 Das Dämonische charakterisierte Bickel so: „Die besondere Bedingung dieser Wirkungsweise besteht aber darin, daß die persönliche Freiheit und Spontaneität im Gegensatz zum Menschlichen dem Dämonischen abgeht, daß jedoch andererseits im Gegensatz zum Göttlichen das Dämonische trotz seiner anscheinend übermächtigen und ungewöhnlichen Gewalt der Beeinflussung durch den Menschen immer noch eher als das Göttliche für zugänglich erachtet wird." (Bickel 1926, 123)

226 Dazu Nilsson: „Auch sonst führt der Daimon das Unerwartete, das Irrationelle im Menschenleben herbei." (Nilsson 1924, 378)

227 Schadewaldt sah im Daimon das „Schicksal" und meinte zum Fr. 119, „jemand erleidet genau das, was er ist." (Schadewaldt 1978, 419)

228 Nilsson: „Der Daimon hat keine eigene Individualität, seine Individualität ist im Gegensatz zu der des Gottes nur durch die gelegentliche Manifestation gegeben, in der sich die Kraft äußert. ... Andererseits kann das Wort Daimon bei Homer jederzeit auch irgendeinen der anthropomorphen Götter bezeichnen." (Nilsson 1924, 377) Snell kommentierte leicht überspitzt: „Die Eigenart der einzelnen Menschen ist ihr Gott." (Snell 1926, 364)

Gefühle, die das menschliche Handeln bestimmen und z. B. von Aischylos und Empedokles als den Betroffenen ergreifende Dämonen hingestellt werden, vielmehr aus dessen eigener Art hervorgehen" (Schmitz 1969, 482). Was ist aber genau mit „aus der eigenen Art hervorgehen" gemeint? Gefühle können den Menschen ergreifen, doch sind sie nicht mächtig genug, kann er sich gegen sie zur Wehr setzen. Sein *ethos*, seine charakterliche und seine ansozialisierte Eigenart bestimmt mit, welche Dämonen ihn packen können und welche nicht. Damit ist das *ethos* etwas, das auf den Lauf des Schicksals Einfluß nimmt, das Schicksal gewissermaßen mitverschuldet oder herbeiführt. Insofern ist das Fragment die Darstellung der Erkenntnis des schicksalhaften Geprägtseins durch den als Dämon empfundenen eigenen Charakter.

Erst bei Heraklit läßt sich sagen, was Schwabl oben Homers Achill zugedacht hatte, nämlich daß der Charakter des Menschen (die Wesensart) sein Schicksal bestimmt.[229] Dies trifft auf Homer sicher nicht zu, denn sonst hätte der „Thymetiker" Achill den Agamemmnon direkt niederhauen müssen. Schicksal und Charakter können bei Homer stark auseinanderlaufen, was damit zusammenhängt, daß die Götter noch wesentlich aktiver sind und permanent eingreifen. Wieweit bei Homer beide Aspekte korrespondieren, soll hier nicht weiter geklärt werden. Bei Heraklit ist neu, daß sein Fragment die Identifikation von *ethos* und *daimon* betont und den von außen ergreifenden göttlichen Einfluß in eine Abhängigkeit vom menschlichen Verhalten bzw. von der jeweiligen Eigenart setzt. Die Betonung der Macht des *ethos* war ein entscheidender Schritt auf dem Wege der menschlichen Selbstbemächtigung, denn er bereitete den Boden aller späteren Ethik vor. Die „erregenden Mächte" wurden hier nach Schmitz erstmalig auf „das eigene Wesen des Menschen zurückgeführt und als dessen Zustände oder Eigenschaften ausgegeben" (Schmitz 1969, 480). Nicht mehr das unwillkürliche Ergriffenwerden von einem *daimon* stand für Heraklit im Mittelpunkt des Interesses, sondern die Manipulationsmöglichkeit der Gefühle durch die eigene Art, die dem Menschen einen gewissen Spielraum zur Selbstformung gestattete. Boeder, der *ethos* mit „Grundhaltung" des Menschen übersetzte, meinte dazu: „Darin liegt zugleich, daß nicht irgendwelche Götter, sondern er selbst sein Los bestimmt." (Boeder 1962, 105) Diese Interpretation geht allerdings etwas zu weit, denn daß Heraklit den Menschen zugestand, nun selbst und allein ihr Los bestimmen zu können, ist unwahrscheinlich. Auch der Mensch Heraklits befand sich noch immer in einem Feld von göttlichen Kräften, die bei Homer zu Gestalten geronnen waren und mit dem Schicksal der Menschen ihr Spiel trieben. Heraklit sagte nicht, daß der Mensch gänzlich sein *ethos* bestimme, sondern deutete in seiner Formulierung lediglich eine Möglichkeit zur Einflußnahme und Ver-

229 Ähnlich abwegige Projektionen Heraklits auf Homer finden sich bei Schmitt, der behauptete: „Es widerfährt jedem von den Göttern nur das, was er sich selbst verdient hat und für dessen Zustandekommen er in eigener Person die Verantwortung trägt." Er glaubte, diese Auffassung könne als „Vorform des Grundgedankens" gelten, der bei Heraklit in B 119 zum Ausdruck komme und sich dann auch bei Platon belegen ließe (Schmitt 1990, 92). Ein Vorläufer dieser Fehlinterpretation war Hermann Kleinknecht, der schon von „einer Art präformiertem Platonismus" bei Homer sprach (Kleinknecht 1958, 74).

änderung an. Das hatte auch Held erkannt, denn er sah in dem Fragment gerade den Hinweis auf die Möglichkeit des Menschen, sich „von der Herrschaft eines *daimon* über sein Leben in gewissen Grenzen zu befreien" Er verstand *ethos* als „die Weise der Lebensführung, die der Mensch an den Tag legt" und betonte, daß die Befreiung von der Herrschaft eines *daimon* nur „in gewissen Grenzen" möglich sei, denn es handele sich bei Heraklit nur um einen Ansatz zu personaler Selbstermächtigung, keinesfalls um eine praktische Aufhebung des menschlichen Schicksals zugunsten eines abstrakten Ichs (Held 1980, 448).

Gegen die zu scharf formulierte These, B 119 enthielte „an assertion that man is responsible for his own destiny (= *daimon*)", wandte sich auch Darcus, aber mit anderer Absicht. Für sie ging es nicht um Verantwortlichkeit und mögliche Einflußnahme. Sie vertrat den Standpunkt, daß *ethos* und *daimon* nicht äquivalent seien, sondern „that the *daimon* helps to shape man's *ethos*". Damit war für sie der *daimon* eine Art Schutzgeist, der auf das *ethos* wirken sollte. Der Menschen könne einerseits nicht ohne den „*daimon*" handeln, zum anderen wäre er „not merely a passive beneficiary of the *daimon's* activity". Sie versuchte eine angeblich vermittelnde Sicht, indem sie sowohl dem Menschen als auch dem *daimon* einen Einfluß zugestand, denn beide „act to shape man's *ethos*" (Darcus 1974, 390f.). Daß aber der *daimon* eine Wirkung speziell auf das *ethos* ausübt, ist eine Fiktion. Diese „Daimontheorie" von Darcus ähnelt der von Bikkel. Der sprach von einer „besonderen Form des Dämonenglaubens" und meinte, „im Glauben an den Dämon als Schutzgeist des Einzelnen" trete als beständiger geheimnisvoller Begleiter neben die bewußte Persönlichkeit das dämonische Wesen" (Bickel 1926, 131). Diese „Schutzgeist-Vorstellung" übertrug Darcus auf Heraklit und behauptete, dieser habe in B 119 „man's guiding spirit" internalisiert. Die Konsequenz daraus sei: „The individual need no longer fear the arbitrary influence of an external *daimon*: he will find it within." (Darcus 1974, 399) Aber Heraklits *daimon* ist nicht automatisch ein „Schutzgeist" und schon gar nicht einer, der sich im Inneren des Menschen befindet. Heraklit behauptete nicht, der Mensch habe einen Schutzgeist, dessen Aktivität sein *ethos* „reflektiere".[230] Wenn Darcus sogar so weit geht, den *psyche*-Begriff Heraklits mit einzubeziehen, zeigen sich die Mißverständnisse umso deutlicher. Übrigens war in diesem Punkt wieder Bickel Vorläufer, denn er vertrat die Theorie, durch Verschmelzung von *psyche* und *daimon* seien die „Hellenen vom Hades und vom homerischen Seelenglauben" geradezu „erlöst" worden. Dadurch erführe die *psyche* „eine wesentliche Bereicherung", sie gewänne nämlich „die Beziehung zum Göttlichen" (Bickel 1926, 133). Doch das passiert endgültig erst bei Platon. Zwar läßt sich sagen, daß Heraklit den Seelenglauben Homers wesentlich modifizierte, auch daß er durch seine Konzeption der *psyche* als Naturkraft sowie durch die Einbindung dieser in den hin und her

230 Darcus: „B 119 reveals, therefore, that man's *ethos* reflects the activity of his *daimon*. ... In B119 *daimon* is the subject, the active factor in the fragment." (Darcus 1974, 399) Doch mit Hinweis auf Fr. 78 läßt sich zeigen, daß das *ethos* etwas Menschliches (im Fall der Menschen) und nichts Dämonisches ist.

schwingenden Ablauf der Umwandlungen den Hades abschaffte, doch von einer Verschmelzung zwischen *psyche* und *daimon* weiß Heraklit nichts. Er sagt in B 119 auch nicht *psyche*, sondern *ethos*, was auf einen erheblichen Unterschied schließen läßt. Darcus behauptete sogar: „*Psyche* appears to be in fact the physical aspect of the *daimon*. The *psyche* varies from dry to wet as the *daimon* varies from good to bad. The *ethos*, or disposition, is determined according to the variation of the *psyche* and the *daimon*." (Darcus 1974, 405) Der Dämon schwankt aber nicht zwischen gut und schlecht, er ist entweder eine schlechte oder eine gute Wirkung.[231] Doch bei Darcus müßte er als Schutzgeist nur noch der Helfer und Beschützer des Menschen, also etwas Gutes sein. In dieser Ausschließlichkeit hätte sich historisch gesehen das Dämonbild aber um 180 Grad gedreht. Außerdem wäre auch die *psyche* dann immer gut, soll sie doch nach Darcus eben „the physical aspect of the *daimon*" sein. Was ist aber mit den feuchten Seelen? Haben die einen betrunkenen Schutzgeist?

Darcus erläuterte dann, daß weder die *psyche* den *daimon* ändern würde noch umgekehrt (Darcus 1974, 406). Wenn sie sich aber nicht gegenseitig wandeln, wie kann dann das Eine der „physikalische Aspekt" des Anderen sein, und wie sind überhaupt Veränderungen möglich?[232] Aus dem unpersönlichen, krankheitsbringenden Dämon Homers soll Heraklit in B 119 mit drei Worten einen „within" hausenden „Schutzgeist" gemacht haben, der neben dem Menschen selbst am menschlichen Ethos arbeitet und sich als *psyche* in seinem „physikalischen Aspekt" ausdrückt! Das ist nicht zu glauben.

Das ursprüngliche Verständnis vom Dämon als einer göttlichen Kraft, die den Menschen überfallen kann, um schicksalhafte Änderungen herbeizuführen, wird in Fr. B 119 einer entscheidenden Modifikation durch den *ethos*-Begriff unterworfen, indem nun die Eigenart des Menschen für die ihn ergreifenden Gefühle verantwortlich gemacht wird. Damit beginnt Heraklit das offene Kraftfeld zu schließen, allerdings ohne deshalb einen Mikrokosmos oder eine Innenwelt zu etablieren. Der *daimon* droht nicht mehr ausschließlich als eine ergreifende und abgründige äußere Atmosphäre, er haust aber auch nicht als Schutzgeist im Inneren. Er ist die schicksalhafte Eigenart des Menschen, ohne daß genauer geklärt wird, ob und wie weit diese beeinflußbar ist oder nicht. Doch berücksichtigt man Heraklits Hang zum Selbsterforschen, so mutet der Spruch geradezu aufklärerisch an, denn die Zurückführung des *daimon* auf das *ethos* betont die für Heraklit typische rationalistische Haltung. Insgesamt zeigt sich also in seiner Philosophie ein verstärktes Bestreben der Emanzipation, das seine anthropologischen Konzeptionen bestimmte und zur Entwicklung seiner spezifischen *psyche*- und *ethos*-Vorstellungen führte, zu den zwei Aspekten seines Leibschemas, die den weiteren Prozeß der Selbstbemächtigung wesentlich fördern sollten.

231 Nilsson: „In älterer Zeit ist der Daimon nicht ein Geist, denn er ist nicht von der durch ihn hervorgebrachten Wirkung zu trennen..." (Nilsson 1924, 379)

232 Diese bestreitet Darcus keineswegs, sondern erklärt sie durch folgende Konstruktion: „The initiative of man and the divine will are two aspects of the same thing. If a man resolves to keep his *psyche* dry, there may be an alteration in his *daimon* and also (necessarily) in his *ethos*; this same resolve, however, must be in part the result of a man's *daimon* working within him." (Darcus 1974, 405)

4. Parmenides

Ließ Anaximenes die Welt aus der Zusammenballung und der „Erschlaffung“ des *aer* entstehen, war es bei Heraklit das Feuer, das in ständigem Austausch mit allem den Wandel der Dinge durchzog, so gelangten mit Parmenides die Begriffe „das Seiende“ (to *eon*) und „Seiendes“ (*eon*) in die philosophische Diskussion und begründeten die europäische Ontologie. Die Erfahrungen des Seins und der Wahrheit (*aletheia*) stehen in der Parmenidischen Philosophie der Welt des Scheins und der Meinungen (*doxa*) gegenüber. Die Offenbarung der *aletheia* erfuhr Parmenides in einem außergewöhnlichen, ekstatisch-religiösen Erlebnis. Während dieser Situation teilte ihm eine Göttin die beste Erklärung der *doxa* in Form einer Kosmologie mit, die ihn in den Stand versetzen sollte, im Wissen von keinem Sterblichen mehr überholt zu werden. Die Darstellungen der beiden Perspektiven von Wahrheit und Schein bilden die zwei Teile seines Lehrgedichts. Dieses wird eingeleitet, indem Parmenides seinen Weg zur Erkenntnis des „Seins“ schildert. Dazu benutzte er das Bild einer Fahrt zu einer ihn aufklärenden Göttin.

Das Proömium als Schilderung einer ekstatischen Erfahrung

In der Übersetzung von Schmitz lautet der Beginn des Proömiums: „Stuten, die mich tragen, so weit wie jeweils der Impuls reicht, beförderten, als sie mich als Führende auf den redseligen Weg zur Göttin gebracht hatten, der den eingeweihten Mann in alle Städte führt. Da(hin) wurde ich getragen; da(hin) nämlich trugen mich die sehr findigen Stuten, den Wagen ziehend, Mädchen aber zogen, den Weg weisend, voran.“ (Schmitz 1988, 8/B 1,1–5)

Ohne an dieser Stelle im einzelnen auf die philologischen Schwierigkeiten einzugehen, sollen einige für das Gesamtverständnis der Parmenideischen Philosophie wichtige Gesichtspunkte hervorgehoben werden.[233] Kurzgefaßt handelt es sich bei dieser Reise um die Beschreibung eines initiatorischen Erlebnisses, bei dem sich Parmenides passiv verhält, während weibliche Gottheiten eine weisende Rolle spielen. Der Schlüssel zum Verständnis der ganzen Szene liegt in der Parallele zur Odyssee (13. 89). Dort befördern (*pempein*) und tragen (*pherousa*) die Phäakenschiffe den schlafenden Odysseus ohne dessen eigenes Zutun nach Ithaka (8. 556), ähnlich wird Parmenides (Fr. B 1, 2 u. 8 sowie Fr. B 1, 4) von den Stuten zur Göttin gebracht.[234] Beide Reisende verhalten sich also passiv und werden ohne eigenes Handeln auf wunderbare Art befördert.[235]

233 Der interessierte Leser findet eine ausführliche Begründung des hier gewählten Textes bei Schmitz (1988, 8ff.).

234 Vgl. auch das Bild der Rosse in Odyssee 13.81–83, das illustriert, wie die Phäakerschiffe Odysseus beförderten.

235 S. a. mit Bezug auf Deichgräber (1958, 11) Schmitz (1988a, 8f.) sowie Mourelatos (1970, 22).

Der für die Fahrt zur Göttin notwendige Impuls geht vom *thymos* aus, wobei sich nicht eindeutig festlegen läßt, ob der der Pferde oder der des Parmenides gemeint ist. Schmitz konnte zeigen, daß die Impulse zwischen Parmenides und den Stuten (Odyssee 8. 556–559) genauso wie bei den Phäakenschiffen und ihren Fahrgästen „gleichsam magisch übereinstimmen" (Schmitz 1988a, 9). Die Benutzung des Begriffs *thymos* läßt auf ein regungshaftes, ruckartiges Erleben schließen, von dem Parmenides betroffen wurde. Dessen Passivität wird dadurch unterstrichen, daß es die Pferde sind, die ihn auf die Bahn bringen. Ebenso entspricht das durch die pferdelenkenden Sonnentöchter hinzukommende göttliche Eingreifen und Wegweisen einer plötzlichen Kraftsteigerung, die ohne eigenes Zutun des „wissenden Mannes" einsetzt und den Aufschwung bis zur Göttin treibt.

Die verschiedenen Interpretationen des Proömiums differieren erheblich. Wahrscheinlich ging Coxon etwas zu weit, als er in den Stuten die „incarnation" und das Symbol des *thymos* sah. Nach Meinung von Schmitz ist es jedoch gänzlich verfehlt, die Stuten zum „kosmologischen Aspekt" des parmenideischen Willens zu machen, wie dies Verdenius versuchte, denn Parmenides verhält sich vollkommen passiv; mit ihm geschieht etwas, sowohl durch seinen *thymos* als auch durch die Stuten. Kahn betonte: „The proem describes a voyage to knowledge after all, but one in which the initiate is essentially *passive*: carried not by his own intellectual powers but by supernatrural forces (the horses, the Sun-maidens) and obtaining revelation by *grace* of the goddess and not by personal merit."[236]

Parmenides schrieb als ein Eingeweihter, denn er kannte den „Weg zur Göttin", doch seine Schilderung, in der die Heliaden, die göttlichen Mädchen, den Weg weisend voranziehen, läßt vermuten, daß es sich hier um die erste Reise handelt, daß hier also eine Initiation beschrieben wird (Schmitz 1988a, 12). Dies bestätigt auch der gesamte Offenbarungscharakter des Gedichts, denn die Göttin belehrt Parmenides, indem sie ihm eine philosophische Erklärung für sein Erleben gibt. Inwieweit Parmenides nicht doch durch „personal merit" dazu beigetragen hat, ein wissender Mann zu werden, läßt sich aus den überlieferten Fragmenten nicht sagen. Die Beschreibung dieser außergewöhnlichen Erfahrung diente ihm dazu, seine Hörer und Leser in seine Philosophie einzuführen. Sie steht am Anfang des Lehrgedichts wie auch am Anfang seines Werdegangs als Philosoph und damit seiner Philosophie überhaupt.

236 Kahn (1970, 116), A. H. Coxon (1986, 157), Verdenius (1964, 11) u. Schmitz 1988a, 15). S. a. Bowra (1937, 106), Mansfeld (1964, 248 u. 231) und Schmitz (1988a, 154f.). Wie abwegig es ist, die Stuten mit dem *thymos* zu identifizieren, wird bei Schmitt erkennbar, der in Fr. B 1.1–4 „weitgehend nach Hölscher" übersetzte (zu Hölscher s. u.). Seine Interpretation lautete dann: „Die Selbständigkeit des von den Stuten versinnbildlichten eigenen Denkvermögens wird von Parmenides durch den Hinweis, daß sie tragen, wohin er will, nachdrücklich betont…" (Schmitt 1990, 267 A. 322). Weder „versinnbildlichen" die Stuten das eigene Denkvermögen noch dessen Selbständigkeit. Sie tragen Parmenides auch nicht dahin, wohin er will, sondern wohin die göttlichen Mädchen den Weg weisen.

Schamanistische Himmelsreise oder der Weg des Denkens?

Die Interpretation des Proömiums wird von zwei konträren Richtungen bestimmt, die sich aber in einigen Punkten berühren. Man deutete die Auffahrt einmal als „schamanistische Himmelsreise,“[237] und zum anderen – fast im gegenteiligen Sinn – metaphorisch als „Gang des parmenideischen Denkens“. Diels sprach als einer der ersten Vertreter der Schamanismusinterpretation von der „grandiosen Himmelfahrt, mit der unser Dichter sich und uns in den Aether der reinen Vernunft erhebt“ (Diels 1897, 7f.). Ihm schloß sich K. Meuli an, der in seinem Scythica-Aufsatz diese Ansicht stützte (Meuli 1935, 172). Mit seinem Versuch, die These vom Schamanismus bei den Vorsokratikern weiter zu fundieren, nahm er starken Einfluß auf die weitere Forschung. Seine Behauptung, die „Ursprünge der epischen Poesie“ seien auf den Schamanismus zurückzuführen, konnte aber nicht unwidersprochen bleiben. So wollte Nilsson nicht glauben, daß „das Epos aus Schamanenliedern entstanden sei“ (Nilsson 1976, 617). Für das Lehrgedicht des Parmenides dürfte es tatsächlich schwer fallen, schamanistische Vorbilder zu finden. Parmenides war zwar ein mit den epischen Mitteln seiner Zeit arbeitender Dichter, doch erstens wurden ihm wichtige Motive von Homer – der wohl kaum ein Schamane war – geliefert, und zweitens handhabte er die Bilder auf so vollkommen individuelle Art und mit einer solchen Kunstfertigkeit, daß Schmitz das Proömium ein „Meisterstück hintersinniger Raffinesse“ nannte. So verstand es Parmenides, die Bilder außergewöhnlich dicht zu überlagern, sie geschickt zu arrangieren und die tradierten Motive mit großer Brillianz in der Schilderung seines Erlebens zu verknüpfen.[238] Dagegen ist es unverständlich, warum Leonardo Tarán ein altes Vorurteil von Diels gegenüber Parmenides übernahm, als er von der „poorness“ seiner Verse und dem Fehlen von „organic unity“ zwischen Form und Inhalt des Gedichtes sprach. Dadurch reduzierte er ungerechtfertigt das Proömium auf einen bloß rhetorischen Effekt. (Tarán 1977, 654)[239] Parmenides als mittelmäßigen Dichter ohne Kreativität zu bezeichnen, läßt die nötige Sensibilität gegenüber dem Gedicht vermissen.

Auf die Frage, was bei einer kritischen Untersuchung des Proömiums an Sachverhalten bezüglich eines Zusammenhangs zwischen Parmenides und dem Schamanismus übrig bleibt, kann geantwortet werden, daß ekstatische Erfahrungen zwar überall auf der Welt verbreitet waren und sind, daß sich Parmenides aber damit noch nicht als

237 S. dazu F. M. Cornford (1952, 118), van der Ben (1975, 96), Fränkel (1955c, 177), Guthrie (1965, 11), Dodds (1970, 76ff.) u. Burkert (1962, 263).

238 Dazu Mansfeld: „Nun ist Parmenides im großen und ganzen sehr genau, was seine Termini anbelangt.“ (Mansfeld 1964, 190) C. M. Bowra schrieb: „But Parmenides was a careful and singularly exact writer.“ (Bowra 1937, 97) Auch Pfeiffer betonte die kompositorischen Fähigkeiten des Parmenides und seine Anlehnung an den epischen Sprachgebrauch (Pfeiffer 1975, 106). S. a. Held (1980, 565).

239 Diels sprach davon, „dass die Conception der Himmelsreise samt den einzelnen Details nicht orginell empfunden oder erfunden“ sei und meinte, so stelle „die Himmelfahrt des eleatischen Philosophen nur ein sehr verdämmertes Abbild der ekstatischen Prophetenliteratur der voraufgegangenen Epoche dar.“ (Diels 1897, 21)

Schamane ausgewiesen hat. Gegen den „Schamanismus bei den Vorsokratikern" sprach sich Gregory Vlastos aus.[240] Endgültig lehnten Nilsson[241] sowie Kirk/Raven/Schofield[242] Schamanismustheorien ab. Bremmer folgte mit dem Ergebnis: „We conclude that no convincing evidence exists for shamanistic influence on Archaic Greece." (Bremmer 1987, 47)[243]

Einer der prominentesten Vertreter der ‚Denkweg'-Interpretation war Fränkel. Er deutete das Proömium so: „Der *Weg* oder die Fahrt, die im folgenden dargestellt wird, ist der Gang des parmenideischen Denkens; nicht irgendein Weg den man mit einem … wirklichen Wagen fahren könnte." (Fränkel 1955c, 158) In der „geistigen Reise" des Parmenides sah er den „Hergang einer geistigen Entrückung" (Fränkel 1955c, 162 A. 1). Hier redet er im Grunde den Schamanismusinterpreten das Wort, denn gemeint war bei allen ein ekstatisches Erleben. Er fuhr weiter fort: „Immer wenn das Epos rezitiert wird, geschieht eine solche Auffahrt, ergeht eine solche Offenbarung." (Fränkel 1955c, 159) Das mag für einen Schamanen zutreffen, der mit den Schilderungen seiner gefährlichen Abenteuer seine Zuhörer „einfängt" und durch den performativen Charakter der gesamten schamanischen Sitzung auch optisch starke Identifikationsmöglichkeiten bietet. Für Parmenides gilt es sicher nicht, denn seine Schilderung ist die einer Initiation, nicht die einer sich jedesmal neu vollziehenden Ekstase; seine ‚Botschaft' ist ein philosophischer Gedankengang, der durch die Anknüpfung an traditionelle Erzähltechniken das Neue und Revolutionäre seiner Sicht lediglich etwas annehmbarer und verständlicher einkleidet. Fränkels Kompromiß zwischen einem rein denkerischen Erleben (wenn es das überhaupt gibt) und einer ekstatischen „zeitweiligen Entrückung in das Reich des reinen Geistes" zeigt sein terminologisches Dilemma.[244] Doch seine Ansichten überzeugten und gaben der Forschung eine von vielen befolgte Richtung. So schloß sich Jörg Jantzen dieser Interpretation an, Heitsch deutete ebenfalls die Reise des Parmenides als „Aufbruch seines Denkens", und auch Karl Bormann bezeichnete die „Auf-

240 Gegen Cornford gewandt, fragte Vlastos: „What sense is there, for instance, in the contention that Heraclitus is a ‚successor' of the shaman?" (Vlastos 1970, 49) Claus sprach von „shamanistic pretensions" bei Heraclit (Claus 1981, 137).

241 Dazu Nilsson: „Im allgemeinen aber ist der Schamanismus eine arktische Erscheinung und den Griechen wie den übrigen indogermanischen Völkern fremd." (Nilsson 1976, 164 A. 4)

242 Kirk/Raven/Schofield: „But it is doubtful how far a historical case can be made for an influence upon Archaic Greece from Central Asian shamanistic cultures, or to what extent an institution central to the life of politically primitive nomadic peoples could in any case illuminate the activities of a Greek sage in the more complex society of a rich and powerful city state." (Kirk/Raven/Schofield 1983, 229)

243 Eine kritische Haltung bezüglich des Schamanismus bei den frühen Griechen vertrat Mircea Eliade, der dargelegte, daß dort weder die „dionysischen Bacchanale" noch die „Orphik" als Beispiele für Schamanismus gelten können (Eliade 1982, 369—375).

244 Fränkel sprach vom „erhöhten Zustand der Person … ähnlich auch der Ideenschau, die Platon als ein seltenes Ereignis begnadeter Momente schildert" (Fränkel 1955c, 177). Pfeiffer schrieb von der „geistigen Erhebung", die er „als rasende Fahrt in nie betretene Fernen" deutete (Pfeiffer 1975, 106). Hölscher ging sogar soweit, zu behaupten, „die eigentliche Wurzel der platonischen Ideenlehre" läge in Fr. B 8, 34 (Hölscher 1968, 101). Das muß stark bezweifelt werden.

fahrt" als „wiederholten Gang" des Denkens, als er behauptete: „Der Weg stimmt überein mit dem Denken des Parmenides".[245]

Ein Reich des „reinen Geistes" oder der „Aether der reinen Vernunft" (Diels) kommt bei Parmenides nicht vor. Was Fränkel und seine Epigonen hier mit „geistiger" Entrükkung und dem Gang des Denkens beschreiben, ist ein leibliches Erlebnis mit religiösem Inhalt, das Parmenides erfuhr und das ihn zu einer Offenbarung von Wahrheit (*aletheia*) führte, die er durch den Mund einer Göttin vernahm.[246] Fränkels Formulierungen vernachlässigen die leiblichen Aspekte, die sich z. B. an der Benutzung des Begriffs *thymos* zeigten, der nicht als „reines" Denken, sondern als leibliche Regung interpretiert werden muß. Genausowenig kann davon gesprochen werden, daß das Proömium jedesmal neu den gleichen Erfahrungsprozeß in Gang setzt. Reinhardt vertrat die Meinung, das Proömium sei „ein Jugendwerk, und als ein solches mit viel Eifer und vieler Mühe in die Sphäre jener überirdischen Erhabenheit gehoben, die das Erlebnis einer ungeheuren, plötzlichen Entdeckung brauchte, um mit dem Anspruch ewiger Gültigkeit sich selber ein Wahrzeichen und Monument zu setzen". Es sei nicht zu glauben, „daß ein Greis nach lebenslänglicher Beschäftigung mit dialektischen Problemen seine Himmelfahrt zum Lichthause der Wahrheit in solch merkwürdig abgerissenen, kühnen und zugleich konventionellen, überschwenglichen und steifen Bildern hätte beschreiben können ... mit einem solchen Kraftgefühl und Glücksgefühl und einem Stolze, der mitunter fast schon etwas Ungeschicktes an sich hat" (Reinhardt 1959, 111).[247] Die „Himmelfahrt zum Lichthaus der Wahrheit" ist allerdings eine fragliche Umschreibung. Auch Reinhardts Charakterisierung des parmenideischen Stils kann nicht ganz zugestimmt werden. Die These von der sich jedesmal wiederholenden Reise läßt sich aber klar zurückweisen. Sie gründet nämlich auf den als iterativ verstandenen Optativformen in 1. 1 und 1. 8, die aber, wie Schmitz zeigte, nicht als Beweise für eine Wiederholung der Fahrt gelten können (Schmitz 1988a, 13). Eine solche Interpretation läßt

245 Jantzen (1976, 16), Heitsch (1974, 134) u. Bormann (1971, 57). E. A. Havelock sprach von „mental journey" bzw. von der „journey of his mind and thought" (Havelock 1958, 140) und Mary Magaret Mackenzie behauptete: „The *Aletheia* is the way of rationality, the only way to make sense of our speech and thought." (Mackenzie 1982, 8)

246 In Schmitts Homerinterpretation wird der passive Parmenides zum aktiven Mitteleuropäer. Angeblich sähe Parmenides „seine subjektive aktive Leistung darin, sich durch eine richtige Lenkung der Aufmerksamkeit den Weg selbst so gebahnt zu haben, daß sich ihm die Einsicht der Göttin erschloß" (Schmitt 1990, 104). S. a. seine Meinung zum Proömium: „Es ist hier aber das, worin Parmenides die eigene subjektive Leistung sieht, mit größerer Prägnanz ausgesprochen: denn diese eigene Leistung besteht in der im Proöm beschriebenen Auffahrt zu der Göttin, d. h. in dem, wie etwa H. Fränkel und U. Hölscher sehr genau gezeigt haben, methodisch richtigen Verhalten, durch das man sich denkend eine Einsicht zu erschließen sucht" (Schmitt 1990, 103). Und nochmals Schmitt: „Dem subjektiven Inneren wird von Parmenides also die eigene Aktivität des Erkennens zugerechnet" (Schmitt 1990, 104). Ähnlich irreführend auch Ingenkamp: „Das Wahrheitserlebnis ist eine Leistung des inneren Selbst." (Ingenkamp 1975, 57)

247 Reinhardts Vermutung, das Gedicht sei in jungen Jahren geschrieben worden, stützte auch Schmitz (1989c, 194 A. 1).

außer acht, daß nach der ersten, initiatorischen Reise alle weiteren Fahrten einen veränderten Charakter tragen, ihnen also der aufschwingende und aufbrechende Nimbus des radikalen Erlebens fehlt und von daher nicht mehr mit der ersten verglichen werden können. Dies erkannte auch Alexander Mourelatos, der die These von der Wiederholung nicht nur als irrelevant, sondern sogar als antidramatisch bezeichnete. „We have in the poem", so Mourelatos, „a momentous encounter, an entry into the abode of Truth, a ‚much-contending challenge,' a radically new and surprising doctrine, a revelation of ‚everything'. That could hardly be a familiar, repeated experience." (Mourelatos 1970, 17 A. 21)

Doch genau diese Erkenntnis ließ Leonardo Tarán nicht gelten (Tarán 1977, 655 A. 12). Er bemängelte zwar, daß Mourelatos die Argumente gegen einen Schamanismus bei Parmenides nicht zur Kenntnis genommen habe und deshalb fälschlich eine Schamanismusinterpretation favorisiere, schoß aber selber über das Ziel hinaus, als er Mourelatos in dem Punkt des wiederholten Erlebens kritisierte. Hier argumentierte Mourelatos treffend, und Tarán irrte (Tarán 1977, 654). Bedenklich scheint auch Helds Versuch, ein Reich des „himmlischen Glanzes" zu postulieren,[248] denn damit wird dem Gedicht eine mythologische Topographie beigelegt, für die es keinen Anhaltspunkt gibt.[249] Allerdings sprach auch er sich gegen eine angebliche „Himmelsreise" des Parmenides aus, denn das Ziel der Reise war nicht der Himmel, doch auch nicht, wie Held meinte, ein irgendwie beschaffener Bereich des Lichtes. Schmitz wies sogar nach, daß Parmenides „gar keine zusammenhängende Reiseschilderung intendiert, sondern in symbolischer Absicht verschiedene Bilder des Aufschwungs und der Entrückung ‚übereinanderkopiert'" habe.[250] Dabei sei er so geschickt vorgegangen, „daß man zunächst glaubt (und glauben soll), eine geradlinige Reisebeschreibung vor sich zu haben" (Schmitz 1988, 140).[251]

Wenn Cornford aus Parmenides einen Metaphysiker zu machen oder ihn zu einem Rationalisten umzumodeln versuchte (Cornford 1952, 123 u. 118),[252] wenn Vlastos (ähn-

248 Held: „Die Metaphorik dieser Schilderung läuft darauf hinaus, daß der Weg des parmenideischen Denkens in einen Bereich des Lichtes, des himmlichen Glanzes führt." (Held 1980, 567) Abwegig Coxons These: „Parmenides himself implies that the journey to the goddess is an anticipation of death." (Coxon 1986, 16) Zu Coxon s. a. Kenig-Curd (1991, 250 A. 32).

249 Dazu Mourelatos: „The honest conclusion from all this is that the topography of the journey is blurred beyond recognition. So we are not in a position to specify a particular story of a journey (theme) as the archetype of Parmenides' narration." (Mourelatos 1970, 15) Tarán stimmte Mourelatos in diesem Punkte zu (Tarán 1977, 659).

250 Deshalb darf man auch nicht mit Mansfeld in den „Heliaden" so etwas wie „reale Gestalten" sehen (Mansfeld 1964, 251). Zu Mansfelds Position s. Schmitz (1988a, 152) und Kahn (1970, 116).

251 Ähnlich Kranz: „Diese Dichterreise ... ist mit Elementen konstruierender Verstandestätigkeit durchsetzt, mit überkommenen Bildern gefüllt, aus traditionellen Worten geschichtet." (Kranz 1967c, 132)

252 Reinhardt hatte eine solche Haltung vorbereitet, als er bei Parmenides eine „neue Denkrichtung" erkannte, die er als „ersten Vorstoß in die unerforschte Region abstrakten Denkens" interpretierte (Reinhardt 1959, 111). Mansfeld fragte sich, da ihm die „mythische Schilderung" seltsam erschien, „wie sie in das Bild paßt, das der rationale Denker Parmenides uns von Wahrheit und Weg gibt." Er

lich wie Tarán) ihm jegliche Inspiration absprach[253] oder wenn Held sich klar dagegen äußerte, daß er „so etwas wie eine Vision erlebt, in der ihn der Gedanke des Seins als eine Art religiöser Erleuchtung überkommen habe“ (Held 1980, 365), so müssen diese Interpretationen genauso zurückgewiesen werden wie Horand Pfeiffers Behauptung, das Proömium enthielte keine „ekstatischen Elemente“. Bei allen Auslegungsversuchen wurden die starke Ergriffenheit und der religiöse Charakter des Erlebnisses verkannt.[254] Wenn Pfeiffer von Parmenides schreibt, sein „Erlebnis, das er im Prooimion schildert, ist nicht ein ekstatisches Dichtererlebnis, sondern das Erlebnis eines Denkers“ (Pfeiffer 1975, 95), so ist das widersprüchlich und lediglich eine Variante der schon oben von Fränkel vertretenen These von dem Aufschwung als dem Gang des Denkens. Pfeiffer relativierte aber seine Interpretation, als er das Einmalige des Erlebnisses hervorhob und betonte, die Seinslehre des Parmenides sei „keineswegs einer rationalen Konstruktion entsprungen“. Er fuhr sogar fort mit der Bemerkung: „Wie das Prooimion eine persönliche Erfahrung des Parmenides wiedergibt, so spiegeln die Ausdrucksformen des Aletheiateils, wie stark Parmenides von der Vollkommenheit seines Seienden ergriffen ist.“ (Pfeiffer 1975, 188)[255]

Hier hob Pfeiffer also selber die starke Ergriffenheit des Parmenides hervor und widersprach damit seinem Zweifel am ekstatischen Charakter der Erfahrung. Daß an diesem Charakter nicht gezweifelt werden sollte, bestätigen die Untersuchungen von Schmitz, denn: „Parmenides hat sich das Sein, wovon er spricht, nicht ausgesucht und durch mehr oder weniger scharfes Denken erklügelt, sondern er ist in einer überwältigenden, esoterischen Erfahrung, die er sich als Aufschwung zu göttlicher Offenbarung zurechtlegt, davon heimgesucht worden.“ (Schmitz 1988, 159) Dies kommt auch im Initiationsgedanken zum Tragen, denn mit dem Initianten passiert etwas, er wird initiiert. Ähnlich erklärte auch Guthrie das Entstehen dieses Motivs aus einer „genuine

---

kam zu dem Schluß: „Das Proömium beschreibt offenbar des Parmenides eigenen Weg zur Erkenntnis.“ (Mansfeld 1964, 222) Das stimmt, nur war es primär eine ekstatische Erfahrung, auf der der „rationale Denker“ aufbaute, und nicht ein logisches Beweisverfahren.

253 Vlastos: „But though Parmenides does present his doctrine in the guise of a religious revelation, he does not rest his claim to its truth on supernatural inspiration.“ In der Aufforderung zum Urteil, die die Göttin an Parmenides ergehen ließ, sah er „an austerly logical demonstration, whose cogency is wholly rational.“ (Vlastos 1970, 49)

254 Pfeiffer: „Unsere Betrachtung des Prooimions zeigte jedoch, dass es einerseits in seinem Aufbau, seiner Motivik und seiner Intention wesentlich auf epischem Sprach- und Gedankengut beruht, andererseits Ausdruck eines besonderen Persönlichkeitsbewusstseins ist, dass keineswegs von einer Fahrt zum Licht gesprochen werden kann und dass es keine träumerischen, ekstatischen oder schwärmerischen Elemente enthält.“ (Pfeiffer 1975, 173) Träumerische und schwärmerische Elemente kann auch ich nicht in der Philosophie des Parmenides finden, ekstatische schon. Dazu Schadewaldt zu Parmenides: „Was zumal die Erkenntnis dieses Mannes angeht, ... so ist sie stark von einer solchen Ekstatik durchdrungen.“ (Schadewaldt 1978, 317)

255 Pfeiffer folgert, „dass das im Prooimion Dargestellte kein authentisches Erlebnis ist, sondern in seiner Ausformung literarische Fiktion. Damit wird das Prooimion jedoch nicht zu einer bloss schmückenden Einkleidung, sondern stellt ... die Ausgestaltung einer lebendigen persönlichen Erfahrung unter Verwendung epischen Sprach- und Motivgutes dar“ (Pfeiffer 1975, 149).

experience" heraus (Guthrie 1965, 12).[256] Schmitz fand als weitere Zeugnisse in der späteren Literatur die Schilderung einer vergleichbaren Erfahrung bei Goethe und Mach[257], wies auf die Parallelen zu indischen Vorstellungen hin (Schmitz 1988a, 60 f.)[258] und führte auch das *dao* der alten Chinesen an(s. u.). Er kam zu dem Ergebnis: „Aletheia und Doxa sind die beiden Seiten im Weltbild des Parmenides, und zwar ist Aletheia die Seite der Mach-Erfahrung, die sich dem Parmenides als von einer Göttin nach magischer Reise gespendete Erleuchtung darstellt, Doxa die Seite der gewöhnlichen Weltanschauung, der er durch die ‚Mach-Erfahrung' entrissen ist." (Schmitz 1988a, 24)

Das Sein und der Leib

Die hinter dem parmenideischen *to eon* verborgene Erfahrung des Seins ist nur aus einer Leibperspektive heraus als erlebbare Wirklichkeit verständlich. In ihr werden die Grenzen der Enge des Leibes überschritten, die Weite dehnt sich aus, und der Raum wird mit einer Dichte erfüllt, die als Moment zeitloser Gegenwart keine Abhebung einzelner Bestrebungen oder Gedanken mehr gestattet. Riezler versuchte sich der Seinserfahrung mit dem Begriff „Zuständlichkeit" zu nähern (Riezler 1976, 47). Held faßte es als die „flexionslose Dimension der einzigen Gegenwart" (Held 1980, 541).[259] Ähnlich

256 Dazu Bormann: „Der Aufstieg hat religiösen Charakter und ist von Parmenides als religiöse Erfahrung erlebt worden." (Bormann 1971, 62) Und Coxon: „his first achievement of a state of philosophic illumination" (Coxon 1986, 17). West sprach (mit Bezug auf Bowra, Jaeger, Verdenius und Fränkel) vom „Being" des Parmenides als „not derived from cold deduction but from a direct perception, a mystical experience" (West 1971, 222). Etwas vorsichtiger Bowra: „something akin to a mystical experience" (Bowra 1937, 98). Schließlich Kenig-Curd: „something beyond the scope of usual experience" (Kenig-Curd 1991, 250).

257 Zu Goethe s. Schmitz (1959, 154 u. 1965, 79f.). S. a. Mach (1922, 24). Reinhardt machte auf Schopenhauer und die Musik aufmerksam und sprach von den „metaphysischen Zusammenhängen, die sich plötzlich offenbart zu haben scheinen" (Reinhardt 1959, 79f.). Er wehrte sich aber dagegen, daß die „Idee des Absoluten" aus einem „religiösen Erlebnis" entstanden sei. (Reinhardt 1959, 255) Zu Kritik an einer solchen Position und zu weiteren Beispielen s. Rappe (1993, 408).

258 Zu Parmenides und indischer Philosophie s. a. Reinhardt (1959, 65, 153 A. 1). Einen Vergleich von Parmenides mit Buddha zog Fränkel, der bezüglich der „ähnlichen Erlösung vom Weltgeschehen" allerdings einen Unterschied darin sah, daß Buddha „sie durch angespannte Versenkung so gut wie kampflos" erreicht haben soll, wo hingegen bei Parmenides „die Reise stürmisch, der Durchbruch dramatisch" gewesen sei (Fränkel 1955c, 162 A. 2). Zum Vergleich von Parmenides mit Buddha s. a. die terminologisch etwas unpräzise Aussage von Scott Austin. Er verwies weiter auf Nietzsches „ewige Wiederkehr" im „Zarathustra", aber nicht auf den Abschnitt „Mittag" (Austin 1986, 143—145). Diesen erwähnte Boeder: „Eine in vieler Hinsicht vergleichbare Erfahrung kommt wieder in Nietzsche's ‚Zarathustra' (IV) zur Sprache und zwar in dem Abschnitt, der überschrieben ist: ‚Mittags'." (Boeder 1962, 120 A. 9) Zu Nietzsches „Zarathustra" Teil 4, Kapitel „Mittags" und dem „Jahrmillionen dauernden Schlaf Vishnus" s. Schmitz (1965, 83). Zum „Nirvana als Wonne ohne Subjekt und Empfindung bestimmt" s. Schmitz (1977, 93f.).

259 Held: „Demnach ist das Seiende nicht räumlich im Sinne des Innerräumlichen, sondern als das umfassend Einräumende selbst, anders gesagt: nicht als Ort im Raum, sondern als der Ort aller Orte."

sprach auch Hölscher von der göttlichen Offenbarung des Parmenides als der „Vision des vollkommenen Seienden" (Hölscher 1968, 101). In ihr drängte sich dem Parmenides „das Seiende als großer Leib" auf, „von einzigartiger Vollständigkeit, die ihm durch enorme Festigkeit (4, 2) – die Grundlage der Unzerlegbarkeit (8, 22), Unverrückbarkeit (8, 38) und Unversehrbarkeit (8, 48) – ein zitterfreies Sein verschafft, das aber von energischen, nur völlig ausbalancierten Spannungen durchzogen ist und insofern dynamische Stabilität besitzt" (Schmitz 1988a, 60f.).

Auch Finkelberg hatte den Sachverhalt einer außergewöhnlichen Erfahrung erkannt, nur fand in dieser keine Identifikation des Menschen mit der Göttin statt.[260] Daß die *daimon* über Selbstwahrnehmung verfügen oder der Körper der *daimon* das Universum sein soll, erscheint zwar phantasiereich, ist aber textlich nicht zu belegen. Ebenso zweifelhaft sind Jochen Schlüters Bemühungen, aus der Göttin eine Schöpfergottheit zu machen.[261] Bei Parmenides von einem Demiurgen zu sprechen, ist ein Anachronismus, den schon Classen nicht hinnehmen wollte. Zwar könne das Sein als eine Art großer Leib angesehen werden, doch wäre es falsch, daraus herleiten zu wollen, das Universum sei als ein großer Mensch gedacht (Classen 1986, 6). Eine anthropomorphe Kosmostheorie führt in die Irre. Parmenides projizierte nicht einfach von einem Mikro- auf einen Makrokosmos. Bei ihm hob sich die Grenze zwischen Leib und Welt auf, indem sie gleichsam an den Rand verschoben wurde, wodurch das Sein seine Vollendung erhielt. Sein einmaliger Ausnahmezustand führte in ein Erleben von Einheit, das jede Trennung des Seienden vom Seienden gerade ausschloß; also keinen Raum für eine Parallele von Mikro- und Makrokosmos bot.

Die philosophisch entscheidende Verarbeitung dieser Leiberfahrung war für Parmenides die Prägung des Ausdrucks „das Seiende", mit dem er gleichsam „einschnürend" die ganze Fülle der Welt in einem Begriff zusammenfaßte, sie ergriff und in eine Form brachte. Der Ausdruck *to eon* taucht Fr. 8. 32 zum ersten Mal auf.[262] „Das Seiende" unterscheidet sich sowohl von dem einfachen und beliebigen Seienden der Dinge (*eon*), mit dem es nach Fr. 8. 25 angefüllt ist, als auch von dem Nicht-Seienden (*me-eon*), von

---

(Held 1980, 537) Zum phänomenologisch-anthropologischen Zusammenhang der „Weite des Leibes" und der „Weite des Raumes" s. den „Hauptsatz der Lehre vom Raum" bei Schmitz: „Die maßlose Weite des Raumes ist die eigene Weite jedes menschlichen oder tierischen Leibes." (Schmitz 1967, 206)

260 Dazu Finkelberg: „Thus the cosmic deity whose ‚body', i. e. the universe, is the mixture of the two ‚forms' – light and darkness, knows itself as unchangeable Being." Und: „The deity's cognition is always self-cognition." Sowie: „The mortal grasps the divinity as his own self in an apparently mystical experience. ... through his own self the mortal cognizes the self of deity, i. e. cognizes the universe as unspecified existence, Being." (Finkelberg 1986, 406f.)

261 Dazu Schlüter: „Parmenides scheint, soweit ich sehe, der erste gewesen zu sein, der so etwas wie einen Demiurgen kennt. Die Elemente Licht und Nacht entsprechen der Materie der späteren Zeit." (Schlüter 1979, 379 A. 178)

262 Das *to pelein* in Fr. 6.8 ist nicht die erste Stelle, denn wie Pfeiffer und Schmitz darlegten, darf das *to* nicht als Artikel, sondern muß als Demonstrativpronomen verstanden werden (Pfeiffer 1975, 166 u. Schmitz 1988a, 168f.).

dem nach Fr. 8. 8f. nicht mal gesagt werden kann, daß es das nicht gibt. Es hebt im Gegensatz zu den beiden sich gegenüberstehenden Aspekten das Moment der umfaßten Ganzheit hervor. Mit Hilfe des Artikels *to* wurde ein neuer Ausdruck geschaffen, *to eon*, der das Beliebige und Viele mit einer Grenze umgriff, die der Dynamik des Vorgangs eine trügerische Statik verlieh. Trügerisch insofern, als das Sein nicht schlaff und entspannt in seinen Grenzen ruhte, sondern über eine Intensität verfügte, die spannungsgeladen und dicht den Begriff gleichsam ausfüllte. Schmitz schilderte den Vorgang der Vergegenständlichung so: „Schon 8,14 und 8,26 war von Fesseln die Rede, aber noch nicht davon, daß sie sich rings um das Ganze einschnürend herumziehen. Erst dadurch ist ausgemacht, daß dieses Ganze in einen Rahmen gebracht und als Gegenstand fixiert werden kann. Die sprachliche Prämie dieser Errungenschaft ist die Anwendbarkeit des bestimmten Artikels auf das Ganze: ‚das Seiende'." (Schmitz 1988a, 103)

Indem Parmenides seiner Erfahrung einen Namen gab[263] und den von Zwang (*ananke*) gebundenen, unzerreißbaren Zusammenhang des Seins nicht nur von Bändern (*desmoi*), sondern in Analogie dazu auch von einer begrifflichen Grenze eingeschnürt sah, schuf er eine Einheit, die den Menschen dem sprachlosen Staunen entriß, indem sie terminologisch die verschiedenen Phänomene ganzheitlich umspannte. Damit ging er über Anaximenes hinaus, der zwar als erster ein einheitliches kosmologisches System entwickelte, aber keinen Begriff einer abgezirkelten Einheit kannte. Sein *aer* ähnelt in dieser Hinsicht eher dem *apeiron* des Anaximander.[264] Die Betonung der Grenze durch Parmenides läßt sich weder bei Anaximander noch bei Anaximenes finden.

Der Leib als zitterfreies, aber ausbalanciertes Sein befand sich in einem Zustand der Festigkeit und des Zusammenhangs, den Parmenides als ein „dicht an dicht gedrängtes Seiendes" beschrieb. In diesem eingefaßten und vollgeladenen Spannungsfeld war der Kohärenzdruck so groß, daß sich auch die zwei Kräfte bzw. die damit verbundenen namentlichen Ordnungen nicht mehr abhoben. Die „Gestalten" wurden erst in der *doxa* als Namen an dies und das verteilt. Ihnen stand der unzerreißbare Zusammenhang des Seienden gegenüber, wie er von der Göttin beschrieben wurde. Dieser „Monomorphismus" der Göttin meint den Zustand „dynamischer Gleichförmigkeit", nämlich ein extrem in sich selbst gespanntes Sein, das „von der Mitte her" durch ein „überall verbreitetes Gleichmaß an Kraft" charakterisiert wird (Fr. 8. 44).[265] Schmitz sprach von der „dynamischen Ausgeglichenheit des Seienden im Ganzen, zu dem es nichts Äußeres mehr gibt" und sah im Begriff *isopales* (Fr. 8. 44 u. 8. 49) einen „Hinweis auf ein aus-

263 Das darf nicht im Sinne Woodburys verstanden werden, der meinte, „that Parmenides' holy mystery is the reality of a name" (Woodbury 1958, 157).

264 Guthrie hob hervor, wie wichtig das Bild der Grenze für Parmenides war und vermutete darin eine Reaktion auf Anaximanders *apeiron*, dem „Grenzenlosen" (Guthrie 1965, 37f.). Zu Ähnlichkeiten zwischen Parmenides und Anaximander s. a. Fränkel (1955c, 189–197) und Sweeney (1972, 142f.).

265 „Die Gleichheit gemäß 8, 49 beugt also der Verletzung vor, und das kann nur eine dynamische Gleichheit sein, eine überall vollständige Ausgewogenheit der Kräfte im Seienden, die sowohl einem Einbruch von außen an schwachen Stellen des Ganzen vorbeugt, als auch einer Umwälzung im Inneren, wobei Stärkeres sich gegen Schwächeres durchsetzen könnte." (Schmitz 1988a, 112)

gewogenes Spiel konkurrierender, ja ringender Kräfte im wahrhaft Seienden" (Schmitz 1988a, 111ff.).[266]

Eine an diese Seinsvision des Parmenides erinnernde Beschreibung gab Hegel, als er von der „einfachen Unendlichkeit" sagte, sie sei „allgegenwärtig durch keinen Unterschied getrübt noch unterbrochen", der „absolute Begriff" oder das „einfache Wesen des Lebens", das „vielmehr selbst alle Unterschiede ist, so wie ihr Aufgehobensein, in sich pulsiert, ohne sich zu bewegen, in sich erzittert, ohne unruhig zu sein" (Hegel 1973, 132). Schmitz bezeichnete die Charakterisierung des Erzitterns und Pulsierens ohne Unruhe als eine „Lieblingsmetapher Hegels" (Schmitz 1992a, 227)[267] und brachte weitere Belege für die Häufigkeit des Bildes, das durch das Motiv einer Achsendrehung verstärkt wird, wobei sich aber Mittelpunkt und Umkreis nicht mehr unterscheiden, sondern in einer bewegungslosen Bewegung zusammenfallen (Schmitz 1992a, 190, A. 179).

Ähnlichkeiten zwischen Hegel und Parmenides fielen auch Ernst Tugendhat auf. Er glaubte, der „Hegelsche Terminus ‚das Sein'" passe „genau auf die parmenideische Seinskonzeption" und meinte, daß die Ausdrücke Sein und Nichts „aus parmenideischer Sicht geradezu gleichbedeutend werden und in die Hegelsche Formel übergehen" (Tugendhat 1970, 148f.). Ob eine solche Überführung der beiden philosophischen Konzeptionen tatsächlich sinnvoll möglich ist, ob sich hinter diesen Bildern Hegels eine mit der Ursprünglichkeit und Wucht des Parmenides vergleichbare Seinserfahrung verbirgt, darf allerdings bezweifelt werden.[268] Während diese bei Parmenides dessen gesamte Philosophie bestimmt, die geradezu um sie herum aufgebaut ist, liegt bei Hegel das Schwergewicht auf seiner Dialektik bzw. dem satzsinngleitenden Vermitteln der Gegensätze. Von einer Vermittlung zwischen Gegensätzen ist bei Parmenides aber keine Rede.

---

266 Zu *isopales* s. a. Tarán: „from the middle everywhere of equal strength" (Tarán 1965, 145f.). Irreführend Coxon: „equally poised" (Coxon 1986, 214) sowie Bormann: „Das Seiende ist gänzlich unbewegt, in ihm gibt es auch kein ausgewogenes Kräftespiel." (Bormann 1971, 177) Schlüter wandte sich gegen den Ausdruck „gleichgewichtig", weil „das Sein kein Gewicht" habe. Er kritisierte Mourelatos (1970, 124) und Guido Calogero (1970, 25,27), da wegen der „Unbewegtheit" die Übersetzung „mit einer Bewegungsmetapher unwahrscheinlich" sei. Schließlich kam er mit „gleichstark" zu einer korrekten Lösung, doch bog er dann vollkommen ab und meinte, dieses bezöge sich auf den „Radius des Seienden", denn „von der Mitte aus ist es überallhin gleich stark". Er ergänzte: „Das Seiende ist vom Mittelpunkt aus gesehen überallhin gleich ‚dick', es hat überall den gleichen Abstand zur Peripherie." (Schlüter 1979, 257f.) Das meinte Parmenides nicht.

267 Und weiter: „eine Bewegung, die als bloßes Kreisen oder Schwingen in sich nicht von der Stelle kommt, dient zur Veranschaulichung der Reflexion des absoluten Unterschieds, die bloß den Weg von sich zu sich als dem Anderen seiner selbst durchläuft und daher, im Selben verharrend, so wenig aufgehalten werden kann, daß ihre Unruhe, gleichsam unendlich schnell, von Ruhe nicht zu unterscheiden ist." S. a. Schmitz (1992a, 268). Vgl. a. Parmenides Fr. 5 bei Schmitz (1988a, 133).

268 S. a. das Ergebnis von Gerold Prauss: „Die spezifische Einheitlichkeit der Parmenideischen Philosophie opfert Hegel interpretierend auf zur Erhaltung und Bestätigung der Einheitlichkeit des eigenen Systems, das er interpretierend voraussetzt." (Prauss 1966, 285) S. a. Austin (1986, 148f.).

Der Dualismus des Parmenides

Bei Parmenides steht eine starre Kluft zwischen der Wahrheit und dem Schein, *aletheia* und *doxa*, die nur durch eine außergewöhnliche Erfahrung – keinesfalls durch Hegelsche Dialektik oder geschicktes Satzsinngleiten – und nur dank einer Initiation durch eine Göttin überwunden werden konnte. Innerhalb der *doxa* spiegelt sich dieser Gegensatz in den zwei Gestalten (*demas* oder *morphas*) von Licht und Nacht. Diese beiden Formen (*morphas*) deuten auf eine Anaximenesrezeption hin.[269] Schmitz stellte fest: „Parmenides und Anaximenes stimmen auch darin überein, daß sie das Feuer und das Warme mit dem Entspannten, Geschmeidigen (vulgo Dünnen) verbinden, das Kalte aber mit dem entgegengesetzten ‚Dichten', vielmehr Schwerfälligen und spannungsvoll sich Verschließenden." Deshalb vertrat er die These, „daß Parmenides die beiden gegensätzlichen Prinzipien der Doxa nach fr. 8, 53–59 und fr. 9 von Anaximenes übernommen" habe oder „durch diesen zu ihrer Aufstellung wenigstens angeregt worden" sei. Damit bestehe sehr große Wahrscheinlichkeit, „daß die gesamte Doxa-Wissenschaft ab 8, 51 weitgehend durch Spuren einer frühen Anaximenes-Rezeption auf Seiten des Parmenides geprägt" worden sei. Die Kritik der Göttin, von der Parmenides eingeweiht wurde, beziehe sich demnach zumindest auch auf die Aufstellung bei Anaximenes, allerdings, und das ist das Besondere, „abzüglich seines Dogmas einer nach beiden Richtungen sich differenzierenden Luft". Dadurch komme es zu dem „krassen Dualismus der beiden gegensätzlichen Gestalten, die vom Weltbild des Anaximenes" übrigblieben, wenn man die Luft wegnähme (Schmitz 1988a, 200ff.).

Damit fand eine Transformation der ursprünglichen Auffassung von Polarität statt, die von dem ohne einheitliches Prinzip verbundenen ‚Urelternpaar' Himmel und Erde in Hesiods Theogonie über die polaren Modifikationsrichtungen des *aer* bei Anaximenes hin zum krassen Dualismus des Parmenides verlief. Diese Beziehungen verkannte Mansfeld, als er meinte: „Während bei Anaximenes der Urstoff Luft die Gottheit ist, sind die Elemente des Parmenides keine göttlichen Prinzipien, sondern eben Prinzipien, die einem Daimon, der über ihnen steht, untergeordnet sind." (Mansfeld 1964, 200) Doch der Vergleich ist schief, denn die zwei Prinzipien des Anaximenes, die mit denen des Parmenides bestens korrespondieren, sind dem *aer* ebenfalls in gewisser Weise „unterworfen". Daß sie göttlich sind, sagt Anaximenes genausowenig wie Parmenides. Dies waren sie explizit nur bei Hesiod. Wenn Parmenides und Anaximenes gewinnbringend miteinander verglichen werden sollen, dann entweder, indem man die jeweiligen polaren Kategorien betrachtet, die sich nur darin unterscheiden, daß bei Parmenides zwischen Licht und Nacht keine Vermittlung wie bei Anaximens zustande kommt, oder indem man die basalen Prinzipien *aer* und *to eon* gegenüberstellt; und hier gibt es merkliche Unterschiede. Bei Anaximenes sind die beiden Prinzipien Modifikationen des

269 Zu den Vorbildern für die beiden „Formen" oder „Gestalten" siehe mit Bezug auf Boeder (1962, 125), der schon auf Anaximenes verwies, Bormann (1971, 136). V. Fritz behauptete, daß die „Sinnesqualitäten" des Parmenides den „Gegensätzen" bei Anaximenes nahestehen (v. Fritz 1986, 313).

aer, wohingegen bei Parmenides zwischen *aletheia* und *doxa* eine Kluft besteht, die es nicht ermöglicht, Licht und Nacht ohne weiteres auf „das Seiende“ zurückzuführen und als dessen Abwandlungen zu betrachten. Es fehlt ein vermittelnder Übergang bei Parmenides; seine Gestalten sind als Gegensätze klar voneinander geschieden (8. 55–59). Beide Formen können sich zwar mischen, aber nicht so, daß sie ihre Selbständigkeit aufgeben würden – sie verbinden sich in Form einer *mixis*, nicht als *krasis* (s. u.) (Schmitz 1988a, 51f.).[270] Was sie mit dem anaximenischen Paar gemeinsam haben, ist die Tatsache, daß sie, um es mit den Worten von Kurt Riezler zu beschreiben, „Qualitäten vor allen Dingen und Dingentwürfen“ sind, nämlich „Mächte des Daseins“, die „das Innen wie das Außen durchwalten“, und zwar „vor aller Trennung in Subjekt und Objekt“ (Riezler 1976, 62). Genauer ließe sich anstelle von „Qualitäten“ von „Kräften“ (*dynamis*) sprechen, was Riezler mit dem Hinweis auf die „Mächte des Daseins“ praktisch tat. Er erkannte, daß keine feste Grenze ihres Wirkungsbereichs gezogen werden kann, daß sie also nicht nur im Kosmos oder nur im Leib tätig gedacht waren, sondern beide gleichermaßen als Wirkungsfelder beanspruchten. Daraus folgt, daß bei Parmenides genausowenig von einer Mikro-Makrokosmos-Lehre gesprochen werden darf wie bei seinen Vorgängern. Auch Held stellte sich klar dagegen, daß ein „Vollzug“ des unterscheidenden Bestimmens „sich gewissermaßen nur im menschlichen Inneren abspielen“ sollte, denn „dieses ‚Innere‘ des Vollzugs und die ‚Außenwelt‘ des Vorliegenden“ ließen „sich hier noch nicht unterscheiden“ (Held 1980, 561). Deshalb ist es riskant, die beiden Formen auf den menschlichen Leib als eine Art Mikrokosmos oder Innenwelt zu beziehen, wie das von vielen Interpreten besonders in Hinblick auf Fr. 16 getan wurde (s. u.). Die Prinzipien wirken auf beide ohne klare Grenze zwischen Leib und Welt.

Eine weitere Besonderheit gegenüber Anaximenes besteht darin, daß Parmenides Licht und Nacht nicht als ontologische, sondern als „universale Prinzipien konzipierte“ und zu Namen erklärte, „die an dies und das vergeben worden sind“ (Schmitz 1988a, 47). Damit erscheinen sie einmal als wirksame, das Sein durchziehende Formen und Gestalten, sind aber zum anderen auch Bezeichnungen und bilden als solche die basalen Kategorien des Klassifikationssystems der *doxa*. Die Gestaltauffassung sollte nach Schmitz nicht als grob-körperlich mißverstanden werden, denn die einzelne Form ist jeweils als „raumerfüllende Kraft“ zu denken, „die den von ihr beherrschten, u. a. körperlichen, Dingen das Gepräge gibt“.[271] Dabei gilt es zu beachten, daß, wie die Kritik der Göttin zeigt, der Irrtum der Sterblichen in dem Glauben besteht, mit den Namen wären vom Sein unabhängige und selbständige Dinge gegeben.[272]

270 S. a. Deichgräber (1958, 61).

271 Dazu Reinhardt: „Die Prinzipien sind rein phänomenologisch ..., aber es wird mit diesen Prinzipien umgegangen, als seien es physikalische Substanzen.“ (Reinhardt 1959, 18f.) Zu den Gestalten s. a. Heitsch (1974, 68), Mansfeld (1964, 148) u. Bormann (1971, 137).

272 Dazu Schmitz: „Der 8, 54 gerügte Trug besteht darin, daß gewisse Sterbliche alle Dinge ‚Licht und Nacht‘ genannt und diese beiden Gestalten (8, 53) gemäß deren Kräften (9, 2) an dies und das als Namen verteilt haben.“ (Schmitz 1988a, 112)

Die dynamisch-nominelle Gestaltauffassung des Parmenides erinnert ferner an das Feuer bei Heraklit.[273] Zwar ist bei Parmenides das Feuer „nach allen Seiten hin“ mit sich selbst identisch und gleicht in diesem Aspekt sowohl dem Sein als auch dem Feuer Heraklits, doch „wendet“ es sich nicht wie bei Heraklit, schlägt nicht um in Nacht, sondern vermischt sich mit dieser nur in Form der *mixis* (Schmitz 198a, 45). Weder dem Feuer noch dem Sein des Parmenides ist ein Umschlagen möglich, beide stehen jeweils getrennt der Nacht und der *doxa* gegenüber. Die Gegensatzpaare bei Heraklit unterscheiden sich von den Modifikationsrichtungen des Anaximenes durch ihre spezifische Zusammenspannung und ihr Umschlagen ineinander, das auch den beiden Formen des Parmenides fehlt. Parmenides und Heraklit ähneln sich darin, daß jeweils ein dualistisches Modell vorliegt. Bei Hesiod und Anaximenes stehen die Paare eher in einem polaren Verhältnis. Bei Heraklit vermittelt der Tausch. Diese Vermittlung unterscheidet sich von der bei Anaximenes in der Heftigkeit. Trieb Heraklit seine polaren Aspekte weiter auseinander als Anaximenes, bei dem sie durch den *aer* verbunden waren und ineinander übergingen, so trennte und isolierte sie Parmenides radikal. Diese drastische Trennung der beiden Gestalten zu einem krassen Dualismus führte zu einer weiteren Veränderung. War bei Anaximenes das „Dichte“ ein Zusammenballen des *aer* und so durch eine zentripetale Tendenz, durch pressende und engende Spannung, ausgezeichnet, so fehlt diese der Nacht bei Parmenides, denn dort ist sie als das Dichte nur noch kompakte, schwerfällige und sperrige Masse (Schmitz 1988a, 45f.). Es deutet sich die Tendenz zum spannungsvollen Verschließen gerade noch an, doch steht der Aspekt der Undurchdringklichkeit mehr im Vordergrund. Das Feuer dagegen wird bei Parmenides besonders durch seine zentrifugale Kraft charakterisiert. Es erhält gleichsam in dem Maße mehr an Dynamik, wie diese der Nacht abgeht, erreicht aber nicht den Stand eines Seinsprinzips, den es bei Heraklit einnimmt. Der Unterschied zwischen Feuer und Sein bei Parmenides besteht wiederum darin, daß das Feuer nur durch seine expansive Bewegung gekennzeichnet ist, während das Sein auch die zentripetale Tendenz des einschnürenden Umfaßtwerdens (8. 30ff. u. 42f.) kennt und von allen Seiten her vollendet ist, nicht nur nach allen Seiten hin identisch, wie das Feuer. Zwar spannt der *aer* bei Anaximenes Kosmos und Mensch zusammen, doch nicht in Form einer abgezirkelten Einheit, sondern eher (an das Anaximandrische *apeiron* erinnernd) als eine Unterlage. Diese korrespondiert allenfalls mit dem dicht an dicht gedrängten „Sein“ des Parmenides. Von dem wird sie aufgenommen, umgrenzt und bildlich gesprochen mit einem Band zu einer Art „Paket“ verschnürt (Fr. B 8, 26: *en peirasi desmon*). Damit tritt eine historische Entwicklung hervor, die vom negativ bestimmten „Unterlagemonismus“ (s. o.) zum positiv bestimmten „morphotischen Monismus“

273 Dazu Schmitz: „Ferner ist das ewig-lebendige Feuer nach Heraklit fr. 30 Äquivalent aller Dinge (fr. 90), also nicht ein besonderer Körper neben ihnen, zieht sich aber durch alle hindurch wie oder als Gott, dem alle Gegenteile als namengebende Modi zukommen (fr. 67). Auch Parmenides bemüht in fr. 9 die Namengebung, um die dynamische Raumerfüllung und Gegenwart der Prinzipien in den Dingen nicht als grob körperliche hinstellen zu müssen.“ (Schmitz 1988a, 274)

(Schmitz) hin zum dynamischen „Tauschmonismus“ (s. o.) des Heraklit auf der einen und dem „Paketmonismus“ (Schmitz) des Parmenides auf der anderen Seite verläuft.

Die so entstandene spezifische Form der parmenideischen Einheit darf nicht als ein „materieller Monismus“ verstanden werden.[274] Jonathan Barnes hatte zwar mit Erfolg den „elephant of monistic orthodoxy“ zu Fall gebracht, ging aber selber etwas zu weit, als er Parmenides eine monistische Sicht absprach (J. Barnes 1979, 21). Deshalb wurde er von Schmitz und Kenig-Curd dahingegehend berichtigt, daß zwar nicht von einem materiellen oder numerischen Monismus gesprochen werden kann, daß aber trotzdem ein abgewandelter, nämlich ein „Paketmonismus“ nach Schmitz (1988a, 104ff.)[275] oder ein „predicational monism“ (ein ähnlicher Begriff) nach Kenig-Curd vorliegt.[276] Kenig-Curd betonte, daß Parmenides keine Pluralität ausschloß (Kenig-Curd 1991, 242f.).[277] Nicht ganz schlüssig ist ihre Interpretation jedoch dort, wo sie von einer „internal homogeneity of being“ sprach, denn sie stützte ihre These auf Fr. B 8, 4, übernahm dabei aber die von J. R. Wilson zurückgewiesene Lesung *monogenes* in der Übersetzung von „of a single kind“ (Kenig-Curd (1991, 256f.). Wilson hatte hervorgehoben, daß der Begriff mit dem eine Zeile vorher auftauchenden *ageneton* (ungeworden) nicht in Übereinstimmung zu bringen sei (Wilson 1970, 32ff.). Allerdings konnte Schmitz die Lösung Wilsons, der *monomeles* (eingliedrig) benutzen wollte, nicht akzeptieren. Er bevorzugte den Begriff *holomeles*, „ganzgliedrig“, der auf eine Analogie zum Leib hindeute, dessen Glieder zu einem Ganzen (*holomeles*), aber nicht zu einem Glied (*monomeles*) zusammengefaßt wurden (Schmitz 1988a, 57ff.). Schmitz gelang es ferner, auch dem Schluß von B 8. 4 eine einleuchtende Fassung zu geben. Er zeigte, daß Parmenides das Sein vom leiblichen Erleben einer erhöhten und zusammenhaltenden

274 Z. B. von Burnet: „Die Theorie des Parmenides ist nur das unvermeidliche Ergebnis eines materiellen Monismus“ und weiter: „Parmenides ist nicht, wie einige gesagt haben, der ‚Vater des Idealismus‘; im Gegenteil, aller Materialismus hängt mit seiner Anschauung der Wirklichkeit zusammen.“ (Burnet 1913, 166ff.) Ingenkamp sprach von der „materialistisch-monistischen Erkenntnislehre“ (Ingenkamp 1975, 57). Bormann: „Da das Seiende in räumliche Grenzen eingeschlossen ist, ist es materiell; denn ein immaterielles Seiendes kann nicht räumlich begrenzt sein.“ (Bormann 1971, 181) Doch einen Materiebegriff kannte Parmenides nicht. Zur Kritik an Bormann s. a. Held (1980, 509) u. Rappe (1993, 409 A. 83).

275 Man vergleiche auch den „Paketmonismus“ des Parmenides mit Hegels bei Schmitz unter 4.2.1.6 besprochener „indefinit-unvermittelten Pluralisierung der Substanz, die als Einheit durch kompakte Solidarität erhalten bleibt“ (Schmitz 1992a, 295).

276 Den Ergebnissen von J. Barnes ablehnend gegenüber stand Finkelberg, der eine Doppelkonstruktion bei Parmenides zu erkennen glaubte. Neben dem „monistic concept of Being“ postulierte er „yet another monistic concept, that of Fire“. Und weiter: „The definition of the Parmenidean conception of Fire ... is a material monistic doctrine in which the material principle, Fire, is formally replaced by Being but remains an operative idea.“ (Finkelberg 1988, 5 u. 7) Die Darlegungen des Parmenides über das Feuer sind aber keine „material monistic doctrine“, und sein Feuer selber ist kein „material principle“.

277 Mackenzie hatte für einen „strong monism“ und gegen Pluralität bei Parmenides plädiert, allerdings ohne auf J. Barnes einzugehen (Mackenzie 1982, 1ff.).

Spannung her deutete,[278] und übersetzte B 8. 4 so, daß dort „das Sein" als „allein ganzgliedrig", „zitterfrei" und „gespannt" charakterisiert wurde. Hier kommt die Projektion des leiblichen Erlebens auf kosmische Zusammenhänge besonders deutlich zum Ausdruck. Das „gespannte, zitterfreie" Gefühl des Leibes vereint dessen Glieder so innig zu einem Ganzen, daß sich auch das Sein von „integraler, lückenloser leiblicher Beschaffenheit" zeigt (Schmitz 1988a, 59). War schon bei Anaximenes erkennbar, daß die leibliche Spannung als zusammenhaltende Kraft eine große Rolle bei der Konstruktion seines Systems spielte, so ist diese bei Parmenides noch durch *kratere ananke*, „harten Zwang" (8. 30), verstärkt. Geht man davon aus, daß hier die kosmischen Verhältnisse das leibliche Erleben spiegeln, so zeigt sich nach Schmitz, daß Parmenides durch ein erhöhtes spannungsvolles Leiberleben zu seiner Konzeption der Grenze und des Seins geführt wurde. Das sich in der Erfahrung der Initiation aufdrängende außergewöhnliche Leiberlebnis hob die Grenze zwischen Leib und Welt auf, indem es sie auf das Sein als Ganzes verschob. Dadurch zeigte sich das *eon* als auskristallisierte Bewegung, voll der berstenden, nur durch harten Zwang gebändigten Spannung, als ein scheinbarer Stillstand, Höhepunkt und Grenze des Wandels, als ein Moment der vollendeten Gegenwart ohne Herkunft und ohne Zukunft.

Das zitterfreie Herz

Im Proömium versprach die Göttin, Parmenides solle nun sowohl die „wohlgerundete Untrüglichkeit" des „zitterfreien Herzens" erfahren als auch die Meinungen der Sterblichen, denen keine verlässliche Wahrheit innewohnt.[279] Daß es sich bei diesem Herzen (*etor*) weder um das naturwissenschaftliche Substrat noch um eine „Organempfindung" handelt, wurde bei Homer hinreichend erörtert. Es ist der Regungsherd gemeint, der sich aufdrängt, wenn man ängstlich und aufgeregt ist, wenn einem „das Herz im Leibe klopft" oder gar „zerspringen" will. Man kann sich dann entweder aufraffen und standhalten oder kopflos die Flucht ergreifen. Diese beiden konträren Alternativen waren schon für Homers *etor* charakteristisch, und Schmitz sah beim *etor* des Parmenides ebenfalls eine „Regung des nach zwei Seiten offenen Reagierens in einem kritischen Augenblick leiblich intensiv spürbarer Überwältigung durch eine unerwartete Situation" sowie „darüber hinaus die Disposition zu einer solchen Regung und dem von ihr vorgezeichneten Verhalten" (Schmitz 1988a, 56). Das kennzeichnende Symptom für ein in Kopflosigkeit übergehendes Herz war bereits für Homer das Zittern. Das entgegengesetzte Verhalten, also ein mutiges „In-die-Welt-Blicken", ein Sinn von „unerschütterlicher Festigkeit", der einen „den Kopf hochhalten" läßt und dem Schicksal „die Stirn bietet", charakterisiert das „zitterfreie Herz". Die „wohlgerundete Untrüglichkeit", die Parmenides durch die Auffahrt zur Göttin erfährt, setzt ein solches „zitterfrei-

278 Anstelle von *ateleston* ist *atenes t' on* zu lesen.

279 Fr. 1, 29: *aletheies eukukleos atremes etor* = „der wohlgerundeten Untrüglichkeit zitterfreies Herz" (Schmitz 1988a, 54).

es Herz“ voraus und ist gleichzeitig das Resultat der Begegnung. Es besteht eine innige Verbindung zwischen Wissen und Erkennen, die schließlich in einen Zustand der Untrüglichkeit und dem Spüren der Leibinsel Herz münden. Deshalb ist es zu vage, mit Mansfeld zu behaupten, das Herz sei hier „völlig bildlich“ gemeint (Mansfeld 1964, 157). Das ist es nicht, da es ganz konkret als eine leibliche Regung gespürt wurde und speziell den Ort im Leib bezeichnet, an dem diese Regung ansetzt. Ähnlich zweifelhaft ist Mourelatos Übersetzung des „unshaking“ *etor* mit „spirit, soul, mind, temper“, denn es ist durch und durch leiblich, ein Gesichtspunkt, der verlorengeht, wenn er von einer „strange mixture of psychological and geometric imagery“ spricht (Mourelatos 1970, 155). Brauchbarer ist sein Hinweis auf ein „emotive-volitional word“, denn die im Begriff *etor* zum Ausdruck kommenden Gefühle und Willensregungen sind teils offenkundige und heftige – teils weniger offensichtliche leibliche Reaktionen, die im weitesten Sinne unter die Rubrik emotional-willentlich fallen. Abwegig erscheint aber die Vorstellung von Heitsch, der im *etor* das „unerschütterliche Herz der wohlüberzeugenden Evidenz“ sah und behauptete: „‚Unerschütterlich‘ ist das Herz der Evidenz, weil, was einmal als logisch stringent erkannt ist, durch keine Macht der Welt umgestoßen und außer Kraft gesetzt werden kann.“ (Heitsch 1974, 81 u. 137) Doch Parmenides denkt nicht an logische, sondern an göttliche Wahrheit. Die Unerschütterlichkeit bezieht sich nicht auf den abstrakten Vorgang einer rationalen Erkenntnis. Statt dessen beschreibt sie die leibliche Haltung des Gefestigtseins, mit der man dem Einbruch des Plötzlichen widerstehen und eine göttliche Offenbarung entgegennehmen kann. Neben dem „zitterfreien Herz“ drücken auch die „Rundheit“ und „Untrüglichkeit“ eine gefestigte und kraftvoll gespannte Haltung aus. Dazu schrieb Schmitz: „Im Bilde der Rundheit stellt sich dem Parmenides demnach ein frischer und starker Eindruck unerschütterlicher Festigkeit dank fesselnder Kraft dar, und damit eine Unanfechtbarkeit“. Diese läßt sich „auch durch die stärksten Schläge nicht aus dem Gleichgewicht (8, 44. 49) bringen“ (Schmitz 1988a, 57). Die fesselnde Kraft, von der schon mehrfach die Rede war, grenzt hier an einen Zustand des gespannten, aber beherrschten Erwartens, der mit dem des sich in der Erfahrung aufdrängenden Seins korrespondiert. Erst wenn der Mensch in der Lage ist, den Ruck der initiierenden Erfahrung mit dem Mut eines *sidereon-* oder eines *atremes etor* zu ertragen, kann sich das Sein als „gewaltiger Leib“ präsentieren, dessen unerschütterliche Festigkeit keineswegs starre Ruhe ist, „sondern ein gespanntes Spiel gegen einander ausgeglichener Kräfte, eine ‚balance of powers‘“, wie sie im Begriff *isopales* (8, 44) zum Ausdruck kommt (Schmitz 1988a, 60). Das damit beschriebene Gleichgewicht der Kräfte deutet auf eine gleichsam gefrorene Bewegung hin; eine Statik, die zu explodieren droht, würde sie nicht von hartem Zwang in den Banden der Grenze gehalten (8. 30: *kratere gar ananke peiratos en desmoisin echei*). In dieser dynamischen Bewegungslosigkeit ist das Sein konzentrisch fixiert.

Eine so außergewöhnliche Vision des Seins, wie sie Parmenides nach Schmitz „im Bann … der Einweihung durch die Göttin in das zitterfreie Herz der wohlgerundeten Untrüglichkeit“ erfährt, läßt den Bemerkenden seinem Gegenstand gegenüber nicht mehr standhalten, sondern er „fließt in ihn hinüber, geht in ihm auf“. Die Konsequenz daraus ist eindeutig: „Von einem Gegenstand kann dann zunächst gar nicht mehr die Rede sein; der überwältigende Eindruck saugt das Subjekt auf und gibt ihm keinen Anhaltspunkt zur Objektivierung." (Schmitz 1988a, 90)[280] Diese Konkretion empirischer Art, in der Leib und Sein zusammenfallen, in der Subjekt und Objekt aufgehoben werden, ist kein Mangel an Objektivierung oder Abstraktion, sondern die menschliche Möglichkeit einer Selbst- und Weltwahrnehmung, die sich dem Mutigen und Eingeweihten erschließt, wenn er mit zitterfreiem Herzen die wohlgerundete Untrüglichkeit des Seins als „Paket" einer Vielzahl von zusammenhängenden Empfindungen (Mach) erfährt. Parmenides gewährte durch seine Schilderung einer solchen Erfahrung nicht nur einen Einblick in diese außergewöhnliche Dimension leiblichen Erlebens, er nutzte sie auch, indem er daraus Konsequenzen zog, die nicht nur seine Philosophie insgesamt, sondern speziell seine anthropologischen Vorstellungen prägten.

Der *noos* bei Parmenides

Ebenso wie die Begriffe *thymos* und *etor* kann der *noos* nicht ohne den Hintergrund homerischer Anthropologie verstanden werden, denn auch bei Parmenides fällt der „Bemerk" mit seinem leiblichen Lokal zusammen.[281] Als leiblicher Regungsherd darf er nicht mit Ausdrücken wie „mind", „Geist" oder „Sinn" übersetzt werden, denn „ein solcher Herd übt seine Funktion auf den Betroffenen mit einer Selbständigkeit aus", die beim Benutzen derartiger Begriffe verlorengeht (Schmitz 1988a, 66). Auch Guthrie verstand *noein* nicht als „a process of reasoning", sondern erklärte es als „a sudden illumination". Im weiteren arbeitete er mit dem unscharfen mind-Konzept und bezeichnete es als „a seeing with the mind". (Guthrie 1965, 18). Schadewaldt lehnte den Begriff „Geist" ab und umschrieb den *noos* als „Witterungsvermögen, mit dem man sogar etwas bemerken kann, was hinter einem ist" (Schadewaldt 1978, 71).[282] Er kennzeichnete ihn als „totales Merkvermögen" sowie als „eine Art denkender Schau" und stellte fest: „Immer wieder heißt es bei Homer und bis in die Philosophie hinein nicht ‚Denken',...sondern bezeichnet ein Bemerken, Spüren." (Schadewaldt 1978, 164f.) In diesem Sinn empfiehlt sich zur Übersetzung der von Schmitz geprägte Begriff „Bemerk" (Schmitz 1988a, 65).

280 Jaeger: „Parmenides scheidet eben noch nicht Subjekt und Objekt der Erkenntnis in moderner Schärfe." (Jaeger 1953, 121) Und Schadewaldt : „Es gibt noch keinen Zerfall von Objekt und Subjekt in diesem Denken."(Schadewaldt 1978, 163 u. 329) S. a. Riezler (1986, 18).

281 Die Leiblichkeit des Regungsherdes klingt an, wenn Bormann meint, der *noos* könne „nicht von anderer Art sein als der menschliche Körper" und er sei „nicht Geist, welcher der Materie" gegenüberstehe. Er sei „nicht wesensverschieden von den Sinnen, daher selbst körperhaft und etwas im menschlichen Körper." (Bormann 1971, 114)

282 Verdenius bezeichnete in Anlehnung an Guthrie die Tätigkeit des *noos* als ein „Durchdringen bis auf eine tiefere Schicht der Wirklichkeit" (Verdenius 1966, 98). Boeder wandte sich gegen eine Übersetzung von *noein* als „denken" (Boeder 1962, 136), und. Coxon sprach von „intellectual apprehension, whether reasoned or intuitive" (Coxon 1986, 174). Zum *noos* mit Bezug auf v. Fritz s. a. Heitsch (1974, 99f.), Lesher (1981, 22) u. Kenig-Curd (1991, 246f.).

Auf die bei Parmenides durchscheinende archaische Sicht machte Thomas Calvo durch die Betonung der „heteronomy" des *noos* aufmerksam. Darunter verstand er die Eigenschaft des *noos*, von „alien forces" abhängig zu sein, die ihn in der einen oder anderen Weise dirigierten und ihn auf dieses oder jenes Objekt fixierten. Er erklärte weiter: „These forces can be either exterior agents or psychic states that lie beyond a man's own control." (Calvo 1977, 251) Anstelle von „psychic states" läßt sich genauer von Gefühlen und leiblichen Regungen sprechen, die am Regungsherd *noos* ansetzen. Calvo sah diese Abhängigkeit des Subjekts von „outside forces" nicht auf den *noos* beschränkt, sondern gültig für alle „psychic functions and emotional states" in der archaischen Poetik (Calvo 1977, 251 A. 14). Der *noos* bedeute „the power or organ of cognition" und sogar „cognition itself". Die Rede von einem „Organ der Kognition" lenkt ab. Besser ist sein Versuch, von einem „principle of cognition in general" zu sprechen, um die Unterscheidung zwischen „psychic faculty" und „bodily organ" zu vermeiden (Calvo 1977, 246 A. 3).

Bei Homer konnte der *noos* in die Ferne schweifen und unterschied sich in dieser Eigenschaft vom *thymos*. Ähnlich machte er bei Parmenides Fr. B 4, 1 „ferne Dinge gegenwärtig". Darin sah K. von Fritz Möglichkeiten der Wahrnehmung, „durch die wir Situationen und Gegenstände uns vergegenwärtigen können, die räumlich und zeitlich entfernt liegen". In der Fußnote zum Text ergänzte er: „Hier haben wir auch die Wurzel für den Ausdruck ‚mit Gedankenschnelle', der sich in vielen modernen Sprachen findet." Weiter stellte er fest, daß unter „Gedanken" natürlich nicht der „Prozeß des Denkens oder Schließens, der sehr langsam sein kann," zu verstehen sei, sondern der „Flug der Vorstellungskraft, der es dem Menschen erlaubt, sich in einem Augenblick ‚in Gedanken' an irgendeine Stelle zu versetzen." (v. Fritz 1986, 280) Diese Sicht übernahm Pfeiffer mit seiner Behauptung, „Denken" würde für Parmenides nichts anderes heißen, „als ohne Mühe zu jedem beliebigen Ort gleichsam nach Art der Götter mit dem Geiste weite Strecken zurückzulegen" (Pfeiffer 1975, 89). Auch Held verstand die Wirkungsweise des *noos* ähnlich, denn er stellte heraus, daß der *noos* „keine gedankliche Verknüpfungsoperation" vollbringt (Held 1980, 495).[283] Eine solche Leistung bleibt dem Verstand und dem Gehirn der modernen Denker vorbehalten. Held kam mit Bezug auf v. Fritz, Riezler, und Heitsch zu dem Schluß: „Der *Nus* erbringt also keine verknüpfende Vergegenwärtigungsleistung, sondern er nimmt nur in einer umfassenden Weise wahr." (Held 1980, 490)

Der rationalen und dualistischen Zergliederung der Wirklichkeit durch das nachplatonisch-europäische Denken steht somit eine frühe, ganzheitliche Form der Wahrnehmung gegenüber. Für Parmenides, so Schmitz, sei der *noos* ebenso wie „für Homer" ein

283 Dazu Held: „Der *nus* ist das Vermögen, die Anwesenheit des einzigen, absoluten Hier in all den vielen Hier und Dort, die die doxa unterscheidet, zu durchschauen. Der *nus* ist das Organ für die Welt als Welt; er macht es möglich, daß uns auch das vermeintlich Abwesende, d. h. das Vergegenwärtigte, als vorbekannt, d. h. aber: als in seiner zuständlichen Bestimmtheit gegenwärtig, erscheint." (Held 1980, 540) Der *noos* ist allerdings kein „Organ" (s. o.).

„Bemerken von Sachverhalten und Situationen, ein intelligentes Auffassen, in dem Funktionen der Wahrnehmung und der gedanklichen Verarbeitung nicht geschieden sind." (Schmitz 1988a, 64)[284] Bei Parmenides kommt dem *noos* zwar eine gewisse trennende und unterscheidende Funktion zu, doch ist damit noch keine analytische Behandlung des Seienden gemeint, sondern eher ein Bemerken von Sachverhalten in ihrem situativen Zusammmenhang. Außerdem wird diese Art der teilenden Wirkung auf die *doxa*-Sicht beschränkt. Sie kommt eigentlich erst durch die leibliche Konstitution zustande, die die Wirkung des *noos* einschränkt, und wird in der Seinserfahrung aufgehoben. Das Seiende ist in der Beschreibung von Fr. 4 so dicht an Seiendes gedrängt, daß es sich nicht mehr trennen läßt, wodurch verhindert wird, daß der *noos* Unterscheidungen trifft und Benennungen vornimmt. „Dem Noos offenbart sich das Seiende als fest gegenwärtiger, unzerreißbarer Zusammenhang in einer Weise, in der für die beiden Doxaformen nach 8, 53–59, nämlich für Feuer (4, 3) und Nacht (4, 4) kein Platz mehr ist." (Schmitz 1988a, 46)

Waren Verdichtung und Verdünnug für Anaximenes ein wesentliches Charakteristikum des *aer*, so fallen bei Parmenides diese Vorgänge in die *doxa*. Das Sein selber wird durch seine Ausgewogenheit der Kräfte von jedem Wandel, Wechsel und Werden ferngehalten. „Der Noos ist im Licht der ‚Mach-Erfahrung' so stark und fest vom … gegenwärtigen Seienden zerniert oder umzingelt, daß er keinen Spielraum hat, an diesem die Operationen der Zerstreuung und Zusammenziehung vorzunehmen, mit denen man sich sonst den Weltprozeß insgesamt oder im Detail zurechtlegt; Verdichtung wie Verdünnung setzen Verschiebung voraus, die durch die maximale Kohärenz im Seienden von vornherein vereitelt wird." (Schmitz 1988a, 22) Ein Werden verneint Parmenides für das Sein ausdrücklich (Fr. 8. 3: *ageneton* u. Fr. 8. 26ff.). Die Erfahrung des statisch erscheinenden gespannten und vollgepackten Seins, das der *noos* nicht mehr trennend zerlegt, läßt kein Entstehen und Vergehen zu. Statt einer „Zweiweltenlehre" wird (z. B. Fr. B. 4) die „Einheit der Welt in der Zweiheit der Perspektiven der Intuition nahegebracht". (Schmitz 1988a, 24) [285]

War bei Homer der *noos* als Regungsherd in seinem Verhältnis zum Gesamtgefüge des Menschen nicht näher bestimmt, so änderte sich das bei Parmenides, der die unterschiedliche Wirkungsweise des *noos* erkenntnistheoretisch berücksichtigte und zwischen dem fest zentrierten *noos* einer außergewöhnlichen Person und dem irrenden und

284 Zu einem solchen „Vernehmen" meinte Held, es sei „dem Menschen aus seinem außer-philosophisch-außerwissenschaftlichen Alltag wohl bekannt. Wir können es als ‚Wahrnehmen' bezeichnen, wenn wir dabei die neuzeitlichen Gedanken einer bloßen Affektion durch sogenannte Sinnes-Daten bzw. der bereits spontanen ‚Verarbeitung' solcher Daten fern halten und uns vielmehr an das noch nicht durch irgendeine philosophische Interpretation verzerrte Selbstverständnis halten, das der Mensch von seinem Sehen, Hören, Tasten usw. hat" (Held 1980, 496). Gegen die Auffassung des *noein* als eine aktive Tätigkeit des Subjektes s. mit Bezug auf Heidegger a. Schlüter (1979, 138f.).

285 S. a. Riezler: „Nicht Welten werden getrennt, sondern Weisen des Schauens. Die eine trennt das Seiende als Vieles, benennt es, verstreut es und stellt es zusammen. Die andere schaut in Vielem das Eine, im Seienden das Sein." (Riezler 1976, 51)

schwankenden *noos* (Fr. 8. 6: *plankton noon*) eines „normalen Sterblichen" unterschied. Dabei wurde der *noos* von der Seinserfahrung, also von dem Zustand seiner optimalen Wirkung her bestimmt, die nachläßt, sobald der Mensch wieder in die *doxa*-Sicht zurückgefallen ist. Gerade die besondere Verbundenheit des *noos* mit dem *eon*, seine Bestimmung vom Zustand seiner optimalen Entfaltung her, die in der Aufhebung von Bemerk und Bemerktem gipfelt, liefert auch den Schlüssel zu dem vielumrätselten Fragment B 3 („*to gar auto noein estin te kai einai*"), das Schmitz so übersetzte: „Das Selbe nämlich ist (es für jemand), (etwas) zu bemerken und (es) zu sein." (Schmitz 1988a, 84ff)

Nach Abwägung der verschiedenen Alternativen war Schmitz überzeugt, daß das Fragment nur von der Seinserfahrung her zu verstehen sei. Er wandte sich dagegen, daß bei der Übersetzung eine „dreistellige Relation", nämlich die Identität des Selben (1) mit dem Bemerken (2) und dem Sein (3), in die Worte hineingelesen würde.[286] Nach seiner etwas diffizileren Lösung verläuft die Relation vierstellig, denn: das Selbe (1) ist es für Jemanden (2), etwas zu bemerken (3) und es zu sein (4). Das hinzugedachte Dativ-Objekt, „für Jemanden" (2), löst nicht nur die grammatischen Schwierigkeiten, sondern verdeutlicht einen Relativismus, der es ermöglicht, die Seinserfahrung im Subjekt zu verankern.[287] Die Anspielung des Parmenides auf die besondere Wirkung des *noos*, der im intensiven Erleben die *doxa*-Maske der Welt zugunsten einer intuitiven Einheit des Bemerkens mit seinem Gegenstand, abstreift,[288] schlägt eine Brücke zwischen Wahrheit und Meinung, die hier zum ersten Mal anthropologisch fundiert wird.

Parmenides Fragment B 16

Für die frühgriechische Philosophie stellt das parmenideische Fragment B 16 ein bedeutendes Zeugnis wissenschaftlicher Erkenntnistheorie dar. In ihm erhält der *noos* eine im Vergleich zu Homer differenziertere Bedeutung, denn er wird auf bestimmte Art mit dem Konzept der *melea* verknüpft. Aufgrund dieser zentralen anthropologischen Bedeutung soll das Fragment ausführlich besprochen werden. Außerdem wurde kaum ein anderes Zeugnis des Parmenideischen Denkens in der Forschung so intensiv diskutiert.[289] In der Übersetzung von Schmitz, mit der sich die Interpretationsprobleme

286 Zu den verschiedenen Übersetzungen von B 3 s. a. die Diskussion bei Schlüter (1979, 268ff.). S. a. Woodbury (1958, 156), Coxon (1986, 54) und Kenig-Curd (1991, 247).

287 Dazu ausführlich Schmitz, der mit Hinweis auf Aristoteles (MP 1031 b7) und die Behandlung dieser Stelle in seiner „Ideenlehre des Aristoteles" (1985a, 13ff.) nachweist, daß sich eine solche Konstruktion, obwohl das Dativobjekt nicht eindeutig im Text gegeben wird, „ohne Künstelei ergänzen" läßt. Nach seiner Ansicht wird in dem Fragment die „Möglichkeit einer Subjekt-Objekt-Spaltung verneint" (Schmitz 1988a, 87f.).

288 Schmitz: „Die ‚Mach-Erfahrung' verwandelt das Gesicht der Welt, aus der Zeitlichkeit wird ewige Gegenwart, aber es bleibt dieselbe Welt mit denselben Gegenständen." (Schmitz 1988a, 23)

289 Nach C. W. Müller gehört es zu den „meistinterpretierten Vorsokratikerfragmenten" (C. W. Müller 1965, 20). Calogero meinte: „Bekanntlich ist dies eines der schwierigsten Fragmente des Parmenides." (Calogero 1970, 49)

entwirren lassen, die die Parmenidesforschung mit diesem Fragment bisher hatte, lautet es: „Wie es sich jeweils verhält mit der Mischung der viel irrgehenden Glieder, so tritt der Bemerk den Menschen zur Seite; eben das nämlich, was er erfaßt, ist den Menschen die Bildung ihrer Glieder, und zwar allen (zusammen) ebenso wie jedem (einzeln); das Volle ist nämlich die Bemerkung." (Schmitz 1988a, 67)

Gegenüber Homers Vorstellungen zeigt sich hier, daß der *noos* als von der Situation unabhängige Variable dem Menschen „zur Seite tritt" (*paristatai*).[290] Mit Guthrie kann angenommen werden, daß er als selbstständig agierende göttliche Kraft betrachtet wurde.[291] Bei Parmenides ist der *noos* nicht mehr wie bei Homer ein schwankender, von den Umständen abhängiger Bemerk, sondern tritt auf vollkommen selbständige und unveränderliche Art hinzu. Das, was sich ändert, ist nicht er selber, sondern sein Wirkungsgrad.[292] Der *noos* ist zwar auf die jeweilige Mischung der Glieder abgestimmt, aber nicht „als abhängige Variable", denn „eine solche ist nur diese Weise, die Beziehung des Noos zum Menschen, nicht er selbst" (Schmitz 1988a, 66). Genau darin besteht der Unterschied zu Homer. Schmitz sah dies in der häufig zum Vergleich herangezogene Stelle in Odyssee 18. 136f. verdeutlicht.[293] Fränkel bemerkte, daß Parmenides die *noos*-Auffassung Homers auf das Gebiet der „Erkenntnistheorie" übertragen hatte und „die variablen Lebensumstände durch die variable Konstitution des Menschen selbst" ersetzte (Fränkel 1951, 470 A. 27). Er ließ aber unerwähnt, daß nun der *noos* nicht mehr schwankte. Schlüter resümierte: „Die Parallelen zeigen, daß der homerisch-archaische Determinismus für die Parmenideische Anthropologie entscheidend ist.... Da der Mensch wie in der homerisch-archaischen Dichtung bei Parmenides von Natur unwissend ist, kann die Herrschaft des Trugs nur durch eine Offenbarung durchbrochen werden." (Schlüter 1979, 302)

Sicherlich fordert die Abhängigkeit des Parmenides vom „homerisch-archaischen Determinismus" eine die Unwissenheit durchbrechende Offenbarung. Was aber sowohl Fränkel als auch Schlüter entging, ist die Tatsache, daß Parmenides nicht wie Homer

290 Calogero kritisierte Diels gerade dort als „allzu platt", wo dieser völlig korrekt übersetzte, daß der *noos* „dem Menschen nahe tritt". Calogero selber benutzte die Umschreibung „in den Sinn kommen" und sah darin einen „Hinweis auf eine Gegenwart im Geiste". Seiner Behauptung, der *noos* würde „nicht so sehr als eine Wirklichkeit denn als geistige Funktion des Wahrnehmens und des Urteils gedacht," kann nicht gefolgt werden (Calogero 1970, 50).

291 Zum *noos* als „more than human" s. Guthrie (1965, 18). Zum „göttlichen Einfluß" in Fr. 16 s. a. Mansfeld (1964, 181).

292 Schmitz: „Demnach ist dieser Geist kein Organ der Erkenntnis, das dem leiblichen Subjekt ein- oder untergeordnet wäre, sondern eine hinzutretende und selbständig bleibende Macht, deren Hinzutritt freilich jeweils auf die Konstellation des leiblichen Befindens – die Art der Mischung der Glieder – abgestimmt ist. Parmenides scheint das menschliche Erkennen somit als ein Betroffenwerden des leiblichen Befindens von einer sich darauf abstimmenden Macht des Geistes oder Gedankens zu verstehen, wodurch die Leiblichkeit zum Subjekt wird, dem etwas vorschwebt oder als gegenwärtig gegeben ist." (Schmitz 1969, 16)

293 Zum Vergleich zwischen Odyssee 18.136-7 und B 16 s. Fränkel (1951, 469f.), Schwabl (1955, 59) und Coxon (1986, 248).

oder Archilochos von einem allgemein schwankenden *noos* sprach, sondern diesen nach Fr. 6,6 auf die Toren beschränkte.[294] Die prägende Kraft des Ausnahmeerlebnisses führte Parmenides zu einer Konzeption, in der sich der *noos* selbst nicht änderte, seine Wirkung aber eingeschränkt wurde, sobald der Mensch in die *doxa*-Sicht zurückfiel. Das, was sich wandelte, war die „Mischung der Glieder".

Als einem der ersten fiel Boeder der Sachverhalt auf, daß „die unmittelbare Nähe des Erkennenden bei seinem Gegenstand" aufgehoben und verändert, geradezu „zersetzt" wird, „insofern das jeweilige Mischungsverhältnis der Bestandteile seines Leibes sich wie ein Filter zwischen die Einsichtskraft und das Erscheinende schiebt." (Boeder 1962, 129) Er betonte, daß die „Einsichtskraft" (*noos*) als Fähigkeit unveränderlich bleibt, und daß nur durch den „Filter" des leiblichen Befindens eine Verfälschung des „Erscheinenden" zustande kommt.[295] Dies läßt sich mit Schmitz dadurch erläutern, daß das, was von dem durch den *noos* Erfaßten für den Einzelnen abfällt, nur das ist, „was in seine höchst persönliche Leiblichkeit hineinpaßt und in deren Medium gebrochen wird". Denn das, was der Bemerk jeweils erfaßt, ist für den Menschen seine Leiblichkeit, und zwar „allen zusammen die gemeinmenschliche, jedem einzelnen seine besondere". Damit erkannte Parmenides, daß „die leibliche Beschaffenheit des Menschengeschlechts" relativiert, „was der Noos erfaßt"; das gilt auch auf der Ebene des einzelnen (Schmitz 1988a, 72 u. 78). Diese Erkenntnisse machten Parmenides für Schmitz zum „geistigen Vater des erkenntnistheoretischen Relativismus". Zwar ließ er als Ausnahme eine Untrüglichkeit des Bemerks gelten, sonst aber wurde die Wirkung des *noos* für die Menschen durch deren Leiblichkeit eingeschränkt, „d. h. umgewandelt in eine Gestalt, die ihnen gleichsam auf den Leib geschnitten ist, und nicht nur auf die allgemeine Menschennatur, sondern von Fall zu Fall auf die besondere leibliche Disposition jedes Einzelnen." (Schmitz 1988a, 80)[296]

Die Erfahrung des *noos* auf dem Höhepunkt seiner Wirkung, die dem Eingeweihten das Sein als das Volle präsentiert, wird extra mit dem Begriff *noema*, der „Bemerkung", bezeichnet, den Parmenides hier in einer von Homer abweichenden Bedeutung gebrauchte. Gewöhnlich hing der *noos* von der Mischung der Glieder ab, doch diese führte auf ihrem Höhepunkt zu einer optimalen Synthese, nämlich der „Bemerkung" (*noema*), die das Volle (*to pleon*) ist (Fr. 16, 4).

---

294 Dazu Schmitz (1988a, 66). Zu Archilochos Fr. 68 (Diehl), wo der Mensch als ein Tagwesen betrachtet wird, s. Fränkel (1951, 185 u. 1955b, 28).

295 Hölscher: „Es handelt sich also um den Wechsel der Wahrnehmungen und Vorstellungen je nach den körperlichen Zuständen." (Hölscher 1968, 113)

296 Durch diese *noos*-Konzeption wird seine These, daß innerhalb der Doxa keine Lehre stehen kann, „die den Entstehungsgrund der Doxa selbst bloßlegt", und daß deshalb Fr. 16 nicht in den *doxa*-Teil gehöre, bestätigt (Schmitz 1988a, 72). Sowohl Loenen als auch Hershbell rechneten Fr. 16 zum *aletheia*-Teil, allerdings aus anderen Gründen als Schmitz, der beide kritisierte. Besonders Hershbell verfehlte die erkenntnistheoretische Dimension des Fragmentes. Seine dualistische Terminologie von „body" und „mind" kann nicht als fruchtbringend zur Erläuterung parmenideischen Denkens angesehen werden (Loenen 1959, 55, Hershbell 1983, 52 u. Schmitz 1988a, 72 A. 87).

Die „Mischung der Glieder"

Die Wirkung des *noos* unterscheidet sich bei den einzelnen Menschen durch die „Mischung der Glieder", die *krasis meleon*. Daß Parmenides hier von *krasis* sprach, ist ein wesentlicher Hinweis auf leibliches Spüren, der durch den Unterschied zu dem Begriff *mixis* – ebenfalls ein Ausdruck für das Phänomen einer Mischung – verdeutlicht wird. „Mixis ist Vermengung, wobei die Bestandteile nicht in einander übergehen", so erläuterte Schmitz die Differenz, „Krasis dagegen die durchdringende Mischung, die bei Flüssigkeiten wie Wasser und Wein vorkommt." (Schmitz 1988a, 70) Schwabe sah ebenfalls zwischen beiden Formen einen wichtigen Unterschied, als er schrieb, *krasis* sei „nach Art des Mischungsaktes und Art des entstehenden Gemisches der harmonische, numerisch bestimmte Ausgleich entgegengesetzter Kräfte, durch den eine homogene, relativ beständige neue Einheit hervortritt", *mixis* dagegen „ein wirres Gemenge von Kraftkomponenten ohne bestimmte Zahlenverhältnisse, d. h. ein unausgeglichener Kampf der Kräfte, bei dem nichts Homogenes, gut Gefügtes und Bleibendes entstehen kann." (Schwabe 1980, 24ff. u. 32) Die „ausgewogene" und „durchdringende" Mischungsart der *krasis* macht den Unterschied zu dem „wirren Gemenge" der *mixis* deutlich, bei dem jedes Glied für sich bleibt und nicht im anderen aufgeht. Die optimale Mischung der Glieder gewährleistet eine so feste Zentrierung des *noos*, daß nichts mehr getrennt, sondern alles zur vollen Entfaltung gebracht wird. Der Sachverhalt, daß Parmenides hier von *krasis* und nicht von *mixis* spricht, ist ein weiteres Indiz dafür, daß Fr. 16 nicht in den *doxa*-Teil des Lehrgedichtes gehört, denn die dort beschriebene dualistische Klassifikation von Licht und Nacht entspricht der *mixis*, da die beiden Formen „voneinander gesondert (8.56) sich gegenüber (8.55, 59) stehen, jede für sich (8.58)" (Schmitz 1988a, 71). Dies zeigt sich auch in Fr. 12. 4, wo Parmenides von der grausigen Paarung (*mixis*) spricht, die die Göttin lenkt. Dort wird das Feuer (12. 1) als „ungemischt" (*akretoio*) bezeichnet, was wiederum die schon oben angeführte Identität des Feuers mit sich selbst unterstreicht. Feuer und Nacht stehen sich ähnlich krass gegenüber wie *aletheia* und *doxa*, sie sind nicht in Form einer *krasis* gemischt, sondern nur durch *mixis*. Ähnlich betonte später Empedokles in Fr. 8. 3 durch die Anwendung des *mixis*-Begriffs, daß für ihn die Menschen „unstabile Aggregate" der Elemente waren. Benutzte er hingegen wie in Fr. 22 den *krasis*-Begriff, so sollte damit die Intensität, mit der Aphrodite die Vereinigung stiftete, hervorgehoben werden (Schmitz 1988a, 70). Die *krasis* in Fr. 16 unterscheidet sich also von der *mixis* der *doxa*, wodurch das leiblich Gespürte als Ganzes vom klassifikatorisch Benennbaren deutlich abgehoben wird.

Die *krasis* entspricht weiter der *physis* in B 16. 3, denn durch das „Analogieverhältnis" von *krasis meleon* (16. 2) zu *physis meleon* dient sie als „Begründungszusammenhang" für die Art der *physis*. Die von Mansfeld bevorzugte Übersetzung von *physis meleon* mit „ursprüngliche Beschaffenheit der Glieder" wird dem im Begriff *physis* enthaltenen Doppelaspekt von Genese und Form nicht ganz gerecht. Parmenides kann beides meinen: die ursprüngliche Beschaffenheit und den momentanen Zustand. Mansfelds Übersetzung als „ursprüngliche Beschaffenheit" wurde von Heinimann vorbereitet.

Obwohl dieser die Verbindung zwischen Parmenides und Empedokles erkannte, muß man doch auf sein zu einseitiges Verständnis von *physis* aufmerksam machen, denn er wollte den Begriff in Parmenides B 16 und in Empedokles B 63 jeweils nur als „Entstehung" und „Werden" verstanden wissen (Heinimann 1945, 90ff.).[297] Statt dessen läßt sich besser mit Schmitz von einer „genetisch-strukturellen Doppelseitigkeit" sprechen, denn *physis* kann sowohl Werden und Entstehen als auch Struktur und Form meinen (Schmitz 1988a, 76). Schmitz hob hervor, daß die „Natur der Glieder" in diesem Doppelsinn identisch ist mit dem, was der Bemerk laut Fr. 16. 2 erfaßt; und zwar „in dem von Aristoteles (*Metaphysik* 1009b. 21–25) richtig verstandenen Sinn, daß zu dem Erfassen und Erkennen des Einzelnen nur *das* Zugang finde, was zu dessen jeweiliger leiblicher Disposition paßt und von ihr vorgezeichnet ist" (Schmitz 1988a, 69). Sowohl das momentane leibliche Befinden des Einzelnen als auch die leibliche Konstitution und Beschaffenheit der Menschen generell, sowohl die Bildung der Glieder des Menschen allgemein (z. B. im Vergleich zum Tier) als auch die Beschaffenheit der Glieder des individuellen Leibes mit seinen beiden Aspekten der angeborenen Konstitution und der momentanen Disposition fallen unter das Bild von *krasis* und *physis*.[298] Parmenides unterschied zwischen der *physis meleon* des einzelnen und der der Menschen allgemein, brachte aber beide in einen die Wirkungsweise des *noos* relativierenden Bezug. Die individuelle Verschiedenheit der *krasis* des Leibes trennt die einzelnen Menschen in ihrem Erkenntnisvermögen voneinander.

Die ausgewogene Durchdringung der einzelnen Glieder, die *krasis meleon*, bezieht sich nicht auf anatomische Körperteile, sondern auf die Leibesinseln und das Zusammenfließen der einzelnen Regungen.[299] Dabei schwankt die Spannung zwischen der innigen „Durchtränkung" der Glieder dieses „lockeren Haufens" und dem Herumirren, dem „viel Irregehen der Glieder", die bei Parmenides wie bei Homer und noch bei Empedokles Fr. B 20, „durch und aus einander schweifen können" (Schmitz 1988a, 76). Deshalb meinte Parmenides (Fr. B 16. 2) die einzelnen Glieder des Leibes, die wandern, und nicht, wie es Tarán wollte, den Leib als Ganzes.[300] Nicht der Leib ist ein Vielgewanderter, sondern die nur locker zusammenhängenden Glieder müssen integriert werden. Erst die „innige Krasis" führte Parmenides zu einer „Gliederganzheit", die Schmitz als ein „besonders hohes Maß leiblicher Intensität" interpretierte, dem ein „hochgespanntes Leiberleben" oder „Körpergefühl" zugrunde lag (Schmitz 1988a, 78).[301]

297 Er bezog sich auf die Diels/Kranz-Übersetzung von Empedokles B 63 *physis meleon* als „Ursprung der Glieder". S. a. Fränkel (1955c, 171).

298 Deichgräber: „Allgemeiner, individueller und augenblicklicher Habitus der Mischung bestimmen das Erkennen." (Deichgräber 1958, 71)

299 Schmitz: „Eine Krasis, eine mit inniger Durchdringung verbundene Mischung, kommt für Glieder solcher Art viel eher in Betracht als für die anatomischen Extremitäten, die wir so nennen." (Schmitz 1988a, 74)

300 Tarán: „For as at any time the mixture of the much wandering body is, so does mind come to men." (Tarán 1965, 169)

301 Hershbell hob die vereinigende Kraft der Mischung hervor, als er meinte, sie sei „probably nothing more than a way of saying that the limbs of the human body function together or in a harmonious or

Wie oben schon erwähnt, wurde in Fr. 8. 4 das Sein als ganzgliedrig (*holomeles*) gekennzeichnet, womit die in der Seinserfahrung aufleuchtende Identität von Leib und ganzer Wirklichkeit eine Bestätigung findet.

Nach Schmitz trennte Parmenides zwischen dem „Durchschnittsmenschen mit schwach und locker gemischter Bildung der Glieder" und dem „Sonderfall", dem „wissenden Mann". Dieser erfuhr das „Seiende im Ganzen" als „unzerreißbaren Zusammenhang", der als „das Volle" die „Bemerkung" ist (16,4b), denn, so Schmitz: „Indem sich der Mensch durch höchst intensive Mischung seiner Glieder zum Vollen erhebt, erreicht er den Bemerk auf dem Gipfel, wo sich diesem das Seiende im Ganzen als das Volle (8, 24) darbietet." Der Unterschied zwischen Bemerk (*noos*) und Bemerkung (*noema*) hängt bei Parmenides graduell von der Mischung der Glieder ab, da die anthropologischen Voraussetzungen die Basis des Erkenntnisvermögens bilden. Das konzentrische Zusammenführen der „Glieder" zur Bemerkung beeinflußt in Form der intensiven *krasis* den „Bemerk" und bestimmt so die Fähigkeit zur Erkenntnis: „Je lockerer die Mischung ausfällt, desto mehr verfällt der Mensch dem Trug und der Haltlosigkeit, und je intensiver oder inniger sie ist, desto stärker stößt ihm der Bemerk in der Weise zu, wie ihm alles Seiende in unzertrennlichem Zusammenhang fest gegenwärtig ist (4, 1f.), als zitterfreies Herz der wohlgerundeten Untrüglichkeit (1, 29)." (Schmitz 1988a, 78)

Die Steigerung des Bemerks zur „Bemerkung", die erst im Erreichen des „Vollen" beendet ist, kennzeichnet die optimale Wirkung des *noos*, der als *noema* mit dem „Vollen" zusammenfällt. Schmitz deutete an, daß diese Dichte und Spannung mit „der enormen Rolle des Fesselungsmotivs in der Darstellung des Seienden" zusammenhängt und erklärte auch die „Auffahrt" des Proömiums durch ein mit dem „Spüren am eigenen Leib zusammengehöriges gesteigertes Kraftgefühl" (Schmitz 1988a, 79). Es zeigt sich also auch hier, daß die Philosophie des Parmenides vom Proömium an über die *aletheia* bis in die *doxa* hinein durchgängig vom leiblichen Erleben her bestimmt ist.

Die Würdigung der Erkenntnisse von Fr. 16 wurde durch viele Fehlinterpretationen verstellt, die in zwei Identitätsbehauptungen gipfelten, nämlich einmal in dem Postulat einer angeblichen Gleichheit zwischen den Gliedern und dem *noos* – formuliert in der These, die Glieder würden „Denken" – und zum anderen in der Unterstellung einer vermeintlichen Austauschbarkeit der Glieder mit den beiden Formen Licht und Nacht.

Erste These: Die angebliche Identität zwischen den Gliedern und dem Denken

Die hier als erstes zu diskutierende Position besteht in der Annahme einer im Fragment B 16 vertretenen Identität zwischen dem „Denken" und der „Mischung der Glieder".

unified fashion". Der Aspekt einer gesteigerten Intensität der Durchdringung der Glieder entging ihm allerdings. Seine Interpretation wird dann dementsprechend flach: „And just as every man has a unified body, so mind is present to men." (Hershbell 1983, 48f.) Hier fehlt jegliche Nuance. S. a. Schmitz (1988a, 72).

Doch bevor darauf näher eingegangen werden kann, muß noch eine Schwierigkeit ausgeräumt werden, die beispielsweise bei Mansfeld zum Ausdruck kommt. Er übersetzte den Anfang des Fragments so: „Denn so wie zu jeder Zeit (einer) hat die Mischung der vielirrenden Körperglieder, so auch wird das Erkennen den Menschen zuteil." (Mansfeld 1987, 331) Die Behauptung, daß „einer" die Mischung der Glieder „haben" soll, scheitert an dem angeblichen Subjekt „einer". So sprachen zwar auch Diels/Kranz, Schwabl und Bormann von „haben" der Mischung, doch Schmitz konnte überzeugend darlegen, daß ein unbestimmtes Subjekt „nicht anzunehmen" sei. Nur „die Menschen" könnten gemeint sein, denn die Konstruktion müsse impersonal verstanden werden.[302] „Wie es sich jeweils verhält mit der *krasin meleon*, so tritt der *noos* den Menschen zur Seite", lautet also die korrekte Übersetzung, denn, und dies wird durch den folgenden Teil begründet, „was er erfaßt, ist den Menschen die *physis meleon*."

Umschrieb Mansfeld schon das wörtlich aus dem Text zu entnehmende „Zur-Seite-Treten" des *noos* mit der vagen Formulierung des „Zuteil-Werdens" von Erkenntnis, so verkehrte die Übersetzung „zu jeder Zeit" das griechische *hekastot* geradezu ins Gegenteil und machte aus der jeweiligen Lage und Disposition eine durch die Zeit stabile Konstante. Diese konstruierte er so: „Denn dasselbe, was sie denkt, ist sie für die Menschen: die ursprüngliche Beschaffenheit der Glieder, für alle und jeden." (Mansfeld 1987, 331) Wie oben gezeigt wurde, ist mit *physis* nicht nur die ursprüngliche, sondern auch die entstehende und momentane Konstitution gemeint. Daß die Mischung der Glieder „denkt", muß aufgrund der spezifischen Wirkung des *noos* zweifelhaft erscheinen. Den „Gliedern der Natur" des Menschen bzw. der „Natur der Glieder" wurde auch von Schwabl (und vielen anderen) ein Denkvermögen zuerkannt.[303] Aber schon ein Argument läßt diese Konstruktion wanken, „denn", so Schmitz, „wenn die Natur der Glieder selber dächte (...) bedürfte es keines hinzutretenden Noos mehr." (Schmitz 1988a, 68) Dies scheint einleuchtend, so daß sich also fragen läßt, wozu noch ein *noos*, wenn schon die Natur der Glieder „bemerkt"? Die Antwort ist eindeutig: Der *noos* kann nicht als das „Denken" der Mischung vermeintlicher Körperteile verstanden, sondern muß als eine selbständige Einheit interpretiert werden, die nur durch die Art des Hinzutretens – abhängig von der „Mischung der Glieder" – wirksam wird. Dabei steigt nach Schmitz der *noos* von dem „Niveau *menschlicher* Leiblichkeit (im Gegensatz zu ande-

302 Schmitz (1988a, 67f.), Diels/Kranz (1956, 244), Schwabl (1986, 417) u. Bormann (1971, 106). S. a. Schlüter (1979, 380 A. 180). Tarán wandte sich gegen die Variante von Diels, der den *noos* als Subjekt einsetzen wollte (Tarán 1965, 253 u. 169). Ihm folgte Bormann (1971, 107). Diels wurde auch von Calogero kritisiert, der meinte, der *noos* könne „keine Mischung haben" (Calogero 1970, 50).

303 Für Mansfeld war „das Denken mit der Leibesbeschaffenheit identisch" (Mansfeld 1964, 168). Schwabl übersetzte: „Denn dasselbe ist, was denkt der Glieder Natur, für die Menschen, für alle und einen jeden". Und weiter: „Denn dasselbe, was die jeweilige Beschaffenheit ihrer Glieder ‚denkt', ‚ist' (hat Bestand, Gültigkeit, existiert) für die Menschen." (Schwabl 1986, 417) Guthrie meinte: „For what thinks is the same for each and every man, the substance of the limbs." (Guthrie 1965, 67) Auf ihn bezogen sich Kirk/Raven/Schofield (1983, 261). S. a. Bormann (1971, 109) sowie C. W. Müller (1965, 18f.) und Joseph Schumacher (1940, 100).

ren Gattungen)" ab auf das „Niveau des einzelnen (im Gegensatz zu den leiblichen Dispositionen anderer Menschen)" (Schmitz 1988a, 69).

Ebenfalls nicht einleuchtend ist eine von Schlüter und Jakson P. Hershbell vertretene Übersetzungsalternative. Schlüter behauptete, wie die Beschaffenheit der Glieder bei den Menschen auch sei, „in jedem Fall erkennen sie dasselbe" (Schlüter 1979, 295ff.). Ähnlich äußerte sich Hershbell: „In B 16 the mind of man, which controls the *krasis* of the much wandering limbs, always thinks the same thing." (Hershbell 1983, 52) Daß der *noos* immer dasselbe denkt (Hershbell) oder die Glieder immer dasselbe erkennen (Schlüter), sind Fehlschlüsse, und grammatisch ist diese Auslegung ebenfalls nicht haltbar.[304] Die Unterscheidung von *pasi* und *panti* in 16. 4 würde dadurch redundant, was von Parmenides sicher nicht beabsichtigt war. Doch die Behauptung von Tarán, nicht nur die Mischung, sondern „the mind of men" würde sich auch ändern, führt ebenfalls in die Irre. Auch hier wird nicht unterschieden zwischen dem als unabhängige Kraft dem Menschen zur Seite tretenden *noos* und der Art seiner Wirkung, die sich in Abhängigkeit von der jeweiligen Mischung der Glieder verändert.[305] Zwar bleibt der *noos* als göttliche, den Menschen ergreifende Kraft immer derselbe, aber er denkt eben nicht und schon gar nicht immer dasselbe, sondern er wirkt, indem er den Menschen bemerken läßt. Von einer Kontrolle der *krasis* durch den *noos* steht dabei nichts im Text, lediglich, daß die *krasis* seine Wirkung bestimmt (gegen Hershbell). Diese bleibt nicht gleich, sondern wird durch die Beschaffenheit der Glieder beeinflußt, doch wechselt dadurch der *noos* selber nicht (gegen Tarán), sondern nur sein Verhältnis zum jeweiligen Menschen. Ferner denken die Glieder nicht, denn sie bestimmen nur das Hinzutreten des Bemerks, doch so, daß der Mensch gerade nicht immer dasselbe erkennt (gegen Schlüter), sondern wie durch einen modulierbaren Filter wahrnimmt.

Eine ähnliche Alternative der Identitätsthese zwischen der „Beschaffenheit von Körperteilen" und dem „Denken" vertrat Held.[306] Doch Parmenides kannte keinen Körper im Sinne einer Modellvorstellung.[307] Held ließ unbeachtet, daß die Glieder als Bezeich-

304 S. dazu Schmitz (1988a, 69) mit Bezug auf Hölscher (1956, 397).

305 Ähnlich vage Guthrie: „For as is at any moment the mixture of the straying limbs, so is the mind in men." (Guthrie 1965, 67)

306 Zu Fr. 16 Held: „Parmenides sagt dort, daß die Beschaffenheit von Teilen des Körpers dasselbe ist wie das, was diese Teile denken." (Held 1980, 562)

307 Terminologisch irreführend ist auch die *noos*-Interpretation von Coxon, der ihn als „a function of physical temperament" sah oder von der „physiological basis of the intelligence" sprach (Coxon 1986, 250f.). Thomas Calvo meinte, in Fr. 16 würde Parmenides „the influence of physiological factors upon knowledge" betonen (Calvo 1977, 249). Körper, physisches Temperament oder physiologische Faktoren sind moderne Begriffe, die in diesem Zusammenhang dem Leser keine Hilfe bieten, denn es geht ja darum, wie sich Parmenides die leiblichen Phänomene, die mit diesen Begriffen nur äußerst reduktiv beschrieben werden, vorgestellt hat. S. Taráns Bemerkung: *melea* „used to refer to the whole living body." (Tarán 1965, 170) Raymond Adolph Prier meinte vom „pre-Socratic's use" des Begriffs *guia* („limbs"): „It would be a great mistake indeed to regard these as merely ‚parts' of the physical body. They are closely connected to desire and love." (Prier 1976, 131) Coxon nahm an, der Begriff *melea* „means simply ‚body'" (Coxon 1986, 248).

nung des Leibes dienen, womit die *physis meleon* die Beschaffenheit des Leibes als Ganzes eines „Gliederhaufens“ meint, nicht die Beschaffenheit einzelner „Körperteile“. Von daher wirkt auch seine folgende Äußerung ungenau: „*Was* der Mensch jeweils unmittelbar vernimmt, ‚denkt‘ im parmenideischen Sinne, hängt folglich vom Mischungsverhältnis der beiden Bestandteile im Vernehmen, d. h. parmenideisch gesprochen: von der Beschaffenheit der entsprechenden Körperteile ab.“ (Held 1980, 563) Er folgte hier der Interpretation des Parmenides durch Theophrast (Fr. 28 A 46). Helds Andeutung, daß das Denken „im parmenideischen Sinne“ eben nicht mit unserem Denken vergleichbar ist, sondern einem „Vernehmen“ oder Bemerken entspricht, wird durch das Postulat der „zwei Bestandteile“ oder „Bestandteile des Vernehmens“ überhaupt getrübt, denn es sind Hinzufügungen, die keine wörtliche Entsprechung haben. Schon Theophrast verstand die Rolle des *noos* in Fr. 16 falsch (Schmitz 1988a, 73/s. u.). Helds Behauptung, das Bemerken hinge von den beiden Prinzipien – nach Theophrast Feuer und Nacht – ab, scheitert daran, daß der *noos* keine „Bestandteile“ hat. Im weiteren entging Held das eigentümliche Verhältnis des *noos* zum Leib. Er ließ sich auf eine zweifelhafte Terminologie ein, als er meinte, das Denken würde in „Vollzügen“ stattfinden, „die an unsere Leiblichkeit gebunden“ seien. Kann ihm soweit noch gefolgt werden, so dort nicht mehr, wo er behauptet: „Diese leiblichen Vollzüge finden aber in verschiedenen Teilen unseres Körpers statt. Wenn die Grenze des parmenideischen Denkens darin liegt, daß er diese Vollzüge noch nicht transzendentalphilosophisch als solche durchschaut, dann bedeutet das: er kennt noch nicht den reflektierenden Blick in die Innerlichkeit dessen, was wir neuzeitlich ‚Bewußtsein‘ nennen. Parmenides meint zwar durchaus Bewußtseinsvollzüge, aber er vermag sie noch nicht als das zu bestimmen.“ (Held 1980, 562f.)

Sicherlich kannte Parmenides noch nicht „die Innerlichkeit dessen, was wir neuzeitlich ‚Bewußtsein‘ nennen“. Helds unterschiedliche Benutzung des Begriffs „Vollzüge“, der in dreifacher Bedeutung auftaucht – (1) Vollzüge, in denen das Denken stattfindet und die an die Leiblichkeit gebunden sind, (2) direkte leibliche Vollzüge, und schließlich (3) „Bewußtseinsvollzüge“ – trägt jedoch nicht zum Verständnis des Fragments bei. Die „leiblichen Vollzüge“, die bei Held in den einzelnen „Teilen des Körpers“ stattfinden, sind die jeweiligen leiblichen Regungen, die die „Mischung der Glieder“ bestimmen und wie „Filter“ (Boeder) die Wirkung des *noos* beeinflussen. Daß das Denken in den „Körperteilen“ stattfindet, sagt Parmenides an keiner Stelle. Auch Helds Behauptung, Parmenides sei ähnlich wie Heraklit „einem von ihm selbst undurchschaut gebliebenen Objektivismus“ erlegen (Held 1980, 562), muß als ungerechtfertigt zurückgewiesen werden. Natürlich hat Parmenides nicht auf den „Erkenntnisvollzug als Bedingung der Möglichkeit von Objektivität reflektiert“, denn er war eben kein „Kantianer“ oder „Husserlianer“. Wenn Held gerade darin die „historische Grenze des Parmenides ebenso wie der übrigen Vorsokratiker“ sieht und behauptet, „weil Parmenides kein Transzendentalphilosoph war, mußten seine Überlegungen, sobald sie sich auf die Dingvorstellungen bezogen, in einen naiven Objektivismus abgleiten“, so kann dem nicht zugestimmt werden.[308] Was genau Held unter „naivem Objektivismus" verstand, und ob er sich auf *doxa* oder *aletheia* beziehen sollte, bleibt fraglich. Parmenides bediente sich natürlich nicht einer (unklaren) Bewußtseinsterminologie und kam auch ohne Akte aus. Statt dessen prägte er den Begriff *noos*, der weder mit Bewußtsein noch mit Denken übersetzt werden kann. Seine Philosophie stellt eine eigenständige Lösung erkenntnistheoretischer Probleme dar, die vom phänomenologischen Standpunkt aus bis heute nicht zu widerlegen ist und ihre Berechtigung und Brauchbarkeit hat.

Zweite These: Die Identität der Glieder mit den beiden Formen „Licht und Nacht"

Eine beliebte, aber umstrittene Interpretation des Fragments und vor allem des Gliederkonzepts bei Parmenides ist die Behauptung, die leiblichen Glieder seien mit den zwei Formen (*morphas*) „Licht und Nacht" aus Fragment B 8. 53–59 identisch. Derjenige, der für diese Fehlauslegung verantwortlich gemacht werden muß und als erster hinter den Gliedern die beiden Gestalten sah, ist der oben schon erwähnte Theophrast, dessen Autorität viele nachfolgende Forscher unkritisch akzeptierten und dadurch die Mißverständnisse bis heute weiterschleppten.[309] Schwabl beispielsweise verstand die *melea* in Fr. B 16 als „die beiden ‚Weltglieder' Licht und Nacht, die wie alle Dinge ... so auch den Menschen gliedern". Einerseits sollten die Glieder für ihn „Elemente" (wohl im späteren empedokleischen Sinn) sein, andererseits aber bildeten sie den „menschlichen ‚Leib'" als Ganzes, denn „der Mensch wird hier ‚kosmisch' gesehen, ebenso wie der Kosmos ‚menschlich', beide bestimmt durch dieselben Glieder" (Schwabl 1986, 416f.). Wegen dieser angeblichen „mikro-makrokosmischen Entsprechung" könnten, so Schwabls Postulat, beide gleich bezeichnet werden.[310] Doch einer solchen Entsprechung sollte man skeptisch gegenüberstehen; eine Mikro-Makrokosmos-Lehre wurde für Parmenides als inadäquat zurückgewiesen (s. o.). Tag und Nacht sind bei ihm Formen oder Kräfte (*dynamis*) und Benennungen in der *doxa*, aber nicht direkt auf die Glieder bezogen. Die Behauptung, die Prinzipien der *doxa* entsprächen den Gliedern des menschlichen Leibes, stammt von Theophrast und nicht von Parmenides. Sie widerspricht Parmenideischer Philosophie, denn Licht und Nacht sind nicht wie die leiblichen Glieder als *krasis*, sondern nur als *mixis* verbunden. Der von Parmenides in der *doxa* aufgestellte Dualismus basiert gerade auf ihrer klaren Trennung, wohingegen die Glieder aus Fr. 16 in inniger Durchdrungenheit bis zum Gipfel des Bemerks verschmolzen werden.

308 Calogero kritisierte bereits den „Mythos des parmenideischen Objektivismus", der im Gegensatz zu den „Idealisten" von den „Realisten" entwickelt worden sei (Calogero 1970, 10).

309 S. a. Schmitz gegen Eberhard Jüngel, der mit Bezug auf Bollack und Deichgräber behauptet hatte, daß „nicht die körperlichen Glieder" gemeint seien, sondern die „den Kosmos konstituierenden Elemente Sein und Nicht-Sein" (Schmitz 1988a, 73 A. 88 zu Jüngel 1964, 12).

310 Schwabl übersetzte „in freierer Wiedergabe": „wie die Menschen im jeweiligen Augenblick aus den beiden Weltkräften gemischt sind" (Schwabl 1986, 417).

Von einer einfachen Identität zwischen „Weltgliedern" und „Menschengliedern" kann also keine Rede sein.

Doch Schwabl und Held waren nicht die einzigen Gefolgsmänner des Theophrast. Auch Fränkel glaubte, die Mischung sei als „relative Menge von Licht und Nacht" gemeint und sprach von der „Bezeichnung, der im Menschen waltenden Prinzipien" (Fränkel 1955c, 174).[311] Ebenso spekulativ ist seine Behauptung, die Glieder selber wären aus den beiden Formen gemischt.[312] Mischungsverhältnisse von leiblichen Gliedern sind erst von Empedokles (B 96 u. B 105) belegt, für Parmenides können sie nicht nachgewiesen werden. Die in B 16 angesprochene *krasis* der Glieder ist nicht die *mixis* der Gestalten. Auch Bormann wandte sich gegen die Elemente als „Kosmosglieder", folgte jedoch Mansfeld mit seiner Aussage: „Der menschliche Leib ist eine Mischung. ...Konstituenten der Mischung sind die beiden ‚Gestalten' oder ‚Formen' Licht und Nacht" (Bormann 1971, 108 u. 113). Mansfeld hatte sich bereits gegen die „landläufige Auffassung" ausgesprochen, daß hier der Ausdruck „sowohl Glieder des menschlichen Körpers als Elemente bedeutet", und bestand darauf, daß nur die „Glieder des *menschlichen* Körpers" gemeint seien. Allerdings kam er dann weniger folgerichtig zu der Formulierung: „In Fr. 16 handelt es sich um das elementare Gefüge der Glieder." (Mansfeld 1964, 188f.) Ein „elementares Gefüge" ist etwas anderes als eine Mischung, und auch die Behauptung, daß die Glieder „nach Meinung des Parmenides, wie fast alles im Weltall, aus Nacht und Feuer gemischt" sind, wird von den Fragmenten nicht gedeckt. Die gewagte Konstruktion des Theophrast (A 46), der die Erkenntnis dem jeweils überwiegenden Element folgen ließ und derjenigen durch das Warme einen Vorrang gegenüber der durch das Kalte einräumte, basiert auf seinem Mißverständnis des Parmenideischen Textes, den er lediglich zur Stützung seiner eigenen Konstruktionen auslegte. Hershbell wies mit Hinweis auf die Fehlinterpretation bei Theophrast diese Thesen mit der Behauptung zurück: „Nowhere in the fragments does Parmenides refer to light and night as ‚limbs' ... In general, it cannot be safely assumed either that *melea* means more than ‚human limbs' or that light and night are the underlying components of these." (Hershbell 1983, 47)

311 So a. Hölscher: „Wie die ganze sinnliche Welt für Parmenides eine Mischung aus Feuer und Nacht ist, so auch der menschliche Leib." (Hölscher 1968, 112) S. a. Kranz (1967f, 205), Tarán (1965, 170) u. Deichgräber (1958, 67f.). Ob Parmenides tatsächlich die einzelnen Glieder des Leibes abgehoben und innerhalb eines Klassifikationssystems jeweils einem Prinzip zugeordnet hat, bleibt aber äußerst fraglich.

312 Calogero besprach die alte Übersetzung von Diels und hielt es für gesichert, *physis meleon* nicht als „Glieder", sondern als „Sinnesorgane" zu übersetzen (Calogero 1970, 50). Seiner Meinung ist auch Schlüter: „Da die Elemente generell ‚denken', ist jedes menschliche Organ zugleich Sinnesorgan, auch dann, wenn es nur aus reiner Nacht besteht." (Schlüter 1979, 298) Und Finkelberg: „Since each of the two ‚forms' constituting man's body has its own ‚mental properties' ..." (Finkelberg 1986, 409) Sowie Hölscher: „Man muß den Ausdruck ‚Beschaffenheit der Glieder' beim Wort nehmen und die spezifische Mischung eines jeden Organs verstehen." Und an anderer Stelle: „An der Differenzierung der Körperglieder nach Mischungsverhältnissen kann also nicht wohl gezweifelt werden, selbst wenn Parmenides sich darüber nicht näher ausgelassen hat." (Hölscher 1968, 116f.)

Mit der theophrastischen Fehlinterpretation dieses Textes hängt ein weiterer Irrtum zusammen. Gestützt auf das theophrastische Prinzip der Angemessenheit (*symmetria*), dessen Bezug aber unklar bleibt (Schmitz 1988a, 73), versuchte man, Parmenides die Theorie der „Erkenntnis des Gleichen durch Gleiches" zu unterschieben. Als populärster Vertreter einer solchen Sicht meinte C. W. Müller, Parmenides würde mit Fr. 16 die „menschliche Erkenntnis" auf dieses Prinzip „gründen".[313] Die Tatsache, daß „der menschliche Nus und die Welt der Doxa aus gleichen Elementen" bestünden, sei, wenn auch nicht „expressis verbis", so doch „eindeutig vorausgesetzt" und diene als Beleg für die Anwendung dieses Prinzips (C. W. Müller 1965, 20f.).[314] Hier verwechselte C. W. Müller jedoch Parmenides mit Empedokles, denn erst dieser kannte (z. B. in Fr. 109) eine Mischung der Glieder aus den „Elementen" sowie die Anwendung des Prinzips „Gleiches zu Gleichem". Bei Parmenides sind keinerlei Ansätze in dieser Richtung erkennbar, die Beziehung der Glieder zu den Formen bleibt offen. Deshalb kann man auch Mansfeld nicht folgen, wenn er behauptet: „Der Mensch ist durch seine Konstitution (die Elemente) mit dem Kosmos verbunden. Diese kosmische Auffassung des Menschen und diese anthropomorphe Auffassung des Kosmos ist älter als Parmenides: man kann mit einigem Recht die Ansichten von Fr. 16 als eine Verquickung der Theorien von Anaximander und Anaximenes betrachten." (Mansfeld 1964, 197) Sicherlich ist unbestritten, daß Anaximenes – von Anaximander können wir das nicht beweisen, aber auch nicht apriori ausschließen – vom Leib auf die Welt schloß, aber damit ist weder eine kosmische Auffassung des Menschen noch eine anthropomorphe Sicht des Kosmos gegeben, sondern lediglich die Erkenntnis, daß bestimmte, am eigenen Leib erfahrbare Prinzipien für die ganze Welt gelten. Ein Mikro-Makrokosmos-Denken kann weder bei Anaximenes noch bei Heraklit und auch nicht bei Parmenides belegt werden. Mansfelds Behauptung einer konstitutionellen Verbindung von Mensch und Kosmos ist zwar nicht ganz falsch,[315] basiert aber auf der zweifelhaften These von der Identität der Glieder mit den Formen.

Wie weit solche Irrtümer gehen können, zeigt sich auch daran, daß Mansfeld – und diese Ansicht wurde von Bormann (1971, 113) übernommen – die Göttin von Fr. 12

---

313 Weitere Vertreter dieser These: Tarán (1965, 260), Ballew (1974, 209), Schlüter (1979, 379 A. 166) und Finkelberg (1986, 407).

314 Held sprach von dem „Gedanken der Gleichartigkeit des leiblichen Wahrnehmungsorgans und seines Gegenstandes". Ganz Theophrast folgend meinte er, die Mischung würde aus den zwei Gestalten entstehen, die auch Weisen der Wahrnehmung seien. Sie würden unterteilt in einen „positiven" und einen „negativen, uns lebenden Menschen unzugänglichen Zustand" (Held 1980, 558). Doch das entspricht nicht den Gestalten. Ähnlich abwegig ist auch Schlüters Behauptung, nach Fr. 16 könne der *noos* „nur Licht und Nacht erkennen" (Schlüter 1979, 299 u. 302).

315 Schwabl vertrat eine ähnliche Konstitutions-Identitäts-Theorie. Er trennte sogar noch schärfer zwischen „innen" und „außen": „Die Weltkräfte sind nicht so sehr ‚äußerliche', von außen auf den Menschen einströmend, sondern ‚innerlich', menschlich-eigentümlich, es sind die mit dem Menschen selbst gegebenen (freilich auch kosmischen) Kräfte, die ihn wirken und ihn bilden." (Schwabl 1986, 420) Doch von „innerlichen" Kräften redete Parmenides nicht, und die scharfe Trennung zwischen innen und außen wurde bereits oben als fehlerhaft nachgewiesen.

zum Subjekt von 16. 1 machte und sie die „Mischung der Glieder" bestimmen ließ.[316] Mansfelds Postulat, die *physis meleon* sei der „Ursprung" des „menschlichen Denkens" und „dieses Wesen ist nicht: Glieder-sein, sondern: Feuer-und-Nachtsein", erscheint nach dem gerade Ausgeführten nicht schlüssig. Zur Rechtfertigung seiner Interpretation gab er folgende drei Stationen des „logischen Zusammenhangs" an: „1. Die Göttin bestimmt (oder: der Geist hat) jeweils die Mischung der Glieder; 2. Das Denken ist mit der elementaren Natur der Glieder identisch; 3. Also ist das Denken von der durch die Göttin bestimmten Mischung der Glieder abhängig, oder abhängig von derjenigen Mischung, die es im Augenblick hat. Die *Identität* des Denkens mit der *elementaren* Struktur der Glieder ist die Prämisse, auf der der Satz, daß eine Änderung in der Mischung eine Änderung des Denkens ergibt, begründet ist. Diese Identität ist da, weil es die *Elemente* sind, die *für* den Menschen denken." (Mansfeld 1964, 189)

Mansfeld ist entgegenzuhalten, daß Elemente nicht „denken" können, es sei denn, sie seien als Götter konzipiert, denen man dann solche Fähigkeiten beilegen könnte. Das sind sie aber erst bei Empedokles, der sich gerade in diesem Punkt erheblich von Parmenides unterscheidet. Auch ist im Fragment nicht die „Identität des Denkens mit der elementaren Struktur der Glieder" gemeint, sondern die Identität der Wirkungsweise des *noos* mit der jeweiligen Mischung der Glieder. Von einer „elementaren" Struktur des Leibes spricht Parmenides nicht, für ihn ist dieser eher unstrukturiert, ein lockerer, erst durch erhöhte Spannung zusammengeführter Gliederhaufen.

Schließlich verfiel Mansfeld wieder in Anlehnung an Theophrast (A 46. 13ff.) der Theorie des quantitativen Übergewichts eines Elements dem anderen gegenüber und kam so zu der nicht nachvollziehbaren Formulierung: „Denn das Denken ist immer hauptsächlich Nachtdenken." Und: „Es kann kein Gleichgewicht geben, weil die Nachtkomponente immer überwiegt." (Mansfeld 1964, 191f.) Diese theophrastische Theorie des Ungleichgewichts zwischen Licht und Nacht wurde in der Forschung mehrfach vertreten,[317] aber auch beispielsweise von Tarán kritisiert. Allerdings kann Tarán nicht ganz zugestimmt werden. Er wählte zwar die Bezeichnung, „the full" für *to pleon* in Fr. 16. 4, doch kam er zu dem Resultat: „The body, of the individual and of humanity as a whole, thinks the same," nämlich das Volle (Tarán 1965, 256ff.).[318] Weder denkt der

316 Mansfeld: „Denn es ist nicht so, daß der Mensch selbständig die Mischung der Glieder bestimmen kann: der Geist ist anwesend in Übereinstimmung mit derjenigen (elementaren) Mischung der Glieder, die er jeweils hat, aber diese Mischung selbst ist wieder von der ‚Göttin, welche alles lenkt' (Fr.12.3), bestimmt." (Mansfeld 1964, 184)

317 Theophrast folgten: Guthrie: „What preponderates is thought." (Guthrie 1965, 67) Heitsch: „Erkenntnis ist das in der Mischung jeweils Überwiegende" (Heitsch 1974, 103). C. W. Müller: „Erkenntnisbestimmend ist vielmehr der Überschuß ... eines Elementes gegenüber dem andern..."; sowie: „Die Nacht wirkt sich in dieser Mischung gegenüber dem Licht seins- und erkenntnismindernd aus." (C. W. Müller 1965, 22f.)

318 Dazu Deichgräber: „Denn das Volle ist Erkennen." (Deichgräber 1958, 71) S. a. Schlüter (1979, 297). Dagegen Finkelberg unscharf: „the full, i. e. any given mixture of the ‚forms' in the body" (Finkelberg 1986, 410). Es findet aber keine Mischung der Formen in einem Körper statt, sondern gemeint ist die Mischung der Glieder des Leibes. Falsch auch C. W. Müller, der zwar richtig „das Volle" angab, es

„Körper", noch kann „das Volle" einfach gedacht werden. Es ist die Bemerkung schlechthin, das höchste Niveau der Wirkung eines fest zentrierten *noos*, der nicht mehr Seiendes von Seiendem scheidet, sondern sich in einer umfassenden Erfahrung zur Identität von Sein und Bemerk aufgeschwungen hat.

Fr. B 16 und die *psyche*

Aus der Interpretation von Fr. B 16 läßt sich klar ableiten, daß Parmenides kein Denker des anthropologischen Dualismus war. Doch es gab immer wieder Mißverständnisse. So meinte Fränkel zu B 16, daß dort „die Natur der Glieder ihrerseits von der Natur der Gedanken abhängig" sei. Denn, so Fränkel weiter: „Die Abhängigkeit ist gegenseitig und die Verursachung zirkulär: nicht nur entspricht jeweils dem Körper der Geist, sondern es ist auch der Geist, der sich den Körper baut." (Fränkel 1955c, 178) Doch der *noos* läßt sich weder einfach mit „die Gedanken" übersetzen, noch unterscheidet Parmenides zwischen Geist und Körper. Daß der „Geist" sich gar „den Körper baut", ist eine Projektion Fränkelscher Geist-Metaphysik auf Parmenides.

Auch Schwabl geriet hoffnungslos in begriffliche Konfusion, als er bei der Erklärung von B 16 den Leibbegriff unscharf faßte und nicht vom Körper unterschied. Obwohl er erkannte, daß die Glieder „das Gesamte des Leibes" bilden, sprach er vage von „dem menschlichen Individuum", und zwar mit der Begründung, daß er diese Bezeichnung nur verwendet habe, „um den Ausdruck Leib zu vermeiden". Bei Parmenides seien „das Licht das ‚seelische'" sowie die „Nacht das ‚körperhafte' Prinzip" (Schwabl 1986, 416). Diese Auslegung ist als Projektion des anthropologischen Dualismus gänzlich abzulehnen. Die Aufteilung in „leibliche" (*melea*) oder „geistig-seelische" Glieder (z. B. den *noos*) ist falsch. Weder kommt die Gegenüberstellung von „seelischem" und „körperhaftem" Prinzip bei Parmenides vor, noch sind in dem Fragment überhaupt „Weltglieder" gemeint.

Ebenfalls abzulehnen sind Theorien, die Parmenides eine irgendwie pythagoreisch beeinflußte „Seelenwanderung" unterschieben. Das tat Deichgräber bei seiner Interpretation von Fr. 16, als er glaubte, „daß wirklich bei Parmenides auf Grund der Bruchstücke und sonstiger Überlieferung der Glaube an die Seelenwanderung anzunehmen" sei (Deichgräber 1958, Appendix III, 88ff.). Schmitz kam da zu dem genau gegenteiligen Ergebnis. Er wies nach, daß Fr. 7, 1 gerade eine Warnung gegenüber dem pythago-

---

diskutierte und dann aber zurückwies (C. W. Müller 1965, 19 A. 17). Ebenso wandte sich Calogero gegen eine Übersetzung durch „das Volle" (Calogero 1970, 51). Beide fanden in Coxon einen modernen Vertreter, der ausdrücklich „das Volle" als Alternative ablehnte und theophrastisch schrieb: „He means the preponderant element in the individual's physical make-up;" sowie: „the preponderant physical element in any individual is the individual's thought" (Coxon 1986, 250). Ferner Boeder, der ebenfalls Theophrast folgte, indem er von den Gliedern als Gegensatz zwischen Licht und Nacht sowie dem Vorherrschen des einen über das andere Glied sprach (Boeder 1962, 128). S. weiter Schumacher (1940, 100), Riezler (1976, 39 u.61), Prier (1976, 112), Reinhardt (1959, 77) und schließlich, mit Bezug auf Bormann (1971, 107) Held: „Das Mehrere ist die Erkenntnis" (Held 1980, 564).

reischen Dogma der Wiedergeburt enthält und daß auch die von Deichgräber als Stütze benutzte, aber vollkommen unsichere Simplikiosstelle (Phys. 39. 19f.) „nichts für ein Reinkarnationsdogma hergibt" (Schmitz 1988a, 179–188). Deichgräber meinte: „Wir kommen durch, wenn wir einen Wechsel in der Mischung des Hellen und Dunklen in der Seele des Menschen als Anschauung des Parmenides annehmen." Mit der Mischung der Glieder ist aber nicht der „Wechsel des Hellen und Dunklen" gemeint; nirgendwo taucht in Fragment 16 der Begriff *psyche* auf. Somit kann keine Mischung „in der Seele" (und auch nicht im Körper) stattfinden, denn die Mischung **ist** die Natur des Leibes als Ganzer. Deichgräbers Rede von der „Seelenfahrt" und der Reise der „Seele vom Dunklen ins Helle" basiert auf der fraglichen Anlehnung an Simplikios, und seine Anmerkung, „die Seele des Parmenides" sei „dementsprechend auch weiblich", erweist sich als Irrtum (Deichgräber 1958, 42, 73 u. 91).[319] Solche Thesen blieben nicht unwidersprochen. Mansfeld wandte sich dagegen, indem er von der „unsterblichen Seele" als einem „inkonsequenten und irrationalen Fremdkörper innerhalb der Parmenideischen Philosophie" sprach. Allerdings überzeugte seine eigene terminologische Lösung ebensowenig. Er stellte Deichgräber fast auf den Kopf mit seiner Behauptung: „Statt der unsterblichen Seele aber heben wir den sterblichen Geist hervor." (Mansfeld 1964, 171) Was aber ist ein sterblicher Geist, wie kann ein Geist sterben? Seine Geist-Konzeption erläuterte Mansfeld dann so: „Der Geist ist das Feld, wo alle menschlichen Erfahrungen zusammenkommen, und deshalb ein Sammelterminus für diese Erfahrungen selbst." (Mansfeld 1964, 181) Hierzu muß gesagt werden: Erstens ist der Ort, „wo alle menschlichen Erfahrungen zusammenkommen", der Leib, von dessen Mischung der Wirkungsgrad des *noos* abhängt, und zweitens war Parmenides kein Geistmetaphysiker, sondern sprach vom Sein. Die Dualität von Licht und Nacht ist nicht die von Körper und Geist im Sinne von Mansfeld, sondern die von zwei Formen (*morphas*).

Bezüglich des Psyche-Begriffs bei Parmenides kam dann Tarán zu dem Ergebnis: „It is doubtful, however, that Parmenides said anything special about the soul". Wäre der *psyche*-Begriff im Text vorgekommen, so hätte er kaum mehr Bedeutung als die des (homerischen) „Schattens" gehabt (Tarán 1965, 252 A. 59). Die Behauptung von Simplikios (Phys. 39. 19f.), die *daimon* in Fr. 12 schicke „Seelen", ließ er nicht gelten, und auch Rohde, Burnet und Gigon sowie einer phythagoreischen „doctrin of transmigration" erteilte er eine klare Absage (Tarán 1965, 248 A. 51). Ferner machte er darauf aufmerksam, daß das Verhältnis des „Bemerks" zu den „Gliedern" keinesfalls das einer Seele zum Körper ist, und auch die Identifikation des *noos* mit der *psyche*, die Theophrast fälschlich annahm, wurde von ihm abgelehnt. Er wies schließlich die Versuche von Zeller und Deichgräber zurück, das Proömion als „Seelenwanderung" zu verstehen, und stellte nochmals klar heraus, daß Parmenides nicht zwischen „mind and body" unterschieden habe (Tarán 1965, 252).

319 Deichgräber zum Proömion des Parmenides, das er von dessen „Seelenvorstellung her" verstehen wollte: „Man darf seine Auffahrt, d. h. auch das Prooimion von dieser Auffassung des Schicksals der Seele nicht trennen."

5. Empedokles

Als einer der letzten bedeutenden Vertreter des alten Eindruckdenkens steht Empedokles noch ganz in der Tradition einer Philosophie, die ihre Einheiten nicht reduktiv-analysierend aus dem Situationszusammenhang löste, sondern sie schonend explizierte und einer wissenschaftlichen Systembildung zuführte. Dieser Umgang mit den aus Situationen gewonnenen Sachverhalten, der den Begriffen die ganze Kraft des intensiven Erlebens beließ und durch klare, allgemein gehaltene Ausdrucksweise den Systemen eine hinreichend wissenschaftliche Basis sicherte, wurde von Empedokles weiter perfektioniert. Er differenzierte vorhandene Ansätze und steigerte die systematische Komplexität. Dabei griff er Gedanken des Parmenides auf, und auch Motive, die bereits bei Heraklit angesprochen wurden, lassen sich finden. Außerdem dachte er in mythologisch-genealogischen Bezügen, die er geschickt mit seinen erkenntnistheoretischen Überlegungen verknüpfte. Er versuchte dort die Probleme zu lösen, wo Parmenides scheinbar Brüche hinterlassen hatte. Um dessen radikalen erkenntnistheoretischen Dualismus von *aletheia* und *doxa* aufzulösen, band er mit Hilfe einer ausgefeilten Systematik das kugelförmige Sein des Parmenides an den kosmischen Prozeß einer ganz auf Wandel ausgelegten dynamischen Sicht, die an Heraklit erinnert. Wurde das „Umschlagen" bei Heraklit nur vage erklärt und auf eine Art Tauschprinzip beschränkt, auf einen plötzlichen Spannungswechsel, wie ihn das Bild vom alles lenkenden Blitz (Fr. 64) verdeutlicht, so findet sich bei Empedokles eine ähnlich dynamische Sicht, in der nun die verschiedenen kosmischen Wandlungsprozesse in Phasen aufgeteilt werden. Gleichzeitig arbeitete er das Parmenideische Sein mit in sein ausgefeiltes System ein. Sein *sphairos* ähnelt diesem derart stark, daß sich an einer Beeinflussung kaum ernsthaft zweifeln läßt,[320] denn die wohlgerundete Kugelmasse des Parmenides (Fr. 8. 43) wird von Empedokles als *sphairos* (Fr. 27, 28 u. 29), der „Runde", beschrieben, der, „sich selbst gleich", ohne „Spaltung und Zerrissenheit" daliegt. War bei Parmenides das Sein *isopales*, also dynamisch-ausgewogen, so entsteht ein ähnlicher Eindruck, wenn Empedokles von der einen Ordnung (Fr. 26. 5: *eis ena kosmon*) spricht, die bei maximaler Kohärenz und Anziehung erreicht wird, kurz bevor im *sphairos* alles zusammenkommt. Der allmählich heranwachsende und schließlich ausbrechende Streit initiiert den jeweils neuen Wandlungsprozeß, indem er den durch die Liebe herbeigeführten Zustand der Zusammengehörigkeit aufbricht (Schmitz 1988a, 346). Damit kommt in das Sein die mischende und entmischende Bewegung, die den parmenideischen Gegensatz zwischen dem bewegungslosen, einmaligen Augenblick und dem sich permanent wandelnden Geschehen aufhebt oder überbrückt. Daß diese Kon-

320 Zum Vergleich des *eon* bei Parmenides und des *sphairos* bei Empedokles s. Jaeger (1953, 161), Reinhardt 1986b, 507), Schmitz (1988a, 304), Millerd (1980, 60,62), Schumacher (1940, 109), Prier (1976, 132), Sweeney (1972, 138), Kerschensteiner (1962, 128). Zur allgemeinen Verbreitung des Motivs s. M. R. Wright (1981, 73f.). Dazu ferner Lloyd (1966, 244), Furley (1987, 62), Cornford (1952b, 202f.) u. Rappe (1993, 407ff.).

zeption nicht die einzige Alternative einer Ausgestaltung des Parmenideischen *eon* war, geht daraus hervor, daß die Bilder von der Einheitlichkeit und Ganzheit des Seins, das als ein unzerreißbarer Zusammenhang keinerlei Teilung und Trennung zuläßt, bei mehreren frühgriechischen Philosophen zu finden sind, wie z. B. bei Xenophanes, Melissus und Anaxagoras, und selbst Platons „Amme des Werdens" ist nicht frei von Anklängen.[321]

Liebe und Streit

Bei Empedokles erfolgt jedoch keine so umschlagende oder ruckartige Bewegung wie bei Heraklit, sondern eine Mischung, die in ihrem intensivsten Zustand, der maximalen chaotischen Mannigfaltigkeit, den *sphairos* bildet.[322] Stand bei Parmenides Zwang und Spannung im Vordergrund, so sorgt nun Aphrodite, die Göttin der Liebe, für den Zusammenhalt. Sie nimmt eine ähnlich wichtige Position ein wie die Göttin Dike bei Parmenides, wird aber nicht so sehr vom Gedanken des einengenden Umgreifens bestimmt. Aphrodite steht *neikos*, der Streit, (Fr. 22.9) gegenüber. Beide, *philia* und *neikos*, bezeichnete Schmitz als „konträre Atmosphären" und „wirkende Mächte", die sowohl Gestalten als auch Bereiche sind, sowohl göttliche Personifikationen als auch atmosphärische Kräfte (Schmitz 1977, 35).[323] In der phasenbestimmten Wechselbeziehung gelingt es der Liebe immer wieder, sich dem Streit gegenüber so durchzusetzen, daß der *sphairos* entsteht. Dieser ist also allein ihr Werk, das sie in ihrem „Höchststand", der „gänzlichen Verschmelzung aller Dinge", vollbringt (Schmitz 1988a, 346f.).

Aphrodites Sieg über Neikos ist nicht endgültig, er stellt nur eine Phase der maximalen Integration dar, denn nach gewisser Zeit beginnt der Streit erneut mit seinem trennenden Werk. Das Aufflammen des Streites, das den Zustand des *sphairos* beendet, erinnert an das Erbrennen der Weltordnung, an die flackernde Bewegung des Feuers

321 Zu Xenophanes Fr. 23. 1; 24; 26. s. a. Schmitz (1988a, 210). Zu Melissus s. Guthrie (1965, 33,120) u. Schmitz (1988a, 272–275). Zum Verhältnis von Parmenides und Anaxagoras s. Schmitz (1988a, 285). Zur *hyle* bei Aristoteles im Vergleich zum „Indefiniten des Urgemisches nach Anaxagoras" s. Schmitz (1985c, 397, 470 u. 1992c, 154f.). S. a. Guthrie (1965, 295). Zu Platon s. Cornford (1952b, 54ff.) sowie Karen Gloy (1986, 20f.) und Theiler (1965, 68).

322 S. a. Reinhardt (1959, 15), Prier (1976, 132), Alt (1982, 433f.) u. Schmitz (1988a, 346 u. 266 sowie 1964, 339ff. u. 398ff.).

323 Zu Liebe und Streit als göttliche Mächte und gegen eine bloß metaphorische oder allegorische Auffassung, wie sie Jaeger (1953, 157), Burnet (1913, 210) u. Lloyd (1966, 227) vertraten: Nestle (1919, 996), Kranz (1967b, 111), C. W. Müller (1965, 29f.), M. R. Wright (1981, 22), Riezler (1986, 16), Jean Bollack (1957, 39f.), Cornford (1952b, 45) und Hersbell (1974, 148 u. 152). Zu Krieg und Zwietracht als göttliche Kräfte bei Homer s. Fränkel (1951, 87f.). S. a. Schmitz (1977, 92ff. u. 134ff.). Schmitz hob sich von Walter Pötscher und dessen „Person-Bereichsdenken" ab (Schmitz 1977, 105 mit Bezug auf Pötscher 1959a, 5ff.). Allerdings hielt er diesen Begriff für „glücklich gewählt", da er „das Ineinandergreifen von Person und Atmosphäre" treffend schildere (Schmitz 1977, 158). Zur Gottheit als Gestalt und Charakter s. a. Walter F. Otto (1947, 161 u. 1955b, 81) sowie Pötscher (1959b, 5ff.) u. Schmitz (1977, 163ff.). S. a. Rappe (1993, 400ff.).

bei Heraklit, denn auch bei Empedokles bestehen Zusammenhänge zwischen Streit und Feuer (Schmitz 1988a, 330ff.). Doch weder Streit noch Feuer stimmen in ihrer Bedeutung innerhalb der einzelnen Systeme überein. Empedokles benutzte nicht das Feuer als heraklitisches Universalprinzip; Neikos bildet mit Aphrodite ein polares Paar, während *polemos* bei Heraklit (Fr. 53) ohne entsprechende Gegenkraft auskommt. Zwar bricht der Streit auch bei Empedokles heftig los, doch ist bei ihm der Wandel kein augenblicklicher Tausch im Sinne Heraklits.

Empedokles überbrückt die parmenideische Kluft zwischen Wahrheit und Meinung nicht durch einen erkenntnistheoretisch fundierten ontologischen Unterschied, sondern durch die sich ablösenden Phasen der kosmologischen Entwicklung mit unterschiedlicher Dominanz der beiden Prinzipien. Die Phasen stehen sich nicht kraß und statisch gegenüber wie *aletheia* und *doxa* bei Parmenides, sie sind auch nicht „gegenspännig" vereint oder kippen ineinander um wie bei Heraklit, sondern sie wandeln sich in einer Hin- und Herbewegung von Mischung und Entmischung. Dadurch vermeidet Empedokles die Schwierigkeiten und radikalen Lösungen seiner Vorgänger, so daß es bei ihm keinen Hinweis auf etwas gibt, was mit dem Ruck der Macherfahrung vergleichbar wäre. Sein durch die Göttin Aphrodite garantiertes System des Wandels „durch Mischung" (Fr. 21.14) versöhnt die verschiedenen Stadien seiner Kosmologie ähnlich wie es Motive seiner Vorgänger zu einer neuen Synthese verschmelzt.

Die vier „Elemente" und ihre Mischung

Neben *philia* und *neikos* führte Empedokles mit Feuer (*pyr*), Erde (*gaia*), Wasser (*hydor*) und Luft (*aer*) vier weitere göttliche Kräfte als tragende Pfeiler seiner Konzeption ein. Sie werden in Fr. 17. 18–20 vorgestellt und bilden die Grundlage für alle späteren Theorien, die auf den sogenannten „Elementen"[324] – Empedokles nannte sie in Fr. 6 die „Wurzeln aller" (*rizomata panton*) – basieren.[325] Die Bezeichnungen „Elemente" und „Prinzipien" sind im heutigen Sprachgebrauch ihres ursprünglich religiösen Charakters entkleidet und dürfen nur unter Vorbehalt angewandt werden. Die Elemente des Empedokles waren göttliche Atmosphären spürbaren Charakters und keine chemischen Bausteine auf atomistischer Basis.[326] Dabei soll Empedokles nicht als Erfinder des Elementenweltbildes oder als Entdecker von Elementen überhaupt ausgegeben werden. Er

324 Schmitz sprach der bequemeren Verständlichkeit halber von „Elementen" (Schmitz 1988a, 299). Schadewaldt schrieb: „Wenn man eine Geschichte der Elementenlehre schreiben wollte, müßte man hervorheben, daß nicht überall Element – Element ist. Die Vorstellung eines Elements im späteren Sinne gibt es ja noch gar nicht; es sind große lebendige Ursprungsbereiche" (Schadewaldt 1978, 416).

325 Das hob schon Aristoteles MP 985 a 31 hervor. S. a. Guthrie (1965, 141) sowie Kirk/Raven/Schofield (1983, 148 u. 286).

326 S. a. Riezler zu Empedokles Fr. 109: „Hier erscheinen die sogenannten vier Elemente mit Liebe und Streit auf derselben Ebene als Wesenheiten, nicht als ‚Stoffe'. Noch ist die Erde das Erdhafte, das Wasser nicht unser Wasser – auch für Empedokles, einen Erben nur und Nachfahr dieser Lehre." (Riezler 1986, 16)

war eher einer der ersten großen Synthetisierer, der die verschiedenen Einflüsse in ein System integrierte, das sich durch zwei Grundkräfte und vier göttlich-gestalthafte Bereiche auszeichnete. Deshalb kann er als Begründer einer komplexen, systematischen Elementenlehre gelten.

Kirk/Raven/Schofield vermuteten in dem religiösen Aspekt der „vier Wurzeln" einen Zusammenhang zwischen den alten traditionellen Bildern und Vorstellungen von Kräften, die im Unterschied zu den bereits vorhandenen Göttern abstrakter gedacht worden seien.[327] Aber so etwas wie ein „Abstraktheitsgrad" religiöser Vorstellungen kann nur schwer angegeben werden. Vergöttlichung von Naturkräften ist schon von den frühesten Zivilisationen bekannt und findet sich zumindest zur damaligen Zeit als eine Universalie bei den meisten Kulturen. Wenig glaubhaft ist deshalb Schadewaldts These, die „Dinge", nämlich die Elemente, seien zuerst „gedacht", und „die mythische Einkleidung" sei „das Sekundäre" (Schadewaldt 1978, 443).[328] Die als personifizierte Götter im System des Empedokles wirkenden Kräfte beeindruckten den Menschen durch ihre als machtvoll empfundene Ausstrahlung. Ihr prägender Charakter verhalf zur Abstraktionsleistung, indem der von der jeweiligen Atmosphäre ergriffene Mensch den aus dem religiösen Erleben gewonnenen Eindruck zur Begriffsbildung nutzte. Im Falle des Empedokles wurden traditionelle Vorstellungen mit bestimmten Eindrücken verknüpft und zu einem Göttersystem zusammengestellt. Schmitz betonte: „Die vier Elemente des Empedokles tragen die Namen von Göttern (Fr. 6. 96) und sind tatsächlich so gemeint, nicht als verstreute Mengen gleichartiger Stoffe, sondern als ganzheitliche Lebewesen, deren Einheit und Integrität durch die Zerstreuung im Raum nicht in Frage gestellt wird" (Schmitz 1988a, 304 mit Übersetzung von Fr. 22. 1–3).

Vorstellungen von die Welt konstituierenden Element-Gottheiten begegnen dem Forscher überall auf der Welt. Die des Empedokles haben Vorläufer in den unterschiedlichen Konstellationen bei Anaximander, Anaximenes, Pythagoras, Heraklit und Parmenides.[329] Meist lassen die dort auftretenden paarigen Anordnungen eine Stufung oder Hierarchie erkennen, wohingegen es sich hier um ein Quartett handelt, das keine hierarchischen, sondern egalitäre Züge trägt. G. E. R. Lloyd vermutete im Hinblick auf Fr. 121 u. 122 so etwas wie die pythagoreische" Table of opposites" (Lloyd 1966, 63) und Guthrie behauptete sogar: „the religious ideas of Empedokles are demonstrably almost identical with those of the Pythagoreans" (Guthrie 1962, 208f. A. 2). Das darf

327 Kirk/Raven/Schofield: „Their initial characterization as gods is presumably designed both to indicate what is sound in traditional conceptions of divinity and to claim for them powers and properties, as yet undefined, which make them worthy of awe." (Kirk/Raven/Schofield 1983, 286)

328 Er meinte von Empedokles weiter: „Er denkt nicht mehr so mythisch, wie er hier spricht, wenn es bei ihm auch noch nicht die rein stofflichen Elemente sind, die es bei den Griechen überhaupt nicht gibt, sondern eher Kräfte." (Schadewaldt 1978, 449)

329 Allerdings Licht und Nacht bei Parmenides als „Elemente" zu verstehen, wie dies Kirk/Raven/Schofield taten, als sie schrieben: „The name marks them as basic and mutually irreducible elements from which all other things are formed (cf. Parmenides' lights and night...)", geht zu weit (Kirk/Raven/Schofield 1983, 286).

bezweifelt werden, denn paarige Ordnungen bedeuten noch nicht Gleichheit religiöser Vorstellungen. Außerdem ließe sich dasselbe auch von den anderen, gerade erwähnten Philosophen sagen, so daß angegeben werden müßte, warum eine Übereinstimmung gerade mit Pythagoras und nicht mit Anaximander oder Anaximenes usw. vorherrschen soll. Das führt dann weiter zu der Frage, ob es etwas Gemeinsames in den verschiedenen Vorstellungen gibt. Ohne hier auf einen intensiven Vergleich einzugehen, läßt sich sagen, daß alle Philosophen in dieser Hinsicht unterschiedliche und keine deckungsgleichen Ansichten hatten. Die Gemeinsamkeiten bestehen jedoch darin, daß ihre Begriffsbildung einerseits von religiösen Erfahrungen geprägt war und andererseits im leiblichen Spüren wurzelte.

Das von Empedokles zum Benennen seiner Elemente benutzte Bild der Wurzeln (*rizomata*) legt den Gedanken an einen gemeinsamen Stamm nahe, den zu bilden und zu nähren es der vereinigenden Kraft der Liebe bedarf. Diese verbindet die einzelnen Elemente, mischt sie und läßt sie im *sphairos* zusammenwachsen. Selbst Leben und Tod werden als Mischung und Trennung erklärt und damit auf das göttliche Wirken von *philia* und *neikos* zurückgeführt. Nach Schmitz sorgt die Kraft der Liebe für die „Stiftung von Komplexen verschiedener Elemente", die dann zur weiteren Vermischung miteinander animiert werden, „wobei der Streit durch Auflösung alter Verbindungen neue Mischungen durch Liebe vorbereitet" (Schmitz 1988a, 319). Die Liebe ist nicht die einzige „Anziehungskraft". Schmitz unterschied mit Bezug auf Fr. 22 zwei Attraktionstypen, nämlich das durch die Liebe „gestiftete" Verlangen der Elemente zu einander und „das Streben eines Gliedes eines Elements zu seinesgleichen" (Schmitz 1988a, 306). Dieses Streben verdeutlichte Guthrie am Beispiel des Feuers.[330] Die elementinterne Anziehungskraft setzt ein, wenn der „Streit" die durch die „Liebe" verbundenen Elemente wieder trennt.[331] Es muß also von „drei Motoren des Weltprozesses" gesprochen werden: Liebe, Streit und der durch diesen wirksam werdenden „eigendynamischen Kohärenz jedes Elements", der „innerelementaren Attraktion" als Folge der „Einheit des Stammes" (Schmitz 1988a, 308).[332] Die innerelementare Attraktion läßt sich als das „Gleiches-zu-Gleichem-Prinzip" bezeichnen. Sie dient zwar als Erklärungshilfe, wird aber nicht in Bezug zur elementexternen Anziehung der Liebe gesetzt oder im polaren Kräftespiel von *philia* und *neikos* eindeutig klassifiziert.

330 Guthrie: „Any portion of fire or earth has a natural tendency to seek out and join other parts of the same element. This too was a universal popular conception." (Guthrie 1965, 165)

331 Guthrie: „The essential motion initiated by strife is that of the separation of the elements from each other and the attraction of like to like in ever-increasing masses." (Guthrie 1965, 186) In der Funktion als Individuationsinitiator ähnelt der *neikos* dem *nus* des Anaxagoras.

332 S. a.: „Die Einheit des Stammes, der das Element als göttliches Lebewesen ist, bringt für die Angehörigen dieses Stammes ohne Weiteres einen Drang zu einander, eine Anziehung des Gleichen durch das Gleiche (fr. 62,6), mit sich, namentlich ohne jede Vermittlung durch die Liebe. Deren verbindende Wirksamkeit greift erst bei Mischung von Gliedern verschiedener Stämme (d. h. hier: Elemente) ein (fr. 17,7; 20,2; 21,8; 22,5; 26,5; 35,12–17; 71,4; 73; 75; 86; 87; 95; 96,4; 98,3)." (Schmitz 1988a, 305)

Die Vorstellung von der durch genealogische Herkunft verbundenen Stammesgemeinschaft war für Empedokles von zentraler Bedeutung. Seine Elemente verbanden sich miteinander, waren aber unwandelbar in ihrer Rolle als Götter. Das entspricht dem Bild von den immer wieder durch Liebe und Streit vermischten und getrennten Einzelwesen. „Wie sich Empedokles die Unwandelbarkeit im Wandel zurechtlegt", so erläuterte Schmitz, „kann man an Fr. 17, 6–13 ablesen, wonach die Sterblichen (...) niemals aufhören, abzuwechseln, indem sie bald durch Liebe in Eines zusammengeführt, bald als Einzelne durch Haß des Streits auseinandergetrieben werden; insofern sie diesem zwiefachen Prozeß unterliegen, werden sie und beharren nicht, aber insofern sie von diesem Austausch niemals ablassen, sind sie immer, unbewegt im Kreislauf." (Schmitz 1988a, 318)

Das erinnert an die „Wenden des Feuers" bei Heraklit, das niemals von der Wandlung abließ, das aber konstant blieb, weil es gegen alles eingetauscht werden konnte. Ähnlich waren die Elemente bei Empedokles Dämonen, die sich „durch den Wechsel als Wechselndes" erhielten (Schmitz 1988a, 346). Die „ganz auf Phasenwechsel eingestellte Weltanschauung des Empedokles" bildete so ein durch Mischung und Trennung geregeltes Zusammenspiel von vier Grundkräften, die „einander quantitativ (oder dynamisch) gleich und von gleich altem Stamm" waren, sich aber „mit je eigenem Amt und Charakter" in der Einnahme einer „Dominanzrolle" periodisch ablösten (Fr. 17, 27–29). „Dabei schwinden sie", so Schmitz, „ineinander (fr. 26, 2), bleiben aber konstant und unbeweglich im kosmischen Kreislauf, sofern sie in ihrem beständigen Wechsel nimmermehr zu Ende kommen (Fr. 26, 11f.)." (Schmitz 1988a, 304)[333] Die „organismische" oder „integrale Ganzheit" der Gestalten und Bereiche, die selbst durch den beständigen Wechsel nicht in Frage gestellt wurde, ist ein Charakteristikum ihrer Göttlichkeit. Sie „erhält sich über den Wechsel der Prozeßphasen und diesen zugehörigen Generationen hinweg als Gemeinschaft des Stammes (Fr. 17, 27), dessen Glieder miteinander und mit dem Ganzen zusammengehören und auf Grund dieser Verwandschaft ohne weiteres einander suchen (fr. 62, 6), auch wenn sie einander noch so fern sind." (Schmitz 1988a, 307f.) Dabei muß zwischen der Einheit des Stammes und seinen Bestandteilen unterschieden werden, denn der Stamm selber ist als Dämon ein einheitliches Gebilde, seine Bestandteile aber sind untereinander auf magisch genealogische Art verbunden.[334]

333 S. a. Kerschensteiner (1962, 126).

334 Schmitz zu Fr. 22. 7: „Der Stamm kann nicht als Herkunft aus den Elementen gemeint sein, da diese schon mit der ihm hier koordinierten Mischung abgedeckt ist, s. fr. 96. Er ist vielmehr genealogisch zu verstehen, als Abstammungsgemeinschaft, als durch gemeinsame Vorgeschichte vermittelte Verwandtschaft: Zwei Komplexe, in denen es Bestandteile gibt, die früher einmal zu einem dritten Komplex vereinigt waren, passen zu einander durch eher hinreichende Mischung und ziehen sich daher in Liebe an, falls es eine solche gemeinsame Vorgeschichte für genügend (...) viele oder genügend bedeutsame Bestandteile gibt (Fr. 22, 4f.); andernfalls entsteht feindselige Abstoßung zwischen ihnen." (Schmitz 1988a, 319)

Den Menschen als Teil einer magischen Abstammungsgemeinschaft zu begreifen, deren Glieder in einem verwandtschaftlichen Verhältnis zueinander stehen, ist ein in der Ethnologie bekanntes Phänomen, das sich auch in außereuropäischen Kulturen nachweisen läßt und dort die Basis der sozialen Ordnungen bildete, auf denen sich die komplizierten Klassifikationssysteme aufbauten (Rappe 1993, 407). Bei Empedokles erkennt man klare Verbindungen zu solchen Sichtweisen, denn sowohl mit seiner *sphairos*-Konzeption als auch durch sein Prinzip der Mischung und Verschmelzung sowie aufgrund seines genealogischen Verständnisses trägt sein philosophisches Denken archaische Züge.[335] Doch es erschöpft sich nicht darin, denn nicht nur bezüglich der kosmologischen Vorstellungen erweist sich Empedokles als ein Neuerer von besonderem Rang, auch erweiterte anthropologische Erkenntnisse gehören in sein System und bilden einen wesentlichen Teil seiner Philosophie.

Die anthropologischen Vorstellungen

Empedokles griff in seiner Anthropologie Homers „Gliederkonzept" auf, erweiterte es aber beträchtlich und ging damit auch über die Vorstellungen des Parmenides hinaus. Daß er seine Elemente mit Worten beschrieb, die bei Homer und Parmenides für die Glieder des Leibes benutzt wurden, läßt auf eine ausgeprägte Leibperspektive schließen.[336] Diese bei Empedokles erstmalig auftauchende und für seine Denkweise eigentümliche Doppelbedeutung des Gliederkonzepts, das den menschlichen Leib, aber auch die „Glieder" des Kosmos bezeichnete, verdeutlicht eine fortschreitende Differenzierung und Systematisierung des Leibschemas. Nicht nur das Prinzip „Gleiches zu Gleichem", das so viele Autoren schon bei Parmenides Fr. 16 zu finden glaubten, ist erst von Empedokles in Fr. 22, 90 u. 109 überliefert, auch die Theorie der Zusammensetzung der einzelnen Glieder durch Elemente kann erst ihm (Fr. 96 u. 98) eindeutig zugeschrieben werden. Dabei ist zu beachten, daß einzelne Glieder des Leibes nicht mit einzelnen „Gliedern" des Kosmos analogisiert werden. Die den Kosmos bildenden „Wurzeln" liegen den anatomischen Gliedern zugrunde. Beide, Mensch und Komsos, entstehen aus den selben Elementen durch deren Mischung.[337]

Diese Gemeinsamkeit von Leib und Kosmos sollte genausowenig wie bei Anaximenes, Heraklit oder Parmenides als Mikro-Makrokosmos-Lehre interpretiert werden, wenn auch die Anthropologie des Empedokles einen wesentlichen und vorbereitenden Schritt

335 Zum genealogischen Denken, das von einem umfassenden, familiären Zusammenhang der Lebewesen und einem gemeinsamen Ursprung aus einem chaotischen Zustand ausgeht, s. Guthrie (1962, 68), Cornford (1952, 179), Boeder (1962, 23), Schadewaldt (1978, 62) und Burkert (1962, 35 A. 123). Zur „Allverwandtschaft"und „the unity of all living" bei Empedokles s. Bollack (1957, 52), van der Ben (1975, 60) u. Guthrie (1962, 186).

336 Zu den *melea* des Parmenides, die bei Empedokles als Glieder des Kosmos aufgefaßt werden, s. Burkert (1962, 451 A. 88) und Schwabe (1980, 68).

337 Über die Zusammensetzung von Fleisch, Sehnen, Knochen, Schweiß und Tränen aus der unterschiedlichen Mischung der Elemente Fr. A 78.

in diese Richtung darstellt und einige Forscher glaubten, diese Doktrin bei ihm finden zu können. Zur Vollendung einer solchen Theorie fehlt die klare Grenzziehung, die aus dem Menschen einen Mikro- und aus dem Kosmos einen Makrokosmos macht. Eine solche Trennung gibt es bei Empedokles nicht, bei ihm durchdringen die Prinzipien Leib und Welt gleichermaßen.[338] Deshalb irrte Mansfeld mit seiner bezüglich Fr. 27a aufgestellten Behauptung: Bei Empedokles sei „der Mensch nicht nur ein Mikrokosmos, sondern der Kosmos auch ein ‚großer Mensch'." In diesem Fragment sind die vereinzelten Glieder, die Elemente, gemeint und nicht der Leib als Ganzes. Empedokles betont sogar in Fr. 29, daß der *sphairos* kugelförmig und nicht von der Gestalt eines Menschen ist. Sicherlich könnte man versucht sein, den göttlichen *sphairos* als „Lebewesen" zu bezeichnen.[339] Daraus ist aber nicht zu schließen, daß er in menschlicher Gestalt gedacht war. Bei Parmenides und auch bei Empedokles lassen sich lediglich Hinweise auf Situationen finden, in denen die Wirklichkeit zwar als eine ganzheitliche Erfahrung des Leibes, aber nicht in einer körperlichen Gestalt erfahren wurde. Das *eon* oder der *sphairos* sind leiblich erlebbar, aber körperlos.[340] Das ist kein Widerspruch, denn als gespürte Regung muß sich das Leibliche nicht mit der sicht- und tastbaren Form des Körpers decken, wie dies beispielsweise beim Phantomglied, wo ein Körperteil trotz Amputation noch gespürt werden kann, eindrucksvoll deutlich wird.[341] Wenn also Mansfeld behauptet, für Empedokles sei „der Kosmos als Einheit ein göttliches Lebewesen (Fr.31)" und wenn er damit auf die „Glieder des Gottes" in Fr. 31 Bezug nimmt, so sind die Elemente gemeint, nicht eine menschliche Form des Gottes bzw. dessen Körperteile. Ähnlich bezieht sich Empedokles in Fr. 20 nicht auf Teile des Körpers, sondern auf die Wurzeln, die durch Aphrodite vereinigt werden. Es ist die Spannung des Leibes, die, wird sie „zerschnitten", verlorengeht und den Leib gleichsam auseinanderfallen läßt.[342] Wie bei seinen Vorgängern wird auch hier der Zusammenhalt zu einem lebenden Ganzen **am** Leib erfahren und nicht **in** ihm.

Die Prinzipien von Anaximenes, Parmenides und Empedokles ähneln sich zwar in ihrer zusammenspannenden Funktion, denn sie leiten sich alle aus der am eigenen Leib

338 Dies wurde auch allgemein erkannt, aber immer wieder als Beweis gerade für eine Mikro-Makro-Kosmos-Theorie benutzt. Z. B. bei Guthrie: „Microcosm and macrocosm are governed by the same psychological principles." (Guthrie 1965, 157) Von den Gliedern meinte Prier, sie seien „symbolic apendages that signify, in perceivable microcosms, the double or oppositional nature of the underlying macrocosm as a whole" (Prier 1976, 131). Zur Mikro- Makrokosmos-Theorie bei Empedokles s. H. Long (1949, 157) und Nestle (1906, 550). Gegen „‚seelische', ‚innere' Kräfte" bei Empedokles und Anaxagoras s. a. Ingenkamp (1975, 60 A. 36).

339 Wie z. B. Guthrie (1965, 191), Mourelatos (1970, 35) und Lloyd (1966, 203).

340 Zu „körperlosen Leiblichkeit des Seienden" besonders bei Melissos s. Schmitz (1988a, 272ff. u. 300ff.).

341 Zu „Phantomgliedmaßen" s. Schmitz (1965, 28ff.).

342 Schmitz deutete das Fragment in diesem Sinne, als er von dem dort ausgedrückten „leiblichen Befinden" schrieb: „Der Mensch im Vollgefühl kraftvoller Frische fühlt sich leiblich ‚gut beisammen', mit einheitlich seinen Leib durchziehender energisch-elastischer Spannung und Schwellung, der Entkräftete dagegen ‚wie zerschlagen', so daß die müden, krampfig verspannten, schmerzenden Leibesinseln nicht mehr harmonisch zusammenpassen." (Schmitz 1988a, 75)

gespürten Enge her, doch sind auch wesentliche Unterschiede auszumachen. So wirkte die Liebe des Empedokles nicht so fest zusammenspannend wie die Kraft des *aer* bei Anaximenes, sondern eher wie dessen Prinzip der Verdichtung. Die zusammenhaltende Funktion des *aer* wurde bei Parmenides von Dike und Ananke übernommen, die das Sein geradezu in Fesseln hielten und so die Engungskomponente wohl am stärksten zum Ausdruck brachten. Bei Empedokles ist diese bei weitem nicht so ausgeprägt; seine Göttin heißt Aphrodite und nicht Ananke. Ihr Wirkungsfeld ist gleichsam der Zwischenraum, nicht so sehr der fertige Ausnahmezustand; sie ist weniger Spannung als mehr die diese zustandebringende Kraft; nicht Resultat, sondern Prozeß, weniger Ergebnis, mehr Weg, nicht statische Klarheit, sondern vermittelnde Dynamik. Dadurch, daß Empedokles sich mehr als sein Vorgänger auf das Zusammenspiel der Atmosphären bzw. auf die Epiphanie der Aphrodite in der alltäglichen Welt konzentrierte und weniger auf die Seinserfahrung, die bei ihm nur noch in kosmischer Form als *sphairos* durchscheint und auch zeitlich in zyklische Ferne gerückt wurde, gewann er eine auf das Praktische ausgerichtete Philosophie, modifizierte das Verständnis des *noos* und entwickelte eine eigenständige mnemotechnische Sicht des *ethos*.

Der *noos*

Der Ausbau seines Erklärungssystems und die damit einhergehende Hinwendung zur Alltagswelt führte Empedokles zu der Frage nach dem *noos* und dessen Verhältnis zur Wirklichkeit. Gegenüber dem „dogmatischen Künden der Göttin" des Parmenides beruft er sich nach Schmitz „mit empirisch-phänomenologischer Sorgfalt auf sinnfällige Zeugen der Wahrheit seiner totalisierenden Kosmologie." (Schmitz 1988a, 238) Von einer Aufforderung, das Ganze zu erschauen oder mit dem *noos* zu umfassen, die die Göttin (Fr. 4) an Parmenides richtete, hob sich Empedokles (Fr. 2) kritisch ab und stellte sich solchen Versuchen entgegen.[343] War es bei Parmenides eine Göttin, die den Adepten unterwies und das Wissen offenbarte, so lehrte Empedokles seinen Schüler Pausanias selber. Und dieser Schüler war keinesfalls ein wissender Mann; im Gegenteil: er bedurfte der Schulung und sogar der Zurechtweisung, denn Empedokles mußte in Fr. 17. 21 von ihm Aufmerksamkeit einfordern und verlangen, mit wachem Verständnis (*noos*) die beiden Kräfte Liebe und Streit in ihrem Wirken zu betrachten. Zwar versprach er Pausanias in Fr. 2 – ähnlich wie die Göttin dem wissenden Mann bei Parmenides –, daß er das Wesentliche erfahren solle, denn er gehöre nicht zu der irrenden Menge, doch ging die Lehre des Empedokles nach seinen eigenen Worten nicht über das Wissen und die Klugheit der Sterblichen hinaus. Sein Wahrnehmen der Götter setz-

343 Schmitz:"Die Warnung des Empedokles (Fr. 2,7f.), daß das Ganze für den Menschen nicht nur nicht erblickbar/erhorchbar, sondern auch dem Noos nicht erfaßbar sei, paßt zu Parmenides fr. 4,1 wie der Schlüssel polemischer Anspielung zum Schloß." (Schmitz 1988a, 237) Schmitz machte auch darauf aufmerksam, daß sich Empedokles gegen die „höhnische Abwertung" von Auge, Ohr und Zunge bei Parmenides (Fr. 7,4f.) wandte (Schmitz 1988a, 309).

te zwar auch eine tiefe religiöse Einstellung voraus, war aber nicht mehr an die Offenbarung in einer einmaligen Ausnahmesituation gebunden, sondern durchdrang die lebensweltliche Wirklichkeit.

Hatte Parmenides mit seinem Fr. 16 die Grundlage für einen philosophisch-anthropologisch orientierten erkenntnistheoretischen Relativismus geschaffen, so folgte ihm Empedokles auch hier in der Fragestellung, verzichtete aber nicht auf die Sinne, sondern hob ihre Bedeutung hervor.[344] Schmitz wandte sich deshalb gegen die Interpretation durch v. Fritz, der annahm, der *noos* könne bei Empedokles auch ohne Hilfe direkt wahrnehmen (v. Fritz 1968, 327ff.). Mit Bezug auf Fr. 109 führte Schmitz aus: „Erde und Luft in uns können doch nicht Augen und Ohren oder andere ‚Greifhände' ersetzen, wenn es sich darum handelt, Erde und Luft außer uns wahrzunehmen." Gerade in der sorgfältigen Benutzung der Sinne besteht ein wichtiger Unterschied zu Parmenides, denn Empedokles band nach Schmitz „das NOEIN an die Greifhänden verglichenen Kanäle sinnlicher Wahrnehmung, deren es sich Schritt für Schritt aufmerkend und abwägend bedienen soll" (Schmitz 1988a, 309ff.). Diese Veränderung gegenüber der Konzeption des Parmenides führte jedoch nicht zu einer Wandlung des *noos*-Begriffs. Bei beiden Philosophen handelte es sich nicht um ein Denken, „das die Wahrnehmung überflöge, sondern um schlichtes, aber genaues Bemerken, um intelligentes Auffassen in der Wahrnehmung". Obwohl also der *noos* als eigenständige Kraft gegenüber Parmenides gleich blieb,[345] veränderte sich das Leibschema. Der *noos* trat nicht mehr direkt zu den Gliedern, sondern bediente sich der Sinne, um aus den Situationen das für den Menschen Wichtige herauszulösen. Die sinnlichen Werkzeuge, die „zur Welt hin offenen Greifhände des intelligenten Bemerkens", wurden als vermittelnde Instanzen zwischen Mensch und Welt anthropologisch genutzt. Im Unterschied zu Parmenides mußte der *noos* nun abwägen, was die Sinne ergriffen und ihm präsentierten. Damit wurde das spätere Verständnis des *noos* als „Denken" oder „Verstandestätigkeit" vorbereitet. Die Konsequenzen dieser größeren Instrumentalisierung der leiblichen Wahrnehmungsmöglichkeiten äußern sich auch in seiner Konzeption der Person, deren Streben in Fr. 110 auf eine magische Bemeisterung der Gedanken gerichtet ist.

Fragment 110

Die Distanz des *noos* von der in der Wahrnehmung begegnenden Welt, die durch die Konzeption der Sinne als Greifhände überbrückt wurde, erlaubte es Empedokles, eine eigene mnemotechnische Theorie der Akkumulation von Wissen zu entwickeln. Diese

344 Schmitz: „Fr. 3, 9–13: Hier korrigiert Empedokles Parmenides Fr. 2 und 7,4f.: Auge, Gehör und Zunge sind als Wege zum Bemerken nicht zu verwerfen, sondern wie alle anderen ‚Greifhände' vertrauensvoll heranzuziehen, um zu bemerken, wie Jegliches offenbar ist." (Schmitz (1988a, 238)

345 Dies erkannte auch Darcus: „Where *nous* is mentioned in Empedocles, it has the function of inner vision and can apparently grasp reality, just as in Parmenides." (Darcus 1977, 181) Der *noos* ist allerdings weder bei Parmenides noch bei Empedokles als „inner vision" zu verstehen.

wird in Fr. 110 ausgeführt, das zum Verständnis der Empedokleischen Philosophie ebenso grundlegend, aber auch ähnlich schwierig ist, wie das Fr. 16 bei Parmenides.[346] Mit Schmitz läßt es sich so übersetzen: „Wenn du ihnen tief im gesammelten Inneren Stütze gibst und sie wohlgesinnt mit reinen Übungen der Sorgfalt beschaust, werden diese alle dir lebenslang zu Gebote stehen, und von denen her wirst du viele andere erwerben, denn ausschließlich diese lassen ein Jedes in die Wesensart einwachsen, wie einem Jeden die Natur ist. Wenn du aber dich nach anderlei (Dingen) ausstreckst, wie sie unter den Leuten als tausendfaches schlechtes Zeug, das die Gedanken abstumpft, ihr Wesen treiben, dann freilich werden sie dich schnell im Stich lassen im Umlauf der Zeit, im Verlangen, zu ihrem eigenen lieben Stamm zu kommen. Wisse nämlich: Alle (Dinge) haben Gesinnung und Anteil an der Fähigkeit, etwas zu merken." (Schmitz 1988a, 311)

Die Formulierung „tief im gesammelten Inneren" hebt besonders die leibliche Dimension des Konzentrationsvorgangs und der stützenden Betrachtung, die Empedokles hier von seinem Schüler forderte, hervor, denn die Begriffe *prapides* (Zwerchfell) und auch *adinos* (dicht, zahlreich, gesammelt) haben einen direkten Bezug zum Leib. Bei Besprechung der Homerischen Leibschemata wurden schon die nahe Verwandtschaft der *phrenes* mit den *prapides* und die eminent leibliche Bedeutung der *pukinai phrenes* herausgearbeitet. Diese *pukinai phrenes* bei Homer entsprechen den *adinai prapides* bei Empedokles. Beide deuten auf ein Spüren des Denkens, das sich in der Zwerchfellgegend aufdringlich bemerkbar macht (Schmitz 1988a, 312 A. 352). Deshalb kann Mansfeld nicht zugestimmt werden, wenn er den Ausdruck mit „festgefügtem Verstand" übersetzt, denn eine solche Konstruktion entspricht nicht den leiblichen Erfahrungen eines archaischen, regungshaften Denkens.[347] Das Adjektiv *adinos* kann zwar auch „fest" heißen, aber erstens überwiegt die Bedeutung von voll, dicht, dichtgedrängt oder eben gesammelt, und zweitens wäre, wenn man sich schon für fest entscheidet, allerhöchstens die große Spannung der Leibesinsel gemeint, die das Geschehen zu einem intensiven Gefühl zusammenbindet und dadurch so etwas wie Festigkeit erzeugt. Dieses eher für Parmenides typische Motiv trifft hier nicht den Sachverhalt, sondern entspricht nur der irreführenden Mansfeldschen Übersetzung von *prapides* mit „Verstand". Empedokles kannte noch keinen „Verstand" als ein eigenes anthropologisches Schema. Auch hätte er wahrscheinlich den Begriff *noos* benutzt, wenn die Lokalisation im Leib gegenüber der Funktion des Abwägens von Sinneseindrücken für ihn an dieser Stelle nicht so wesentlich gewesen wäre. Er meinte aber Dichte und Tiefe im Leibesinneren, ein Ansammeln und Konzentrieren der Gedanken und Bilder, die wie schon bei seinen Vorgängern „im Bauch" gefühlt und als Aktivität einer Leibesinsel spannungsvoll gespürt wurden. Was ihn von Homer und Parmenides abhebt und in die

346 Dazu Zeller/Nestle: „Die Auslegung dieses Verses ist entscheidend für die ganze Auffassung des empedokleischen Systems." (Zeller/Nestle 1919, 995 A. 1) Vgl. a. Kranz (1967a, 19), Burnet (1913, 203) u. M. R. Wright (1981, 75f.).

347 S. Mansfelds (1987, 463). Dazu a. Prier: „Once you have pressed them into the unmoving mind" (Prier 1976, 143). Doch von „unmoving mind" steht nichts im Text.

Nähe von Heraklit rückt, ist die Aufforderung an seinen Schüler, das Einfallen der Gedanken und Gefühle zu kontrollieren, um durch Konzentration auf den leiblichen Ort den gewünschten Effekt der „Stützung" zu erzielen. Das Bestreben, eine Stütze zu geben, verlangt ein konzentriertes Betrachten als Umgang mit den gesammelten und dichten Gedanken. Wenn etwas festgefügt ist, bedarf es aber wohl kaum noch der Stützung; eine Überlegung, durch die Mansfelds Alternative eines „festgefügten Verstandes" endgültig ihre Überzeugungskraft verliert.

Stützung ist notwendig, wenn es sich um ein Aggregat, um eine vom Auseinanderfallen bedrohte Ansammlung von Gedanken und Vorstellungen handelt. Erst wenn es der Schüler schafft, die gewünschten Erkenntnisse und Haltungen geradezu „ins Ethos einwachsen" zu lassen, stehen sie, wenn er sie braucht, zur Verfügung und lassen ihn nicht im Stich. Wenn Mansfeld mit „einprägen" übersetzt, kann das allenfalls als äußerst vage Metapher gelten. Denkt man bei Prägung mehr an das aktive Einpressen in eine feste Materie, so ist das Bild des Einwachsens „wie einem jeden die Natur ist" wesentlich milder, verdeutlicht es doch einen eher harmonischen, allmählichen Prozeß der Integration und verweist damit wieder deutlich auf einen leiblichen Vorgang. Platons Wachstafel war hier noch nicht gemeint, es sollen keine Formen eingestanzt, sondern Eindrücke und Erfahrungen durch sorgfältige Meditation aufgenommen und gleichsam assimiliert werden; eine mnemotechnische Verfahrensweise, die von späteren modernen Konstruktionen unterschieden werden muß. Bestätigt wird diese Interpretation durch die zweite Zeile. Die „reinen Übungen der Sorgfalt", mit denen man „wohlgesinnt" beschauen soll,[348] lassen sich als leibliche Konzentration und Haltung verstehen, wobei es zu beachten gilt, daß diese bei Empedokles noch nicht von moralisch-ethischen Aspekten getrennt war. Nur die Konzentration und Meditation auf die Lehren des Meisters, die hier nach der vorsichtigen These von Diels gemeint sind, führt zum Erwerb einer gewissen Kompetenz im Umgang mit den durch verwandtschaftliche Anziehung sich einstellenden Gedanken(-Wesen) und befähigt so zu Außergewöhnlichem.

Diels These konnte jüngst von Catherine Osborne durch ihre erneute Überprüfung von Hippolytus erhärtet werden, so daß also mit großer Wahrscheinlichkeit auf andere Alternativen verzichtet werden kann.[349] Von daher muß Mansfelds Übersetzung des Satzverlaufs abgewiesen werden, denn seine Vermutung, es handele sich anstelle der Lehren des Empedokles bei „jenen" um „Elementarkomponenten", ermangelt jeglichen Beweises. Zwar betrachteten schon Schwabl und später auch Hölscher die Elemente als das, was einwachsen soll. N. van der Ben meinte kurz: „Knowledge is a property of man's elementary composition". Doch hier ist ebenso wie bei Deichgräber, der aus dem Wort „diese" eine „Welt der göttlichen Kräfte und Wesen" machte, Vorsicht geboten.[350] Das Einpflanzen der „Elemente" ins gesammelte Innere sei, so A. A. Long,

348 Dazu a. Diels/Kranz (1958, 352), Deichgräber (1984c, 101) u. Osborne (1987, 321).

349 Osborne kam mit Bezug auf Fr. 110 zu dem Ergebnis: „The passage represents Empedocles' comment on what people will subsequently make of his teaching." (Osborne 1987, 130)

350 Schwabl (1956, 50), Hölscher (1968, 205), van der Ben (1975, 61f.) u. Deichgräber (1984c, 101).

doch wohl „a strange and difficult proceeding". Seine Konsequenz daraus war, daß nicht die Elemente gemeint sein könnten. Allerdings verzerrte er diese Sicht wieder, als er die Elemente mit den Gedanken gleichsetzte. Schließlich übernahm er aber auch Diels These (A. A. Long 1963, 269).[351]

Durch sorgfältige Übung und reine Gesinnung sollen also die Lehren des Empedokles so „erworben" werden, daß sie ein Leben lang „zu Gebote" stehen. Dieses Modell der mnemotechnischen Funktionsweise dessen, was wir heute Denken nennen, erweitert und instrumentalisiert den Umgang mit den aus Situationen gewonnenen Bildern und Eindrücken gegenüber den vorherigen Auffassungen wesentlich. Die Steigerung der mnemotechnischen Kapazität beruht für Empedokles auf einer Anziehung von verwandten Erkenntnissen. Durch verwandtschaftliche Beziehungen zwischen den einzelnen Gedanken(-Wesen) sollen „von diesen her" (Fr. 110.4) weitere andere Erkenntnisse „erworben" werden, denn „ausschließlich diese" lassen „ein Jedes in die Wesensart einwachsen, wie einem Jeden die Natur ist".[352] Zu dem Gedanken des Einwachsens ins *ethos*, hier verstanden „im Sinne der Eigenart oder Natur eines Empfängers", meinte Schmitz, Empedokles wolle an dieser Stelle den „schillernden Sinn" des Begriffs präzisieren, denn „der Erfolg des Wachsens ins *Ethos*" sei für Empedokles „von dieser Natur, von der Kraft, die sie zur Aneignung des Angebotenen aufbringt", abhängig (Schmitz 1988a, 313 A. 352). Die enorme Wichtigkeit der Entwicklung und Erweiterung des eigenen *ethos*, zu der Empedokles seinen Schüler aufforderte, steht in der Linie der von Heraklit vorbereiteten Bedeutung des *ethos* als Ansatzpunkt der Gefühle.[353] Heraklit betonte die Abhängigkeit der schicksalhaft eingreifenden Gefühle vom *ethos* – Empedokles erklärte, wie dieses praktisch und sinnvoll geformt und dadurch die personale Emanzipation vorangetrieben werden kann. Außerdem stellte er eine erkenntnistheoretische Basis zur Verfügung, die eng mit seinem genealogischen Denken verküpft ist. Durch systematisches, regelmäßiges Üben, wobei nicht an ein bloßes Auswendiglernen gedacht war, sondern eben an ein „Einwachsenlassen", sollte der Mensch gewisse Erkenntnisse aufnehmen und sie im leiblichen Sinn des Wortes „verinnerlichen".[354] Ähn-

351 Dazu a. C. W. Müller (1965, 58) und Schmitz (1988a, 313).

352 Mansfeld übersetzte: „sie werden von sich aus jeden einzelnen in seinen Charakter hineinwachsen lassen". Er wurde von Schmitz mit Bezug auf M. R. Wright, die eine ähnlich falsche Formulierung gebraucht hatte, korrigiert (Schmitz 1988a, 312 A. 352; M. R. Wright 1981, 258). Ähnlich abwegig auch C. W. Müller: „Denn von sich aus läßt dieses (d. h. die vorgetragene Lehre von den Elementen und Urkräften) einen jeden, soweit es seine Art erlaubt, wachsen" (C. W. Müller 1965, 58f.). Osborne: „For these increase themselves each to its character, whatever is the nature of each." (Osborne 1987, 321) Und Deichgräber: „Denn die Einsicht selbst wächst im Verhältnis zu der Wesensart" (Deichgräber 1984c, 101).

353 In der irreführenden Übersetzung von Darcus wird aus dem *ethos* ein innerer Ort, „an ‚accustomed place' within" (Darcus 1974, 394). *Ethos* hat aber nur im Plural (*ethea*) die Bedeutung von ‚Wohnsitz'.

354 Nestle: „Der Zweck dieses Bemühens ist aber gar nicht ein rein theoretischer. Wissen ist dem Empedokles nur insofern wertvoll, als es eine Macht über die Natur und eine Norm für das praktische Leben vermittelt."(Nestle 1906, 548) Dazu a. Schmitz: „Ein Mensch, der sich im Wechselspiel von

liches dürfte in Fr. 17. 14 gemeint sein, wo Empedokles seinen Schüler aufforderte, auf seine Rede zu achten, und behauptete, „Wissen" würde die *phrenes* fördern und wachsen lassen (*mathe gar toi phrenas auksei*). Waren es in Fr. 110 die *prapides*, die auf die Leiblichkeit des Vorgangs der Konzentration verweisen, so sind es jetzt tatsächlich die *phrenes*. Wieder ist ein Aufnehmen und Assimilieren der Lehren des Empedokles gemeint, das durch und durch konzentriert zu erfolgen hat, um diese zu stärken, denn auch hier spielt der Gedanke des Wachsens und Vermehrens eine wichtige Rolle. Damit zeigt die Empedokleische Philosophie ein Streben nach Beherrschung und Bemeisterung des Leibes, das keine Introjektion oder Innenweltvorstellung benutzte, sondern versuchte, die ganzheitliche Eigenart und Haltung des Menschen (*ethos*) durch diesen selbst zu wandeln und zu entwickeln. Mit Schmitz läßt sich zusammenfassend sagen: „Empedokles kennt so wenig wie Parmenides eine mit Instanzen wie Sinnlichkeit und Verstand besetzte Innenwelt des erkennenden Subjektes, statt dessen aber die Alternative von Aneignug und Zerfahrenheit: Der Mensch kann, was ihm an Gedanken und Lebensbezügen begegnet, durch konzentrierende Aneignung in seine Natur einwachsen lassen, aber auch minderwertigem Allotria nachjagen, das ihn bald zerflatternd im Stich läßt, weil es wie alles Sinn und Verstand hat, der es zum eigenen Stamm treibt (fr. 110)." (Schmitz 1988a, 359)

Im zweiten Teil des Fragmentes werden die Konsequenzen geschildert, die entstehen, wenn sich der Schüler mit schlechtem Zeug, dem „minderwertigen Allotria", beschäftigt. Als Folge davon stumpfen die Gedanken ab, und die schlechten Dinge, die dies verursacht haben, kehren wieder zu ihrem „Stamm" zurück,[355] denn alle Dinge und Gedanken haben „Gesinnung" und laut Zeile 10 „die Fähigkeit zum Bemerken" (Schmitz 1988a, 312f.).[356]

Die empedokleische Eigenart, gedankliche Prozesse zu vergegenständlichen, indem er sie als selbständige Einheiten betrachtete, war zwar magisch getönt, doch theoretisch ausgefeilt. „Die Gedanken des empedokleischen Menschen", so Schmitz, „kommen und gehen, wie *sie* wollen, denn sie sind selbst strebende und merkende Wesen

extravertierter und introvertierter Attraktion, Anregbarkeit und Aneignung, einen großen Stamm (...) von Verwandten in allen möglichen Dingen erworben hat, kann darauf rechnen, daß dessen Angehörige ihm kraft interelementarer oder auch innerelementarer Attraktion zur Verfügung stehen, so daß er mit ihrer Hilfe Zauberkünste, die Empedokles nach fr. 111 beherrscht, auszuüben vermag und sich dadurch gemäß fr. 112 ein charismatisches Prestige erwirbt." (Schmitz 1988a, 316f.)

355 Vgl. dagegen M. R. Wright (1981, 260) und Kirk/Raven/Schofield (1983, 313). Doch s. a. Osborne: „But if you seek after other things such exist among men in myriads and worthless, and blunted by cares, they will be gone from you as time goes round, yearning to return to their own place of origin." (Osborne 1987, 321)

356 Schmitz weiter: „Alles hat Gesinnung ..., die es zur Konsequenz befähigt, und eine Fähigkeit zum Bemerken ..., wodurch es ihm möglich wird, diese Konsequenz auf die Umstände abzustimmen." (Schmitz 1988a, 314 Mansfeld sprach davon, daß „alles Empfindung hat und Anteil an Erkenntnis". Osborne meinte: „For you must know that all things have understanding and a share of intelligence." (Osborne 1987, 321)

(fr. 110, 10), nicht bloße Akzidentien eines denkenden Subjekts." Doch das bedeute nicht, daß der Mensch ihnen „hilflos ausgeliefert" sei. Zwar habe er noch „keine private Innenwelt", aber eben ein *ethos* und eine *physis*, „der er die Einfälle, die ihn besuchen, aneignen kann, wenn sie dazu passen und genügend Gediegenheit besitzen, um die zu solcher Aneignung gehörende sorgfältige Bemühung zu lohnen." (Schmitz 1988a, 315) [357]

Erkenntnis basiert für Empedokles einmal auf der innerelementaren Attraktion, aber zum anderen auch auf der Anziehung, die durch den verwandtschaftlichen Zusammenhalt der interelementaren Attraktion zustande kommt. Nach Schmitz führe diese, einmal durch die Liebe gestiftet, zu einem „unübersehbar reichen und dichten Geflecht von Verwandtschaften, aus dem sich ein mehr oder weniger prägnanter Ausschnitt als ihr Stamm" abhebe. Die „Mischungsgeschichte jeder Sache – d.h. die Geschichte der früheren Verbindungen ihrer Bestandteile zu anderen Komplexen. –" bilde einen genealogischen Zusammenhang, der allem eine Form von erinnerndem Erkennen ermögliche. Erkenntnis komme für Empedokles als eine Art Sympathie zustande, die das Gleiche zum Gleichen, nämlich zu seinem Stamm, treibe und ziehe. Erkenntnis sei „Attraktion aufgrund von Verwandtschaft, urwüchsiger (fr. 109) oder durch Mischungsgeschichte gestifteter (fr. 106, 108, 110). Da solche Attraktion ubiquitär" sei, ergebe „sich die vollkommen logische Konsequenz, daß schlechthin alles an der Erkenntnisfähigkeit Anteil" habe (Schmitz 1988a, 321).

Einen ähnlichen Ansatz vertrat auch Kahn, der das Fragment so kommentierte: „Not only does everything have a share in thought, but every thought is treated like a thing." (Kahn 1960, 14)[358] C. W. Müller schloß sich dem mit seinem Versuch an, das Problem der Erkenntnis und die Frage nach dem Wesen der Gedanken in der Empedokleischen Sicht zu lösen, denn er schrieb: „Empedokles, für den es keine Trennung von Geist und Materie gibt, muß auch den Gedanken als etwas Körperliches ansehen. Der Gedanke ist dem ‚Stoff' nach von der gleichen Art wie sein Gegenstand, den er denkt." (C. W.

357 Und weiter Schmitz: „Das Fehlen einer konsolidierten Innenwelt kann durch nichts drastischer unterstrichen werden als durch den in fr. 110 von Empedokles eingeschärften Appell, sich durch Ernst und Anstrengung wenigstens etwas von dem zu eigen zu machen, was Spätere für selbstverständliche Bestandteile der Innenwelt, der Seele oder des Bewußtseins, und damit der privaten Domäne des Individuums halten." (Schmitz 1988a, 359) S. a. A. A. Long: „Thinking therefore is viewed by Empedocles not as a purely internal process but as a category of perception, analogous in its operations to the five senses." (A. A. Long 1963, 272)

358 Von einem „systematic parallelism between physical objects and mental conceptions", den Kahn in das Fragment hineinlas, ist bei Empedokles allerdings nichts zu erblicken. Etwas verworren auch A. A. Long: „Thinking then and physical constitution are only theoretically distinguishable. Physical arrangement determines the organs with which thinking is done and with which it is identified. B 110 shows the other side of the coin. Thinking does itself determine physical arrangement because it affects the reception of the physical entities which are responsible for that arrangement." Und weiter: „Thinking affects physical arrangement; the elements of truth or teaching which enter a body actually alter its structure."(A. A. Long 1963, 271f.) Doch was sind „Elemente der Wahrheit", die in einen Körper eintreten können?

Müller 1965, 59) Allerdings ließ sich C. W. Müller von Schwabl's Interpretation des Fragments zu weit ablenken. Dieser hatte zwar einen Zusammenhang mit Parmenides B 16 gesehen, denn er meinte, dort sei „alle ‚Substanz' ihrer Natur nach noetisch". Dies entspräche „einem Grundsatz des Empedokles, ... wonach die ‚Denkkraft' nicht etwas Abgesondertes, sondern eine Eigenschaft der weltbildenden Potenzen selbst" sei (Schwabl 1956, 49). Doch weder bei Parmenides noch bei Empedokles gibt es einen Anhaltspunkt dafür, daß die „Denkkraft" eine „Eigenschaft" und schon gar keine der „weltbildenden Potenzen" ist. Wenn Schwabl und später dann auch C. W. Müller die Theorie vertraten, die „Abstumpfung der Denkkraft" könne zur „Auflösung" und dem „realen Verlust" an Elementen führen, so wurde jeder sichere Boden der Interpretation verlassen (Schwabl 1956, 54).[359]

Bei Parmenides (Fr. 16. 4) war das „Volle" die „Bemerkung". Bei Empedokles klingt in der Behauptung (Fr. 110. 10), alles habe Anteil am Bemerk, Ähnliches an. Allerdings sah er dieses Prinzip etwas anders. In seinem Denken hatten die Dinge durch ihren genealogischen Zusammenhang Anteil am Bemerk und waren so in ihrer Attraktionsrichtung vorbestimmt. Damit wurde das, was für Parmenides nur im Ausnahmezustand galt, von Empedokles als allgemeiner Sachverhalt propagiert. Der Zusammenhang, den Parmenides beschrieb, war ontologisch – nicht genealogisch, ein Werden kam für das Sein nicht in Frage. Auch an diesem Unterschied läßt sich demonstrieren, wie Empedokles versuchte, mit Hilfe des genealogischen Denkens die ontologische Perspektive in die Alltagswelt hineinzunehmen, um einen krassen Dualismus zu vermeiden.

Insgesamt läßt sich sagen, daß die für uns heute im weitesten Sinne „kognitiven" Prozesse sich dem alten Eindrucksdenker Empedokles als ein Kommen und Gehen der „Gedanken" präsentierten, die als selbständige Wesen mit dem Menschen in Kontakt traten. Sie waren für ihn noch nicht zu bloßen Begriffen verblaßt, wie beispielsweise für Hegel, bei dem sie erst durch Verflüssigung zu „reinen Wesenheiten" wurden.[360] Mit Hegels „gesundem Menschenverstand" spielten „Mächte", „nichtige Wesen", dann wieder „reine Wesen" und schließlich „absolute Elemente", die, obwohl sie eigentlich nur „leere Abstraktionen" sein sollten, ihn schlecht behandelten, indem sie ihn herumtrieben und ihn sich gegenseitig in die Arme warfen.[361] Dementsprechend polemisierte

359 C. W. Müller: „Vergessen ist demnach ein stofflicher Substanzverlust des Menschen." (C. W. Müller 1965, 59) S. a. „physical dissolution" bei A. A. Long (1963, 271).

360 Vom „Verflüssigen" schrieb er: „Durch diese Bewegung werden die reinen Gedanken *Begriffe* und sind erst, was sie in Wahrheit sind, Selbstbewegungen, Kreise, das, was ihre Substanz ist, geistige Wesenheiten." (Hegel 1973, 37)

361 Hegel wörtlich: „Diese leeren Abstraktionen der *Einzelheit* und der ihr entgegengesetzten *Allgemeinheit* sowie des *Wesens*, das mit einem Unwesentlichen verknüpft, ... sind die Mächte, deren Spiel der wahrnehmende, oft so genannte gesunde Menschenverstand ist; er, der sich für das gediegene reale Bewußtsein nimmt, ist im Wahrnehmen nur das Spiel *dieser Abstraktionen*; ... Indem er von diesen nichtigen Wesen herumgetrieben, von dem einen dem anderen in die Arme geworfen wird, ... meint er von der Philosophie, sie habe es nur mit *Gedankendingen* zu tun. Sie hat in der Tat auch damit zu tun und erkennt sie für die reinen Wesen, für die absoluten Elemente und Mächte; aber damit erkennt sie dieselben zugleich *in ihrer Bestimmtheit* und ist darum Meister über sie..." (Hegel 1973, 105f.)

Max Stirner gegen Hegel, als er schrieb: „Im Hegelschen System wird immer so gesprochen, als dächte und handelte das Denken oder ‚der denkende Geist', d. h. das personifizierte Denken, das Denken als Gespenst." (Stirner 1981, 394) Das ironische Spiel mit Gedanken, Wesen und Begriffen bei Hegel, das Stirner hier als gespenstisch entlarvt, beruht auf anderen Voraussetzungen als bei Empedokles. Die sich hinter den Hegelschen Gedankengespenstern verbergenden Irritationen, mit denen sich seine Philosophie auseinanderzusetzen hat, sind nicht mehr von gleicher Gewalt wie die Kräfte, mit denen sich Empedokles konfrontiert sah. Diesem sind die Gedanken zwar ebenfalls Wesenheiten, doch noch nicht zu Begriffen verdünnt. In seinem Denken hatten die Dinge durch ihren genealogischen Zusammenhang Anteil am Bemerk und waren so in ihrer Attraktionsrichtung vorbestimmt. Der Mensch seiner Zeit erfuhr sie als lebendige Eindrücke stärker und spürte ihre Wirkung leiblich. Bei beiden, also sowohl bei Empedokles als auch bei Hegel, hat die Philosophie die Aufgabe, die Gedanken zu bemeistern. Die Mittel dazu sind aber verschieden. Da, wo sich Hegel dialektischer Konstruktionen und satzsinngleitender Begriffsakrobatik bedient, greift Empedokles zu magisch-sympathetischen Techniken. Und deren Ansatzpunkt ist der Leib.

Fr. 110 und der angebliche Schamanismus des Empedokles

Die Frage nach diesen Techniken und insbesondere danach, welche Übungen unter *meletan* in dem gerade besprochenen Fragment (110. 2) gemeint sind, ist nicht ganz genau zu beantworten. Das gesamte Feld solcher Techniken und therapeuthischen Mittel, das sich hinter dem Begriff verbirgt, umfaßt religiöse, magische, philosophische und medizinische Aspekte. Zur Zeit des Empedokles praktizierten z. B. die Pythagoreer religiöse Riten zur Reinigung und Meditation sowie allgemeine Konzentrationsübungen. Fränkel schrieb: „Alle diese Dinge zusammen: meditierende Philosophie, theoretische und praktische Naturwissenschaft, neuer religiöser Brauch und Glauben, sektenhaft brüderlicher Zusammenschluß der Anhänger, und schließlich soziale und politische Neuerungen – alle diese Dinge vereinigten sich in der von Pythagoras ausgehenden Bewegung." (Fränkel 1951, 352)[362] Die einzelnen Disziplinen des breiten Spektrums

362 Zu den Gedächtnisübungen der Pythagoreer s. a.Fränkel (1951, 357). Antje Krug sprach von dem „klösterlichen Leben des Pythagoreer" und weiter: „So regelten ins Einzelne gehende Vorschriften die Speisen, die nicht blähend, belastend, nicht zu scharf, heiß oder trocken im Sinne der Elemente sein sollten. Hygiene, Kleidung, Leibesübungen, Wach- und Schlafgewohnheiten waren gleichermaßen durchdacht, auch im Hinblick auf ein Übermaß, daß das Ordnungsprinzip der Harmonie stört. So entstand eine umfassende Regelung des täglichen Lebens, eine Diät … im Wortsinn. Krankheit heißt Störung dieses harmonischen Gleichgewichts von Körper, Seele und Kosmos. Erkrankt ein Mensch, so sollte er zunächst seine Lebensweise überprüfen und richten." (Krug 1985, 25f.) Zu den Pytagoräern s. a. Henry Sigerist: „They avoid all luxuries and learned to control their emotions. Meditation and mnemotechnics were employed to that end. … If in spite of careful living a man's equilibrium has been upset it must be restored, and this was done physically with medicine and mentally with music." (Sigerist 1961, 96)

der damals verstärkt aufkommenden Techniken der Leibbemeisterung und Lebenspflege, der Heilkunst und Lebensführung wurden schwerpunktmäßig unterschieden und mit Begriffen wie *diaita*, *iatrike* und *gymnastike* bezeichnet.[363] Mit hoher Wahrscheinlichkeit handelte es sich bei den *meletan* um Konzentrationsübungen, wie sie ähnlich auch von den Pythagoreern benutzt wurden. Doch diese mögliche Nähe darf nicht dazu verführen, aus Empedokles direkt ein Mitglied dieser Gemeinschaft zu machen, denn die Pythagoreer waren nicht die einzigen, die sich zur damaligen Zeit mit der Anwendung und Kombination verschiedener Übungen beschäftigten. Sicherlich mag der Ursprung der Diätetik in gewissen „Speiseregelungen" zu suchen sein, doch sind diese weder von den Pythagoreern erfunden worden, noch sind sie „primitive Tabus".[364] Sie fallen aber auch nicht unter die rein medizinischen Vorschriften, sondern umfassen Regelungen vom Fasten bis zum Verbot bestimmter Nahrungsmittel sowohl aus gesundheitlichen als auch aus religiös-magischen Gründen.[365] Das hob Schumacher hervor, als er klarstellte, die Diätetik sei „weder animistischer Tabulehre noch der ‚Orphik entsprungen'" (Schumacher 1940, 245). Als er allerdings weiter meinte, sie sei „organisch aus der pythagoreischen Gesamtauffassung der Dinge herausgewachsen", und Pythagoras müsse als „Begründer der wissenschaftlichen Medizin" angesehen werden, rief das den Widerspruch Burkerts hervor (Burkert 1962, 273 A. 105). Ebenfalls irreführend sprach Fridolf Kudlien von den „zwei Gesichtern" der „medizinischen Diätetik" im 6. Jh., dem „schamanistischen" oder „religiösen" und dem „ionisch-naturphilosophischen". Beide ordnete er schon der Zeit vor Pythagoras zu (Kudlien 1967, 55f.). Muß man ihm in der Datierung zustimmen, so scheint seine Ansicht, Empedokles und Pythagoras seien Schamanen gewesen, unzutreffend.[366]

363 Zur antiken Diätetik im 5. Jh. v. Chr. s. a. Ludwig Edelstein: „In dieser Zeit beginnen die Ärzte zu verstehen, welche Bedeutung die Lebensweise des Kranken für die Heilung einer Krankheit hat. Sie versuchten sogar, den Kranken allein durch Umstellung seiner Lebensweise gesund zu machen, während sie früher bei der Behandlung nur Heilmittel anwandten oder chirugische Eingriffe vornahmen." (Edelstein 1931, 255) Auch Schumacher verstand die *diaita* als „Anordnung einer Lebensweise, die es dem Gesunden unter Berücksichtigung der kosmischen, beruflichen usw. Einflüsse ermöglicht, die Harmonie des Kräftespiels zu erhalten und dem Kranken, sie wiederherzustellen." (Schumacher 1940, 187)

364 Dazu Guthrie: „In fact the majority are easily recognizable as primitive taboos." (Guthrie 1962, 183)

365 Osborne wandte sich gegen M. R. Wrights Ansicht, das Bohnenverbot sei aus medizinischen Gründen entstanden (Osborne 1987, 123, A. 155 zu M. R. Wright 1981, 289).

366 S. a. Burkert: „Pythagoreisch sind Konzentrations- und Gedächtnisübungen, die keine notwendige Verbindung mit mathematischer Wissenschaft haben, wohl aber im Schamanenbereich vorkommen." (Burkert 1962, 147) Der hier von Burkert angesprochene Schamanenbereich meint eher das Feld der Techniken der Leibbemeisterung. Das wird deutlicher, wenn er erläutert: „Bei den Pythagoreern gehört dazu das Exercitium langen Schweigens – zugleich eines der wirksamsten Mittel innerer Sammlung, in gewisser Weise Fortsetzung von Schamanen- oder Yogapraxis." (Burkert 1962, 162) Sowohl Yogapraxis als auch Schamanismus sind, da sie spätere, kulturspezifische Produkte darstellen, als Erklärungshilfen ungeeignet. Außerdem muß zwischen Schamanismus und Yoga unterschieden werden. Griechische und asiatische Techniken schöpften in der damaligen Zeit wohl noch aus dem großen gemeinsamen Fundus von verschiedenen Formen der Leibbemeisterung.

Der Typus des Magiers, Medizinmannes und Schamanen kam, wenn man ihn unter dem Begriff „Heiler" grob faßt, in fast allen Kulturen vor und existiert in vielen asiatischen Gesellschaften bis heute.[367] Meist gehören sowohl religiöse als auch heilkundliche Praktiken zum Wissen der Heiler, von denen der Schamane nur ein Spezialfall ist. Deshalb muß die Zusammenfassung der durch unterschiedliche Funktionen gekennzeichneten Typen von Experten unter dem Schamanen-Begriff abgelehnt werden. Außerdem waren die Unterschiede zwischen einzelnen Heilern oft größer als ihre generellen Gemeinsamkeiten. Hinzu kommt, daß bei der Erforschung der frühen Techniken genaue terminologische Begrenzungen und klare Definitionen bisher fehlten, was lediglich zur Ausweitung der ganzen Diskussion beitrug. Cornford glaubte zwar, die Schamanen gegenüber anderen Typen klar abheben zu können.[368] Sein Vorgehen, zwischen „medicine-man" und „vulgar witch-doctor" oder „vulgar magicians" zu unterscheiden, blieb aber insofern erfolglos, als er weder Kriterien einer solchen Grenzziehung angab noch zeigte, warum Philosophen eine größere Verwandschaft zu Schamanen haben sollten als beispielsweise zu „Magiern" oder „Medizinern" überhaupt. Cornford sah den großen Unterschied zwischen Heiler und Philosoph darin, daß der Philosoph sich angeblich mehr mit Kosmogonie beschäftige, während der Heiler in erster Linie an den praktischen Einzelfällen interessiert sei.[369] Doch ganz so einfach ist die Abgrenzung nicht, obwohl auch Temkin versuchte, zwischen „zwei Typen von Medizinern" zu unterteilen, nämlich dem „Arzt" und dem „Praktiker", die sich nicht gegenseitig ausschließen würden, sondern sich überschneiden könnten (Temkin 1971, 5).[370] Gegen solche

---

367 Zum Schamanismus und dem Auftreten von Phropheten und Heilern, Priestern und Magiern bei den frühen Griechen s. Diels (1969, 20), Burnet (1913, 68), Meuli (1935, 172), Nilsson (1976, 617), Burkert (1962, 133), Schadewaldt (1978, 273), Cornford (1952, 143 u. 1970, 32), Dodds (1970, 76ff.), Wellmann (1928, 3), Vernant (1982, 74), Burkert (1962b, 36—55), Temkin (1971, 5) und Vlastos (1970a, 250f.). S. a. Wundt (1920, 191). Sowie Rohde, der wie Diels von „jenem griechischen Prophetenzeitalter" sprach und von den „griechischen ‚Medicinmännern'" sagte: „Die ganze Erde hat solche ‚Zauberer' und Priester, die sich mit den Geistern in directe Seelengemeinschaft setzen können: die Schamanen Asiens, die ‚Medicinmänner' Nordamerikas." (Rohde1925b, 24f.; Diels 1925b, 69f.)

368 Dazu Cornford: „Such men are not witch-doctors or vulgar magicians or pathological neurotics." (Cornford 1970, 38) Und an anderer Stelle: „It is important to realize that the *shaman* has not degenerated into a vulgar witch-doctor or medicine-man. The intellectual life of the community is almost wholly vested in the *shamans*." (Cornford 1952, 95)

369 Cornford zum Kontrast zwischen beiden: „The philosopher descends from above to deduce the nature of man from unproved postulates; the physician builds up his doctrine from below, generalizing from particular observed facts." (Cornford 1970, 32f.)

370 Dazu Deichgräber: „Die Ärzte der hippokratischen Zeit waren Periodeuten, umherziehende Handwerker, die in den verschiedensten Gegenden Griechenlands und des Auslandes ihre Praxis ausübten." (Deichgräber 1971, 108) Zum „Wanderarzt" und „Volksarzt" als den „beiden ältesten Formen griechischen Arzttums" und zu den „frühgriechische Priesterärzten" s. a. Kudlien (1967, 18f.). Zu den verfügbaren Maßnahmen der knidischen Medizin s. a. Hermann Grensemanns Aufzählung: „Therapie vornehmlich auf pharmakologisch-diätetischer Grundlage; hinzu kommen Bäder, körperliche Übungen, ferner das Brennen", sowie „andere chirugisch-manuelle Methoden", die z. B. auf „gynäkologischem Gebiete" hinzukommen (Grensemann 1975, 189).

Abgrenzungen wandte sich Vlastos und verwies auf die großen Übereinstimmungen der anthropologischen Vorstellungen, die als gemeinsame, aber nicht ausschließliche Grundlagen von Heilkunst und Philosophie zu jener Zeit engstens mit den Kosmologien verbunden waren.[371]

Dies tritt besonders deutlich bei den Darstellungen des Empedokles hervor. Rohde rückte ihn in die Nähe des „Reinigungspriesters", dessen Aufgabe die Abwehr der „Krankheit sendenden Geister" war (Rohde 1925b, 76). Er sprach weiter von einer der „wissenschaftlichen Naturbegründung ganz abgewendeten Praxis", und Empedokles führte für ihn „wie in einem glänzenden Nachspiel das Thun des Mantis, Reinigungspriesters und Wunderarztes des sechsten Jahrhunderts in einer schon sehr veränderten Zeit" aus (Rohde 1925b, 89).[372] Ähnlich glaubte Nestle bei Empedokles eine „religiöse Mystik" zu erkennen, „die eine asketisch gefärbte Ethik im Gefolge" habe (Nestle 1906, 547). Nilsson bezog sich bei Besprechung der „Wundermänner, Sühnepriester, Seher" auf Rohde und übernahm dessen Sicht. Er wendete sie aber weiter ins Negative und machte aus Empedokles einen „Nachzügler" der „Orakelkrämer und orphischen Winkelpriester" (Nilsson 1976, 615). Mit Bezug auf B 110 interpretierte C. W. Müller Empedokles als „Priester-Philosoph" (C. W. Müller 1965, 57). Deichgräber sah ihn als Mensch „mit priesterlich-kultischer Sprache und Gesinnung" und betrachtete Pausanias als „Myste", der in eine „priesterliche Philosophie" initiiert wurde (Deichgräber 1984c, 102). Walther Kranz bestätigte das, als er von dem „Arzt Empedokles" sprach und schrieb, „Empedokles spricht zu dem Jüngling wie ein Mystagoge zum Neophyten" (Kranz 1967b, 112). Und Diels hob mit Bezug auf Fr. B 111 hervor: „Der Inhalt der geheimen Künste, die er hier lehren will, begreift sich in dem Wort Magie." (Diels 1969c, 138)

Dieses Bild des Magiers Empedokles wurde allerdings unterschiedlich diskutiert. Entgegen den Versuchen, Empedokles zu einem „Nachzügler" zu machen, sah Jaeger in ihm einen neuen Typus des Philosophen und betonte seine politische Aktivität.[373]

371 Temkin zum Verhältnis von Medizin und Philosophie: „Interesse und Wissen des Arztes waren praktisch nicht wissenschaftlich. Wenn er über die Natur des Menschen, über Gesundheit und Krankheit sprach und schrieb, entlieh er seine Begriffe von der zeitgenössischen, das heißt vorsokratischen Philosophie..." (Temkin 1971, 11) Vlastos hatte bereits auf die „equitable balance of qualitatively opposite components" als Norm für die Gesundheit und prominentes Schema der Physiologoi hingewiesen. Er wandte sich weiter gegen Cornfords Zuordnung der „experimental procedure" ausschließlich zu den Hippocratikern und bezog sich dabei auf Empedokles B 3 sowie dessen Benutzung der Sinne. Als er sich aber auf Parmenides B 16 bezog, ging er etwas zu weit. Sein Ergebnis ist allerdings richtig, denn: „Acute observers of medical symptoms as the Hippocratics certainly were, the stuff and temper of their theory is not different from that of the *physiologoi*." (Vlastos 1970a, 46 u. 250f.)

372 Vom Orakeldeuter Mantis schrieb er: „Als Geisterbanner wirkt er da, wo er Krankheiten zu heilen unternimmt. Abwehrung gefährlicher Wirkungen aus dem Reiche der Geister ist ihrem Ursprung und Wesen nach auch die *Kathartik*." (Rohde 1925b, 70f.)

373 Jaeger: „Die Überlieferung stellt ihn dar als den leidenschaftlichen Vorkämpfer der Demokratie in den Verfassungskämpfen seiner Vaterstadt Akragas." (Jaeger 1953, 160) Burnet: „Die Wahrheit ist, daß Empedokles nicht bloß ein Staatsmann war; er hatte ein gut Teil vom ‚Medizinmann' an sich." (Burnet

Entsprechend behauptete Schadewaldt, Empedokles sei „ein Geist ganz neuer Art" (Schadewaldt 1978, 447). Doch da war Dodds wieder anderer Meinung, frischte die alte These Rohdes neu auf und machte aus Empedokles einen Schamanen.[374] Ihm folgte Burkert: „Empedokles fasziniert durch das Ineinander rationaler Naturerklärung und religiöser Prophetie, getragen von der Ausdruckskraft einer leidenschaftlichen Persönlichkeit. ... Man hat mit Recht betont, daß eben darin ein sehr alter Typ, der des ‚Schamanen', weiterlebe." (Burkert 1962, 275) Und auch Kudlien schloß sich Rohde, Nilsson und Dodds an, indem er Empedokles als „altertümlichen Schamanen" bezeichnete (Kudlien 1967, 20 u. 59).

Wie schwierig jedoch der Umgang mit dem Schamanismusbegriff bezüglich der frühgriechischen Kultur ist, zeigt sich z. B., wenn Kudlien selber zugab, daß sich nicht alle Hinweise über Empedokles in das Schamanismus-Schema pressen lassen. Gleichsam als ob er diesmal Schadewaldt zustimmen würde, behauptete er, Empedokles sei keineswegs nur als Schamane, „sondern in überraschend moderner Weise als Arzt" tätig gewesen. Als Beispiel hob er dessen Verdienst bei der hygienischen Versorgung einer Stadt hervor (Kudlien 1967, 59).[375] Zwar erkannte auch Kudlien einen Widerspruch zwischen verschiedenen Heilertypen, doch projizierte er ihn voll auf Empedokles, indem er behauptete, „in der Gestalt des Empedokles" würden „offensichtliche geistige Diskrepanzen so seltsam unversöhnlich nebeneinander offenliegen" (Kudlien 1967, 59). Die „geistigen Diskrepanzen" bestehen aber hauptsächlich dort, wo Kudlien den Unterschied zwischen angeblich archaischem Schamanismus und modernem Arzttum konstruiert und auf Empedokles preßt. Zur damaligen Zeit habe es nach Kudliens nicht näher begründeter Meinung bereits „eine mehr oder weniger rationalisierte Diätetik"

1913, 185) Schadewaldt meinte, Empedokles sei „ein hochinteressanter Geist, ... von Pythagoras herkommend, Politiker, Arzt und Wundermann" (Schadewaldt 1978, 452). Weiter schrieb er: „Aber wir müssen doch sagen, daß er im ganzen ein erstaunlicher und genialer Mensch gewesen sein muß, der es verstanden hat, in seiner Wirkung zumal auf die Massen die Vorstellung einer überirdischen Erscheinung zu erwecken. So hat er als Seher, Weiser, Prophet und Arzt gewirkt, als Mann Gottes, wie wir sagen können, und schließlich auch als Dichter." (Schadewaldt 1978, 437) Dazu Guthrie: „When all allowance has been made for legend, he appears at once as philosopher, mystic, poet, political reformer and physician, with something of the magician about him and a corresponding touch of arrogance and showmanship" (Guthrie 1965, 123). S. a. Sigerist (1961, 104).

374 Dodds: „Wenn ich recht sehe, so verkörpert Empedokles nicht einen neuen, sondern einen sehr alten Persönlichkeitstypus, den Schamanen, der die noch undifferenzierten Funktionen eines Magiers und eines Naturforschers, des Dichters und des Philosophen, des Predigers, Arztes und öffentlichen Ratgebers in sich vereint." (Dodds 1970, 82) Kudlien sprach von Empedokles als „„sakraler Arzt" sowie von dem „im 5. Jh. v. Chr. noch lebendigen schamanistisch getönten Arzttyp" und vom „Arzt-Schamanen" (Kudlien 1967, 20f., 28 u. 55). Schadewaldt machte Empedokles ebenfalls zum Schamanen (Schadewaldt 1978, 273). Zu Empedokles als „shaman-healer" s. a. Claus (1981, 114), sowie Burkert (1962b, 48), der sich zustimmend auf Dodds bezog, aber wenigstens die Kritik von Kahn (1960, 30ff.) erwähnte.

375 Dazu Schumacher: „Empedokles ist weniger Metaphysiker, als Wissenschaftler" (Schumacher 1940, 107).

gegeben, die mit Empedokles als Schamanen unvereinbar sei (Kudlien 1967, 20).[376] Die Behauptung des Vorhandenseins einer „rationalisierten Diätetik" am Anfang des 5. Jh. v. Chr. muß kritisch betrachtet werden. Kudlien führte Alkmaion als Diätetiker an, machte dann aber selber darauf aufmerksam, daß die Diätetik „sicher älter als Pythagoras" sei (Kudlien 1967, 56). Dies scheint zutreffend, und das „Bohnenverbot" des Empedokles läßt sich als ein eindeutiger Hinweis auf diätetische Überlegungen interpretieren, die sicher älteren Ursprungs waren. Solche Regeln und Speiseverbote stellen eine Vermischung von magischen Suggestionen und medizinisch-diätetischen Verfahren dar, ohne ausschließlich schamanistisch oder modern-rationalistisch zu sein. Sicherlich finden sich vergleichbare Methoden auch im Schamanismus, wie überhaupt Übungen des Fastens und der Enthaltsamkeit den ursprünglichsten Ekstasetechniken zuzurechnen sind. Aber diese lassen sich natürlich nicht auf den Schamanismus beschränken. Auch das in B 112 erwähnte Heilen durch Sprüche gehört zu den ältesten Techniken der Medizin und kommt schon in der Odyssee 19. 457 vor.[377] Dagegen stellen die Ansätze Alkmaions und dessen *diaita* zwar eine gewisse Rationalisierung und einen deutlichen Fortschritt zur Erstellung eines wissenschaftlichen Medizinsystems dar, doch muß man bei der Bewertung solchen Vorgehens vorsichtig sein. Die mit unseren Vorstellungen verbundene Reduktion des Leibes auf das medizinische Körpermodell sollte trotz ihrer zweifellos großen und geradezu blendenden Erfolge aus philosophischer Perspektive auch kritisch betrachtet werden. Dann kann aber eine ausschließlich positive Wertung unseres Medizinsystems nicht ohne weiteres vorgenommen werden. Außerdem dachte Empedokles keinesfalls irrational, sondern war als führender Forscher und Philosoph gänzlich auf der Höhe seiner Zeit. Kudliens Sicht gerät in den Verdacht, Vorurteile über schamanistische und magisch-religiöse Heilverfahren allzu unkritisch übernommen und auf Empedokles projiziert zu haben.[378] Man darf nicht vergessen, daß schon sehr früh nicht alle Ärzte Priester waren. Auf die Probleme bei der Abgrenzung der verschiedenen Typen von Heilern wurde bereits hingewiesen, und genauso schwierig ist es, die unterschiedlichen und sich überschneidenden Verfahren auseinanderzuhalten.[379] Welche Beweise bleiben also, um Empedokles zum Schamanen zu stilisieren?

---

376 Krug sah in Empedokles „als Dichter, Wanderarzt und Magier" einen „zwiespältigen Philosophen" (Krug 1985, 25). Doch wieso zwiespältig?

377 Zur „Besprechung" als Mittel der „magischen Medizin" s. a. Kudlien (1967, 20). Zum „Binden" und „Besprechen" bei Homer hob er hervor, daß die Auffassung der Krankheit (z. B. Krankheitspfeile) in der Ilias, die „von selbst" (*automata*) kommt, und die „auftretenden" Plagen in Hesiods Erga V 102—4, sowie generell der Gedanke von Schuld, Buße und Reinigung auf dämonologischen Vorstellungen beruhen (Kudlien 1967, 49ff.).

378 Zu den „vulgären Seiten einer gauklerhaften Schaustellerei" und dem „entgleisten" schamanistischen Arzttypus, den Kudlien bei Empedokles ansprach (Kudlien 1967, 21), sei noch bemerkt, daß auch wir heute von den „Halbgöttern in Weiß" sprechen und daß auch diese „Medizinmänner" sich in Szene zu setzen wissen. Der heutige Laie dürfte diesen genauso oft hilflos in der Beurteilung gegenüberstehen.

379 Kudlien bezeichnete es als „groteske Verzeichnung", wenn Schumacher von den „Priesterärzten" sprach, die keine „Handwerker" seien (Kudlien 1967, 19 zu Schumacher 1965, 7).

Zusammenfassend zeigt sich, daß es genauso irreführend ist, vom Schamanen Empedokles zu sprechen, wie zu behaupten, er sei eine Art moderner Arzt gewesen. Das versuchte Wellmann in seiner „Fragmentesammlung der sikelischen Ärzte" und auch Michael J. Carella, der Empedokles als Gründer der „rationalist or Sicilian school of medicine" ausgab und aus ihm einen „theoretician of medicine" machte (Carella 1991, 63). M. R. Wright hatte das sehr klar erkannt. Sie suchte in den Fragmenten nach Hinweisen auf die medizinischen Kenntnisse und Fähigkeiten des Empedokles und kam bezüglich seiner Theorien zu dem Ergebnis: „None, however, presupposes specialized medical knowledge." (M. R. Wright 1981, 14) Das darf wiederum nicht heißen, daß Empedokles kein ärztliches Wissen besaß oder über seine philosophischen Lehren nicht wesentlich zur Entwicklung der sizilischen Ärzteschule beigetragen hätte. Ganz im Gegenteil! Ihm sind wichtige Anregungen zu verdanken. Mag man ihn auch im weitesten Sinne einen Magier nennen,[380] die Bezeichnung Schamane sollte in jedem Fall vermieden werden, denn mit Burkert ist festzustellen, daß bei Empedokles keine „speziell schamanistischen Motive" zu erkennen sind (Burkert 1962, 132). Woran allerdings Burkert das oben propagierte „Weiterleben" des „sehr alten Typs des ‚Schamanen'" erkannt hat, sagt er nicht. In der Ablehnung der Schamanismus-Terminologie kann Kahn gefolgt werden, der zu dem Ergebnis gekommen war: „Whatever light the comparison with Scythian and Siberian shamanism may throw upon other dark corners of archaic Greek religion, it is of no help for an interpretation of the religious ideas and personality of Empedocles." (Kahn 1960, 33)

Somit ergibt sich folgendes Bild: Empedokles benutzte Konzentrationsübungen mit religiös-ritueller Basis (*meletai*; B 110),[381] diätische Techniken (Bohnenverbot aus Fr. 141), Heilmittel (*pharmaka*; B 111),[382] Weissagungen und „heilende Sprüche" (B 112: *mantosuneon* u. *euekea baxin*), also Besprechungen mit magischer Konnotation, sowie weitere magische Praktiken (B 111). Er ähnelte in dieser Hinsicht Pythagoras, den er aller Wahrscheinlichkeit nach in Fr. B 129 bewunderte. In dem von Ihm entwickelten eigenständigen System integrierte er genealogisches und kosmologisches Denken, „diätetische" Techniken sowie magische Leibbemeisterung und verschmolz sie zu einem großen Entwurf. Damit zeigt er sich als ein zwischen den Zeitströmungen vermittelnder Wissenschaftler und überragender Philosoph, der es verstand, dem alten magischen Analogiedenken neue Aspekte hinzuzufügen und es mit wissenschaftlicher Systematik zu erweitern.

380 Dazu Guthrie: „Many have earned a reputation for magic by being a little ahead of their contemporaries in invention and initiative." (Guthrie 1965, 134)

381 M. R. Wright interpretierte die Übungen in Fr. 110 als „meditation" und meinte, sie seien mit dem „constant practice and effort, as in athletic training, military duty or rehearsing" vergleichbar (M. R. Wright 1981, 259).

382 Zum Begriff *pharmakon* als Medikament und Gift s. a. Krug (1985, 10f.) u. Kudlien (1967, 73).

Der „gefallene" Dämon

Der spezifische Gebrauch des Begriffs *daimon* bei Empedokles gewinnt als anthropologische Konzeption erst nach der Überwindung von gängigen Fehlinterpretationen deutliche Konturen. Auf dem Hintergrund eines allgemeinen und schon bei Heraklit vage skizzierten Verständnisspektrums benutzte Empedokles den *daimon*-Begriff für Erwägungen neuer Art. In dem, was uns von seiner Philosophie überliefert wurde, ist die *daimon*-Vorstellung der dominante Teil des Leibschemas, wohingegen der Begriff *psyche* nur an einer Stelle, in Fr. B 138, relativ sicher auftaucht. Dort wird er im Sinne Homers als Leben, das einen beim Tod verläßt, gebraucht.[383] Davon unterscheidet sich aber die *daimon*-Konzeption erheblich.[384] Sie bestimmte die anthropologischen Vorstellungen als eine Macht von göttlicher Natur, die, an ein Schicksal gebunden, dem „Richtspruch der *ananke*" unterlag. Das Kernstück der ‚Lehre vom gefallenen Daimon', der durch Schuldverstrickung und Richtspruch zum schicksalhaften Wandel gezwungen ist, findet sich in Fr. B 115, das allerdings als Stütze unterschiedlichster Auslegungen herangezogen wurde. Dodds verstand unter *daimon* das „okkulte Ich" und schrieb zu dessen Unterschied zur Psyche: Empedokles „scheint die *psyché* als die Lebenswärme betrachtet zu haben, die beim Tode von dem Feuer-Element wieder aufgenommen wird, aus dem sie stammt. ... Das okkulte Ich, das durch all die aufeinanderfolgenden Inkarnationen identisch blieb, nannte er nicht ‚*psyché*', sondern ‚*daimon*'." (Dodds 1970, 88) Hier erlaubt sich Dodds bemerkenswerte Unschärfen, denn erstens steht nicht im Text, daß die *psyche* aus dem Feuerelement stammt – eine solche Interpretation erinnert nur zu stark an die oben als mißglückt herausgestellte Bestrebung, schon bei Heraklit eine feurige Seele nachzuweisen –, zweitens müßte man Genaueres über den Begriff „okkult" wissen, und drittens handelt es sich bei der Empedokleischen Philosophie nicht um eine Inkarnationstheorie. Ähnlich wie Dodds glaubte schon Diels, Empedokles sei, „um einen modernen Fachausdruck zu gebrauchen, in der Physik Occultist, nicht Spiritist" (Diels 1969d, 141). Der „moderne Fachausdruck" ist in seiner Bedeutung ebensowenig klar wie der Unterschied zwischen Okkultist und Spiritist. Versuchte Dodds hier an Diels anzuknüpfen?

Das terminologische Problem, die in der Empedokleischen *daimon*-Vorstellung enthaltenen vielschichtigen Aspekte auf einen für modernes Verständnis geeigneten Begriff zu bringen, kann jedenfalls nicht mit Konzeptionen gelöst werden, die auf fragli-

383 S. a. T. Gomperz (1911, 200) u. H. Long (1949, 156). Nach Alt wird *thymos* in B 128 ebenfalls in der Bedeutung von Leben gebraucht (Alt 1982, 281). Dort spricht Empedokles vom Herausreißen des *thymos* und dem Verzehren der „Glieder" (*guia*) von Opferstieren, in B 137 ist es gar das Fleisch (*sarkas*) der Verwandten, das, nachdem das „Leben" (*thymos*) geraubt wurde, verzehrt wird. Auch diese Bedeutung erinnert an Homer.

384 Darcus: „Man's *daimon* is distinct from his life-principle and thought. Empedocles uses *psyche* (B 138) and *thymos* (B 128.10, B 137.6) to indicate man's life principle." (Darcus 1977, 186) Dazu Clara Elizabeth Millerd: „There is nothing in Empedocles that could properly be called a definition of the soul." (Millerd 1980, 79)

chen Paradigmen beruhen. Um ein vielleicht dem modernen Menschen etwas leichter zugängliches Beispiel zur Verdeutlichung des Empedokleischen *daimon* zu geben, könnte Goethe angefüht werden, der von einer „geprägten Form, die lebend sich entwickelt" sprach. Schmitz untersuchte die Bedeutung des *daimon* bei Goethe und kam zu dem Ergebnis, daß dort die Begriffe „Eigenheit" („das, was das Individuum konstituiert"), „Daimon" („angeborene Kraft und Eigenheit"), „Charakter" und „Entelechie" (Goethes Ausdruck für *daimon)* synonym verwendet werden.[385] Der Begriff „Entelechie" geht auf Aristoteles zurück, doch das „Charakteristische" oder der „Prägnanztyp überhaupt", die Aristotelische *entelecheia*, unterscheidet sich von der Goetheschen Entelechie in einer wichtigen Beziehung. Schmitz machte diesen Unterschied deutlich, als er zusammenfassend herausstellte, „daß Goethes Entelechie als treibende und von innen her gestaltende und daher selbst bewegliche Kraft im Stofflichen wirkt, während die aristotelische frei von Trieben, der Materie immer gleichförmig überlegen, selbstgenügsam in sich beschäftigt, nur als ziehende Kraft dessen, was geliebt wird, den Gestaltungs- und Entwicklungsprozeß auslöst und unterhält." (Schmitz 1959, 9 u. 283)[386] Für Schmitz spiegelt sich hier der Unterschied zwischen modernem und antikem Lebensgefühl.[387] Das wird besonders deutlich, wenn man den empedokleischen *daimon* mit dem von Hegel entworfenen Bild des Genius betrachtet. Bemerkenswert ist dabei, daß hier das Motiv des Durchzitterns auftaucht, das mit dem Parmenideischen *isopales* verglichen wurde. In der Enzyklopädie (1830) heißt es vom „fühlenden Individuum": „Somit ist dessen *selbstische* Individualität ein von ihm verschiedenes Subjekt, das auch als anderes Individuum sein kann, von dessen Selbstischkeit es als eine Substanz, welche nur unselbständiges Prädikat ist, durchzittert und auf eine durchgängig widerstandslose Weise bestimmt wird; dies Subjekt kann so dessen Genius genannt werden." (Hegel 1975, 330f.) Die Vorstellung einer Substanz als „unselbständiges Prädikat", das vom Genius „durchzittert und auf eine durchgängig widerstandslose Weise bestimmt wird", offenbart einen Machtanspruch, der dem empedokleischen *daimon* fremd ist.

385 Goethe zitiert bei Schmitz (1959, 227ff. u. 264f.). Schmitz zeigte auch noch folgenden Unterschied: „‚Eigenheit, Daimon, Charakter' bezeichnen weniger die ganze, sowohl endliche als unendliche Person, als vielmehr ihre eine Seite, nach der sie charakteristisch begrenzt und von vorn herein auf eine unwillkürliche Regel ihrer Lebensbahn festgelegt ist. ‚Entelechie' meint dagegen eher das Urwesen, das durch solche charakteristischen Bedingungen der irdischen Existenz eingeschränkt wird". S. a. die Ausführungen zur terminologischen Unterscheidung zwischen dem Dämonischen und dem Daimon bei Goethe (Schmitz 1959, 217f.).

386 Der aristotelische Gedanke der Liebe zu Gott, die den Dingen als ein Streben und *telos* innewohnt, wurde von Schmitz in einen Zusammenhang mit der *philia* des Empedokles gebracht (Schmitz 1959, 470).

387 Schmitz: „Während der Quell aller Veränderung für Aristoteles demnach im Mangelhaften liegt, das zur Fülle des Seins drängt, zum Eidos, zur Entelechie oder zum Guten, das nicht selbst in den Prozeß eintritt, entspringt für Goethe und andere moderne Denker das Werden umgekehrt der Fülle, einem Überschuß an Kraft, der zur Offenbarung drängt; so wird erst die Kategorie des Schöpferischen und das in ihr wurzelnde Machtgefühl, das dem Aristoteles noch fremd ist, möglich." (Schmitz 1959, 279f.)

Dieser steht unter dem Richtspruch der Ananke und bestimmt gerade nicht und keinesfalls widerstandslos die ihm mehr oder weniger aufgezwungenen Rollen seiner Verwandlung. Darin unterscheidet er sich auch von der Aristotelischen Entelecheia, denn er kennt kein eigenes *telos* im aristotelischen Sinn. Er ist eher rückwärtsgewandt, ein Verbannter und Irrender, der seine Schuld abtragen muß (Fr. 115). Das schließt allerdings eine gewisse Vollendung menschlicher Entfaltungsmöglichkeiten nicht aus (Fr. 146).

Versuche, Empedokles eine irgendwie geartete Seelenlehre zuzusprechen, sollten abgelehnt werden. Kahn meinte, der *daimon* sei eine „deified human soul" (Kahn 1960, 11). Rohde hatte bereits früher irreführend *psyche* mit *daimon* vereint, so daß ein „Seelendämon" entstand (Rohde 1925b, 183). Dieser Begriff erfreute sich sogar einer gewissen Beliebtheit. Er wurde z. B. von Schwabl („Seelendaimones in den Katharmoi" – 1957, 278) und T. Gomperz („Seelendämon" – 1911, 200) übernommen. Man schien zu glauben, durch diese Vereinigung sowohl die *psyche* als auch den *daimon* bei Empedokles besser verstanden zu haben. T. Gomperz ging noch weiter und unterschied zwischen „Seelenphysik" und „Seelentheologie" bei Empedokles. Die „Seelenphysik", die er in Fr. B 106 u. 108 niedergelegt sah, war für ihn die Zurückführung der „Unterschiede psychischer Beschaffenheiten und Leistungen auf entsprechende materielle Unterschiede". In der empedokleischen „Seelentheologie" sei jede Seele „ein ‚Dämon', der aus seiner himmlischen Heimat herabgestoßen ward". In diesem Motiv sah er dann den „orphisch-pythagoreischen Seelenglauben, von Empedokles ... in glühenden Farben ausgemalt und ausgestattet" (T. Gomperz 1911, 198f.). „In glühenden Farben" malte hier aber nur T. Gomperz eine fragwürdige Seelenterminologie aus. Mit seiner Zweiteilung des empedokleischen Werkes basierte er auf Diels veralteten Ansichten (Diels 1969c, 137). Nestle, der ebenfalls vom (Rohdeschen) „Seelendämon" sprach, behauptete gar: „Empedokles unterscheide scharf zwischen Geist und Materie" (Nestle 1906, 552f.). Damit unterstellte er ungerechtfertigt Empedokles einen radikalen anthropologischen Dualismus und gewann daraus die angeblich echt empedokleische Gegenüberstellung von „spiritualistischer Mystik" versus „mechanistischer Physik" (Nestle 1906, 545). Ähnliche Dualismen wurden Empedokles immer wieder angedichtet,[388] doch sind diese jüngst von Osborne durch ihre entschiedene Ablehnung einer solchen Zweiteilung des Werks nochmals klar zurückgewiesen worden (Osborne 1987, 108).

Die verschiedenen „Dualismen" bei Empedokles blieben nicht die einzigen Interpretationsschemata, durch die ein Zugang mehr versperrt als eröffnet wurde. Schwerwiegender waren die Versuche, Empedokles eine pythagoreische Inkarnationstheorie zuzuschreiben. Eine „Seelenwanderungslehre" oder eine „Metempsychose" wurde nicht nur von T. Gomperz als pythagoreische Doktrin des Empedokles postuliert, sondern auch von Diels, Schadewaldt, Guthrie, Kahn und anderen vertreten.[389]

388 Z. B. von A. A. Long, der zwischen Peri Physeos als „economical scientific hypothesis" und den Katharmoi als „a myth, an exercise of the religious imagination" unterschied (A. A. Long 1963, 275).

389 Diels: „Seelenwanderung" (Diels 1969d, 155). Schadewaldt: „Lehre von der Seelenwanderung" (Schadewaldt 1978, 439). S. a. Guthrie (1962, 318f.). Kahn: „Now what Empedocles shares with

Bevor der angebliche Pythagorismus des Empedokles endgültig zurückgewiesen wird, soll noch ein damit zusammenhängendes, ebenfalls gängiges, aber fragwürdiges Schema, das als Stütze der Transmigrations- und Inkarnationstheorie diente, besprochen werden. Es handelt sich um die Auslegung von Fr. B 112. 4f., wonach Empedokles angeblich eine Selbstvergottung vorgenommen haben soll.[390] Gigon war diesbezüglich der Meinung: „Er ist Pythagoreer, und im Wandel der Einkörperungen ist er selber zur Stufe des Gottes emporgestiegen und verkündigt mit der Autorität der Gottheit die Dinge, die die Menschen nicht wissen.“ (Gigon 1945, 20) Doch von Autorität einer Gottheit keine Spur. Empedokles lehrte seinen Schüler selber und unterschied sich von Parmenides gerade darin, nicht göttliches Wissen zu offenbaren, sondern praktische Lebensführung zu vermitteln. Als Beleg für diese Vergottungstheorie wurden von Gigon die „Katharmoi“ herangezogen, die er beschloß, einfach als „die im Ganzen zuverlässigste und ausführlichste Quelle für das alte Pythagoreertum anzusehen“ (Gigon 1945, 126). Diese Sicht setzte dann beispielsweise A. A. Long fort, der in den Katharmoi einen Indikator für die zahlreichen Affinitäten zum Pythagoreertum sah und sich dabei auf Autoritäten wie Guthrie und Burkert bezog (A. A. Long 1963, 257).

Eine weitere Variante lieferte Karin Alt, die B 112 so interpretierte, daß dort Empedokles sich „auf die Ebene der Göttlichkeit erhoben weiß“ (Alt 1982, 282). Dies ist zwar richtig, doch vergaß Alt hinzuzufügen, daß Empedokles von den Mitmenschen dahin versetzt wurde, nicht daß er sich selber vergöttlichte. Die angebliche Selbstvergottung des Empedokles ist dann auch in letzter Zeit von Wolfgang Rösler attackiert worden. Mit Bezug auf van der Ben (1975, 22), der zwar anders argumentierte, aber zum gleichen Ergebnis kam, stellte Rösler klar: „Er hat dies nicht getan.“ Denn, so auch die Argumentation von Rösler, „der Status der Göttlichkeit erscheint ... als von anderen zuerkannt, nicht selbst beansprucht“ (Rösler 1983, 175).

Eine Selbstvergottung ist aus dem Fragment also nicht zu entnehmen, deshalb muß auch abgelehnt werden, wenn Alt von „dieser Ausprägung der Reinkarnationslehre“ spricht. Ihre Frage, ob diese Sicht spezifisch empedokleisch oder vielleicht pythagoreisch sei, läßt sich klar beantworten. Bei Empedokles handelt es sich um eine individuelle Auffassung, die zwar auf traditionellen Vorstellungen beruht, aber nicht pythagore-

Pythagoras is precisely the doctrine of reincarnation.“ (Kahn 1960, 33) Deichgräber befand sich sogar mit Fr. 110 „in der Gedankenwelt des Pythagoreismus“ (Deichgräber 1984c, 102). Burnet machte aus Empedokles einen Orphiker und Buddhisten: „Empedokles war ein Verkünder der neuen Religion, welche Befreiung vom ‚Rade der Geburt‘ suchte durch Reinheit und Enthaltsamkeit; aber es steht nicht ganz fest, welcher Form derselben er anhing.“ (Burnet 1913, 185f.) Kahn sah folgenden Unterschied: „Unlike his fellow believers in transmigration, the mystics of India, Empedocles does not imply that the purified spirit will lose itself in Deity as a drop of water loses itself in the sea.“ (Kahn 1960, 25)

390 Dazu Darcus (1977, 186). Kudlien sprach von der Selbstvergottung in B 146 u. 112 (Kudlien 1967, 20). A. A. Long behauptete von der „mystical psychology“ der *katharmoi*, dort würde Empedokles von sich als Gott sprechen (A. A. Long 1963, 258). Claus meinte, Empedokles habe sich selbst für einen Gott gehalten (Claus 1981, 114). Mansfeld übersetzte: „als ein unsterblicher Gott reise ich umher“ (Mansfeld 1987, 467).

isch genannt werden kann.[391] Allerdings sprach auch Rösler von der „Seelenwanderungslehre der ‚Katharmoi'" (Rösler 1983, 179). Damit befand er sich in Einklang mit H. Long („transmigration of souls"; 1949, 142), der glaubte, der *daimon* sei dasjenige, was von Körper zu Körper wandern würde (which transmigrates from body to body), nämlich das Äquivalent zu der Seele in der Terminologie der anderen Philosophen (H. Long 1949, 156). Auch Darcus faßte den Dämon ähnlich auf,[392] und Claus meinte bezüglich Fr. 112: „It can be taken as certain from these passages, that for Empedocles the occult self that survives physical death, acquires knowledge through metempsychosis, and eventually seeks to withdraw from the cycle of birth and death" (Claus 1981, 114).

Aber „so sicher", wie Claus wollte, der hier in die Fußstapfen der „Okkultismusforscher" Dodds und Diels trat, scheint die „metempsychosis" des Empedokles nicht zu sein, denn es gibt Interpretationen, die ohne Transmigrationstheorie und Befreiungsglauben vom „Rad der Wiedergeburt" auskommen. So läßt sich beispielsweise die angeblich pythagoreische „Seelenwanderungslehre" mit Schmitz als „Motiv des individuellen Schicksals, das sich durch viele sukzessive Leben hindurchzieht", verstehen (Schmitz 1988a, 321). Auf den durch die Seelenwanderungslehre implizierten, aber mit der Weltanschauung des Naturgedichts eigentlich nicht zu vereinbarenden psychosomatischen Dualismus kann vollkommen verzichtet werden. Als Vorläufer dieser Sicht lassen sich Bröcker, Bickel und Alt nennen. Bröcker schrieb zur angeblichen „Seelenwanderung": „Man beachte wohl, daß hier nicht von Einkörperung einer *Seele* in verschiedene Leiber die Rede ist. Der Unterschied von Leib und Seele kommt bei Empedokles nirgends vor. Die Dämonen sind nicht reine Seelen, die dann zur Strafe eingekörpert werden, sondern sie werden in Pflanzen, Tiere und Menschen verwandelt." (Bröcker 1986a, 49) Gerade diese Verwandlungsvorstellung war für Bickel ein Charakteristikum für den „Volksglauben" an Götter (*theoi*) und Dämonen.[393] Er unterschied zwischen Metamorphose (Verwandlung) und Metempsychose (Seelenwanderung) und arbeitete heraus: „Nach dem Verwandlungsglauben ist das neue Totenwesen letztlich der alte Mensch selber ohne Scheidung seines ‚Leibes' von seiner ‚Seele', einem ‚Zwei-

391 Sämtliche dieser Fehler machte A. W. H. Adkins, indem er behauptete, Empedokles glaube an „transmigration (B 115) und „incarnation" (Adkins 1970, 99). Außerdem meinte er so etwas wie „Empedocles ‚Pythagorean' view of *psuche*" erkannt zu haben (Adkins 1970, 128 A. 1).

392 Darcus: „Empedocles uses the term to describe the divine being, who has fallen from company of the gods and is forced to undergo purification through transmigration." (Darcus 1977, 186)

393 Bickel: „Bürgschaft für die primitive Auffassung, daß das sich Verwandelnde an sich ebenso wie das Tote an sich ohne weiteres etwas Dämonisches ist, gewährt in der historischen Zeit die Tatsache, daß der Gestaltenwechsel, d. h. die Verwandlung, zu den Wesenseigentümlichkeiten der Götter gehört." (Bickel 1926, 111) Zur „Auffassung des Todes als Metamorphose in aller Menschheit und auch im Seelenglauben der Griechen" s. a. Bickel (1926, 65). Dagegen ging Cornford am Wesentlichen vorbei, als er schrieb: „But the difference between metamorphosis and metempsychosis is, after all, not great: both beliefs imply that the human soul can be detached from its own body and enter that of another creature." (Cornford 1952, 123) Dies ist bei der Metamorphose nicht der Fall, das Prinzip wurde von Cornford nicht erkannt.

ten Ich' und einer geheimnisvollen Ursache seiner Belebtheit. Im Glauben an die Metempsychose dagegen verliert das Wesen seine strenge Individualität, weil die freie und nicht besonders als körperlich betonte Seele immer neue Körper zu ihrer Behausung sich auswählt." (Bickel 1926, 38)

Noch verständlicher wird diese Position, wenn man bedenkt, daß unter *daimon* nicht irgend ein stoffliches Substrat mit dazugehörigen Funktionen gemeint ist. T. Gomperz hatte erkannt, daß der „Seelendämon" für Empedokles „so wenig wie die ‚Seele' (Psyche) für die meisten seiner Vorgänger der Träger der ein Individuum oder eine Gattung kennzeichnenden seelischen Eigenschaften (Fr. 117)" war (T. Gomperz 1911, 200). Schwabl präzisierte, indem er zum Daimon bemerkte: „Er ist somit nicht Prinzip der Geistigkeit als solcher, sondern in erster Linie Prinzip des selbstverschuldeten oder selbstverdienten Schicksals." (Schwabl 1956, 55)[394] Darcus unterstellte dagegen dem Empedokleischen *daimon* Fähigkeiten, die in den Fragmenten nicht belegt sind, als sie schrieb: „*Daimon*, however, determines how long the elements composing the body can perform their various functions. A person lives as long as his *daimon* is present; on death *daimon* migrates elsewhere." (Darcus 1977, 186) Doch von einer Bestimmung der Lebensdauer durch den *daimon* kann ebensowenig gesprochen werden wie von seiner Migration nach „elsewhere". Das ist eigentlich die Rolle der Homerischen *psyche*, die zum Hades flieht; beide sollten eben nicht verwechselt werden. Dagegen glaubten Schwabl und A. A. Long Ähnlichkeiten zwischen Homers *psyche* und dem *daimon* des Empedokles sehen zu können (Schwabl 1956, 55 u. A. A. Long 1963, 257 A. 2). Hier muß man Alts Bedenken, ob der Begriff *daimon* (B 115) „als Äquivalent" für *psyche* betrachtet werden darf, teilen (Alt 1982, 282 gegen Jager 1953, 166). Sie wollte den *daimon* aus Fr. B 126 als „Schicksalsgottheit" verstehen und forderte zum Vergleich mit Parmenides Fr. B 12. 3 auf. Dieser Vergleich ist aber nicht gelungen, denn die Göttin des Parmenides könnte, wenn überhaupt, mit Aphrodite, jedoch nicht mit den „gefallenen *daimones*" verglichen werden. Nach Rösler kannte Empedokles angeblich einen „Läuterungsweg schuldig gewordener Seelen" (Rösler 1983, 171). Der *daimon* ist aber keine Seele; und der Läuterungsgedanke darf nicht mit homerischen Vorstellungen vermischt werden. Eher scheint eine orphische Beeinflussung über das Motiv der *katharmoi* angedeutet zu werden, doch ist bei derartigen Spekulationen grundsätzlich große Vorsicht geboten, denn die Quellen zur Orphik dieser Zeit sind sehr spärlich. In jedem Fall wandte sich Alt berechtigterweise gegen einen anthropologischen Dualismus und kam zu dem Ergebnis: „Es gibt eine Kontinuität des Lebens, ein Beharren der Individualität – worauf immer diese beruhen mag –, jedoch offenbar kein Eigenwesen ‚Seele' und keine Seelenregion, die die vom Körper gelöste Seele auf-

394 Claus bezog sich auf Kahn (1960, 22f.) und die Kritik von A. A. Long (1963, 256—276), als er behauptete: „No true idea of personality can be attached to what survives – that is, in the return of the constituents of man to nature as described in Empedocles B 9 and B 15 – something of the surviving matter is perceived, oddly, as one's own, possessed of a character or destiny determined by the quality of the life that has been led." (Claus 1981, 119)

nimmt, kein Analogon zum homerischen Hades- oder orphischen Jenseitsbereich und somit keine räumlich-zeitlich bestimmbare Phase zwischen den Erdenleben." (Alt 1982, 282)

Die *daimones* aus Fr. 115 unterliegen einem Zwang, in einer Gestalt zu erscheinen, den sie durch ihre Entscheidung bzw. das Vertrauen auf den *neikos*, den Streit, herbeigeführt haben. Auch hieran läßt sich nochmals ein Unterschied zum Hegelschen Genius und dessen aktivem Durchstimmen zeigen und archaisches Ergriffenwerden dem modernem Ergreifen gegenüberstellen. Die sich nach der Wahl der Handlung abzeichnenden schicksalhaften Konsequenzen erfolgen durch den Spruch der Ananke. Doch der *daimon* wandert nicht wie eine Seele, sondern verändert seine Gestalt. Es findet dabei keine Einkörperung statt. Die „empedokleische Unsterblichkeitsidee" die man als „Metempsychose" verstand, „ist eine Metamorphose, die ohne jeden Dualismus auskommt." Denn, so Schmitz: „Die sogenannte Seelenwanderung ist bei Empedokles vielmehr die Fortpflanzung komplexer Einzelwesen nach ihrem Tod als Vererbung ihres persönlichen Ethos (fr. 110, 5) durch schicksalhaften Einfluß auf die in der Mischung zu ihnen zusammengetretenen und danach im Tod wieder gesonderten sowie in immer neue Verbindungen überführten Bestandteile." (Schmitz 1988a, 321f.) Das *ethos*, in dem die einzelnen Glieder und Bestandteile zusammengewachsen sind und in das der Mensch durch Übungen der Sorgfalt weitere Bestandteile behutsam, aber verwurzelnd einwachsen läßt, hat eine persönliche Dimension, die durch die Geschichte des Leibes, an den es gebunden ist, gleichsam mitschwingt. Diese persönliche Dimension besitzt bei Empedokles mnemotechnisch höchste Relevanz, da sie, individuell verschieden, außergewöhnliche Weite annehmen kann und Erinnerungen beherbergt, die sich über die Spanne mehrerer Leben hinwegziehen können, wie dies in Fr. 117 angedeutet wird. Die akkumulative Tendenz des individuellen *ethos* bildet dabei eine Gestalt, die durch Verwandtschaft immer mehr zusammenwächst und Ausnahmemenschen wie Empedokles, Parmenides und Pythagoras kennzeichnet. Diese einzigartige philosophisch-theologische Darstellung und Erklärung sowohl individuell unterschiedlicher Erinnerungsvermögen als auch der regelhaften Möglichkeiten zur persönlichen Entfaltung (B 110) darf weder pythagoreeisch verstanden, noch platonisch interpretiert werden.[395] Hier trennt sich nicht die Seele vom Körper, sondern es wandelt sich der *daimon* als eine Art mnemotechnischer roter Faden.

Die Ausbildung eines an Verwandtschaft reichen *ethos* wird durch die Qualität erworben, mit der man sein Leben führt. Diese Qualität bestimmt den Stand der personalen Entfaltung bzw. den Grad der Verwandlung des *daimon* und seine Lebensart als Mensch. Durch die Zusammenführung der Bestandteile zu einzelnen Gliedern des Leibes aktiviert Aphrodite die metamorphotische Kapazität des *daimon*, indem sie dem

395 Diese „so wenig auf Rettung eines substanziellen Kerns über den Tod hinweg bedachte Auffassung der diesen überdauernden persönlichen Identität" scheint deshalb so schwerer verständlich, weil sich Empedokles „eindeutig und nachdrücklich zur Unvergänglichkeit des Individuums und Leugnung seines Endes im Tod (Fr. 8. 9. 11. 12. 15)" bekannt hat (Schmitz 1988a, 323).

Menschen den Leib geradezu anzieht wie ein Kleid. Während seines langen Lebens wechselt der *daimon* beim Übergang von Leben und Tod der einzelnen Leiber die verschiedenen Gestalten wie eine Art „Fleischhemd" (Fr. 126). So ließe sich mit Nestle von einem „Sturz in die Leiblichkeit" sprechen, wenn man dabei jede Assoziation von einer Einkörperung fernhält (Nestle 1906, 556). Es scheint eher, als ob der *daimon* sich häutet wie eine Schlange oder die „Farbe" wechselt wie ein Chamäleon, indem er die verschiedenen Leiber abstreift. Er zieht dabei nicht freiwillig durch die Welt, sondern ist durch den Spruch der Ananke gebunden, hat aber einem gewissen Variationsspielraum, der durch Übungen erweitert werden kann. Die in sorgfältiger Meditation erworbenen und gefestigten Verwandtschaften, die in ihrem Einwachsen das *ethos* prägen, bleiben als mnemotechnische Spur über mehrere Leben hinweg verfolgbar und werden bei einer erneuten Zusammenführung verschmolzen. Schmitz erläuterte: „Der Einzelne lebt fort in Gestalt der Verwandtschaften, die er durch sein Dasein als Mischwesen gestiftet hat, und ein späterer Komplex erkennt sich als der frühere wieder, wenn er an sich selbst dieser Verwandtschaften als einer Ausstrahlung des gewesenen Mischwesens inne wird." (Schmitz 1988a, 322)

Die *daimones* sind als göttliche Kräfte mit einem erlosten langen Leben versehen, doch als Gestalten zum Wandel verdammt (vgl. Heraklit Fr. 62). Für sie ist das Absterben des Leibes nur ein sich wiederholt über viele Phasen hinziehender Wechsel. Doch unterliegen auch sie der Sterblichkeit.[396] Ihre Auflösung ist aber nicht die des Menschen. Als solcher oder als Vogel vergeht zwar die jeweilige individuelle Form, doch nicht der einzelne *daimon*. Der wird gemäß des „Spruchs der Ananke" (Fr. B 115) lediglich zum erneuten Wandel gezwungen; nicht aber zur erneuten Inkarnation. Tod und Leben des Menschen sind nur verschiedene Mischungszustände (Fr. 8), die er als seine Phasen metamorphotisch durchläuft. So wird auch das anthropologisch-religiöse Denken des Empedokles wie sein ontologisch-kosmologisches von Übergängen und Wandlungen bestimmt, in denen kein Bruch zu erkennen ist.

6. Demokrit

Die griechische Philosophiegeschichte erhielt durch die beiden ersten Atomisten Leukipp und Demokrit eine Richtung, deren suggestive Kraft bis in die Gegenwart reicht. Die Vorstellung von aus unzerlegbar kleinen Teilchen aufgebauten Körpern veränderte das anthropologische Denken der damaligen Zeit radikal. Der Leib verlor seine herausgehobene Rolle bei der philosophischen Systembildung. Es begann die Reduktion der Eindrücke auf feste, meßbare Größen, deren letzte, kleinste Bestandteile die Atome waren. Dieses Verfahren entfaltete und prägte über die Philosophie hinaus wesentlich den europäischen Denkstil. Die schematisierende atomistische Methode stellte einen

396 Hier besteht ein weiterer wesentlicher Unterschied zu Seelenwanderungsvorstellungen und besonders zur späteren unsterblichen Seele Platons.

Bruch mit der Tradition dar und führte zu einer der frühesten wissenschaftlichen Revolutionen. Das alte Eindrucksdenken wurde verlassen und ein neuer Typ von wissenschaftlicher Begriffsbildung entwickelt. Hans-Georg Gadamer sprach von der „eisigen Konsequenz“, mit der „die Atomistik alle qualitativen Differenzen aus den primären Wirklichkeiten des Seins und alle geistigen Kräfte aus dem Begriff der Naturordnung ausschaltet“ (Gadamer 1986, 519). Er sah den Schlüssel des Erfolges dieser Philosophie in der „siegreichen Kraft des mechanischen Kausalitätsbegriffs im Bunde mit einer rücksichtslosen Reduktion aller qualitativen Gegebenheiten auf die wahre Welt der Atomgestalten“, denn diese mache die „demokritische Wissenschaft“ tatsächlich „zum echten Vorbild der Naturwissenschaft der Neuzeit“ (Gadamer 1986, 524). Ähnlich meinte Snell: „Dies Prinzip, das Demokrit zum erstenmal ausspricht, ist uns aus der modernen Wissenschaft geläufig, daß nämlich das bloße Empfinden ausgeschaltet wird zugunsten der mathematischen Bestimmung: die Abstufungen der Empfindungen werden zurückgeführt auf Stärkegrade der Eigenschaft, und die Änderungen der Qualität werden in Parallele gesetzt zu der Zahlenreihe einer Skala, an der sie meßbar werden“ (Snell 1986, 34). In diesem Sinne läßt sich also mit Schmitz sagen, daß Leukipp und Demokrit „an der Wasserscheide des abendländischen Denkens“ stehen, „wo sich dieses von den Wesenseigenschaften zu den schematisch simplifizierten Merkmalen als neuer Basis der Abstraktion umwendet“ (Schmitz 1988a, 368).

Konnte die Forschung den reduktiven Charakter der demokritischen Philosophie klar herausarbeiten, so blieb die Frage nach der Bewertung meist offen. Wenn Demokrit auch zweifellos wichtige Grundlagen für die Entwicklung der Naturwissenschaften zu verdanken sind, so bedeutet das nicht, daß sein System philosophisch gesehen wertvoller als das seiner Vorgänger ist, bzw. daß es einen höheren Erklärungswert besitzt. Natürlich sind da die Denker, die in dem formal-reduktiven Verfahren der Naturwissenschaften auch den Schlüssel zu philosophischen Problemlösungen im Bereich der Geisteswissenschaften sehen, ganz anderer Meinung. Einer der jüngsten Vertreter dieser wohl zu hohen Einschätzung der Philosophie Demokrits, der hier exemplarisch angeführt werden soll, ist Reimar Müller, dessen erster Satz auf Seite 1 des Philologus 1980 lautet: „Die Philosophie des Atomismus, die den Höhepunkt und die Vollendung der frühen griechischen Naturphilosophie darstellt, hat auch einen wesentlichen Beitrag zur theoretischen Fundierung der Anthropologie (...) geleistet.“ Wenn also in einer renommierten Fachzeitschrift noch 1980 der Atomismus solchermaßen gefeiert und als „Höhepunkt“ und „Vollendung“ gepriesen wird, so setzt sich darin eine alte, aber auch sehr umstrittene Interpretation dieser philosophischen Richtung fort, die nur aus einer Überschätzung des reduktiven Verfahrens zu ungunsten des alten Eindrucksdenkens erklärbar ist. Solche Überschätzung, in der die Atomisten geradezu als die wahren Wissenschaftler überhaupt gefeiert werden, wird auch in Vlastos Position sichtbar.[397] Eine

397 Er behauptete: „The atoms and the void destroy for ever this Greek venture in romantic naturalism. Nature is now de-humanized, de-moralized as never before in Greek imagination.“ (Vlastos 1975, 397) Mit der letzten Aussage hat er sicher recht, die Einschätzung der Philosophie vor Leukipp als

Gegenüberstellung der Atomisten als den Naturwissenschaftlern und den alten Eindrucksdenkern als romantische Spekulanten würdigt deren wissenschaftliche Bemühungen nicht genügend, sondern prägt lediglich Vorurteile. Die frühen Philosophen spekulierten nicht einfach nach Belieben, sondern orientierten sich an intuitiv gewonnenen Eindrücken. Parmenides beispielsweise besaß ein so hohes Niveau der erkenntnistheoretischen Reflexion, daß er die „Spekulationen" über die Welt als *doxa* hinstellte, und Heraklit wehrte sich gegen die Vielwisserei, die für ihn nicht ein wirkliches Bemerken bedeutete, als er in Fr. 40 behauptete „Vielwisserei lehrt nicht, Verstand haben" (*polumathie noon echein ou didaskei*). In jedem Fall sollte eine Abwertung des intuitiv-systematischen Denkstils gegenüber dem analytisch-konstruktiven unterbleiben, denn Anlaß zur Kritik des letzteren ist wahrlich genug vorhanden. Das reduktiv-abstrahierende Vorgehen der Naturwissenschaften wurde schon von den phänomenologischen Bestrebungen des ausgehenden 19. Jh. immer wieder kritisch hinterfragt. Husserls Forderung: „Zu den Sachen selbst", ein Grundsatz, der für alle phänomenologischen Vorgehensweisen bedeutsam bleibt, war eine entscheidende Parole gegen den Reduktionismus seiner Zeit. Er wies „den Aberglauben der Tatsachen" zurück und stellte fest: „Die Naturwissenschaften haben uns die aktuelle Wirklichkeit, die Wirklichkeit, in der wir leben, weben und sind, nicht enträtselt, an keinem einzigen Punkte. Der allgemeine Glaube, daß *dies* zu leisten ihre Funktion und sie nur noch nicht genug weit seien, die Meinung, daß sie dies – prinzipiell – leisten können, hat sich Tieferblickenden als ein Aberglaube enthüllt. Die notwendige Sonderung zwischen Naturwissenschaft und Philosophie – als prinzipiell anders tendierter, obschon auf Naturwissenschaft in einigen Gebieten wesentlich bezogener Wissenschaft – ist auf dem Weg sich durchzusetzen und zu klären." (Husserl 1981, 65)

Doch nicht nur Husserl kritisierte den Reduktionismus. Nach Hermann Lübbes Ansicht gehören schon Mach und der Empiriokritizismus zur phänomenologischen Aufbruchsbewegung. Für Lübbe stand fest, „daß in den Werken Machs bereits phänomenologisches Denken präsent" sei und es deshalb zu den Anfängen der phänomenologischen Bewegung gezählt werden müsse. Diese Wissenschaftler seien sich einig „in ihrer Kritik an einem in der Naturwissenschaft selbst sich behauptenden philosophischen Dogmatismus" und reagierten „gegen die in ‚exakten' Naturwissenschaften drohende Bodenlosigkeit des Theoretisierens." (Lübbe 1972b, 43, u. 36) Das traditionelle Vorgehen der Phänomenologen ist also von Anfang an durch das Bestreben gekennzeichnet, anstelle reduktionistischer Methoden die allgemeinmenschlichen Erfahrun-

---

„Greek venture in romantic naturalism" ist aber aus zwei Gründen fraglich. Erstens ist jegliche abwertende Konnotation des Ausdrucks „venture" zurückzuweisen, denn als Wagnis oder als reine Spekulation kann diese Philosophie nicht annähernd gefaßt werden. Zweitens griffen Romantiker zwar frühgriechische Philosophen wie beispielsweise Empedokles auf, doch benutzten sie diesen so sehr zu eigenen Zwecken, daß man vorsichtig sein muß, will man eine Verbindung zwischen frühgriechischer Philosophie und romantischem Naturalismus ziehen, die über die dichterische Anknüpfung und eine generelle Verwandtschaft im Denkstil hinaus historisch-philosophisch tragfähige Ergebnisse bringt.

gen zu Wort kommen zu lassen. Dementsprechend charakterisierte Schmitz das Verhältnis der Philosophie zu den Naturwissenschaften so: „Als Erben eines vergangenen Zeitalters sind wir gewöhnt, Natur- und Geschichtswissenschaften als nüchterne Verwalter prüfbarer Methoden und erweisbarer Theorien gleichsam in den Vordergrund des Erkenntnisfeldes zu stellen, während dahinter und darüber die Philosophen kühnere, aber auch vagere und schlechter gesicherte Spekulationen ausspannen." Doch am Ende des zweiten Jahrtausends hat sich das Bild geändert. „Seit der phänomenologischen Reform der Philosophie und dem zunehmenden Schwund der Anschaulichkeit in den Naturwissenschaften ist dieses Verhältnis dabei, sich umzukehren: Die Philosophen haben nun die Aufgabe, die denkenden Menschen zur Rückkehr auf den nüchternen Boden der Tatsachen aufzufordern, d. h. der eisern und unerbittlich – gleichgültig gegen jede Variation der Annahmen – sich aufdrängenden Phänomene, während die Naturwissenschaft durch ihre kühnen und gewissermaßen meta-physischen Spekulationen über Atome, elektrische Potentiale usw. in anderer Weise die menschliche Erkenntnis bereichert." (Schmitz 1967, 3)

In einer Zeit, in der man also den Naturwissenschaften, deren große Verdienste nicht bestritten werden sollen, immer skeptischer gegenübertritt,[398] weil ihre Auswirkungen angesichts der zunehmenden Bedrohung des menschlichen Lebensraumes auch dem noch so verblendeten Fanatiker reduktionistischer Abstraktion nicht gänzlich unbemerkt bleiben können, ist es angebracht, die Frage nach dem Höhepunkt und der Vollendung frühgriechischer Philosophie bezüglich Demokrit kritischer als bisher zu beleuchten. Die „theoretische Fundierung der Anthropologie", auf die R. Müller anspielte, meint eine Vorstellung vom Menschen, die sich am Modell und nicht mehr hauptsächlich an den am eigenen Leib erfahrenen Regungen orientiert. Damit verdankt das heutige Körperverständnis Demokrit zwar die physikalischen Grundlagen, doch der Mensch europäischer Zivilisation bezahlte dafür mit einer Verdeckung des Leibes, deren negative Folgen bis heute nicht genügend erkannt worden sind. R. Müllers naive Hochschätzung und sein gegenüber den Leistungen von Parmenides und Empedokles blindes Postulieren einer nirgendwo beweisbaren „Vollendung" der eleatischen Naturphilosophie lassen sich in dieser Hinsicht als ideologische Propaganda entlarven, die mit den Techniken der Heroisierung nur von der eigentlichen Sachlage ablenkt und dort Höhepunkte feiert, wo nüchterne Reflexion und historische Kenntnisse erforderlich wären, um das Bild der Vergangenheit aus der längst als problematisch erkannten Gegenwart heraus zur philosophischen Besinnung zu nutzen. In der phänomenologisch-historischen Perspektive zeigt sich der Atomismus als Bahnbrecher einer bestimmten Methode, der zwar einen neuen Anfang schuf, aber keinesfalls einen Höhepunkt darstellte,

398 Zur Wissenschaftskritik s. a. Rudolf Allers: „Modern science is, in fact, not so distant, in its fundamental aspiration, from ancient and medieval mentality as the admirers of ‚progress' love to believe. The answer of the scientist telling us that ultimate reality consists in atoms, electrons, ..., or what not, becomes an interpretation of the universe in terms of the transsensual." (Allers 1944, 327)

sondern eher einen Niedergang einleitete, nämlich den des an der Erfahrung und am eigenen Leib gespürten Denkens in Eindrücken, das die ionischen und eleatischen Naturphilosophen so virtuos beherrschten.

Vom Leib zum Körpermodell

Bildeten bei Empedokles und Parmenides ekstatische Erfahrungen und ein intensives leibliches Erleben die Basis des Philosophierens, so blieben diese Komponenten bei den Atomisten zwar noch wirksam, doch wurden sie von Demokrits Erklärungsschema mehr und mehr in den Hintergrund gedrängt. Den analytischen Charakter des Konstrukts der Atome hob auch Rudolf Löbl hervor. Für ihn waren sie „keine aus der Erfahrung induktiv eingeführte Elemente der Wirklichkeit" mehr, sondern als „philosophisch gewonnene Antwort auf die Frage nach der Arche" entstanden (Löbl 1989, 46). Genauer wäre es, von einer rein spekulativen statt von einer philosophischen Antwort zu sprechen, – im Gegensatz zum oben zitierten Vlastos, der die Spekulation den alten Eindrucksdenkern zuschieben wollte, – denn „philosophisch" ist, weil es beiden Denkrichtungen zukommt, kein geeignetes Kriterium zur Beschreibung des Unterschieds zwischen den von ganzheitlichen Eindrücken her denkenden Naturphilosophen und den die Welt zerteilenden Atomisten. Beachtet man diese Differenz nicht genügend und läßt man sich von einer scheinbaren Kontinuität, mit der die Naturphilosophie fortgesetzt wurde, blenden, so wundert es nicht, wenn man schließlich den Unterschied von Erlebnis und Konstrukt als Konsequenz interpretiert und eine verhängnisvolle „Vollendungstheorie" postuliert. Die Kontinuität ist aber nur scheinbar, denn die Atomisten gewannen zwar aus dem Sein des Parmenides und den „Wurzeln" des Empedokles ihre „Urkörper", doch ihre Methode der reduktiven Abstraktion war in der wissenschaftlichen Diskussion neu und wurde geprägt durch ein äußerst radikales Verfahren. Sie schliffen jeden Rest an leiblicher Basis weg, so daß nur Größe, Gestalt, Lage und Anordnung übrigblieben.[399] Die angebliche Konsequenz der Atomisten bestand darin, daß sie die Kugelfrom des Parmenideischen *eon* und die des *sphairos* ins mikrokosmisch Kleinste und Unsichtbare projizierten.[400] Guthrie bemerkte, daß die so gewonnenen Einheiten

399 Dazu v. Fritz: „Es ist die Aufgabe gestellt, aus diesen wenigen Eigenschaften die Mannigfaltigkeit der Eigenschaften der aus Atomen zusammengesetzten Dinge zu erklären." Und weiter: „Als wirklich existent an den Dingen gilt Demokrit danach nur ihre räumliche Struktur. Die Sinnesqualitäten des Geschmacks, der Farben, des Geruchs usw. werden alle auf Grösse, Gestalt, Lage und Anordnung der die Dinge zusammensetzenden Atome, also auf lauter räumliche Bestimmungen, zurückgeführt." (v. Fritz 1966, 20 u. 22) Dazu a. Furley: „A striking and major difference between Empedocles and the Atomists, as we have seen, was that the latter stripped away all qualitative properties from their primary elements, leaving only shape, size, and weight." (Furley 1987, 186)

400 C. W. Müller meinte, Leukipp habe die „Einheit der homogenen Seinskugel des Parmenides" in viele Korpuskeln, die selber wiederum kleine „Seinskugeln" seien, „geradezu aufgespalten" (C. W. Müller 1965, 74). Dazu a. Sweeney: „Leucippus and Democritus are inspired by Parmenides when they describe their ultimate particles as single-natured, unalterable and indivisible or ‚atomic'." (Sweeney 1972, 178) S. a.. Schumacher (1940, 135).

eine Reproduktion des Einen seien. Seine Schlußfolgerung daraus verwundert, denn er meinte, weil schon dieses Eine des Parmenides sich dadurch auszeichne, daß in ihm keine Leere war, seien die Atome und die Leere zwischen ihnen die „logical consequences“ aus der parmenideischen Einheit (Guthrie 1965, 396). Was bedeutet aber „logical consequences“ in diesem Zusammenhang? Wie kann ein Vorgang der Transformation einer auf leiblichen Erfahrungen basierenden Philosphie in ein abstraktes Erklärungssystem als Konsequenz bezeichnet werden? Hier wird der von der philosophischen Konzeption her bestehende enorme Unterschied zur zwangsläufigen Folge erklärt; ein Vorgehen, in dem R. Müllers oben angeführte Behauptungen ihre Stütze fanden. Man übersieht dabei daß der methodische Bruch viel stärker ausgeprägt ist als die scheinbare Kontinuität, und daß die Unterschiede viel schwerwiegender als die Ähnlichkeiten sind.

Das zeigt sich beispielsweise an dem für Empedokles so bedeutsamen Prinzip der Anziehungskraft des Gleichen auf das Gleiche, das auch ein Lieblingsgedanke Demokrits war, der es aber in seiner Form grundlegend modifizierte. Schmitz schrieb dazu: „Die Begriffsbildung der Atomisten ist für die Entwicklung einer präzisen, nachprüfbaren Theoriebildung viel vorteilhafter als die empedokleische Auffassung der Gleichheit und Zusammengehörigkeit, streift aber alle eindruckshaften Anklänge und geschichtlich begründeten Verwandtschaften schematisierend ab, während Empedokles diese seinem Lehrgebäude einzuordnen bestrebt ist und sich obendrein die Dimension der Geschichte offenhält.“ (Schmitz 1988a, 366)[401] Nach seiner Ansicht kann in der Atomistik Leukipps und Demokrits von der empedokleischen Ganzheit der „göttlichen Einzelwesen“ nicht mehr gesprochen werden, denn „jedes Atom ist ein Ding für sich, Elementarbaustein in Aggregaten ..., und die Bindewirkung der Gleichheit ist nur eine zwischen sie eintretende Kraft, nicht ihre Zugehörigkeit zu einem Gott wie im Fall der empedokleischen Elementportionen“. (Schmitz 1988a, 366)[402]

401 Und weiter: „Die von Demokrit gemeinte Gleichheit richtet sich nach schematischen Gattungsmerkmalen; ein Hauptcharakterzug seiner (und der leukippischen) Atomtheorie ist nach Aristoteles *Metaphysik* 985b15 und 1042b 11–15 die Reduktion der Unterschiede auf drei Rubriken (Gestalt, Lage und Anordnung der Atome), und dieser Kunstgriff präzisierender Simplifizierung der Unterscheidungskriterien ist sicherlich der wichtigste, bleibende und vom Dogma unabhängige Ertrag der abderitischen Atomtheorie für die wissenschaftliche Methode. Dagegen ist die Gleicheit, die nach Empedokles gemäß fr. 22, fr. 62 und fr. 90 Attraktion begründet, nicht auf wenige handliche Merkmale reduzierbar, sondern die Einheit des Stammes (...), der im Fall des Elements dessen göttlicher, auch in zerstreuten Fragmenten unangefochten einheitlicher Leib ist, bei Mischprodukten aber die durch eine unübersehbar komplexe Vorgeschichte gestiftete Verwandtschaft, die selbst noch das Minderwertige nach seinem lieben Stamm verlangen läßt.“ (Schmitz 1988a, 365)

402 Zur Reduktion des Göttlichen bei Demokrit Deichgräber: „Da gibt es nur noch die Atome und das Leere, nicht mehr auch ein eigenständig Göttliches als die beherrschende und überragende Kraft.“ (Deichgräber 1984c, 105) Kerschensteiner schrieb, die „Atomistik kennt keine vom Stofflichen essentiell verschiedene geistige Kraft, nur eine gegenseitige Einwirkung der Körper, eine mechanische Kausalität und naturgesetzliche Notwendigkeit“ (Kerschensteiner 1962, 175). Auch C. W. Müller hatte bemerkt, daß es bei Demokrit eine „aus den Dingen heraus wirkende Anziehungskraft“ nicht gibt. Vielmehr bedürfe es nach seiner Ansicht „immer einer äußeren, mechanischen Ursache, die die

Das sind nicht die einzigen Unterschiede von Bedeutung. War für Parmenides das Leere kein Bestandteil oder Objekt des Seins, so führten Leukipp und Demokrit gerade das *kenon* ein. Das dicht an dicht gedrängte Seiende erlaubte keine leeren Zwischenräume, in denen die Bewegung einzelner Teile möglich war.[403] Demokrit schnitt diesen Seinszusammenhang auf und verließ dadurch die leibliche Basis der Philosophie. Gadamer bezeichnete „die Annahme des Leeren als eines inneren Aufbaumoments der Körperwelt" als „radikalen Bruch mit der natürlichen Anschauung und dem philosophischen Begriff vom Körper" und meinte, damit widerspreche der Atomismus allen „bisherigen philosophischen Auffassungen des körperlichen Seins" (Gadamer 1986, 520). Diese Reduktion des erlebten Leibes auf den vorgestellten, von unzerlegbaren Teilchen gebildeten Körper führte gleichzeitig zu einem neuen räumlichen Verständnis. Eine radikalere Grenze als die zwischen Atomen und der Leere ist nicht denkbar. Dabei sind die Atombewegungen Abstraktionen, die gewonnen wurden, indem man die am eigenen Leib wahrgenommene Regungsfähigkeit in die Atome introjizierte. Die sich aus überwältigenden Erfahrungen aufdrängende Begrifflichkeit wurde getauscht gegen eine abstrakte Erklärung, deren basale Einheiten nur noch durch rationales Gedankenspiel erschlossen werden konnten. Unser heutiges Körpermodell war damit in den Grundzügen vorgegeben; der von den Atomisten geleistete „fundierende Beitrag" zur Anthropologie zeigt sich bei genauem Hinsehen als die Ausklammerung leiblicher Regungen zugunsten einer theoretisch-geometrischen Konstruktion.

Der Mensch als Mikrokosmos

Von Demokrit wird in Fr. 34c überliefert, er habe vom Menschen als Mikrokosmos gesprochen.[404] Damit taucht der Begriff zum ersten Mal in der bisher bekannten und erforschten griechischen Philosophie auf. Wie genau Demokrit sich allerdings den kleinen Kosmos vorstellte, ist nicht mehr klar zu sagen. Trotzdem deutet die Benutzung des Begriffs auf einen Wandel im Menschenbild hin. Kerschensteiner glaubte an dieser Tatsache eine entscheidende Fortführung und die vorläufige Endgestaltung frühgriechischer anthropologischer Vorstellungen darlegen zu können. Sie schrieb: „Mit dem pointiert formulierten Ausspruch hat die Entwicklung, die zum Aufbau eines naturwissenschaftlichen Weltbildes führte, einen Abschluß erreicht; der Weg, der vom mythischen Weltbild wegführte, das Himmel und Erde anthropomorph sah, ist ausge-

---

Körper durch Druck und Stoß in Bewegung versetzt" (C. W. Müller 1965, 119). Mit Bezug auf Kerschensteiner (1962, 162) sowie T. Gomperz (1911, 336) schrieb Guthrie: „The interaction, springing as it does from eternal motion of the atoms, is without external cause. Its reality is argued from observation of what happens in the macroscopic world." (Guthrie 1965, 410) Welche „observations" dies gewesen sein könnten, ist allerdings nicht ganz klar.

403 Guthrie: „Earlier thinkers had never clearly conceived a vacuum: their primary substance or substances had filled the whole." (Guthrie 1965, 397)

404 S. Guthrie (1965, 386), Vlastos (1975, 402 A. 41) u. Furley (1987, 157).

schritten und eine neue Einheit von Mensch und All aus der Naturerkenntnis geschaffen. Die Formel bezeichnet den Punkt, an dem der physikalische Kosmosbegriff konsequent zu Ende gedacht ist." (Kerschensteiner 1962, 174)

Diese Einschätzung erinnert an die mittlerweile als Wunschprojektionen neuzeitlicher Naturwissenschaftsapologetik entlarvten Höhepunkt- und Vollendungsvorstellungen. Eine solche auch hier wieder postulierte Konsequenz ist nicht nachweisbar. Es handelt sich bei Demokrit keineswegs um einen zu Ende gedachten, sondern um einen neu bestimmten Kosmosbegriff, was Kerschensteiner selber hervorhob. Die hier angeblich geschaffene „neue Einheit", die Verkleinerung der Kugelmasse des Parmenides auf Atomgröße, war nicht das konsequente Ende einer bereits im Keim angelegten Entwicklung, sondern eine im Trend der Zeit liegende reduktive Rationalisierung. Die Mikrokosmosvorstellung paßt in das Bild einer immer stärker fortschreitenden eingrenzenden Vergegenständlichungsweise. Wie wenig hier überhaupt ein Kosmosbegriff zu Ende gedacht worden ist, zeigt treffend Kerschensteiners Hinweis, daß mit Demokrits Idee vom Mikrokosmos noch keine Makrokosmosvorstellung gegeben sei (Kerschensteiner 1962 173f.). Für eine stringent durchgeführte Analogiebildung mikro- und makrokosmischer Dimension spricht nichts im Text.

Obwohl C. W. Müller dieser Überlegung Kerschensteiners nicht folgen wollte – für ihn bestand die Pointe gerade darin, daß der Mensch eben als „Kleiner Kosmos" im Gegensatz zum großen bezeichnet wurde (C. W. Müller 1965, 112 A. 26a) –, ist Kerschensteiners Erkenntnis eines bei Demokrit fehlenden Makrokosmos wesentlich. Der Unterschied zwischen Makrokosmos und Kosmos besteht darin, daß bei dem Begriff Kosmos, egal ob er mit (militärischer) „Anordnung", mit „Schmuck" oder mit „Welt" übersetzt wird, immer der Eindruck von etwas Geordnetem im Vordergrund steht, und daß er auch im Falle der Bedeutung „Welt" auf ein geordnetes, aber noch nicht in Mikro- oder Makrokosmos unterteiltes Ganzes verweist. Die Makrokosmosvorstellung dagegen setzt eine Grenze zwischen kleiner und großer Welt voraus, die von Demokrit so nicht gezogen wurde. Von ihm ist nur sicher belegt, daß er den Menschen als Mikrokosmos betrachtete. Die Übertragung des Mikrokosmos auf das ganze Universum, das dadurch erst zum Makrokosmos wird, fehlt (zumindest in den Fragmenten). Dies wird aus dem Gedanken verständlich, daß die einmal gewonnenen unteilbaren Partikel ein Erklärungsschema boten, das für beides, für Kosmos und Mikrokosmos, zutraf, wodurch auf eine analogisierende Rückprojektion verzichtet werden konnte. Die Projektion der Seinsganzheit in die Mikrodimension der Atome gab nur die Richtung der Verkleinerung vor, der in Analogie zum Mikrokosmos gebildete Makrokosmos läßt sich erst bei Platon nachweisen,[405] und dies nur in Form der gesellschaftlichen Unterteilung, nicht der des ganzen Universums.

405 Meyer stellte fest, daß „genauer besehen" erst bei Platon die dort „zum erstenmal deutlich ausgebildete Theorie vom Mikrokosmos" umschlägt „in einen ebenso deutlich ausgebildeten Makrokomos" (Meyer 1900, 24)

Auch im Fall der Mikrokosmosvorstellung zeichnet sich also ein Bruch mit den tradierten Bildern ab. Weder Anaximenes noch Empedokles kannten eine Trennung zwischen Mikro- und Makrokosmos, beide kamen mit Leib und Kosmos aus. Erst Demokrit sprach von einem Mikrokosmos und schuf dadurch eine weitere wissenschaftstheoretische Voraussetzung für die gesamten Mikro-Makrokosmos-Spekulationen späterer Zeiten. Doch auch bei ihm stand die Identität des Prinzips noch vor der Analogie, denn Kosmos und Mikrokosmos wurden beide durch die Atome gebildet. Damit konstruierte er eine Körperwelt, die so konsequent gedacht war, daß er sich (nach dem Bericht des Aristoteles Fr. A 101) selbst die Seele aus Atomen bestehend vorstellte.[406]

Psyche und *skenos*

Demokrits Seelenkonzeption folgte konsequent dem atomistischen Grunddogma. Die *psyche* war keine unsterbliche Seele, sondern löste sich, da sie aus Atomen bestand, mit dem Tod auf. Schon bei Lebzeiten wurde sie dem Körper gegenübergesetzt und zu emanzipatorischen Zwecken genutzt. Doch auch der Körper besaß seine Rechte, er konnte sich beklagen und sogar „prozessieren". Das Körper und Seele einheitlich erklärende atomistische Modell führte manche Forscher dazu, diese dualistische Gegenübersetzung zu vernachlässigen, wodurch eine breit angelegte Diskussion ausgelöst wurde. So behauptete Vlastos: „Soul, not body, is the responsible agent. This is not in any sense an assertion of dualism." (Vlastos 1975, 382) Stimmt auch das erste, das zweite ist kaum zu glauben, und so stellte Ingenkamp seine Ansicht dagegen, Demokrit sei „ein früher Vertreter eines schroffen Leib- ‚Seele (= inneres Selbst)'-Dualismus" (Ingenkamp 1975, 52). Das wiederum wollte Peter Thrams nicht gelten lassen, als er schrieb: „Ein Leib-Seele-Dualismus wie bei Descartes ist m. E. bei Demokrit nicht zu halten."

Daß Demokrits Philosophie stark dualistische Tendenzen aufweist, ist offensichtlich. Es wird schon in der Gegenübersetzung von Atomen und der Leere, aber besonders in dem Verhältnis von Körper und Seele deutlich. Dadurch, daß er in Fr. B 159 dem Körper das Recht gab, einen Prozeß gegen die Seele zu führen, vollzog er eine klare Trennung.[407] Es läßt sich nach Schmitz nicht daran zweifeln, daß bei Demokrit die Seele „dem Körper so entgegengesetzt wird, daß das reflektierende Ich, über beide Seiten der menschlichen Natur wie ein Richter über die Parteien hinaustretend, ihre gerechten Ansprüche gegeneinander abwägt. ... Zugleich versteht er den Leib und Körper als eine Ansammlung von Werkzeugen des Ich, nach Art einer Dienerschaft. (Fr. b 270) Damit ist der psychosomatische Dualismus im Grunde schon vollständig da." (Schmitz 1965, 454)

406 Kerschensteiner zur Mikro-Kosmosvorstellung: „Wie das Weltganze als Atomordnung erklärt wird, so auch der Mensch;... auch er ist ein Atomverband, dem Naturgesetz unterworfen. (mit Bezug auf B 164, u. B 165 u. A 37) Und nicht allein für den Körper gilt dies, sondern auch die Seele ist stofflich gedacht ... (67 A 28, 68 A 101ff., 106, 107)" (Kerschensteiner 1962, 174).

407 Zum Prozeß des Körpers gegen die Seele in B 159 s. a. Natrop (1893, 82) und Kahn (1985, 8).

Dies wird auch an dem häufig für den Körper gebrauchten Bild der Wohnung (*skenos*) erkennbar.[408] Vom Verhältnis zwischen *skenos* und *psyche* meinte v. Fritz, es handele sich um eine „Erfindung Demokrits", denn auch dieses Wort sei „bei ihm nicht eine Metapher, sondern eine Bezeichnung für den wahren Sachverhalt, da der aus gröberen Atomen zusammengesetzte Körper wirklich in gewisser Weise das Gehäuse für die aus feineren Atomen zusammengesetzte Seele ist" (v. Fritz 1966, 37). Nach Kahns Ansicht wurde die *skenos*-Metapher wahrscheinlich gegen die (orphische) Vorstellung des Körpers als „Grab" (*sema*) der Seele entwickelt. Für Demokrit könne die Seele nur im Körper „zu Hause sein" (Kahn 1985, 9 A. 20).

Die spezielle *psyche*-Auffassung Demokrits, ihre Position gegenüber dem Körper und dessen Aufgabe, als Wohnung und als Werzeug zu dienen, wurde in der Forschung nicht angemessen gewürdigt. Ein Großteil der Interpreten begnügte sich damit, Demokrits individuelle Seelenkonzeption auf die Bedeutung von „Lebenskraft" zu reduzieren, (z. B. „life-force" bei Claus 1981, 146). Löbl meinte, die Seele sei bei Demokrit „nicht psychologisch zu verstehen, sondern als das bewegende Agens des Körpers und dies im physikalischen Sinn". Vor allem sollte sie die „lebenserhaltende Kraft" sein (Löbl 1989, 78). Diese physikalische Sicht der *psyche* wird aber den „psychologischen" Gesichtspunkten nicht gerecht, sondern führt lediglich die sich schon bei Homer andeutende und von Anaximenes bis Heraklit weiter verfolgte Lebenskraftinterpretation fort. Daß die *psyche* im frühgriechischen Kontext meist mit Lebendigkeit und Kraft zusammengebracht wurde, konnte gezeigt und soll nicht bestritten werden, doch das, was bei Demokrit hinzukommt, ist neu. Das von ihm postulierte hierarchische Verhältnis hängt nicht direkt mit dem Bild der Lebenskraft zusammen, der erhebliche Unterschied zu vorherigen Vorstellungen wird durch solche Interpretation nur verwischt. Außerdem lag für Demokrit die primäre Ursache der Bewegung in den Atomen selber, der *psyche* blieb für die Bewegung allenfalls eine sekundäre, animierende Funktion. Abgesehen von der generellen Beziehung der *psyche* zur leiblichen Lebendigkeit, die sich als Grundbedeutung in fast allen bisherigen „Seelenvorstellungen" finden läßt, ähnelt sie der homerischen *psyche* kaum noch, und auch gegenüber Heraklits Auffassung ist ihr Prestige gestiegen. Sie hat den heraklitischen Kampf mit dem *thymos* praktisch gewonnen und herrscht jetzt über den Körper.

Noos und *phrenes*

Trat bei Parmenides der *noos* zur Mischung der Glieder hinzu und band Empedokles das *noein* an die Sinne, die als Greifhände den Zugang zur Realität gewährleisteten, so trennte Demokrit zwischen zwei Arten von Erkenntnissen.[409] Er unterschied einmal die

408 Zu *skenos* (Wohnung oder Tempel) als häufige Bezeichnung für Leib in Fr. B 37. 57. 187. 223. 270. 288 s. Zeller/Nestle (1919, 1119).

409 Zur Unterscheidung von *noos* und Sinneswahrnehmung bei Parmenides, Empedokles und Demokrit s. a. Kahn (1985, 20 A. 45).

gnesie, die durch den *noos* gewonnen wurde, und zum anderen die *skotie* (Fr. B 11), die durch die Sinne zustande kam. Der *noos*, der sich von einer göttlichen Kraft bei Parmenides zu einer menschlichen Fähigkeit bei Demokrit gewandelt hatte, wurde nun nicht mehr als etwas „Hinzutretendes“ aufgefaßt, sondern als Instanz begriffen, die die atomare Struktur der Realität zwar nicht unmittelbar, aber doch indirekt zu erkennen vermochte. Durch diese Aufgabenverlagerung von der erfahrenen Wirklichkeit ins Abstrakte bildete sich auch in der Anthropologie ein modernes Verständnis des „Denkens“. Diese Herauslösung des *noos* aus dem leiblich-situativen Zusammenhang hob v. Fritz hervor, als er meinte, Demokrit sehe „die Dinge vor dem geistigen Auge seiner analysierenden Phantasie“ (v. Fritz 1966, 19). Löbl übernahm diese Konstruktion, ohne eine Erklärung zum „geistigen Auge“ zu geben (Löbl 1989, 26). Diesem vermeintlichen „Auge“ bietet sich die einzelne Struktur als Gestalt, als *idea*, an, die aber nun nicht mehr wie *demas* ein Ausdruck des Leibes ist, sondern jetzt nur noch mit dem Intellekt „gesehen“ werden kann.[410] Das Sehen ist – hier übertragen auf die Ebene der Gedanken – nicht mehr im leiblichen Sinne, sondern hauptsächlich metaphorisch zu verstehen. Aus der konkreten Erfahrung eines überwältigenden Eindrucks wurde ein rationales Durchschauen der Wirklichkeit auf ihre strukturelle Zusammensetzung hin. Die körperliche Gestalt (*demas*) wird dabei ins Abstrakte transponiert, zum Modell reduziert und zur Idee (*idea*) schematisiert. Die durch v. Fritz angesprochene Vorstellung eines „geistigen Auges“ – wenn man diese Metapher zur Darstellung einer abstrahierend-reduktiven Theoriebildungsfähigkeit benutzen will – deutet eine entscheidende Neuerung des Denkstils an. Das angeblich von diesem Auge durchblickte „Reich des Geistes“ ist nicht mehr lebendige Wirklichkeit, nicht mehr die Fähigkeit, auch das Abwesende als anwesend zu schauen, sondern eine aus kleinsten Teilchen zusammengesetzte Realität, die nicht abwesend, sondern unsichtbar ist. Das visionäre Element der älteren Philosophen wird von einer schematischen Abstraktion ersetzt. Wie anfangs schon bemerkt, rechnen manche Forscher dies Demokrit als großes Verdienst an, doch man kann es auch als einen Niedergang des philosophischen Niveaus und der visionären Fähigkeiten sehen. Der Unterschied ließe sich auf die Formel bringen: Quantität und Konstruktion bei Demokrit gegenüber Qualität und Intuition bei den alten Eindrucksdenkern. Vor Überschätzungen der einen oder anderen Seite sollte man sich genauso hüten wie vor einer Ablehnung.

Nicht nur die *noein*-Vorstellung, auch der *phronein*-Begriff erhielt bei Demokrit eine andere Bedeutung. Löbl meinte, das *phronein* im Sinne von Ilias 9. 309f. oder 3. 98 – dort bedeutet es nach Snell soviel wie „eine persönliche Meinung, Überzeugung haben“ (Snell 1978, 79f.), es wird also eine gewisse Passivität betont – unterscheide sich von der Ansicht Demokrits dadurch, daß nun endgültig der Schwerpunkt auf den rationalen Aspekt und die eigene Aktivität gelegt werde. Jetzt heiße *phronein*, „sich bewußt und klar eine Meinung bilden – bewußt etwas überlegen“. Dabei komme es zu einer Annäherung zwischen *phrenes* und *noos*, die bis zur Gleichsetzung gehen könne (Löbl

410 Dazu a. v. Fritz (1966, 25f.) u. Löbl (1989, 28).

1989, 91).[411] Im *noos* bei Demokrit sah Löbl schließlich die „entscheidende Grundkraft", die den Menschen befähige, „Urteile zu fällen" (Löbl 1989, 95).[412]

Waren vorher die nicht klar voneinander abzugrenzenden leiblichen Glieder gemischt, so setzte Demokrit ihnen nun die Mischung der abgetrennten *somata* entgegen, die jetzt für die leibliche Konstitution zuständig waren. Löbl bemerkte, daß nun „die richtige Ordnung und das richtige Zuordnungsverhältnis der Atome", nämlich „die ‚wohlgeordnete' innere Struktur", für den Aufbau von Leib und Seele verantwortlich sei. Diese „innere Struktur" kann nicht mehr wie die leiblichen Glieder gespürt werden. Auch muß man Löbls Interpretation relativieren, denn Alexander von Aphrodisias sprach in Fragment A 64 nicht explizit von den Atomen, sondern nur von Körpern überhaupt, von *somata*. Löbl hob selber hervor, daß nicht die materiellen Bedingungen, sondern „strukturelle, relationale" Faktoren das Denken Demokrits bestimmten (Löbl 1989, 89f.). Wenn er diese aber auf Atomkonstellationen zurückführt, indem er die „wohlproportionierte räumliche Relation der Körper- und Seelenatome" zum „Formalprinzip des Denkens" macht, verläßt er die textliche Basis.[413] Die von Löbl postulierte Verbindung von Ethik und Physik, nämlich die Gleichsetzung von wohlproportionierten Atomverhältnissen mit dem Wohlbefinden des Menschen, ist in dieser Form den Texten nicht zu entnehmen. Eher sollte man Kahns Meinung teilen, daß die *akrasia*, die „schlechte Mischung", ganz allgemein und insbesondere in B 234 als ein Fehlen der Beherrschung über die Impulse des Vergnügens und Begehrens (lack of mastery over the impulse of pleasure and desire) zu verstehen ist (Kahn 1985, 15); also nicht als Mischungsverhältnis von Atomen, wie Löbl wollte. In jedem Fall bleibt eine erhebliche Veränderung zu den Vorstellungen des Parmenides. Die „Mischung der Glieder" bei Parmenides ist nicht die Form der *krasis*, die bei Demokrit ins Ethische – weniger ins Atomare – gewendet wird. Das, was Parmenides als göttliche Offenbarung erfuhr, schrieb Demokrit der eigenen Aktivität des Menschen zu, indem er dessen Einflußmöglichkeiten auf die Erkenntnis betonte und dabei noch weit über Empedokles hinausging.[414] Dieser hatte zwar schon die durch das sorgfältige Ausführen von Übungen mögliche Wirkung des Einzelnen auf die gleichsam kommenden und gehenden Gedanken betont, doch galt es bei ihm, diese sympathetisch-magisch anzuziehen und in das Ethos einwachsen zu lassen. Demokrit ersetzte diese Bemühungen durch eine rationale, auf der Beherrschung des

411 S. a. v. Fritz (1968, 349).

412 Zum *noos* in B 65 sowie zum Unterschied von „Körperschönheit" als etwas Tierischem und dem *noos* als das Menschliche s. Löbl (1989, 94ff.).

413 Ganz abwegig meinte Donald Mc Gibbon von den Seelenatomen: „Thought was dependent upon a concentration of these atoms placed in a certain disposition in the brain." (Mc Gibbon 1965, 386f.)

414 Auch der *theios noos* von Fr. B 112 ist nicht mit dem hinzutretenden *noos* des Parmenides zu vergleichen. Dazu Eisenberger: „So erhält der Ausspruch Demokrits (B 112): ‚Es ist dem theios nus eigen, daß er immer etwas Schönes durchdenkt', erst dann guten Sinn, wenn man diesen nus weder absolut setzt – er kann ja nicht ohne die Seele und diese nicht ohne den Körper bestehen –, noch in allen Menschen wirken läßt, sondern ihn als überragenden Geist auffaßt, den einzelne Menschen besitzen." (Eisenberger 1970, 148)

Körpers durch die Seele beruhende Technik. Er unterschied Seele und Körper, um eine spezifische Ethik zu errichten, in der das Bemächtigungsstreben der Person gegenüber ihren leiblichen Regungen immer weitergetrieben wurde. Daß die Emanzipation des Ich für ihn von zentraler Bedeutung war, geht aus den vorwiegend ethisch bestimmten Fragmenten klar hervor. Sie machen auch quantitativ einen großen Teil seiner überlieferten Philosophie aus.

Die Ethik

Ähnlich wie man bei Parmenides über das Verhältnis von *doxa* und *aletheia*, bei Empedokles von einem Dualismus zwischen dem Naturgedicht und den *karthamoi* sprach, diskutierte man bei Demokrit die Beziehung der Ethik zum Atomismus. Nach R. Müller war es Demokrits Verdienst, die „Naturphilosophie" von der „Wissenschaft vom Menschen" geschieden zu haben. Dieser Differenzierung steht aber die von R. Müller selbst herausgestellte „enge Beziehung zwischen Naturphilosophie und Ethik" entgegen. Allerdings ist deren Nachweis nicht so geglückt, wie Müller glaubte (R. Müller 1980, 2). Er verließ sich zu unkritisch auf die Positionen von Natrop, Vlastos und v. Fritz und versäumte es, andere Meinungen, wie z. B. die von C. C. W. Taylor, zu erwähnen. Bis heute ist der Zusammenhang zwischen Ethik und Physik bei Demokrit ungeklärt. Dabei steht die weitreichende Bedeutung der Ethik für die ganze philosophische Konzeption Demokrits außer Frage.[415] Deichgräber wies auf folgenden Zusammenhang hin: „Bei Demokrit finden wir zum erstenmal so etwas wie eine systematische Ethik. Es ist wichtig, sich klar zu machen, daß seine Kosmologie kein ethisches Gepräge mehr trägt und daß schon aus diesem Grunde eine selbständige Ethik notwendig ist." (Deichgräber 1984c, 106) Dazu ließe sich einschränkend sagen, daß sich zumindest bei Empedokles ein systematischer ethischer Ansatz nachweisen läßt. Die von Deichgräber angesprochene Trennung von Kosmologie und Ethik resultierte aus der Reduktion von Eindrücken auf eine metaphysische Konstruktion und entkleidete diese von allen moralischen Konnotationen. Im kosmologischen Geschehen gab es für Demokrit keine moralische Frage mehr, sondern nur noch Atome und Leere. Mit dieser Aufhebung der empirisch-religiösen Dimension der frühgriechischen Philosophie mußte das moralische Streben und das Bemühen um Selbstbemeisterung neu begründet werden. Die fortschreitende zivilisatorische Entwicklung und die zunehmende Tendenz zur städtischen Konzentration forderten Regelungen des Zusammenlebens, deren Basis den veränderten Bedingungen angepaßt werden mußte. Der Schwerpunkt des ethischen Strebens der Bürger lag nicht mehr auf der Meditation und der Öffnung des Menschen dem Göttlichen gegenüber, sondern Beherrschung der Regungen und Verschließen dem Ergreifenden gegenüber waren nun das Ziel. Demokrits Ethik basierte auf der hierarchischen Gegenüberstellung von Seele und Körper und kam damit dem Bedürfnis nach

415 J. F. Procopé sah in den Fragmenten B 264, 244 u. 84 „a noteworthy contribution" zur griechischen Ethik (Procopé 1989, 322).

Beherrschung des Leibes entgegen. Sie bereitete Platons Analogisierung von Mensch und Staat vor. Ein ethischer (nicht physikalischer) Dualismus war unbekannt. Es erscheint daher unberechtigt, wenn Zeller/Nestle behaupteten, zwischen Demokrit und Heraklit lägen bezüglich der Ethik kaum Unterschiede.[416] Heraklit bereitete mit seinem *ethos*-Begriff lediglich die spätere Entwicklung vor; von einer den Körper beherrschenden Seele ist bei ihm nichts zu finden.

Auch Claus betonte die ethische Dimension und meinte, Demokrit habe weniger die anthropologische Trennung als vielmehr die Moral und die Selbstbemeisterung im Blick gehabt. Der Unterschied zu den bis dahin herrschenden Auffassungen bestünde in der Umbildung der *psyche* Demokrits zu einer Instanz der Vernunft und Kontrolle. Für ihn habe die moralische Dichotomie von Seele und Körper im Dienste einer pragmatischen Verbindung gestanden. Ziel der „Seelenpflege" (soul care) sei die Therapie des Körpers (therapy of the body) gewesen (Claus 1981, 146f.). Hier hat Claus das therapeutische Anliegen Demokrits wohl etwas zu stark betont.[417] Anthropologischer und moralischer Dualismus hängen untrennbar zusammen. Demokrit kann nur schwerlich zum Psychologen gemacht werden, der sich auf „psychosomatische" Phänomene und „Manifestationen" konzentriert. Eher trifft es zu, wenn Claus behauptet, Demokrit habe aus seiner „soul therapy" eine *techne* im Sinne der Medizin machen wollen. Die praktische Lehre der Selbstkontrolle (practical doctrine of moderation and self-control) und das Hervorheben von Übung und Bemeisterung (training and habit) ziehen sich durch Demokrits gesamtes Werk. Die große Bedeutung, die Demokrit den Techniken der Bemeisterung einräumte, läßt sich eindeutig durch die Fragmente B 208, B 183, B 180, B 288, B 33, B 191, und B 242 belegen.[418] Damit führte Demokrit eine Entwicklung weiter, die schon bei Empedokles begann, als er seinen Schüler anleitete, bestimmte *meletai* zu praktizieren, um die wertvollen Erkenntnisse zu assimilieren. Dort wurde das *ethos* ganzheitlich vom Leib her verstanden. Bei Demokrit verlor der Leib durch die Reduktion auf Atome seinen moralisch ethischen Bezug zur Person und wurde nun völlig wertneutral auch in dieser Beziehung zum bloßen Körper(modell).[419]

Der fortschreitende Grad der sich immer mehr entwickelnden Selbstkontrolle läßt sich recht deutlich am Vergleich von Fr. B 171 bei Demokrit mit dem Fr. B 119 bei Heraklit zeigen.[420] Kahn untersuchte diese Beziehung und schrieb im Hinblick auf B 171: „This echo of Heraclitus implies that for Democritus too the soul is the seat not only of

416 Zeller/Nestle: „Seine Sittenlehre steht hinsichtlich ihrer Form mit der unwissenschaftlichen moralischen Reflexion Heraklits und der Pythagoreer im wesentlichen auf einer Linie;" (Zeller/Nestle 1919,1141 u. 1153). Regenbogen erkannte, daß sich bei Demokrit „das Seelen-Denken" in eine „mehr ethisch-diätetische" Richtung wendete (Regenbogen 1948, 27).

417 Dazu Kirk/Raven/Schofield: „Only, the Democritean ‚care of the soul' is not a quest for universal truths. His concern, ... is with our subjective well-being." (Kirk/Raven/Schofield 1983, 432)

418 Zu Mäßigung (Fr. 191), Erziehung (Fr. 183), Übung (Fr. 242) und dem Lernen (Fr. 179 u. 182) s. a. R. Müller (1980, 4f.) sowie Löbl (1989, 34).

419 Dazu Löbl: „Der Leib ist für Demokrit als Atomkomplex moralisch indifferent." (Löbl 1989, 81)

420 Dazu s. Natrop (1893, 64).

happiness but also of character." (Kahn 1985, 12) Hier wird allerdings einiges vermischt, denn daß die Seele bei Heraklit nicht der Sitz von „happiness" gewesen ist, wurde bereits gezeigt. Sein *ethos*-Begriff steht in einer nach Maßgabe der erhaltenen Zeugnisse nicht weiter thematisierten Beziehung zur *psyche*. Introjektionistische Versuche sind bei ihm nur in Ansätzen nachzuweisen. Erst Demokrit versetzte die Gefühle in die Seele, indem er die *psyche* ausdrücklich zur Wohnung des *daimon* machte. Darin liegt aber der erhebliche Unterschied zu Heraklits *daimon*-Auffassung. War dort der *daimon* noch Schicksal und selbständige Kraft, so hat er es sich nun geradezu gemütlich gemacht und lebt in seinem Haus. Zwar deutete sich durch die Identität von *daimon* und *ethos* bei Heraklit bereits eine Tendenz zur Erweiterung des Manipulationsvermögens der Person an, doch trug der *ethos*-Begriff mehr die Züge von Erziehung und durch Abstammung erworbener Eigenart. Inwieweit in Heraklits Konzeption die Person selber Einfluß auf ihr *ethos* nahm, sagen uns die Fragmente nicht. Demokrit hingegen betonte die eigene Leistung der Bemeisterung von Leib und Leben und stellte sogar seine anthropologischen Vorstellungen in diesen Dienst.

Zwischen Heraklit und Demokrit lag in der zeitlichen Abfolge Empedokles, der wiederum einen veränderten *ethos*-Begriff benutzte. Für ihn stand der Aspekt der Selbstbemeisterung bereits im Vordergrund. Seine Ethik besitzt in Fr. B 110 eine systematische und von dem Bemühen um assimilative Ausdehnung der persönlichen Beziehungen getragene Basis. Die dualistisch-hierarchische Entgegensetzung von Körper und Seele ist hier nicht zu finden. Sein *daimon* ist eine individuelle Kraft, durch den Richtspruch der Ananke dem Schicksal ausgeliefert. Bei Demokrit ist der *daimon* der Herr im Seelenhaus.

Kahn nahm an, daß mit dem in der *psyche* wohnenenden *daimon* von Fr. B 171 der mentale Zustand von Glück und Misere, soweit sie vom eigenen Charakter und dem rationalen Verständnis abhingen, gemeint sei.[421] Löbl betrachtete dagegen fast entgegengesetzt den *daimon* (wie bei Homer) als „göttlichen Geist" (Löbl 1989, 81). Beide Sichtweisen sind zu einseitig. Kahns These führt einen „mental state" ein, dessen Identifikation mit dem *daimon* kaum als geglückt bezeichnet werden kann; und Löbl leistet sich einen Anachronismus, denn die *daimon*-Vorstellungen Homers hatten sich inzwischen deutlich gewandelt. Weder bei Heraklit noch später bei Empedokles war von der alten homerischen *daimon*-Auffassung die Rede, sondern von einer jeweils individuell ausgeprägten und mit den anthropologischen Vorstellungen eng verknüpften Sicht. Der *daimon* bei Empedokles hing mit der Sorge um eine gewisse genealogische Konstanz und Weiterexistenz zusammen, die Homer noch nicht kannte, die bei Demokrit aber nicht mehr zu finden ist, denn seine Seele stirbt durch Auflösung ihres Atomverbandes.

421 Dazu Kahn: „the mental state of happiness or misery as this depends on one's character and rational understanding" (Kahn 1985, 13). Eisenberger zur Seele als „Wohnsitz" des *daimon*: „Hier ist offensichtlich keine Gottheit gemeint, sondern Demokrit verwendet etymologisierend einen Begriff aus der Religion, um auszudrücken, daß der Mensch durch seine eigene Seele glücklich oder unglücklich werde (cf. B 170; auch B 40)." (Eisenberger 1970, 149)

Was mit dem *daimon* dabei passiert, ist nicht klar. Die in der Ilias zu findende mehrfache Ineinanderschachtelung einzelner lokalisierter Regungen beschränkte sich auf die Leibesinseln. Wenn also der *thymos* einmal in die *phrenes* versetzt wurde (z. B. Ilias 22. 56f.), die ihrerseits wiederum in der Brust (*eni stethessin*) angesiedelt sein konnten, dann waren damit keine festen Orte im Körper gemeint, sondern immer situationsgebunde, lokalisierte Regungen des Leibes. Widersprüche und Unvereinbarkeiten, wie sie sich aus der Lokalisation von festen Körpern oder Substraten (z. B. anatomischen Organen) ergeben, die wegen ihrer örtlichen Bestimmung gerade nicht austauschbar sind, traten dabei natürlich nicht auf (vgl. Schmitz 1965, 399ff.). Bei Demokrit ist das Hineinverlegen des *daimon* in die *psyche* unumkehrbar. Sein Leibschema verläuft hierarchisch abgestuft vom *daimon* über die *psyche* zum *soma* und zeichnet damit die Platonische Anthropologie zumindest in ethischer Hinsicht deutlich vor.

Die *euthumia*

Demokrits Anknüpfung an Heraklit kommt am stärksten in Fr. B 236, das nach Schmitz Heraklits Fragment B 85 eine „Note zuversichtlichen Selbstvertrauens" hinzufügt, zum Ausdruck (Schmitz 1965, 454). Demokrit vertraut hier auf den Sieg der *psyche* über den *thymos*. Damit findet bei ihm eine endgültige Unterordnung der spontanen Regungen unter die Zentralinstanz Seele statt. Aus dem *thymos* als semiautonomer Leibesinsel wird nun eine Idealvorstellung von leiblichem Wohlergehen, die *euthumia*, das angestrebte Ziel demokritischer Selbstbemeisterung. Die Seele bildet sowohl die verantwortliche Instanz als auch den Ansatzpunkt für die automatisch auf den Körper wirkende Manipulation der ethischen Haltung. Den Begierden und Exzessen, die als extreme Ausschläge der *psyche* eine harmonische Bewegung verhindern, stellte er eine erstrebenswerte mittlere Schwingungsbreite gegenüber, die das Wohlbefinden garantieren sollte. Bei der erstrebten „Amplitude" der *psyche* ist nicht an eine Bewegung der Atome, sondern an eine bestimmte Form des geregelten Ausgleichs zwischen verschiedenen Zuständen gedacht.

Schon v. Fritz konnte hinter der *euthumia* zu Recht keine abstrakte Atombewegung entdecken. Er betonte, dieser Begriff sei „vom Menschen selbst genommen" und hebe sich damit „scharf von den anderen Glücksbegriffen der älteren Zeit, die alle das Glück in äußeren Umständen sehen oder es doch von äusseren Einflüssen herleiten, ab". Die *euthumia* sei etwas, „was aus dem Menschen selbst hervorgeht, ihm selbst eigen ist". Er interpretierte sie als „Habitus des Glücklichen in seiner emotionalen und aktiven Bewegtheit" und hob auch einen direkten Bezug zu Homer hervor (v. Fritz 1966, 34f.).[422] Allerdings muß offen bleiben, ob Homer mit dem Begriff, wie er in der Sicht des Eumaios (Odyssee 14. 63) zum Ausdruck kommt, mehr meinte, als einen Herrscher mit „guter Gesinnung" und dem, was man vielleicht als eine „glückliche Hand" bezeichnen kann. Eumaios benutzte auch nicht das Substantiv *euthumia*, sondern das Adjektiv *eu-*

422 Zur *euthumia* als „overall enjoyment" s. a. C. C. W. Taylor (1967, 18).

thumos. Bei Homer stellte sich nicht die Frage, wie der König dazu kam, *euthumos* zu sein, wohingegen Demokrit konkrete Anleitungen zum Erlangen der *euthumia* zu geben versuchte.

Gerade der Blick auf die Leibesinsel *thymos*, gegen den sich v. Fritz allerdings wehrte, vermag einen wesentlichen Unterschied aufzudecken. Die leibliche Herkunft des Begriffs legt den Gedanken nahe, daß Demokrit bemüht war, den Leib nur noch in seiner bemeisterten, der Seele untergeordneten Form anzuerkennen, indem er die Selbständigkeit des *thymos* als Regungsherd aufgab zugunsten eines ganzheitlichen leiblichen Zustandes, der *euthumia*, die er gleichzeitig im Bereich der Seele ansiedelte. Damit erklärt sich der oben schon angeführte Eindruck, den v. Fritz hatte, als er meinte, die *euthumia* sei etwas, „was aus dem Menschen selbst hervorgeht, ihm selbst eigen ist". Die *euthumia* als leiblicher Zustand und Durchdrungenheit von einem „Glücksgefühl" ist zwar etwas, das aus dem Menschen selbst hervorgeht, doch nur unter bestimmten Voraussetzungen. Bei Homer handelte es sich um eine Eigenschaft, die ein guter König nun einmal hat, denn sie macht ihn eigentlich erst zum guten König. Bei Demokrit ist sie ein ethisches Ziel, etwas, das man sich erarbeiten muß.[423] Hier steht das persönliche Verdienst im Vordergrund, denn gegenüber der eher schicksalhaften Sicht Homers kann der Mensch bei Demokrit sein „Glück" erwerben. Auf diesen wichtigen Gesichtspunkt ging v. Fritz nicht ein, sondern vertrat schließlich doch eine zweifelhafte Theorie von der Wirkung des „Habitus" auf die Atome. Nach seiner Ansicht war „jede Veränderung des geistigen Habitus des Menschen … für Demokrit eine Veränderung seiner inneren materiellen Struktur" (v. Fritz 1966, 36). Diese These übernahm Thrams mit seiner Aussage: „Die Seelenatome sollen so zum Schwingen bzw. so zur Ruhe angeregt werden, daß aus ihrem harmonischen Zusammenwirken der Glückszustand der Euthymie resultiert." (Thrams 1986, 27)

Die mit dieser These vergleichbare Interpretation von Vlastos, der die *euthumia* als physischen Zustand der Seele (a particular physical state of the soul) ansah, in dem die Atome im richtigen Verhältnis (proper arrangement) zueinander stünden, sowie seine Auslegung von Fr. B 191 wurden von C. C. W. Taylor mit der Begründuung abgelehnt, daß wir nicht genügend wüßten, um dieses Fragment in einem physikalischen Sinn zu interpretieren. Eine solche Behauptung sei einfach nicht hinreichend belegbar (Taylor 1967, 9 u. 16).[424] Diesem gewichtigen Einwand ist die Forschung nicht immer gefolgt. So behauptete Hans Herter im Hinblick auf Fr. B 191, daß es „die Begierden" seien, „die sich nicht in Maßen halten sondern – in allzu starken Atombewegungen, wie Demokrit es ansieht – die Seele aufregen und immer wieder verhindern, daß sie in einer friedlichen Mittellage verharrt." (Herter 1977, 135) Aber von allzu starken „Atombewegungen" wird bei Demokrit nicht gesprochen, sondern lediglich von Bewegungen in

423 Thrams erwähnte auch die Homerstelle Odyssee 14. 63, jedoch ohne den Unterschied zu Demokrit zu beachten (Thrams 1986, 8).

424 Zur „physiological meaning" der *euthumia* s. a. Vlastos (1975, 401 A. 32).

der Seele, die dazu führen, daß die Seele selbst zwischen den extremen Bewegungen hin und her schlägt und dadurch das Erreichen der *euthumia* unmöglich macht.[425]

Hat man einmal Demokrits angebliche Theorie der „atomaren Anregung" aufgenommen, dann kann man – wie der Zauberer das Kaninchen aus dem Hut – die Lösung des problematischen Verhältnisses von Ethik und Physik dem getäuschten Publikum mit einem Schlag präsentieren; vor allem, wenn man wie Thrams noch die alten Ägypter hinzuzieht. Thrams behauptete: „Wir sehen, daß Demokrits ethische Maxime durchaus mechanistisch erklärbar sind, womit die vermeintliche Diskrepanz zwischen ihnen und seiner Naturphilosophie behoben wäre. Er hat ganz einfach angeknüpft an die altägyptische Ethik unter besonderer Berücksichtigung der sittlichen Tradition des älteren Griechentums und diese in seine Philosophie eingebaut." (Thrams 1986, 28) Aber weder sehen wir, daß sich Demokrits Ethik mechanistisch erklären läßt, noch hat Demokrit einfach an die altägyptische Ethik angeknüpft. Sicherlich soll nicht bestritten werden, daß die Bewegungen der Seele auch gewisse indirekte Atombewegungen mit sich bringen, doch dies tut auch eine Bewegung des Körpers. Außerdem sind die Atome von sich aus selbstbeweglich, ohne dafür eine Seele zu benötigen. Aus allgemeinen Atombewegungen mechanistisch ethische Maximen zu gewinnen, scheitert daran, daß Demokrit in den erhaltenen Fragmenten nicht sagt, die *euthumia* sei eine atomare Konstellation; auch nicht, das Ziel ethischen Handelns sei das Erreichen einer bestimmten atomaren Struktur. Seine ethische Zielsetzung ist davon unabhängig.[426]

Auch die von Thrams Demokrit unterschobene Anknüpfung an die altägyptische Ethik muß als unwahrscheinliche Spekulation gesehen werden.[427] Demokrit brauchte nicht auf ägyptische Vorstellungen zurückzugreifen, weil seine eigene Tradition ihm die notwendige Basis längst zur Verfügung gestellt hatte. Es müßte ferner geklärt werden, wie sich eine „mechanistische" Ethik mit altägyptischen Vorstellungen verbinden läßt, bzw. worin sich überhaupt altägyptische und altgriechische Ethik unterscheiden. Unwahrscheinlich ist ein prägender altägyptischer Einfluß auch deswegen, weil die leibgebundene Auffassung des Herzens und damit des Gewissens und der Ethik im alten Ägypten in einigen Zügen eher mit den Vorstellungen Homers, weniger mit denen Demokrits übereinstimmt. Diese Ähnlichkeit zu Homer wurde von Thrams ebensowenig berücksichtigt wie die historischen Unterschiede der folgenden Entwicklung. Der Anschluß Demokrits (Fr. 236) an Heraklit (Fr. 85) beweist aber, daß Demokrit bei seiner Ethikkonzeption nicht auf ägyptische, sondern auf griechische Ansichten zurückgriff und diese weiterführte. Erst auf der Grundlage des vorhandenen griechischen Gedankenguts wird die durch Demokrit hervorgerufene Umwälzung verständlich.

---

425 Dazu s. a. Löbl (1989, 83f.).

426 Eisenberger sprach vom „psychozentrischen Charakter" der Ethik Demokrits, die „nicht organisch mit der Atomtheorie verbunden" sei (Eisenberger 1970, 158).

427 Zur Entsprechung des ägyptischen Herzens mit dem „Gewissen" (*syneidesis*) bei Demokrit s. a. Thrams (1986, 17). Die von ihm angeführten Parallen können trotz gewisser Ähnlichkeiten in den Auffassungen nicht überzeugen (s. u.).

Zur Introjektion bei Demokrit

Die sich schon im Unterschied zwischen Ilias und Odyssee andeutende Tendenz zur Introjektion kommt bei Demokrit voll zum Durchbruch. Schmitz bemerkte dazu: „Demokrit gab nach einem von Plutarch erhaltenen Zitat das Innere des Menschen als buntes und leidensreiches Magazin und Depot von Übeln aus (fr. 149), nach anderer Überlieferung (Stobaios) die Seele als Wohnsitz eines Daimons (fr. 171)." Zwar sei die zweite Äußerung keineswegs „sehr spezifisch für Introjektion", denn es könne auch der Fall einer Besessenheit gemeint sein, wie beispielsweise in dem Sinn, daß der *daimon* von der Seele Besitz ergriffen habe. Das erste Bild verweise allerdings klarer auf ein Hineinnehmen von Gefühlen in ein Reich des Inneren, denn zum „bloßen Wohnsitz" bringe das Magazin und Depot „die Verwahrung des Besitzes" hinzu. „Mit fr. 149", so Schmitz weiter, „räumt Demokrit dem Menschen also eine Innenwelt als Sphäre der Hegung privaten seelischen Besitzes ein, wenn er diesen auch der Übel verdächtig macht. Das ist neu." (Schmitz 1988a, 362f.)

Damit zeichnet sich bei Demokrit eine Tendenz ab, die Gefühle nicht mehr als von außen den Menschen ergreifende Regungen anzusehen, sondern sie im Inneren anzusiedeln. Geradezu von einer „konsolidierten Sphäre des Subjekts" läßt sich schließlich mit Schmitz in Bezug auf Fr. B 125 sprechen, nämlich von einer „Verinnerlichung der Erkenntnis", die in Form der „Innenwelt" als „wesentliche Neuerung" eingeführt wird (Schmitz 1988a, 353f.). In dem angesprochenen Fragment kommt es zu einer Diskussion zwischen den Sinnen und dem Verstand (*phren*: Fr. 125, 7), die als Vorwegnahme des später bei Platon so wichtigen Dialogs der Seele mit sich selber betrachtet werden kann (s. u.).

Ingenkamp behauptete, die *psyche* sei für Demokrit „Sitz der introspektiv wahrgenommenen Emotionen und des Geistigen, die wahre Herrin des Konglomerats ‚Mensch' (B 170, 191, bes. 159, 187)" (Ingenkamp 1975, 52). Dagegen meinte Claus: „The self of B 264 is, in context, merely a socially private self, not an ‚inner' self; the microcosm that is man in B 34 is the man as a whole, body and soul." (Claus1981, 146) Der zweite Teil der Aussage mag richtig sein, doch die Behauptung, daß es sich nicht um ein „inneres Selbst", sondern um ein „socially private self" handeln würde, bleibt dunkel. Nach Schmitz sucht der „demokritische Mensch" die Instanz, vor der er sich verantworten soll, „im eigenen Haus", nämlich in der bereits konsolidierten Innenwelt, „die in fr. 264 gegen die Mitwisserschaft aller Menschen ausgespielt wird" (Schmitz 1988a, 394). Ingenkamp sprach von einem „inneren Selbst" und meinte damit die ganze Innenwelt, also sowohl Verantwortungsinstanz als auch Gefühle der Scham (*aidos*). Claus wird verständlich, wenn man unter „socially private self" die Verantwortungsinstanz versteht, die als ein internalisiertes, privates Selbst die sozial-ethische Funktion der Scham vor den anderen übernommen hat. Nach Eisenbergers Meinung begründete Demokrit in Fr. B 264 sogar eine „neue, höhere Art von Frömmigkeit", nämlich die der Scham „des Menschen vor der eigenen Seele" (Eisenberger 1970, 158).[428] Dies ist

428 Zu *aidos* und Ruhm als einem dem gesellschaftlichen Standard angemessenen Verhalten bei Homer schrieb Fränkel: „Die Helden der Ilias führen ein öffentliches Leben, und die Rücksicht auf das Urteil

aber eine fragliche und ungenaue Wertung. Demokrit spricht nicht von Scham vor der Seele, sondern vor sich selber. Und was nun die „höhere Art von Frömmigkeit" angeht, so ist eine Rangabstufung von Frömmigkeit doch wohl ein äußerst heikles Unterfangen, das zuerst den „Heiligkeitsmaßstab" angeben müßte, um ernstgenommen zu werden.

Die bei Demokrit ausgeprägte Tendenz, der Seele eine ethische Dimension zu geben und sie unter ein Gesetz zu stellen, läßt sich als ein weiteres Indiz für den fortschreitenden Prozeß hin zu einer differenzierten und konsolidierten Innenwelt interpretieren. Kahn glaubte dagegen, die Stellen würden als Beleg für die Introjektion nicht ausreichen und entwickelte statt dessen folgendes Bild: „In the notion of the indwelling *daimon* as in the notion of selfrespect (rather than in his looser, less coherent notion of the psyche) Democritus might claim to have made the first attempt at a philosophical formulation of the concept of the self." (Kahn 1985, 29) Dazu muß man folgendes bedenken: zwar genügt die Vorstellung von einem im Leib wohnenden *daimon* als alleiniger Beweis für Introjektion noch nicht; sieht man sie aber im Zusammenhang mit Fr. 264 (dem „selfrespect"), so verweist das gesamte Bild eindeutig auf eine Innenweltvorstellung. Diese kann als „philosophical formulation of the concept of the self" bezeichnet werden, doch war Demokrit nicht der erste, der sich darum bemühte. In Bezug auf den *daimon* käme dieses Verdienst eher Empedokles zu.-Demokrit war der erste, der eine ganz bestimmte Form, nämlich die *psyche* als inneren Ort der Auseinandersetzung des Menschen mit seinen Gefühlen, postulierte. Mit Procopé läßt sich ein weiterer Ansatz zur Introjektion erkennen. Zur Rolle des Neids und der Mißgunst in Fr. B 245 schrieb er, dieser sei „an emotion, a state of the soul" (Procopé 1989, 326). Der Neid ist hier nicht mehr etwas, das von außen über den Menschen kommt – beispielsweise als übelwollender Gott, der eigentlich erst den Anlaß zum Streit gibt, indem er den Menschen mit Neid erfüllt –, sondern der Streit wird durch den Neid als Seelenzustand hervorgerufen.[429] War der Streit bei Empedokles als *neikos* noch eine eigenständige Macht, so ist er jetzt das Produkt einer „psychischen" Disposition des Neides, womit ein weiteres Mal die umwertende und introjizierende Handlungsweise eindeutig belegt wird.

Ähnliches fiel auch Herter auf, als er von der „Konzentration auf sich selbst" sprach, die bei Demokrit zu einer „Forderung" werde. In Bezug auf Fr. B. 149 u. 171 stellte er geradezu die Introjektion heraus, indem er betonte, das Schlechte (*kakon*) und das Gute (*agathon*) seien jetzt „in der eigenen Seele" beheimatet. Mit seiner Aussage, „der Mensch, der den Begierden entsagt, muß innerlich aufgefüllt werden" (Herter 1977, 138), machte er auf eine wichtige, aus der Bemeisterungstendenz entstandene Konsequenz auf-

der Um- und Nachwelt bestimmt ihre Handlungsweise (Il. 6, 441–43; 9, 459–61)." (Fränkel 1951, 119) Procopé sprach von einer „force for conformity, rather than personal morality" und bemerkte noch: „Homeric heroes would not distinguish between the two." (Procopé 1989, 322)

429 Procopé zum Streit: „Its principal cause is a state of mind" nämlich der Neid. Zur Seele als Sitz von „happiness and suffering, reason and emotion, character and intelligence" s. Procopé (1989, 326). S. a. Kahn (1985, 5).

merksam. Der Abschied von den schicksalsmächtigen Gefühlen durch ihre Verlegung in die Seele und damit in den ethischen Verantwortungsbereich des zwischen Seele und Körper richtenden Ichs verlangte erhöhte Selbstbeherrschung. Anstelle der Offenheit den Situationen gegenüber kristallisierte sich eine Innenwelt heraus, ein für die unerwünschten Gefühle geschlossener Bereich, (Behälter, Wohnung, Depot, Magazin), der nun gefüllt werden mußte. Demokrit bot an, dies durch Erziehung, durch den Erwerb von sogenannten Kulturgütern zu erreichen und setzte diese Haltung dem Streben nach Reichtum in Fr.B 185 gegenüber.[430] Auch daran wird wieder der enge Zusammenhang zwischen Ethik, Bemächtigungsstreben und Innenwelt sichtbar, der in der *psyche*-Vorstellung kulminierte. Kahns Interpretation ließ solch wichtige Nuancen unbeachtet. Seine Behauptung, daß bei Demokrit ein kohärentes Bild davon fehle, wie die verschiedenen psychischen Faktoren (various psychic factors) untereinander in Beziehung stehen, ist kein sehr überzeugendes Argument, denn es gilt nicht einmal für alle bisher überlieferten Fragmente (Kahn 1985, 13). Mit Fr. 125 kann ein Ansatz zur Beantwortung der Frage nach den Zusammenhängen – hier von Verstand und Sinneswahrnehmung – nachgewiesen werden.

Der enge Bezug von Fr. B 236 zum Heraklitfragment B 85 wurde oben schon gezeigt. Von daher meinte Kahn, es ginge auch bei Demokrit noch um einen Kampf zwischen dem Menschen und seiner Emotion als einem „quasiexternen Gegner", nicht zwischen zwei rivalisierenden Faktoren „in" der Seele (Kahn 1985, 15). Mag man auch seiner Interpretation zustimmen, so widerspricht dies nicht einer wachsenden Tendenz zur Introjektion, denn Demokrit befindet sich auch in dieser Beziehung an der Schwelle eines veränderten Verständnisses. In Fr. B 236 wird mit dem optimistischen Zusatz, der andeutet, daß nun die Schwierigkeiten weniger groß seien als bei Heraklit, ein klarer Hinweis auf die beherrschende Rolle der Seele gegeben. Daß der Kampf gegen die Lüste in Fr. B 214 ebenfalls so ausgelegt werden kann, liegt im Bereich des Wahrscheinlichen. Aus Fr. B 234 läßt sich dann sogar ein weiterer Hinweis gewinnen. Kahn übersetzte, Demokrit habe gesagt, die Menschen wüßten nicht, daß sie die Kraft „in sich selbst" hätten und mache an dieser Stelle darauf aufmerksam, daß der Glaube, die Menschen erhielten ihre Gesundheit von den Göttern, auf Unwissenheit beruhe; die Menschen hätten die Macht darüber selbst „in sich" und würden durch unmäßige Gelüste zu „Verrätern an der eigenen Gesundheit". In diesem Fragment scheinen also die beiden wichtigen Tendenzen der Demokritischen Philosophie durch, einmal die Verinnerlichung von ursprünglich im Außen angesiedelten Kräften, und zum anderen die Bemeisterung der Begierden. Ebenso werden in der in Fr. 234 schon angesprochenen *akrasia*-Vorstellung nicht so sehr selbständige Wesenheiten oder Elemente gemischt wie noch bei Empedokles, sondern Begierden und Freuden; und zwar in der Seele. Daß zumindest eine Vorbereitung zur Introjektion bei Demokrit vorliegt, bestritt selbst Kahn nicht: „Given these descriptions, it seems but a small step to recast the combat as a contest between rational and nonrational factors *within the psyche*. But", so Kahn dann jedoch

430 S. a. C. W. Müller (1965, 101f.).

weiter, „that is precisely the step that will transform these vivid metaphors into a coherent psychological model. And I see no evidence of anyone's having taken this step before Plato. Certainly Democritus did not." (Kahn 1985, 17) Diese Sicherheit ist angesichts der mangelnden Quellenlage erstaunlich. Außerdem sind bei Demokrit eindeutig Ansätze zur Introjektion vorhanden. Daß Kahns Interpretation keineswegs konsequent verläuft, zeigt folgende Behauptung: „Like Socrates, Democritus has an ‚inner' conception of happiness, located in the psyche rather than in possessions or in the esteem shown to you by others. And as for Socrates, this inner peace and comfort rests for Democritus too upon the consciousness of a life lived according to *arete* or moral excellence." (Kahn 1985, 26)

Ein in der *psyche* lokalisiertes „inneres" Konzept von „happiness" ist ein starkes Anzeichen für Introjektion. Gerade die sokratische Konzeption des inneren Wohlbefindens, die Kahn hier Demokrit zuschreibt, wurde durch v. Fritz der demokritischen entgegengesetzt. Demokrit unterscheide die *euthumia* von der *eudaimonia* „im späteren sokratischen Sinne", da sie noch nicht „ein Zustand der Seele, der im Innersten des Menschen verborgen ist", sei, sondern statt dessen „im ganzen Gehaben, Auftreten, Handeln, in der Haltung und Erscheinung des Menschen dauernd sichtbar" werde (v. Fritz 1966, 34). Der Widerspruch in den Interpretationen von Kahn und v. Fritz erklärt sich aber dadurch, daß v. Fritz die Introjektion der Gefühle nicht genügend berücksichtigte, während Kahn sie entgegen seiner sonst ablehnenden Haltung etwas überbetonte, als er die demokritische Konzeption des Wohlbefindens mit der sokratischen gleichsetzte. Wenn, wie Kahn behauptete, erst Platon die Gefühle „in" die Seele verlegte, dann kann die innere Harmonie bei Demokrit nicht sokratisch sein, womit v. Fritz recht hätte. Allerdings erkannte v. Fritz nicht, daß bei Demokrit im Gegensatz zu Homer die *euthumia* erarbeitet werden mußte, daß er sie aus dem Inneren bzw. dessen Beruhigung hervorgehen ließ, während sie bei Homer etwas Adjektivisches, eine Eigenschaft war, ohne daß deren Bedingungen diskutiert wurden. Damit bekommt die *euthumia* bei Demokrit tatsächlich die von Kahn postulierte Nähe zur sokratischen *eudaimonia*. Das, was Kahn durch diese Nähe wieder verwischte, ist der Unterschied zwischen Demokrit und Platon, den er eigentlich betonen wollte. Demokrit bereitete die platonische Vorstellung vor, indem er – im Gegensatz zu Kahns Behauptung – Gefühle introjizierte und – in Übereinstimmung mit Kahn, aber gegen v.Fritz – eine „innere Konzeption" des Wohlbefindens entwickelte. Platon vollendete schließlich die Introjektion, denn seine *eudaimonia* wurde tatsächlich noch weiter als bei Demokrit rationalisiert und ins Innere verlegt.

Diese Diskussionen und Gegenüberstellungen zeigen, daß Demokrit am Wendepunkt der anthropologisch-philosophischen Vorstellungen unserer Kultur stand. Schmitz sah in ihm den „großen Revolutionär in der Geschichte der abendländischen Denkweise und Kulturgesinnung", weil er erstens „die Seele zwar nicht erfunden, ... aber zur Konstruktion einer privaten Innenwelt, in der der Mensch primär zu Hause ist", genützt habe und weil er zweitens „das Denken in Eindrücken durch deren Reduktion auf Gattungen, die durch eindeutig identifizierbare Merkmale – die Variablen des modernen naturwissenschaftlichen und psychologischen Experiments – definiert sind", zersetzt habe (Schmitz 1988a, 375). Faßt man diese Neuerungen zusammen, nämlich erstens die Reduktion des Leibes auf ein aus Atomen zusammengesetztes Körpermodell, dem eine ebenfalls aus Atomen bestehende Seele hierarchisch gegenübergesetzt wird; zweitens die Etablierung einer Innenwelt als ein Mikrokosmos, der Depots und Magazine besitzt; drittens den Ausbau einer von den menschlichen Anstrengungen abhängigen Ethik; und schließlich viertens die Introjektion von Gefühlen in die Innenwelt sowie die Ineinanderschachtelung von *daimon*, *psyche* und *soma*, so ergibt sich in der Tat eine „vollkommene Revolution des menschlichen Selbstverständnisses" (Schmitz 1965, 463), auf der Platon aufbauen konnte und die er schließlich in eine sich über zweitausend Jahre auswirkende und die anthropologischen Vorstellungen Europas prägende Form brachte.

7. Platon

Mit Platon erreicht die Untersuchung der Rolle des Leibes in der frühgriechischen Philosophie ihren Endpunkt. Sein ontologisch-anthropologischer Dualismus schloß die Epoche des alten Eindrucksdenkens ab. Im Gegensatz zu Demokrit führte er seine Lehre von Körper und Seele nicht auf die Atome und das Leere zurück, sondern trennte die Wirklichkeit in zwei Bereiche, indem er zwischen dem Werden und Vergehen der Welt und dem Reich der unsterblichen und unwandelbaren Ideen unterschied.[431] Die durch diese radikale Trennung in zwei Realitätsebenen eingeführte Veränderung der ontologischen Konzeptionen bedeutete zur damaligen Zeit einen ebenso tiefgreifenden Traditionsbruch wie die von Demokrit initiierte Reduktion der Welt auf die ihr zugrundeliegenden und nur rational erschließbaren Atome. Die ganzheitliche Sichtweise, wie sie von Parmenides und Empedokles vertreten wurde, erfuhr so eine erneute und nicht minder umwälzende Modifikation. Tarán hob hervor, daß Empedokles, Anaxagoras[432] und die Atomisten nicht an zwei verschiedene Ebenen der Existenz geglaubt hätten; für sie habe die phänomenale Differenz (phenomenal difference) der Welt darin bestanden, das Resultat der sich immer wieder arrangierenden Elemente (rearrangement of ele-

431 Mit Bezug auf den Dualismus von „*wahrhaft Seiendem* der Ideen und dem *scheinhaft Seienden* der Sinnendinge" stellte Mittelstrass heraus: „Diese Unterscheidung betont die völlige *Verschiedenheit* zweier Weisen von Seiendem, nicht ihre Zusammengehörigkeit." (Mittelstrass 1962, 6) Zum dualistischen platonischen Grundschema s. a. Mittelstrass (1962, 99).

432 Zum Verhältnis Platons zu Anaxagoras s. Phaidon 97c-99d und die Einschätzung moderner Interpreten wie z. B. Graeser: „Tatsächlich können die bisweilen radikal dualistischen Tendenzen bei Anaxagoras nicht darüber hinwegtäuschen, daß ihm eine Distinktion von Geistigem und Stofflichem begrifflich nicht gelungen ist." (Graeser 1969, 48) Kerschensteiner zu Anaxagoras: „Auch er vermag die Trennung des Geistigen vom Stofflichen noch nicht begrifflich klar zu fassen: er nennt den Nus das Feinste und Reinste, verleiht ihm also Attribute, die den Stoffen zukommen." (Kerschensteiner 1962, 145) S. a. Gigon (1936, 38).

ments) zu sein, deren Identität dabei aber nicht verloren ginge (Tarán 1965, 187). Wenn er aber mit Bezug auf Timaios 37c–38a weiter behauptet: „Plato was the first Greek philosopher to grasp the notion of atemporal eternity and to distinguish it from the perpetuity of infinite duration", so spiegelt sich darin eine äußerst zweifelhafte Auffassung vom Parmenides Fragment 8, 5, die von Schmitz kritisiert wurde (Schmitz 1988a, 117ff.). Schon Parmenides kannte eine zeitlose Ewigkeit oder besser eine ewige Gegenwart,[433] die er von einer zeitlichen Abfolge des Werdens und Vergehens insofern trennte, als er diese für sein *eon* ausschloß.[434] Platon dagegen gestand der von Parmenides abgewiesenen Zeitlichkeit des Seins ein eigenes Reich des Werdens zu und vollendete damit seine so wirkmächtige hierarchisch-dualistische Ontologie. Daß Parmenides über kleinere Anleihen hinaus Platon als Vorbild diente, ist unwahrscheinlich.[435] Ebensowenig kannten die Pythagoreer eine solche Teilung.[436] Auch die von Kahn angesprochenen Verbindungen zwischen Platon und dem *apeiron* des Anaximander sind allenfalls äußerst vager Natur.[437]

Der außergewöhnlich suggestiven Kraft des dualistisch-hierarchischen Schemas der Welt- und Menschdeutung bei Platon kam zugute, daß sie mit einer komplexen Mikro-Makrokosmos-Lehre verbunden war, die hier erstmalig in der frühgriechischen Philosophie nachweisbar ist (Meyer 1900, 24). Platon benutzte geschickt das Bild der hierarchisch gegliederten Gesellschaft, um seine Seelenideologie zu indoktrinieren. In seiner Politeia verglich er den Stadtstaat als großer mit dem Menschen als kleiner Gestalt (368e–369a), die drei dem Staat innewohnenden Arten oder sozialen Klassen mit den Teilen der Seele (435b–c, 441a) und die verschiedenen Staatsformen mit einzelnen Seelenzuständen (543a–576b). Diese Analogisierung orientierte sich an den als ideal vorgestellten gesellschaftlichen Herrschaftsformen, die nun ihre Anwendung auf die anthropologischen Vorstellungen fanden und in die platonische Seele hineinverlegt wurden.

433 Zum Fehlen einer zeitlichen Abfolge in der ewigen Gegenwart und zur „Entzeitlichung der Gegenwart" s. Schmitz (1980a, 190).

434 Tarán irrte also, als er weiter mit Bezug auf Platon behauptete: „There is no evidence that anybody made this distinction before him and there is no cogent reason, ..., to think that any pre-Platonic philosopher needed to make this important distinction." (Tarán 1965, 187)

435 Dazu Gloy: „Platon stellt sich das Universum unter dem Bilde der vollkommenen, sich selbst gleichen Gestalt vor, der Kugel, die sich vom Mittelpunkt aus nach allen Richtungen gleichweit erstreckt. Zum Vorbild diente ihm Parmenides' Ontologie." (Gloy 1986, 20) S. a. Theiler (1965, 68) und Cornford (1952b, 202).

436 Dazu Burkert: „Die Reduktion der Körperwelt im Schema Körper-Fläche-Linie-(Punkt) gehört zum Platonismus, nicht zu den Pythagoreern, die nur eine Welt kannten, die des Wahrnehmbaren." (Burkert 1962, 40)

437 Das *apeiron* sei, so Kahn, „a huge, inexhaustible mass, stretching away endlessly in every direction." Und, so Kahn weiter: „The Boundless is in fact what we call infinite space, the antecedent for the atomistic void as well as for the receptacle or Nurse of generation in Plato's *Timaeus*. But this space is not as yet though of in abstraction from the material which fills it. Place and body are here combined in a single idea." (Kahn 1960, 233)

Dabei tauchten bestimmte Probleme auf, die weitere Erklärungen forderten. Deshalb modifizierte Platon im Timaios die Sicht der Politeia leicht. Zwar wurde das Schema der menschlichen Dreiteilung beibehalten, doch die ursprünglich radikale Teilung von Körper und Seele, die zusammengefügt schon im Phaidros (245c) das Lebewesen (*zoon*) bildeten, wurde im Timaios konsequent auf das Weltall angewandt. Aus diesem anthropologischen Dualismus entstand ein kosmischer, dessen Gegensätze nicht wie Himmel und Erde, Licht und Nacht zueinander standen, sondern wie der Geist zur Materie bzw. wie die Seele zum Körper. Indem Platon analog zur menschlichen Seele dem Kosmos eine Weltseele introjizierte,[438] die unsichtbar mit diesem verflochten war (36d–37a), schuf er ein neues Welt- und Menschenbild.[439] Die von ihm entwickelte und im Timaios durchgeführte Projektion des anthropologischen Schemas ins Kosmische und die dadurch bedingte Teilung des Universums zerbrach endgültig die durchgängige Einheit von Leib und Kosmos zugunsten einer spezifischen Sicht von Mikro- und Makrokosmos. Auf kosmischer Ebene standen sich *noos*, die „Weltseele“, und *ananke*, die „Notwendigkeit“, gegenüber, auf mikrokosmischer, humaner Ebene *psyche* und *soma*; beide Paare so radikal getrennt wie nie zuvor.

Platons Seele, die im Menschen haust und dem Körper gegenübersteht wie der Herr dem Sklaven,[440] kann nach dem heutigen Stand der Forschung als eine besondere, auf ein pädagogisches Konzept zugeschnittene anthropologische Konstruktion entlarvt werden, durch die Platon einen „Gegensatz zwischen der souveränen mündigen Person und dem Kreuzfeuer der unwillkürlichen leiblichen Regungen“ aufbaute (Schmitz 1965, 472).[441] Die konzeptionelle Verankerung und ideologische Nutzung dieses Gegensatzes durchdringt seine gesamte Philosophie, die eine Entfremdung der Person von ihrem

438 Dazu W. Jaeger, der die „Weltseele“ des Timaios in Philebos 30a und Phaidros 246b vorbereitet sah (Jaeger 1967, 117ff.).

439 Zu Platon und der Weltseelenkonstruktion als Neuerung s. a. Lloyd (1966, 254). Kerschensteiner glaubte, Platons Sicht liege „jenseits mythischer Spekulationen“ (Kerschensteiner 1962, 234). Doch der Gedanke einer „Weltseele“ ist wohl in jedem Fall eine mythische Spekulation, so daß Harald A. T. Reiche zu Recht von „the mythical *Timaeus*“ sprach (Reiche 1960, 109). S. a. Mittelstrass (1962, 111). Nicht zuzustimmen ist Allers, wenn er meint: „The notion of the universe as a living organism implies necessarily the other of a world-Soul.“ (Allers 1944, 332) Der Belebtheitsgedanke verlangt keine Seele, aber die dualistisch trennende Auffassung des Lebewesens führt zu einer Weltseele, wenn sie auf kosmische Verhältnisse angewandt wird.

440 Zu Gorgias 512a, Politeia 591b, 585d, Phaidros 241c und Phaidon 79e-80a s. Schmitz (1965, 468). Tarán schrieb: „The notion that soul rules and is the master of body is good Platonic doctrine“ (Tarán 1971, 393 A.27). Platons Seele sei nach Claus: „the immortal and divine part of man, the self as a center or microcosm of his whole being, the seat of the rational intelligence and thus of moral choice, that which is not body and which is related to body as master is to slave.“ (Claus 1981, 1)

441 „Die menschliche Natur“, so Schmitz weiter, „wird auf diese Weise in zwei von sich aus selbständige, mehr oder minder äußerlich mit einander verknüpfte Bestandteile zerlegt: die Seele – als Heimstatt, Organ oder gar eigenes Wesen der emanzipierten Person – und den Körper, dem sich die Person entfremdet. Die leiblichen Phänomene, die sich solcher Zerlegung widersetzen, werden übersehen oder weggedeutet.“ (Schmitz 1965, 472)

Körper fordert.[442] Die von Platon schrittweise erstellte Seelenideologie erweist sich in diesem Sinne gänzlich dem Dogma der personalen Selbstbemächtigung unterworfen.[443] Sie basiert auf zwei gegenüber den bisherigen Konzeptionen neuen Aspekten, einmal dem Postulat der seelischen Unsterblichkeit und zum anderen der Konstruktion einer speziellen Innenweltvorstellung.

Platon und Homer

Der gewichtigste Unterschied zu den *psyche*-Konzeptionen von Homer, Anaximenes, Heraklit und Demokrit besteht darin, daß Platon die Unsterblichkeit der Seele postulierte und ihr anstelle des Dahindämmerns im Hades eine Weiterexistenz nach dem Tod zuerkannte. Verglichen mit Homers *psyche* behielt die Seele zwar ihre Bedeutung als „Leben" bei, wurde aber um einige Aspekte erweitert.[444] Doch so etwas wie eine Totenseele, ein Schatten- oder Hadeswesen lehnte Platon in Bezug auf seine *psyche* ab (Politeia 386aff.). Wurden in der Ilias beim Tod die „Glieder" gelöst, so daß die *psyche* zum Hades floh und das *soma* übrigblieb, so löste sich bei Platon die Seele vom Körper, der als sterblicher Teil verging. Sie aber begann ihre Wanderung, wie sie der Er-Mythos am Ende der Politeia beschreibt.[445]

Die überlebende Seele existierte also nach dem Tod nicht im Hades, sondern nahm nun Anteil am Göttlichen, allerdings abgestuft nach dem Grad ihres moralisch-ethischen Wertes.[446] Daß sie zu Lebzeiten eine gewisse Qualität besaß, wurde schon von Heraklit angedeutet, und Demokrit baute den Gedanken in seine Theorie mit ein, doch bei beiden „starb" sie bzw. wurde sie umgewandelt und aufgelöst. Bei Platon hingegen verging nach dem Tod weder die Seele noch ihre Qualität. Durch das Postulat einer Abhängigkeit der erneuten Inkarnation von dem moralisch-ethischen Lebenswandel der Person während ihres körperlichen Daseins stärkte er das Motiv der Eigenverantwortung und die Forderung nach ethischer Lebensbemeisterung. Gleichzeitig bot er zum Erreichen dieses Ziels sein philosophisches Programm an, das die Nähe der Seele zum Göttlichen von dem Grad abhängig machte, mit dem sie den Körper unterdrückte. Diese spezifische Form der Emanzipation war neu, denn sie war weniger an der Vergangenheit, sondern auf die Zukunft hin ausgerichtet, und zwar auf die durch Beherr-

442 S. a. die Dissertation von H. Tsiolis (1980).

443 Dazu Schmitz: „Der psychosomatische Dualismus ist also bei Platon mit dem Bemühen um personale Emanzipation des Ich verquickt. Dadurch fällt auch neues Licht auf seinen Seelenbegriff: Dieser steht durchaus im Dienst des Appells an die Souveränität der Person." (Schmitz 1978b, 223 u. 470)

444 Schmitz machte darauf aufmerksam, daß die Zuordnung von „seelischen Funktionen", beispielsweise die des Sorgens und Ratens, zur *psyche*, wie sie in der Politeia vorkommen, eine Neuerung gegenüber der alten homerischen Bedeutung von Leben darstellten (Schmitz 1965, 465f.). Die alte Bedeutung war für den „naiven Sprachgebrauch" jener Zeit noch selbstverständlich und wurde auch mehrfach benutzt (Euthydemos 302a, Politeia 445a, Phaidon 105c.d).

445 S. a. Gorgias 524 b und Phaidon 64c u. 67d; sowie Schmitz (1965, 463f.) u. Adkins (1970, 128).

446 S. a. Alt (1982, 279).

schung der niederen Impulse sich der Göttlichkeit annähernden Formung der Seele durch sich selbst.

Es verwundert nicht, daß sich Platon angesichts dieses veränderten Selbstverständnisses mit Homer, dessen Mensch von den emanzipatorischen Ideen Platons am weitesten entfernt war, vorwiegend kritisch auseinandersetzte. Nach Schmitz bildet nur eine Stelle, nämlich das „kläffende Herz" in Odyssee 20. 17, die Ausnahme (Schmitz 1965, 478). Sie wurde von Platon mehrfach lobend erwähnt, weil sie als Beispiel der Bewältigung leiblicher Regungen durch die emanzipierte Person diente (Politeia 390d, 441b; Phaidon 94d–95a). Daß Platon gerade diese Episode der Odyssee aufgriff – sie wurde oben schon als der erste Ansatzpunkt von Introjektion besprochen – zeigt, daß er sich nicht scheute, selbst den sonst so unbeliebten Homer als Autorität zu zitieren, wenn es für die Illustration seines Lieblingsgedankens der Bemächtigung förderlich war. Diese Motivation Platons beachtete die Richtung der Interpretation nicht genügend, die ihn in die Nähe Homers rückte. Einen Versuch dieser Art unternahm Kleinknecht, indem er die Epiphanie der Athene bei der Landung des Odysseus auf Ithaka (Odyssee 13. 187-354) mit der „Seinserkenntnis" der Ideen bei Platon verglich und behauptete, in „platonischer Formulierung" sei die „poetisch-konkrete Wirklichkeit der homerischen Szene philosophisch-abstrakt auf den Begriff gebracht" worden. Er verstieg sich sogar dazu, von einem „präformierten Platonismus" zu sprechen (Kleinknecht 1958, 67).[447] Sollte man nun annehmen, daß solche ‚Ausrutscher' entweder scharf kritisiert, zurückgewiesen oder doch wenigstens ignoriert worden wären, so irrt man, denn ganz im Gegenteil erhielt gerade in der letzten Zeit die These vom platonischen Homer einen obskuren Aufschwung. Dieser begann mit R. W. Sharples, der bei Snell nicht auf die korrekturbedürftigen Punkte, z. B. die „Seelenorgane", einging (s. o.), sondern ihn dort angriff, wo er eine allgemein anerkannte Meinung vertreten hatte. Sharples behauptete nämlich: „Snell's picture of Homeric man as a collection of psychic forces, with its consequent difficulty concerning exactly who or what it is that makes a decision, might with more justice be attributed, not to Homer, but to Plato." (Sharples 1983, 4)

Sharples bezog sich hier auf die Dreiteilung der Seele in der Politeia. Obwohl Snell schon 1931 deutlich vor einer solchen Projektion gewarnt hatte,[448] setzte sich Sharples Ansicht durch und wurde sowohl von Gaskin als auch von Schmitt aufgenommen (Gaskin 1990, 2 A. 7). Bereits bei Homer erwies sich Schmitts *noos*-Interpretation als falsch, und sie läßt auch hier seine These scheitern.[449] Wenn er behauptet, die „platonischen

447 Kleinknecht weiter: „Was die Seinserkenntnis ermöglicht, ist dort die Idee und hier der Gott." (Kleinknecht 1958, 73f.) Schon diese richtig erkannte Differenz hätte Kleinknecht von seiner Analogie abhalten müssen.

448 Dazu Snell: „Man könnte meinen, die homerischen ‚Seelenorgane' entsprächen etwa den platonischen Seelenteilen, und es fehlte lediglich der Allgemeinbegriff, der sie zusammenfasse. Wenn sich aber mit dem Bewußtsein von der Einheit des Geistig-Seelischen ein ganz neuer Begriff von Geist und Seele konstituiert, so ist zu fragen, welche Merkmale dieser Begriff trägt, die der homerischen Vorstellung fremd sind." (Snell 1931, 81)

449 Schmitt: „Die vielfach geäußerte Meinung allerdings, in diesem Prozeß sei erst bei Platon ein Begriff von der Einheit der Seele ausgebildet worden, während Homer nur von mehreren selbständig agie-

Seelenteile" hätten „mit den Seelenteilen bei Homer gemeinsam, daß jeder Teil emotionale, voluntative und kognitive Aspekte in sich vereinigt" (Schmitt 1990, 294 A. 544), so ist das ein irreführender Eindruck, denn Homer kannte keine Teile einer Seele. Die voluntativen und kognitiven Aspekte wurden als eigenständige und einheitliche leibliche Regungen gespürt. Platon dagegen steckte diese leiblichen Erfahrungen in den extra dafür konstruierten „Seelenbehälter" und sortierte sie dort in die einzelnen „Fächer" seiner hierarchisch gegliederten Seelenteile ein. Schmitt stützte seine Platoninterpretation auch auf das bereits öfter erwähnte Homer-Zitat Platons, in dem Odysseus gelobt wird, weil er sein Herz gescholten und bezwungen hatte (Odyssee 20. 17). Platons Interpretation dieser Stelle ist, sofern sie auf ein hierarchisches Verhältnis von Person und Herz hinweist, durchaus berechtigt. Wenn aber Schmitt diese Stelle als Beweis für die These anführt, daß bei Homer „der vernünftige Teil der Seele eine kontrollierende Kraft über die unvernünftigen, unbesonnenen seelischen Regungen ausüben ... kann" (Schmitt 1990, 218), dann preßt er archaisches Denken in eine Seelenterminologie, die es verfälscht. Außerdem polemiserte Schmitt unberechtigt gegen Voigt, als er schrieb: „In diesem Punkt ist Platon in so offenkundiger Übereinstimmung mit dem homerischen Text – Odysseus gelingt es ja außergewöhnlich gut und schnell, die Erregtheit seines Herzens zu meistern –, daß man sich fragen muß, wie die Fehldeutung Voigts überhaupt zustande kommen konnte" (Schmitt 1990, 218). Von einer Fehldeutung kann nur bei Schmitt die Rede sein, der hier Homer so radikal platonisiert, wie es Platon selber tat, als er die Odysseestelle für seine Zwecke benutzte. Schmitt unterlag damit lediglich der platonischen Suggestion. Homer sprach an der Stelle nicht von einem Kampf des *noos* gegen den *thymos*, also nicht von einer Auseinandersetzung unter „Seelenteilen". Es war Odysseus selber, nicht sein *noos*, der das Herz bemeisterte. Das schrieb auch Schmitt, verkannte jedoch den Unterschied zu Platon, der darin besteht, daß es dort die „vernünftige Seele" ist, die ihre anderen Teile unterjochen will; die Auseinandersetzung also seelenintern stattfindet. Weder das Herz noch der *noos* sind bei Homer Teile einer Gesamtseele bzw. in eine solche introjiziert, sondern das Herz steht als eine Art konkurrierender Partner der Person gegenüber. In Umkehrung der Tatsachen behauptete Schmitt: „Wenn Platon im Unterschied zu Snell, Voigt usw. das eigentlich Selbständige im Menschen als das ansieht, was die zähmende Kraft auf das bellende Herz ausübt, und in diesem Sinn von der Fremdheit dieses Selbständigen gegenüber dem Herzen spricht, während das Herz nur eine abgeleitete Pseudoselbständigkeit habe,

renden Seelen-'Organen' wisse, ist auch dadurch widerlegbar, daß Platon bei aller Fortentwicklung seines Seelenbegriffs gegenüber Homer gerade in diesen beiden Punkten, daß er die Seele in mehrere aktive Zentren geteilt sieht, und daß die Einheit der Seele für ihn auf dem *Nus* beruht, in Übereinstimmung mit Homer geblieben ist." Und: „Daß dieses formale Prinzip, das dafür sorgt, daß die verschiedenen körperlichen und seelischen ‚Teile' des Menschen eine funktionelle Einheit bilden, im Sinne der homerischen Texte der *Nóos* ist (wobei es nicht auf den Namen, sondern auf die Sache, d.h. auf die Priorität der Erkenntnisfähigkeit ankommt), läßt sich ... durch eine Fülle von Beispielen belegen." (Schmitt 1990, 216) Weder war bei Homer die *psyche* geteilt, noch wurde sie vom *noos* zusammengehalten.

ist er dem homerischen Text erheblich näher als Voigt und viele andere, die ausgerechnet in dem Herzen, das bezähmt wird, den selbständigen Fremdling sehen wollen." (Schmitt 1990, 308 A. 721) Die platonische Umdeutung Homers wurde von Schmitt ignoriert oder einfach nicht erkannt. Dagegen hatte Voigt diese Stelle durchaus zutreffend interpretiert. Homer kannte keinen *noos*, der als „das eigentlich Selbständige im Menschen", das den anderen Leibesinseln nur eine „abgeleitete Pseudoselbständigkeit" (Schmitt) zugesteht, angesehen werden kann. Es war gerade diese Platonische Ideologie der noetischen Superiorität, die das homerische Bild der koagierenden Regungsherde zu dem Dogma der hierarchischen Bemächtigung von Leib und Natur umformte.

Platon und vorsokratische Konzepte

Kam bei Homer die *psyche* des Toten automatisch und endgültig zum Hades, waren die *psychai* Heraklits in den kosmischen Wandlungsprozeß integriert, trieb der Richtspruch der Ananke den *daimon* des Empedokles durch seine verschiedenen Stadien und konnte bei Demokrit der Körper gegen die Seele einen Prozeß anstrengen, so wurden bei Platon (Gorgias 523e) die Seelen nach dem Tod gerichtet und für die nächste Einkörperung bestimmt, denn jetzt waren sie angeblich unsterblich.[450] Das Kleid, nämlich der Körper, wurde abgestreift (Gorgias 523d.e), und die Seele stand nackt vor dem Richter, der sie so besser erkannte. Das Motiv des Kleides benutzte Platon nochmals im Phaidon (87e), wo Kebes aus dem Vergleich mit dem Menschen, der ein Kleid trägt, herleitete, daß die Seele in vielen Körpern wiedergeboren wird, also gleichsam viele Kleider anlegen kann.[451] Der Unterschied zu Empedokles Fr. B 126 deutete sich in der Gegenüberstellung von Metamorphose und Metempsychose bereits an.[452] Das Schicksal des Empedokleischen *daimon* wurde durch eine Verfehlung bestimmt, die ihn aus dem Kreis der Götter ausschloß und dem Richtspruch der Ananke unterwarf. Daß er bei jeder Verwandlung erneut gerichtet wurde, kann den Fragmenten nicht entnommen werden. Seine Verwandlungen folgten einer schicksalhaften Gesetzmäßigkeit, die ihn durch den Richtspruch immer weiter trieb. Wie Alt richtig betonte, gab es bei Empedokles „keine räumlich-zeitlich bestimmbare Phase zwischen den Erdenleben", wohingegen in Platons Politeia die Seele – nicht wie bei Parmenides der ganze wissende Mann – auf Reisen geht. Die „Spindel der Ananke", die die *psyche* erreicht, ist keine Schicksalsgöttin mehr, sondern ein visionär-geometrisches Konstrukt (Alt 1982, 282). Zwei Sätze, die Platon einem unbekannten Propheten als „Rede der Ananke" in den Mund legte, verdeutlichen diesen Unterschied. Einmal heißt es: „Nicht euch wird der Dämon erlo-

450 S. a. Alt (1982, 286). Zum Gorgias schrieb Claus: „No longer, however, is this ‚shade' the corporeal shade of Homer but a new ‚psychic' shade – the survival of ‚everything mental', in a word – for which there is no real antecedent in Greek thought" (Claus 1981, 180).

451 Im Phaidon 80ff. fand keine Verhandlung statt, sondern die Seelen wurden ihrem Verhalten im Leben gemäß inkarniert. S. a. Alt (1983, 17). In der Politeia 614c tauchen wieder Richter auf.

452 Sowohl Schmitz als auch Alt machten darauf aufmerksam, daß Fr. B 126 keine Hinweise auf einen anthropologischen Dualismus enthält (Schmitz 1988a, 323 u. Alt 1982, 282).

sen, sondern ihr werdet den Dämon wählen." Damit ist im Vergleich zu Empedokles die Richtung umgekehrt. Der Mensch sucht sich einen Dämon aus. Bei Empedokles wurde dem *daimon* durch den Spruch des Schicksals die Bahn der Verwandlungen zugewiesen; daß er jedesmal wählen konnte, wurde nicht gesagt. Er vertraute dem rasenden Streit und mußte die Konsequenzen daraus tragen (Fr. 115). Bei Platon trifft den Menschen dagegen die ganze Last der immer wieder neu zu treffenden Wahl und der damit verbundenen jeweiligen Verantwortung, denn, so lautet der zweite Satz: „Die Schuld ist des Wählenden; Gott ist schuldlos." (617e1 u. e5)

Dieser am Ende der „vorsokratischen Epoche" stehende Satz markiert die radikale Wendung. Waren bei Homer Tugend und Person im Charakter fest verschmolzen, so erklärt der Prophet in der Politeiaproklamation, die Tugend (*arete*) sei herrenlos (*adespoton*) und werde durch das Maß der Ehre (*time*) bestimmt, mit der sie vom Einzelnen geschätzt werde.[453] Bei Homer trieben die Götter ihr Spiel mit den Menschen und benutzten sie. Platon versuchte, die Menschen aus diesem Ausgeliefertsein zu befreien; nicht mehr die Launen der Götter sollten schuld am menschlichen Schicksal sein, sondern der Wählende selbst trug die Verantwortung.

Der platonische Gedanke der personalen Einflußnahme auf den Verlauf des eigenen Schicksals war im Denken der früheren Philosophen vorgeformt – bei Heraklit durch das Verhältnis von *ethos* und *daimon* in dem Hinweis des Empedokles an seinen Schüler, seine Situation zu verbessern und sich einen Stamm von Verwandtem anzueignen, oder in Demokrits Bestreben um die *euthumia.* Was Heraklit betrifft, so „korrigierte" Platon ihn nicht, wie Graeser meinte. Daß sich der Mensch seinen *daimon* aussucht, sagte Heraklit (Fr. 119) nicht, und daß der Mensch gänzlich sein *ethos* bestimmt, wie bei Platon die Seele ihr Schicksal, ist ein für Heraklit nicht belegbarer Gedanke. Die Versuche von Empedokles und Demokrit konzentrierten sich gänzlich darauf, im Hier und Jetzt des Menschen seine konkrete Situation zu verbessern. Platon dagegen verlegte wichtige Entscheidungen in ein nur der körperlosen Seele zugängliches Jenseits und suggerierte dort eine Belohnung. Damit ist er der erste, der so etwas wie eine „Hinterwelt" einführte, eine phänomenologisch nicht mehr erfaßbare Wirklichkeit, in der die positiven und negativen moralischen Handlungen des Diesseits ihre jeweiligen Konsequenzen finden sollten, indem sie den Abstand der Seele zum Göttlichen bestimmten.

Ein ähnlicher Unterschied wie zwischen dem *daimon* des Empedokles und den Vorstellungen Platons besteht zwischen dem *nous* des Anaxagoras und dem Platons. Auch hier ist wieder die platonspezifische Ausgestaltung wesentlich bedeutsamer als die vage Anknüpfung an anaxagoreische Vorstellungen.[454] Deshalb irrte Andreas Graeser, als er im *theion* Platons (Timaios 69d7) eine „Synthese aus dem *mikros nous*" des Anaxago-

453 Außerdem wird schon in den platonischen Frühdialogen die Tugend vor allem mit Besonnenheit und vernünftiger Einsicht identifiziert. S. dazu Schmitz (1965, 474ff.).

454 S. dazu. den Hinweis von Adkins auf Phaedo 97bff., wo Sokrates seine Enttäuschung über den *nous* des Anaxagoras äußert (Adkins 1970, 139). Kerschensteiner meinte mit Bezug auf Platons Timaios, „der Nus wird zum göttlichen Demiurgos, der nach teleologischen Prinzipien die Welt gestaltet und ordnet, zum ‚Kosmos' macht" (Kerschensteiner 1962, 147). S. a. Mittelstrass (1962, 86).

ras (B 12) und dem „erlebnisfähigen, individuellen Seelendaimon orphisch-pythagoreisch-empedokleischer Prägung" sehen wollte (Graeser 1969, 96).[455] Die Unzulänglichkeit dieser Auffassung hatte er im Grunde selber erkannt, denn er wandte sich zu Recht gegen einen merklichen Einfluß des Empedokles auf die *daimon*-Vorstellung im Timaios (90a3, c5) und stellte heraus, daß dort der Begriff als eine „Chiffre für einen schon säkularisierten Sachverhalt" fungiert (Graeser 1969, 86).

Nicht nur der Anaxagoreische *nous* muß von dem Platons klar getrennt werden, auch zwischen der parmenideischen Auffassung des *noos* und der platonischen sind die Diffrenzen größer als die Gemeinsamkeiten. Bei Parmenides wurde der *noos* nicht als oberster Seelenteil und „Organ der Erkenntnis" in die Seele introjiziert, sondern als eine selbständige Macht bestimmt, „deren Hinzutritt freilich jeweils auf die Konstellation des leiblichen Befindens – die Art der Mischung der Glieder – abgestimmt ist" (Schmitz 1969, 16). Platons *noos* ist dagegen in der Seele „eingekapselt" und auf eine „höchst würdige Gastrolle" beschränkt (Schmitz 1965, 485). Die rigorose Trennung zwischen Körper und Seele und die Introjektion von Gedanken und Gefühlen in die Innenwelt ließ bei Platon eine spezifische Form der Außenwelt entstehen, die bei Parmenides nicht zu finden ist. Schmitz charakterisierte die Positionen von Parmenides und Platon so: „Der eine deutet den Menschen als leibliches, auf ergreifende Mächte abgestimmtes und in dieser Resonanz erlebendes Wesen, der andere als Subjekt in einer seelischen Innenwelt, die mit dem menschlichen Körper und durch diesen mit der Außenwelt verknüpft ist." (Schmitz 1969, 19)[456]

Leibliches Ergriffensein und „Hinzutreten" des *noos* bei Parmenides auf der einen, theoretische Erkenntnis der Ideen bei Platon auf der anderen Seite: ein Unterschied, der in seiner Bedeutung kaum überschätzt werden kann.[457] Aus dem *noein*, dem intuitiven Bemerken von Eindrücken wurde bei Platon das *dianoein*, ein analytisches „Über-etwas-nachdenken", das – im Gegensatz zum Gespräch des Menschen mit seinem *thy-*

455 Zum *nous* des Anaxagoras und zu *philia* und *neikos* des Empedokles als den bewegenden Prinzipien der ursprünglich selbstbeweglichen *archai* schrieb Cornford: „These forces, however, remained part of Nature; they were not what we should call immaterial, but were extended in space. They retained that power of selfmotion which had originally resided in the primary substance; but their motion was not directed by purpose towards any ideal of perfection in an ordered world." (Cornford 1952b, 169)

456 Schmitz: „Die Disziplinierung der Person durch das Bedürfnis nach Ermächtigung gegen die unwillkürlichen Regungen hat die Seele als Innenwelt geschaffen und dem Körper entgegengesetzt; die Disziplinierung der Außenwelt durch rigorose Objektivierung füllt diese Seele mit dem dabei abfallenden Material, das sich so schroffem Anspruch nicht fügt, wie mit dem weichen Nebel des schwankenden Subjektiven im Gegensatz zur Härte objektiver, auf intersubjektiv übereinstimmende Ergebnisse des Zählens und Messens gegründeter Tatsachen." (Schmitz 1978b, 232)

457 G. Jaeger schrieb, daß beim *noein* des Parmenides im Unterschied zu Platon nie „eine Art des Denkvollzugs, die sich in mehreren Schritten abspielt" oder „eine ‚reine' Denktätigkeit" gemeint gewesen sei, sondern daß immer das Erfassen und Ergreifen von Sachverhalten in Situationen das entscheidende Moment war (G. Jaeger 1967, 30). Zum *noein*, dem Erfassen der „Wirklichkeit der Ideenwelt" und zum Unterschied zu Parmenides s. a. G. Jaeger (1967, 76, 105 u. 172).

mos – still, einsam und ohne Stimme (Sophistes 263e) ist.[458] Wenn Platon die Seele „sowohl mit der Innenwelt als einer Art von Bühne“ als auch „mit dem Schauspieler, der dort spricht“, und mit „dem Publikum, zu dem er spricht“, identifiziert, kommt es nach Schmitz zu einer „abenteuerlichen Kontamination“, die die seelenideologische Konstruktion des platonischen anthropologischen Modells prägt.[459] Da die Person „die Initiative der Überlegung“ hat, sie aber praktisch bei dieser Tätigkeit mit sich allein ist, spricht sie sich selbst an, und das, „was sie denkt, ist ihrem eigenen Urteil unterworfen, denn im stummen Dialog des Denkens ist ihr als dem Adressaten ja auch die antwortende Stellungnahme zu diesem Zuspruch anvertraut“. (Schmitz 1965, 466)[460] Die Lokalisation dieses Gesprächs der Seele mit sich findet wiederum „in der Seele“ statt, wodurch sie also „zugleich Sprecher, Angesprochener und Raum des Gespräches ist“.[461] Das „konkret gespürte Leibesinnere“, das die personale Emanzipation immer wieder gefährdete, wird so gebannt; der heraklitische Kampf mit dem *thymos*, dessen Niederlage Demokrit optimistisch voraussah, ist damit bei Platon endgültig gewonnen.

Trotz dieser durch das starke pädagogische Bestreben Platons gegebenen Nähe zu Demokrit ist das Verhältnis der beiden, also die Frage, inwieweit Platon an die Ideen Demokrits anknüpfte, nicht eindeutig geklärt. R. Ferwerdas versuchte, eine Antwort zu geben, doch trotz seiner ausgedehnten Erörterungen fiel das Ergebnis etwas mager aus, denn nach Ferwerdas gibt es keinen sicheren Anhaltspunkt dafür, daß Platon Demokrit kannte oder daß er dessen Ideen in seinen Dialogen gebraucht oder bekämpft habe (Ferwerdas 1972, 376ff.).[462] Es lassen sich aber durchaus Anknüpfungpunkte erkennen. Gerade in dem für Platon typischen hierarchischen Verhältnis von Seele und Körper sah Kahn eine Abhängigkeit von Demokrit (Kahn 1985, 7).[463] Graeser benutzte Heraklit B 85 und Demokrit B 236 als Beispiele für die Problematik des Kampfes zwischen

458 Zu „Platons Deutung des stillen Denkens“ s. Schmitz (1969, 10). Zum Unterschied zwischen *noein* und *dianoein* bei Platon schrieb v. Fritz: „Das letztere kann mit ‚Denken‘ übersetzt werden, denn es bezeichnet das Urteilen und Schließen, in dem sich das Denken vollzieht.“ (v. Fritz 1966, 50) G. Jaeger zum Begriff *dianoia*: „Wenn mit dem Wort ein Vorgang gemeint ist, kann es sich um Denken im allgemeinsten Sinn oder genauer um ein fortschreitendes und verbindendes Denken und schließlich, daraus entwickelt, um ein wissenschaftliches Denken handeln.“ (Jaeger 1967, 166)

459 Schmitz: „Diese Kontamination wird erst verständlich, wenn man sich davon überzeugt hat, daß die Bühne eigens geschaffen worden ist, damit der Schauspieler, der dort spricht, selbständiger Urheber seiner Worte – der Gedanken – und zugleich sein eigenes kritisches Publikum sein kann.“ (Schmitz 1969, 11)

460 S. a. G. Jaeger (1967, 166).

461 Dazu auch G. Jaeger, der von einer „Tendenz“ der Politeia gegenüber dem Phaidon sprach, das *dianoeisthai* immer mehr als einen nur in der *psyche* sich abspielenden Vorgang zu betrachten, der sich von aller Gemeinsamkeit mit dem *soma* „möglichst fernhält“. Er zeigte auch, daß das *noein* „keinen anderen Bereich“ hat, als den „innerhalb“ der *psyche* (Jaeger 1967, 36 u. 95).

462 Ähnlich a. Thrams: „Wie dem auch sei: Eine direkte Abhängigkeit zwischen Platon und Demokrit läßt sich philologisch und interpretatorisch nicht nachweisen.“ (Thrams 1986, 65)

463 Paul Natrop meinte, „die ganze Ethik des Demokritos“ sei „Zug um Zug wiedererstanden … in der platonischen“(Natrop 1893, 155 u. 171).

Vernunft und Affekt, dem „irrationalen Prinzip" im Phaidros 237d5–238a2 sowie generell bei Platon. Dieser sei an dem Komplex „außerordentlich interessiert" gewesen und „von dieser ethischen Problematik her zu der psychologischen Komponente seiner Seelenteilungstheorie gelangt" (Graeser 1969, 51).

Aus der Auseinandersetzung des Menschen mit seinen leiblichen, in Zentren lokalisierbaren Regungen wurde bei Platon die endgültige Unterordnung unter eine Zentralinstanz. Diese ist zunächst einmal die über den Körper herrschende Seele, ein Verhältnis von Über- und Unterordnung, wie es schon bei Demokrit zu finden war. Bei Platon kommen aber verstärkt introjektionistische Gedanken zum Tragen. Der oberste Seelenteil, das *logistikon*, steht innerhalb der Seele über den beiden anderen, dem *thumoeides* und dem *epithumetikon* (Politeia 441c–442b). Bestimmten bei Demokrit die kleinsten Teilchen, die für Körper und Seele gleichermaßen das Erklärungsschema boten, das Menschenbild, so ist bei Platon von einer solchen abstrakt-strukturellen Gleichheit nichts mehr zu finden. Die Unterscheidung zwischen Unsterblichkeit und Sterblichkeit beschränkte sich bei Demokrit auf das Verhältnis zwischen Menschen und Göttern. Außerdem kannte Demokrit keine herausgehobene, herrschende Instanz in der *psyche*. Sein *daimon* wohnte zwar in der Seele, aber seine Stellung zu ihr wird in den Fragmenten nicht eindeutig spezifiziert. Platon verlegte seine *euthumia* und *sophrosyne* als Zustand der Eintracht einzelner Seelenteile unter der Herrschaft des *logistikon* vollkommen in die Seele (Politeia 442c,d).[464] Stand bei Demokrit das am leiblichen Spüren orientierte Wohlbefinden im Mittelpunkt, so machte Platon daraus eine vage Befreundung von Seelenteilen, an deren Stufung erkennbar ist, wie der Schwerpunkt noch über die von Demokrit angestrebte Bemächtigung hinaus in den Herrschaftsbereich der Vernunft verlagert wurde.

Eine weitere Wandlung und Integration gängiger Vorstellungen in seine Konzeption unternahm Platon durch die Modifikation der pythagoreischen Seele, die ursprünglich als Harmonie und Stimmung des Körpers (Phaidon 85e u. 88d) oder als Mischung (*krasis*) von dem „zum Körper Gehörigen" (Phaidon 86b-d) beschrieben wurde. Diese, noch am leiblichen Befinden orientierte, eher egalitäre Anschauung veränderte Platon (Politeia 442c) in eine *symphonia* der „Beherrschten" (Seelenteile) mit der „Vernunft" als ihrem Herrscher. Jede Mißstimmung bringt laut Politeia 444b und 589b einen charakterlichen Schaden mit sich, dessen Korrektur nur durch die Herrschaft der Vernunft zu erzielen ist. Schließlich wurde sogar Krankheit definitorisch als ein naturwidriges Beherrschtwerden des einen Seelenteils durch den anderen definiert (444d) und auch „das Ungerechte" aus diesem Mißverhältnis erklärt. Diese scheinbare Zusammengehörigkeit von Gesundheit und Ausgeglichenheit bzw. Gerechtigkeit basierte aber nicht mehr wie noch bei Alkmaeon auf der *isonomia ton dynameon* (Fr. B 4), dem egalitären, koagierenden Zusammenspiel der leiblichen Kräfte, sondern wurde nun ganz durch die *monarchia* des einzelnen Seelenteils, in diesem Fall der Vernunft, bestimmt. Definierte Alkmaion die Gesundheit als gleichmäßige, wohlproportionierte, symmetrische Mi-

464 Dazu Schmitz: „Das ethische Hauptproblem ist für Platon die Frage, welche Instanz in der Seele die Führerrolle einnimmt" (Schmitz 1965, 472 u. 482).

schung (*symmetron krasin* B 4), so stand bei Platon das *kratein*, das Herrschen, im Vordergrund.

Dies deutet sich schon im Symposion an. Dort wird der Unterschied zwischen der an Alkmaion angelehnten Position des auf Ausgleich der Kräfte bedachten Arztes Eryximachos (Symposion 186c–e; 188a) und der platonischen Sicht – erkennbar in der Rede des Sokrates und den Ratschlägen von Diotima – offensichtlich. Die leiblichen Regungen, die beispielsweise als Wärme und Kälte des Leibes zu spüren sind, sollten mit dem Ziel, ihre „Eintracht" (*homologia*) herzustellen, vom Arzt durch seine Kunst ausgewogen bzw. miteinander befreundet werden: „Harmonie ist Zusammenstimmung, Zusammenstimmung aber ist eine Eintracht" (187b). Heilkunst, Gymnastik und Musik wurden vom Eros durch „Aufstellen des Wohllautes und des Zeitmaßes" gleichermaßen strukturiert. Eryximachos knüpfte hierbei an ein altes Klassifikationsmodell an, in dem Asklepios als Gott der Heilkunde, der Gymnastik und des Ackerbaus galt. Der sittliche, schöne, geordnete Eros (*kosmios eros*) wurde dabei zu einer mit der Aphrodite des Empedokles vergleichbaren Kraft gemacht, wohingegen der „hybride Eros" (*hybreos eros*) die Rolle des Seuchen, Krankheiten, Unmäßigkeit und Unordnung verursachenden Streites zugewiesen bekam (188b). Diese geradezu „vorsokratische Sicht" des Eryximachos, bei der die Gefühle und Götter noch nicht in die Seele gestopft wurden, kritisierte dann erwartungsgemäß Sokrates (198e), indem er den Eros zum „Verlangen nach Zeugung im Schönen" (206e) bestimmte. Die am eigenen Leibe gespürte und im kosmischen Geschehen erkannte „Liebe" des Empedokles, die Eryximachos als ärztliches Prinzip des Ausgleichs und der Harmonie benutzte, verwandelte dann Diotima in ein Verlangen nach dem „Guten" und der damit verbundenen *eudaimonia* (205a). Im Gegensatz zur *euthumia* bei Demokrit[465] wurde die *eudaimonia* aber genausowenig wie die Unsterblichkeit, die sich als eigentliches Ziel des Eros zeigt, leiblich gespürt, sondern nur angestrebt.[466] Sie muß mühsam geschaut werden, damit der Mensch an ihr teilhat. Das Begehren von *agathon* und *eudaimonia* bezeichnete Diotima als die größte und heftigste Liebe, die von der geschlechtlichen Liebe streng getrennt werden muß. Nur die einstrahlig auf das Gute gerichtete Liebe ließ Platon durch den Mund Diotimas als „wahre Liebe" gelten (205e). Diotima unterschied weiter zwischen Menschen, die leiblich zeugen, und denen, „die auch in den Seelen (*en tais psychais*) Zeugungskraft haben" (209a). Damit wurde aus dem leiblichen Geschlechtsakt ein Verlangen nach Besonnenheit gemacht. Die Introjektion der männlichen Potenz in die Seele sollte schließlich zum angestrebten Ziel führen: zur größten Weisheit, der *sophrosyne* und *dikaiosyne* (Gerechtigkeit). Dabei wurde die *sophrosyne* zwar noch nicht als hierarchisch strukturiertes Zusammenspiel von Seelenteilen verstanden, aber doch schon

465 Dazu v. Fritz: „Demokrit sucht nicht wie Platon die Erkenntnis des Guten an sich, sondern er geht aus von der sinnlichen Anschauung eines Zustandes, den er als wünschenswert betrachtet, und leitet daraus die Imperative seiner Ethik ab." (v. Fritz 1966, 37f.)

466 So ist auch die Bemerkung von Schmitz zu verstehen, daß *eudaimonein* von Platon nicht als „Glückseligkeit", sondern als „Wohl-Losigkeit, d. h. der Erfolg, ein gutes Los zu haben", verstanden wurde (Schmitz 1993, 164ff.).

vollkommen in die Seele selbst verlagert, ja sogar in ihr erzeugt. Außerdem forderte Diotima schließlich, die „Schönheit in den Seelen" für weit herrlicher zu halten als die „in den Körpern" (210b), woran wieder deutlich wird, daß die Abwertung des Leiblichen zugunsten der Seele mit der Introjektion von Gefühlen wie der Liebe oder dem Schönheitsempfinden im weitesten Sinne einherging. Damit hatte aber Platon das für die Vorsokratiker typische Denken in Eindrücken und Gestalten, in Prinzipien der Balance und des Ausgleichs der leiblichen Kräfte zugunsten einer einseitigen Herrschaft aufgegeben. Was Alkmaeon als Krankheitsursache hinstellte, nämlich das Herrschen einer Kraft, die *monarchia*, wurde von Platon in der Politeia zur *dikaiosyne* hypostasiert; die *sophrosyne* besteht dort in der Unterwerfung des *epithumetikon* unter den *noos*, wodurch Platon sie „zum anspruchslosen Gehorsam der Triebe gegen die Vernunft entwürdigte" (Schmitz 1993, 12). Die sich aus dieser Haltung für die anthropologischen Vorstellungen ergebenden Konsequenzen waren schwerwiegend, denn sie brachten für die Erkenntnis des Menschen in seinem leiblichen In-der-Welt-Sein nach Schmitz „eher Verlust als Gewinn". Zwar hätten die Menschen durch Platon gelernt, „sich als Personen zu verstehen, die vom Diktat der Regungen emanzipiert, dem Leiblichen und Göttlichen gegenüber mündig" seien, doch Platons Anthropologie sei zu dualistisch verfälscht, um einer geschmeidigen Darlegung leiblicher Regungen und der Gefühle gerecht zu werden (Schmitz 1965, 463). Schmitz kam deshalb zu folgender kritischen Stellungnahme: „In Wirklichkeit hat dieser Prozeß zwar große Fähigkeiten der menschlichen Natur aufgedeckt oder vielmehr erst gezüchtet und sowohl theoretisch als auch praktisch der Menschheit unschätzbare Dienste geleistet, aber nur vermöge einer einseitigen Deutung des Menschentums, wobei sicherlich ebenso viele fruchtbare Möglichkeiten der Entfaltung menschlichen Wesens verkannt und verdrängt wie aufgetan und nahegelegt worden sind." (Schmitz 1969, 20).

Die Körper-Seele-Dichotomie diente zwar der Bemeisterung der leiblichen Regungen durch die Person und damit einer Erweiterung des menschlichen Entfaltungsspielraums, doch verhielt sich Platon „zur menschlichen Natur" nicht nur als „Diagnostiker, der Möglichkeiten aufzeigte, sondern auch als Therapeut, der eine Radikalkur empfiehlt, um die personale Souveränität gegen das Diktat der Regungen durchzusetzen: die Abtötung des Fleisches" (Schmitz 1965, 473). Damit leitete er eine bis heute wirkende Entwicklung ein, denn die platonische Verdeckung des Leibes erzielte als durch Sozialisation und Propaganda vermitteltes Kulturprogramm eine nachhaltige Wirkung. Schmitz sprach mit Bezug auf Phaidros 245c u. 250c von einer „neuen Selbstdeutung menschlichen Wesens", die Platon dadurch abschloß, daß er den Menschen endgültig „in Körper und Seele zerlegt" (Schmitz 1965, 462). Ulrich Popplow meinte, Ende des 5. Jahrhunderts sei „die entscheidende Trennung des Geistigen und Körperlichen vollzogen" worden (Popplow 1960, 130). Es erscheint auch nicht unberechtigt, wenn Platon von Dietrich Kurz als „Vater der Abwertung des Leibes" bezeichnet wurde.[467]

467 Zum Unterschied zwischen Homer und Platon und „dem Denkschema, das im Menschen Leib und Seele unterschied" s. a. Kurz (1973, 180f.). Zu Platons Phaidon (82e) als „Ausgangspunkt" der „extremen Abwertung des Leibes" und der „parallel" dazu einhergehenden „rigorosen Umwertung des Lebens" s. a. Schreckenberg (1964, 148).

Pythagoreer und Orphiker als Quellen der Platonischen Seelenvorstellungen

Mögliche frühgriechische Quellen der Platonischen Seelenkonzeption, insbesondere der Unsterblichkeitsidee, lassen sich in der Orphik und bei den Pythagoreern vermuten. Die mit den ekstatischen Dionysos-Kulten verbundenen orphischen Vorstellungen gelten als die frühesten griechischen Belege für das Motiv der Trennung von Körper und Seele im Traum, im Tod und in der Ekstase – ein Motiv, das nicht nur für Platon, sondern sowohl für die religionsethnologischen Theorien sogenannter primitiver Seelenvorstellungen als auch für die Definition des Begriffs „Schamanismus" von großer Bedeutung war. Der Wiedergeburtsgedanke in Verbindung mit Seelenwanderungsvorstellungen soll auf Pythagoras zurückgehen, und eine Beeinflussung Platons durch Pythagoreer ist wahrscheinlich. Allerdings empfiehlt es sich, bei der Berücksichtigung des pythagoreischen oder orphischen Einflusses die radikale Umschmelzung durch Platons Konzeption immer im Auge zu behalten.[468] Außerdem müßte genauer geklärt werden, was unter den einzelnen Richtungen zu verstehen ist. Unter dem Aspekt der Leibschemata bedeutet das die Frage, welche anthropologischen Kenntnisse welchen Bestrebungen zuzuordnen sind. So verbanden beispielsweise Zeller/Nestle Anfang des Jahrhunderts beide Richtungen in einer eher zweifelhaften chronologisch-genetischen Abfolge, indem sie erklärten, die Seelenwanderung bilde das „Grunddogma des Pythagoreismus", und es stehe unzweifelhaft fest, daß „Pythagoras diese Lehre von den orphischen Mysterien übernommen" habe – keinesfalls umgekehrt (Zeller /Nestle 1919, 430).[469] Doch ohne eindeutigen Beweis ist diese Annahme unnötig und unwahrscheinlich.[470]

Zeller/Nestle betonten, diese Seelenvorstellungen nähmen sowohl zu der homerischen als auch zu der „bisherigen griechischen Lebensauffassung" eine „geradezu entgegengesetzte Stellung" ein. Homerisches Schattenwesen und pythagoreische unsterbliche Seele unterscheiden sich tatsächlich wesentlich voneinander. Auch der beobachtete Sachverhalt, daß die orphisch-pythagoreischen Vorstellungen nach Zeller/Nestle für die „erste Periode" der frühgriechischen Philosophie keine große Rolle gespielt

468 Zu Platons Vorgehensweise schrieb Tsioli: „Die Platonische Philosophie ist keine Rationalisierung des Mythos, sondern dieser steht vielmehr durch die Einbeziehung einzelner Elemente seines Gedankenguts in die Platonische Argumentation im Dienste einer ‚Mythologisierung' des menschlichen Selbstverständnisses, und diese Mythologisierung geht mit der Tendenz einher, das Selbstverständnis zu rationalisieren und auf die funktionalen Besonderheiten der menschlichen Beschaffenheit zu lenken." (Tsioli 1980, 59)

469 Nach Zeller/Nestle ist die Seelenwanderung der Pythagorer „wahrscheinlich aus älteren, orphischen Überlieferungen entsprungen" und aus „ethischen Motiven hervorgegangen". Die Seele sei „um früherer Verschuldung willen in den Körper versetzt" worden (Zeller/Nestle 1919, 167, 563 u. 559).

470 Zum Unterschied zwischen Orphik und pythagoreischen Lehren schrieb Alt: „Eine solche Abgrenzung ist nicht mit Sicherheit möglich" (Alt 1982, 280 A. 11). Koch sprach etwas überzogen vom „Orphiker Platon" (Koch 1965, 42).

haben, könnte zutreffen, denn in jedem Fall unterschieden die frühgriechischen Philosophen nicht zwischen Körper und Geist.[471] Zeller meinte, es habe keine Bemühungen gegeben, „das Geistige vom Körperlichen scharf und grundsätzlich zu unterscheiden", denn „eine geistige Welt neben der Körperwelt" sei noch nicht gefunden worden (Zeller 1919, 239). Diese richtige Feststellung wurde aber von Nestle bei der Überarbeitung von Zellers Aussagen angezweifelt. Er glaubte mit Bezug auf Rohde und das der Orphik zugeschriebene *soma-sema*-Bild, es sei sicher, daß „diese religiöse Mystik mit ihrer scharfen Trennung von Leib und Seele … es war, welche den Grund zu allen in der Geschichte der griechischen Philosophie in Erscheinung tretenden Formen dualistischer Welt- und Lebensauffassung gelegt hat" (Nestle 1919, 248).

Die beliebte These, mit der Orphik sei angeblich der anthropologische Dualismus aufgetaucht, darf heute jedoch nicht einfach unkritisch übernommen werden. Das ganze Problem läßt sich hier zwar nicht eingehend besprechen, geschweige denn lösen, doch seien einige Bemerkungen erlaubt. Das von Platon benutzte Bild vom Körper als Grab (*sema)* der Seele ist nicht eindeutig orphisch.[472] Im Wortspiel *soma – sema* des Kratylos (400c1ff. u. Gorgias 493a3) sah Alt die „Umkehrung und Umwertung des homerischen Denkens": „Hier erscheint die Seele als etwas Eigenständiges und Höheres als der vergängliche Körper; das Erdenleben, dem bei Homer allein der Name ‚Leben' zukommt, wird in seinem Wert relativiert, wenn nicht negiert." (Alt 1982, 280) Die Negierung des Erdenlebens ist als typisch platonischer Charakterzug sicher treffend erkannt, doch ob das ursprüngliche *soma-sema*-Bild wirklich die spätere platonische Auffassung vorwegnahm, darf bezweifelt werden. *Soma* bedeutete bei Homer „Leichnam" und erst später „belebter Körper" (s. o.). Daß die Orphiker unter *soma* das Gegenteil, den lebenden Leib, verstanden, läßt sich nicht beweisen. Und selbst wenn, bleibt die Frage, warum diese Protagonisten des Lebendigen, die den Leichnam (*soma*) zum lebendigen Körper machten, ihn dann herabgesetzt haben sollten, indem sie ihn als kühle Gruft der unsterblichen Seele bezeichneten.

Obwohl sie auf schwankendem Boden standen, wurden orphisch-pythagoreische Theorien und deren Einfluß auf Platon immer wieder aufgestellt. Rohde gab die Orphik als platonische Quelle der Lehre von der Seele und ihrer Göttlichkeit an.[473] Er hatte zwar die weite Verbreitung der Besessenheit und Ekstase bei fast allen Völkern erkannt und bemerkt, daß es an „tatsächlichen Erfahrungen solcher Art" nicht fehle, denn die

471 Zeller/Nestle: „Denn wiewohl ihr Urwesen nach unsern Begriffen unkörperlicher Art ist, so fehlt ihnen doch die bestimmte Unterscheidung des Geistigen vom Körperlichen. … So wird auch in der weiteren Betrachtung der Dinge Geistiges und Körperliches nicht auseinandergehalten." (Zeller/Nestle 1919, 231f. 225 u. 238)

472 Zur Etymologie von *soma* aus *sema* im Kratylos meinte Schreckenberg: „Daß sie orphisch ist, wie allgemein angenommen wird, steht nicht da." Sie sei vielmehr „pythagoreischen Kreisen" entnommen (Schreckenberg 1964, 150). Doch auch das steht nirgendwo.

473 Rohde:"Diese Ueberzeugung, dass im Menschen ein Gott lebe, der frei erst wird, wenn er die Fesseln des Leibes sprengen kann, war im Dionysoscult und seinen Ekstasen tief begründet." (Rohde 1925b, 133)

Willkür liege nur „in der Auslegung der Erfahrungen" (Rohde 1925b, 414). Aber die hier kritisch aufgeworfene Frage nach der Interpretation wird im voraus entschieden, unterstellt man den platonisch-anthropologischen Dualismus als universal gültiges und für die Beschreibung von Ekstase geeignetes Leibschema. Außerdem kommt man mit dieser Interpretation ekstatischer Phänomene nicht über die platonische Sicht hinaus. Gerade Rohde behauptete, „Zauberer, Medizinmänner, Priester und Schamanen" würden, da allen die Ekstase gemeinsam sei, „von völlig übereinstimmenden Anschauungen über Körper und Seele" ausgehen (Rohde 1925b, 24f.). Damit blieb er in dem Zirkel gefangen, bei seiner Auslegung universale dualistische Anschauungen unreflektiert zu unterstellen und sie dann zu postulieren.

Seine Interpretation ekstatischer Phänomene wurde dann von Nilsson mit dem Hinweis kritisiert, der Begriff „Ekstase" impliziere nicht die Trennung von Körper und Seele, sondern meine das „Hinaustreten aus seinem gewöhnlichen Selbst".[474] Ebenso sei keine Spur einer Körper-Seele-Trennung bei den Begriffen *enthusiasmos* und *entheos*, die er als „derjenige, in dem Gott ist" übersetzte, festzustellen. Auch der Begriff *mania* komme ohne Trennungsvorstellung aus, denn gemeint sei „Raserei, Wahnsinn, aber ein göttlicher Wahnsinn, in dem der Mensch sich über die menschliche Sphäre erhoben und von höherer göttlicher Kraft erfüllt fühlt" (Nilsson 1976, 577).

Scheint also eine Trennung von Körper und Seele für die Orphik immer zweifelhafter, so stellen sich ähnliche Fragen auch bezüglich der Pythagoreer. Ein gewisser pythagoreischer Einfluß auf Platon ist zwar nicht zu leugnen, doch nach Kerschensteiner reicht beispielsweise Platons Ordnungsbegriff über den der Pythagoreer hinaus.[475] Platon bemühe sich „nicht nur um die Ordnung der Stoffe, sondern um eine innere Ordnung auch der Individualseele" (Kerschensteiner 1962, 234) – und der Polis, so ließe sich noch hinzufügen.[476] Die „innere" Ordnung Platons meint eine anthropologische Stufung, die sich von Vorstellungen der Pythagoreer merklich unterscheidet. Die „wechselseitige Entsprechung" von Mikro- und Makrokosmos erlaubte es nach Burkert den Pythagoreern, „Getrenntes zusammenzusehen", ohne daß ein „ontologisches Prioritätsverhältnis impliziert wäre" (Burkert 1962, 41). Die Frage, ob überhaupt von einer

474 Zu Nilsson u. Rohde s. a. Burkert (1962b, 45 A. 47). Doch auch Nilssons Terminologie blieb unpräzise. Er trat für eine „Verwandtschaft der besprochenen Erscheinungen – des Hinaustretens der Seele aus dem Körper, der weiten Reisen – mit dem Schamanentum" ein (Nilsson 1976, 617). Dieser Richtung folgte auch Burkert: „Denn eine Grunderfahrung schamanistischer Ekstase ist die Unabhängigkeit der ‚Seele' vom Körper." (Burkert 1962, 133)

475 Dazu Kerschensteiner: „In Platons Lehre von der Weltseele und ihrer Bildung nach harmonisch-musikalischen Zahlenverhältnissen aber hat der pythagoreische Harmoniegedanke seinen Eingang gefunden" (Kerschensteiner 1962, 234). Allerdings besteht ein Unterschied zu den Pythagoreern darin, daß sich „die Lehre von der Weltseele" bei ihnen nicht finden läßt (Zeller/Nestle 1919, 525ff.). Zum Unterschied zwischen Platon und den Pythagoreern s. a. Mittelstrass (1962, 157).

476 Eine ähnliche Beobachtung machte George Perrigo Conger: „On the whole we may say that in his political philosophy Plato used structural comparisons to render more articulate those recommendations upon which he was intent; but it must be remembered that his chief interest here was not a biological parallelism, but a psychological description; not organism, but organization." (Conger 1967, 8)

Mikro- Makrokosmos-Lehre bei den Pythagoreern gesprochen werden kann oder ob es sich nicht auch hier eher um leiblich-weltliche Entsprechungen handelt, muß offen bleiben. Sicher ist zumindest, daß sich bei Platon (Timaios 38a, 39e, 48e) enorme Änderungen des Weltbildes dadurch vollzogen, daß er eine „Seinsabstufung" in das Wechselspiel der Entsprechungen hineindeutete. Bei den Pythagoreern fehlte, so Burkert, „die Reduktion der Wahrnehmungswelt auf übersinnliche Prinzipien" (Burkert 1962, 43). Diese setzte erst mit Demokrit ein, dessen Atome nicht mehr mit den Sinnen zu erfassen sind. Ferner muß die Tatsache, daß die pythagoreische Seele nicht zum Hades ging und dort verblieb, sondern wiedergeboren wurde, nicht bedeuten, daß man sie auch im lebenden Menschen vom Körper unterschied. Im Gegenteil, sie wurde als eine harmonische Mischung vergleichbar der Stimmung eines Musikinstruments angesehen, eine Vorstellung, die mit ihrer Unsterblichkeit eigentlich im Widerspruch steht.[477] Ohne hier das Problem lösen zu können, läßt sich mit Burkert in jedem Fall sagen, daß „eine Unterscheidung von körperlichem und unkörperlichem Sein" in dieser pythagoreischen Lehre „überhaupt noch nicht vollzogen" war (Burkert 1962, 30). Damit zeigt sich aber, daß die Wiedergeburtenlehre genausowenig eine Trennung von Körper und Seele bei Lebzeiten voraussetzt wie die zum Hades fahrende homerische *psyche*. Außerdem handelte es sich bei den Pythagoreern nicht um einen orphischen Ekstasekult. Die oben schon erwähnte Kombination von verschiedenen Übungen zu einer klösterlich anmutenden Lebensform sind in der Orphik nicht belegt. Auch ist nicht sicher, ob die ekstatische Orphik überhaupt eine Seelenwanderung kannte.

Je mehr offene Fragen sich ergeben, um so klarer zeichnet sich Platons individuelle Leistung ab. Claus vermutete, Platon habe als erster eine Körper-Seele-Trennung bei Lebzeiten in das griechische Denken eingeführt und habe das durch eine vollständig realisierte phsychologische Version der Pythagoreischen Seele getan (a fully realized psychological version of the Pythagorean soul / Claus 1981, 183) Ob dies tatsächlich so war, muß zweifelhaft bleiben.

Burkerts schwerwiegende Bedenken gegen eine pythagoreische Seele in platonischen Dialogen (s.o.) ignorierte Graeser völlig. Für ihn stand außer Zweifel, daß „der ‚Phaidon' in der schroffen Entgegensetzung von Seele und Leib eine Seelenanschauung radikalster pythagoreischer Art" repräsentiert (Graeser 1969, 60). Er ging sogar noch weiter mit der Behauptung, Platon sei „über diese pythagoreische Anschauung zu keiner Zeit ausdrücklich hinweggekommen". Das ist jedoch genauso abwegig wie seine Projektion des platonischen Ermächtigungsstrebens auf Orphik und Pythagoreertum, denn für ihn bestand die pythagoreische Anschauung in dem „Gedanken der systematischen Negierung alles Körperlichen". Daß keine historischen Beweise dafür vorliegen und daß weder Ekstasekult noch Seelenwanderungsglaube zwangsläufig mit einer „systematischen Negierung alles Körperlichen" zusammenhängen, entging Graeser dabei. Außerdem scheint schon angesichts der Sorgfalt, die gerade die Pythagoreer durch ihre Übungen dem Leiblichen zukommen ließen, die Doktrin einer solchen Abwertung äu-

477 Dazu s. a. Allers (1944, 342).

ßerst fraglich. Hinzu kommt, daß sich Graeser bei seiner Platon-Interpretation auf das oben angezweifelte *soma-sema*-Bild stützte und den Umkreis mit Orpheus B 3, Heraklit B 20, 62, 88, Empedokles B 15, 118 und Philolaos B 14 „einigermaßen abgesteckt" sah (Graeser 1969, 60 A. 23). Philolaos beruft sich aber auf irgendwelche alten Weisen und Seher, die vom Körper als Grab der Seele gesprochen haben sollen, ähnlich wie schon Platon, den Diels/Kranz als Quelle des Orpheusfragmentes B 3 angaben. Damit verliert sich aber jede Spur im Nebulösen, und eine Rekonstruktion dessen, was genau mit dem Bild gemeint war, kann kaum erfolgreich vorgenommen werden. Der Hinweis von Graeser auf Heraklit und Empedokles zeigt schließlich, wie oberflächlich hier die verschiedensten Anschauungen in einen Topf geworfen wurden. Empedokles benutzte den *psyche*-Begriff im Sinne Homers nur an einer Stelle; er war kein Pythagoreer. Heraklits *psyche* war eine Art Naturkraft und hatte mit Orphik und Pythagoreertum nichts zu tun. Von einer Abwertung des Leibes bei beiden Denkern kann keine Rede sein.

Ein weiterer Vertreter eines angeblichen orphischen Dualismus war Carella, der die Behauptung wiederholte, der „Orphism" sei eine religiöse Richtung gewesen, die den „mind-body"-Dualismus in die westliche Zivilisation eingeführt habe. Er postulierte dies allerdings nur; der Beweis blieb aus. Der anthropologische Dualismus taucht als konsequentes Dogma in der Philosophie nachweisbar erst bei Platon und in Ansätzen bereits bei Demokrit auf. Richtig ist sicherlich, mit Carella den „soul-body"-Dualismus als eine fundamentale Prämisse der sokratischen Ethik zu betrachten (Carella 1991, 189). Insgesamt verkannte er jedoch den Nuancenreichtum der verschiedenen Theorien, die – gespeist aus unterschiedlichen Quellen – bei Platon kulminierten, und es ist, wie oben gezeigt wurde, in jedem Fall ungerechtfertigt, von einer „Wiedergeburtenlehre bei Empedokles" zu sprechen (Carella 1991, 238).[478]

Platon und der Schamanismus

Kommt die heutige Forschung bis auf wenige Ausnahmen zu dem Ergebnis, die Platonische Körper-Seele-Trennung sei nicht charakteristisch für Orphik und Pythagoreertum, so hat diese Erkenntnis generelle Konsequenzen für den angeblichen Schamanismus bei den frühen Griechen, der nicht nur mit Bezug auf Parmenides oder Empedokles immer wieder leichtfertig propagiert wurde. Auch aus Pythagoras wurde – beispielsweise von Dodds – ein Schamane gemacht (Dodds 1970, 79). Burkert gewann von Pythagoras schließlich unter Bezug auf Meuli und Dodds „ein ziemlich differen-

478 Carella steht mit seiner Ansicht nicht allein. Ein prominenter Vorläufer war Nestle (1919, 248ff.). S. a. Schreckenberg (1964, 153 A. 44) H. F. Cherniss glaubte, daß Platon die Theorie der „metempsychosis" von Empedokles und dieser sie von Xenophanes (B 7) und den Pythagoreern übernommen habe (Cherniss 1970, 17). Alt wollte „trotz etlicher Berührungen und Überschneidungen" die „Lehre der Reinkarnation, wie sie uns Empedokles bezeugt", von der Vorstellung des „Körpers als Grab der Seele" unterscheiden (Alt 1982, 281). Das ist sicher notwendig, doch eine Reinkarnationstheorie ist für Empedokles nicht zu belegen. Rohde sprach überzogen von der „Seelenwanderung" als „Vorstellung der Popularpsychologie aller Völker der Erde" (Rohde 1925b, 135).

ziertes Bild eines schamanenhaften ‚Weisen'", woraus für ihn „ein Pythagoreismus fern aller exakten Wissenschaft" resultierte (Burkert 1962, 13).[479] Doch Pythagoras nur aus einer vagen Verbindung, die sich von ekstatischen Phänomenen herleitet, zum Schamanen zu machen, bleibt ein fragliches Unterfangen. Als Begründer einer bestimmten Lebensweise, der „Sekte" der Pythagoreer, verwischt sich seine Spur im Halbdunkel mythischer Ausschmückung, das eine klare Klassifikation nicht ermöglicht und die historische Persönlichkeit zu sehr verschleiert.[480]

Eine generelle Entwertung des Schamanismusbegriffs wird besonders deutlich, wenn Burkert mit Bezug auf Meuli von den „schamanenhaften Zügen" spricht, die die Odysseusgestalt „unbestreitbar" aufweise. Auch auf die Orphik bezogen ist der Begriff unangebracht. Weder die „dionysischen Bacchanale" noch die „Orphik" können als Beispiele für Schamanismus gelten (Eliade 1982, 369ff.). Bei Claus fehlt jegliche exakte Begriffsbestimmung, wenn er von der ekstatischen Reise des Parmenides und von dem Stillstehen des Sokrates am Anfang des Symposion als signifikante „reflections" der Figur des Schamanen in der griechischen Philosophie spricht (Claus 1981, 111). Weder Sokrates noch Platon können als Schamanen bezeichnet werden,[481] deshalb sind auch bei Dodds große Zweifel angebracht, wo er die gewagte These von einer „vollständigen Neudeutung der alten schamanistischen Kulturform, die aber gleichwohl ihre Vitalität bewahrte", aufstellte und glaubte, „ihre auffälligsten Züge noch bei Platon" erkennen zu können (Dodds 1970, 109). Damit soll nicht bestritten werden, daß es sich bei Platon tatsächlich um eine Neudeutung herkömmlicher Techniken des Leibes handelt (s. u.). Aber Dodds vermischte die Phänomene. Er behauptete: „So lebt der Glaube an die Seelenwanderung unverändert fort. Die Trance des Schamanen, seine absichtliche Loslösung des okkulten Ich vom Körper, ist zu jener Technik der geistigen Versenkung und Konzentration geworden, die zur Reinigung der rationalen Seele angewandt wird" (Dodds 1970, 110). Zwar bemerkte er hier, daß Platon die „Reinigung der rationalen Seele" einführte, doch weder ist die Beziehung der „Seelenwanderung" zum „Schamanismus" geklärt, noch lassen sich schamanistische Ekstasephänomene als Lösung eines „okkulten Ich" (was immer das auch sein mag) vom „Körper" interpretie-

479 Zu „Pythagoras als Schamane" (mit Bezug auf Burkert) sowie zu Zalmoxis als „a Pythagorean shaman" s. a. Claus (1981, 111 u. 171). Burkert sah in Pythagoras den „hyperboreischen Apollon", gleichsam einen „göttlichen Schamanen"(Burkert 1962, 134). S. a. Rohde (1925, 99), Guthrie (1962, 148) und Schadewaldt (1978, 276).

480 Eine vorsichtige Annäherung zeigt ein von Schmitz entworfenes Bild: „Pythagoras war ein durch auffällig viele Kenntnisse hervorstechender Mann mit Routine in wunderbaren Kunststücken, die seine Anhänger zur Verehrung des Mannes als eines Übermenschen veranlaßten, während skeptische Beobachter hochstaplerische Gaukeleien vermuteten; er lehrte die Seelenwanderung und erging sich in phantastischer Ausdeutung akustischer Phänomene." (Schmitz 1988a, 218) Er ergänzte diese Sicht durch die Vermutung, Pythagoras habe von Anaximander bezogenes Gedankengut (*apeiron*, ewige Wiederkehr) in seine Philosophie eingebaut und an die Pythagoreer vermittelt (Schmitz 1988b, 34 u. 58f.).

481 Eliade sprach vom „riesigen Abstand", der „die Ekstase eines Schamanen von Platons Kontemplation trennt" (Eliade 1982, 375).

ren. Außerdem benutzte auch der Schamane eine „Technik der geistigen Versenkung und Konzentration“ – abgesehen davon, daß hier der Geistbegriff ähnlich unangebracht ist wie die anthropologischen Dualismen. „Versenkung“ und „Konzentration“ gehören zu den ältesten Techniken der Leibbemeisterung und wurden – ähnlich übrigens wie die Reinigungsrituale – auch zum Erreichen von Ekstase eingesetzt. Von Dodds übernahm dann Burkert seine These, „die platonische Transposition“ sei die „überzeugende Umsetzung“ der „schamanistischen Weltsicht“ ins „Moderne“(Burkert 1962, 142).[482] Ans Groteske grenzt allerdings Heinz Reinwalds Unterfangen, von einer „Institutionalisierung“ des Schamanismus in Athen zu sprechen, Sokrates als „Agamemnon und Herakles in einem“ zu sehen und ihn (unter Hinweis auf vermeintliche Autoritäten) mit dem „Schamanen Jesus“ zu vergleichen (Reinwald 1991, 261f. u. 308).[483] Wenn Sokrates schließlich als Repräsentant einer „schamanischen Eliteform der Philosophie“ gesehen wird, so ist dies eine Übernahme der irreführenden Gedanken von Dodds, die bei Reinwald noch ins Extreme gesteigert werden, wenn er behauptet, „daß sich Descartes auch durchaus als initiierter ‚Schamane‘ begreift, der seine Adepten in das Ritual einweist“ (Reinwald 1991, 256).

Platons Streben nach Rationalisierung medizinisch-therapeuthischer Techniken

Zur Zeit Platons waren Medizin, Diätetik und Gymnastik großen Umwälzungen unterworfen. Platons Philosophie fällt in eine Phase der verstärkten systematischen Ausgestaltung der verschiedensten Wissensbereiche.[484] Es setzte ein Rationalisierungsprozeß ein, der zwar nicht im Sinne von Dodds als Umdeutung „schamanistischer“ Lebensform erklärt werden kann, der sich aber als eine Ausdifferenzierung der verschiedenen Zweige des Wissens verstehen läßt. Ferner ist ein generelles Zurückweichen der reli-

482 Dodds ging sogar soweit, die Wächter in Platons Staat als „neue Art rational gedeuteter Schamanen“ zu interpretieren, „die wie ihre primitiven Vorläufer auf ihre hohe Aufgabe durch eine besondere Disziplin vorbereitet werden, welche darauf abzielt, die ganze psychische Struktur zu modifizieren.“ (Dodds 1970, 110)

483 Fraglich bleibt auch Nilssons Versuch, Platon als ein „religiöses Genie“ zu stilisieren (Nilsson 1976, 819) sowie die Aussage, der „religiöse Gehalt seiner Gedanken“sei erst 500 Jahre später „entdeckt“ worden, dann habe „er sich freilich als einer der größten Religionsstifter der Welt, dessen Spuren in jeder Religion sichtbar sind“ gezeigt (Nilsson 1976, 847).

484 Kudlien: „Das gesamte 5. Jh. v. Chr. ist unbestreitbar eine Zeit der einschneidendsten Veränderungen, eines den ganzen gesellschaftlichen und kulturellen Bereich umfassenden Umbruchs. Die Medizin wurde selbstverständlich von diesem Umbruch geradezu existenziell mitergriffen.“ (Kudlien 1967, 147) Vernant schrieb zur Entwicklung innerhalb des 6. Jh. v. Chr.: „Die *sophia*, die *philosophia*, ersetzt die traditionellen Initiationsriten, welche den Zugang zu verbotenen Offenbarungen hüteten, durch andere Prüfungen: durch ein bestimmten Regeln unterworfenes asketisches Leben. In dieser Form der Wahrheitssuche behalten neben den Techniken der Diskussion und Beweisführung oder den neuen Verstandeswerkzeugen, wie sie die Mathematik bereitstellt, auch die alten Wahrsagepraktiken ihren Platz, ebenso wie die spirituellen Übungen der Konzentration und der Ekstase.“ (Vernant 1982, 55)

giösen Vorstellungen gegenüber rationalistisch geprägten Anschauungen festzustellen. In der Medizin breitete sich unter dem Aspekt der Vorbeugung eine diätetische Lebensweise aus, die besonders im 4. Jh. v. Chr. den Menschen mehr und mehr beanspruchte und seinen Tagesablauf bestimmte.[485] Kudlien sprach von einer „‚Ernüchterung‘ des Arztbegriffes innerhalb der Polisgesellschaft“ und der „Grenzziehung gegenüber dem sakralen Arzt“ bei Platon (Theätet 167b) (Kudlien 1967, 28). Eine solche Grenzziehung wird erstmals bei Alkmaion deutlich erkennbar, der nach Kudlien die Diätetik aus dem philosophischen Kontext des Pythagoreertums löste und die Entwicklung zur „medizinischen Speisediätetik auf naturphilosophischer Grundlage“ (vgl. a. Eryximachos im Symposion) vorantrieb (Kudlien 1967, 56 u. 60f.). Dabei vollzog sich eine endgültige „Rationalisierung“ der altreligiösen Reinigungsidee (*katharsis*), die sich nun einerseits „zu einer medizinischen Diätetik der Körperpflege“ und andererseits zu einer „diätetischen Heilgymnastik“ entfaltete. Nach Alts Ansicht war es Platon, der damit begann, „Reinigung und Einweihung als Akte der Philosophie umzudeuten“, wobei sich auch die Bedeutung der *katharsis* änderte: „Reinigung, der Begriff aus dem Bereich von Mysterien und Orphik, wird geradezu ein Schlüsselwort im Phaidon, allerdings in verwandeltem Sinn: statt Entsühnung ist nun Philosophie, Erkenntnis gemeint.“ (Alt 1982, 299) [486]

Die vorplatonische *katharsis*, die jeweils schwerpunktmäßig auf der einen Seite mehr den religiösen und auf der anderen den medizinischen Bereich abdeckte, erhielt im Phaidon eine neue philosophische Dimension und wurde zu einem „streng philosophischen Begriff“ (Lain-Entralgo 1958, 314f.). Mit Bezug auf Phaidon 67c, 67d u. 69c und das sich dort abzeichnende neue Verständnis der „Reinigung der Seele“ stellte Mittelstrass fest: „Diese Reinigung stellt sich in der Sonderung der Seele vom Leib und der Versammlung ihrer einzelnen Vermögen dar, die Vernunft selbst wird als eine

485 Dazu Edelstein: „Ja die Gesundheitslehre gilt dieser Zeit nicht nur gleich wichtig wie die Therapeutik, sie scheint sogar wichtiger als die Heilung der Kranken: Ist es doch besser, die Menschen überhaupt nicht krank werden zu lassen.“ (Edelstein 1931, 258 u. 260) Zum „Diätetiker“ im Corpus Hippocraticum s. die Aufzählung gymnastischen Übungen bei Egger: „Spaziergänge“, „Gestikulation oder die Bewegung der Hände nach gewissen Gesetzen“ (*cheironomia*), die verschiedenen Formen des Ringens und damit verbunden die Massage (*tripsis*) sowie das „Anhalten des Atems“ (*pneumatos kataschesis*) (Egger 1903, 13). Zu den wichtigsten Übungen der Gymnastik, bei denen zwischen natürlichen und gewaltsamen Anstrengungen unterschieden wird, schrieb W. Mering: „Gewaltsame Anstrengungen sind Läufe, ... das Schütteln des Körpers, Bewegungen und das Heben der Arme, der Ringkampf, das Reiben (Massage), ... der Faustkampf, die Bewegungen der Finger, das Anhalten des Atems.“ (Mering 1937, 11)

486 Alt bezog sich auf Phaidon 69c; 80e; 81a; 82c; 114c). Dazu Burnet: „Religiöse Genossenschaften müssen den Griechen von ziemlich früher Zeit her bekannt gewesen sein; aber die ältesten von ihnen waren, wenigstens theoretisch, auf die Bande der Blutsverwandtschft begründet. Neu war die Einrichtung von Gemeinschaften, in die ein jeder durch Einweihung aufgenommen werden konnte.“ (Burnet 1913, 70) Ähnlich äußerte sich auch Alt: „Den Weg zum Heil eröffnet nur der Vorgang der Einweihung, der rituelle Reinigungen und Praktiken umfaßte und in einer ‚Schau‘ gipfelte, mit der die Seele die Seligkeit für jetzt und künftig gewann.“ (Alt 1982, 284)

Erscheinungsform dieser Reinigung verstanden. Im Zustand der Reinheit ist dann die Seele allein für sich. Diese unter kultischen Gesichtspunkten aufgefaßte Reinigung der Seele ist also gleich dem philosophischen Zu-sich-selbst-Kommen dieser Seele." (Mittelstrass 1962, 77)

Betrachtete die Orphik die *katharsis* vorwiegend als religiöse Reinigung von einer durch moralische Schuld hervorgerufenen Befleckung, war sie dort als eine Form der Kompensation mehr rückwärtsgewandt, so hatten die Pythagoreer sie in ihre geregelte Lebensweise integriert und zu einem festen Bestandteil im Leben der philosophischen Gemeinschaft gemacht. Platon schließlich stellte sie in den Dienst seiner dualistischen Ideologie und stilisierte sie zur Psychotechnik.[487] Im Phaidon besteht ihre Aufgabe darin, die Seele vom Körper zu reinigen, denn Platon sei, so Pedro Lain-Entralgo, „der erste", der die Seele in ihrer Beziehung zum Körper zum Gegenstand der *katharsis* machte. Er schrieb weiter: „Die ‚Reinigung der Seele' besteht letztlich darin, sich weitmöglichst von dem Körper zu befreien. Das Gefühl verunreinigt, der Leib befleckt die Seele, er durchdringt sie mit dem Bösen." (Lain-Entralgo 1958, 315f.) Dabei ließ er die Frage, ob die Orphiker oder die Pythagoreer schon von einem „*kathairein ten psychen*" sprachen, wohlweislich offen. Eine Trennung der verschiedenen Reinigungsformen für Körper und Seele in der Lebensweise der Pythagoreer ist nicht bekannt und nach den oben zitierten Ausführungen Burkerts auch nicht wahrscheinlich. Somit bleibt als philosophischer Urheber nur Platon, dessen Modifikation der herrschenden medizinisch-anthropologischen Vorstellungen darin bestand, daß er sie für den Körper als gültig betrachtete, sie aber um die Heilverfahren für die Seele ergänzte. Der Reinigung der Seele, die nun durch die verbalen Techniken von Überredung und prüfender Zurechtweisung zustande kommen sollte, setzte Platon die Reinigung des Körpers gegenüber, die es gesondert zu betreiben galt (z. B. Sophistes 226c–230d).[488] Diese Körperreinigung bestand in der medizinischen Technik, mittels Diätetik und Gymnastik die verschiedenen Rückstände und Krankheitsverursacher (*perittomata*) abzuführen, um den von Alkmaion (B 4) als *isonomia ton dynameon* bezeichneten Zustand zu erreichen. Die Gesundheitsdefinition des Alkmaion, die eine phänomenologisch exakte Verarbeitung der sich aus dem leiblichen Spüren ergebenden Eindrücke ist, verdeutlicht den hohen Stand vorplatonischer Medizin. Die gleichmäßige Mischung (*symetron krasin*) der Kräfte des Leibes steht für ein Verständnis der einzelnen Regungen und Regungsherde, das ganz auf dem koordinierenden Prinzip aufbaut, in dem das ausgewogene Koagieren der Zentren den Idealfall einer harmonischen Funktionsweise darstellt. Demgegenüber etablierte Platon endgültig seinen radikalen hierarchischen Dualismus. Claus erwähnte Gorgias 463e–480a als erste unmißverständliche Antithese der Seele als Herr über den Körper in der platonischen Philosophie und meinte, jetzt würden für Körper

487 Dazu Dodds: „Für Platon selbst bestand zweifellos die einzige echte und wirksame Katharsis in der Übung der geistigen Versenkung und Konzentration, die im ‚Phaidon' beschrieben wird: Der geübte Philosoph konnte seine Seele ohne Hilfe eines Rituals reinigen." (Dodds 1970, 120)

488 S. a. Lain-Entralgo (1958, 317 u. 321).

und Seele jeweils getrennte Therapien verordnet im Gegensatz zu den Heilverfahren, die beide gemeinsam als psychosomatische Mischung behandelten.[489] Eine solche Entwicklung deutet sich bereits in Platons Charmides an. Lain-Entralgo hob Charmides 156d–157a hervor und sah darin ein erstes Anzeichen für das Entstehen einer aus der Rationalisierung der magischen Verfahren des Besprechens (*epode*) hervorgehenden „Psychotherapie" (Lain-Entralgo 1958, 298ff.).[490] In der *epode* erkannte auch Kudlien eine „positive therapeutische Neuanwendung des alten magischen Begriffs" (Kudlien 1967, 73). Nach Ansicht Lain-Entralgos machte Platon aus der magischen Besprechung oder Beschwörung eine „Beweisführung oder Erzählung gegen das Irren oder gegen schädliche Affekte" (Lain-Entralgo 1958, 303) – aber auch eine Art Beweis für die unsterbliche Seele, müßte hinzugefügt werden, denn deren Erkenntnis sollte die Furcht vor dem Tod nehmen. Platon wandte sich hier gegen die von Simmias vertretene „pythagoreische" Sicht der *psyche* als „Stimmung des Körpers" und versuchte, einen Beweis für ihre schon zu Lebzeiten gegebene Differenz zum Körper sowie für ihre Unsterblichkeit zu führen. Auch an diesem Beispiel wird übrigens deutlich, wie unbegründet Graesers Versuch war, Platon eine pythagoreische Sicht zuzusprechen, über die er nie hinausgekommen sei.

Als wirksamstes Mittel, um die Todesangst zu mindern, aber auch um seine Philosophie zu festigen, läßt Platon Sokrates im Phaidon (77e–78a) seinen beiden Gesprächspartnern eine tägliche „Besprechung" empfehlen, die sie auch wechselseitig vornehmen sollen, denn die Angst vor dem Tod läßt sich angeblich durch fortwährendes Erzählen des Mythos bannen.[491] Geradezu genial werden Mythos und Ideologie „indoktriniert", indem man gleichsam „sich selbst besprechen" muß (114d). Die „schöne Rede" (*logos kalos*), mit der die Selbstbesprechung vorgenommen werden soll, erzeugt dann die sokratische *sophrosyne*. Damit basiert Platon zwar auf Demokrit, geht aber über ihn hinaus.[492] Helen North zeigte an der von Heraklit über Demokrit bis zu Platon verlaufenden Entwicklung, daß in der Frühphase der Begriff *sophrosyne* noch nicht die Bedeutung der Kontrolle über das Begehren hatte, sondern daß damit generell Erkenntnis, Wissen und Kunst (*episteme* u. *techne*) gemeint waren.[493] Während *sophrosyne* bei Heraklit in Anlehnung an den homerischen Sprachgebrauch als Bezeichnung für einen guten Zustand im Sinne des Weise-Seins angewandt worden sei, komme bei

489 Claus sprach weiter von der Kapazität der Seele zur Selbstregulierung durch ihr eigenes Erreichen von innerer Ordnung. Diese Selbstregulierung würde verglichen mit der Regulierung der für den Körper konstituierenden Bestandteile durch die wissenschaftliche Medizin. (Claus 1981, 178).

490 S. a. Kudlien (1967, 74).

491 S. a. Lain-Entralgo (1958, 302).

492 North: „Democritus is probably the first philosopher to justify systematically the already popular conception of sophrosyne as the control of appetite; he elevates and expands this notion to make it one of the chief sources of *euthymia* („contentment"), his *summum bonum*." (North 1966, 119 in Bezug auf Fr. 210f.)

493 North: „Heraclitus is the first of the pre-Socratic philosophers to base an ethical system on a theory of physics and the only one before Democritus who refers to sophrosyne." (North 1966, 26)

Platon ein wesentlicher Aspekt hinzu, nämlich die Bedeutung „to be self-controlled" (North 1966, 158). Damit zeigt sich auch hier wieder das genuine Motiv der Beherrschung, das Platons gesamte Philosophie durchzieht und sein Denken wesentlich prägte. Bei ihm ist die *sophrosyne* ein primär seelischer Zustand, der erst „in" der Seele erzeugt werden muß, um dann auf den Körper wirken zu können. Diese Herstellung der *sophrosyne* erreicht er durch die *epode*.

Zwar hatte Lain-Entralgo richtig erkannt, daß Platon mit seiner Auffassung der *epode* „weit entfernt von der Magie und Zauberei" sei und dies dadurch zeige, daß er sich bemühe, eben *sophrosyne* zu erzeugen. Doch worin nun genau die „Rationalisierung" der *epode* bestand, wurde nicht ganz deutlich. Für ihn besaß schon die „archaische" *epode* als eine „reine und nicht differenzierte suggestive Handlung" einen „rationalen Faktor". Daraus wurde dann die „technische Psychotherapie" des *logos kalos*, der schönen Rede. Sein Fazit: „Das Wort wirkt jetzt durch das, was es ist, durch die vereinte Wirkung seiner eigenen Beschaffenheit und der Natur des Kranken, nicht aber vermöge irgendeiner magischen Kraft". (Lain-Entralgo 1958, 309 u. 313) Sicherlich kann Lain-Entralgo nicht widersprochen werden, wenn er den Rationalisierungsprozeß darin sieht, daß das Wort früher durch die Kraft des Magiers und bei Sokrates durch seine „Schönheit" wirkte. Doch nach seiner eigenen Erkenntnis ist auch das eine „suggestive Wirkung", die wiederum davon abhängt, was als *logos kalos* betrachtet wird.[494] Damit bleibt dem Wort in jedem Fall – also sowohl im magischen als auch im philosophisch-sokratischen Gebrauch – so etwas wie suggestive Kraft; die Unterscheidung der verschiedenen Wirkungsweisen läßt sich nicht am Kriterium der Suggestion zeigen. Die von ihm wohl nicht bemerkte Implikation, daß die sokratische Besprechung keine „magische Kraft" mehr hat oder ist, bzw. daß die „vereinte Wirkung" der „eigenen Beschaffenheit" des Wortes nicht mehr magisch sein soll, ist irreführend. Dies zeigt sich schon daran, daß Sokrates durchaus an „besonders dafür begabte Männer" denkt, die eine Besprechung vornehmen sollen, denn er empfiehlt seinen beiden Gesprächspartnern, „tüchtige Besprecher" zu suchen; und das nicht nur in Griechenland, sondern sogar in den Ländern der Barbaren, denn, so Sokrates, „es gibt wohl nichts, worauf ihr das Geld besser wenden könntet" (78a).

Platon wurzelt zwar im magischen Denken seiner Zeit, hinzu kommt aber die Empfehlung, selber tägliche Besprechungen vorzunehmen. Die suggestive Kraft magischer Verfahren, die früher den ganzen Menschen an- und besprachen, wird durch das Selbstgespräch in die Seele verlegt und dazu genutzt, dieser die platonische Ideologie der Unsterblichkeit einzuflößen. Deshalb läßt sich dieses Verfahren als Autosuggestion bezeichnen. Aus der „magischen Zauberformel", die den Menschen leiblich ergreifen und das Böse bannen sollte, ist eine „schöne Rede" geworden, die nun die empfängli-

494 Vom tatsächlichen Einfluß, den die *epode* auf den „Gemütszustand, oder besser gesagt, auf seinen psychosomatischen Zustand", hat, meinte Lain-Entralgo, es sei „das, was wir heute als ‚Suggestion' oder ‚suggestive Wirkung' bezeichnen" (Lain-Entralgo 1958, 308). Doch diese Erklärung reicht nicht, denn sie macht den Unterschied zur magischen Wirkung nicht klar.

che Seele zur *sophrosyne* leiten soll. Die *epode* wirkt nicht mehr auf den Leib bzw. auf den ganzen Menschen, sondern auf die Seele, nämlich so, daß sie diese beruhigt und ihr die Angst vor dem Tod nimmt. Platons Rationalisierungsprozeß besteht also gerade darin, die Technik der Besprechung auf den hierarchisch übergeordneten Bereich der Seele zu beziehen, in dem die *epode* dann sorgfältig temperiert, geradezu „sophronysiert" – wie Lain-Entralgo sagt –, angewandt werden kann (Lain-Entralgo 1958, 309).

Wie nahe Platon damit modernen psychotherapeutischen Bestrebungen kam, zeigen zwei weitere Beobachtungen. Dodds meinte, die „Theorie vom inneren Konflikt" – in der Politeia „lebhaft veranschaulicht" und im Sophistes „präzise formuliert" – sei als „mangelnde Übereinstimmung der Seele in sich", also als „eine Art von Seelenkrankheit" dargestellt (Dodds 1970, 112). Die Introjektion ermöglichte überhaupt erst so etwas wie einen „inneren Konflikt", denn erst durch sie entstand eine „Seelenkrankheit", die dann zur Behandlung besonderer therapeutischer Methoden bedurfte. Diese Methoden sollten natürlich möglichst frei von jedem leiblichen Bezug sein, woraus sich wiederum erklären läßt, warum die *epode* in ihrer entschärften Form ein geeignetes Mittel darstellte, um in der hierarchisch gegliederten Seele durch vage Befreundung ihrer Teile die *sophrosyne* zu erzeugen.[495]

Die zweite Beobachtung bezüglich platonischer und moderner psychologischer Vorstellungen stammt von Schmitz. Er sah in den Politeia-Stellen 571b–d und 572b, wo Platon von den Wirkungen der Begierden (*epithumion*) eines unvernünftigen Mannes auf dessen Träume spricht, die dazu führen können, daß ein solcher Mensch im Schlaf sich sowohl mit Tieren als auch mit der eigenen Mutter paaren will, eine „interessante Näherung an die Lehre der modernen Psychoanalyse von den verdrängten Komplexen": „Platon nimmt hier Freuds Lehre vom Oedipuskomplex vorweg. Eros, die Liebesbegierde, weckt die verdrängten Triebmächte und setzt sie frei." (Schmitz 1965, 481f.) Wenn Schmitz allerdings weiter bemerkt, daß Platon „den Gedanken einer Neurosentheraphie zwecks Auflösung der verdrängten Komplexe" nicht gefaßt habe, so läßt sich mit der rationalisierten *epode* zumindest ein Ansatz dazu zeigen. Inwieweit die moderne Psychotherapie bis heute diese Tendenz fortgeführt hat, kann hier nicht weiter besprochen werden. Bei Platon zumindest – und hierin scheint ihm die Psychologie gefolgt zu sein – wird der Körper erst über die Wirkung auf die Seele behandelt.

Sokrates bezog angeblich das Wissen um die Notwendigkeit der Seelenbesprechung von einem Schüler des Thrakers Zalmoxis, der übrigens auch zu den Schamanen gezählt wurde. Nun ist es aber ganz unwahrscheinlich, daß dieser die Sokratische *epode* empfohlen haben soll. Platon nutzte hier geschickt Zalmoxis, indem er auf ihn seine

495 Graeser gab als Beispiel Gorgias 491d10 an, wo das Besonnensein (*sophrona onta*) in der Beherrschung der *epithumion* und der *hedonon*, die „in" jedem sind, besteht, und 507d, wo die *sophrosyne* gegen die Begierden ausgespielt wird: „Bemerkenswert ist eben der Versuch, dieses Phänomen über commune Vorstellungen hinaus als innerseelischen Prozeß zu bestimmen" (Graeser 1969, 53). Und mit North läßt sich sagen: „These two innovations – the concept of the soul as composite and the definition of sophrosyne as its *kosmos* or *taxis* – mark Plato's first important advance over the earlier, Socratic conception of sophrosyne as a form of knowledge." (North 1966, 163)

anthropologischen Vorstellungen projizierte und aus der Herleitung von dieser „Autorität“ ein gewisses Prestige für seine Seelenlehre zog. Ferner wandte er sich mit dieser Anschauung sowohl gegen Alkmaeons *isonomia* als auch gegen die *eukrasia* der Hippokratiker (Phaidros 270b,c), die sich in seinen Augen zu sehr um die körperliche Gesundheit kümmerten.[496] Erst über die Behandlung der Seele und Herstellung der *sophrosyne* durch die *epode* wurde für ihn die *eukrasia*, nämlich die gute Mischung der Glieder und Säfte, gewährleistet und der Effekt der *pharmaka* optimiert.[497] Das hat mit einer leiblichen Sicht nicht mehr viel zu tun.

Der Unterschied zwischen Platons Nomoi und den Karthamoi des Empedokles zeigt sich besonders drastisch daran, daß nun generell auf Mißbrauch von *pharmaka* und *epode* die Todesstrafe (Nomoi 11. 933)[498] und lebenslängliche Haft auf dem Heraufbeschwören von Toten (Nomoi 10. 909b) stand; ein Kunststück, das Empedokles in Fr. B 111 noch seinen Schüler Pausanius zu lehren versprach, wenn dieser eifrig genug lernen würde. Aus dem „reinen Bemühen“ des Empedokles, das (als magisch-sympathetische Technik) bestimmte Erfahrungen und Erkenntnisse so assimilieren sollte, daß sie ins *ethos* „einwachsen“ (B 110) und dann für das ganze Leben zur Verfügung stehen, wurde bei Platon eine Technik der Autosuggestion, die nicht mehr primär leiblich, sondern seelisch wirken sollte. Die Anrufung mit magischen Worten wich dem Selbsterzählen eines Mythos. Die *katharsis* Platons beschränkte sich zur Erzeugung der *sophrosyne* auf die Wirkung des gesprochenen Wortes,[499] die *epode* wurde zur „mündlichen“ *katharsis*, eine Technik und ein Mittel, das nun zur „‚Reinigung der Seele‘ durch das Wort“ diente. Dies bestätigte auch North, die ebenfalls meinte, ursprünglich seien *kathartike* und *sophrosyne* getrennte Phänomene, die in Platons Seelenkonstruktion zusammenfallen.[500] In den Augen von Lain-Entralgo machte diese Verbindung Platon zum „Erfinder der wissenschaftlichen mündlichen Psychotherapie“ (Lain-Entralgo 1958, 322). Die Abwertung des Körpers zu einer Art von Abfallprodukt, das die Seele verunreinigt, schaffte den Raum für eine neue Krankheit, die Platon dann mit der innerseelischen *epode* heilen wollte. Der abgespaltene Körper blieb der Pflege der Ärzte und Gymnasten überlassen.

496 S. a. Lain-Entralgo (1958, 311).

497 S. a. Kudlien (1967, 73) u. mit weiteren Stellen zur Bedeutung der Seele für den Gesundheitszustand Lain-Entralgo (1958, 312, A. 1).

498 S. a. Lain-Entralgo (1958, 300). Zum Gesetz über medikamentöse Behandlung (Nomoi 932eff.) s. a. Kudlien (1967, 73) u. Burkert (1962b, 53).

499 Lain-Entralgo: „Ohne Zweifel ist für Platon das kathartische Mittel, das für die ‚Krankheit der Seele‘ spezifisch erforderlich ist, das wirksame und geeignete Wort.“ (Lain-Entralgo 1958, 321)

500 North: „Only when the concept of purification was extended beyond mere ritual taboo and came to include the *katharsis* of the soul through some form of abstinence, usually the restraint of passion, did the notions of purification and sophrosyne coincide.“ (North 1966, 30)

Körper und Gymnastik bei Platon

Ein Aspekt im Verhältnis zwischen platonischer Philosophie und frühgriechischer Medizin wird an Platons ablehnender Haltung gegenüber dem Arzt und Gymnasten Herodikos von Knidos (bzw. Selymbria) besonders deutlich.[501] Herodikos gilt allgemein als Begründer der Heilgymnastik, bei der er diätetische, iatrische und gymnastische Mittel und Methoden kombiniert anwandte.[502] Von seiner historischen Periode schrieb Bruno Saurbier, daß sich mit der Zeit auf diesem Wege eine Naturheilkunde entwickelte und die Gymnastik „in den Dienst der Krankheitsvorbeugung und -bekämpfung" trat. „Gymnast und Arzt waren lange Zeit gleiche Begriffe, der erste und wirkungsvolle Anstoß für eine ärztliche Wissenschaft kommt von der Gymnastik." (Saurbier 1970, 13) Diese These der Herleitung der Medizin aus der Gymnastik ist ähnlich übertrieben wie die These von P. J. B. Egger, Herodikos sei der Begründer der Diätetik, denn, so Egger über Herodikos, aus seiner Verbindung von Gymnastik und Iatrik „resultiere" ein „neuer medizinisch-gymnastischer Wissenszweig, die Diätetik" (Egger 1903, 48). Diätetische Systeme sind älter als Herodikos und keine Erfindung der Griechen. Ähnlich wie Saurbier äußerte sich auch Temkin. In seinen Augen wurde Herodikos „von einem gymnastischen Trainer zum Arzt" (Temkin 1971, 18). Auch diese Behauptung ist nicht beweisbar. Platon, auf den man bezüglich des Herodikos immer wieder Bezug nimmt, wandte wahrscheinlich den Begriff *paidotribes* in abwertender, vielleicht sogar in bösartiger Absicht an. Durch den Mund des Sokrates warf er Herodikos vor, sich um die Verlängerung des menschlichen Lebens zu kümmern, „indem er das Sterben lang macht". Trotz dieser Polemik mußte Sokrates selber zugeben, daß Herodikos ein hohes Alter erreicht hat, was zweifellos für seine Methoden spricht. In jedem Fall war Herodikos Arzt, was auch Platon nicht bestritt.[503] Ob er nun Paidotribe oder Gymnast war, muß offen bleiben. Zur damaligen Zeit verwischten sich die Grenzen; die Gymnasten waren normalerweise auch Mediziner. Ludwig Englert bezeichnete den „Gymnasten" in Platons Gorgias 464a sogar als den „wissenschaftlich ausgebildeten Sportarzt" (Englert 1929, 34), und Willi Hofmann betonte: „Der antike Arzt wußte mit den Leibesübungen genau so umzugehen wie der moderne Arzt mit dem chemischen Arzneischatz." (Hofmann 1938, 5)

Das leibtherapeutische Wissen der antiken Ärzte basierte auf der Theorie des leiblichen Gleichgewichts, die sich auch bei Herodikos findet und deren erste wissenschaft-

---

501 Zu Herodikos s. Grensemann, der unter anderem Protagoras 316d, Phaedron 227d u. Politeia 406a-c angab. Seine Wirkungszeit liegt nach Grensemann um 440 v. Chr. (Grensemann 1975, 12ff., 114, 172ff. u. 197ff.).

502 Zu Herodikos als „Schöpfer der Heilgymnastik" s. Mering (1937, 9). Zur Heilgymnastik und Diätetik bei Herodikos s. a. Lukas (1969, 113). Englert meinte, Herodikos sei der erste gewesen, „der die Leibesübungen streng wissenschaftlich betrachtete" (Englert 1929, 12 u. 34). Zu Herodikos als „Begründer der gymnastisch-iatrischen Heilmethode" s. a. Egger (1903, 42) und Kudlien (1967, 38 u. 62).

503 Grensemann führte Scholion Nr. 7 zu Platon Phaedrus 227d und Scholion Nr.8 zu Platon Politeia 3.406 an, die beide von Herodikos als Arzt (*iatros*) sprechen (Grensemann 1975, 19).

lich medizinische Fassung bei Alkmaion in dem bereits erwähnten Fragment B 4 niedergelegt worden sein dürfte. Störungen entstehen durch schlecht verdaute Nahrung aufgrund mangelnder Bewegung und den sich daraus bildenden Rückständen (*perittomata* od. *perissomata*), die sich in scharfe bzw. saure oder bittere Säfte verwandeln.[504] Eine Säftelehre oder „Humoralpathologie" kannten weder Empedokles noch Alkmaion. Herodikos entwickelte also ein Mischungskonzept (*krasis*), das er mit einer Lehre von den fließenden Säften verknüpfte – einer der frühesten griechischen Ansätze zur physiologischen Systembildung. Er experimentierte mit gymnastischen Übungen, die er in seine Therapeutik einbezog. Damit hatte er Erfolg, denn sein System war zumindest nach Ansicht Grensemanns „elastisch genug, um den Kranken ein langes Leben zu ermöglichen" (Grensemann 1975, 174). Wenn Platon also geradezu Rufmord an einem so verdienten Mediziner und wissenschaftlichen Pionier beging, zeigt das, wie stark die platonische Abwendung von allem Leiblichen gewesen sein muß. Diesbezüglich bemerkte Schumacher, „die Mißbilligung Platons" sei aus seiner negativen „Einstellung zum Leben heraus zu verstehen", die es nicht zuließ, jemanden, der sich um das leibliche Wohl und die Verlängerung des Lebens kümmerte, zu würdigen (Schumacher 1940, 84f.).

Die leibtherapeutischen Bestrebungen vor Platon beruhten auf einer gemeinsamen Basis. Sowohl die eher magischen Richtungen eines Pythagoras und Empedokles als auch die bereits wissenschaftlich ausgefeilte und rationalisierte, aber dadurch wesentlich reduziertere Sicht des Alkmaion und Herodikos mit ihrem Übergang vom „*bios pythagoreios*" zur „rational-systematisch begründeten Diätetik" hatten nach Burkert zum Ziel, „die Kräfte der Person zu konzentrieren und zu steigern" (Burkert 1962, 271ff.). Mit Platon änderte sich das grundlegend. Nun sollten nicht mehr die leiblichen Kräfte der Person gesteigert werden, sondern die Fähigkeit zur Selbstkontrolle. Diese erhielt zur therapeutischen Unterstützung die *epode*. Dienten die Techniken von Leibbemeisterung und Leibtherapeutik der Herstellung eines spürbaren Gleichgewichts der Regungen untereinander, so benutzte Platon den anthropologischen Dualismus, die Introjektion und die Psychotechnik der Autosuggestion, um auf Kosten des abgespaltenen Körpers die Unterordnung unter die Seele endgültig zu garantieren und dieses Menschenbild mit seinem Streben nach Emanzipation von allem Leiblichen als Kulturprogramm zu etablieren. An dieser Entwicklung kann auch nicht die (fälschlich) sogenannte „höhere Wertschätzung der Gymnastik" durch Platon, wie sie Egger postulierte, etwas ändern (Egger 1903, 42). Ähnliche Zweifel sind bei Alois Koch angebracht, der schrieb: „Jedoch gerade in den besten Vertretern der griechischen Philosophie, in Sokrates, Platon und Aristoteles, begegnen wir einer Auffassung und Wertung der Leibesübungen, die erhaben ist über jegliche Leibverachtung, die vielmehr getragen ist von einer echten Hochschätzung alles Leiblichen und von dem Wissen um die Einheit des Menschen." (Koch 1965, 13) Hier wird das historische Bild verzerrt, denn von einer

504 S. a. Grensemann (1975, 173). Zu Herodikos von Knidos und den zwei Körpersäften sowie dem Mischungsverhältnis als Krankheitsursache s. Hagen (1961, 12).

„echten Hochschätzung alles Leiblichen" kann bei Platon wohl kaum die Rede sein. Koch irrte, als er von Sokrates behauptete: „Seine Entdeckung der Seele bedeutet nicht ihre absolute Trennung vom Leibe, sie bedeutet keine Feindschaft gegen die Sinnlichkeit, keine Entwertung oder gar Verdammung des Leibes, wie oft behauptet wird, sondern es liegt darin die sittliche Forderung, daß die Seele die unbedingte Herrschaft über den Leib haben und ausüben muß. Die Selbstbeherrschung, bei der das wahre Ich des Menschen die Führung hat, ist die notwendige Grundlage jeder Tugend." (Koch 1965, 40) Schon die Terminologie macht die Fehleinschätzung deutlich. Die „unbedingte Herrschaft" der Seele über den Leib erscheint als eine fragwürdige sittliche Forderung. Außerdem muß man fragen, welches denn das „wahre Ich des Menschen" ist und welches das falsche? Das ethische Ziel des Sokrates bestand darin, schon während des Lebens dem Tod möglichst nahe zu kommen und sich vom Körper zu befreien. Dies darf als ein Grundpfeiler der gesamten Platonischen Philosophie betrachtet werden, die sich zu diesem Zweck der Vernunft bedient. Von der „‚umlenkenden' Erziehung" in Platons Politeia schrieb Mittelstrass: „Diese Pädagogik rechnet mit der Vernunft (die Seele soll gezwungen werden, sich der Vernunft zu bedienen, 526 B), und sie sieht ihr Ziel schon erreicht, wenn die Vernunft einmal ‚in Gang gekommen' ist." (Mittelstrass 1962, 118)

Die von Platon in seinem pädagogischen Streben vorgenommene Flucht in die Innerlichkeit ist eine Abwendung von dem mit seinen Regungen die personale Emanzipation bedrohenden Leib zugunsten der beherrschenden Vernunft.[505] Die Phaidon-Stellen 64–65e zeigen nach Ansicht von Elmar Kornexl „eine weitgehende Ablehnung gegenüber allem Körperlichen". Er betonte: „Die Gemeinschaft mit dem Leib wird verachtet und als hemmend empfunden, denn je weniger der Geist durch den Körper gestört wird, desto besser kann das Forschen nach Wahrheit vor sich gehen." (Kornexl 1969, 69) Diese treffenden Bemerkungen verdeutlichen den allgemeinen Stand der Forschung.

Platon stellte die Gymnastik ganz in den Dienst der Körperbeherrschung. Dabei kamen ihm wiederum allgemeine Bestrebungen und Veränderungen der damaligen Zeit zugute. Koch beschrieb die im 4. Jh. v. Chr. einsetzende Entwicklung so: „Die Gymnastik tritt aus einer ursprünglich kultisch-religiösen Bindung heraus. Sie entfernt sich von ihrem Ursprung und ihrer Kraftquelle. Sie emanzipiert sich zum reinen Wettkampf, zur Höchstleistung. An die Stelle des Ritus, der kultischen Verpflichtung, tritt die Wettkampfbestimmung, die Regel. Es entsteht eine selbständige Theorie der Gymnastik; es beginnen die Spekulationen über die besten Trainingsmethoden." (Koch 1965, 29) Platon griff diese Tendenz auf, denn sie paßte zu seinen Bestrebungen nach Beherrschung des Leibes. Das Agonale der homerischen Gymnastik, ihre mit der Kampfkunst eng verbundene Art, diente nunmehr der emanzipierten Person. Gekämpft wurde primär

505 Dementsprechend drückt sich für W. Jaeger bei Platon „der metaphysische Gehalt der sokratischen Wertung der Seele … in der Lehre von den zwei Welten aus, und die Welt der Innerlichkeit allein ist die des wahren Seins" (W. Jaeger 1953, 106). Vom „Antisomatismus" Platons sprach Lain-Entralgo (1958, 318).

nicht mehr Mann gegen Mann, sondern die Seele stellte sich gegen den eigenen Körper mit seinen Begierden, die es zu besiegen galt. Den Körper als inferiores Seelenkleid trainierte man durch bestimmte Übungen.[506] Es fehlt aber sowohl der ganzheitliche leibliche Aspekt als auch ein religiös-kultischer Zusammenhang und Hintergrund, in den die Techniken ursprünglich eingebettet waren. Hatte auch Herodikos gymnastische Übungen in einen anderen, außerkultischen Zusammenhang gesetzt, so doch nur, um eine verfeinerte ganzheitlich-leibliche Therapieform zu entwickeln. Die Loslösung der Gymnastik aus ihrem religiösen Rahmen und ihre Entartung zur bloßen Technik des Wettkampfs verdeutlicht, wie sehr der Platonische Dualismus dem Denken seiner Zeit entgegenkam. Popplow bemerkte zur allgemeinen Entwicklung nach Platon, daß sich „im Geistigen eine Wendung vom Religiösen und Künstlerischen auf das Rationale und Verstandesmäßige" und „im Körperlichen ein Zurücktreten der musisch und kultisch geformten Leibesübungen gegenüber einer technisierten und spezialisierten Athletik" vollzog, denn, „einmal getrennt," so Popplow weiter, „entwickelten sich Körper und Geist sehr schnell auseinander" (Popplow 1960, 130). Das stellte auch Gerhard Nebel fest: „Die Athletik drückt ebenso wie der menschengestaltete Gott, wie Statue und Relief, die archaische Leibfreude aus, deren Tod Platon und sein Weltmißtrauen ist." Dieser „schleudert die Sinnlichkeit weg, um wenigstens die Idee zu retten, er wirft den Leib ins Nichts, um die Seele zu ergreifen." Denn Platon, so Nebel weiter, ist „Abschied von diesem Leib, den die Philosophie entgeistet" (Nebel 1963, 189f.).

Die *psyche*-Konzeption in ihrer Entwicklung innerhalb der Platonischen Philosophie

Nachdem mögliche Quellen und Einflüsse der Seelenvorstellungen Platons besprochen wurden, soll nun ein Bild der Entwicklung der *psyche*-Konzeption innerhalb der Platonischen Philosophie gezeichnet werden, denn die Ausgestaltung seiner Seelentheorie verlief nicht stringent, sondern läßt sich grob in drei Phasen gliedern.[507] Dabei handelt

506 Von den „Trainingsformen des Faustkämpfers" in Nomoi 829e – 830d erwähnte Kornexl das „Trainieren mit Puppen (vgl. heute den Sandsack!) und Kämpfen gegen einen gedachten Gegner". Ferner meinte er: „Die Forderung, Reigentänze und gymnastische Übungen jeweils als Grundlage zu den militärischen Übungen täglich durchzuführen, verdeutlicht die tiefe Verbindung von Gymnastik und Kampfestüchtigkeit im Denken Platons." (Kornexl 1969, 103)

507 S. a. Groag (1913, 350ff.). u. Walter Wili (1945, 55f.). Ferner R. W. Hall, der Groag und Wili nicht berücksichtigte. Bei der Untersuchung zum Verhältnis der „nature of the immortal soul" insgesamt und der „simple unity of the rational aspect" dieser Seele behauptete er etwas zu pessimistisch: „It seems impossible to piece together any consistent development" (Hall 1963, 63f.). Zur Konstruktion der Platonischen Seelenvorstellung s. a. Schmitz (1965, 467ff. u. 1969, 14). Nach Topitsch bestand Platons Problematik darin, die verschiedenen „Seelenkonzeptionen" widerspruchsfrei zu verknüpfen. Er zeigte, wie die unterschiedlichsten Vorstellungen von Platon benutzt wurden: „Will der Philosoph den Menschen über den Druck der Realität erheben, so bedient er sich der ekstatisch-katharischen Modelle; sollen bestimmte ethisch-politische Normen legitimiert werden, dann leistet dies der hierarchisch geordnete ‚Seelenstaat'; will man schließlich die Idee einer gerechten Weltordnung

es sich hauptsächlich um die Differenzierung der dualistischen Anthropologie in ein trinitäres Seelenschema. Gleich bleibt der sich durch alle Werke ziehende radikale emanzipatorische Impuls: die Forderung nach Beherrschung der leiblichen Regungen. In der ersten Phase werden sie generell dem Körper zugeordnet und in den zwei darauffolgenden in inferiore Seelenteile verlegt. Damit vollendete Platon die Introjektion.

Die „nachhaltige Geringschätzung" des Körpers, die Schmitz als einen Grundgedanken Platons herausstellte (Politeia 611b–c, 485d; Phaidon 64a–67a), prägte als Unterton dessen gesamte Philosophie. Seine Ablehnung des Körpers ist ein „Protest gegen das Diktat der leiblichen Regungen, da diese eine zentrale Steuerung des bewußten Lebens vereiteln" (Schmitz 1965, 469f.). Dementsprechend wurde die erste Phase der Entwicklung bis zur Politeia durch die generelle und radikale Körper-Seele-Dichotomie bestimmt, wobei der sterbliche Körper, dem die unerwünschten Affekte zugeordnet waren, der unsterblichen Seele gegenüberstand. In der zweiten Phase teilte Platon dann die Seele in drei Teile, die er in der dritten Phase näher und in anthropologischer Hinsicht auch ausgiebiger bestimmte. Zwar kehrte er in den Nomoi wieder zu einer eher dualistischen Anschauung zurück,[508] doch handelt es sich nicht um eine anthropologisch-kosmologische, sondern um eine soziologisch-juristische Schrift, wobei die Seelenlehre keine so bedeutende Rolle spielte wie im zur dritten Phase gehörenden Timaios. Deshalb werden die Nomoi nicht als ein vierter eigenständiger Abschnitt behandelt. Eine generelle Dreiteilung der Platonischen Seelenvorstellung stellte schon Emil Groag fest, der den Unterschied zwischen der „Einheitlichkeit und Unteilbarkeit der Seele" im Phaidon[509] gegenüber der Politeia, in der die Seele als etwas Zusammengesetztes gilt, hervorhob. Die im Timaios vertretene dritte Phase war für ihn „eigentlich als Unterabschnitt" der vorherigen gedacht, weil sie ebenfalls die „Teilseelen" behandelte.

Für die erste Entwicklungsphase ist der Phaidon typisch. Hier bestimmt die direkte Konfrontation von sterblichem Körper und unsterblicher Seele das Bild. Das Verhältnis der beiden beschrieb Heinz Schreckenberg so: „Die Affekte und Begierden also sind es, die die Seele binden (Phaidon 84a5). Sie sind damit gleichsam das Medium, über

---

retten (und am politischen Gegner, dem gehaßten Tyrannen, wenigstens in der Phantasie Rache nehmen), so bietet sich dazu der Glaube an die jenseitige Vergeltung oder die Seelenwanderung ganz zwanglos an. Daß unter diesen Voraussetzungen eine systematisch befriedigende Psychologie gar nicht entstehen konnte, ist offenkundig." (Topitsch 1959, 17) Ähnlich kam Szlezák zu dem Ergebnis, „daß es noch keine Interpretation gibt, die alle Zeugnisse der platonischen Seelenlehre zu einer systematischen Einheit zusammenschließen kann, ohne dem einen oder anderen Text Gewalt anzutun" (Szlezák 1976, 58).

508 Graeser wandte sich gegen eine „trichotomische Seelenbetrachtung" in den Nomoi, sah aber in der Opposition von Vernunft und Affekt den Bezug zum Timaios. Er meinte, der *thymos* verliere in den Nomoi die mittlere Stelle und würde zu einem Affekt unter anderen (863e6); und zwar unter ungerechten (*adikian*) Affekten. Allgemein könne er aber teils positiv (731d4), teils negativ (649d, 934a) erscheinen (Graeser 1969, 105).

509 Groag: „Diese Einheit wird erzielt durch die Auffassung der Seele als eines reinen Vernunftwesens, das gleichgesetzt ist dem Seelendämon der Theologen." (Groag 1913, 351) Die Bezeichnung „Seelendämon" ist begrifflich unklar.

das hin der Körper die Seele affiziert und durch das er überhaupt als Fessel empfunden wird." (Schreckenberg 1964, 150) Die Befreiung von diesen Fesseln gelingt der Seele nur durch radikale Trennung vom Körper, denn erst dann ist ihr die Erkenntnis der Ideen möglich. „Erkenntnis, wie sie im ‚Phaidon gesucht wird," so Mittelstrass, „ist immer zugleich reine Erkenntnis, das Wahre soll als das Reine erfahren werden, und diese Erfahrung wird durch den Leib, der niemals rein erkennt, immer wieder gestört (66 E)." (Mittelstrass 1962, 76) Mit Tsioli kann ergänzt und bestätigt werden: „Diese Auszeichnung der Erkenntnis im Zusammenhang mit der Eigenständigkeit der Seele bedeutet ihre Dissoziierung vom leiblichen Bezug und seiner Realität". (Tsioli 1980, 94).[510]

Die Dissoziierung von Körper und Seele wurde von Platon niemals aufgegeben, nur die anthropologische Konzeption änderte sich. Die hierarchische Trennung beider wurde in der zweiten Phase in die Distanz von oberem und unterem Seelenteil verwandelt.[511] Das deutete sich bereits im Gorgias an, der nicht ganz in eines der beiden von Groag entworfenen Phasenschemen paßt. Groag unterteilte: „Die Seele der ersten Periode wird jetzt ausschließlich Jenseits-, die der zweiten Periode ausschließlich Diesseitsseele. Dort Einfachheit, hier Zusammengesetztheit." (Groag 1913, 352) Ganz „auschließlich" kann von der *psyche* weder als „Jenseits-" noch als „Diesseitsseele" gesprochen werden. Schmitz zeigte, daß Sokrates schon im Gorgias (493a) von dem Teil der Seele spricht, zu dem die Neigungen und Bedürfnisse (*epithumia*) gehören. Damit ist die „erste Andeutung einer Geteiltheit der Seele" gemacht, so daß diese durchaus auch zusammengesetzte „Diesseitseele" sein kann (Schmitz 1965, 478). Mit Bezug auf Gorgias 493a3–b1 stellte Graeser fest: „Entscheidend für unsere Belange ist hier der Gesichtspunkt, daß sich die Leidenschaften dem seelischen Bereich (Komplex) zugeordnet finden, nunmehr von einem irrationalen Faktor in der Seele selbst und somit von einem echten psychischen Konflikt gesprochen werden kann." (Graeser 1969, 53)

Die gerade geschilderten Symptome der Introjektion lassen sich noch um eine weitere Nuance bereichern, denn Graeser verdeutlichte, daß im Gorgias (482b8) mit dem Begriff *sophrosyne* auch das „sokratische Ideal" der „inneren Übereinstimmung" auftaucht. Er legte nahe, „die Seelentrichotomie" auf dem Hintergrund von Gorgias 493 zu sehen, und wandte sich gegen Groags zu krasse Grenzziehung, indem er deutlich machte, daß die „‚Einheitlichkeit', die der ‚Phaidon' meint, der trichotomischen Betrachtung

510 Zur Seele im Phaidon s. a. T. M. Robinson: „This soul was seen as exhausting the plenitude of psychic activity in pursuing and loving phronesis: passions and emotions were confined to the body, and moral conflict was considered to be a dispute between soul and body." (Robinson 1967, 149) Und nochmals Tsioli: „Die Trennung von Körper und Seele, die mit einer ‚totalen' Abwertung des Körpers einhergeht, impliziert in ihrer Radikalität zugleich eine Verschiebung der menschlichen Realität; denn diese liegt nicht mehr in der natürlichen Beziehung des Menschen zu seinem Körper." (Tsioli 1980, 95)

511 Dazu Szlezák: „Was in der Politeia IV (und im ganzen übrigen Werk) die Funktion der unteren Seelenteile ist, fällt im Phaidon dem Körper zu." (Szlezák 1976, 44)

nicht widerspricht" (Graeser 1969, 54ff.).[512] Zeichnet sich also schon im Gorgias eine Teilung der Seele ab, so ist diese nicht mehr ausschließlich Jenseitsseele, denn sie enthält jetzt Faktoren, die vorher noch ganz dem Körper zugerechnet wurden. Umgekehrt läßt sich mit dem Er-Mythos der Politeia ein Beispiel für eine Jenseitsseele geben, so daß die Einschränkung gemacht werden muß, daß hier die Seele nicht ausschließlich Diesseitsseele ist.

Die im Gorgias angedeutete Veränderung des dualistischen Schemas in ein trinitäres findet in der Politeia und im Phaidros ihre Ausgestaltung.[513] Kann die Ablehnung des Körpers also bereits in der ersten Phase der Platonischen Seelenlehre gefunden werden, so kommt in der zweiten das Motiv der Introjektion verstärkter zur Geltung. Die in sich geteilte Seele steht nicht mehr einheitlich dem Körper gegenüber, es gibt nun eine Innenwelt, in die Platon die den Menschen mit elementarer Gewalt ergreifenden Regungen säuberlich verteilt hineinsteckt, um sie besser kontrollieren zu können. Alt bezeichnete die Seelenteilung in der Politeia als „den Einschluß des Emotionalen und Vernunftlosen im Wesen der Seele". Weiter erkannte sie: „Infolgedessen sind innerseelische Spannungen gegeben, und die Seele kann nicht mehr, wie im Phaidon, als Ganzes dem Körper kontrastieren" (Alt 1983, 15). Das brauchte sie allerdings auch nicht mehr direkt, da die Äußerungen des Leibes den Seelenteilen zugeordnet waren und sich innerseelisch bemerkbar machten.

Harmonie und Zusammenspiel der Seelenteile basieren in der Politeia auf der asymmetrischen Beziehung von Herrscher (*logistikon*) und Untertanen (*epithumethikon* u. *thumoeides*). Bei der untersten Ebene des hierarchischen Seelenbaus, dem *epithumethikon*, handelt es sich um so etwas wie ein „Ungeheuer" im Menschen. Als Bindeglied fungiert der *thumoeides*, ein fast gänzlich auf die Bedeutung von Zorn und Mut beschränkter Regungsherd – das spätere „Löwenherz" –, der nicht mehr die Selbständigkeit und Bedeutungsbreite des Homerischen *thymos* hat. Das *logistikon* soll beide beherrschen und bedient sich zu diesem Zweck des *thumoeides* als Wächter über das

512 Graeser wehrte sich besonders gegen Groags Darstellung eines „unterentwickelten Stadiums des platonischen Denkens" (Graeser 1969, 5 zu Groag 1915, 193).

513 Nach Theiler wurde in Phaidros 245d erstmalig von der Selbstbeweglichkeit der Seele gesprochen. Er meinte, die kinetische Seelenauffassung stehe „im schroffsten Gegensatz zur statischen der Zeit bis zur Republik" (Theiler 1965, 64). Daran knüpfte Graeser an, der hier einen Einfluß der angeblichen „Seelenbewegungstheorie des Mediziners Alkmaion von Kroton" sah, aus der sich unter Einbeziehung der *noos*-Philosophie des Anaxagoras die platonische Konzeption des „kinetischen Seelenbegriffs" als eine „logische Ausgestaltung und Korrektur" ergeben habe (Graeser 1969, 46). Seltsam ist nur, daß uns von Alkmaion keine „Seelenbewegungstheorie" hinterlassen wurde und daß sich Graeser auf Phaidon 96b5-8 sowie Alkmaion A 11 bezog, um einen Einfluß nachzuweisen, wo doch im Phaidon noch keine „kinetische Seelenauffassung" herrschte. Ähnlich abwegig ist Graesers Behauptung, in der Politeia käme die „rationale Implikation" des Homerischen *thymos* „wieder zur Geltung"; er verwies dabei auf Empedokles B 105 „kombiniert" mit B 145 (Graeser 1969, 19 A. 20). Doch B 105 enthält den Begriff *thymos* nicht, sondern bezieht sich lediglich auf das um das Herz befindliche Blut, und B 145 spricht von einer Erleichterung des *thymos* von Leiden durch moralische Vergehen, nicht von einer „rationalen Implikation".

epithumetikon (Politeia 441c–442b). Mensch, Löwe und Ungeheuer (Politeia 588c–589b) symbolisieren die quantitativ und qualitativ unterschiedlichen, aber in ihren Funktionen eindeutig bestimmten Seelenteile: „Der Mensch im Menschen bewacht zusammen mit dem Löwen im Menschen das Ungeheuer im Menschen.“ (Schmitz 1965, 481)

Mit dieser Seelenteilungslehre strebte Platon die Dämpfung der leiblichen Regungsherde an.[514] Der innerseelische Bereich, der nun als abgeschlossene Welt die Person beschützt wie ein Haus den Herren bei Wind und Sturm, verschmilzt dabei so innig mit der Person zu einem Reich der Innerlichkeit, „daß die Innenwelt mit der Person, in deren Interesse sie konstruiert worden ist, geradezu verwechselt wird: Die Seele ist zugleich Bereich und Autor des Selbstgespräches“ (Schmitz 1969, 11).[515] Diese Verwandlung der leiblichen Impulsgeber zu innerseelischen, kontrollierbaren Instanzen sollte zur Steigerung personaler Autonomie führen. Die Person beherrscht die eigenen Gedanken, die nicht mehr kommen und gehen und magisch-sympathetisch angezogen werden müssen. Die vollständig introjizierten Gedanken bewegen sich im Selbstgespräch aneinander anknüpfend und sich so selber in Gang haltend. Diesen Prozeß erreichte Platon, indem er schon im Phaidon 79d das Denken so vollkommen auf sich zurückbog,[516] daß die daraus resultierende selbstreflexive Bewegung eine optimale Immunisierung gegenüber den von „außen“ kommenden Kräften und Mächten gewährleistete.

Spätestens in der Politeia wird mit Hilfe der Dreiteilung und unter Beibehaltung einer dualistischen Hierarchie die Introjektion endgültig etabliert. „Die Leidenschaften werden“, so Dodds, „nicht länger als eine Infektion äußeren Ursprungs angesehen, sondern als ein notwendiger Teil des seelischen Lebens – was unserer heutigen Auffassung genau entspricht – und sogar als Quelle der Energie, ... die entweder zur sinnlichen oder geistigen Aktivität umgeleitet werden kann“ (Dodds 1970, 112).[517] Dadurch, daß Platon „die Erfahrung leiblicher Regungen im konkret-räumlichen Inneren des Körpers als Vorbild eines metaphorischen Sprechens gewählt“ hat, das „in unklarer Weise etwas in ein Inneres eines unkörperlichen und unleiblichen Reiches von Erlebnissen verlegt“, entstand nach Schmitz die spezifische Form der Platonischen Innenwelt, de-

514 S. a. Tsioli (1980, 103).

515 Dazu meinte G. Jaeger, die *psyche* selber sei „also als das Subjekt aufzufassen“, das die Vorgänge des Denkens (*dianoeistai*) leistet (G. Jaeger 1967, 42).

516 Zur Seele schrieb er: „Wenn sie aber durch sich selbst betrachtet, dann geht sie zu dem reinen, immer Seienden, Unsterblichen und sich stets Gleichen, und, als diesem verwandt, hält sie sich stets zu ihm, wenn sie für sich selbst ist und es ihr vergönnt wird, und dann hat sie Ruhe von ihrem Irren und ist auch in Beziehung auf jenes immer sich selbst gleich, weil sie eben solches berührt, und diesen ihren Zustand nennt man eben die Vernünftigkeit.“ (Platon Phaidon 79d / Übers. in: Werke Bd. 3, 1990, 77)

517 Dazu Robinson: „In the *Republic* conflict within the mind itself is admitted, and passions and emotions are promoted to the status of psychic activities.“ (Robinson 1967, 149) Robinson bezog sich auf Phaidon 67a-c, 81a, 94b und Politeia 442d, 444b, 440e u. 435b. Zu Phaidon 64e, 65c, 67e u. 66c, wo dem *soma* „passions, desires and fears“ zugeordnet werden, s. Adkins (1970, 129). Zur Dreiteilung in der Politeia s. Adkins (1970, 133).

ren Lokalisation im Körper mittels der Seelenteile vorgenommen wird, deren Substanz aber nicht angegeben werden kann.[518]

Platons Leibverachtung kommt auch im Phaidros zur Geltung. Dort findet sich der Vergleich der Seele mit dem Wagenlenker und dem von einem guten und einem schlechten Roß gezogenen Wagen. Mit Graeser läßt sich sagen, daß „das ‚schlechte Roß' im ‚Phaidros' als Metapher für die Beziehung der Seele zum Körperlichen figuriert", wenn man dabei die Einschränkung berücksichtigt, daß mit dem schlechten Roß hauptsächlich der Unterleib gemeint sein dürfte, wie dies dann im Timaios (70d–71c, 91b) ausgeführt wird (Graeser 1969, 50). Weder bei Homer noch bei Parmenides, weder bei Pythagoras noch bei Empedokles läßt sich aber diese extreme Leibverachtung finden. Deshalb müssen die Interpretationen von Coxon und Gaskin zurückgewiesen werden. Coxon postulierte einen pythagoreischen Einfluß und projizierte das Phaidrosbild auf Parmenides, indem er meinte, Wagen und Pferde im Proömion würden die „unsterbliche Seele" des Parmenides repräsentieren (Coxon 1986, 171).[519] Gaskin, der an die bereits kritisierte These von Sharples anknüpfte, sah einen angeblichen Bezug zu Homer (Gaskin 1990, 2 A. 7).[520]

Übrigens ist selbst bei Platon in der mittleren Phase nicht eindeutig klar, ob nun die ganze dreigeteilte Seele unsterblich ist oder nur der obere Teil.[521] Es scheint, daß für Platon in der mittleren Phase dieses Problem gegenüber der Dreiteilung und Differenzierung der Seele zunächst in den Hintergrund trat. Da die Seelenteilekonzeption eine wesentliche Neuerung war,[522] wird Platon wegen der sich daraus ergebenden Möglichkeiten und Konsequenzen die damit verbundenen Widersprüche zunächst nicht im Blick gehabt haben. Doch es ist wahrscheinlich, daß die an sich naheliegende Frage nach der Unsterblichkeit der Seelenteile immer wieder in der Akademie diskutiert wurde, woraufhin Platon sich gezwungen sah, im Timaios eine endgültige Lösung des Problems anzubieten, indem er nur den oberen Teil als unsterblich erklärte.

Die Aufteilung der ganzen Seele des Phaidon zu der dreigeteilten der Politeia und des Timaios diente hauptsächlich dem Zweck, den Leib besser zu beherrschen und eine Spannung zwischen den Teilen zu erzeugen, von der die Person profitierte. Dabei zeichnete sich nach Schmitz im Timaios, dem Hauptwerk der dritten Phase, sogar eine „Kor-

518 Schmitz erklärte das so: „Die Seele übernimmt also dadurch, daß ihr ein Inneres zugesprochen wird, ein Merkmal, das eigentlich nur dem Körperlichen ... zusteht. Auf diese Weise wird sie selbst insgeheim als quasi-körperlich verstanden, ebenso wie das Bewußtsein bei der in moderner Zeit beliebten Rede von Bewußtseinsinhalten. Vermöge der Introjektion schwingt im Platonischen Dualismus ein Unterton von Materialismus mit." (Schmitz 1965, 467f.)

519 Ähnlich fraglich äußerte sich jüngst noch Kenig-Curd: „P. represents himself in the prologue as a Pythagorean philosopher at the crisis of his career." (Kenig-Curd 1991, 250 zu Coxon 1986, 170)

520 Dagegen s. Schmitz (1994, 9f. A.12).

521 Graeser ging von der Unsterblichkeit der ganzen Seele in der Politeia aus (Graeser 1969, 27). Dagegen behauptete Slzezák, nur der obere Seelenteil sei unsterblich (Slzezák 1976, 31ff. u. 51f.).

522 Graeser: „Ein zuverlässiges Beispiel für die Seelentrichotomie vor Platon kann jedenfalls nicht genannt werden." (Graeser 1969, 52)

rektur des Dualismus und Würdigung leiblicher Phänomene“ ab (Schmitz 1965, 482ff.).[523] Doch egal wieviel Eigenständigkeit den Leibesinseln auch in der dritten Phase gelassen wird, die Selbständigkeit der Regungsherde bei Homer erreichen sie nicht mehr. Und auch die scheinbare Würdigung der leiblichen Regungen wurde von Platon ganz im Sinne seines Bemächtgungsstrebens benutzt.

Die Anthropologie des Platonischen Timaios

Sowohl die für die erste Phase charakteristische Trennung von Körper und Seele als auch die den starren Dualismus mildernde Dreiteilung des zweiten Abschnitts führte Platon im Timaios – er gehört zur dritten und differenziertesten Periode seiner Anthropologie – weiter. Dabei nutzte er geschickt das medizinische Wissen seiner Zeit, indem er es in seinem Sinne umzudeuten und in seine hierarchisch-pädagogische Sicht zu integrieren versuchte. Dies gelang ihm so gut, daß sein Entwurf kaum noch seine direkten Vorgänger verrät. Kosmologie, Anthropologie und Psychotherapie sind hier in einer individuellen Synthese verknüpft, stehen aber gänzlich im Propagandadienst seiner Bemächtigungsideologie. Indem er sein Wissen über astronomische und medizinische Erkenntnisse seiner Zeit sehr geschickt in sein kosmologisch-anthropologisches System einbaute, erhöhte er die Suggestionskraft seiner Synthese beträchtlich.[524] Da er weder Astronom noch Anatom war, sondern in erster Linie Pädagoge, interessierten ihn die astronomischen und anatomisch-physiologischen Sachverhalte nur insofern, als sie seiner Herrschaftsabsicht dienten. Ähnliches hatte auch Cornford erkannt, als er meinte, die Organe Herz, Lunge, Magen, Leber und Milz würden im Timaios als Sitz der Gefühle und des Begehrens nach Nahrung mit nur geringer Referenz zu dem, was wir ihre „physiologische Funktion“ nennen, behandelt (Cornford 1952b, 282).[525] Dieses

523 North kommentierte die Dreiteilung so: „A third stage is reached in the late dialogues: Platos‘ interest in movement and change causes him to give renewed attention to the appetites and passions and to accord them a higher status in the pattern of the soul‘s activity than he had been willing to concede in the *Republic*.“ (North 1966, 152)

524 Zum Vorgehen Platons mit besonderm Bezug auf dessen astronomische Vorstellungen schrieb Mittelstrass: „Platon interessieren astronomische Probleme, soweit sie im Rahmen dieser Wissenschaft selbst diskutiert werden, nicht; er nimmt sie aus der spezialwissenschaftlichen Diskussion heraus und verbindet sie mit der umfassenden Problematik einer kosmischen Ordnung, welche die Ordnung einer Seele ist.“ (Mittelstrass 1962, 130) Friedrich Solmsen hatte bezüglich der medizinischen Vorstellungen den „Gesamteindruck“, daß „Platon sein eigenes psychologisches Schema von den Seelenteilen hier auf die physiologischen Theorien früherer Denker gründet“ und beim „Behandeln dieser Theorien ... sowohl selektiv wie synthetisch“ verfährt (Solmsen 1971, 230). Dazu Mansfeld: „He will have taken up traditional material, and then superimposed ... his own conception of the soul.“ (Mansfeld 1967, 22)

525 Dazu Cornford weiter: „The position, structure, and functions of these organs are described, not from a physiological standpoint, but in relation to the feelings and appetites of the two inferior parts of the soul. The emphasis falls on the purposes they serve as the seats of feelings and desires that contribute to moral conduct; little is said about their behaviour as indispensable means to the preservation of physical life.“ (Cornford 1952b, 286 u. 290) Ferner hob er die Übertragung der Funktion des ratio-

bereits bei Homer aufgewiesene Phänomen könnte auf eine Würdigung der leiblichen Regungen hindeuten, und Schmitz stellte deshalb die Frage, „ob Platon die Einseitigkeit des psychosomatischen Dualismus nicht irgendwo gemildert und leibliche Phänomene treffender ... beurteilt habe". Er kam zu dem Ergebnis, daß im Gesamtwerk zwar immer wieder Hinweise auf eine ganzheitliche Betrachtung des Menschen und seiner leiblichen Regungen zu finden seien, daß sich aber erst im Timaios „eine neue Chance für die Würdigung der leiblichen Anteile des Erlebens" abzeichne (Schmitz 1965, 482ff.).[526] In der Dreiteilung der Seele – dem *logistikon* als dem unsterblichen, im Kopf lokalisierten Teil, dem *thumoeides* als dem Brustbereich und dem *epithumetikon* „als Komplex der schlechteren Regungen im Bauch (69c–70a)" – sah Schmitz eine „Gelegenheit zur Wiederentdeckung der Leibesinseln".[527] Mögen auch die Leibesinseln im Timaios für Platon wieder eine größere Bedeutung gewonnen haben, so doch nur, um desto rigider in sein Schema eingebaut zu werden.[528] Wenn Platon hier seine medizinischen Kenntnisse anführt, dann um den Spalt zwischen Körperlichem und Seelischem noch größer erscheinen zu lassen, wobei das Leibliche in dem zwischen beiden Seiten gähnenden Abgrund verschwindet. Die durch den radikalen Bruch geschaffene Differenz zwischen den zwei ontologischen Bereichen, die sowohl die Kosmologie als auch die Anthropologie prägt, versuchte er durch die seelenideologische Überformung der leiblichen Regungen zu überbrücken.[529]

nalen Denkens (function of rational thought) hervor, die Platon im Timaios der unsterblichen *psyche* verleiht. S. a. Solmsen (1971, 220). Sowie Hagen: „Es geht hier nicht um Körpergegenden oder die Körperteile, ... sondern ausschließlich um den Sitz der Begierden" (Hagen 1961, 39). Es geht allerdings auch um „Körpergegenden", denn die Seelenteile sind eng an Bereiche im Körper gebunden.

526 Schmitz führte als Beispiel „für die Anerkennung der Unzerlegbarkeit einer leiblichen Regung in Körperliches und Seelisches" Politeia 462c-d an. Mit Solmsen läßt sich auch für den Timaios (64b6, 65a5) Vergleichbares aufzeigen: „Eine andere Stelle berichtet uns, daß die Bewegungen von Freude und Schmerz ‚in das Ganze' (scil. des Körpers) weitergegeben werden und daß diese Gefühle schließlich ‚im sterblichen Teil der Seele' verwirklicht werden." (Solmsen 1971, 224)

527 Ähnliches scheint auch Alt gemeint zu haben, als sie schrieb, insgesamt sei „das Körperliche im Timaios gegenüber Platons Auffassung in der Zeit des Gorgias und Phaidon aufgewertet" (Alt 1982, 465).

528 „Wie sehr sein Augenmerk an den Dualismus gefesselt bleibt", zeigt sich nach Ansicht von Schmitz daran, „daß er bei Erläuterung dieser Lokalisierung gleich und fast nur auf anatomische Objekte – Lunge, Herz, Leber – und ihren physiologischen Nutzen eingeht, also das Seelische unmittelbar zum reinen Körper in Beziehung setzt, das eigentlich Leibliche aber überspringt" (Schmitz 1965, 484).

529 In diesem Sinn läßt sich zum Bezug von Bemächtigungsstreben und ontologischem Dualismus bei Platon mit Mittelstrass sagen: „Die in diesem Erziehungsprogramm entscheidende Polarität von scheinhaft Seiendem und wahrhaft Seiendem zeigt, daß auch die so bezeichnete Pädagogik des Höhlengleichnisses ebenso wie die Kosmologie im ‚Timaios' nur auf dem Hintergrund der Platonischen Ontologie verständlich ist." (Mittelstrass 1962, 118)

Psyche und *soma*

Die Ablehnung der leiblichen Regungen, die durch ihre Zuordnung zu den beiden hierarchisch gegliederten inferioren Seelenteilen zum Ausdruck kommt, manifestiert sich darin, daß Platon diese beiden Teile als eine Last oder Befleckung des dritten, göttlichen Teiles ansah. Ebenso stand der von ihm eingeführte teleologische Aspekt des Körperaufbaus ganz im Dienste dieser Abwertung. Die Götter bildeten den Körper um des edelsten Teiles, des Kopfes, willen, den sie durch den Hals vom Rest abhoben, weil bei ihnen eine Scheu bestand, „das Göttliche zu verunreinigen" (69d–e: *miainein to theion*).[530] Doch nicht nur die beiden unteren Seelenteile wurden für den im Kopf lokalisierten oberen gebaut, generell schufen die Götter den Körper (*soma*) für die Seele (*psyche*). Allerdings verstrickten sie dadurch deren reine Selbstbeweglichkeit in die inferiore Existenz des Körpers mit seinen eigenen Bewegungen.

Die kreisförmige Bewegung der Vernunft erschien Platon als die allein angemessene Bewegung des kosmischen Lebewesens (*zoon*) und bestimmte die astronomische Konstruktion seiner Weltseele.[531] Diese diente als Vorbild für die menschliche Seele, die ebenso wie die kosmische dem teleologischen Aufbau unterlag. Ob die nach Graesers Ansicht für Platons „teleologische Spekulation" fundamentale „Konzeption der gleichförmigen Bewegung, d. i. die konzentrische Kreisbewegung des Geistes", tatsächlich „aus der naturphilosophischen Spekulation des Alkmaion" stammt, ist jedoch fraglich (vgl. Timaios 89a, Nomoi 897d–898b). Graeser sah in Alkmaions Fragment 2 „eine physiologische Theorie über die *periodos* im organischen Leben des Körpers". Er sicherte sich aber nur scheinbar mit einem Verweis auf Kirk (1951, 144) und meinte, im „Gegensatz zu der in kreisförmiger Bewegung befindlichen Seele" könne „sich der Organismus nicht erneuern". Doch die „gleichförmige Kreisbewegung" schließt Erneuerungsphasen aus, und eine Seelenerneuerung kannte Platon nicht. Wenn Alkmaion in B 2 die Sterblichkeit der Menschen darauf zurückführt, daß sie das Ende nicht mit dem Anfang verknüpfen können, so hat er damit keinen Dualismus von Seele und Organismus ausgesprochen, sondern ähnlich wie die auch von Graeser angegebenen Vorgänger Heraklit (Fr. 103) und Parmenides (Fr. 5) mit Gedanken von Unsterblichkeit, Kreislauf und Vollkommenheit spekuliert. Dabei ist Alkmaions Ausgestaltung des Kreisgedankens wiederum vollkommen individuell. Er sprach nicht von „organisch", und

530 Zur teleologischen Konstruktion bei Platon s. a. Hershbell: „Bones were formed in order to protect the marrow; in turn, sinew and flesh were devised to protect the bone, hair protects the brain. Ultimately, the organs or tissues are viewed not in relation to the safety and well-being of the organism, but in relation to that of the intellect (see 45a7f.) and the destiny or purpose of mankind." (Hershbell 1974, 165)

531 Zum „wesentlichen Zusamenhang" zwischen „Seelenlehre" und Astronomie bei Platon s. a. Mittelstrass: „Die gesamte Natur des Alls ist also von den Bewegungen der Gestirne aus erkennbar, und mehr noch: diese Bewegungen repräsentieren selbst schon die Bewegung der *Weltseele*. Diese Seele hat ein *astronomisches* Sein, sie entstand durch die Konstruktion der Planetenbahnen (36 D)." (Mittelstrass 1962, 129)

der Begriff *periodos* kommt im Fragment ebenfalls nicht vor. Wenn Graeser behauptet, Alkmaion habe „den Begriff Leben mit der Vorstellung von der ewigen konzentrischen Kreisbewegung des Alls verbunden" (Graeser 1969, 47), so ist der Beleg dafür zumindest nicht B 2 zu entnehmen; allenfalls läßt sich andeutungsweise ein Zusammenhang von dauernder gleichförmiger Bewegung und ewigem Leben herauslesen, doch muß man sich in jedem Fall hüten, Alkmaion als Dualisten zu interpretieren.

Im Gegensatz zu der einen kreisförmigen Bewegung der Seele sind bei Platon die sechs anderen Bewegungen Irrläufe des Körpers (43b). Denen unterliegt das Kind im durch Wachstum und Ernährung vernunftgeminderten Anfangsstadium. Immer wieder prallen die Sinneseindrücke, nachdem sie den Körper durchlaufen haben, auf die Seele und verwirren die Umläufe des „Selben" und des „Verschiedenen" (43d). Sie überwältigen die *psyche* und reißen deren Umläufe mit sich fort, wodurch diese unvernünftig (*anous*) werden. Mit fortschreitendem Alter und wachsender Reflexionsfähigkeit gewinnen aber die Umläufe der Seele mehr Festigkeit und folgen ihren eigenen Bahnen.[532] Die notwendige Ordnung und die korrekte Benennung der menschlichen Aktivität setzt die richtige Unterscheidung zwischen dem „Selben" und dem „Verschiedenen" (44b) voraus. Dadurch werden die Umläufe der einzelnen Kreise vernünftig ausgerichtet, vor allem dann, wenn mit erzieherischer Unterweisung die Stabilität gestützt wird (44c). Fehlt diese Gleichförmigkeit während des Lebens, ist nach dem Tod eine schlechtere Wiedergeburt die Konsequenz. Alt schrieb dazu: „Durch die Koppelung der Seele an den Körper ergeben sich zwangsläufig Probleme; Wahrnehmungen, Erfahrungen, Leidenschaften, Gefühle wie Freude und Schmerz, Liebe, Furcht, Zorn und dergleichen müssen von der Seele beherrscht werden. Gelingt es der Seele, die Herrschaft auszuüben, so wird sie als Folge dieses gerechten Lebens nach dem Tod auf ihren Stern zurückkehren in Glückseligkeit. Im anderen Falle erfolgt ein Abstieg" (Alt 1982, 438f.). Gleichförmige Bewegung und Beherrschung der Gefühle werden als kosmologisch-moralische Forderung durch ein Jenseits sanktioniert, das der Seele bei erfolgreicher Bewältigung ihrer unterdrückenden Funktion eine verbesserte Wiedergeburt verspricht. Da die Perioden der unsterblichen Seele bei der Geburt an die „Umläufe" des Körpers gebunden und dadurch in ihrem Fluß behindert werden, ergibt sich die Notwendigkeit einer kontrollierten Synchronisation. Durch die Verwandlungen, die die Seele von klein auf mitmachen muß, entsteht nach Platon eine Not (*ponon* 42c), die erst endet, wenn der Mensch durch und mit Vernunft die Umläufe beherrscht und sich von den Begierden und Trieben nicht mehr überwältigen läßt. Zusammenfassend kommentierte Cornford: „The mythical machinery of the soul circles is woven into an account of infant psychology with an imaginative power that few other writers could equal. The whole leads up to the central problem of human life, the establishment of rational control over the bodily nature." (Cornford 1952b, 147)

Die die Kreisformen betreffenden Bewegungsspekulationen stehen ganz im Dienste des Ermächtigungsstrebens. Die Beherrschung des Körpers durch die Seele geschieht

532 Zu den zwei Strömen s. a. Miller (1957, 104).

durch „Mitreißen" oder „Für-sich-gewinnen" (*synepispomenos*) der „unvernünftigen" (*alogon*), chaotischen und aus den vier Elementen Feuer, Wasser Luft und Erde gebildeten Masse (*onta* 42c.d).[533] Diese Masse des seelenlosen Körpers (*soma*) kommt nicht wie bei Empedokles auf magische Art der Mischung durch die Kraft der Liebe zustande, obwohl der Mischkrug von 41d an die Schmelzöfen von Empedokles B 96 erinnern mag, sondern nur die Seele wird in verschiedenen Reinheitsgraden gemischt (41d–e); die Körper werden gebildet (43a), indem die Götter die Elemente mit unsichtbar kleinen, dichtgedrängten Stiftchen oder Bolzen (*pukinoi gomphoi*) aneinander „befestigen" (*synteichizo*). Dadurch tauschte Platon das Prinzip der Mischung gegen das der Befestigung aus. Dort, wo Empedokles sich vom eigenen Spüren leiten ließ, begann Platon zu konstruieren. Zum generellen Unterschied zwischen den „Wurzeln" (*rizomata*) des Empedokles und den Elementen und Buchstaben des Alphabets (*stoicheia*) bei Platon meinte Hershbell, hier stünde eine „vital and organic connotation" – eine Leibperspektive, würde der Phänomenologe sagen – einem „inert or inorganic" Aspekt, gegenüber. Hershbell folgerte: „In sum, the discussion of the four elements in the *Timaeus* is in a language and conceptual scheme far removed from that of Empedocles' roots." (Hershbell 1974, 153)

Nicht nur in diesem Punkte unterscheiden sich Platon und Empedokles. Die ganze Theorie des teleologischen Körperaufbaus war zu seiner Zeit neu.[534] Bestimmte Empedokles das Herz als Mittelpunkt des Leibes und Ort des gedanklichen Geschehens, so verlegte Platon diese Funktionen in den Kopf bzw. ins Gehirn. Ferner introjizierte er die bei Empedokles als kosmische Macht gespürte Liebe schließlich ganz in den Menschen (32c) und machte aus ihr – ähnlich heutigen psychologischen Vorstellungen – so etwas wie eingeborene Triebe (Cornford 1952b, 44). Nach 42a ist dem Körper erstens Sinneswahrnehmung, zweitens Liebe und drittens Furcht und Zorn sowie die ganze Gefühlswelt eingeboren (*emphuton*). Gegenüber der Seele erhalten dadurch die Gefühle einen ontologisch minderwertigen Status. Sie werden nicht mehr als von außen den Menschen erfassende Mächte, sondern ähnlich wie schon in der Politeia als innere Zustände des Körpers betrachtet. Deren Zähmung läßt den Einzelnen ein Leben in Gerechtigkeit gewinnen (42b), mangelnde Beherrschung aber führt zu einer schlechteren Wiedergeburt. Der Zwang zur radikalen Kontrolle erhält damit seine metaphysische Begründung und Platons Ethik der Beherrschung eine religiöse Nützlichkeit, die sich (wie schon in der Politeia) über den Tod hinaus erweisen soll. Außerdem wird so das eher rückwärts gerichtete genealogische Denken des Empedokles gleichsam in eine teleologische Weltbetrachtung umgedreht, deren Ziel die Trennung von Körper und Seele möglichst schon zu Lebzeiten ist.

533 Dazu Cornford (1952, 144 A. 2).

534 Theiler sprach vom Technikvergleich, den er durch „die Anspielung an den ‚Bau' des Körpers 69e1, 45a1, 71b1, 70e3" repräsentiert sah (Theiler 1965, 76). Und mit Tarán läßt sich zeigen, daß das, was für den menschlichen Körper gilt, auch für das Universum zutrifft, denn: „Plato's conception of causality is teleological, and this can best be exemplified by ‚constructing' the universe as the conscious design of an artisan." (Tarán 1971, 391)

Die weiteren anthropologischen Vorstellungen im Timaios

Das platonische Menschenbild wird auch im Timaios durch eine logozentrische Sicht der Selbstbeherrschung bestimmt, welche die störenden leiblichen Regungen entwertet; die Tendenz einer hierarchischen Ordnung, die sich von der ersten Phase platonischer Philosophie an zeigt, setzte sich bis hierhin fort. Platon knüpfte dabei an die anthropologischen Vorstellungen der Politeia an und versetzte – metaphorisch gesprochen – den dortigen Löwen in die Wachstube der Akropolis des Timaios, jener Burg im Kopf, in welcher der *noos* wohnt. Wie schon in der Politeia, so sollte auch im Timaios der im oberen Bereich lokalisierte *noos* durch das *thumoeides* und seine Wache im mittleren Bereich vor dem „wilden Tier" geschützt werden, das im unteren dritten Seelenteil, im *epithumetikon*, festgebunden war (70e–71a). Diese Dreiteilung des Menschen in Kopf-, Brust- und Rumpfsektion wurde durch das Hervorheben der die einzelnen Bereiche dominierenden Zentren des leiblichen Spürens unterstützt, die Platon einerseits fast idealtypisch charakterisierte und anatomisch lokalisierte, die er aber andererseits gleichzeitig durch seine ideologische Überformung so vollkommen in die Gesamtkonzeption einband, daß sie nur noch von ihrem Funktionszusammenhang innerhalb des Seelensystems bestimmt waren.

Das *epithumetikon*

Den unteren Seelenteil verglich Platon mit einem wilden, im Nabelbereich angebundenen Tier. In diesem Bereich befinden sich einmal der Magen mit dem Drang zur Nahrungsaufnahme, dann ein seltsames Organ zur Wahrnehmung von Traumbildern, die „Leber", und schließlich die Geschlechtsorgane, die – und das gilt vor allem für die männlichen – als ein nicht der Vernunft gehorchendes Wesen beschrieben werden (91b), denn sie sind *autokrates*, „eigenmächtig" (91b).[535] Diese Eigenmächtigkeit deutet auf ein leibliches Regungszentrum hin, dessen Spannungen sich selbständig bemerkbar machen. Da eine solche Selbstständigkeit im platonischen System aber unerwünscht ist, gilt es sie zu bekämpfen. Die sich im Erleben aufdrängenden Regungen und Wünsche nach sexueller Begegnung werden von Platon nicht als schön und gut betrachtet, sondern als die unterste Stufe des Menschen, die ihn zum Tier herabwürdigt. Dieses Tier der Begierde stammt vom Mark und Gehirn ab und ist deshalb beseelt; doch gerade aufgrund dieser durch Abstammung gegebenen Beseelung konnte es sich vom Mark trennen und selbständig werden.[536] Die Autonomie machte es dann angeblich ungehorsam und selbstherrlich, und da es alles beherrschen will, muß es selbst beherrscht wer-

535 S.a. Schmitz (1965, 485). Zu den Geschlechtsteilen Cornford: „The organs are fantastically described as if they were additional ‚living creatures' appended to the already finished form of the human animal." (Cornford 1952b, 356f.)

536 Zur Gleichsetzung von Mark und Samen und dem Rückenmarkskanal als Verbindungsleitung s. Timaios 91b.

den (91b). Diese gekünstelte Konstruktion und Erklärung der Geschlechtsteile verdeutlicht, wie drastisch Platon leibliches Erleben durch eine Überformung von Gedanken und Bildern verfälschte und ideologisch nutzte. Dazu spaltete er die Sexualität in den schon im Symposion erwähnten Drang zur „Erzeugung im Schönen“ und in das rein körperliche, minderwertige Begehren. Im Gegensatz zum Verschwimmen der Leibesinseln bei Homer in ihrem dynamisch-schwankenden Gewoge handelt es sich bei ihm nun um einen statischen Aufbau, der den hierarchisch-ontologischen Abstand zwischen *noos* und *epithumetikon* deutlich macht. Vermischung muß in jedem Fall vermieden werden. Lief bei Homer alles im Zentrum „Herz“ bzw. „Innere Brust“ zusammen, so befand sich bei Platon an dieser Stelle die Puffer- und Schutzzone, um das wilde Tier vom *noos* fernzuhalten. Für ein phänomenologisches Erspüren des Regungsherdes „Unterer Leib“ hat diese radikal auf Beherrschung ausgerichtete Sicht wenig Erfreuliches zu bieten. Von einer positiven oder vielleicht sogar religiösen Auseinandersetzung mit der menschlichen Geschlechtlichkeit kann im Timaios keine Rede sein.

Neben den Geschlechtsorganen, deren genaue Zuordnung zum dritten Teil nicht eindeutig ist – sie werden gleichsam als Zeichen ihrer Abgetrenntheit nur kurz vor Schluß des Werkes behandelt –, bildet die Bauchhöhle ein weiteres Zentrum des *epithumetikon*. In ihr wird die Nahrung gekocht und das Blut hergestellt. Dieses erhält seine rote Farbe angeblich durch die Einwirkung des Feuers (80e). Es besteht aus kleinen Teilchen, die in dem Prozeß frei werden. Die Leibeshöhle dient als „Quelle“ (*krene* 79a3), von der aus die Adern des Körpers versorgt werden. In ihr wird der Prozeß des Kochens durch das Feuer aktiviert. Das eigentliche Zentrum des Feuers ist aber das Herz. Mit diesem Geschehen hängt die Atmung eng zusammen. Durch ihre gleichförmige und rhythmische Bewegung wird die Nahrung zuerst gekocht und dann zerlegt. Daraus entsteht das Blut, das – angetrieben von den Bewegungen des Feuers und der Luft – sich anschließend durch die „Bewässerungsgräben“ im ganzen Körper verteilt (79a u. 80d). Der Fluß des mit Nahrung gesättigten Blutes wird dabei als ein Aufnehmen und Abfließen, ein Anfüllen und Entleeren gedacht.

Die Auffassung der Atmung als ein Hin und Her von Impulsen, das durch das Zusammenspiel von Luftbewegung und Wärmeströmung zustande kommt (79b–80a), basiert auf sehr alten Vorstellungen, die möglicherweise aus Ägypten importiert waren und Teil des medizinischen Wissens der damaligen Zeit bildeten. Sowohl die Abhängigkeit der den Körper durchströmenden Regungen von der Bewegung des Atems als auch die Annahme, die Bauchhöhle sei ein zentrales Kraftreservoir, deuten auf eine Leibperspektive hin, die diesen Vorstellungen ursprünglich zugrundegelegen haben muß. Die Erklärung, Krankheiten könnten aus Überfluß oder Mangel entstanden sein, übernahm Platon wahrscheinlich von Alkmaion, denn wie dieser führte er sie auf fehlende Ausgewogenheit der Elemente Erde, Wasser, Feuer und Luft zurück (82a).[537] Die Um-

537 Dazu Cornford: „The fundamental notion of nearly all Greek medicine was that health depends on a due balance or proportioned mixture of the ultimate constituents of the body. Where the schools differed was on the question, what these ultimate constituents are.“ (Cornford 1952b, 332) Zur „maintenance of equilibrium“ in 81b4 s. a. Miller (1957, 112).

läufe wurden gestört, wenn durch einen übermäßigen oder unregelmäßig verlaufenden Verdauungsprozeß verdorbene Bestandteile mit der Luft und dem Blut in die Adern gelangten. Diese Erkenntnis war seinerzeit schon allgemeines Gedankengut und bereits bei Herodikos von Bedeutung.[538] Sie dürfte ebenfalls aus Ägypten stammen und durch die knidische Schule eingeflossen sein. Beispielsweise findet sie sich auch im Corpus Hippocraticum im Text „über die heilige Krankheit (VI)" (Diller 1962, 140f.), dessen Ähnlichkeit mit der Sicht des Diogenes von Apollonia von Friedrich Solmsen hervorgehoben wurde.[539]

Platon nutzte also medizinische Kenntnisse der damaligen Zeit, vermischte sie mit seiner spezifischen Seelenvorstellung und entwickelte dabei eine Art moralisch- physiologische Pathologie, indem er neben dem traditionellen Konzept des Ungleichgewichtes leiblicher Kräfte noch ein zweites Krankheitskonzept entwarf: das der Seele (86b). „Übermäßige Lust- und Schmerzgefühle sind als die schwersten Seelenkrankheiten anzunehmen" (86b6f.), weil ein darunter leidender Mensch am wenigsten imstande ist, „vernünftige Überlegungen anzustellen" (86c). Die sich der Kontrolle durch die Vernunft widersetzenden Regungen werden als Krankheit abqualifiziert, und diese Tendenz zur pathologischen Physiologisierung der ursprünglich im seelischen Bereich angesiedelten Regungen kommt auch zum Tragen, wenn Platon schließlich die „Unmäßigkeit auf sexuellem Gebiet" ebenfalls auf eine rein körperliche Ursache zurückführt, nämlich auf eine zu wässrige Konstitution (86d).

Allgemein betrachtet ist nach Platons Ansicht niemand freiwillig schlecht, sondern wird es erst durch einen körperlichen Mangel oder durch schlechte Erziehung (86e). Damit gibt er zwei Heilungsmöglichkeiten vor. Einmal können durch Gymnastik und Diätetik körperliche Mängel ausgeglichen werden, zum anderen sollen Erziehung und Selbstkontrolle die Begierden im Zaum halten. Allerdings besitzen Gymnastik und Diätetik, da sie dem körperlichen Bereich angehören, bei Platon nicht mehr einen so hohen Stellenwert wie noch bei Herodikos. Bei Platon reguliert die Gymnastik in erster Linie

538 Diese Vorstellungen ziehen sich sogar noch bis zu Hegel, der ganz ähnlich vom Organismus schrieb: „Er befindet sich im Zustande der *Krankheit*, insofern eines seiner Systeme oder Organe, im Konflikt mit der unorganischen Potenz *erregt*, sich für sich festsetzt und in seiner besonderen Tätigkeit gegen die Tätigkeit des Ganzen beharrt, dessen Flüssigkeit und durch alle Momente hindurchgehender Prozeß hiemit gehemmt ist." Dementsprechend wirkt dann die Medizin: „Das Heilmittel erregt den Organismus dazu, die *besondere* Erregung, in der die formelle Tätigkeit des *Ganzen* fixiert ist, aufzuheben und die Flüssigkeit des besondern Organs oder Systems in das ganze herzustellen." (Hegel 1975, 306f.)

539 Solmsen: „Wie Diogenes betrachtet der Autor das normale Funktionieren von Gliedern und Organen als abhängig von der unbehinderten Bewegung der Luft in ihnen und durch sie; ein Organ, durch welches die Luft nicht hindurchgeht, verliert seine Beweglichkeit und wird empfindungslos." (Solmsen 1971, 210) Zu weiteren Beziehungen zwischen Diogenes und dem hippokratischen Autor meinte Solmsen: „Denken, Empfindungsvermögen und Bewegung sind in letzter Analyse Reaktionen auf einen belebenden Einfluß, der von außen kommt, und sie alle sind vom Körper ausgeführte Tätigkeiten. Den Begriff Seele gibt es nicht." (Solmsen 1971, 213) Zum Verhältnis zwischen Diogenes und der hippokratischen Schrift „über die heilige Krankheit" s. a. Mani (1959, 25).

das Verhältnis von Körper und Seele (88d–89d). Die beste Bewegung ist die „in sich selbst durch sich selbst" ausgeführte – im Gegensatz zur Fremdbewegung des Körpers durch andere –, denn die Selbstbewegung hat die größte Ähnlichkeit mit der Bewegung des Denkens und des Alls (89a).[540] Sie sorgt durch ständige Erschütterung des Körpers für eine Durchlässigkeit der Regungen, verhindert Stauungen und bringt die um den Körper schweifenden „Eigenschaften und Teile" in eine verwandtschaftliche Ordnung. Um erst gar keine Krankheiten aufkommen zu lassen, die dann mit Arzneimitteln behandelt werden müßten – wobei das Risiko, daß diese den Fall verschlimmern, hoch ist –, empfiehlt Platon die *diaita*, die gesunde Lebensführung (89d).

Durch die Verwandtschaft der mikro- mit den makrokosmischen Umläufen läßt sich – folgt man der göttlichen Bewegung – eine Synchronisation der bei der Entstehung des Menschen verdorbenen Umläufe erreichen, woraus eine Ähnlichkeit menschlicher mit göttlicher Erkenntnis resultiert: das höchste dem Menschen erreichbare Ziel. Alt glaubte darin eine Aufwertung des Körperlichen zu erkennen und schrieb, Ziel sei nicht, „die physisch bedingten Regungen und Ansprüche schlechthin zu unterdrücken, vielmehr sie im Zustand der Ordnung und eines Gleichgewichts mit der Seele zu halten" (Alt 1982, 439). Sie machte darauf aufmerksam, daß Platon in 86b–89a „vor einem Dominieren der Seele über den Körper" sowie vor einer zu intensiven Hingabe an Wissen und Studium – diese zehren laut 88a den Körper aus – gewarnt habe und meinte, dies sei „für Platon höchst erstaunlich". Ihr entging aber, daß Platon schon in der Politeia auf eine ausgewogene Erziehung durch Gymnastik und Musik Wert legte,[541] dabei aber die Vormachtstellung der Seele nicht antastete. Ganz im Gegenteil: Die Gymnastik und Diätetik dienten lediglich dazu, die Herrschaft der Seele zu sichern, denn das vom Alkmaion her bekannte Gleichgewicht leiblicher Kräfte wandelte Platon in eine Hierarchie innerhalb der Seele um. Dadurch, daß er die unerwünschten leiblichen Regungen zum Tier degradierte und in den unteren Seelenteil verbannte, erhielt die Vernunft eine Kontrollfunktion, die sich durch regelmäßige Ausführung gymnastischer Übungen verstärkte. Das von Platon angestrebte „Gleichgewicht" erweist sich als ein scheinbares, denn es besteht eben nicht in einem gleichwertigen koagierenden Verhältnis gegenseitiger Vermischung, sondern nur noch in einem Bestreben nach möglichst weitgehender Unterscheidung und Trennung. Die Methode der synchronisierenden Bewegung soll einen ähnlich vagen Zusammenhalt von Körper und Seele herbeiführen, wie er schon in dem Ideal der *sophrosyne* und der damit verbundenen Befreundung der einzelnen Seelenteile in der Politeia angedeutet wurde. Es kann gar nicht oft genug betont werden, daß der radikale Bruch zwischen Körper und Seele auch zu einer speziellen Auffassung von Gymnastik führte, die bei Platon nicht mehr den ganzen Leib im religi-

540 Dazu Miller: „The idea of the equilibrium of the motions of the body is especially well illustrated in the discussion of gymnastics (88c7ff.), which Plato describes with explicit reference to the motions of the Cosmos.... The best motion, Plato adds, is that caused by the body itself in itself, since this is most similar to the motions of the soul and the cosmos." (Miller 1957, 112 A. 42)

541 S. beispielsweise Politeia III, 410c-d und dazu Egger: „Das Ideal der Platonischen Erziehung gipfelt im richtigen Verhältnis der musischen und gymnastischen Betätigung." (Egger 1903, 35)

ös-kultischen Zusammenhang betraf, sondern sich nur noch um den von der Seele geschiedenen Körper zu kümmern hatte.

Dieses Mißverständnis zieht sich bis heute, denn der Gedanke, eine durch intellektuelle Tätigkeiten bedingte Lebensweise mit Hilfe des Sports und der Gymnastik auszugleichen, ist tatsächlich platonisch. Er berücksichtigt nicht, daß bereits die dualistische Trennung eine phänomenologisch nicht nachzuweisende Suggestion ist, die durch die Gegenüberstellung von Kopftätigkeit und Körperübung nur bestätigt, ja in gewisser Weise sogar erst herbeigeführt wird. Versuchte Herodikos mit seiner Kombination von Übungen eine den pythagoreischen oder empedokleischen Vorstellungen entsprechende Lebensführung zu erreichen, so diente die Gymnastik Platons nur der Unterordnung des Körpers unter die Seele.

Wie sehr bei Platon gerade im Timaios die anthropologischen Vorstellungen vom hierarchischen Dualismus geprägt sind, läßt sich an der Leber verdeutlichen. Sie wird dem *epithumetikon* zugeordnet und dient als eine Art Spiegel, der Bilder empfängt, aber die Aktivität des *noos* auf emotionale Art so verzerrt, daß entweder Furcht- und Schreckensbilder oder beruhigende und sanfte Eindrücke entstehen. Diese Spiegelfunktion wurde der Leber als „Seherkraft" (*manteia*) von einem Gott verliehen, der so dem Verstand eine Einwirkungsmöglichkeit verschaffen wollte (71a–b), denn durch diese Fähigkeit nimmt der untere Seelenteil (*epithumetikon*) den *noos* im oberen Teil wahr, obwohl er als Tier ursprünglich nicht mit Vernunft und Einsicht begabt ist. Zwar besaß Platon nach Hans Ludwig Hagens Meinung „genauere leberphysiologische und -pathologische Kenntnisse" (Hagen 1961, 49), doch seine Konstruktion der psychologischen Funktion des Leberspiegels ist so phantastisch, daß sie als eine dem leiblichen Spüren nicht zu entnehmende Projektion angesehen werden muß.[542] Es zeigt sich auch hier, daß die Leber teleologisch in das platonische Leibschema eingebunden ist. Ihre Umfunktionierung steht wieder ganz im Zeichen der Beherrschung durch den *noos*, der seine Kontrolle über den gesamten unteren Seelenteil entweder mit Drohungen und furchtbaren Abbildern, mit deren Hilfe gallige Farben erzeugt werden und Bitterkeit unter die Leber gemischt wird (71b–c), oder durch sanfte, süße und provozierende Regungen (71d) ausübt. Platon nutzt auch hier wieder die damals allgemein üblichen Ansichten, wie beispielsweise die Verbindung von Bitterkeit und Zorn, die auch in anderen Systemen der Leber zugeordnet wurden, um sie auf spezifische Weise in seine Vorstellungen einzugliedern mit dem Ziel, dabei die interne Hierarchie zu stärken.[543]

542 Mani behauptete, Platon habe die „Leber mit dem vegetativen Geschehen verknüpft" (Mani 1959, 79f.). S. a. Hagen (1961, 39).

543 Zur eklektizistischen Haltung Platons im Timaios und dem, was der Leser „mehr bewundern soll", nämlich „die Kühnheit des Vorhabens oder die Phantastik des Ergebnisses" s. a. Mittelstrass (1962, 109 u. 30).

Das *thumoeides*

Zum mittleren Seelenteil gehört das *thumoeides*, das zusammen mit dem *epithumetikon* den sterblichen Aspekt der Seele darstellt. Die zentrale Instanz dieses Bereichs bildet das „Herz“, dem die Lunge als zweiter wichtiger Regungsherd funktional untergeordnet ist. Aufgrund der Nähe zum *noos* ist dieser Bereich in der Anthropologie Platons wesentlich sensibler als der untere Teil. Die hier angesiedelten leiblichen Regungen werden aber als entschieden unselbständiger dargestellt. Während der unterste, am weitesten vom *noos* entfernte Teil ein Maximum an Eigenmächtigkeit besitzt, untersteht das Herz der direkten Kontrolle des *noos* und ist dementsprechend weniger „selbstmächtig“. Die Lunge hat die Aufgabe, das Herz wohltemperiert zu halten, damit es der Vernunft besser gehorchen kann (70d). Das Herz ist vergleichbar einer inneren „Feuerquelle“ (79d3). Die „innen ausgespannten Strahlen des Feuers“ (78d6) verlaufen zu Lebzeiten vom Zentrum, dem gleichsam Wärme aussendenden Herd, nach außen. Dieser Vision unterliegt ein Spüren und Wahrnehmen des leiblichen Regungsherdes „Herz“. Hier ließe sich von einer gewissen Würdigung leiblicher Phänomene sprechen, stünde die ganze Sicht nicht im Dienst der seelenideologischen Konstruktion.

Die Umläufe des Atems und der Wärme sind nicht modernen Kreislauftheorien gleichzusetzen. Cornford war der Ansicht, Platon kenne keine irgendwie geartete Konzeption, in der die „muskuläre Aktion des Herzens“ in Verbindung mit „der Bewegung des Blutes“ stehe (Cornford 1952b, 303). Zur Frage nach der Blutbewegung äußerte sich auch Diller ähnlich und meinte, Platon habe „keineswegs an Kreislauflehren im modernen Sinn“ gedacht. Mit dem „Kreislauf des Atems“ im Timaios (79e) sei keine „in sich zurücklaufende Bewegung innerhalb des Körpers“ beschrieben worden (Diller 1973b, 43).[544] Als Erklärung von Platons Umlauftheorie bzw. als deren Abstraktionsbasis bietet sich ein Spüren der Leibesinseln und leiblichen Regungen an, die sich sowohl zentralisiert aufdrängen als auch – und dies scheint bei den Umläufen eher der Fall zu sein – rhythmisch pulsierend und von einem intensiven Wärmegefühl begleitet den Leib durchziehen können. Zumindest deutet darauf sowohl die Bezeichnung des Regungsherdes als Quelle (*pege*) hin, die schon oben bei der Leibesinsel Bauch benutzt wurde, als auch die Sicht des Herzens als Zentrum des Adernsystems. Dabei gilt es zu beachten, daß man den Verlauf der Adern nicht mit anatomischen Gegebenheiten asso-

544 Bezüglich der hippokratischen Schrift „Über das Herz“ (*peri kardies*) kam Diller zu der Schlußfolgerung, daß dort „keine anatomischen und physiologischen Feststellungen getroffen werden, die eine Lehre vom Blutkreislauf begründen oder voraussetzen. … Das Herz ist zwar ein Blutreservoir, aber nicht Zentrum eines zu und von der Peripherie sich vollziehenden Blutumlaufs. Seine Bedeutung liegt darin, daß es Sitz der Intelligenz und der eingeborenen Wärme ist, die von der Lunge aus abgekühlt wird.“ (Diller 1973b, 36) Bezüglich dieser Schrift bemerkte Karlhans Abel: „Wir vermissen in der Darstellung eine klare Angabe darüber, daß die Kontraktion des Herzmuskels das Blut in die Aorta und in die Arteria pulmonalis treibt und das Blut infolge der sogenannten vis a tergo in den Venen zu den Herzarterien zurückfließt.“ (Abel 1971, 153) Von einem Blutkreislauf kann bei den Hippokratikern noch keine Rede sein.

ziiert, denn er richtet sich ebenso wie das Bild der aufgespannten Strahlen nach gefühlten innerleiblichen Bewegungen, deren Koordination mit den anatomischen Gegebenheiten keine Rolle spielt.[545]

Wie sehr Platon noch in frühgriechischer Tradition stand und sich am leiblichen Spüren orientierte, wird da deutlich, wo er zwei alte, schon seit Homer bekannte Vorstellungen aufgriff; nämlich das *menos* und den *thymos*. Wenn der *thymos* „im Herzen aufblühe" (70d), so Schmitz, dann könne „das Herz eigentlich nur als Leibesinsel – als Stätte einer leiblichen Regung – gemeint sein" (Schmitz 1965, 484). Das *menos* des *thymos* „kocht" und verbreitet Wärme, wenn es von der Vernunft bestimmte Informationen bekommt (70b). Die nur durch enge Wege und Gänge zu erreichenden sensiblen Körperteile sollen durch den innigen Kontakt den Befehlen des *noos* besser gehorchen. Daß Platon mit dieser Ausdrucksweise an Homer anknüpfte, wurde von Cornford mit Bezug auf Onians herausgestellt.[546] Doch ihm entging die spezifisch platonische Modifikation, denn innerhalb der teleologischen Umfunktionierung – aus dem Herzen als Regungsherd und aktivem Partner menschlichen Selbstverständnisses wurde eine Art Wachhund – spielte der leibliche Gesichtspunkt nur noch eine untergeordnete Rolle. Das „Kochen" des *menos* und die Aktivität des Blutes äußern sich zwar als leiblich spürbare Wärme und Kraft, doch dienen sie letztlich nur dazu, die Befehle des „oben in der Burg sitzenden *noos*" zu vermitteln und ihm die übrigen Glieder des Leibes zu unterwerfen. Das Blut leitet lediglich die Befehle weiter; es ist nicht mehr (wie bei Empedokles) der Sitz des „Denkens" im weitesten Sinn und damit semiautonom, sondern transportiert nur noch die Impulse des Gehirns.

Gegen Cornfords und Taylors Übersetzung von 70b wandte sich Solmsen mit einer Variante, bei der der *thymos* zunächst kocht und dann der Logos durch Befehle an „alle mit Empfindung ausgestatteten Körperteile" die Ordnung wieder herstellt (Cornford 1952b, 283 u. Solmsen 1971, 220 A. 74). Sicherlich dachte Solmsen zu Recht an eine Anspielung auf die homerische Auseinandersetzung des Menschen mit seinem *thymos*, doch er berücksichtigte zuwenig, daß das Herz in 70b bereits ganz vom platonischen Ermächtigungsstreben beansprucht wird. Es soll nicht spontan reagieren, sondern nur, wenn ihm der *noos* mitteilt, daß von außen her oder durch die inneren Begierden ein Unrecht geschehen ist. Der aufbrausende Zornesmut, das *menos* des *thymos*, wird ganz in den Dienst des *noos* gestellt. Es hat im teleologisch-psychologischen System Platons die Verbindungsfunktion zwischen den mit Empfindungen ausgestatteten Körperteilen.

545 Ähnliches gilt auch für die Schrift „Über das Herz". Diller schrieb dazu: „Diesem physiologischen System ordnet sich auch die Anschauung vom Verlauf der Adern unter." (Diller 1973b, 36) Mit „physiologischen System" ist kein modernes, naturwissenschaftliches Konzept gemeint. Dazu a. Abel: „In ‚De corde' ist das Herz der Quellpunkt der Ströme, die sich über den Körper ergießen, wobei nicht ganz klar wird, wie man sich diese Ströme ... vorzustellen hat". Er machte auch auf die Schwierigkeiten aufmerksam, die Adern mit denen der „modernen Anatomie" zu vereinbaren (Abel 1971, 139 u. 146).

546 Siehe dazu Cornford (1952b, 284). Onians Interpretation des Homerischen *thymos* als Lunge, die Cornford für richtig hielt, muß allerdings fraglich bleiben.

Dabei kommt ihm nur die Rolle des Befehlsvermittlers zu, der im Falle eines vom *noos* aufgezeigten Unrechts die gesamte leibliche Spannkraft (*menos*) dem *noos* dienstbar macht, damit der Mensch gezielt und kontrolliert dem Feind begegnen kann. Auch wenn die Textinterpretation von Taylor und Cornford gegenüber der von Solmsen favorisiert werden muß, so hat Solmsen in jedem Fall die Intention Platons klar erkannt und dessen Bemächtigungsstreben als das zentrale Anliegen entlarvt, denn in Bezug auf Platon behauptete er: „Was ihn interessiert, ist die Kontrolle über jeden ‚fühlenden' Teil, d.h. jeden Teil, der fähig ist, auf die vernünftige Seele zu reagieren oder Befehle zu empfangen." (Solmsen 1971, 221)

Gerade an der hier besprochenen Stelle wird der erhebliche Unterschied zu vorhergehenden Auffassungen und auch zu Platons Technik der Introjektion sichtbar. Indem Platon den Zorn über ein begangenes Unrecht von den Informationen des Gehirns abhängig machte, schloß er gleichsam das offene Einfallstor der Gefühle und baute den *thymos* zu einer Funktion des seelischen Systems um. Die Spontaneität des Herzens wurde zugunsten der Aufgabe, den unteren Seelenteil zu kontrollieren, aufgegeben. Diesem Zweck dienten auch die „engen Kanäle" (70b7), die sich nicht mit unseren anatomisch-physiologischen Vorstellungen decken, denn sie sollten sowohl das Wärmegefühl verbreiten als auch die Befehle übermitteln. Platons Auffassung von der Rolle des Blutes erinnert an dieser Stelle an die des Empedokles, aber auch an die des Diogenes von Apollonia. Allerdings muß ebenso der Unterschied hervorgehoben werden, denn die Funktion des Denkens, die bei Empedokles das Blut und bei Diogenes die Luft hatte, schreibt Platon ausschließlich dem *noos* zu.[547] Dadurch wurde die Luft (*aer*), die für Diogenes und für Anaximenes zentrale Bedeutung hatte, auf ihre Funktion der Atmung beschränkt (78e).

Die gegenüber den vorplatonischen Auffassungen veränderte Position des Herzens – es war nun nicht mehr Zentrum des Spürens von Gedanken, Regungen und Gefühlen, sondern nur noch Funktionsträger und Befehlsempfänger des *noos* – bedeutete also eine radikale Umdeutung des leiblichen Erlebens. Sie bereitete die anatomisch-physiologische Sicht des Körpermodells vor. Hier deutet sich die bis heute wirkende Auffassung des Herzens als ein auf mechanische Tätigkeiten beschränktes Organ an. Diese Abwertung des spontanen Regungsherdes zugunsten einer teleologischen Funktionseinheit unter Kontrolle des abstrakten Verstandes ist nur ein Beispiel mehr für die Wirkung des anthropologischen Dualismus, dessen Krönung und Abschluß die Vorstellung des Gehirns als Sitz des *noos* darstellt.

547 Dazu Solmsen (1971, 221, 227 u. 230) u. Kudlien (1967, 96). S. a. Hershbell: „For Timaeus, the blood is primarily the agent of nutrition, and he completely ignores Empedocles' identification of blood with ‚thought'" (Hershbell 1974, 163). Ähnlich Diller: „Bei Platon sind Blut und eingeborene Wärme getrennt, ebenso wie Blut und geistige Fähigkeiten" (Diller 1973b, 42).

Das *logistikon*

Die Umdeutung des Kopfes zu einer Behausung für die Vernunft vollendete die Reduktion des leiblichen Spürens auf ein im Dienste des Ermächtigungsstrebens stehendes Körpermodell. Die *daimon*-Vorstellung der vorsokratischen Periode erhielt dadurch eine markante Änderung. Heraklit hatte eine innige Verbindung zwischen *ethos* und *daimon* erkannt, bei Empedokles wandelte sich der *daimon* gemäß seinem Schicksal, und erst Demokrit versetzte ihn in die Seele. Paul Natorp, der auf die Beziehung zu Heraklit aufmerksam machte, bemerkte nicht ganz zu Unrecht, daß Platon sich an Demokrit (B 171) „erinnert" (Natorp 1893, 64 u. 94). Platon steigerte jedoch die sich schon bei Demokrit abzeichnende Tendenz zur Introjektion, indem er den Sitz des *daimon* genauer lokalisierte und in sein Dreierschema einbezog. Gleichzeitig degradierte er den vorsokratischen Schicksals-*daimon* endgültig zum bloßen „Schutzgeist" (90c), der nur noch als Gast im Kopf wohnte und Befehle gab (Schmitz 1965, 363 u. 484). Indem er *psyche*, *daimon* und *noos* im *logistikon* zusammenfallen ließ, gewann er die unsterbliche Seelenessenz, die umso reiner war, je mehr der menschliche *noos* in sich kreiste und den göttlichen *noos* des Universums imitierte.

Damit war das Menschenbild Platons perfekt. Den oberen Teil des Leibes erklärte er zur Burg mit dem *daimon* als Herrn.[548] Den mittleren Teil machte er zur Wachstube, in der er das Herz plazierte, welches vom *noos* – nicht wie bei Homer von der ganzen Person – die Befehle erhielt, um sie weiterzuleiten. Der untere Teil schließlich wurde vollständig isoliert; er konnte nur noch mit Hilfe des Leberspiegels grob beeinflußt werden und mußte den Befehlen, die das Herz im Auftrag des *logistikons* weitergab, gehorchen. Der führende obere Seelenteil ahmte mit seiner Bewegung den göttlichen *noos* des Universums nach und erreichte so eine zunehmende Ähnlichkeit mit diesem.

Somit war eine klare Verschiebung des Mittelpunktes im Menschen vollzogen, denn dieser wanderte von der Leibesmitte, dem Herzen, wo ihn Empedokles lokalisierte, in den Kopf. Mochte dieser Sachverhalt auch von Alkmaion vorbereitet worden sein – ihm wird nachgesagt, er habe als einer der ersten dem Gehirn eine solche Funktion zugetraut –, so ist auch hier wieder Platons eigene Handschrift nicht zu übersehen, denn er tauschte gleichsam das Prinzip der *isonomia* gegen die *monarchia* des im Kopf sitzenden *noos*. Die Vorbild- und Kontrollfunktion, die der Verstand gegenüber dem Herzen und den Begierden ausüben sollte, entspricht nicht mehr dem Zusammenspiel zweier gleichwertiger koagierender Partner, das das frühere Menschenbild prägte, sondern zeigt ein asymmetrisches Gefälle vom Kopf bis zu den Geschlechtsteilen. Dementsprechend strebte Platon nicht danach, mit seinem Leibe zu verschmelzen. Ihm ging es darum, eine möglichst scharfe Trennung, eine partielle Abspaltung zu erzielen, die

548 Dazu Schmitz: „Dieses Vernunftprinzip ist also nicht mehr der Mensch selber als mündige Person, die alles Erleben straff zusammenfaßt, sondern nur noch für jeden ein Mitbewohner (...) seines Körpers (90c)." (Schmitz 1965, 485)

im Bild der synchronistischen Bewegungen des Kreisens auf verschiedenen Ebenen zum Ausdruck kommt. Das „zitterfreie Herz" war dazu verurteilt, Wachhund zu spielen, die Begierden wurden als wildes Tier angekettet, und Eros und Aphrodite orientierten sich nur noch rein „platonisch" am Schönen. Zwar bildeten die leiblich spürbaren Regungen die Basis der teleologisch ausgerichteten Anthropologie Platons, doch stellte er sie in den Dienst seiner suggestiven dualistischen Ideologie, die nun Kosmos und Mensch gleichermaßen teilte und auch ontologisch das aus einer ganzheitlichen Erfahrung gewonnene Sein des Parmenides in eine Ideenwelt und ein Reich des Werdens spaltete.

Mit der Verschmelzung von *psyche*, *noos* und *daimon* im *logistikon* war in Bezug auf die frühgriechische Philosophie ein entscheidender Punkt erreicht. Der Timaios stellt nicht nur ein Spätwerk Platons, sondern das Ende einer ganzen Epoche dar, denn der Prozeß der Herausbildung unserer kulturspezifischen Seelenvorstellung wurde mit ihm zu einem vorläufigen Abschluß gebracht.

Schluß

Damit ist der Weg von Homer bis Platon ausgeschritten. Das Bild des homerischen Menschen, der als offenes Kraftfeld charakterisiert wurde und durch den die Gefühle wie Windzüge wehten, der ausgeliefert war dem Spiel der Götter, doch durchaus selbstbewußt und entscheidungsfähig sein Schicksal mitgestaltete, dieses Bild hat sich gewandelt in das des seine Regungen und Gefühle beherrschenden platonischen Vernunftmenschen, der geradezu als Prototyp des europäischen Menschenbildes gelten kann. Die von allem unreinen isolierte platonische Vernunft thronte in ihrer Kopfesburg und stand dem Leib als Resonanzkörper der Regungen und Stimmungen mißtrauisch gegenüber, ja versuchte sogar, diesen soweit wie möglich abzutöten. Mittels einer geschickten, sich wissenschaftlich gebenden Seelenideologie stilisierte Platon die Technik der rationalen Kontrolle zum Heilmittel, das die Ergriffenheit durch Gefühle verhindern oder zumindest extrem beschränken sollte. Dadurch stellte er die entscheidenden Weichen für die Entwicklung nach ihm. Das Atmosphärische, das in der Ilias so wirkmächtig agierte, wurde in eine Innenwelt gesteckt, die bis heute im Dienste des philosophischen Bemächtigungsideals steht. Der damit zusammenhängende, gleichzeitig etablierte schroffe anthropologische und ontologische Dualismus schuf die Voraussetzungen, um einerseits die von Demokrit eingeleitete naturwissenschaftliche Entwicklung voranzutreiben, andererseits die sich zu stark aufdrängenden emotionalen Probleme mittels psychologischer Doktrin zu behandeln. Damit zeichnet sich eine Perspektive ab, die in anderen Kulturen so nicht zu finden ist.

Ähnlichkeiten mit außereuropäischen Vorstellungen bestehen dagegen bei den vordemokritischen, noch nicht vom anthropologischen Dualismus geprägten Philosophen, und auch das homerische Menschenbild – so ist zu erwarten – wird näher an den ursprünglichen Auffassungen liegen als die dichotomischen und introjektionistischen Systeme Platons und seiner Nachfolger. Doch um diese Vermutungen zu überprüfen erscheint es notwendig, sich intensiver mit den Vorstellungen außereuropäischer Kulturen zu beschäftigen.

Die wahrscheinlich ältesten Auffassungen des Leibes, die uns in schriftlicher Form zugänglich sind, lassen sich in Ägypten finden. Sie können erweitert werden, zieht man die Hinweise auf Leibperpektiven in der Hebräischen Bibel hinzu. Obwohl dieses Problemfeld eine eigenständige Arbeit erfordert, die den vorgegebenen Rahmen sprengen würde, soll im folgenden Teil versucht werden, wenigstens einige Vorarbeit zu leisten. Die sich daran anschließenden Abschnitte über Indonesien und China dienen als Kontrast und Alternative zum dominanten europäischen Leibschema. Da diese Vorstellungen bis in die heutige Zeit verfolgt werden, wird gleichzeitig grob eine historische Entwicklung nachgezeichnet, von der aus sich weitere Vergleiche vorantreiben lassen und aus der heraus die bis heute bestehenden kulturspezifischen Unterschiede in den Anschauungen vom Leib verständlich werden.

DRITTES KAPITEL

Das Herz im alten Ägypten und die anthropologischen Vorstellungen der Hebräischen Bibel

Zur Zeit der frühgriechischen Philosophie gab es nicht nur Handelsbeziehungen mit dem vorderen Orient, sondern natürlicherweise und meistens in deren Gefolge auch einen Austausch von Gedanken. Besonders die mathematischen Wissenschaften der Griechen wurden, wie Hans-Joachim Waschkies zeigte, von den alten Kulturen angeregt (Waschkies 1989, 9 u. 302). Diese Arbeit befaßt sich in erster Linie mit dem medizinischen Aspekt des Ideentransfers zwischen der altägyptischen Kultur und den Griechen. Das Beispiel der Leibesinsel Herz dient weiter als Leitfaden, um Einblicke in ägyptische Menschenbilder zu gewinnen. Anhand der Vorstellungen vom Herzen werden schließlich auch die Leibschemata der hebräischen Bibel gemustert und mit ägyptischen und griechischen Konzepten verglichen. Vor diesem erweiterten Hintergrund können dann die Ergebnisse des ersten Teils überprüft und illustriert werden.

1. Das Herz im alten Ägypten

Hauptsächlich zwei Aspekte lassen den Schluß zu, daß altägyptische Vorstellungen des Herzens (*ib*[549]) Einfluß auf Platons Anthropologie genommen haben könnten.[550] Diese sind erstens die Vorstellung des Herzens als Mittelpunkt eines Systems von Kanälen, Leitbahnen oder Adern und zweitens – damit zusammenhängend – das Konzept des durch (Verdauungs)Rückstände und schädlichen Überfluß gestörten Durchflusses der leiblichen Kräfte und Flüssigkeiten. Die Erkenntnis, fehlendes leibliches Gleichgewicht blockiere das System der Bahnen und Kanäle, spielte schon in der altägyptischen Medizin eine große Rolle und könnte von dort über die knidische Ärzteschule nach Athen gelangt sein. Trotz gewisser konzeptioneller Unterschiede der Medizinsysteme ist eine solche Beeinflussung wahrscheinlich.[551] Grensemann hob das Privileg hervor, das Knidos

549 Für „Herz“ findet sich neben *ib* auch der synonyme Term *h3ty*.

550 S. a. Onians (1951, 28), der Platon Tim. 70bff. angab und sich auf das *ib* der alten Ägypter, den „dancer“, bezog.

551 Zum Unterschied zwischen ägyptischer und griechischer Medizin behaupteten Steuer u. Saunders (1959, 43), die Ägypter hätten keine „humoral theory“ gekannt. Diese scheine eine griechische Erfindung zu sein, deren erste Ansätze bei Herodikos von Knidos zu finden seien und sich bis zum hippokratischen Text „De natura hominis“ mit dessen vier Säfte-Lehre hinzögen. Diese Viererlehre dürfe

im Handel mit Ägypten hatte und das den kultrellen Austausch erheblich förderte. Außerdem sprach er von den „medizinhistorisch nicht uninteressanten Berührungen mit iranischer Medizin in den Texten des Corpus Hippocraticum".[552] Entscheidend für den hier untersuchten Zusammenhang ist die Tatsache, daß die alten Ägypter zwischen ca. 1800 und 400 v. Chr., also über einen Zeitraum von knapp tausendfünfhundert Jahren hinweg, ein erstaunlich hohes Niveau der Medizin und der Techniken zur Leibbemeisterung besaßen.[553] Hinzu kommt, daß grundsätzliche Krankheitsvorstellungen für Orient und Okzident gleichermaßen gültig waren und unter dem Begriff „Dämonenmedizin" subsumiert werden können. Krankheit wurde zu dieser Zeit als „eine Wirkung göttlichen oder dämonischen Waltens", als ein Befallenwerden von bösen Dämonen betrachtet (Deichgräber 1984d, 182).[554] Die in der altägyptischen Medizin hergestellte

aber nicht mit Galle und Schleim im Timaios (82 e) verwechselt werden (Steuer u. Saunders 1959, 29 u. 32). Dagegen meinte Diller, daß „gerade einige sehr fest eingewurzelte medizinische Theoreme, wie etwa die Lehre von den Körpersäften, weit über die griechische Zeit bis in die Hochkulturen des Alten Orients, nach Iran, Indien und Babylonien" zurückreichten (Diller 1973e, 100f.). Die „Lehre von den Körpersäften" hat Diller wohl etwas zu früh datiert und nicht korrekt auf Ägypten bezogen. Zu indischen Parallelen s. a. Willibald Kirfel (1951, 20ff.). Die vier Säfte-Lehre scheint griechischen Ursprungs zu sein.

552 Grensemann bezog sich auf Steuer und Saunders und kam zu dem Ergebnis: „Nicht nur, daß die älteste knidische Medizin einzelne gemeinsame Züge mit der ägyptischen aufweist, ... vielmehr weist die knidische Krankheitslehre formal und inhaltlich typische Züge und Elemente auf, die sich bei den Ägyptern entwickelt haben, so daß auch in dieser Hinsicht eine gewisse Beeinflussung der knidischen Medizin durch die ägyptische wahrscheinlich erscheint. ... Auch der Aufbau knidischer Krankheitsbeschreibungen mit den Elementen Symptomkomplex, Ätiologie, Prognose, Therapie findet sich bei den Ägyptern wieder. Historisch gesehen, gehört auch die knidische Medizin in ihrer frühen Phase der archaischen Periode an, als deren Hauptvertreter gemeinhin die ägyptische gilt. Der Schritt von der ägyptischen zur knidischen Medizin scheint uns kleiner zu sein als der von der knidischen zur geographisch benachbarten koischen." (Grensemann 1975, 49f.) S. a. Sigerist (1987, 355).

553 Dazu Gerhard Lukas: „Die Ägypter, die in ihrer kulturellen Entwicklung den Griechen um etwa 2000 Jahre voraus waren, hatten schon eine systematische Körperkultur mit gymnastischer Schulung, Leicht- und Schwerathletik, Kampfsport (Ringen, Boxen, Stockfechten) und Wassersport (...). Die Körperschule zeigt fast alle Arten der Gymnastik im heutigen Sinn. Freiübungen wie Arm- und Beinheben, Beinspreizen, Hüpfübungen, Dehnübungen der Muskeln und Bänder, Rumpfgymnastik zur Geschmeidigkeit der Wirbelsäule, Rumpfdrehen und- beugen, Bodenturnen mit Kopfstand, Handstand und Überschlagbrücke, Partnerübungen wie Widerstands-, Gleichgewichts-, Balancier- und Aufstehübungen, Rücken an Rücken gelehnt." (Lukas 1969, 54f.)

554 Deichgräber weiter: „Die Krankheiten sind dämonische Wesen, kommen von den Göttern, als Schicksal, als Strafe. Mit geheimnisvollen Kräften werden sie gebannt." (Deichgräber 1984d, 183) Zur Angst vor Befleckung und der damit verbundenen religiösen Reinigungen s. a. Rhode, der „die aus gleichen Ursprüngen völlig analog dem Wesen der griechischen Kathartik entwickelten und griechischem Reinigungswesen auch im Einzelnen allernächst verwandten Gedanken" auch „in Indien" zu finden glaubte, nämlich unter dem Phänomen der „befleckenden Berührung" durch einen feindlichen Dämon" bzw. ein „dämonisches Fluidum" (Rohde 1925b, 74). Die Medizin im alten Mesopotamien war nach Sigerist sehr religiös und basierte ebenfalls auf dämonologischer Grundlage (Sigerist 1987, 411). S. a. Jacobsen: „Alle Krankheiten wurden als böse Dämonen angesehen, die das Opfer ergriffen hatten und gefangen hielten." (Jacobsen 1954, 227) Zu einem Überblick der therapeutischen Maßnahmen im alten Babylon s. Lukas: „Die babylonische Medizin führte die Krankheit zumeist auf die

Verbindung zu der spezifischen Auffassung des Herzens als Mittelpunkt eines Kanalsystems ist allerdings wesentlich komplexer als bloße dämonologische Theorien und basiert auf ausgefeilten anthropologischen Vorstellungen. Erklärt wird der Zusammenhang von Krankheitsdämon und leiblicher Wirkung durch das Konzept der Rückstände im Körper (griech.: *perittomata*), die man auszugleichen oder abzuführen versuchte. Es fand so eine Verortung der dämonologischen Ursachen statt, die eine rationale Therapie ermöglichte. Der hohe medizinisch-wissenschaftliche Stand der altägyptischen Medizin wirkte attraktiv auf die griechischen Ärzte; und so wundert es nicht, wenn Grensemann den schon mehrfach erwähnten Herodikos von Knidos als einen der ersten griechischen Vertreter des *perittomata*-Konzepts bezeichnete (Grensemann 1975, 173).

Das Herz als Mittelpunkt des Kanalsystems

Die mit dem *perittomata*-Konzept verbundenen medizinischen Vorstellungen vom Herzen als Mittelpunkt des Kanalsystems finden sich nach Grapow schon in dem Papyrus Kahun, dem ältesten, auf etwa 1850 v. Chr. datierten medizinischen Text Ägyptens. Es folgen der Pap. E. Smith (1550 v. Chr.) und der Pap. Ebers (1550 v. Chr.), der bereits ein „Herzbuch" enthält (Grapow 1955, 88ff.). Von dieser „merkwürdigen, gewiß sehr alten Abhandlung über das Herz und seine Funktion und über die Gefäße des Körpers und ihre physiologische Bedeutung" behauptete Grapow, in ihr beruhe „so gut wie nichts auf Beobachtung und Erfahrung, vielmehr nahezu alles auf Theorie" (Grapow 1955, 131). Dieses zu harte Urteil ist hinsichtlich der leiblichen Dimension der behandelten Phänomene revisionsbedürftig.

Für die alten Ägypter wurde der menschliche Leib von Kanälen, Adern, Röhren und Bändern, den *metu* (oder *mt*), durchzogen. Grapow glaubte, diese Bezeichnung „für ein Hohlgefäß, eine Röhre" passe genauso „für einen Muskelstrang, eine Sehne", denn, so seine Erklärung: „Zwei- und mehrdeutig ist *mt* für uns, die wir heute ein Gefäß des Körpers, das Blut, Tränen, Schleim, Wasser, Luft führt, scharf von Sehne und Muskelstrang und Nerv auch in den Bezeichnungen trennen." (Grapow 1954, 20f.) Diese Mehrdeutigkeit führte ihn zu der Behauptung, die Anschauung des altägyptischen Arztes vom Gefäßsystem sei „halb theoretisch geblieben", denn er habe „Nerven, Muskeln und Adern mit einem gemeinsamen Namen *mt* bezeichnet" und „deren prinzipielle Verschiedenheit nicht erkannt"; außerdem seien „Nerven, Bänder, Muskeln verwechselt" worden (Garpow 1935, 10).[555]

Wirkung von Dämonen zurück und arbeitete mit Beschwörungen und anderen Geheimmitteln. Aber sie wandte doch auch Massage, Öle, Salben und Heilmittel aus dem Pflanzen- und Tier- sowie Mineralreich an und zeitigte Fortschritte. Auch die Gymnastik scheint zu Heilzwecken schon eine bescheidene Rolle gespielt zu haben." (Lukas 1969, 67) Zur Ayur-Veda-Gymnastik und Massage s. Mering (1937, 9).

555 Sigerist zur ägyptischen Medizin: „Thus the major organs were known, had names, and it was believed that they were all connected with one another either directly or via the heart through a system of

Verläßt man hier die anatomischen Ansprüche des vom Körpermodell her denkenden Medizinhistorikers, dann lassen sich die *metu* als Leitbahnen interpretieren, deren Kenntnisse über Verlauf und Funktion aus mehreren Quellen gespeist wurden. Mag auch die sogenannte Küchentischanatomie bei der Zubereitung der Tiere zum Verzehr ein Bild vom Körperinneren mit seinen Strängen und Organen gewonnen haben, ausschlaggebend war dies ebensowenig wie gewisse Beobachtungen bei der Mumifizierung bzw. die durch Wunden im Krieg oder bei Unfällen entstanden Einblicke in das Körperinnere. Die Grundlagen der Vorstellungen von den leiblichen Bahnen bildeten einmal die Analogien zu den Kanälen des Bewässerungssystems und zum anderen das damit verbundene Spüren von Bewegungen. Das in der Medizin wichtige Bild eines von Kanälen durchzogenen Leibes basiert auf sorgfältiger Beobachtung der leiblichen Strömungen, die zwar gespürt, aber im Körpermodell nur schwer geortet werden können. Das zeigt sich daran, daß in den Bahnen nicht ein Fluß von elektrischen Wellen, Nervenenergie, Gehirnströmen oder neuronaler Aktivität gedacht wurde, sondern von „Luft". Diese war aber kein physikalisches, totes Element, sondern eine leiblich spürbare Kraft. Grapow hob die diesbezüglich bestehenden Ähnlichkeiten zur frühgriechischen Medizin hervor und machte auch auf die untergeordnete Rolle des Blutes aufmerksam (Grapow 1954, 76). Nach seiner Ansicht kamen erst die Alexandriner zu der Erkenntnis, „daß die Arterien nicht nur Pneuma, sondern auch Blut führen". Die altägyptischen Vorstellungen der Bahnen und Kanäle beschrieb er folgendermaßen: „Alle (oder die meisten) führen Luft, von der Nase über das Herz zum After, und geben sie vom Herzen zu allen Körperteilen." (Grapow 1954, 73) Damit durchströmt die Luft die drei Bereiche von Kopf, Brust und Unterleib, eine Vorstellung, die auch in der griechischen, indischen, indonesischen und chinesischen Medizin zu finden ist, und die selbst im Timaios noch die Grundlage für die oben beschriebene Umfunktionalisierung abgibt. Grapow zeigte weiter, daß die Ägypter zwei oder drei *mt* für den Arm und drei „*mt*-Gefäße" für das Bein kannten, daß aber für den Rücken „keine *mt*-‚Gefäße' angegeben werden" (Grapow 1954, 53).[556] Auch „die physiologische Bedeutung der Hoden", zu denen zwei „*mt*-Gefäße" führten, sei bekannt gewesen (Garpow 1954, 85). Welche Physiologie Garpow hier den alten Ägyptern zumißt, bleibt fraglich; bestimmt ist es nicht die der naturwissenschaftlichen Medizin unserer Zeit. Vergleicht man die angegebenen Bahnen mit dem, was zum Adernsystem von den frühen Griechen bekannt ist, so zeigt sich hinsichtlich der Rückenadern ein kleiner Unterschied. Manis erwähnte, daß bei Diogenes von Apollonia (Fr.6) „eine symmetrische Gefäßversorgung

canals or vessels, which ran in pairs or groups of three and carried air, blood, all that was necessary to life". Es gäbe keine Unterscheidung zwischen Arterien, Venen, Nerven, weil es sich hier um „speculative anatomy and physiology" handele (Sigerist 1987, 355). Zur griechischen Medizin a. Mani: „Die physiologische Bedeutung des Nervensystems war den Hippokratikern nicht bekannt, und eine scharfe Trennung zwischen Nerven, Sehnen und kanalikulären Gebilden gab es damals nicht." (Mani 1959, 27) Gleiches gilt nach Joachim Oelsner (1961, 72 u. 91) für die hebräische Bibel.

556 Zur Beschreibung der „*mt*-Gefäße" s. a. Sigerist (1987, 350f.) und Grapow (1954, 59, 72ff. u.92).

von Leber und Milz" durch ein „großes Adernpaar" beschrieben wird, „das zu beiden Seiten längs der Wirbelsäule verläuft und durch Abgabe kleinerer Gefäße die Blutversorgung des gesamten Körpers sicherstellt" (Mani 1959, 21).[557] Doch ob dieses Gefäßsystem für Blut oder *pneuma* oder beides gedacht war, kann nicht mit Sicherheit gesagt werden.

Kannte die altägyptische Medizin wirklich keine Rückenadern, so war ihr doch ein Zusammenhang der Hoden mit den *metu* und dem Knochenmark vertraut. Nach Grapows Ansicht glaubten die alten Ägypter, im Knochenmark seien „gewisse geistige Kräfte lokalisiert" und der männliche Same würde dort entstehen (Grapow 1954, 20). Die Wirbelsäule enthielt einen Kanal *bks.w*, der eine Verwandtschaft zu kosmischen Vorstellungen zeigt. „Denn", so Grapow, „in der letzten Stunde des Buches von der Fahrt der Sonne durch die Unterwelt wird der Sonnengott in seinem Schiff ‚im *bks.w* einer ungeheuren Schlange' gezogen, aus der er dann als Morgensonne herauskommt." (Grapow 1954, 57f.) Diese Bedeutung des Kanalsystems und der Wirbelsäule erinnert an Platon, bei dem die sowohl mit Blut als auch mit Luft gefüllten Adern ebenfalls ununterschieden als Muskeln, Nerven, Venen und Arterien angesehen wurden.[558]. Der platonische Timaios kannte zwei große, den Rücken entlang nach unten verlaufende und mit dem Rückenmark verbundene Adern, die für eine gleichmäßige Bewässerung sorgten (77d). Die wichtige Rolle des Knochenmarks innerhalb der Wirbelsäule findet sich dort in etwas veränderter Form.[559] Die vernunftbegabten Leibesglieder werden graduell unterschieden (75a). Der edelste Teil, das Gehirn, ist eine Art „Mark", das als „Saatfeld" (73c–d), aber auch als Knochenmark, insbesondere der Wirbelsäule, vorkommt. Dieser kostbare Stoff wurde von den Göttern geschützt, indem sie ihn in die Knochen legten. Eine solche Theorie der teleologischen Konstruktion der Knochen

557 Charles Lichtenthaeler sprach von den „zwei großen Adern", nämlich die „Milzader für die linke und die Leberader für die rechte Körpeseite" und bezeichnete diese als „rein spekulative Denkweise" und einen „Rest archaisch-spekulativer Vorstellungen" (Lichtenthaeler 1974, 140). Zu Polybos und Syennesis von Kypros, bei denen ebenfalls „die Adern im Körper über Kreuz verlaufen" s. a. Hagen (1961, 15) u. Mani (1959, 22). Zum *pneuma* schrieb Wellmann: „Also schon zwei Generationen vor Aristoteles war in Athen die Pneumalehre ein Hauptdogma der ärztlichen Kreise." (Wellmann 1901, 76) Zur Entsprechung der Adernsysteme bei Diogenes und Platon s. a. Wellmann (1901, 91). Cornford zur „Sizilischen Ärzteschule" und dem Fluß des *pneuma*: „This breath also conveys sense-perception. It is in perpetual motion, circulating through the veins together with the blood." (Cornford 1952b, 307)

558 Dazu Cornford: „Plato, like his contemporaries, drew no distinction between arteries and veins." (Cornford 1952b, 303) Neben diesen Adern kannte Platon noch die *neura* (Phaid. 80d, 97 c, 99 a), von denen Schreckenberg meinte, sie konstituierten „mit den Knochen zusammen das leibliche Gefüge des Menschen" und seien „Knochen und Fleisch verbindende Bänder (Tim. 84 a)" (Schreckenberg 1964, 90). Cornford bemerkte dazu: „It should be noted that Plato never uses the word ‚muscle' (*mus*) He seems to have thought of flesh as simply a covering and attributed all muscular action to the ‚sinews'." (Cornford 1952b, 298) Generell zum Adernsystem bei Platon s. a. Lloyd (1966, 277f.) sowie zum Timaios 77c–e, 78d–e u. 79d Cornford (1952b, 305 u.314).

559 Zur Verbindung von Samen und Rückenmark im Indischen und Persichen s. a. Gomperz (1911, 434 A. 3). Zum Kopf als Quelle des Samens s. Onians (1951, 231).

und des Körpers stammt meines Wissens nicht aus Ägypten, sondern diente, wie oben gezeigt, Platon zur Sicherung seiner Superiorität der Seelenhierarchie. Doch die Metapher des Herzens als Quelle (79a) sowie die Bedeutung der Leibes- bzw. Bauchhöhle kommt den Vorstellungen der Ägypter wieder näher.

Krankheitsursachen und das Kanalsystem

Mit der Sicht des Herzens als Zentrum eines Kanalsystems beginnt nach Sigerist die altägyptische „Physiologie" und Pathologie. Er erläuterte: „The significance of connecting canals was obvious to the Egyptians who had covered their land with a network of them in order to bring the water and mud of the Nile to the remotest places. But they also knew that the land suffered when the canals were out of order, just as disease resulted when the canals of the human body, the *metu*, did not function as they should." (Sigerist 1987, 349) R. O. Steuer und C. M. Saunders sahen Parallelen dieser Auffassung in der frühgriechischen Medizin. Das aus leiblichem Spüren und aus den Beobachtungen von Analogien gewonnene Modell der Kanäle, die schädliche atmosphärische Niederschläge aufnehmen konnten, bot Erklärungen für Krankheitsursachen, die dämonologische Vorstellungen mit leiblichen Orten und praktischen therapeutischen Erfahrungen verbanden.[560] „Krankheitsstoffe" wurden von den Gefäßen „ausgespeit", nachdem sie vorher in die Kanäle „eingegangen" waren. Auch Heilmittel konnten von den *metu* „empfangen" werden. Ihre verschiedenen Behandlungsarten sollten bestimmte Wirkungen erzielen. Die *metu* sollten durch die in Rezepten angegebenen Mittel „behandelt", „belebt", „erfrischt", „festgemacht", „angenehm gemacht", „gekühlt", „beruhigt" oder „erweicht" werden (Grapow 1954, 73f.). Beleben, Erfrischen usw. sind leiblich spürbare Vorgänge, die von der altägyptischen Medizin zu heilkundlichen Zwekken benutzt wurden, um auf den Gesamtzustand des Leibes einzuwirken.

Ähnliche Methoden finden sich in der frühgriechischen Medizin. Die beiden „wichtigsten Grundlagen der ärztlichen Theoretiker", die mit dem Konzept von Rückständen als Krankheitsursachen arbeiteten, sah Schumacher in der Unterteilung von Krankheiten, die entstehen, „wenn die zugeführte Luft dem Körper nicht symmetrisch ist,"und denen, die darauf zurückzuführen sind, daß „die Zirkulation der Luft durch den Körper bzw. die Mischung der äußeren Luft mit der inneren durch Entzündung der Adern gestört ist" (Schumacher 1940, 170). Ähnlich schrieb J. M. Lonie, das „Hauptprinzip der Behandlung" in der knidischen Medizin sei „die primitive Methode des Abführens des feindlichen Elements" (Lonie 1971, 91). Er vertrat sogar die These, aus diesem Prinzip sei unter Hinzufügung anderer „therapeutischer Methoden" die diätetische Medizin

560 Steuer/Saunders: „...unimpeded access of air is the basic requirement for a state of health whereas the blockage of cannels is a cause of disease." (Steuer/Saunders 1959, 25) Dazu a. Sigerist: „abnormal conditions of the *metu* caused disease. They also were believed to take in disease and to carry it into certain parts of the body, just as they also took in remedies. Treating the *metu* was etiological therapy." (Sigerist 1987, 352)

entwickelt worden. Solche Behauptungen generalisieren zu sehr. Fest steht, daß das medizinische Denken der Knidier in seiner Entwicklung durch ägyptischen Einfluß gefördert wurde. Sie verknüpften einzelne Bereiche immer weiter miteinander und bauten diätetische, heilgymnastische und physiologische Erkenntnisse und Methoden zu komplexeren Gebilden aus, verließen aber noch nicht die allen frühen Medizinsystemen gemeinsame leibliche Basis. Dies zeigt sich an der vermittelnden Funktion der Luft. Einerseits brachte sie die schädlichen Einflüsse mit sich, die den Leib befallen konnten. Andererseits wurde ihr freier Durchfluß im Leib behindert, wenn Rückstände blockierend wirkten.

Herz und Magen

Den altägyptischen Ärzten traute Grapow nur „unklare Vorstellungen von den inneren Organen" zu. Sie hätten Husten als Magenkrankheit angesehen, obwohl man Lunge, Leber, Galle, Milz und Herz „anatomisch kannte" (Grapow 1956, 40f.). Auch „Blut im Herzen" galt angeblich als Krankheitsursache (Grapow 1954, 73f.). Orientiert man sich wie Grapow am naturwissenschaftlichen Körpermodell, dann nehmen diese Bezeichnungen einen geradezu grotesken Zug an. Verständlich werden die angesprochenen Phänomene erst durch eine sorgfältige leibphänomenologische Analyse. Es konnte bisher gezeigt werden, daß sich Herz, Lunge und Magen als Leibesinseln nur schwer lokalisieren und als Organe des Körpermodells überhaupt nicht spüren lassen. Wenn also bei den Ägyptern von Herz und Magen gesprochen wird, so sind damit nicht anatomisch-physiologische Substrate moderner Medizinsysteme gemeint, sondern Zentren des Leibes, die die Eigenart besitzen, sich in ihrem spürbaren Bereich zu verändern. Sie können sich mit anderen Regungsherden oder leiblichen Regungen überdecken, überschneiden und mit ihnen verschwimmen. Dieser Sachverhalt erklärt, daß das „Leibesinnere" insgesamt als Bauch – er nimmt hier vergleichsweise Funktion und Lokalisation der homerischen Brust ein – verstanden wurde.[561] Da nun ein starker Husteneffekt die gesamte Leibesinsel innere Brust bis zum Magenbereich in Mitleidenschaft ziehen kann, beruht die uns so fremd erscheinende Behauptung, daß es sich um eine „Magenkrankheit" handelt, nicht – wie Grapow oben meinte – auf irgendeiner „Theorie", son-

561 Zum Bauch und seiner Unterteilung in „Unteres des Bauches" und „Scheitel des Bauches" s. a. Grapow (1956, 59ff.). Zum Zusammenhang zwischen Herz und Magen meinte er: „Es ist leider nur zu sehr ägyptisch, wenn diese beiden Organe hier zusammen besprochen werden. Sie bieten sprachlich und sachlich große Schwierigkeiten." (Grapow 1954, 63) So ägyptisch sind diese Ansichten nicht, denn auch die alten Griechen kannten nach Kudlien eine Doppelbedeutung von *kardia* als „,Herz' aber auch als ,Magen' beziehungsweise ,Magenmund'" (Kudlien 1967, 84). Zur hebräischen Bibel s. a. Oelsner (1961, 225 u. 230 A. 6), der von der weiten Verbreitung dieser Sicht im Altertum sprach. Dazu a. Wolff: „Neben dem Herzen werden nur wenige innere Organe benannt. Für Lunge, Magen und Därme hat das Alte Testament kein eigenes Wort, jedoch für Leber, Galle und Nieren."(Wolff 1974, 103) Ferner Heinrich Schipperges: „Suchen wir ,das Herz' in den alten Hochkulturen, so finden wir alles andere als ein Organ, ein fest umschriebenes Glied eines Organismus, so wie wir dies kennen, seit wir das Herz ,entdeckt' haben." (Schipperges 1989, 18)

dern im Gegenteil auf dem Spüren der den gesamten Brust- und Magenbereich durchziehenden leiblichen Regungen. Dieser Sachverhalt erklärt auch Grapows weitere Erkenntnis, daß „der Ägypter offenbar Herz und Magen nicht klar unterschieden hat von ihren physiologischen Funktionen und von ihrem Verhältnis zueinander" und daß deshalb „keine richtigen Vorstellungen" vom Leibesinneren bestanden (Garpow 1954, 64). Was ist mit „richtiger Vorstellung" gemeint? Daß die vor fast 4000 Jahren lebenden Ägypter noch keine moderne Körpermodellmedizin kannten, darf nicht dazu führen, ihnen falsche Ansichten zu unterschieben. Versuche, am Leitbild neuzeitlicher Vorstellungen altägyptisches medizinisches Denken zu verstehen, münden fast zwangsläufig in Anachronismen und der damit verbundenen Unterstellung einer angeblich falschen – weil nicht naturwissenschaftlichen – Sicht. Legt man aber ein sich am leiblichen Spüren orientierendes Vorgehen zugrunde, so ist es phänommenologisch ohne Schwierigkeiten nachvollziehbar, wenn der Husten als Magenkrankheit gesehen wird, vorausgesetzt natürlich, daß man unter Magen den gesamten leiblichen Bereich von Brust und Bauch versteht und nicht nur das anatomische Organ. Aus dieser Perspektive klärt sich dadurch das enge Verhältnis von Herz und Magen, die vom Spüren her zusammenfließen können.

Für das Phänomen des Verschwimmens oder der Ineinanderschachtelung von Leibesinseln, das oben als charakteristisch für Homer beobachtet wurde und bei Demokrit in der Wohnungsmetapher bereits introjektionistische Züge annahm, läßt sich als ägyptischer Beleg die von Jan Assmann vefaßte Übersetzung eines altägyptischen Textes anführen: „Das Herz ist ein Gott – der Magen ist seine Kapelle." (Assmann 1991, 220) Hierbei an den anatomischen Magen zu denken bzw. zu unterstellen, die alten Ägypter hätten geglaubt, das anatomisch-physiologische Herz stecke im anatomisch-physiologischen Magen, führt genauso wenig weiter wie der Versuch, nachzusehen, wo sich denn das Herz befindet, wenn es einem „in die Hose gerutscht ist". Eher lassen sich die Zusammenhänge durch Hellmut Brunners Beispiel einer herzmetaphorischen Anwendung verstehen: „Ein ‚glattes' Herz bedeutet seelisches Gleichgewicht, Ruhe. Auch ins Gegenteil wird das Bild gewendet: Ein ‚unebenes' Herz hat, wer reizbar ist, mißgestimmt, aufgewühlt – aus welchen Ursachen auch immer; besonders wird übrigens Magenkranken eine solche ‚Herzensunebenheit' zugeschrieben." Hier zeichnet sich der enge Zusammenhang zwischen im Leibesinneren gespürten Regungen des Schmerzes – der Magenkrankheit – und einer allgemeinen Gefühlslage – dem „unebenen Herzen" – ab. Die Krankheit wird im Magen als Verdichtungsbereich der Brust- und Bauchregion gespürt und hat ihren Verankerungspunkt im Herzen, das als leibliches Zentrum auch die Gefühle des Menschen umfaßt. Als phänomenologische Beschreibung einer kranken leiblichen Disposition ist hier nichts Falsches zu entdecken. Erst wenn man den Anspruch stellt, einen physiologischen Zusammenhang zwischen „Herzensunebenheit", „Magenkrankheit" und „Husten" aufweisen zu müssen, ist man von dem niedrigen Kenntnisstand dieser Medizinsysteme enttäuscht. Damit wird man allerdings den noch ganz am leiblichen Spüren orientierten Anschauungen nicht gerecht. Die medizinischen Konzepte der alten Ägypter waren gerade keine reinen „Theorien", wie Garpow behauptete, und richteten sich nicht an anatomisch-physiologischen Körperorganen aus, sondern sie wurden aus sorgfältigen Beobachtungen der Regungsherde gewonnen.

Die leibliche Dimension dieser Vorstellungen läßt sich durch die Ähnlichkeit zu folgendem, ebenfalls wieder von Homer her bekanntem Phänomen beweisen. Konnte dort der *thymos* die Glieder verlassen, so sprach der Ägypter bei Ohnmacht vom „Herz, das nicht mehr in seinem Bauch geblieben war" (Grapow 1956, 37f.).[562] Brunner erklärte dazu: „Das Herz ist bei einem gesunden Menschen ‚auf seinem Platz' im Leibe. Aber nicht nur beim Tode kann es den Körper verlassen, sondern auch bei Schrecken – wobei offenbar nicht nur Bewußtlosigkeit gemeint ist, sondern auch das, was wir ‚außer sich sein vor Angst' nennen." (Brunner 1988b, 11) Dieses Phänomen ähnelt dem vom *thymos* und den *phrenes* her bekannten Leibinselschwund und gibt einen Hinweis auf eine extrem leibliche Erfahrung. Eine vergleichbare Erklärung trifft auf ein von Sigerist beschriebenes Phänomen zu. Vom Herz und den Hauptorganen behauptete er: „They were able to wander around in the body, had appetites, whims, moods, and had to be satisfied and pacified." (Sigerist 1987, 355) Auch hier fällt die mittlerweile hinlänglich besprochene Selbständigkeit der Leibesinsel auf. Das Phänomen des umherwandernden Herzens läßt sich aus der „stets verschwommenen und flüssigen Gliederung" der Leibesinseln verstehen, denn nach Schmitz können leibliche „Strömungen" die „charakteristischen Regungen" sehr leicht „erheblich verlagern" (Schmitz 1965, 429). Daß ein in der linken Brustseite anatomisch lokalisiertes und fest verankertes Herz „umherwandern" soll, ist naturwissenschaftlich betrachtet ebenso absurd wie die Behauptung, das Herz könne sogar den Leib verlassen. Es wird aber sofort verständlich, wenn man das Herz nicht mit dem anatomischen Organ identifiziert und sich an den leiblichen Regungen in der Brust orientiert. Wie die eben erwähnte deutsche Metapher vom Herzen, das einem vor Angst oder Schreck in die Hose gerutscht ist, so meint auch die altägyptische Rede vom Herzen, das den Leib verläßt, bestimmte Erfahrungen einer Extremsituation. Das sonst im Herzen zentrierte leibliche Befinden erfährt plötzlich eine Verlagerung des Schwerpunktes, der nun nicht mehr als Mitte des Menschen „an seinem Platz", sondern verschoben oder sogar aufgehoben ist. Der Mensch hat dann Mitte und Zentrum verloren.

Weitere altägyptische Vorstellungen des Herzens

Daß Platon sein „physiologisches" Bild vom Herzen als Mittelpunkt des Kanalsystems, wenn nicht direkt aus dem alten Ägypten, so doch aus durch altägyptisches medizinisches Wissen angeregten Vorstellungen entnommen hat, scheint nach dem bisher Ausgeführten sehr wahrscheinlich. Das wirft aber die Frage auf, welche anderen Bilder

562 Zum Herz, das aus dem Leib heraustritt und zum Herzen als „Kern der Person" s. a. Brunner (1988b, 12 u. 23).

vom Herzen noch im alten Ägypten existierten und welche weiteren Ähnlichkeiten zu griechischen Vorstellungen nachgewiesen werden können.

Die große Spannweite der altägyptischen „Herzmetaphorik" wird deutlich, wenn Brunner über das Herz schreibt, es ist „‚umnachtet' oder ‚bitter', ‚überschwemmt', ‚matt', ‚trocken', es ‚vergeht' oder ‚macht Tanzbewegungen', ja es ‚flattert'" (Brunner 1988b, 8).[563] Nach Jan Assmann kannte der Ägypter den „Müdherzigen" und den „Gierherzigen" (Habgierigen) und unterschied zwischen „dem Herz von meiner Mutter her" sowie „dem Herz von meinem Dasein auf Erden her", indem er die angeborene und die erworbene Konstitution einprägsam bezeichnete (Assmann 1991, 97).[564] Die Nähe zu frühgriechischen, insbesondere homerischen Vorstellungen zeigt sich durch eine Feststellung Grapows, nach der die Ägypter „nicht mit dem Gehirn, sondern mit dem Herzen" dachten (Grapow 1935, 9). Das Herz war auch hier der „Sitz des Denkens, Fühlens, Wollens" und ähnelt damit eindeutig homerischen Anschauungen. Mit Brunner läßt sich dieses Phänomen so beschreiben: „Das Herz ist für die Ägypter Sitz der Vernunft, des Denkens und Überlegens." (Brunner 1988b, 9) Und Assmann behauptete: „Für ‚Geist' sagt der Ägypter ‚Herz'." (Assmann 1991, 113) Damit kann das altägyptische *ib* als leiblicher Regungsherd mit dem frühgriechischen *thymos* verglichen werden. Beide haben einen semiautonomen Charakter mit einem relativ großen Spielraum zwischen ihnen und der Person.[565] Eine weitere Parallele, diesmal zur trockenen und feuchten *psyche* bei Heraklit Fr. B 118, findet sich in einer Bemerkung von Grapow. Der erwähnte ein altägyptisches Beispiel, in dem das Herz „voll Feuchtigkeit" ist und deshalb vergeßlich wird. (Grapow 1956, 37f.).

Indem er sich sowohl auf phänomenologischem als auch auf historischem Wege dem altägyptischen Herzen zu nähern versuchte, lieferte Assmann einen wichtigen Beitrag „Zur Geschichte des Herzens im Alten Ägypten". Er arbeitete zuerst die „Grundstrukturen", nämlich das Herz in seiner phänomenologischen Gegebenheit, heraus. Seine Ergebnisse decken sich im wesentlichen mit den bisher für die Identifikation des Herzens als Regungsherd herausgearbeiteten Phänomenen, und auch Assmann war die Ähnlichkeit zu homerischen Vorstellungen aufgefallen. Allerdings wehrte er sich zu Recht gegen eine einseitige Gleichsetzung kulturspezifischer Sichtweisen mit durch Interpretation von Homer gewonnenen Vorstellungen eines angeblich allgemeingültigen archaischen Menschenbildes. Er machte darauf aufmerksam, daß das altägyptische Herz im Unterschied zum homerischen Regungsherd auch als Zentrum der Person ver-

563 Weitere Beispiele bei Assmann (1991, 122f.). Zum „Folgen des Herzens", zur Mattigkeit des Herzens als Kraftverlust sowie zur Vergeßlichkeit des Herzens als zwei Begleiterscheinungen des Alters s. Assmann (1991, 109 u. 218). Brunner (1988b, 17) führt sogar eine „Herzenswäsche" an.

564 Zur Unterscheidung der angeborenen und den in früheren Jahren erworbenen Eigenschaften s. a. Brunner (1988b, 38) u. Assmann (1991, 216 u. 219).

565 Die große Selbständigkeit wird nach Brunner schon im Begriff *ib* deutlich. Dazu Brunner: „Das Wort ib, das ‚Herz' heißt, wird auch als Tätigkeitswort verwendet in der Bedeutung ‚etwas wollen', also in ähnlicher Bildungsweise, aber mit ganz anderer Bedeutung als unser deutsches ‚herzen' oder ‚beherzigen'." (Brunner 1988b, 20)

standen wurde. Dieser Aspekt des Herzens als „Mittelpunkt, Zentrum und Sitz der Gemütsbewegungen" und „Zentralorgan, das den Mittelpunkt des Gefäßsystems bildet" (Grapow 1954, 65), sowie die damit zusammenhängende ausgeprägte Fixierung auf das Bild eines alles organisierenden Zentrums fehlt in der Ilias und Odyssee.[566]

Die ägyptische und die homerische Perspektive zeichnen sich durch einen „pluralistischen Personenbegriff" aus, der den Menschen als eine „additive Vielheit" begreift. Nach Assmann wurde eine Person „beschrieben oder beschworen durch Aufzählung ihrer Konstituenten" (Assmann 1992, 83 u. 87f.). Doch der entscheidende Unterschied bestehe darin, daß in Ägypten „Pluralität und Zentralität" zusammen „das Ganze" bildeten, denn die „Vorstellung vom Herzen als organisierendem Zentrum der Person und die Vorstellung der Person als organisierter Vielheit und konstellativem Komposit" gehörten zusammen und machten zusammen „das ägyptische Menschenbild aus." (Assmann 1992, 84)

Wie stark aber auch hier der Regungsherd Herz selbständig agieren und sich der Person gegenüberstellen konnte, zeigte Assmann, als er vom Phänomen der „Dissoziation von Herz und Selbst" sprach (Assmann 1992, 86). Mit Bezug auf den Personenbegriff kam er zu dem Schluß: „Die Angst vor einer Dissoziation von Herz und Selbst verweist auf den grundsätzlich pluralistischen Charakter dieses Begriffs. Die Person ist ein Komposit. Zwischen Selbst und Herz scheint eine Art Bündnis zu bestehen, das ständig gefährdet ist und unablässiger Bestätigung und Vergewisserung bedarf." (Assmann 1992, 90)

Die ägyptische Lösung, den Konflikt zwischen Person und Regungsherd durch ein Bündnis zu entschärfen, steht als Alternative der radikalen Hierarchisierung, die spätestens bei Platon das europäische Menschenbild prägte, gegenüber. Nicht nur, daß man mit seinem Herzen ein Bündnis schloß, es kam im Laufe der Entwicklung sogar zu einer Umfunktionierung, die dem Herzen eine führende und leitende Position zuschrieb. „Das Herz erscheint in diesem Konzept nicht nur als innerer Motor und Sitz von Wille, Initiative und selbstbestimmten Handeln. Es erscheint auch und vor allem als moralische Instanz, die Lehren erteilt und Weissagungen gibt, die nicht ‚übertreten' oder ‚verletzt' werden dürfen." (Assmann 1992, 99)

Diese Funktionen übt das Herz aber nicht von Natur her aus, sondern sie müssen erworben werden, denn das „Herz, das als Zentrum und Führer der Person wirkt, ist offenkundig nicht das natürliche, sondern erzogene Herz, das durch Erziehung und Bildung geformte und umgeformte Herz". Dabei kam es zu einer Art Introjektion der

566 Zur Stellung des Herzens schrieb Brunner: „In Ägypten ist es das Herz, das einerseits ein Organ des Menschen ist, andererseits Einflüssen Gottes offensteht. Das Herz ist die zentrale Stelle im Menschen, der alle Sinne ihre Eindrücke ‚melden' und das dann die Lage erkennt und Entschlüsse faßt." (Brunner 1988a, 5) S. a. Brunner (1988b, 8). Zum Herzen als „geistiges Zentrum" s. a. Grapow (1956, 6). Zum Gebrauch von „Herz" für „Gedanke" s. J. A. Wilson, der am Beispiel eines memphitischen Textes zu dem Ergebnis kam: „das Herz ist das Organ, das Gedanken faßt" (Wilson 1954, 65f.). Die Sinne haben die Aufgabe, ihm zu berichten. Zur Unterscheidungsfähigkeit des Herzens s. den Beispieltext bei Assmann (1991, 129)

moralisch-konventionellen Verhaltensregeln, so daß Assmann sogar von der „verinnerlichten Stimme der Gemeinschaft“ sprach und die „Stimme des Herzens“ als das bezeichnete, „was unserem Begriff des Gewissens schon sehr nahe kommt“ (Assmann 1992, 99).[567] Auch Thrams hob hervor, „daß der Ausdruck ‚Herz‘ als geradezu kardinal für die gesamte ägyptische Ethik“ angesehen werden müsse, denn „die Begriffe Gewissen und Herz“ seien eng miteinander verbunden (Thrams 1986, 4f. u. 17).[568] Diese spezifische altägyptische Ethik mit ihrer Zentralinstanz Herz hat aber im frühen Griechenland weder bei Homer noch bei Demokrit ein direktes Gegenstück.

Nach der phänomenologischen Klärung zeigte Assmann die historischen dreistufig verlaufenden „Entwicklungsstadien“ des Herzbegriffs auf. Die erste Phase, in der es noch keine klare Grenze zwischen Leib und Welt gab, nannte er „das Stadium der Indifferenz“. Zu ihr gehörten die Vorstellungen vom zentralen Regungsherd, der die additive Vielheit durchorganisiert und auf sich konzentriert, dabei aber eine Selbstständigkeit gegenüber der Person hat, die mit homerischen Anschauungen korrespondiert. Die Vorstellungen vom „hörenden Herzen“ und vom Totengericht, bei dem das Herz gewogen wird, zählte Assmann zur zweiten Periode. In ihr waren die anthropologischen Ansichten bereits durch eine Unterscheidung zwischen Innen- und Außenbereich geprägt, wobei das Herz eindeutig dem Innenbereich zugeordnet wurde. Ein Prozeß der Bemeisterung des Herzens setzte ein, der den ursprünglich offenen Regungsherd und Ansatzort der Gefühle immer mehr schloß und die Spontaneität zurückdrängte. Ab der späten 5. Dynastie wurde „der selbstbestimmte, vom eigenen Herzen geleitete Mensch“ nach Assmann „zum Inbegriff der Persönlichkeit“ (Assmann 1991, 190). Aufgabe des Menschen war es nun, seinem Herzen zu folgen, denn nach Siegfried Morenz kannte der Ägypter ein Herz, das „seinen Besitzer zu einem werden läßt, der hört (oder) nicht hört“. Das kommentierte Morenz dann so: „Hier scheint mir das Herz, das zwar andererseits ein Einfallstor Gottes ist, in erster Linie als Organ, ja Besitz des Menschen gesehen, die Entscheidung also in dessen Zuständigkeit und Verantwortung gelegt zu

567 Zum Zusammenhang zwischen Erkrankungen am Herzen und Vergeßlichkeit, Gedankenflucht oder Gewissensbissen s. a. Grapow. Er meinte, das Herz sei „das einzige Organ, das im Körper ein selbständiges Leben hat; denn es ‚spricht‘ in den Gefäßen durch den Pulsschlag“. „So wird es gekommen sein, daß es auch als Sitz des Denkens usw. angesehen wurde. Und diese sozusagen psychologische Bedeutung des Herzens läßt sich von seiner physiologischen nicht immer klar scheiden, auch nicht in der Medizin.“ (Grapow 1954, 54f. u. 67) Physiologische und psychologische Sichtweisen sind mit der Leibperspektive vermeidbar.

568 Außerdem könne der Ägypter „mit seinem Herzen reden wie mit einem Gegenüber“, weil „die Instanz im Menschen, die ihm sagt, was gut oder böse ist,“ durch das Herz zu ihm spreche. Für ein „Selbstgespräch eines Vereinsamten“ mit seinem Herzen gibt es auch ein Beispiel bei Assmann (1991, 269). Brunner resümierte: „Das Herz ist also der alter ego des Menschen und kann auch Gesprächspartner eines Einsamen werden.“ (Brunner 1988b, 13) Und an anderer Stelle: „Wir haben gesehen, wie stark für die Ägypter das Herz eine eigene, nur beschränkt der Herrschaft des Menschen unterworfene Person war.“ (Brunner 1988b, 35) Dazu a. Hermann: „Die Ägypter haben das Herz … seit alters als ein ‚zweites Wesen‘ betrachtet, das dem Menschen in seinem Inneren als ein eigenwilliges Geschöpf gegenübersteht.“ (Hermann 1961, 101)

sein." (Morenz 1960, 69) In dieser zweiten Entwicklungsphase ist das Herz nicht mehr nur Ansatzpunkt der ergreifenden Gefühle und offenes Zentrum der Welt, sondern moralische Zentralinstanz, deren Formung und Bildung dem Menschen überlassen bleibt.[569]

Der dritte Abschnitt des von Assmann gegebenen historischen Überblicks ist durch einen klaren Bruch zwischen Innen- und Außenbereich charakterisiert. Die Introjektion ist so weit fortgeschritten, daß nun nicht mehr das Herz, sondern Gott im Herzen den Menschen leitet. Jetzt muß man sich „Gott ins Herz setzen", um einen Mittelpunkt und Orientierung in der Welt zu haben. Assmanns Fazit: „Neu ist der Gedanke, daß in dem gefestigten Herzen Gott selbst den Lotsen spielt. Nicht das stetige und gefestigte Herz übernimmt die Führung, sondern der Allherr." (Assmann 1992, 10ff.) Als Ort der Introjektion göttlicher Leitung ist der Regungsherd Herz nicht mehr das offene Kraftfeld, sondern ist zu einem geschlossenen Bereich der Person geworden.

Das Problem der Mikro-Makrokosmos-Lehre

Bevor die Leibschemata der hebräischen Bibel genauer betrachtet werden, erscheint mir noch ein Hinweis auf das Problem der Mikro-Makrokosmos-Lehre interessant. Eine solche Doktrin wurde den alten Ägyptern mehrfach zugeschrieben, ohne daß man klare Kriterien angab oder sagte, was genau man darunter verstand. Sigerist meinte beispielsweise: „The human body appeared as a microcosm that reflected the macrocosm, the universe." (Sigerist 1987, 278) Mit Bezug auf die Geburt des Menschen schrieb Morenz: „Es entsprechen dann die Erfahrungen am Einzelmenschen dem Prinzip der großen Schöpfungskonzeption, und wir können eine scharf konturierte Korrespondenz zwischen Mikro- und Makrokosmos wahrnehmen." (Morenz 1960, 179)

Leider fehlen mir die nötigen Kenntnisse, um diese These genauer zu verifizieren, doch möchte ich einige Zweifel zu bedenken geben. Allzu schnell war man nicht zuletzt durch die Arbeiten von Götze bereit, die Mikro-Makrokosmos-Lehre dem alten Orient und dann den frühen Griechen zuzuordnen. Doch nach der oben besprochenen kritischen Aufarbeitung durch Mansfeld und aufgrund der nicht eindeutigen Datierung altiranischer Quellen läßt sich für die Griechen erst mit Platon eine solche Doktrin nachweisen. Zwar soll nicht bezweifelt werden, daß es im alten Orient analogisches Denken gab, das die landschaftlichen Gegebenheiten durchaus sinnvoll und treffend als Bilder für leibliche Verhältnisse nutzte, doch es bleibt fraglich, ob für das frühe Ägypten bis zum 5. Jh. v. Chr. ein voll entwickeltes Analogiensystem und somit eine stringente Mikro-Makrokosmos-Lehre nachweisbar ist. Es gilt in jedem Fall zu beachten, daß Analogien und Metaphern noch keine klare klassifikatorische Zuordnung innerhalb eines konsistenten Mikro-Makrokosmos-Systems mit sich bringen und daß auch die sehr alten Korrespondenzen von Körperteilen und Göttern noch keine klare Ab-

569 Dazu a. Brunner (1988b, 28).

grenzung von Mikro- und Makrokosmos voraussetzen.[570] Inwieweit Vorstellungen von der Zuordnung einzelner, schon früh bekannter „anatomischer Organe" zu Göttern bereits auf eine ausgebildete Systematik und ein hochentwickeltes Entsprechungssystem schließen lassen, muß offen bleiben. Das wurde von den Verfechtern einer Mikro-Makrokosmos-Lehre meines Wissens auch nie genügend untersucht. So schrieb beispielsweise Sigerist: „This view that every limb was a god or rather was ruled by one must have prevailed throughout the course of Egyptian history" (Sigerist 1987, 277f.).[571] Doch die Identifikation eines Gottes mit einem Körperteil oder mit einem Teil des Universums ergibt noch keine klare Mikro-Makrokosmos-Lehre, wenn auch diese Anschauungen die Basis der späteren Systeme bildeten. Zum Verhältnis zwischen den Göttern und den Gliedern des Leibes äußerte sich J. A. Wilson im folgendem Beispiel: „Das Totenbuch (17) sagt, daß der Sonnengott seine Namen als Herrscher der Neunheit schuf. Das heißt nach der Erklärung, daß er seine Körperteile benannte und daß ‚so diese Götter entstanden, die in seinem Gefolge sind'. Etwas wunderbar Primitives liegt darin – mit einer ihm eigentümlichen Logik: die Körperteile führen ein getrenntes Dasein und besitzen einen besonderen Charakter, so daß sie zu ebenso gesonderten Gottheiten in Beziehung stehen können." (Wilson 1954, 62)

Was Wilson als „wunderbar Primitives" und als „eigentümliche Logik" verstand, läßt sich nach den bisherigen Ergebnissen als Hinweis auf die Selbständigkeit der einzelnen Leibesinseln und Regungsherde interpretieren, wie sie auch bei Homer bekannt ist. Es zeichnet sich zwar ein durch den Obergott gegebener Zusammenhalt ab, doch scheint dieser nicht eindeutig auf menschlich-leibliche Verhältnisse übertragen worden zu sein.

Die Menschenbilder der alten Ägypter sind zwar voller Analogien, doch ein klares und stringentes System ihrer Verknüpfung auf der Basis eines mikro-makrokosmischen Weltbildes ist in der frühen Zeit meines Wissens nicht nachgewiesen worden. Es bleibt eine Differenz zwischen den vagen Vorstellungen eines „denkenden" und „sprechenden" Herzens und den medizinischen Bildern mit dem Herzen als Mittelpunkt eines Kanalsystems, dessen Verstopfung durch Rückstände als Krankheitsursachen angesehen wurden. Eine Verbindung bestand durch die als Winde vorgestellten Dämonen, die sich im Inneren des Leibes, in den Kanälen und Bahnen festsetzten. Diese Krankheitsdämonen gehörten zur gleichen Welt wie der menschliche Leib, den sie befallen konnten. Dies alles spricht dafür, daß hier die Grenzen noch nicht so deutlich gezogen waren, wie es die Mikro-Makrokosmos-Lehre erfordert.

570 S. das Beispiel einer Beschwörung im alten Mesopotamien, um „jeden Teil seines Körpers mit Immunität zu tränken" bei Jacobsen (1954, 145). Auch hier wird nur gesagt, daß eine Korrespondenz zwischen Gott und Körperteil besteht, nicht daß der Leib selber eine kleine Welt sei.

571 Sigerist weiter: „This was a view that was almost universal in antiquity and, since the gods were also identified with parts of the universe, planets, rivers, mountains, the possibility was given for the development of a mythological anatomy on one side and of astrological medicine on the other side." (Sigerist 1987, 277f.).

2. Die Leibschemata der Hebräischen Bibel

Die bisher erarbeiteten Zusammenhänge zwischen altägyptischen und altgriechischen Menschenbildern lassen sich durch einen Einblick in die mittlerweile breit geführte Diskussion um die „Anthropologie des Alten Testaments" (H. W. Wolff) bereichern. Übereinstimmungen zwischen den Vorstellungen des Menschen in der hebräischen Bibel und den homerischen Leibschemata wurden öfter erwähnt. Oelsner beispielsweise hob den Sachverhalt hervor, „daß die Israeliten letztlich doch keine Bezeichnung für den gesamten Körper hatten, sondern sich mit Termini für bestimmte charakteristische Bestandteile des Lebewesens begnügen mußten" (Oelsner 1961, 86). Zu den Übereinstimmungen mit homerischen Anschauungen lese man auch folgende Bemerkungen von Johnson: „In the foregoing pages we have been concerned with the fact that in Israelite thought man is conceived, not so much in dual fashion as ‚body' and ‚soul', but synthetically as a unit of vital power or (in current terminology) a psychophysical organism. That is to say, the various members and secretions of the body, such as the bones, the heart, ... as well as the flesh and the blood, can all be thought of as revealing psychical properties." (Johnson 1949, 88) [572] Gerade in diesem Verständnis sah H. Wheeler Robinson einen Hauptgedanken der „psychological ideas of the Hebrews", und prägte den Begriff der „corporate personality", um dieses Verhältnis zu beschreiben (Robinson 1980, 30).[573] Damit beruhen die hebräischen Leibschemata auf einer koordinierende Anordnung der Regungsherde ohne hierarchischen Zug basiert.[574]

Bei der Interpretation der einzelnen Bezeichnungen für konstitutive Aspekte des Menschen spielen häufig „Organempfindungen" eine fragliche Rolle. Davon beson-

572 Johnson an anderer Stelle: „The conception of man as a psycho-physical organism may be seen equally clearly when one examines the use of the terminology for various parts of the body; for besides being referred to in a single, straightforward way as mere instruments of the ego (...), they are sometimes spoken of as themselves actively engaged in some form of personal behaviour or as characterized by some personal quality." (Johnson 1949, 39) Dies erinnert sehr stark an Homer. Dementsprechend vermutete Schmitz, „daß die sogenannten ‚Seelen', die in urtümlichen Kulturen dem Individuum oft im Plural zugeschrieben werden – z.B. Wundts Hauchseele und Körperseele, die Nephresh und Ruach der Israeliten u. dgl. – mehr oder weniger nach Art der homerischen Regungsherde zu verstehen sein dürften" (Schmitz 1978, 225).

573 H. W. Robinson erläuterte: „For them, the personality consisted of a number of bodily organs animated by a breath-soul and each possesssing a diffused and disturbed psychical and ethical quality. It is precisely the same idea which belongs to the unity of the group." (Robinson 1980, 30) Die angeblich starken Parallelen zwischen „the psychology of the individual" und „the conception of society", die er am Beispiel von Platons Politeia (2. 369, 4. 435) anführte, täuschen allerdings. Das Vorhandensein einer Mikro-Makrokosmos-Doktrin bei den alten Hebräern muß bezweifelt werden. Zu einer ausführlichen Kritik an Robinson s. a. J. W. Rogerson (1970, 1ff.).

574 Dazu W. Schmidt: „Die anthropologischen Begriffe sind demnach nicht durch Über- und Unterordnung so miteinander verbunden, daß etwa der ‚Geist' die ‚Kraft der Seele' oder der Körper die ‚Form' ist, die die ‚Seele' annimmt. Wie jedem Körperteil eine bestimmte Funktion zukommt, so haben zunächst alle Wörter ihren eigenen, wenn auch nicht streng gegeneinander abgegrenzten, Bereich." (W. Schmidt 1964, 385f.)

ders betroffen ist die 1983 erschienene Wortfelduntersuchung zum „psychophysischen Sprachgebrauch" von Risto Lauha, die als ein Vorläufer der im Homer-Kapitel kritisierten Arbeit von Jahn gelten darf. Das dritte und vorläufig letzte Forschungsunternehmen, das sich in diese Reihe stellen läßt, ist Tilman Seidenstickers Untersuchung zum Wortfeld Herz (*lubb*) im Altarabischen von 1992. Die bei Jahn bereits zurückgewiesenen Ansichten bestimmen auch bei Lauha und Seidensticker das Bild und verdeutlichen einen Forschungstrend, dem mit großer Skepsis begegnet werden muß.

Zum Vergleich der Bezeichnungen für die Leibesinsel Herz

Die Ähnlichkeit des altägyptischen *ib* mit dem hebräischen *leb* (od. *lebab*) wurde oft betont. Zwar ist nach Fabrys Ansicht unklar, ob *leb*, das auf die gemeinsemitische Wurzel **libb* zurückgeht, mit *ib* zusammenhängt, wie Oelsner und Alfred Hermann, die von einer „Wurzelverwandtschaft" ausgingen, glaubten, doch existiert in jedem Fall ein Phänomenzusammenhang, der sich auch auf das etymologisch verwandte arabische *lubb* ausdehnen läßt.[575] N. Shupak, der die Paare *ib* und *h3ty* sowie *leb* und *lebab* jeweils „as a single concept" behandelte, betonte, daß sie „polysemic" seien und hob ihre außergewöhnlichen Ähnlichkeiten hervor, die sich wie folgt aufzählen lassen: „To begin with the heart is the seat of wisdom and the organ in charge of man's mental activities (understanding, memory, thought). Secondly, it is the deposit of man's emotions, desires and aspirations. Finally, being the symbol of man's inner life, it often acquires the meaning of man's nature and character." (Shupak 1985, 202)

Diese Ergebnisse basieren auf Beobachtungen Brunners, der die frappierende „Übereinstimmung dieses ägyptischen Gebrauchs des Wortes für ‚Herz' mit dem der israelitischen Weisheit, ja des Alten Testaments überhaupt," festgestellt hatte. Auch dort sei „das Herz nicht nur Sitz der Emotionen, sondern auch des Vermögens, zu erkennen und zu behalten (...), der Vernunft, der Einsicht, des Urteilsvermögens, vor allem der Eingebung von Gott" (Brunner 1988c, 412). Den Zusammenhang von göttlicher Einwirkung und leiblichem Regungsherd sah Brunner in dem Aspekt des Gewissens.[576] Auch Morenz machte auf Zusammenhänge zwischen leiblichem Ort und Gewissen aufmerk-

575 Fabry (1970, 416f.), Oelsner (1961,225f.) u. Hermann (1961, 102 A. 171). Zum akkadischen *libbu* und verwandten Bezeichnungen s. a. Lauha (1983, 47). Zum altarabischen *lubb* schrieb Seidensticker: „Das arabische *lubb* gehört zu akkadisch *libbu*, hebräisch *leb*, syrisch *lebba* und äthiopisch *lebb*. Die Bedeutung ‚Organ Herz' ist in allen Sprachen schwach belegt, es scheinen die Bedeutungen ‚Leibesmitte, Mark' und ‚Sitz psychischer Vorgänge' zu dominieren". (Seidensticker 1992, 133ff.)

576 Dazu Brunner: „Der Mensch muß sein Herz ‚öffnen', und der Ausdruck ‚geöffneten Herzens' steht denn im Ägyptischen auch für ‚klug'. So kommt es also sowohl in Ägypten wie in Israel darauf an, ein ‚hörendes Herz' zu haben,... Wer in Weisheit ‚wandelt', der hat ein nach dort offenes Herz, während der Tor sein Herz diesen Einwirkungen verschließt." (Brunner 1988c, 411). Die Verbindung von *ib* und *leb* über die Bedeutung des Gewissens zog auch Hermann (1961, 101). Zum Herzen als „Sitz der schicksalhaften Bestimmung des Menschen" und „des ihm persönlich zugeteilten Loses" im Vergleich zur alttestamentarischen Auffasung von *leb* s. a. Brunner (1954, 149). Zu „ägyptischen Einflüssen" auf die *leb*-Vorstellung s. a. Edmond Jacob (1973, 624).

sam. Er glaubte, der Ägypter habe „die göttliche Leitung in sein Inneres hineinverlegt empfunden" und beschrieb dieses Phänomen als „Eingebung ins Herz". Damit meinte er „nicht die Wendungen, die davon sprechen, daß Menschen selbst sich etwas ‚ins Herz geben' und die folglich in dem Sinn von ‚planen', ‚beschließen' o. ä. abgeblaßt sind". Ihm ging es „vielmehr um Eingebung durch die Gottheit." (Morenz 1960, 66ff.)[577] Ähnlich äußerte sich Fabry, der ebenfalls den Gewissensaspekt des hebräischen *leb* hervorhob: „Der leb des Menschen ist als Zentrum der Person damit in einzigartiger Weise der Punkt, an dem JHWH des Menschen Existenz betrifft." (Fabry 1970, 439)

Nicht nur in dem Gewissensaspekt,[578] auch im Phänomen „Denken" gleichen sich die Vorstellungen, denn auch dem *leb* wurde ein intuitives Bemerken zugesprochen, das an das frühgriechische *noein* erinnert. Nach Fabry „ist das Erkennen im *leb* immer ganzheitlich kompakt verstanden" worden, da es „die gesamte noetische Fähigkeit des Menschen meint" (Fabry 1970, 433). Hans Walter Wolff schrieb: „In den weitaus meisten Fällen werden vom Herzen intellektuelle, rationale Funktionen ausgesagt, also genau das, was wir dem Kopf und genauer dem Hirn zuschreiben." (Wolff 1974, 77) Damit zeichnet sich wieder das bekannte Bild der Auffassung des Herzens als Ort des „Denkens" und Fühlens ab.[579]Eine starke Übereinstimmung in phänomenaler Hinsicht zeigt auch Aubrey R. Johnsons Feststellung, die verschiedenen Organe und Glieder des Körpers seien als „self operative" wahrgenommen worden (Johnson 1949, 83 A. 22). Dies bestätigte Wolff, denn: „Für die Gliedmaßen des Menschen gilt wie für die inneren Organe, daß der einzelne Körperteil oft mit seinen Tätigkeiten und Fähigkeiten zusammengesehen wird. Selbst seelische Regungen werden von den Extremitäten ausgesagt." (Wolff 1974, 107)

Auch im leiblichen Lokal stimmen die Vorstellungen überein, denn ebenso wie bei Homer steht in der hebräischen Bibel das Herz für die Brust. Lauha meinte, *leb* könne „außer dem Herzen ebenso die Gegend des Herzens" und „die Außenseite der Brust", aber insbesondere „das Innere des Menschen im Gegensatz zum Äußeren" bezeichnen

---

577 S. dort a. sein Beispiel von der Verblendung (*ate*) durch den Gott (Il. 19,88,137). Vgl. a. Brunner: „Geradezu an griechische Tragik erinnert der andere Satz: ‚Der Gott ist es, der schlechte Pläne in das Herz dessen gibt, den er haßt, um seine Güter einem anderen zu geben, den er liebt'." (Brunner 1988b, 26)

578 Dazu Wolff: „Da im Herzen die Kriterien der Pläne und des Handelns zu bedenken sind, kommt es dazu, daß leb die Bedeutung ‚Gewissen' annimmt." (Wolff 1974, 85). Zum *leb* als Gewissen und als „Punkt, an dem alle Eindrücke von außen zusammenlaufen" s. a. Jacob (1973, 624) u. Oelsner (1961, 237), als Gewissen und Ort der Entscheidungen s. a. Stolz (1971, 864) und als „Gesinnung, das Gemüt bzw. das Innere" s. a. Lauha (1983, 203). S. a. Schmitz (1978, 225).

579 Dazu Wolff: „Weiter vollzieht sich im Herzen das Denken, das Durchdenken, Nachdenken und Überlegen. ... Ganz allgemein kann ‚Herz' in solchen Zusammenhängen mit ‚Verstand' übersetzt werden. ... Alles umfaßt es, was wir Kopf und Hirn zusprechen: Erkenntnisvermögen, Vernunft, Verstehen, Einsicht, Bewußtsein, Gedächtnis, Wissen, Nachdenken, Urteilen, Orientierung, Verstand. Damit ist das eigentliche Bedeutungszentrum von leb umschrieben." (Wolff 1974, 82ff.) In den meisten Fällen ist auch nach Lauha *leb* mit „emotionalen, intellektuellen oder religiös-ethischen Tätigkeiten oder Eigenschaften des Menschen (807mal) oder Jahwes (26mal) verbunden" (Lauha 1983, 49).

(Lauha 1983, 48).[580] Vergleichbar der Lokalisation und Bedeutungsüberschneidung von *stethos*, *thymos* und *phrenes*, kannte der Israelit eine „Innere Brust", in der verschiedene Regungen und Bereiche zusammenfielen.[581] „Damit deutet sich", so Wolff, „wieder an, daß auch das Innere des Leibes weniger anatomisch und physiologisch als vielmehr psychologisch im umfassenden Sinne interessiert." (Wolff 1974, 103) Hier existiert noch keine demokritisch-platonische Innenwelt; in diese Innenräume ist keine Seele eingesperrt. Statt dessen dient das „Innere" wie bei Homer als Ansatzort der Gefühle, denn, so läßt sich ergänzen, auch „Mut und Angst vollziehen sich in bestimmten Bewegungen des Herzens". Außerdem kannten die Hebräer die Metapher des „Löwenherzens", denn ihnen diente der *leb* des Löwen als Bezeichnung für ein mutiges Herz.[582] Die Parallele zum *thymos* ist unverkennbar und kann nur durch ein verwandtes Wahrnehmen von Regungen und Gefühlen erklärt werden. Wolff ist also zuzustimmen, wenn er zu dem Ergebnis kommt: „Diese Wendungen zeigen, wie wenig noch an das körperliche Organ gedacht ist und wie leb geradezu die Bedeutung ‚Mut' angenommen hat." (Wolff 1974, 75)

Damit sind das Bedeutungsspektrum der Leibesinsel *leb* sowie die Ähnlichkeiten mit den altägyptischen und frühgriechischen Vorstellungen hinreichend dargelegt.[583] Es bleibt noch zu fragen, ob sich auch hier ein Entwicklungsprozeß der Herzmetaphorik ausmachen läßt. Eine Antwort könnte Fritz Stolz geben, der zur Introjektion kosmisch-theologischer Kräfte ins Herz in den „spätjüdischen" Vorstellungen der Qumran-Texte folgendes bemerkte: „Dem atl. Sprachgebrauch gegenüber ist neu, daß widergöttliche Kräfte der Welt jetzt ins Herz introjiziert werden; so ist von den ‚Götzen des Herzens' (1QS 2, 11) die Rede; die Geister von Wahrheit und Finsternis führen ihren Kampf im *leb* (1 QS 4, 23)." (Stolz 1971, 867)

580 Dazu Stolz: „Die ‚Brust', für die im Hebr. ein besonderes Wort fehlt (...), kann mit *leb* bezeichnet werden." (Stolz 1971, 862) S. a. Fabry (1970, 424) u. Oelsner (1961, 209, 221f. u. 227). Zum Herz als „unzugängliches, verborgenes Organ im Inneren des Körpers" s. a. Wolff (1974, 72f.). Doch sollte daraus nicht ein „psychologisches Organ gewonnen werden, wie Jacob das tat: „Der Doppelaspekt des Herzens als ein sich bewegender u. versteckter Körperteil hat es zu einem psychologischen Organ gemacht, in dem sich alles Leben konzentrieren u. auch verbleiben konnte." (Jacob 1973, 623f.)

581 Dazu Wolff: „Der Raum für die inneren Organe des Körpers wird zumeist *käräb* genannt. Hier fanden wir schon das wichtigste von ihnen, das Herz, lokalisiert (...). Das ‚Innere' kann sogar gleichbedeutend mit ‚Herz' werden, ... Doch umfaßt *käräb* grundsätzlich alle inneren Teile des Rumpfes, die als solche vom Kopf und den Gliedmaßen unterschieden werden" (Wolff 1974, 102). S. a. Oelsner (1961, 241ff.).

582 Zur „abgeleiteten Bedeutung ‚Mut'" für *leb* s. a. Lauha (1983, 135f.). Zum *leb* des Löwen als Metapher für Mut s. a. Fabry (1970, 425). Zum „standfesten Herzen" s. a. Johnson (1949, 85).

583 Zu weiteren Beispielen der Herzmetaphorik s. a. Lauha (1983, 75). Ähnlich wie Homer seinen Göttern *thymos* und *phrenes* zugestand, wird auch vom *leb* Gottes gesprochen. Dazu s. a. Stolz (1971, 866). Zur Polarisation von guten und schlechten Gefühlen im Herzen, sowie zum Mut und zum Denken im Herzen s. a. Johnson (1949, 78f.).

Organ oder Leibesinsel – Zur Disskussion um den *leb*

Herrscht auch in den bisher dargestellten Punkten eine gewisse Einigkeit unter den Forschern, so scheiden sich die Geister, wenn bei den Erklärungsversuchen der Phänomene hinter den Bezeichnungen auf physiologisch-anatomische Organe Bezug genommen wird. Als einer der letzten prominenten Vertreter von Organempfindungen kann Lauha gelten. Er vertrat die These, die Entwicklung des Begriffs *leb* sei von einer Bedeutung ausgegangen, die das „Herz als anatomisches Organ" bezeichnet habe, gab aber selber zu, daß die vorhandenen Kenntnisse von Anatomie und Physiologie gering gewesen seien (Lauha 1983, 47). Auch Stolz behauptete: „*leb* bedeutet ursprünglich das Körperorgan. So kennt man in Israel die Diagnose des ‚Herzschlages' (...), ohne daß das Herz aber Gegenstand tieferer medizinischer Kenntnis würde." (Stolz 1971, 861) Einerseits werden also die geringen anatomischen Kenntnisse betont, andererseits sollen gerade diese den Ausgangspunkt für den anthropologisch wichtigen *leb*-Begriff gebildet haben. Wie sehr diese These in Frage steht, zeigt sich an ihrer Verknüpfung mit Organempfindungen, die hinter der Diagnose des Herzschlags vermutet wurden (Lauha 1983, 48). Solchen Spekulation widersprach Wolff mit seiner Feststellung, daß der *leb* nicht am Pulsschlag erkannt, sondern eher „als ein zentrales Organ, das die Beweglichkeit der Glieder ermöglichte", gedacht wurde. Er behauptete: „Das ‚Klopfen' des Herzens wird dabei ebensowenig beobachtet, wie der altisraelitischen Anatomie Gehirn, Nerven oder Lungen bekannt sind." (Wolff 1974, 69f.) Diesen Argumenten hatte sich Lauha nicht angeschlossen. Er meinte, ein „Bedeutungswandel vom unbestimmten ‚Innersten' oder von der abstrakten ‚Mitte' zum exakt bestimmbaren Organ, dem Herzen", sei „schwer verständlich". Statt dessen schien ihm „eine entgegengesetzte Entwicklung" natürlicher, denn sicher sei „das schlagende Herz" schon frühzeitig wahrgenommen und benannt worden (Lauha 1983, 47 A. 7). Diese Theorie übernahm Lauha von Oelsner (1961, 240f.). Lauha glaubte, daß das anatomisch exakt bestimmbare Herzorgan an seinen „Schlägen" wahrgenommen worden sei und deshalb am Anfang der Bedeutungsgeschichte des *leb*-Begriffs gestanden habe. Von diesem Stadium aus hätten sich dann die Bedeutungen auf den ganzen Brustbereich und das Innere ausgedehnt.[584] Es ist aber unwahrscheinlich, daß die alten Israeliten mit ihren geringen anatomischen Kenntnissen die „Schläge des Herzens" mit einem rotklumpigen zuckenden Muskel identifizierten. Mögen ihnen auch Herzen als klumpige Gebilde von toten Leibern her

584 Eine ähnliche Theorie vertrat auch Jacob: „Die Einschätzung der Eingeweide ... beruht zuerst auf einer physischen Empfindung. Ein heftiger Schmerz oder eine große Freude können sich auf gewisse Organe, wie Eingeweide, Leber, Nieren und Herz auswirken, so daß man aus der Folgeerscheinung die Ursache macht, indem man sich vorstellt, daß solche Organe der Sitz von Gefühlen sind." (Jacob 1973, 622) Seine Terminologie ist verwirrend. Ein Unterschied zwischen physischen und psychischen Empfindungen ist eine erkenntnistheoretisch unhaltbare Position. Zuerst soll es eine „physische Empfindung" gegeben haben, die sich in Form von Gefühlen als eine „Folgeerscheinung" (von was?) auf die Organe auswirkt. Dann soll diese Folgeerscheinung zur Ursache gemacht worden sein. Das ist kaum zu glauben.

bekannt gewesen sein, deren anatomisch-physiologische Aufgaben waren nicht so einfach festzustellen, und ein „schlagendes" oder pochendes Gefühl in der Brust dürfte schwerlich auf das Bündel von wild zuckenden Herzmuskeln zurückgeführt worden sein. Dementsprechend bemerkte Wolff: „Der im jeweiligen Kontext ausgesprochene Grund des ‚Herzschlagens' zeigt, daß weder Herzklopfen im physiologischen Sinne noch im Sinne einer Gemütserregung gemeint ist, sondern die Reaktion des ethischen Urteilsspruchs des Gewissens." (Wolff 1974, 85) Ähnlich äußerte sich Fabry, der die „Schläge" des *leb* als Reaktion auf Fehlverhalten und Abweichung vom Willen Gottes interpretierte.[585] Er meinte weiter, obwohl allgemein angenommen würde, das *leb* habe ursprünglich das Körperogan „Herz" bezeichnet, ließe sich dies nicht eindeutig absichern, denn gerade die „medizinische Fixierung" sei „im gesamten semitischen Bereich recht vage" (Fabry 1970, 439).[586] Das bemerkte auch Lauha, der zu dem Schluß kam: „So entsprechen die im Alten Testament gebrauchten Bezeichnungen für innere Organe oft nicht der modernen anatomischen Terminologie, denn oft verwendete man derartige Bezeichnungen für einen weiteren Bereich des menschlichen Körpers." (Lauha 1983, 48) Mit Wolff läßt sich folglich sagen, daß in den Texten bei der Rede vom *leb* weit mehr als der „anatomische Befund und die physiologischen Funktionen des Herzens" gemeint ist (Wolff 1974, 74). Ähnlich meinte Fabry, es sei unsicher, ob die Diagnose „des ‚Herzklopfens' (Psalm 38, 11, Ausdruck für emotionale Erregung)" als Hinweis auf eine „irgendwie geartete anatomische Identifikation gewertet werden" könne. „Auch die prophetischen Belege von Herzanfällen (..) oder der Mattigkeit des Herzens (...) sind mehr Ausdruck für Erregung oder Krankheit als physiologisch kompetente Beschreibungen." (Fabry 1970, 439) Das „Unvermögen, *leb* anatomisch zu fixieren", ist als Phänomen der unpräzisen Lokalisation leiblicher Regungsherde phänomenologisch mittlerweile hinlänglich identifiziert und analysiert worden. Lauha übersah den Unterschied zwischen leiblich spürbaren Regungsherden und antomisch-physiologischen Organen des Körpermodells. Vom *leb*, das „sich bewegt, sich windet, unruhig ist, von der Stelle springt usw.", behauptete er, dort, wo es ausdrücklich im Inneren lokalisiert sei, habe es „das anatomische Herz zum Referenzobjekt" (Lauha 1983, 234). In dem „von der Stelle springenden Herzen", das an den altägyptischen „Tänzer" erinnert, eine anatomische Tätigkeit sehen zu wollen, erscheint eher komisch. Trotzdem kam

585 Vgl. a. Oelsner (1961, 228f. A. 3).

586 Fabry gab folgende Stellen an: 1 Sam 24,6 13; 1 Sam 25,31; 2 Sam 24, 10. S. a. W. Schmidt: „Bei Beurteilung seiner Tat als gut oder böse ‚klopft das Herz', d. h.: ‚das Gewissen schlägt' (1. Sam 24, 6)." (W. Schmidt 1964, 385) Doch er vertrat auch die These, daß die Entwicklung des *leb* von einem Körperteil ausgegangen sei (W. Schmidt 1964, 384). Wolff wunderte sich, daß „angesichts des mehr als 800 fachen Vorkommens des menschlichen Herzens im Alten Testament", nur ganz wenige Stellen „zur Anatomie des Herzens etwas beitragen" (Wolff 1974, 71). Zu *leb*, „heart", in seiner anatomischen Bedeutung schrieb Johnson: „Its actual physiological importance was, of course, unkown; for the Israelites, in common with the other peoples of the ancient world, appear to have learnt nothing of the circulation of the blood." Es würde den Platz des Gehirns einnehmen als ein „focal point" des ganzen Spektrums psychischer Aktivitäten (Johnson 1949, 77).

Lauha zu dem Schluß, daß im Hinblick auf einen „diagnostischen Gebrauch" *leb* „mindestens in einigen Fällen" das „anatomische Herz" bezeichne und zwar so, „daß es sich um eine durch Furcht veranlaßte Bewegung des Herzens" handele, egal, ob man einen solchen Ausdruck „nun metaphorisch oder aufgrund einer realen Empfindung" gebrauche. Er glaubte anhand der Tatsache, daß das *leb* auch „anderen Körperteilen zur Seite gestellt wird, die gleicherweise Symptome der Furcht beschreiben," feststellen zu können, „daß das Lexem das ‚anatomische Herz' bezeichnet", denn das „Zittern der Hände, Knie und Hüften" seien „ähnliche Symptome der Furcht wie die Bewegung des Herzens." (Lauha 1983, 148)[587] Das soll nicht bestritten werden; falsch ist nur die Gleichsetzung von gespürter Erregung und Muskelkontraktionssequenz. Daß das Zittern am ganzen Leib ein Syptom der Furcht sein kann, das auch die Brustmitte, das Herz, in Mitleidenschaft zieht, wurde schon am homerischen Beispiel erörtert. Auch wenn in Ilias 23. 370 der *thymos* heftig schlägt, ist damit nicht der anatomisch-physiologische Herzschlag gemeint, sondern „die Heftigkeit des Siegesverlangens" (Schmitt s. o.). Dies sah Jahn etwas anders, denn er vertrat den gleichen Standpunkt wie Lauha, als er außer dem physiologischen „Herzschlag" ein eventuelles „Klopfen/Schlagen des Mutes, Gemüts, Sinns etc." für unvorstellbar hielt und es zu einer „inadäquaten absurden Bildung" degradierte (Jahn 1987, 10 A. 10). Da aber die These von den Organempfindungen eine „absurde Bildung" ist, fallen sowohl Lauhas als auch Jahns Theorien. Das reduktive Vorgehen, die Phänomene des Leiblichen entweder einem physischen Substrat bzw. einer „Organempfindung" oder einer rein psychischen Bedeutung zuzuordnen, diente zwar der statistischen Erfassung, doch erlaubte es nicht, wichtige Nuancen zu berücksichtigen. So verdrängte lediglich das Suchbild das Merkbild, die quantitative Erfassung die qualitative Auswertung.

Auswirkungen der Diskussion auf die Wortfelduntersuchung zum altarabischen Herz

Als vorerst letzter Vertreter des Organempfindungsdogmas sah Seidensticker den Unterschied zwischen *leb* und altarabisch *lubb* auf der einen und den beiden andern wichtigen altarabischen Bezeichnungen für Herz, *fu'ad* und *qalb*,[588] auf der anderen Seite darin, daß das *leb* zwar „das Körperorgan ‚Herz'" bezeichnen würde (doch sicher sei das nicht), wohingegen mit den beiden letzteren mit Sicherheit das anatomische Herzorgan gemeint sei (Seidensticker 1992, 173). Diese These muß bezweifelt werden. Wie seinen Vorgängern unterlief auch Seidensticker der methodische Fehler, durch ein vages psycho-physisches Modell seine Ergebnisse bereits im voraus zu manipulieren. Alle drei Autoren der Wortfelduntersuchungen gliederten ihr Forschungsmaterial in

587 Zu Furcht, Angst und Zittern im Herzen meinte er, hier habe *leb* den „Sinn ‚das anatomische Herz'" (Lauha 1983, 96 u. 124).

588 Zu *fu'ad* und *qalb*, die angeblich das „Herz als Organ der Physis" bezeichnen s. Seidensticker (1992, 36f. u. 187).

einen körperlichen und einen seelischen Bereich. Damit implizierten sie eine Perspektive, die den Nuancen des leiblichen Spürens nicht gerecht wurde.[589] Sie kamen alle zu dem gleichen Ergebnis, das Lauha so formulierte: „Sehr oft sind psychophysische Lexeme wie Pronomina *semantisch leere Hinweisworte*, die für irgendeine im Text erwähnte Konstituente substituiert werden.“ (Lauha 1983, 235)[590] Man vergleiche diese Aussage mit dem oben kritisierten Beitrag von Jahn und mit dem Ergebnis von Seidensticker, der bezüglich der Terme *fu'ad* und *qalb* feststellte: „Distinktive semantische Merkmale sind für *fu'ad* und *qalb* somit nicht zu ermitteln, die begriffliche Komponente der Wortbedeutung der Lexeme ist somit gleich.“ (Seidensticker 1992, 112). Ähnlich wie Lauha und Jahn gab auch er metrische Gründe für die unterschiedliche Benutzung an und zog eine Parallele zu den Griechen, als er meinte, ein vergleichbares Nebeneinander von hochgradig synonymen Bezeichnungen des Herzens“ läge in der „Koexistenz“ von *ker* und *etor* „im homerischen Epos vor“, denn „auch bei diesen Lexemen“ handele „es sich um metrische Alternativen“. Doch als ob ihn diese Begründung selber nicht so ganz überzeugen würde, setzt er direkt hinzu: „Das Metrum ist aber nicht allein für die Beliebtheit von *fu'ad* in der Poesie verantwortlich; diese scheint eben als Poesie einen höheren Bedarf an Termini zur Bezeichnung des Innenlebens zu haben“.

Obwohl Seidensticker also von einem synonymen Sprachgebrauch der Worte *fu'ad* und *qalb* ausging, lassen sich doch Andeutungen zu Unterschieden nicht leugnen. Als solche kann z. B. auch die Tatsache gedeutet werden, daß in der späteren medizinischen Literatur häufiger *qalb* zu finden ist und nicht *fu'ad* (Seidensticker 1992, 102f.), daß also irgendwann mit Sicherheit eine partielle Ausdifferenzierung der Vorstellungen eingesetzt hat. Natürlich ist nicht auszuschließen, daß metrische Gründe bei der Wortwahl eine Rolle gespielt haben mögen, doch alle Stellen auf metrische Zwänge zu reduzieren, geht, wie schon bei der Besprechung von Jahns Thesen gezeigt wurde, zu weit.

Auch im Altarabischen besaß das Herz semiautonomen Charakter. „Häufig werden“, so Seidensticker, „dem Herzen anthropomorphe Züge beigelegt;“ und „eine Steigerung ist im Motiv des als selbständiges Gegenüber angesprochenen und sprechenden Herzens zu sehen“ (Seidensticker 1992, 13). Es kann der Ort sein, „in den die Offenbarung

589 Zum „psychophysischen Sprachgebrauch“ und der Aufteilung in „psychische“ und „physische Aspekte des Menschen“ s. Lauha (1983, 41). Zu den „psychophysischen Lexemen“ sowie der psychischen, die „emotionale, religiös-ethische, intellektuelle“ Seite, und der physischen, die „Körperteile bzw. -funktionen“ des Menschen bezeichnenden Seite, s. Lauha (1983, 7). Zur Teilung der Bedeutungen von *nepes* in „purely psychological“ und „corporeal“ s. Murtonen (1958, 39).

590 Zu Fällen, in denen *nepes* angeblich „semantisch leer“ ist, s. Lauha (1983, 206). Gegen eine Intensitätsnuancierung der Lexeme s. Lauha (1983, 238). Zu den „metrischen Gründen“ und der „semantischen Leere“ von *leb* und *nepes* s. Lauha (1983, 79 u. 112f.). Die Lexeme würden „miteinander kommutieren und korreferent“ sein. „Sie betonen in ähnlichen Kontexten und Ausdrücken denselben Sachverhalt: den psychischen Aspekt der Erschöpfung, Leid und Angst.“ (Lauha 1983, 106) Lauha unterteilte die Bezeichnungen für Schmerz in Begriffe für „physischen Schmerz“ oder in solche für die physiologischen Wirkungen eines physischen oder psychischen Schmerzes“ (Lauha 1983, 106). Solche Unterscheidung ist unangebracht.

gelegt worden ist".[591] Von der Verwendung im Koran schrieb er: „Das Herz ist der Sitz des Wissens oder das Organ, mit dem man es erwerben kann, also etwas allgemeiner gesprochen, der Verstand." (Seidensticker 1992, 80, 83 u. 78f.) Dafür, daß *fu'ad* u. *qalb* „das Organ Herz bezeichnen", führte er poetische Belege an, in denen vom „Schlagen des Herzens" gesprochen wird. Hierin sah er – ganz wie Lauha und Jahn vor ihm- einen Hinweis auf den physiologischen Herzschlag.

Wie wenig das zutrifft, zeigt sich an folgendem Beispiel, das in seiner Übersetzung lautet: „wir haben Seelen (zum Kampf gegen euch) versammelt, die nach (eurem Blut) dürsten, und Herzen, die schon lange schlagen". Bei den hier angesprochenen Herzen handelt es sich wohl kaum um zuckende Blutklumpen auf dem Operationstisch eines Chirurgen oder in der Brust eines Fanatikers, dessen angebliches „Schlagen" dann ein Gefühl des Hasses bedeutet, sondern um lebendige Menschen, die anderen – das fügt Seidensticker selber erläuternd hinzu – „wohl schon lange feindlich gesinnt sind". Auch andere Beispiele für das Herzklopfen aus Angst und Sorge sollten nicht als Organempfindungen interpretiert werden. Die hier nur kursorisch angeführten Stellen reichen aus, um Seidenstickers Behauptung von der anatomischen Bedeutung zurückzuweisen. Besonders fraglich werden seine Thesen, wo er ein altarabisches Beispiel für den Zusammenhang von Furcht und Herz erörtert. Zur Furcht im „physikalischen Bereich" bemerkte er: „Das Herz, das einem Menschen in einer Notsituation ganz konkret ‚bis zum Halse schlägt', gibt es im Arabischen auch … Nachdem Garir in einem Hungerjahr von einem Gönner Hilfe erhalten hat, spricht er davon, daß sein Herz wieder an seinen angestammten Platz zurückgekehrt sei." (Seidensticker 1992, 239) Dieser Platzwechsel findet sicherlich nicht im physiologisch-anatomischen Körper statt, sondern beschreibt eine konkrete Empfindung. Daß Seidensticker, der den Artikel von Fabry kannte, im „bis zum Halse schlagenden Herzen" einen Hinweis auf den „physikalischen Bereich" sah, verwundert. Auch die Beispiele dafür, „daß das *qalb* in Notsituationen bis zur Kehle hochkommt", interpretierte er als Belege für Organempfindungen (Seidensticker 1992, 41).[592] Die angebliche Verwendung einer Metapher „aus dem Bereich der Physiologie" verdeutlichte er an folgendem Fall: „Von seiner (d. h. Noahs) Art war auch Abraham. Damals als er mit gesundem Herzen zu seinem Herrn kam!" (Seiden-

591 Vgl. mit den hebräischen Vorstellungen: „Auch ‚Herz' kann schließlich wie die anderen anthropologischen Hauptbegriffe für das Selbst des Menschen, für die Person als solche eintreten." (Wolff 1974, 89) Zu den Versen, „in denen das Herz aufsässig (…), den Menschen überwältigt (…), angeredet wird und sich sogar selbst zu Wort meldet" s. Seidensticker (1992, 14) Vgl. mit den hebräischen Vorstellungen: „Das sich ereifernde Herz ist der Mensch, sofern er emotional reagiert, sich aufregt. Zucht zum Gehorsam und ein sich selbst überschlagender Sinn werden einander entgegengestellt." (Wolff 1974, 75) Zum „Beispiel für das Herz selbst als Subjekt, das glaubt, spricht und vom reuigen Zurückkehren zur Gottesfurcht" s. Seidensticker (1992, 69).

592 Zur „körperlichen Erregung des Herzens bei Furcht", bzw. zum Herz, das „bis zur Kehle hochkam" s. a. Seidensticker (1992, 64f.). Er meinte, daß „gerade die Belege, in denen vom Herzen nur als Organ gesprochen" wird, „gegenüber der großen Menge der Verse, die es als Sitz der psychischen Vorgänge und Eigenschaften auffassen", in der „Minderzahl" seien.

sticker 1992, 70ff.) Hier wird man den Erzähler wohl kaum für einen ausgebildeten Kardiologen halten, der einen Befund über das anatomisch-physiologische Substrat abgibt, so daß man mit Seidenstickers eigenen Worten feststellen kann: „Daß das ‚liebende Herz' oder die ‚habgierige Brust' Teil der menschlichen Physis sind, ist in den meisten Fällen ganz irrelevant." Es folgte dann bei Seiensticker aber wieder eine Einschränkung auf Spezialfälle, denn an anderer Stelle heißt es: „Wenn Belege vom Schlagen des liebenden Herzens oder von der Verengung der geizigen Brust sprechen, ist das Merkmal der Körperlichkeit dagegen realisiert." (Seidensticker 1992, 167f.) [593] Die Verengung der Brust als Gefühl des Geizes ist eine direkt spürbare ganzheitliche leibliche Regung, deren Erklärung ohne komplizierte psychosomatische Theorien auskommt. Auch folgendes Beispiel für das Herz im „physikalischen Bereich" überzeugt nicht: „Das verstärkte Schlagen des Herzens in verschiedenen Zuständen der Liebe sowie vielleicht auch Rhythmusstörungen bei freudigem oder ängstlichem Erschrecken sind es in erster Linie, die mit dem Bild des fliegenden Herzens illustriert werden sollen." (Seidensticker 1992, 230) Freudige oder ängstliche Gefühle werden immer leiblich gespürt. Welche objektiven Auswirkungen sie auf das Körpermodell haben, kann – wenn überhaupt – nur durch komplizierte Untersuchungen mittels ausgefeilter Apparaturen geklärt werden. Als Ausdruck einer angeblichen Organempfindung ist auch das „fliegende Herz" kaum zu glauben – vor allem nicht, wenn man liest: „Einige andere Verse sprechen davon, daß das Herz mit der Geliebten mitfliegt oder zu ihr hinfliegt. ... Zwei Belege sprechen davon, daß ein Teil des Herzens davonfliege bzw. daß das Herz in alle Richtungen auseinanderfliege." Fliegende anatomisch-physiologische Organe sind etwas für Träume. Es hilft auch nicht weiter, wenn Seidensticker betont: „Das Bild des flatternden Vogels oder Flügels dient der Illustration des andauernden heftigen Schlagens des Herzens." (Seidensticker 1992, 231f.) Gemeint sind leibliche Regungen, die hier illustriert werden sollen, keine Veränderung der Pulssequenz oder des Herzrhythmusses. Wie wenig anatomisch-physiologische Daten in Frage kommen, läßt sich mit einer anderen Bemerkung Seidenstickers beweisen: „Da im Arabischen aber auch von der Leber gesagt wird, daß sie ‚schlägt', wird man aus diesem Beleg keine weitreichenden Schlüsse ziehen können." (Seidensticker 1992, 138) Zumindest nicht auf ein physiologisches Organ!

Nepes – der Leib in seiner Lebendigkeit

Ein weiteres und für die hebräische Anthropologie wichtiges Leibschema ist die *nepes*. Auch für sie wurden in der Forschung Parallelen zu den frühen Griechen gezogen.[594] Bei seinem Vergleich mit dem frühgriechischen *psyche*-Begriff kam Nikolaus P. Bratsiotis

593 Seidensticker weiter: „Definitiv nicht realisiert ist es etwa dann, wenn vom ‚herzlosen Mann' als dem Feigling gesprochen wird." Das ist ziemlich sicher, denn ein im körperlichen Sinn „herzloser Mann" ist natürlich tot (Seidensticker 1992, 167f.).

594 Zur Ähnlichkeit von *nepes* mit *psyche* im „vorplatonischen Sprachgebrauch" s. a. Westermann (1976, 95), Lauha (1983, 52), Lys (1966, 228) u. Onians (1951, 481ff.).

zu dem Ergebnis, daß *nepes* ähnlich gebraucht wurde wie *psyche* bei Homer und den frühgriechischen Dichtern. Sein umfangreiches Quellenmaterial mit einer Vielzahl von Stellenvergleichen, das hier nicht im einzelnen erörtert werden kann, läßt zwar keinen Zweifel an generellen Ähnlichkeiten zu, doch ist zu befürchten, daß Unterschiede zwischen den Konzeptionen zu wenig beachtet und manche Beispiele nicht sorgfältig genug ausgewählt wurden. Dies kann zumindest an drei Thesen von Bratsiotis gezeigt werden. Dazu seien kurz die bei der Besprechung der *psyche*-Vorstellung Homers erarbeiteten Ergebnisse ins Gedächtnis gerufen: Bei Homer wurde der Tod als Entweichen der Spannkraft des Leibes betrachtet und hatte das Auseinanderfallen des ganzen Menschen zur Folge. In diesem Sinne war die *psyche*, das Leben, ein kostbarer Besitz, der verlorengehen konnte. Nach dem Tod nahm sie ihre Existenz als Schattenwesen auf. Die Persönlichkeit, „der Held selbst", blieb an den Leichnam gebunden und verging mit ihm. Die Homerische *psyche* war keine Lebenskraft und auch kein Sitz der Gefühle oder des Denkens. Eine direkte Beziehung von *psyche* und Atem konnte nicht nachgewiesen werden.

Bratsiotis behauptete, *nepes* und *psyche* würden in ihrer Bedeutung „Leben" übereinstimmen,[595] denn in den frühgriechischen Vorstellungen sei die *psyche* – und hierin sah er eine Paralelle zu *nepes* – „als Sitz der Erkenntnis, des Urteilens und generell des Denkens aufgefasst" worden (Bratsiotis 1966, 64f.). Obwohl er sich absicherte und die philosophischen Konzepte, in denen die Begriffe benutzt wurden, nicht behandeln wollte, sondern sich statt dessen nur auf den Volksglauben und die Dichter bezog, fiel ihm das Besondere der homerischen Anschauungen in den von ihm herangezogenen Beispielen nicht auf. Er bemerkte zwar, daß normalerweise die *psyche* im Hades keine *phrenes* hat. Dann stellte er aber die rhetorische Frage, ob nicht die Ausnahme Teiresias „ein beredtes Zeugnis" für eine „Beziehung" zwischen *psyche* und *phrenes* „auch bei Homer" sei (Bratsiotis 1966, 72f. A. 1). Das muß man verneinen. Homers *psyche* ist nicht „Sitz" der Erkenntnis oder des Denkens, sondern nur ein *eidolon* im Hades. Den *psychai* fehlen die *phrenes*, Denken und Kraft sind ihnen genommen. Die Ausnahme ist einzigartig und göttlich sanktioniert. Auch die bei der *nepes* bestehende Verbindung von *psyche* und Blut findet sich bei Homer nicht. Seine *psyche* ist nicht mit dem Blut identisch, sondern die *psychai* im Hades müssen das Blut trinken, um Kraft zu bekommen. Das entspricht etwa der umgekehrten Bedeutung von *nepes*. Diese belebt das Blut und ähnelt dadurch eher der anthropologischen *pneuma*-Auffassung. Homerische *psyche* und *nepes* gleichen sich allerdings in der Bedeutung des Spannungsverlustes beim Tod, der beidemale als Entweichen der Kraft dargestellt wurde – mit dem Unterschied wiederum, daß die *nepes* nicht direkt in die Unterwelt ging.[596]

595 Zur Bedeutung von *nepes* und des Aspekts „Leben" s. a.: Murtonen (1958, 9), Westermann (1976, 84), Lauha (1983, 54f.), Oelsner (1961, 32f.) u. Wolff (1974, 37).

596 Zum Verlassen der *nepes* beim Tod als Spannungsverlust s. a. Johnson (1949, 13f.) Und: „The unity of this whole is broken up; the organism as a centre of vital power is destroyed. Nevertheless, this does not mean a man's complete extinction. For some time at least he may live on as an individual (...) in such scattered elements of his personality as the bones, the blood, and the name." (Johnson 1949, 89)

Auch die von Bratsiotis angegebene Homerstelle Ilias 1.3 kann nicht als Beweis dafür dienen, daß *psyche* an einigen Stellen synonym für *anthropos* aufgefaßt wurde und in dieser Beziehung *nepes* gleicht. Die Szene (s. o.) kann im Gegenteil als Beleg für den Unterschied von *psyche* und *nepes* bei Homer betrachtet werden. *Nepes* paßt hier auf die Leichen, „die Helden selber", nicht auf die zum Hades geschickten vielen *psychai*. In diesem Sinne deckt sich der *nepes*-Begriff eher mit dem des *soma*.[597] Die Bedeutung von *nepes* als Person oder Selbst ist gut belegt und umfaßt aufgrund ihres ganzheitlichen Charakters auch den Körper.[598] Außerdem kann *nepes* in die Nähe von „Fleisch", dem Aspekt menschlicher Schwäche und Sterblichkeit, rücken.[599] Wenn *nepes* den Leichnam bezeichnet, so deshalb, weil dieser noch als personenbezogener Leib angesehen wurde.[600] Nur in dieser Beziehung gleichen sich die Vorstellungen, konzeptionell sind sie verschieden.

Eine weitere Problematik bei der *nepes*-Interpretation taucht auf, wenn Bratsiotis als „ursprüngliche und grundlegende Bedeutung" der *psyche* den „‚Atem' als Äußerung und Zeichen des Lebens" unterstellt (Bratsiotis 1966, 63). Diesen deutete er als ein vom „psychologischen" Bereich unterschiedenes „biologisches Phänomen". Als „biologische Begriffe" hätten beide die grundsätzliche Bedeutung „Atem" und würden synonym für „Leben" stehen. Sie besäßen ähnliche Verbindungen zum Blut und zur Gurgel bzw. Kehle. Als „psychologische Termini" würden sie den „Sitz der körperlichen Empfindungen, der Triebe und Sinneswahrnehmungen" und der „Gefühle" bezeichnen, aber auch das „Zentrum seelischer Zustände" darstellen; also alles das, was „als menschliche ‚Seele' im abstrakten Sinn" gemeint sei (Bratsiotis 1966, 88). Oberflächlich betrachtet, mag das zutreffen; daß „psychologische" Termini „seelische" Zustände bezeichnen, ist unbestritten. Doch der phänomenologisch ungeschulten psychologischen Sicht entgeht der leibliche Aspekt, der besonders in den Bedeutungen von leiblicher Kraft zum Ausdruck kommt. Diese als „biologische" Phänomene auf die physiologi-

597 Zu *nepes* als Leichnam s. a. Jacob (1973, 615), Oelsner (1961, 26) u. Murtonen (1958, 29f.). Zum Entweichen der *nepes* meinte W. Schmidt: „nicht die Seele trennt sich vom Körper" (W. Schmidt 1964, 378f.).

598 Zur Bedeutung der „ancient Israelitic conception" *nepes* als „the whole personality" und zwar „the body included" s. a. Murtonen (1958, 47). Zu *nepes* als „den Menschen als ganzen oder irgendeinen mit dem Menschen zusammenhängenden holistischen Begriff (z. B. das ‚Leben')" s. a. Lauha (1983, 235). Dazu Lys: „*Nephesh* means the self, the individual; but this personal reality is not what dualism calls ‚soul', since precisely then this word is avoided, and another word is used!" (Lys 1966, 202) Oelsner sprach bezüglich der *nepes* von einem „untrennbaren Nebeneinander von Leben und Person als Träger desselben" (Oelsner 1961, 28).

599 Zu *nepes* als in einiger Beziehung das „Äquivalent" von *basar* s. a. Lys (1966, 183). Von Jes 40, 5f; Jl 3, 1 schrieb W. Schmidt: „Hier entspricht ‚Fleisch' ohne weiteres der ‚Seele', so daß ‚Körper' und ‚Seele' dasselbe sein können." (W. Schmidt 1964, 382)

600 W. Schmidt erklärte mit Bezug auf Murtonen, *nepes* sei als „das Leben, d. h. die Person, eines Toten" verstanden worden (W. Schmidt 1964, 379). Seligson setzte sich mit Johnson (1949, 25f.) auseinander und interpretierte den Zusammenhang als Wandlung der Lebenskraft in die Kraft des Toten („vis letalis und vis vitalis") (Seligson 1951, 78f. 82ff. u. 87ff.). Dagegen wandte sich Oelsner (1961, 27f.).

sche Funktion der Atmung zurückzuführen, ignoriert Miriam Seligsons Kritik an dieser Theorie.[601]

Die Zusammenhänge von *nepes*, Atmung, Leben und Kraft werden bis heute kontrovers diskutiert. Wie beim *psyche*-Begriff allgemein wurde auch bei *nepes* der Atmungsaspekt überbetont. Man ging in bewußter Analogie zur Organtheorie des *leb* von der angeblich konkreten Bedeutung des Atemvorgangs aus und postulierte dann eine Entwicklung hin zur abstrakteren Bezeichnung für Lebendigkeit und bestimmte Gefühle. Seligson hatte aber gezeigt, daß eine solche Entwicklung nicht klar auszumachen ist. Sie wandte sich gegen eine zu einfache Übersetzung von *nepes* als Atem oder Leben. *Nepes* sei nicht das Wort für „life, vitality", sondern für „power" oder „the potency in vitality", denn: „The ‚power' in life could have been thought to manifest itself in the breath." Diese Kraft bezeichnete sie als „mysterious potency" (Seligson 1951, 23ff. u. 81).[602] Daniel Lys variierte dies, indem er von der *nepes* als „potentiality" sprach und „mysterious" durch „primitive" ersetzte. Angesichts des breiten Bedeutungspektrums kam er zu dem Ergebnis: „This variety of meaning shows the origins of the idea in primitive potentiality." (Lys 1966, 183) Hier sind Zweifel angebracht. Bedeutungen wie Leben und Lebenskraft wurden oben bei Besprechung der *psyche* Heraklits auf die erfahrbare „leibliche Kraft" zurückgeführt. Diese bildete die Basis für alle weiteren Auffassungen von Kraft bis in den göttlichen Bereich hinein. Versteht man die Vorstellungen der „primitive potentiality" in diesem Sinn, also als leibliche, aber auch als göttlich erfahrbare Kraft, so werden die Übereinstimmungen zwischen den verschiedenen Kulturen leicht verständlich. Die ganzheitlichen Regungen des Leibes und seine Fähigkeit, sich zu bewegen, sowie religiöse Erlebnisse einer plötzlichen Steigerung der leiblichen Intensität und Vitalität dienten als Basis der anthropologischen Begriffsbildung. Bei der *nepes* liegt der Schwerpunkt auf den ganzheitlichen Regungen der Lebendigkeit. Das Eigenpotential an Selbstbeweglichkeit, der Leib, die Kraft und die Person bilden eine Einheit, von der Lys sagte: „Man is nephesh as far as he is alive" (Lys 1966, 182).

Trotz der Erkenntnis des ganzheitlichen Charakters der mit *nepes* verbundenen Regungen versuchte die Forschung immer wieder, die Herkunft des Begriffs auf irgend einen körperlichen Vorgang oder ein materielles physiologisches Substrat zurückzu-

601 Seligson wandte sich gegen die Bedeutung „soul" in modernem Sinn, denn im „Alten Testament" sei die Seele als etwas Materielles (material) wahrgenommen worden (Seligson 1951, 22f.). S. a. Wolff: „Mit ‚Seele' übersetzt die traditionelle deutsche Bibel in der Regel ein Grundwort alttestamentlicher Anthropologie: *näpäs*. Wie französisch *ame* und englisch *soul* geht sie damit zurück auf die häufigste Wiedergabe von *näpäs* in der griechischen Bibel mit *psyché* und in der lateinischen mit *anima*. ... Heute kommen wir zu dem Ergebnis, daß nur in ganz wenigen Texten die Übersetzung ‚Seele' den Sinn von *näpäs* trifft." (Wolff 1974, 25) Auch Jacob meinte, daß *nepes* nicht ein „immaterielles Prinzip ist, das von seinem materiellen Unterbau absehen und eine unabhängige Existenz führen kann" (Jacob 1973, 615f.).

602 Nach Seligson wäre *nepes* als „potency" in der Lage, „to exercise influence outside the body to which it belongs" (Seligson 1951, 67). Zur Bedeutung Kraft (*vis*) als „potency" s. a. Seligson (1951, 40).

führen. Die erste Richtung – Bratsiotis war einer ihrer Vertreter – leitete *nepes* vom Vorgang der Atmung ab, die zweite von der Bedeutung „Kehle".[603] Als rezentes Beispiel dafür kann Lauha gelten, der die Bedeutungsentwicklung von *nepes* für vergleichbar mit der von *leb* hielt. Damit favorisierte er auch für *nepes* eine Erklärung, die von Organempfindungen ausging. Er schrieb: „Ein Körperteil kann mit den psychischen Tätigkeiten des Menschen verbunden werden. Auch in anderen Gruppen bildet ein physischer Begriff den Ausgangspunkt der Bedeutungsentwicklung (Atem, Blut)." (Lauha 1983, 51f.) Dagegen erklärte Werner Schmidt: „Das Organ und seine Funktion gehören zusammen: Die Kehle atmet." Er wehrte sich gegen die These, der Begriff sei aus einer Organbezeichnung entstanden, und stellte fest: „Mit der beschriebenen Bedeutungsentwicklung ist nicht die Funktion an die Stelle des Organs getreten, erst recht nicht ist ein Übergang vom Konkret-Handgreiflichen zum Abstrakten vollzogen; ... Der Körperteil, und was er vollbringt, sind eins." (W. Schmidt 1964, 378) Ähnlich gilt es nach Wolff zu beachten, daß ganz allgemein in der hebräischen Bibel „ein Körperglied zusammen mit seinen speziellen Tätigkeiten und Fähigkeiten" vorgestellt wird. Außerdem könnten diese wiederum „als Kennzeichen des ganzen Menschen" angesehen werden (Wolff 1974, 26).

Wie sehr der ganzheitliche Aspekt überwiegt, zeigt sich in einer Beobachtung von Seligson, die von *nepes* als *„vis vitalis"* schrieb: „Taken as a part of the human being it was not the name for a part of the body, which was already provided with a name of its own." Statt dessen meinte sie: „It was an invisible ‚soulstuff' which was the bearer of instincts and emotions in the body" (Seligson 1951, 65).[604] Die Bezeichnung Seelenstoff führt in die Irre, denn ein Stoff, aus dem die *nepes* besteht, kann nicht genannt

603 Dazu Otto Sander, der zwar Tylor und den Animismus kritisierte, selber aber in Wundtscher Terminologie befangen blieb und über die angebliche Bedeutung Gurgel für *nepes* zu einer „Organseele der Ernährung" kam (Sander 1965, 330f.). Zu *leb* und *nefes* in der Bedeutung Kehle als „Organseele" schrieb Rüsche: „‚Organseele' ist natürlich wie ‚körperliche Seele' für uns ein fast widersinnig klingendes Wort, das sich nur der Kürze halber empfiehlt, vielleicht würde man besser statt ‚Organseele' sagen ‚Lebensorgan', d. h. ein Organ, das lebenswichtig ist für vitale und psychische Vorgänge, aber wohlgemerkt nicht nur lebenswichtig als Organ, sondern als Sitz der Kraft für solche vital-psychische Prozesse, wobei man natürlich nicht genau ausmachen kann, wie weit auf den einzelnen Stufen der geschichtlichen Entwicklung das Organ mit der Kraft in eins geschaut wird oder wie weit man von dem Organ die Kraft oder den Kraftstoff unterscheidet." (Rüsche 1930, 337 A. 1) Auf den Organbegriff läßt sich verzichten. Rüsche sah sowohl in der *nepes* als auch im *thymos* eine Art „Bluthauchseele" und sprach vom Homerischen *thymos* als „Blut- und Atemseele zugleich" (Rüsche 1930, 46). Dazu die Kritik von Jacob, der meinte, *nepes* sei keine „Lufthauch- oder Bluthauchseele", sondern „einfach die Lebenskraft" (Jacob 1973, 615f.).

604 Ähnliches meinte wohl auch Jacob, als er von der *nepes* schrieb, sie könne „in den verschiedensten Teilen des Organismus wohnen", und diese könnten „gelegentlich synonym für sie gebraucht werden", aber „niemals in einem einzigen Organ" (Jacob 1973, 618). Denn, so Jacob weiter, „nach der hebräischen Anthropologie" bestehe „der Mensch nicht aus der Summe der Elemente, die den Leib bilden, die Gesamtheit" könne „sich vielmehr in einem Teil konzentrieren." Die Hebräer hätten „das Leben, so wie es in Erscheinung tritt, angeschaut und den Körper weniger in seiner Form als in seiner Bewegung betrachtet" (Jacob 1973, 621).

werden. In diesem Zusammenhang gibt die Rede von Stoff nur Sinn, wenn man nicht zwischen Stoff und Kraft unterscheidet. Außerdem sollte man den Seelenbegriff vermeiden. Die Stoff-Metapher kann aber als ein Hinweis auf die Dichte und Konkretheit der Erfahrungen gelesen werden, mit der der leibliche Niederschlag des im weitesten Sinne atmosphärischen Geschehens den Menschen früherer Zeit imponierte. Die sich in Bewegungen und Strömungen des Leibes äußernde Kraft wurde durchaus in Analogie zu Flüssigkeiten vorgestellt und hatte dadurch „stofflichen“ – besser „konkreten“ – Charakter.

Etwas zu stark betonte Franz Rüsche den Stoff-Aspekt. Er wandte sich gegen die *nepes* als Seele und Leben mit der Behauptung: „Wenn wir das Wort ‚Lebenskraft‘ für das Wort ‚nefes‘ gebrauchen, so ist das aber schon zu abstrakt gesprochen, denn die Hauchnatur der nefes charakterisiert sie als etwas, wenn auch noch so fein, so doch stofflich Vorgestelltes. Man müßte also richtiger sagen ‚Lebenskraftstoff‘.“ (Rüsche 1930, 326)[605] Dieses Kompositum ist aber ungeeignet. Greift man Rüsches Kritik am abstrakten Lebenskraft-Begriff auf und ändert ihn in Leibeskraft, bedenkt man ferner, daß die atmosphärischen Kräfte als Erfahrungen von leiblicher Natur sind, so kann auf einen „Lebenskraftstoff“ gänzlich verzichtet werden. Der „stoffliche“ Aspekt der *nepes* ist mit dem des *menos* vergleichbar und verweist auf die Erfahrung einer fließenden und erfüllenden Kraft.

Die Übersetzung von *nepes* mit Kehle wurde von Seligson scharf angegriffen. Sie wandte sich auch gegen die Bedeutung „breath, breathing“ (Seligson 1951, 65).[606] Damit fand sie Zustimmung bei Murtonen (1958, 68). Auch C. Westermann schloß sich an und meinte, *nepes* selber sei in der Bedeutung Atem „fast nicht belegt“, sondern nur aus dem Verb erschließbar (Westermann 1976, 73). Das Verb *nps* sollte nach Ansicht von W. Schmidt die Verbindung von *nepes* zu Atmen sein, denn es bedeute soviel wie „Atem schöpfen, aufatmen, sich erholen“ (W. Schmidt 1964, 377). Hier muß aber auf wesentliche Nuancen aufmerksam gemacht werden. Erstens ist nicht ein Atemvorgang im rein physiologischen Sinn oder ein kurzes Aufatmen gemeint, sondern ein Erholen und Kraftschöpfen mit dem Effekt: „to get more potentiality in a dynamic way“ (Lys 1966, 185f.). Daß es sich hierbei um den leiblichen Vorgang der entspannenden Weitung handelt, die nach anstrengendem Bemühen einsetzt und dem Menschen wieder Kraft verschafft, wird besonders deutlich, wenn man die allgemein anerkannte Verbindung von *nepes*, *nps* und dem akkadischen *napistu* bzw. *napasu* betrachtet. Die für den Zusammenhang wichtigen Bedeutungen des Begriffs *napistu* lassen sich auf „blasen, (auf)atmen; weit werden“ (Westermann 1976, 71f.), die für *napasu* auf „to expand, to be wide“ (Johnson

605 Rüsche an gleicher Stelle weiter: „Wir unterscheiden heute Stoff und Kraft, einfaches Denken schaut Stoff und Kraft in eins oder, anders ausgedrückt, sieht die Kraft stofflich. Wir selber stehen ja dieser Denkweise wenigstens im Ausdruck noch nahe, wenn wir z. B. von elektrischen ‚Wellen‘ usw. reden. Demnach ist die nefes genau genommen ein hauchförmiger Lebenskraftstoff.“

606 Sie bezog sich wie Murtonen auf Johnson (1949, 9f. u. 11 A. 2). S. a. Jacob (1973, 614) u. Oelsner (1961, 19), der sich ebenfalls gegen „Kehle“ als primäre Bedeutng von *nepes* wandte.

1949, 12) beschränken.[607] Die Bedeutung Gurgel für *napistu* diente den oben genannten Organempfindungstheorien als Hinweis auf das anatomisch-physiologische Substrat. Ihnen trat Seligson entschieden entgegen: „Thus *napistu* is never the word for a particular part of the body, but for the potency acting in this part." (Seligson 1951, 50) Die Frage nach der Verbindung von *napistu* und Kehle muß offenbleiben.

Seligsons Zweifel sollten ernster genommen werden, als das beispielsweise Murtonen tat, der behauptete, *napistu* oder *nepes* würden nie „a ‚mysterious potency'" bedeuten. Sie könnten aber einen Teil des Körpers meinen, in dem die „Aktion des Lebewesens" (action of the being) konzentriert sei, und zwar gerade wegen dieser Konzentration (Murtonen 1958, 70). Diese Argumentation ist zu unpräzise. Murtonen ersetzte „potency" einfach durch „action", die von den Organen ausgehen sollte. Doch sie ist nicht die Ursache der Bewegung oder der Lokalisation, sondern weil sich auf den Leibesinseln als den Resonanzzentren für Bewegungen die „action" konzentriert, werden diese verstärkt wahrgenommen. Selbst wenn die Kehle gemeint wäre, müßte sie als Regungsherd und nicht als naturwissenschaftliches Organ betrachtet werden.

Wesentlich bei derDiskussion ist die Erkenntnis, daß es sich weder bei *nepes* oder *nps* noch bei *napistu* oder *napasu* um einfache Atemvorgänge handelt. Im Vordergrund steht das Bewegende, das Besondere, Kräftige, nicht der normale Atem, sondern das Schnauben, das Blasen und in Bewegung versetzen. Auch das „Atemholen" setzt die Anstrengung des Ausatmens voraus und stellt eine besondere Erfahrung dar. Mit ihr ist ein leibliches Weitwerden verbunden, das mit den Begriff *napistu* exakt umschrieben wird.

In diesem Zusammenhang sei noch auf den Artikel „psu" hingewiesen, in dem Paul Thieme die Bedeutung der altindischen Wurzel *psu* mit ihren Verbindungen untersuchte und zu dem Ergebnis kam: „Also ist *psu-* ‚Hauch' oder ‚Atemhauch'." (Thieme 1971, 74) Dabei muß auch hier berücksichtigt werden, daß Kraft und Luftbewegung im Vordergrund stehen, nicht der Aspekt der normalen Atmung, denn *psu-* wird im Sinne von „Blasen", „Schnauben" und als „magische Kraft" gebraucht.[608] Thieme sprach auch von „Schnaubkräften", und selbst der Wagen sowie dessen Nabe und besonders der „keuchende Speichenkranz" der Räder werden mit „Kraft" in Verbindung gebracht. Erwähnenswert erscheint noch der Begriff *arunapsu*, der „mehrfaches Beiwort ... Morgenröte" und „dessen (deren) Atemhauch rötlich ist" bedeutet (Thieme 1971, 72). Dazu Thiemes Kommentar: „Der Atemhauch der Morgenröte sind selbstverständlich die bei Sonnenaufgang im Osten erglühenden Nebel und Wolken." (Thieme 1971, 79) Man

607 Zu akkadisch *napasu* als „to be/become wide", „to be/get copious/-ly", „to breath freely" s. Murtonen (1958, 66f.). Zur Verwandtschaft des Verbs mit dem akkadischen *napasu* und *napistu* „to breath" s. a. Lys (1966, 185f.) Vgl. auch The Assyrian Dictonary of the Oriental Institute of the University of Chicago Vol. 11 Part 1 sowie das Assyrisch-Englisch-Deutsche Handwörterbuch Bd.1 von W. Muss-Arnoldt und das Akkadische Handwörterbuch Bd. II von W. v. Soden.

608 Dies beweist ein einziges Beispiel: „Entsprechend ihrer Eigenkraft fahren dahin in Schönheit die Männer (Marut), die sehr Ungestümen, Ansturmkraft Besitzenden, deren Atemhauch Stiere sind, deren Atemhauche nicht stocken." (Thieme 1971, 74)

vergleiche dies mit den im akkadischen Wöterbuch zu findenden lautgleichen, aber etymologisch wohl nicht verwandten Begriffen *napxu* oder *naphu* = „trans. anzünden, anblasen, entflammen, intran. aufleuchten, aufgehen der Sonne", sowie *napxu* = „entflammt" und damit zusammenhängend *nipxu* = „der glänzende flammende Aufgang der Sonne". Auch das akkadische Adjektiv *napsu* = „weit sein, sich weiten, ausdehnen, atmen", sowie *napsu* = „life, breath" fallen in diese Kategorie.[609] So bedeutet *apsu* im indischen „‚ohne Atem' = ‚ohne Lebenskraft'" sein. Thieme zog dann noch die Verbindung zu griechisch *psyche*, die „offenbar" auch „ein psu" = „‚Hauch' enthält" (Thieme 1971, 79).[610]

Ohne hier weiter auf indische Bedeutungsparallelen eingehen zu können, sei noch ein kurzer Hinweis auf den altarabischen Begriff *nafs* gegeben, der ebenfalls zum Verwandtschaftsfeld um *nepes* gehört.[611] Seidensticker stellte für *nafs* ein „fehlendes körperliches ‚Substrat'" fest. Es sei jedoch nicht auszuschließen, „daß man sich in altarabischer Zeit Vorstellungen über die Lokalisation der Seele gemacht" habe. In der Tat gebe „es Hinweise darauf, daß die *nafs* als in der Brust befindlich gedacht wurde" (Seidensticker 1992, 159). Dies stimmt mit der besonderen Auszeichnung der Brust bei Homer und in der hebräischen Bibel überein. Die *nafs* korrespondiert in vielerlei Hinsicht mit der *nepes*. Seidensticker glaubte, *nepes* und *nafs* hätten gemeinsam, daß das Wort jeweils auch „für ‚Leben' i. S. v. ‚sein Leben retten/verlieren' und für ‚Lebewesen, Person' gebraucht" werde, und „auch der (reflexiv-) pronominale Gebrauch" sei belegt (Seidensticker 1992, 173). Die partielle Übereinstimmung zwischen *nepes, nafs* und der *psyche* Homers kommt auch im Verhältnis der *nafs* zu anderen Regungsherden zum Ausdruck. *Sadr* und *kabid* sind nach Seidensticker „beides auch Bezeichnungen von Körperteilen", *lubb* und *ganan* würden „mit wenigstens nicht auszuschließender somatischer Referenz" benutzt,[612] nur *nafs* bedeute „mit Sicherheit kein Körperteil" (Seiden-

---

609 Eine Wurzelverwandtschaft scheint nicht zu bestehen, denn das Verb *napasu* kommt von **rapasum* mit Wurzel *rap* und Partikel *su(m)*.

610 Gemeingriechisch *psyche* dürfe man nach Thieme auffassen als „ein durch das Element *-a* in typischer Weise erweitertes Wurzelnomen" **psych *psugh*. *psu + *ugh* = ‚den Hauch (hin und her) fahrend' = a) ‚Atem', b) ‚Wind'". Er nannte *anapsycho* bei Homer als Beispiel für Aufatmen und Erholen. Diese Bedeutung hat auch das hebräische Verb *nps*, das in der Septuaginta mit *anapsychein* übersetzt wurde.

611 Zum Substantiv *napistu* „throat, neck, life, life of man, livlihood, self, person" und der Verwandtschaft mit arabisch *nafs* „soul" und *nafsun* „soul, vital principle, blood, evil eye, spirit, person, individual, self of a man or thing, intention, desire, pride, scorn, appetite, stomach" s. Murtonen (1958, 66f.) Zur Bedeutungsverwandtschaft von heb. *nepes*, akk. *napistu* und arab. *nafsun* s. a. Seligson (1951, 21) u. Lauha (1983, 57). Zum Vergleich mit *nepes*: „Arabisch *nafs* hat etymologische Entsprechungen in allen semitischen Sprachen." (Seidensticker 1992, 141f.) Zur Bedeutung von *nafs* als „Leben" (in Beziehung zum Blut und beim Sterben) s. a. Seidensticker (1992, 159ff.).

612 Zum Lexem *ganan* meinte Seidensticker, es würde „sehr häufig als ‚Herz' erklärt". Allerdings gäbe es „keinen Beleg, in dem *ganan* eindeutig das Herz als Organ bezeichnet" würde. Doch „Formulierungen wie ‚zitterndes', ‚fliegendes' oder ‚festes' *ganan*" könnten in diese Richtung weisen. (Seidensticker 1992, 139f.) Das tun sie mit Sicherheit nicht, denn ein zitterndes, fliegendes und festes Herz

sticker 1992, 139f.). Ähnliches ließe sich von *psyche* und *thymos* in ihrer Stellung zu *phrenes*, *etor* und *kardie* sagen, wobei die Bezeichnung „Körperteil" gegen „Leibesinsel" ausgetauscht werden müßte. Diese doch sehr auffälligen Parallelen sind auch Seidensticker nicht entgangen. Der hier von ihm angedeutete Unterschied zwischen *lubb* und *nafs* findet seine Entsprechung bei *leb* und *nepes*, denn die beiden hebräischen Leibschemata unterscheiden sich ebenfalls darin, daß *leb* stärker an den Leib bzw. die Leibesinsel Herz gebunden ist, während *nepes* schwerpunktmäßig eher die den Leib durchziehenden ganzheitlichen Regungen meint.

Zusammenfassend betrachtet, sindAusdrücke wie „mysterious" (Seligson) oder „primitive" (Lys) zur Beschreibung der Phänomene nicht besonders geeignet, und auch der Begriff „potency" bringt zu sehr die Gefahr von Mißverständnissen mit sich. Da die genannten Phänomene alle mit leiblicher Kraft und Macht zusammenhängen, kann die *nepes* als Bezeichnung für die leibliche Lebendigkeit und Vitalität betrachtet werden. *Nepes* und *leb* lassen sich dahingehend nuancieren, daß *leb* stärker mit Überlegung und Entscheidung im Zusammenhang steht und mehr an das leibliche Lokal gebunden zu sein scheint als *nepes*, die eher dem drängenden *thymos*-artigen Verlangen entspricht. Diese beiden Charakteristika von *leb*, der zentrale und der rationale Aspekt, könnten auf Beeinflussungen durch altägyptische *ib*-Vorstellung zurückzuführen sein. Hier besteht sowohl ein Unterschied zu *nepes* als Bezeichnung für die leibliche Lebendigkeit, die leibliche Kraft überhaupt, als auch zu den homerischen Regungsherden, bei denen kein zentralistischer Zug zu erkennen war. Damit läßt sich als Ergebnis der bisherigen Untersuchung festhalten, daß trotz aller Bedeutungsüberschneidungen ein eigenständiger Charakter der jeweiligen Leibschemata auszumachen ist, der sowohl kulturintern als auch im Vergleich zu anderen Kulturen besteht.

Ruah – Kraft und Atmosphäre

Im dritten für die hebräischen Leibschemata wichtigen Begriff *ruah* sind kosmologische, theologische und leibliche Aspekte vereinigt.[613] Wolff verstand unter *ruah* „in erheblichem Umfang eine Naturkraft, den Wind". *Ruah* bedeute „nicht die Luft als solche, sondern die bewegte Luft" und werde „öfter auf Gott als auf den Menschen, Tiere und Abgötter bezogen". Schließlich habe *ruah* noch einen anthropologischen Aspekt, denn

weist auf Regungsherde hin, aber nicht auf das Herz als Pumpstation des körpermedizinischen Bereichs. Zur weiteren Differenzierung der Lexeme s. a. Seidensticker (1992, 169)

613 Einen ausführlichen und informativen, aber etwas unkritischen Überblick zur Forschungsgeschichte gab Dreytza (1990, 39ff.). S. a. Oelsner (1961, 37f.). Zu *ruah* als „air in motion", particularly ‚wind'" s. Johnson (1949, 27), als „Wind oder bewegliche Luft" s. Lauha (1983, 57f.). *Ruah* bezeichnet nach Fabry „das ‚Wehen' des Windes oder das ‚Hauchen'; in Analogie damit auch das ‚Atmen' als Lebensäußerung, woraus die Bedeutung ‚Geist', ‚Leben' abgeleitet wurde" (Fabry 1990, 389). W. Schmidt glaubte, das zu *ruah* gehörige Verbum meine „im Hifil (so vorwiegend: Gen 8, 21; 27, 27 u. a.) ‚das Wehen (eines Luftzugs) spüren, riechen'" (W. Schmidt 1964, 82f.)

„der ‚Wind' (ruah) des Menschen" sei „zunächst sein Atem". Daraus folgerte er, daß man „ruah von vornherein als einen theo-anthropologischen Begriff" bezeichnen müsse (Wolff 1974, 58).

Der anthropologische Aspekt von *ruah*

Die stärkste Verbindung zwischen dem anthropologischen und dem kosmologischen Aspekt, also von *ruah* als Leibschema und *ruah* als „Wind", wurde von der Forschung ähnlich wie bei *nepes* und *psyche* in der Atmung gesehen. Damit taucht auch hier die Frage auf, welche Rolle der Atemvorgang bei der Bildung der Leibschemata gespielt haben mag. Konnte bisher keine direkte Verbindung mit der normalen Atmung nachgewiesen werden, sondern waren es immer besondere Formen des „Luftholens" (Blasen, Wehen, Schnauben), die Anlaß gaben, Atem, Kraft und leibliche Regung begrifflich zu vereinen, so gilt Ähnliches auch hier. Albertz/Westermann diskutierten das Problem und kamen zu dem Ergebnis, daß „*ruah* nicht den Atem – abgesehen von der hinter ihm stehenden Vitalität – bezeichnen" könne (Albertz/Westermann 1976, 736).[614] Sie erwähnten den „dynamischen Charakter von *ruah*" und betonten die „dynamische Vitalität", die „vitale Lebenskraft", den „Lebenswillen", den „Elan" und die „psychische Spannkraft", die im *ruah*-Begriff zum Ausdruck kommen (Albertz/Westermann 1976, 735 u. 738).[615] Das Adjektiv „psychisch" könnte besser durch „leiblich" ersetzt werden. Auch die von Fabry mit „physische ‚Lebenskraft'" oder „Lebensodem" beschreibenen Phänomene ließen sich als „leibliche Spannkraft" klarer definieren (Fabry 1990, 396). Damit drängen sich auch Ähnlichkeiten zum *menos*-Begriff auf.[616] *Ruah* umfaßt nicht nur Phänomene gesteigerter leiblicher Spannkraft, sondern erstreckt sich auch auf Gefühle und Stimmungen, denn so W. Schmidt: „Wie schon *nephesch* so beschreibt *ruah* die Stimmung, die den Menschen erfaßt." (W. Schmidt 1964, 82f.) Ähnlich meinten Albertz/Westermann zur „psychischen Komponente", die sich „aus der komplexen Vi-

614 Sie bezogen sich auf Johnson (1949, 28ff.). Für sie meinte *ruah* „nicht den ‚normalen' Atem, der zum Leben des Menschen hinzugehört (...), sondern den besonderen Atemvorgang, in dem sich die dynamische Vitalität des Menschen äußert" (Albertz/Westermann 1976, 735).

615 Lys glaubte, *ruah* basiere auf der „primitive idea of potentiality (just as *nephesh*)", meine aber eine „precarious vitality", wenn sie auf den Menschen und „vivifying (or destructive) power", wenn sie auf Gott bezogen sei (Lys 1966, 213).

616 S .a. weitere Parallelen zum *menos* bei Albertz/Westermann. Dort wird *ruah* als „dynamisch explosive Kraft, die einen Menschen überfällt und ihn für kurze Zeit zu besonderen Aktionen befähigt" beschrieben und von der „augenblicklichen Steigerung der Vitalität und Kraft" und „außergewöhnlichen menschlichen Vitalität" gesprochen, die in dem Begriff zum Ausdruck kommen. Ähnlich wie vom Ausgießen des *menos* gesprochen wird, lassen sich Beispiele anführen, in denen *ruah* als „eine Art Flüssigkeit" erscheint. Dieser Gedanke lehnt sich an die Vorstellung einer „von außen kommenden psychischen Macht an (Jes 19, 14; 29, 10; vgl. Sach 12, 10)" (Albertz/ Westermann 1976, 743ff. u. 751). Zum Ausgießen und zur *ruah* als „eine Art flüssige Substanz" s. a. Schüngel-Straumann (1992, 26) u. Dreytza (1990, 224f.). Zum „Dynamischen", das an den Wirkungen der *ruah* zu erkennen ist, s. a. Baumgärtel (1959, 363).

talität" abhebt, sie könne „eine ganze Skala menschlicher Gemütsverfassungen bezeichnen, von den heftigsten Emotionen bis zum Erliegen jedes Elans". Hier zeige sich der „ursprünglich dynamische Charakter", denn „direkt bezeichne *ruah* nur die impulsiven, das Leben steigernden psychischen Kräfte wie Zorn und Wut (...), Mut, Durchhaltewillen" oder die „deprimierenden, das Leben einschränkenden Gemütsverfassungen" (Albertz/Westermann 1976, 738).[617]

Wie wenig hier dualistische platonische Gedanken greifen, zeigte beispielsweise Fabry, der sich auf den oben angeführten Begriff der „unit of vital power" von Johnson bezog, als er schrieb: „Der Abgrenzung und Distanz der Subjekte in ihrem Verhältnis zueinander und zur Welt entspricht aber die Auffassung von der Person als einem dynamischen Kraftzentrum, das sich über die körperlichen Beschränkungen hinaus durch seine Aktivität manifestiert. Diese wird als eine ‚Ausdehnung der Persönlichkeit' aufgefaßt, in deren Kraftfeld die ruah ihren Platz hat." (Fabry 1990, 393) Die Ähnlichkeit mit dem homerischen Menschenbild ist deutlich, in beiden erscheint der Mensch als offenes Kraftfeld. Allerdings unterscheiden sie sich gleichzeitig darin, daß im hebräischen Text ein zentralistischer – kein hierarchischer – Aspekt hinzukommt, der bei Homer fehlt.

Die Bedeutungsfelder der hebräischen Lexeme *leb*, *nepes* und *ruah* überschneiden sich ähnlich wie die der frühgriechischen Bezeichnungen *thymos, phrenes* und *etor*. Alle beziehen sich auf leibliches Spüren. „Doch dürfen," so läßt sich mit Albertz/Westermann einwenden, „die Überschneidungen nicht dazu verleiten, *ruah* analog zu *leb* als ‚Sitz der Gefühle' zu bestimmen. ... *Leb* ist von vornherein an den Menschen gebunden, ist etwas Vorhandenes, das dann allerdings an der dynamischen und ganzheitlichen Konzeption des atl. Menschenbildes teilhat. *ruah* ist ursprünglich nicht in der gleichen Weise Bestandteil des Menschen, sondern eine Macht, die den Menschen nicht nur von innen heraus, sondern auch von außen her beherrschen kann." (Albertz/Westermann 1976, 739) Ebenso erkannte Manfred Dreytza, daß sich *ruah* von *leb* und *nepes* durch den „theologischen Gebrauch" unterscheidet. Er meinte, es sei „das theologische Lexem schlechthin, welches über den anthropologischen Rahmen hinaus zur Bezeichnung eines göttlichen Agens verwendet" werde. N*epes* habe nicht „den spezifisch theologischen Bezug"; es denotiere „kein göttliches Agens", das handele bzw. wirke (Dreytza 1990, 147ff.).[618]

617 Ähnlich bemerkte Lauha, *ruah* würde im allgemeinen „keinen besonderen psychischen Aspekt und keine Eigenschaft im Menschen bezeichnen" und käme „hauptsächlich *nur* im Zusammenhang mit ‚negativen' Gefühlen (Zorn, Furcht, Trauer, Angst, Hochmut)" vor (Lauha 1983, 235). Zu den Gefühlen von entweder „extremer Intensität" oder „außergewöhnlicher Schwäche" s. a. Jacob (1973, 626). Zu *ruah* als „not merely a hot but also a cool temper, a patient (...) disposition as well as an impatient (...) one" s. a. Johnson (1949, 34).

618 S. a. die Gegenüberstellung von W. Schmidt: *nepes* = „der Mensch, soweit er auf etwas aus ist"; *ruah* = „soweit er Stimmungen unterworfen ist und Fähigkeiten hat"; *leb* = „soweit er denkt und sich entscheidet" (W. Schmidt 1964, 387) Jacob bemerkte, *ruah* sei in noch stärkerem Maße als *nepes* „durch ihren Dynamismus charakterisiert" (Jacob 1973, 626). Zum Unterschied der drei Lexeme

Damit kann eine schwerpunktmäßige Differenzierung der Lexeme angegeben werden, deren Bedeutungsspektrum von dem primär die Leibesinsel Herz bezeichnenden *leb* über *nepes* – die leibliche Lebendigkeit und ganzheitliche Regung von Kraft – bis hin zu *ruah* als Niederschlag von Atmosphären und ergreifenden Gefühlen – also dem theologischen Aspekt – reicht.

Der theologische Aspekt von *ruah*

Die theologische und die meteorologische Dimension der *ruah* hängen eng zusammen. Ähnlich wie *pneuma, aer-* und *aither* im Griechischen bildet auch *ruah* eine Bezeichnung für eine als Atmosphäre erlebte Kraft oder Macht. Die Erfahrungen einer Ergriffenheit von Atmosphären, die mit göttlicher Kraft den Erlebenden nötigen, sie anzuerkennen, ist eine universale Konstante menschlichen Erlebens. Die *ruah* stellt eine solche Macht dar.[619] Allgemein lassen sich solche religiösen Machterfahrungen in zwei Manifestationsformen gliedern, nämlich den persönlichen und den unpersönlichen Aspekt. Schmitz sprach bezüglich der ägyptischen Götter von der „schwer faßlichen Schwebelage zwischen der zur Person gehörigen Geschlossenheit und dem Ineinanderfließen zähflüssiger Massen oder Ströme numinoser Macht". Mit Bezug auf die Sumerer, deren Götter „zugleich Elementen und Bereichen der Natur" entsprächen, wies er auf das „Ineinandergreifen von Person und Atmosphäre" hin. Er hob sich kritisch von Pötscher und dessen Beschreibung eines „archaischen Person-Bereich-Denkens" ab und behauptete in Übereinstimmung mit R. Otto, Götter seien „als Atmosphären nicht die gewöhnlichen Bereiche des Lebens selbst, sondern das Ungeheure, Dämonische daran, dem der Mensch sich nicht mit dem gelassenen Bewußtsein, dem Begegnenden gewachsen oder gar überlegen zu sein, aussetzen" könne (Schmitz 1977, 156ff.). Der Unterschied zwischen persönlichem und numinosem Aspekt darf also nicht überzeichnet werden. Zur Gegensätzlichkeit von *ruah* als „persönlicher-" oder „unpersönlicher Macht" meinten Albertz/Westermann, es sei fraglich, „ob diese scharfe Alternative das Eigentliche" treffe. Sie forderten mit Bezug auf Johannes Hehn zum Vergleich mit dem „Ineinander von Wind und Dämonen im Babylonischen" auf. Wichtig

---

schrieb Dreytza, *leb* gehöre „zur Klasse der Individuativa" und sei durch „statische Gebrauchsbestimmungen gekennzeichnet", und *nepes* sei „als Bezeichnung des Menschen in seiner Ganzheit" und wegen seines „holistischen Gebrauchs" nicht geeignet, „ein Partitivum – einen Aspekt der Persönlichkeit Jahwes – zu bezeichnen" (Dreytza 1990, 238f.).

619 Zu *ruah* als „Macht, die von Gott auf bestimmte Individuen herabfällt, ... um ihnen eine Lebenskraft zu verleihen, die über das übliche Maß hinausgeht und sie zu besonders machtvollen Taten befähigt" und zu *ruah* als „Macht u. Unsichtbarkeit" s. Jacob (1973, 625f.). Zur Machterfahrung als einer unpersönlichen göttlichen Atmosphäre s. Schmitz (1977, 109ff.). U.: „In der Tat hat sich die veranschaulichende Vorstellung eines ergossenen Elements immer wieder einmal Menschen, die sich von Gefühlen als – ... – ergreifenden Mächten und mächtigen Atmosphären Rechenschaft gaben, spontan und ganz natürlich aufgedrängt" (Schmitz 1977, 13ff.). Zum Begriff der religiösen „Macht" in Bezug auf Ägypten s. a. Morenz (1960, 17f.).

sei, „daß es die gleichen existentiellen Erfahrungen" seien, „die hinter dem ‚Dämonenglauben' und dieser biblischen *ruah*-Vorstellung" ständen (Albertz/Westermann 1976, 740).

Gleiches gilt für die frühgriechischen Zeugnisse numinoser Betroffenheit, die zwischen Gestalt (Person) und Bereich (Atmosphäre) schwanken.[620] Vom „Daseinsreich" der frühgriechischen Anschauung schrieb Kurt Riezler: „Dieses Sein ist ein gefügtes Ganzes von Mächten, nicht von Wesen und Gegenständen." (Riezler 1976, 19)[621] Den ergreifenden Charakter der griechischen Götter hatte auch Wolfgang Schadewaldt herausgestellt, als er einwandte: „Aber diese Mächte leben nicht nur in den Gewalten der Natur, sondern auch gleichzeitig in uns selbst, als Leidenschaften, Affekte, wie Liebe, Haß u. a., die ja nicht bloß Affekte sind, sondern Mächte, und die als wirkende Mächte für den Menschen jener Zeit auch göttliche Wesen sind. Diese Mächte, draußen oder drinnen, ergreifen uns" (Schadewaldt 1978, 88). Hier sind die Gefühle in ihrer Kraft anschaulich geschildert. Auch das schon besprochene Problem der Introjektion bekam Schadewaldt in den Blick, als er von den Mächten sprach, „die so mannigfaltig" seien, daß sie uns sowohl „in der Natur" wie andererseits auch „in uns selbst, psychisch" begegnen. Unter „psychisch", so fügte er sofort hinzu, habe der Grieche „nichts ‚bloß' Innerliches" verstanden, sondern „reale Gewalten, die sich unserer bemächtigen". Wir würden sie nur „abgeblaßt als Affekte kennen". Ironisch, aber treffend bemerkte er, „mir hat noch nie ein Mensch erklären können, wie diese psychologischen Dinge denn in die Psyche hineinkommen" (Schadewaldt 1978, 101).

Nicht nur für die frühen Griechen, sondern auch für den alten Orient allgemein gilt, daß die Erfahrungen von atmosphärischen und leiblichen Kräften, die diese Menschen machten, von der Introjektion noch gänzlich unverstellt waren. Über die „Vorstellungen der Alten" schrieb Hehn: „Wir dürfen von ihnen nicht streng umschriebene philosophische Abstraktionen erwarten, sondern ihre Benennung des Geistes als *ruah*, *saru*, *pneuma*, ‚Wind' ist aus der Naturanschauung genommen, um die unsichtbare motorische Kraft zu bezeichnen, die im Lebensatem zutage tritt." Ähnlich wie in Bezug zur Atmung, wo die Erfahrungen von Spannung und extremer Bewegung die Begriffsbildung bestimmten und nicht der Vorgang des normalen Atmens (s. o.), ist bei *ruah* und *pneuma* die Kraft gemeint, die sich im Wehen, Stürmen und Blasen der Winde aufdrängt. Hehn verschleierte diese Zusammenhänge etwas, als er fortfuhr: „Daß bei *ruah* und *pneuma* die beiden Bedeutungen ‚Wind' und ‚Geist' nebeneinander bestehen, ist ein deutlicher Beweis dafür, von welcher Grundanschauung das Hebräische und das Griechische ausgehen, von der Vorstellung des Windes und des Hauches." (Hehn 1925, 213) Was ist hier genau mit „der Vorstellung des Windes und des Hauches" gemeint?

620 Dazu mit besonderem Bezug auf die Götter des Empedokles Rappe (1993, 405).

621 Und an gleicher Stelle weiter: „Die Dinge und ihre Beziehungen zueinander, die Menschen, ja selbst die Götter sind noch nichts für sich, in ihrer Gesamtheit eine Ordnung des vielen begründend: sie sind nur, was sie als Spielball von Gewalten, als Träger von Bedeutungen sind, sie haben ihr Sein in jenem Gefüge und dieses Gefüge ist kein Kosmos von Gegenständen – ausgebreitet über Raum und Zeit;"

Doch wohl die Erfahrung einer sich manifestierenden göttlichen Kraft, denn die naturwissenschaftliche Abstraktionsakrobatik einer atomistischen Luftkonstruktion dürfte hier gänzlich fehlen. Allenfalls könnte auf eine profane, unexplizierte Situation des Wehens verwiesen werden, die die Frage, inwieweit sich die göttliche Kraft darin manifestiert, unbeanwortet läßt. Aber eine solche Verbindung, die in der Forschung unter dem Stichwort des rein „meteorologischen" Gebrauchs diskutiert wurde, bedeutet eine gefährliche Isolation eines normalerweise in einen religiösen Horizont eingebetteten Phänomens. Über den „meteorologischen Sinn von ruah" führte Wolff aus: „Das Besondere der menschlichen ruah eröffnet sich von dem Befund her, daß ruah zumeist das kräftige Wehen des Windes und die belebende und bevollmächtigende Wirksamkeit Jahwes bedeutet. So ist ruah nicht nur geeignet, Gemütsbewegungen darzustellen, sondern mehr noch, Träger energischer Aktionen des Willens zu sein." (Wolff 1974, 65)[622]

Die enge Bedeutung zwischen Wort und Wind gehört ebenfalls in den Vorstellungkreis, den der meteorologische Gebrauch abdeckt. Hier sah Hehn sogar den Ursprung der Geistvorstellung: „Der Hauch des Mundes als Wort trägt einen unkörperlichen Inhalt und so kommt man zum Geiste als dem motorischen Prinzip und Träger der Idee." (Hehn 1925, 220) [623] Im Wind als atmosphärischer Erscheinung wurden auch Vorzeichen der Götter erkannt.[624] Trotz der Diskussion um die Reduktion des sakralen Erlebens einer numinosen Atmosphäre auf eine profane meteorologische Erfahrung wie das Wehen des Windes oder das Blasen des Sturms ist sich die Forschung weitgehend einig, daß das ursprüngliche Phänomen die Konfrontation mit einer (numinosen) Kraft gewesen sein muß, die sich auch in meteorologischen Erscheinungen zeigen kann.[625]

---

622 Nach Dreytza wird *ruah* „113 mal im meteorologischen Gebrauch verwendet" (Dreytza 1990, 125). *Ruah* ist deshalb seiner Ansicht nach ein primär meteorologischer und kein anthropologischer Begriff (Dreytza 1990, 19). Doch er wird unverständlich, wenn er darauf aufmerksam macht, daß es sich nicht um rein meteorologische, sondern um emotionale Phänomene handelt. Mit Bezug auf Lauha schrieb er: „Schließlich ist noch darauf hinzuweisen, daß die Metaphorik des meteorologischen Gebrauchs ausschließlich mit negativen, unheilvollen Inhalten besetzt ist." (Dreytza 1990, 140 zu Lauha 1982, 235) Zu den „„meteorological speculations"" s. R. B. Y. Scott (1952, 12).

623 Dazu Wolff: „Ruah steht insofern synonym zum ‚Wort', als beides aus dem Mund hervorgeht. Dabei ist jedoch ruah mehr als bewegte Luft: Jahwes Atem ist schöpferische Lebenskraft. Jahwes ruah bestimmt als Lebenskraft auch die Lebensdauer des Menschen (...). Sie überwältigt ferner Naturgewalten." (Wolff 1974, 61) Zu *ruah* als „Atem, die Worte oder Empfindungen, die den Menschen in seiner Brust (...) bedrängen" s. a. Lauha (1983, 122). Dazu a. Hehn: „Der Hauch des Mundes ist das Wort und zwar in erster Linie das lebensschaffende Wort der Gottheit." (Hehn 1925, 218)

624 Hehn schrieb:"Sicher ist, daß die Babylonier im Wehen des Windes eine Kundgebung der Götter sahen. ... So wird der Übergang von ‚Wind' zu ‚Vorzeichen', Orakel verständlich." (Hehn 1925, 223) S.a. Fabry (1990, 391).

625 Dazu Albertz/Westermann: „Die Grundbedeutung von *ruah* ist zugleich ‚Wind' und ‚Atem', beides aber nicht als wesenhaft Vorhandenes, sondern als im Atem- und Windstoß begegnende Kraft, deren Woher und Wohin räteslhaft bleibt." (Albertz/Westermann 1976, 728) Dazu a. Wolff: „Nur wenn man bei der ruah Jahwes das Moment der Kraft mithört ..., werden die verschiedenartigen näheren Distinktionen verständlich, in denen ja nicht nur von der ruah der Weisheit, des Verstandes, des Rats und der Erkenntnis die Rede ist, sondern auch von der ruah der Stärke und der Furcht Jahwes, so daß man

Das läßt sich mit Baumgärtel bestätigen: „Die göttliche Dynamis ist spürbar und erfahrbar, aber durchschaubar ist sie nicht. … Der Wind ist mächtig, in seiner Mächtigkeit auch unwiderstehlich. Und er ist geheimnisvoll: ‚Der Wind weht, wo er will, und du hörst sein Sausen wohl, weißt aber nicht, woher er kommt und wohin er fährt' (Joh 3, 8) Die geheimnisvollen, unergründlichen Mächte sind darin eins mit dem Wind. Diese göttlichen Potenzen sind ein *Hauchen*, eine *ruah* Gottes. So sind sie bekannt in den Religionen draußen als heilbringende und als verderbende göttliche Mächte und Kräfte." (Baumgärtel 1959, 36f.) Hehn hatte erkannt: „Es kann danach kein Zweifel sein, daß die Dämonen mit den atmosphärischen Vorgängen in Verbindung gebracht und daß Krankheiten auf Winddämonen als Ursache zurückgeführt wurden." (Hehn 1925, 221) [626] Und Albertz/Westermann stellten fest: „Entsprechend ihrem ambivalenten Charakter kann *ruah* auch als von außen kommende Macht psychische Wirkungen haben; meist sind diese pathologischer Art. Gerade die ins Krankhafte reichenden Gemütszustände werden ja bis heute nicht so sehr als ‚eigene Stimmung', sondern als Verfallenheit an fremde Mächte erfahren." (Albertz/Westermann 1976, 739)

Die „Windnatur der Gefühle" bzw. der „Vergleich erregender Gefühle mit dem Wind" und die Verwandtschaft der dämonischen Atmosphären mit dem „Wetter" im weitesten Sinn kommt darin zum Ausdruck, daß sie sich „als Luft oder etwas in der Luft dicht und unheimlich bedrängend um den Betroffenen legen" (Schmitz 1969, 268 u. 1977, 106f.).[627] Diese atmosphärische Dichte hat allenfalls stofflichen Charakter, ist aber keine Sub-

---

ruah in allen Fällen besser mit ‚Kraft' oder ‚Vollmacht' übersetzt als mit ‚Geist'." (Wolff 1974, 62) Auch Albertz/Westermann hoben den Aspekt des Erregenden, Bewegenden, Spürbaren hervor: „*ruah* als Bezeichnung des Windes ist notwendigerweise etwas, was sich in Bewegung befindet und was die Kraft hat, anderes in Bewegung zu setzen." (Albertz/Westermann 1976, 728) Zu ruah als „eine Kraft, die in Bewegung setzt" s. a. Schüngel-Straumann (1992, 78). Und an anderer Stelle: „Da *rwh* aber nie etwas Feststehendes bezeichnet, sondern immer etwas Bewegtes, vor allem eine Kraft, die anderes in Bewegung setzt, kann der Begriff besser mit ‚Initiative' wiedergegeben werden." (Schüngel-Straumann 1992, 23)

626 Hehn weiter: „Dem guten Winde oder Hauche steht der böse Wind als verderbenbringende Macht gegenüber." Zum „Dämonenglauben der Babylonier" s. a. Schmitz (1977, 106), der die „dämonischen Atmosphären" auch bei Goethe fand: „Nun ist die Luft von solchem Spuk so voll, daß keiner weiß, wie er ihn meiden soll." (Faust 11410f.)

627 Johnson glaubte, *ruah* sei in der Bedeutung Wind „the obvious term for denoting almost any mood, disposition or frame of mind (as we say)". Er fuhr fort „and indeed it seems to have been possible to resort to it as a means of expressing the whole range of man's emotional, intellectual, and volitional life." (Johnson 1949, 34) Zur „Geistergriffenheit" s. a. Albertz/Westermann (1976, 744). Schüngel-Straumann schrieb: „Die Kraft, die diese frühen Propheten begeistert, wird vorzüglich durch *rwh* ausgedrückt: die *rwh* ‚fällt' auf sie, ‚treibt' sie usw., ausschließlich aktive Verben beschreiben diesen Vorgang." (Schüngel-Straumann 1992, 32) Baumgärtel bemerkte: „Mit besonderem Nachdruck wird das Plötzliche und auch Unheimliche der *ruah*-Wirkung bei der Zeichnung ekstatischer Zustände betont." (Baumgärtel 1959, 365) Von *ruah* in Beziehung zum Menschen schrieb Dreytza: „Sie zieht ihn in ihren Macht- und Wirkungsbereich. Sie handelt an ihm in verschiedenen Kraftwirkungen, Ekstase, erneuernd oder richtend. Sie handelt in ihm und durch ihn mit Krafttaten, weisheitlichen Begabungen" (Dreytza 1990, 244). Zum Ergriffenwerden des Menschen von einer von außen kommenden *ruah* und den verschiedenen „Geistern" Jahwes s. a. Lauha (1983, 60).

stanz. Lauha wandte sich gegen eine Reduktion der mit der *ruah* zusammenhängenden Gefühle von Zorn und Ärger auf den Atem (Lauha 1983, 228ff.). Er meinte, die Luft dürfe nicht als physikalisches Element betrachtet werden, sondern diene der „Bezeichnung psychischer Zustände, Tätigkeiten und Empfindungen" (Lauha 1983, 57f. A. 37). Daß besser von „leiblichen" statt von „psychischen" Zuständen zu sprechen wäre, ist hinlänglich dargelegt worden.

Der atmosphärische Charakter der Gefühle kommt besonders stark zum Ausdruck, wenn die Naturgewalten als Äußerungen Jahwes interpretiert werden. Helen Schüngel-Straumann meinte dazu: „Wenn *rwh* als Wind / Sturm plastisch als Schnauben aus Jawhes Nase vorgestellt wird, ist der Weg nicht weit zur Bedeutung von *rwh* als Atem, Lebensodem oder Lebenskraft." (Schüngel-Straumann 1992, 30) Und zum „Schnauben" Jahwes bemerkte sie: „Die *rwh*, Gottes Schnauben, ist eine höchst gefährliche, ambivalente Gewalt" (Schüngel-Straumann 1992, 29f.).[628] Die heftige, zornige Erregung Jahwes kann dem Menschen Verderben bringen. Zum Zorn Jahwes als „mythisch ausgedeuteter Atmosphäre, in der die Israeliten sich so konkret befanden wie wir im Wetter" erklärte Schmitz, dieser sei kein „transzendentes Gedankending" und noch nicht durch die „irreführende Introjektion der Gefühle verstellt" (Schmitz 1973, 399).[629] Zumindest für das alte hebräische Menschenbild gilt also noch ein unverstellteres Spüren der Gefühle als Atmosphären. In der späteren Entwicklung zeichnet sich allerdings ein Ansatz zur Introjektion ab, der schon bei der Behandlung des *leb*-Begriffs mit Bezug auf Stolz angemerkt wurde. Als Anzeichen von Introjektion könnte auch die Bemerkung Fabrys, der sich auf die gleiche Stelle wie Stolz bezog (Stolz 1971, 867), gelten, daß in den späteren Texten „ruah in der Bedeutung ‚Wind' nahezu völlig ausfällt" und sich statt dessen der emotionale und weisheitliche Gesichtspunkt in den Vordergrund schiebt (Fabry 1990, 419f.).

---

628 Zum heftigen Atmen, Schnauben, Wut und zur Beziehung zu Sturm, Wind s. a. Baumgärtel (1959, 358). Dazu a. Robert Luyster: „The wind is power, more than man can bear." (Luyster 1981, 5) „Vom Schnauben der als magisch wirkenden Kraft vorgestellten Wahrheit" redet nach Thieme Rigveda 4, 23. 10b (Thieme 1951, 77). Zu weiteren Beispielen des „Einblasens" von Gedanken und zum „Schnauben" im Rigveda auch mit homerischen Parallen s. Thieme (1971b, 141ff.). Zum „Schnauben" des Amun als „Wind" s. a. Sethe (1929, 100f.). Zum Ausblasen von *menos* im Zusammenhang mit Zorn („vor Wut schnauben") s. Schmitz (1965, 419). Zu weiteren Beispielen, wo *menos* eingehaucht wird (Ilias 10. 482; 20. 110), und zum Anhauchen des Sarpedon durch Boreas (Ilias 5. 696ff.) s. Kleinknecht (1959, 341) u. Rüsche (1930, 40). Vgl. a. Kleinknechts Anmerkung zum *pneuma*: „Wie beim schnaubenden Tier unmittelbar sinnenfällig, so ist auch bei Menschen und Göttern ihr *pneuma* als der Atem und Anhauch, der von ihnen ausgeht und sich einem mitteilt, das versichtbarende Bild und Zeichen der unsichtbaren Krafteinwirkung, deren man sich im Guten wie im Schlimmen von ihnen zu versehen hat." (Kleinknecht 1959, 335)

629 Zum Zorn als nicht notwendige „Eigenschaft eines konkret gedachten zornigen Einzelwesens" schrieb R. Otto: „„Zorn kann als ein eigenes Etwas, nämlich eben als numen ... sich regen. Und zwar zugleich als ein ‚energicum', als Zorn-Macht, als Zorn-Gewalt. ... Das physikalische analogon zu Zorn ist Glut, Lohe, brennen, strahlen, Erhitzung, Hitze, gleißender Glanz. .. Dasselbe, was psychisch Zorn ist, ist physisch Glut, Feuer, und umgekehrt." (R. Otto 1932, 10)

3. Das Atmosphärische, der Raum und der Leib

Damit sind die wichtigsten Leibschemata der hebräischen Bibel besprochen und auch die Ähnlichkeiten zu ägyptischen und griechischen Vorstellungen hinlänglich aufgezeigt worden. Um aber den Einblick in die kulturübergreifende und übereinstimmende Phänomenbasis zu vertiefen, gilt es, die gemeinsame Wurzel dieses Leib- und Weltverständnisses noch etwas weiter bloßzulegen. Anhand der Zusammenhänge von numinosem Erleben, Raumwahrnehmung und leiblicher Ergriffenheit lassen sich kulturübergreifende Aspekte darstellen, die bei den frühen Griechen schließlich durch Platon eine ausgesprochen spezifische Umformung durchmachten und so ihren ursprünglichen Charakter verloren. Dieser Abschnitt dient also der Überprüfung von bereits gewonnenen Ergebnissen und gleichzeitig als zusammenfassender Überblick.

Die Vorstellungen von atmosphärischen, die Welt durchziehenden und auf den Menschen einwirkenden Mächten und Gewalten sind sehr alt. Sie stehen oft in direkter Beziehung zu dem Bild eines obersten Gottes, dessen Manifestation in den „meteorologischen" Erscheinungen von Wind und Sturm gesehen wurde. Doch solche Gottheiten lassen sich nicht auf Naturerscheinungen wie das Wetter reduzieren. Hinter ihnen standen Anschauungen personaler göttlicher Kräfte wie Zeus, Jahwe oder Amun und dazugehörig ein ganzes Spektrum verschiedenster Manifestationsformen, die als ihre Äußerungen aufgefaßt wurden. Als Himmels- und Wettergötter beherrschten sie die atmosphärischen Erscheinungen.[630] Ihre unbedingte Autorität beeindruckte die Menschen mit einer für uns heute kaum noch vorstellbaren Kraft. Diese „atmosphärische Mächtigkeit, die den ergriffenen Menschen hinreißt und in Bann schlägt", ist als kulturübergreifendes Phänomen in den verschiedensten Kulturen zu finden (Schmitz 1977, 122).

Als eventuell noch nachvollziehbares Beispiel benutzte Schmitz den „strahlenden Himmel", der „als göttliche Atmosphäre mit der Autorität des Leuchtenden in der Weite und Tiefe des Raumes" auch heutigen Menschen noch einen erhabenen Eindruck vermittelt. „Zugleich Figur (hoch oben) und durchdringende Atmosphäre" in der Begegnung des Menschen mit der Weite seines Raumes kann er spontan ergreifen und erschüttern (Schmitz 1990, 441). Thorkild Jacobsen schrieb über Anu, den „höchsten der Götter" im alten Mesopotamien, dessen Name „das alltäglich gebrauchte Wort für ‚Himmel'" war: „Mehr als alles andere jedoch ist das Erlebnis der Majestät die Erfahrung einer Gewalt, einer Macht, die ans Ungeheuerliche grenzt. … Diese Majestät und absolute Autorität, die angesichts des Himmels erlebt werden kann, nannten die Mesopotamier Anu." (Jacobsen 1954, 150f.)

In die Kategorie dieser „Himmelsgötter" gehört auch der griechische Zeus. Sein atmosphärischer Charakter bestand nicht in einem Wetterzauber, sondern in der Bestimmung der atmosphärischen Bedingungen. Besonders Rudolf Otto hatte sich gegen reduktionistische Versuche gewehrt, die die numinose Erfahrung auf ein Naturschau-

630 Dazu Burkert: „Die Assoziation von Göttern und Himmel ist uralt und selbstverständlich." (Burkert 1962, 337)

spiel reduzieren wollten.[631] Vom „Himmel, wie ihn die Alten kannten, als das strahlende Licht der Sonne, leuchtend mit einer Autorität", schrieb Schmitz: „Das Urerlebnis ist dabei die Autorität des Leuchtenden in der Weite und Tiefe des Raumes, und es braucht weder an einen Gott am oder im Himmel gedacht zu werden, noch an ein göttliches Wesen, das die Gestalt eines blauen Gewölbes hat." Statt dessen handelt es sich um „eine umfassende und durchdringende Atmosphäre" (Schmitz 1977, 123f.).

Eine solche Atmosphäre ist auch der frühgriechische *aither* mit seiner engen Beziehung zu Zeus. In Fr. 120 spricht Heraklit vom *aithriou dios,* dem „strahlenden Zeus" (Diels/Kranz 1956, 177). Kahn machte darauf aufmerksam, daß zumindest bei Homer der *aither* kein fester Platz war, sondern eine Beschaffenheit des Himmels und eine aktive Kraft, die den mit Wolken zugezogenen Himmel „durchbrechen" konnte (Ilias 16. 297ff.) (Kahn 1960, 142). Fürlinger, der die Bedeutung des *aither* in der frühgriechischen Literatur untersuchte, glaubte, bei Homer sei der *aither* „nicht nur als oberer Luftbereich lokal bestimmt, ... sondern auch stofflich als Lichtstoff zu erkennen" (Fürlinger 1948, 6).[632] Er meinte zum „begrifflichen Denken der archaischen Zeit": „Aer war damals nicht die Luft, die man nicht betasten kann, sondern die verdichtete Nebeligkeit mit einem Bezug zum ‚Blasen' und ‚Wehen' (*aer* von *aemi*). Aither war anscheinend der Lichtstoff schlechthin, der in windiger Bewegung gedacht wird" (Fürlinger 1948, 129).

Aufschlußreich ist der Gebrauch des *aither*-Begriffs bei Empedokles, der nicht scharf zwischen *aither* und *aer* trennte.[633] Ihm diente der *aither* als Medium des *nomos*. In Fr. 135 wird nach Fürlinger von dem „für alle gesetzlich Gültigen" gesprochen, das durch den weithin herrschenden *aither* und den „unermeßlichen Glanz" (*apletou auges*) „ausgespannt" (*teino*) sei. Das Verb *teino* habe die Bedeutung „strecken, spannen, ausspan-

631 Zeus ist kein vergöttlichter Himmel, sondern für Schmitz, der hier mit R. Otto einer Meinung war, ein „‚Glutwesen', das man dem gleißenden, strahlenden Himmel ansieht" (Schmitz 1977, 122). Diese enge Verbindung zwischen Wetter und göttlicher Atmosphäre sollte nicht dazu führen, Zeus auf einen „Wettergott" zu reduzieren. Dazu tendierte Nilsson, als er schrieb: „Der Himmel ist nämlich der Raum der atmosphärischen Erscheinungen und wird daher zum Sitz des Wettergottes und insofern mit dem Wetterberg gleichbedeutend." (Nilsson 1976, 353) Zu Zeus als den „die ganze Weltbildung lenkenden Gott und zugleich den höchsten Himmel" s. a. Zeller/Nestle (1919, 105 A. 1). Zu Zeus als „Wettergott" und höchsten Herrn „der ganzen Welt" s. a. Fränkel (1951, 84). Und nochmals Fränkel: „Dieser Gott macht, oder repräsentiert, für den Menschen seinen wechselnden Tag oder sein Wetter, nicht nur im physischen Sinne, sondern auch im sogenannten übertragenen." (Fränkel 1955b, 28 A. 1)

632 Zum *megas aither* als „der weite Raum des Wirkens furchtbarer Naturkräfte" in seiner Verbindung zu Zeus „in der Funktion des Wettergottes" s. Fürlinger (1948, 86). Zum Himmel und Zeus im Zusammenhang mit dem Leuchtenden und gegen eine Auffassung des einfachen Himmels als Gott oder Zeus als „Wettergott" s. R. Otto (1932, 32f.) Zu Zeus als Himmelsraum und Himmel als Ganzem s. Burkert (1962, 327). Zu den Winden als „im Äther geboren" (*aithergenetes*) in Odyssee 5. 296 und zur „Windstille im Aether" in Ilias 8. 555-558 sowie zur Helligkeit des *aither* in Ilias 17. 371 s. Fürlinger (1948, 11).

633 Zur Umbennenung der Luft in *aither* (Fr. 98) und der „Gleichstellung von Aer und Aither" bei Empedokles in Fr. 17 u. 18, wo der *aither* als *aeros apletou hypsos* beschrieben wird, s. Fürlinger (1948, 60f.).

nen, ausdehnen, ausbreiten" und verdeutliche eine gewisse Spannkraft des *aither*, die ihm auch als dem Titan *aither* von Fr. 38. 4, der „den ganzen Kreis (der Erde) umfasst", zukomme (Fürlinger 1948, 61f.).[634] Die Assoziation zum „unermeßlichen Glanz" verweist auf die Bedeutung des Lichtes und des Leuchtenden.

Anklänge an die alte *aither*-Vorstellung können bis zu Kant und Hegel verfolgt werden.[635] Bei Hegel gilt es den Unterschied zu berücksichtigen, daß das, was von Kant als primitive Materie gedacht war, von Hegel auf den Begriff gebracht wurde, daß also, um im Bild zu bleiben, Hegel die Stofflichkeit des *aither* zu einem Geist „verflüssigte". Er übernahm den alten Unterschied von *aer* und *aither* in etwas abgewandelter Form, denn auch in seinem Viererschema gab es die Luft als Element. Den davon getrennten Äther – für ihn ebenfalls ein „Element" göttlicher Qualität – lokalisierte er aber nicht als die oberste himmlische Region, sondern bezeichnete ihn als die „reine Geistigkeit" als „das *Allgemeine*" oder „das *Sein*, das die Reflexion in sich selbst ist" (Hegel 1973, 29ff. u.1975, 238f.). In seiner Funktion als „Grund und Boden" von dem aus sich die Wissenschaft oder das Wissen auf seinem „langen Weg" hindurcharbeiten muß, erinnert er auch an ein mit Anaximanders *apeiron*-Vorstellung vergleichbares Bild; ein Eindruck, der dadurch verstärkt wird, daß Hegel diesen Zustand ebenfalls durch Negation und Formlosigkeit auszeichnete.[636] In diesem Schwanken der Ätherauffassung Hegels zwischen einem partikulären Medium im Sinne eines durch Privation bestimmten Elements oder Schritts innerhalb der Bewegung des Geistes und der eines umfassenden Seinsprinzips, das die absolute Unruhe und Individuation des Geistes beinhaltet, zeigt

634 Weitere Beispiele des „unendlichen Aether" sind einmal Ayschlos Orest. 322, zu dem Fürlinger schrieb: „Der Aether ist *tanaos*, weil er weithingedehnt ist wie das Gesetz bei Empedokles (31B 135) und Sophokles (Kg. Oed. 867)." (Fürlinger 1948, 120) Zum anderen aber auch die gerade erwähnte Sophoklesstelle Oed. Rex 867: „Hohe Gesetze sind entstanden und wurden im Himmelsäther hin ausgespannt". Dazu Fürlinger: „Denkwürdig ist der wörtliche Anklang an Empedokles (31B 35) … Man gewinnt dadurch den Eindruck, als ob diese Anschauung im Griechenvolk allgemein bekannt gewesen wäre" (Fürlinger 1948, 85). Vergleichbare Zusammenhänge zwischen flüchtigem Medium und allgemeinen Gesetzen im Alten Testament sah auch Schüngel-Straumann. Sie bemerkte: „Die Verleihung der *rwh* in den späten Teilen des Jesajabuches läßt eine Tendenz erkennen, die *rwh jhwh* nahe an weisheitliche Grundgedanken, in die Nähe von ‚Weltordnung', das Lenken der Geschichte durch Jahwe zu bringen." (Schüngel-Straumann 1992, 90). Ähnliches gilt für den indischen Begriff *rta* mit seiner Bedeutung als „Wahrheit der ewigen Weltordnung" (Johannes Mehlig 1987, 81 u. R. Otto 1932, 96). Dazu a. Lüders: „Die Wahrheit hat sich im Denken des Inders von ihrem Grunde gelöst, sie ist eine absolute selbständige Macht geworden, die Himmel und Erde durchdringt und sich in den regelmäßigen Erscheinungen der Natur bekundet." (Lüders 1944, 10f.) Ähnliches gilt von der altägyptischen *ma'at*. Dazu s. Assmann (1990, 17, 18 A.8 u. 241). Zum „lufthaften Aspekt" bzw. der „Lufthaftigkeit" der *ma'at* s. Assmann (1990, 16f., 82 u. 171).

635 Auch Kants „Wärmestoff" gehört in diesen Vorstellungskreis. Zum „Postulat des Äthers oder Wärmestoffs, den Kant als eine primitive Materie charakterisiert, die den Weltraum mit ewiger erschütternder Bewegung gleichmäßig erfüllt, global attraktiv und lokal repulsiv wirkt, und, selbst gewichtslos, durch ihre Stöße wägbare Materien zu Körpern komprimiert und durch Druck zusammenhält" s. Schmitz (1989, 328ff.).

636 Dazu a. Schmitz (1992, 189).

sich eine Spannbreite der Vorstellungen, die eine eindeutige Festlegung des Phänomens schwierig macht. Die Erfahrungen von Gedanken, Gefühlen und Atmosphären waren vor der Zeitenwende natürlich noch nicht so „vergeistigt" wie bei Hegel. Wie das Licht durch den Himmel bricht und die Weite des Raumes mit einem Strahlen und Glänzen erfüllt, wie Gewitterstürme, Wolken und Winde den Kosmos durchziehen, so wunderbar, aber auch so abgründig erschien den frühen Menschen die Macht der alten obersten Götter. In den Vorstellungskreis um die Figur des Sturm-, Wetter- oder Himmelsgottes fallen nicht nur der mesopotamische Anu und der griechische Zeus, sondern auch die altägyptischen Götter Amun und Schu, der sumerische Saru[637], der indische Vayu und die Maruts[638], sowie der altisraelitische Jahwe[639]. Man kann Farbry nur zustimmen, wenn er zu dem Ergebnis kommt: „Damit erweisen sich Licht und Wind als die grundlegenden, der Naturbeobachtung entnommenen Metaphern für das Reden über Wesen und Wirken Gottes." (Farbry 1990, 407)

Die Vergöttlichung atmosphärischer Phänomene wie der Luft kann bis in älteste Zeit zurückverfolgt werden. Der altägyptische „Luftgott Schu" – nach Kurt Sethe eine „uralte Personifikation der Leere, des Luftraumes zwischen Himmel und Erde" – und der „Urgott Amun" haben ontologischen Charakter und bezeichnen das Atmosphärische

637 Zu *saru* schrieb Hehn: „Man hat verschiedene Übersetzungen von *saru* versucht – Gnade, Glück, Segnungen, die wohl als sinngemäß gelten können, allein die wörtliche Wiedergabe: Lebensodem, Lebenshauch entspricht am besten." (Hehn 1925, 215) Zur Verwandtschaft von *ruah* und *saru* s. die Bedeutungen von *saru* als „‚Wind, Sturm, Hauch' des Gottes, dann auch ‚Lebenshauch', ‚Segnung'" bei Fabry (1990, 391).

638 Zu Vayu oder Vata als den Wind, den „die Welt unsichtbar durchrauschenden Odem (*atman*) der Götter" s. Paul Deussen (1915, 87). Auch die „Marut" werden als Sturmgötter und Dämonen gedacht. Sie stehen im Zusammenhang mit *vayu* dem Wind (R. Otto 1932, 39f.). Zu „Idg. -ut- ‚blasend'" und den Marut s. a. Thieme: „Ich fasse altind. *marút* als altes Kompositum auf und analysiere: *mar- út-* ‚vom Meere her blasend'." (Thieme 1971b, 148) Zur indogermanischen Wurzel **vet, vot, vat* „blasen" s. Thieme (1971b, 144ff.). Zu Varuna als „Gott des Lichthimmels" s. Deussen (1915, 83, 85) Zu Pranan im A. V. XI, 4 Vers 1-6 als „Wind, Donner, Regen", in Verse 8-11 als „Lebenskraft im Menschen" s. Mehlig: „Der Pranan ist das Lebensprinzip schlechthin, die Weltseele, ohne die es keine Welt gäbe." (Mehlig 1987, 149) Zu Parallelen zwischen *aer* und dem iranischen *vayu* s. a. Kahn (1960, 151) u. Burkert (1963, 127). Der von Burkert dort angedeutete Zusammenhang beider Bezeichnungen wurde von West nicht hingenommen. Er wollte den *aer* eher mit dem indischen *brahman*, „the changesless life-soul of the world", vergleichen (West 1971, 104f.). Doch von Weltseele darf bei Anaximenes nicht gesprochen werden. Auch bezüglich indischer Vorstellungen bestehen gewisse Zweifel. Für den Rig Veda ist eine Übersetzung von *brahman* mit „Lebensseele" unpassend (dazu Thieme 1971, 134ff.).

639 Dazu Luyster: „Yahweh manifests his presence in the storm, with all its attendent phenomena. The lightnings are his arrows and his breath seems to issue both in the wind from his nostrils and the thunder of his voice." (Luyster 1981, 3) S. a. Luyster: „The wind of Yaweh is the ultimate expression of his power and supreme cosmic authority." (Luyster 1981, 8) Zu Jahwe als „storm-god", zum Verhältnis von Jahwe zur „common theology of the ancient Near East" und zur Ausstattung (his heavenly environment) von Jahwe mit „rain clouds, winds and flashes of lightning" s. Paul E. Dion (1991, 44f.) Zum Sturmwind im Alten Testament s. a. Scott (1952, 12 u. 20) u. Sabatino Moscati (1947, 307).

schlechthin (Sethe 1929, 94).[640] Sethe gab Beispiele für eine Immanenzvorstellung Amuns und übersetzte einen seiner Namen als „der Lufthauch, der bleibt in jedem Glied, nicht ist ein Ding leer, er ist darin" (Sethe 1929, 106).[641] Sein Kommentar: „Die Eigenschaft, in allen Dingen zu bleiben, die hier der Luft und dem in ihr verkörperten Gotte Amun zugeschrieben wird, kann, wenn man sich nur an den Wortlaut hält, wohl nur so verstanden werden, daß damit die Existenz eines wirklich leeren oder wie wir sagen würden, luftleeren Raumes negiert werden soll." Ähnliches gelte für Schu, denn dieser „leere Raum zwischen Himmel und Erde" sei „erfüllt mit der Luft, die die Lebewesen einatmen, um zu leben, die aber nur im Zustand der Bewegung als Wind oder Hauch wahrgenommen" würden (Sethe 1929, 105f.). Fast das Gleiche ließe sich vom *pneuma* sagen, denn auch dieses meint die Luft in Bewegung. *Pneuma*, das Verbalsubstantiv von **pneo* – ‚wehen, blasen', bedeutet nach Kleinknecht: „die elementare Natur- und Lebenskraft, die – Stoff und Vorgang in einem – als Luftstrom im Blasen des Windes wie im Einziehen und Aushauchen des Atems u. von daher dann übertragen als inspiratorisch erfüllender und enthusiastisch ergreifender *Hauch* des *Geistes* nach außen und innen spürbar wirksam ist". Und, so Kleinknecht weiter: „Dem Wort wohnt eine – sei es sichtbar, sei es unsichtbar – wirkende, richtungsbestimmte Kraftgeladenheit inne" (Kleinknecht 1959, 333).[642] Mit Saake läßt sich ergänzen: „Im makrokosmischen An-

640 Dazu Assmann: „Schu ist Gott der ‚lichterfüllten Luft'". (Assmann 1990, 172). Zu Schu, „der (trockene) Luft" und „zugleich Prinzip des Lebens" ist, schrieb Fabry: „In der geordneten Welt ist er also mit dem Raum zwischen Himmel und Erde identisch, der aber nicht leer, sondern von Licht und Luft erfüllt ist, die das Leben bringen." (Fabry 1990, 391) Sethe meinte, Amun repräsentiert wahrscheinlich die Luft, „die vor der eigentlichen Schöpfung, vor Beginn der gegenwärtigen Weltordnung, über dem träge ruhenden Wasser des Urgewässers nun schwebte und als Wind Bewegung in sie brachte. Dazu schien der Name zu stimmen, der wahrscheinlich von dem Worte *imn* ‚unsichtbar machen' abgeleitet war" (Sethe 1929, 87). Zu Amun als „schöpferischer Windhauch" (in griechischer Zeit) und „Amun, der herrliche Gott, der zuerst entstand, das ist der Hauch, der in allen Dingen bleibt, und durch den man lebt immerdar" s. a. Sethe (1929, 78). Zum Verhältnis Amun – Schu s. Sethe: „Der Gedanke der alles erfüllenden, überallhin dringenden Luft war ... im Grunde wohl schon in der Vorstellung von dem Himmelsträger Schu enthalten." (Sethe 1929, 107) Zu Amun als „Herr des Windes" und von dem gesagt wird, „sein Leib ist der Lufthauch" und der „Hauch des Lebens" genannt wird, s. Sethe (1929, 91f.). Zum ägyptischen Amun und Schu s. a. Hehn (1925, 216f.).

641 Er wurde von J. A. Wilson bestätigt. Sethe sah in dem Ausspruch eine Anspielung auf die Glieder des menschlichen Leibes. Die Vorstellung der Luft im Leib wurde oben schon besprochen. Vielleicht ließe sich noch Jes 26, 18 als alttestamentlicher Hinweis erwähnen. Nach Dreytza könne diese Stelle möglicherweise „den Bedeutungsaspekt ‚somatische Gase und Blähungen'" belegen (Dreytza 1990, 129). Er führte auch „das akkadische Äquivalent *saru*" und das „griechische *pneuma*" an und bezog sich auf Saake (1974, 387).

642 Zu *pneuma* als „Sturm, der gewaltig bläst", „der göttlich milde und reine (Himmels-) *Luft-* und *Dufthauch*", die „*Ausdünstung*, der *Dampf*, ... der mantische Kräfte enthält bzw. auslöst", meinte Kleinknecht: „immer ist es irgendeine Kraftwirkung, die in *pneuma* steckt, von ihm ausgeht, durch es vermittelt wird oder auch mit ihm schwindet" (Kleinknecht 1959, 333). Zu *pneuma* und *aither* u. zum *pneuma* als „das elementar Dynamische, vital Erfüllende und enthusiastisch Mitreißende" s. Kleinknecht (1959, 334f.). Man vgl. auch die *daimones* und *pneumata* in den „griechischen Zauberpapyri", die übernatürliche, gute oder böse „*Geist-* und *Zwischenwesen*" bezeichnen, sowie als *aeria pneumata*,

wendungszusammenhang bezeichnet *pneuma* die physikalische Wirklichkeit des Windes gemäß seiner Dynamik und seiner unsichtbar sublimen Materialität als eines Elementes: das Wehen, den Windstoß und -zug." (Saake 1974, 388)

Parallelen der *pneuma*-Vorstellung zu Amun sowie zum *aer* des Anaximenes und Diogenes von Apollonia sah auch Kleinknecht.[643] Zu den Verbindungen zwischen *ruah* und Jahwe sowie den Ähnlichkeiten im Verhältnis von Schu zu Amun schrieb Sethe: „Schon in seinem Namen Amun d. i. Verborgen … erfüllte der thebanische Weltschöpfer und -regierer Amun in seinem eigentlichen Wesen als Gott der Luft oder des Windes, des Bewegung und Leben in die Welt bringenden Lufthauches von vornherein alle Vorbedingungen für die Entwicklung zu einer geistigen Gottesvorstellung, wie sie sich bei dem offenbar ganz ähnlich konstituierten Jahwe der Hebräer vollzogen hat, von dem diese Vorstellung in die auf der jüdischen Religion fußenden monotheistischen Religionen des Christentums und des Islams übergegangen ist." (Sethe 1929, 109)[644]

Auch Hehn warnte vor einer zu schnellen Identifikation von Jahwe mit einem „Wettergott", denn er manifestiere „sich auch in Sturm und Wind, ohne daß daraus zu schließen wäre, er sei ein Wind- und Wettergott." (Hehn 1925, 221f.) Himmel, Wetter und Wind sind immer nur Aspekte des obersten Gottes; seine Manifestationsformen haben nur offenbarende Funktion. Im Sturm, in der Entfesselung aller „Naturkräfte", drängte sich seine Gewalt und Gestalt den Menschen auf. Als eine solche Macht ist die *ruah* Jahwes zu verstehen, nämlich als seine Manifestation im konkreten religiösen Erleben eines ergreifenden Naturschauspiels. Daß ein solches Erlebnis selbst von Menschen unseres Jahrhunderts zumindest ahnungsweise nachvollzogen werden kann, wurde oben schon mit Hinweis auf Schmitz verdeutlicht. Eine solche Erfahrung schilderte auch Hermann von Keyserling in einer kleinen Passage seines „Reisetagebuchs". Die Geladenheit der Atmosphäre, die Dichte der Situation vor dem gewaltigen Ereignis spürte er an der wehenden, seine „Einbildungskraft gewaltsam anregenden" Luft. Die erhöhte Intensität der empfundenen Stimmung lag gleichsam spannungsvoll im Raum und ließ ein gewaltiges Ereignis erahnen. Man spricht auch heute noch von der „Ruhe vor dem Sturm" nicht nur im rein meteorologischen Sinn. Die einsetzende Entladung einer angespannten leiblichen Disposition und das numinose Erleben eines kosmischen Ablaufs koinzidierten in einer übergreifenden Erfahrung göttlicher Intensität. Keyserling schilderte den ganzen Vorgang so: „In der blaugrauen Mondnacht scheint die veilchenfarbene Wüste im Osten über alle Horizonte hinüberzugreifen. Über mir, in schwindelerregender Höhe, weit höher, als ich sie früher gesehen, kreisen blinkend die Sterne,

---

„die Luft bevölkern", und von denen Kleinknecht schrieb, sie würden „Nutzen oder Schaden mittels der von ihnen ausgehenden dämonischen *Zauberkraft* (*daimonion pneuma*)" stiften (Kleinknecht 1959, 337), mit den Beispielen des *vasu* im Rig Veda 4, 40, 5, „der im Luftraum sitzt" und des *ayu*, „das dem asu entspricht" und die Bedeutung eines „Macht-numina" hat, bei R.Otto (1932, 76 u. 82f.).

643 Dazu s. Kleinknecht (1959, 339), Luyster (1981, 9) und Moscati (1947, 309).

644 Sethe sah einen großen „Unterschied zwischen Jahwe und seinem eventuellen ägyptischen Vorbild, dem thebanischen Amun," der darin bestehe, „daß für Amun … niemals, … monotheistische Rechte beansprucht … worden" seien (Sethe 1929, 121).

und hoch, hoch über diesen erst wölbt sich das Firmament. Unglaubwürdig weit erscheint der Raum, fast ins Unräumliche hinübergesteigert. Eine Art horror vacui überkommt mich. Mir ist, als schrie diese tote Welt nach Leben; krampfhaft drängt es mich, wie den Dschinn aus der Flasche, die ihn einschloß, aus meinem Körpergehäuse hinaus, zu wachsen, mich auszudehnen, bis daß die Leere ausgefüllt wäre. Und siehe! Aus meinen Wehen heraus verdichtet sich, vor mir, über mir, zwischen Himmel und Erde begrenzt und doch allerfüllend, eine ungeheure Gestalt. Die Gestalt Eines, dessen Leib einer Gewitterwolke gleicht, dessen Wesen die Gespanntheit verhaltener Gewalttätigkeit ist. Noch kürzlich war Er gar nicht da; und doch, so wie Er da ist, erscheint Er als Mittelpunkt der Welt." (Keyserling 1921, 11f.)

Diese eindringliche Beschreibung der Entstehung eines Sandsturmes, der sich für Keyserling gleichsam als „Zorn" Gottes „in der Wüste" erhob und die Dünen fortfegte, der auf die Perioden des „Aussetzens jähen Verhängnisses" folgte, auf die Stille und „das große Schweigen", die Keyserling wie das „Anhalten des Atems" intensiv erlebte, zeigt nicht nur die leibliche Bewegung der Weitung, sondern auch ihre Bedeutung für das religiöse Erleben. Es ist ein solcher religiöser Aspekt der Erhebung und Befreiung, den Schmitz betonte, als er schrieb: „Aus der kosmisch entgrenzenden, ins Unendliche führenden Kraft der Weitung des Leibes ist ihre Bedeutung für das religiöse Bewußtsein zu verstehen" (Schmitz 1965, 78). Hier sind keine Grenzen zwischen innen und außen gezogen, eine Introjektion ist nicht erkennbar. Im Gegenteil, die von Keyserling beschriebene Weitung verschmilzt mit dem Naturereignis des Sandsturms zu einem Erleben außerordentlicher Intensität. Dieses transzendiert Zeit und Raum in einer numinosen Erfahrung, die nicht kulturgebunden ist,[645] denn ähnlich fiel auch bei der *ruah* die gespürte Weite mit der kosmischen Kraft zusammen.[646] In diesem Sinne treffen sich anthropologischer und theologischer Aspekt des Begriffs in der sie überschreitenden Erfahrung. Hier liegt der Schlüssel für die Verbindung von *ruah* und *rewah*, der „Weite", die für die Etymologie von *ruah* so bedeutend ist.[647] Kronholm machte darauf aufmerksam, daß das Problem der zwei Wurzeln (*rwh/rjh*) noch ungelöst sei. Die eine Wurzel soll die Bedeutung „weit sein, es jmd. weit machen, sich erleichtert fühlen" tragen und „in Nomina wie *rewah* ‚Weite, Raum' (Gen 32, 17) oder ‚Befreiung' (Ets 4,14) und *rewahah* ‚Erleichterung' (Ex 8, 11; Kgll 3,56) zu spüren sein." „Die andere Wurzel rwh/rjh sollte dann ‚atmen, wehen, riechen' bedeuten sowie in den Nomina

645 Von diesem „Gott, zu dem die Wüstenvölker beten", schrieb Keyserling weiter: „Es ist nicht Allah, nicht Jahveh; es ist keiner der historischen Götter, die aus dunklen Anfängen, dank sich häufender Erbschaften, vom Duodezfürsten zum Himmelsgebieter aufgerückt sind. Aber er liegt ihnen allen zugrunde, lebt in allen fort, gleich wie der Ahn in seinen fernen Enkeln fortlebt." (Keyserling 1921, 11f.)

646 Dazu meinte Dreytza, daß „das Hebräische zwischen Luft/Wind/Hauch in Bezug auf den Ort – ob als Atemvorgang auf den Menschen bezogen oder außerhalb von ihm – ‚Luft, Wind' begrifflich nicht unterscheidet" (Dreytza 1990, 104).

647 Dazu Schüngel-Straumann: „Aller Wahrscheinlichkeit nach ist *ruah* eng verwandt mit *rewah* = Weite." (Schüngel-Straumann 1992, 9)

ruah ‚Wind, Geist', *reah* ‚Geruch, Duft'" zum Ausdruck kommen (Kronholm 1990, 382).[648] Beachtet man die bisher für den *ruah*-Begriff ermittelten Ergebnisse, dann steht bei den Bedeutungen „Atmen, Wehen, Riechen" das leibliche Spüren im Vordergrund. Es ist beim „Atmen" der Kraftaufwand bzw. eine intensive Form wie das Blasen gemeint, weniger die normale Atmung. Auch beim „Wehen" ist mehr an Sturm, an das Angewehtwerden von Atmosphären gedacht. Ähnlich ist beim „Riechen" nicht das gewöhnliche alltägliche Riechen, sondern ein besonderer Duft die Erfahrungsbasis des Begriffs. Ebenso wird beim Ausatmen oder Schnauben die gesteigerte Intensität, die Kraft, die man spürt, betont. Eine gesteigerte Intensität wird aber auch bei der ersten Wurzel erfahren. Daß beide Wurzeln auf eine gemeinsame Bedeutungsgrundlage zurückgehen könnten, läßt sich mit Albertz/Westermann vermuten. Sie sahen eine Verbindung von Verb und Nomen „eher in der Linie des Atemvorganges", die vom „erleichterten Aufatmen" über die „in der Rettung erfahrene Weite" hin zu einem Zustand führt, in dem dann der Mensch „mit neuer Lebenskraft" erfüllt wird. Darauf deute auch akk. *napasu* hin, „das zugleich ‚blasen, (auf)-atmen' und ‚weit werden'" bedeute (Albertz/Westermann 1976, 727 mit Bezug auf Johnson 1947, 27 A. 1) Ähnlich meinte Fabry, wahrscheinlicher sei „die im bibl. Hebr. wie auch in anderen westsemitischen Sprachen belegte räumliche Bedeutung durch Assoziation mit dem Durchatmen und dem damit verbundenen Gefühl der Erleichterung und Erweiterung entstanden" (Fabry 1990, 389).[649] Schüngel-Straumann stimmte dem zu, als sie schrieb: „Der ursprüngliche Zusammenhang von *ruah* und *rewah* erscheint mir äußerst plausibel. Eine konkrete Erfahrung stand am Ursprung dieses terminus, der dann später auch in übertragener Form als ‚Atem holen', ‚aufatmen' verwendet wurde, ... *rwh* ist dabei weder der (hörbare) Atem noch der Wind selbst, sondern die Lebenskraft, die Vitalität, die Energie, die dabei wirksam ist." (Schüngel-Straumann 1992, 12)[650] Sie legte besonderes Gewicht auf den

648 Dazu Albertz/Westermann: „Wie eng die Beziehung zu *rwh* q. ‚leicht, weit sein' (1 Sam 16, 23; Hi 32, 20; Part. pu. ‚weit' Jer 22, 14), *rawah* ‚Weite, Raum' (Gen 32, 17) und ‚Befreiung' (Est 4, 14), *rewaha* ‚Erleichterung' Ex 8, 11; Klgl 3, 56) ist, ist umstritten." (Albertz/Westermann 1976, 727) Auch Dreytza griff in die Kontroverse ein. Er wandte sich gegen Versuche, *ruah* mit *rwh* „weit, geräumig sein" in Verbindung zu bringen, und gegen Interpretationen, die die ursprüngliche Bedeutung des Begriffs in der Bezeichnung für den atmosphärischen Raum zwischen Himmel und Erde, der mit Luft oder mit Duft erfüllt ist, sehen (Dreytza 1990, 96f.). Er meinte, „die Grundbedeutung in der Weite des Raumes" zu sehen, sei nicht überzeugend (Dreytza 1990, 38). Dem widersprach Schüngel-Straumann energisch (Schüngel-Straumann 1992, 10). Vielleicht läßt sich Dreytza von dem Begriff der „Weite" bei Schmitz überzeugen.

649 Eine ähnliche „Doppelbedeutung" hätte auch akk. *napasu*. Zu zwei von 14 Stellen, in denen das hebr. Verb *rwh* vorkomme, meinte Kronholm: „Im Kontext tragen die zwei Belege im *qal* offensichtlich die Bedeutung ‚es ist/wird für jmd. räumlich', was in der Tat ‚sich erleichtert fühlen' meint" (Kronholm 1990, 383). Er führte auch *napasu* an.

650 Sie sprach die leibliche Dimension dadurch an, daß sie zwei eminent leibliche Vorgänge, nämlich „sexuelle Erregung und Geburt", bei denen ein besonderer Atemvorgang zu beobachten sei, ins Blickfeld rückte: „(Wieder) atmen können und überleben (vgl. Ps 66, 12) bzw. Erleichterung finden in einer kritischen Situation kann zwar auch auf viele andere Situationen im wörtlichen und übertrage-

erfahrungsmäßigen Charakter der *ruah* und gab eine Definition, der ich mich anschließe, denn klarer kann man den leiblichen Charakter des Begriffs wohl kaum beschreiben. Phänomenologisch exakt erklärte sie: „*Ruah* schafft Raum, sie setzt in Bewegung, führt aus der Enge in die Weite und macht so lebendig. Dieser Vorgang ist vor allem beim erleichterten Aufatmen zu beobachten. Von hier aus ist der Bezug zu Lebensatem/Lebenskraft gegeben." (Schüngel-Straumann 1992, 10) Streicht man den Begriff des „Lebensatems" – ein metaphorisch schwieriges Konstrukt aus vagem Lebensbegriff und ebenso dunklem Atmungsvorgang – und ersetzt man „Lebenskraft" durch „leibliche und/oder atmosphärische Kraft", so zeigt sich auch hier wieder die tragende Rolle des leiblichen Erlebens für das Verständnis anthropologischer Anschauungen anderer Kulturen.

Ein weiteres Beispiel kann mit Anschauungen der Veden gegeben werden. Erleichterung und Befreiung wurden auch dort klar als Weitung des Leibes empfunden. Ihnen stand, wie J. Gonda mit großer philologischer Brillanz darlegte, die Enge des Leibes gegenüber, die im indischen Konzept *amhas* zum Ausdruck kommt. „Enge, Drangsal", so Gonda, werde schon im Rig-Veda den Begriffen Raum, Freiheit und Erleichterung (space, freedom, relief, comfort) gegenübergesetzt: „The same gods are in a prayer … not only implored for protection and liberation from bonds, but also stated to have the disposal of ‚relief from narrowness', relief being, again, expressed by ‚broadness'". Dies zeige sich daran, daß die Engung durch Angst und Schmerz zum Inbegriff des Schlechten überhaupt wurde. Das Konzept *amhas* habe sich dementsprechen in einen generellen Ausdruck für das Übel (a general term for evil) entwickelt (Gonda 1975n, 34f.).[651]

Doch nicht nur in den Veden fällt der sprachliche Zusammenhang und die ähnliche Bedeutung von „clear space, open country, freedom, free scope, liberty broad, wide, spacious" (dem deutschen Begriff Raum, goth. rums, engl room, lat. rus) als Gegensatz zu Enge und Angst auf (Gonda 1975n, 54f.).[652] Auch in Europa lassen sich genügend Beispiele finden. Die Enge des Leibes zeigt sich nach Gonda ebenfalls klar als Phäno-

nen Sinn Anwendung finden, paßt aber auf nichts so präzise wie auf die Geburt." (Schüngel-Straumann 1992, 10)

651 Gonda weiter: „The evil consequences of any event preventing these powers from operating and manifesting their ‚broadness' are therfore called *amhas*." (Gonda 1975n, 45) Sowie: „Sometimes *amhas* obviously refers to disease: … medical herbs are stated to deliver, … from *amhas*." (Gonda 1975n, 41) Der atmosphärische Charakter des *amhas*-Konzeptes kommt auch in folgender Bemerkung Gondas zum Ausdruck: „In the brahmanas *amhas* is also ‚something', a potency or influence, which may be removed by means of sacrifice." (Gonda 1975n, 45f.) Man vergleiche hiermit das griechische Konzept der Befleckung (*miasma*).

652 S. a. den dort von Gonda angeführten indonesischen Begriff *sempit* „eng", der mit *tempat*, „Ort, Platz" zusammenhängt. Dazu auch mit Bezug auf Gonda Toba-Bataksche Beispiele Rainer Carle (1990, 256 u. 294).

men hinter der indogermanischen Wurzel „*angh*".[653] Bei der Zusammenstellung von Enge und Angst im Deutschen, Englischen und Holländischen kam Gonda zu dem Ergebnis: „In the first meaning *Angst* refers to the state of the person who is oppressed, ‚who is in a state of closeness', in the second to the subjective feeling of embarrassment, fight, terror, distress. ... *Angst* is attended with a feeling of tightness of the chest, constriction, oppression, bewilderment, sometimes also with trembling, or even with paralysis." (Gonda 1975n, 56f.) [654]

Diese Aussagen verdeutlichen den Zusammenhang von Angstgefühlen mit dem Empfinden der Enge des Leibes. Gonda zog auch eine Verbindung zum griechischen *angcho* („strangle, throttle") in Ilias 3. 371 (Gonda 1975n, 55 u. 58f.).[655]. Ob *angcho* etymologisch mit dem frühgriechischen Begriff der Ananke zusammenhängt, wie Onians vorsichtig andeutete, muß aber offen bleiben (Onians 1951, 332). Mit Bezug auf Onians meinte Schreckenberg, es gäbe „bestimmte semantische Affinitäten", doch reichten ihm diese für eine etymologische Verknüpfung nicht (Schreckenberg 964, 168).[656] Die „semantische Affinität" ist dafür um so stärker. Schreckenberg kam zu dem Ergebnis: „Die Ananke resultiert aus der räumlichen Enge." (Schreckenberg 1964, 166 A. 2). Daß diese räumliche Enge leibliche Wurzeln hat, zeigt sich bei der von ihm erarbeiteten Etymologie. Die chaldäischen Beispiele der „Wurzel hanak (würgen) und *hanakin* in der Bedeutung ‚Fesseln, die um den Hals von Gefangenen gelegt wurden'" sowie assyrisch *hanaku* (würgen), aber auch „altägyptisch *hnk* (eng) und *hng* (Kehle)" gehören in die gleiche Kategorie, so daß sich mit Schreckenberg folgendes Fazit ziehen läßt:

653 Dazu Gonda: „The general idea expressed by this root seems rather to have been, primarily that of spatial narrowness in a general sense of the word, then also the feeling of physical and psychical oppression experienced by those who find themselves in a limited space. Hence, in part of the Indo-European territory the idea of social and economical ‚narrowness', various special forms of confinement and the immediate bodily experiences such as fear, serious difficulties, etc." Selbst für nicht indoeuropäische Sprachen konnte Gonda diese Zusammenhänge nachweisen, denn: „A close connection between ‚narrowness' and certain somatic and psychical sensations and conditions is a priori likely to appear in many of them." (Gonda 1975n, 58f.)

654 Gonda weiter: „The adjective *bang* originally also presupposed oppression, constriction, strain; the man who is *bang* felt uncomfortable.; ... Formerly, *bang* was generally used of anything which oppresses the body, especially breast, throat etc., and also of that which at the same time makes the mind anxious, ... moreover it is often used of occurrences which weigh heavily upon the mind alone" (Gonda 1975n, 56f.).

655 Weiter stellte er dort *angcho* mit *stenochoria* zusammen, das er auf Angst und Enge zurückführte. Weiter zog er Verbindungen zu *angkter* als 1. „an instrument for closing wounds (more literally: ‚an object serving to make narrower')", 2. in der Bedeutung „part of the throat", 3. „bandage" und 4. im Plural „bonds". Außerdem führte er *angchi* und *angchou* in der Bedeutung von „near" an, sowie zum Vergleich „lat. angustus" als Enge eines Pfades, Weges.

656 Die Etymologie von Ananke in Platons Kratylos (420 d-e) verdient nach Schreckenberg „besondere Aufmerksamkeit". Mit dem Bild vom Marsch durch ein enges Tal sei aber nur eine bestimmte Seite der Ananke von Platon herausgehoben, denn er diskutiere auch „die fesselnde Kraft der Ananke" (Krat. 403 c–404 a). Schreckenberg sprach weiter von dem für „Ananke charakteristischen Aspekt der Hemmung" sowie dem „Gesichtspunkt der Pressur" (Schreckenberg 1964, 165).

„Diese Fülle von Vergleichsmaterial mit semantischer Parallelität zu Ananke läßt den sicheren Schluß zu, daß die gemeinsemitische Wurzel *hnk* das Etymon des griechischen Wortes ist." (Schreckenberg 1964, 172f.) [657]

Verfolgt man die Geschichte des Ananke-Begriffs von Homer bis Platon, dann erhält man wertvolle Aufschlüsse über die Veränderung der Leibperspektive, die mit den oben erarbeiteten Ergebnissen übereinstimmen. Schon bei Homer trat die einengende und bindende Wirkung der Ananke deutlich hervor, denn, so Schreckenberg: „Festhalten und Hemmen wird im frühen Griechisch überhaupt gern mit dem Bild der Fessel umschrieben" (Schreckenberg 1964, 15).[658] Im fünften Jahrhundert v. Chr. würde Ananke „zunehmend zu einer Art Schlagwort. ... Wo immer Menschen sich in einer Situation" befänden, „in der sie nicht nach freier Entscheidung handeln" könnten, greife „man gern zur Ananke, um die Zwangslage, die einengende Bedrängnis, zu formulieren" (Schreckenberg 1964, 36).[659] Den Bedeutungswandel, den er an Beispielen aufzeigte, schilderte er so: „Ananke, das Joch, in das gefesselt der gefangene Feind abgeführt wird, das Symbol aller Sklaverei und Unterwerfung, wird bei den Griechen zum Wort für Allgewalt des Schicksals, dem niemand entrinnen kann. Die konkrete Ananke wird zur Gottheit und abstrakten Macht, das Joch der Ananke wird schlechthin sprichwörtlich, sie ist mächtiger als die Götter, und ihr kann nichts widerstehen." (Schreckenberg 1964, 78)

Schreckenberg unterstrich ebenfalls die große Bedeutung der Ananke für die Philosophie des Parmenides, die oben bereits erwähnt wurde. Er stellte sie sogar ins „Zentrum der Philosophie des Parmenides" (Schreckenberg 1964, 106).[660] Damit läßt sich also der Hinweis von Schmitz auf den Bedeudungsaspekt „Enge des Leibes", der im Begriff Ananke gegeben ist, bestätigen. Den Charakter des göttlichen und bindenden

---

657 S. a. das „chaldäische *hinki* (<Strom>enge)" und die von ihm gezogene Verbindung zur Bezeichnung für „Engpaß *hnek* im Atlasgebirge" sowie die Etymologie des Kratylos und Nomoi (634c) (Schreckenberg 1964, 172f.).

658 Schreckenberg bezog sich auf Odyssee 4.469 u. Ilias 23.585. Zu Ilias 18.113 u. 19.66 *thumon damasantes ananke* und zu griech. *damao* s. a. Schreckenberg: „ganz allgemein ‚besiegen, bezwingen, überwältigen'". Noch deutlicher als „Band" in „bändigen" sei die „Grundbedeutung ‚(ins Joch) binden'" noch mitgegeben (Schreckenberg 1964, 1f.). S. a. Onians: „binding... is the mode par excellence of hindering action or motion" (Onians 1954, 330 A. 3). Und Schreckenberg: „Von der Fessel her gesehen liegt die Vorstellung eines konzentrischen Druckes und einer einschnürenden Umklammerung nicht weit." (Schreckenberg 1964, 75 A. 7)

659 Weiter Schreckenberg: „Neben der konkreten Folter und dem Schmerz bezeichnet Ananke in einer übertragenen Verwendungsweise Drangsal und Leid schlechthin." (Schreckenberg 1964, 46)

660 Zu *kratera ananke* als „Modifikation des homerischen ‚in Fesseln abführen'" s. Schreckenberg (1964, 108): „Ananke ist ... die zum Rang einer personalen Gewalt erhobene ‚Fessel'". Zur Ananke bei Parmenides vgl. Schmitz (1988a, 113) sowie Pfeiffer (1975, 23), Mourelatos (1970, 10), Riezler (1976, 53ff.) u. Schreckenberg (1964, 2). Heinimann erklärte die Ananke bei Parmenides als „letzte, nicht weiter zu erklärende Macht, die sowohl das ewige Sein, wie die Scheinwelt in festen Banden hält" (Heinimann 1945, 125) Dagegen zur Ananke als „evidente Richtigkeit, die das Ergebnis einer bewußt geübten Beweismethode ist", s. a. Gigon (1945, 266). Zur Interpretation der Ananke und des Fesselungsmotivs als „Zwangsläufigkeit logischer Überlegung" s. a. (Mazaheri 1992, 448).

Gesetzes behält die Ananke auch bei Empedokles (Fr. 115.1). Eine klare Bedeutungsveränderung ergibt sich erst mit den Atomisten.[661] Diese lassen die Ananke nicht mehr wie Empedokles „die Mischung und Entmischung der Elemente bestimmen", sondern „die weltbildende Verkettung (oder weltzerstörende Auflösung) der Atome" (Schrekkenberg 1964, 116).[662] Die *ananke physeos* wird zum „Weltgesetz der griechischen Aufklärung und Naturphilosophie" (Schreckenberg 1964, 75). Bei Platon träte schließlich ein weiterer Wandel ein, der aus der göttlichen Ananke ein „vernunftloses und blind-mechanisch wirkendes Gesetz der Materie und alles physischen Geschehens" mache.[663] Die Antithese von *noos* und *ananke* zeige, daß die Materie im Vergleich zum *noos* als „fesselnd empfunden" worden sei (Schreckenberg 1964, 120).[664] Damit verlief die Bedeutungsentwicklung von der konkreten, würgenden Engung über die bindende und zwingende Göttin hin zum Weltgesetz und wurde dann von Platon zur blinden, dem Zwang unterworfenen Materie abgewertet, die im dualistisch-anthropologischen Schema dem Körper entspricht. Auch an diesen Beispielen wird also die radikale Neuerung des Weltbildes durch die platonische Philosophie sichtbar. Die ontologische Zweiteilung der Welt in das Reich der Ideen und das Reich des Werdens sowie die anthropologische Aufteilung des Menschen in Körper und Seele dienten dazu, religiöse und ekstatische Erfahrungen einzugrenzen und die Intensität der Gefühle gleichsam in dem Spalt zwischen beiden verschwinden zu lassen. Diese Introjektion von ergreifenden Atmosphären zugunsten der Bemächtigung des Leibes durch die emanzipierte Person stellte die Weichen für die kommenden Generationen europäischer Philosophen. Sie ist in außereuropäischen Kulturen in dieser Form nicht zu finden. Der Frage nach den Alternativen, also danach, welche Entwicklungen die Leibschemata dort nahmen, widmet sich der folgende Abschnitt.

---

661 Dazu Schreckenberg: „Zweifellos war sie ein zentraler Begriff der atomistischen Philosophie. Soviel ist klar, sie steuert als oberste Gewalt das Entstehen und Vergehen der Welt beziehungsweise der einzelnen Welten." (Schreckenberg 1964, 114)

662 U. an gleicher Stelle weiter: „Damit ergibt sich hinsichtlich des Objektes, an dem die Gewalt der Ananke wirkt, eine Entwicklungsreihe von Parmenides über Empedokles zu den Atomisten: das einheitliche Sein als Ganzes, die vier Elemente, die unzähligen Atome. Die Unmöglichkeit des Werdens und Vergehens ist bei Empedokles und den Atomisten beibehalten, jedoch reduziert auf die Unveränderlichkeit und Ewigkeit der Elemente bzw Atome. Hand in Hand damit geht die zunehmende Abstraktion der Ananke" (Schreckenberg 1964, 116).

663 Schreckenberg: „Die dem Negativen zugeordnete Ananke des Timaios – sie hat keine Verbindung mit der politischen Ananke des ‚Staates' – ist, bei aller Verwandtschaft mit der Ananke der Atomisten, bei Platon etwas Neues. Bei Demokrit und wohl auch Leukipp verbindet sich mit ihr keine negative Vorstellung, sie ist einfach die Macht, die die Atombewegung und damit Weltentstehen und -vergehen steuert." (Schreckenberg 1964, 121) Zum veränderten Ananke-Verständnis bei Demokrit und Platon (Rep. 558 Dff.) s. a. Heinimann (1945, 144f.) Diese Entwicklung entging Gigon. Mit Bezug auf Platon Theat. 154 B, 162 E- u. Rep. 611 B glaubte er, dort sei „dieselbe logische Ananke, die Parmenides, Demokrit und Protagoras meinten", zu finden (Gigon 1945, 267).

664 Zur Ananke bei Platon und zur Antinomie von *noos* und *ananke* in Tim. 47e–48a s. a. Schreckenberg (1964, 83ff. u. 119).

VIERTES KAPITEL

Indonesische Leibschemata

Die Frage nach den in indonesischen Ethnien vorzufindenden Menschenbildern läßt sich aufgrund der schwierigen Quellenlage nicht leicht beantworten. Trotzdem wurde schon zu Beginn dieses Jahrhunderts von den verschiedenen Forschern immer wieder auf Parallelen zwischen den frühgriechischen und indonesischen Vorstellungen hingewiesen. Dies geschah meist im Rahmen eines Vergleichs mit sogenannten „primitiven" Kulturen; die komplexeren Systeme der hinduistisch beeinflußten Ethnien wurden selten herangezogen. Besonders auf Bali bietet sich aber bis in die heutige Zeit hinein ein faszinierendes Bild anthropologischer Ansichten, die sich bis nach Indien zurückverfolgen lassen. Diese komplexen Systeme werden im letzten Abschnitt dieses Kapitels besprochen. Vorher sollen die nicht ganz so stark von indischem Denken überlagerten Vorstellungen der Batak untersucht werden, deren Ähnlichkeiten mit den frühgriechischen Vorstellungen auffällig waren. Der erste Teil dient als eine Einführung in die philosophische Dimension des trotz hinduistischen und islamischen Einflusses relativ eigenständigen Denkens.

Den heutigen Anforderungen genügen die alten Studien aufgrund des gar zu dürftigen Ausgangsmaterials nicht mehr. Auch fehlten neben einer historisch-kritischen Perspektive geeignete Begriffe. Diese Probleme sind bis heute ungelöst. Im Folgenden wird versucht, den Kulturvergleich auf eine etwas breitere Basis zu stellen. Außerdem soll gezeigt werden, daß mit der Leibterminologie ein erheblicher Verständnisfortschritt zu erzielen ist.

1. Kurze historische Skizze

Das, was wir heute als Indonesien bezeichnen, ist ein modernes Staatsgebilde, ein Konglomerat der verschiedensten Ethnien und Kulturen. Eine in der Geschichte schwerwiegende Herausforderung an die integrative Kraft dessen, was man ganz allgemein indonesische Lebensweise nennen kann, ergab sich aus dem kulturellen Einfluß Indiens, der nach Waldemar Stöhr ab Mitte des ersten Jahrtausends n. Chr. durch archäologische Funde erfaßbar ist (Stöhr 1976, 4). Im Gegensatz zu dem sehr früh einsetzenden chinesischen Einfluß läßt sich indisches Gedankengut inschriftlich belegen. Mit dem starken indischen Einfluß, der zumindest in West-Indonesien schon um 500 n. Chr.

viele Ethnien erfaßt hatte, wurden die meisten anderen Strömungen überlagert oder zurückgedrängt.[665] Ab dieser Zeit lassen sich durchorganisierte Herrschaftsverhältnisse, sogenannte „Häuptlingstümer", nachweisen, die wahrscheinlich nach indischem Vorbild organisiert waren. Es entstanden städtische Zentren mit Residenzen für die nach indischem Muster regierenden Herrscher, sowie große Sakralbauten mit prächtigen Skulpturen und Reliefs. Hinduismus und Buddhismus, Schrift und Literatur begannen zunehmend das indonesische Denken zu durchdringen – eine Entwicklung, die vor allem mit einem Ausbau von Wirtschaft und Handwerk einherging.[666] Diesen stark prägenden Kulturkontakt mit Indien bezeichnete G. Coedès mit den etwas überzogenen Begriffen „Indianization" oder „Hinduization" und sprach sogar von einem „common Indian origin" (Coedès 1968, 35). Sicherlich traf indisches Denken auf indigene Traditionen und wandelte diese,[667] doch es gelang nie, indonesische Eigenart gänzlich zu überformen. Dementsprechend betonte Hermann Kulke (in Anlehnung an De Casparis) bei seiner Beschreibung der historischen Entwicklung einen möglichen Austausch von Gedanken zwischen selbständigen Ethnien. Seine „convergence hypothesis" erklärt den intensiven Kulturkontakt aufgrund verwandter Weltanschauungen.[668] Vor allem zwischen den an Machtausübung interessierten indischen und indonesischen Oberschichten bestanden rege Beziehungen.[669] Die „cultural élite", die Max Weber „Herrenschicht" nannte, sorgte für einen allmählichen Wandel der Lebensweisen und verstärkte den bereits bestehenden Synkretismus von Vorstellungen.[670] Der Schritt vom „Häuptlingstum" (*chiefdom*) zum „Königreich" (*kingdom*) vollzog sich durch Benutzung von indischen Ideologien, die, wie Kulke am Beispiel Mulavarmans und in Anlehnung an Weber zeigen konnte,[671] mit Hilfe extra dafür herangezogener indischer Brahmanen, allmählich propagiert und institutionell etabliert wurden.[672] Zur Beantwortung der Fra-

665 Dazu D. G. E. Hall (1964, 4) und Hermann Kulke (1991a, 30).

666 Dazu Stöhr (1976, 4) u. John Villiers (1965, 49 u. 61).

667 Daß die „Gemeinschaften vieler südostasiatischer Völker" sich „bereits vor dem Auftreten indischen Einflusses in hohem Maße entfaltet" hätten, betonte (Villiers 1965, 76).

668 Kulke: „Thus there seems to have existed an ‚elective affinity' (to use Goethe's term of ‚Wahlverwandtschaft') between Indian and Southeast Asian rulers which was brought about largely by the assumed convergence of their societies." (Kulke 1991a, 30) Zur Kritik an Coedès s. a. D. G. E. Hall (1964, 4) u. Kulke (1991a, 35f.).

669 Dazu D. G. E. Hall (1964, 5), G. Coedès (1968, 16) und J. Gonda (1975a, 2).

670 Zur Herrenschicht und zum Typus einer möglichen „Indisierung" als einer von oben kommenden Umformung der politischen Organisation ursprünglicher Stämme unter Zuhilfenahme „extensiver Propaganda" s. a. Weber (1923, 9ff.) u. die kritische Würdigung durch Kulke (1984, 112).

671 Dazu Kulke mit Hinweis auf Weber, der schon die These der Brahmanisierung vertreten hatte: „Max Weber ... regards the ‚desire for legitimation' as the strongest motive for Hinduization." (Kulke 1984, 106) S. a.: „The presence of Brahmins during these ceremonies not only enhanced the prestige of a chief who was able to invite and feed them. Their presence also raised the status of the community as a whole." (Kulke 1991a, 19) S. a. J. L. Swellengrebel (1960, 19).

672 Dazu Kulke: „The decisive steps towards the establishment of an early kingdom took place in the third generation under Mulavarman. He assumed the royal title *raja*, defeated neighbouring chiefs (*parthiva*) and made them his tributaries (*karada*). Furthermore he invited Brahmins ‚who came

ge, wie die indische Einflußnahme stattgefunden haben könnte, verwies auch Stephen Lansing auf die zu jener Zeit führende Rolle der indischen Wissenschaften und deren Kenntnisse von politischer Organisation.[673] Die Gründe für die Übernahme indischer Modelle durch indonesische Fürsten dürften in erster Linie in ihrem Machtinteresse zu suchen sein. Schließlich setzte sich das Reich von Majapahit gegenüber den alten Fürstentümern durch und bildete das erste „Imperial Kingdom" in der Geschichte Indonesiens.[674]

Wissenschaftliche und religiöse Spekulationen hatten seit frühester Zeit in Indien metaphysische Systeme hervorgebracht.[675] Die suggestive Kraft indischer Leitbilder förderte die Einigung der zersplitterten Verbände auf verbindliche Normen und erhöhte die Konzentration der Macht auf die zentrale Position des Herrschers. Die größere Kohärenz und Einheitlichkeit sicherte die politischen Systeme und steigerte ihre Effizienz. Die straffere Organisation ermöglichte es den indonesischen Fürsten, Ressourcen besser zu nutzen und einen Rahmen zu bilden, in dem sich Kunst, Wissenschaft und Religion nach ähnlichen Norm- und Wertkonventionen entfalten konnten, wie sie beispielsweise an der damals sehr bedeutenden indischen Universität zu Nalanda gelehrt wurden.[676] Dort studierten auch Chinesen, die auf ihren Reisen nach Sriwijaya kamen. Aus deren Berichten geht hervor, daß um 500 n. Chr. ein ausgesprochen reger Kulturkontakt zwischen Indien, China und Indonesien bestand. In dieser Zeit expandierte der Buddhismus verstärkt nach China und chinesische Quellen berichten, daß es um 700 n. Chr. in Sriwijaya mehr als tausend buddhistische Priester gab.[677] Die kulturelle Entwicklung Balis bleibt bis dahin allerdings etwas unklar. Die dominante Stel-

---

hither' (*ihagata*) and celebrated grand rituals at a ‚most sacred place' (*punyatama ksetra*), called Vaprakesvara and had a series of impressive inscriptions incised." (Kulke 1991b, 1)

673 Lansing: „An inscription of 1073 A. D. describes Balinese society as being divided into four castes of the Varna system (Brahmana, Ksatriya, Waisya and Sudra) and slaves (hulun). Regardless of the degree to which society actually conformed to this model, the inscription itself is significant as evidence of the ruler's desire to impose Indic models on society at large, as well as on his court." (Lansing 1983, 27)

674 Dazu Kulke: „Despite the structural weakness of all pre-modern states of South and Southeast, viz., the lack of actual political control outside the royal core region (rajya), under Majapahit two decisive structural changes have taken place. First, it was able to annex completely the neighbouring kingdoms and little chieftaincies which usually still had surrounded the *Stammland* of the ‚Early Kingdoms'. Majapahit was thus able to create a considerably extended core region (Rajya). Second, Majapahit was able to extend its uncontested hegemony over Java, enforce tributary relations with a large number of outer islands and to establish diplomatic relations with kingdoms in Mainland Southeast Asia. Majapahit thus became Indonesia's first ‚Imperial Kingdom'." (Kulke 1991b, 24)

675 Helmut von Glasenapp (1943, 56) datiert den Abschluß des Veda auf etwa 500, seine Anfänge bis um 1500 v. Chr.

676 Quatrich H. G. Wales schrieb über die Zeit von 700 n. Chr.: „In Burma, as also probably in Sumatra and the Malay Peninsula, official religion and art were as close a reflection as possible in a ‚colonial' environment of the art and thought of contemporary Nalanda." (Wales 1957, 168)

677 S. a. P. J. Zoetmulder (1965, 235) u. Glasenapp (1957, 88).

lung Javas zwang Bali gegen Mitte des 14. Jh. in das Reich von Majapahit. Zu der Zeit war der Höhepunkt indischer Einflußnahme aber bereits überschritten.

Ursprung und Verwandtschaft – die philosophischen Grundlagen indonesischer Menschenbilder

Wurde oben schon angedeutet, daß trotz der verschiedenen Wellen intensiven Kulturkontaktes indonesisches Denken bis heute seine eigene Gestaltungskraft bewahrte, so liegt dies vor allem an dem wohl bedeutendsten Grundmotiv indonesischer Philosophie, dem genealogischen Denken, das als paradigmatisches Modell sowohl der Sozialorganisation als auch der Identitätsfindung des Einzelnen zugrunde lag. Der indonesische Gedanke einer genealogischen Verbundenheit geht ähnlich weit über Familienvorstellungen im herkömmlichen Sinn hinaus wie die empedokleische Sicht. Die Stellung des Menschen im Rahmen der Verwandtschaftsbeziehungen wurde durch die Abstammung bzw. den Platz innerhalb einer bestimmten Ahnenfolge bestimmt, die bis auf den allen gemeinsamen Ahnen zurückging. Die mythologischen Erzählungen knüpften an den Ursprung der Gemeinschaft an und erklärten die bestehenden Verhältnisse durch vergangene Ereignisse. Ähnlich wie in Hesiods Theogonie fielen hier Genealogie und Kosmologie zusammen.[678] Der gemeinsame Ahne bildete gleichsam die Klammer um die abstammungsmäßig gegliederten Unterabteilungen (Clans, Phratrien) der jeweiligen Ethnie. Die Mitglieder derjenigen Ketten von verwandtschaftlichen Beziehungen mit der direktesten Abkunft und Nähe zum meist göttlich konnotierten ersten Ahnen besaßen das größte gesellschaftliche und Prestige.[679] Die durch den Mythos erklärten und legitimierten Aufteilungen in verschiedene Abstammungslinien korrespondierten meist mit der Ordnung des Dorfes und des ganzen Territoriums und bildeten die Grundlage des Klassifikationssystems. Von Geburt an war der Einzelne in ein soziales Ordnungsgefüge gebunden, das seine Position innerhalb der Gemeinschaft und damit seine Stellung im Kosmos bestimmte. Das Motiv des (Stamm)baums mit seinen Wurzeln, Ästen und Verzweigungen, das den genealogischen Zusammenhang mit kaum zu überbietender Prägnanz symbolisiert, wurde in Indonesien allerdings etwas anders verstanden als in Europa. James J. Fox warnte vor einer leichtfertigen Übertragung eines europäischen oder indischen Verständnisses von Abstammung auf indonesische Verhältnis-

678 Zur Identität und Gleichzeitigkeit von „Kosmogonie und Ethnogonie" bei den Dayak schrieb Johannes Enos Garang: „Die Götter schufen die ersten Menschen, die gleichzeitig die ersten Ahnen oder die Stammeseltern sind. Mit anderen Worten, jedes Stammesmitglied verehrt die gleichen Götter und die gleichen Stammeseltern." (Garang 1974, 142)

679 Dazu mit Bezug auf die Struktur der „Rotinese Historical Narratives" James J. Fox: „All the nobles of a domain and even members of certain commoner clans claim genealogies whose names, at some point or other, link with the names in the prestige genealogy. One could say that a person's descent status depends on the number of these genealogical names shared in common with the prestige line. By putting together these various genealogical lines, it is possible to construct a complex ramifying rank structure." (Fox 1979, 17)

se und arbeitete unterschiedliche „origin structures" heraus (Fox 1988, 6). Die europäische Struktur läßt sich nach seiner Ansicht durch eine Fixierung der Linien auf Gott charakterisieren. Dieser bildet den Ausgangspunkt, um über die Erschaffung des Urelternpaares Adam und Eva die Menschheit entstehen zu lassen. Dieses Modell wird durch eine „absteigende Herkunftstruktur" gekennzeichnet. Ihm steht ein anderes Verständnis von Abstammung gegenüber, das Fox am Beispiel ostindonesischer Ethnien erläuterte.[680] Deren Ursprungsvorstellungen kommen in bestimmten Termen zum Ausdruck, die eine Anzahl verschiedener Reflexe unter den Sprachen Ost-Indonesiens haben, nämlich: „Epu, Pu, Pu'u, Hu, Uf, Fu." „All these reflexes", so Fox , „link the notion of origin to ideas of ‚cause, beginning, source, trunk, and base' … As a consequence, the idea of origin connoted by these terms, indicating a progressive development from ‚trunk' through ‚branch' to ‚tip'." (Fox 1988, 14)

Den in diesem Zusammenhang wichtigen Term *pu* brachte er mit der Wurzel *puhun* in Verbindung, machte aber darauf aufmerksam, daß *pu* selber als Wurzel für gewisse Verbindungen in Frage kommt. So findet sich *pu* nach seinen Vermutungen im Proto-Austronesischen Begriff *empu* (od. *(t)umpu* od.*ompu*), der Bezeichnung für Ahne (ancestor) und hängt auch mit dem Begriff für wachsen (to grow) = *tu(m)buh* (od. *tu(m)bug*) zusammen. Der Ausdruck *hu(-k/n)*, der als ein „Rotinese root term" gilt, bezieht sich auf die Wurzel, die Basis oder den Stamm eines Baumes..[681] Außerdem hat *hu-* die weitere Bedeutung von Grund und Ursprung (cause and origin) (Fox 1988, 8).[682] Diese Terme und deren Konzepte (origin structures) erinnern stark an die altchinesischen *hundun* Vorstellungen, die nach den ausführlichen Untersuchungen von Giradot ein vergleichbares Bedeutungsspektrum umfassen (s. u.).[683] Die Ähnlichkeit könnte als Indiz für einen frühen chinesischen Einfluß auf ostindonesische Ethnien gelten.

Neben möglichen chinesischen und vielleicht sogar ägyptischen Anregungen[684] kamen vor allem indische Vorstellungen nach Indonesien. Der aus dem Sanskrit stam-

680 Dazu Fox: „Here we have the conception of an ancestral tree, which is the opposite of that of the West: instead of being read from the top down, as a form of descent, it is read from the bottom up as a kind of ascent – from trunk to tip." (Fox 1988, 9)

681 Heidrun und Herbert W. Jardner konnten diese Bedeutungen anhand ihres Feldforschungsmaterials auch für West Timor bestätigen. Zu den Termen *u, un* und *uf* schrieben sie: „Für die Wurzel *u* wird einerseits die Bedeutung von Stamm (anschaulich in Baumstamm gegeben) im Sinne von Ursprung, Herkunft, Ursache angegeben, andererseits Abstammung und Nachkommenschaft genannt" (H. u. H. W. Jardner 1993, 73)

682 Fox macht auch auf die erkenntnistheoretische Dimension aufmerksam, die mit diesen Konzepten verbunden ist. Er schrieb. „As such, it offers a key to Rotinese epistemology. Assured knowledge involves a knowledge of origins. To explain something without explaining its hu is no explanation at all. Hence the idea of hu-, the trunk of the matter, is implicated in all ideas of social and cultural identity." (Fox 1988, 8) S. a.: „A person's hard name is his or her genealogical name and links that person to a succession of ancestral predecessors. … These genealogical names trace another form of ‚origin' (huk)." (Fox 1989, 523ff.)

683 Zur Wortfamilie *hu* siehe die Zusammenstellung bei N. J. Girardot (1983, 25).

684 Auch die wichtigsten altägyptischen Götter, die mit dem Chaos, dem Zustand vor Entfaltung der Welt, verbunden waren, wurden anscheinend mit ähnlichen Termen bezeichnet (läßt man das Pro-

mende Begriff *mula*, der Wurzel, Anfang oder Ursprung bedeutet, findet sich z. B. im Namen Mulavarmans. Dieser Titel des oben erwähnten ersten großen Herrschers des indisch beeinflußten Großreichs auf Kalimantan bedeutet „protegé (varman) of the root (mula)" (Kulke 1991b, 1). Bei der hier gemeinten „Wurzel" (root) handelt es sich um die genealogische Verankerung der eigenen Familie, des Stammes oder Volkes im sakralen Bereich der Götter und Ahnen. Mulavarman konzentrierte die genealogischen Linien der verschiedenen kleinen Stammesgebiete auf seine Person und begann so, eine neue Form der Herrschaft zu etablieren. Diese Form gleicht der europäischen absteigenden Struktur, da ihr Schwergewicht auf der Verbindung von Gott und König lag.

Der Synkretismus von indischer Herrschaftideologie und indonesisch-chinesischer Ursprungsvorstellung kommt nach Rainer Carle in der „hybrid bataksch-indischen Bezeichnung der höchsten Batak-Gottheit" mit Namen *ompu mula jadi na bolon* zum Ausdruck (Carle 1990, 216). Übersetzt lautet er: „Herr od. Ahne (*ompu*) des großen (*bolon*) Anfangs (*mula*) des Werdens (*jadi*)" (Carle 1990, 209). Harry Parkin vermutete, daß es sich bei der Konzeption des *ompu mula jadi na bolon* um eine durch hinduistisches Gedankengut geprägte Vorstellung handelt, die aus der ursprünglichen Bezeichnung für den großen Ahnen, *ompu na bolon*, hervorgegangen war.[685] Da in *ompu* das oben angeführte *pu* enthalten ist, dürfen auch hier Anklänge an vielleicht aus China stammende Vorstellungen der Herkunft aus einem chaotisch-verwandschaftlichen Urzustand vermutet werden;[686] doch *mula*, die Sanskrit Bezeichnung für „Wurzel" im Sinne von Anfang und Beginn, belegt einen dominanten indischen Einfluß. Ihm entspricht die „Tendenz einer absteigenden Linie vom göttlichen Bereich zum weltlichen in der patrilinearen Nomenklatur", die Carle bemerkte, womit das bataksche Modell

---

blem der Vokalisierung außer acht). Die vier männlichen Chaosgötter waren „Huh" die „Grenzenlosigkeit", „Kuk" die „Finsternis, besser Lichtlosigkeit", „Nun" das „unbegrenzte und unbegrenzbare", „fruchtbare aber nicht schaffende Urwasser" und „Niu", „wohl am ehesten mit Verneinung übersetzbar oder einfach ‚das Nichts'" (Brunner 1983, 51). Außerdem ließen sich noch die Götter Atum und Amun, der Luftgott Schu sowie die Kraft Hu anführen, die ebenfalls in engster Beziehung zum Vorstellungskreis einer undifferenzierten Einheit standen, aus der sich eine Ordnung entfaltete. Zum „Urgott Amun" meinte Sethe, er repräsentiere wahrscheinlich die Luft, „die vor der eigentlichen Schöpfung, vor Beginn der gegenwärtigen Weltordnung, über dem träge ruhenden Wasser des Urgewässers Nun schwebte und als Wind Bewegung in sie brachte." (Sethe 1929, 87). Zu der Kraft Hu s. Brunner (1983, 101) u. Erik Hornung (1971, 204). Zu den acht Chaosgöttern s. a. Sethe (1929, 61).

685 Dazu Parkin: „The concept of a High God is not indigenous. Initially the Toba-Batak ‚worshipped' the Primal Ancestor who was known as ‚Ompu na bolon'. At some point this concept was influenced by the Sivaite belief in mahesvara as the Supreme Being. The two notions were brought together in a loose coalition of mutual interreaction." (Parkin 1978, 187) Diesem Ergebnis folgte auch Mc Kinley: „The autochthonous Batak animism has no concept or notion of divinity. The Primal Ancestor is transcendent only in the sense that the source is higher than the river which flows from it. The ‚Primitive' lives as an integral part of the homogeneous totality within which the spirits of all grades exercise their powers." (Mc Kinley 1979, 268) Zum Begriff des Animismus s. Rappe (1993)

686 Dazu Carle: „Der Allmächtige ist der Urahne an sich, das All-Prinzip *ompu*, die Urseele." (Carle 1990, 260)

den indisch beeinflußten „absteigenden" Verwandtschaftsstrukturen angepaßt erscheint (Carle 1990, 214).

Die Verwandtschaft der Terme *pu* und *hu* verweist auf einen (wahrscheinlich chinesischen) Kreis von Vorstellungen eines chaotischen Kontinuums, das als Quelle und Ursprung des Seins den Individuationsgrund darstellte, aus dem heraus der Baum der Verwandtschaft erwuchs. Ob eine eindeutige Personifikation dieses „großen Ahnen" vorliegt oder ob eher der räumlich-zeitliche Ursprungsort bzw. Zustand und damit die umfassende Individuationsquelle gemeint ist, läßt sich nur schwer entscheiden. Vorhandene Ansätze wurden von der überformenden Kraft indischer Herrschaftsideologien genutzt, indem diese durch Einführung der indischen *mula*-Vorstellung eine abstraktere Konzeption des Werdens (*jadi*) indoktrinierten und aus dem Ahnen eine Art „Hochgott" machten, der den Platz an der Spitze des räumlich stark differenzierten sozial-kosmischen Gesellschaftssystems einnahm. Die Wandlung des ursprünglicheren genealogischen Verständnisses eines unspezifischen großen Ahnen, der durch Rückgriff auf den indischen Begriff *mula* mit einer hierarchischen Sozialstruktur durchsetzt und so in eine Art Hochgott transformiert wurde, brachte den indigenen Anschauungen einen Gewinn an philosophischem Profil und einen realen Zuwachs an organisatorischer Effizienz. Damit war allerdings die altindonesische Basis verlassen. Dies berücksichtigte L. Tobing bei seiner Konstruktion eines ursprünglichen „Hochgottes" der Batak nicht genügend .[687] Parkin, der die verschiedenen religiösen Vorstellungen der Batak mit denen der Dayak verglich und bezüglich der Gottesvorstellungen von einem „remarkable parallelism" ausging (Parkin 1978, 154 A. 69 u. 194), sah in Tobings Versuch eine ähnlich problematische Konstruktion wie die von H. Schärers Hochgott der Ngaju-Dayak (Schärer 1946, 21). Quatrich H. G. Wales bezweifelte den ursprünglichen Charakter dieser „Gottesidee" und ordnete Schärers Gottheitsbegriff nicht der altindonesischen Basis zu, sondern sah in den religiösen Vorstellungen der Ngaju eine spätere, unter starker hinduistischer Dominanz enstandene Entwicklung (Wales 1959, 100ff.).[688] Der Begriff „Gottesidee" sei zu christlich konnotiert und eine Auslegung ursprünglicher Vorstellungen, die aus Schärers missionarischer Sicht auf das Denken der Ngaju-Dayak projiziert würden, um das wesentliche Prinzip der Dayakschen Religion zu verdeutlichen.[689] Das griff dann Parkin auf, als er zeigte, daß die Kritik von

687 Tobing meinte: „It has become clear that everything existing and imaginable participates in the High God. In other words: there is nothing in cosmic reality that is not an aspect of the holy totality, so that all antagonistic realities are not of an absolute, but of a relative character. The totality reconciles and unites them." (Tobing 1956, 176) Dazu a. Stöhr (1976, 146).

688 Dazu Wales: „Schärer's interpretation of the Ngaju Dayak conception of God is immediately recognizable as an application of the theory of Emile Durkheim and the French sociological school." (Wales 1959, 119)

689 Dieses Prinzip beschrieb Schärer so: „Durch die Tat der totalen Gottheit ist der ganze Kosmos entstanden und der ganze Kosmos ist die totale Gottheit. Der Mensch kommt aus der Gottheit, lebt in der Gottheit und ist die Gottheit, oder ist ein Aspekt der Gottheit." (Schärer 1946, 43) Dagegen Joseph A. Weinstock, der zu Schärers These der „Gottesidee" als Mittelpunkt der Kultur meinte: „That this common focal point is the conception of a sole Supreme Deity, or even a polytheistic conception of

Quaritch Wales' an Schärers Interpretation der Dayak-Mythologie sich „mutatis mutandis" auch auf Tobings Auslegungsversuch der Toba-Batak Religion anwenden läßt (Parkin 1978, 240).

Individuation statt „Schöpfung"

Das Problem des Ursprungs, der im altindonesisch-genealogischen Modell durch das Bild des Aufsteigens und Wachsens eines Baumes von der „Wurzel" her aus einem chaotisch mannigfaltigen Bereich heraus erklärt wird, hängt eng mit der Frage nach der Entstehung der gesamten Welt zusammen. Schärer, der häufig die soziale Dimension betrachtete, machte auf die für das indonesische Denken zentrale Position der sogenannten „Schöpfungsmythik" aufmerksam. Er bemerkte: „Die Schöpfungsmythe erzählt uns nicht die Schöpfung, sondern berichtet uns, wie die totale Gemeinschaft geordnet ist und wie der ganze Kosmos und alle seine Erscheinungen mit der Gemeinschaft und ihren verschiedenen Gruppen in Übereinstimmung gebracht wurden. Sie erklärt die soziologische Struktur des Stammes, sie zeigt die Funktionen der verschiedenen Gruppen und sie begründet das kosmisch/klassifizierende System." (Schärer 1946, 179) Das Herausbilden einer Ordnung von Mensch, Gesellschaft und Welt, die *adat* genannt wird, vollzog sich in den Mythen mit einer bestimmten Gesetzmäßigkeit. Diese nannte er „Schöpfungsordnung".[690] Wales übernahm diese Sicht und zog über den Begriff „Creation Order" eine Verbindung zum chinesischen *dao* und dem indischen Wort *rta*. Er erklärte: „The adat is the divine order or harmony, comparable to Chinese Tao or Vedic Rita, which having been given at the creation is known as the Creation Order. The Ngaju Dayak is brought up to live in accordance with it, for it is by living in harmony with the divine order that brings human welfare." (Wales 1959, 109).

Die Ordnungsabfolge der Weltentstehung ist aber nur ein Aspekt oder ein Teil der *adat*, denn sie umfaßt die gesamte Kultur.[691] Ihre religiöse Dimension zeigt Stöhrs fol-

spirits, is erroneous." (Weinstock 1987, 83) Martin Baier distanzierte sich ebenfalls: „SCHÄRERs Theorie von der Gottheit als Mitte der Gesamtkultur ... ist von hier aus abzulehnen." Und resümierte: „Eine konkret faßbare Mitte der Gesamtkultur der Ngaju, wie sie etwa SCHÄRER aufgestellt hat, gibt es also nicht." (Baier 1977, 446)

690 Schärer: „Der Dajak besitzt seine eigenen, im urzeitlichen Heilsgeschehen begründeten und nirgends anderswo ihre Erklärung findenden Ordnungen und Normen, die, weil sie mit der Schöpfung gegeben wurden, hier auch die Schöpfungsordnungen genannt werden. Mit diesem Wort übersetzen wir den Begriff hadat, wobei wir uns bei dieser Übersetzung orientieren an der Gottesidee und dem urzeitlichen Heilsgeschehen." (Schärer 1946, 84) S. a. Garang (1974, 19).

691 Zum Begriff *adat* s. a. das Indonesisch-Deutsche Wörterbuch (Karow u. Hilgers-Hesse 1978, 2). Stöhr schrieb: „Das Wort ist dem Arabischen entlehnt, wo es neben Gesetz und Recht des Islams existierende Sitte und Gewohnheit und vor allem das Gewohnheitsrecht bezeichnet." (Stöhr 1976, 89) Sinaga skizzierte die Bedeutung der *adat* für die Toba Batak folgendermaßen: „Adat is the fundamental law of the universe comprising the whole ensemble of moral and legal prescriptions as well as physical and natural laws." Sinaga (1981, 72 A.92). S. a. Parkin (1978, 139), Tobing (1956, 130) u. Carle (1990, 382). Für die Makkasar s. Martin Rössler (1987, 95). Zu den javanischen Baduji

gende Auflistung: „Teil der Adat ist auch der Kult in allen seinen Erscheinungsformen, seien es nun die Opfer für Götter und Ahnen, die Riten des Übergangs bei Geburt, Namensgebung, Reife, Hochzeit und Tod, die Handlungen zum Jahreswechsel, bei der Feldbestellung, bei Saat und Ernte, bei Dorfgründungen und Hausbau, im Kriegs- und Notfall, vor Jagd- und Handelszügen, bei Vorzeichen und Orakeln, bei Krankenheilung und anderen priesterlichen Praktiken sowie Gestaltung und Ablauf der großen Feste, um nur die wichtigsten Anlässe zu nennen." (Stöhr 1976, 92)

Um diesen sittlich-religiösen Charakter der Adat und ihren geschlossenen Sinnzusammenhang zu betonen, schlug Stöhr das Wort „Ethos" vor, „so wie es die Griechen begriffen" (Stöhr 1976, 89).[692] Sicherlich sind die Parallelen zum frühgriechischen *ethos* augenfällig, doch ebenso ist *nomos* die treffende Bezeichnung. Dazu erläuterte Dodds: „Das Wort *Nómos* konnte das Konglomerat bezeichnen, verstanden als vererbte Bürde eines irrationalen Brauchtums; es konnte eine beliebige Regel bezeichnen, die sich bestimmte Gesellschaftsschichten bewußt im eigenen Interesse auferlegten; oder es bezeichnete ein rationales System staatlicher Gesetzgebung, also die Tat, durch die sich die Griechen von den Barbaren unterschieden." (Dodds 1970, 95) [693]

Ähnlich dem Verhältnis von *nomos* und *ethos* ist auch der von Wales erwähnte Begriff *rta* in seiner Bedeutung nicht unproblematisch. Er schwankt zwischen „Ordnung" auf der einen und „Wahrheit" auf der anderen Seite.[694] Es müßte genauer geprüft wer-

s. Robert Wessing (1977, 295). Zu den Ata Tana' Ai auf Flores s. E. D. Lewis (1989, 490). Zu den Meratus s. Lowenhaupt Tsing (1987, 207).

692 Das griechische Wort „Ethos", bezeichnete „ursprünglich den Wohnsitz, dann die angestammte Art und weiter die Gesittung" (Schmitz 1988, 225). S. a. Jensen (1951, 241) u. Hans Kelsen (1941, 534ff.).

693 S. a. v. Fritz (1986, 345). Dazu Burkert: „Auf Tradition aber, auf *nómos* also, beruht, wie die Griechen wußten, ganz besonders die Religion. Ihr wird mit der Distanzierung vom *nómos* zumindest in der Theorie die Grundlage entzogen." (Burkert 1977, 462) Zum *nomos* als Brauch im Verhältnis zum Kult s. a. Burkert (1977, 157). Zu *nomos* als „Wohnplatz" und als das „Zugeteilte", die den „Ausgangspunkt der Wortgeschichte" bilden, zum *nomos* bei Hesiod als „die einer Gruppe von Lebewesen zugeteilte und bei ihnen geltende Ordnung", sowie als „die Ordnung der Gemeinschaft, der Polis" und „die Ordnung, die den Gang der Arbeit auf den Feldern für alle bestimmt" s. a. Heinimann (1945, 61f.).

694 Dazu R. Otto: „Rita war zunächst die bändigende-zwingende Ordnungsmacht für die großen Natur- und Weltvorgänge, (wie das tao der alten Chinesen). … Sie fand sich ebensosehr im sozialen Leben, im Leben des Clan und des Stammes und der Familie. Die soziale Ordnung im Gemeinschaftsleben, der bindend-ordnende Zwang von Sitte, Regel und Gesetz in Standesordnung und Arbeitsgemeinschaft, im Verhalten des einen zum andern, in Vertrag und Schwur, in der Ehe, im Verhältnis der Sippen und der Stämme zueinander, in rechtlicher Regelung und im privaten sittlichen Verhalten – sie waren ebensosehr rita und ruhten auf rita. Sie erscheinen dann (wiederum wie beim tao) als Fortsetzung und Abspiegelung der kosmischen Zwangsordnung." (R. Otto 1932, 96) Hermann Lüders wehrte sich gegen die Bedeutung Ordnung und übersetzte im Rgveda *rta* ausschließlich mit ‚Wahrheit'. Diese verstand er als „höchste Macht, als die letzte Ursache alles Seins" und bemerkte, sie sei „gewissermaßen materialisiert worden" (Lüders 1944, 10f.). Ihm folgte Thieme. Zu *rta* im Rgveda als „die Wahrheit und nichts als die Wahrheit" mit Bezug auf Lüders s. Thieme (1971a, 119 A.2). Mehlig fand folgenden Kompromiß: „Dieses Wort ‚*rtá*', das in der nach-rgvedischen Zeit ausstirbt, besitzt als Bezeichnung für die ewige Ordnung im Rgveda eine zentrale Stellung und bedeutet die ‚Wahrheit',

den, ob der altindische Begriff *dharma* nicht besser dem der *adat* entspricht. Das Bedeutungsspektrum von *dharma* umfaßt nach Mehlig „sowohl ‚Recht, Pflicht, Gesetz' als auch ‚Religion, Sitte, Brauch'" und „die zu diesem Wortfeld gehörigen Begriffe wie ‚Satzung, Ordnung, Tugend, Vorschrift und Regel'. ... Über die den sozialen und den ethischen-moralischen Bereich abdeckenden Bedeutungen hinaus bezeichnet es in der Natur die ‚Art und Weise eines Dinges, eine wesentliche charakteristische Eigenschaft, ein solches Merkmal und eine derartige Eigentümlichkeit'." (Mehlig 1987, 85)

Gerade der letzte Punkt erinnert wieder an den frühgriechischen *ethos*-Begriff. In die Liste der von Wales beobachteten Ähnlichkeiten zwischen *adat*, *rta*, *dao* sowie den gerade erörterten *nomos*, *ethos* und *dharma* läßt sich auch die altägyptische *ma'at* einfügen, deren Bedeutungsspektrum ebenfalls von „Wahrheit" bis zu „Ordnung" reicht.[695] Dazu schrieb Morenz: „Maat ist der im Schöpfungsakt gesetzte richtige Zustand in Natur und Gesellschaft, und von da aus je nachdem das rechte, das Richtige und das Recht, die Ordnung, die Gerechtigkeit und die Wahrheit. Diesen Zustand gilt es allenthalben im großen wie im kleinen zu wahren oder herzustellen, so daß Maat, die zunächst als richtige Ordnung gesetzt ist, Ziel und Aufgabe menschlicher Tätigkeit wird. Indem die Maat aber dem Handelnden aufgegeben ist, tritt sie ihrerseits in Gestalt von Recht und Gerechtigkeit als Verheißung und Lohn vor ihn hin." (Morenz 1960, 120)

Diese Aussage zitierte auch Assmann, der in ihr eine Repräsentation der allgemein gültigen Sicht sah, doch verlagerte er den Schwerpunkt, denn er meinte, die „Kernbedeutung" von *ma'at* sei nicht „Weltordnung", sondern „Gerechtigkeit". Er kam zu dem Ergebnis: „Wir halten also an der Formel ‚Gerechtigkeit und Weltordnung' fest und kehren lediglich die logische Beziehung der beiden Begriffe um: statt ‚Gerechtigkeit als Weltordnung' heißt es: ‚Weltordnung als Gerechtigkeit'." (Assmann 1990, 33f.) Diese Umstellung läßt sich mit der Diskussion um die Bedeutung von indisch *rta* vergleichen, denn Lüders stand wahrscheinlich vor einer ähnlichen Problematik, als er „Weltordnung" durch „Wahrheit" ersetzte. Mehlig vermittelte, indem er bezüglich *rta* von der „Wahrheit der ewigen Weltordnung" sprach. Man vergleiche dies mit folgendem Ergebnis Assmanns: „Demnach wäre Ma'at ursprünglich so etwas wie der ‚Richtungs-

---

die in späterer Zeit allein durch ‚*satyá*' bezeichnet wird. ... Dort aber, wo das Substantiv ‚*rtá*' neben dem Substantiv ‚*satyá*' steht, hat ‚*rtá*' die Bedeutung ‚Wahrheit der ewigen Weltordnung', während ‚*satyá*' die ‚Wahrheit als Wirklichkeit' bezeichnet." (Mehlig 1987, 80f.)

695 Dazu v. d. Leeuw: „Viele Völker des Altertums kennen die Vorstellung eines Weltweges, der aber nicht so sehr begangen wird, als er vielmehr selber geht, der nicht eine abstrakte Gesetzmäßigkeit ist, wie unsere Naturgesetze, sondern vielmehr eine lebendige, sich in der Welt auswirkende Kraft. *Tao* bei den Chinesen, *Rta* in Indien, *Asha* in Iran, *Ma'at* bei den alten Ägyptern, *Dike* in Griechenland, sind Ordnungen, die zwar theoretisch die Gesamtrechnung der Welt machen, dennoch aber als lebendige und unpersönliche Mächte *mana*-artigen Charakter haben." (v. d. Leeuw 1964, 58ff.) Dazu West: „The government of the natural world (especially the sun) by a divine principle representing Truth or Rightness is a concept with ancient roots in Iran, India, and Egypt. In Iran and India the principle has the same name, Sanskrit Rta = Old Persian Arta = Avestan Asa; in Egypt it is a goddess called Ma'at." (West 1971, 177 u. 179) Zu *rta* und altir. *asa* s. a. Lüders (1944, 9). S. a. Assmann (1990, 241).

sinn‘ einer als Prozeß oder Bewegung vorgestellten Wirklichkeit bzw. die Kraft, die eine Bewegung in die richtige Richtung lenkt. Diesen Zusammenhang kann man sich an der ähnlichen Situation im Deutschen klar machen: ‚richten‘, ‚richtig‘, und ‚Richtung‘, verweisen auf die gleiche Einheit von Recht, Wahrheit und Steuerung oder ‚Richtungssinn‘, wie sie offenbar auch im ägyptischen Ma‘at-Begriff zum Ausdruck kommt.“ (Assmann 1990, 15) Die Herleitung von *adat* und *ma‘at* aus dem ursprünglichen Geschehen der Weltwerdung und Ordnung wird in mythischen Explikationen entwickelt.

Ebenso wie ihre altägyptischen und altindischen Vorgänger beschreiben auch altindonesische Ursprungsmythen das Entstehen eines Zentrums. Es wird meistens als Berg symbolisiert, der aus einem chaotischen „Weltstoff“, einem Urmeer, einem Nichtsein oder einer großen Leere hervorging.[696] Die Abfolge dieses Vorgangs begann nach Schmitz mit einem „Urakt“ in Form eines totalen und „absoluten Ereignisses“,[697] das die Individuation der Welt aus dem chaotisch Mannigfaltigen einleitete.[698] Jensen schrieb über das „mythische Bewußtsein von dem Gewordensein der Dinge“ ganz ähnlich: „Hier werden keine Entwicklungsstufen oder stetiges Fortschreiten von den Ur-Elementen bis zur endgültigen Gestalt aufgezeigt, sondern das Hervortreten der Erscheinung ist ein einmaliger Akt, ein großartiges Geschehen am Ende der Urzeit, dessen Ergebnis die heute gültige Form der Erscheinung ist.“ (Jensen 1950, 431) Dieses „absolute Ereig-

696 Zum gemeinorientalischen Motiv des Berges: Zum „Ort der Schöpfung“ als einem „‚Urhügel‘“ im alten Ägypten s. a. J A.Wilson (1954, 58) u. Brunner (1983, 50). Zum Pusuk Buhit der Toba-Batak s. Carle (1990, 161 u. 183). Zum „Bawakaraeng“ der Makassar s. Rössler (1987, 76). Von der „Götterfamilie“ der Dusun und Murut auf Nord-Borneo schrieb Münsterberger: „Denn zu Beginn, erzählen die Schöpfungsmythen, war der Fels, der aus dem Urmeer, dem Chaos hervorragt, ihr Wohnort. Dort sind sie aus dem Stein hervorgekommen.“ (Münsterberger 1939, 159) Der indische Weltenberg Meru läßt sich mit dem balischen Berg Agung in Verbindung bringen (dazu Gonda 1975d, 105), der allerdings schon vor der Hinduisierung ein altes Heiligtum gewesen sein soll (Belo 1949, 8). Für China und zur Verbindung von *hun-dun* mit *kun-lun*, dem „heiligen Berg“ s. Kristofer Schipper u. Wang Hsiu-huei (1986, 200) sowie Schipper (1978, 366).

697 Schmitz übernahm diesen Begriff von Sartre. Zum „absoluten Ereignis“ bei Sartre, dessen Bericht er als „jüngsten kosmogonischen Mythos“ bezeichnete, s. Schmitz (1964, 431).

698 Dazu Schmitz: „Im Hinblick darauf darf das absolute Ereignis des Ursprungs der Gegenwart, das zuerst das absolute Chaos durchbricht und die Vorzeit abschließt, als Erschaffung der Welt gelten“. (Schmitz 1964, 434). Stöhr fühlte sich angesichts indonesischer Schöpfungsmythen an die „Theorie eines ‚Urknalls‘ unserer modernen Physik“ erinnert (Stöhr 1976, 60). Mit Assmann läßt sich zumindest bezüglich Altägyptens präzisieren: „Die Rede beschreibt den Übergang von der Präexistenz zur Existenz, den sich der Ägypter nicht als ‚Urknall‘, sondern als ein Erwachen, ein Zu-sich-Kommen des das ‚All‘ personifizierenden Urgottes denkt.“ (Assmann 1984, 219). Er fühlte sich an das Prinzip der Autopoiesis von Humberto Maturana erinnert und schrieb zum „autopoietischen“ Charakter der Weltordnung: „Es handelt sich in den ältesten Texten mehr um eine Selbstentfaltung der Welt als um deren planvolle Schöpfung.“ (Assmann 1990, 32 u. 237) Ob es überhaupt sinnvoll ist, mit moderner naturwissenschaftlicher Begrifflichkeit altes Denken auszudrücken, ist zweifelhaft. Zum Prinzip des „Auftauchens“, „Selbstentstehens“, „Ausscheidens“ und der „Selbstverfestigung“ s. den Lexikonartikel „Schöpfung“ von Assmann (1984b). Mit Jensen ließe sich auch treffend von „Selbstverwandlung“ sprechen (1950, 460 s.o.).

niss" der Entfaltung der Welt wird im weiteren als Individuationsakt und die diesen in den Mythen ausführende oder einleitende Gottheit als Individuationsinitiator bezeichnet.[699] Schmitz bezog sich bei seinen Vermutungen auf altägyptische und altindische Vorstellungen. Seine Ergebnisse lassen sich mit dem, was Assmann zu den altägyptischen Bildern schrieb, weiter illustrieren. Assmann bemerkte: „Das entscheidende kosmogonische Ereignis ist das ‚Auftauchen' des ‚von selbst entstandenen' Urgottes. Dieser Akt einer uranfänglichen Spontangenese ist ..., das schlechthinnige ‚Erste Mal', wie der ägyptische Begriff für die Genesis lautet." (Assmann 1984, 148) Und, so Assmann weiter: „Das Modell oder Urbild dieses Prozesses ist der Sonnenlauf. In ihm sieht und erlebt der Ägypter die fortwährende Realisierung von ‚Ewigkeit', von Kontinuität und Kohärenz, eine *creatio continua*, in der das Chaos nicht im Sinne eines vorgängigen Urzustandes, sondern im Sinnhorizont der virtuellen Apokalyptik als gegenstrebige Gravitation des Stillstands und Zerfalls fortwährend überwunden wird. Wir müssen uns, wenn wir die ägyptische Weltsicht verstehen wollen, vom Begriff Schöpfung freimachen, ... Für den Ägypter ist die Schöpfung das ‚erste Mal' die ‚Initialzündung' eines Prozesses" (Assmann 1991, 250).[700]

Begriffe wie „Schöpfung", „Schöpfer", „Schöpfungsmythe" und „Schöpfungsordung" können allenfalls ein Vorverständnis vermitteln. Sie sind erläuterungsbedürftig, weil die „Schöpfung" in altägyptischen, altindonesischen Mythen oder in daoistischer Philosophie (s.u.) nicht im Sinne einer „creatio ex nihilo" erklärt werden kann.[701] Genauer ist der Begriff „Individuation". Außerdem sollte mit dem Terminus „Schöpfergott" bezüglich außereuropäischer Kulturen vorsichtiger umgegangen werden, denn es empfiehlt sich, diesen für christliche oder platonische Gedankengebilde zu reservieren. Geradus Van der Leeuw sprach deshalb in seinen kulturvergleichenden Studien vom „Urheber" und betonte den großen Unterschied zu christlichen Vorstellungen (Van der Leeuw 1931, 94f. u. 101). Ihm folgte Werner Münsterberger, der seine Dissertation mit

699 Zum Individuationsinitiator im Alten Ägypten s. a. Assmann: „Aber ein Gott steht auch hier regelmäßig an der Spitze, der diesen Prozeß initiiert." (Assmann 1990, 32)

700 Morenz meinte zwar, daß bei der „Schöpfung" als Anfang eines Geschehens der Aspekt der Periodizität, also die immer wieder neu von den Menschen zu wiederholenden Handlungen, im Vordergrund stand, nicht so sehr das erste Mal, doch ist dies nur eine Verschiebung der Bedeutungsnuance: „Denn indem die Anfänglichkeit auf ein Geschehen eingeschränkt wird, bleibt Existenz ohne Geschehen vor der Schöpfung möglich. Es ist also das nicht nur ungeordnete, sondern auch träge Chaos denkbar. Indem aber andererseits der Anfang nur ein Anfangen war, insofern einem ersten Male Wiederholungen folgen müssen, wird zwangsläufig ... die Idee der Periodizität als des immer neuen Schöpfungsvollzuges gesetzt." (Morenz 1960, 175)

701 Zur Frage der „creatio ex nihilo" in Indonesien s. Sinaga (1981, 51). C. M. Pleyte schrieb: „Wie bekannt, redet die batakschе Mythe nicht von einer Schöpfung des Alls." (Pleyte 1894, 95) Zu Altägypten Brunner: „Niemals haben die Ägypter die Konzeption einer Schöpfung aus dem Nichts entworfen, vielmehr besteht die Schöpfung stets im Trennen, im Setzen von Grenzen;" (Brunner 1971, 48) Dazu Assmann: „Ebenso unangemessen ist aber auch der Begriff der ‚Schöpfung', wie er uns von der jüdisch-christlichen Tradition her geläufig ist: die Welt als das Objekt eines Schöpfungsaktes, der dem freien Willen eines transzendenten Gottes entspringt." (Assmann 1990, 34)

der Feststellung abschloß: „Der Begriff eines Schöpfergottes ist den Völkern West-Indonesiens ursprünglich fremd." (Münsterberger 1939, 232) In der Ethnologie stellte beispielsweise auch Jensen bei seinen Untersuchungen über die „mythische Weltbetrachtung der alten Pflanzer-Völker" den Unterschied zu europäischen Schöpfungsgeschichten heraus.[702] Stöhr erklärte: „Meist spricht man ... von ‚Schöpfergott', was aber irreführend ist." (Stöhr 1976, 57) Auch Parkin hob hervor, daß das Motiv auch bei den Batak nicht zutrifft, denn: „It is doubtful if ‚Ompu na bolon' was originally regarded as ‚Creator' in the true sense of that word." (Parkin 1978, 154)[703]

Die metaphorische Bedeutung solcher „Urhebergottheiten" – besser Individuationsinitiatoren – schwankt zwischen der Symbolisation eines weiblichen Urwesens und einer mehr abstrakt gedachten „Naturkraft". Die „höheren Wesen" oder „Urwesen" haben so amorphen Charakter, daß sie als Naturgewalten – symbolisiert als weibliche „Urwesen" mit der Aufgabe, die Welt zu gebären – verstanden werden können. Diese bilden den Schwerpunkt der mythologischen Vorstellungen. Meist waren mehrere Gottheiten an dem Geschehen beteiligt.[704] Die Ordnungstaten dieser Götter formten die Welt. Die Menschen als Nachkommen der Götter wurden in Indonesien genauso wie schon im alten Ägypten immer wieder aufgerufen, die in den Riten symbolisierten göttlichen Taten nachzuvollziehen, um damit zu verhindern, daß Welt, Menschen und Gesellschaft in die „Wildnis" bzw. in das drohende, gegenwärtige Chaos zurückfiel. Kurt Tauchmann beobachtete: „Neben dem Aspekt der Aktualisierung bezweckt der Nachvollzug des urzeitlichen Geschehens in erster Linie die Abwendung des kosmischen Unheils. Die Erde (Minahasa) entstand durch die Anstrengung verschiedener Gottheiten aus einem Urchaos und hat die Neigung, immer wieder in diesen chaoischen Zustand zurückzukehren." (Tauchmann 1968, 181)[705]

702 Jensen: „Die Art dieser Schöpfung erstreckt sich nicht auf die Erschaffung der Welt, offensichtlich nicht einmal auf die des Menschen, sondern ist entscheidend eingeschränkt auf die Wesen und Dinge in der Welt, vor allem auf Tiere und Pflanzen, und noch viel entscheidender auf die Eigenschaften und auf die Ordnungsprinzipien dieser Dinge. Die Technik der Schöpfung ist nicht von solcher handwerklichen Art, daß die Dinge ‚gemacht' werden, sondern sie besteht im wesentlichen in einer Selbstverwandlung der bestimmten Gottheit in diese Erscheinung" (Jensen 1950, 460).

703 Dazu Stöhr: „Die Schöpfergottheit *Mula Djadi* der Toba-Batak hat, wie bereits beschrieben wurde, ‚nicht alles' geschaffen." (Stöhr 1976, 57)

704 Für die Minahasa ist es nach Tauchman nicht angebracht, „von einer ‚Schöpfung' zu sprechen, weil die Existenz der Menschen und ihrer elementaren Umwelt nicht auf den Willensakt einer (oder einiger) Gottheit(en) zurückgeht, sondern der Akzent in erster Linie auf dem ‚Werden' und ‚Entstehen' liegt. An jenem Prozeß waren eine ganze Reihe von Gottheiten und Elementen beteiligt." (Tauchman 1968, 31) Für die Iban (See-Dayak) schrieb M. Laubscher: „Die Kreativität der Schöpferwesen setzt erst ein, als der Baustoff vorhanden ist." (Laubscher 1977, 230)

705 Zu Ägypten schrieb Morenz: „Da wäre zunächst festzuhalten, daß die Maat zur Schöpfung gehört, vom Urgott gesetzt und dann vom König immer neu garantiert oder wiederhergestellt wird." (Morenz 1960, 121). Zu Maat als „der durch den Schöpfungsakt (...vom Urgott) gesetzte Zustand", den „es zu wahren oder (... durch Vertreibung seines Gegensatzes) wiederherzustellen gilt", s. Morenz (1960, 122). Zur *ma'at* als „immanenter Schöpfungsordnung, nach der der Mensch sich zu richten und die er in seinen Ordnungen zu verwirklichen hat", s. Assmann (1990, 33).

Die Individuation vollzog sich aus bereits Vorhandenem heraus. Die Hauptbestandteile der Welt waren schon keimhaft in einem hinsichtlich ihrer Identität und Verschiedenheit unentschiedenen Stadium vorhanden. Dieses chaotisch Mannigfaltige bildete den Individuationsgrund, aus dem heraus sich die Welt entfaltete. Das Prinzip der Individuation zwang das chaotisch Mannigfaltige zur Entschiedenheit in Bezug auf Identität und Verschiedenheit seiner Elemente und rang damit dem Chaos die Scheidung in Ordnung und Unordnung ab. Schmitz vermutete, „daß Weltschöpfung in den Mythen nicht so sehr als Ordnung wie als Individuation gemeint ist: als Scheidung, d. h. Entscheidung des Mannigfaltigen hinsichtlich Identität und Verschiedenheit; das anfängliche Chaos wäre demnach nicht ein Zustand von Unordnung, sondern als chaotisches Mannigfaltiges in meinem Sinn über den Gegensatz von Ordnung und Unordnung erhaben" (Schmitz 1964, 432) [706]

In diesem Sinn muß auch die Bemerkung von A. B. Sinaga verstanden werden, der zum Zusammenhang zwischen *adat* und Chaos meinte: „Adat, in its deeper meaning, is what the ‚Ancients' understand by ‚order'. In this conception, order is contrasted with disorder, the primordial chaos." (Sinaga 1981, 89) Das „primordial chaos" läßt sich als ein Individuationsgrund im Zustand der Ungeschiedenheit hinsichtlich Identität und Verschiedenheit seiner Elemente interpretieren. Die Ungeschiedenheit wurde meist als Unordnung bezeichnet. Genauer ist es aber, von einem chaotischen Gewoge zu sprechen, denn gemeint ist das Unerkennbare, das Ungeschiedene und Ungetrennte. Die Hypothese von Schmitz, daß in vielen Fällen „die ordnende Leistung des Schöpfers bloß Nebenerfolg der scheidenden" ist, kann allein mit dem Hinweis auf die weite Verbreitung der Trennungsmythen von Himmel und Erde bestätigt werden (Schmitz 1964, 432).[707] Mit Assmann läßt sich bezüglich altägyptischer Individuationsberichte ausführen: „Angemessener ist der Begriff ‚Trennung' oder ‚Spaltung'. Es handelt sich um ‚Spaltungsmythen', die dem Prozeß der Entfaltung und Differenzierung der Welt eine gewaltsame, tragische Bedeutung geben." (Assmannn 1990, 176)Außerdem wurde oben schon auf Brunner verwiesen, der ausdrücklich betonte, daß „die Schöpfung" stets im „Trennen, im Setzen von Grenzen" bestand . Und Brunner weiter: „Der Zustand der Welt vor der Schöpfung, der stets nur negativ beschrieben werden kann, ist das ‚Nicht-

706 Und weiter: „Natürlich darf nicht angenommen werden, daß dieser Unterschied in den Mythen begrifflich deutlich wäre. Auch wenn die Erschaffung der Welt als Ordnung geschildert wird, kann es sich um eine Metapher handeln, die auf den radikaleren Übergang von chaotischem zu individuellen Mannigfaltigem anspielt." (Schmitz 1964, 432)

707 S. dazu die von Willibald Staudacher weltweit zusammengestellten und von Laubscher für ostindonesische Kulturen untersuchten Mythen der „Trennung von Himmel und Erde" (Staudacher 1968, 27ff.). Dazu auch Alfred Kühn: „Das Gemeinsame in diesen Mythen ist der Glaube, Himmel und Erde hätten sich früher nahe beieinander befunden; so waren alle Menschen, die damals schon als vorhanden gelten, in ihren Tätigkeiten sehr behindert. Um diesen unbequemen Zustand zu beseitigen beschlossen sie, Himmel und Erde weiter zu entfernen, damit sie ungestört ihren Verrichtungen nachgehen könnten. Meist zählt der Zeitpunkt dieses Ereignisses als Beginn der eigentlichen Welt." (Kühn 1935, 124)

Sein', ungeformt, ungegliedert, unbegrenzt, aber auch voller (nicht verwirklichter) Möglichkeiten. Nur durch Begrenzung können diese in das Sein treten, und eben das ist die Schöpfertat des Urgottes." (Brunner 1983, 48)[708]

Brunners „Nicht-Sein" könnte genauer als „Nicht-Bestimmt-Sein" gefaßt werden, denn es handelt sich auch im alten Ägypten um einen chaotisch mannigfaltigen Bereich, aus dem die Welt mittels Trennungsakt in ihre Entschiedenheit und Ordnung überführt wurde. Neben diesem Trennungsakt, der meist von einem persönlichen, für das Entstehen der Ordnung zuständigen Gott oder Kulturheroes durchgeführt wird, gibt es sowohl in Ägypten als auch in Indonesien zusätzlich das Bild des unpersönlichen „Aus-Sich-Hervorbringens". In den Kreis dieser Vorstellungen eines „Entstehens ‚aus sich selbst', aus dem Nichts, aus Nebeln, Winden" gehört für Münsterberger auch Mula Jadi Na Bolon (Münsterberger 1939, 90).[709] Er erklärte dessen Bedeutung so: „Sein Name ist ‚Der seinen Ursprung in sich selbst hat'. Er steht damit der Brahman-Idee der alten Inder, vielleicht auch dem Tao-Gedanken nicht fern und weist hierdurch auf Zusammenhänge mit den grossen religiösen Bewegungen des asiatischen Festlandes hin." (Münsterberger 1939, 110)[710] Die daoistischen Vorstellungen, auf die Münsterberger anspielte, werden im nächsten Abschnitt ausführlich behandelt.[711] Weitere Beispiele lassen sich im alten Ägypten finden. So schrieb Assmann von dem Gott Atum: „Atum ist der ‚Selbstentstandene', und alles Weitere entsteht aus ihm. Die Welt ‚emaniert' aus Atum. Atum ‚verwandelt' sich in die Welt. Atum ist nicht Schöpfer, sondern Ursprung".[712]

708 Dazu Hornung: „Man könnte sagen, ‚Nichtsein' bezeichne in Ägypten ganz allgemein das Ungeformte, Undifferenzierte, Ungegliederte und Unbegrenzte; positv gesagt: das Allmögliche, Absolute und Endgültige. Ihm gegenüber ist das Sein klar bestimmt und gegliedert durch Grenzen und Unterscheidungen." (Hornung 1971, 178) Dazu a. Assmann: „Schöpfung bedeutet, zumindest nach ägyptologischer Auffassung, Setzen der Ma`at. Es ist dies der kreative Akt schlechthin." (Assmann 1990, 164)

709 Münsterberger schloß seinen Vergleich der Individuationserzählungen mit der Feststellung: „Das Übereinstimmende aller Fassungen bleibt, dass man Wind, Nebel oder Dunkelheit an den Anfang stellt." (Münsterberger 1939, 25) Und Münsterberger an anderer Stelle: „Der Gottesgedanke tritt völlig zurück, ... So steht nicht die Wirksamkeit eines höheren Wesens, sondern die Naturkraft im Anfang." (Münsterberger 1939, 18) Dazu a. Stöhr: „Die bisher genannten Themen, sei es nun der Weltelternmythos oder die Vorstellungen einer Urmutter, eines Schöpfergotts (Urvater) oder eines Urwesens, repräsentieren den Beginn des Schöpfungsprozesses." (Stöhr 1976, 60)

710 Die Ähnlichkeiten zwischen indonesischen und indischen Vorstellungen sind in jedem Fall deutlich vorhanden, denn, so Parkin: „Several points of contact between ‚Mula Jadi na bolon' and ‚Mahesvara' are discernible in that they are both the ‚personification of the fullness of the Absolute'" (Parkin 1978, 157).

711 Carle sah im Vergleich zwischen batakschen Sichtweisen und Vorstellungen des Daodejing Interpretationshilfen (Carle 1990, 145f.). Girardot zog über Schreiner eine Verbindung zwischen Daoisten und den Dayak: „Allowing for the obvious differences in cultral and historical complexity, it can be said that, to some degree, the Taoist and Dayak traditions share the same mythological roots. For the Dayak the phenomenal cosmos is equated with polarity, but tribal life involves a periodic ritual recovery of a cosmogonic totality." (Girardot 1983, 251)

712 Zu Amun s. Sethe, der glaubte, er trüge den „durchaus charakteristischen Titel ‚der große Gott des Uranfangs'" sowie den Namen „der Uranfängliche, der keinen Uranfänglicheren hatte" und „der zu

„In einem Akt der Selbstbefruchtung erzeugt er aus sich selbst das erste Götterpaar: Schu (Luft) und Tefnut (Feuchte?)." (Assmann 1984, 146)[713] Man vergleiche das mit indischen Beispielen.[714] Schmitz zitierte die erste Zeile des Rigveda Hymnus 10, 129 als Beschreibung eines chaotisch mannigfaltigen Kontinuums (Schmitz 1964, 430).[715] Dort heißt es: „Weder Nichtsein noch Sein war damals". Wie Karl Friedrich Geldner hervorhob, handelt es sich bei dem Hymnus um „keine eigentliche Schöpfungsgeschichte" (Geldner 1951, 359). Dies kann auch mit Mehlig erhärtet werden, der bemerkte, es „besteht hier das Eine schon vor dem Universum und erschafft die Welt durch Emanation aus seinem eigenen Sein" (Mehlig 1987, 67). Die Umschreibung „Emanation aus seinem eigenen Sein" ist etwas unpräzise. Die Benennungen des Hymnus als „Schöpfungshymnus" (Deussen) oder „Weltschöpfungslied" (Glasenapp) sind in jedem Fall irreführend. Es handelt sich auch nicht um eine Kosmogonie im eigentlichen Sinn, sondern um die Individuation der Welt aus dem chaotisch Mannigfaltigen. Diese erfolgt durch *tapas*, die konzentrierte Selbstbezüglichkeit, also aus sich selber.[716] Die dort zentral gebrauchten Ausdrücke „Sein", *sat*, und „Nichtsein", *asat*, müssen im Sinn von das „Bestimmte" und das „Unbestimmte" verstanden werden.[717] Diese Bestimmungen

Anfang entstand", „der große, älteste Gott des Zuerstentstehens", „der ‚Stier seiner Mutter'", „der seinen Vater erzeugte" (Sethe 1929, 19f.).

713 Assmann an gleicher Stelle weiter: „Schon in ihren allerersten Ausprägungen, in den königlichen Ritualtexten des Alten Reichs, fällt diese Konzeption auf durch das abstrakte Niveau ihrer Spekulation. ... Atum heißt ‚der Vollendete, das ‚All' im Zustand der Nichtexistenz, Chepre(r) heißt ‚der Werdende' und bezeichnet den in spontaner ‚Selbstentstehung' in die Existenz umgeschlagenen Aspekt des Gottes." Zu Atum als „das All" und „das Nichts" s. a. Assmann (1990, 174). S. a. J. A. Wilson: „Mit anderen Worten, wir haben hier kein einmaliges Wunder der Konzeption und der Aussprache einer Idee; vielmehr sind die gleichen Schöpfungsprinzipien, die im Urgewässer Atums Hervorbringung bewirkten, immerfort tätig und wirksam." (J. A. Wilson 1954, 67)

714 Dazu a. Rig Veda 10, 121 bei R. Otto: „1. Im Anfange (aller Dinge) wandelte Er, der Eine, sich um zu einem Goldkeim. So (durch sich selbst) zustand gekommen ward er dann der Herr des Gewordenen. Fest hingesetzt hat er die Erde und dann auch diesen Himmel da" (R. Otto 1932, 119). Zu *ekam* („das Eine") in Rig Veda 8.58, 2: „Fürwahr, das Eine hat sich zu dieser ganzen Welt entfaltet" s. R. Otto (1932, 124)

715 Zum Rigvedahymnus 10, 129 s. a.: Walter Ruben (1961, 28f.), Deussen (1915, 120f.), Geldner (1951, 359f.), Mehlig (1987, 56f.), v. Glasenapp (1958, 20f.), Thieme (1983, 65ff.) u. Gonda (1966, 670ff.).

716 Zum Begriff *tapas* s. a. Gonda (1966, 684), Thieme (1971a, 125) u. R.Otto (1932, 67). Zum *tapas*-Prinzip in Indonesien s. Patricia B. Henry, die einen mit Kulkes „konvergenz Hypothese" vergleichbaren Standpunkt vertrat und davon ausging, daß der *tapas*-Gedanke nicht einfach importiert wurde, sondern auf schon vorhandene indigene Ekstasetechniken traf, diese aber stark beeinflußte: „In conclusion, the argument here is that there is congruence between the traditions of trance and tapa as they existed, and still exist, in Java. ... This culture was Javanese, not Indian, and while the extent of Indic influence was very great, the readiness with which Javanese culture absorbed and adapted to such influence may be due in large part to this congruence." (Henry 1987, 112) Zum Verhältnis von tapas und Yoga s. a. Pott (1966, 5).

717 Zum *sat* als das Bestimmte sowie dessen Gegenteil schrieb Robert Hahn: „As such, that which is *a-sat*, is what is absolutely indeterminate." (Hahn 1981, 121) Deussen erwähnt einen Kommentar, der das *sat* mit dem späteren *namarupa* identifiziert, also mit dem aus Namen und Gestalten bestehenden

sind nach Vers 5 den Denkern zuzusprechen, die eine Schnur durch das Seiende spannten und so die Kategorien von oben und unten erhielten. Eine solche teilende und ordnende Funktion der Philosophen erinnert an die Namensgebung bei Parmenides.[718] Ähnliches deutete auch Assmann in Bezug auf altägyptische Individuationsordnungen an: „Es handelt sich um einen ‚sekundären Dualismus‘. Der Antagonismus gehört nicht zum Urprinzip der Kosmogonie, er kommt nachträglich in die Welt und offenbar in verschiedenen Schüben, die zu einer Steigerung von Differenzierung, Komplexität und Negativität der Welt führen." (Assmannn 1990, 176)

Bezüglich der trennenden und scheidenden Funktion des von indischen Vorstellungen stark beeinflußten Mula Jadi Na Bolons ist eine Beobachtung von Carle aufschlußreich. Er stellte sich die Frage, warum Mula Jadi zusätzlich Na Bolon, „der Große", genannt werden sollte, und kam zu der Antwort: „Ich bin entschieden überzeugt davon, daß es ursprünglich nicht ‚groß‘ oder ‚erhaben‘ heißt, wie gemeinhin angenommen wird. Ein derartiger Siva-gleicher Gott, die ‚Urseele‘, hat solch profanes Prädikat nicht nötig! ... Ich möchte das Attribut *bolon* mit dem AMBOLAS MANANTAN-Komplex so in Verbindung bringen: *na bola=on* ‚das, was zu teilen ist‘" (Carle 1990, 307). *Ambolas manantan* bedeutet ein aus zwei Hälften bestehendes Ganzes, das unendlich ist,[719] wobei die zwei Hälften im Sinne basaler Ordnungsvorstellungen verstanden werden müssen.[720] Damit läßt sich der Name Ompu Mula Jadi Na Bolon entschlüsseln als: 1. das Ganze (das „Allprinzip"), Ompu, wobei mit dem term *pu* auf alte Vorstellungen eines gemeinsamen Ursprungs verwiesen werden könnte; 2. die Wurzel, Mula, eine indische Vorstellung, die ebenfalls auf ein genealogisches Modell verweist, nämlich auf den Aspekt des Seinsgrundes, aus dem etwas wächst; 3. das Werden, Jadi, mit der Bedeu-

---

Mannigfaltigen (Deussen 1915, 122). Mehlig bemerkte zum engen Zusammenhang von *sat* und Ordnung: „Der Begriff ‚sát‘ läßt also gar keinen Unterschied zwischen dem Wesen, welches ist, und der Ordnung oder Eigenschaft, welche gilt, zu." (Mehlig 1987, 76) Zu *asat* als „‚the Non-Existent'", als unterirdischer, nur von Dämonen behauster chaotischer Region s. Brown (1942, 85). Mit Bezug auf die frühen Griechen und die alten Ägypter s. Gonda (1966, 674 u. 681 A. 39).

718 Dazu Mehlig: „Das eigentliche ‚fundamentum divisionis‘ liegt also zuletzt nicht in den Dingen sondern im Denken, das durch die Sprache determiniert ist." (Mehlig 1987, 76)

719 Carle führte AMBOLAS auf SAMBOLA zurück, ein Begriff, der aus *SANG BOLA mit der Bedeutung „‚Dualis (belebt)‘ oder ‚Zweistoff (beseelt)'"besteht. Er stellte eine Verbindung von **saN* sowohl mit der Bedeutung des Zahlwortes *sa(N)* = „eins, ganz" als auch zu mal. *sang*, dessen Funktion „Beseelung von Materie" sei, her (Carle 1990, 254f.). In MANANTANG sah er zum einen den Sanskritbegriff *ananta* = endlos und zum anderen die „in Indonesien gut bekannte" mythische Schlange „ (skt.) Ananta (*m-ANANTA-n) als übliche Kurzform von ANANTABHOGA (= Anantaboga, Antaboga) enthalten" (Carle 1990, 225 u. 227). Zu *Ambola Manantan* als „Ewiger Regenguß-Spender" in Verbindung mit dem indischen Varuna s. Carle (1990, 173). Zu Verbindung von Varuna und Mula Jadi Na Bolon s. Carle (1990, 167). Zur Korrespondenz von indi. *rta* in seiner Verbindung mit Varuna als Gott des Eides oder auch Bundes (Versprechens, Vertrages) und dem mit der *adat* identischen indigenen batakschen DALIHAN NA TOLU Prinzip(kurz: DNT) s. Carle (1990, 189).

720 Dazu Carle: „Hieran ließe sich nun alles und jedes an binär Unitärem universal erläutern." Und: „Gewiß ließe sich hier also die geradezu klassische Frage der indonesienkundlichen Ethnologie nach dem Phratie-Dualismus aufgreifen" (Carle 1990, 238f.).

tung des Entstehens, Hervorgehens oder der Individuation und 4. das, was zu teilen ist, Na Bolon, mit der Assoziation von polarer Ordnung, die als Teilung zur Entschiedenheit hinsichtlich Identität und Verschiedenheit führt. Damit zeigt sich Ompu Mula Jadi Na Bolon als: das Ganze, in seinen beiden Aspekten des Individuationsgrundes – als Wurzel des Werdens – und der Individuationsordnung – das zu Teilende.

Zusammenfassend läßt sich also folgende Terminologie einführen: Das erste, die Individuation auslösende Ereignis wird im Gegensatz zum „Schöpfungsakt" als Individuationsakt bezeichnet. Das chaotisch Mannigfaltige, aus dem heraus sich die Welt entwickelte, stellt den Individuationsgrund (im Sinne einer Unterlage, nicht einer Ursache) dar. Die an dem Prozeß beteiligten Kräfte sind keine „Schöpfungsgötter", sondern Individuationsinitiatoren. Die systematische Abfolge einer ursprünglichen zur Individualität aufschließenden Bewegung wird nicht „Schöpfungs-", sondern Individuationsordnung genannt.

Der dynamisch-strukturierende Aspekt der Entfaltungsbewegung, die durch Scheidung die Ordnung gewinnt, kommt besonders klar in dem „Prototyp" der Individuationsordnung, im Bild des „Weges", zum Ausdruck.[721] Der Begriff „Individuationsordnung" ist im Vergleich zum Ausdruck „Ursprungsstruktur" („origin structure" bei Fox) präziser, weil er die ganze Individuation vom Ursprung im chaotisch manigfaltigen Kontinuum des Urzustandes bis hin zur entfalteten und geordneten Gegenwart eines ethnisch-spezifischen Kosmos umfaßt, wohingegen der Begriff der „origin structure" sich vorwiegend auf den verwandtschaftlichen Bereich beschränkt. Es handelt sich hier allerdings nur um Nuancen, denn Individuation und Verwandtschaftsstruktur hängen im indonesischen Denken eng zusammen.

Auf die frühgriechische Philosophie bezogen, lassen sich Zusammenhänge von Individuation und Verwandtschaft beispielsweise in Hesiods Theogonie aufweisen. Mazaheri bemerkte zum *chaos*-Begriff: „Insofern ist das Chaos ein ‚Nichts' bzw. ein ‚Nichtsein', als es dieses Moment, ‚existentes Phainomenon zu sein', entbehrt." (Mazaheri 1992, 126) Damit erweist sich auch das griechische *chaos* als das Unbestimmte. Weiter erklärte sie zum „Auftauchen" aus dem nebligen, dunstähnlichen Bereich: „Es handelt sich nämlich nicht … in der Theogonie um ein Konzept des Werdens nach vorherigem Nichtsein, sondern des ‚Entstehens von Phainomena', *Erschienenem*." (Mazaheri 1992, 124) Hier löst nicht direkt ein Trennungsakt, der hinsichtlich Identität und Verschiedenheit unterscheidet, die Individuation aus, sondern das Prinzip besteht im Hervorgehen oder deutlicher im Werden des Einzelnen aus dem chaotisch Mannigfaltigen.

721 Dieses Bild evoziert nicht nur das chinesische *dao*, über „the Toraja concept of Aluk To Dolo" schrieben Eric Crystal und Shinji Yamashita: „Aluk means ‚the way of doing' in its broader usages, and is roughly synonymous with Indonesian adat (custom) … In a narrower sense, it denotes the ‚way', suggesting the specific and invariable design of a ritual's performance according to what the ancestors (to dolo) have established." (Crystal und Yamashita 1987, 49) Dazu a. Toby A. Volkman: „aluk to dolo, or ‚the aluk of the ancestors'" (Volkman 1987, 166f.). Das *ethos* der Makassar läßt sich mit Rössler auf die Maxime bringen: „dem von den Ahnen vorgeschriebenen Weg, dem ada' unbeirrt geradeaus folgen" (Rössler 1987, 96).

Die Theogonie verbleibt im Schema einer „origin structure" mit Betonung der genealogischen Abfolge.

Von dieser findet sich in der Philosophie des Anaximenes nichts mehr. Hier sind die Prinzipien der Verdichtung und Erschlaffung Individuationsinitiatoren der (kosmologischen) Ordnung. Bei Parmenides schließlich wird die Individuationsordnung durch die Göttin in Fr. 12 bestimmt, doch verbleibt die Individuation insgesamt im *doxa*-Bereich. Der ontologische Unterschied zwischen der sich aus dem *sphairos* des Empedokles individuierenden Welt und dem platonischen Reich des Werdens spiegelt sich auch im Abstammungsverständnis wider. Dieses ist bei Empedokles ein von den Wurzel her „aufsteigendes" Prinzip (im Sinne der oben von Fox eingeführten Unterscheidung), bei dem die Erfahrungen der vorangegangenen Seinsweisen die Verwandtschaft mitbestimmen – ein metamorphotisches Modell, dem eine egalitäre, phasige Individuationsordnung unterliegt. Bei Platon triumphiert dagegen der hierarchische Gedanke und eine dichotomische Individuationsordnung. Die durch den Körper gegebene Verwandtschaft ist der (moralischen) Handlungsfreiheit der unsterblichen Seele untergeordnet – ein auf dem „absteigenden" Prinzip beruhendes metempsychotisches Modell, in dem die Seele aus der nach dem Tod erlangten Nähe zum Göttlichen in den die Seele verunreinigenden sterblichen Körper fällt. Das metamorphotisch-genealogische Modell der Individuation aus einem chaotisch-mannigfaltigen Zustand bei Empedokles korrespondiert mit dem Streben, sich durch redliches Bemühen einen Stamm von Verwandten anzueignen, also mit einer auf das Hier und Jetzt konzentrierten Tendenz zur Assimilation und damit verbundenen Ausweitung der Erfahrung. Bei Platon entspricht dem metempsychotisch-hierarchischen System des Abstiegs aus dem idealen Bereich des wahren Seins eine Tendenz zur Weltflucht und Hinwendung zu Jenseitsvorstellungen. Die Elemente und Kräfte des Empedokles bildeten ein egalitäres Arrangement, bei dem sie im polaren Wechsel und Austausch ineinander übergingen, – eine Vorstellung von Allverwandtschaft im weitesten Sinn. Demgegenüber erschafft bei Platon ein *demiurgos* die Welt, und die zwei Seinsbereiche haben keinerlei Verwandtschaft mehr miteinander.

Zur Frage nach der Mikro-Makrokosmos-Lehre

Die für Indonesien typische Individuationsordnung besteht in einem polaren Arrangement von Paaren, die wie in Hesiods Theogonie oder in der Gegensatztafel der Pythagoreer die Ordnung der Welt darstellten und die Grundlage komplexer Klassifikationssysteme bildeten. Im Unterschied zu den stark dualistisch konnotierten Aufteilungen der frühen Griechen standen die indonesischen Paare eher in einem polaren, sich ergänzenden Verhältnis, das mit den Grundkategorien von Licht und Dunkelheit bzw. Tag und Nacht, Hitze und Kälte, Mann und Frau ausgedrückt wurde. Beiden Klassifikationsformen unterlagen die Grundstrukturen von Enge und Weite, Spannung und Schwellung des Leibes, die Konzeptualisierung und Ausgestaltung zu einem System differierte aber kulturspezifisch. Den Unterschied zwischen „dualer Struktur" – ein Charakteristikum der griechischen Vorliebe für Eindeutiges und Abgegrenztes – und „polarer Ordnung" mit fließenden Übergängen und Vermischungen beachtete die Forschung kaum. Statt dessen prägten Durkheim und De Groot den Begriff „dualistische Struktur", den vor allem Durkheim aus der Aufteilung der einzelnen Ethnien in Phratrien herleitete.[722] Durkheim und De Groot waren nach P. E. De Josselin de Jong Vorläufer der „strukturalen Anthropologie in den Niederlanden", die sich besonders intensiv mit dem Problem der Klassifikation beschäftigt hat (P. E. De Josselin de Jong 1977, 4). Einer der ersten Vertreter dieser „Niederländischen -" oder „Leidener Schule", F. D. E. van Ossenbruggen, versuchte in seinem Aufsatz „Java's Monca-Pat: Origins of a primitive Classification System", Durkheims „Sozialapriorismus" am Beispiel Javas zu falsifizieren (v. Ossenbruggen 1977, 35, 43 u. 50). Zu dieser frühen Formation um J. P. B. de Josselin de Jong gehörte auch F. A. E. van Wouden. Er behauptete: „The scheme of social categories thus found serves as the model for an all-embracing classification. Cosmos and human society are organised in the same way and through this there emerges the essential interconnexion and similarity of the human and the cosmic." (van Wouden 1968, 2) Und mit Bezug auf Durkheim und Mauss meinte er, „such classifications may serve as the foundation for an all-embracing cosmic order" (van Wouden 1968, 163). Zum Zusammenhang von kosmischer und menschlicher Individuationordnung äußerte sich auch Th. G. Pigeaud, der sich besonders mit der „Javanese Divination and Classification" beschäftigte. Er sprach von der zwischen Mensch und Welt herrschenden „cosmic community",[723] um die gleitende Kohärenz und Anwendung der Systeme sowohl auf kosmologische als auch auf soziale und individuelle Entstehungserklärungen zu veranschaulichen (Pigeaud 1977, 76). Er erläuterte: „In the sphere of this sense of cosmic community chains of correspondences are forged, ... These correspondences, according to the Javanese, are based on the mutual association of elements which (according to modern Western notions) belong to basically different categories: colours, calendrical units, numbers, animals, plants, gods, astronomical phenomena, points of the compass, states of mind. It amounts to what in anthropology one calls ‚classification'." (Pigeaud 1977, 66)

Die hier erwähnte mnemotechnische Funktion der sogenannten „Elemente" ist nicht nur für Indonesien typisch, sondern auch für die Klassifikationssysteme anderer Ethnien. Mit Hilfe von Gestaltverläufen und synästhetischen Charakteren wurden bestimmte Eindrücke symbolisiert und klassifikatorisch zugeordnet.[724] Dabei bildeten die „Ele-

722 Zu den „primitiven Klassifikationen" schrieb Durkheim: „Solche Klassifikationen sind daher in erster Linie dazu bestimmt, die Ideen untereinander zu verknüpfen und dem Wissen Einheit zu verleihen; in diesem Sinne wird man sagen dürfen, ohne Ungenauigkeit befürchten zu müssen, daß sie ein Werk von Wissenschaft sind und eine erste Form von Naturphilosophie darstellen." (Durkheim 1987, 249). S. a. Bronislaw Malinowski (1983, 20).

723 Pigeaud schrieb: „Everything in the world, including mankind and human life, stands in close relationship and is bound up with all things around it, both living and dead, with the entire cosmos. The cosmos is one community. This feeling or this way of thinking in which divination is rooted, can therefore be described as the sense of cosmic community." (Pigeaud 1977, 65)

724 Zu den synästhetischen Charakteren und Gestaltverläufen s. Schmitz (1978, 37ff. u. 1990, 141ff.).

mente" die jeweils einem synästhetischen Charakter zugeordneten Leiteindrücke, nach denen die Klassifikation erfolgte.

Ein weiteres Mitglied der für die Erforschung indonesischen Denkens so einflußreichen Leidener Schule war W. H. Rassers, der sich ebenfalls an Durkheim anlehnte.[725] Er bemerkte zu javanischen Individuationsordnungen in ihrem Verhältnis zu den Klassifikationssystemen: „Somtimes – in connection with the unity of the tribe above the division of the two primary groups – the myth begins with a higher original unity, and then the ancestors of the two halves of the tribe are represented as coming in some miraculous way from one being" (Rassers 1959, 4, 20f. u. 60).[726] Damit kann auf eine monistische Konzeption geschlossen werden, die aber vage bleibt. Der Schwerpunkt der javanischen Systeme lag auf der dynamischen Relation zwischen den zwei Tendenzen, durch die die weitere Individuation ihre treibende Kraft erhielt.

Obwohl in den Arbeiten des Leidener Kreises immer wieder der dynamische Charakter der Modelle betont wurde, blieben sie letztlich, bedingt durch ihren strukturalistischen Ansatz, etwas zu starr. Das kritisierte dann H. D. Kubitschek, indem er sich gegen die im Gefolge Durkheims vorgenommene Überbewertung der sozialen Strukturen wehrte.[727] Insgesamt betrachtet, wird meist terminologisch nicht sauber zwischen Dualismus und Polarität unterschieden. Waldemar Stöhr, der ebenfalls auf die „Leidener Schule" einging und das Problem diskutierte, kam zu dem Schluß: „Ohne Zweifel manifestiert sich in Religion, Gesellschaft und anderen Bereichen altindonesischer Kultur eine ‚dualistische Struktur', d. h. die Vielfalt der Erscheinungen wird in antithetischen

725 Zu Rassers schrieb P. E. De Josselin de Jong: „In the first place, Rassers, as we have seen, was Durkheimian in his ideas about the primacy of social organization as a determinant of classificatory order. This influenced J.P.B. de Josselin de Jong and his pupils in the earlier phase, but we can observe that the notion of social determinism was gradually modified or even abandoned." (P. E. De Josselin de Jong 1977, 24) S. a. J. J. Ras: „Referring to studies by Van Ossenbruggen and Durkheim and Mauss Rassers argues that in the remote past the Javanese must have had a tribal division into two exogamous primary clans, each divided into two sub-clans" (Ras 1973, 424f.). Kritisch zu Durkheim a. Wales (1959, 119f.) und zu Rassers a. Gonda (1975d, 120).

726 Die „creation of the Javanes world" zeigte Rassers an einem Beispiel (Manikmaya): „...at the beginning of time there arose out of the chaos one being, the highest god Wisesa; then there follows the division into two, and three times in succession, or rather: three times in the division into two things or beings are arranged opposite each other in pairs: 1 heaven and earth, 2 sun and moon, 3 the brothers Manik und Maya" (Rassers 1959, 24). Zu javanischen Klassifikationssystemen s. a. Swellengrebel (1977, 88). Dazu a. J.P.B. de Josselin de Jong: „The fundamental oppositions and distinctions of heaven and earth, masculine and feminine, the centre and the two sides, are constantly expressed ... in titles and in social hierachy, in the preference for particular numbers, and even in all kinds of deviations and irregularities." (J.P.B. de Josselin de Jong 1977, 174) Zu den an die Pythagoreer erinnernden Zahlenspekulationen schrieb Weinstock: „Numerology plays an important role in Kaharingan ritual. Even numbers represent life, odd numbers represent death." (Weinstock 1987, 94)

727 Kubitschek: „Ihre ‚sozialen Strukturen' sind höchst subjektive Konstruktionen, die das an sich reiche ethnographische Material einseitig auf der Grundlage eines bestimmten Strukturtyps interpretieren. ... Es ist offensichtlich, daß die ‚sozialen Strukturen' mit konkret-historischen sozialökonomischen Strukturen nichts gemein haben." (Kubitschek 1969, 11)

Bezügen, die jeweils in einem Dritten (Mitte und Ganzes) ihren Ausgleich finden, klassifiziert und in Zusammenhang gebracht." (Stöhr 1976, 86) [728] Der Begriff „dualistische Struktur" verwischt die zu europäischen, insbesondere zu frühgriechischen Vorstellungen bestehenden Unterschiede und sollte besser durch „polare Ordnung" ersetzt werden.[729] Das Charakteristische der Polarität ist die innige Verschmelzung und Zusammengehörigkeit ihrer Komponenten. Die Dualität zeichnet sich dadurch aus, daß diese innige Verschmelzung fehlt. So waren beispielsweise schon bei Parmenides Licht und Nacht nur in Form der *mixis*, nicht als *krasis* vermischt (s. o.).

Mit der Feststellung, daß die indonesischen Ordnungsschemata polar arrangiert sind, ist noch keine Aussage bezüglich eines Vorhandenseins oder Zusammenhangs von Mikro-Makrokosmoslehren getroffen, denn die Klassifikationssysteme sind primär unabhänging davon. Sie bildeten allerdings die Grundlage, auf der die späteren, durch indische Systeme beeinflußten Lehren der Entsprechung des Leibes als kleinem und des Universums als großem Kosmos entstanden. In ihren frühesten Formen dienten sie der Ordnung von Kosmos und Gesellschaft gleichermaßen, ohne daß eine klare Grenze angegeben werden könnte. Stöhr bemerkte dazu: „Für dieses Weltbild ist eine Unterscheidung in Mikrokosmos und Makrokosmos im Grunde unzutreffend, und darin liegt der deutlichste Unterschied zu den jungindonesischen Völkern, d. h. der Mikrokosmos ist in den Makrokosmos integriert: es ist noch ein Ganzes gegeben." (Stöhr 1976, 88) Diese wichtige Beobachtung verdeutlicht die Nähe zum frühgriechischen Eindrucksdenken. Daß die eher egalitären Weltanschauungen, in denen ein chaotisches Kontinuum der Allverwandtschaft die Wurzel kosmologischer und religiöser Vorstellungen war, von chinesischen Vorstellungen beeinflußt worden sein könnten, wurde mit Hinweis auf das hohe Alter der dort verbreiteten *hun-dun* Motivik bereits erwähnt. Mit diesen Vorstellungen eines chaotischen Ganzen ist der Gedanke der Allverwandtschaft verbunden, wie ihn in griechischer Form Empedokles beschreibt. Demgegenüber etablierte Platon durch die Verknüpfung der hierarchischen Ordnung mit einer Mikro-Makrokosmos-Lehre ein neues Weltbild (s. o.). Eine mit dieser griechischen in gewisser Hinsicht vergleichbare Entwicklung darf beim zeitlich viel später einsetzenden Übergang der altindonesischen Anschauungen zu den aus Indien importierten Systemen von Mikro-

728 Zum „sozialen und religiösen Dualismus" in Indonesien s. a.: P. E. de Josselin de Jong (1977, 20), v. d. Kroef (1954, 847), Blust (1980, 238ff.), Jansen (1977, 114f.), Jensen (1966, 184), Rita Smith und Susan Rogers (1987, 10), Weinstock (1987, 83), Eric Crystal und Shinji Yamashita (1987, 61f.), Janet Hoskins (1987, 139), David Hicks (1987, 45f.) Zu Bali mit Vergleich zu China schrieb Jane Belo: „The most important point is the complementariness of the sexes, male and female together making up an entity, completing each other. Like the Chinese yin and yang, the theme male and female (loeh moewani) is endlessly repeated and recurrent in every context from description of the gods to the terms for a carpenter's joining." (Belo 1949, 14) S. a. M. Le Cron Forster (1979, 175). Am Beispiel Timors machte van Wouden auf die hierarchische Konnotation der Polarität aufmerksam: „Such an opposition between an inferior earth-phratry and a superior sky-phratry is a characteristic phenomenon of social dualism." (van Wouden 1968, 97)

729 Zur Gegenübersetzung von dualem und polarem Denkstil s. a. Rappe (1989, 62ff.).

Makrokosmos-Entsprechungen vermutet werden. Den Wandel genauer aufzuzeigen, bringt aber Schwierigkeiten mit sich, da in Indonesien die Quellenlage unsicher ist. Außerdem muß man das Phänomen des Synkretismus im Auge behalten. Beispielsweise machte Stöhr auf folgende Vorstellungen der Ngaju Dayak über das Wesen des Menschen aufmerksam: „Danach erscheint der Mensch als Mikrokosmos; seine Körperteile und Organe entsprechen den Flüssen und Seen, den Wäldern, Bergen und Tälern der Oberwelt. Das erinnert überraschend an die fast gleiche Auffassung des Menschen als Mikrokosmos bei den Balinesen, die dort (nach Weck) vor allem für die Heilkunde von Bedeutung ist.“ (Stöhr 1976, 112) Gerade die Parallele zu den stark hinduistisch geprägten Baliern deutet auf indischen Einfluß und die dadurch wahrscheinlich ausgelösten Transformationen verschiedener Auffassungen des Welt- und Menschenbildes der Ngaju. Damit lassen sie sich aber nicht mehr, wie Stöhr wollte, einfach unter die Kategorie „altindonesisches Denken“ subsumieren. Der Kontakt mit anderen Populationen und vor allem mit den nach hinduistischen Vorbildern aufgebauten Großreichen bereicherte die Kultur der Dayak immer wieder. Diese Kontakte führten zu produktiven Übernahmen anthropologischer Vorstellungen, die in einer kulturspezifischen Synthese des fremden Impulses mit dem indigenen Denken verknüpft wurden.

Ähnliches gilt für die Frage nach der Mikro-Makrokosmos-Lehre bei den Batak. Dazu versicherte Tobing: „Moreover, every Toba-Batak is a manifestation of the High God, and, therefore, the adat, guiding the individual as well as the community through life is the microcosmic reflection of the macrocosmic order.“ (Tobing 1956, 176)[730] Die *adat* ist als Individuationsordnung für Mensch und Kosmos gültig, ohne daß deshalb jeder einzelne eine „Manifestation des Hochgotts“ sein muß. Wenn Tobing dann selber erläutert, „this corresponds with the deeply rooted feeling that man and nature are essentially one“, rekurriert er auf altindonesische Vorstellungen und auf das Gefühl der Zusammengehörigkeit von Mensch und Welt, wie es vor der Parallelisierung in Mikro- und Makrokosmos für die Weltsicht prägend war. In diesem Sinn ist Parkins Kritik zu verstehen, als er meinte, Tobing habe zwei verschiedene Konzepte vermischt, nämlich das ursprünglichere der „‚participation in the totality‘“ mit dem der hinduistisch beeinflußten Mikro- Makrokosmos-Doktrin (Parkin 1978, 42 A. 39).

Wie schwierig es ist, ein genaues Bild über altindonesische Vorstellungen (im Sinne von vorindischer, nicht vorchinesischer Beeinflussung) zu bekommen, zeigt auch folgende Bemerkung von Karl-Heinz Kohl über sogenannte indonesische „Stammesreligionen“: „Sie behaupten Strukturidentität von sozialem Mikrokosmos und natürlichem Makrokosmos. Die natürliche Umwelt wird in Analogie zur jeweils bestehenden sozialen Ordnung aufgefaßt, wie umgekehrt die Sozialordnung als Abbild der kosmischen

730 Tobing an gleicher Stelle weiter: „Since the adat is looked upon as the microcosmic order, whose observance guarantees cosmic harmony, and consequently ensures the welfare of the individual as well as of the community, mishaps, disasters and strange natural phenomena are considered to be the results of the violation of the adat. In such cases the Toba-Batak take recourse to the rites, which will restore the microcosmic, and likewise the macrocosmic order.“

Ordnung konzipiert ist.“ Und Kohl weiter: „Der Ineinssetzung von sozialem Mikrokosmos und natürlichem Makrokosmos entsprechend, enthalten Mythen und Riten zugleich Aussagen über und Anweisungen für den richtigen Umgang des Menschen mit der Natur.“ (Kohl 1986, 194) Schaut man genau hin, dann hebt Kohl die „Ineinssetzung“ von sozialer und kosmischer Realität hervor und sagt nicht, daß auch der Mensch als kleiner Kosmos anzusehen sei. Gesellschaftsordnung und Weltaufteilung können sich entsprechen, ohne den Menschen als Mikrokosmos zu sehen. Kohls Aussage basiert auf den Ergebnissen der Leidener Schule. Als einer der exponiertesten Vertreter dieser Richtung hatte sich J. P. B. de Josselin de Jong zu dem Problem so geäußert: „Human society and all that concerns it or stands in relation to it – such as, for example, the geographical environment – is conceived of as a kind of microcosm in the sense of the visible and tangible part of the macrocosm. In other words, it is the macrocosm itself in so far as it is within human reach. The fundamental dichotomy of human society into two descent groups, two phraties, two series of clans is at the same time a cosmic dichotomy in which heaven and earth, the upper world and the underworld, and numerous other oppositions, especially those of superior and inferior and good and evil, are incorporated. This socio-cosmic dualism forms the nucleus of an all-embracing classificatory system“ (J.P.B. de Josselin de Jong 1977, 172).

Ihm folgte beispielsweise auch van Wouden.[731] Sowohl bei J. P. B. de Josselin de Jong als auch bei van Wouden, Tobing und Kohl wurde vom sozialen Mikrokosmos im Verhältnis zum umweltlichen Makrokosmos gesprochen, nicht vom Verhältnis Leib – Kosmos, wie es für die späteren großen Analogiesysteme typisch ist. Bestätigen lassen sich diese Aussagen mit Wales, der die „Makrokosmos-Mikrokosmos Doktrin“ für ein Produkt späterer Entwicklung hielt. Durch die Veränderung der „anthropomorph vorgestellten Gottheit“ und der damit verbundenen „primitiven Dualität des frühesten Kosmos“ hin zu den späteren Aufteilungen in drei, fünf, sieben oder neun Ebenen seien erst die komplexen Systeme entstanden. Das ursprüngliche Motiv des Weltenbergs und des Weltenbaums hätte sich durch die Entwicklung zu einem Emblem der kosmischen Totalität gewandelt. Der das altindonesische genealogische Verhältnis symbolisierende „Baum des Lebens“ sei älter als das „Konzept des kosmischen Baumes“ indischer Herkunft; ein Unterschied, der die von Fox oben hervorgehobene Differenz bestätigt. Durch den Vorgang der „Kosmisierung“ (cosmisation) autochthoner Vorstellungen, also des Übergangs von der genealogischen Totalität und urzeitlichen Einheit des Stammes hin zur hierarchisch strukturierten Systematik, sei die Effektivität der Organisationsformen wesentlich gesteigert worden (Wales 1959, 122). Die Differenzierung zwischen „sozialem Mikrokosmos“ und „natürlichem Makrokosmos“ wurde später auch auf den Menschen ausgedehnt. Dadurch enstanden Mikro-Makrokosmos-Lehren, in denen Menschenleib und Gesellschaftsformation die göttlichen und kosmischen Verhältnisse spiegelten. Das Denken der altindonesischen Ethnien verlief dagegen in einer Ganzheit von

731 Zu den „primitive classifications“, „based primarily on the social categories of society, and especially on those of phratry-dualism“ s. van Wouden (1968, 125).

Wirkzusammenhängen, die durch das Entfaltungsgesetz der hervorstrebenden Abstammung geordnet waren.[732] So wie im frühen Griechenland die Mikro-Makrokosmos-Lehren auf vorhandenen Konzeptionen aufbauen konnten, in denen sie schon angelegt, aber noch nicht stringent durchgeführt waren, bildeten die altindonesischen Vorstellungen die Grundlage der hinduistisch geprägten Systeme. Der Schritt von der eher egalitär orientierten Ganzheit zu der streng hierarchisch geordneten Gesellschaft hing mit machtpolitischen Gründen zusammen. Mit dem indischen Einfluß verschärften sich die gesellschaftlichen Unterschiede. Aus den kleinen segmentären Gesellschaften oder „Stammesgemeinschaften" entstanden durch die zunehmende Machtkonzentration einzelne Großreiche, die nun mit ihrer streng hierarchisch gegliederten, kosmisch-theologischen Ordnung den Zusammenhalt erzwangen.[733] Ähnlich wie Platon die Mikro-Makrokosmos-Lehre dazu benutzte, seine Sicht zu verbreiten, bedienten sich die indonesischen Fürsten der indischen Doktrinen, um ihre Position zu stärken und eine Beherrschung ihrer Reiche zu gewährleisten. Charakteristisch für indische Denkmodelle war die erhöhte Komplexität der Systeme. Die Verbindung von Kosmologie und Soziologie, die durch die Entsprechung von Mikro- und Makrokosmos eine parallele Organisation von religiösen Leitvorstellungen und sozialen Ordnungen erreichte, versprach den Herrschern Stabilität und Sicherheit ihrer Macht.[734] Diese Modelle drehten, metaphorisch gesprochen, die Individuationsrichtung um und bestimmten die Identität des Einzelnen nicht mehr aus einer mehr oder weniger egalitären verwandtschaftlichen Gemeinschaft heraus, sondern ließen nun den Einzelnen von Oben herab seine soziale Identität und Stellung gewinnen. Im Laufe der machtpolitischen Bewegungen setzte sich der Herrscher in eine zentrale Position zwischen Götter und Menschen, baute gleichzeitig ein hochentwickeltes Göttersystem zur Absicherung der Macht, aber auch als Hilfe zur wissenschaftlichen Bewältigung von Erkenntnissen aus und begründete so eine Gesellschaftsordnung, in der er die Spitze der ebenfalls erweiterten Hierarchie einnahm.[735]

732 Zum Unterschied zwischen alt- und jungindonesischem Denken Stöhr: „Zwischen diesem komplizierten und ausgeklügelten System der jungindonesischen Hochkultur, das nicht nur den Priestern, sondern zumindest in den Grundelementen auch dem einfachen Volk bekannt ist, und dem noch den elementaren Gegensätzen verhafteten sozialkosmischen Dualismus der altindonesischen Kultur besteht wahrlich ein weiter Abstand." (Stöhr 1976, 87)

733 Lansing kam zu dem Schluß: „It does suggest that the adaption of Indic models of divine kingship by the Balinese had the effect of consolidating a political structure prefigured in indigenous chiefdoms." (Lansing 1983, 41)

734 Dazu Lansing: „Both Buddhist and Hindu versions of this cosmology link it explicitly to a theory of the state, which provided a strong justification for royal authority and a clear model for social order. This is the theory of analogy, or structural correspondence, between macrocosmos and microcosmos, the natural and social orders, respectively. The organisation of the state was patterned on the order of the cosmos, with the ruler analogous to a supreme god. Cosmological symbols thus became symbols of the realm, locating the ruler at its center (which certainly helps to explain the addiction of Southeast Asian monarchs to the construction of such symbols)" (Lansing 1983, 20).

735 Demgegenüber trug altindonesisches Denken egalitäre Züge, wie mit einem Beispiel von Robert Harrison gezeigt werden kann: „Ranau Dusun life remains largely egalitarian *though there are

2. Die Leibschemata der Batak

Die Auseinandersetzung zwischen indischem Einfluß und indigener Denkweise prägte vor allem die westindonesischen Kulturen. Eine dort angesiedelte Ethnie, die Batak auf der Insel Sumatra, kann ihre medizinisch-philosophischen Traditionen anhand der verschiedenen Einflüsse in die Zeit der Begegnung mit indischem Gedankengut zurückverfolgen.[736] Die für das Menschenbild der Batak grundlegenden Leibschemata sind *tondi* und *begu*, weitere wichtige Begriffe *sahala*, *sombaon* und *sumangot* (od. *semangat*). Keiner von ihnen bezeichnet so etwas wie Seele oder Körper im platonischen oder christlichen Sinn. Das Bedeutungsspektrum dieser Begriffe umfaßt Phänomene, die an homerische Anschauungen erinnern, was von der Forschung bereits Anfang des Jahrhunderts erkannt und in den Arbeiten von Arbman und Pfister herausgearbeitet wurde. Da Arbmans Bemühungen und sein ethnologischer Hintergrund von mir an anderer Stelle besprochen wurden (Rappe 1989, 53ff.), konzentriere ich mich hier auf den in der „Realenzyklopädie" erschienenen Artikel „Kultus" von Pfister, in dem ebenfalls der *tondi* mit frühgriechischen Vorstellungen verglichen wird. Die zu dieser Zeit wichtigsten Quellen für die Darstellung des Weltbildes der Batak waren die Berichte von Johannes Warneck; weiteres aufschlußreiches Material wurde von Harley Harris Bartlett gesammelt. Diese äußerst dürftige Quellenlage, auf der die Untersuchungen Pfisters und Arbmans beruhen, konnte mittlerweile durch die Forschungen von Harry Parkin, L. Tobing und A. B. Sinaga verbessert werden, was eine erneute Aufnahme der Thematik wünschenswert macht.

Obwohl also die Batak im Laufe der Geschichte Indonesiens unter dem Einfluß der verschiedensten Kulturen standen, hat sich bis auf den heutigen Tag ein Verständnis ihrer verwandtschaftlichen Verbundenheit erhalten, das mit seinen Wurzeln bis in die altindonesische Zeit reicht.[737] Die alte batakische Sicht vom Menschen war eng verknüpft mit medizinisch-religiösen Vorstellungen und bildete einen Teil des Wissens-

differences in individual wealth. With respect to the symbolism of social order this has two consequences. First, there is no superordinate structure, such as princes and a nobility, for whom it is necessary to erect a validating mythology and concordant rituals. A noble caste or class would be very active creators of a mythology and a cosmology which would tend to justify their use of power. They would, of course, be active participants in creating rituals and social dramas which would for most occasions maintain, and tend to emphasize the social distance between themselves and others which would be essential to keep the mythology alive." (R. Harrison 1979, 69)

736 Dazu Parkin: „Batak culture, as it is known today, presents a syncretism in which autochthonous elements have been Indianized, Islamized and Christianized, at the same time there are Dongson, Hindu, Christian and even a few Muslim elements which have been Batakised." (Parkin 1978, 36)

737 Zum heutigem Verständnis der Batak von Verwandtschaft s. Carle: „Die intersoziale Abhängigkeit des Einzelnen wie die seines Kollektivs wird also von einem komplexen Regelkodex zur gegenseitigen Respektierung reflektiert, der in seiner elementaren Totalität auch eine funktionelle Arbeitsteilung widerspiegelt, die wiederum mit dem spezifischen Verwandtschaftssystem korreliert. … Die persönliche Verwandtschaftsrelation ist also immer auch eine kollektive, genealogisch definierte und bezieht daher folgerichtig das ganze jeweilige Kollektiv mit ein." (Carle 1990, 382f.)

schatzes einiger Priviligierter, nämlich der als *datu* bezeichneten Heiler. Im *datu*, dem altindonesischen Mediziner, Magier, Herrscher oder Ratgeber in politischen Angelegenheiten, der im weitesten Sinne als Schamane bezeichnet werden kann, liefen verschiedene Funktionen zusammen.[738] Sein multifunktionaler Wirkungsbereich erinnert an die oben von Pythagoras und Empedokles gegebenen Charakteristika, allerdings bestehen die wichtigsten Unterschiede darin, daß im altindonesischen Denken der *datu* eine Art Institution war, wohingegen Pythagoras und Empedokles nicht als Schamanen, sondern als individuelle Philosophen wirkten.

Obwohl die Kultur der Batak durch indisches Gedankengut sehr bereichert wurde, läßt sich bezüglich des *tondi* auf sehr alte Vorstellungen schließen. Parkin behauptete dementsprechend, der *tondi*-Kult sei von indischen bzw. hinduistischen Einflüssen relativ frei geblieben (Parkin 1978, 152).[739] Er arbeitete zwei wesentliche Bedeutungen des *tondi*-Schemas heraus: „das Konzept des undifferenzierten *tondi*" und seine Differenzierungen in „tondi, begu, sumangot," und „sombaon" (Parkin 1978, 152f.). Eine Parallele dazu sah er in den zwischen einem monotheistischen und einem polytheistischen Aspekt schwankenden religiösen Vorstellungen.[740]

Der *tondi* stellte eine den Menschen belebende Kraft dar, deren Quelle der oben schon erwähnte *ompu mula jadi na bolon* war. Ähnlich wie in der griechischen *psyche* oder in der hebräischen *nepes* die leibliche Kraft zum Ausdruck kam, so bildeten leibliche Spannung und deren Verlust auch beim *tondi* die Phänomene hinter dem Begriff.[741] Weiter wurde zwischen *tondi*, *semangat* und *sahala* unterschieden. Das Verhältnis von *tondi* und *sahala* ist nicht ganz klar. *Sahala* scheint eine moralisch autoritäre Färbung

---

738 Zur „Vermählung der indisch inspirierten Konzeption eines Mediator-Fürsten mit dem indonesischen Schamanen-Herrscher" s. Carle (190, 201). Allgemein zur Bedeutung von datu (Mal. datuk (datok) = raja) als „Heiler", „Ältester einer Familie" und generell als Ehrentitel s. Carle (1990, 476 A. 97). Dazu Tobing: „A Datu is an augur, a priest and a physician at the same time." (Tobing 1956, 15) Und Sinaga: „The Batak datu is a priest, doctor, teacher and shaman in one person. A datu is not a professional priest which is lacking in the Batak religion." (Sinaga 1981, 22 A.8) S. a. Parkin (1978, 31) u. Bartlett (1973, 30).

739 Parkin weiter: „No Indian-Hindu influence is discernible in the ‚tondi' cult, which is the basis of Toba-Batak religion. The ‚tondi' – ‚begu' – ‚sumangot' – ‚sombaon' progression is purely in keeping with the viewpoint of autochthonous Indonesian religion." (Parkin 1978, 186)

740 Dazu Parkin: „When we turn to examine the Toba-Batak deities we find a similar complexity and a similar confusion between the undifferentiated ‚source of life' and its several aspects or differentiations." (Parkin 1978, 152f.)

741 Dazu Sinaga: „Tondi as the dynamic principle of one's life is the source of his living ‚power' and the ‚power' itself." (Sinaga 1981, 103) Dazu Warneck: „Es ist eine Lebenskraft, Lebensmaterie oder Seelenstoff." (Warneck 1909, 8f.) Arbman behauptete (gegen Warneck): „Tondi ist nicht Kraft, sondern Wesen (und Leben) als Träger der Kraft." Allerdings relativierte er seinen Standpunkt mit der Aussage: „Aber in der jetzt berührten Hinsicht unterscheidet es sich nicht von der Kraft." Übrigens trieb Arbman die Begriffsverwirrung dadurch weiter, daß er zwischen Seele und „Individualessenz" unterschied, ohne sich um eine klare Definition zu bemühen. Er kommentierte: „Von etwas Seelischem kann hier jedenfalls nicht die Rede sein. Überhaupt ist das Tondi eines Wesens oder Dinges nicht seine Seele, sondern seine Individualessenz." (Arbman 1931, 376)

des *tondi* zu sein, eine Art Charisma oder Tugendkraft, die von dem jeweiligen Träger ausstrahlt.[742] Neben diesen hauptsächlich die Lebenden betreffenden Vorstellungen gibt es noch den *sombaon* und den *begu*, eine Art „Totengeist".[743] Parkin beschrieb ihn so: „‚Begu' generally means the spirit of a dead person, but it also means lower nature-spirits. In Batak terminology, ‚sumangot', ‚sombaon' and ‚pangulubalang' are all spirits of various ranks and grades, the first two of these three terms usually mean higher grades of the spirits of the dead." (Parkin 1978, 25) Während nach dem Tod des Menschen eine Umwandlung des *tondi* in *begu* stattfinden kann, dominiert der *tondi* während des Lebens gänzlich. Die *begu* der verschiedenen Verstorbenen, die „Ahnengeister", können einen Einfluß auf die Lebenden ausüben und tun dies meist negativ.[744]Ein Ahne oder ein böser Dämon kann von einem Menschen Besitz ergreifen, indem er den *tondi* vertreibt und sich an dessen Stelle setzt. Das hat zur Folge, daß der verlassene Körper von Krankheit, Ohnmacht oder Tod heimgesucht wird.[745] Aufgabe des *datu* ist

742 Zum Begriff *sahala* s. a. Tobing: „Sahala is the quality, natural disposition as well as the destiny of man." (Tobing 1956, 88) Dazu Parkin: „Tobing calls it, ‚an aspect of the ‚tondi". It is more accurate to say that it is an endowment of the ‚tondi'. A man is what he is, not only on account of what his ‚tondi' has chosen to become, but because of the nature and degree of ‚sahala' possessed by his ‚tondi'." (Parkin 1978, 149) Sinaga erläuterte: „Sahala is the actualized ‚power' of tondi. ... Sahala has two conditions: that which concerns the intensity and the kind of the ‚power' which constitutes the disposition of a person, and the social domain of the exercise of the ‚power'. .... The meaning of tondi is akin to ‚power' as a substance and sahala to `power' as authority." (Sinaga 1981, 104) Carle übersetzte mit „Allmacht" und führte indisch *sakti* als Parallele an (Carle 1990, 159,162f.). Er sprach vom „*tondi* ‚Geist der Lebenden' als Teil von *sahala*, der höheren Potenz von *tondi*" und von „*begu* ‚Geist der Verstorbenen oder Ahnen'" sowie von *sahala* als „allumfaßender Potenz" (Carle 1990, 192f.). Zu *semangat* (od. *sumangot*) s. a. Carle (1990, 192) und Parkin (1978, 152).

743 Zu *sombaon* s. Tobing (1956, 95) und Warneck: „Eigentlich Anbetungswürdiger. Das Wort bezeichnet einmal einen unheimlichen Ort, heiligen Hain, heisse Quelle, hohen Berg, dichtes Dickicht und dann einen Ahn, der die höchste Stelle im Geisterreich erklommen hat. Solche werden dann an jenen heiligen Stätten wohnend gedacht." (Warneck 1909, 74) Mit Bartlett läßt sich noch ergänzen: „The act of praying is called somba, and a sacred or haunted place, where somba is necessary, is called sombaon. The spirit living in such a place is also called sombaon." (Bartlett 1973, 18f.) Zum Begriff *sombaon* s. a. Schmitz (1977, 133). Zu *begu* als eine Art Totengeist s. Warneck (1909, 67ff.) und Bartlett (1973, 39) sowie Arbman (1931, 375f.).

744 Dazu a. Bartlett (1973, 29). Er schrieb weiter: „A begoe was most commonly conceived of as a kind of a spirit that had escaped from a dead person, ... A begoe is likely to be bad." (Bartlett 1973, 31) Zum Verhältnis von *begu* und *tondi* und über den Zusammenhang zwischen *tondi* und dem, was er „Lebensseele" nannte, führte Arbman aus: „Es handelt sich nur um eine primitive Inkonsequenz, wenn z. B. der tondi den Körper verlassen kann, ohne dass der Tod sich unmittelbar einstellt. Nun ist indessen der tondi, sobald er den Körper verlassen hat, vollständig identisch mit der Psycheseele, zu deren Eigenschaften auch die gehört, dass ihr Entweichen nicht unmittelbar Tod oder Bewusstlosigkeit hervorruft, was dagegen in der Regel von der Lebensseele zu gelten scheint." (Arbman 1926, 221 A. 2) Begriffe wie „Lebensseele" und „Psycheseele" sind von mir a. a. O. genügend kritisiert worden. Sie dienen keiner klaren Beschreibung, sondern verschleiern eher die Phänomene.

745 Parkin: „The Toba concept of ‚tondi' bears several characteristic Indonesian features, the most important of which is the ability of the ‚tondi' to leave the body. ... The absence of the ‚tondi' from the body leaves the person concerned in a perilous position." (Parkin 1978, 145) Und Bartlett: „Insanity is

es, den Grund für den Angriff auf den Patienten festzustellen, um eventuell mit dem eingedrungenen Dämon zu „kämpfen", den *tondi* „zurückzuholen" und so das verlorene Gleichgewicht wieder herzustellen.[746] Das sehr alte und in ähnlicher Form weit verbreitete Motiv des durch *tondi*-Verlust geschwächten Leibes deutet das Fehlen des leiblichen Wohlbefindens auf allgemein verständliche Art und erklärt das Auftreten der Krankheiten innerhalb eines sozial akzeptierten Rahmens, der gleichzeitig auch die Hilfsmittel zur Bekämpfung des Schadens bietet. Bedenkt man, daß auch bei Homer Ohnmacht und Tod als Entweichen des *thymos* interpretiert wurden, so zeigt sich hier eine gewisse Verwandtschaft.

Das Verhältnis des *tondi* zu den einzelnen Gliedern des Leibes gleicht, wenn man die alten Griechen heranzieht, eher den pneumatischen Vorstellungen einer sich im Leib bewegenden Kraft. Die Funktion des *tondi* – ähnlich wie die der *nepes* – scheint umfassender zu sein als die des homerischen *thymos*. Nach Tobing soll der *tondi* in allen Körperteilen wohnen (Tobing 1956, 93).[747] Sicherlich fallen im Spüren von Kraft Leib und Gefühl zusammen, doch erklärt dies nicht das Verhältnis des *tondi* zu den Gliedern. Schon Warneck sprach davon, daß der *tondi* „alle Glieder des Körpers" bewohne. Daraus zog er allerdings eine wenig überzeugende Folgerung – und gerade hier ist ihm Tobing gefolgt –, denn er behauptete: „Darum fühlt der einzelne Körperteil selbständig: Die Leber ist heiß (= man wird zornig) oder tut weh (= man fühlt sich verletzt), die Leber ist angenehm berührt (= man fühlt sich wohlig, zufrieden), der Magen ist hungrig (nicht der Mensch ist hungrig), das Auge sieht (nicht die Person) usw." (Warneck 1909, 8f.)

Die Leber (*ateate*) ist hier natürlich als der leibliche Ort „innere Brust" und „Bauchregion" gemeint und nicht als physiologisches Organ. Vergleicht man diese Sicht der selbständigen Regungsherde mit der homerischen Auffassung, so taucht der Verdacht auf, daß Warneck die Ursache mit der Konzeption verwechselt hat. Nicht weil der *tondi* allen Gliedern innewohnt, „fühlt der einzelne Körperteil selbständig", sondern weil sich der Regungsherd der Person aufdrängt, wird er als selbständig wahrgenommen.

---

explained by the entry into the body of an evil spirit, which takes the place of one of the tondi while the latter is wandering, and the form which the insanity takes depends both upon the particular tondi dispossessed and upon the nature of the intruder." (Bartlett 1973, 30)

746 In diesen dämonologischen Erklärungen von Krankheitsursachen sah Dodds, der sich explizit auf die Batak bezog, Züge, die die Griechen „mit Borneo und der primitiven Vergangenheit verbinden". Zusammenfassend meinte er, „daß alle Abweichungen von einem normalen menschlichen Verhalten, deren Gründe nicht unmittelbar einsichtig sind, entweder vom Bewußtsein des Subjekts selbst oder von einem außenstehenden Beobachter einer übernatürlichen Kraft zugeschrieben werden, genauso wie eine Abweichung vom normalen Witterungsverlauf." (Dodds 1970, 11f.)

747 Dazu Tobing : „Although this has quite escaped Warneck's attention, we also perceive that, as a consequence of the totalitarian, non-analytical way of thinking of the Batak, which they share with many other peoples, the tondi ‚as a whole' dwells in all the parts of the body. For this reason our conclusion must be that the tondi is immanent in the body. Tondi and body are not two separate entities, but they must be looked upon as being integral." (Tobing 1956, 93) Es muß allerdings gefragt werden, was Tobing genau unter „being integral" versteht.

Die Konfrontation des Menschen mit seinen Regungsherden und semiautonomen Leibesinseln kann, wie das homerische Beispiel verdeutlicht, auch ohne integrierende Konzeption auskommen. Eine Kraft, die in allen Gliedern steckt und diese integriert, kannte Homer nicht, weder *menos* noch *psyche* können trotz gewisser Ähnlichkeiten als solche betrachtet werden. Auch in diesem Punkt ist die Parallele von batakschen und hebräischen Anschauungen auffälliger. Versucht man eine genetische Sehweise und orientiert sich dabei am Unterschied zwischen homerischem *thymos* und späterer Pneumavorstellung, so läßt sich vermuten, daß die Behauptung, der *tondi* wohne in allen Gliedern, eine nachträgliche Konzeption ist, die die ursprünglich eher separaten Leibesinseln miteinander verband, um ein stringenteres Leibschema zu erhalten. Ein weiteres Indiz dafür sind die selbständigen Bezeichnungen der Regungsherde. Es ist nicht nur der *tondi*, der heiß wird, sondern speziell die Leibesinsel in der Herz-Leber-Gegend (*ateate*). Die Beziehung zwischen *tondi* und *ateate* ist jedoch in der Forschungsliteratur nicht eindeutig dargelegt, und die Theorien von Warneck und Tobing werden durch keine weiteren Beweise gestützt. Bemerkenswert ist ferner, daß die eher monotheistisch-integrierende Konzeption des *ompu mula jadi na bolon* durch indischen Einfluß gekennzeichnet ist. Damit rückt aber die Konzeption des *tondi* als eine die Leibesinseln „bewohnende", integrierende Lebens- und Leibeskraft in die Nähe einer nachträglichen Bildung, die sich als Reaktion auf hinduistische Vorstellungen oder aus dem generellen Bedürfnis nach Beherrschung der Leibesinseln erklären läßt.

Fraglich ist es in jedem Fall, aus dem *tondi* einfach eine „Seele" zu machen und diese dann gegenüber dem „Körper" abzugrenzen, wie dies Sinaga tat, als er meinte: „The tondi is different from the body in so far as the soul is considered as ‚the principle of life', the ‚living power in man', ‚spirit', ‚life', ‚breath'." (Sinaga 1981, 103) Auch seine anschließende Unterscheidung zwischen einem „impersonalen-" und „personalen" Prinzip, ist mißverständlich. Schon Arbman hatte eine Trennung von Mensch (Persönlichem) und Kraft (Unpersönlichem) für sehr schwierig gehalten.[748] Das Prinzip der unpersönlichen „Lebenskraft" läßt sich nicht ohne weiteres mit einem persönlichen *tondi* vereinbaren. Wenn Sinaga im folgenden Satz erläutert: „The body is conceived as having vital fluid (levensfluidum), pervaded by the tondi in differing intensity in the various members of the body", so stimmt er zwar mit Tobing und Warneck überein, doch erstens fehlt hier der persönliche, schicksalshafte Aspekt des *tondi*, und zweitens bedeutet das nicht, daß die Vorstellung einer in verschiedenen Graden im Körper vorhandenen Kraft ursprünglich sei. Außerdem fällt auf, daß Sinaga nicht von Körperorganen oder Teilen, sondern von Mitgliedern (*members*) spricht, was, selbst wenn es nur eine zufällige Wortwahl war, darauf hinweist, daß sogar im modernen Sprachgebrauch noch ein Anklang an ein loses Gefüge der Regungsherde vorhanden ist.

748 Arbman: „Tatsächlich fließen in der Auffassung des Tondi Persönliches und Unpersönliches so vollständig ineinander, daß man in vielen Fällen nicht sagen kann, wo das eine aufhört und das andere beginnt." (Arbman 1931, 377) S. a. J. Böhme (1929, 118).

Kann die Bedeutung des *tondi* als leibliche, aber eher unpersönliche Kraft auch nicht bestritten werden, so bleibt der Zusammenhang mit dem ebenfalls als Phänomen eindeutig belegten personalen Aspekt des *tondi* jedoch unklar. Dieser äußert sich z. B. darin, daß sich der Mensch mit seinem *tondi* ähnlich unterhält wie der homerische Held mit seinem *thymos*, und daß auch er vollständig die Initiative an den *tondi* verlieren kann. Doch um die Beziehungen zwischen den Leibesinseln und der jeweiligen Person noch etwas klarer in den Blick zu bekommen, muß nochmals auf Warneck zurückgegriffen werden. Dieser hatte, obwohl er einen nicht weiter definierten Geist- und Seelenbegriff benutzte, besonders den engen Zusammenhang zwischen Leib und Gefühl im Denken der Batak betont. Zum Verhältnis von „Geist" und Leib schrieb er: „Leidet der erste, so muss der letztere dafür Äusserungen hergeben. Der Schmerz ist ‚im Leib', der Leib hungert, wenn die Seele trauert. Der Bauch ist Zentrum der Seele, die sie in die ateate, die Lebergegend, verlegen. ‚Leber' und ‚Seele' werden synonym gebraucht. Sie sagen hansit ateate, die Leber schmerzt, d.h. ich fühle mich verletzt; mohop ateate, die Leber wird heiss, d. h. der Zorn steigt auf und dergleichen." (Warneck 1899, 121)

Aus der heutigen Perspektive läßt sich eine Teilung des Menschen in Geist, Seele und Leib für die Batak nicht nachweisen. Der Begriff *ateate* ist die in Indonesien allgemein gebräuchliche Reduplikationsform von *hati*, der Bezeichnung für den Herz-Leber-Bereich. Der hier geschilderte Zusammenhang von Herz und Leber ist ein schon von den frühen Griechen, aber auch von anderen Völkern her bekanntes Phänomen, das sich aus dem weniger scharf umrissenen Spüren der Leibesinsel „Bauch" erklären läßt.[749] Diese kann sich als Wärmegefühl aufdrängen, das sich bei Zorn bis zur Hitze steigert. Zorn und Hitze werden beide leiblich gespürt.[750] Wesentlich aber ist die Tatsache, daß mit *ateate* ein Begriff auftaucht, der nicht mit dem des *tondi* identisch ist. In diesem Sinne kann auch Körner nicht zugestimmt werden, der ähnlich wie Warneck, Tobing und Sinaga behauptete, die „Organseele" sei „nichts anderes als die Lokalisation der Lebenskraft in einem bestimmten Organ" und erweise sich damit als „identisch mit der Lebenskraftvorstellung" (Körner 1968, 24). Wie schon bei Homer besprochen wurde, steht hinter den „Organseelen" ein leiblicher Regungsherd, der im Falle der *ateate* die Leibesinsel Herz-Leber bezeichnet und etwa den *phrenes* entspricht, wohingegen der *tondi* eindeutig primär *thymos*-artig auftritt. Es kann also weder von einer

749 Mit Bezug auf die frühen Griechen schrieb Hagen: „Abschließend kann man feststellen: Im antiken Schrifttum wird der Zorn sowohl im Herzen als auch in der Leber lokalisiert gedacht." (Hagen 1961, 45) Weitere Beispiele bei Hagen (1961, 46 u. 50) Zur Bedeutung der Leber im Alten Testament s. Wolff (1974, 104) u. Oelsner (1961, 252f.). Zum alten Mesopotamien s. Sigerist (1987, 491), wo Herz und Leber allerdings getrennt wurden, der affektive Schwerpunkt aber auf der Leber lag.

750 Die Beziehung des *tondi* zur leiblichen Wärme, die sich bis zur hitzigen Wut steigern kann, kommt in einem alten Spruch zum Ausdruck, den Parkin anführte: „*pir ma tondi madingin, horas tondi matogu*" = „may your tondi be firm and cool, may your tondi be firm and strong" (Parkin 1978, 175). Dazu a. die Beobachtung von Risto Lauha für das Alte Testament: „Wie Schmerz wird auch Zorn durch Ausdrücke für Hitze bezeichnet." (Lauha 1983, 224)

Identität zwischen *tondi* und *ateate* gesprochen werden, noch läßt sich *ateate* auf eine „Lebenskraft"-Vorstellung zurückführen.

Eine pluralistische Sicht des Menschen kommt auch im Konzept des siebenfältigen *tondi* zum Ausdruck, auf das Bartlett aufmerksam machte.[751] Parkin hielt aber diese „multiple or pluralistic nature" der Vorstellung für einen der problematischsten Aspekte des *tondi*-Konzepts und kam zu dem Ergebnis: „It is doubtful if the ‚septenity in unity' of the multiple soul ever exercised any real influence in Toba religious thought; the most that can be said is that the concept of such a multiple ‚tondi' was not at variance with the psychological viewpoint of the Toba-Batak." (Parkin 1978, 146f.) Doch hier muß ein wenig differenziert werden. Sicherlich ist mit Parkin die Einheit anzuzweifeln, zu der ein (Ober)*tondi* die anderen sechs zusammenfassen soll, denn eine solche Konzeption ist für die Batak tatsächlich kaum nachzuweisen. Die Aussagen Bartletts gewinnen aber an Plausibilität, wenn man bedenkt, daß der *tondi* als Kraftvorstellung disparate Regungen unterschiedlichsten Charakters umfaßt. Das Besondere dabei ist, daß der *tondi* keine ausgebildete Zentralinstanz darstellt, sondern daß sich seine Manifestationen wie Homerische Regungsherde verhalten.[752] Der Schritt von ursprünglich disparaten Regungsherden zum Konzept einer allen zugrunde liegenden Kraft scheint über eine Identifikation der einzelnen Leibesinseln mit dem *tondi* verlaufen zu sein, wobei der Unterschied zwischen den verschiedenen Regungen und semiautonomen Regungsherden zugunsten eines abgestuften Intensitätsgrades von jeweils manifestiertem *tondi* abgeschwächt wurde.

Zum weiteren Vergleich zwischen *tondi* und *thymos*

Arbmans und Pfisters Versuche, Parallelen zu anderen Kulturen zu ziehen, und besonders Pfisters Bemühen, diese mit in seine Darstellung des Kultus bei den Griechen aufzunehmen, waren sicherlich wichtige Schritte hin zu einem auf kulturvergleichender Methodik basierenden interkulturellen Verständnis. Arbman bediente sich allerdings

751 Bartlett: „In conclusion, it is clear that only in the lowland and border districts, where the Batak have long been subjected to Malay influence and may have retained pre-Islamic Malay beliefs, is the idea of seven distinct souls prevalent. In the central highlands of Toba and Karo, where through long isolation the Batak culture is purest, the idea of tondi is that of soul-stuff, of which there may be a greater or less concentration in any given being or object, but which in itself is as formless as air. In the highlands, however, there is evidence that differences in quality of tondi are thought to exist." (Bartlett 1973, 29 A. 23)

752 S. a. die Angaben über ein Siebenersystem bei Carle (1990, 295). Zur Selbständigkeit der einzelnen Regungsherde und dem Bemühen um Integration meinte Bartlett: „The basis for the soul cult lies in the fact that all seven souls must stay in the body if the individual is to remain alive or in good health. Since they sometimes quarrel, and have no strong allegiance to the individual to whom they pertain, it is a problem to keep them living together peacefully. If they do not find conditions in the body to their liking, they are likely to be lured away." Und nochmals Bartlett: „The relative strength of the seven tondi and their behavior toward one another determine the temperament and individuality of a person." (Bartlett 1973, 27f.)

einer fraglichen, auf Wundt und Tylor zurückgehenden Seelenterminologie, wodurch er den Zugang zu den Anschauungen der Batak verstellte. Dagegen übersetzte Pfister die Vorstellungen der Batak direkt mit ihrem vermeintlichen griechischen Äquivalent, ohne ihnen primär einen Typus wie „Lebensseele" oder „Freiseele" zuzuordnen. Für ihn war der *thymos* einfach der *tondi*.[753] Obwohl er dadurch zwar die begrifflichen Konfusionen Wundts und der „Schwedischen Schule" um Arbman zum größten Teil vermeiden konnte, fehlte ihm die wissenschaftliche Präzision, um die von ihm aufgestellten Thesen zu bestätigen (Pfister 1922, 2111). Seine Gleichsetzung von kulturspezifischen Basisvorstellungen wie *orenda*, *mana*, *daimon* und *dynamis* wurden deshalb auch von Bickel kritisiert.[754] Bedenkt man allerdings die nach wie vor schwierige Ausgangsposition – ein genauer, phänomenologisch fundierter Vergleich liegt bis heute nicht vor – so muß man Pfisters Versuch trotz seiner Unschärfen würdigen. So bezog er sich beispielsweise auf Platons Nomoi (927a) und sah dort eine Parallele von *orenda* und *dynamis* (Pfister 1922, 2112). Diese ist sicher vorhanden, doch sein *orenda*-Begriff ist nicht ohne weiteres auf griechische Verhältnisse übertragbar. Allerdings hat Pfister recht, denn die bei Platon erwähnte Anschauung, daß den *psychai* der Verstorbenen auch nach dem Tod noch eine gewisse *dynamis* innewohnt, mit der sie sich um ihre Familie kümmern, zeigt tatsächlich eine Annäherung an Leibschemata außereuropäischer Kulturen im Volksglauben der Griechen. Auch den *begu* wird, wie oben erwähnt, eine solche Wirkung zugesprochen. An der angegebenen Stelle griff Platon eine, wie er selber sagte, uralte Seelenvorstellung auf, die neben der des homerischen Hades existierte – die homerischen Seelen konnten gewöhnlich nicht auf die Welt der Lebenden einwirken – und erklärte sie für wahr, obwohl sie mit seiner Seelenwanderungstheorie streng genommen nicht übereinstimmte. Dies zeigt wieder die Zusammenstükkelung der Platonischen Seelentheorie, die unbedenklich alte Vorstellungen für wahr erklärt, ohne zu

753 Zum Vergleich von *thymos* und *tondi* s. a. J. Böhme (1929, 77 A. 6, 112 A.4 u.117f.), der sich auf Pfister (1922, 2117ff.) und Warneck (1909, 8) bezog. Zur weiteren Anlehnung J. Böhmes an Arbmans dualistische Theorie s. J. Böhme (1929, 89 u. 122).

754 Bickel schrieb: „Gegen diese Gleichsetzung der Vorstellung der Naturvölker, des *mana* usw, die als ‚Macht', ‚Mächte' und ‚übernatürliche' bzw. ‚supranormale Kräfte' von der vergleichenden Religionswissenschaft gefaßt werden, mit dem Dämonischen der Hellenen erheben sich aber folgende Bedenken." 1. gehöre *mana* im Gegensatz zum *daimon* nicht zum „Seelenglauben", 2. würde „der spezifische Charakter der Homerischen Religion durch *mana* nicht erklärt" und (als „wichtigster Grund") 3. sei der *daimon* eine „aus verschiedenen Ursprungsgebieten erwachsende Glaubenseinstellung" (Bickel 1926, 26ff.). Zu Parallelen von *dynamis*, *mana* und *bakara* s. a. Julius Röhr (1923, 15, 18f., 21) und zu lateinischen Begriffen „vis, virtus, potentia, efficacia, eventus, effectus" Röhr (1923, 26). Zum *tondi* Sinaga: „Everything which has ‚power' to accomplish a function has a tondi: man, animals, plants, houses, fields, places, articles, utensils." (Sinaga 1981, 103) Zu *sahala* Parkin: „‚Sahala' is a Batak word which defies translation, it is a kind of spiritual power similar, in some ways, to the Melanesian ‚mana'." (Parkin 1978, 23,A.35) Zur Gleichsetzung von *tondi*, *orenda* und *daimon* s. a. Pfister (1922, 2121). Zu *begu*, *tondi* und *sumangot* s. a. N. Soederblom (1964, 13-15), der sie für „analog" mit dem *thymos* und *menos* ansah. Auch Jung bezog sich auf Warneck und den „tondi-Begriff der Batak" als Beleg für seine „konkretistische Vorstufe" eines „abstrakten" Energiebegriffs (Jung 1971, 79).

fragen, ob sie mit der eigenen Lehre vereinbar sind. Wahrscheinlich spielten der Ahnenkult und die Vorstellungen einflußreicher Toter bei den frühen Griechen eine so große Rolle, daß Platon sie nicht einfach für falsch erklären konnte.

Größere Schwierigkeiten tauchen dort auf, wo Pfister die oben schon als Indikator für ein verändertes *daimon*-Verständnis angeführte Politeia-Stelle (614ff.) mit einem Batakmythos bei Warneck verglich. Er schrieb: „Da der Tondi sich selbst ein bestimmtes Los erbittet, so ist Gott nicht Schuld, wenn der Tondi nicht das Gute wählt." (Pfister 1922, 2123 mit Bezug auf Warneck 1909, 48f) Darin sah er eine Variante des platonischen Spruchs: „Die Schuld ist des Wählenden; Gott ist schuldlos." (*aitia helomenou, theos anaitios*: 617e5) Diese auf den ersten Blick anscheinend zutreffende Gleichheit von platonischen und batakschen Vorstellungen erweist sich bei genauem Hinsehen als trügerisch. Abgesehen von der Frage, ob diese Schicksalsvorstellung der Batak überhaupt zum altindonesischen Substrat gezählt werden darf, zeigen sich Unterschiede. Bei Platon ist es die *psyche*, die ihr Schicksal (*daimon*) wählt, in der Warneckversion ist es der *tondi*. Nach Pfister muß dieser aber als eine Art *daimon*-Vorstellung oder auch als *thymos* aufgefaßt werden und gerade nicht als *psyche*, denn diese stimmt angeblich mit dem *begu* überein. Pfister kam zu folgender Korrelation: *tondi* als Lebenskraft und *begu* als „Seele" ständen im Verhältnis wie *thymos* und *psyche*, wobei der *thymos* auch durch den *daimon* ersetzt werden könne. Ebensowenig wie der *daimon* die *psyche* sei, wäre der *tondi begu* (Pfister 1922, 2113). Außerdem würden sich *tondi* und *daimon* auch kultisch ähneln, und *daimon* sei ebenso eine „unpersönliche Lebens- und Zauberkraft" wie *tondi* (Pfister 1922, 2122).

Obwohl diese Vergleiche hinken, ist es schwer, klar zu entscheiden, wo die Gemeinsamkeiten bestehen und wo die Unterschiede, denn die Konzepte gehen zwar durcheinander und sind eigentlich nicht direkt vergleichbar, doch unterliegen ihnen zweifellos ähnliche Phänomene. Die Vermischungen kommen dadurch zustande, daß die einzelnen Begriffe, ohne klare und genaue Angabe ihrer Bedeutung, mehrere Aspekte haben, durch die sie verstanden werden können. Um wenigstens etwas Klarheit zu schaffen, sollte folgendes beachtet werden: Der *daimon*, den die *psyche* bei Platon wählt, ist weder eine Lebens- noch eine Zauberkraft. Er ist nicht unpersönlich, aber auch nicht so persönlich wie der Empedokleische *daimon*, der ebenfalls keine Lebenskraftvorstellung ist. Der *daimon* Platons kann als eine Art persönlicher Schicksalsgott verstanden werden und ähnelt in dieser Funktion dem Schicksal, das sich der *tondi* wählt. In dieser Beziehung gleichen sich also *tondi* und *psyche*, was von Pfister ausgeschlossen werden sollte, da er die *psyche* mit den *begu* gleichsetzte, nicht mit dem *tondi*. Auch die homerische Konstellation von *thymos* und *psyche* stimmt trotz gewisser Ähnlichkeit nicht gänzlich mit der von *tondi* und *begu* überein, denn der *tondi* wählt sich sein Schicksal selber, was der homerische *thymos* nicht konnte. Übrigens ist es keinesfalls sicher, daß dieser Teil der Warneckversion wirklich indigenen Ursprungs ist und nicht erst als synkretistische Antwort auf indische Alternativen bezüglich der Frage nach dem Schicksal entstand. Mag auch eine vage Verwandtschaft der Anschauungen von *begu* und homerischer *psyche* bestehen, so kennt Homer keine mit der Transformation von *tondi* in *begu* vergleichbare Umwandlung des *thymos* in die *psyche*. Außerdem scheinen die *begu* viel häufiger einzugreifen und ihre Opfer zu verlangen als die homerischen *psychai*,[755] von denen solche Forderungen nicht bekannt sind.[756] Ebensowenig kannte Homer ein Ahnenreich, in dem die Vorväter als Vermittler zu den Göttern fungierten. Eine solche Vorstellung ließe sich eher im griechischen Volksglauben finden.[757] Die Behauptung Pfisters, *tondi* und *daimon* würden sich in kultischer Beziehung gleichen, ist ebenfalls zu bezweifeln. Die Aufmerksamkeit, die der *tondi* verlangte, scheint weit größer als die zur Befriedung des *daimon* notwendige. Auf den *tondi* mußte unablässig geachtet werden, ein Phänomen, das auf ein nicht zentralisiertes Menschenbild bzw. auf koagierende Regungsherde schließen läßt, die die Initiative übernehmen können.[758] Parkin beschrieb die Situation so:"A person lives in a state of continual servitude to his ‚tondi' which has to be given food, clothing and tools, and has at all times to be honoured. If there is conflict between a person and his ‚tondi' the latter always wins." (Parkin 1978, 146)

Im Konfliktfall gewinnt also der *tondi* und zeigt dadurch eine Macht, die mit der des *thymos* vergleichbar ist, – denkt man an die Selbständigkeit, wie sie beispielsweise im Kampf mit der *psyche* bei Heraklit zum Ausdruck kommt. Der *tondi*-Kult, den Parkin hier beschrieb, spricht für ein den Griechen weniger geläufiges Verhältnis des Menschen zu seinen Regungsherden, denn bei Homer sind solche Kulte nicht zu finden. Außerdem zeigt sich ein klarer Abstand zum Platonischen *daimon* als dem „innewohnenden Schutzgeist" des Timaios (90c). Zwar muß auch dieser ständig „therapiert" und gepflegt werden, doch bestand Platons Behandlung in der Erweiterung und Perfektionierung der Kenntnisse, die zu den göttlichen, mit den „Umläufen des Alls" verwandten Gedanken führen sollten. Eine solche Technik kann wohl kaum als Kult, der bestrebt ist, koagierende Regungsherde zu vereinen und auszugleichen, betrachtet werden, sondern verdeutlicht den Wandel zu einem Menschenbild mit hierarchischer Teilung und kontrolliertem rationalem Zugang zum eigenen Leib. Demgegenüber steht die enge Verbundenheit des *tondi*-Begriffs mit den leiblichen Regungen und Leibesinseln. Die-

755 Dazu Parkin: „The curiously ambivalent attitude of the Batak to ‚begu' which is one of terrible fear, on the one hand, and great respect, amounting to worship at times, on the other, stems from the belief that the ‚begu' continually intervenes in the life of the family, causing distress, hardship, illness, and calamity." (Parkin 1978, 148)

756 Allenfalls bittet die *psyche* des Patroklos Achill um Rache, damit sie Ruhe findet.

757 Dazu Rohde: „Nicht also Seelencult ist der Heroendienst, sondern, in engerer Begrenzung, ein *Ahnencult*. Ihr Name schon, so scheint es, bezeichnet die ‚Heroen' als Menschen der Vorzeit." (Rohde 1925a, 154) Zum Heroenkult als Ahnenkult und den Heroen als Vorfahren und Stammväter der Gemeinden und Geschlechter s. Rohde (1925a, 170). Dazu Burkert: „Daß es zwischen Göttern und Menschen noch eine besondere Klasse von ‚Heroen' gibt, die auch ‚Halbgötter' heißen, ist eine Besonderheit der griechischen Mythologie und Religion, für die es kaum Parallelen gibt." (Burkert 1977, 312) Mir ist nicht ganz verständlich, was Burkert hier mit Besonderheit meint, wo doch dieses Bild ziemlich genau für die meisten asiatischen Kulturen zutrifft.

758 Dazu auch J. Böhme, der einen Unterschied in der Häufigkeit feststellte, mit der der *tondi* sich gegenüber dem *thymos* dem Menschen aufzwang (J. Böhme 1929, 118 A.3).

se werden zwar vom *tondi* zusammengehalten, doch nicht wie bei Platons *noos* in Form einer herrschenden Zentralinstanz, sondern durch eine den Leib bewohnende Kraft. Die Verteilung von verschiedenen Intensitätsgraden dieser Kraft läßt eher Parallelen zum *aer* bei Diogenes von Appolonia zu, ähnelt aber vor allem den Vorstellungen der „pneumatischen" Ärzte, die einer späteren Phase des griechisch-anthropologischen Denkens angehören. Weder kennt die *tondi*-Konzeption einen anthropologischen Dualismus noch eine damit verbundene Innenweltvorstellung und Seelenmetaphysik. Genauere Untersuchungen der verschiedenen Bezeichnungen und ihrer leiblichen Quellen versprechen reichen Erkenntnisgewinn, können hier aber nicht geleistet, sondern nur angeregt werden.

3. Balische Leibschemata

Wie die neuere Forschung zeigt, kann von einem Körper-Seele-Dualismus weder allgemein in Indonesien noch speziell auf Bali gesprochen werden. So läßt sich mit Linda Connor sagen: „Balinese texts eschew the mind-body dualism which has pervaded much of Western philosophy and which has been central to European medical and psychological theory." (Connor 1982, 259) Und mit Unni Wikan kann ergänzt werden: „The conventional distinctions we draw between body and spirit/mind, individual and society, nature and supernature are not applicable. A healthy body with a sick mind would be a contradiction in terms." (Wikan 1989, 299) Somit steht also zu vermuten, daß hier wieder ein eher pluralistisches Bild vom Menschen vorherrscht und daß auch auf Bali weitere Beispiele einer spürenden Auffassung menschlicher Leiblichkeit anzutreffen sind. K. E. Mershon schrieb zum Begriff *ati* (= indonesisch: *hati*), den sie schlichtweg mit „the soul" übersetzte: „The Balinese use the term ati in a curious manner: ati actually means ‚liver', where the soul resides. There are such phrases as sakit-ati, ‚sick-livered'; iri ati, ‚envious, jealous'. As in China and Japan, the solarplexus is the center of the soul." (Mershon 1971, 329)

Die hier von Mershon erwähnte Parallele zu chinesischen Vorstellungen des Brust-Bauch-Bereichs sollen im nächsten Kapitel behandelt werden, denn auch in China ist die enge Verbindung von Herz und Leber zu einem Zentrum – nicht der Seele, sondern des Leibes – wichtig. Wolfgang Weck, ein Kenner der balischen Medizin, bestätigte: „Hati bedeutet sowohl Herz als Leber" (Weck 1976, 88). Im Text eines balischen „Priesters" übersetzte C. Hooykaas den Begriff „atin-ku" einmal mit „my liver/heart (?)" und dann auch mit „my heart" (Hooykaas 1974, 149). Daß Herz und Leber nicht nur auf Bali oder bei den Batak als leibliches Zentrum empfunden wurden, betonten auch andere Autoren.[759] So erklärte Carol Laderman am Beispiel des *angin dalam hati* – einer gespürten Art „sadness", die durch unerfüllte Wünsche zustandekommt – den Ausdruck als „literally, wind within the liver". Zur Leber ergänzte sie: „an organ that

759 Zum Herz-Leber-Komplex bei den Chewong s. Signe Howell (1981, 139).

substitutes for the Western ‚heart' in Malay expressions of emotion". Und, so Laderman weiter: „Capricious desires are also called angin by east coast Malays." (Laderman 1988, 803). Ohne hier die interessanten Parallelen von *aer* und *pneuma* zu indonesisch *angin* – sie bedeuten alle auch Wind, können aber ebenso den atmosphärischen Charakter, die „Windnatur" der Gefühle, zum Ausdruck bringen – weiter verfolgen zu wollen, zeigt sich an diesen Beispielen der schon bei den Batak bemerkte Sachverhalt, daß der indonesische Begriff *hati* nur als Leibesinsel und Regungsherd verstanden werden kann. So bedeutet beispielsweise *kurang hati* „das kleine oder geringe Herz". Damit wird keineswegs auf die anatomische Größe des Organes angespielt, sondern auf den Sachverhalt, daß sich jemand nicht um die Belange seiner Mitmenschen kümmert, daß er „wenig Herz" hat für andere. Bis heute besitzen *hati* und seine Komposita im modernen Indonesisch mehrere Bedeutungen, von denen hier nur die drei grundsätzlichen angegeben werden, nämlich: „a) Leber; ... b) Herz, Gemüt, Inneres; c) Aufmerksamkeit, Interesse;..." (Karow/Hilgers-Hesse 1978, 123). Die Übersetzung von *hati* als Aufmerksamkeit und Interesse deutet an, daß sogenannte „kognitive Funktionen" mit einbezogen und nicht losgelöst betrachtet werden, daß also eine Leibperspektive vorliegt, die keine direkte körperliche Relevanz besitzt, sondern aus dem Sich-Spüren des Menschen erwächst.

Hinsichtlich einer weiteren Differenzierung des Gespürten kam Wikan zu dem Ergebnis: „In Balinese experience emotion and thought, felt to be distinct, are perceived to be linked as one process – keneh – which I translate as feeling-mind." (Wikan 1989, 294) Die Übersetzung „feeling-mind" ist allerdings nur eine Verlegenheitslösung, um das Spektrum des Erlebens zu bezeichnen. Die Frage nach der Ab- und Eingrenzung balischer Anschauungen von dem, was wir unter Begriffen wie Gefühl und Verstand verstehen, wird mit einem europäischen *mind*-Konzept nur verschleiert und bleibt dadurch ungeklärt. Daß das „Herz" auch auf Bali als Ort der Gefühle und Gedanken eine zentrale Bedeutung hat, hob Wikan hervor: „Balinese hearts are forces of this world, inferred, even sensed in all interpersonal interaction." (Wikan 1989, 295) Mit der Auffassung des Herzens als selbständig ausstrahlendem Kraftzentrum ist ein Beispiel für ein heutiges Verständnis des Regungsherdes gegeben. Da Bali im indonesischen Kontext am stärksten hinduistisch geprägt ist, stellt sich die Frage, wie weit ursprüngliche Auffassungen überlagert wurden.

Der hinduistische Einfluß auf balische Vorstellungen vom Menschen

Wie bereits erwähnt, förderte der indische Einfluß die Entwicklung des Analogiedenkens und damit einhergehend den Ausbau komplexer Klassifikationssysteme. Indem man das Mikro-Makrokosmos-Denken einführte und immer stärker mit den vorhandenen Modellen verschränkte, wurden die bestehenden Ordnungsschemata stringenter gestaltet und differenzierter genutzt. Neben der ursprünglichen polaren Klassifikation in Himmel und Erde, männlich und weiblich setzte sich vor allem die Dreiteilung in Ober- Unter- und Mittelwelt durch. J. L. Swellengrebel zog folgende Verbindungen: „The

tripartite division plays an important part in the concept of the relation beteween man, as the microcosmos, and the ordered universe, the macrocosmos, a conecpt which is of very great importance in Balinese mystic contemplation and esoteriological doctrine. The feet of man not only have contact with the earth in the literal sense, but also figuratively, in a classificational sense, with the nether world. Man's head belongs to the upper world; the fontanel is the place where the deity is thought to descend. The trunk, and more especially the heart, represents the intermediary element." (Swellengrebel 1960, 44)[760]

Die Dreiteilung der Welt spiegelt sich in der Dreiteilung des menschlichen Leibes.[761] Damit war entwicklungsgeschichtlich betrachtet ein ähnlicher Übergang erreicht wie bei der Einführung des Mikro-Makrokosmos-Denkens durch Platon. Ein kompliziertes Analogiensystem wandelte die bereits vorhandenen Bilder vom Menschen. Dies betraf besonders die Techniken der Kontemplation und Heilung. Der intensive Kontakt zu Indien förderte die Entwicklung von Kultur und Wissenschaft und führte vor allem auf dem Gebiet der Medizin und der religiösen Leibbemeisterung zu einem Aufschwung. Wie im frühen Griechenland, in Ägypten, Indien und China, so unterlagen hinsichtlich der Entstehung von Krankheiten den ursprünglichen Heilverfahren auch in Indonesien dämonologische Konzeptionen,[762] Diese Zurückführung von Krankheiten auf Ahnen und Dämonen ist ein bis heute wirkendes archaisches Erklärungsschema. [763] Die Auf-

760 Dazu Swellengrebel: „the bipartite division emphasizes only the cosmos while the tripartite division the human element in the cosmos, the microcosmos within the macrocosmos, is also emphasized" (Swellengrebel 1960, 42). Zur Mikro-Makrokosmos-Lehre auf Bali, den Ländern und Städten im Körper, sowie zur Dreiteilung s. a. Weck (1976, 235 u. 238). Zur weiteren Aufteilung in 7 Welten, die an *peri hebdomadon* erinnert, s. Weck (1976, 237 ff), der dementsprechend, wie schon Götze, die Mikro-Makrokosmos-Lehre „vermutlich aus Mesopotamien" stammen ließ. Generell zur Mikro-Makrokosmos-Lehre auf Bali (*buana alit – buana agung*) s. a. Korn (1960, 135), Grader (1960, 169), Hooykaas (1964, 105 u. 1974, 171), Ann P. Mc Cauley (1988, 781, 785f.) und Wikan (1989, 304). Zur Mikro-Makrokosmos-Lehre in Indien und deren hohem Alter, sowie zur „Weltfrau" und zum „Weltleib" s. Heinrich Zimmer (1982, 143-146 u. Abb. 1). Zum Klassifikationssystem und der Mikro-Makrokosmos-Lehre in Indien s. a. Gonda (1975j, 413 u. 1975l, 485). Zu Körperteilen, Elementen, Mikro-Makrokosmos-Lehre und Gemschmacksrichtungen in den Upanisad s. Kirfel (1951, 10 f). Zum weiteren Vergleich und Zusammenhang zwischen Indien, Bali u. China s. a. Kirfel (1951, 16ff u. 37).

761 Zur Dreiteilung s. a. Pott (1966, 38f. u. 112).

762 Dazu Garang: „Wie oben erwähnt, basieren Denken und Handeln der Dajak auf einem magisch-religiösen Weltbild, was sich u. a. in seiner dämonologischen Erklärung der Krankheitsursachen niederschlägt." (Garang 1974, 52) S. a. Winfried Effelsberg (1985, 79), E. D. Lewis (1989, 490ff.) u. Mc Cauley (1988, 782). Zur Schuldvererbung s. a. Brigitte Renard-Clamagirand (1989, 464ff.) u. Schärer (1946, 65).

763 Für Griechenland schrieb Rohde: „Dass der Frevel des Ahnen an seinen Nachkommen hier auf der Erde bestraft werde, war alte, in Attika besonders tief eingewurzelte Glaubensmeinung." (Rohde 1925b, 228) Er machte darauf aufmerksam, daß hier der Gedanke der „Einheit der Angehörigen" des Genos im Vordergrund stand. Zur Sünde als Verfehlung und Krankheitsursache in Indien schrieb Sigerist: „Sin, the breaking of a norm, the wanton cursing of a fellow man, and similar transgressions result in illness, for the gods and particularly Varuna, guardian of law and order, punish the offender." (Sigerist

gabe des Heilers besteht nach wie vor meist darin, mit diesen Ahnen und Dämonen um den Kranken zu kämpfen.[764] In engem Zusammenhang mit den „Krankheitsdämonen" steht auch die Vorstellung von „Zauberei" bzw. der Glaube, daß die Krankheit durch eine „Behexung" ausgelöst wurde. Läßt sich diese glaubhaft ausschließen, kommen genügend weitere Verfahren in Betracht.[765] Die Gegenmaßnahmen sind nicht nur auf Bali, sondern in ganz Indonesien – wie häufig in Asien – so vielfältig, daß von einem Medizinpluralismus gesprochen werden muß,[766] der sich bis in früheste Zeit zurückverfolgen läßt. Die indonesischen Heilverfahren und die damit zusammenhängenden Klassifikationssysteme sind von mehreren medizinischen Theorien angeregt worden, und selbst ein griechischer Einfluß scheint nachweisbar. Allerdings verlief dieser über die indische Medizin, die mit dem Hinduismus nach Indonesien gelangte.[767] In wieweit aryuvedische Konzepte auf ähnliche, am leiblichen Spüren orientierte Vorstellungen von Krankheiten trafen, wie sie im Schamanismus entwickelt wurden, wie sie aber auch bereits im alten Ägypten vorhanden waren, läßt sich hier nicht klären. In Verbindung mit medizinischem Wissen drangen Yogatechniken und tantrische Praktiken im Gefolge des Sivaismus immer weiter nach Indonesien vor.[768] Dabei wurde das ursprüng-

---

1961, 155) Zum Zusammenhang von Krankheit und dämonischen Atmosphären s. R. Otto (1932, 92). Schon die Verfehlung der Eltern kann schaden, dazu Sigerist (1961, 298), wo er das Muster Krankheit als Strafe der Götter als für alle archaischen Gesellschaften gültig ausgibt. Zur Zurückführung von Krankheiten auf Ahnen in China s. Michael Strickmann (1985, 195) u. Anna Seidel (1985, 170).

764 Jensen stellte als „auffälliges Merkmal des naturvölkischen Verhaltens" heraus, „daß die Krankheit niemals als etwas unabänderlich Schicksalhaftes hingenommen wurde wie andere Erscheinungen des Lebens, sondern daß sie auf der Ebene der Feindschaft und des Kampfes verstanden wurde" (Jensen 1951, 393). Für Indonesien berichtete Maxwell 1883: „In the State of Perak, it is usual to ascribe nearly every disease to supernatural agency." (Maxwell 1977, 223) Auch Hoskins äußerte sich in diesem Sinne: „In many Indonesian societies where healing involves shamanistic trance, the afflicting spirit struggles with the shaman in an imaginary battle which the shaman performs for both the patient and the community." (Hoskins 1988, 827)

765 Dazu Ronald Provencher: „If sorcery is not suspected, the hot-cool balance of the diet may be shifted slightly, a traditional herbal remedy may be taken, a patent medicine may be bought and consumed, or the patient may be taken to a clinic and treated by a nurse or physician trained in Western medicine." (Provencher 1979, 48)

766 Carol Laderman und Penny van Esterik kamen zu dem Ergebnis: „Conceptions of what constitutes a cure in Southeast Asian societies are as varied as are etiological beliefs." (Laderman und Van Esterik 1988, 747)

767 Dazu Laderman und van Esterik: „The most obvious and wide-spread system of classification in southeast Asia is based on variants of humoral systems, influenced by Chinese, Ayurvedic and Greek-Arabic theories." (Laderman und van Esterik 1988, 748) Zum Zusammenhang zwischen griechischer und ayurvedischer Medizin s. a. Ronald Kaiser, der in seiner unveröffentlichten Magisterarbeit folgende Analogien beider Medizinsysteme aufzählt: „die ähnliche Humoralpathologie, die rohen, reifenden und reifen Stadien von Fieberkrankheiten, Aufteilung von Heilmitteln in heiß/kalt und trokken/feucht Kategorien, Charakterisierungen der Ärzte, Einfluß der Jahreszeiten, Heilung durch oppositionelle Heilmittel, etc." (Kaiser 1990, 32)

768 Dazu Gonda: „Wir finden tatsächlich in der mitteljavanischen Periode (8.u.9. Jht....) einen Sivaismus neben und teilweise schon verbunden mit einem etwas besser bekannten mahayanischen, mit Ele-

liche Spektrum der göttlichen und natürlichen Kräfte um hinduistische Gottheiten bereichert und ähnlich den sozialen Hierarchien ausdifferenziert. Bis heute bestimmen die Vorstellungen von Göttern, Ahnen und Dämonen die Ansichten breiter Massen und beeinflussen nach wie vor das Menschenbild.[769] Besonders die bis heute relevanten indischen Lehren von den leiblichen Kraftzentren, den *chakren*, prägten die Vorstellungen des Leibes. Die Grundlage fast aller bekannten frühen Anthropologien, die Prinzipien Feuer und Wasser, wurde auf Bali spezifisch genutzt und in der *ruwa bineda* Lehre zu einer tantrischen Form umgestaltet.[770]

Indische und balische Sicht des Leibes

Die indische Prägung der balischen Sicht des Leibes, mit deren Hilfe es gelang, eine äußerst komplexe und von religiösen Vorstellungen dominierte Wissenschaft zu entwikkeln, führte zu einer genaueren Lokalisierung der fließenden leiblichen Regungen, die ursprünglich diffus unter dem Begriff *hati* den Brust- und Bauchbereich durchzogen, nun aber auf bestimmte Regionen eingegrenzt wurden. Bildeten im Altindonesischen Herz-, Leber- und Bauchbereich eine Leibesinsel, so wurde sie in den indischen Systemen klarer lokalisiert und differenziert, indem man ihnen als einzelne Zentren (*chakren*) genauere Orte im Leib zuwies. Indische Begriffe und Vorstellungen überformten das altindonesische *hati*, verschmolzen mit ihm. Es entstand ein balisch-hinduistisches *chakra*. Zwar blieb der Name, doch nun beschrieb Wolfgang Weck *hati* so: „Oberhalb des Nabels im Abstande von 12 Fingerbreiten ist das Herz, aussehend wie eine 3 blättrige Lotusblüte, umhüllt von Feuer" (Weck 1976, 88). Mit dieser Einordnung des Herzens als Zentrum eines festgelegten Systems von Leibesinseln war die altindonesische Basis verlassen.[771]

menten des hinduistischen Yoga operierenden Buddhismus." (Gonda 1975d, 117) Über das „Old-Javanese Agastyaparvan" schrieb er: „It gives evidence of acquaintance with a fully developed yoga system on the basis of the general Hinduistic, and in particular Sivaite, conceptions." (Gonda 1975m, 532f.) Patricia B. Henry hob hervor, daß der Kultureinfluß auch bei den Ekstasetechniken auf einen bereits vorhandenen Fundus von Anschauungen stieß (Henry 1987, 112).

769 Zur Übersicht der „Wesenshierachie" s. L. E. A. Howe (1984, 218). Dazu a. Lansing: „Thus we have a continuum of ‚spiritual force' from divine to demonic." (Lansing 1979, 79) Wikan bemerkte: „Fellow beings, deities, demons, sundry (super)natural spirits, and the souls of the dead can strike a person sick or dead. Hence health is a concern never to be set aside but always to be kept salient." (Wikan 1989, 298) Lovric schrieb: „Balinese from all levels of society believe that there are illnesses which are outside the expertise of Western-style science and that man's normal state of well-being is periodically endangered by mystical forces, about which a balian has expert knowledge." (Lovric 1986, 88)

770 Dazu s. (Weck 1976, 39ff.). Zu Wasser und Feuer als Prinzipien im Leib und deren Klassifikation von Wasser – männlich – rechts und Feuer – weiblich – links s. a. Kirfel, der Parallelen sowohl zum „Tantrismus und in dem sogenannten Hathayoga" als auch in der knidischen Schule, bei Parmenides und Alkmaion sah (Kirfel 1951, 17f., 27 u. 31f.). S. a. L. E. A. Howe (1984, 215 mit Bezug auf Weck).

771 Dazu C. Hooykaas: „Padmasana means the basis of the heart." (Hooykaas 1964, 222 u. 225) und mit einem Beispiel für die klassifikatorische Einordnung des Herzens (Hooykaas 1974, 106). S. a. Weck (1976, 44). Für Indien s. a. Avalon (1975, 86, 87, 224ff., 96ff. und 9f. für weitere Beispiele in „außerindischen Systemen").

Eine assimilierende Transformation der indonesischen Anschauungen wurde dadurch erleichtert, daß die komplexe Chakrenlehre auch im alten Indien auf den in der Struktur des Leibes vorgegebenen ursprünglicheren und eher undifferenzierteren Anschauungen von Leibesinseln und Regungsherden aufbaute.[772] Zur Rolle des Herzens im indischen Altertum[773] bemerkte Arthur Avalon: „Das Vedische System postuliert das Herz als den Hauptsitz für das Bewußtsein – einen Überrest dieser Vorstellung bewahren wir noch in der Redensart ‚Nimm es zu Herzen', ‚Lerne mit Herz'." Und weiter meinte er über die „Körperbestandteile als den Sitz für die ‚Seele'", im allgemeinen habe „man das Gehirn dafür nicht in Betracht gezogen" (Avalon 1975, 10). In der Auffassung der Leibesmitte als „Sitz des Bewußtseins" sah Avalon einen wichtigen Indikator für die tantrische Herkunft des *kundalini-yoga*-Systems, das durch die weitere Entfaltung des Wissens unter Berücksichtigung der aus der *hatha-yoga*-Praxis gewonnenen Erkenntnisse die verschwommenen Regungen leiblich genauer bestimmte, sie einzelnen Zentren zuordnete und auf diese Weise zu beeinflussen suchte.[774] Da die altindonesische wie die altindische Anthropologie auf dem Spüren der Leibesinseln beruhte, waren dem fließenden Wissensaustausch und der Aneignung indischer Erkenntnisse zumindest keine prinzipiellen Grenzen gesetzt.

Avalon übersetzte den Begriff *chakra* mit „körperliches Zentrum", hob aber extra hervor, daß damit keine anatomisch-physiologische Festlegung gemeint sei, „denn die Physiologie weiß nichts von der Existenz der Chakras". (Avalon 1975, 11) „Wer sich also nur auf die Physiologie versteift," so Avalon weiter, „wird sich unbefriedigt sicher wieder von ihr abwenden." Von daher kam er zu dem Ergebnis, es sei ein Fehler, „die Chakras mit den erwähnten physischen Geflechten zu identifizieren", denn sie seien „dem groben Stoffkörper zugehörige Gebilde, wogegen jene – die Chakras – als überaus subtile Vitalzentren … zu gelten haben." (Avalon 1975, 100) Klarer als von grob- und feinstofflich läßt sich von anatomischen Organen im Unterschied zu leiblichen Regungsherden sprechen. Die indischen „Vitalzentren" sind eindeutig Regungsherde, denn, so Schmitz: „Die Chakras sind wohl unbedenklich als Leibesinseln anzusprechen, die zwar in gewisser Weise erst durch die Meditation geweckt werden, aber schon vorher im körperlichen Leibe mindestens vorbereitet sind. … Es wäre eine ungerechtfertigte, mythische Unterstellung, anzunehmen, daß es sich dabei um eine Inspektion des eigenen reinen Körpers handelte; in Bezug auf das Nervengewebe des plexus solaris, an dem für den Anatomen doch wohl nichts auffällig Strömendes zu beobachten ist, dürfte das Phantastische einer solchen Annahme besonders hervorstechen. Gleichwohl

772 Zur Entstehung des Chakrensystems aus einem einfacheren System mit drei Zentren s. a. Pott (1966, 138).

773 Zu Herz (*hrd*) und Denken (*manas*) im Rigveda s. a. Mehlig (1987, 96) u. in der Chandogya-Upanishad 8, 3 s. Mehlig (1987, 201).

774 S. a. Eliade (1960, 243f.). Zu den *chakren* und der *kundalini*-Kraft im Tantrismus s. Avalon (1975, 12f.) Zur *kundalini* als „göttliche kosmische Energie im Körper" s. Avalon (1975, 9). Zu den *chakren*, ihrer Lokalisation und Klassifikation s. Avalon (1975, 86f.). Zum Chakrensystem s. a. Pott (1966, 7) und zu den Klassifikationssystemen Pott (1966, 135).

handelt es sich bei solchen Erlebnissen nicht um Illusionen oder Halluzinationen, sondern um Wahrnehmungen eines wirklichen Geschehens im körperlichen Leib, dessen Wirklichkeit der des Geschehens im reinen Körper um nichts nachsteht." (Schmitz 1965, 300f.)[775]

Das Problem der Halluzinationen als Ursachen für die anthropologischen Erkenntnisse wurde von Theodor Wilhelm Danzel aufgegriffen. Er untersuchte in den kulturspezifischen Klassifikationssystemen bestehende Zusammenhänge zwischen Leibesinseln und „Göttern" und erklärte: „Was wir als Zusammenhang von Körperteilen mit bestimmten phantastischen Vorstellungen betrachten, das betrachtet der Homo divinans, dem die phantastischen Vorstellungen als wirklich in der Außenwelt vorhanden erscheinen, als einen Zusammenhang von Körperteilen mit bestimmten Dämonen oder übernatürlichen Mächten." (Danzel 1924b, 33) [776] Danzels „phantastische Vorstellungen" lassen sich als bestimmte, durch Techniken provozierte „Eindrücke" aufklären. Schmitz schrieb zu den erkenntnistheoretischen Voraussetzungen der Wahrnehmung von Eindrücken, sie seien Gegenstände, „die streng und objektiv genug genommen werden können, um Gelegenheit zu einer konsistenten Begriffsbildung zu geben, etwa in dem großen System von Analogien, das auf ähnliche Weise wie das angeführte Beispiel konstruiert ist und die klassische Kultur Chinas umspannt. Für den Physiologismus und das auf diesem aufbauende naturwissenschaftlich-reduktionistische Denken sind Eindrücke dagegen etwas ‚bloß Subjektives', weil als Zeugnis des wahrhaft Wirklichen nur die Botschaften anerkannt werden, die von den Sinnesorganen einschließlich des Gehirns in die Seele oder das Bewußtsein durchgelassen werden; und wie sollen diese Organe, z.B. im Weg elektrischer Nervenleitung, Sachverhalte, Programme und Probleme in chaotisch-mannigfaltiger Integration mit Glanz, Rössern, Gold und Kampfkraft transportieren?" (Schmitz 1980c 43f.)

Ohne hier das Problem der Vergegenständlichung und Zuordnung einzelner Eindrücke zu komplexen Klassifikationssystemen eingehender behandeln zu wollen, muß beachtet werden, daß es sich primär um ein am leiblichen Spüren intuitiv orientiertes Verfahren handelt, das erst allmählich zu komplexen Systemen führte. Die Zusammenhänge zwischen Leibesinseln und den durch deren Reizung erzielbaren „phantasischen Gestalten" wurden genutzt und in den Wissensschatz integriert. Die Vergegenständlichungsbasis dieses Systems bestand nicht in kausal-analytischen und struktur-theoretischen Reduktionismen. Mit den Erkenntnissen von Schmitz können „die zuerst befremdlich und phantastisch wirkenden optischen Visionen hinsichtlich meditativ geweckter Lei-

775 Wie exakt der Begriff Leibesinsel trifft, zeigt sich daran, daß der Herzlotus (Anahatapadma) konkret als Insel vorgestellt wird. Dazu Pott (1966, 15).

776 Und weiter: „Wir sehen also: bestimmten Organen entsprechen ganz bestimmte Gestalten, die in der Vision geschaut werden. Das ist es ja nun aber, was wir bei den primitiven Völkern fanden, daß bestimmte dämonische Gestalten bestimmten leiblichen Organen entsprechen. Es gibt also in jedem Menschen eine besondere Veranlagung zur Bildung bestimmter phantastischer Figuren durch die Einbildungskraft, wenn Visionen geweckt werden, und diese Figuren stehen mit bestimmten leiblichen Organen, leiblichen Empfindungen in Zusammenhang."

besinseln, etwa der verschwenderisch mit Farben und Formen ausgestatteten Chakras, als symbolische Darstellungen einer gewissen leiblichen Charakteristik dieser Inseln gewürdigt werden" (Schmitz 1965, 302).

Die Gesetzmäßigkeiten und Korrespondenzen zwischen Leibinseln und leiblichen Regungen, die die Basis der kulturspezifischen anthropologischen Vorstellungen bilden, wurden in den Leibschemata symbolisiert, ohne konstituierenden Bezug auf ein atomistisches Körpermodell zu nehmen. Die spürbaren, aber nicht physiologisch erfaßbaren Zusammenhänge erklären die unterschiedlichen Zuordnungen von bestimmten Eigenschaften (Farben, Tönen usw.) zu verschiedenen Gegenden des Leibes, die vor allem in den balischen Klassifikationssystemen von herausragender Bedeutung sind. Die Götter Mahadewa, Wischnu, Iswara und Brahma stehen sowohl in Verbindung zu den „Elementen" Erde, Wasser, Luft und Feuer als auch zum menschlichen Leib.[777] „The gods were part of mankind, for are they not within man's body? – the fluids, Wisnu; heat and blood, Brahma; flesh and bones, Mahadewa; breath, air, and spirit, Iswara?" fragte Mershon und betonte den innigen Zusammenhang, in dem der Mensch mit diesem System durch seine rituelle Lebensführung steht (Mershon 1971, 116).

Doch dies gilt nicht nur für Bali. Kirfel stellte die große Ähnlichkeit der „Elemente" Erde, Wasser, Feuer, Luft bei Anaximander, Anaximenes und Empedokles mit verschiedenen indischen und chinesischen Anordnungen heraus und hielt das Paar Feuer-Wasser für die ursprünglichste Basis medizinischer Klassifikation (Kirfel 1951, 8). Anhand des Feurigen und Wässrigen, die als synästethische Charaktere die polaren Leiteindrücke abgaben, erfolgte die Klassifikation. Der Anschluß an leiblich erfahrbare Regungen gestattete eine hinlänglich objektive Abstraktionsbasis. Dies gilt sowohl für indonesische, indische, chinesische als auch für frühgriechische Vorstellungen unabhängig von der Komplexität der Systeme.

Ob beispielsweise schon Empedokles ein elaboriertes Klassifikationssystem entwikkelt hat, kann nicht genau beurteilt werden und erscheint zumindest zweifelhaft. Die polaren Aufstellungen in Fr. 122 u. 123 erlauben es nicht, direkt darauf zu schließen, denn es fehlen die Zuordnungen zu den vier „Wurzeln". Immerhin lassen sich einige Grundzüge der Korrespondenzen zwischen einzelnen Motiven und Elementen erkennen, die auf eine komplexere Zuordnung bei Empedokles verweisen könnten.[778] Der

777 S. a. Mershon (1971, 70). Zur Manifestation von Göttern in Körpergliedern und deren Ordnung im balischen Klassifikationssystem s. a. Weck (1976, 239), Mc Cauley (1988, 785), Hooykaas (1974, 149). Dazu a. Mershon: „One ‚had gods inside one'. Siwa represented the soul, Center; fluids of the body were Wisnu's gift; breath came from Iswara; warmth of the body showed that Brahma was present, while the body itself was under the auspices of Mahadewa, god of the west and the Earth. What was of utmost importance was that one honored these deitific aspects while here on earth, thus assuring that the heavenly journey of the soul on its way ‚home' would culminate in union, marriage." (Mershon 1971, 212f.) Zur Verbindung von Göttern, Farben und Himmelsrichtungen s. a. Swellengrebel (1960, 36 u. 46f.), Grader (1960, 170f.), Mershon (1971, 32f. u. 203) und Hooykaas (1974, 104ff.).

778 Aus Fr. 6 und dem Fr. 21 kann folgendes Bild gewonnen werden: 1. Feuer: Fr. 6 – leuchtend-hell, Zeus; Fr. 21 – Sonne, Wärme, überall ausgedehnt. 2. Erde: Fr. 6 – lebensspendend, Hera; Fr. 21 – das

Mensch, sein Fleisch, seine Sehnen, seine Knochen und sein Blut (Fr. A 78) sind wie die Welt im Ganzen zwar aus den verschiedenen Teilen der „Elemente“ zusammengesetzt (Fr. 22), doch eine klare Zuordnung der einzelnen Götter zu bestimmten Organen findet sich bei Empedokles nicht und scheint bei den Griechen erst durch Metrodoros v. Lampsakos (Berichte 3 u. 4) vorgenommen worden zu sein. Sie basiert dort auch nicht auf einer ursprünglichen Schau, sondern, wie Nestle (1907) kritisch bemerkte, eher auf dem Versuch, fast gewaltsam gewisse Analogien zu erstellen. Im Bericht des Plutarch (B 101) deutet alles darauf hin, daß im System des Empedokles auch eine Verbindung der jeweiligen „Wurzeln“ zu den vier Geschmacksrichtungen süß, bitter, scharf und salzig bestand, allerdings ohne daß dies ausdrücklich gesagt wird. Aetios (Fr. A 92) wiederum betonte zwar ausdrücklich die Zuordnung der vier Farben Weiß, Schwarz, Rot und Gelb-Grün zu den Elementen, sagte aber nicht, wie diese genau vorgenommen wurde.[779] Mehr läßt sich nicht erfahren, doch sind nach dem bisher Gezeigten systematische Ansätze genug vorhanden, um zu verdeutlichen, daß Empedokles in jedem Fall auf dem Weg zu einem erweiterten Klassifikationssystem war.[780] Ein solches darf auch bei den Pythagoreern und in Platons Symposion (188b) vermutet werden. Die Systeme wurden im Laufe der Zeit immer weiter entwickelt, auch wenn man die jeweiligen Zuordnungen nicht einheitlich, sondern die einzelnen Klassen individuell ausgestaltete.[781]

Das, was die balischen Klassifikationssysteme von den altindonesischen unterscheidet, ist ihre in Anlehnung an die indischen Modelle vollzogene Einbindung in die Mikro-Makrokosmos-Lehre. Ein guter Heiler soll nach Weck die Analogien zwischen Mikro- und Makrokosmos sowie „die Symbolik beherrschen und wissen, daß man unter Mahameru z. B. die Herzspitze, unter den Flüssen gewisse Adern versteht, daß sie Sitze bestimmter Gottheiten sind, die entsprechend ihrem allegorischen Zeichen wie-

Gründende und Feste. 3. Luft: Fr. 6 – Aidoneus (der „Unsichtbare“); Fr. 21 – Wärme und strahlender Glanz. 4. Wasser: Fr. 6 – Nestis (die „fließende“); Fr. 21 – Regen, dunkel und kalt.

779 Zu Empedokles und den Farben s. Kranz: „Die einzelnen Farben den Elementen zuzuweisen (...) geht nicht an.“ (Kranz 1967i, 249f. u. 1967g, 227).

780 Reinhardt vertrat die Sicht, „Empedokles, als Arzt,“ habe „die Vierzahl aus der Medizin gekannt und erst vom Mikrokosmos auf den Makrokosmos übertragen“, denn „Sinn und Funktion“ der Qualitäten oder Kräfte wären erst „aus dem Mikrokosmos zu verstehen“, da sie im „menschlichen Körper“ nicht mehr „Eigenschaften, wie im Makrokosmos“ seien, „sondern Kräfte, von denen Krankheit und Gesundheit, Leben und Tod“ abhingen (Reinhardt 1959, 227). Doch Empedokles kannte noch keine Mikro-Makrokosmos-Lehre, für ihn waren die Kräfte sowohl kosmisch als auch am Leib erlebt. Erkannt hatte Reinhardt allerdings die Tatsache, daß sie „zusammen mit dem Trockenen und dem Feuchten“, eine Art „Koordinatensystem“ bildeten und daß dieses dann zu den „sizilischen Ärzteschulen von Alkmaion bis auf Philistion“ gehörte.

781 Dazu Reinhardt: „... man hat es im ganzen Altertum nicht dahin bringen können, die vier Qualitäten einwandfrei mit den vier Elementen zu vereinigen. So fremd und unverträglich aber allzeit die Qualitäten im Makrokosmos waren, so untrennbar waren sie von jeher von der antiken Theorie des Mikrokosmos.“ (Reinhardt 1959, 227) S. a. Kranz: „die Göttervielzahl hat überall im Irdischen ihr Abbild: vier Jahreszeiten gibt es, vier Grundfarben, vier Säfte, vier Temperamente, vier Altersstufen und so fort, wie im engen Anschluß an Empedokles viele Jahrhunderte lang die Medizin lehrt“ (Kranz 1967f, 206). Zum Viererschema in der Humoralpathologie s. a. Erich Schöner (1964).

der mit den gleichen Arten des Mrta korrespondieren“ (Weck 1976, 50). Die von Weck weiter hervorgehobene „enorme Bedeutung der magischen Kraft des Mrta“, das auch als „Lebensnektar“ und generell als Leben bezeichnet wird, gehört wie die „mystical-magical energy“ *sakti*[782] zu dem Phänomenbereich der Vorstellungen von *menos*, *dynamis*, *tondi*, *sahala*, *semangat*, *mana* und chinesisch *de*.[783] Weitere, ebenfalls aus dem Indischen stammende Begriffe von wesentlicher Bedeutung sind *bayu* (indisch *vayu*) und *prana*, „das Vitale, der Lebenshauch oder Lebensodem“ bzw. die „Kraft an sich“ (Avalon 1975, 17).[784] Den Zusammenhang zwischen indischen und balischen Menschenbildern erläuterte Weck so: „Die den indischen Lehren entnommene Vorstellung, daß der Körper durch ‚Kräfte‘ bewegt wird, scheint das normale Denken so beeinflußt zu haben, daß dem Balier nicht einmal das Verständnis für die Beziehung zwischen Muskulatur und Knochen als Bewegungsorganen des Körpers aufgegangen ist.“ (Weck 1976, 92) Diese Beobachtung wird erst dann voll verständlich, wenn man bedenkt, daß die von Weck angesprochene Verbindung das am Festkörpermodell orientierte Schema mit anatomisch-organischer Funktionsteilung voraussetzt, welches von Weck – ein Arzt der westlichen Körpermedizin – unreflektiert als Leitvorstellung benutzt wurde. Dieses stand in Asien nicht im Vordergrund des wissenschaftlichen Interesses, weil sich dort die Forschung mehr am eigenleiblichen Spüren orientierte. Hier bildete eine dynamische Sicht des Leibes die Basis der Vergegenständlichung von Regungen, wo hingegen bei den nachplatonischen Griechen die Entwicklung metaphysischer Konstrukte wie

782 Dazu R. Otto: „Im Veda finden wir diese ‚Macht‘-Idee ausgedrückt durch Termini wie saci (sakti) … Sie entstammen zunächst den Vorstellungen natürlicher Kraft, Macht, Leben, Lebenskraft. … Sie sind alle mehr oder minder Synonyma des amritam, des ‚Todfreien‘, das der höchste Inbegriff ist aller ‚Macht‘ und Lebensmacht; das amritam ist aber das Transzendente schlechthin.“ (R.Otto 1932, 67) S. a. B. J. A. Lovric (1986, 70f.). Zum *amrta* in Verbindung mit dem homerischen *ambrosios*, das von dem „vorgriechischen Neutrum“ **ambrotos*, abstamme, welches wiederum eine „lautlich genaue Entsprechung von vedisch *amrta* n. ‚Leben, Lebenskraft‘ (nicht ‚Unsterblichkeit)“ bedeute, und mit „Lebenskraft enthaltend“ zu überstzen sei, s. Thieme (1952, 17 u. 20).

783 S. a. Ann P. Mc Cauley (1988, 781ff.). Beryl de Zoete und Walter Spies schrieben von einem außergewöhnlichen balinesischen Tänzer: „He possessed sakti, magic power, the all-redeeming quality for which we have no equivalent. Virtue, if we divest it of all moral connotations, all idea of ‚good living‘, and leave it only with its strength, is the nearest we can get. … The Chinese te exactly expresses it; so does the Sanskrit guna, energy.“ (de Zoete/Spies 1970, 267) Zum *de*, der Gestaltkraft, schrieb Hermann Köster: „Ursprünglich verbanden die Chinesen wohl folgende Vorstellungen mit dieser Bezeichnung: magische Führerqualität, überwältigende Geisteskraft, persönliche Autorität durch vorbildlichen Wandel, gutes Beispiel und die Kraft, die von solchem Beispiel ausgeht und ähnliches mehr. Mit diesen Dingen, also mit te soll der Kaiser regieren.“ (Köster 1957, 21) Der Begriff des *sahala* hat nach Carle als „adäquate Übertragung“ ein ähnliches Bedeutungspektrum wie *sakti* (Carle 1990, 163).

784 Zum Prana als „Einheitsprinzip“ schrieb Mehlig: „Der Rgveda kennt zwar das Wort prana, verwendet es aber nur in der Bedeutung ‚Hauch, Atem, erster Atemzug, Lebenshauch“ (Mehlig 1987, 145ff.). Zu Prana, als vergleichbar mit Brahman, Atman und Purusha meinte Deussen: Es ist ein Wort, „welches ursprünglich den ‚Odem‘, dann das durch denselben bedingte ‚Leben‘ bedeutet. In der Mehrzahl gebraucht, sind die *Prana's* die einzelnen ‚Lebenskräfte‘ oder auch die ‚Lebenshauche‘ (später Prana's genannt; ihre einzelnen Namen sind: *prana, apana, vyana, samana*).“ (Deussen 1915, 294f.).

Materie oder Substanzen und anatomischer Kenntnisse immer mehr an Bedeutung gewann. Diese Betonung des dynamischen Aspektes menschlicher Selbsterfahrung führte dazu, daß nach Ansicht von Weck auf Bali alle „physiologischen Vorgänge im Körper" als ausgelöst durch „gewisse Kräfte, ‚bayu's',“ gedacht werden, „deren Anzahl, Wirkung und Gruppierung nicht gleichmäßig angegeben wird" (Weck 1976, 92). Eine solche Sicht kennt keine „Organ-Funktions-Einheiten",[785] sondern statt dessen leibliche Regungsherde und Kraftzentren (*chakren*). Deshalb ist es auch verständlich, wenn der Begriff *bayu* – ähnlich dem *tondi* – mehrere Bedeutungen hat. Unni Wikan übersetzte ihn z. B. mit „vital energy", „spirit/life force", „both physical energy and spiritual force" (Wikan 1989, 300f.).[786] Dabei fällt auch hier wieder ein enger Zusammenhang zwischen *bayu* als Kraftgefühl und dem Blut auf, den Wikan so schilderte: „It flows in the blood and is all over the body.... With a strong bayu one feels energetic and brave." (Wikan 1989, 300f.) Dieses Kraftgefühl gleicht dem *menos* sowie dem *thymos* und der *nepes*. Das *bayu* kann sogar mit dem Herzen gleichgesetzt werden, denn, so Wikan: „A Balinese bayu or heart has an almost palpable quality." (Wikan 1989, 305)

Ähnlichkeiten der *bayu*-Vorstellung bestehen aber nicht nur zum homerischen und hebräischen Denken, sondern auch zur „pneumatischen Lehre" nachplatonischer Zeit, wie sie Diller beschrieb, der zum *pneuma* meinte, es sei eine Kraft, „durch die dies alles und der übrige Körper durchwaltet wird; diese Kraft ist teils für das Leben des Ganzen und seiner Teile bestimmt, teils für die Wahrnehmungstätigkeit." (Diller 1973a, 21) Eine vergleichbare Problematik von ganzheitlicher Leibeskraft und ihrer Aufteilung in bestimmte charakteristische Regungen wurde oben für den *tondi* aufgedeckt. Diller erklärte, das Herz sei das „Zentrum" und „der Sitz der eingeborenen Wärme", aus dem „der feinste Teil des Pneuma" wie aus einer Quelle (*pege*) durch den ganzen Körper ströme (Diller 1973a, 21).[787] Auch für die in Platons Timaios gegebene Charakteristik des Herzens als abstrahlender „Feuerquelle" gibt es ein balisches Beispiel, denn ein Feuer im Herzen, das mit der „Kochung" der Nahrung im Magen zusammenhängt, erwähnte auch Mershon (1971, 206f.). Man vergleiche diese Sicht mit den Schilderun-

785 Dazu die Kritik von Weck an einer mehr westlich-rationalistischen Erklärung durch ein Organ-Funktionsmodell: „Diese Erklärung, die also die bayus als eine Funktion der Organe zu betrachten scheint, entspricht nicht den sonst auf Bali herrschenden Anschauungen, die sich ganz den indischen Lehren anlehnen und auch da, wo von Tatsinnen gesprochen wird, die Tätigkeit dieser ‚Sinne' durch die bayus auslösen lassen, nicht umgekehrt." (Weck 1976, 94)

786 Dazu Wikan: „It subsumes ‚soul', ‚spirit', ‚vital power', ‚force' and ‚feeling', depending on context and speaker. Variance was found between popular and expert understandings, as when experts claim the *bayu* cannot be lost – or one would die – whereas people ‚lose' their *bayu* very often." (Wikan 1989, 310 A.12) Zu *bayu* als „Lebenskraft" s. Weck (1976, 23).

787 Diller machte noch auf folgenden Sachverhalt aufmerksam: „Wenn demnach das Herz, als das Zentralorgan, auch Blut aufnimmt und weiter gibt, so besteht doch eine engere Verbindung zwischen Leber, Venen und Blut einerseits, und Herz, Arterien und Pneuma andererseits." S. a. Diller: „Danach sind für das Leben des Menschen, abgesehen vom eingeborenen Pneuma (...) und der daraus entwikkelten inneren Wärme (...), die im Herzen ihr Zentrum haben, von den von außen eingenommenen Stoffen Pneuma und Nahrung gleich wichtig." (Diller 1973a, 21)

gen in der Prasna-Upanischad 3,5 u. 3,6, wo vom *prana* („Lebenshauch") im Verhältnis zu den verschiedenen *pranas* die Rede ist. Mehlig übersetzte: „Den von oben nach unten sich bewegenden Wind (apana) stellt er über den After und die Geschlechtsteile. Ins Auge, ins Ohr, in den Mund und in die Nase hat sich der Lebenshauch (prana) selbst begeben. In der Mitte aber ist der Hauch, der im Magen und in den Gedärmen tätig ist und der das Feuer der Verdauung schürt (samana)." Und 3,6: „Im Herzen aber weilt der Atman. Und hier (im Herzen) sind einhundert Adern. Zu jeder einzelnen von diesen gehören je hundert (Nebenadern). Und an Nebenzweigadern gibt es jedesmal zweiundsiebzigtausend. In ihnen weilt der im ganzen Körper sich verbreitende Hauch (vyana)." (Mehlig 1987, 343)

Ähnlich wie in den altägyptischen und altindischen medizinischen Lehren wurden die Strömungen im Leib weder bei Platon noch in Indien oder Bali auf Venen, Arterien, Nerven, Sehnen und Muskeln verteilt, denn solche analytische Sektion hängt eng mit der späteren Auffassung eines durch anatomisch-physiologisches Wissen aufgebauten Körpermodells zusammen. Demgegenüber folgt die indisch-balische Sicht dem eigenleiblichen Spüren von Kraft, die in bestimmten Bahnen, den *urat*, fließt, deren anatomische Gegebenheiten aber nicht durch Leichensezierung entdeckt werden können.[788] Die balischen „Leitbahnen"[789] (*urat*) decken sich im wesentlichen mit den indischen *nadis*, denn beide bedeuten allgemein „hohle Adern", aber auch besonders, und hier spielen die *yoga*-Techniken eine große Rolle, „Kraftströme". Unter diesen sind die drei wichtigsten die dem indischen *yoga*-System entnommenen *ida*, *pinggala* und *shushuma*.[790] Diese Bahnen und Ströme „befeuchten" – wie schon im alten Ägypten und im Platonischen Timaios (79a) – den ganzen Körper „wie ein Garten durch Wassergräben bewässert wird" (Weck 1976, 83ff. und für Indien Zimmer 1982, 125). Außerdem hängen sie sehr eng mit den indisch-tantrischen *yoga*-Techniken der Atmung zusammen, die bis in die vorvedische Zeit zurückgehen.[791]

788 Zu den *urat*, einem Ausdruck auch für „Nerven und Sehnen", betonte Weck, daß alle Adern (Luftröhre, Speiseröhre, Blutadern, Samenader) als zusammenhängend gedacht wurden (Weck 1976, 88). Dazu Mershon: „The Balinese use urat as nerves; actually they imply small canals or channels." (Mershon 1971, 128)

789 Dieser Terminus ist der chinesischen Medizin entnommen und soll auf die Ähnlichkeit mit den sogenannten „Meridianen" – besser eben „Leitbahnen" – hindeuten.

790 Dazu für Indien Zimmer: „Sonne und Mond ziehen ihre Kreisbahn um den Weltberg, so schlingen die beiden Hauptwege des Atems ihren Gang um das Rückgrat; sie sind die Bahnen für ein Sonnenhaftes und ein Mondhaftes in der kleinen Welt des Leibes. … Die beiden großen Atembahnen vereinen sich am unteren Ende des Rückgrats mit dem Kanal des Rückenmarks, der als zentrale Bahn des Lebensodem den Leib durchzieht. … Im Zentrum zwischen den Brauen begegnen sie sich aufs neue." (Zimmer 1982, 124f.) Zur „pinggala", dem Rückenmarkskanal als „großer Wasserader" auf Bali, s. Weck (1976, 44). S. a. Pott (1966, 7f.).

791 Dazu Hauer: „Es leidet keinen Zweifel, daß Atemübung zu den ältesten Stücken des Yoga gehört." (Hauer 1983, 26) Denn, so Hauer, daß „Sänger, Tänzer und Musiker sich mit Wesen und Macht des Atems befaßten und … ihn als Urmacht erkannten, ist durchaus verständlich." (Hauer 1983, 78)

Das balische System des Kreisens der Kraft

Der indische Einfluß auf indonesische Menschenbilder verlief hauptsächlich über den Sivaismus und den damit zusammenhängenden Tantrismus. Nach Ansicht Gondas ist die „Lehre eines einzigen absoluten, völlig undifferenzierten höchsten Prinzips, das sich als Siva und seine Sakti in attributhafter Form manifestiert und dann die Potenzen ins Dasein ruft, aus denen das Universum sich bildet, ... typisch tantrisch." (Gonda 1975b, 20ff.) Damit kommt ein grundsätzlicher Unterschied zwischen indischen und platonischen Vorstellungen zum Vorschein, denn während der Dualismus bei Platon nicht aufgelöst, sondern als Antagonismus konzipiert wird, versucht der Tantriker, Siva und Sakti zu vereinen. Als Resultat dieser individuationsinitiierenden Vereinigung entsteht die sich in Abfolge der Individuationsordnung entfaltende Welt. Sowohl tantrische als auch platonische Vorstellungen nahmen im Gegensatz zu den ursprünglicheren Weltmodellen die Mikro-Makrokosmos-Lehre in ihre Dienste. Mit dem „sehr deutlichen Bestreben nach mystischer Vereinigung", so Gonda, hängen nämlich im sivaitischen Tantrismus auch die „Ausführungen über die Manifestationen Gottes in seiner verschieden beschriebenen Immanenz die Übereinstimmung, ja Identität von Makrokosmos und Mikrokosmos" zusammen, denn „der Kosmos, in dem Siva auch alldurchdringend als Licht oder Glanz gegenwärtig ist, und in dem er sich allenthalben und allgegenwärtig manifestiert, korrespondiert ja genau mit dem Mikrokosmos des menschlichen Körpers". „Teile des Körpers sind wesentlich mit Teilen des Universums identisch, und der Erlösungsbedürftige soll danach bestrebt sein, bestimmte Formen oder Aspekte Gottes, die im makrokosmischen Teil ihren Sitz haben oder sich dort manifestieren, auch in dem entsprechenden mikrokosmischen Teil des eigenen Körpers zur Manifestation zu bringen." (Gonda 1975d, 96) Dies geschieht auch in Bali mittels bestimmter Rituale und Techniken,[792] wobei einmal die *mantra*-Praxis und zum anderen die Handhaltungen, die *mudras*, eine wichtige Rolle spielen.[793] Beide sind mit den *yoga*-Techniken der Atemführung, dem *pranayama*, verbunden (Weck 1976, 231). Das Singen von *mantras* und das Ausführen von *mudras*, das bis heute auf Bali Heilzwecken dient, wurde wie auch das *pranayama* aus Indien übernommen. Grundlegend für diese ganzen Techniken ist das auch im altindonesischen schon vorgezeichnete Verständnis

792 Zum Zusammenhang von balischem *yoga* und der Mikro-Makrokosmos-Lehre s. Hooykaas (1964, 97f.) u. Weck (1976, 83). Zur *yoga*-Praxis s. Hooykaas (1964, 171 u. 225) u. Lovric (1986, 79). Zu den medizinischen Texten s. Mc Cauley (1988, 779).

793 Zum Begriff *mantra* s. die Definition bei Gonda (1975f, 259). U. auch: „Gott manifestiert sich auch nach diesen Autoren in bestimmten Lauten und Silben (...), in sogenannten Bijas, in denen sein Wesen wie in einem Keim enthalten ist. Jede der fünf Silben des bekannten sivaitischen Mantras namah sivaya wird z. B. auch hier als eine bestimmte Manifestation aufgefaßt und den entsprechenden Teilen des Makro- und Mikrokosmos gleichgestellt. Durch die bekannte Mudra- und Nyasa-Praxis werden die diesen Silben innewohnenden göttlichen Kräfte im Körper des Erlösungsbeflissenen manifest gemacht." (Gonda 1975d, 97f.) Dazu a. Weck (1976, 67ff.). Zum Problem der Klassifikation vgl. die *mantras* bei Weck (1976, 72f.) mit dem Schema bei Mershon (1971, 203).

von leiblicher Kraft, das um die Dimension ausgefeilter, systematischer Leibbemeisterung bereichert wurde. Ähnlich dem frühgriechischen *aer* und der alttestamentlichen *ruah*, die sowohl Wind und Luft als auch leibliche Kraft bedeuten konnten, und den damit verwandten Begriffen *pneuma* und *psyche* wird auch der indische Begriff *vayu* sowohl als Wind als auch als leibliche Kraft verstanden, und wie der *aer* mit dem *pneuma* zusammenhängt, so gehören *vayu* (*bayu*) und *prana* einem Phänomenbereich an.[794] Dabei kann das *prana* als eine gewisse Form des *bayu* betrachtet werden. Das *bayu prana* ist nach Weck eine „der 14 Kräfte, die die Verrichtung des Körpers regeln" und unterscheidet sich als Spezialfall von den umfassenden Bedeutungen des *bayu* und des *prana* allgemein (Weck 1976, 65). Die „Atemkraft" (*bayu prana*) kommt nach der Aussage von Weck bei ihrem Kreislauf durch den Leib „aus der Mitte der Stirn, geht durch die ‚glänzende Ader' (die Luftröhre) bis zum muladhara, kommt heraus aus dem ‚Rad (Zentrum) des Nabels' und geht zum Herzen, von dort zur Fontanelle, ... und bleibt zwischen den Augenbrauen (hinter der Stirn) wo sie ihren Sitz nimmt (um dann aufs neue den geschilderten Kreislauf zu beginnen)." (Weck 1976, 97)

Der hier beschriebene Weg der Atemkraft durch die verschiedenen, als eigenständige „Kreise" (*chakren*) betrachteten Zentren verläuft in Übereinstimmung mit den indischen Vorbildern durch alle Bezirke des menschlichen Leibes und verbindet sie miteinander.[795] Dient dieses Ritual des „Kreislaufflusses der Atemkraft durch den Leib" auch der Reinigung und dem harmonischen Spüren der leiblichen Bereiche, so bildet es doch nur die Vorstufe zu weitaus komplizierteren Vorgängen, die sich aus der *yoga*-Praxis ergeben. Ziel der Übungen ist es, nicht nur das *prana* durch den Leib zu schikken, sondern die im untersten Zentrum, dem *muladhara* oder „Wurzel-Chakra", liegende *kundalini*-Kraft zu erwecken und als *mrta* durch die *shushuma* (den „Wirbelsäulenka-

794 Zur Bedeutung von indonesisch *bayu* als „Wind" s. a. Hooykaas (1964, 116). Zum Zusammenhang mit dem indischen *prana* s. Weck (1976, 42). Dazu Zimmer: „Die indische Physiologie ist ausgeprägt ‚pneumatisch'. Draußen in der Welt ist der Wind der Allesbeweger, ... So ist er in der kleinen Welt des Leibes als Atem (prana) gleichfalls Allesbeweger." (Zimmer 1982, 123) Zu den altindischen Vorstellungen schrieb Deussen: „Aber nicht nur der Odem (prana) gab Kunde von einer das Leben erhaltenden Kraft; auch das bewegliche Auge, die rufende Stimme, das sie vernehmende Ohr, ja der sie regierende Verstand gingen auf ähnliche Kräfte zurück, die mittels denominatio a potiori ebenfalls *pranah* ‚Lebenskräfte' hießen, deren man somit eine Anzahl unterschied." (Deussen 1915, 296) Zu *prana* als dem wichtigsten Agens in der Chandogya-Upanishad 5,1 s. Mehlig (1987, 240). „Zur Unterordnung der ursprünglichen fünf selbständigen Lebensorgane unter den übergeordneten Prana-Vayu als das Einheitsprinzip" in Chandogya-Upanishad 4,3, Kausitaki-Upanishad 2,12-13 und Brhadaranyaka-Upanishad 1,3 s. Mehlig (1987, 242). Die „fünf selbständigen Lebensorgane" werden ebenfalls als Prana bezeichnet. Dazu Brhadaranyaka-Upanishad 2,1.20: „Die Lebensorgane, fürwahr, sind die Realität (prana vai satyam). Und die Wahrheit (satya) dieser Lebensorgane ist der Atman." (Mehlig 1987, 256) Zu den „five streams of breath in the body, the so-called five *pranas*" in der „Puranic doctrine" und der Ausdehnung auf das Hatha-Yoga System s. a. Pott (1966, 7f.)

795 Zum *muladhara* als „Körperteil oder Kreis" und zu den „6 Körperkreisen" bzw. den „6 Kreisen (Bezirke) im menschlichen Körper", nämlich dem Unterleib *muladhara*, der Schamgegend *swadisthana*, dem Nabelkreis *manipuraka* oder *nahbi*, dem Herzkreis *anhata*, dem Halskreis *vicuddhi* und dem Stirnkreis *ajna* sowie als Siebtes der Fontanelle s. Weck (1976, 89).

nal") zum obersten Zentrum zu leiten, um so die Vereinigung von *siva* und *sakti* zu vollziehen.[796]

Vergleichbar mit indischen *yoga*-Lehren ist auch die Technik der Aktivierung von Chakren zur Krankenheilung, deren folgende Schilderung Weck zu verdanken ist: „Man konzentriert seine Gedanken auf die Vorstellung eines glimmenden Feuers im Steißbein. Dies Feuer facht man an durch den Wind von oberhalb des Herzens auf dem Wege über den Nabel, daß es ‚strahlt'. Weiter stelle man sich vor, daß die Flammen das Rückgrat entlang gehen zu den Schlüsselbeinen, dort lasse man das Feuer auflodern, daß es die Halsgrube umfaßt, die einen ‚windu' und Sitz des Mrta darstellt." (Weck 1976, 48)

Das Bild des Ausstrahlens von Kraft und Wärme evoziert wieder die Darstellung des Herzens im Platonischen Timaios und zeigt, wie plump Platon dem verfeinerten leiblichen Spüren des Herzens die Kontrollfunktion für den unteren Seelenteil überstülpte. Bemerkenswert ist noch, daß auch bei Platon Bauch- und Nabelgegend einschließlich der Geschlechtsteile zum unteren Bereich gehörten. Ähnliches deutet sich hier an, denn mit „Nabel" ist nach Ansicht Wecks das „muladhara" Zentrum bzw. der ganze untere Bereich gemeint (Weck 1976, 46). Dieser dient als Sammelbecken des von den Füßen aufsteigenden Feuers, das dort vereint und als Glut von dem aus dem Herzen kommenden Wind angefacht wird. Dadurch soll die Flamme so hell brennen, daß Krankheiten verbrannt werden können. Auch hier drängen sich Ähnlichkeiten zum Prinzip der „Kochung" bei Platon und im Corpus Hippocraticum auf.[797]

Diese Praktiken wurden mehr oder weniger vollständig aus dem Tantrayoga übernommen, wie die folgenden Schilderung Zimmers zeigt: „Die im Leibe wie in einem Topf aufgespeicherte motorische Lebenskraft des prana wird in einem Gewaltakt dienstbar gemacht. Sie soll aus den beiden Kanälen, die von der Nasenwurzel her als Hauptwege des prana abwärts den Leib durchlaufen und sich am unteren Munde des Rückgrats begegnen, durch einen angespannten Druck, der alle Leibestore schließt und alle innen kreisende Windkraft vereinigt, in den Kanal des Rückgrats von unten hinaufgepreßt werden. Der Atem soll den Eingang zur innersten Ader des Rückgrats auftun und die Schlange der Lebenskraft wecken, die dort im tiefsten Lotoszentrum des Leibes – im Muladhara, d.i. ‚Wurzel-Halt' – schlummert. Sein Druck kann sie erwecken, daß sie im Rückgrat aufwärts steigt, wie eine Quecksilbersäule im Thermometer." (Zimmer 1982, 141)

796 Dazu Weck: „Unter langsamem Einatmen spricht man die Silbe ‚Ah' aus, läßt dann die Kraft (den Atem) heruntergehen bis zum Nabel ... Nachdem die Kraft dort gesammelt ist (wodurch die Glut ... angefacht wird), läßt man das Feuer von dort herauskommen, auf dem Wege über den Steiß dem Rückenmark folgend nach oben steigen in die ‚gumi patimahan' zum Gehirn. Dort befindet sich der Sitz des ‚Mrta'. Wenn das Mrta durch die Hitze ... getroffen wird, beginnt es zu ‚strahlen'." (Weck 1976, 232) Mit „gumi patimahan" ist die „Schädelkapsel" gemeint.

797 Zum Zusammenhang zwischen der „eingepflanzten Wärme" und „dem Heilungsprozeß der Kochung" in der griechischen Medizin s. a. Lichtenthaeler (1974, 132).

Diese indische Technik ist auch für Bali gut belegt.[798] Abgesehen davon, daß Zimmer ein Vorurteil mit Hauer teilte (Hauer 1983, 67 A. 10), indem er von einem „Gewaltakt“ sprach, der den konzentrativ wirkenden Techniken geradezu widerspricht, weil er den Aspekt der geübten und gezielten Anspannung zu wenig berücksichtigt. Ohne hier weiter auf das bekannte Motiv der makrokosmischen Weltschlange (*naga*) und der mikrokosmischen Schlangenkraft (*kundalini*) einzugehen oder nochmals das Bild der Wurzel (*mula*) heranzuziehen,[799] das hier in den leiblichen Mikrokosmos übernommen worden zu sein scheint, soll noch ein weiterer Hinweis auf ein balisches Äquivalent zu diesen Anschauungen und Techniken gegeben werden. Es findet sich in den Anschauungen der oben erwähnten *ruwa bineda* Lehre von der Einheit des Feuers und des Wassers (Weck 1976, 39ff.). Männliches und weibliches Prinzip (*atman*) vereinigen sich im Wurzelchakra (*muladhara*), in das die „nadas“ (die indischen *nadis*) münden. Durch diese Vereinigung tritt *mrta*, der „Lebenssaft“, aus, und zwar in die „Schädelkapsel“, die als mikrokosmisches „Himmelsgewölbe“ (*bumi patimah*) betrachtet wird. Dort vereinigt sich *mrta* mit *sanghyang tunggal*, dem „Einen Göttlichen“.[800] Dieses, bereichert um das *mrta*, nimmt dadurch Gestalt an und beginnt in den Zungengrund (Halschakra) hinabzusteigen. Die beiden geschlechtlichen, dem Tantrismus entlehnten Prinzipien von Sonne und Mond, die dem männlichen und weiblichen Aspekt des Menschen entsprechen, vereinen sich erneut, aber diesmal im Stirnchakra zwischen den Augen. Die daraus entstandene Einheit, das *windu* (indisch *bindu*)[801], das auch den Ort des Leibes

---

798 Dazu Swellengrebel: „According to the handbooks and descriptions of yoga the divine power reposing in man must be drawn up out of the lowest bodily circle, until after having passed through the six bodily circles it reaches the fontanel, so that man and god can become one.“ (Swellengrebel 1960, 62) Zu Erweckung und Aufstieg der *kundalini* durch die Zentren sowie den damit verbundenen Techniken (*asanas*, *kumbhakas*, *bandhas*) der Hitzeerzeugung (*tapas*) und der Handhaltungen (*mudras*) s. a. Avalon (1975, 137 u. 148f.)

799 Zum *kumbhaka* s. a. Schmitz (1965, 180). Zum Schlangensymbol als mikrokosmische *sakti* des göttlichen *siva* s. a. Zimmer (1982, 141). Zur Unterweltschlange s. a. Hooykaas (1964, 105, 112, 137) und das indische Beispiel der „great serpent“ von West (1971, 48). Zu den Nieren als „Bergsee ‚kundalini‘“ und als eine Art des *mrta* s. Weck (1976, 238). Zum Vergleich mit der indischen Kundalinikraft s. a. Mershon, die ihren Informanten Pedanda Made folgendermaßen zitiert: „In discussing *Dewas* of the *Sanggah Tutuan*, I must mention *Sangiang Susumedjati* – a force which a person possessed but lost at death. It is a sort of nervous energy lodged in the spinal column (Sanskrit: *Shushumena*). It is what makes a person ‚alive‘. These deities – Giri Pati, Peradja Pati, Sangiang Menget, and Susumedjati must all have two offerings each, representing the two principles – male and female.“ (Mershon 1971, 212) Hier wird auch der Zusammenhang mit der polaren Verbindung von männlichem und weiblichen Prinzip deutlich. Eine Besonderheit besteht ferner darin, daß die *shushumna* als Göttin personifiziert und mit der *kundalini* gleichgesetzt wird, die im Altindischen auch als eine „Weltfrau“ gedacht war.

800 Zum Vergleich mit indischen Vorstellungen schrieb Zimmer: „Das Lotosschema des menschlichen Leibes ist das kosmogonisch gestufte Abbild des Weltgebäudes. Der Leib bildet die Welt des Entfalteten, die Hirnschale aber birgt den Gegenpol des Unentfalteten.“ (Zimmer 1982, 145)

801 Zum indischen *bindu*-Begriff (wörtlich: Punkt) schrieb Avalon: „Wenn das Bewußtsein ein Objekt als von sich verschieden erkennt, erfährt es dieses Objekt in räumlicher Ausdehnung. Wenn es aber das

(*chakra*) bezeichnen kann, beginnt in den Kopf zu wandern und von da dann hinab „auf dem Weg des Rückenmarkloches (im Hinterhauptbein) durch den Hals in die Herzhöhle, wo sich das ‚kleine Herz‘ von der Größe eines Hirsekornes befindet“ (Weck 1976, 44).[802] Auch in diesem *windu*, – es verkörpert Feuer und Blut und steht für die „gesammelten Körperkräfte“, die von dem im Zungengrund sitzenden *sanghyan tunggal* „bewacht“ werden, – bleiben die polaren Prinzipien nur für eine gewisse Zeit gleichsam schlafend vereint. Das Öffenen des während des Schlafens geschlossenen ‚Herz-Lotus‘ (*chakra*) führt dann durch das Einströmen des „Blutes“ in Knochen, Fleisch und Haut zum Erwachen und zur Entfaltung der Kraft, eine Vorstellung, die ebenfalls altindisch zu sein scheint.[803] Bleiben bei der hier gegebenen Beschreibung der Abläufe auch noch viele Fragen offen, so sind bestimmte basale Ähnlichkeiten doch deutlich geworden, denn sowohl die indischen als auch die balischen Techniken beruhen auf einem Spüren von leiblichen Regungen, die als Kraftflüsse entlang bestimmter Bahnen kreislaufend den Leib aktivieren und zu einer Steigerung des leiblichen Befindens führen sollen.

Körperbeherrschung versus Leibbemeisterung – zum Kulturvergleich

Zum Schluß dieses Abschnitts wird nun nochmals auf Platons Timaios zurückgegriffen, der sich im Leibverständnis von den balischen Techniken grundlegend unterscheidet. Bei seiner Besprechung wurde die große Bedeutung des Kreislaufgedankens für die frühen Griechen und insbesondere das platonische System erwähnt. Platons Anthropologie diente dem Bemühen, den Körper durch die Seele zu beherrschen. Der *noos* sollte als Herr die beiden sterblichen unteren Seelenteile (Herz und Bauch mit Geschlechtsteilen) abspalten und möglichst ruhigstellen. Das Herz übte die Kontrolle über den unteren Teil aus, damit er sich nicht verselbständigen und die oberen Kreise stören konnte. Vergleicht man dieses System mit dem hindu-balischen, so steht der platonischen Intention des Trennens von Körper und Seele, Tier und Gott, unterem und oberem Körperteil die tantrische Absicht des Vereinens von *siva* und *sakti*, der polaren Prinzipien von Sonne und Mond, des unteren und des oberen Leibeszentrums entgegen.[804]

---

nämliche Objekt vollständig subjektiviert, erlebt es dieses als unausgedehnten Punkt. Das ist die Ganzheitserfahrung des Gott-Erlebenden im Sinne des Bindu.“ (Avalon 1975, 28)

802 Dazu Weck: „Nach balischer Auffassung besteht eine Verbindung sowohl zwischen dem Herzen und den Hauptadern als mit dem Rückenmarkskanal.“ (Weck 1976, 44)

803 Zum Herzen als „Sitz des Wachbewußtseins“ in den „sogenannten ältesten Upanishaden“ schrieb Avalon: „Das Herz dehne sich während des Wachens aus und ziehe sich im Schlaf zusammen.“ (Avalon 1975, 155)

804 Dazu Pott: „This union is precisely what yoga is about: one strives for the complete subjection of the functioning of the organs in order that they may be wholly directed to the aim in view, *viz.*, mystical union with the Supreme Being; or to put the matter in microcosmic terms, the elevation of Devi from the lowest cakra to the highest and her union with Siva, whereby supreme bliss, symbolically expressed by the production of *soma*, is attained.“ (Pott 1966, 138)

Bei Platon sollten sich die einzelnen Kreisläufe möglichst voneinander getrennt vollziehen, damit sie nicht die Herrschaft der Vernunft störten. Das Kreisen, besonders des oberen Seelenteils, sollte so optimiert werden, daß es den gesetzlichen Bewegungen des *noos* im Kosmos nahekam (Timaios 90c–d). Im *yoga*-System auf Bali wurde dagegen versucht, durch die Konzentration auf den Lauf der Kraft im Leib die einzelnen Kreise (*chakren*) gezielt zu aktivieren und sie zu einem Gesamtkreislauf zu verbinden. Lehnte Platon die Vermischung von „Vernunft" und „Sexualität" ab, so strebte der Tantriker diese geradezu an. Dadurch erhielt das Herz, ganz im Gegensatz zur Wachhundfunktion bei Platon, eine zentrale und vermittelnde – nicht kontrollierende – Funktion zwischen den polaren Zentren des Leibes. War bei Platon im Gehirn, dem obersten Seelenteil, der Ort, wo Kopf und „Wurzel" (*riza* 89b1) des Menschen befestigt sein sollten – das griechische *riza* bezeichnet sowohl Wurzel als auch Ursprung, Stamm und Nachkommenschaft und deckt sich von daher mit dem indischen Begriff *mula* –, so ordneten die balischen Brahmanen und die indischen Yogis dem unteren Teil die „Wurzel"-Funktion zu, denn dort wurde das „Wurzel-chakra" (*muladhara*) lokalisiert. War es bei Platon also die Vernunft, die an der als Kopf lokalisierten „Wurzel" des Leibes „saß", so wurde im Tantrismus die Geschlechtskraft mit der Wurzel verbunden. Wollte der Tantriker seine Sexualität mit dem Ziel bemeistern, ein Wärmegefühl zu erzeugen und die Wirbelsäule hochlaufen zu lassen, um so eine tiefe religiöse Erfahrung zu erreichen, so war Platon bestrebt, die Sexualität zu beherrschen, indem er sie abspaltete und den Befehlen des *noos* unterwarf. Zwar kannte Platon eine Verbindung zwischen Gehirn, Mark und Samen, wobei das Mark das Rückgrat entlang nach unten aus den Geschlechtsteilen herauslief (Timaios 91b), diese dadurch beseelte und so den Zeugungstrieb schuf, doch war dieser für ihn eben ein „der Vernunft nicht gehorchendes Tier (*zoon*)" (91c1), das nun, da es sich angeblich selber abgetrennt hatte und selbstmächtig (*autokrates*) geworden war, unterworfen werden mußte. Bei Platon verlief also die Bewegung von oben, wo die Wurzel befestigt war, nach unten. Ein Aufsteigen leiblicher Regungen durch vermehrte Kraft von unten ist bei ihm nicht vorgesehen. Statt dessen soll eine aufsteigende Bewegung der Seele durch die Trennung und Reinigung vom Körper erreicht werden, nicht durch eine Verschmelzung mit dem Leib. Diese sich durch Leibfeindlichkeit auszeichnende „aufsteigende Mystik" Platons wurde oben in Zusammenhang mit einem absteigenden, vom superioren Bereich der Ideen in die inferiore Welt des Werdens verlaufenden Verständnis von Verwandtschaft gebracht. Dieses ähnelt zwar den hinduistisch-genealogischen Vorstellungen des Gottkönigtums, das seine Legitimation ebenfalls aus der absteigenden Verwandtschaftslinie bezog (s.o.), doch blieb dem nach indischem Vorbild regierenden indonesischen Herrscher eine Mittlerfunktion, die einen zu krassen Bruch verhinderte und versuchte, die entfernten Pole wieder zu vereinen – in diesem Sinne muß von Polarität gesprochen werden, die der (platonischen) Dualität gegenübersteht. Dieses Streben nach Vermittlung und Vereinigung charakterisiert auch die indisch-indonesischen Techniken der Leibbemeisterung. Die Modelle der „absteigenden" Genealogie, die den altindonesischen Vorstellungen einer sich von der Wurzel her individuierenden Ordnung gegenüberstand, stimmen zwar bezüglich der politischen Dimension mit den platonischen Gedanken der „absteigenden" Herleitung der Welt aus dem Bereich der Ideen überein. Sie unterscheien sich aber von Platons „aufsteigender Mystik" darin, daß in ihnen die Bewegungsrichtung im Leib von oben nach unten verläuft, also absteigend. Erst diese absteigende Bewegung initiiert den Entfaltungsprozeß von unten, von der Wurzel her.

Das ganze Spektrum der *yoga*-Techniken steht im Einklang mit den oben besprochenen leibtherapeutischen Bestrebungen der Zeit vor Platon, die sich dadurch auszeichnen, „die Kräfte der Person zu konzentrieren und zu steigern" (Burkert 1962, 271ff. s.o.). Bei Platon hatte sich bereits die Gymnastik von den ursprünglich kultisch-religiösen Bindungen gelöst und ihren Aufgabenbereich streng auf den Körper reduziert (88c). Sie diente dem Ausgleich für die verstärkte Tätigkeit in den Verstandesdisziplinen. Für die Seele war die *epode* zuständig, natürlich in der gereinigten Form, nicht mehr als magischer Laut, wie z. B. in der indischen *mantra*-Technik, sondern als rationale Suggestion der Selbstbesprechung. Die kultisch-religiöse Einbindung haben die *yoga*-Techniken hingegen nie gänzlich verloren, sondern sie spielt u. a. als *mantra*-Technik bei der Meditation auf die leiblichen Zentren eine große Rolle. Insgesamt trat also bei Platon an die Stelle einer Steigerung der leiblichen Kräfte die Isolierung und Unterdrükkung der Regungsherde. Damit aber zeigen sich zwei vollständig unterschiedliche, fast entgegengesetzte anthropologische Positionen; auf der einen Seite eine Technik zur Beherrschung des Körpers durch die Seele – auf der anderen Seite eine Technik der Bemeisterung des Leibes. Ob ähnliche Unterschiede auch für chinesische Leibschemata ausgemacht werden können, soll der nun folgende letzte Abschnitt zeigen.

FÜNFTES KAPITEL

Chinesische Leibschemata

Fast zeitgleich mit dem frühen Griechenland, also in der Periode von ungefähr 600 bis 300 v. Chr., lassen sich auch in China philosophische Systeme vergleichbaren Niveaus finden. Es entstanden die ersten Philosophenschulen mit ihren komplexen Entwürfen der Weltdeutung. Die Grundlagen der Wissenschaften wurden gelegt und die Basis für die späteren ethischen und metaphysischen Diskurse errichtet. Die bis auf den heutigen Tag lebendige, als Daoismus bezeichnete philosophische Richtung geht auf diese Anfangsphase zurück und gründet sich auf die Bücher „Daodejing" und „Zhuangzi". Eine umfassende Darstellung der historischen Entwicklungen des *dao*-Begriffs würde ähnlich komplex und materialreich sein wie die Geschichte des Seinsbegriffs von Parmenides bis Heidegger. Deshalb beschränkt sich die Untersuchung auf den „frühen Daoismus" und die oben genannten Werke. Dabei sollen – immer unter dem Blickwinkel der Leibperspektive – Parallelen und Unterschiede zu den frühgriechischen Systemen zur Sprache kommen. Anschließend werden chinesische Ordnungsvorstellungen in ihrer Entwicklung verfolgt und ihre Bezüge zum Leib herausgearbeitet.

Im letzten Kapitel wird der Zusammenhang zwischen chinesischen Leibschemata und den Techniken der Leibbemeisterung untersucht, wie sie bis heute praktiziert werden. Der dabei geschlagene Bogen von den frühen Philosophen bis in die heutige Zeit hinein kann nicht mehr als eine grobe Orientierung bieten, denn eine Geschichte der chinesischen Vorstellungen vom Menschen ist noch nicht geschrieben. Trotzdem läßt sich anhand einzelner Beispiele das Bild einer chinesischen Alternative gewinnen, die aufgrund ihrer leiblichen Ausrichtung der europäisch-naturwissenschaftlichen Anthropologie gegenübersteht.

1. Der frühe Daoismus und die frühgriechische Philosophie

Das Wortfeld *dao* enthält zahlreiche Interpretationsmöglichkeiten und umfaßt wesentliche kulturkonstituierende Ordnungsvorstellungen Chinas.[805] Nach Manfred Porkert

805 Zum Dao allgemein De Groot (1918, 5 u. 309), Porkert (1961b, 537), G. Béky (1972, 92 u.195), Max Kaltenmark (1981, 72 u.77), Morris (1989, 6), Hermann Köster (1958, 73) u. Marcel Granet (1985, 246f.).

werden „im Großen Chinesischen Zeichenwörterbuch des Jahres 1915 nicht weniger als 46 verschiedene Bedeutungen angegeben". Nach seiner Ansicht ist *dao* „einer der am stärksten schillernden Ausdrücke im Vokabular der chinesischen Philosophen." (Porkert 1978, 45) Daher ist verständlich, wenn die einzelnen Wissenschaftler diesem Begriff einen unterschiedlichen, ihrer jeweiligen Perspektive entsprechenden Bedeutungsgehalt beimessen.[806] Hubert Schleichert listete auf: „‚Dao' wurde übersetzt mit ‚Der Weg', ‚logos', ‚Sinn', ‚Gott' u. a. m. Mitunter wäre die Übersetzung ‚Prinzip' am angemessensten. ‚Dao' bezeichnet sowohl den richtigen Weg des Lebens, d. h. die Art der persönlichen Lebensführung, als auch den ‚Weg der Natur' oder den Weg der Dinge" (Schleichert 1980, 89). Häufig wird ein direkter Bezug zu dem als Gründervater des Daoismus geltenden Lao-zi bzw. zu dem ihm zugeschriebenen Buch „Daodejing" hergestellt. Doch nicht minder wichtig und philosophisch ergiebig ist das Buch „Zhuangzi".[807]

Der durch diese Bücher charakterisierte frühe Daoismus zeigt erstaunliche Parallelen zu altgriechischen Gedanken. Diese Ähnlichkeiten zwischen vordemokritischer und chinesischer Weltanschauung sind so erheblich, daß sie von der Forschung immer wieder betont wurden. Zwischen den verschiedenen Aspekten des *dao* in den Büchern Zhuangzi und Lao-zi und dem parmenideischen *eon*, dem heraklitischen *pyr* und dem empedokleischen *sphairos* bestehen eindeutige Parallelen. Davon war bei Alfred Forke bereits Anfang des Jahrhunderts die Rede, denn er bemerkte: „*Tao* läßt sich ohne Bedenken dem Absoluten, dem An- und Für-sich-sein, dem reinen oder transzendenten Sein unserer Philosophen gleichstellen." Und um dieses Sein noch genauer zu bestimmen, setzte er hinzu: „Es ist dies die alles umfassende Einheit des eleatischen Seins … des Parmenides." (Forke 1927, 45) In der philosophischen Forschung wurde dieser Gedanke aber nicht weiter verfolgt. Forke beschränkte sich lediglich auf diesen Hinweis; einen genaueren Vergleich nahm er nicht vor. Seine Ansicht fand in Joseph Needham ihren größten Kritiker. Der wandte sich entschieden gegen eine Parallele zwischen dem chinesischen *dao* und dem *eon* des Parmenides und glaubte, das chinesische Denken („the Chinese mind") habe einfach kein Bedürfnis nach Metaphysik gehabt (Needham 1992, 37 A. f). Da war Mazaheri etwas anderer Meinung, denn sie kam zu dem

806 Paul U. Unschuld charkterisierte die Schwierigkeit einer eindeutigen Begriffsbestimmung so: „Mit der Bezeichnung Taoismus werden gewöhnlich verschiedene, zum Teil sogar antithetische Geistesströmungen zusammengefaßt, denen im Grunde nicht viel mehr gemein war als eine Vorstellung vom *tao*, doch bedeutete ihnen dieser Begriff so etwas wie die richtige Art und Weise menschlichen Zusammenlebens in einer Gesellschaft." (Unschuld 1980, 68) Zum Bedeutungsreichtum der Bezeichnung „Daoist" s. a. Nathan Sivin (1978, 316).

807 Die Vielzahl der Übersetzungen zwingt zur Selektion. Deshalb soll vor allem auf die Daodejing-Ausgaben von Debon, Richard Wilhelm, Ulenbrook und Andre Eckhardt – und beim Zhuangzi auf die Übersetzung von R. Wilhelm, Watson und Graham zurückgegriffen werden. Sämtliche Zitate aus diesen Werken wurden mit Hilfe von Frau Prof. Gudula Linck am Orginaltext überprüft und die geeignetste Übersetzungsvariante ausgewählt. Zum kritischen Vergleich sind in den Fußnoten weitere Alternativen angegeben. Als Umschrift im Text wurde das in der Volksrepublik übliche Pin-yin-System gewählt; in den Zitaten blieb die jeweilige Umschrift unangetastet.

Ergebnis, daß zwar von „metaphysischen Spekulationen des frühen Daoismus" gesprochen werden kann, nicht aber „von einer Ontologie" (Mazaheri 1992, 423). In einer Ablehnung von Parallelen zwischen *dao* und *eon* stimmte sie allerdings mit Needham überein und glaubte, daß der „Urgrund ‚Sein' des Parmenides aufgrund seiner Definition als seiend bei daoistischen Gründen und Urgründen kein tatsächlich entsprechendes Pendant zu haben scheint" (Mazaheri 1992, 484). Beiden Autoren soll hier widersprochen werden, denn sie berücksichtigten die leibliche Basis frühgriechischen und frühdaoistischen Denkens zu wenig. Statt sein Verständnis von Metaphysik philosophiehistorisch darzulegen, wich Needham auf sein eigenes Erklärungsmodell, den „organic naturalism", aus. Ähnlich fraglich operierte Mazaheri mit dem Begriff der Transzendenz.[808] Obwohl sie berechtigte Kritik an Peter Woo übte, der sich vor ihr mit Parallelen zwischen dem frühen Daoismus und der heraklitischen Philosophie beschäftigt hatte,[809] war ihre Terminologie ebenfalls ungeeignet. Bezüglich des Feuers bei Heraklit sprach sie von dem „ersten im weitesten Sinne als monistischen Grund zu bezeichnenden Urgrund" und meinte, es sei eine „Grundsubstanz" (Mazaheri 1992, 391f.). Oben wurde gezeigt, daß der erste monistische „Urgrund" – besser Individuationsgrund – wahrscheinlich der *aer* des Anaximenes gewesen ist und daß das Feuer Heraklits nur mit den allergrößten Einschränkungen als solcher bezeichnet werden kann. Von einer „Grundsubstanz" zu sprechen, muß schließlich gänzlich abgelehnt werden.[810]

Hinweise auf Zusammenhänge zwischen dem *dao* und der *harmonie aphanes* des Heraklit, dem *eon* des Parmenides und dem *sphairos* des Empedokles sowie dem xenophanischen Gott, dem Urgemisch des Anaxagoras und dem chaotischen Urzustand vieler außereuropäischer Kulturen habe ich bereits an anderer Stelle gegeben (Rappe 1993, 407ff.). Um einen intensiveren Kulturvergleich der philosophischen Systeme vornehmen zu können, müssen zwei Bedeutungsebenen des *dao*-Begriffs unterschieden werden, die von Needham und Mazaheri jeweils ausgeklammert bzw. nicht exakt bestimmt wurden:

1. das *dao* als Resultat der Erfahrung des Seins, das ontologische *dao* und
2. das *dao* als umfassende Ordnung der Welt, das metaphysische *dao*.

---

808 Darin hatte sie in R. P. Peerenboom einen Vorläufer. Zur angeblichen Transzendenz des *dao* s. Peerenboom (1990, 159 u. 166). Trotz seiner Versuche, den Transzendenzbegriff zu relativieren, bleibt dieser für den frühen Daoismus ungeeignet.

809 Zum Vergleich von daoistischem und heraklitischem Gedankengut s. Woo (1969, 162), der Parallelen zog zwischen Fr. 58 Heraklits und Kap. 20 des Buches Zhuangzi, Fr. 88 und Kap. 5 sowie Fr. 103 und Kap. 2. Zur Bedeutung von *dao* sowohl als „Vernunft" und als „Rede (Sprechen, Sagen) oder Wort" mit Bezug auf den *logos* bei Heraklit s. a. Woo (1969, 146). Zur Kritik an Woo s. a. Mazaheri (1992, 424 A 34).

810 Ähnlich abwegig ist es, mit Gi-Ming Shien das Sein des Parmenides als Substanz zu bezeichnen. Zwar korrespondieren *eon* und *dao*, aber nicht als „Substanzen" (Gi-Ming Shien 1951, 16). Gegen *dao* als „a substance with a list of known attributes" äußerte sich T. P. Kasulis (1977, 384). S. a. Schmitz (1994, 17ff.).

Das *dao* als Seinserfahrung

Die Entstehung des Begriffs *dao* liegt im Dunkeln, doch lassen sich mythologische Verbindungen zu frühen Vorstellungen eines chaotischen, als *hun-dun* bezeichneten Urzustandes ziehen.[811] Eduard Erkes und Erwin Rousselle versuchten zwar eine Beziehung zu einer Tier- oder Demagottheit herzustellen, konnten ihre Thesen aber nur auf Vermutungen stützen. Aus Stellen des Daodejing eine weibliche Tiergottheit herzuleiten, führt in die Irre.[812] Daß der Begriff aber eine starke weibliche Konnotation hat, wurde immer betont.[813]

Im Daodejing und Zhuangzi tauchen mehrere Aspekte und Metaphern des *dao*-Begriffs auf, so z. B. die Motive von Ahne und Anfang,[814] Wurzel,[815] und Einheit[816]. Die

811 Zum Einfluß der *hundun* Vorstellung, der seit der Zhou-Zeit auf „all levels of early Chinese civilisation" und auf „all the major ancient text traditions" wirkte s. Girardot (1983, 12). Ferner zum Bild des *hundun* in Mythologie und Philosophie als „that ‚one' thing of the creation time that contained ... the perfect germlike totality of the phenomenal world" s. Girardot (1983, 179f.). Siehe schließlich seinen Hinweis auf die Ähnlichkeit mit dem Chaos bei Hesiod (Girardot 1983, 5).

812 Béky gab folgenden Überblick zum Stand der Forschung: „Wie aus den angeführten Beispielen hervorgeht, stehen Erkes, Rousselle, Conrady mit ihren unbegründeten Hypothesen der dunklen Tiergöttin ziemlich allein da. Namhafte Sinologen, wie Julien, Strauss, Legge, R. Wilhelm, um nur einige zu nennen, folgen anderen Wegen." (Béky 1972, 182) S. a. Köster (1958, 13 A. 22).

813 Zur „Mutter der Welt" im Daodejing Kap. 25 s. Lin Yutang (1955, 103), Jan Ulenbrook (1986, 95), Richard Wilhelm (1925, 72), Günther Debon (1983, 49), Eckhardt (1957, 35), Girardot (1983, 49f.), Schwarz (1992, 75) u. Arthur Waley (1958, 174). Schwartz bemerkte dazu: „The use of the metaphor of the mother is most striking. It reminds us of the centrality of the biological-generative metaphor even in the earliest Chinese religious orientations, ... and of the highly positive familial, nurturing associations which surround this term." (Schwartz 1985, 200) Zum „ewig Weiblichen" s. Needham (1992, 59), Debon (1985, 406) u. Alan Watts (1983, 73). Wenn Béky aber in Bezug auf asiatische Kunst und Künstler behauptet, „sie alle stehen im Banne des Wesenlosen, in ihnen wirkt unauffällig die zarte Kraft Daos, des Tief-Weiblichen", so ist er nicht weit von Erkes und Rousselle entfernt (Béky 1972, 188).

814 Zu Kap. 21: „Vater aller Dinge" bei Lin Yutang (1955, 94) u. Debon (1983, 45); „allen Beginn" bei Ulenbrook (1986, 86);. Zum *dao* als „great ‚ancestor'" (Kap. 4) oder „great form" (Kap. 41) s. Girardot (1983, 63). Zum *dao* als „the ‚Beginning'- as a cosmological first principle, origin, or primordial ground and source of being" s. Girardot (1983, 48). Dazu Girardot: „The use of *tsung* for ‚ancestor' or ‚pregenitor' allows for a mythological personification of the more usual abstract symbolism of the Tao as the ‚source' or ‚origin' of creation, and fits closely with the cosmogonic idea presented in chapters 25 and 42." (Girardot 1983, 66) Dazu Béky: „Dao ist das Eine, das hinter der Vielfalt des schöpferischen Prozesses steht. Es hat in allem die Initiative, es ist der Anfang schlechthin. ... Es ist der Ahn, die Mutter, der Anfang der Welt;" (Béky 1972, 195).

815 Zur Wurzel im Zhuangzi Kap. 22 s. Schwartz (1985, 217) u. Thiel (1970, 61f. A. 104). Zur „primordial root of all beings" s. Livia Kohn (1989a, 132 u. 1989b, 220).

816 Zur Identifikation des *dao* mit dem Einen s. a. Girardot (1983, 57). Sowie Hidemi Ishida, der die weite Verbreitung in der chinesischen Philosophie und Religion von Vorstellungen einer „underlying oneness of all things", nämlich dem Glauben, „that all and everything is made up from the same basic substance" betonte (Ishida 1989, 65). Zur Charakterisierung des *dao* in daoistischen Texten s. a. Jan Yün-Hua (1980, 207). dazu Jan Yün-Hua: „To review the concept of Tao as described in the silk manuscripts, one finds the descriptions of Tao as beginningless, unamenable, uncaused, vacous,

Gleichsetzung des *dao* mit einem chaotischen Zustand bzw. einer chaotischen (*hun*) Mischung, die eine Einheit bildet, findet sich im Daodejing in Kap. 14, denn dort wird es „des Formlosen Form, des Gestaltlosen Gestalt" genannt (Eckhardt 1957, 36).[817] Der Zustand einer chaotischen Einheit, die bestand, noch bevor die einzelnen Dinge sich aus ihr abhoben, ist ein wesentlicher Aspekt des *dao*, den Charles Wei-hsun Fu als „ontological primordiality" bezeichnete (Wei-hsun Fu 1976, 133).[818] Die Zusammengehörigkeit von Form und Formlosigkeit deutet allerdings darauf hin, daß das *dao* nicht nur als chaotischer Zustand, sondern auch noch unter einem weiteren Bedeutungsaspekt betrachtet wurde. Das Bild einer Form oder Gestalt, die das Undifferenzierte (*hundun*) umgrenzt,[819] zeigt, daß das *dao* auch einen formenden, richtungweisenden und eingrenzenden Charakter hat. Beide, chaotischer und eingrenzender Aspekt treffen sich in der Erfahrung des *dao*, in der sie zu einer Einheit verschmolzen sind. Diese Erlebnisdimension des *dao* rückt es in die Nähe des Parmenideischen Seins und des Empedokleischen *sphairos*. Die Ähnlichkeit ist nicht zufällig, sondern läßt sich mit Rückgriff auf Kap. 25 des Daodejing weiter erhärten.[820] Dort wird das Sein als das, was war, „ehe Himmel und Erde bestanden" – in Ermangelung eines besseren Ausdrucks – mit dem Begriff *dao* bezeichnet. In der Individuationsordnung geht also das *dao* eindeutig der grundsätzlichen Polarisation der Welt voraus. Außerdem lassen sich in Kap. 25 folgende zusätzli-

---

unfathomable, independent, unchanging, the One and the originator of all phenomena are all in agreement with other Taoist texts." (Jan Yün-Hua 1980, 210) Zu „the One as Principle", zum Daodejing Kap. 42 u. Zhuangzi (Kap. 12), zum *dao* als „Vital Energy" (Kap. 39) u. Baopuzi Kap. 18 sowie zum „all is one" im Zhuangzi (55/21/30) u. Huainanzi (Kap. 7) s. Kohn (1989a, 128f.).

817 Siehe dazu „Die Gestalt des Gestaltlosen, das Bild des Wesenlosen" (Debon 1983, 38); „Gestalt des Gestaltlosen, Das Bild der Nichtheit" (Lin Yutang 1955, 74); „des Formlosen Form, des Wesenlosen Urbild" (Ulenbrook 1986, 70) sowie Girardot (1983, 58).

818 Zum Dao als „ontological unity of all things without references to any specific character of any individual thing" s. Wei-hsun Fu (1973, 374 u.370). S a. Jan Yün-Hua (1980, 209). Needham schrieb: „If there was one idea which the Taoist philosophers stressed more than any other it was the unity of Nature, and the eternity and uncreatedness of the Tao." (Needham 1992, 46) Waley zum *dao*: „It is the ultimate reality in which all attributes are united." (Waley 1958, 50)

819 Dazu David Yu: „...the myth of Chaos or Hun-tun was usually expressed through the images of an enclosure (egg, sac, womb)" (Yu 1981, 494). Zur „ontological dimension" des Chaos im Daoismus s. Yu (1981, 488). Zu *hundun* als „cardinal technical term" im Zhuangzi s. Needham (1992, 107). Zu „Hundun" als „primordial energy, the beginning of the universe, the cosmic chaos" s. Kohn (1989a, 133). Zum „important cosmogonic myth" im Zhuangzi Kap. 7 „namely the differentiation of the phenomenal world from primordial chaos, *hun-tun*." s. John S. Major (1978, 9f.) mit Bezug auf Kap. 42 des Daodejing. Zum Chaos als die „absolute Gegenwelt zu jeder aufgezwungenen menschlichen Norm, jeder menschlichen Formgebung und jeder Verwirklichung menschlicher Zwecke" s. Roetz (1984, 254f.) mit Bezug auf *hundun* im Zhuangzi Kap. 7. Zum *hundun* als „undifferentiated, homogeneous" s. a. Needham (1992, 12), als Ausdruck für „ein Höchstmaß an ‚Unklarheit'", und zwar im „kosmogonischen Sinne der ‚Chaotik' vor jeder Struktur" s. a. Mazaheri (1992, 352).

820 Zu Kap. 25 s. Chan Wing-Tsit (1970, 152), Wei-hsun Fu (1973, 375), Jan Yün-Hua (1975, 220), E. M. Chen (1973b, 408), Mokusen Miyuki (1984, 177f.), T. P. Kasulis (1977, 384) u. Fung Yu-Lan (1952, 177).

che Charakterisierungen des *dao* finden: Nach Girardot wird es als „chaotic yet complete" (*hun-cheng*) bezeichnet. Er kommentierte: „It was a stage that was a perfect, total, or complete (*ch'eng*) fusion of all things." (Girardot 1983, 49f.)[821] Der Begriff *cheng* als „perfekte, totale oder komplette Fusion" läßt sich nach Girardot als eine einschließende Ganzheit verstehen, was die Assoziation zur Rundheit nochmals hervorhebt, die schon in dem in *hun* enthaltenen Term *hu* anklingt.[822] Dadurch drängt sich die Ähnlichkeit zur Kugelform des Parmenideischen Seins geradezu auf, und auch Empedokles (Fr. 28) bezeichnete seinen *sphairos* als den „Runden". Das *eon* des Parmenides war vollendet im Sinne eines „Paketmonismus", der keine Verschiedenheit ausschloß, sondern das Ganze umschloß (s. o.). Man vergleiche damit den Kommentar von David Yu, der zu Kap. 25 schrieb: „This ‚something *hun-ch'eng*' conveys the impression of an egglike enclosure whose potentiality is complete within." (Yu 1981, 486) Ein ähnlicher Gedanke des Umschließens kommt im Zhuangzi vor, wo nach Yu *hundun* „perfection", „undifferentiation" und „potentiality" repräsentiert (Yu 1981, 481). Daß bei diesem Ausdruck Erfahrungen eines absolut chaotisch mannigfaltigen Zustandes grundlegend waren, läßt sich mit Mazaheri zeigen, die das „Attribut Huanghu" mit „weit/chaotisch" übersetzte und meinte, es betone die „trübe, unkenntliche verschwimmende Chaotik des Dao, diesmal in dessen kosmogonischem Zustand". Auch im Begriff *hu* sah sie die „für das Auge nicht fixierbare, da unendlich unstrukturierte Weite" und kam zu dem Schluß: „Das Wort bringt somit eine Endlosigkeit zum Ausdruck, die dem Auge – wie etwa Nebel – keinen Fixpunkt bietet und somit eigentlich in seiner unstrukturierten ‚Farblosigkeit' dem Nichts gleicht." (Mazaheri 1992, 359) Damit zeigt sich, daß die Chaosbeschreibungen mit leiblichen Erfahrungen von Weite einhergehen, die aber noch unindividuiert ist und sich von daher als chaotisch Mannigfaltiges präsentiert.[823]

821 Weitere Übersetzungen: „formless yet complete" (Waley 1958, 174); „undurchschaubar/vollendet" (Ulenbrook 1986, 95); „etwas nebelhaftes: schweigend, abgeschieden" (Lin Yutang 1955, 103); „ein Wesen chaotischer Art – so tonlos, so raumlos" (Debon 1983, 49); „ein Ding, das wirkt geheimnisvoll – so still, so leer" (R. Wilhelm 1925, 72); „aus dem Chaos geworden – ein einsam-stilles, endloses weites" (Schwarz 1992, 75); „Without sound, without substance" (Waley 1958, 174); „Silent, isolated" (Nai Tung Ting 1970, 243). S. a. T. P. Kasulis (1977, 387), Peerenboom (1990, 159) u. (Eckhardt 1957, 35).

822 Zur Bedeutung von *hu* als „round, complete" oder von *hun-lun* als „chaos (troubled waters) closed up like an egg" und von *hun* als Chaos und Welt-Ei s. Girardot (1983, 25). Zu griechischen Parallelen, aber ohne einen der Vorsokratiker zu nennen, s. Girardot (1983, 60). Vgl. damit die oben besprochenen altindonesischen Vorstellungen um den Term *hu*.

823 Mazaheri glaubte in Anlehnung an T. T. Chang, daß das „Gefühl übernatürlicher (und damit unüberschaubarer) Größe bzw. Weite" auch von der Etymologie her gegeben sei. „Das Moment der ‚Unfaßbarkeit' dürfte zum einen die (sicher nachträglich erfolgte) Aufschlüsselung des Binomens im LAOZI als etwas Chaotisches, d. h. Unstrukturiertes bedingt haben. Zum anderen hat es wohl zu der Bedeutung ‚geistesabwesend, in Trance, undeutlich' geführt, die das Binom noch im Neuchinesischen hat." (Mazaheri 1992, 359 A.105) Was die hier behauptete „nachträgliche" Aufschlüsselung angeht, so gehören Unfaßbarkeit und Chaos zusammen, ohne daß es einer nachträglichen Aufschlüsselung bedarf. Der Hinweis auf die bis heute übliche Bedeutung von Trance zeigt klar den leiblichen Aspekt des Begriffs.

Das Bild des runden Umschlossenseins kann außerdem in den Kap. 16 u. 22 des Daodejing wiedergefunden werden; dort kommt es in dem Begriff *bao-yi*, den Girardot mit „to embrace the one" übersetzte, klar zum Ausdruck (Girardot 1983, 63).[824] Hier tritt vor allem der leibliche Aspekt der *dao*-Erfahrung in den Vordergrund, denn das „Umfassen des Einen" bedeutet eine Art Technik, nämlich die volle und ungeteilte Konzentration auf das *dao*. P. J. Thiel kam zu einer Erkenntnis, die auch für Parmenides und der (zum Paketmonismus) einschnürenden Funktion seines Begriffs *eon* zutrifft, denn er meinte zum „Erfassen des Einen" im Daodejing Kap. 16, daß diese Erfahrung „ebensowenig wie ihre Technik ‚rein geistig'" sei, „sondern im Gegenteil ein Erlebnis im Leib und mit dem Leibe, ein ganzmenschliches … Widerfahrnis". Sie sei letztlich die „höchste Einheit und Konzentration (pao-i: Einheit umfangen) der … Mächte des Menschen." (Thiel 1972, 68) [825]

Die höchste Einheit und Konzentration der Erkenntnis findet bei Parmenides statt, wenn der *noos* vollständig zentriert ist. Das Motiv des Umgreifens läßt sich sowohl bei Parmenides als auch bei den Daoisten als Hinweis auf die leibliche Dimension des ontologischen Erlebens lesen, aus dem heraus die erste Form der Bezeichnung des an sich nicht zu schildernden, sondern nur zu erfahrenden universalen Seinszusammenhangs entstand. Die Schwierigkeit der Benennung dieses Zustandes wurde schon bei Besprechung der parmenideischen Philosophie erwähnt. Sie betrifft auch das *dao*, das eigentlich keinen Namen hat,[826] und zieht sich durch das gesamte Daodejing.[827] Ähnli-

824 Zur Bedeutung von *bao* mit der Konnotation „of an enfolding, motherly embrace, or … enclosure" s. a. Girardot (1983, 63). Dazu ferner mit Bezug auf Daodejing Kap. 10: *bao-yi* = „sich auf eins konzentrieren" Thiel (1972, 68). Zum „to hold on to the ‚one'" in Kap. 22 des Zhuangzi und Kap. 10 des Daodejing s. a. Chen (1973b, 409). Zur „Completeness, All-embracingness and the Whole" in Kap. 22 des Zhuangzi s. Fung Yu-Lan (1952, 223). S. a. Wing-Tsit Chan (1970, 203) u. Needham (1992, 56).

825 Thiel weiter: „Dieses ‚Fassen' muss recht wörtlich genommen werden, denn das Alleins-Erlebnis vollzieht sich im Leibe" (Thiel 1972, 62). Thiels Terminologie ist nicht ganz stringent, daher habe ich hier die Formulierungen „leiblich-seelisches Erlebnis" und die „vitalen wie geistigen Mächte" nicht übernommen. Zum Kap. 35 des Daodejing und zu dem Begriff „Bild festhalten" als einem „Ausdruck für eine besondere Erkenntnis oder Erlebnis" s. Thiel (1972, 80). Er sprach von der „allgemeinen menschlichen Disposition zu diesem Alleins-Erlebnis", denn es sei „weltweit verbreitet und scheint den primitiven Völkern besser bekannt zu sein als den Kulturvölkern" (Thiel 1970, 7). Er betonte: „das Sein selbst ohne genauere Unterscheidungen wird dabei erlebt. … Im Alleins-Erlebnis wird das Sein ‚unmittelbar' erfahren" (Thiel 1970, 50).Wahrscheinlich muß auch das oben erwähnte indische *tapas*-Prinzip ähnlich verstanden werden.

826 Zu Kap. 32 des Daodejing: Es „ist absolut und hat keinen Namen" (Lin Yutang 1955, 119); „ewig, namenlos" (Debon 1983, 56); „beständig/ohne namen" (Ulenbrook 1986, 110); „Für Tao als ewiges Gut gibt es keinen Namen" (Eckhardt 1957, 28); „Ewiger hat keinen Namen" (R. Wilhelm 1925, 72); „ewig und ohne Namen" (Schwarz 1992, 82); „eternal, has no frame" (Waley 1958, 183). S. a. Kap. 1 u. Kap. 25.

827 Zum Problem der Namensgebung schrieb Dennis M. Ahern: „I would agree that the *tao* is conceived of as an ‚absolute' in the sense that it is the unchanging source of all else that is, and as such one would naturally expect some difficulty in talking about it." (Ahern 1977, 359 u. 364)

ches deutet sich in Heraklits Fr. 32 an und kommt auch klar im Rigveda-Hymnus 10, 129 zum Ausdruck. Der Begriff *tad ekam*, „das Eine", ist dort die sprachliche Form für eine nur schwer zu beschreibende Erfahrung. Parmenides versuchte, durch das *to* eine Hervorhebung des *eon* zu erreichen und so das Besondere des Erlebens faßbar zu machen. Fast ebenso fixierte der unbekannte Dichter des Rigveda-Hymnus durch ein demonstratives *tad* das Sein, das für ihn das Eine, *tad ekam*, war.[828] Dieses namenlose und verbal nicht zu erfassende Sein wird um- und begriffen, indem es einen Namen erhält. Erst dadurch steht es dem philosophischen Denken als Gegenstand und als Basis der Systembildung zur Verfügung. Der Terminus *dao* kann also aus erkenntnistheoretischer Perspektive als die Vergegenständlichung einer ekstatischen Erfahrung von zusammenhängender Einheit, die durch eine umfassende Bewegung der Eingrenzung zum philosophischen Begriff wird, betrachtet werden.

Der zeitlose Aspekt des *dao*, das auch in dieser Beziehung mit dem parmenideischen Sein korrespondiert, findet sich im Daodejing Kap. 32, wo ihm Ewigkeit zugeschrieben wird. Ähnlichkeiten mit Parmenides fallen auf, wenn Thiel vom „Alleins-Erlebnis" meint, es sei „statisch", und darin stünde „die Zeit still" (Thiel 1970, 45 A. 69). Auch für Parmenides stand im Erleben des Seins die Bewegung still, war auskristallisiert. Vergleichbares wird in Heraklits Fr. 84a vom Feuer ausgesagt. Schließlich beschrieb Thiel mit Bezug auf Kap. 6 und 4 den Kontrast zwischen Gegenwärtigkeit und Bewegung folgendermaßen: „Es ist ein Zustand, dennoch Bewegung, eben antithetisch Bewegung und Ruhe zugleich. Doch auch diese Erklärung ist nicht restlos befriedigend, eine andere finde ich nicht." (Thiel 1972, 87) Ein solches Motiv erinnert an den Begriff *isopales*, mit dem Parmenides die spannungsgeladene Balance des Seins charakterisierte, und wahrscheinlich läßt sich auch das Kreismotiv aus Fr. B 5 in dieser Richtung interpretieren. Ähnliches deutet sich im antithetischen Vergleich von Unwandelbarkeit und Bewegung im Daodejing Kap. 25 an.[829] Dort heißt es vom *dao*, es sei „in sich allein, unwandelbar, kreisend, nie sich erschöpfend" (Schwarz 1992, 75).[830] Man ver-

828 Zum *tad* als „pronomen demonstrativum" im Rigveda 10, 129 s. Deussen (1915, 122). Vom „neutralen Substantiv ‚tad ékam', ‚das Eine'" schrieb Mehlig: „Jetzt wird das unpersönliche, an keinen bestimmten Gott gebundene neutrale, unbestimmte ‚Eine' zum Inbegriff alles Numinosen, zum Beherrscher der Erscheinungen, zu deren Urprinzip." (Mehlig 1987, 47).

829 In die Nähe dieser Gedanken gehört auch Heideggers Bemerkung zum Kunstwerk: „Wenn Ruhe die Bewegung einschließt, so kann es eine Ruhe geben, die eine innige Sammlung der Bewegung, also höchste Bewegtheit ist, gesetzt, daß die Art der Bewegung eine solche Ruhe fordert. Von dieser Art jedoch ist die Ruhe des in sich beruhenden Werkes." (Heidegger 1977, 35)

830 S. a.: „alleinstehend, sich nicht ändernd, – ewig kreisend ohne Unterlaß" (Lin Yutang 1955, 103); „It stands alone (tu) and does not change" (Girardot 1983, 49f.); „Unverändert auf sich nur gestellt – Ungefährdet wandelt es im Kreise" (Debon 1983, 49); „allein/steht/und das un/wandelbar – kreisend/ geht/und das/unablässig" (Ulenbrook 1986, 95); „Allein steht es und ändert sich nicht – Im Kreis läuft es und gefährdet sich nicht." (R. Wilhelm 1925, 72); „es steht allein und kennt keinen Wandel – kreist endlos und ungefährdet" (Eckhardt 1957, 35, 42); „Dependent on nothing, unchanging, All pervading, unfailing" (Waley 1958, 174); „Standing alone, changing not, – Eternally revolving without fail" (Nai Tung Ting 1970, 243).

gleiche damit Parmenides Fr. 8.29: „Als das Selbe und im Selben bleibend steht es für sich" (Schmitz 1988a, 113).[831] Auch vom empedokleischen *sphairos* wird in Fr. 28 gesagt, daß er in „ringsum herrschender Einsamkeit" daliegt. Dies korrespondiert mit der in der Chandogya-Upanisad (Abschnitt 6) erwähnten ‚Einsamkeit' des Seienden, das ohne ein zweites da war, und auch vom *tad ekam* wird im Rigveda 10, 129 Vers 2 gesagt: „Es atmete nach seinem Eigengesetz ohne Windzug dieses Eine. Irgend ein anderes als dieses war weiter nicht vorhanden." (Geldner 1951, 360) Das Atmen ohne Windzug bzw. die „Hauchlosigkeit" des Atmens wurde von Rudolf Otto als der lebende Zustand „ohne den Gegensatz von Einhauch und Aushauch" interpretiert (R. Otto 1932, 128ff.). Mehlig sprach von „paradoxer Bildhaftigkeit" (Mehlig 1987, 70).[832] Die Parallele zum *isopales*-Motiv wird um so deutlicher, übersetzt man den Begriff *svadhaya* anstatt „nach eigener Setzung (oder Satzung)" mit „durch eigene Kraft", wie dies Thieme tat (Thieme 1983, 66). Damit erweist sich auch hier das Sein als „ein gespanntes Spiel gegen einander ausgeglichener Kräfte" (Schmitz s.o.). Versteht man das Bild vom Atmen und Leben ohne Wind durch die Eigenkraft im Sinne von Rigveda 1, 164. 30, wo es heißt: „Atmend ruht das Leben und ist doch schnellen Ganges, sich regend und doch fest inmitten der Flüsse" (Mehlig 1987, 60), so zeigt sich wieder der Moment des Stillstandes, des Sich-nicht-Änderns und der Bewegung, des Ewig-Kreisens aus Kap. 25 des Daodejing. Ein ähnliches Bild gebrauchte Hegel mit seinem Ausdruck des „Durchzitterns" (s. o.). Insgesamt betrachtet, gewann die chinesische Philosphie mit dem *dao* einen Begriff, dessen Erfahrungswert zwar schon in der Bezeichnung *hundun* angelegt war, bereicherte diesen aber um den ordnenden eingrenzenden Aspekt in einer so ausgewogenen Balance, daß diese zum ontologischen Prinzip wurde. Die sich im *dao*-Begriff zeigende Erfahrung ist nicht die einer absoluten chaotischen Mannigfaltigkeit, sondern in ihr wird das Sein auch als zusammengespannt und eingegrenzt wahrgenommen. Es besitzt eine zeitlose Entschiedenheit, die es von den *hundun* oder *chaos*-Vorstellungen unterscheidet. Damit wandelte der frühe Daoismus die mythologische Sprache und überführte sie in eine philosophische.

Das *dao* als das Volle

Die Übereinstimmungen zwischen parmenideischer und daoistischer Philosophie lassen sich noch weiterführen. Auch das Problem des „Nicht-Seienden" (*me-eon*) bei Parmenides kann zu einer Klärung des sogenannten „Nichts" (*wu*) im Daoismus beitragen.[833] Der Begriff *wu* darf nämlich keinesfalls als „das Nichts" oder „die Leere" im demokritischen Sinn verstanden werden, sondern erschließt sich über den parmenidei-

831 Zum Kreismotiv, der Wandellosigkeit, Zeitlosigkeit, Anfangs- und Endlosigkeit des *dao*, die sowohl erkenntnistheoretisch als auch ontologisch Zusammenfallen, s. a. Mazaheri (1992, 73).

832 Dazu Deussen: „dieses war *svadhaya* durch Selbstsetzung, durch sich selbst; es atmete (lebte), aber dies war kein Atmen in unserem Sinne, es atmete hauchlos" (Deussen 1915, 122).

833 Dazu s. Parmenides Fr. 8, 10 und Schmitz (1988a, 163).

schen Ansatz als „unbestimmtes Seiendes". Übersetzt man den Begriff *wu* einfach mit „Nichts", so besteht die Gefahr einer Verwechslung oder eines Mißverständnisses. Dieser Sachverhalt wurde eigentlich von den meisten Interpreten und Kommentatoren erkannt.[834] Übersetzt man *wu* mit das „Nicht-Seienden", also im Sinn einer Negation, nicht eines abstrakten Zustandes, scheint eine größere Annäherung erreicht. Das Wirken des *dao* wird negativ als *wu-wei*, als nicht gewaltsames Eingreifen oder nicht absichtsvolles Handeln bezeichnet.[835] Forke erklärte dazu: „Der Begriff ist dem des Nichtseins verwandt, er bedeutet nicht Untätigkeit, sondern ist nur die Negation des planmäßigen Handelns zur Erreichung eines bestimmten Zieles ... Es ist ein spontanes, unbewußtes und zweckfreies Handeln" (Forke 1927, 49).

Der hier von Forke erwähnte spontane Aspekt ist ein wichtiges Grundmotiv des *dao*, denn die Spontaneität (*zi-ran*) fungiert als Individuationsinitiator.[836] Von Parmenides

834 Vom *wu*-Begriff im Daodejing und Zhuangzi schrieb Thiel: „Das Wu ist hier nicht das absolute Nichts in unserem Sinne, sondern das letzte Seinspostulat, von dem aber nichts mehr positiv ausgesagt werden kann, weil es begrifflich unfassbar bleibt." (Thiel 1970, 23 A. 28). Dazu Schwartz: „Wu is a reality which corresponds to no determinate finite entity, relation, or process which can be named. Yet it is eminently ‚real' and the source of all finite reality." (Schwartz 1985, 197) Gegen Übersetzungen von *wu-you* mit „absolutes Nichts" s. a. Thiel (1970, 69 A. 120 u. 88). Dagegen bestand Sung-Peng Hsu darauf, *wu* als „non-being" zu übersetzen und zwar „for convenience". Er kam zu dem Ergebnis: „As a matter of fact ... non-being stands for the essence of Tao" und erklärte *wu* mit *you* als „ontologically identical". Schließlich behauptete er: „But this emptiness is at the same time the cosmic womb of the myriad things" (Sung-Peng Hsu 1976, 203, 205 u. 214f.). Es bleibt nur die Frage, wie man sich eine nicht seiende Essenz, die gleichzeitig „the cosmic womb" ist, vorstellen soll. Zum *wu* als „undifferentiated *tao*" s. R. P. Peerenboom (1990, 164). Zum *dao* als „organic Nothingness (*wu*) which is at the same time pure motion and pure creativity" s. Chen (1973a, 457 u. 1973b, 408); als „dynamic nothingness" s. Chen (1973a, 464 u. 1973b, 403) und schließlich: „that nothingness is not really nothing" (Chen 1973b, 405). Woo meinte: „Die Unnennbarkeit, die Unbestimmbarkeit des Tao werden von Lao-tzu abstrahiert in einem Wort ‚Wu' ausgedrückt, welches alle Negationen in sich umschließt und übersteigt bis zu dem ‚Negativum an sich'." (Woo 1969, 39)

835 Zum *wu-wei* als „nicht strebend handeln" s. Thiel (1969, 166). Dazu Roetz: „Sich in diesem Sinn die Inaktivität zu eigen zu machen, heißt Verzicht auf menschliche Manipulation am Sein und Hingabe an dessen spontane Bewegung." (Roetz 1984, 278) Dazu a. Fung Yu-Lan: „*Wu wei*, ‚non-activity', does not really mean the complete absence of all activity, but only of such as is forced, artificial, and unspontaneous. Hence another possible rendition for the term is ‚non-assertion." (Fung Yu-Lan 1952, XXIII) Gegen eine Übersetzung mit „‚non-action' or ‚inactivity'" wandte sich auch Needham, der für „‚refraining from activity contrary to Nature'" eintrat (Needham 1992, 68). Zum *wu-wei* als „taking no action that is contrary to Nature" s. Wing-Tsit Chan (1970, 136). S. a. „nonintervention" bei Robinet (1979, 40), als „*ungerichtete* Bewegung" bei Mazaheri (1992, 328) und als „non-interference" bei T. P. Kasulis (1977, 391). Zum Kap. 25 des Daodejing und zum Kap. 6 des Buches Zhuangzi schrieb Girardot: wu-wei, wu-hsing = „without action and without shape" (Girardot 1983, 49f.). Wing-Tsit Chan: *wu-wei* = „taking no unnatural action" und *wu-hsin* „is not just ‚no mind' but ‚no deliberate mind of one's own'" (Wing-Tsit Chan 1970, 791). Zum *wu-wei* als „Non-Action" und als *nirvana* s. Maspero (1981, 283f. u. 409). S. a. Graham (1969, 143) und als „action free from allstriving" bei Richard H. Jones (1981, 260).

836 Porkert meinte: „Nach Auffassung der chinesischen Philosophen und Wissenschaftler, insbesondere der Daoisten, vollzieht sich die Verwandlung von Chaos in Kosmos spontan. ‚Das Spontane' – eine

ist ein solches Prinzip nicht bekannt. Möglicherweise läßt sich die Göttin aus Fr. 12 als Individuationinitiator verstehen.[837] Ein solches Prinzip der Spontaneität konnte aber für das alte Ägypten nachgewiesen werden und auch der indische *tapas*-Gedanken fällt in diesen Zusammenhang.

Bereits bei der Besprechung indonesischer Individuationsordnungen wurde auf das hohe Alter der Vorstellungen des sogenannten „Nichts", des „Unbestimmten" oder des „absolut chaotisch Mannigfaltigen" (Schmitz) aufmerksam gemacht, die sowohl im alten Ägypten als auch im alten Indien am Anfang der Individuationfolge stehen. Der im Rigveda-Hymnus 10, 129 auftauchende Begriff des *asat* fällt in diese Kategorie, aber auch das *me eon* des Parmenides läßt sich mit dem *wu* vergleichen. Ernst Schwarz erklärte: „Als gedankliches Substrat des Begriffs ‚wu' ist offenbar der Zustand des Noch-Nicht-Seins oder Nicht-Mehr-Seins wie auch der Prozeß, durch welchen dieser Zustand hervorgerufen wurde, zu verstehen." (Schwarz 1992, 21) Kann ihm auch unter dem Vorbehalt gefolgt werden, daß besser von „Noch-Nicht-Bestimmt-Sein" bzw. von „Nicht-Mehr-Bestimmt-Sein" gesprochen wird, so muß die von ihm dann anschließend gezogene Parallele zu Demokrit als falsch zurückgewiesen werden (Schwarz 1992, 21). Ohne nähere Angaben zu machen, gründete Schwarz einen „Ausspruch Demokrits" auf die Stelle in Aristoteles MP 985b8, die von Diels/Kranz (Fr. 67 A 6) aber nicht als Demokritzitat, sondern nur als Aussage über Demokrit gewertet wurde. Schmitz vermutete gerade an dieser Stelle eine Kompilation des Aristoteles, der zwar verwandte, aber doch unterschiedliche Gedanken von Leukipp mit denen Demokrits (Fr. 156) mischte (Schmitz 1988a, 280f.). Er zeigte weiter, daß Leukipp die ontologische Basis seines Lehrers Parmenides mit in die Atomtheorie hineinzunehmen versuchte, indem er das „Nicht-Seiende" als das Leere – im Gegensatz zum Vollen – betrachtete. Bei dem sich in dieser Beziehung von Leukipp absetzenden Demokrit wurde die Leere dann absolut und theoretisch, nämlich zum Spielraum seiner kühnen Spekulationen über das Treiben der Atome in ihr. Deshalb trifft der Vergleich von Schwarz nicht. Auch Needham hatte generell auf das Fehlen von atomistischen Ideen im chinesischen Denken aufmerksam gemacht (Needham 1992, 80). Bei der Übersetzung des Begriffs *wu* mit „das Nichts", „nicht-seiend", „leer-seiend" oder „die Leere" muß immer brücksichtigt werden, daß nicht die demokritische Abstraktion gemeint ist, die keine Basis mehr in der leiblichen Erfahrung hat. Deshalb empfiehlt es sich, den Begriff *wu* klarer mit „das Unbestimmte" im Sinne eines absolut chaotisch Mannigfaltigen zu übersetzen.[838] Dementsprechend

---

Bezeichnung für einen Aspekt des kosmischen Dao – ist auch das, was im Kosmos die energetischen Abläufe regelt." (Porkert 1961b, 537) Dazu Brian Morris: „Dao is the way, the process of nature, and is expressed in the imagery of spontaniety and growth. It is something that exists by and through itself, as a self-generating entity or principle." (Morris 1989, 9) Und Girardot schrieb vom *dao*: „... it is completely self-generated and returning in on itself, going out and coming back in a completely spontaneous and creative way." (Girardot 1983, 56) S. a. Richard van Houten (1988, 36).

837 Zum Vergleich des *dao* mit der Göttin des Parmenides (Fr. 12) s. a. Gi-Ming Shien (1951, 18).

838 Dazu Woo: „Was von allen Beschränkungen befreit ist, ist das Wu, die höchste Form, frei von allen Bestimmtheiten." (Woo 1969, 39) In diesem Sinne ist die Parallele, die Woo zum *apeiron* des

bedeutet *wu-wei* nicht einfach „Nicht-tun“, sondern fast das Gegenteil: „Unbestimmtes-tun“.[839]

Wie wenig das daoistische *wu* dem Demokritischen *kenon* entspricht, zeigt sich daran, daß es eine nicht zu benennende und nur in diesem Sinne leere „Fülle“ bezeichnet. Benjamin I. Schwartz stellte heraus, daß beim daoistischen *wu* (non being) die Leere von allen Bestimmungen gemeint ist, die aber voller Kapazität sei, alle Bestimmungen hervorzubringen (emptiness of all determinations yet full of the capacity to produce all determinations / Schwartz 1973, 36). Mit D. Yu ließe sich noch ergänzen: „Thus in Taoist philosophy nonbeing (*wu* or ‚nothing‘) is both the origin of creation and the basis of ontology.“ (Yu 1981, 485) Besser wäre allerdings, anstatt von „creation“ von Individuation zu sprechen. Außerdem ist nicht das *wu* die Basis der frühdaoistischen Ontologie, sondern das *dao*. Das Daodejing, besonders Kap. 45, betont dies mehrfach. Dort wird von der „großen Vollendung“ gesprochen, ein Begriff, der die Fülle in gesteigerter Form, nämlich das nicht mehr zu steigernde Volle, die „Vollendung“, als Charakteristikum des *dao* beschreibt.[840] Weiter sagt der Text, „die größte Fülle gleicht Leerem und versiegt doch nie“ (Schwarz 1992, 95)[841] und weist damit sehr klar darauf hin, daß das Volle bzw. die größte Fülle eben nur leer erscheint, daß also von einer absoluten Leere keine Rede sein kann.[842] Wenn aber die Fülle, die eine Leere zu sein scheint, als Metapher und Beschreibung für das *dao* gebraucht wird, läßt sich die Nähe zum Parmenideischen *Sein*, das in Fr. 16,4 ebenfalls als „das Volle“ (*to pleon*) bezeichnet wurde, nicht mehr übersehen. Die Fülle des Seins kann auch als Beschreibung für das *dao* angesehen werden,[843] und mit Mazaheri läßt sich festhalten: „Dass ‚Fülle‘ und ‚Leere‘ gleichgesetzt werden, ist ein gängiges Motiv im LAOZI. …Durch die Gleichsetzung… soll die potentielle ‚Phänomenwerdung‘ von Vielheit aus einer noch unstrukturierten Ein-

---

Anaximander führte, nicht ganz abwegig: „Das Wu, welches dem anaximandrischen *apeiron* entspricht, ist der ursprünglichste Zustand des Tao, welcher sich noch in seiner reinen Form ohne irgendeine Beschränkung befindet. Demgegenüber ist das Yu in seiner Beschränktheit in der konkreten Welt in Erscheinung getreten. Das Wu ist ontologisch früher als das Yu.“ (Woo 1969, 40)

839 Die starke und immer wiederkehrende Betonung von zweckfreiem oder unbestimmtem Handeln hat im frühen Daoismus auch historische Ursachen; sie war gegen die auswuchernden Zivilisationserscheinungen der damaligen Zeit gerichtet.

840 Zu Kap.45 s.: „groß Vollendetes“ (Debon 1983, 74); „große/Vollendung“ (Ulenbrook 1986, 142); „höchste Vollkommenheit“ (Lin Yutang 1955, 152f.); „große Vollkommenheit“(Eckhardt 1957, 99f.); „das vollkommenste“ (Schwarz 1992, 95); „most perfect“ (Waley 1958, 198).

841 Zu Kap.45: „Höchste Anfüllung erscheint wie entleert, im Gebrauch aber nie versiegend.“ (Thiel 1972, 40); „Der größte Überfluß scheint kärglich, Und sein Gebrauch wird nie versagen“ (Lin Yutang 1955, 152f.); „Ein groß Gefülltes scheint wie leer, Doch im Gebrauch gibts unendlich her.“ (Debon 1983, 74); „große/fülle/wie/leere: ihre/brauchbarkeit/nicht/zu erschöpfen“ (Ulenbrook 1986, 142) u. (Eckhardt 1957, 99f.); „What is most full seems empty, Yet its use will never fail“ (Waley 1958, 198).

842 Zu Kap.22 des Daodejing: Lin Yutang (1955, 95f.); Debon (1983,46); Ulenbrook (1986, 88); Eckhardt (1957, 131); Schwarz (1992, 72); Waley (1958, 171).

843 Zur „Fülle des Existierenden“ im Zhuangzi s. T. T. Chang (1982, 48). Zur dortigen „doctrine of ‚completeness of living and preservation of what is genuine‘“ s. Fung Yu-Lan (1952, 141). Zur „preexistent fullness of being“ s. Schwartz (1973, 42).

heit betont werden." (Mazaheri 1992, 368) Die „Phänomenwerdung" entsteht nicht aus dem Nichts, sondern die Welt individuiert sich aus einer unstrukturierten Einheit.

Zusammenfassend kann mit Kap. 4 des Daodejing das *dao* in vier wichtigen Punkten beschrieben werden. Punkt 1 stellt die Leere heraus, die als das Volle im Sinne der Seinserfahrung verstanden werden muß.[844] In Punkt 2 wird klar gesagt, daß diese Leere im Gebrauch nicht erschöpft werden kann, daß sie unauslotbar, abgründig, unergründlich ist.[845] In Punkt 3 wird das *dao* als „tief, dunkel, ewig gegenwärtig, verharrend" charakterisiert, was als Anspielung auf den zeitlosen Aspekt des Seins etwa im Sinne des *ageneton* bei Parmenides interpretiert werden darf.[846] Auch Heraklits Fr. 123 thematisiert Vergleichbares und lehnt in Fr. 30 eine Erschaffung der Weltordnung (*kosmos*) ab. Punkt 4 schließlich unterstützt diese Sicht, indem die „Vorzeitigkeit" des *dao* nochmals betont wird.[847] Insgesamt kann man also Thiel in der Erläuterung dieses Kapitels zustimmen: „Hier geht es um die Fülle gesamtmenschlichen Erlebens, das den engen Käfig rationaler Begriffe sprengen muss." (Thiel 1972, 95) Zwar wird das Bild des Angefülltseins auch negativ gebraucht, nämlich dann, wenn es sich um Wünsche, Dinge und Bestrebungen dieser Welt, um das „schlechte Zeug" im Sinne des Empedokles handelt, die einen daran hindern, das wahre *dao* zu erlangen,[848] doch geht aus dem

844 Zu 1.: „ein Hohlgefäß" (Lin Yutang 1955, 51); „raumleer" (Debon 1983, 28); „leer" (Ulenbrook 1986, 51); „schließt alles ein" (Eckhardt 1957, 34, 39, 43 u. 56); „immer strömend" (R. Wilhelm 1925, 70); „empty" (Girardot 1983, 66); „ein unerschöpfliches gefäß" (Schwarz 1992, 54); „like an empty vessel" (Waley 1958, 146).

845 Zu 2.: „sein Gebrauch ist unerschöpflich", „unauslotbar", „wie der Urquell aller Dinge" (Lin Yutang 1955, 51); „daß im Gebrauch er niemals gefüllt wird", „Abgründig ist er, ach!", „Ahnherr der zehntausend Wesen" (Debon 1983, 28); „doch braucht man ihn, ist er wahrscheinlich nicht zu erfüllen", „abgründig", „der abertausend geschöpfte Ahn" (Ulenbrook 1986, 51); „im Wirken erfüllt sich sein Wesen nicht", „unergründlich" bzw. „unermüdlich", „aller Wesen Ahnherr" (Eckhardt 1957, 34, 39, 43 u. 56); „läuft in seinem Wirken doch nie über", „Abgrund", „der Ahn aller Dinge" (R. Wilhelm 1925, 70); „Which in spite of being used is never exhausted. How much like a bottomless pool (yüan/c) As if it was the ancestor (origin, tsung/c) of the Ten Thousand Things!" (Girardot 1983, 66); „urgründig, dem urahn aller dinge vergleichbar" (Schwarz 1992, 54); „That yet may be drawn from, Without ever ending to be filled. It is bottomless; the very progenitor of all things in the world." (Waley 1958, 146).

846 Zu 3.: „dunkel", „wie tiefes Wasser verharrend" (Lin Yutang 1955, 51); „Tiefgründig ist er ach, gleichsam ewig gegenwärtig" (Debon 1983, 28); „verschwiegen / etwas / wohlverwahrtes" (Ulenbrook 1986, 51); „tief ist er und doch wie wirklich" (R. Wilhelm 1925, 70); „urtief und doch allgegenwärtig" (Schwarz 1992, 54); „like a deep pool that never dries" (Waley 1958, 146).

847 Zu 4.: „ein Bildnis dessen, was früher als Gott vorhanden war" (Lin Yutang 1955, 51); „ein Bild von dem das vor den Göttern war" (Debon 1983, 28); „gestirnten/himmels/vorfahr" (Ulenbrook 1986, 51); „Er scheint noch früher zu sein als Gott" (R. Wilhelm 1925, 70); „eh noch Di war, der Ahn des Himmels war es" (Schwarz 1992, 54); „existed before the Ancestor" (Waley 1958, 146).

848 Zu Kap.15 s. a. Ulenbrook (1986, 71). Zu Kap.15 als negative Erfüllung und dem Ziel, von diesen Dingen „unerfüllt" zu sein, s. Debon (1983, 39); „Übervoll: Selbstzufriedenheit, Hoffart" (Lin Yutang 1955, 77 u. 212 A. 62); der „begehrt nicht, von sich selbst erfüllt zu sein" (Eckhardt 1957, 172); „begehrt nicht Überfülle" (Schwarz 1992, 65); „do not try to fill themselves to the brim" (Waley 1958, 160).

jeweiligen Kontext der Unterschied zum Begriff der Fülle oder des Vollen, das das Sein ist, klar hervor.

Das Motiv wird auch auf das moralische Handeln bezogen. Wie bei Empedokles so ist im Daodejing das richtige *ethos* von großer Bedeutung, denn es führt zur Erfahrung des Ganzen. Das drückt Kap.55 so aus: „Birgt man der rechten Gesinnung Fülle in sich, so ist man dem neugeborenen Kind zu vergleichen" (Ulenbrook 1986, 163). [849]

Von dem Angefülltsein mit Dingen und Wünschen unterscheidet sich die Fülle des Seins durch ihren umfassenden Aspekt eines einheitlichen Zustandes, der nicht erreicht werden kann, wenn man sich auf Einzeldinge konzentriert, sondern der gerade das Leerwerden von diesen Teilbestrebungen fordert.[850] Das Volle und die Fülle wurden bereits für Parmenides und Empedokles, dessen *sphairos* in Fr. 28 „von übermäßiger Freude erfüllt" daliegt, als wichtige Indikatoren für die Seinserfahrung herausgestellt. Nach den bisherigen Parallelen wundert es nicht, wenn das Daodejing im Kap. 38 von dem erfahrenen Mann sagt, er halte sich an das Dichte bzw. nach Günther Debon „an das Völlige" (Debon 1983, 66).[851] Daß dies auch für den Daoismus ein leiblicher Zustand von erheblicher Relevanz war, läßt sich an den erkenntnistheoretischen Ansätzen zeigen, die vor allem im Zhuangzi zu finden sind. Thiel sprach nicht unberechtigt vom *dao* als „Erkenntniszustand". Zum *dao* als „Erkenntnis des Seins im Alleins-Erlebnis" schrieb er: „Hierbei wird das Sein selbst erfasst, noch ehe die Individualisierung in Einzeldinge begonnen hat, damit verlieren einzelne Unterscheidungen ihre Bedeutung." Denn, so Thiel weiter: „Alleins-Erlebnis und Alleins-Dasein gehören zusammen." (Thiel 1970, 43f.) Daß dieses Erlebnis als eine ekstatische oder mystische Erfahrung interpretiert werden kann,[852] mit der auch das buddhistische *nirvana* vergleichbar ist,[853] wurde bei der Besprechung des parmenideischen Seins genügend betont. Gerade in diesem Punkt

849 Debon übersetzte: „Die Völligkeit dessen, der Tugend in sich versammelt, gleicht der eines neugeborenen Kindleins" (Debon 1983, 84). S. a.: „Wer vollkommenes Wirken zeigt..." (Eckhardt 1957, 169); „Wer an Charakter reich ist" (214 A. 134 reich „wörtlich ‚dick', ‚schwer'") (Lin Yutang 1955, 168); „wer die fülle des de bewahrt gleicht dem kinde" (Schwarz 1992, 105); „The impunity of things fraught with the ‚power' may be likend to that of an infant" (Waley 1958, 209).

850 Zum Problem des „Alleins-Erlebnis" und dessen moralisch ethischen Voraussetzungen meinte Thiel, der Mensch müsse erst leer werden, um dann „von dieser neuen Erfahrung ‚voll' werden" zu können. Weiter schrieb er zum Satori-Erlebnis: „Der Mensch wird einfach von ihm überfallen, wenn er selber nur für das eine gesorgt hat, eben innerlich leer zu sein." (Thiel 1970, 49)

851 S. a.:"bei der Fülle verweilt" (Eckhardt 1957, 95); „erfahrene/Mann/verweilt/bei/dessen/fülle" (Ulenbrook 1986, 126); „beim Völligen" (R. Wilhelm 1925, 86); „im schweren (Stamm)" (Lin Yutang 1955, 137 wohl etwas zu bildlich); „das werdende" (Schwarz 1992, 88); „full grown in Tao" (Waley 1958, 190).

852 Zur „‚mystic experience'" und den „states of mystical illumination" in Kap. 2 des Zhuangzi s. Schwartz (1985, 217f.) Zur Erfahrung des *dao* s. Peerenboom (1990, 169)

853 Dazu Schmitz: „Dieses unfaßbare, grenzenlose, überall gegenwärtige Nirvana gleicht dem tao der Chinesen." (Schmitz 1977, 96) P. J. Thiel zum Erleben des „Nichtseins" als „höchste Erfüllung des Daseins" mit Bezug auf das *nirvana*: „Dieses Nichtsein, im Alleins-Erlebnis erfahren, wird einfach als Urgrund allen Seins postuliert." (Thiel 1972, 89 u. 91)

glaubte aber Mazaheri keine Übereinstimmungen zwischen *eon* und *dao* feststellen zu können (Mazaheri 1992, 466). Für sie bestand ein „tiefgreifender Unterschied zwischen den Hauptströmungen der daoistischen und vorsokratischen Metaphysik", den sie besonders zwischen dem *eon* und dem *dao* postulierte. Sie sah im *eon* eine „nur begriffliche" Fassung auf „abstraktem Niveau",[854] sprach aber von der „affirmativen Haltung" des Parmenides zum Sein, der er durch die „Lichthaftigkeit des Seins ausgiebig Nachdruck verliehen" habe. Dies stehe im Gegensatz zum *dao*, denn es sei „nämlich eben gerade *nicht* evident und *nicht* dem menschlichen Geist ein*leuchtend*," es sei „vielmehr kaum erfaßbar." (Mazaheri 1992, 469) Die hier bemühte „Lichthaftigkeit" des Parmenideischen Seins erinnert an die oben besprochenen Versuche, bei Parmenides ein „Lichthaus der Wahrheit" oder einen „Bereich des Lichtes, des himmlichen Glanzes" zu finden und betont diesen einen Aspekt zu sehr. Mag Parmenides auch eine Vorliebe für die „Lichthaftigkeit" gehabt haben, so liegt seine Seinserfahrung in jedem Fall außerhalb der *doxa* mit ihren dualen Kategorien von Licht und Nacht und den ganzen Abstraktionen und Begriffen. Ähnliches gilt für den Daoismus, denn man kann auch hier von einem Erleuchtungserlebnis (*ming*) sprechen,[855] das jenseits der klassifikatorischen Bestimmungen liegt. Zwar soll eine gewisse Sympathie der daoistischen Philosophie für das Dunkle und Chaotische nicht bestritten werden – hier zeichnet sich durchaus ein leichter Unterschied ab –, doch ist das *dao* letztlich genauso „kaum erfaßbar" wie das *eon* oder das *ekam*. Alle diese Bezeichnungen verweisen auf eine ekstatische Erfahrung von extremer leiblicher Intensität, die gleichzeitig eine unerschütterliche Evidenz mit sich bringt.

Die große Verwandtschaft zwischen parmenideischer und daoistischer Philosophie läßt sich an weiteren Punkten zeigen. Eine zwar etwas vage, aber doch nicht ganz fehlgehende Parallele gibt es zwischen dem „wissenden Mann" bei Parmenides (Fr. 1,3) und dem *sheng-ren* bzw. *zhen-ren*, die hier als jeweils leicht unterschiedlich Initiierte verstanden werden. Den *zhen-ren* in Kap. 6 kennzeichnete Girardot als jemanden, der „the fullness of life and the state of a true ‚fullness of knowledge'" erreicht hat (Girardot 1983, 107). Zum Zustand des *zhen-ren*[856] im ‚Zhuangzi' und im späteren Buch

854 S. a. die rationalistische Interpretation des Proömiums von Mazaheri (1992, 466).

855 Zu *ming* als „ontological insight or enlightment" s. Wei-hsun Fu (1973, 368). Zu *ming* als „some kind of intuitive comprehension ... or enlightenment" s. Sung-Peng Hsu (1976, 201) u. Graham (1969, 149). Zum Zusammenhang von „Intuition", „Erleuchtung" und „Ekstase" im Zhuangzi s. Forke (1927, 28). Zur bis in den späten Daoismus hinein wirksamen Betonung der Spontaneität und des „simultaneous grasping" durch eine „intuitive and all encompassing vision", die trotz des jahrelangen Lernprozesses letztlich nicht erzwungen werden kann, s. Robinet (1989b, 321f).

856 Zum *zhen-ren* „wörtlich ‚der Mensch, der das Wahre besitzt'" s. a. T. T. Chang (1982, 151) sowie als „True man in his state of pure experience" bei Fung Yu-Lan (1952, 242). S. a. Porkert zum Begriff *zhen* in seiner Bedeutung von „Ganzheit, Fülle, Unberührtheit" sowie „vollständig" und „Maximum, Gipfel, Höhepunkt". Er meinte, mit diesem Wort würde sich „Ganzheit und Fülle" verbinden. Der *zhen-ren* sei dementsprechend eins mit dem *dao* geworden und habe sich nicht aus der „ursprünglichen Ganzheit" gelöst (Porkert 1961a, 444ff.).

Huainanzi schrieb er: „It is the state of complete identification with the One, a state of consciousness different from the ordinary mode of knowing." (Girardot 1983, 143) Ähnliches gilt für den *sheng-ren*, dessen Beziehung zur Erfahrung eines außergewöhnlichen Zustandes von Heiner Roetz so beschrieben wird: „Da jener Zustand die vollkommene Einheit des Menschen mit der Welt bedeutete, fallen seine Merkmale zugleich mit den allgemeinen ontologischen Eigenschaften des den Menschen umgreifenden Seins selber zusammen." (Roetz 1984, 278f.)

Doch nicht nur darin stimmen Stellen bei Parmenides und im Daodejing oder im Zhuangzi überein. Roetz machte weiter darauf aufmerksam, daß der Begriff *shen*, den er etwas irreführend als „Geist" übersetzte, nicht als „Denkkapazität" mißverstanden werden dürfe, denn „der ‚Geist'" sei hier „das Organ einer mystisch angehauchten Erkenntnis und der intuitiven Teilhabe am kosmischen Sein." (Roetz 1984, 276) Damit deutet dieser vermeintliche „Geist" auf eine Art *noos*-Vorstellung hin, was sich mit Thiel festigen läßt, der zu *shen* erläutert: „es ist ein Akt der Erkenntnis gemeint, der über rationalem Erkennen steht, dem der Geister verwandt ist" (Thiel 1970, 56). Aus diesen zwei Formen von Erkennen resultiert die fast heraklitisch anmutende Gegenüberstellung von Wissen und Gelehrsamkeit im Zhuangzi.[857] *Shen* kann ferner göttliche Qualität besitzen und findet sich einerseits als auf den Menschen bezogen Leibschemata, andererseits als atmosphärisch-kosmische Kraft (s. u.).

Daß das *dao* als ontologisches Prinzip aufgefaßt werden muß, zeigt auch Wei-hsun Fuen. Seine Perspektive stimmt in bemerkenswerter Weise mit der Sicht des Parmenides überein. Er hob hervor: „Chuang Tzu construes Tao-as-Origin correctly as what-is-ontologically-primordial before any onticontological separation of things by means of human, epistemological manipulation." (Wei-hsun Fu 1976, 134)[858] Dieser erkenntnistheoretische Gesichtspunkt erklärt das Phänomen der „primordialen Einheit", die nicht eigentlich zeitlich, sondern ontologisch vorangeht. Das betonte neben Wei-hsun Fu und Thiel auch Fung Yu-Lan: „From the foregoing, we can see that the state of pure experience means a state in which the individual is one with the universe. Pure experience is the experience in which we have no intellectual knowledge, in which we accept the immediate presentation;" (Fung Yu-Lan 1952, 239; mit Bezug auf Zhuangzi Kap. 2) Und an anderer Stelle: „At this point, although ontologically things still have their thousands of particularities, epistemologically there are no distinctions to the knower." (Fung Yu-Lan 1952, 241) In seinem Kommentar zu Kap. 1 des Daodejing bestätigte Wei-hsun Fu diesen Standpunkt, indem er – fast als spräche er über die Parmenideische

857 Zum *sheng-ren* mit einem Zitat aus Zhuangzi Kap. 22 schrieb Roetz: „Ein Shengren hat schon längst sein Urteil darüber gefällt, daß Gelehrsamkeit nicht notwendig Wissen und Beredsamkeit nicht notwendig Klugheit bedeutet." (Roetz 1984, 275f) Dazu Kap. 81 des Daodejing in der Übersetzung von Debon: „Ein Wissender ist nicht gelehrt, ein Gelehrter ist nicht wissend" (Debon 1983, 110). Sowie Heraklit Fr. 40 „Vielwisserei lehrt nicht, *noos* haben." S. a. die zwei Formen der Erkenntnis bei Demokrit Fr. B 11.

858 Zur ontologischen – im Unterschied zur zeitlichen Priorität des *dao* s. a. R. P. Peerenboom (1990, 161).

doxa – schrieb: „Lao Tzu declares that all our human quest for ‚the Absolute' by means of conceptual dichotomization is at best an as-if metaphysical adventure about what is ontologically non-differentiated and epistemologically non-differentiatable." (Wei-hsun Fu 1973, 372)

Aus der erkenntnistheoretischen Perspektive heraus erkannte er folgende Lösung des Problems von Seiendem und Nicht-Seiendem: „In terms of the conceptual elusiveness (epistemologically non-differentiatability) and existential no-particular-thingness (ontologically non-differentiatedness) of Nature (the totality of things-as-they-are), Lao Tzu names it ‚non-being' or ‚the nameless Tao' (Tao as Reality); and in terms of the outwardly manifest forms of Nature itself epistemologically differentiated by us humans, he names it ‚being' (Tao as Manifestation). Tao as Reality and Tao as Manifestation are two perspectives or aspects of Tao" (Wei-hsun Fu 1973, 373).[859] Damit aber entspricht der erkenntnistheoretische und ontologisch nicht-differenzierbare (= unbestimmbare) Zustand des *dao* als Realität dem *eon* des Parmenides; und dessen Gegenstück, das *dao* als „manifestation" oder als „principle", nimmt die Stelle der Parmenideischen *doxa* ein,[860] denn, so Wei-hsun Fu: „Tao-as-Principle is no more than the best *human* and *natural* way of seeing the outer manifestations of Tao-as-Reality." (Wei-hsun Fu 1976, 135)

Die Ähnlichkeiten im philosophischen Denken eines Lao-zi und eines Parmenides sind also von grundlegender ontologischer Natur, was sich sogar mit Ergebnissen von Mazaheri zeigen läßt. Sie schrieb: „Das Dao, als Chiffre für den Urgrund, darf keinerlei Kategorisierung oder Einschränkung erfahren, nicht einmal die ‚zu sein'. Aber auch seine Nichtexistenz zu behaupten, wäre zu konkret: Mit dem Dao sollte gerade ein Konzept geschaffen werden, das die Ebene menschlichen Vorstellungsvermögens, welches nur ‚Sein' oder ‚Nichts' annehmen kann, übersteigt. Im LAOZI wird diese Überlegenheit des Dao systematisiert, indem ‚Sein' und ‚Nichts' zu lediglich zwei Seinsweisen ein- und desselben Urgrundes Dao absinken." (Mazaheri 1992, 417). Diese besondere Position des *dao*, das zwischen *wu*, dem Nicht-(Bestimmt-) Seienden und *you*, dem (Bestimmt-) Seienden steht,[861] stimmt mit der des parmenideischen *to eon* überein. Das einfach Seiende *(eon)*, die Dinge, zählte für Parmenides zur *doxa*, und über das Nicht-Seiende *(me-eon)* konnte keine Aussage gemacht werden.

859 Dazu Woo, der sein eigenes Unverständnis auf die frühen Daoisten projizierte: „Was Lao-tzu in seiner Metaphysik als Wu, als Nichts bezeichnet, ist eigentlich in seiner Ontologie das Yu, das absolute Sein; und umgekehrt ist das metaphysische Yu (Sein) das ontologische Wu (Nichts). Unter dieser Verwirrung leidet die ganze taoistische Philosophie an einer mystischen Unklarheit vom 4. vorchristlichen Jahrhundert bis zum heutigen Tag." (Woo 1969, 45) Die „mystische Unklarheit" und „Verwirrung" dürfte primär bei Woo selber bestanden haben.

860 Woo verschätzte sich also mit seiner Behauptung: „Aber mit der Erkenntnistheorie seiner negativen Philosophie steht Parmenides ganz im Gegensatz zu Chuang-tzu." (Woo 1969, 109f.)

861 Dazu Peerenboom: „The ‚world' arises from the uncarved block of potentiality; *tao* as *you* arises from *tao* as *wu*; the differentiated is transformed from the undifferentiated." (Peerenboom 1990, 163)

Weiter erhärten lassen sich diese Parallelen durch den in Kap 32 des Daodejing hergestellten Zusammenhang zwischen der Entstehung der Namen und der menschlichen Erkenntnis. Dort wird nach Jan Ulenbrook gesagt: „beginnt das Bestimmen, so gibt es Namen“ (Ulenbrook 1986, 110).[862] Die enge Verbindung zwischen der Tätigkeit des Bestimmens, des Regelns, des Ordnens oder des Verfügens mit der Namensgebung läßt diese in den Bereich der – parmenideisch gesprochen – *doxa* fallen, also nicht in den der *aletheia*.[863] Die weitgehende Übereinstimmung mit der Position des Parmenides wird besonders durch Thiels Übersetzung deutlich: „Bei Anfang der Zerschneidung gibt es Namen.“ Dazu sein Kommentar: „Kehrt der Enstatiker aus der Versenkung in die Aussenwelt zurück, so wird das Alleine in die vielen (zehntausend) Dinge ‚zerschnitten‘ (Zerschneidung!).“ (Thiel 1972, 79) Läßt man die Wortwahl hinsichtlich des Ausdrucks Enstase außer acht, so kann man dieser Stelle unschwer eine Wirkungsweise entnehmen, die Parmenides (Fr. B. 4) seinem *noos* zuschrieb, nämlich das Trennen und Zerschneiden, das aus dem Vollen das Partikuläre entstehen läßt und das zusammenhängende Sein durch Unterscheidung zum Kosmos individuiert. In diesem Sinn gelangte Hubert Schleichert bei seiner Interpretation des Verhältnisses von *wu* und *you* im frühen Daoismus schließlich zu folgendem Ergebnis: „So könnte man das Seiende des Dao De Jing mit dem Benennbaren gleichsetzen, d. h. das, was ‚es gibt‘ mit dem gleichsetzen, wofür es ‚einen Namen gibt‘. Das Nichtseiende oder Leere aber wäre der nicht mehr benennbare, alles in sich fassende Allbegriff.“ (Schleichert 1990, 151) „Allbegriff“ aber nur insofern, so muß man ergänzen, als alles potentiell vorhanden ist, nämlich als ein absolut chaotisch Mannigfaltiges, das radikal indefinit ist. In dem Moment, wo die Individuation einsetzt, wird das *dao* zum Allbegriff, der Seiendes (*you*) und Nichtseiendes (*wu*) gleichermaßen als Einheit umfaßt.

Im Indonesienkapitel konnten mit Hinweis auf Assman und den „sekundären Dualismus“ der altägyptischen Spaltungsmythen sowie mit dem Rigveda-Hymnus 10, 129 Parallelen gegeben werden, in denen der Akt des Trennens und Unterscheidens ebenfalls nicht ontologisch, sondern epistemologisch fundiert wurde. Die starken erkenntnistheoretischen Zweifel und die Kritik an den herrschenden Dogmen sind im Rigveda-Hymnus vom ersten bis zum letzten Vers zu finden. Damit ist eine mit der *doxa* bei Parmenides vergleichbare Position erreicht. Weiter stimmen mit dem „Paketmonismus“ des Parmenides die Vorstellungen des *dao* überein, die Tsung-Tung Chang in Kap. 2 des Zhuangzi fand, als er bei dessen Interpretation zu dem Schluß kam: „Eine solche Synthese von Vielheit und Einheit, die sich allein auf die Struktur der Welt bezieht und

862 Debon übersetzte: „Erst wenn verfügt wird, gibt es Namen“ (Debon 1983, 56). S. a.: „As soon as there were regulations and institutions, there were names“ (Nai Tung Ting 1970, 213); „Once there are human artifices, there appear different names“ (Wei-hsun Fu 1973, 387); „dann entstand menschliche Gesittung, und es gab Namen“ (Lin Yutang 1955, 119); „Wenn er anfängt, sich zu gestalten, dann erst gibt es Namen“ (R. Wilhelm 1925, 72). Etwas abschweifend Eckhardt: „Erst wenn die Entfaltung beginnt, bekommt das Gute einen Namen“. (Eckhardt 1957, 28) S. a. Dennis Ahern (1977, 362).

863 Dazu Forke: „Die Taoisten, vor allem Tschuang-tse betrachten nicht nur die Eigenschaften der Dinge, sondern auch diese selbst als bloßen Schein.“ (Forke 1927, 32)

die kosmogonische Frage offenläßt, ließe sich als ‚struktureller Monopluralismus‘ kennzeichnen.“ (T. T. Chang 1982, 67) Der „Paketmonismus“ des Parmenides und der „strukturelle Monopluralismus“ des Zhuangzi zeichnen sich beide durch die Position des erkenntnistheoretischen Relativismus aus, denn, so T. T. Chang: „Unter allen Erkenntnislehren im CHUANG-TZU ist der Relativismus am auffälligsten“. (T. T. Chang 1982, 134) Und mit Needham ließe sich hinsichtlich der erkenntnistheoretischen Dimension bei den Daoisten ergänzen: „Relativity was thus understood to be partly a question of the observer‘s standpoint.“ (Needham 1992, 82) Eine dem erkenntnistheoretischen Relativismus vergleichbare kritische Haltung läßt sich auch im besprochenen Rigveda-Hymnus zeigen. Dort wird der ontologische Status der Aufteilungen sofort in Zweifel gezogen, so daß mit Mehlig von einem „erkenntnistheoretischen Skeptizismus, der schließlich im Agnostizismus endet“, gesprochen werden kann (Mehlig 1987, 68). Aus der „Grundthese des Relativismus“, wie sie T. T. Chang im Buch Zhuangzi vertreten sah, daß nämlich die „Erkenntnisse nur relativ richtig und von der leib-seelischen Anlage und den Interessen des einzelnen Subjekts abhängig sind,“ folgerte er weiter: „Somit steht der Relativismus dem ontologischen Pluralismus nahe, der in der Welt keine hierarchische Einheit und Ordnung, sondern nur ein Nebeneinander autonomer Einzelwesen sieht.“ (T. T. Chang 1982, 134) [864] Das, was hier „ontologischer Pluralismus“ genannt wurde, entspricht dem „strukturellen Monopluralismus“ und damit auch dem „Paketmonismus“, denn gemeint ist eine Seinseinheit, die die zehntausend Dinge umfaßt. Ähnlich interpretierte Mehlig das *tad ekam* als Begriff, „der von Anfang an das All, die Vielheit der Erscheinungen impliziert“, was ebenfalls auf einen umfassend gedachten Monismus schließen läßt (Mehlig 1987, 47).

Der Bruch zwischen der alltäglichen Welt und der Seinserfahrung des *dao* ist auch im Buch Zhuangzi nicht zu verleugnen. Er wurde von T. T. Chang so formuliert: „Der Relativismus vertritt ein realistisch-pluralistisches Weltbild, das zu dem metaphysisch-monistischen der Identitätslehre in Kontrast steht.“ (T. T. Chang 1982, 213) Der Kontrast der pluralistischen Ordnung zu dem (paket)monistischen Sein fiel auch Schwartz auf. Er fragte nach dem Zusammenhang zwischen den beiden Bedeutungen von *dao* als „social and natural order“ (Individuationsordnung) und als „mystical reality“ (Individuationsgrund) und wollte, um eine Brücke zwischen beiden zu schlagen, den Begriff „order“ nicht wie unsere „structure“ verstehen, sondern als „the total organic pattern“, das nicht gänzlich aus seinen Einzelteilen aufgebaut werden könnte (not at all ‚built-up‘ out of the parts). Denn, so Schwartz weiter: „It is the elusive whole which holds the parts together.“ (Schwartz 1985, 194) Dies stimmt zwar, dehnt aber den Ordnungsbegriff auf ein „principle of unity“ aus, das er eigentlich nicht beinhaltet. Die Frage, wie sich die Ordnung mit dem „Paketmonismus“ bzw. dem „monistischen Pluralismus“ des Zhuangzi vereinbaren läßt, kann so nicht beantwortet werden. Das onto-

864 Ähnliches mochte auch Graham gemeint haben, als er von Zhuang-zi schrieb: „In practice he speaks only of the sage treating things as one, never of things truly being one.“ (Graham 1992, 20) Zum „relativistic view of the universe“ im Buch Zhuangzi Kap. 17 s. a. Needham (1992, 103).

logische *dao* läßt sich nicht auf den Ordnungsbegriff reduzieren, denn es umfaßt Chaos und Ordnung gleichermaßen.[865]

Der Entfaltung der Welt durch Individuation aus dem chaotisch Mannigfaltigen steht ihre Regression, der umgekehrte Prozeß, gegenüber. Wei-hsun Fu erklärte zum Motiv der Rückkehr: „Chuang Tzu's idea of returning expresses a deeper meaning of Tao-as-Principle, which has no beginning and no end. In short, the returning of all things means, humanly speaking, the harmonious equalization of them in the light of Taoist ontological insight (ming) into Tao" (Wei-hsun Fu 1976, 126).[866] Die „ungeschiedene Einheit" (R. Wilhelm), in die die Dinge zurückkehren, wird im Text durch die Übersetzung von Burten Watson genauer beschrieben, nämlich als ein „dark and undifferentiated chaos", das als Bild für das *dao* steht (Watson 1968, 122).[867] Hier spielen Motive wie das der „Wurzel" des Seins und das eines chaotischen, undifferenzierten Urzustandes (*hundun*) hinein, die auch für Indien und Indonesien typisch waren, bei Parmenides aber nur in Form des *me-on* anklingen.

Durch die bisher angeführten Beispiele ist die ontologische Dimension des *dao* als Beschreibung einer Seinserfahrung, wie sie in wichtigen Punkten fast detailgleich von Parmenides gegeben wurde, genügend gesichert, so daß Roetz uneingeschränkt zugestimmt werden kann, wenn er schreibt: „Die zentralen Bestimmungen der daoistischen Lebensphilosophie entstammen also einer ihr zugrundeliegenden Ontologie." (Roetz 1984, 279). Mit Wei-hsun Fu läßt sich das *dao* als „an ever-widening and ever encompassing horizon ontologically nondifferentiable and all complete" treffend charakterisieren (Wei-hsun Fu 1976, 132f.). Dasselbe gilt vom *to eon* des Parmenides.[868] In diesem Sinne kann auch mit Peerenboom gesagt werden: „Ultimately, the epistemological/ontological distinction collapses in the experience of *tao*." (Peerenboom 1990, 169) Dieselbe Erkenntnis formulierte Mazaheri so: „Mit der Beschreibung des *Zustandes*, in den man bei Eintritt in die jenseitige Urgrunddimension verfällt, wird auch gleichzeitig die des Urgrundes selbst geliefert." Mit Bezug auf Zhuangzi Kap. 15 erklärte sie weiter: „‚Immer eins und ohne Wandel zu sein, das ist das Höchste an Ruhe.' Als metaphy-

865 Porkert ergänzte: „Dao als ‚kosmische Ordnung' zu definieren ist nur zulässig, wenn man ‚Ordnung' nicht als Antonym zu ‚Chaos' auffaßt, sondern als einen übergeordneten Begriff, der beides beinhaltet, Ordnung und Chaos." (Porkert 1962, 158) In diesem Sinne kann Granet nicht vorbehaltlos zugestimmt werden, wenn er behauptet: „Die Chinesen haben vom Kosmos weder eine monistische, noch eine dualistische, ja nicht einmal eine pluralistische Vorstellung." (Granet 1985, 254) Es handelt um keine streng monistische Vorstellung, sondern um einen pluralistischen Monismus.

866 Zum „Tao-as-Principle" und dem Motiv der Rückkehr s. Wei-hsun Fu (1976, 135 u. 1973, 380ff.).

867 Dieses Motiv findet sich leicht abgewandelt im Bild der zum Meer zurückführenden Ströme. In Kap.32 des Daodejing heißt es in der Übersetzung von Schwarz: „dem meer in das alle flüsse münden gleicht das Dau in der welt" (Schwarz 1992, 82). S. a.: „To Tao all under heaven will come as streams and torrents flow into a great river or sea" (Waley 1958, 183); das *dao* „auf der Welt" gleicht den „fließenden Flüssen" (Lin Yutang 1955, 119); das „Dasein" des *dao* „in der Welt" gleicht einem strömenden Fluß (Debon 1983, 56); *dao* „ist vorhanden/wie/flüsse/strömen" (Ulenbrook 1986, 110).

868 Thiel schrieb vom *dao* (und dem *satori* im Zen) fast in parmenideischer Terminologie: „Die einzige mögliche Aussage darüber lautet: es ist, es existiert" (Thiel 1970, 55).

sische, absolute Größe ist der Urgrund nicht der Veränderbarkeit der Welt unterworfen." (Mazaheri 1992, 374 A. 139) Dem hätte Parmenides sicher zugestimmt. Wenn sie dann von der „letztendlichen Konsequenz des Daomonismus" spricht und diese darin sieht, daß „die weltbegründende Größe völlig getrennt von der Welt liege" (Mazaheri 1992, 374), so muß diese Trennung ontologisch im Sinne des Parmenides verstanden werden. Dagegen wehrte sie sich aber und interpretierte das *dao* als „erkenntnistheoretische transzendente Dimension" (Mazaheri 1992, 81). Die Seinserfahrung ist zwar von solch außerordentlicher Intensität, daß sie gegenüber dem Alltag als Bruch erscheint, bzw. ontologisch unterschieden wird, doch ist das Erleben konkret leiblich, nicht transzendent. Es wird keine Welt hinter der Wirklichkeit erfahren, sondern Leib und Welt in einem besonderen Zustand der Verschmelzung erlebt.

Das *dao* als Prinzip der Ordnung

Der Begriff *dao* bezeichnet nicht nur den leiblichen Zustand einer Seinserfahrung, sondern hat zusätzliche Bedeutungen, die sich nur indirekt aus dem ekstatischen Erleben ergeben und auch ohne dies gefaßt werden können. An erster Stelle steht in dieser Beziehung das ursprüngliche Bild des „rechten Weges", mit dem Gedanken von Ordnung und Regel verbunden waren.[869] Dieser Aspekt des *dao* wird hier als das „metaphysische *dao*" oder als das „Ordnungsprinzip *dao*" bezeichnet.[870]

Wie im Indonesienkapitel bereits ausgeführt, korrespondiert dieser Aspekt des *dao* mit den Individuationsordnungen *ma'at* und *adat*. Aber auch Heraklits Motiv des Weges (*hodos* Fr. 59 u. 60) gehört in den Zusammenhang. In Fr. 114 werden die *nomoi* auf das eine göttliche Gesetz zurückgeführt, das sich mit dem empedokleischen *nomos*, der durch den *aither* ausgespannt ist, vergleichen läßt. Aber auch Heraklits Kosmos-Begriff aus Fr. 30 gehört in diese Kategorie.[871] Seine Beziehung zum Feuer gleicht der spontanen Entfaltung des *dao*, und der regulierende, den Austausch regelnde Gedanke des Heraklitischen *pyr* (Fr. 90) deutet sich auch im *dao*-Begriff an, zumindest wenn

869 Dazu Kaltenmark: „So läßt dao in erster Linie das Bild eines zu beschreitenden Weges und im übertragenen Sinn den Gedanken einer Verhaltensregel, einer moralischen Regel entstehen." (Kaltenmark 1981, 45) Granet: „Am Grunde aller Vorstellungen vom Dao findet man die Begriffe der Ordnung, der Gesamtheit der Verantwortlichkeit und der Wirkkraft." (Granet 1985, 228) Nochmmals Kaltenmark: „So ist das Dao nach den gängigen philosophischen und religiösen Vorstellungen die Ordnung oder richtiger das Ordnungsprinzip, das sich im übrigen in verschiedenen Bereichen der Wirklichkeit offenbaren kann." (Kaltenmark 1983, 48) S. a. Sung-Peng Hsu (1976, 201f.).

870 Zum *dao* als ursprünglich Weg oder Straße, das zuerst im Laozi „a metaphysical meaning" hätte und das er als „all embracing first principle" bezeichnete, s. Fung Yu-Lan (1952, 177). Zum Laozi als ein „serious metaphysical treatise" s. Wei-hsun Fu (1973, 368). Ähnlich a. T. T. Chang: „Erst im CHUANG-TZU, LAO-TZU, KUAN-TZU ... wird das Tao zum metaphysischen Terminus für den Urgrund der Welt." (T. T. Chang 1982, 23 A. 1) An diesen Äußerungen wird auch ersichtlich, daß Needhams oben angeführte Behauptung von dem mangelnden metaphysischen Interesse nicht haltbar ist.

871 Einen Hinweis auf das Problem von Ordnung und Chaos kann man in Fr. 124 sehen, wo die Pluralität der aufs Geratewohl hingeschütteten Dinge als die schönste (Welt)ordnung ausgegeben wird.

man liest, was Granet vom *dao* schrieb: „Es beeinflußt das Wechselspiel aller Gruppierungen wirkender Gegebenheiten tatsächlich, ohne daß man es jedoch als eine Substanz oder als eine Kraft auffaßte. Es spielt die Rolle einer regelnden Macht. Es erschafft die Wesen nicht, sondern es bewirkt, daß sie so werden wie sie sind. Es reguliert den Rhythmus der Dinge.“ (Granet 1985, 246f.) Man vergleiche dies mit den Bemerkungen Assmanns zur altägyptischen Sicht: „Ma'at ist eine regulative Energie, die das Leben der Menschen zur Eintracht, Gemeinsamkeit und Gerechtigkeit steuert und die kosmischen Kräfte zur Gesetzmäßigkeit ihrer Bahnen, Rhythmen und Wirkungen ausbalanciert.“ Und an anderer Stelle: „Sie sorgt für den Einklang des Zusammenwirkens, der aus dem Widerspiel der Kräfte und der Überwindung gegenstrebiger Energien den Kosmos resultieren läßt.“ (Assmann 1990, 163 u. 35) Im Motiv der allmählichen Entfaltung, deren Etappen im Kap. 42 des Daodejing durch Zahlen dargestellt werden, kommt das *dao* als Individuationsordnung am klarsten zum Ausdruck. Hier läßt sich anwenden, was Burkert zu den Zahlenspekulationen der Pythagoreer schrieb: „Werden und Gestalt des Kosmos werden von der Zahl her verdeutlicht, die alten kosmogonischen Mythen werden in die Sprache der Zahlen umgesetzt.“ (Burkert 1962, 35)

Zur Individuation im Daodejing Kapitel 42 und im Zhuangzi Kap. 12, 8

Die ontologischen Ordnungsspekulationen der frühen Daoisten zeigen sich besonders eindrucksvoll in Kap. 42 des Daodejing. Dort wird dem *dao* die metaphysische Funktion einer Hervorbringung der Welt zugeschrieben. Es lautet in der Übersetzung von Schwarz: „das Dau gebar das eine, das eine gebar die zweizahl, die zweizahl gebar die dreizahl, aus der dreizahl wurde die vielzahl, der dinge vielzahl, getragen vom Yin, umfangen vom Yang, geeint werden sie durch den allumfassenden krafthauch.“ (Schwarz 1992, 92) [872]

Eine Parallelstelle findet sich im Zhuangzi Kap. 12, 8.[873] Dort heißt es nach A. C Graham: „In the ultimate Beginning there is nothing, without anything, without a name. It is that from which the One arises; there is the One, but not yet shaped. When things get it as the means by which they are generated, we call it the ‚Power‘. In the not yet shaped there is division ... By halts in its motions it generates things“ (Graham 1981,

872 Dazu Waley: „Tao gave birth to the One; the one gave birth successively to two things, three things, up to ten thousand.“ (Waley 1958, 195) Sowie Debon: „Der Weg schuf die Einheit. Einheit schuf Zweiheit. Zweiheit schuf Dreiheit. Dreiheit schuf die zehntausend Wesen. Die zehntausend Wesen, Tragen das dunkle Yin auf dem Rücken, Das lichte Yang in den Armen.“ (Debon 1983, 71) Ähnlich auch Ulenbrook (1986, 137), Kaltenmark (1981, 70), T. T. Chang (1982, 99ff.), Lin Yutang (1955, 146), Eckardt (1957, 36,38), R. Wilhelm (1984, 74), Yu (1981, 488) u. Wei-hsun Fu (1973, 376ff.).

873 Ob die erste Zeile von Kap. 42 eine Interpolation darstellt, soll nicht weiter diskutiert werden. Sie wird hier als original betrachtet (s. a. T. T. Chang 1982, 100ff.), denn sie läßt sich mit Zhuangzi Kap. 12, 8 stützen.

156). Man vergleiche damit die Übersetzung von T. T. Chang: „Am Uranfang war das Nichts, das weder Sein noch Namen hatte. Es war das, aus dem das Eine hervorging. Dann war das eine, das noch nicht geformt war, aus dem aber die Dinge entstehen konnten. Dies sei genannt ‚Urtugend'. Das Ungeformte schied sich … Durch Verharren und Bewegung erzeugten sie die Dinge" (T. T. Chang 1982, 42).[874]

Die Übereinstimmung zwischen den Büchern Daodejing und dem Zhuangzi beweist, daß das Problem der Individuation hier seine erste und für den Daoismus wirksamste systematische Darstellung fand. Die philosophisch-metaphysischen Ausformulierungen einer Individuationsordnung waren für die spätere Entwicklung des philosophischen Denkens von Bedeutung,[875] denn nicht nur das Buch Huainanzi erwähnt eine solche Abfolge,[876] sondern auch im Buch Liezi findet sich eine ähnliche Beschreibung.[877] Das Gemeinsame dieser Vorstellungen besteht erstens darin, daß das Hervorgehen der Dinge aus dem Urzustand spontan als Prozeß der Individuation erfolgt, und zweitens, daß diese Individuation als eine Reihenfolge von Phasen beschrieben wird, die sich im Daodejing Kap. 42 so darstellen: Aus dem Unbestimmten (*wu*) geht das Eine hervor, dieses Eine differenziert sich in zwei polare Aspekte, die sich wiederum zu einer Ganz-

874 Dazu Watson: „In the Beginning, there was nonbeing; there was no being, no name. Out of it arose One; there was One, but it had no form. Things got hold of it and came to life, and it was called Virtue. Before things had forms, they had their allotments … Out of flow and flux things were born." (Watson 1968, 131) Und R. Wilhelm: „Im Uranfang war das Nicht-Sein des Nicht-Seins, war das Unnennbare. Daraus erhob sich das Eine. Dieses Eine – in seinem Dasein, aber noch ohne Form, das die Dinge bekommen müssen, um erzeugt werden zu können – heißt LEBEN. Was noch keine Form hat, obwohl in ihm schon Teile angelegt sind … Was in seinem Beharren und Bewegen die Dinge erzeugt." (R. Wilhelm 1984, 134) Sowie Kaltenmark: „Am absoluten Anfang gab es das Unsichtbare, *wu*; es gab damals kein sinnliches Ding, keinen Namen. Daraus ging das Eine hervor. Es gab eine Einheit, jedoch ohne Gestalt." (Kaltenmark 1981, 71) Und Wei-hsun Fu: „As the primordial source is there nonbeing-of-nonbeing; it is nameless." (Wei-hsun Fu 1976, 124)

875 Zu Kap. 42 des Daodejing und weiteren philosophiegeschichtlichen Beispielen s. Fung Yu-Lan (1952, 178f.) und Mokusen Miyuki (1984, 185 A. 31). Von einer allgemein verbreiteten „cosmological theory" sprach Girardot (1983, 56ff.). Wing-Tsit Chan meinte: „This theory is common to practically all Chinese philosophical schools." (Wing-Tsit Chan 1970, 160f.) S. a. Derk Bodde (1967, 23f.).

876 Zu Huainanzi Kap. 2 s. a. Wing-Tsit Chan (1970, 306), Fung Yu-Lan (1952, 395f.). Zum Vergleich des Huainanzi mit dem Daodejing Kap. 42 s. Needham (1992, 78). Zum Vergleich von Zhuangzi Kap. 2 und Huainanzi Kap. 2 meinte Charles Le Blanc, der Hauptunterschied bestände darin, daß die ontologisch epistemologische Dimension des Zhuangzi in eine Kosmologische im Huainanzi umgewandelt worden sei (Le Blanc 1987, 126f. u. 118f.).

877 Zur „Theory of creation" im Buch Liezi s. Maspero (1981, 392) u. Helmut Wilhelm (1985, 98). Forke übersetzte: „Nun entsteht, was Form hat, aus dem Formlosen, woher ist denn Himmel und Erde entstanden? Deshalb sage ich: es gab eine große Wandlung, einen großen Beginn, einen großen Anfang und eine große Einfachheit. Während der großen Wandlung zeigte sich noch keine Kraft, mit dem großen Beginn fing die Kraft an, mit dem großen Anfang kam die Form hervor und während der großen Einfachheit der Stoff. Kraft, Form und Stoff waren vorhanden, aber noch nicht voneinander getrennt, deshalb spricht man von Chaos. Das bedeutet, daß die Dinge im chaotischen Zustand nicht voneinander geschieden waren. Beim Hinblicken erschaut man nichts, lauschend hört man nichts, und umhertastend erfaßte man nichts, deshalb spricht man von Wandlung, was Nichtabgrenzung der Formen bedeutet." (Forke 1964, 293)

heit verbinden und eine neue Differenzierung hervorbringen, aus der schließlich die Dinge der Welt werden. Der ganze Prozeß verläuft in fünf Stationen: 1. das indefinite Sein, 2. das Sein, 3. die Polarität, 4. das Atmosphärische (*qi*) und 5. die Welt (*you*). Diese sollen nun einzeln betrachtet werden, wobei die beiden letzten unter dem Titel „das *qi* und die Entstehung der Welt" zusammengefaßt sind.[878]

Das indefinite Sein

Dasjenige, woraus das *dao* im Kap. 42 des Daodejing die Einheit hervorbrachte und das in Kap. 12, 8 des Zhuangzi ausdrücklich genannt wird, ist das *wu*. Dieses wurde oben als das Unbestimmte gekennzeichnet, das große Ähnlichkeit zum Begriff des *hundun* aufweist. Beide Bezeichnungen meinen den Zustand des absolut chaotisch Mannigfaltigen vor jeglicher Individuation. Das *wu* unterscheidet sich aber vom *hundun* darin, daß es mit dem Begriff *you* ein Paar bildet. In Kap. 2 steht, „daß Sein und Nichts einander erzeugen". In Kap. 16 wird von der Rückkehr der Dinge zu ihrer Wurzel gesprochen, was sich nach T. T. Chang mit Kap. 11 des Zhuangzi deckt. Schließlich ist in Kap. 40 zu lesen: „Alle Dinge der Welt entspringen dem Sein. Das Sein entspringt dem Nichtsein." (T. T. Chang 1982, 104f. u. 119 A. 45) T. T. Chang vertrat die These, die *wu*-Auffassungen im Laozi und im Zhuangzi seien unterschiedlich. Das „Nichts" im Zhuangzi würde als „absoluter Ursprung der Welt aufgefaßt", wohingegen es im Laozi als „korrelativer Begriff zum Sein" zu verstehen sei (T. T. Chang 1982, 102).[879] Von Kap. 2 des Daodejing schrieb er: „Da Sein und Nichts einander erzeugen und das Tao einer Pendelbewegung unterliegt, können Sein und Nichts als die zwei Seinsweisen des Tao betrachtet werden." Daraus folgerte er: „Somit ist das Tao die dynamische Einheit von Sein und Nichts." (T. T. Chang 1982, 104f.) [880] Diese Auffassung findet sich aber auch im Zhuangzi, wo Sein und Nichts ebenfalls eine Einheit bilden, denn dort kommt – wie T. T. Chang selber mit Hinweis auf Kap. 11 des Zhuangzi zeigte – das Motiv der Rückkehr vor, in dem Chang einen wesentlichen Hinweis auf das „korrelative" Verhältnis von „Sein" und „Nichts" sah. Außerdem wird die Rückkehr und der Pendelschlag des *dao* zwischen Sein und Nichts in Kap. 2 des Daodejing nicht in Kapitel 42 erwähnt.[881]

878 Die fünf Abschnitte entsprechen in etwa den vier Aspekten des „Einen" im „philosophischen Daoismus", wie sie Kohn auflistete: „First, it is the primordial state of the world before things and beings were created. Second, it is the principle according to which creation took (and still takes) place. Third, it is the primordial force of creation, that which sustains all life; it is a power, a material energy. Fourth, it is the basic characteristic of all there is, an abstract characteristic of existence." (Kohn 1989a, 127)

879 Dieser Argumentation folgte auch Mazaheri (1992, 423).

880 Dazu Peerenboom: „Thus *tao* must be both *wu* and *you*." (Peerenboom 1990, 162)

881 T. T. Changs Schlüsse sind übereilt, denn er behauptete: „Zusammenfassend kann man sagen, daß die Tao-Lehre des LAO-TZU, wenn auch genauso unsystematisch und fragmentarisch dargestellt, doch etwas tiefgründiger angelegt ist als die des CHUANG-TZU." (T. T. Chang 1982, 107) Eine solche Aussage unterschlägt die Übereinstimmungen zugunsten nur vermeinter Unterschiede.

Hinzu kommt, daß in Kap. 2 des Daodejing nicht gesagt wird, wie denn das Sein und das Nichts wechselseitig auseinander hervorgehen. Die Entstehung des „Seins“ der „Zehntausend Dinge“ vollzieht sich als Individuation der Formen aus dem Formlosen. Die Identität des *dao* mit dem *wu*, die im Sinne des unbestimmten und nicht zergliederten Seins sowohl im Daodejing als auch im Buch Zhuangzi nachgewiesen wurde, garantiert die gemeinsame ontologische Basis. Hier rächt sich bei T. T. Chang die mangelnde Beachtung der Tatsache, daß das *wu* nicht einfach als „Nichts“ übersetzt werden darf, denn es handelt sich weder im Daodejing noch im Zhuangzi um eine *creatio ex nihilo*, sondern um die Wandlung des Unbestimmten zu Gestalten und Formen. Dementsprechend übertrug Max Kaltenmark das *wu* im Zhuangzi Kap. 12, 8 mit das „Unsichtbare“. Das ist zwar ungenau, doch immer noch etwas besser als die mißverständliche Übersetzung mit „Nichts“, wie sie fast alle weiteren Kommentatoren benutzten, die dadurch aus den frühen Daoisten Hegelianer machten.

Allerdings taucht tatsächlich eine vergleichbare Problematik bei Hegel auf. Über den Gegensatz von Sein und Nichts schrieb er: „Dieses reine Sein ist nun die *reine Abstraktion*, damit das *Absolut-Negative*, welches, gleichfalls unmittelbar genommen, das *Nichts* ist.“ Der Gegensatz wird durch seine prozeßhafte Vermittlung mit Hilfe einer satzsinngleitenden Bewegung wieder aufgehoben. Diese terminologische Akrobatik fehlte den frühen Daoisten. Eine gewisse Verwandtschaft zu asiatischem Denken hob Hegel selber hervor, denn er bemerkte: „das Nichts, das die *Buddhisten* zum Prinzip von allem, wie zum letzten Endzweck und Ziel von allem machen, ist dieselbe Abstraktion.“ (Hegel 1975, 107; dazu auch Sartre 1991, 65)

Ähnlich muß übrigens der Unterschied zwischen Nichtseiendem und Seiendem verstanden werden, den Forke mit Bezug auf die Taittiriya-Upanisad 2, 7 anführte. Er betonte die Übereinstimmungen zwischen diesen indischen und den chinesischen Vorstellungen.[882] Ersetzt man das „Nichts“ Hegels, die „Nichtrealität“ der Inder, aber auch das Nicht-Seiende des Parmenides durch die Bezeichnung das „Unbestimmte“, die „unbestimmte Realität“ oder auch das „nicht bestimmte Seiende“, so stimmen diese Vorstellungen mit dem daoistischen *wu* überein.[883]

882 Dazu Forke: „Dao deckt sich fast mit Brahman oder Atman, dem obersten Weltprinzip der Upanishads, welches als das Jenseitige, unaussprechliche, Grundlose und als Nichtrealität definiert wird.“ Und weiter: „Die Taittiriya – Upanishad 2,7 sagt davon `Nichtseiend war dies zu Anfang; Aus ihm entstand das Seiende. Es schuf sich selbst wohl aus sich selbst, Daher dies – wohlbeschaffen – heißt.'“ (Forke 1964, 272) Forke erwähnte an anderer Stelle auch Rigveda 10,129 (Forke 1944, 198). Zu Taittiriya-Upanisad 2, 7 s. a. Mehlig: „Nichtseiend (asat) wahrlich war dieses am Anfang. Aus diesem entstand das Seiende. Da schuf er das Selbst (den atman) selbst. Deshalb nennt man dieses: ‚gut geschaffen‘ (*sukrta*).“ (Mehlig 1987, 215) Zu weiteren Beispielen von *sat* und *asat* und insbesondere die Taittriya-Upanisad 2,7 s. a. Mehlig (1987, 72).

883 Vgl. a. das Motiv der“PLEROMA“ in Jungs Predigt an die Toten und die von Schulte angeführten reduktionistischen Varianten der Systemtheoretiker, die aus dieser PLEROMA die „Welt der Naturwissenschaften“ machen (Schulte 1993, 123f.).

Das Problem des „Nichts“ beschäftigte auch Heidegger. Er versuchte, es aus einer konkreten Erfahrung abzuleiten und auf die Angst zurückzuführen.[884] Kritik an dieser Auffassung wurde von J. Klowski und Ernst Tugendhat geübt.[885] Tugenhat versuchte einen intuitiven Zugang zum „Nichts“ zu finden und kam zu dem Ergebnis, daß dieser nur durch ein „nicht etwas“ zugänglich wird (Tugenhat 1970, 146). Erscheint auch Heideggers Bestreben, das Nichts als Erfahrung der Angst zu interpretieren, zu reduktiv, so ist der Ansatz trotzdem gewinnbringend, denn wie später Tugendhat mit seinem intuitionistischen Versuch, so hatte sich schon Heidegger dagegen gewehrt, das Nichts einzig auf die „Verstandeshandlung“ der Verneinung zurückzuführen. Ähnlich wie die Stille nicht nur als Abwesenheit von Schall verstanden werden darf, ist das Nichts nicht nur die Abwesenheit von etwas Bestimmtem, sondern gleichzeitig die Anwesenheit von etwas Unbestimmtem. „Wir behaupten: das Nichts ist ursprünglicher als das Nicht und die Verneinung.“ (Heidegger 1976a, 108) Das Wort „ursprünglicher“ veranlaßte Heidegger, als Randbemerkung zur 5. Auflage 1949 den Begriff „Ursprungsordnung“ zu notieren. Damit zeigt sich, daß er das Problem der Individuationsordnung im Blick hatte.[886] Mit Bezug auf die „antike Metaphysik“[887] kam er schließlich zu der Erkenntnis des Nichts als „völlige Unterschiedslosigkeit“ (Heidegger 1976a, 109). Ihm folgte Sartre, der ebenfalls den Aspekt der Unbestimmtheit mit dem Begriff des Nichts verband.[888] Daß sich hinter dem Nichts eine Erfahrung verbirgt, geht aus folgender Äußerung Heideggers hervor: „Das Nichts ist niemals nichts, es ist ebensowenig ein Etwas im Sinne eines Gegenstandes; es ist das Sein selbst, dessen Wahrheit der Mensch dann übereignet wird, wenn er sich als Subjekt überwunden hat, und d. h., wenn er das Seiende nicht mehr als Objekt vorstellt.“ (Heidegger 1977b,.113) Hier zeigt sich die größte Nähe zum frühen Daoismus, aber auch gleichzeitig der größte Unterschied. Beide philosophischen Richtungen beschäftigte der Erfahrungsaspekt des „Nichts“. Doch, wie Parkes zeigte, unterscheidet sich die Negativ-Besetzung des Nichts durch die Angst bei Heidegger stark von der Positiv-Besetzung des Nichts bei den Daoisten. (Parkes 1987, 122). Sicherlich klingen immer wieder Motive in Heideggers Denken an, die eine gewisse Nähe

884 „Die Angst offenbart das Nichts“ behauptete Heidegger (1976a, 112). Dieser Ansicht schloß sich auch Sartre an. Dazu u. zum Nichts generell s. Schmitz (1964, 174 u. 261).

885 Klowski (1967, 230), Tugendhat (1970, 154).

886 Vgl. a. die „Fundierungsordnung der Selbsterfahrung“ bei Held (1980, 362).

887 Dazu Heidegger: „Die antike Metaphysik faßt das Nichts in der Bedeutung des Nichtseienden, d. h. des ungestalteten Stoffes, der sich selbst nicht zum gestalthaften und demgemäß ein Aussehen (eidos) bietenden Seienden gestalten kann.“ (Heidegger 1976a, 119)

888 Zum Nichts am Beispiel der „Undifferenziertheit des Hintergrundes“ und als „undifferenzierte Totalität“ s. Sartre (1993, 60), sowie als „unendliches Milieu, in dem das Sein aussteht“ s. Sartre (1993, 79). Anzumerken bleibt noch, daß Sartre eine große Nähe zu erkenntnistheoretischen und ontologischen Positionen des Parmenides zeigt. „Der Seinsbegriff als volle Positivität enthält nicht das Nichts als eine seiner Strukturen. Man kann nicht einmal sagen, daß er es ausschließt: er ist ohne jeden Bezug zu ihm.“ (Sartre 1993, 79f.) Und: „Die Negation kann den Seinskern des Seins nicht erreichen, das absolute Fülle und gänzliche Positivität ist.“ (Sartre 1991, 68)

zum frühen Daoismus und der Seinserfahrung zeigen,[889] doch sind diese Ähnlichkeiten insgesamt gesehen nur vage und wie die erwähnten Parallelen zu Heraklit nur mit größter Vorsicht zu ziehen.[890]

Das *wu* ist der Zustand des namen-, gestalt- und unterschiedslosen Seins, der Urzustand der Verschmelzung, das absolut chaotisch Mannigfaltige. Dieses „Nichts" gilt nur als Untergrund, eine Art *apeiron*, aus dem „das Eine" hervorgeht. Und es ist das „Eine", das *dao*, das sich selbst und die zehntausend Dinge (*you*) aus diesem Ungestalteten individuiert. In Kap. 42 des Daodejing bringt das *dao* als Individuationsinitiator die Einheit hervor. In Kap. 12, 8 des Zhuangzi entsteht die Einheit aus dem *wu*, ohne daß dabei die Rolle des *dao* genauer präzisiert wird. Doch da sowohl im Zhuangzi als auch im Laozi das *dao* als spontane Selbsterzeugung (*zi-ran)*[891] aufgefaßt wird, läßt sich das Hervorbringen der Einheit im Daodejing Kap. 42 mit dem Hervorgehen der Einheit im Zhuangzi Kap. 12, 8 identifizieren – Individuationsinitiator und Individuationsakt fallen im *dao*-Begriff zusammen.

Das Nicht-Bestimmte (*wu*) und Namenlose (*wu ming*) aus Kap.1 des Daodejing[892] und der „Uranfang" aus Kap. 12, 8 des Zhuangzi – das „Nichts, das weder Sein noch Namen hatte" (T. T. Chang 1982, 42) – ist nach Wei-hsun Fu die „primordial source", das „nonbeing-of-nonbeing" (Wei-hsun Fu 1976, 124) und für Graham der „ultimate Beginning" das „nothing, without anything, without a name" (Graham 1981, 156). Bei diesen Beschreibungen fällt die Ähnlichkeit zu dem Urgemisch des Anaxagoras auf, in dem laut Fr. B 1, solange alle Teile beisammen waren, ebenfalls nichts klar erkannt werden konnte (*panton homou eonton ouden endelon*). An dieses Urgemisch knüpft der *hyle*-Begriff des Aristoteles an. Nach Schmitz schwebt dieser „Stoff" in einer Mittellage zwischen dem abstrakten Begriff eines noch nicht Seienden oder nur der Potenz

889 S. a. Pöggeler (1987, 59ff.) und mit Parallelen zu Nietzsche Stambaugh (1987, 86), sowie H.Y. Jung, der Heideggers „Gelassenheit" mit dem *wu-wei* in Verbindung brachte (H. Y. Jung 1987, 233) S. a. Parkes (1987, 130). Auch der oben angeführte Gedanke der Ruhe oder das Motiv des „Einsprungs" können in diesen Zusammenhang gestellt werden. Als „entscheidend" für den „Einsprung" stellte Heidegger heraus: „... einmal das Raumgeben für das Seiende im Ganzen; sodann das Sichloslassen in das Nichts, d. h. das Freiwerden von den Götzen, die jeder hat und zu denen er sich wegzuschleichen pflegt; zuletzt das Ausschwingen dieses Schwebens" (Heidegger 1976a, 122).

890 Zu Heidegger, Heraklit und Laozi s. Pöggeler (1987, 56 u. 66) sowie Stambaugh, der die Übersetzung von *dao* mit *logos* bemängelte (Stambaugh 1987, 84f.). Parkes sah wiederum gute Gründe für eine solche Übersetzung und betonte die Ähnlichkeit Heideggers zu Heraklit: „the Western thinker closest in spirit to Taoism" (Parkes 1987, 108 u. A.12). Damit vernachlässigte Parkes aber die Seinserfahrung, die den frühen Daoismus in die Nähe des Parmenides rückt, und unterschätzte die Unterschiede zwischen Daoismus und Heraklit, wie sie z. B. in der Auffassung der Gegensätze zutage treten (s.u.).

891 Zu *zi-ran* s. a. Walter Liebenthal (1968, 377), Bodde (1967, 23) u. Wei-hsun Fu (1973, 369).

892 Forke kommentierte Lao-tse Kap. 1 so: „Lao-tse unterscheidet bei Dao drei Stadien der Entwicklung, den Urzustand vor der Erschaffung der Welt, während dessen Dao in seinem reinen Sinn verharrt, nicht erkannt und nicht benannt werden kann, denn der Name Dao ist nur ein Notbehelf, die Zeit der Weltschöpfung und die Zeit der Welterhaltung und Entwicklung der wechselnden Organismen ..." (Forke 1964, 266).

nach Seienden und dem konkreten Einzelfall des unbestimmtem Etwas, das da ist, von dem aber nicht gesagt werden kann, was es ist (Schmitz 1985a, 12). Allenfalls läßt er sich nach Aristoteles ein *aoriston* nennen, ein Begriff, den Schmitz mit „indefinit" – und nicht einfach nur mit „unbestimmt" – übertrug, um zum Ausdruck zu bringen, daß es sich „um Unbestimmtheit durch Fehlen einer Abgrenzung handelt" (Schmitz 1985a, 6). Da das daoistische *wu* keine Grenzen kennt und ohne Namen (*wu ming*) ist, fehlen die Umrisse, die einen Gegenstand aus seiner Umgebung abheben. Unter diesem Gesichtspunkt kann auch die oben vermutete Nähe zum *apeiron* des Anaximander bestätigt werden.

In der schon behandelten erkenntnistheoretischen Position des frühen Daoismus wurde das Entstehen von Namen auf eine Art „Zerteilung" zurückgeführt. Eine vergleichbare Sicht wirkte von Parmenides bis Aristoteles. Letzterer sah den *noos* ebenfalls als „Diskretionsprinzip" an (Schmitz 1985c, 459). Wenn Parmenides davon sprach, daß der *noos* in der Seinserfahrung kein Seiendes vom Seienden mehr abschneidet, so stimmt das mit dem „Einen" und dessen Dichte in Kap. 12, 8 des Zhuangzi überein, von dem im Text gesagt wird, daß es „noch keine Geschiedenheiten" aufweist (R. Wilhelm 1984, 134). Nach Graham ist es „without anything intervening" und nach T. T. Chang „ohne Zwischenraum" (Graham 1981, 156 u. T. T. Chang 1982, 42). Besonders deutlich kommt die Ähnlichkeit in der Übersetzung von Watson zum Ausdruck, wo es als „not cut off from one another" bezeichnet wird (Watson 1968, 131). Fülle und Dichte erlauben in der Seinserfahrung keine Zerteilung durch den *noos* mehr und dadurch auch keine Unterscheidungen, die für die Benennung notwendig wären. In dieser Hinsicht fällt weiter die Übereinstimmung zwischen dem *wu-ming* und der aristotelischen *hyle* in Metaphysik 1029a, 20–21 auf, wo Aristoteles der *hyle* alle Bestimmungen abspricht. Mit Bezug auf die ganze Passage (MP 1029a, 10–27) konnte Schmitz zeigen, daß im aristotelischen *hyle*-Begriff auch der Gedanke der Unbestimmtheit mitschwingt, die durch Fülle zustandekommt. Diesen „Urstoff", der als das „radikal Indefinite, das zugleich wie das Nichtseiende (...) bestimmungslos und extrakategorial, aber dennoch als ‚alles zusammen' unendlich reich – zu reich für ein Hervortreten einzelner Bestandteile – ist", bezeichnete Schmitz als ein „echt aristotelisches Motiv" und kam zu dem Schluß, daß dieser Urstoff „so absolut indefinit" sei, „daß nicht einmal die Negationen auf ihn" zuträfen (Schmitz 1985a, 49).[893] In diesem Sinn entspricht das *wu* der *hyle*, die nach Aristoteles (MP 1028a, 31) nicht das „schlechthin Seiende" oder das „erste Wesen" sein kann.[894]

893 Dazu Schmitz: „Die Indefinitheit des Stoffes ist also der Grundzug, der die vielfältigen Modifikationen des aristotelischen Stoffgedankens zusammenhält, nicht im Sinne bloßer Leere und Mangelhaftigkeit, sondern, wie 989b6–21 zeigt, umgekehrt als überreiche Fülle, der es nur an identifizierbaren einzelnen Bestandteilen fehlt" (Schmitz 1985c, 445). Aristoteles kritisiert an dieser Stelle den von Anaxagoras vertretenen Gedanken des Urzustandes als Mischung, indem er entgegenhält, daß eine Mischung schon getrennte Teile voraussetze, die doch erst durch den Eingriff des *nus* zustande kommen sollen. Zum Verhältnis von Aristoteles zu Anaxagoras s. Schmitz (1985c, 470 u. 1992, 154).

894 S. a. MP 1029a, 26-33 u. dazu Schmitz (1985a, 51). Zum *wu* schrieb T. P. Kasulis: „Non-being is not negative, but positive in nature. That is to say, Non-being is not merely the lack of Being, nor the

Das Eine und das Sein

Verbindungen zwischen aristotelischer und daoistischer Philosophie zog auch T. T. Chang (1982, 99). Er forderte zum Vergleich mit Aristoteles Metaphysik 986bff. auf und vertrat den Standpunkt, im Zhuangzi und Daodejing stelle das „Eine" die „erste Konkretionsphase des Urgrundes ‚Nichts' bzw. Tao" dar, in der griechischen Philosophie sei es aber „das monistische Urprinzip selbst, das von manchem stofflich, von der Mehrheit der Denker aber als Geist aufgefaßt" werde (T. T. Chang 1982, 46 A. 5). Hier verkannte T. T. Chang aber sowohl den Nuancenreichtum der aristotelischen Rede vom Einen, als auch die Tatsache, daß das Hervorbringen des Einen aus dem indefiniten Stoff durch das *dao* ungeklärt bleibt. Wahrscheinlicher ist, daß diese „erste Konkretionsphase" ein ähnliches Phänomen bezeichnet wie „das erste Wesen" des Aristoteles. Daß in der frühgriechischen Philosophie die „Mehrheit der Denker" das „monistische Urprinzip" als „Geist" aufgefaßt haben sollen, ist eine Behauptung, die der angegebenen Aristotelesstelle nicht entnommen werden kann. Weder der *aer* des Anaximenes noch das *pyr* Heraklits oder das *eon* des Parmenides dürfen als „Geist" bezeichnet werden, was Aristoteles auch nicht tat. Allenfalls lassen sie sich vage als *archai* im Sinne von philosophischen Prinzipien verstehen.[895] Aristoteles lobte an der von T. T. Chang als Beleg angeführten Stelle (986b27–987a2) sogar Parmenides dafür, daß er erkannt habe, daß das Nicht-Seiende neben dem Seienden nicht existieren könne, und daß das Seiende zwangsläufig das Eine sei. Allerdings interpretierte er Parmenides dann falsch, denn er unterstellte diesem, er habe das Warme mit dem Seienden und das Kalte mit dem Nicht-Seienden identifiziert. Außerdem führte er (MP 1007b28) das Nicht-Seiende als einen Stoff ein, der in dem Moment schon wieder seiend ist, wo man von ihm spricht; wo also dem durch die Idee geformten Stoff bereits ein bestimmter Inhalt abgewonnen wird. „Weil erst das dadurch dem Indefiniten abgewonnene bestimmte Sosein – gemäß dem griechischen Vorurteil für das Eindeutige – eigentlich Sein hat (1047b1f.), ist das potentiell und nicht vollendlich Seiende vielmehr das Nichtseiende (1007b 28)", so die Interpretation von Schmitz (1985c, 471).

T. T. Chang übersah, daß das *dao* sowohl als „monistisches Urprinzip" als auch als eine Art Welt-Stoff im weitesten Sinn gelten kann, denn es umfaßt als Eines das Ganze, das es ist, indem es dieses und gleichzeitig damit sich selber konkretisiert. Das aus dem indefiniten Stoff entstehende Eine entfaltet sich durch das *dao* zu einer bestimmten Ganzheit. Die durch spontane und selbstgenügsame Bewegung des *dao* zustandekommende Individuation ähnelt der umfassenden Form bei Aristoteles, die als *eidos* die

limitation of Being nor the logical negation of Being. Rather, it is a creative, cosmogonic force in its own right and its function is to be the source of all beings." (Kasulis 1977, 386) Zu „Non-being" als „empty potentiality" s. Kasulis (1977, 390). Gegen diese Interpretation des *wu* als „Ausdruck höchster Potentialität" wandte sich Mazaheri, die meinte, statt dessen müsse es als „tatsächliches Nichts" verstanden werden (Mazaheri 1992, 422). Auch hier entgeht Mazaheri, daß es sich beim Nichts nicht um eine rein abstrakte Negation handelt, sondern um einen Hinweis auf chaotisch Mannigfaltiges.

895 Zur Definition des Begriffs „Prinzip der Philosophie" siehe Schmitz (1964, 64f.).

hyle prägt. Damit ist aber tatsächlich das „erste Wesen" des Aristoteles mit dem *dao* als Einheit oder Eins zu vergleichen, denn nach Schmitz weist Aristoteles allgemein „dem Umgreifenden die Rolle als Idee zu, dem Umgriffenen die Rolle als Stoff" (Schmitz 1985b, 266). Außerdem identifizierte Aristoteles das Göttliche mit dem ersten Seienden, dem schaffenden Geist, dem Seienden schlechthin oder dem Wesen (*ousia*) (Schmitz 1985b, 237). „Das Göttliche, das ihm vorschwebt, ist das Vollständige, das über alles Vage, Schwankende, ‚Unausgegorene' der insofern stofflichen und betriebsamen Welt hinaus ist, diese so transzendierend und umgreifend als das, wohin die Dinge dieser Welt streben, ohne ihm je gewachsen zu sein." (Schmitz 1985b, 267)

Das *dao* als Individuationsakt, Individuationsinitiator und Individuationsordnung fungiert durch eine gewisse teleologische Gesetzmäßigkeit oder, wie Schmitz den Begriff *entelecheia* bei Aristoteles übersetzte, durch „Vollendlichkeit" (Schmitz 1985a, 8f.).[896] Auch in den anthroplogischen Konzeptionen gibt es chinesische Vorstellungen, die dem Zusammenhang von Form oder Gestalt zu der ihr „eingeborenen Idee" (der aristotelischen *entelecheia* oder des *daimon* im Sinne von Empedokles) ähneln. Dies kommt klar in der Fortsetzung von Kap. 12, 8 des Zhuangzi zum Ausdruck, wo es nach Graham heißt: „Each shaped body, for the protection of the daemonic in it, has its own norm or rule; this we call its ‚nature'." (Graham 1981, 156)[897] Diese Stelle darf nicht platonisch interpretiert werden, etwa indem man aus dem *shen*, dem Dämonischen („the daemonic" bei Graham), eine Art Seele macht. Die „körperliche Form, die Geistiges schützend umfaßt" (R. Wilhelm 1984, 134), hat ihre eigene Regel oder Gesetzmäßigkeit, die als „inborne nature" (Watson 1968, 131) an den *daimon* des Empedokles erinnert und eine Art „geprägte Form, die lebend sich entwickelt" (Goethe),[898] darstellt. Der

896 Zum teleologischen Aspekt im Daodejing Kap. 51 s. a. Fung Yu-Lan (1952, 177 u. 180). An eine mit der aristotelischen vergleichbare teleologische Weltbetrachtung erinnert auch Porkerts Bemerkung: „Selbstverständlich hat jedes individuelle Wesen sein eigenes Dao, also seine ihm gemäße Verhaltensweise zu verwirklichen, ein Baum das Dao eines Baums, die Ameise das Dao der Ameise, jeder Mensch das ihm eigene Dao und der Kosmos als Ganzes das Dao des Kosmos." (Porkert 1978, 46) Vgl. a. Sinagas Aussage über die Beziehung von Adat und Lebewesen bei den Toba-Batak: „The whole creation and every single component has its own order by which it can remain in existence." (Sinaga 1981, 90)

897 R. Wilhelm: „Körperliche Form, die Geistiges schützend umfaßt, so daß beides seine besondere Wirkungsweise zeigt, heißt Natur." (R. Wilhelm 1984, 134) U. Watson: „The forms and bodies held within them spirits, each with its own characteristics and limitations, and this was called inborn nature." (Watson 1968, 131f.)

898 Zitiert bei Schmitz (1959, 227). Schmitz führte das Gedicht „Mächtiges Überraschen" als Beispiel für „die Wirksamkeit des Dämonischen als gestaltgebender Einschlag und tiefere Belebung" an. Es verdeutlicht auch den Zusammenhang dieser „Urkraft", durch die Metapher des Stromes und Fließens dargestellt, mit der „beruhigenden Formung", die zu einem Zustand der Festigkeit führt, denn, so Schmitz: „Die Welle ‚schwankt und ruht', und das edelste Herz gewinnt ‚lebenslängliche Sicherheit'." (mit Bezug auf Goethe Urworte Orphisch). Man beachte die Verbindung von Herz und Sicherheit, die an das feste, vollendete oder zitterfreie Herz erinnern und vgl. auch damit das weitere Goethebeispiel bei Schmitz (1959, 261). Zur terminologischen Unterscheidung zwischen dem Dämonischen und dem Daimon bei Goethe s. a. Schmitz (1959, 217f.). Graham beachtete diesen Unterschied nicht

Prozeß der Entelechie wird im Zhuangzi als eine Formung (shaping) betrachtet. Der Satz lautet bei Graham: „Things completing the patterns of their generation, this we call ‚shaping'" (Graham 1981, 156).[899] Das Streben der Dinge, ihre angelegte Form (*eidos*) zu erfüllen (*energeia*), wird von Aristoteles auch als Natur (*physis*) bezeichnet. Das *dao* wirkt wie die überlegene, selbstgenügsame und ziehende Kraft des aristotelischen unbewegten Bewegers; der Gedanke der schöpferisch treibenden, im Stofflichen bedrängten „Idee Goethes" liegt den Daoisten eher fern. Für sie ist die Individuation ein Geschehen im Sinne der *energeia* des Aristotels, und das *dao* selber bildet die Fülle der aktuellen und potenziellen Vollzüge, ähnlich dem aristotelischen Gott.[900]

Dies zeigt sich auch in Kap. 51 des Daodejing, wo ebenfalls eine Individuationsordnung angedeutet wird. In der Interpretation von Schwarz heißt es dort: „das Dau gebiert die Dinge; das De erhält sie; die Dingwelt formt sie; die Eigenkraft vollendet sie" (Schwarz 1992, 101).[901] Die Bezeichnung „Eigenkraft" ist etwas irreführend und könnte besser durch „der Wandel der Situation" ersetzt werden.[902] Das *dao* fungiert hier als Individuationsinitiator. Schwarz zog eine Verbindung zum aristotelischen Denken, indem er vom *dao* als „causa sui (Ursache seiner selbst) und movens immotus (unbewegter Beweger)" sprach, die zugleich „causa essendi" sei (Schwarz 1992, 183).[903] Ähnlich äußerte sich auch T. T. Chang, der das *dao* in Kap. 25 u. Kap. 51 des Daodejing als „causa sui und causa prima" bezeichnete (T. T. Chang 1982, 95f.). Dagegen sprach sich allerdings Granet aus: „Das Tao ist keine *prima causa*. Es ist lediglich ein wirksames Ganzes, ein Mittelpunkt der Verantwortlichkeit oder auch ein verantwortliches

genügend, obwohl er sich auch auf „Goethes's use of ‚daemonic'" berief. Das Dämoninsche bei Goethe ist eher eine gestaltlose Macht, wohingegen der *daimon* deutlich den Aspekt der Form trägt. Zum *daimon* bei Goethe, der ihn auch Entelechie nannte, s. a. Schmitz (1959, 228ff. u. 264ff.).

899 Dazu T. T. Chang: „Die Regeln, nach denen die Dinge sich bildeten und entstanden, seien genannt ‚Formen'" (T. T. Chang 1982, 42). Und Watson: „as they grew, they developed distinctive shapes, these were called forms" (Watson 1968, 131). Sowie R. Wilhelm: „Was ... in den fertigen Dingen ihr immanentes Gesetz erzeugt, heißt Form" (R. Wilhelm 1984, 134).

900 Zum Gott bei Aristoteles (MP 1071b20) als „höchstes Beispiel, was dieser unter Entelechia versteht", schrieb Schmitz: „Sein ganzes Wesen ist Energeia" (Schmitz 1959, 281).

901 Zu den Dingen = *wu* in Kap. 51 s. Ulenbrook (1986, 154) u. Debon (1979, 80). Als „Wesen" (des dao) s. Eckardt (1957, 100f.), als „Umgebung" s. R. Wilhelm (1948, 87) u. als „Stoffwelt" s. Lin-Yutang (1955, 162f.).

902 S. a.: „Umstände des Augenblicks" Lin-Yutang (1955, 162f.) (bei Legge „circumstances of their conditions"). Zu *shi* s. a.: „Macht" (Debon 1979, 80); „Kraft" (Eckardt 1957, 100f.); „Einfluß" (Ulenbrook 1986, 154); „Einflüsse" (R. Wilhelm 1948, 87).

903 Zu Kap. 51 Schwarz: „Wenn wir für diese uns ungeläufige Bezeichnungen solche der europäischen, insbesonderheit der aristotelischen Philosophie einsetzen wollen, so würde es heißen: das dau als causa sui (Ursache seiner selbst) und movens immotus (unbewegter Beweger) ist zugleich causa essendi – die Grundlage und der Urgrund alles Seienden. Das dau als Potentialität wird zur Aktualität durch das De, die causa formalis, um die sich Substanz der Dingwelt sammelt, d.h. als causa materialis zu sinnlich wahrnehmbaren Gattungen und Einzelwesen gestaltet. Diese entfalten nunmehr ihre materiell gewordenen eigengesetzlichen Kräfte (*Eigenkraft*), die als causa finalis (Zweckursache) den Wachstumsprozeß zur Vollendung führen." (Schwarz 1992, 183)

Medium." (Granet 1985, 252) Nun ist die Bezeichnung Medium für das *dao* unklar, und auch der Gedanke der Verantwortlichkeit muß äußerst skeptisch betrachtet werden, denn er ist im Begriff der Spontaneität (*zi-ran*) nicht gegeben. Diese läßt sich, wie auch das indische *tapas*-Prinzip, sehr wohl als ein *causa sui*-Motiv verstehen. Ferner sagt das Kap. 42 ausdrücklich, daß das *dao* die Einheit hervorgehen läßt, womit es als *prima causa* verstanden werden kann. In seinem Aspekt der chaotischen Einheit (*wu, hundun*) darf es schließlich sogar als *causa essendi* betrachtet werden.

Die Wirkung des *dao* in der Welt kommt duch das *de*, die „Gestaltungskraft", zustande.[904] Sie erhält die Individuation im Vollzug der Wandlung des Potentiellen ins Aktuelle und spielt dabei die Rolle einer transformierenden Kraft. Schwarz betonte, die gesamte Bewegung sei mit dem Gedanken einer zyklischen Rückkehr verbunden (Schwarz 1992, 183). Nun wird zwar in Kap. 51 nicht gesagt, daß die Dinge wieder ins *dao* zurückkehren, doch dies gilt zumindest für Kap. 40, das T. T. Chang als Beispiel für die angeblich im Zhuangzi fehlende „ontologische Korrelation von Sein und Nichts" anführte (T. T. Chang 1982, 43). Wie oben gezeigt, kennt das Buch Zhuangzi sehr wohl den Gedanken der Rückkehr. Auch in Kap. 12, 8 läßt er sich finden, denn im Text von Graham heißt es: „By training of our nature we recover the Power." (Graham 1981, 156) [905] Watson spricht anstelle von „recover the power" von „return to Virtue", was den Gedanken der Rückkehr klarer zum Ausdruck bringt. Seine Übersetzung des *de* mit „Virtue" erscheint allerdings nicht besonders geeignet (Watson 1968, 131), ebenso wie die von E. M. Chen favorisierte einfache Benutzung des „power"-Begriffs (Chen 1973a, 459). Beide verdeutlichen den Sachverhalt nur unscharf. Vor jeder Spaltung in Kraft und Qualität muß man sich hüten.[906] Das *de* ist die Gestaltungskraft, wie sie auch in Kap. 55 des Daodejing zum Ausdruck kommt, wo von der „Fülle des *de*" gesprochen wird.[907] In diesem Sinne kann auch Chen nicht zugestimmt werden, wenn sie behauptet: „*Te* as the way a thing moves due to the nature it has received from tao is very close

---

904 Dazu Thiel: „Nehmen wir das Tao als Alleinsdasein, dann wäre Te dessen wesentliche Aktivität."(Thiel 1972, 106). Zur Identität von *dao* und *de* s. Fung Yu-Lan (1952, 175) und zum Gedanken des teleologischen Aspekts der Vollendung im Zusammenhang mit dem *de* s. T. T. Chang (1982, 110 A. 7).

905 Dazu Watson: „If the nature is trained, you may return to Virtue" (Watson 1968, 131). Und R. Wilhelm: „Wird die Natur gepflegt, so kehrt sie zurück zum LEBEN." (R. Wilhelm1984, 134)

906 Dazu a. Sung-Peng Hsu, der, obwohl er den Artikel von Chen ausdrücklich lobend erwähnte und *de* mit „the ‚vitues' or ‚powers' of Tao" übersetzte, dann doch zu dem Schluß kam: „We may call it ‚true morality'." (Sung-Peng Hsu 1976, 206f.) Das aber ist zu einseitig und wird vor allem der Daodejing-Stelle nicht gerecht.

907 Zum *de*-Begriff s. Waley (1958, 31), Fung Yu-Lan (1952, 179), Nai Tung Ting (1970, 226) u., Thiel (1972, 101). Zum *de* in den ältesten Texten, dem „Shih- u. Shu ching", schrieb Thiel, es sei „eine vererbbare Kraft des Heiles, die von den Ahnen her auf die Nachkommen weitergegeben" werde, „gleichsam eine Heilsmacht als Dynastie-Besitz". Es werde „oft mit Bildern des Lichtes und Leuchtens verbunden." (Thiel 1969, 175) Zum *de* in Kap 49 des Daodejing als „an inner ‚virtue'(te) that spreads to all others in the world" s. Girardot (1983, 71). Der leibliche Aspekt des *de* wurde vor allem von Thiel erkannt. Er charakterisierte das *de* als „besondere Lebenshaltung, die grosse Weite besitzt" (Thiel 1972, 106). Zu den Ähnlichkeiten mit indisch *sakli* und indonesisch *sahala* siehe oben.

to the early Greek concept of *physis* defined by Aristotle to be ‚the essence of things which have in themselves, as such, a source of movement'." (Chen 1973a, 466) Die von ihr angegebene Aristotelesstelle (MP 1015a15) reicht nicht aus, um das *de* mit *physis* zu identifizieren. Wenn überhaupt, dann würde sich ein Vergleich zwischen *xing*, also der Natur, und *physis* anbieten.[908] Das, was dem *de* entsprechen könnte, scheint eher die Aristotelische *energeia* zu sein. Diese macht zusammen mit der Gestalt (*morphe*) – wie man auch die in der Zhuangzistelle angegebene „körperliche Form" übersetzen könnte – die *entelecheia* aus. Die maximale Gestaltung oder Entelechie bringt den Menschen in Übereinstimmung mit dem *dao*, denn so heißt es nach Graham weiter: „When Power is at its utmost, we accord with the Beginning." (Graham 1981, 156) [909] Die Übereinstimmung mit dem Anfang kann auch als „Rückkehr zur Wurzel" oder als Seinserfahrung interpretiert werden. Dazu erklärte Schwarz: „Die ‚Rückkehr' des dauistischen Weisen geschah zunächst durch die Aufhebung der *Namen* (vgl. Kap. 32)" (Schwarz 1992, 24). Diese Form der Einswerdung entspricht der ganzleibigen Seinserfahrung bei Parmenides. Im Resultat ähnelt aber auch die Tätigkeit des Aristotelischen Gottes dem metaphysischen Aspekt des *dao*, denn bei beiden ist der Vollzug selbst sein Ziel; „er erstrebt keinen Nutzen davon. Seine Selbstheit ist der göttliche Akt in ihm." Dahinter steht nach Schmitz der „echt aristotelische Gedanke", „daß Gottes selbstgenügsamer Vollzug sekundär, per accidens, Weltregierung ist, ohne daß sich Gott um die Welt zu kümmern braucht." (Schmitz 1985b, 311f.)[910]

Ähnliches gilt auch für das Prinzip *hua*, der Wandlung, die spontan erfolgt und die Dinge hervorbringt, ohne daß etwas Neues hinzukäme.[911] Das Werden und der Wandel der Welt wurden von Parmenides vom Sein ausgeschlossen und in die *doxa* verwiesen. Im Rigveda, bei den alten Ägyptern, in den indonesischen Entstehungsmythen, im Daodejing und im Buch Zhuangzi erwies sich die sogenannte Vorzeit als eine vergleichbare erkenntnistheoretische Perspektive, denn sie betraf die Individuation, der aber ontolo-

908 Dazu s. Fung Yu-Lan (1952, 225) und zu *xing* s. Richard van Houten (1988, 36).

909 Dazu Watson: „Virtue at its highest peak is identical with the Beginning." (Watson 1968, 131) Und R. Wilhelm: „Dieses LEBEN auf seiner höchsten Stufe stimmt überein mit jenem Uranfänglichen." (R. Wilhelm 1984, 134)

910 Auch Sung-Peng Hsu nahm bei seiner Untersuchung der Wirkung des *dao* zur Klärung der Frage, „How can the static and dynamic aspects be harmionized?" die aristotelische „idea of the Unmoved Mover" zuhilfe. Zwar machte er darauf aufmerksam, daß der Substanzbegriff ferngehalten werden müßte, doch verstand er die parmenideische Pointe, daß es kein Nicht-Sein gibt, falsch und stellte das „Being" des Parmenides mit der „idea of ‚substance'" gleich.

911 Zu dem den „Gestaltenwechsel bezeichnenden Wort *hua*" s. Granet (1985, 248) Mit Bezug auf Mazaheri läßt sich zum *hua*-Begriff folgendes anführen: „Dieser bedeutet Veränderung, welche das ‚Nachher' zu einem Entstandenen (d.h. Phainomenon) macht im Gegensatz zum ‚Vorher', wobei aber Nachher und Vorher substanziell identisch sind, also nichts *neu* hinzukommt (etwa im Sinne von Schöpfung)." (Mazaheri 1992, 72) Mit *hua* werde „philosophisch die Veränderung eines ‚Teilstücks der Dingwelt bezeichnet", und die dabei angenommene „substantielle Identität" stehe „im Gegensatz zu der phänomenal erfahrenen Fluktuation der Dingwelt". Dieses „Paradox" werde als „göttlich" (*shen*) empfunden (Mazaheri 1992, 75).

gisch nur sekundäre Bedeutung zukommt. Der Aspekt des Wandels (*hua*) und der Scheinhaftigkeit – von T. T. Chang „Illusionismus" genannt – läßt sich ferner durch den Schmetterlingstraum im Zhuangzi Kap. 2 illustrieren.[912] Graham machte bei seiner Interpretation darauf aufmerksam, daß dieser nicht so sehr als Demonstration des illusionären Charakters der Welt verstanden werden dürfe, sondern eher als eine Illustration der Relativität allen Wissens (an illustration of the relativity of all knowledge) betrachtet werden müsse (Graham 1969, 149). Jones meinte, der Traum illustriere das Problem der Bestimmung der richtigen Perspektive (the problem of determining which limited viewpoint is correct) (Jones 1981, 252). Damit betonten beide die Haltung des erkenntnistheoretischen Relativismus.

Die im *hua*-Begriff zum Ausdruck kommende Fähigkeit zur „Produktivität ohne Erzeugung" wird auch im frühen Daoismus als „göttlich" (*shen*) bezeichnet (Mazaheri 1992, 75). Sie findet sich als Funktion des *dao*, dessen spontaner Vollzug (*zi-ran*) – und hier bestehen wieder Parallelen zum Göttlichen des Aristoteles – gleichsam im Vorbeigehen die Individuation der Dinge so souverän reguliert, daß es selbst nichts Bestimmtes zu tun braucht (*wu-wei*), und daß gerade deshalb alles Nötige getan wird (Kap. 37 u. 3 des Daodejing, Kap. 7,3 des Zhuangzi). Etwas Ähnliches mochte auch Arthur Waley im Sinn gehabt haben, als er schrieb: „*tao* meant ‚the way the universe works'; and ultimately, something very like God, in the more abstract and philosophical sense of that term." (Waley 1958, 30) Die Aristotelische Gottesvorstellung geht – und auch in dieser Beziehung gleicht sie dem *dao*, – über Platon hinaus, bei dem der *noos* noch die *ananke* davon überzeugen mußte, ihm freiwillig zu folgen. Dies hat der aristotelische Gott nicht mehr nötig, denn die Dinge richten sich, ganz wie beim *dao*, ohne eigenes Zutun nach ihm. Aristoteles kritisierte an Platon die elementaristische und aggregative Auffassung von der Einheit und setzte ihr die unteilbare Ganzheit gegenüber, die ihn in die Nähe des parmenideischen Seins rückt (Schmitz 1992c, 194). Diese ist aber weder der indefinite Stoff (*hyle*), noch das aus Stoff und Form zusammengesetzte Wesen (*synholon*), sondern ein drittes: und „dieses ist das rätselhafteste", wie Aristoteles (1029a33) selber sagt (Schmitz 1985a, 52). Auch hier klingt wieder die Ähnlichkeit zum dunklen

912 Zum Schmetterlingstraum und dem Begriff *hua* im Kap. 2 schrieb T. T. Chang mit Bezug auf den Autor des Buches Zhunagzi: „Zuletzt läßt er jedoch die Möglichkeit offen, daß ein Einzelwesen im Laufe seiner äußeren Wandlungen, wie ein Schmetterling in seiner bizarren Metamorphose, verschiedene Phasen durchlaufen kann. ... Hierbei nimmt er stillschweigend die Existenz eines alle Formwandlungen überdauernden Ich an." (T. T. Chang 1982, 143f. – Korrigenda-Zettel) Was hier mit „Ich" gemeint wird, ist nicht ganz klar. Allenfalls könnte es mit der *daimon*-Vorstellung des Empedokles verglichen werden. Thiel schrieb zu *hua*: „Der Begriff der Wandlung muß von andern genau abgegrenzt werden. Er hat nichts mit Seelenwanderung zu tun, man könnte eher von Stoffwanderung reden, wenn man das Bild beibehalten will. Der Mensch kehrt ins allgemeine stoffliche Dasein zurück, woraus dann wieder andere Wesen entstehen." (Thiel 1970, 70) Und als ob er von den *daimones* des Empedokles spräche, die ein langes Leben gelost hatten, schrieb er, nach chinesischer Auffassung ist „die Seele nicht rein-geistig noch unsterblich im christlichen Sinne. Sie ist fein-stofflich, löst sich darum einmal auf, mag sie auch Jahrtausende bestehen." (Thiel 1970, 138) Die Begriffe Seele und Feinstoff führen allerdings in die Irre.

und rätselhaften *dao* an, das wie das Eine (*hen*) und das Seiende (*to eon*) ein unzusammengesetztes Ganzes ist, in dem die Dinge umbunden und zusammengespannt sind.

Die Polarität

Aus der Einheit geht nach Kap. 42 des Daodejing die Zweiheit hervor, die allgemein als die Polarität von *yin* und *yang* interpretiert wird (dazu Fung Yu-Lan 1952, 383f. u. 398). Eine etwas andere, aber nicht widersprüchliche Lesart von Kap. 42 vertrat Robert Hahn. Er verstand unter der „Eins" das *dao*, das sich selbst aus sich selbst zu etwas von ihm selbst Geschiedenem generiert.[913] „The Tao which generates itself as something discrete is called the ‚one', that is, itself unified as a determinate thing. The *indeterminate* Tao (=Non-Being) and the *determinate* Tao (=Being), stand together as ‚two'." (Hahn 1981, 126) Sicherlich können mit der „Zwei" die beiden Aspekte *wu* und *you* gemeint sein, denn sie stehen in einer polaren, korrelativen Beziehung zueinander, die von der „Eins" erst hervorgebracht wird. Die Eins als das *dao* umfaßt die beiden Aspekte *wu*, das Unbestimmte und *you*, das Bestimmte, eine ontologische Position, die dem Sein des Parmenides und dem Einen im Rig-Veda entspricht (s. o.). Obwohl diese Auffassung der Zwei als *wu* und *you* möglich ist, erscheint sie in diesem Kontext eher unwahrscheinlich und nur als ein Sonderfall für das Phänomen der Polarität, das in den beiden Ordnungsbegriffen *yin* und *yang* seinen grundlegendsten kategorialen Ausdruck findet. Die dritte Phase der Individuation, die durch die Zwei bezeichnet wird, behandelt die Entstehung des durch diese Kategorien grundsätzlich bestimmt Seienden (*you*) und kann mit Porkert so geschildert werden: „Das Spontane (*tzu-jan*), das Tao, manifestiert sich in den polaren Aspekten Yin und Yang" (Porkert 1961a, 435).[914] Durch die vom *dao* initiierte Individuation gehen aus dem Undifferenzierten die grundsätzlichen Ordnungen hervor. So heißt es nach T. T. Chang im Buch Zhuangzi Kap. 12, 8: „Das Ungeformte schied sich" und aus dieser Scheidung heraus entstand die Welt, denn durch „Verharren und Bewegung erzeugten sich die Dinge" (T. T. Chang 1982, 42).[915] Zur Vorstellung des Aufteilens der Einheit in die Zweiheit der polaren Ordnung von *yin* und *yang* meinte Porkert: „Erst wenn nun das hun-t'un (Chaos) in t'ien-ti, d.h. in den Kos-

913 Dazu Hahn: „In a Hegelian parlance, we might say, the Tao *posits* itself, determines itself as *Other*, against itself; the Tao stands *outside* itself, by itself, in order to come back *into* itself. Whether or not its activity is undertaken, as it is for Hegel's Notion or Idea, to determine itself as pure subjectivity and spirit is a different matter." (Hahn 1981, 126)

914 Granet erklärte: „Das Tao ist eine aus zwei – weil völlig gegeneinander vertauschbaren, ebenfalls ganzheitlichen – Aspekten dargestellte Ganzheit. Das Dao stellt nicht deren Summe, sondern den Regulator (ich sage nicht: das Gesetz) ihres Wechsels dar." (Granet 1985, 246f.) Vgl. damit das Feuer und die gegenspännige Harmonie bei Heraklit.

915 Dazu: „in the not yet shaped there is division … By halts in its motions it generates things" (Graham 1981, 156); „Was noch keine Form hat und, obwohl in ihm schon Teile angelegt sind, doch noch keine Geschiedenheiten aufweist, heißt Begriff." (R. Wilhelm 1984, 134); „there was One, but it had no form" (Watson 1968, 131).

mos, übergeht, lassen sich differenzierte Energieaspekte unterscheiden." Er betonte, daß dieser Übergang nicht als Schöpfung, sondern als spontane Wandlung gedacht wurde. „Dieses eine Spontane ist dem Menschen nur ausnahmsweise als Ganzheit erfahrbar. In der Regel wird es unter den polaren Aspekten des Yin und Yang wahrgenommen." (Porkert 1961b, 537)

Porkert wies in Anlehnung an Granet (1985, 108) darauf hin, daß *yin* und *yang* nicht als Kräfte, sondern als Ordnungsvorstellungen zu interpretieren seien, daß also ihre emblematische Bedeutung im Vordergrund stehe und nicht irgendwelche mystisch-metaphysischen Vorstellungen; es handele sich um „universelle Bezeichnungen" der polaren Aspekte von Wirkungen, wobei *yang* den „aktiven Aspekt", *yin* den „struktiven Aspekt" kennzeichne (Porkert 1982, 9ff. u. 1961b, 537). Mit der Betonung des nominalen Charakters der chinesischen Ordnungsschemata vertrat Porkert eine Position, die sehr deutlich eine Parallele zu der oben von Parmenides geschilderten Bestimmung seiner beiden Prinzipien von Licht und Nacht erkennen läßt. Parmenides, wahrscheinlich angeregt durch seine Anaximenes-Rezeption, bezeichnete seine Paare vor allem als Namen, die an die Dinge vergeben wurden. Er wehrte sich in Fr.8, 54 gegen die Annahme, mit den Namen wären vom Sein unabhängige Kräfte gemeint. Seine „dynamische Gestaltauffassung" kannte zwar raumerfüllende Kräfte, gestand diesen aber keinen eigenen ontologischen Status zu, sondern ordnete sie der *doxa* unter. In diesem Sinne lassen sich *yin* und *yang* als Ordnungskräfte ohne eigene ontologische Basis bezeichnen, die immer wieder in einer höheren Einheit aufgehoben werden und nur zusammen verständlich sind. Ähneln sie also in ihrer Funktion als basale Kategorien dem dualistischen *doxa*-Paar von Licht und Nacht bei Parmenides, so unterscheiden sie sich aber in dem Aspekt ihrer Polarität und Vereinigung von diesem. Parmenides stellte seine Prinzipien absolut getrennt voneinander – also dualistisch – gegenüber, wohingegen *yin* und *yang* eine Polarität bildeten.[916] Bei den Bezeichnungen *yin* und *yang* handelt es sich in erster Linie um selbständige Aspekte, um Namen, die für das *dao* als Sein keine eigentliche Bedeutung haben und keine von diesem unabhängigen Kräfte darstellen. Hier ließe sich wieder Hegel anführen, der von den „beiden Momenten der Kraft" schrieb: „sie sind ebensowohl in einer Einheit, als diese Einheit, welche gegen die für sich seienden Extreme als die Mitte erscheint, sich immer in eben diese Extreme zersetzt, die erst dadurch sind." (Hegel 1973, 111) [917] Eine durch den Widerspruch angeregte geregelte Dynamik des Sinngleitens (Dialektik), die die Unterschiede aufhebt und tautologisch macht, fehlt aber der Polarität von *yin* und *yang*.

916 Diesen Unterschied bekam Mazaheri nicht klar in den Blick. Sie setzt *yin* und *yang* mit Licht und Nacht bei Parmenides als „dualistische ‚Kräfte'" gleich. Zwar erkannte sie, daß im Gegensatz zu Parmenides im Daoismus *yin* und *yang* mit dem *qi* Konzept verschmolzen waren, und betonte ausdrücklich die Polarität im Buch Laozi, doch sprach sie auch irreführend von *yin-yang* als „Dualitätsbegriff" und als „dualistische Schöpfungsgrößen" (Mazaheri 1992, 480, 343 u. 44).

917 Dazu Hegel: „Diese *Entzweiten* sind somit *an und für sich selbst*, jedes ein Gegenteil – *eines Anderen*; so ist darin schon das *Andere* mit ihm zugleich ausgesprochen." (Hegel 1973, 132)

Gegensatzpaare lassen sich natürlich auch in Hesiods Theogonie, bei Anaximander und Anaximenes finden, klingen bei Heraklit an und wurden auch von den Pythagoreern gebildet.[918] Für diese setzte sich das Eine aus den zwei Prinzipien des Geraden und Ungeraden bzw. des Begrenzten (*peiras*) und Unbegrenzten (*apeiron*) zusammen.[919] Daraus gingen in ihrer Sicht die Zahlen hervor, und aus Zahlen wiederum bestand der ganze Himmel (*ton holon ouranon* / Aristoteles MP 986a21). Die so entwickelten Anordnungen von Gegensätzen waren für frühgriechisches Denken typisch.[920] Schmitz kam bei seiner Untersuchung dieser Tafeln zu dem Schluß: „Offenbar hat man die in den Kolumnen verzeichneten Wesenheiten als Prinzipien oder Ursachen aufgefaßt, die sich in einer oder mehreren Generationen abgeleiteter Wesenheiten fortpflanzen." (Schmitz 1985c, 258) [921] Auch hier zeigt sich also das Problem, daß die Ursachen und Prinzipien einerseits als Namen und Zahlen, andererseits aber als Mächte, Kräfte und Wesenheiten dargestellt werden. Burkert sah gerade im Gedanken an „Ordnung, Entsprechung, Harmonie" das wesentlichste Charakteristikum pythagoreischen Zahlendenkens. Ein ontologisches Prioritätsverhältnis wie in Platons Timaios (38a; 39e; 48e–f) – dort wurde in Form der Differenz von Sinnending und Idee eine „Seinsabstufung" in das Ganze hineingedeutet – findet sich weder bei den Pythagoreern noch in China. Burkert bemerkte zu Recht, daß bei den Pythagoreern „die Reduktion der Wahrnehmungswelt auf übersinnliche Prinzipien" fehlt (Burkert 1962, 43). Gleiches gilt für China,[922] ohne daß die kulturspezifischen Ausgestaltungen und die kulturinternen Un-

918 Zum Vergleich von *yin-yang* mit der Gegensatztafel der Pythagoreer und mit Hinweis auf Parmenides s. Needham (1992, 278). Im Überblick untersuchte Lloyd das Problem dualer Klassifikation bei den Vorsokratikern und kam zu dem Ergebnis: „Time and again in attempting to identify the constituent elements of man or of the universe as a whole, to describe the formation of the world, to establish the cause of diseases or to suggest their remedies, Greek speculative theorists proposed doctrines based on a pair or pairs of opposite principles." Der Grund dafür sei, „that opposites provide simple and distinct reference points to which other things may be related." (Lloyd 1966, 65) Er nannte als Beispiele die Arbeiten von van der Kroef, Durkheim und Mauss und zog auch Verbindungen nach China. Schließlich kam er zu einer kritischen Stellungnahme, in deren Verlauf er den Sozialapriorismus Durkheims zurückwies (Lloyd 1966, 32ff.).

919 Zu der „Eins" der Phythagoreer und ihrer Beziehung zur Mythologie schrieb Burkert mit Bezug auf Staudacher: „- das Werden der Zahl ordnet sich ein in einen Horizont kosmogonischer Mythen. Das doppelgeschlechtliche Urwesen, das am Anfang war, aus dem die Welt entstand, diese Vorstellung ist uralt und weit verbreitet. Denn in der Tat, die ‚Eins' der Pythagoreer scheint nichts anderes zu sein als die Welt vor ihrer weiteren Entfaltung." (Burkert 1962, 34) Zur Eins als Symbol für das *dao* und das *hundun* als „original chaos" sowie zu den Zahlen im Yijing s. Isabelle Robinet (1989b, 312). Zu den Zahlenspekulationen s. a. Roetz (1984, 175).

920 So etwas wie die „Table of opposites" vermutete Lloyd auch bei Empedokles Fr.122 u. Fr.121 (Lloyd 1966, 63). Zum Klassifikationssystem bei Empedokles s. o.

921 Dazu Burkert: „Noch erstaunlicher, wenn auch konsequent, ist, daß diese abstrakten Begriffe, richtiger vielleicht: diese Mächte ihre je bestimmten Regionen im Kosmos zugewiesen erhalten, denn auch dieser besteht ja aus Zahlen." (Burkert 1962, 36) Und: „Zahlen sind in allen urtümlichen Kulturen nicht abstrakte, mathematisch-quantitative Begriffe, sondern geheimnisvolle Wesen" (Burkert 1962, 443).

922 Dazu Schwartz: „There is no evidence here of any ‚reductionist' tendency or any tendency to seek the structure of the hidden causes behind the world of appearance." (Schwartz 1985, 222) Und Roetz:

terschiede vernachlässigt oder gar geleugnet werden sollen. Die Unterscheidung zwischen geraden und ungeraden Zahlen – sie wurde auch in China vorgenommen – erlaubte zwar den Pythagoreern eine durchgehende duale Klassifikation aller Dinge, diese wurde aber im Zweifelsfall auf Kosten der Phänomene leicht geschönt, was Aristoteles (MP 986a) ihnen etwas spöttisch vorwarf. Doch lehnte Aristoteles selber keinesfalls duale Klassifikationen ab, sondern sie behielten, wie Schmitz ausführlich zeigen konnte, für seine eigene Philosophie eine herausragende Bedeutung (Schmitz 1985b, 255ff. u. 1992c, 147).[923] Dasjenige, wogegen sich Aristoteles (MP 1081a-1084a) mit seiner Kritik so vehement wehrte, war die pseudomathematische Behandlung der Zahlen durch Spekulationen über ihren Zusammenhang mit metaphysischen Prinzipien.[924] Außerdem versuchte er, nicht in ein Verständnis des Seins zu verfallen, wie dieses Platon mit seiner Zahlenlehre demonstrierte.[925] Mit Schmitz läßt sich die aristotelische Position zusammenfassend so charakterisieren: „Die aristotelische Ontologie und Prinzipienlehre ist daher nicht konstruktiv wie die platonische, die als Dialektik einem universalen Inventar und Strukturmodell zustrebt, sondern hermeneutisch als Ergründung einer Physiognomie der Seinsweisen. Der reife Aristoteles will nicht das Seiende in Gedanken nachbauen, sondern durch Begriffe den Zugang zum Berühren und Bemerken (1072b21, vgl. 1051b24 und 1052a1) des Wesentlichen im Sinne des Typischen finden". Er bemühte sich eher um ein „nicht reduktionistisches, sondern von den Physiognomien ganzheitlicher Eindrücke geleitetes Denken" (Schmitz 1992c, 156f.). Damit schloß er wieder an den vorsokratischen Denkstil (bis Demokrit) an, von dem Burkert mit Blick auf die Pythagoreer schrieb, daß dort „weder von reiner ‚Mystik' noch auch von exakter Naturwissenschaft die Rede sein kann. Gemeinsam ist all diesen Ansätzen

---

„Was ... die Daoisten, vom naturwissenschaftlichen Geist des wohlgemerkt modernen Westens aber schied, war ihr Unwille, die Größe und Schönheit des Dao oder des Kosmos ausgerechnet in ihrer Quantifizierbarkeit zu suchen. Ihr Naturbild ist qualitativ" (Roetz 1984, 243).

923 Zum Einfluß des phythagoreischen Gegensatzdenkens auf Aristoteles s. a. Schmitz (1985c, 256). Zu Aristoteles (MP 1004b27ff.; 1011b18f., 1055b14) und den Pythagoreern s. a. Lloyd (1966, 64).

924 Allerdings verzerrte Aristoteles die Sicht der Pythagoreer etwas, so daß Burkert zusammenfassend das Aristoteles-Bild folgendermaßen korrigierte: „...die Pythagoreer denken nicht daran, die Zahlen von der Körperwelt zu trennen, sie verharren im Bereich des wahrnehmbaren; die Zahlen sind Raumgestalten, die Dinge ‚sind' Zahlen: Ordnung, Entsprechung, Harmonie innerhalb der einzigen empirischen Welt wird in Zahlen faßbar, sie sind der Schlüssel zum Verständnis und zeigen ihre Wirksamkeit in mannigfacher Weise. Die eine Welt entstanden als Harmonie aus Grenze und dem Unbegrenzten, sie hat sich gegliedert entsprechend der Vollkommenheit der Zahl. Mythisches klingt an; an logischsystematische Folgerichtigkeit ist offensichtlich wenig gedacht." (Burkert 1962, 70f.)

925 Besonders im Philebos, wo Platon die Frage nach dem Verhältnis des Einen zu dem Vielen stellte, war er von dem phythagoreischen Gegensatzdenken beeinflußt und übernahm dort die „Eins" als Begrenzung und die „Zwei" als Unumgrenztes. Die Eins, der Anfang, ist das dem Unbegrenzten Entgegengesetzte und wurde durch Gleichheit und Maß gekennzeichnet. Die Zwei wird in 17c als „Hohes und Tiefes" gesetzt und in 26a kommen noch „Schnelles und Langsames", „Kälte und Hitze" hinzu. Als das Unbegrenzte wird sie dann in 24a mit der Vielheit gleichgesetzt und als polares Kontinuum definiert, das zwar ein Mehr oder Weniger, aber keine Grenze kennt.

das Bemühen, Gestalten, Beziehungen, Ordnungen aus der bunten Fülle der Erfahrungswelt herauszuheben." Er betonte weiter: „es geht um Gestalt, nicht um Statistik" (Burkert 1962, 37f.).[926] Dies ließe sich auch vom frühen Daoismus sagen und hat generell für das, was man als „chinesisches Denken" bezeichnet, seine Gültigkeit.

Für die Daoisten verlief die Bewegung zwischen den Polaritäten als ein Wandel, als „ein wechselweises Sich-Hervorbringen" (Granet 1985, 248).[927] Ähnlich war die Wandlung der Gegensätze bei Heraklit in einer besonderen Form der Harmonie vereint. Die „gegenstrebige Harmonie" wurde von ihm am Beispiel eines Bogens verdeutlicht (Fr. 48 u. 51). Eine entsprechende Stelle ist das Kap. 77 des Daodejing, wo das *dao* mit einem Bogen verglichen wird, der durch seine Spannung Himmel und Erde verbindet. Wenn Heraklit dann von den „Wenden des Feuers" spricht, so kann man mit Bezug auf Kap. 40 des Daodejing das daoistische Gegenstück vorweisen, denn dort steht: „Das Umschlagen ins Gegenteil ist des Tao Bewegung".[928] Allerdings war die Vorstellung des Umschlagens der Pole im frühen Daoismus nicht so ausgeprägt unvermittelt wie bei Heraklit.

Das *qi* und die Entstehung der Welt

Als nächste Phase der Individuationsordnung wird in Kap. 42 des Daodejing vom Hervorbringen eines weiteren *dao*-Aspekts, nämlich der „Drei", berichtet. Was mit dieser „Drei" gemeint ist, wird erst verständlich, wenn man noch den folgenden Schritt und den anschließenden Rest der Strophe hinzunimmt. Die Polarität von *yin* und *yang* entwickelt sich gemäß des Individuationsverlaufs zu einer Dreiheit, die dann in einem weiteren Schritt in die Vielheit der zehntausend Dinge gewandelt erscheint. Dazu erläutert der Rest der Strophe, daß die zehntausend Dinge, die durch *yin* und *yang* ihre qualitative Prägung erhalten haben, durch das „*qi* in der Mitte" – das „*zhong qi*" – harmonisiert werden. Mit diesem in der Mitte zwischen Himmel und Erde befindlichen *qi* ist die „Drei" gemeint, die durch die „Zwei" hervorgebracht wurde. Hinter dem *qi*-

926 Dazu Burkert: „Zahl ist nicht Quantität und Meßbarkeit, sondern Ordnung und Entsprechung, rhythmische Gliederung des Lebens und anschauliche Aufteilung des Alls." (Burkert 1962, 451) Und: „Die Einheit von Ton und Zahl sowohl wie von Ton und kosmischer Gliederung ist ein Teil des vorwissenschaftlichen Ordnungsdenkens der Pythagoreer." (Burkert 1962, 362) Mit Bezug auf China und von der „‚Ehrung' gewisser Zahlen" sprach Burkert (1962, 377).

927 Zum *dao* als Prinzip des Wandels (*hua*) und zur daoistischen und konfuzianistischen Weltanschauung, „that all things in the universe perpetually change and transform (*pien-yi*)" schrieb Wei-hsun Fu: „Both of them are in agreement with Buddha and Heraclitus that nothing can really escape from *pien-yi*." (Wei-hsun Fu 1973, 380f.) Granet machte darauf aufmerksam, daß das im Begriff *pien-hua* vorkommende Wort *pien* allein schon auf die „Vorstellung einer zyklischen Veränderung" hinweist (Granet 1985, 248).

928 Dazu T. T. Chang: „Die Einheit des Gegensätzlichen äußert sich auch in der Pendelbewegung. Aller Bewegung ist gemeinsam, daß die Kulmination zur Wende führt und das Ende zum Wiederbeginn." (T. T. Chang 1982, 128)

Begriff verbergen sich ähnliche Phänomene wie hinter den griechischen *aer*- und *pneuma*-Vorstellungen (s. u.). Die Bezeichnung *zhong qi* setzt sich aus den Zeichen *zhong* für Mitte und *qi* für Kraft zusammen, was auf eine mittlere und vermittelnde Position des *qi* hinweist. Damit kommt dem *qi* die Aufgabe des Ausgleichs und der Balance zu.[929] T. T. Chang wehrte sich gegen eine Verwechselung dieses „*qi* in der Mitte" – er nannte es „neutrales *qi*" – mit einem anderen *qi*-Begriff, dem „leeren *qi*", den er als „Verfälschung" bezeichnete (T. T. Chang 1982, 115 A. 28).[930] Die hier von T. T. Chang vorgenommene Unterscheidung der einzelnen *qi*-Konzeptionen muß aber mit Vorsicht betrachtet werden. Das „neutrale *qi*" ist nach T. T. Chang „keineswegs der Urgrund der Welt", sondern eine Art „konstituierendes Element", wohingegen das „leere *qi*", als eine primordiale „Seinsweise des Tao", eher dem indefiniten Stoff des Urzustandes gleiche, denn auch dieser würde als leer von allen Bestimmungen bezeichnet (T. T. Chang 1982, 102).[931] Damit nähere sich das „leere *qi*" der Bedeutung des „ursprünglichen-" oder „*yuan-qi*" (wörtlich: Ur-*qi*), das als die Phase der kosmologischen Entwicklung vor der Strukturierung der Welt auf einen „undifferenzierten" und chaotischen „Urzustand" hinweise. Dieser ließe sich mit Zhuangzi Kap. 12, 8 auch als „das Eine, das noch nicht geformt war" bezeichnen (T. T. Chang 1982, 42).[932] Ob aber die Trennungslinie zwischen den verschiedenen Formen so klar gezogen werden kann, daß daraus jeweils exakt unterschiedene *qi*-Begriffe zu gewinnen sind, muß offen bleiben. Der primär kosmologische Aspekt des *yuan-qi* wurde von Porkert als ein Zustand der „Undifferenziertheit vor dem Wirksamwerden der Polarität des Yin und des Yang" beschrieben, der sowohl mit dem *dao* als auch mit dem *hundun* übereinstimme (Porkert 1961a, 427).[933] Doch

929 S. dazu die Übersetzungsalternativen bei Waley: „it is on this blending of the breaths that their harmony depends." Zur kosmologischen Interpretation von „breaths" als einer Art Atmosphäre schreibt er in A. 3: „The warm ‚breath' of the sun and the cold ‚breath' of the shade. Hence ‚breath' comes to mean a ‚state of the atmosphere' in a wider sense." (Waley 1958, 195) Dazu R. Wilhelm: „Und die strömende Kraft gibt ihnen Harmonie." (R. Wilhelm 1948, 74) Zum *qi* als verantwortlich für die Harmonie der Kräfte s. Girardot (1983, 155).

930 Diese Verfälschung gab es mehrfach. Z. B.: bei Debon: „Der Atem des Leeren macht ihren Einklang" (Debon 1983, 71), bei Ulenbrook: „Die Geisterkraft der Leere aber macht daraus den Einklang" (Ulenbrook 1986, 137) und bei Mokusen Miyuki: „Beim letzten Ausdruck, ‚Lebenskraft der Leere' (*ch'i*), handelt es sich um die Ur-Kraft (*yüan-ch'i*); sie wird hier als Quell und Ursprung aller Dinge und Erscheinungen (…) gleichgesetzt dem Tao" (Mokusen Miyuki 1984, 28f.).

931 Dazu T. T. Chang: „Das neutrale Ch'i dient der Harmonie (von Yin und Yang)." (T. T. Chang 1982, 99) Es sei hier nicht die Leere in Kap. 45 gemeint.

932 Dazu Graham: „the One, but not yet shaped" (Graham 1981, 156). Engelhardt erwähnte bezüglich meditativer Techniken im späteren Daoismus, daß dort das *yuan-qi* auch „als Synonym für das Dao" betrachtet werden könne. Sie hob hervor, daß das *dao* als ein „neutraler undifferenzierter Zustand", in den der Adept „zurückkehren" wolle, auf eine leibliche Erfahrung verweist (Engelhardt 1987, 4).

933 Zum *qi*, das „in dem idealen Augenblick hun-t'un (übliche Übersetzung: Chaos), der jeder kosmischen Ära vorangeht, weder frei noch konstelliert, sondern neutral, undeterminiert" ist und das man *yuan-qi*, „Ur-ch'i" nennt, s. a. Porkert (1961b, 536). Dieses birgt die „Fülle der Potentialität" und kann mit dem *dao* gleichgesetzt werden. Zum *yuan-qi* als „Energie in ‚unkonstelliertem' Zustand" s. a. Porkert (1961a, 435).

auch hier ist Vorsicht geboten. Das *yuan-qi* ähnelt mehr dem *chaos-* oder *hyle*-Aspekt, denn ihm fehlt das „*isopales*"-Motiv. Für Porkert handelt es sich einfach um „neutrale, unkonstellierte Energie". Er wehrte sich dagegen, den Begriff mit „Uräther" oder „Stoff" zu übersetzen, weil diese Ausdrücke „schon definitionsgemäß eine energetische Konstellation bedeuteten bzw. weil sich mit diesen Begriffen in der abendländischen Philosophie bereits bestimmte Vorstellungen verbinden" würden (Porkert 1961a, 426 einschl. A. 10). Nun hat Porkert aber die Begriffe Äther und Stoff nicht definiert, und zweifellos gibt es große Ähnlichkeiten zwischen der aristotelischen *hyle* und dem *yuan-qi*. Legt man einen allgemeinen Stoff-Begriff zugrunde, so muß der nicht eindeutig zwischen toter Materie oder lebendem Substrat unterscheiden. Ähnlich reicht auch ein abstrakter Kraftbegriff nicht aus, um alle Aspekte des *qi* abzudecken; es fließt nicht nur, sondern es erfüllt sogar den Raum zwischen Himmel und Erde. Im Zhuangzi Kap. 25 findet sich der Satz: „Der Kosmos ist von allen Wesen das größte, das Yinyang ist von allen ch'i das größte." (Porkert 1961b, 541)[934] Damit wird aber besonders die Einheit von *yin* und *yang* mit dem *qi* betont.[935]

Die „Drei" innerhalb der Individuationsordnung setzt sich also zusammen aus dem „*qi* in der Mitte" und seinen jeweiligen Determinanten. Dieses „*qi* in der Mitte", das den gemeinsamen, ausgleichenden und ganzheitlichen Nenner der beiden polaren Gestalten von *yin* und *yang* darstellt, ähnelt dem *aer* des Anaximenes. Man vergleiche mit dem *qi* aber auch folgende Charakterisierung des *pneuma* durch Kleinknecht: „Alles zwischen Erde und Himmel erfüllend ist das *pneuma* eine gewaltige Macht im Leben der gesamten organischen wie anorganischen Natur." (Kleinknecht 1959, 351) Eine Parallele zum *aer* kommt in Kap. 18 des Zhuangzi zum Ausdruck, wo es in der Übersetzung von T. T. Chang heißt: „Das Ch'i wandelte sich und nahm Form an. Das Formhafte (= der Leib) wandelte sich und wurde des Lebens habhaft." Dazu T. T. Changs Kommentar: „Alle Dinge entstehen also letztlich durch spontane Entwicklung und Verwandlung des Ch'i." (T. T. Chang 1982, 34)[936]

Die Bedeutung des *qi* als ganzheitlicher Weltstoff ist nicht nur auf die Daoisten beschränkt. Thiel bezog sich beispielsweise auf das Buch Mengzi, wo es heißt, das *qi*

934 Dort finden sich noch weitere Beispiele aus der Literatur. S. a. Engelhardt (1987, 4).

935 Zu Kap. 42 und der Hierachie „Dao-Urstoff-Dingwelt", die sich nach Mazaheri, die hier ihrem Lehrer T.T. Chang folgt, „aus der Integration der Qi-Lehren (und mit diesen der Yin-Yang-Lehren) ergibt", schrieb Mazaheri: „Dieses Konzept der phänomenal *mannigfaltigen* Manifestation des ‚substantiell *einen* Qi' haftet auch der Yin- und Yang-Lehre an und ist mitbestimmend gewesen für ihren komplementären (und nicht kontrastiven) dualistischen Charakter." (Mazaheri 1992, 86f.)

936 Zum *qi* als „völliger Indefinität" und „einheitlichem Grund für alle weiteren mannigfaltigen Formen" und zur Individuation aus dem *qi* schrieb Mazaheri: „Sobald ein Ding seine Kontur erhält, wird es abgegrenzt gegen den ‚Rest', kommt damit also in seine ‚Existenz als solches', während es zuvor (im Qi-Bereich) keine individuelle Eigenexistenz hatte. ... Das, was die Dinge unterscheidet, ist lediglich ihre ‚Erscheinung', d. h. ihre Gestaltung *nach* dem Erscheinen aus dem einheitlichen Grund *Qi*." (Mazaheri 1992, 65)

fülle den „Raum von Himmel und Erde" an (Thiel 1970, 26 zum Buch Mengzi 2. 13a).[937] Dazu sein Kommentar: „Das Ch'i erscheint fast als Potenz, die das leibliche Leben weit überschreitet. Nur das Alleins-Erlebnis scheint mir eine sinnvolle Erklärung des schwierigen Textes zu bieten." Dies läßt sich mit einem Hinweis auf die oben angeführten Ähnlichkeiten der verschiedenen Erfahrungen kosmisch-leiblicher Weite bestätigen, denen aber im Gegensatz zur eigentlichen Seinserfahrung das Moment der Ausgewogenheit fehlt, die sich statt dessen mehr einer chaotischen Wahrnehmung nähern. Zwar läßt sich im Mengzi-Text nach Thiel eine „Betonung der ‚kosmischen ‚Weite" feststellen, doch gegenüber dem Zhuangzi käme eine moralische Dimension hinzu, die im Buch Zhuangzi fehle (Thiel 1970, 27f.). Ähnlich kam auch Schwartz bei seinem Vergleich zu dem Ergebnis: „One might say that *ch'i* when viewed from the cosmic perspective may well be in Mencius as in Chuang-tzu a mysterious vital substance/energy which binds the individual to the ultimate source of being." (Schwartz 1985, 270f.)[938] Zur weiteren Erläuterung bezog er sich auf Kap.4 des Zhuangzi, wo Yan Hui von Konfuzius angewiesen wird, während seines „mystical ascent" nicht mit dem Herzen, sondern mit seinem qi zu hören, „which is empty and unites all things to the *tao*."[939] Zwar würde Meng-zi nicht die Sicht des Herzens teilen, die das Zhuangzi hat, wohl aber die des *qi* (Schwartz 1985, 273).[940]

---

937 Forke übersetzte diese Stelle so: „Das Wesen dieser Kraft ist so: sie ist äußerst groß und äußerst stark; wenn sie mit Gradheit gepflegt und nicht geschädigt wird, erfüllt sie den ganzen Raum zwischen Himmel und Erde." Bei seiner Interpretation kam er zu der Erkenntnis: „Im Grunde genommen sind die im Körper wirksamen mechanischen, chemischen und elektrischen Kräfte dieselben, welche auch das All durchfluten." (Forke 1964, 201) Dazu Ishida: „Such is energy. It is exceedingly great, and exceedingly strong. Nourishing it straightforwardly without harming it, it will fill up everything between heaven and earth." Als Beispiel für weitere „manifestations of the mind on the outside of the body" führte er das Buch Guanzi (16.1a) an. Auch dort würden die Phänomene mit Begriffen wie „fullness" und „completeness" erklärt (Ishida 1989, 58). Zum *qi* zwischen Himmel und Erde bei Mengzi s. a. Fung Yu-Lan (1952, 131) u. Yün-Hua (1975, 219) sowie Wing-Tsit Chan (1970, 63). Zur Mystik („alle Dinge sind vollständig in uns") bei Mengzi meinte Fung Yu-Lan: „In such a state the individual becomes one with the whole of the universe, and all distinctions between the self and non-self, between what is internal and what is external, are obliterated." (Fung Yu-Lan 1952, 129f.)

938 Dazu Girardot: *qi* „- that is said to pervade all things and constitute the connective matrix of microcosmic-macrocosmic solidarity." Siehe weiter zum *qi* als „the visible and invisible ‚stuff,' ‚connective tissue,' or ‚circulating fluid' of creation, organizes itself through an alternate separation and fusion ... „ Girardot (1983, 60). Zum Buch Huainanzi s. a. Girardot (1983, 148). Er bezog sich auch auf Kap. 42 des Daodejing, das er als einen Vorläufer ansah. Zum *qi* der fünf Elemente und der vier Jahreszeiten als „effluent or radiating energy of all these quite separate categories of existence" s. a. Schwartz (1985, 360).

939 Zu Kap. 4 s. a. Fung Yu-Lan (1952, 242) u. Wing-Tsit Chan (1970, 141). Zum indifferenten, wörtlich „leeren", *qi* als wahrnehmungsfähig im Zhuangzi Kap. 4 s. a. Porkert (1961b, 540). Roetz behauptete mit Bezug auf Zhuangzi Kap. 4 u. Kap. 19 sowie Guanzi Kap. 49: „Als eine Art Erkenntnismedium der Mystik ist das ‚Qi' auch im Daoismus bekannt." (Roetz 1984, 367 A. 4) Zum *qi* als „emotional disposition" s. Schwartz (1985, 270).

940 Dazu Schwartz: „In fact, Mencius tends to relate all his ‚psychological' categories – heart, human nature, and *ch'i* – to their cosmic ground. The sharp antithesis between the ‚human' and the cosmic seems to be very much our own." (Schwartz 1985, 448 A. 41)

Diese Zhuangzi-Stelle macht übrigens die große Ähnlichkeit zwischen dem *qi*-Konzept und dem *aer*-Denken des Diogenes von Apollonia (Fr. 5) deutlich.[941] Das *qi* wird durch die beiden Aspekte *yin* und *yang* geordnet und damit von dem chaotischen Zustand in den des individuierten überführt. Auch der *aer* läßt sich im Prinzip als Dreiheit darstellen, nämlich einmal als Urgrund der Welt und zum anderen in seinen beiden zusammenhängenden Formen der Verdichtung und Verdünnung. Entscheidend hierbei ist die Kohärenz, denn mit Platon ändert sich dies. Im Philebos soll die Drei die Zwischenlage bilden, die aus der Mischung der Eins mit der Zwei entsteht. Dies kommt in 23d zum Ausdruck, wo Sokrates alle Seienden (*onta*), die in dem Ganzen sind, in zwei bzw. drei Teile ordnen will. Die Zwei sind *peras* und *apeiron*, ein Drittes ist das sich aus beiden mischende Eine (*hen*). „Aber das Dritte aus diesen beiden gemischte," so läßt sich mit Sokrates (25b5) fragen, „welche Gestalt sollen wir sagen, daß dieses habe?"

Die Antwort darauf beschränkt sich auf Platons Feststellung, daß durch die Mischung des Ersten – dem Begrenzenden, der Form und dem Maß – mit dem Zweiten – dem Unumgrenzten, der „indefiniten Zwei", dem Werden – das Dritte sowohl als Eines aber auch als Vielheit hervorgeht, denn das Dritte als Eines umfaßt die ganze Nachkommenschaft aus der Mischung der beiden Prinzipien. Als vierten Begriff führte Platon schließlich die *aitia* – den Grund, den Anlaß oder die Ursache – ein, die als Individuationsinitiator fungiert. Das Dritte, das Gemisch aus Unbegrenztem und Begrenztem, ist ein nach Maßen und Grenzen geordnetes Sein.[942] Es ähnelt dem *synholon*, von dem Aristoteles in 1029a sprach und das Schmitz mit „das Zusammenganze" oder mit „stofflich-idealer Bastard" übersetzte, um das Problem der Zusammensetzung zweier, an sich nicht vereinbarer „ontologischer Niveaus" zu verdeutlichen, das für Aristoteles in dem Begriff steckte (Schmitz 1985a, 12).

Die Frage nach der Vereinbarkeit zweier Seinsebenen wird im Daodejing Kapitel nicht gestellt, denn die Polarität von *yin* und *yang* kann nur bedingt als Dualität von *hyle* und *eidos* betrachtet werden. Das *qi* in Kap. 42 ist kein *synholon*, sondern eher dem Anaximenischen *aer* vergleichbar. Es geht den zehntausend Dingen voraus und bringt diese durch seine qualitative Determinierung hervor. Diese qualitative Determinierung verläuft wie beim *aer* nach dem Prinzip der Verdichtung und Verdünnung in

941 Zum *qi* als „allumfassenden Krafthauch" in Kap. 42 als: „Atem, Hauch – an das Pneuma des Anaximenes und der Stoiker erinnernd" s. a. Schwarz (1992, 20). Gegen eine ontologisch-leibliche Interpretation des *qi* wandte sich Mazaheri, die auch hier wieder eine „transzendente Dimension" vermutete und diese dem Menschen als eine „Ebene" introjizierte. Sie verstand unter ihrem Transzendenzbegriff ein „Jenseits", „insofern es nicht ‚real' erfahrbar ist" (Mazaheri 1992, 95 A. 16). Damit wurde auch hier wieder die leibliche Dimension verkannt. Sie schrieb: „Der Qi-Bereich bzw. die Qi-Ebene hatte sich als das unbestimmte Moment im Menschen erwiesen, das für ihn erreichbar ist und ihn mit dem Gesamtmedium Qi der ganzen Welt in einer transzendenten Dimension Vereinigung finden läßt." (Mazaheri 1992, 64) Zur „transzendenten Dimension des *Qi*" und zum *qi* als „Ebene", die angeblich „im" Menschen lokalisiert wird s. (Mazaheri 1992, 67) Zum *qi* als „die inkonkrete, ‚meta-physische' *Tiefen*dimension der raumzeitlichen Welt" im Zhuangzi s. Mazaheri (1992, 196).

942 S. a. Schmitz (1985c, 227 u. 1985b, 510f.).

Form der Individuation von Gestalten aus dem Formlosen, das als verbindender Untergrund die Basis dieses „morphotischen Monismus" bildet. Sowohl *qi* als auch *aer* haben somit einerseits Teil an chaotisch Mannigfaltigem, nämlich in ihrer potentiellen Form, die starke Verwandtschaft zu den Vorstellungen des *chaos*, des *wu* oder des *hundun* zeigt, andererseits bilden sie den Stoff, aus dem die individuierten Dinge bestehen und können dadurch teilhaben am identisch Mannigfaltigen. Diese Zwischenstellung erlaubt es, beide als relativ chaotisch Mannigfaltiges zu bezeichnen. Im frühen Daoismus ist das *qi* aber dem eigentlichen Individuationsinitiator *dao* untergeordnet, was sich in seiner Stellung innerhalb der Individuationsordnung zeigt.

Das *dao* als Sein und als Individuationsordnung

Die Entfaltung der Welt aus dem Unbestimmten stellt sich im frühen Daoismus also als Individuation dar, die in bestimmte Phasen aufgeteilt wird. Das im Begriff *dao* mitschwingende Bild des Weges verdeutlicht diese Abfolge.[943] Obwohl das *dao* als Individuationsordnung kosmologische Dimension besitzt, äußerte sich Hubert Schleichert gegen eine „Weltentstehungslehre" im Daodejing.[944] Er bezog sich auf die Kapitel 25 und 40, aus denen sich zwar direkt keine Weltentstehungslehre ableiten läßt. Doch sind diese Kapitel nicht die einzigen, die Hinweise auf eine Hervorbringung der Welt geben. Eine Individuationsordnung, die Welt- und Menschentstehung umfaßt, wurde gerade mit Kap. 42 des Daodejing und Kap. 12, 8 des Zhuangzi besprochen. Moritz, der wohl Schleicherts Kritik folgen wollte, schrieb zu Kap. 42: „Bisweilen werden die Zeichen ‚*dao* bringt das Eine hervor' im Sinne der Schöpfung einer Urmaterie (das Eine = Urmaterie) interpretiert. Dies ist Spekulation, denn der Text sagt es eigentlich nicht aus." (Moritz 1990, 104) Sicherlich kann weder von so etwas wie einer „Urmaterie" noch von einer „Schöpfung" gesprochen werden. Das ist bei den meisten Sinologen auch nicht der Fall. Im Gegenteil, es gilt als ziemlich gesicherte Erkenntnis – und hier stimmen chinesische Weltanschauungen mit den oben behandelten indischen und indonesischen überein –, daß im Daoismus gerade nicht von einer Schöpfung oder von einem platonischen oder christlichen Schöpfergott gesprochen werden kann, sondern daß ein

943 Dazu Morris: „In Chinese cosmogony there is no creator of the universe as such, for it was thought that the world had created itself. From an original state of chaos, an abstract innovator, Tao, had created two fundamental principles or forces, Yin and Yang, that were then aspects of the world and all phenomena. But Tao, translated as the ‚way', continued to be effective, guiding the functions of everything in the universe." (Morris 1989, 6) Das *dao* als „abstract innovator" oder Initiationsinitiator „erschafft" allerdings nicht die beiden Kräfte *yin* und *yang*.

944 Dazu Schleichert: „Manche europäische Interpreten meinten, aus dem Dao De Jing in Analogie zu den großen Mythen anderer Kulturkreise eine vollständige Weltentstehungslehre entnehmen zu können. In aller Skepsis sei dies kurz vermerkt, denn Belege aus dem Orginaltext sind äußerst dürftig. Nach dieser Auffassung lehrte Lao Zi, daß die Welt irgendwie aus dem Dao entstanden sei. Im Urzustand, vor der Weltentstehung, sei bereits das Dao vorhanden gewesen, aber es war unveränderlich und leer. Daraus sei die Welt entstanden." (Schleichert 1980, 110)

spontanes Hervorgehen aus einem Urzustand das Paradigma für den Entstehungsbegriff liefert.[945] Die Bilder der Geburt und des Hervorgehens beschreiben zwar eine Individuation der Welt aus einem Individuationsgrund, der als chaotisch mannigfaltiges Kontinuum eine unbestimmte Unterlage bietet, aber diese Entfaltung ist keine Schöpfung, in der Gott durch einen Ausspruch die Welt erschafft oder wie bei Platon einem idealen Vorbild nachbaut, sondern Individuationsakt, Individuationsinitiator und Individuationsordnung fallen im *dao*-Begriff zusammen.

Schleichert versuchte die „Sprüche des Dao de Jing mit logischer Strenge" zu konfrontieren und geriet dadurch in Zweifel. Schließlich wälzte er sein Unbehagen auf den Autor des Daodejing ab, indem er von einem „Dichtkunstwerk" sprach, bei dem der Dichter „dem Zauber der Sprache" erlegen sei. Er warf diesem vor, „rein sprachliche (logische) Verhältnisse mit realen Verhältnissen" zu vermengen, „was ein häufiger Fehler" sei (Schleichert 1990, 150). Dieses Vorgehen zeigt nur die Schwierigkeiten moderner Interpretatoren, denn versteht man das Kap. 42 im Sinne einer Indivduationsordnung, so sind in ihm keine logischen Ungereimtheiten zu finden.

Abschließend betrachtet, ergeben sich folgende Punkte:

1. Dem Indefiniten oder gänzlich Unbestimmten, dem *wu*, entspricht kein eindeutig wahrnehmbares vereinzeltes Phänomen, sondern *wu* bedeutet Negation oder Privation, nämlich die Abwesenheit von jeglicher Bestimmung, eine Vorstellung, wie sie in der *hyle* des Aristoteles, im Bild des *hundun* oder im Begriff *yuan-qi*, im rigvedischen *asat* oder im parmenideischen *me-eon* zum Ausdruck kommt und als absolut chaotisch Mannigfaltiges ontologisch erfaßt werden kann. Aus diesem Unbestimmten gehen in verschiedenen Zwischenschritten die zehntausend Dinge bzw. das Seiende (*you*) hervor. Dem *you* entsprechen im Rigveda-Hymnus 10, 129 das *sat* und bei Parmenides das einfache, unsubstantivierte *eon*.[946] Die Konzeption des Parmenides unterscheidet sich von denen seiner griechischen Vorgänger und Nachfolger darin, daß er das *to eon* ins Zentrum seiner Philosophie stellte. Vergleichbares läßt sich sowohl vom *dao* der frühchinesischen Philosophie als auch vom *tad ekam* des frühindischen Hymnus sagen. Alle diese Bezeichnungen lassen auf eine besondere Erfahrung schließen, in der sich die Welt weder als Unbestimmtes (*wu*, *me-eon*, *asat*)

945 Dazu Bodde: „the idea of a personal creator of the universe ... is wholly absent from Chinese philosophy" (Bodde 1967, 19f.), und Porkert: „Es ist aber festzuhalten, daß sich die Chinesen diesen Übergang nie als ‚Schöpfung' vorgestellt haben. Es gab weder im System der Konfuzianer, erst recht nicht bei den Daoisten je die Vorstellung eines Weltenschöpfers oder Weltenherrschers." (Porkert 1961b, 537) S. a. Needham (1992, 290 u. 581). U. Morris: „In no sense can Tao be interpreted as ‚god' in the sense of the creator of the world." (Morris 1989, 7) Granet schrieb vom *dao*: „Es ist nicht schöpferisch. In der Welt wird nichts erschaffen, und die Welt ist nicht erschaffen worden." (Granet 1985, 252) S. a. Robinet (1979, 38). Auch Major sah beim Vergleich mit Platon den Hauptunterschied darin, daß die chinesische Philosophie keinen „Schöpfergott" kennt (Major 1978, 16f.).

946 Dazu Mehlig: „Sowohl die Inder als auch die Griechen erkennen in dem etymologisch gleichen Wort ai. *sat* und grch. *on* das *weisende* Axiom, das Ordnungsprinzip katexochen." (Mehlig 1987, 67)

noch als Bestimmtes (*you*, *eon*, *sat*), sondern als ein zusammenhängendes, ausgewogenes, zeitloses und vollendetes Sein (*dao*, *to eon*, *tad-ekam*) präsentiert.

2. Neben den Parallelen zwischen der parmenideischen Philosophie und dem frühen Daoismus auf ontologischem Gebiet sind vor allem die Übereinstimmungen mit Gedanken Heraklits bemerkenswert. Sein Harmonie-, Kosmos- und Nomos-Begriff zeigt jeweils Ähnlichkeiten zum *dao* als Individuationsordnung, die bei beiden im Bild des Weges (*dao* u. *hodos*) ihren typischen Ausdruck findet. In diese Kategorie fallen aber auch Vorstellungen wie die der altägyptischen *ma'at*, der indischen *rta* und der indonesischen *adat*.[947] Ebenso stimmt das *pyr*, der heraklitische Regulator des Austauschs und Wandels aller Dinge (z. B. in Fr. 30 u. 90), in diesem Aspekt mit dem *dao* überein, und der Gedanke der aufflackernden Weltordnung darf durchaus mit dem Prinzip der Spontaneität *zi-ran* in Verbindung gebracht werden.
3. Die Zweiheit von *yin* und *yang* deutet auf die Entstehung der Ordnung hin, die durch Teilung und Differenzierung der Einheit diese in die alltägliche Welt überführt. Mit dieser Polarität ist die Grundstruktur der weiteren Individuationsordnung vorgezeichnet. Das Verständnis der Zweiheit gleicht dem der „beiden Gestalten" des Parmenides darin, daß keine selbständigen ontologischen Kräfte eingeführt werden, sondern lediglich eine Differenzierung oder Mischung stattfindet. Damit taucht fast das Motiv der *doxa* auf. Auch *yin* und *yang* wurden im frühen Daoismus primär als Namen für dies und das aufgefaßt. Der Individuationsprozeß ist engstens mit Gedanken von Trennung und Ordnung verbunden. Er wird weniger als eine zeitliche Entwicklung gesehen, sondern vielmehr als ein sich auf epistemologischer Ebene vollziehendes Geschehen. Dementsprechend werden die polaren Kategorien – ähnlich wie bei Parmenides – als menschliche Bestimmungen interpretiert. Die *yin-yang*-Polarität unterscheidet sich aber von dem Licht-Nacht-Dualismus des Parmenides dadurch, daß sie nicht so kraß getrennt, sondern immer wieder zusammengeführt wird. Gegenüber Heraklits umschlagenden Gegenteilen erscheint sie nicht so direkt vereint und zusammengespannt, sondern mehr aneinander vermittelt. Auch hier stehen sich griechischer Dualismus und chinesische Polarität gegenüber. Die Position des frühen Daoismus befindet sich also insgesamt gesehen zwischen parmenideischer und heraklitischer Philosophie. Sie bildet eine bemerkenswerte Synthese, bewahrt dabei aber ihre kulturelle Eigenart.
4. Der ontologisch zweifelhafte Status der Zweiheit von Kap. 42 wird in der Individuationsfolge direkt wieder in die Dreiheit überführt, aus der dann die zehntausend Dinge hervorgehen. Mit diesem Schritt hin zur Dreiheit bindet das Daodejing die Polarität von *yin* und *yang* durch das „*qi* in der Mitte" (*zhong qi*) ein.[948] Dabei kommt es zu

947 Vgl. a. den chinesischen Begriff *li* als: „ranging from religious ritual to proper social behavior and even etiquette" bei Schwartz (1985, 22) und als „alle legitimen Riten, Sitten, Gebräuche" bei Thiel (1972, 102). S. a. Needham (1992, 15), Fung Yu-Lan (1952, 68), Wing-Tsit Chan (1970, 158 Fn.79 u. 790) u. Köster (1966, 89).

948 Dazu Stöhrs Aussage zum altindonesischen Denken: „Jedes Phänomen impliziert im altindonesischen Denken offenbar seinen Gegensatz und als Drittes deren Einheit, und mit dem Ganzen sind zugleich

einer interessanten Annäherung an die frühgriechische *aer*-Vorstellung des Anaximenes und Diogenes von Appolonia, so daß sich hier auch vom *qi* als einer Art Zwischenelement sprechen läßt.[949] Zwischenelement deshalb, weil es den Raum zwischen Himmel und Erde füllt und innerhalb der Individuationsordnung zwischen den zehntausend Dingen und den polaren Gestalten von *yin* und *yang* steht.

Schließlich ergeben sich daraus also folgende Individuationsakte: Aus dem *wu* entspringt spontan das *dao*, das sich als *you* in die *yin/yang*-Aspekte polarisiert. Die dadurch entstehende Spannung wird durch das „*qi* in der Mitte" aufgefangen. Aus diesen drei Faktoren gehen schließlich die zehntausend Dinge hervor. Unbestimmtes und Bestimmtes, *wu* und *you*, Chaos und Kosmos, treten gegenüber der Erfahrung des *dao* zurück.

Die auf leiblichen Erfahrungen basierenden Systeme der frühen Daoisten stellten aus erkenntnistheoretischer Perpektive die einzelnen Phasen des leiblich-kosmischen Individuationsaktes dar. Dieser wurde als ein Pulsieren des Seins zwischen Ordnung und Unbestimmtheit aufgefaßt; als eine spontane Entfaltung, welche mit der des Menschen korrespondiert. Durch die emazipatorische Bewegung der Person wird unter erkenntnistheoretischem Gesichtspunkt die Ordnung hervorgebracht. Die regressive Bewegung entspricht der Rückkehr zum Ursprung. In der Vereinigung mit der eigenen Wurzel, dem Sein schlechthin, wird die Identität von Leib und Kosmos erlebt.

2. *Qi, yin-yang* und *wu-xing* – Die leibliche Basis frühchinesischer Ordnungsvorstellungen

Die frühchinesische Philosophie prägte nicht nur den *dao*-Begriff, in ihr wurden auch weitere grundlegende Ordnungsvorstellungen entwickelt. Drei der wichtigsten Begriffe *qi, yin-yang* und *wu-xing* bildeten die Basis für die Wissenschaften vom Kosmos und vom Menschen. Wurden sie auch vorher schon intensiv diskutiert, so erhielten sie doch erst etwa um 200 v. Chr. (Übergang von der Zhou- zur Han-Zeit) ihre charakteristische Form. Zwar führte die sich aus dem Entstehen von komplexen Klassifikationssystemen und der Mikro-Makrokosmos-Analogien ergebende Umgestaltung der tief im leiblichen Erleben verwurzelten Begriffe nicht direkt zu einem mit der demokritisch-platonischen Revolution vergleichbaren Bruch, doch für das chinesische Denken war sie so bedeutsam, daß ihre Auswirkungen bis heute wahrnehmbar sind. Die folgende Bespre-

immer auch die antagonistischen Teile gemeint. Das Ganze und die Mitte sind dabei meist identisch." (Stöhr 1976, 80)

949 Obwohl sich Mazaheri gegen eine Parallele von *qi* und dem *aer* des Anaximenes wehrte (s. u.) läßt sich diese mit ihren eigenen Worten zeigen. Zum *qi* im Buch Zhuangzi schrieb sie: „Dort taucht das *Qi* als Philosophem auf, das besonders durch Privativ-Beschreibungen völlige qualitative ‚Entleerung' hin zu einer Neutralität erfährt, die es zur ‚Zwischensubstanz' von allem Verschiedenen und somit partiell zum Grund aller Dinge macht." (Mazaheri 1992, 87) Der Substanzbegriff führt natürlich in die Irre, Zwischenelement ist ein besserer Ausdruck.

chung möchte aufdecken, wie diese drei grundlegenden Ordnungsvorstellungen in den Leiberfahrungen verwurzelt sind, um so dem modernen Interpreten die terminologische Erfassung zu erleichtern.

Das *qi* und der Leib

Der *qi*-Begriff ist nicht nur für die Daoisten wichtig, er bildet auch allgemein die Grundlage für die wissenschaftliche Sicht in China. Sein frühes Auftauchen (s. o.) läßt vermuten, daß auch er in Beziehung zum Leib steht. Um die leibliche Basis der gerade besprochenen Individuationsordnung und die Frage nach dem *zhong qi* – dem ‚qi in der Mitte' (Daodejing Kap. 42) – noch etwas genauer zu betrachten, ist es nötig, den frühdaoistischen Rahmen zu erweitern. Obwohl der *qi*-Begriff ein breites Bedeutungsspektrum umfaßt, zeichnen sich unter den vielen Übersetzungsmöglichkeiten zwei Grundpositionen ab.[950] Zum einen wird er einfach mit „Energie" übertragen, wobei ein reduktionistischer Aspekt und das Bestreben, so etwas wie eine (natur)wissenschaftliche Sicht bei den alten Chinesen nachzuweisen, im Vordergrund stehen. Zum anderen wird er mit „Einfluß" bzw. „Einflüsse" übersetzt. Hier liegt der Schwerpunkt auf dem phänomenologischen Aspekt und der historischen Dimension.

Das qi und der Energiebegriff

Der wohl bedeutendste Vertreter einer energetischen Terminologie, also der Übersetzung des *qi*-Begriffs mit Energie, ist Manfred Porkert, der in seinen „theoretischen Grundlagen der chinesischen Medizin" ein komplettes System einschließlich einer lateinischen Nomenklatur entwickelte. Ausgangspunkt seiner Bemühungen war eine Kritik

950 Zur den Übersetzungsalternativen des *qi*-Begriffs s.: „mysterious life breath, ether-mist, fluidlike vapour, matter-energy, life force" bei Girardot (1983, 60); „energy of some sort", ursprünglich „air, cloud, breath vapor", und „cosmic creative energy of the world" bei Engelhardt (1989, 263 u. 291); „matter-energy" bei Needham (1992, 24) u. Le Blanc (1987, 118 u. 128); „life energy" bei Morris (1989, 27); „‚breath, energy', conceived as a fluid which in its purest state is the breath that vitalises us" bei Graham (1992, 7); „vapors" und generell als „activity" bei Sivin (1968, xix). Zum *qi* als „material force" s. Wing-Tsit Chan, der meinte es wäre „both, energy and matter, a distinction not made in Chinese philosophy". In vielen Fällen würde *qi* „the psychophysiological power associated with blood and breath", dann „vital force", „vital power" oder „strong moving power" (Mengzi) bezeichnen (Wing-Tsit Chan 1970, 784). Dazu a. T. T. Chang: „Ch'i ist der in Gasform vorgestellte Grundstoff aller Dinge" (T. T. Chang 1982, 27 A. 14). „Atem, Lebensodem oder Lebensenergie" bedeutet er bei Mazaheri (1992, 48). Zur Übersetzung von *qi* mit „soul", „life-breath" schrieb Waley: „Originally it means a vapour that rises out of anything. … Ch'i is air." (Waley 1958, 28) Sowie: „*Ch'i* may always be translated breath, if we add the proviso that to the Chinese ‚breath' was a kind of soul." (Waley 1958, 47 A. 5) Zur Kritik an Maspero, der ähnlich wie Wales *qi* mit Seele übersetzte, schrieb Thiel: „Das scheint mir eine zu große Vereinfachung zu sein. Einmal kennen die Chinesen unsern Seelenbegriff nicht, dann ist gerade Ch'i das lebendig Leibliche miteingeschlossen, was bei dem Begriff Seele ausgeschlossen wird. Ch'i ist die ‚leibhafte Lebenskraft'." (Thiel 1970, 48 A. 76)

an der terminologischen Konfusion, die durch die verschiedenen Übersetzungen des *qi*-Begriffs zustande kommt.[951] Außerdem lehnte er „Seelenvorstellungen" im alten China grundsätzlich ab, da nach seiner Ansicht für den Chinesen „der Mensch nie aus Geist und Materie, sondern aus beiden zugleich, richtiger noch weder aus Geist noch aus Materie" besteht (Porkert 1961b, 536). Seine Beschwerde über die terminologischen Unklarheiten ist gut begründet, doch seine eigene Übersetzung des *qi*-Begriffs mit „Energie" muß aus phänomenologischer Sicht abgelehnt werden. Zweifellos kommt begriffliche Konfusion „schlechten Dilettanten" zugute. Ein wirksames Mittel, diesem Mißstand abzuhelfen, ist eine methodisch saubere Analyse und die Durchdringung der mit dem *qi*-Begriff erfaßten Phänomene. Die von Porkert abgelehnten Bezeichnungen „Atem, Hauch, Pneuma, Lebensenergie, Stoff, Lebenskraft, Wirkkraft, Seele" werden in seiner Übersetzung durch den Ausdruck „energetische Konstellation" ersetzt. Er definierte das für die chinesische Medizin und Philosophie basale Leibschema so: „In der Vorstellung der Chinesen ist der Mensch ein ‚qi', eine bestimmte energetische Konstellation, und nicht – wie im Westen – ein Körper, dem Geist oder Seele innewohnen." (Porkert 1982a, 89) Damit schlug er eine Richtung ein, die den Energiebegriff in der Sinologie endgültig zu etablieren versuchte. Ihm folgte beispielsweise Ute Engelhardt und mittlerweile ist die Übertragung chinesischer Vorstellungen in eine Energetik weit verbreitet.[952] Da das Energiekonzept stark an Physik und Naturwissenschaft erinnert, sind aber Zweifel berechtigt. Daß physikalische Vorstellungen nichts zur Verständnishilfe beitragen, bestritt Porkert nicht, denn: „Der Energiebegriff unserer Physik ist allerdings in Bezug zu dem Chinesischen irreführend, da es sich um einen theoretischen Oberbegriff handelt, der in Form von Paradigmen und Axiomen auf einer spekulativen Basis steht. Die chinesischen Zeichen dienen zur Einordnung und Abgrenzung der Qualität energetischer Phänomene, die in einem empirischen Zusammenhang in immer der gleichen Beschaffenheit festzustellen sind." (Porkert 1982, 139) Der hier von Porkert herausgestellte Unterschied zwischen theoretisch-naturwissenschaftlicher Konzeption und empirisch praktischer Anschauung wird verfälscht, wenn trotz der wissenschaftstheoretischen Differenz von „der Qualität energetischer Phänomene" gesprochen wird. Was ist mit „energetischen Phänomenen" gemeint, wenn keine „naturwissenschaftlichen" Vorstellungen in Frage kommen?

Wie schwierig die Beantwortung dieser Frage ist und wie schnell die Energie-Terminologie naturwissenschaftliche Vorstellungen assoziiert, zeigt sich daran, daß Porkert

951 Porkert schrieb: „So kann es auch nicht Wunder nehmen, daß während der vergangenen Jahrzehnte durchaus gewissenhafte und seriöse Übersetzer z. B. allein für den Begriff ch'i – mitunter in ein und demselben Text – Entsprechungen wie Atem, Hauch, Pneuma, Lebensenergie, Stoff, Lebenskraft, Wirkkraft, Seele usw. angeboten haben. Man versteht, daß die Grenze zwischen Kunst und Willkür schwer zu ziehen ist; es fällt auch schwer, die phantasievollen ‚Übertragungen' schlechter Dilettanten zu widerlegen." (Porkert 1961a, 422)

952 Dazu Ots: „Die Deutung von qi als einer _Energieform_ scheint den westlichen Akupunkteuren durch die Übersetzung von qi als „vital energy" in englisch-sprachigen Textbüchern aus der VR China gerechtfertigt." (Ots 1987, 176) Auch Ishida übernahm für *qi* das Wort „energy" (Ishida (1989, 45).

bei seinem Erklärungsversuch auf naturwissenschaftliches Denken zurückgreift, denn für ihn besteht „eine zulässige Parallele" im „Vergleich mit der technischen Terminologie der Elektronik". Dies begründete er so: „Die Bezeichnungen der verschiedenen Formen des Stroms, seine unterschiedlichen Spannungen und Frequenzen beziehen sich ähnlich auf den Grundbegriff der ‚elektrischen Energie', wie die verschiedenen chinesischen Varianten auf den Oberbegriff Ch'i. Zwar existiert im chinesischen Denken nicht unsere Form der Abstraktion, also der Lösung von empirischen Daten, doch das System der Zuordnungen erlaubt Unterteilungen und Abstufungen. So kann der chinesische Terminus Ch'i als ungefähre, sich annähernde Entsprechung zu unserem Begriff der Energie gebraucht werden, unterscheidet sich aber von diesem in einem Punkt ganz erheblich. Der Begriff Ch'i impliziert in absolut jedem Kontext und unter allen Umständen eine qualitative Prägung der Energie, anders gesagt, ch'i = Energie determinierter und definierbarer Beschaffenheit." (Porkert 1982, 139)Diese „qualitative Prägung der Energie" stößt aber wissenschaftstheoretisch auf erhebliche Schwierigkeiten. C. G. Jung, der bereits vor Porkert versuchte, die Ansichten anderer Kulturen mit dem Energiebegriff zu fassen, betonte das Problem von Qualität und Quantität und behauptete: „Die Unterscheidung von Kraft und Energie ist begrifflich unerläßlich, denn Energie ist eigentlich ein Begriff, der objektiv in der Erscheinung an sich nicht vorhanden, sondern immer nur in der spezifischen Erfahrungsgrundlage gegeben ist, d. h. in der Erfahrung ist die Energie immer spezifisch als Bewegung und Kraft, wenn aktuell, als Lage oder Kondition, wenn potentiell." (Jung 1971, 24) Obwohl Jung selber beim Unterschied zwischen dem physikalischen Konzept einer berechenbaren Kraft und dem phänomenologischen Konzept einer spürbaren, aber nicht quantifizierbaren Kraft seine Schwierigkeiten hatte,[953] werden an seiner Bemerkung doch Probleme deutlich, die den Energiebegriff als Übersetzungsalternative zweifelhaft erscheinen lassen. Als ob sich Jung gegen die wesentlich jüngeren Ansichten Porkerts gewandt hätte, stellte er fest: „Ein qualitativer Begriff für Energie gesetzt ist unzulässig, denn es wäre eine Spezifikation der Energie, welche aber eine Kraft ist." Er betonte, Energie lasse sich als rationales Konzept im Gegensatz zur Kraft nicht anschaulich erfahren, dies würde aber allgemein nicht klar beachtet. Er schrieb: „Daher reden wir praktisch von elektrischer Energie usw., nämlich so, als ob Energie jeweils eine bestimmte Kraft wäre. Aus dieser Vermengung des empirischen oder angewandten Begriffs mit der Anschauungsform des Geschehnisses entstehen jene konstanten Verwechselungen von ‚Energie' und ‚Kraft'." (Jung 1971, 38) Wenn Porkert der Meinung ist, der *qi*-Begriff impliziere „in absolut jedem Kontext und unter allen Umständen eine qualitative Prägung der Energie", so leistete er damit einer Verwechslung Vorschub.[954] Energien zeichnen sich durch

953 Auch Jungs Begriffsbildung war nicht stringent. Er schrieb: „Ein qualitativer Begriff ist immer die Bezeichnung einer Sache, einer Substanz, ein quantitativer Begriff dagegen immer die Bezeichnung einer Intensitätsrelation und niemals einer Substanz oder Sache." (Jung 1971, 38) Das ist irreführend. Substanzen und Sachen sind durchaus quantifizierbar, und Kraft ist ein qualitativer Begriff, der keine Substanz bezeichnet.

954 Zum „qualitativ unterschiedenen qi" s. Engelhardt (1987, 4) u. Porkert (1982, 138ff.).

ihre Meß- und Berechenbarkeit aus. Diese ist für *qi* nicht angebbar, und alle neueren Versuche stülpen gewaltsam moderne naturwissenschaftliche Verfahren auf traditionelle Weltbilder. Porkert erkaufte sein scheinbar so stringentes terminologisches System, indem er die nicht hineinpassende und für ihn deshalb unseriöse Medizinliteratur einfach eliminierte, eine Methode, die sowohl von Unschuld als auch von Ots zurückgewiesen wurde.[955] Der Preis einer solchen Vorgehensweise ist die Reduktion der am leiblichen Spüren gewonnenen Erkenntnisse auf eine in ihrer Stringenz äußerst fragliche „theoretische Grundlage".

Porkert ist nicht der einzige, der den Energiebegriff mißverständlich benutzte. Inspiriert von Porkerts oben zitierter „zulässiger Parallele" zum „elektrischen Energiebegriff", wollte Niels Krack einfach bestimmte Teile der chinesischen Anthropologien weglassen, um durch eine Übersetzung der übriggebliebenen Vorstellungen in eine der modernen, elektrischen Energetik analoge Sprache eine Einordnung in europäisches medizinisches Wissen vorzunehmen. Krack behauptete: „Wenn auch die überlieferte chinesische Akupunkturlehre ein in sich geschlossenes Heilsystem darstellt, bei dem exaktes Wissen oft durch Mythos und philosophischen Umbau ersetzt werden mußte, läßt sich diese Lehre doch nach Reinigung von diesen mythologisch-philosophischen Verbrämungen in die westliche Wissenschaft voll und ganz übernehmen." Gemeint ist natürlich in die Naturwissenschaft, und „mythologisch-philosophische Verbrämungen" sind das, was nicht ins Wunschbild paßt. Deshalb empfiehlt sich nach Krack folgende Radikalkur: „Man muß nur dazu übergehen, asiatische überlieferte Denkmodelle durch moderne und unserem Wissen entsprechende Modelle zu ersetzen und dazu das neueste Wissensgut beachten." Schon scheint das Problem gelöst, und dementsprechend verspricht Krack weiter: „Dann allerdings stellt die Akupunktur nicht mehr ein in sich geschlossenes Heilsystem dar, sondern ist ein integrierter Bestandteil des modernen westlichen Wissens im medizinisch-anatomisch-physiologischen Bereich." (Krack 1978, 29) Angesichts der verschiedenen Nadeltechniken und den sowohl historisch als auch sachlich unterschiedlichen Verschränkungen mit den gesamten medizinischen Vorstellungen und Theorien kann nur mit Vorbehalt von der Akupunktur als von einem „in sich geschlossenen Heilsystem" gesprochen werden.[956] Fremde Vorstellungen den gereinigten naturwissenschaftlichen Paradigmen europäischer Kultur unterzuordnen, ist ein Vorgehen, das Ots – als ob er sich direkt auf Krack bezöge – so kommentierte: „Die kulturelle Konstruktion von Medizin und die kulturelle Konstruktion von Sprache werden in diesem Zusammenhang reduziert auf ein reines Übersetzungsproblem: Die bildhafte Sprache der ‚alten Asiaten' muß in unsere moderne, nüchterne medizinische Spra-

955 S. a. Unschuld (1986, 9). Ots zeigte den Mangel eines solchen Vorgehens: „Nicht einbezogen in die Untersuchung werden die Parameter des Heilkundesystems, die kaum Niederschlag in der Medizinliteratur gefunden haben, teilweise in der von Porkert abgelehnten ‚unseriösen Medizinliteratur'." (Ots 1987, 89)

956 S. a. Unschulds Kritik an Porkert, dem er die Behauptung von „the absence of a stringent, technical terminology in the medicine of systematic correspondence" entgegenhielt (Unschuld 1986, 283).

che umgesetzt werden. Die traditionelle chinesische Medizin, ihre Begrifflichkeiten und Symbole, werden nicht aus den soziokulturellen Zusammenhängen heraus, aus denen sie entstanden sind und unter denen sie sich weiterentwickelt haben, untersucht, ... Sie werden explizit aus unserem eigenen Verständnis heraus interpretiert. Die Methode präjudiziert das Ergebnis: In der traditionellen chinesischen Medizin kommt es zu des Autors Wiederbegegnung mit seinen eigenen Gedanken." (Ots 1987, 172)

Ots bezog sich bei seiner Ablehnung der energetischen Terminologie ähnlich wie auch Morris[957] auf Unschuld, der erklärt hatte: „Porkert hat in einer Reihe interessanter Untersuchungen aufzuzeigen versucht, daß manche Textstellen der entsprechungssystematischen Medizinliteratur auch dann Sinn ergeben, wenn man dem Terminus ch'i ein modernes energetisches Konzept zugrundelegt. Es gibt allerdings keinerlei stichhaltige Anzeichen dafür, daß die chinesischen Denker, die dieses Heilsystem schufen, einen derartigen Begriffsinhalt beabsichtigten; ein energetischer Ansatz war dem chinesischen Denken jener Zeit fremd. Zur wissenschaftshistorischen Interpretation der theoretischen Grundlagen der entsprechungssystematischen Medizin ist das energetische Konzept nicht geeignet." (Unschuld 1980, 60) [958] In diesem Sinn warf Ots den Benutzern des Energiebegriffs vor, durch ihre Methode „emotionale Funktionen auf die ‚neutrale' Meta-Ebene eines obskuren Energiehaushaltes" zu verlagern (Ots 178f.).[959] Auch Schwartz äußerte sich ähnlich, als er schrieb: „To the extent that the word ‚energy' is used in the West to apply exclusively to a force that relates only entities described in terms of physical mass, it is as misleading as matter, I think, as an over-all name for *ch'i*." (Schwartz 1985, 181)

Obwohl Schwartz sowohl den Energie- als auch den Substanzbegriff ablehnte[960] sprach er selber von „some pervasive stuff/energy", von „vital energy" oder „a kind of psychophysical energy/substance" (Schwartz 1985, 180, 184 u. 270). Die Übersetzung von *qi*

957 Obwohl Morris energetische Begriffe und auch eine „dualistic metaphysic" ablehnte, sprach selber von „life energy (ch'i)" Morris (1989, 27).

958 Dazu Morris: „The term ch'i (qi) is a complex one, which has variously been translated as ‚vital pneuma' ‚life-force', or ‚energy'. According to Unschuld its meaning includes such ideas as ‚that which fills the body', ‚vapours', ‚breath', and ‚that which means life'. He therefore eschews the term ‚energy' as a misleading translation, and suggests as an alternative the term ‚influence' with a substance or matter connotation in mind (...). In essence, ch'i was that life entity which animated and flowed through the body." (Morris 1989, 15 mit Bezug auf Unschuld 1985 „Medicine in China", der englischen Ausgabe der von mir benutzten deutschen Fassung)

959 Zur Beziehung zwischen energetischer Terminologie und religiösen Phänomenen bemerkte Ots: „Bei vielen Autoren werden die Begriffe ‚Selbstheilungskräfte der Natur' und ‚Regelmechanismus' bzw. ‚kybernetisches Regulationsmodell' alternativ benutzt. Und tatsächlich sind diese Begriffe miteinander aufs engste verwandt. So wie das Konzept qi, früher im religiösen Sinne als ‚flatus' und ‚spiritus' definiert, später aber ‚elektrisch' und noch später ‚energetisch' gedeutet wurde, ersetzt der moderne Begriff ‚kybernetisches Modell' die ehemals religiös definierten ‚Selbstheilungskräfte'." (Ots 1987, 46)

960 Dazu Sivin: „For instance, the mechanical rendering of *‚ch'i'* as ‚energy' by some European writers on acupuncture, far from making the traditional theory more intelligible to contemporary readers, reduces it to nonsense." (Sivin 1968, xix)

mit „psychophysical energy/substance" überzeugt nicht, da sich auch mit Kombinationen wie „psychophysical energy/substance" usw. die terminologischen Probleme nicht lösen lassen.

Seltsame Ergebnisse können nach Kunio Miuras Bericht bei chinesischen Wissenschaftlern beobachtet werden, denn diese glaubten in naturwissenschaftlichen Untersuchungen die Existenz von qi geradezu „experimentally" bewiesen zu haben. Sie entwickelten sogar einen „special sensor", mit dem angeblich das „*qi*" zu messen ist. Welches von den mehr als dreißig „qualitativ unterschiedenen qi" (Porkert) gemessen wurde, ist allerdings nicht zu erfahren. Als Fazit, das die Wissenschaftler gezogen hätten, gab Kunio Miura die Erkenntnis an, *qi* sei „very much like infrared rays, electromagnetic waves, static electricity, magnetism or the flow of tiny subatomic particles" (Miura 1989, 335f.). Damit haben die modernen Chinesen einen entscheidenden Bruch mit der Tradition vollzogen und das *qi* als angeblich physikalische Einheit festgelegt. Miura schrieb über die Wirkung der fraglichen Säkularisierungsmechanismen: „The *qi* itself is no longer the primordial creative power of the universe, but merely one force among others, somewhat like electricity. The gods are dethroned, the cosmos is made measurable, and man remains strictly within the confines of the known." (Miura 1989, 357) [961]

Alle Bemühungen, traditionelle chinesische Ansichten in der Terminologie europäischer Energiekonzepte auszudrücken und sozusagen durch die Hintertür eine fast naturwissenschaftliche Sichtweise einzuführen, gehen zu weit, denn sie werden den Ansichten der Wissenschaftler nicht gerecht, die seit frühester Zeit mit dem *qi*-Begriff konkrete Phänomene zu erfassen versuchten.

Die phänomenologisch-historischen Untersuchungen

Phänomenologisch-historische Vergleiche sind entgegen häufiger Kritik gut geeignet, chinesische Vorstellungen zu erläutern. Die Ähnlichkeiten des *qi*-Begriffs mit alten griechischen Konzeptionen, vor allem zu *aer* und *pneuma*, fordern geradezu eine Gegenüberstellung. Wenn beispielsweise Unschuld im Einklang mit Porkert erklärt, die Übersetzung mit *pneuma* sei ungeeignet und zu meiden, weil sie eine Verwandtschaft mit Konzepten der griechischen Medizin impliziere, so kann ihm entgegengehalten werden, daß nicht nur bei den frühgriechischen Philosophen, sondern auch in der frühgriechischen Medizin des Corpus Hippocraticum große Ähnlichkeiten mit altchinesischen Konzepten zu finden sind. Vorstellungen wie *aer*, *aither*, *menos* und *pneuma* in der griechischen Kultur, *nepes* und *ruah* im Alten Testament, *prana*, *shakti* und *vayu* in

961 Miura schilderte die allgemeine Situation, in der sich die heutigen Ärzte und Patienten, die Interessenten und Praktiker der Techniken zur Lebenspflege und Steigerung des *qi* befinden, so: „Still, even the man in the park will probably believe in the existence of the *qi*, will at the same time be convinced that it is a scientifically proven electromagnetic force. His conviction identifies him as a believer in science without any qualified knowledge of what science actually says. Aren't we all, to a certain degree, members of the same cult?" (Miura 1989, 358)

Indien, *semangat, sahala, tondi* und *bayu* in Indonesien sowie *qi, ling, de* und *shen* in China wurden von der Forschung ausgiebig diskutiert und gegenübergesetzt, es fehlte allerdings die für einen detailierten Kulturvergleich notwendige begriffliche Basis zur klaren Erfassung der Phänomene.

Auch beim *qi*-Begriff fällt auf, daß er sowohl auf atmosphärische Phänomene als auch auf leibliche Regungen angewandt wurde. Der atmosphärische Gehalt zeigt sich recht deutlich in der Etymologie, die nach Unschuld „auf eine Urbedeutung ‚aufsteigender Dampf'" hinweist (Unschuld 1980, 60).[962] Mazaheri sprach sogar vom *qi* als einem „Sammelbegriff für atmosphärische Größen" (Mazaheri 1992, 50). Dampf, Nebel und Wind hatten als atmosphärisch-kosmologische Phänomene sowohl im alten China als auch im alten Griechenland ihren Platz.[963] Bei Homer und Anaximander war der *aer* feuchter Dunst; erst Anaximenes machte aus ihm eine Art Zwischenelement. Ähnlich dürfte sich das *qi* aus seiner zunächst rein atmosphärischen Bedeutung „Dunst" allmählich zum philosophischen Prinzip entwickelt haben. Vom „Grundelement aller Dinge" schrieb T. T. Chang: „Das Wort Ch'i, das in der Alltagssprache Luft und Ausdünstungen der Natur sowie Atem, Körperkraft, Emotion und Fluidum eines Menschen bedeutet, wurde als Terminus zur Bezeichnung des Grundstoffes aller Dinge gewählt, offenbar weil die Luft die Qualität der Feinheit, Beweglichkeit und Wandelbarkeit besitzt und auch weil der Atem für das Leben und die Leistungskraft des Menschen eine entscheidende Bedeutung hat." (T. T. Chang 1982, 33) [964] Vergleiche wurden beispielsweise zum lateinischen *spiritus* und zur alttestamentlichen *ruah* gezogen.[965] Ots mein-

962 Zum *qi* und der „Lokalisierung in der Atmosphäre sowie seine in ‚Feinheit' implizierte ungegenständliche Ausdehnung als gasförmiges Medium" s. Mazaheri (1992, 48 A. 2).

963 Dazu Ots: „Tatsächlich zeigen sich Ähnlichkeiten zwischen qi und dem griechischen Konzept pneuma und dem indischen Konzept prana. All diese Konzepte gingen auf Beobachtung naturgesetzlicher Phänomene der Außenwelt zurück und wurden dann auf die Beschreibung körperlich-geistiger Qualitäten erweitert (die Luft, die ich einatme, ist auch die Kraft, die mich beseelt)." (Ots 1987, 176)

964 Thiel führte aus: „Ch'i dürfte als Grundbedeutung Wolkendunst haben, wird dann zum Bild des feinen, Sublimen. Es bedeutet auch Atemdunst, damit auch das Leben." (Thiel 1970, 26f. A. 35) Dazu a.Schwartz: „It is ... clear, however, that *ch'i* comes to embrace properties which we would call psychic, emotional, spiritual, numinous, and even ‚mystical'". (Schwartz 1985, 181) Und a. Sivin: „It stands for a conception similar in breadth to the Stoic pneuma. On one level it names the air we breathe, the subtle material breath of life. In cosmology it is used for a terrestrial effluence through which the planets move. In chemistry it can refer to an aroma, to fumes, to smoke, or to the activity of a reagent. In medicine the homeostatic force within the body is a *ch'i*; so is any pathological agent which disturbs the balance" (Sivin 1968, xviii).

965 Zum Vergleich mit *ruach, pneuma, psyche, atman* und *spiritus* als Verbindung von Atem und Seele s. Schwartz (1985, 439f. A. 22). Thiel schrieb: „Man vergleiche dazu das lateinische Spiritus, das zuerst Hauch, Atem bedeutet, dann aber geistigen Sinn erhielt: Begeisterung, Gesinnung, Geist. Das hebräische ruach bedeutet Wind wie Geist, zeigt also ähnliche Bindung. Im Chinesischen blieb aber Ch'i im Bereich des Vitalen, für den geistigen Bereich waren schon andere Worte im Gebrauch." (Thiel 1970, 27 A. 35) Zum *qi* als „allgemeine Energie" – ähnlich dem *prana* und *pneuma* – s. Stephan Pálos (1985, 36) u. Heinz Klein (1986, 19). Ots schrieb zum *qi*-Konzept mit seinen Parallelen *pneuma, prana* und „Geist": „sie alle beschreiben sowohl die Luft, die uns umgibt und die wir atmen, als auch

te, unter beiden Vorstellungen sei ein „flüchtiges, nicht faßbares Medium“ zu verstehen, das auf eine „leibliche Qualität“ zurückgeführt werden könne. In Abhebung von R. Wilhelms Begriff der „Lebenskraft“ versuchte Thiel, das darzustellen, was später von Ots das „polyvalente Konzept *qi*“ genannt wurde (Ots 1991, 43), indem er im Plural von „Lebenskräften“ sprach: „Es sind dies die Kräfte und Mächte des leiblichen Lebens in all seinen Funktionen, von der Sinneserkenntnis bis zu den geschlechtlichen Regungen.“ (Thiel 1970, 26f.) [966] Im Grunde schloß sich auch Ots der Ansicht Thiels an, als er *qi* als „elementares Lebenskonzept“ definierte, „das jedoch unser Erklärungsmodell von ‚Prinzip‘ oder ‚Konzept‘ dahingehend überschreitet, daß es sowohl eine gedankliche Abstraktion als auch Begriff für leibliches Spüren darstellt“ (Ots 1991, 44f.). Dieser Sachverhalt ist ebenso für die Termini *aer*, *aither*, *pneuma*, *ruah*, *tondi*, *vayu/bayu* und *prana* charakteristisch, denn diese Begriffe stehen im engen Zusammenhang mit atmosphärischen Phänomenen und leiblichen Regungen.[967] Den doppelten Aspekt von objektiver Kraft und subjektivem Zustand hatte auch C. G. Jung, der besonders die religiöse Bedeutung dieser Vorstellungen hervorhob,[968] schon den „allerprimitivsten Vorstellungen“ bescheinigt.

---

eine leibliche Qualität, die von unterschiedlichen Positionen aus als Lebenskraft, Energie oder auch Seele (siehe Ots 1990, 44ff.) bezeichnet wird. Ein Äquivalent hierzu finden wir in der Vielbedeutung des deutschen Begriffs ‚Geist‘, der zugleich die geistige Kapazität des Menschen, ein ätherisches Prinzip (der ‚Heilige Geist‘), Geister im Sinne von Dämonen, Geist im Sinne von etwas Bewegtem als auch im Sinne von Ausdünstung, z. B. im Begriff ‚Weingeist‘, umschreibt. Das Verbindende zwischen diesen unterschiedlichen Dingen ist ihre Charakterisierung als flüchtiges, nicht faßbares Medium.“ (Ots 1991, 40) Das um den Geistbegriff gelagerte Bedeutungsspektrum, das sowohl die sogenannten Gespenster als auch deren naturwissenschaftliche Hauptfeinde, die aufgeklärten Gedanken, umfaßt, wird nur weiter ausgedehnt, wenn auch noch alle chinesischen Vorstellungen mit hineingenommen werden. In den meisten Fällen lassen sich die Phänomene auf ein Spüren von leiblichen Regungen zurückführen, womit auf den Terminus „Geist“ verzichtet werden kann. Das gilt für den Substanzbegriff im altägyptischen Beispiel von Assmann: „Da den Ägyptern aber die Unterscheidung von ‚Geist‘ und ‚Materie‘ fremd ist, drücken sie Immaterialität mit Hilfe der Luft als einer besonders feinen, unsichtbaren, allgegenwärtigen und alldurchdringenden Substanz aus.“ (Assmann 1990, 171)

966 Vgl. a. das indische Beispiel aus der Prasna-Upanisad 3, 4, wo vom *prana* („Lebenshauch“) im Verhältnis zu den verschiedenen *pranas* die Rede ist, das Mehlig so übersetzte: „Und wie ein König seine Beamten beaufragt, die Dörfer zu verwalten, ebenso überträgt dieser Lebenshauch (sg.) den anderen Lebenshauchen (pl.), jedem für sich gesondert, die Aufgaben.“ (Mehlig 1987, 343)

967 Eine fragliche Uminterpretation in moderne medizinische Terminologie unternahm Palos: „Mit *Ch'i* bezeichnete man auch die Aus- und Einatmung *ch'u-ch'i* (Ausatmen) und *ju-ch'i* (Einatmen) sowie die menschlichen Emotionen; in moderner Terminologie benennt man damit einen besonderen neurobiologischen Umstand, … Mit anderen Worten bezeichnet *Ch'i* die Tätigkeit des neurohormonalen Systems.“ (Pálos 1985, 36) Wenig exakt versuchte auch Mark Elvin den leiblichen Aspekt begrifflich zu erfassen, als er schrieb: „Emotions are experienced and described as somatic. Misery is a physical thing, … Anger is *pneuma* rising in one's body like steam.“ (Elvin 1989, 291)

968 Dazu Jung: „Wie sehr die Anfänge der religiösen Symbolbildung gerade mit einem energetischen Begriff verbunden sind, zeigen die allerprimitivsten Vorstellungen von einer magischen Potenz, die ebensowohl als objektive Kraft betrachtet wird, als sie auch subjektiver Intensitätszustand ist.“ (Jung 1971, 76)

Daß der leibliche Bezug von äußerster Relevanz für den *qi*-Begriff ist, läßt sich beispielsweise mit Ute Engelhardt zeigen, obwohl sie in ihrer energetischen Terminologie ganz Porkert folgte. Nach ihrer Ansicht können sowohl der Mensch als auch der Kosmos „als ein energetisches System von funktionellen Entsprechungen" aufgefaßt werden, weil die „Energieformen" nicht nur körperlich, sondern auch kosmisch seien.[969] Sie würden „sowohl den menschlichen Körper als auch den Kosmos" erfüllen (Engelhardt 1987, 7). Doch gleiches läßt sich vom *pneuma* sagen, denn, so Kleinknecht: „was außen gilt, gilt innen: als ein Stück Natur ‚ist' *pneuma* wie diese ‚alles mit einem Male', ein Äußeres und Inneres, Stoffliches und Geistiges, Natürliches und Göttliches" (Kleinknecht 1959, 333). Porkerts Versuch, durch Benutzung des Energie-Begriffs den Ausdruck *pneuma* zu vermeiden, ist schon insofern zum Scheitern verurteilt, weil auch für *pneuma* das Wort Energie benutzt wurde. Saake, der die „lebenselementare, energetische Grundvorstellung" und die „vital-energetische Bezogenheit" des *pneuma*-Begriffs herausstellte, schrieb, als ob er *qi* meinen würde: „Indem die Dynamik des Bewegungsgeschehens Momente elementarer Lebenskraft und naturhafter Wirkungsfähigkeit repräsentiert, erweist sich der *pneuma*-Begriff von vornherein als energetisch-komplexmehrdeutig." (Saake 1974, 388f.) Sicherlich muß man Porkert und Unschuld mit ihrer Ablehnung des *pneuma*-Begriffs in gewisser Weise recht gegeben, denn eine „eins zu eins" Übersetzung von *qi* = *pneuma* geht genauso fehl wie das Ersetzen chinesischer Begriffe durch angebliche lateinische, griechische, englische oder deutsche Äquivalente. Gesucht wird also eine Vergleichsbasis, die einerseits die Verwandtschaft würdigt, andererseits aber auch die Unterschiede verdeutlicht und die Phänomene hinter den Begriffen im Blick behält. Diese ist mit dem Begriff des Leibes gegeben.

Die Frage, ob die ursprünglichere Bedeutung von *qi* in dem Phänomen des „Lebensodems" oder dem der „Luft" zu finden sei, beantwortete Mazaheri „zugunsten der Luft" (Mazaheri 1992, 51). Ganz sicher war sie sich aber nicht, denn sie meinte auch: „Das ZUOZHUAN nennt den Begriff *Qi* allerdings nirgends in der konkreten Bedeutung ‚Atem'. Lediglich als ‚Lebensodem' im Sinne von ‚Lebenskraft' taucht es auf." Bei der Diskussion von Heraklits *psyche* und der alttestamentlichen *nepes* wurde bereits auf die Problematik einer sogenannten „Lebensenergie" eingegangen und vorgeschlagen, statt von „Lebenskraft" besser von „Leibeskraft" zu sprechen. Ganzheitliche Regungen des Leibes bilden mit den teilheitlichen Impulsen, die die Lebendigkeit des Menschen nicht nur ihn selber fühlen lassen, sondern ihn auch als belebt zu erkennen geben, die Basis der verschiedenen Kraftbegriffe. Der Bezeichnung „Lebensenergie" entspricht kein Phänomen, denn Leben läßt sich weder messen noch irgendwie anders quantifizieren oder in eine physikalische Formel bringen. Die Zusammensetzung von Leben und Energie ist also ein illegitimes Verfahren; wohingegen der Begriff Lebenskraft,

969 Dazu Engelhardt: „Wenn wir nun diese drei ‚Energieformen' qi, jing, und shen .... im Zusammenhang betrachten, fällt auf, daß der Kosmos wie auch der menschliche Körper als Mikrokosmos als ein energetisches System von funktionellen Entsprechungen aufgefaßt werden kann, wobei zwischen Stoff bzw. Körper und Geist nicht unterschieden wird." (Engelhardt 1987, 6)

versteht man Kraft hier nicht im physikalischen, sondern im phänomenologischen Sinn, einen Eindruck schildert, der auf ganzheitliche Regungen des lebendigen Leibes verweist.

Den leiblichen Bezug des *qi* bringt eine Übersetzung aus dem GUOYÜ (125) gut zum Ausdruck, wo es nach Mazaheri heißt: „Im Mund ist das *Qi* als Stimme, im Auge ist es als Helle." (Mazaheri 1992, 51f. A. 6) Sie folgerte daraus: „Die Gleichsetzung des *Qi* mit dem Helligkeitsträger spricht auch hier gegen seine konkrete Gleichsetzung mit dem Atem." Ähnliches wurde schon bezüglich des frühgriechischen *psyche*-Begriffs angesprochen, wobei die dort immer wieder postulierte Gleichsetzung mit dem Atem ihre Kritik fand. Mazaheri brachte Beispiele für das *qi* als „eine den Körper durchflutende Energie", als „Muteskraft" und als „konkreter Stoff" (Mazaheri 1992, 52). Hierbei dürfe aber kein „streng physikalisches Denken" angenommen werden. „Das *Qi* wird nicht von außen eingeflößt und entweicht dann, sondern es ‚kommt auf' und ‚vergeht' dann einfach wieder im Körper des Menschen. *Qi* kann, auf diese Weise im Körper des Menschen lokalisiert, am besten auf die Grundbedeutung ‚Gemütsstimmung' gebracht werden." (Mazaheri 1992, 53) [970] Die „doppelte Bedeutung ‚*Qi* in der Atmosphäre' und ‚*Qi* im Körper'" erklärte sie damit, daß das „körperliches Befinden die seelische Stimmung" beeinflusse und verdeutlichte das an dem schon in frühen Texten beschriebenen „Einfluß des Wetters auf die körperliche Verfassung des Menschen". Gemäß dem von Ihr postulierten Entwicklungsschema ist die Verbindung zwischen „Körper und Atmosphäre" aber erst ein sekundärer Schritt, der zu der „eigentlich klimatologischen Größe *Qi*" den „Lebendigkeitsaspekt" hinzukommen läßt. Dieser wiederum verweise auf „die Note der Energetik, Eigendynamik und Eigendeterminiertheit", die das *qi* gegenüber dem *aer* auszeichne (Mazaheri 1992, 53). Hier kann Mazaheri nicht mehr ganz gefolgt werden. Oben wurde schon gezeigt, daß ihre Sicht des *aer* als eines toten Elements in die Irre führt. Die von ihr aufgezeigten Unterschiede sind nur scheinbar. Dies soll, da es mittlerweile eine umfangreiche Diskussion um die frühgriechischen Parallelen zum *qi*-Begriff gibt, noch etwas ausführlicher gezeigt werden.

Die anaximensiche Gleichsetzung von *aer* und *pneuma* mit der *psyche* in Fragment B 2 verdeutlicht das intensive eigenleibliche Spüren der atmosphärischen Phänomene Luft und Wind. Hier gleichen sich *qi* und *aer*. In beiden Konzeptionen lag der Schwerpunkt auf dem kosmologischen Geschehen, das leiblich entschlüsselt und auf seine spürbare phänomenale Dimension bezogen wurde. Diese Parallele läßt sich sogar soweit verfestigen, daß auch das Prinzipienpaar der Verdichtung und Verdünnung ein chinesisches Gegenstück findet, wie sich mit den Kapiteln 22 und 25 des Buches Zhuangzi beweisen läßt. Dort ist von Sammlung und Zerstreuung des *qi*, als den zwei Prinzipien, der Entstehung des Lebens und dem Eintreten des Todes, die Rede. T. T. Chang übersetzte Kap. 22 so: „Das Leben des Menschen ist die Zusammenballung des Ch'i. Die Zusammenballung des Ch'i führt zum Leben, seine Auflösung zum Tod. Daher

970 Zum *qi* als „‚gemütsbestimmende Atmosphäre'" s. a. Mazaheri (1992, 48 A 2). Zur „Doppeldeutigkeit des Qi-Begriffs als inner- und außerkörperliches Fluidum" s. (Mazaheri 1992, 57).

sind alle Dinge eins.“ Und Kap. 25 folgendermaßen: „Zusammenballung und Auflösung (des Ch'i) sind der Weg des Werdens.“ (T. T. Chang 1982, 35 u. 83)[971]

Viel anders hätte sich Anaximenes wohl auch nicht geäußert, wenn auch das Verdünnen bei ihm zum Warmen, Feinen und Lebendigen führte und das Verdichten zur kalten Masse. Entscheidend ist die Übereinstimmung in der Polarität, nicht in der Zuordnung der Prinzipien zu bestimmten Phänomenen, denn darin unterscheiden sich schon die frühgriechischen Vorstellungen untereinander. Girardot charakterisierte das *qi* als einen sich durch „separation and fusion“ selbstorganisierenden Stoff (Girardot 1983, 148). Schwartz zog mit Bezug auf Zhuangzi Kap. 25, 10 gerade diese Prinzipien heran, um zu beweisen, daß der *qi*-Begriff „energie“ und „matter“ gleichzeitig bedeutet: „Yet one may nevertheless agree that *ch'i* comes to have properties of both energy and matter, as is clearly proven by the application to it of the notion of condensation and rarefaction in later Chinese thought.“ (Schwartz 1985, 181)

Treten damit die basalen Ähnlichkeiten der griechischen und chinesischen Konzeptionen hervor, so herrscht bei deren Interpretation aber große Verwirrung. Gerade die nicht reduktionistische Vorgehensweise dieses im positiven Sinne intuitiven Denkens der alten Philosophen würdigte Schwartz nicht, als er einen angeblichen Unterschied zwischen dem Prinzip des Anaximenes und dem *qi* im Buch Zhuangzi herausstellte und vom letzteren im Gegensatz zum *aer* behauptete: „While ‚condensation and rarefaction‘ are mentioned, there is no hint that the rich variety of nature might somehow be ‚reduced‘ to this one principle.“ (Schwartz 1985, 222) Dies ist äußerst mißverständlich, denn im gleichen Abschnitt des Zhuangzi Kap. 22 steht mit T. T. Chang übersetzt: „Daher sind alle Dinge eins“,[972] Und zwei Sätze weiter wird von „the one breath“ gesprochen, der „the world“ sei.[973] Damit wurden auch im Zhuangzi die Phänomene auf ein Prinzip zurückgeführt;[974] und auch hier ist die Übereinstimmung zu Anaximenes wieder augenfällig. Angemerkt werden muß aber, daß weder die altchinesischen noch die frühgriechischen Vorstellungen durch ein formalreduktives Verfahren bestimmt sind. Die Dinge wurden nicht reduktionistisch nivelliert, sondern bei der Zurückführung auf

971 Zu Kap. 22 Graham: „Man's life is the gathering of energy; when it gathers he's deemed alive, when it disperses he's deemed dead“ (Graham 1992, 160). Und an anderer Stelle: „Between cohering and dissolving each has its form.“ (Graham 1992, 152) S. a. Watson (1986, 235), Engelhart (1987, 2) u. Kohn (1989b, 196f.) Zu Kap. 25 Needham: „...but also the conception of condensation and rarefaction so common among the pre-Socratics beginning with Anaximenes. Condensation (*pyknosis*) appears here as *chü*; rarefaction (*manosis*) as *san*.“ (Needham 1992, 39f.) S. a. Schwartz (1985, 221). Zu einem späteren chinesischen Beispiel für die „alternating phases of dispersion and condensation“ s. Bodde (1967, 26), der *qi* mit „‚Ether‘(lit., ‚gas‘)“ übersetzte.

972 Dazu Watson: „The ten thousand things are really one.“ (Watson 1986, 236) Und Graham: „Therefore the myriad things are the One.“ (Graham 1992, 160)

973 Dazu T. T. Chang: „Die ganze Welt besteht aus einem einzigen Ch'i.“ (T. T. Chang 1982, 35) Und Graham: „‚Pervading the world there is only the one energy‘.“ (Graham 1992, 160)

974 Dazu Mokusen Miyuki: „*Ch'i* (vitale, materielle Kraft) bedeutet im traditionellen chinesischen Denken so etwas wie ‚das erste Prinzip‘ des Universums sowohl im kosmologischen als auch im metaphysischen (oder ontologischen) Sinne.“ (Mokusen Miyuki 1984, 184 A. 31)

„das eine Prinzip“ in ihrer qualitativen Eigenart respektiert. Sie gehen aus dem chaotisch mannigfaltigen „Stoff“ hervor. Reduktionistische Methoden halten erst mit Demokrit Einzug in das philosophische Denken. Das Mißverständnis von Schwartz besteht darin, bei Anaximenes ein reduktives Verfahren zu sehen, wo es sich um ein hermeneutisch-erklärendes Vorgehen handelt.

Kritik an Schwartz wurde von Mazaheri geübt, die ihm vorwarf, den Begriff der Reduktion zu eingeschränkt zu benutzen. Sie definierte Reduktion – ausgehend von lat. *re-ducere* – einfach als „etwas zurückführen auf“. Aus diesem erweiterten Verständnis heraus verglich sie dann frühgriechisches und chinesisches Denken mit dem Ergebnis: „Auf beiden Seiten wird ... systematisch unbegrenzte (und somit unüberschaubare) Mannigfaltigkeit auf begrenzte (und somit überschaubare) reduziert.“ (Mazaheri 1992, 183) Ob in diesem Fall der Begriff der Reduktion sinnvoll ist, sei dahingestellt. Das *qi* als relativ chaotisch Mannigfaltiges begrenzt nicht das Unüberschaubare, sondern versucht es zu erklären. In diesem Sinne läßt sich mit Mazaheri sagen: „Es handelt sich auf beiden Seiten um eine integrierende Gesamterfassung phänomenaler Vielfalt.“ Problematisch wird es aber, wenn der Transzendenz-Begriff mit dem der Reduktion verbunden wird. So behauptete Mazaheri schon im nächsten Satz: „Diese Erfassung erfolgt im Zuge der Reduktion lediglich insofern transzendierend, als die direkt erfahrene Wirklichkeit hinterschritten wird und eine nur rational erfahrbare Wirklichkeit gedacht wird.“ (Mazaheri 1992, 182) Die Gegenübersetzung von „direkt erfahrener-“ und „nur rational erfahrbarer Wirklichkeit“ zeigt das gleiche Schema wie beim Vergleich des Daoismus mit der parmenideischen Philosophie und lenkt den Verdacht auf platonische Vorstellungen, die weder für China noch für die „Vorsokratiker“ eine treffende Beschreibungsform bieten. Fünf Seiten zuvor hatte Mazaheri die Behauptung, „daß sich die Ausführungen über das metaphysische Qi im ZHUANGZI auf höherer spekulativer Stufe befinden als der Aer des Anaximenes“ damit begründet, daß die „griechischen Denker“ durch eine „tendenzielle Ausklammerung des Transzendenten“ charakterisiert werden könnten, wohingegen die Daoisten durch eine „bewußte Entscheidung gegen durchaus auch in China bekannte rationale Denkweise“ bestimmt seien (Mazaheri 1992, 177 A. 10). Solche Charakterisierungen sind sprachlich zu ungenau und irreführend. Schließlich glaubte sie sogar für die von Schwartz „aufs Physikalisch Naturwissenschaftliche eingeschränkte Definition der Reduktion im chinesischen Bereich genügend Beispiele finden“ zu können und verwies dabei auf die Terme *yin-yang*, *wuxing* und *qi* (Mazaheri 1992, 182 A. 21). Spätestens hier offenbaren sich die Mißverständnisse. Da, wo Schwartz fälschlich naturwissenschaftliche Reduktion am Werk sah, z. B. bei Anaximenes, wollte Mazaheri sogar noch anhand chinesischer Beispiele die von Schwartz nur projizierte Naturwissenschaftlichkeit auch in China nachweisen. Dementsprechend sprach sie in Verkennung der Leibperspektive von den „mechanistischen Betrachtungsweisen“ der Prinzipien der „Zusammenballung“ und „Zerstreuung“, die sich für „ein Entstehen aus dem *Qi* häufig beschrieben“ fänden (Mazaheri 1992, 172).

Die Zurückführung leiblich-kosmischer Phänomene auf ein ihnen unterliegendes Prinzip, das im weitesten Sinne als „Urstoff“ bezeichnet werden kann, bedeutet nicht, die Phänomene „pysikalisch" auf eine bestimmte atomare oder energetische Konstruktion zu reduzieren. Auch die Hervorbringungsbewegung wird nicht mechanisch erfaßt. Was wäre das für eine seltsame Mechanik, die Leben entstehen ließe? Die angeblich reduktionistische Auffassung des Anaximenes durch Schwartz resultiert aus seiner irreführenden Konstruktion einer Linie zu den Atomisten Leukipp und Demokrit, denn er setzte die Anaximenische Weltentstehungserklärung aus den beiden Prinzipien der „condensation and rarefaction" des *aer* mit der Methode des „compounding and construction" der atomistischen *somata* gleich. Beide an sich nicht zu vereinbarende Positionen und Denkstile betrachtete Schwartz als reduktionistische Konstruktionsprinzipien und nahm sich – einen chinesischen Konstruktivismus lehnte er ab – dadurch die Möglichkeit, die offenkundigen Parallelen zwischen *aer* und *qi* zu erkennen. Anstelle von naturwissenschaftlich-reduktionistischen Versuchen war man in beiden Kulturen bestrebt, die Wirkungsweise der erfahrenen Kräfte möglichst klar zu beschreiben und sie gleichzeitig in ein ontologisches System einzubinden, das es erlaubte, sie ganzheitlich zusammenzufassen. Sammeln und Zerstreuen, Ausdehnen und Zusammenziehen, Pressen und Loslassen, Entspannen und Anspannen sind Prinzipien, die sowohl für den menschlichen Leib als auch für den Kosmos gelten. Die formelmäßige, quantitative Erfassung der Phänomene durch die Reduktionisten verlangt ein methodisches Vorgehen anderer Art als das beschreibende Herauslösen von Sachverhalten und ihr Zurückführen auf allgemeinverständliche Prinzipien, wie es in der frühen Philosophie versucht wurde. Der physikalische Konstruktivismus darf nicht mit ontologischem Explikationismus verwechselt werden, denn die schonenden Abhebungen der Sachverhalte aus Situationen, wie sie die alten Eindrucksdenker – egal ob Griechen oder Chinesen – vornahmen, verlieren in jedem Fall – hier ist auch Schwartz gleicher Ansicht – ihren lebensweltlichen Erklärungswert, wenn sie auf atomare Strukturen oder innerseelische Abläufe hinabgestuft werden. Solche Konstrukte setzen nicht mehr ein Spüren des Leibes und die eigene Erfahrung voraus, sondern sind nur noch mittelbar und logozentrisch erfaßbare Denksysteme. Daß sich altchinesische Vorstellungen nicht mit den physikalischen Theorien des Atomismus erklären lassen, wurde mehrfach betont (s. o.). Moritz, der sich an Schwartz anlehnte, wunderte sich nicht darüber, „daß wir im Denken des alten China die Vorstellung des Atoms nicht antreffen" (Moritz 1990, 245). Das stimmt sicherlich, doch die Bemerkungen von de Groot, Forke, Friedrich oder Feng über angebliche chinesische Atomvorstellungen sollte man zurückweisen.[975] Wenn Moritz allerdings mit der Behauptung fortfährt, in China habe es „- streng genommen –

975 De Groot behauptete: „Demnach ist Schöpfung ein beständiges Ausströmen einzelner Jang- und Jin-Atome, und Tod ihre Resorption. In diesem Schöpfungsprozeß liegt die höchste und hauptsächliche Offenbarung des Tao. Er erfolgt, da das Tao spontan wirkt, durch die Atome von selbst." (De Groot 1918, 10) Zum angeblichen „Atomismus" bei Hui-tse s. Forke (1927, 33). Bei Kuo Hsiang glaubte Friedrich „qualitative ‚Atome'" finden zu können; einem „ansonsten unbekannten Lehrer aus Shensi (*kuan-nei*)" unterstellte er „einen wohl nur halbverstandenen Atomismus" (Friedrich 1984, 31 u. 48). Zum angeblichen chinesischen Atomismus s. a. Feng Jingyuan (1985, 38f.).

kein bewußtes Suchen nach einem Urstoff im eigentlichen Sinne“ gegeben, und es sei „unschwer festzustellen, daß das Nachdenken über *qi* – interpretiert als Einheit von Lebenskraft und Substanz – keine den griechischen Urstofflehren vergleichbare Position in diesem Denken“ habe, so ist das – abgesehen davon, daß die Formulierung „Urstoff im eigentlichen Sinne“ nicht klar ist – irreführend. Es handelt sich hierbei lediglich um eine Variante der Theorie von Schwartz, auf die sich Moritz bezog, als er den Begriff „energy/stuff“ als Einheit von „Lebenskraft und Substanz“ zum Vorschein brachte. Er betonte, das *qi* würde „weniger homogen als qualitativ gleichartige Ursubstanz der Dinge, sondern mehr qualitativ differenziert (als *qi* von etwas: ...) diskutiert“ und erläuterte: „*qi* ist weniger ein Urstoff, als vielmehr eine Art von verbindender Substanz der all-umfassenden *dao*-Ordnung“. Doch wie kann etwas weniger Stoff und mehr Substanz und dann wieder weniger Substanz, aber dafür vielfältiger qualifiziert sein? Moritz spielte mit der Sicht einer „verbindenden Substanz“ im Unterschied zum „Urstoff“ wieder auf Schwartz an. Dessen Ergebnisse überzeugen jedoch nicht, denn gerade was die Frage des Stoffs oder „matter“ angeht, irrte er sich erheblich. Besonders deutlich wird das dort, wo er anstelle des *aer* das *apeiron* des Anaximander als Parallele zum *qi* anführte und so zu der Behauptung kam: „To the extent that the notion *ch'i* in its more philosophic development resembles anything in early Ionian thought, it seems to be closest to Anaximander's *apeiron* or ‚boundless'.“ (Schwartz 1985, 182f.)[976] Dieses sei wie das *qi* „an indeterminate substance which can manifest itself in the determinate manifold of the world rather than a homogeneous elemental stuff of minimal properties such as Anaximenes' air“ (Schwartz 1985, 360). Diese Aussage ist eine Fehldeutung; das *apeiron* ist alles andere als eine „indeterminate substance“, die sich in der Welt „manifestiert“. Weder bei Anaximander noch bei Anaximenes darf der erst viel später entstandene Substanzbegriff angewandt werden, auch wenn er sich bei einigen Interpreten großer Beliebtheit erfreut.[977] Schließlich ließ sich Schwartz zu folgender (von Moritz im obigen Zitat wiederholten) äußerst gewagten These verleiten: „If one can indeed make the generalization that Greek ‚philosophy' begins in Miletus with notions of a ‚primordial stuff/energy', one would have to say that Chinese ‚philosophy' – ... – begins with reflections on an all-embracing primal order and the notion of an order which does not require the reduction of its multiple components and relations to any preexistent ‚stuff'.“ (Schwartz 1985, 180) Das *qi* ist keine „primal order“. Von einem „preexistent ‚stuff'“ könnte man vielleicht bezüglich des *apeiron* bei Anaximander spre-

976 Das übernahm Ots (1991, 40). Zum Vergleich von *qi*, *apeiron* und dem Chaos (*hundun*) s. a. Feng: „Hunduan is a thing without limitations and without specific regulators. The term ‚Infinity' (apeiron) (in Anaximander_s thought) appears to connote precisely the same.“ (Feng Jingyuan 1985, 33)

977 Zum *qi* als „material substance“ s. Feng Jingyuan (1985, 25ff.). Zum „*Qi* als Philosophem im ZHUANGZI“ meinte Mazaheri: „Es handelt sich bei den Qi-Lehren insofern um ernstzunehmende *meta-physische* Spekulationen, als mit ihnen der Schritt hinter die phänomenale Welt vollzogen wird – hin zu einer (...) Substanz.“ (Mazaheri 1992, 82) Dagegen hatte bereits Peerenboom klargestellt: „*Qi*, however, cannot be taken as mere breath or air, that is as a physical substance.“ (Peerenboom 1990, 165)

chen, vorausgesetzt man versteht unter der Bezeichnung „Stoff" bereits etwas vage Belebtes und unter „preexistent" die Phase der Individuation vor der Abscheidung des Keimes. Weder Parmenides noch Heraklit und Empedokles bezeichneten das Sein als stofflich in einem abstrakten Sinn. Der *aer* des Anaximenes und des Diogenes von Apollonia, der sich als irgendwie „stofflich" und gleichzeitig belebt anbieten würde, war nicht „prä-", sondern „immer schon und noch existent". Er läßt sich nicht als eine Form der Reduktion seiner multiplen Komponenten und Relationen betrachten, denn diese werden nicht zugunsten kleinster Teilchen reduktiv ausgeklammert wie bei Demokrit. Statt dessen bildet er die ontologische Basis, die eine andere Form der erklärenden Herleitung von Gestalten und Ordnungen im Sein erlaubt als die der konstruktivistischen Atomisten. Die Dinge werden bei Anaximenes duch die beiden Individuationsakte der Verdichtung und Verdünnung des *aer* hervorgebracht, der durch diese Prozesse die vielfältigen Formen produziert. Das Anaximandrische *apeiron* unterscheidet sich von dem *aer* des Anaximenes darin, daß der *aer* diese Welt konstituiert, daß er also „maximal potencies" besitzt, wohingegen sich das *apeiron* – bildlich gesprochen – vornehm heraushält und damit auf „minimal properties" reduziert werden kann. Schließlich wird vom *apeiron* zwar ausgesagt, es umfasse die Welt , was mit dem von Schwartz überbetonten Aspekt des „all-embracing" übereinstimmen würde, doch darf es – und hier liegt der entscheidende Gegensatz sowohl zum *aer* als auch zum *qi*, die sich in dieser Beziehung wiederum geradezu aufdringlich ähneln, – nicht als eine innerweltliche Kraft verstanden werden. Hinzu kommt, daß sich das *qi* durch eine leichte Verschiebung der Perspektive sehr wohl als „Urstoff" bezeichnen läßt, z. B. als „Urpneuma" bei Friedrich (1984, 137 A. 126) oder mit Bezug auf die kosmische Dimension als „Grundstoff" bei Roetz (1984, 154 A. 3).

Im Gegensatz zu Schwartz hob Feng die großen Ähnlichkeiten zwischen anaximenischem *aer* und chinesischem *qi* hervor (Feng Jingyuan 1985, 33). Allerdings kann seine terminologische Lösung auch nicht überzeugen, denn er ging – wie später Mazaheri – vom *aer* als „nothing but air" aus. Dieses „nichts anderes als" Luft-Sein bezeichnete er dann als eine Substanz, und zwar als „unified substance base for the infinite diversity of things in nature". Von diesen Ideen und Theorien her, dem „simple primitive materialism, nothing but *qi*/ air" wäre von den Philosophen beider Kulturen „the idea of the eternity or indestructibility of matter" erreicht worden (Feng Jingyuan 1985, 33f.). Substanz und Materie sind keine zum Verständnis archaischen Denkens geeigneten Begriffe. Wenn er schließlich davon spricht, auch in China sei das „monistic ontological concept of *qi* (air)" durch ein „pluralistic structuralist concept of atom" abgelöst worden, so überträgt er die durch und durch kulturspezifische europäische Entwicklung auf China (Feng Jingyuan 1985, 34 u. 38f.). Die von Feng erkannte Ähnlichkeit zwischen *qi* und *aer* versuchte Mazaheri zu widerlegen, obwohl auch sie gewisse Übereinstimmungen zugab. Doch für das *qi* in seiner „späteren Funktion als Philosophem" träfen diese nicht mehr zu. (Mazaheri 1992, 173). Sie postulierte einen Unterschied zwischen *qi* und *aer*, der darin bestehen sollte, daß zum *qi* gegenüber dem *aer* noch eine „energetische Note" hinzukäme, die darauf hinweisen würde, „daß nicht schlichtweg das alltägliche Element ‚Luft‘ damit gemeint gewesen sein kann“, – und zwar wie sie es Anaximenes unterstellte, – „sondern tendenziell eher ein luftartiges, energetisches Fluidum“. Sie wehrte sich auch gegen Schwartz, der *qi* mit „vital force“ übersetzt hatte, und versuchte Fengs Ausdruck der „material substance“ dagegen auszuspielen (Mazaheri 1992, 173 u. A. 6). Dann wieder behauptete sie, der „griechischen Seite“ würde im Gegensatz zu den chinesischen Konzeptionen das „Substanzbewußtsein“ bzw. „das Bewußtsein“ von der „substantiellen Gleichheit“ aufgrund eines mangelnden Reflexionsniveaus fehlen (Mazaheri 1992, 174). Zusammenfassend kam sie zu dem Ergebnis: „Es handelt sich im Gegensatz zu Anaximenes bereits um einen ontologischen Grund der Dinge, wobei über Identität und Differenz, Kausalität und Partizipation beim Entstehen aus ihm reflektiert wird.“ (Mazaheri 1992, 187) Wo hier ein Gegensatz sein soll, ist nicht einzusehen. Mazaheri wurde durch ihre Sicht des *qi* als „empirisch nicht erfahrbaren metaphysischen Einheitsgrund“ dazu verleitet, folgenden Unterschied herauszustellen: „Ging es Anaximenes darum, die Identität der Luft und tatsächliche Existenz beim Atmen trotz der verschiedenen Zustandsformen zu beweisen, die sie dabei annehmen kann, so ist für das *Qi* im Körper des Menschen nicht nur keine physikalische, lokalisierbare Präsenz nachweisbar, sondern es bildet die in höchstem Maße indifferente (unlokalisierbare), ohne jede eigene Vorgaben perzipierende Ebene im Menschen.“ (Mazaheri 1992, 175f.) Dies tut es nur in der von Mazaheri konstruierten introjektionistischen Anthropologie. Sicherlich besitzt das *qi* keine „physikalische Präsenz“, denn es ist physikalisch nicht lokalisierbar. Es gibt kein physiologisch-anatomisches Substrat, keine aus Atomen oder Molekülen in ihrer Zusammensetzung definierbare Materie oder Substanz *qi*. Trotzdem ist es da, nämlich leiblich spürbar. Selbst dem „metaphysischen“ *qi* liegen Erfahrungen zugrunde, nur daß diese nicht in einem irgendwie gearteten Inneren des Menschen zu suchen sind, sondern als leibliche Regung der Weite, die sich im ekstatischen Erleben präsentiert.[978] Es ist also gerade umgekehrt, das *qi* ist empirisch erfahrbar – rationale Konstruktionen verleiten nur zu ungesicherten Spekulationen, und naturwissenschaftliche Untersuchungen gipfeln in Illusionen der Meßbarkeit einer nur vermeinten Energie.

Die leiblich-kosmische Anwesenheit des *qi*, die Identität von atmosphärischen Phänomenen, Gefühlen und leiblichen Regungen, kommt anschaulich in einer Übersetzung zum Vorschein, die bereits von James Legge eingeführt, von Unschuld vorgeschlagen und auch von Ots übernommen wurde. Ots übersetzte *qi* mit „Einfluß“ und meinte, dieser Begriff sei „wissenschaftshistorisch – im Hinblick auf die Zeit der Herausbildung dieses Konzeptes – zweifellos der Interpretation von *qi* als Energie vorzuziehen.“ *Qi* könne „auch heute noch als Einfluß äußerer Dinge auf den Menschen ver-

978 Das kommt selbst bei Mazaheri trotz ihrer introjektionistischen Terminologie zum Ausdruck. Zur „zweifachen Lokalisierung“ des *qi* „im Körper“ und im Kosmos schrieb sie: „Bei Reduktion auf diese maximiert indifferente Dimension des Qi in sich, d.h. unter dem Aspekt ihres ‚Qi-Fluidum-Seins‘ werden Mensch und ihn umgebende Welt nivelliert zu ‚Einem‘.“ (Mazaheri 1992, 61) Die „Reduktion“ auf die angeblich „innere“ *qi*-“Dimension“ ist die Konzentration auf einen leiblichen Zustand, der zu einer Verschmelzung von Mensch und Welt führt.

standen werden" (Ots 1991, 42). Er erklärte dann allerdings, im Laufe der Zeit habe sich die *qi*-Konzeption erweitert, und die „als Lebensgefühl, leibliches Spüren oder Emotionalität" wahrnehmbare „innere Qualität" sei mit einbezogen worden; ein Aspekt, den das *qi* mit der Übersetzung als „Einfluß" nicht abdecke. Dies ist aber irreführend. Ots selber hat immer wieder auf die Zusammenhänge von atmosphärischem Geschehen und leiblichem Gespür verwiesen. Diese bestanden seit frühester Zeit. Dabei soll nicht bezweifelt werden, daß der *qi*-Begriff Wandlungen durchlief und integrierende Funktion hatte. Als „Sammelbegriff für atmosphärische Größen" (Mazaheri) beinhaltete er aber durchaus Gefühle. Erst die spätere Entwicklung führte zu einer klareren Differenzierung und einer verstärkten Anwendung auf den leiblichen Bereich. Auch in dieser Beziehung ähnelt das *qi* seinem griechischen Pendant, dem *pneuma*.

Die Begriffe „Atmosphäre", „Einfluß" und „Ausstrahlung" sind phänomenologisch exakt. Sie stehen auch einer späteren religiösen Interpretation nicht im Wege.[979] Die „Naturgewalten" können in ihrer wirksamen Mächtigkeit den Menschen ähnlich beeindrucken wie göttliche Atmosphären; häufig ist die Grenze zwischen beiden nur recht schwer auszumachen (s. o.). Der Begriff „Einfluß" ist deshalb so gut geeignet, weil er auf leibliche Regungen hindeutet, die durch eine „Naturkraft" ausgelöst bzw. eben beeinflußt werden. Außerdem paßt das Bild des Flusses zum Strömen der leiblichen Regungen und zum Spüren von Leibesinselbildung und -schwund, kurz zur basalen Gegebenheitsweise des menschlichen Leibes, der sich einmal ganzheitlich als absoluter Ort und zum anderen teilheitlich als einzelne hervortretende Zentren und Regungen aufdrängt. Diese beiden Formen menschlicher Selbstwahrnehmung spiegeln sich in der Auffassung vom *qi* als ganzheitlichem Seinsgrund, dem „metaphysischen *qi*, sowie dem in Kräfte gefächerten Spiel qualitativer Unterschiede, wie es in der Medizin verwendet wurde. Wenn Engelhardt erklärt,"gemäß der Auffassung der chinesischen Medizin" sei „die harmonische Ausgewogenheit des *qi* im menschlichen Körper und die damit verbundene Möglichkeit zur Abwehr von pathogenen Einflüssen eine Grundvoraussetzung für Gesundheit, Wohlbefinden und langes Leben", so hat sie damit eine Sichtweise beschrieben, die ebenso für Alkmaion von Kroton zutrifft und von diesem für die europäische Medizingeschichte erstmals als *isonomia ton dynameon* definiert wurde (Engelhardt 1987, 4).[980]

Die Ähnlichkeit mit den oben behandelten ägyptischen und indisch-indonesischen Ansichten springen ins Auge. Exessive Gefühle können die leibliche Disposition un-

979 Florian C. Reiter sprach von einer „Personifizierung des Odems *ch'i*" als „Gottheit" (Reiter 1985, 92). Ein weiteres Beispiel für die Vergöttlichung bestimmter Formen des *qi* findet sich bei Schipper (1985, 132f.).

980 Dazu Schwartz: „Illness is treated as a symptom of an imbalance among all these forms of *ch'i*." (Schwartz 1985, 353) Er meinte, in den „all parts of the organism" wäre, wenn sie voll des *qi* seien, „a harmonious and just balance among them. It is when *ch'i* drains out of the body and becomes depleted that imbalances occur which relates directley to imbalances and disorders in the emotions and passions." (Schwartz 1985, 271) Zum Vergleich zwischen chinesischer und griechischer Medizin s. Morris (1989, 6).

günstig beeinflussen, indem sie zu Blockaden des Säftedurchflusses führen und so das Gleichgewicht verschieben. Vergleichbares schrieb Kleinknecht vom leiblichen *pneuma* im Corpus Hippocraticum. Er definierte es als das „*lebensnotwendigste und entscheidendste Element*, von dessen richtiger Dosierung und Zirkulation im Körper die Gesundheit abhängt" (Kleinknecht 1959, 351) Im profanen griechischen Gebrauch behielte das *pneuma* infolge des „Stoffcharakters" seine „subtile wie wirkungskräftige Körperlichkeit" und bezeichne eigentlich nicht etwas völlig Unsinnliches oder „rein Geistiges". Vielmehr sei „pneuma dort, wo alle es haben, als eine bestimmte Seins- und Verhaltensweise der Luft eine dem Organismus des Kosmos in allen seinen Teilen ständig innewohnende, innerweltliche, unpersönlich-vitale Naturkraft." (Kleinknecht 1959, 355) [981]

Ohne hier weiter auf einen Vergleich einzugehen, seien nur noch kurz einige historische Aspekte des *qi*-Begriffs erwähnt. Das *qi* Konzept ist nach Schwartz nicht ursprünglich shangzeitlich, sondern entwickelte sich erst mit der Zhouzeit (Schwartz 1985, 179).[982] Unschuld untersuchte einzelne Termini der dämonenmedizinischen Vorstellungen und der „entsprechungssystematischen Medizin" und erkannte dabei folgenden, durch das Umdenken in der Zhouzeit einsetzenden Wandel: „Nicht mehr Dämonen verkörpern das Unheil, sondern vor allem abstrakte aber auch konkret sichtbare Einflüsse und Ausstrahlungen. Zur Bezeichnung dieser Einflüsse und Ausstrahlungen erscheint in der entsprechungssystematischen Medizin der neue Terminus ch'i." (Unschuld 1980, 60) Diese Erkenntnisse griff Roetz auf und führte als Beleg folgendes Beispiel an: „Für den berühmten Arzt Doktor He aus Qin" sei „der Himmel ein Wirkzusammenhang von 6 Qi (hauchartige Substanzen), aus dem weitere Kombinationen entstehen" würden. Er habe als erster (541 v. Chr.) „eine nicht dämonologische, proto-naturwissenschaftliche Erklärung von Krankheit" entwickelt, die, betrachte „man die Stelle als authentisch, der früheste Beleg für die später dominierende ‚Entsprechungsmedizin'" sei." (Roetz 1984, 176f.) [983] Schwartz machte mit Bezug auf die sechs *qi* des Doktor He darauf aufmerk-

981 Und weiter Kleinknecht zum *pneuma*: „Als *Luft*, die nur in der Bewegtheit spürbar und eben darin zugleich Zeichen, Bedingung und Träger des Lebens ist, das besonders sinnenfällig an den Atem gebunden erscheint, gewinnt *pneuma* auf dem Weg über Lebensodem (*pneuma biou* Aesch. Pers. 507) selbst direkt die Bedeutung *Leben*, ja sogar *lebendes Wesen*" (Kleinknecht 1959, 334). S.a. Saake, der sich ebenfalls auf das *pneuma biou* bei Aeschylos bezog (Saake 1974, 388). U.:"Als meteorologisches Phänomen beeinflussen die *pneumata* die physische Konstitution wie den Charakter des Menschen." (Kleinknecht 1959, 351)

982 Zur hanzeitlichen Etymologie von *qi* als „vapour of clouds" meinte Schwartz, in den Analects (10. Buch, Kap. 4) käme die Bedeutung „breath" vor sowie (11. Buch Kap. 7) „the vital energy blood-ch'i (hsüeh-ch'i)" und außerdem würde es in Bezug auf „the proper tone of voice used when speaking" im Buch 8 Kap. 4. gebraucht (Schwartz 1985, 180 u. 184).

983 S. a. Roetz (1984, 197). Zur medizinischen Bedeutung von Doktor He s. a. Schwartz: „The physician finds all these elements commingled in the human body and some commentators surmise that *yin* and *yang* here refer simply to cold and heat." (Schwartz 1985, 353) S. a. Klein: „Krankheit deutet auf eine Disharmonie im Gesamtorganismus hin, die sowohl vom Mikrokosmos selbst als auch durch schädigende Einflüsse des Makrokosmos verursacht wurde." (Klein 1986, 6) In A. 29 gab er mit Bezug auf

sam, daß bezweifelt werden müsse, ob hier schon ein Beispiel für eine „correlativ cosmology" gegeben sei, da explizit die Korrespondenzen fehlten (Schwartz 1985, 353). Diese sind aber das Charakteristische der auf der Mikro-Makrokosmos-Lehre aufbauenden entsprechungssystematischen Medizin. Zu den „ideologischen Abweichungen" dieser medizinischen Vorstellungen von denen der Dämonenmedizin schrieb Unschuld: „Mit dem Begriff ch'i wurde nun ein weit umfassenderes Konzept einer Beeinflussung des menschlichen und des tierischen Organismus durch äußere Einwirkungen geschaffen, das zugleich die Möglichkeit eröffnete, auch die Aufnahme und die Verwertung dieser Einflüsse durch den Körper zu erklären. ... Die konzeptuelle Überwindung des Wissens um die krankheitsverursachende Wirkung der Dämonen entspricht der Skepsis, die die Konfuzianer der Existenz solcher Wesen entgegenbrachten." (Unschuld 1980, 61)[984]

Die durch äußere, oft als dämonisch interpretierte Einflüsse ausgelösten Krankheiten wurden als Störungen und Blockaden in den jeweiligen Leitbahnsystemen interpretiert; eine Sicht, die nicht auf theoretischer Spekulation, sondern auf konkreten leiblichen Erfahrungen beruhte, die man durch weiterführende anthropologische Überlegungen nutzte und in den medizinischen Systemen verarbeitete. Je mehr sich Wissenschaft und Technik entfalteten und komplexe Medizinsysteme hervorbrachten, um so weiter wurde auch der *qi*-Begriff differenziert und zur Erklärung bestimmter Phänomene herangezogen. Auch in dieser Beziehung läßt sich gleiches vom *pneuma* sagen.

Das, was Porkert eine „energetische Konstellation" nannte, ist bei genauem Hinsehen das Zusammenspiel der verschiedenen leiblichen Kräfte, also eine „leibliche Konstellation", der, für den Fall, daß der Mensch „ein qi ist", ein ganzheitliches Spüren der Einheit des Leibes unterliegt. Handelt es sich aber um verschiedene „qualitativ unterschiedliche qi", dann werden vereinzelte teilheitliche Regungen eines Konzerts der verschiedenen Spannungszustände wahrgenommen und interpretiert.[985] Diese einzelnen *qi* durchziehen Mensch und Welt gleichermaßen und offenbaren sich als Einflüsse an ihren Wirkungen, die man entweder beobachten oder direkt erfahren kann.

---

den Text Shang-han-lun das Beispiel „Ein Überwiegen von Yin oder ein Ungleichgewicht nach Yang nennt man Krankheit." In A. 30 bezog er sich auf Palos (1985, 143).

984 Zum *qi* als „medium" mit der Entwicklung von ursprünglich „breath" hin zu „specific activity" als Rationalisierungsprozeß, der bei Tsou Yen begann, s. Major (1978, 14).

985 Dazu Ishida: „These fluids and energies are so essential to the body that the body is conceived as consisting basically of fluids; we may even say it is fluids and energy." Zu den ganzheitlichen Regungen meinte er, die „inner organs and the bones" würden als „storehouse of the fluids" ähnlich aufgefaßt wie „the body as a whole" (Ishida 1989, 45). Dazu a. Thiel: „Der deutsche Ausdruck ‚erleben' gibt genau das chinesische ch'i wieder" (Thiel 1970, 48).

Die yin-yang Polarität

Die polaren Bezeichnungen *yin* und *yang* sind nicht nur für den frühen Daoismus von großer Relevanz, sondern gehören zu den basalen Ordnungsvorstellungen der chinesischen Kultur.[986] Als Grundkategorien philosophischen Denkens kommen sie ab der Zhou-Zeit zu systematischer Geltung.[987] Die frühen Ansichten müssen – wie beim *qi*-Begriff – von den späteren unterschieden werden, die eine hohe Komplexität der Klassifikationssysteme erreichten.[988] Vermittelt durch die Leibperspektive, dienten die Bezeichnungen ähnlich wie beim *qi* ursprünglich und primär als Ordnungskategorien für kosmologische, soziologische und anthropologische Phänomene.[989] Die Polarität umfaßt das Zusammenspiel von Himmel (*yang*) und Erde (*yin*) sowie die korrespondierenden Gegenüberstellungen von Licht und Schatten, Männlichem und Weiblichem, Feuer und Wasser usw. Die zu Paaren angeordneten Charaktere und Tendenzen lassen sich meistens auf leibliche Regungen von Enge und Weite zurückführen, wobei – wie auch in Griechenland – anfänglich nicht klar zwischen kosmischen und leiblichen Kräften unterschieden wurde, weil die Identität, nicht die Differenzierung im Vordergrund stand. Dabei wird die Engungskomponente, das Dunkle, das sich Zusammenziehende durch den *yin*-Aspekt, die Weite, das Helle, das sich Ausdehnende durch den *yang*-Aspekt ausgedrückt.

Weitere wichtige, auf leibliche Regungen verweisende elementare Paare lassen sich nach Porkerts abstrahierender Darstellung wie folgt auflisten: *yang* als „Beginnendes, Auslösendes, Bewegendes, sich Entfaltendes (sich Ausbreitendes), Auflösendes und Determinierendes" und *yin* als „Vollendendes, Beständiges, Ruhendes, Befestigendes, Erstarrendes, Verdichtendes (Konzentrierendes), zu Organisierendes, Determiniertes".

---

986 Dazu Cammann: „In any case, the idea of a cosmic duality seems already to have been present in China as early as the second millenium B.C., to judge from certain motifs on the bronzes of the Shang and Eraly Chou dynasties." (Cammann 1987, 115 s. a. 104). Zur *yin-yang* Schule meinte Eberhard, ähnliche Gedanken hätten „vielleicht schon vor der Han-Zeit bestanden" (Eberhard 1933, 79f.). Nach T. T. Changs Ansicht kannten die Shang/Yin „noch keine dualistische Weltauffassung". Er glaubte, „ein systematischer Yin-Yang-Dualismus" sei erst im 5. u. 4. Jh. v. Chr. nachweisbar (T. T. Chang 1982, 77f.). T. T. Changs Dualismus-Begriff meint das Phänomen der Polarität.

987 Zum „Dunkel und Licht" bei Tsou Yen 350 – 270 v. Chr. „als „two forces" s. Needham (1992, 232) und als „Kräftepaar" s. H. Wilhelm (1985, 50). Demgegenüber hat sich Feng terminologisch im Materialismus verfangen. Zum *yin-yang* als „naive materialist dialectical thinking" und als „a materialistic unity of opposites" s. Feng Jingyuan (1985, 25, 27) und zu der zeitlichen Einordnung ins 4. Jh. v. Chr. s. Fung Yu-Lan (1952, 159) und Klein (1986, 9 u. 12). Über das Fehlen von *yin* und *yang* in den Analects bei Mencius und Chung Yung s. Waley (1958, 111).

988 Schwartz betonte, die ursprüngliche *yin-yang* Polarität sei noch keine ausgefeilte „correlative cosmology" gewesen (Schwartz 1985, 355). Zur frühen Phase schrieb Mazaheri: „*Yin* und *Yang* zeigen sich als ausschließlich atmosphärische Größen, was ihrer ursprünglichen Bedeutung auch nahekommt." (Mazaheri 1992, 45)

989 Zum „klimatischen Effekt von *Yin* und *Yang*" schrieb Mazaheri: „Das Klima als wichtiger Faktor für leibliches Wohl – und damit indirekt auch für das seelische – ist eine einfache medizinische Beobachtung." (Mazaheri 1992, 47).

Sie werden jeweils so zusammengestellt, daß sich Aktives-Passives, Expansives-Kontraktives, Zentrifugales-Zentripetales, Aggressives-Responsives entsprechen und zusammen eine Einheit bilden (Porkert 1982, 21).

Wie bei den frühen Griechen findet sich auch in chinesischen Texten eine gewisse hierarchische Konnotation von *yin* und *yang*.[990] Wichtig ist in jedem Fall der Unterschied zwischen einem radikalen ethischen Gegensatz von gut und böse – wie er im altiranischen Denken vorkam und im frühgriechischen Denken von Platon in seinem anthropologischen Dualismus benutzt wurde – und der polaren Auffassung des frühen Daoismus, die versuchte, die Gegenpole immer wieder zu vereinen. John Major machte darauf aufmerksam, daß der „complementary dualism", wie er die *yin-yang* Polarität nannte, gerade von dem Zoroastrischen Kampf des Lichtes gegen die Dunkelheit, der als Prototyp dualistischer Weltanschauung dienen kann, unterschieden werden muß. Er hob hervor, daß zumindest die frühen Auffassungen der *yin-yang* Polarität, deren empirische Basis er betonte, im Gegensatz zu dem altiranischen Dualismus frei von „ethischen Werten" waren (Major 1978, 10).[991]

Daß es sich bei *yin* und *yang* ebenfalls um eine dynamische, allesdurchdringende und raumerfüllende Gestaltauffassung handelt, wurde oben schon gezeigt.[992] Himmel und Erde galten als primäre Formkräfte, die gemäß Zhuangzi Kap. 25 als *yin-* und *yang-qi* den „zehntausend Dingen" der geordneten Welt ihre qualitative Prägung gaben. Der Kraftcharakter der Prinzipien war aber immer an eine konkrete Manifestation gebunden. Diese stellte die dynamische Gestalt dar und brachte die Wirkung hervor. Sollte nur die qualitative Komponente einer Bewegung ausgedrückt werden, so dienten *yin* und *yang* lediglich als Namen; wurde aber der dynamische Aspekt betont, so setzte man meist die Bezeichnung „*qi*" (z.B. *yang-qi*) hinzu oder griff direkt auf Ausdrücke wie *shen* und *ling* zurück. Mit der Einbindung von *yin* und *yang* in die Spekulationen um das *qi* war allerdings schon ein weiterer Schritt in der Konzeptualisierung vollzogen.

990 Dazu Bodde: „A common feature of Chinese dualisms, furthermore, is that one of their two elements should be held in higher regard than the other." (Bodde 1967, 54)

991 Needham wies einen Einfluß der Manichaeer für die Zeit des frühen Daoismus zurück, da keine moralische Konnotation mit *yin-yang* verbunden sei (Needham 1992, 277). Zum „dualism" von yin-yang und dem Unterschied zum „Zoroastrian dualism" s. a. Morris (1989, 15). Dazu a. Waley: „In Zoroastrian Darkness is essentially evil; the principle of Light, essentially good. The fundamental conception of *yin* and *yang* is quite different. They are two interdependent and complementary facets of existence, and the aim of *yin-yang* philosophers was not the triumph of Light, but the attainment in human life of perfect balance between the two principles." (Waley 1958, 112).

992 Granet kann man unter Vorbehalt beipflichten, wenn er konstatiert: „Yin und Yang stellen keine Gegensätze dar wie Sein und Nicht-Sein, ja nicht einmal wie zwei verschiedene Gattungen." (Granet 1985, 254) Schwartz vermutete: „*Yin*/*Yang* and the five elements are presumably abstract entities (*entes rationis*) and thus presumably not spirits or gods." (Schwartz 1985, 369) Abwegig ist es, mit De Groot (1918, 8f.) von den beiden „Weltseelen Jin und Jang" oder undifferenziert einfach von „two elements, forces, or principles" zu sprechen, wie dies Wing-Tsit Chan (1970, 244) tat.

Auch die polaren Ordnungen des Yijing markieren einen solchen Rationalisierungsprozeß, denn die ursprünglich religiösen Vorstellungen erscheinen hier zu einem System von natürlichen Kräften gewandelt.[993] Das Verhältnis von Himmel und Erde erläuterte H. Wilhelm so: „In das System des Buches der Wandlungen eingebaut, bedeutet die Polarität dieser beiden Begriffe die Struktur, in der das Ordnungsprinzip latent enthalten ist. ... Die eingefügte Spannung bedeutet keine Starre, nicht einen Pfahl, um den der Kreislauf sich winden könnte, sondern ein Kraftfeld, das die Wandlung bestimmt, ja sie erst hervorruft." (H. Wilhelm 1985, 46) Die acht Trigramme des Yijing sind genealogisch in absteigender Linie angeordnet, wobei von einer Art umfassender und ursprünglicher Polarität ausgegangen wird, um dann mit jedem weiteren Schritt das Bild zu differenzieren.[994] Von Himmel und Erde über Donner und Wind zu Feuer und Wasser bis zu See und Berg liegt der Schwerpunkt bei den Trigrammen auf kosmologischen Phänomenen. Diese Struktur diente als Basis eines Ordnungssytems, das in den auf den acht Grundzeichen basierenden 64 Hexametern eine Höchstform an präziser Klassifikation erlaubte.

Die Ähnlichkeiten dieser Systeme sind besonders im Vergleich mit den vordemokritischen Entwürfen sehr groß. Oben wurden schon Unterschiede zu den Anordnungen der Pythagoreer, des Parmenides und des Heraklit erwähnt. Im Yijing liegt der Schwerpunkt auf dem Wandel mit seinen verschiedenen Übergängen und Abstufungen, wohingegen bei Heraklit die Gegensätze direkter, nämlich „gegenspännig" (*palintonos*/ Fr. 54, s. a. Fr. 51) verbunden waren. Das ineinander Umschlagen der Impulse bei Heraklit wird bei den Chinesen durch fließende Übergänge abgemildert, die Bewegung verläuft eher stetig, nicht abrupt. Hier zeigt sich wieder die Vorliebe der Griechen für klar abgegrenzte, dualistische Formen.[995] Dagegen wurde in China zwar auch getrennt, aber ebenso immer wieder der Übergang und die Einheit gesucht, die Betonung lag also mehr auf Vermittlung und weniger auf Differenzierung.

Insgesamt läßt sich mit Schwartz, der sich auf das Buch Zhuangzi Kap. 25 bezog, zusammenfassen: „There are the interactions of *yin* and *yang*, the four seasons ‚producing and killing each other'. There are the principles of attraction and repulsion which account for sex and other phenomena. There is the principle of condensation and rarefaction." (Schwartz 1985, 221) Das liest sich wie die „gesammelten Vorsokratiker". Auch Needham waren Parallelen zwischen Zhuangzi Kap. 25 und Empedokels aufgefallen. Er schrieb: „Here we find, not only *yü* resembling the philia of Empedokles, and

993 Ähnliches gilt auch für das Buch Zhuangzi, von dessen Kap. 18 Roetz schrieb: „Der ‚Himmel' und die ‚Erde' sind auch hier keine göttlichen Mächte mehr, sondern reine Wirkkräfte der Natur." (Roetz 1984, 245.) S. a. Moritz (1990, 30).

994 Zu „hell und dunkel" schon „in den älteren Schichten" des Yijing s. H. Wilhelm (1985, 49) u. Robinet (1989a, 189). Zur Entwicklung des Yijing in der frühen Han-Zeit s. Needham (1992, 329) u. Moritz (1990, 28).

995 Burkert: „Griechischem Wertempfinden entsprechend ist ‚Grenze' das positive Prinzip; es wird zugleich als männlich aufgefaßt, das ‚Unbegrenzte' als weiblich, entsprechend ist auch die ungerade Zahl männlich, die gerade weiblich." (Burkert 1962, 30f.)

o his *neikos*, but also the conception of condensation and rarefaction so common among the pre-Socratics beginning with Anaximenes. Condensation (*pyknosis*) appears here as *chü*; rarefaction (*manosis*) as *san*.“ (Needham 1992, 39f.)

Diese Ähnlichkeiten lassen sich durch die Leibgebundenheit des frühen Denkens erklären. Natürlich bestehen konzeptionelle Unterschiede sowohl innerhalb als auch zwischen den Kulturen. Doch die Zuordnungen innerhalb der polaren Klassifikation erfolgten allgemein aus den erfahrenen Regelmäßigkeiten und Charakteren, die sich in den Eindrücken offenbarten und die Basis der nicht reduktionistischen Vergegenständlichungsweise bildeten.

Die Polarität in der Anthropologie

Die anthropologische Anwendung des *yin-yang* Konzepts kommt am deutlichsten in den Begriffspaaren *shen* und *guei* sowie *shen* und *ling* zum Ausdruck; und auch hier drängen sich Ähnlichkeiten zu frühgriechischen Vorstellungen auf. In diese Richtung deutet zumindest folgende Bemerkung Waleys: „the words for soul, spirit, etc., had begun their career as names for outside things, and ended by being names for parts of man's interior, psychological equipment“ (Waley 1958, 33). Auch im frühen China waren anthropologische und kosmologische Bezeichnungen zumindest ursprünglich nicht klar voneinander getrennt, sondern wirkten ineinander. Die Identität von am Leib gespürter Regung und dem kosmologischen Wirken einer Kraft wurde in der Forschungsliteratur meist durch eine fragwürdige Seelen- oder Geistesterminologie verstellt. So sprach Unschuld von dem „abstrakten Lebensgeist shen“, Zimmermann übersetzte *shen* mit Geist, Thiel gab Beispiele für *shen* als „Naturgeister“ und Ots behauptete: „Etymologisch bedeutet *shen* Gottheit oder Geist“.[996] Porkert wehrte sich gegen R. Wilhelms Ansicht, *shen* mit „Gott“ zu übersetzen; er machte auf Grundbedeutungen wie „ausdehnen, entspannen, ausbreiten“ aufmerksam und sprach statt dessen von „übergeordneter, energetischer Konstellation“ (Porkert 1961a, 429 u. 431).[997] Doch die hier

996 Unschuld (1980, 65), Zimmermann (1985, 477), Thiel (1969, 177) u. Ots (1991, 49). Zu *shen*: als „divinity“ s. Waley (1958, 47), als „Gott, Seele, Geist oder Bewußtsein“ s. Mokusen Miyuki (1984, 179), als „spirits“ s. Fung Yu-Lan (1952, 31), als „spirituelle Macht“ s. Reiter (1985, 89), als „Ahnen“ s. Anna Seidel (1985, 166). Dazu Wing-Tsit Chan: „In popular religion *shen* means gods (who are good) and demons (who are not always good).“ Und weiter: „In ancient times *shen* usually refers to heavenly beings while *kuei* refers to spirits of deceased human beings.“ (Wing-Tsit Chan 1970, 789f.) Zur Gegenüberstellung von *shen* und *guei* s. Ots (1991, 49), der *guei* als „Dämon“ bezeichnete. Zu *guei*: als „Totenseelen“ s. Thiel (1969, 177), als („Zurückkehrender“) „Dämon“ s. Seidel (1985, 176), als „Geist, Dämon“ s. Porkert (1961a, 433) und als Totengeist im Volksglauben Porkert (1961b, 551). Zum Menschenbild von *guei* und *shen*, *qi*, *ling* und *jing* s. Forke (1927, 124ff.). Zu heutigen modernen Interpretationen, die an die Polarität von Enge und Weite erinnern, s. das Beispiel bei Wing-Tsit Chan: „Thus expansion is *shen* while contraction is *kuei*.“ (Wing-Tsit Chan 1970, 790)

997 Dazu Waley: „...the most ordinary word for soul, is *shen*. It comes from a root meaning ‚to stretch'.“ (Waley 1958, 28) Zum *shen* als „unerschöpflich und unergründlich“, als allgegenwärtig und undefinierbar s. Porkert (1961b, 541).

erwähnten „Energien" sind Atmosphären und Kräfte mit religiöser Konnotation. Diese reduziert der Energiebegriff weg und nivelliert so das geschichtliche Verständnis zugunsten einer vermeintlich stringenten Begrifflichkeit.

Erst allmählich wurde in der ausgehenden Zhouzeit die Bezeichnung für *shen* von den kosmologisch-theologischen Vorstellungen im Raum ergossener Atmosphären verstärkt in den anthropologischen Bereich übernommen. Waley datierte *shen* als ein Leibschema erst relativ spät: „The idea that a *shen* could be a permanent part of a living person's inner equipment does not occur, I think, till the 3rd century B. C. Even so, we are still far from the complete conception of the soul as a kind of twin to the body." (Waley 1958, 29) Eine allmähliche Schwerpunktverlagerung von kosmologisch-atmosphärischen zu leiblichen Bedeutungen führte dazu, daß *shen* und *guei* als Paar zu einem basalen Leibschema altchinesischer Anthropologie wurden. Porkert schrieb: „*Shen* und *kuei* stellen wiederum Erscheinungsformen einer polaren Spannung dar." (Porkert 1961a, 436) Die polare Spannung ist die des Leibes mit seinen Bewegungstendenzen der Weite, Offenheit, Aktivität und Ausdehnung sowie denen von Enge, Abgeschlossenheit, Passivität und Zusammenziehung. Dabei sind *shen* als „konstellierende", mit dem Leben assoziierte „Kraft" und *guei* als Stoff Erscheinungsformen des *yang* und *yin* (Porkert 1961b, 544–547). Ein ähnliches Bild ergibt sich für das Verhältnis von *shen* und *ling*. *Shen* als „dynamischer, wirkender Aspekt des Spontanen", der als „konstellierende, gestaltende Kraft" dem *yang* zugeordnet ist, steht *ling*, der „reaktiven Kraft", die *shen* zum Wirksamwerden braucht, gegenüber (s. a. Daodejing Kap. 39) (Porkert 1961a, 435).[998] Dies berechtigt, den porkertschen Begriff „Konstellation" zu benutzen und *shen* als Kraft zu interpretieren, die durch Einwirkung auf das *ling* dieses zu einem „konstellierten Stoff" umbildet (Porkert 1961b, 541).

Vergleichbares trifft für die Bezeichnung *jing-shen* zu, die nach T. T. Chang ebenso wie das *qi* als „Grundelement aller Dinge" gilt, denn, so führt er aus: „Den Ch'i-Lehren ähnlich ist die Spekulation über den Geist." (T. T. Chang 1982, 33 u. 36)[999] Den Begriff *jing* bezeichnete Porkert als „Geklärtestes", d. h. „Indeterminiertestes", das durch „Zusammenballung" von *qi* entsteht (Porkert 1961a, 425).[1000] *Jing-shen* in Kap. 15 des Buches Zhuangzi übersetzte Watson als „pure spirit" (Watson 1968, 169f.). R. Wilhelm

998 Zum Begriff *ling* der „ursprünglich die Kraft und Fähigkeit des Schamanen" bedeutete, dann aber auch auf den Fürsten angewandt wurde, s. Thiel (1969, 174). Zum *ling* in Verbindung mit dem Schamanismus s. Porkert (1961a, 432). Zu *ling* als „supernatural power" s. Schipper (1978, 374).

999 Zum *jing-shen*, das sich aus *jing* „fein" bzw. „Vitalität" und *shen* „Gott" bzw. „Geist" zusammensetzt, und „in der Alltagssprache die Bedeutung ‚Geist' eines Menschen" hat, s. T. T. Chang (1982, 36). Im Zhuangzi habe es fünfmal die Bedeutung „‚Geist des Menschen'" und dreimal „‚Weltgeist', aus dem die Dinge entstanden sind" (T. T. Chang 1982, 30 A. 21).

1000 Zum *jing* = freier, disponibler Stoff s. Porkert (1961b, 536 u. 1961a, 435). Zu *jing* und der Grundbedeutung „fein", „Feines" meinte T. T. Chang, es würde auch in „den Bedeutungen ‚Geist eines Menschen'", „‚Geist der Berge und Flüsse'", „‚Energie eines Menschen'" und „‚Samen'" gebraucht. Er vermutete, *jing* bedeute hier „die erste formbare Materie Ch'i" (T. T. Chang 1982, 31 A. 24). Zu den verschiedenen Übersetzungen von *jing* s. a. Yün-Hua (1975, 214).

und T. T. Chang übertrugen mit „Geist" und T. T. Chang behauptete dieser würde „als ein allumfassendes metaphysisches Wesen wie das Tao aufgefaßt" (R. Wilhelm 1984, 171; T. T. Chang 1982, 36f.). Diese Übersetzungen führen in die Irre. Gemeint ist das Kontinuum zwischen den Extremen, wie es auch durch das *qi* bezeichnet wird. T. T. Chang übersetzte weiter: „Der Geist reicht überall hin und strömt in alle Richtungen. Es gibt nichts, was er nicht durchdringt. Er verwandelt alle Dinge und zieht sie alle auf. Doch unmöglich ist es, sich ein Bild von ihm zu machen." Dies kommentierte er dann so: „Also ist der Geist in diesem Spruch eine die Welt gestaltende, selbsttätige göttliche Substanz, welche wie das Tao Geltung als Urgrund der Welt beansprucht. Man kann ihn daher auch als ‚Weltgeist' bzw. ‚Weltseele' bezeichnen". (T. T. Chang 1982, 36f.) Dies aber nur mit äußerstem Vorbehalt, denn vom Geist als Substanz ist zwar bei Hegel die Rede, aber nicht bei den frühen Daoisten. Außerdem verbleiben bei Hegel die dialektischen Operationen in seinem abstrakten begrifflichen Rahmen,[1001] der bei den frühen Daoisten so nicht zu finden ist.

Gegen irreführende Analogisierungen wehrte sich dann Wei-hsun Fu: „For Tao is not an entity, substance, god, abstract notion, Hegelian *Weltgeist*, or anything hypostatized or conceptualized." (Wei-hsun Fu 1973, 369) Diese Kritik trifft aber nur teilweise. Sicherlich ist das *dao* eine Einheit (entity) denn es wird sowohl als Beschreibung einer ontologischen Erfahrung als auch als metaphysischer Begriff benutzt, womit es in gewisser Weise konzeptualisiert wird. Inwieweit es als „abstract notion" aufgefaßt werden kann, muß offen bleiben. Es ist natürlich keine Substanz im Sinne des Substanz-Akzidenz-Schemas der europäischen Philosophie und auch kein Gott im Sinne christlicher Vorstellungen, doch Ähnlichkeiten zum aristotelischen Verständnis des „Unbewegten Bewegers" und zum Hegelschen Weltgeist sind nicht einfach von der Hand zu weisen. Außerdem hypostasierte Hegel keinen Weltgeist, das Wort ist ihm nur Metapher.

In jedem Fall muß man bestimmte Unterschiede beachten, denn chinesisches *dao*-Verständnis, Hegelscher Weltgeist und aristotelischer Gott sollen hier nicht gleichgesetzt werden. Es lassen sich immer gewisse Übereinstimmungen, aber niemals eine komplette Identität aufweisen, und dies gilt schon für den Vergleich verschiedener Systeme innerhalb eines Kulturkreises. Daher sollte die „Seele der Welt" bei Hegel keinesfalls mit Platons Weltseele verwechselt werden. Schwartz kritisierte: „The principle of the whole in Taoist mysticism, it is true, cannot be called a ‚world soul' or a ‚ruler' or even a ‚process' or a system of ‚cybernetic control'." (Schwartz 1985, 417f.) Somit sollten bei Übersetzungen Geist- oder Seelenbegriffe vermieden werden.

1001 Wenn Hegel beispielsweise das „Gefühlsleben" des „besonnenen Menschen" als eine „Krankheit" bezeichnet, oder wenn er vom „zum freien Bewußtsein aus der Dumpfheit des fühlenden Lebens entwickelten Denken" spricht, dann kann ihm aus daoistischer Sicht nicht gefolgt werden (Hegel 1975, 332). Zum Vergleich des Buches Zhuangzi mit Gedanken Hegels s. a. Needham (1992, 77) u. Wing-Tsit Chan (1970, 183).

Die polaren Leibschemata lassen sich noch um das Paar *hun* und *po* erweitern.[1002] Sie wurden ebenfalls irreführend als „Seelen“ interpretiert. Dies geschah vor allem durch Hans Steininger, der sich mit seinen Bezeichnungen „Hauch- und Körperseele“ an Wundt anlehnte (Steininger 1953, 17ff.).[1003] Er schrieb: „Wir haben indessen oben gesehen, daß die Aussagen über p'oh, Körperseele, die wir für artverwandt mit kuei, Dämon, ansehen dürfen, nicht klar zum Ausdruck bringen, ob diese etwas vom Körper Verschiedenes ist. Nach dem Tz'e-yüan könnte man p'oh geradezu mit dem Körper identifizieren.“ (Steininger 1953, 25) Zwar distanzierte er sich wieder von dieser Identifikation, doch blieb die Frage nach dem Verhältnis von *po* und Körper für ihn letztlich unlösbar, weil er dem dualistischen Schema von Wundt verhaftet blieb. Die Forschung hat den Seelenbegriff bis heute immer wieder akzeptiert.[1004] Hier führt aber die Leibperspektive weiter, denn der leibliche Zusammenhang der Bezeichnungen wurde, wenn auch terminologisch nicht mit der genügenden Schärfe, öfter herausgearbeitet. Thiel erklärte: „Die Hun steht hier hinter dem körperlichen Leben und seinen Funktionen“ (Thiel 1970, 40 A. 62). Granet kritisierte: „Die Worte *kuei* und *shen* bezeichnen nicht körperlose Seelen. Und unter dem *hun* und dem *p'o* versteht man nicht zwei Arten, und zwar eine stoffliche und eine geistige Art von Seele; man muß sie vielmehr als zwei Gruppen von Lebenskräften bezeichnende Sammelbegriffe auffassen“ (Granet 1985, 300). Die Tatsache, daß von *shen* und *guei* im Plural gesprochen wurde, deutet schon

---

1002 Zum Menschenbild von *hun* und *po* s. a. Forke (1927, 124ff.) und Maspero (1981, 12). Zu *hun* und *po* in ihrem Verhältnis zu *guei* schrieb R. Wilhelm: „Der Körper wird belebt durch das Zusammenspiel von zwei seelischen Gebilden: 1. *Hun*, ... 2. *Po*,... Beides sind Vorstellungen, die aus der Beobachtung des Hergangs des Todes entstammen, daher sie auch beide das Klassenzeichen des Dämons, des Abgeschiedenen (Gui) haben.“ (R. Wilhelm 1982, 72) Von einem Ort, „an dem alle Toten unterschiedslos versammelt werden“ berichtete Seidel: „Es ist zu beachten, daß hier, wie auch in vielen anderen Han Texten, ausdrücklich gesagt wird, daß die beiden Seelen, *hun* und *p'o*, d. h. der ganze Mensch, Leib, Sozialperson und alle seelischen Komponenten weiterexistieren.“ (Seidel 1985, 162) Diese Vorstellung gilt nicht allgemein für China. Maspero zeigte durch Beispiele, daß die zwei Gruppen von *hun* und *po* sich beim Tod trennen und auflösen (Maspero 1981, 266).

1003 Zu „Hauch- und Körperseele“ bei Wundt s. Rappe (1989, 78). Dazu a. Granet: „Doch tut man besser daran, das Wort ‚Seele‘, das im Chinesischen überhaupt keine Entsprechung hat, zu vermeiden, wenn man darunter eine rein geistige Wesenheit versteht. Die Worte *kuei* und *shen*, die man mit ‚Dämonen‘ oder ‚Spukgeistern‘ und mit ‚Geister‘ oder ‚Götter‘ übersetzt hat, beziehen sich auf greifbare Erscheinungen. Als sprechende Steine, reißende Eber, kämpfende Drachen bekunden sich die *kuei* und *shen* stets in stofflicher Gestalt.“ (Granet 1985, 299)

1004 Zu *hun* als „Leibseele“ s. Thiel (1970, 40). S. a. Seidel (1985, 167). Ots schrieb: „Der Mensch besitzt weiterhin eine Hauchseele *hun* und eine Körperseele *po*.“ (Ots 1991, 49) Dazu a. Zimmermann: „*Hun* und *p'o* können wir vorläufig als zweierlei Aspekte der sich äußernden Seele festhalten.“ (Zimmermann 1985, 477ff.). Als „animus und anima“ tauchen beide bei Jung (1982, 33) und R. Wilhelm (1982, 72) auf, von denen dann Mokusen Miyuki (1984, 95) die Bezeichnungen übernahm. Dazu a. Waley: „Another word often translated soul is *hun*, the ‚cloud‘ that comes out of the mouth on frosty mornings.“ (Waley 1958, 28) Und Wing-Tsit Chan: „*hun* is the spirit of man's vital force which is expressed in man's intelligence and power of breathing, whereas *p'o* is the spirit of man's physical nature which is expressed in bodily movements.“ (Wing-Tsit Chan 1970, 12 A. 30) Auch Unschuld (1980, 65) sprach von den „beiden Seelen hun und p'o“.

darauf hin, daß es sich hier um Leibschemata handelt, die mit verschiedenen leiblichen Regungen zusammenhängen. Maspero kam zu der Erkenntnis: „Man is not formed of a spiritual soul and a material body: he is entirely material" (Maspero 1981, 319). Besser ließe sich sagen, der Mensch ist durch und durch leiblich, denn die Bezeichnung „material" ist wegen ihrer Nähe zum Substanzbegriff nicht zu empfehlen.[1005] Schließlich kam Maspero selber zu folgender Feststellung: „For the Chinese, who have never made any distinction between Spirit and Matter, but for whom the world is a continuum which passes without interruption from void to material things, the soul did not take on this role as invisible and spiritual counterpart to the visible and material body. There were, moreover, too many souls in every man for any of them to be able to counterbalance the body." (Maspero 1981, 266) Die eindeutigen Hinweise auf ein pluralistisches Menschenbild nahm Needham auf und schrieb zu diesem Maspero-Zitat: „In other words, their conception of the living organism was an organic one, neither spiritualistic nor materialistic." (Needham 1992, 153) Der Begriff „organic" und seine Abwandlungen „Organism und organistic" spielte bei ihm eine große Rolle und diente ihm zur Bezeichnung des chinesischen Denkstils. Was er genau darunter verstand, soll erst weiter unten geklärt werden, doch hier sei schon angemerkt, daß mit organischem eigentlich leibliches Denken gemeint ist.

Den pluralistischen Charakter des Menschenbildes erkannte auch Anna Seidel. Sie blieb allerdings ganz in der alten Terminologie befangen, als sie zu den Zusammenhängen zwischen den Techniken der Leibbemeisterung und dem Bild der „einen (oder drei) „Hauchseelen" (*hun*)" sowie der „einen (oder sieben) mehr physischen „Vitalseelen" (*p'o*)" schrieb: „Wir wissen, daß es schon im 4. Jahrhundert v. Chr. den Glauben gab, daß man durch gewisse Übungen, Diäten und Pharmaka ‚unsterblich' werden kann. Dieser Glaube, fand man, konnte sich gerade in China entwickeln, weil dort der Mensch nicht als ‚Leib plus Seele' angesehen wurde, sondern als ein untrennbares Kontinuum von ‚pneumata' (*ch'i*), die sich beim Tode des Leibes zerstreuen." (Seidel 1985, 161) Das untrennbare Kontinuum von „pneumata" beschreibt den Leib mit seinen einzelnen Regungen und Zentren.[1006] Diese Vorstellungen ähneln denen der frühen Griechen. Die

1005 Porkert definierte *hun* als „die durch die Wirkung der makrokosmischen konstellierenden Kraft (*shen*) im Mikrokosmos induzierte synchrone (und gleichartige) Wirkung" und behauptete: „*Hun* ist somit die den Charakter aktiv prägende und zugleich das Bewußtsein tragende (aufrechterhaltende) Energie. Ihr struktives Komplement nennt man *p'o*. Unter *p'o* versteht man den konkretisierenden Aspekt der gleichen individualspezifisch konstellierenden Kraft." Zwar stört sein unterschiedsloser Gebrauch von Kraft und Energie, doch rückt der leibliche Aspekt der Bezeichnungen wenigstens ins Blickfeld, wenn er fortfährt: „*P'o* entspricht mithin der im körperlichen Substrat vorhandenen Disposition für die *hun* benannten (‚physischen') aktiven Leistungen." (Porkert 1982, 145)

1006 Zur „multiplicity of the souls ...in each man", zu den „numerous souls", zu den zehn „souls", den drei „rational souls (*hun*) and seven vegetative souls (*p'o*)" sowie zum *qi* als „vital breath" und *shen* als „spirit", der die „personality to a man" gibt, s. Maspero (1981, 8, 26 u. 255). Zu den sieben *po* s. a. Lévi (1989, 111ff.). Seidel sprach von „mehreren physischen ‚Vitalseelen'" und den „drei Hauchseelen" (Seidel 1985, 161).

Aufgabe des Leibes besteht hier wie dort darin, die verschiedenen Einheiten zusammenzuhalten.[1007]

Die 5 „Elemente" *(wu-xing)*

Ein weiterer, neben der Herausbildung anthropologischer Schemata wichtiger Schritt hin zu umfassenden Klassifikationssystemen und den damit zusammenhängenden Mikro-Makrokosmos-Lehren war der Ausbau eines stringenten Referenzrahmens während der Han-Zeit, auf den man sich bei der Einordnung bestimmter Phänomene beziehen konnte.[1008] Mit fortschreitender kultureller Differenzierung wuchs der Bedarf an systematischer Erklärung. Neben der *yin-yang* Polarität wurde mit den *wu-xing* ein weiteres System ausgebaut, das als Klassifikationsbasis statt mit zwei nun mit fünf Kategorien arbeitete.[1009] Es ähnelt den frühgriechischen Vorstellungen so sehr, daß viele Interpreten die Bezeichnung *wu-xing* mit die „Fünf Elemente" übersetzten. Dagegen entstand im Laufe der sinologiegeschichtlichen Diskussion eine Bewegung, die für die *wu-xing* den Ausdruck „Fünf Wandlungsphasen" prägte. Beide Positionen haben gute Argumente, lassen aber auch wesentliche Gesichtspunkte unberücksichtigt.

Einen frühen wichtigen Ansatz unternahm Alfred Forke mit seiner Feststellung, daß die *wu-xing* niemals als „rein physische Substanzen", sondern als „physisch-metaphysische Wesenheiten" aufgefaßt wurden (Forke 1927, 116).[1010] Obwohl er mit der Ablehnung des Substanzbegriffs sicher recht hatte, darf nicht außer acht gelassen werden, daß ursprünglich auch von den „fünf Materialien" geredet wurde, worunter tatsächlich ein primär stofflicher Aspekt zu verstehen ist. Dazu schrieb Gudula Linck: „Es hat den Anschein, als ob diese zunächst noch ganz bodenständig und materialistisch gemeint sind – durchaus im Sinne der ‚Elemente' der griechischen Philosophie" (Linck 1992, 141).[1011] Die merkwürdige Zwischenstellung der *wu xing*, die einmal als stofflich und

1007 Dazu Maspero: „What the Taoists sought to obtain was the immortality of the material body, the abode of the souls and spirits. It seemed to them that this enclosing material was necessary to hold these spiritual entities together." (Maspero 1981, 267) Und: „In life as in death, these multiple souls were quite vague, and quite weak. … By contrast, the body is unique; it serves them, as well as other spirits, as a habitat." (Maspero 1981, 28)

1008 Dazu und zum Buch Huainanzi s. a. Girardot (1983, 136f.). Zum Huainanzi als ein „typisches Werk der Han-Epoche", das vom „Universismus" als „einer Art Mode-Philosophie der Zeit" durchdrungen sei s. Roetz (1984, 72f.) Zur Mikro-Makrokosmos-Lehre schreib Robinet: „In China we find this concept first in the school of yin and yang and the five phases" (Robinet 1989a, 161 u. 186). Zur Mikro-Makrokosmosvorstellung gegen Ende der Han Zeit s. a. Barbara Hendrischke (1985, 78).

1009 Zu der *yin-yang* Polarität und der Verschmelzung mit dem System der *wu-xing* in der Han-Zeit s. a. Fung Yu-Lan (1952, 382f.) u. Wing-Tsit Chan (1970, 245).

1010 Bei seinem Vergleich der Elemente in der chinesischen und indischen Philosophie sprach Forke an anderer Stelle von „vergeistigter Materie" und versuchte, die Klassifikationsprinzipien als „falsche Analogieschlüsse" hinzustellen (Forke 1944, 231ff.).

1011 Nach Feng Jingyuan seien es anfangs „five categories of concrete material substances, which function and act upon one another" (Feng Jingyuan 1985, 22). Dies zitierte Mazaheri unter Betonung der

zum anderen als wirkmächtig betrachtet wurden, verdeutlicht die Nähe zu den „Wurzeln“ des Empedokles. Der Begriff „Element“ ist als Bezeichnung für die *wu-xing* nicht falsch, nur sein Bedeutungsspektrum erscheint unscharf. Doch auch im frühen Griechenland bestand keinesfalls eine einheitliche Terminologie. So gibt es einen erheblichen Unterschied zwischen den als göttlich verstandenen *rizomata* bei Empedokles und den atomistisch interpretierten *stoicheia* Platons. Damit hat der Begriff Element eine geradezu gefährliche Spannbreite. Er faßt eigentlich heterogene Phänomene in einer Beziehung zusammen, nämlich als die letzten unzurückführbaren Bestandteile, die bei Empedokles noch Teile von Göttern, bei Platon nur mehr kleine, bestimmt geformte Teilchen waren. Ebenso umfaßt auch der chinesische Begriff *wu-xing* eine gewisse Anschauungsbreite, denn, so Eberhard: „Die Elementen-Lehre ist kein einheitliches Gebilde, als welches sie bisher immer behandelt wurde; sie wurde in einzelnen Schulen gelehrt und in verschiedenen Richtungen entwickelt.“ (Eberhard 1933, 84)

Die sich aus der zusammenfassenden Nivellierung griecischer Vorstellungen ergebende terminologische Unklarheit wurde von vielen Sinologen deutlich empfunden. Als einer der ersten wehrte sich Wolfram Eberhard gegen eine Übersetzung von *wu-xing* mit „Elemente“ und meinte, sie sei irreführend und nur beibehalten worden, weil sie sich eingebürgert habe. Er kam zu dem Ergebnis: „Es sind also die Elemente nicht Elemente im Sinne etwa des Empedokles ..., Urstoffe, aus denen sich alle anderen Stoffe zusammensetzen, ... Die Elemente sind vielmehr kosmische Bestandteile, sie sind Kräfte“ (Eberhard 1933, 5).[1012] Hier zeigt sich deutlich, daß Empedokles von Eberhard mißverstanden wurde, denn bei ihm waren die „Elemente“ göttliche Kräfte und kosmische Bestandteile. Er unterschied bei seinen Wurzeln nicht zwischen Stoff und Kraft; außerdem hatte er keinen ausgebildeten Stoff- oder Materiebegriff, denn seine Elemente bestanden nicht aus Atomen, sondern wurden von Eindrücken her bestimmt. Wenn Mazaheri mit Bezug auf die *wu-xing* behauptete, die Umwelt würde mit ihnen als „einem ersten Ansatz der Transzendenz zu einer Ebene ‚hinter‘ der direkt erfahrenen Wirklichkeit“ überschritten (Mazaheri 1992, 28), dann verkannte sie das alte Eindrucksdenken, das nicht auf eine Ebene hinter den Phänomenen abzielt, sondern im alltäglich erfahrenen Zusammenspiel der Kräfte bestimmte Charakteristika und Gesetzmäßigkeiten erkannte, die es erlaubten, eine Systematik zu errichten und Beziehungen zu den Ordnungsschemata herzustellen. Auch ihre Ansicht, die *wu-xing* seien „‚transzendierend‘ erfaßt“ worden, steht im Widerspruch zu ihrer eigenen Aussage, daß sie „eine ‚umfassende‘ Umwelt“ bildeten, und daß die Welt aus ihrem „Zusammenwirken bzw. ... Zu-

„Eigendynamik“ der *wu-xing* als „treffend formuliert“ (Mazaheri 1992, 167) und bezeichnete sie weiter als „physikalische Stoffe“ und „stoffliche Elemente“ (Mazaheri 1992, 28f.).

1012 Ähnliche terminologische Probleme hatte Mazaheri. Zu den *wu-xing* als „Konstituenten der empirisch erfahrenen physikalischen Umwelt des Menschen“ schrieb sie: „Sie sind überdies gerichtet *wirkende* Kräfte, und zwar als Ausdruck einer Regelhaftigkeit, die *real* als eigendeterminiert erfahren wird und für die nicht real, sondern *projizierend* eine *fremd-determinierende* Instanz (...) gesucht bzw. behauptet wird.“ (Mazaheri 1992, 28) Die große Ähnlichkeit mit den Empedokleischen „Wurzeln“, auf die diese Beschreibung ebenfalls zutrifft, entging ihr.

sammen-Gemischt-Werden" entstand bzw. bestand (Mazaheri 1992, 37). Der Aspekt der Mischung, den Mazaheri mit Bezug auf T. T. Chang herausarbeitete, stellt eine weitere direkte Parallele zu dem von ihr nicht berücksichtigten Empedokles dar. Synästhetische Charaktere wie beispielsweise das Feurige, das sich sowohl im Liebhaber als auch im Wein, aber auch in Zurufen und in Blicken finden läßt, sind keine transzendenten Prinzipien, sondern Eindrücke. Die aus diesen gewonnenen Prinzipien bilden, einmal begrifflich erfaßt und standardisiert, die Basis der ausgefeilten Ordnungsvorstellungen. Das jeweilige Phänomen wurde dann in Verbindung zu den – wie Porkert es ausdrückte – „Kristallisationskernen" der „induktiven Beziehungs- bzw. Entsprechungssysteme" gebracht und aufgrund dieser Verbindung klassifiziert (Porkert 1982, 41). Eberhard, der für die *wu-xing* den Begriff „Wandlungszustände" bevorzugte und damit zum Vorläufer des Porkertschen Begriffs der „Wandlungsphasen" wurde, erläuterte: „Vom rationalistischen Standpunkt aus können wir die Elemente auch als Ordnungsprinzipien auffassen, als Prinzipien, nach denen man die bunte Manigfaltigkeit der Erscheinungen klassifizierte und ordnete." (Eberhard1933, 5) Dieses Verständnis gilt nicht nur für China, es gehört ebenso zum griechischen Elementbegriff und findet sich auch in indisch-indonesischen Systemen (s. o.).

Eberhard blieb nicht der einzige, der den Begriff „Elemente" zwar einerseits ablehnte, ihn jedoch andererseits beibehielt und weiter benutzte (s. u.). Porkert, der sich auf Granet und Needham stützte, wandte sich gegen eine solche Übersetzung und bezeichnete sie als „semantisch falsch". Er warf Needham, der mit dem Argument der „historischen Gewohnheit" ähnlich wie Eberhard am Elementbegriff festhielt, bedauerliche Inkonsequenz vor (Porkert 1982, 41). Sicherlich ist Porkert zuzustimmen, wenn er Needhams Argument der Gewohnheit nicht akzeptiert. Doch war dies nicht Needhams einziger Grund, denn obwohl er sich klar gegen den Elementbegriff aussprach, wollte er doch gewisse Ähnlichkeiten nicht leugnen. Außerdem basierte seine Ablehnung auf der schon bei Eberhard kritisierten falschen Dichotomie von „five powerful forces in ever-flowing cyclical motion" (China) versus „passive motionless fundamental substances" (Griechenland) (Needham 1991, 243f.).[1013] Diese Dichotomie gilt aber zumindest für Empedokles nicht. Außerdem zog Needham, dem noch der sorgfältigste mir bis jetzt bekannte Vergleich der *wu-xing* mit griechischen Vorstellungen zu verdanken ist, selber Parallelen zu Empedokles und wies am Beispiel der Assoziation eines Elements mit einem bestimmten Gott auf Gemeinsamkeiten hin.[1014] Needham faßte zusammen: „In general, one may say that while there are certain similarities between the Greek and Chinese theories of the elements, the divergencies are still more striking, and it seems

1013 Zum Kulturvergleich der „Five Phases" (*wu-xing*) schrieb Major: „Because the term *wu hsing* has none of the connotations of ‚basic matter' of the Greek ‚elements', *stoicheion*, this translation, suggested by Prof. N. Sivin, is preferable to the conventional ‚five elements'." (Major 1978, 11 u. A. 19) U. Eberhard: „Sie sind nicht etwa Urstoffe, sie sind aber auch mehr als Symbole." (Eberhard 1933, 38) S. a. „fünf Wandelzuständen oder Wirkekräften" bei H. Wilhelm (1985, 96).

1014 S. a. die weiteren Vergleiche mit Pherekydes von Syros und Heraklit bei Needham (1991, 256).

unnecessary to assume any transmission." (Needham 1991, 246) Hier kann ihm zugestimmt werden, denn erstens sollen Unterschiede zwischen griechischen und chinesischen Vorstellungen nicht bestritten werden – waren doch die Konzeptionen von Empedokles und Platon schon äußerst verschieden. Zweitens läßt sich eine Übertragung von Vorstellungen nicht nachweisen und scheint zur Entstehung von Klassifikationssystemen auch nicht erforderlich zu sein. Insgesamt gesehen kann Needham aber nur mit größten Vorbehalten als Stütze der porkertschen Ablehnung des Element-Begriffs dienen, denn die dargestellten Parallelen erlauben es, trotz der Unterschiede hinter den Bezeichnungen ähnliche Phänomene zu vermuten. Im weitesten Sinn kann deshalb durchaus von einem Element-Begriff gesprochen werden.

Liest man dann bei Granet die von Porkert angegebene Textstelle nach und versucht, dort die Gründe für die Ablehnung zu finden, so kann man feststellen, daß sich Granet – ähnlich wie Forke – zu Recht gegen eine Reduktion der *wu-xing* auf den Substanz-Begriff wehrte (Granet 1985, 235ff.). Da Granet aber nicht schon die Gleichsetzung von Element mit Substanz kritisierte, die von seinen Gegnern in Unkenntnis der griechischen Sachlage postuliert worden war, kam er zu einer undifferenzierten Ablehnung des Element-Begriffs zugunsten von „Wandlungsphasen", die als „die großen Rubriken eines Systems von Entsprechungen aufzufassen" seien. DieserAspekt läßt sich als die ordnungsemblematische Funktion bezeichnen, die Granet geschickt gegen bloße Substanzen ausspielte. Schließlich kam er zu der Auffassung, daß sie als „Unterrubriken" von *yin* und *yang*, „wenn nicht Kräften, so zumindest wirksamen Grundelementen, und wenn nicht Substanzen, so zumindest aus wirkenden Gegebenheiten gebildeten Gruppierungen" ähneln (Granet 1985, 235ff.). Läßt man den ohnehin nicht ursprünglich mit den Elementen verbundenen Substanzbegriff beiseite, so bleiben die Bezeichnungen „wirkende Gegebenheiten" und „wirksame Grundelemente". Bemerkenswert ist hier, daß Granet doch wieder auf den Elementbegriff zurückgreift, und zwar in einer redundanten Form, denn der Unterschied zwischen Elementen und Grundelementen dürfte kaum eine Rolle spielen. Auch Porkert erlag einer solchen terminologischen Falle, indem er Holz, Feuer usw. als „elementare Begriffe" bezeichnete. Sicherlich sind diese Begriffe in dem Maß und Sinn „elementar", wie sie „Elemente" sind; und wenn Porkert dann noch von den *wu xing* als „Embleme für elementare Qualitäten" spricht, ist die Nähe zu den griechischen Vorstellungen nicht mehr zu übersehen (Porkert 1982, 41). Hob doch schon Needham hervor, daß es Aristoteles war, der den Elementen einen „decidedly dynamic twist" gab, indem er sie als Qualitäten betrachtete (Needham 1991, 245). Der Bedeutungswandel in der griechischen Philosophie wurde zwar von Needham erkannt, allerdings nicht in seiner vollen Tragweite ausgeschöpft. Aristoteles entkleidete die Elemente ihres religiösen Charakters und reduzierte sie auf Qualitäten. Damit knüpfte er übrigens an Auffassungen an, die schon bei Anaximenes und Heraklit anklangen, systematisierte diese aber stärker.

Die Funktion der Elemente als Ordnungsprinzipien und Grundlagen der Klassifikationssysteme galt für Griechen und Chinesen gleichermaßen. Granet schrieb von den *wu-xing*: „Sie werden auf die Jahreszeiten wie auch auf die Himmelsrichtungen bezogen, lösen sich ab, wetteifern miteinander, bekämpfen sich oder folgen friedlich aufeinander." Diese geradezu personalen Eigenschaften heben wieder mehr den Aspekt von Kräften hervor. Das bestätigte Granet, als er schrieb: „Man könnte, ohne den Wert des Wortes zu mißdeuten – denn *xing* vermittelt auch die Vorstellung des ‚Sich-Verhaltens' und des ‚Handelns' – *wu-xing* mit ‚Fünf Agenten' übersetzen." (Granet 1985, 237f.) Er wich damit aber der Frage aus, ob die *xing* nun als Kräfte oder Stoffe zu betrachten seien. Weiter verwies er auf die Übersetzung von *xing* mit „Weg" (bei Porkert „Durchgang") und betonte die räumliche Anordnung der Embleme sowie die Nähe zum griechischen Begriff *stoicheion* (Buchstabe), in dem er ein Äquivalent sah, das ähnlich wie der Begriff *xing* als Hinweis „auf das Bild eines zu beschreitenden Weges oder einer Richtung" gedeutet werden könne (Granet 1985, 237f.).[1015] Nun ist gerade diese Brükke zum Verständnis der beiden Bezeichnungen sehr aufschlußreich. Granet bezog sich bei der Wortbedeutung des Begriffs *stoicheion* auf eine Ableitung von „*steicho*", die über „*stoicheo*" gleich „gehen" oder „in einer Reihe aufmarschieren" führen sollte. Die von Granet hergestellten Verbindungen sind aber nicht so stark, wie sie scheinen. Das hatte auch Needham erkannt, als er, ohne sich direkt auf Granet zu beziehen, zum Begriff *stoicheion* schrieb: „Contrary to a common belief, this word seems to have had no connection with the idea of movement". Ganz so drastisch läßt sich das allerdings nicht sagen; und auch seine Definition als „a small stationary upright post, in fact a gnomon" überzeugt nicht (Needham 1991, 245). Burkert hat die meisten Ableitungen des griechischen Begriffs in einer ausführlichen semasiologischen Studie untersucht. Er kam zu dem Ergebnis, der Aspekt des Schreitens sei zur Zeit der Benutzung des Begriffs für die „Elemente" gegenüber der Bedeutung von *stoichos* als Reihe fast gänzlich zurückgetreten (Burkert 1958, 180 u. 168). Die hauptsächliche Bedeutung von *stoicheion* kann mit Burkert als „Ergänzungsstück der Reihe", „Glied eines Systems" bzw. „Mittel, ein System zu ergänzen" umschrieben werden (Burkert 1958, 189). Aller Wahrscheinlichkeit nach war Platon derjenige, der den Begriff zuerst anwandte, was auch Needham gesehen hatte. Spätestens bei Platon kippt aber die Ähnlichkeit von *wu-xing* zu *stoicheion* zugunsten des Unterschieds, da nach Burkerts Ansicht bei Platon zu dem Begriff „immer das verstandesmäßige Analysieren" gehöre, denn, so Burkert weiter: „darum geht es ja Platon überhaupt … wenn er von den ‚Buchstaben' spricht, sie sind der Modellfall für das Analysieren, das Zurückführen auf einfache und zahlenmäßig begrenzte Grundbestandteile." (Burkert 1958, 173) Burkert konnte weiter zeigen, daß Platon gezielt anstelle von *rizomata* (*arche*, *aidion soma*, oder *atomon*) von *stoicheion* sprach, um sich von den Bedeutungen „Ursprung" und „Anfang" zu lösen und sein „Programm der mathematisch-wissenschaftlichen Methode" (des *diairein kai syntithenai*) zu etablieren (Burkert 1958, 197). Gerade dieses Ideal eines „kombinatorisch-inventarisierenden Strukturmodells" (Schmitz), das die Welt in Geist und Materie teilt, um die Materie schließlich ganz in mathematische Beziehungen aufgehen zu lassen, macht den platonischen *stoicheion*-Begriff für die Anwendung auf chinesische Verhältnisse ungeeignet.

1015 Zu *xing* als „Weg", „Element" und „*stoicheion*" s. Granet (1985, 246).

Sowohl die *wu-xing* als auch die empedokleischen *rizomata* bildeten ursprünglich „Wesensbereiche", die eine Grund- oder Unterlagenfunktion hatten, also räumlich-stofflich konnotiert waren, denen aber auch Kräfte und Charaktere zugesprochen wurden. Mit dem Fortschreiten der sich immer stärker entwickelnden Wissenschaften fand jedoch ein jeweils kulturspezifischer Abstraktionsprozeß statt. Der demokritisch-platonische Reduktionismus sah in den Elementen nur noch Buchstaben, mit denen man die Welt nachbauen konnte. In China wurden aus den *wu-xing* nach Porkert „konventionell fixierte Wertnormen" bzw. „qualitative Normkonventionen" (Porkert 1982, 40), die dem Menschen gleichsam eine Brille aufsetzten, durch die er die Welt und ihre Eindrücke nach charakteristischen Qualitäten absuchte. Die jeweils imponierenden Eindrücke eines Phänomens wurden auf ihre Verwandtschaft zu den als Kristallisationskernen des Ordnungssystems fungierenden synästhetischen Charakteren und Gestaltverläufen gleichsam abgesucht und aufgrund der gefundenen Beziehungen klassifiziert. Dabei reduzierte das analogische Denken die Phänomene nicht auf wenige Strukturmerkmale, sondern suchte den Elementen entsprechende Eigenschaften und Qualitäten. Die nachdemokritischen Griechen machten aus lebendigen (göttlichen) Gestalten und Seinsbereichen rational handhabbare Buchstaben und Materien, während die Chinesen gewissermaßen die Eindrücke filterten, indem sie auf das achteten, was eine Klassifikation erlaubte bzw. ermöglichte.

Zeigt sich also, daß Porkerts beide Stützen, nämlich Needhams und Granets Ablehnung des Elementenbegriffs, bedenklich wackeln, und daß die Ähnlichkeiten zumindest bis 400 v. Chr. recht groß waren, so wundert es nicht, wenn Kritik am Begriff „Wandlungsphasen" laut wurde, wie beispielsweise durch Rubin, die wieder für eine Übersetzung durch „Elemente" eintrat.[1016] Sie machte darauf aufmerksam, daß mit der Bewegung, die durch den Begriff *xing* („to move", „to walk") impliziert wird, die Qualität jedes Elements gemeint sei. Die Übersetzung mit Wandlungsphasen, (Five Stages of Change / H. Wilhelm oder Five Evolutive Phases / M. Porkert) führe ihrer Meinung nach in die Irre, da eine Abfolge der „Elemente" in den frühen Texten nicht vorkomme, sondern diese primär in ihrer klassifikatorischen Funktion – hier bezog sie sich auf die „primitive classifications" bei Durkheim/Mauss – benutzt würden (Rubin 1982, 132). In jedem Fall sollte mit dem Begriff „Wandlungsphase" vorsichtig umgegangen wer-

1016 Zu den *wu-xing*: als „Five Elements or Powers", die „five natural forces" sind, s. Fung Yu-Lan (1952, 162); als „Five Agents or Elements" („Literally ‚five actions or operations') s. Wing-Tsit Chan (1970, 244). Yosida benutzte ebenfalls den Element-Begriff sowie die Bezeichnung „Five Materials", deutete sie dann aber als „substances" (Yosida 1973, 74f.). Auch Aomu Ragon sprach von Elementen und dann von „Grundsubstanzen" (Ragon 1982, 133f.). Seiner Argumentation, daß die frühgriechischen und chinesischen Elemente sich durch „größere dingnahe Solidität, geringere ‚Ätherik' und materiell fundierte Sozialperspektive von westlichem Vier-Elemente-Denken unterscheiden", kann ich nicht folgen. Auch der *aer* des Anaximenes und der *aither* des Empedokles waren konkrete dingliche Erscheinungen, was Ragon nicht genügend berücksichtigte. Hier werden Substanzvorstellungen ins Spiel gebracht, die nachplatonischen Ursprungs sind und aus dem Konzept der *rizomata* und *wu-xing* möglichst herausgehalten werden sollten.

den, denn er eignet sich nur zur Beschreibung zeitlich dynamischer Reihenfolgen, nicht zum Erfassen des stofflichen Aspekts. Dieser war aber offenbar bis ungefähr 400 v. Chr. ziemlich wichtig und mit Roetz kann gesagt werden: „Erde, Metall, Holz, Wasser und Feuer sind bei Shi Bo noch echte Elemente und stehen nicht nur – wie später – für Wandlungsphasen der Dinge." (Roetz 1984, 161 A. 1) Sie wurden nach seiner Ansicht bis in die „mittlere Zhou-Zeit" hinein „noch sehr substantiell vorgestellt" (Roetz 1984, 175). Ähnlich schrieb auch Schwartz von den den *wu-xing*, sie wären nicht nur die materiellen Elemente als solche, sondern beinhalteten das gesamte System der Beziehungen, mit denen die Elemente assoziiert waren (Schwartz 1985, 357) (Schwartz 1985, 357). Er kam zu dem Urteil: „The currently popular terms ‚five phases' and ‚five activities' have their own problems. If the term ‚five elements' overemphasizes the role of the ‚static substance,' the terms ‚phases' and ‚activities' overlook the role of static substances and categories within the entire syndrome of the *wu hsing*." (Schwartz 1985, 455 A. 16)[1017]

Zwar zog auch Schwartz den Vergleich zu Empedokles, kam aber – wie schon Waley, der es ebenfalls für „irrelevant" hielt, die chinesischen *xing* mit den griechischen *stoicheia* zu vergleichen (Waley 1958, 110) – zu dem Ergebnis, daß die *xing* nur wenig mit der „pre-Socratic question", nämlich der Frage nach den „ultimate constituent material elements of the world", zu tun hätten (Schwartz 1985, 358). Schwartz verstand hier (wie sein Vorgänger Needham) die alten Eindrucksdenker falsch. Empedokles hatte breits seine Elemente als göttliche Atmosphären, Bereiche und Gestalten, („Wesen" im weitesten Sinn,) konzipiert, nicht als „materielle" Elemente. Ähnliches war im frühen China der Fall. Erst für die späteren hanzeitlichen Klassifikationssysteme mag dann der Gebrauch des Begriffs „Wandlungsphase" zur Bezeichnung dieser spezifischen Verwendungsform sinnvoll sein.

Ergebnis

Als Ergebnis der Diskussion bietet sich folgende terminologische Klärung an: Die Begriffe *yin-yang*, *wu-xing* und *qi* sind grundlegende Ordnungsvorstellungen, die das chinesische Denken ab der ausgehenden Zhou-Zeit immer stärker prägten. Sie bezeichneten ursprünglich kosmisch-leibliche Kräfte, wurden dann aber zu immer abstrakteren Kategorien, wobei sie ihre leibliche Anbindung nie gänzlich verloren. Der Begriff *qi* läßt sich grob mit dem deutschen Wort „Kraft" übersetzen, denkt man nicht an eine physikalische Abstraktion, sondern an eine phänomenologisch beschreibbare Wirkung, also an erfahrbare Kraft. Bezogen auf die anthropologischen und medizinischen Vor-

1017 Klein sprach einfach von „Fünfheiten" und schrieb: „Der Begriff wu-hsing beinhaltet einmal die Bezeichnung für die in der feinstofflichen Ebene wirksamen Kraftfelder der Veränderung und zum anderen die sich stofflich manifestierenden Substrate – die fünf Elemente. Die Übersetzung ‚Wandlungsphase' trifft zu für den abstrakt gesehenen Vorgang des sich im Wandel befindlichen Kraftfeldes, schließt dagegen den stofflichen Aspekt aus." (Klein 1986, 13f.)

stellungen, bietet sich die Bezeichnung „leibliche Kraft“ an; auf das Universum bezogen, bietet sich „kosmische Kraft“ an.

Für *yin-yang* gibt es keine direkte Übersetzung, doch kann mit dem Begriff „Polarität“ gearbeitet werden. Hierbei gilt es zu bedenken, daß die Polarität keine selbständigen ontologischen Kräfte bezeichnet, sondern für eine dynamische Gestaltauffassung steht, die immer nur von der übergreifenden und umfassenden Ganzheit her verstanden werden kann. In ihrer grundlegenden Form korrespondieren sie mit den Erfahrungen von Enge und Weite des Leibes, die als Leitfaden der Kategoriebildung benutzt wurden.

Will man die Begriffe *wu-xing* übertragen, so bietet sich für eine oberflächliche Übersetzung der Begriff „Elemente“ an, wobei zu beachten ist, daß er heterogene Vorstellungen umfaßt. Auf dieser Ebene ist es berechtigt, die griechischen, indischen, indonesichen und chinesischen Vorstellungen zusammenzufassen. Hier wie dort wurden Gestaltverläufe und synästhetische Charaktere (wie das Zusammenballen und sich Ausdehnen, das Feurige und Wässrige usw.) zur Klassifikation genutzt. Will man hingegen differenzieren, so zeigt sich in China eine änliche Vielfalt der Systeme wie in Griechenland, wobei sich die Differenz von Empedokles zu Platon, also von den „Wurzeln“ zu den „Buchstaben“, in gewisser Hinsicht vergleichen läßt mit der zwischen den ursprünglichen „Fünf Materialien“ der Shang- und Zhouzeit und den „Fünf Wandlungsphasen“, die ab der Hanzeit die wissenschaftliche Entwicklung Chinas bestimmten. Der Unterschied zwischen China und Griechenland besteht aber darin, daß in Griechenland der kosmologisch-anthropologische Dualismus Platons und die reduktionistischen Bestrebungen Demokrits eine kulturspezifische Entwicklung der Vergegenständlichungsweisen einleiteten, die die leiblichen Regungen verdrängten, wohingegen in China zwar nicht reduktionistisch, aber dafür „filtrierend“ vorgegangen wurde, indem man die Phänomene gleichsam durch die Brille der Klassifikationskategorien betrachtete. Diese Form der Vergegenständlichung operierte schonend explikativ und spaltete die Phänomene nicht in die Kategorien von Körper und Geist, sondern orientierte sich an der durch die leiblichen Regungen und geschlechtlichen Differenzierungen vorgegebenen Polarität des Seins. Doch dies bedeutete nicht, daß es in China keine hierarchischen Verhältnisse gegeben hätte oder daß die leiblichen Regungen nicht auch verdrängt und leibliches Spüren nicht überformt worden wäre.

3. Leibschemata und Leibbemeisterung

Zeigte das vorherige Kapitel, daß grundlegende Ordnungsvorstellungen der chinesischen Wissenschaften ihre Basis im leiblichen Spüren haben, so sollen nun weitere Beispiele verdeutlichen, daß mit dem Konzept des Leibes Vorstellungen entschlüsselt werden können, die uns sonst fremd und unverständlich blieben. Einmal wird das Problem des Herzens angesprochen, das als ein Strang der Untersuchung von Homer bis Platon, im alten Ägypten, in der hebräischen Bibel und in Indonesien diskutiert wurde.

Zum anderen werden die Techniken der Leibbemeisterung untersucht, die große Ähnlichkeiten mit den indisch-indonesischen Systemen zeigen. Der dort herausgearbeitete Unterschied zwischen Körperbeherrschung und Leibbemeisterung hat auch Konsequenzen für die chinesischen Vorstellungen und verweist auf die großen Differenzen im europäischen und asiatischen Leibverständnis.

Ausgangspunkt der Untersuchung ist wiederum der frühe Daoismus des Buches Zhuangzi. Von dort wird die Entwicklung des Leibschemas „Herz" in Bezug zu medizinischen Vorstellungen nachgezeichnet und die Relevanz des Leibinselbegriffs demonstriert. Ähnlich wie bei der Diskussion um den *qi*-Begriff soll mit Hilfe der Leibterminologie das Problem der sogenannten „Funktionskreise" gelöst werden. Die daran anschließende Beschäftigung mit den Techniken der Leibbemeisterung, die ebenfalls bei den beiden Klassikern des frühen Daoismus beginnt und bis in die heutige Zeit führt, stellt in ganz groben Zügen die Differenzierungen der ursprünglichen Leibschemata dar. In der zum Schluß besprochenen Technik des Kreislaufs der Konzentration durch den Leib spielt das Herz als leibliches Zentrum erneut eine wichtige Rolle. Durch die Bearbeitung dieses zum dualistischen Menschenbild alternativen Modells der Entfaltung leiblichen Spürens soll noch einmal aufgezeigt werden, wie sinnvoll es ist, sich auf der Suche nach einer nicht primär naturwissenschaftlich orientierten Anthropologie mit außereuropäischem Gedankengut zu beschäftigen.

Leibesinsel, Organ und Funktionskreis – das Beispiel des Herzens

Die große Ähnlichkeit der frühen chinesischen Vorstellungen des Herzens (*xin*) zu dem Leiberleben anderer Kulturen der damaligen Zeit zeigt die folgende Charakterisierung von Roetz: „Als Sitz des Denkens galt den alten Chinesen das menschliche Herz (Xin). Das Wort ‚Xin' steht aber nicht nur für das Organ des Denkens, sondern auch im allgemeinsten Sinn für das Denken selber sowie für dessen einzelne Funktionen und kann so je nach Kontext den ‚Geist', die ‚Gesinnung', das ‚Bewußtsein', den ‚Verstand' usw. bezeichnen." (Roetz 1984, 260) [1018] Abgesehen von den vagen Termini „Geist", „Bewußtsein" und „Verstand" erkennt man hier klar die Übereinstimmung mit frühgriechischen, altägyptischen, hebräischen und indisch-indonesischen Vorstellungen. Wie wenig die chinesischen, vom leiblichen Spüren her gelenkten Auffassungen mit psychologischer Begriffsbildung zu erfassen sind, machte Ots am Beispiel des Wortes „Psychologie" deutlich.[1019] Die auch für China geltende Sicht des Herzens als „Sitz des rationalen Denkens" ist mittlerweile hinreichend als eine Art universale ursprüngliche Anschau-

1018 S. a. Klein (1986, 255 u. 138 A. 4). Zum philosophischen Gebrauch des Herzens im Zusammenhang mit Denken und Moral s. a. Schleichert (1980, 51). Zum Denken im Herzen s. a. Chen (1973a, 462) u. Werner Eichhorn (1969,53f.).

1019 Ots schrieb:"Psychologie heißt im chinesischen xinlixue (wörtlich: die Lehre um die Prinzipien des Herzens). Diese Gleichsetzung des Herzens mit dem Begriff der Psyche ist problematisch, da das Herz ja vor allem als Sitz des rationalen Denkens verstanden wird, dem die Aufgabe zukommt, die Emotionen zu kontrollieren." (Ots 1987, 161)

ung und leibanthropologische Konstante dargestellt worden. Neben dem „Gewissensaspekt" besitzt das Herz auch in China als Zentrum des Leibes besondere Bedeutung. Diese beiden Aspekte des Herzens sollen nun anhand von zwei Beispielen, dem Buch Zhuangzi für die Bedeutung „Gewissen" im weitesten Sinn und dem Medizinklassiker Nanjing für die Bedeutung als „Funktionskreis" (s. u.) kurz andiskutiert werden, – eine erschöpfende Ausarbeitung muß einzelnen und ausführlicheren Arbeiten überlassen bleiben.

Zum Problem des Herzens im Buch Zhuangzi

Zur Behandlung der Frage nach der Leibesinsel Herz bieten sich die Kapitel 2. 2 und 2. 3 im Buch Zhuangzi in besonderer Weise an. Im Kapitel 2. 2 kommt *xin* selber nicht vor, sondern es wird die Frage gestellt, ob es unter den Gliedern des Leibes und den inneren Regungsherden, zu denen das Herz zweifellos zählt, einen Führer und Herrscher gibt. Nach allgemein akzeptierter Interpretation wird an dieser Stelle die Herrschaft eines einzelnen Regungsherdes über die anderen abgelehnt. Nach Grahams Ansicht richtet sich der Text gegen die Annahme, das Herz regiere den Körper oder kontrolliere den Rest, denn eigentlich seien die verschiedenen „Mitglieder" (the various members) unabhängig und würden sich gegenseitig beeinflussen. Trotzdem hätten sie einen „wahren Herrscher" (true ruler), doch der sei nicht das Herz, sondern das *dao*. Er schrieb: „The implication is that if we dislocate the spontaneous ordering of the whole organism to impose control by the intellect, we are diverging from the Way." (Graham 1969, 148) [1020] Dies ist zwar gut daoistisch gedacht, doch ob sich diese Implikation wirklich aus der Zhuangzistelle herauslesen läßt, ist nicht ganz klar, obwohl auch T. T. Chang betonte: „Entgegen der im chinesischen Altertum vorherrschenden monistischen Auffassung, nach der das Herz der Souverän des Körpers ist, wird hier die Ansicht vertreten, daß kein Körperteil über die anderen herrscht." Und weiter: „Die Textstelle postuliert die völlige Gleichwertigkeit aller Körperteile, die autonom und spontan arbeiten." (T. T. Chang 1982, 61f.) Dies tut der Text aber nicht explizit, und mit Körperteilen sind hier vor allem die Regungsherde gemeint. Metaphorisch ließe sich also vom Zusammenspiel der Mitglieder des Leibesinselensembles sprechen, womit sich diese Sicht der menschlichen Konstitution sehr dem Ideal der *isonomia ton dynameon* des Alkmaion nähert. Dies wurde zumindest von Needham behauptet, der das Kap. 2 als

1020 Graham an gleicher Stelle zum Zhunagzi Kap. 2: „Chuang-tzu insists that the heart, being only one of the organs, is no more ‚me' than any other." Und: „The body does indeed have a ‚genuine ruler' which articulates its members, but that is the Way itself, the mysterious order which runs through all things, which we follow spontaneously as soon as we cease to use the heart to analyse alternatives." (Graham 1992, 12) In Übereinstimmung mit Graham meinte Schwartz: „The ‚true ruler' of the organism is not the heart, which is one organ among many, but the *tao* itself." (Schwartz 1985, 227) S. a. Kohn: „There is no true master of body and mind, nor do we have any conscious control over its transformations." (Kohn 1989b, 197 mit Bezug auf Zhuangzi Kap. 58, 22, 25) Zum Zhuangzi Kap 2 s. a. Kohn (1989b, 200) sowie Wing-Tsit Chan (1970, 181).

Beispiel für „correspondence und cooperation" anführte und die Parallele zu Alkmaions „democratic principle of balance in the humours of the body" angab (Needham 1992, 288f.). Ähnlich zog auch T. T. Chang schließlich folgende begriffliche Konsequenz: „Diese egalitäre Gegenposition zur Einheitslehre, die sich den ganzen Körper als Konglomerat autonom arbeitender Teile vorstellt, sei hier ... als ‚Pluralismus' bezeichnet." (T. T. Chang 1982, 62)

Die Ähnlichkeiten zu der (homerischen) Auffasung des Leibes als Konzert von Regungsherden oder der des ausbalancierten Kräftespiels bei Alkmaion könnte kaum klarer zutage treten. Der leibliche Pluralismus, der auf einem koordinierenden Prinzip beruht, das die einzelnen Mitglieder des Ensembles vereint, wurde von Needham als „organism" bezeichnet. Dieser Begriff trat bei ihm mit gewissen Einschränkungen an die Stelle von de Groots „Universismus", um so etwas wie die chinesische Perpektive oder den chinesischen Denkstil auszudrücken. Dazu erklärte Needham: „The classical statement of the organismic idea by Chuang Chou in the 4th century had set the tone for later formulations, expressly avoiding the idea of any *spiritus rector*. The parts, in their organizational relations, whether of a living body or of the universe, were sufficient to account, by a kind of harmony of wills, for the observed phenomena." (Needham 1992, 302) Die Menschen- und Kosmosleib zusammenhaltende „harmony of wills", der einerseits das Koagieren einzelner Regungsherde und andererseits die verschiedenen göttlichen Kräfte des Universums entsprechen, sowie die Welt als Organismus, in dem die Dinge durch eine Art „mysterious resonance" oder „induction" verbunden sind,[1021] lassen sich von der Leibperpektive her erschließen, denn der Mensch als Kraftfeld verändert sich durch den induktiven Einfluß bestimmter Atmosphären, die seinen Leib als eine Art Resonanzkörper für ihre Schwingungen benutzen. Damit kann auf den Begriff „organism" verzichtet werden. Gegen Needhams Ansichten und Terminologie wandte sich Schwartz mit der Feststellung, daß es mehrere Formen von „organismic thought" gäbe (Schwartz 1985, 355f.). „If we insist", so schrieb er, „as does Needham on applying the word ‚organismic' to the Chinese view of both natural and human order, it might be much more appropriate to think of the family rather than of a biological organism as the paradigm of organism." (Schwartz 1985, 52) Dieser Verweis auf eine genealogische statt einer biologischen Denkform ist berechtigt. Needham suggerierte die Lösung eines „side by side pattern", das als Organismus funktionieren soll, machte aber seine Vorstellung von einem solchen Organismus nicht deutlich. Dadurch konnte er die Unterschiede zwischen den verschiedenen philosophischen Lehrmeinungen über-

1021 Von den Dingen meinte Needham: „They were thus parts in existential dependence upon the whole world-organism. And they reacted upon one another not so much by mechanical impulsion or causation as by a kind of mysterious resonance." (Needham 1992, 281) Zum „organic, wholeistic concept of the universe" schrieb Major: „The Chinese universe, which was uncreated and which came into being through the spontaneous action of the Tao, was in effect a gigantic organism, in which every part could in theory affect the whole and every other part, as an infection in one's toe can cause a fever to spread throught the entire body." (Major 1978, 13)

decken und sie alle unter eine Rubrik bringen.[1022] Mit dem Begriff „correlative thinking" lassen sich nur scheinbar die Systeme der Hanzeit-Klassifikationen mit dem Denken des frühen Daoismus vereinbaren. Der innerchinesische Gegensatz zwischen maximaler Ausprägung von Ordnung und Hierarchie auf der einen und Spontaneität und Chaos auf der anderen Seite darf ebensowenig verwischt werden wie der Unterschied zwischen archaischem Denken und den komplexen Mikro-Makrokosmos-Lehren, will man nicht erhebliche Verfälschungen in Kauf nehmen.

Die Zhuangzistelle läßt die Frage nach dem Herrscher offen, es wird nicht, wie Graham wollte, ausdrücklich gesagt, daß das *dao* der eigentliche Herrscher sei. Ebenso ist hier nicht von einem spontanen Prinzip der Koordination die Rede. Es werden lediglich Fragen aufgeworfen. Dabei soll nicht bestritten werden, daß sich die Stelle gegen die Auffassung des Herzens als eines Herrschers wandte, also eine Gegenposition zu den zivilisatorischen Tendenzen der Aufteilung, Hierarchisierung und damit verbundenen Entfremdung des Menschen darstellt. Wahrscheinlich geht der Text auf zur damaligen Zeit diskutierte Fragen nach den Zusammenhängen der einzelnen Regungsherde innerhalb des Leibes ein. Daraus aber eine Auffassung herauszufiltern, die sich angeblich gegen den Intellekt wandte (Graham), bringt ebenso wie die unterstellte „pluralistische Sicht" (T. T. Chang) oder das „organismische Denken" (Needham) die Gefahr mit sich, aus Sympathie für den Daoismus zu viel in die Stelle hineinzulesen.

Will man trotzdem versuchen, Antworten auf die offengelassenen Fragen zu finden, so läßt sich Kap. 2, 3 heranziehen. Dort ist tatsächlich vom Herzen, und zwar vom „*cheng-xin*", dem „vollendeten Herz", die Rede. Thiel vermutete: „Ch'eng-hsin dürfte ein terminus technicus sein. Leider ist Herz (hsin) ein Wort von weiter Bedeutung. Es schliesst Gefühls- und Geistestätigkeit ein, wird aber auch enger für Erkennen oder Bewußtsein genommen. Aus dem Zusammenhang gesehen, bedeutet es hier sichere Erkenntnis der Wahrheit. Ch'eng heisst hier: richtig beendet, rechtgelungen, vollständig (perfekt)." (Thiel 1970, 41 A. 63) Das vollendete Herz rückt dadurch in die Nähe des vollendeten Chaos aus Kap. 25 des Daodejing, das Girardot als „complete (*ch'eng*) fusion of all things" bezeichnete. R. Wilhelm übersetzte den Begriff *cheng-xin* mit „festgeprägte Gefühle" und Watson einfach mit „mind"; zwei Alternativen, die terminologisch nicht viel weiter führen.[1023] In jedem Fall stimmen R. Wilhelm, Watson und Wing-Tsit Chan in ihrer vorsichtigen Interpretation darin überein, daß das „vollendete Herz"

1022 Needhams Sicht und Verfahren wurden ausgiebig von Jones kritisiert, der zur Zhuangzistelle Kap. 2,2 meinte: „It is one thing to note the ‚pure organicism of Taoist thought' (*ibid.*), here operating on the level of a person, and something quite different to connect it with a complex theory developed through painstaking research and experimentation." (Jones 1981, 248)

1023 Auch die Position von Thiel läuft Gefahr, zuviel in den Text hineinzulesen. Er kam zu dem Ergebnis, Chuang-tzu postuliere „also eine ganz sichere Erkenntnis der Wahrheit, die keinen Zweifel mehr" zuläßt. Diese bestehe im „Alleins-Erlebnis", und sie allein bringe „sichere Erkenntnis des Wesens des Daseins selbst" (Thiel 1970, 42). Damit scheint die Funktion des Herzens hier tatsächlich der des „zitterfreien Herzens" bei Parmenides vergleichbar.

als eine Art sicherer Führer und Lehrer angesehen werden muß, also positiv betrachtet wird.

Graham und Schwartz glaubten jedoch das Gegenteil. Das *cheng-xin* in Kap. 2, 3 wurde von ihnen fast umgekehrt interpretiert. Graham übersetzte zwar auch mit „completed heart", verstand dies aber negativ, als ein „ausgewachsenes Herz", das ein irreführender Wegweiser sei. Er interpretierte die Stelle so, als ob gesagt würde, „if we take as authority the heart which develops, deteriorates, and perishes with the body, each man has his own fallible authority which contradicts everyone else's" (Graham 1969, 148). Das steht aber nicht im Text. Grahams Auslegung ist irreführend, denn er behauptete: „But Chuang-tzu's whole argument is about the physical organ, which for Chinese thought is the seat of intelligence and occupies the place of the brain in our own scheme of concepts. We must therefore translate it ‚heart', in spite of the misleading associations of the English word, which suggests the center of feeling rather than of thought." (Graham 1969, 147) [1024] Das Herz wird aber an der Zhuangzi-Stelle nicht als ein „physical organ" gesehen, sondern als Leibesinsel Herz. Graham verstand unter „completed heart" den Zustand des angeblich ausgewachsenen und dadurch verfestigten und erstarrten Herzens, das hier als Synonym für eine Person stehen soll, die ihre Urteile nicht in Übereinstimmung mit dem *dao* fällt, sondern unter Bejahung der eigenen fehlerhaften Sicht und Gewohnheiten. Diese Interpretation sieht das „vollendete Herz" nicht als sicheren Führer im Sinne des Gewissens, sondern suggeriert eine Bedeutung, die in diesem Zusammenhang nicht überzeugt.

Auch Schwartz beurteilte diese Stelle ähnlich wie Graham. Im Gegensatz zum Daodejing, das aus seiner Sicht etwas oberflächlicher die Frage nach dem Grund der Trennung des Menschen vom *dao* aufgeworfen habe, ließe sich im Zhuangzi die Erkenntnis zeigen, daß die „Pathologie des menschlichen Bewußtseins" die ganze menschliche Spezies betreffe (the pathology of human consciousness is congenital to the entire species) und tief im menschlichen Herzen (the human heart/mind) verwurzelt sei. Doch es ist nicht zu sehen, wieso die Erkenntnis, daß der Mensch sich durch seinen Lebenswandel vom *dao* entfernt hat, nicht genauso im Daodejing vertreten wird. Schwartz folgte Grahams Spur und behauptete weiter: „Somehow, however, one organ in this particular organism – the human heart/mind – has the fatal capacity to arrogate to itself the attributes of a fully closed off, fully individualized entity, ‚the fully completed or individualized heart' (*ch'eng hsin*), which by a kind of self-encapsulation is able to establish a self-being of its own cut off from the flow of the *tao*." (Schwartz 1985, 229) Die „Selbsteinkapselung", von der Schwartz spricht, ist nicht belegt. Versteht man die Zhuangzi Stelle im Sinn von R. Wilhelm, Watson, Wing-Tsit Chan und Thiel, und sieht man sie

1024 Zum *xin* meinte er: „This word presents a basic translation problem". Normalerweise würde es mit „mind" übersetzt. Weiter bemerkte er: „at a much later stage in the history of Chinese philosophy, for example in the Neo-Confucianism of the Sung dynasty (A. D. 960-1279), the *hsin* ‚mind' certainly is clearly distinguished from the *hsin* ‚heart'" (Graham 1969, 147). Schwartz übersetzte *xin* mit „heart/mind", doch die Benutzung eines Doppelbegriffs muß ähnlich fraglich erscheinen wie der Versuch, *qi* mit „matter/energy" zu erklären (Schwartz 1985, 229).

als Weiterführung der kurz vorher in Kap. 2, 2 gestellten, aber offengelassenen Frage nach dem Verhältnis der Leibesinseln untereinander, so zeigt sich das Gegenteil. Das Buch Zhuangzi betont mit dem Begriff *cheng-xin* einen Aspekt des Herzens, der dieses aus dem Zusammenhang mit den anderen Regungsherden herauslöst und ihm eine besondere Stellung zuweist. Die Frage nach dem Herrscher unter den Regungsherden, die zur damaligen Zeit im Zusammenhang mit den medizinischen Klassifikationssystemen anscheinend verstärkt diskutiert wurde, bleibt deshalb unbeantwortet, weil im Vergleich zu den ethischen Fragen der Lebensführung bzw. der Erlangung des *dao* der „medizinische Aspekt" in den Hintergrund tritt. Nach der im Buch Zhuangzi angegebenen Lösung wird sichere Gewißheit durch Vertrauen auf das eigene, „vollendete Herz" erreicht. Dieses ist kein Herrscher, sondern ein Lehrer; es spielt eine Rolle, die bei uns unter den Begriff „Gewissen" fällt. Die hier angesprochene Ethik des standhaften Vertrauens auf das eigene Gefühl, das als Ratgeber und Helfer dem Menschen zur Seite steht, basiert auf einem Verhältnis zum Regungsherd Herz, das nicht mehr wie im archaisch-homerischen Griechenland in einem Ausgeliefertsein bestand, sondern die Situation eines bereits verdeckten „Gewissens" – eines Verlusts an Ursprünglichkeit, Spontaneität und damit Leiberleben – in Rechnung stellt. Jeder Mensch, so sagt das Buch Zhuangzi, hat das „vollendete Herz" als sicheren Ratgeber und Lehrer, doch es bleibt die Aufgabe jedes einzelnen, ein kooperatives Verhältnis zu ihm zu gewinnen; sich auch wirklich von ihm leiten zu lassen.

Folgt man diesen Gedankengängen, so wird auch die Ähnlichkeit zwischen dem *cheng-xin* und dem *chang-xin* im Zhuangzi Kap. 5, 1 deutlich. Bei Graham bedeutete der Begriff *chang-xin* „unshaking heart" (Graham 1991, 77), R. Wilhelm sprach von der „Beständigkeit seiner Stimmung" (R. Wilhelm 1984, 74) und Watson von „constant mind" (Watson 1968, 69). Das *xin* als Leibesinsel Herz und *chang* als ein Zustand der Beständigkeit dürfen durchaus in die Nähe der unerschütterlichen Standhaftigkeit gerückt werden, die in Parmenides in Fr. 1, 29 erwähnt wird, denn auch hinter der Metapher vom „beständigen Herzen" im Buch Zhuangzi verbirgt sich eine Haltung der Vollendung und Standhaftigkeit.

Das feste und beständige Herz kommt auch im Kap. 11, 4 zum Ausdruck. R. Wilhelm übersetzte: „wenn dein Herz fest ist, dann magst du untätig weilen beim Nicht-Handeln" (R. Wilhelm 1968, 123f.). Das hier angesprochene Verweilen im *wu-wei* deutet auf den Zustand des gefestigten Umgangs mit der spontanen Intensität der Seinserfahrung hin. Daß mit dem „festen Herz" eine bestimmte leibliche Disposition (und keine transzendente Dimension) gemeint ist, geht aus dem Text deutlich hervor; selbst wenn man an dieser Stelle mit Watson von „mind-nourishment" spricht (Watson 1968, 122). In jedem Fall hängt dieser Zustand mit der „Erleuchtung" zusammen, die der Philosoph in der mystischen Erfahrung hat. Das „Lösen des Herzens", von dem weiter gesprochen wird, gleicht der „Leere des Herzens", die die Bedingung für die Erkenntnis der Fülle des Seins ist.[1025] Wenn Parmenides in Fr. 16 also von der „Fülle" spricht, die die

1025 Zur Übersetzung Watson: „Undo the mind, slough off spirit, be blank and soulless" (Watson 1968, 122). U. R. Wilhelm: „Komm in Übereinstimmung mit dem Uranfang; löse dein Herz; entlaß deinen

„Bemerkung“ ist, und wenn es dazu eines „zitterfreien Herzens der wohlgerundeten Untrüglichkeit“ bedarf, so ist das „feste Herz“ die Voraussetzung für den „true man“, der dem „wissenden Mann“ bei Parmenides entspricht; und laut Zhuangzi Kap. 6, 1 gilt: „There must first be a True Man before there can be true knowledge.“ (Watson 1968, 77). R. Wilhelm sprach von der „Fülle der Erkenntnis“, die der wahre Mensch erreicht habe, indem sein „Herz“ – wie es in Kap. 6, 3 weiter heißt – „fest wurde“. Selbst wenn man hier Watson folgt, der den Zustand mit „his mind forgets“ übersetzte, deutet das wieder auf das Leeren des Herzens hin. Die Leere aber wird zur Fülle des Seins und zur Erfahrung des *dao*, die ebenso wie das „Fasten“ oder „Lösen des Herzens“ zur Befreiung von den Fixierungen durch Begierden und von den fragwürdigen Segnungen der Zivilisation führt.[1026] Das Problem des Herzens in der frühchinesischen Philosophie, auf das beispielsweise die Bücher Xunzi oder Mengzi eingehen, soll hier nicht weiter erörtert werden. Der interessierte Leser findet einige Hinweise in der Fußnote.[1027] Im folgenden Teil wird besonders auf die Vorstellungen des Herzens in den entsprechungssystematischen medizinischen Anthropologien eingegangen.

Geist; kehre zurück ins Unbewußte“ (R. Wilhelm 1984, 124). Zu den „ontologischen Kategorien“ der Daoisten etwa im Zhuangzi Kap. 13, und Kap. 15 „wo Leere und Ruhe als ‚Wurzeln der Dinge‘ ausgegeben werden.“ s. Roetz (1984, 367 A. 1).

1026 Zum „Fasten des Herzens“ (*xin-chai*) als terminus technicus s. Thiel (1970, 47f.), der es als „Leersein“ interpretierte.

1027 Zur Rolle des Herzens im Buch Xunzi s. Wing-Tsit Chan (1970, 125). Zu den zur Natur gehörenden Gefühlen und dem Herz, das aussucht, s. Fung Yu-Lan (1952, 289f.). Zum „Doppelspiel des Herzens im Individuum – so passim bei Hsün-tzu“ s. Köster (1966, 93). Zum Dualismus im Buch Xunzi s. Fung Yu-Lan (1952, 303f), der aus Xunzi Kap. 17 übersetzte: „The mind is established in the central void to control the five senses.“ Wing-Tsit Chan meinte, an die Stelle der daoistischen „intuitionism and mysticism“ würden im Xunzi „rationalsim and empiricism“ treten. Zur Kontrollfunktion des Herzens s. Wing-Tsit Chan (1970, 117f.) u. Roetz (1984, 380). Zur hierarchischen Rolle des Herzens im Buch Xunzi s. T. T. Chang (1982, 69 A. 2). Friedrich glaubte, erst Wang Pi habe eine „scharfe Trennung von Subjekt und Objekt“ als Neuerung, ja geradezu als „Revolution im chinesischen Denken“ eingeführt, obwohl er „im Prinzip“ nur „formuliert“ habe, was bereits bei „Hsün-tzu zu lesen sei, daß nämlich das Bewußtsein (Herz, *hsin*) eine Auswahl unter seinen ‚wahren Affekten‘ treffe“ (Friedrich 1984, 57 u. 59). Zu Xunzi s. a. Hans-Georg Möller, der davon sprach, daß das Herz das Wissen „beherberge“ .Er behauptete: „Nicht der Mensch als Individuum ist wissend, immer ist er das Produkt eines wissenden ‚Herzens‘, ein Moment eines Wirkzusammenhangs“ (Möller 1992, 48). Zum Herzen im Buch Mengzi schrieb Fung Yu-Lan: „The mind (which in chinese is expressed by the same word which means ‚heart,‘ *hsin*), constitutes ‚that part of man which is great‘ (*ta t'i*); ... Therefore through exercise of our minds and knowledge of our natures we may also come to ‚know Heaven‘.“ (Fung Yu-Lan 1952, 129) Zur „capacity of the heart/mind as the ‚organ of thinking‘ and the will of the heart/mind to think“ im ‚Mengzi‘ schrieb Schwartz: „It is not the heart as the spontaneous vehicle of the ‚good nature‘ which brings order to the senses and harmony and replenishment to the *ch'i*. It is the heart as the intentional organ of willing and thinking.“ (Schwartz 1985, 273)

Das Herz in der entsprechungssystematischen Medizin

Wenn das kulturgebundene Körpermodell der europäischen Zivilisation mit seinen anatomisch-physiologischen Substraten nicht für chinesische Perspektiven gilt, so stellt sich die Frage, welche spezifisch medizinischen Vorstellungen denn in China entwikkelt wurden. Sobald die sogenannten Körperorgane in das Blickfeld des Interesses rükken, fällt sofort die Schwierigkeit auf, die die Sinologen bei der Suche nach adäquaten Begriffen für die in der chinesischen Medizin und in den Techniken der Lebenspflege verwendeten Bezeichnungen *zang* und *fu* haben. Porkert ging sehr konsequent vor, als er anatomisch-physiologische Konzepte für die Phänomene hinter den chinesischen Bezeichnungen ablehnte und die Organe der westlichen Medizin scharf von der chinesischen Sicht trennte. Mit seinem Begriff „Funktionskreis" (*orbis*) verdeutlichte er, daß der Schwerpunkt der Vorstellungen nicht auf dem „Substrat", sondern auf der „Funktion" lag. Dazu erklärte er: „Der terminus technicus ‚Orbis' deckt mit seiner gewollten Doppeldeutigkeit ziemlich genau die mit dem chinesischen Ausdruck tsang verknüpfte Vorstellung, nämlich einerseits ein räumlich, stofflich nur unscharf umrissenes körperliches Substrat, andererseits die auf dieses bezogene zeitlich, qualitativ scharf und subtil definierte Funktion." (Porkert 1982, 88)

Das „räumlich, stofflich unscharf umrissene Substrat" kann nach phänomenologischen Erkenntnissen eindeutig als Leibesinsel identifiziert werden. Auch der Funktionsbegriff verweist auf das Spüren des Leibes als Basis der Vergegenständlichung. Er sollte aber wegen der Nähe zu den „funktionalen Seelen" von Arbman nur äußerst vorsichtig benutzt werden. Wie oben gezeigt wurde, war J. Böhme in Bezug auf Homers Vorstellungen Arbman gefolgt, ohne dadurch zu einer konsistenten Begriffsbildung zu gelangen. Es darf also in Analogie dazu auch bei der chinesischen Sicht vermutet werden, daß „hinter der Organvorstellung" die „Erfahrung der Leibinsel" steht und „hinter der Funktionsvorstellung die Erfahrung der leiblichen Regung" (Schmitz 1965, 397). Die leiblichen Regungen bekam Porkert nicht in den Blick. Unschulds Gegenübersetzung von „abstract functional systems" und „tangible anatomical structures", die er als europäisches Beispiel für „entweder – oder Denken" anführte und mit der chinesischen Sicht zu vereinen suchte, brachte ebenfalls keine terminologische Klarheit. Seine Ansicht, die Chinesen hätten sich sowohl auf die „abstract functional systems" als auch auf die „tangible anatomical structures" bezogen, läßt sich aus den Erfahrungen von Leibesinseln erklären, nicht aus physiologischen Substraten (Unschuld 1986, 8).[1028]

1028 Unschuld schrieb an gleicher Stelle weiter: „On a smaller scale, to give another example, the either/or approach demands an answer to whether terms like hsin (‚heart'), kan (‚liver'), and p'i (‚spleen') must be understood solely as references to abstract functional systems that do not necessarily correspond to tangible anatomical structures (as some passages in ancient Chinese literature suggest) or as designations of concrete structures within the organism (as other passages suggest)." Auch Jutta Rall bot keine terminologische Altenative, als sie zu den *zang* und *fu* meinte, bei den zwei Begriffen, die bereits in den ältesten medizinischen Werken auftauchten und in späteren Zeiten immer wiederkehrten, handele es sich „um die in der chinesischen Anatomie bekannten Eingeweide,

Unschulds Terminologie fehlt die Präzision, da er den Begriff „Organ" einerseits metaphorisch, etwa in dem Sinne eines „politischen" oder „staatlichen Organs", zu benutzen scheint, ihn dann aber wieder im anatomischen Sinne gebraucht. Zwar sah er in der entsprechungssystematischen Medizin „Ansätze zu einer anatomischen Betrachtung des Organismus", doch seien erst um 1800 ernsthafte anatomische Bemühungen belegbar.[1029] In jedem Fall sind die Organe des Körpermodells als Vergegenständlichungsbasis leiblichen Spürens ungeeignet. Mit Engelhardt läßt sich nochmals darauf aufmerksam machen, „daß ein ‚Orbis' (zang) ein Erscheinungsbild im menschlichen Körper darstellt, das nicht im Sinne unserer ‚Organe' anatomisch zu fassen ist, sondern im wesentlichen durch Embleme gekennzeichnet ist." (Engelhardt 1987, 178)[1030]

Wie wenig das „Organ" der westlichen Anatomie und der „Funktionskreis" des chinesischen Menschenbildes in Übereinstimmung zu bringen sind, verdeutlichte Porkert an folgender Überlegung: „Diese Divergenz geht mitunter so weit, daß einem Orbis der traditionellen chinesischen Medizin (…) in der westlichen Medizin kein präzises Substrat entspricht oder umgekehrt für ein von der westlichen Medizin definiertes Substrat (…) von der chinesischen Medizin kein selbständiger Orbis postuliert wird." (Porkert 1982, 89) Er zog als Beweis den sogenannten Funktionskreis „3 Erwärmer" heran, von dem Unschuld schrieb: „The character of the so-called Triple Burner has remained a controversial issue for as long as we can trace this concept in medical literature. Not unlike their counterparts in ancient Greek medicine, ancient Chinese thinkers assumed the existence of some kind of a heat source in the organism. … In the *Nanjing*, …, the Triple Burner – with a name but no form itself (see difficult issue 38) – appears to be

die in zwei Gruppen unterteilt" würden. *Zang* übersetzte sie mit „Hauptorgane" oder auch „innere Organe" (Rall 1970, 7).

1029 Nach Unschulds Recherchen wurden, auch wenn gewisse basale Kenntnisse schon in den Medizinklassikern (z. B. im Buch *su-wen*) vorhanden waren, erst um 1800 ausführliche anatomische Studien durch Wang Ch'ing-jen (1768-1831) veröffentlicht (Unschuld 1980, 173f.). Und weiter: „Die Organe und die Leitbahnen stehen im Mittelpunkt der Physiologie der entsprechungssystematischen Medizin. Eine exakte Kenntnis des Körperaufbaus wurde in diesem Heilsystem zwar nicht entwikkelt, doch sind gewisse Ansätze zu einer anatomischen Betrachtung des Organismus bereits in den frühesten Texten der entsprechungssystematischen Medizin erkennbar." (Unschuld 1980, 62) Daß die Chinesen im Gegensatz zu den Griechen und Hindus keine „dissection as a regular procedure of study" betrieben, meinte auch Maspero (1981, 452).

1030 Nochmals Engelhardt: „But it should be clearly understood that the organs mentioned in connection with these orbs are not organs as understood in western medicine." (Engelhardt 1989, 273) Für weitere Begriffsvermischung sorgte schließlich Klein, der den Organbegriff benutzte, aber in Anlehnung an Porkert auch vom „Organfunktionskreis" sprach (Klein 1986, 18). Er schrieb: „Der Haushalt des Körpers wird von fünf Energiekreisen gesteuert. … Die chinesischen Darstellungen der Organe entbehren jeder anatomischen Genauigkeit. Sie sollen im wesentlichen eine ungefähre Lokalisierung der Organe geben. Wie angeführt, bezeichnete schon der Begriff selbst nicht nur das räumlich begrenzte Organ, sondern dessen ganzen Wirkungskreis. … Nachdem wir auf den eigentlichen Sinngehalt der chinesischen Organbezeichnungen hingewiesen haben, nehmen wir des besseren Verständnisses wegen in unseren Übersetzungen den deutschen Organbegriff …" (Klein 1986, 15).

considered a functional description of the upper, central, and lower groups of organs in the body." (Unschuld 1986, 355)[1031] Die von Unschuld hier angeführten Parallelen zu griechischen Vorstellungen einer „Wärmequelle" im Leib, wie sie beispielsweise in Platons Timaios der seelenideologischen Sicht zugrunde lag, wie sie aber auch in indischen und indonesischen Vorstellungen mit anderen Überformungen belegt ist, versprechen Erkenntnisgewinn. Daß der „Funktionskreis 3 Erwärmer" aus dem Spüren leiblicher Regungen durch Differenzierung verschiedener Eindrücke entstand, die aus verschwommenen Wahrnehmungen der im Brust- und Bauchbereich lokalisierten Leibinsel Herz gewonnen wurden, kann nach dem bisher vorgelegten Material als sicher gelten. Ein weiterer Erklärungshinweis zum Verständnis des *san jiao* läßt sich aus zwei von Schmitz ermittelten Formen der „topographischen Struktur einzelner Leibinseln" gewinnen. Die Leibinseln pflegen einmal „protopathisch-diffus auszustrahlen", scheinen aber auch „gelegentlich körnigen Charakter in der Weise zu besitzen, daß sich in ihnen entweder ein einziger Schwerpunkt oder einige ausgezeichnete Stellen abheben" (Schmitz 1965, 285). Ein ähnlicher, wenn auch nicht ganz so prägnanter Unterschied wurde bei Homer zwischen den örtlich intensiver gebundenen Leibesinseln (z. B. *etor*) und den flächenhafter gespürten Regungen (*thymos*) gemacht. Auch Platons Wärmestrahlen verweisen auf ein diffuseres Spüren, das den ganzen Leib durchzieht. Im Unterschied zu der enger an den leiblichen Ort gebundenen chinesischen Leibesinsel Herz (*xin*) läßt sich der sogenannte „Funktionskreis 3 Erwärmer" (*san-jiao*) als die Beschreibung von Wärmegefühlen im gesamten Brust- und Rumpfbereich erklären. Dies kann mit einer interessanten Hypothese bekräftigt werden, die der bei Besprechung indonesischer Leibschemata erwähnte Arzt Wolfgang Weck aufstellte. Er meinte, daß die Balier „die Trias Leber-Galle-Herz" unter dem Namen „‚palemahan tige', ‚kuta telu' die 3 Plätze" oder „‚padamaran tiga' die 3 Feuerstellen" zusammenfassen. „Man erkennt diesen 3 Organen besondere Wichtigkeit zu, was sich auch in dem Umstande äußert, daß man mit demselben Ausdruck (padamaran tiga) auch bayu-sabda-idep belegt." In der Anmerkung Nr. 50 zum Text zog er dann folgende Parallele: „Vielleicht entsprechen diese 3 dem chinesischen ‚Santsiao', einem aus 3 Teilen bestehenden Heizorgan." (Weck 1978, 90) [1032]

Diese Hypothese kann bestätigt werden; sowohl den indonesischen als auch den chinesischen Vorstellungen liegt ein sensibles Spüren von sich im Leib verbreitender Wärme zugrunde. Dieses wurde zu einer Einheit vergegenständlicht und als verteilende Instanz in den Rahmen der jeweiligen Systeme eingeordnet. Da der Schwerpunkt

1031 Zum „3 Erwärmer" s. a. Unschuld (1986, 316), Erich Stiefvater (1977, 97, 1961, 11 u. 1980, 90). Dazu Morris: „The ‚triple burner' (san – jiao) was an ‚imaginary' organ that had no anatomical counterpart; it is best understood, ... as the functional relationship between the various organs that regulate water." (Morris 1989, 15) Zur Dreiteilung des Körpers und dem *san-jiao* s. a. Maspero (1981, 325 u. 449).

1032 S. a. Hooykaas (1974, 116), der *idep* mit „thought", *bayu* mit „strength" und *sabda* mit „word" übersetzte.

des Erlebens im Bereich der „Strömungen“ und „fließenden Übergänge im körperlichen Leib“ lag, ergab sich nur ein diffuses Spüren, das keine eindeutig fixierte lokale Zuordnung verlangte, sondern grob auf den Brust-Rumpf-Bereich verteilt werden konnte. Aus leibtherapeutischen Gründen nahm man diese Einheit (*san-jiao* bzw. *kuta telu*) in die chinesischen und indonesischen Wissenschaften des Leibes auf, ohne daß eine exakte Übereinstimmung beider Konzepte vorliegen muß. Unschuld glaubte, das Entstehen des *san-jiao* als Konsequenz des geschichtlichen Wandels erklären zu können. Durch das Entsprechungsverhältnis von Sozialstruktur und medizinisch-anthropologischen Gesichtspunkten sei auch in der Medizin der Bedarf an systematischer Organisation gestiegen (Unschuld 1980, 64). Dies spielt sicher eine wichtige Rolle, doch reicht es zur Konstitution des *san-jiao* nicht aus. Der „Dreifache Erwärmer“ stellt eine Differenzierung des unspezifischen Gespürs im Brust-Rumpf-Komplex dar, die das Herz als Zentrum des Leibes und Quelle der Kraft entlastet und erklärt, wie sich die Kräfte und Ausstrahlungen im Leib verbreiten. Das zeigt seine Stellung im Gesamtsystem, denn im medizinischen Denken der Entsprechungssystematik erhielt der „3 Erwärmer“ die Position des „Minister Feuers“ (minister fire), das dem Herzen als dem „Herrscher Feuer“ (ruler fire) assistierte. Später dann, im 3. Jh. n. Chr., wurde der *san-jiao* in das komplexere System des Nanjing integriert, wobei man ihm eine eigene Leitbahn zuordnete. Porkert, der sich einerseits zu recht gegen eine Identifikation mit dem „endoktrinen Drüsensystem“ wehrte, sah andererseits in den Ausführungen des Nanjing (Kap. 31) den Versuch, nach zwei zeitlich voranliegenden Phasen der undifferenzierteren Betrachtung nun für den „3 Erwärmer“ ein „körperliches Substrat zu definieren“, das er als eine „medizinhistorische Kuriosität“ bezeichtete (Porkert 1982, 132f.). Dies wurde von Unschuld kritisiert (Unschuld 1986, 356). Weder aus den Passagen des Nanjing noch aus den von Porkert zitierten Stellen des Lingshu lassen sich Definitionsversuche herauslesen, die auf ein anatomisches Substrat zielen. Das hohe Alter der Spekulationen, die Porkert bis zum Ende der Zhouzeit verfolgte, verweist auf ein noch unsystematisiertes Leibgespür. Porkert behauptete: „Als Folge des Primats des induktivsynthetischen Erkenntnismodus ergaben sich dabei hinsichtlich der physiologischen Funktionen erstaunlich treffsichere und präzise Hypothesen, denen jedoch nur vage Vorstellungen und Spekulationen vom Substrat gegenüberstanden.“ (Porkert 1982, 131) Was Porkert hier mit „induktivsynthetischem Erkenntnismodus“ meint, läßt sich aus phänomenologischer Perspektive als eine sich intuitiv am leiblichen Spüren orientierende Haltung des Forschens bezeichnen, die versuchte, im Brust- und Rumpfbereich auftauchende Wärmegefühle mittels eines Verteilungsnetzwerks zu erklären, das die Strömungen in Bahnen beschrieb, die der Kontrolle oder Beeinflussung zugänglich waren. Mit dem Übergang vom Prinzip des „circuit-needling“ zum System des „extremities-needling“, der sich nach Unschuld im Nanjing vollzog, behielten die Regungsherde zwar ihre Wirkungsweise bei, wurden aber mit dem System der Leitbahnen auf ganz spezielle Weise verknüpft (Unschuld 1986, 549). Floß bisher im Akupunktursystem der über den ganzen Körper relativ ungeordnet verteilten Punkte, dem „circuit-needling“, das *qi* konstant und undifferenziert durch den Leib, so geschah das nun durch spezielle

Verbindungen der Punkte zu Leitbahnen und Leibesinseln. Der Wandel des Systems von anfänglich elf einzelnen Bahnen hin zu den zwölf Hauptleitbahnen der Extremitäten verdeutlicht den Abschluß einer Entwicklung, die von den dämonologischen Konzeptionen, mit denen die frühen Systeme des „circuit-needling" verbunden waren, bis zu den entsprechungssystematischen Theorien des Nanjing reicht. Diese Entwicklung wurde nicht von allen Praktikern geteilt. Dazu meinte Unschuld: „Therapeutic practice – that is, circuit-needling – continued along the lines dictated by experience, not by theory." (Unschuld 1986, 41) Allerdings ist der Gegensatz von Praxis und Theorie nicht krass, denn auch die Vorstellungen des Nanjing basierten grundsätzlich auf leiblichen Regungen. Der Unterschied lag eher zwischen einem groben und einem verfeinerten Gespür, wobei der „Praktiker" sich an den althergebrachten Regeln des „ganzleibigen Nadelns" (*circuit-needling*) orientierte, wohingegen der sogenannte „Theoretiker" feinere Zusammenhänge aufspürte und versuchte, sie der Allgemeinheit mnemotechnisch besser zugänglich zu machen, indem er die vorhandene Systematik erweiterte und die alten Ansichten teilweise umformte. Die mit der Einführung des „extremities-needling" zusammenhängende direktere Zuordnung und Systematisierung der in den Leitbahnen fließenden Kräfte zu den entsprechenden Strahlungsherden betonte im Gegensatz zum einfachen *qi* nun die spezifische Tönung der Einflüsse, die diesen von den Leibesinseln zuteil wurden. Die so entstandene „theoretische" Isolation der einzelnen Bahnen vom gesamten *qi*-Haushalt konnte aber durch das Konzept des „3 Erwärmers" aufgefangen werden, da dieser schon ursprünglich für die Wärme- und Kraftverteilung im Leib zuständig, sonst aber funktional nicht weiter eingebunden war. Von ihm wird in Kapitel 62 des Nanjing gesagt, daß er einen „Einfluß" habe, der zu denen der anderen, jeweils spezifisch gebundenen hinzukäme (Unschuld 1986, 545). Durch seine verbindende, ausgleichende und transportierende Funktion konnte der Bruch zwischen den verschiedenen Nadelsystemen gekittet und eine Erklärung geliefert werden, die dem diffusen Gespür der „Praktiker" eher entsprach als die komplizierte Anordnung des neuen Bahnensystems. Außerdem gab er die benötigte sechste Einheit für die Aufteilung der zwölf Bahnen auf die zuvor vorhandenen fünf Speicher und sechs Paläste ab. Er korrespondiert als *yang*- mit dem ihm zugehörenden *yin*-Kreis, dem „umfangenden Netz des Herzens", das als „Minister Feuer" die Aufträge des Herzens als dem „Herrscher Feuer" ausführt. Porkert konnte sich nicht des Eindrucks erwehren, „daß ihm die Funktionen zugeteilt werden, welche nach den Vorstellungen der europäischen Medizin z. T. dem Herzen, der Lunge und dem Kreislauf (insbesondere der Aorta) zufallen." (Porkert 1982, 122) Denkt man daran, daß die „Funktionen" von Herz und Magen im alten Ägypten oder von Herz und Lunge im Timaios ebenfalls in engem Zusammenhang gesehen wurden, so zeigt sich nochmals, daß sich solche Vorstellungen am diffusen Spüren einzelner Regungen und Strömungen orientierten.

Die sogenannten „Funktionskreise" lassen sich also auf ähnliche leibliche Erfahrungen und Zentren zurückführen wie die ebenfalls als Räder oder Kreise bezeichneten indischen Chakren. Werden einzelne Leibinseln deutlich voneinander abgehoben, dann entstehen Bilder der leiblichen Zentren, die, soweit das verschwommene Gewoge ein

Studium beharrlicher Anordnung erlaubt, allmählich zum „Gefüge der Leibesinseln", zur „statischen Gliederung des Leibinselgefüges" auskristallisieren und durch immer weiter fortschreitende Vergegenständlichung ausgefeilte Leibschemata bilden. Allerdings sind die Verbindungen der verschiedenen kulturspezifischen Ausgestaltungen zu den Kreisvorstellungen nicht eindeutig. Die Übersetzung der chinesischen Vorstellungen durch den lateinischen Begriff *orbis* ist nicht unproblematisch, denn es gilt mit Hidemi Ishida zu beachten, daß sie als Bezeichnung für die *zang* und *fu* eine Konnotation von „etwas Rundem und Integriertem" mit sich bringt, welche von den Chinesen nach Ishida nicht wirklich intendiert sei (Ishida 1989, 42 A. 3). Der Kreisgedanke darf nicht auf ein substanzielles Gebilde, sondern muß auf die regelmäßige Arbeitsweise der Leibesinseln innerhalb eines in die natürlichen Kreisläufe eingebetteten Systems leiblicher Austauschverhältnisse von Einflüssen und wahrnehmbar fließenden Kräften zurückgeführt werden.

Mit Hilfe eines ausgeklügelten Analogiendenkens wurden die verschiedenen Phänomene – darunter auch die Leibesinseln – zu den immer mehr konventionalisierten Ordnungskräften in Bezug gesetzt; es entstanden auf der Basis der bereits vorhandenen grundsätzlichen Aufteilungen ausgefeiltere Systeme.[1033] Unschuld sah in dem sich aus der historischen Situation entwikkelnden Wandel von dämonologischen und schamanistischen Praktiken hin zur entsprechungssystematischen Medizin ein Anzeichen für das Abbildungsverhältnis zwischen Sozialstruktur und Leibschema.[1034] Anstelle ursprünglicher und spontaner Gemeinschaft wurde die Struktur einer hierarchisch gegliederten Gesellschaft auf den Leib übertragen, wobei sich für Engelhart folgendes Bild ergab: „Die Fünf Orbes bilden die Grundlage des menschlichen Organismus überhaupt und durch ihre Funktion als Sitz der Gottheiten im menschlichen Körper stellen sie außerdem eine direkte Verbindung zur himmlischen Bürokratie und somit zur ange-

1033 Das System der Einflüsse und Austrahlungen, das sich im Laufe der Zeit entwickelte, umfaßte nach Unschuld mit Hilfe der „Assoziationsreihen des yin-yang-Dualismus und der Fünf Wandlungsphasen" die „Speicher, die Paläste und die Leitbahnen" ebenso wie den „abstrakten Lebensgeist shen und das Blut hsüeh, wie die beiden Seelen hun und p'o und alle Gemütslagen und nicht zuletzt die Vielzahl der Einflüsse, die von außen in den Körper eindringen und im Körper selbst vorhanden sind. Da auch jede Himmelsrichtung, jedes Gestirn, jede Tages- und Jahreszeit, jede Speise, jede Farbe, jede Tonlage und jeder Geruch usw., usw. in das Entsprechungssystem einbezogen waren, ergab sich die Möglichkeit, eine zugleich naturgesetzliche und moralisch-normative Lebensführung zu ermessen, die eine ausgewogene Aufnahme aller lebensnotwendigen Einflüsse und einen Schutz gegenüber allen unheilvollen Einflüssen bedeutete." (Unschuld 1980, 65)

1034 Dazu Unschuld: „Das physiologische System der Einflußmedizin spiegelte diese strukturellen Neuerungen lebensnah wieder. Alle wichtigen Elemente der gewandelten Staatswirtschaft – Speicher und Verbrauchszentren = Paläste – waren im Organismus vertreten." (Unschuld 1980, 64) U. Needham: „Perhaps the entire system of correlative organismic thinking was in one sense the mirror image of Chinese bureaucratic society." (Needham 1992, 338) Zur sozialen Funktion des Entsprechungssystems, die im Stützen und Absichern der konfuzianischen Gesellschaftsordnung bestand, s. a. Linck (1987, 337). Zur „bürokratisch unerbittlich und kosmisch durchorganisierten Welt" s. Seidel (1985, 177).

strebten ‚Unsterblichkeit' her." (Engelhart 1987, 181) [1035] Der Leib wurde genauso detailliert geordnet wie die Gesellschaft, wobei einerseits der Herrscher, andererseits das Herz im Mittelpunkt standen.[1036]

Einer der eindrucksvollsten Belege für das phänomenologisch-diskursive Vorgehen wissenschaftlichen Denkens im China der Zeit um 300 n. Chr. ist das oben schon erwähnte Nanjing, das Unschuld einem europäischen Publikum zugänglich gemacht hat. Die dort fixierte Sicht vom Herzen soll, da sie – Kommentare von verschiedenen Medizinern im Laufe von über tausend Jahren zeigen das – für die späteren medizinischen Anschauungen als basal gelten kann, abschließend kurz dargestellt werden. Über die alte, weit verbreitete Ansicht, Emotionen könnten das Herz angreifende Krankheiten hervorrufen, findet sich im Nanjing folgende Erkenntnis: „The scripture states: Grief and anxiety, thoughts and considerations harm the heart." (Unschuld 1986, 457)

Diese Passage wurde folgendermaßen kommentiert:

(um 300) *Lü Kuang-wang*: The heart is the spirit; it constitutes the lord among the five depots. Intelligence, skills, and wisdom all originate from the heart. If one is severely taxed by grief, that will harm one's heart. When the heart is harmed, the spirit is weak.

(1062) „*Ting Te-yung*: The heart rules (the movement in the) vessels. In case of grief and anxiety, thoughts and considerations, the (influences in the) vessels of the heart cannot be spread (through the entire body); hence the heart will be harmed.

(1067) *Yü Shu*: (That which is) responsible for governing everything, (that which is) calm and dispassionate is called ‚heart'. Here, grief and anxiety, thoughts and considerations are present, but no rest. Hence the heart will be harmed.

(1361) *Hua Shou*: The heart rules the thoughts and the considerations. It represents the lord-ruler among the officials. Hence grief and anxiety, thoughts and considerations cause harm to the heart.

(1510) *Chang Shih-hsien*: The heart harbors the spirit; to nourish the heart, nothing is better than to restrain one's desires and one's grief. Excessive thoughts and considerations will exhaust the spirit and harm the heart.

1035 Dazu Klein: „Was die wu-hsing für die Erde bedeuten, stellen die wu-tsang für den menschlichen Körper dar." (Klein 1986, 14) Und Engelhart: „Die fünf Orbes speichern und bewahren das Struktivpotential des Menschen; sie sind zugleich die Kardinalpunkte im menschlichen Körper, welche die direkte Verbindung zwischen den menschlichen Wesen und den essentiellen kosmischen Kräften herstellen, wie sie sich auf höchster Ebene in den ‚Fünf Planeten' im Himmel und den ‚Fünf heiligen Bergen' auf der Erde manifestieren." (Engelhart 1987, 178)

1036 Dazu Engelhardt: „Das Huangting jing, dessen Rezitation die Visualisation der Körpergottheiten unterstützen soll, gibt eine genaue Beschreibung der Körpergottheiten, ihrer Namen, ihrer Funktionen und ihres Aussehens; es fällt dabei auf, daß die Gottheiten der Fünf Orbes, allen voran der ‚Herrscher' des Orbis cardialis, eine besonders hohe Stellung innerhalb der Hierachie im Körper einnehmen, die als Abbild des hierarchischen Aufbaus der Regierung zu verstehen ist." (Engelhardt 1987, 180) Diese Herrscherposition hängt mit der Vorstellung zusammen, daß der *shen* dort seinen Wohnsitz hat, Denken oder Unterscheiden aber im Herzen stattfindet.

(1727) *Hsü Ta-ch'un*: Thoughts and considerations come from the heart. Hence if one uses them excessively, (the heart) will be harmed.
(1913) *Liao P'ing*: ‚Heart' stands for ‚brain'; it rules the thoughts."
(Unschuld 1986, 460f.) [1037]

Mit diesem kleinen historischen Abstecher durch die Jahrhunderte ist der diskursive Charakter der chinesischen Medizin am Beispiel der Zusammenhänge von Leibesinseln und Gefühlen hinreichend dargelegt. Die funktionalen Ordnungen, wie sie im Nanjing und bei den späteren Kommentatoren der chinesischen Entsprechungsmedizin sowie in den indisch-indonesischen Chakrenvorstellungen zum Ausdruck kommen, stellen zwar einen wissenschaftlichen Umgang mit aus dem leiblichen Spüren gewonnenen Eindrücken dar, aber keinen naturwissenschaftlichen, wie er in Anatomie und Physiologie praktiziert wird.[1038] Die aus der wissenschaftlichen Diskussion gewonnenen Regeln und Gesetze wurden im Laufe der Entwicklung systematisiert und weltanschaulich kohärent eingeordnet. Aus den spezifischen Zusammenhängen leiblicher Regungen mit bestimmten, die Grundlage der Klassifikationssysteme bildenden Phänomenen wie synästhetischen Charakteren und Gestaltverläufen, Farben, Gerüchen aber auch Himmelsrichtungen und Jahreszeiten entwickelten sich so selbständige Wissenschaften vom menschlichen Leib.

Techniken der Leibbemeisterung

Zu den wissenschaftlichen Systemen der chinesischen Vorstellungen vom Leib gehören nicht nur die medizinischen Praktiken und Theorien, sondern die verschiedenen-Techniken der Leibbemeisterung sind ebenfalls eng damit verknüpft. Neben den einfachen Methoden des meditierenden „Sitzens", des *zuo-wang*, integrierten die besonders im späteren synkretistischen Daoismus beliebten Systeme zur „Pflege des Lebens" die verschiedensten Formen der Leibbemeisterung, von denen das *daoyin* und die Atemübungen mit zu den bedeutendsten zählen. Die Methode des *zuo-wang*, des „Sitzens und Vergessens", wird schon im Zhuangzi erwähnt. Das *Daoyin* ist die Bezeichnung für einige der ältesten gymnastischen Systeme Chinas und bedeutet „Übungen zum Leiten und Dehnen" des Leibes.[1039] Es diente der Stärkung des Leibes und der Vorbeugung von

1037 Die in Klammern vorangestellten Jahreszahlen basieren auf Angaben von Unschuld (1986, 63).

1038 Dazu Porkert: „Es ist daher sachlich falsch und irreführend, von der Orbisikonographie als von der ‚chinesischen Anatomie' zu sprechen." Und weiter: „Mit anderen Worten, auch die Qualifikative der Orbisikonographie (...) sind vor allem konventionell fixierte Definitionen von Wirkbeziehungen (= Funktionen) und nicht lediglich die Umschreibung rudimentär anatomischer Erkenntnisse. Deshalb können Aussagen über einen bestimmten Orbis (...) mit den Aussagen über das (dem europäischen Begriffssystem nach) korrespondierende Organ (...) niemals völlig zur Deckung gebracht werden, auch oder gerade wenn sie sich – hier wie dort – auf empirisch positive, logisch stringent verknüpfte Daten stützen." (Porkert 1982, 88f.)

1039 Zum *dao-yin shen-ti* oder einfacher *dao-yin*, das von ihm mit „extend and contract the body" übersetzt wurde, s. Maspero (1981, 346).

Krankheiten. Die frühesten Zeugnisse für *daoyin*-Übungen sind die hanzeitlichen Darstellungen aus dem Grab in Mawangdui. Sie stammen also aus einer für die Entstehung der chinesischen Anthropologie äußerst wichtigen Zeit. Catherine Despeux betonte: „During the same period the basic theoretical principles of Chinese medicine and the fundamental notions about the human body were first systematized.“ (Despeux 1989, 226) [1040] Bei den Versuchen der Bemeisterung des Leibes und der Suche nach einem leiblichen Zustand des Glücks spielten neben dem *daoyin* vor allem Atemübungen bereits zur Zeit des frühen Daoismus eine große Rolle.[1041] Sie wurden besonders im späteren Daoismus weiter entwickelt.[1042] Eine die verschiedenen Ansätze integrierende Technik ist der sogenannte „Kreislauf des Lichtes“, der am Schluß der Untersuchung kurz besprochen werden soll.

Techniken der Leibbemeisterung im frühen Daoismus

Techniken der Leibbemeisterung werden schon in den Büchern Zhuangzi und Daodejing erwähnt. Für R. Wilhelm war Lao-zi „ein ganz freier Denker“. Sein „Nachfolger Dschuang Dsi“ habe sogar „gelegentlich allen Hokuspokus der Yogapraxis, der Naturheiler, der Lebenselixiersucher verhöhnt“,[1043] obwohl „er selbst natürlich auch Meditation getrieben“ habe, die ihm zur „Einheitsschau verhalf, auf der sein nachträglich gedankenmäßig ausgebautes System“ beruhe (R. Wilhelm 1982, 66). Diese Sicht R. Wilhelms läßt sich bestätigen. Die Zhuangzi-Stellen, in denen von Meditation gesprochen wird, sind so unverkennbar, daß Girardot schreiben konnte: „Throughout the Chuang-

1040 Dazu Despeux: „Gymnastic exercise were thus well established as a form of therapy around the third and second centuries B. C.“ (Despeux 1989, 241). An weiteren Techniken, die bereits im 4. u. 3. Jh. v. Chr. praktiziert wurden, führte Maspero an: „dietetics, respiratory exercises, drugs, and also meditation. Only alchemy seems to have been lacking“ (Maspero 1981, 285). Zum Zusammenhang von Gymnastik und diätetischen Techniken des Fastens in der Hanzeit s. a. Despeux (1989, 247). Zu den Techniken der Leibbemeisterung bei den Daoisten und im Zhuangzi s. a. Forke (1927, 80).

1041 Dazu: Thiel (1969, 171), Despeux (1989, 225f.) u. Yu (1981, 492). Zum „zurückgehaltenen Atem“ (*qi*) im Kap. 10 des Daodejing, mit der der „Zustand eines Säuglings“ erreicht werden soll, s. Thiel (1972, 68) sowie Waley (1958, 153f.), der hier eine Yoga-Technik vermutete. Dazu kritisch Wing-Tsit Chan (1970, 144). Zu Kap. 6,1 des Zhuangzi und dem „Atmen von den Fersen her“ als Indikator für „meditation techniques of breath manipulation“ s. a. Girardot (1983, 107). Zu Zhuangzi Kap 15 s. a. Roetz (1984, 274f.) u. T. T. Chang (1982, 259).

1042 Zum Spektrum der Techniken vom 3.- 6. Jh. n. Chr. meinte Maspero: „The procedures most usual in the fourth, fifth, and sixth centuries A. D. were dietetic practises and circulation of the breath.“ Eigentlich seien sie unabhängig voneinander, würden aber meist kombiniert auftreten (Maspero 1981, 331). Zu den frühen Texten über diätetische Techniken sowie zur Verbindung von „drug taking“ mit „breathing and gymnastics, rituals and talismans“ und zur späteren „the preparation of a compound drug, of the elixir of life“ s. a Akira Akahori (1989, 80).

1043 Zu den Techniken der Leibbemeisterung im Buch Zhuangzi und Daodejing s. a. Peerenboom (1990, 169f.). Nach T. T. Chang spricht das Zhuangzi zumindest „mit ironischem Unterton“ vom *shengren*, der dem „‚Seher‘ der europäischen Antike“ entsprechen soll (T. T. Chang 1982, 60 A. 13). Zum „Polemisieren“ gegen die „Schamanen“ s. a. Thiel (1970, 70 A. 121).

tzu there is a constant and generally consistent symbolic reference to specific techniques or ‚arts of the Tao' (tao-shu)... or methods of self-realization" (Girardot 1983, 99). Als Beispiele gab er *zuo-wang* in Kap. 6, *qi-xin* in Kap. 4 und *xin-yang* in Kap. 11 an. Die beiden letzten lassen sich zusammenfassen und ungefähr mit „Techniken zur Kräftigung des Herzens" umschreiben, wobei nicht an das physiologische Substrat, sondern – vergleichbar mit dem griechischen Begriff der *euthymia* – an die Steigerung des Wohlbefindens zu denken ist. Den Begriff *zuo-wang* übersetzte Girardot „litterally" mit „sitting and forgetting" (Girardot 1983, 107). Die klassische Stelle, wo beschrieben wird, was man sich darunter vorzustellen hat, findet sich im Buch Zhuangzi Kap. 6, 7, das sich mit R. Wilhelm ungefähr so übersetzen läßt: (Yan hui erklärt:) „Ich habe meinen Leib dahinten gelassen, ich habe abgetan meine Erkenntnis. Fern vom Leib und frei vom Wissen bin ich Eins geworden mit dem, das alles durchdringt. Das meine ich damit, daß ich zur Ruhe gekommen bin und alles vergessen habe." (R. Wilhelm 1984, 95)[1044] Mit dem „Dahintenlassen des Leibes", ist keine dualistische Trennung von Körper und Seele gemeint, sondern die Beschreibung einer ekstatischen Erfahrung. Diese tritt durch eine entspannte Haltung ein. Fung Yu-Lan und Henri Maspero sahen im *zuo-wang* in Kap. 6 eine Technik zur Erreichung eines ekstatischen Zustandes, den Fung Yu-Lan als „pure experience" bezeichnete: „For this forgetting does not mean a complete nothingness, but only a special attempt to forget certain things." Und an anderer Stelle: „What the *Chuang-tzu* calls ‚the fasting of the mind' (*hsin chai*) and ‚sitting in foregetfulness' (*tso wang*) are designations for this state of pure experience." (Fun Yu-Lan 1952, 157f. u. 241)[1045] Maspero meinte, das Ziel des *zuo-wang* sei „an ecstasy which leaves the spirit (the heart, *hsin*) free" (Maspero 1981, 283f.). Das einfache „Sitzen und Vergessen" hängt mit den Techniken des „Leerens" oder „Fastens des Herzens" zusammen, denn es sind Versuche, den angestrebten Zustand der optimalen Fülle zu erreichen, die sich bei „Leere" oder „Vergessen", beim

1044 Zu Kap. 6, 7 schrieben: Watson: „I smash up my limbs and body, drive out perception and intellect, cast off form, do away with understanding, and make myself identical with the Great Thoroughfare. This is what I mean by sitting down and forgetting everything." (Watson 1968, 90) Mokusen Miyuki: „Ich lege meine Glieder hin, bringe meine Vernunft zum Schweigen, trenne mich von Leib und Seele und werde Eins mit dem Großen Einen (Tao). Das heißt Sitzen und alles Vergessen." (Mokusen Miyuki 1984, 34) Graham: „I let organs and members drop away, dismiss eyesight and hearing, part from the body and expel knowledge, and go along with the universal thoroughfare. This is what I mean by ‚just sit and forget'." (Graham 1992, 92) Zum „emptying of mind" bei Yen Hui in Kap. 6, 7, das auch mit den Meditationstechniken des späteren Daoismus übereinstimmt, s. Schwartz (1985, 218).

1045 Zu „*hsin chai*" u. „*tso wang*" schrieb Le Blanc: „The stages culminate in some kind of ‚pure experience' beyond the dualism of knowledge-consciousness." (Le Blanc 1987, 120) Sowie Jones der meinte: „Those clearly imply mystical experiences." (Jones 1981, 255f.) S. a. Wing-Tsit Chan (1970, 201), Maspero (1981, 368f.) u. Waley (1958, 117 u. 154). Zu *xin cai* schrieb Waley: „The term *chai* (abstinence and fasting) implied the curbing of all sensual and physical activities. The exercise, then, of any of the senses, whether of sight, smell, taste or hearing, the use of any senew or limb, was regarded as a potential menace to the soul." (Waley 1958, 35f.)

Fehlen von störenden Gedanken, einstellt. Maspero hob hervor, daß es sich beim „Leeren des Herzens“ nicht um einen „physiological act“ handele (Maspero 1981, 477 A. 65).[1046] „In fact“, so Maspero weiter, „the heart (which for the Chinese is the organ of the intelligence, of the spirit) ‚fasts‘ when, by emptying it of all that comes from outside, it is given nothing more to absorb, nothing upon which to reason.“ (Maspero 1981, 31 mit Beispiel Zhuangzi Kap. 22) An anderer Stelle ergänzte er: „One has to ‚empty the heart‘ definitively, free oneself from passions, drive out all worldly influence, in order to penetrate to the very basis of the self and of all things, to the Tao, unique principle of reality.“ (Maspero 1981, 286). Dem Kommentar von Mokusen Miyuki zu Kap. 6, 7 kann allerdings nicht gefolgt werden, denn er behauptete: „Die Meditation im ‚Sitzen‘ bedeutet die Introversion aller psychischen Energie zur innersten Tiefe des Unterbewußten.“ (Mokusen Miyuki 1984, 14 u. 83) Der Gedanke einer „Introversion psychischer Energie“, der sich an Jungs Energie-Begriff anlehnt, dreht die eigentliche Bewegung, nämlich das Verströmen in die Weite des Raumes und den damit verbundenen Verlust der leiblichen Form, geradezu um. Von einer Innenwelt oder „innersten Tiefe des Unterbewußten“ ist im Text nicht die Rede, eher vom Gegenteil. Außen und Innen verschwimmen zu einer Welt, in der sich nicht einmal mehr ein Subjekt abhebt.[1047] Ähnlich abwegig ist auch die Interpretation von Mazaheri, die von einer „introvertierten Prinzipierung“ sprach (Mazaheri 1992, 401). Solche Versuche vernachlässigen die Leibperspektive zugunsten einer durch dualistische anthropologische Schemata geprägten Auslegung ekstatischer Erfahrungen.

Die Ähnlichkeiten mit indischen Verfahren erschienen einigen Forschern so groß, daß sie über indische Einflüsse spekulierten und Anklänge an *yoga*-Techniken gefunden zu haben glaubten.[1048] Doch reichen die Beweise nicht, um konkrete Beziehungen aufzeigen zu können. Forke und Helmuth Wilhelm äußerten sich skeptisch, und auch Jan Yün-Hua hielt einen wesentlichen Einfluß für nicht wahrscheinlich. Das gemeinsame Vorkommen von Beschreibungen ekstatischer Zustände hebt noch nicht die Unter-

1046 Zu *hsü* als „vacuous“ schrieb Wing-Tsit Chan: „As a description of a state of mind, it means absolute peacefulness and purity of mind and freedom from worry and selfish desires.“ (Wing-Tsit Chan 1970, 788)

1047 Auch seiner Behauptung, es „scheint also, daß Chuang Tzu und vielleicht auch Lao Tzu die Lehre vom Innern Elixier kannten und meditatives Atmen übten, um Tao zu erfahren und sich ihm zu einen“, kann nicht zugestimmt werden, denn die „Lehre vom Inneren Elexier“ war zu dieser Zeit noch nicht erfunden, sondern entwickelte sich erst allmählich aus den in Kap. 6,7 beschriebenen Übungen (Mokusen Miyuki 1984, 34).

1048 Zum *zho-wang* und indischem Einfluß s. Debon (1985, 409). Girardot sprach von der „yogalike“-Technik des *zho-wang* (Girardot 1983, 107). Zu Verbindungen mit den Atemtechniken in den Upanishaden und älteren Vorstellungen s. a. Liebenthal (1968, 374). Zu „the possibly quite considerable influence of Indian ideas and practices on the Chinese tradition of gymnastics and massages“ s. Despeux (1989, 231f.). Zu den Ähnlichkeiten daoistischer Übungen mit dem Yoga s. a. Waley (1958, 114).

schiede zwischen indischem Yoga und chinesischer Meditation auf, obwohl es sicherlich eine eindrucksvolle Bestätigung bestimmter ähnlicher Perspektiven bietet.[1049]

Die Autoren des Daodejing und Zhuangzi hielten sich bezüglich konkreter technischer Anweisungen sehr zurück. Über ein paar Hinweise hinaus lassen sich präzise Schilderungen kaum finden. In den Kapiteln 3, 4, 7, 11 und 22 des Buches Zhuangzi werden eher gut gemeinte Ratschläge als detaillierte Beschreibungen von Techniken gegeben.[1050] Fung Yu-Lan übersetzte beispielsweise aus Kap. 7,3: „Bring your mind into a state of quiet, and your energy (*ch'i*) into a state of indifference. Follow the spontaneity of things" (Fung Yu-Lan 1952, 229). Ziel des Übenden ist, sich möglichst von aller Ablenkung fernzuhalten.[1051]

Auch Kap. 4 des Zhuangzi gibt eigentlich keine genügend sichere Basis für die Anwendung bestimmter Techniken. Dort heißt es nach Graham: „Unify your attention. … rather than listen with the heart, listen with the energies. … As for ‚energy', it is the tenuous which waits to be roused by other things. Only the Way accumulates the tenuous. The attenuating is the fasting of the heart." (Graham 1991, 68)[1052] R. Wilhelm sprach anstatt vom Verdünnen oder Verfeinern (attenuating) einfach von dem Leersein. Mit Grahams „energy" (R. Wilhelm: „SINN", Watson: „spirit") ist das *qi* gemeint, dessen feine Konsistenz an den schlaffen und dünnen *aer* des Anaximenes errinnert, der dann bei Diogenes von Apollonia explizit auch Wahrnehmungsvermögen zugeschrieben bekam. Daß der *dao*-Sucher anstelle des üblichen Herzens mit dem *qi* „hören" soll, kann als ein Hinweis interpretiert werden, die hierarchisch koordinierende Funktion des Herzens (s. u.) aufzugeben und sich von dem, was die Aufmerksamkeit fesselt, leerzumachen. Mit diesem „Fasten des Herzens" soll die Einheit von Leib und Kosmos erzielt werden. Sie wird erfahren, wenn der Adept die erstrebte Mittellage zwischen freiem

---

1049 Forke (1944, 237), H. Wilhelm (1948, 388) u. Yün-Hua (1975, 230ff.). S.a. Schwartz: „Yet in dealing with the major mystical orientations, such as Brahmanism, Sufism, or the mysticism of Meister Eckhardt, I find that it is the vision of reality that corresponds to mystical Taoism and not the description of technique." (Schwartz 1985, 199)

1050 Schwartz fiel das Fehlen von Berichten über bestimmte Techniken zur Erlangung einer „mystical experience" auf, und Thiel meinte zu den „Methoden": „Die Texte schweigen leider darüber fast ganz." (Schwartz 1985, 198f. u. Thiel 1970, 57).

1051 T. T. Chang zu Kap. 11: „Schaue nach nichts, höre nach nichts! Bewahre deinen Geist durch Ruhe! Dann wird dein Leib sich von selbst ordnen. … Strenge deinen Leib nicht an! Erschüttere deinen Geist nicht! … Nimm dich in acht vor deinem Inneren und schließ dich nach außen ab! Denn viel Wissen ist verderblich!" (T. T. Chang 1982, 159) S. a. Yu: „You have only rest in inaction (*wu-wei*) Undo the mind and let your spirit be free. Be blank as if you did not have a soul". (Yu 1981, 489) Dieser Ratschlag bezieht sich nach Yu auf keine „particular method of mental cultivation", sondern auf die „recovery of man's original Chaos – creativity, spontaneity, wholeness".

1052 Zu Kap. 4 schrieb R. Wilhelm: „Dein Ziel sei Einheit! … du hörst nicht mit dem Verstand, sondern hörst mit der Seele … so wird die Seele leer und vermag die Welt in sich aufzunehmen. Und der SINN ist's, der diese Leere füllt. Dieses Leersein ist Fasten des Herzens." (R. Wilhelm 1982, 62f.) Dazu Watson: „Make your will one! … don't listen with your mind, but listen with your spirit. …but spirit is empty and waits on all things. The Way gathers in emptiness alone. Emptiness is the fasting of the mind." (Watson 1968, 57)

Verströmen in die Weite und konzentrierter Fixierung auf die Enge des Leibes erreicht hat.

In Kap. 52 des Daodejing wird vom Leib bzw. vom „Selbst“ gesprochen, das ohne Mühsal bis zum Ende ist, wenn man die verschiedenen Zugänge (Pforten, Öffnungen, Mund, Gerede) sperrt, aber ohne Rettung, wenn man sie öffnet.[1053] Das mit dem Fasten oder dem Leeren des Herzens vergleichbare Verschließen der Öffnungen zielt darauf ab, durch Konzentration eine für die spontan einsetzende Wirkung des *dao* günstige Lage zu erreichen. Diesem Zweck dient auch die in Kap 11,1 erwähnte Konzentration beim Sitzen.[1054] Der gewünschte Effekt sei dann „corpse-like stillness“ (Watson), „still as a corpse“ (Graham) oder „wie ein Leichnam“ (R. Wilhelm) zu sein.

Im Daodejing und auch im Buch Zhuangzi wird davor gewarnt, die Wirkungen solcher Techniken zu überschätzen und zu glauben, dadurch könne eine Verlängerung des Lebens erreicht oder das *dao* erzwungen werden. Meditationstechniken im Sinne des *zuo-wang* werden aber befürwortet. Dies zeigt Kap. 15 des Zhuangzi, wo die Spontaneität der ontologischen Erfahrung und die „Leere des Herzens“, die diese begünstigt, den Techniken der Lebensverlängerung gegenübergesetzt wird.[1055] Kap. 19 des Zhuangzi vertritt eine ablehnende Haltung gegenüber falschen Erwartungen, die man auf die Techniken der Lebensverlängerung setzt.[1056] Maspero bemerkte, daß sich das Buch Zhuangzi auch gegen ein Auswuchern der verschiedenen Techniken wandte, die teilweise sogar von Praktikern ausgeübt worden seien, die dem Daoismus nahestanden.[1057] In Kap. 19 stehe lediglich die Konzentration auf die Ruhe im Vordergrund, ohne daß andere Techniken abgelehnt würden. Sowohl im Daodejing als auch im Zhuangzi ließe sich eine Vorliebe für „mystical practises“ nachweisen. Maspero kam zu dem Schluß, daß man die kritische Distanz des Zhuang-zi den Techniken gegenüber nicht überbewerten solle, denn Zhuang-zi habe sie als notwendig erachtet (Maspero 1981, 420f.). Damit bestätigte Maspero die Anfangsaussage von R. Wilhelm.

Eine klare Distanz zu jedem gewaltsamen Versuch der Lebensverlängerung, der Unterdrückung von Gefühlen und zu übertriebenen Atemtechniken wird auch in Kap. 55 des Daodejing hergestellt, wo es nach Schwarz heißt: „gewalttätig nenn ich den geist, der zwingen will die kräfte des lebens“ und wo besonders betont wird, ein sol-

1053 S. a. Lin Yutang (1955, 163), Debon (1983, 81), Ulenbrook (1986, 157), Eckhardt (1957, 105), Schwarz (1992, 102) u. Waley (206).

1054 S. o. das *bao-yi* im ersten Satz von Kap. 10 des Daodejing, das Thiel mit „sich auf eins konzentrieren“ übersetzte (Thiel 1972, 68).

1055 S. a. C. Y. Chang (1980, 114) u. R. Wilhelm (1982, 172).

1056 Maspero übersetzte: „I pity the men of the world, said he, for they think that the procedures for Nourishing the Body are sufficient to make life last eternally. In truth, Nourishing the Body will not suffice for that.“ (Maspero 1981, 32). S. a. R. Wilhelm (1984, 199), Watson (1968, 197) u. Graham (1991, 181).

1057 Dazu Maspero: „But the ordinary Taoist did not look at things so closely, and recipes for immortality multiplied. They were of all kinds: dietetic regimens, alchemical prescriptions, respiratory procedures, magical formulas, creeds of all sorts – they tried everything.“ (Maspero 1981, 32)

ches Verhalten sei gegen das *dao* (Schwarz 1992, 105).[1058] Damit befanden sich die frühen Daoisten in guter Gesellschaft mit den indischen Yogis. Bei seinen Untersuchungen zu deren Formen der Leibbemeisterung stellte Schmitz heraus, die Gewaltlosigkeit sei wesentlich für „den Gewinn überlegen verfügender Kontrolle", denn, so Schmitz: „Zum Abschluß der Betrachtungen über mystische Leibestechnik verweise ich darauf, daß der Yoga, ebenso wie die fernöstliche Meditation, jede Gewaltsamkeit bei der Konzentration ablehnt" (Schmitz 1965, 194). Dementsprechend läßt sich eine Abwertung des Leibes weder im Daodejing noch im Zhuangzi finden. Livia Kohn interpretierte zwar Kap. 13 des Daodejing im Sinne einer Körperfeindlichkeit (Kohn 1989b, 197), doch obwohl die Zeilen schwierig sind, können sie nicht als Beleg dienen. An der ersten Stelle wird der Leib (bzw. das Selbst oder die Person – je nachdem, wie man *shen* übersetzt) lediglich als „potential source of pain" (Waley) angesehen, denn an der zweiten Stelle wird ausdrücklich hervorgehoben, daß man die Welt wie den eigenen Leib achten soll.[1059] Eine ähnliche Passage im Zhuangzi Kap. 11 hilft, diese Stelle besser zu verstehen. Dort steht: „Wer seinen eigenen Leib mehr schätzt als die Tätigkeit für die Welt, dem kann man die Welt anvertrauen." (Übers. T. T. Chang 1982, 331) Leib und Selbst, die hier für den Begriff *shen* benutzt wurden, meinen in diesem Kontext die heile Individualität und Ganzheit der Person. Gänzlich abwegig ist Kleins Interpretation von Kap. 13: „Für Lao-tzu bedeutete das an die Form gebundene Ich die Ursache des Leidens. Gleicher Gedanke findet sich in Platons Werk." (Klein 1986, 157 A. 5) [1060] Das Daodejing spricht nicht von einem an die Form gebundenen Ich als Ursache des Leidens, sondern vom Leib bzw. Selbst als potentieller Ursache, ohne daß diesem eine Seele gegenübergesetzt würde. Bei Platon steht zwar der Körper zur Seele in einem ontologisch inferioren Verhältnis, doch die eigentliche Ursache des Leidens ist die mangelnde Triebverdrängung bzw. die mangelnde Herrschaft des oberen Seelenteils über den unteren. Im frühen Daoismus war es nicht irgendeine „Seele", sondern der Leib, der, wie Maspero betonte, als „the sole principle of unity" fungierte (Maspero 1981, 448). Der Daoist versuchte, diesen zu transformieren und ihn durch Vereinigung mit dem Sein „unsterblich" werden zu lassen.[1061] Einen platonischen Bruch zwischen

---

1058 Zu Kap. 55 schrieb Lin Yutang: „Die Gefühle durch Erregung gehen lassen, heißt Eigensinn" (Lin Yutang 1955, 168). Mit Kritik an Lin Yutang merkte Eckhardt an: „Laotse hat aber dem ganzen Zusammenhang nach hier keinen Yoga- oder Atemkult lehren wollen" (Eckhardt 1957, 73f.). U. Debon: „Bewußt den Atem regeln heißt: Stärke (Starrheit) begehren." (Debon 1983, 84). S. a. Ulenbrook (1986, 162).

1059 Zu Kap. 13 des Daodejing s. a. Lin Yutang (1955, 69f.); Ulenbrook (1986, 68f.); R. Wilhelm (1925, 79); Debon (1983, 37); Eckhardt (1957, 138); Mit Hinweis auf Zhuangzi Kap. 11 u. 28. Waley (1958 157f.); Schwarz (1992, 63); Fung Yu-Lan (1952, 141) u. Wing-Tsit Chan (1970, 145).

1060 Er verwies auf Phaidros, 250a-250e u. Gorgias, 492e-493d. Die Interpretation des Leibes als Grab (soma-sema) wurde oben schon angezweifelt.

1061 Zu den daoistischen Praktiken der „Unsterblichkeit" schrieb Robinet: „what is described as a process of metamorphosis is in fact a technique of ecstasy" (Robinet 1979, 48). Kleinknecht sprach von Bestrebungen bei den Griechen, die sowohl mit *pneuma* als auch mit *daimon*-Vorstellungen arbeiteten. Der Adept (Magier oder Prophet) mußte sich bzw. seinen Gegenstand mit der dämonischen

„Körper und Seele" sollte man dem frühen Daoismus nicht unterstellen. Im Gegenteil, Maspero betonte das Verständnis der Daoisten für die leibliche Einheit des Menschen: „This identity of Body and Spirit must be understood in the strictest sense: the Body has become the same as the Mind" (Maspero 1981, 284). Für Platon ein unmöglicher Gedanke.

Das *daoyin*, die „Übungen zum Leiten und Dehnen"

Auf der Suche nach den Ursprüngen des Nebeneinander von Medizin und Leibbemeisterung wurde von den Forschern immer wieder ein Zusammenhang mit dem Schamanismus gesucht und gefunden. Wie die frühgriechische Philosophie so wurde auch der Daoismus mit dem Schamanismus in Zusammenhang gebracht. Das ging soweit, daß Forscher wie Needham, Erkes und Thiel in ihm sogar den Ursprung des Daoismus sahen.[1062] Doch es ist schwierig, überhaupt ein exaktes Bild zu gewinnen. Von den ersten „schamanenartigen Praktikern", den *wu*, wird ab der Zhouzeit (1100–221 v. Chr.) berichtet.[1063] Ihre Aufgaben bestanden darin, Reinigungen durchzuführen und sich um die unheilvollen Einflüsse der Dämonen zu kümmern.[1064] Nach Unschulds Ansicht dienten ihre ausdauernden ekstatischen Tänze und Schreie der Einflußnahme auf klimatische Verhältnisse (Unschuld 1980, 34). Techniken der Leibbemeisterung und ekstatische Phänomene waren von je her in den verschiedensten Formen bei fast allen Völkern der Erde bekannt und mit Heilverfahren verbunden. Auch der spätere synkretistische Daoismus macht diesbezüglich keine Ausnahme. Strickmann betonte die „zentrale Bedeutung von Krankheit und Heilung im taoistischen Weltbild" und erhob die „Therapie" zur „zentralen Funktion der Religion". (Strickmann 1985, 187)[1065] In dieser Hin-

Zauberkraft (*daimonion pneuma*) „erfüllen", um „seine Praktiken ausführen zu können". Deren „höchstes Ziel" sei „Vergöttlichung und Unsterblichkeit des Adepten *athanato pneumati*" (Kleinknecht 1959, 337). Gemeint ist keine körperliche Unsterblichkeit. Eher ließen sich Parallelen zum paulinischen Verständnis des Leibes Christi ziehen, wie es Schmitz (1965, 520ff.) tat.

1062 Zum „dual origin of taoism, that strange association between the hermit-philosophers of mystical naturalism on the one hand and the tribal shaman-magicians on the other" s. Needham (1992, 140). Zur These des Ursprungs der „Meditation" aus dem Schamanismus s. Erkes (1948, 373). Von einer „staunenswerten Umwandlung des Schamanismus in den klassischen Taoismus" sprach Thiel (1969, 150).

1063 Zum Schamanismus s. a. Waley (1958, 25) u. Schwartz (1985, 36f.). Nach Johansen läßt sich der Schamanismus bis auf 2000 v. Chr. belegbar zurückverfolgen (Johansen 1987, 12). Zum Alter des Schamanismus schon „im zweiten Jahrtausend v. Chr." s. a. Thiel (1969, 203).

1064 Zu den *wu* s. a. Ursula-Angelika Cedzich (1985, 41), Needham (1992, 33) u. Waley (1973, 9f.). Zu den *wu* als „sorcerers", die vom *shen* besessen wurden, s. Fung Yu-Lan (1952, 22f.). Thiel meinte, die *wu* seien Frauen, die dem „Körperlosen (wu-hsing)" dienten und durch „Tanz die Geister herabsteigen" ließen. Sie hätten die Fähigkeit, „das Ferne (Künftige) zu erhellen" Thiel (1969, 152).

1065 Er schrieb: „Das Problem des Heilens ist sowohl in der Theorie als auch in der Praxis mit der Mehrzahl der religiösen Traditionen fest verbunden." Und weiter: „Es ist klar, daß Krankheit ein Zeichen der moralischen Unvollkommenheit des Leidenden war. ... Die körperliche Gesundheit war also Teil der moralischen oder geistigen Gesundheit, und diese beurteilte natürlich der Priester." (Strick-

sicht bestand zumindest eine starke Verwandtschaft zwischen Schamanismus und späterem Daoismus. Bis heute sind Heiler tätig, die auf dieser Basis arbeiten.[1066] Mit diesen Praktikern haben die frühen Daoisten aber kaum mehr als den Namen gemeinsam.[1067] Da, wo versucht wird, Parallelen zu ziehen, muß man sehr vorsichtig sein. Um beispielsweise das Motiv des „Wanderns" im Zhuangzi als eine schamanistische Himmelsreise auszulegen,[1068] reichen die Beweise nicht, und der Blick auf das Beispiel des Parmenides zeigt, wie schnell das Motiv der Reise die Interpreten dazu verleitete, fälschlich darin Schamanismus zu sehen.[1069] Die These vom Entstehen des Daoismus aus dem Schamanismus muß abgelehnt werden.

Ebenso problematisch ist es, den Ursprung des *daoyin* im Schamanismus zu finden, wie dies Despeux wollte.[1070] Mit seinen ekstatischen Tänzen, die aus der Besessenheit durch einen Gott resultierten und häufig Bewegungen der Tiere imitierten, bot dieser tatsächlich Bewegungsformen an, die Ähnlichkeiten mit den „Übungen zum Leiten und Dehnen" aufweisen.[1071] Schon Maspero hatte Verbindungen zwischen den Techniken der Daoisten und denen der „Zauberer" (Schamanen) vermutet, als er von den ersteren schrieb: „Their techniques of ecstasy, as well as their dietetic sytems, are prob-

---

mann 1985, 185 u. 187) Dazu Girardot: „It can almost be said that the whole thrust of Taoism has always been in terms of healing methods that seek to reestablish the original balanced wholeness of human nature and society. Salvation for Taoism is primarily a healing return to the beginning" (Girardot 1983, 42).

1066 Die Meister des Tao beschrieb Porkert so: „Sie leiteten Ernte-, Sühne- oder Dankopfer, führten die Fruchtbarkeitsriten an, lasen Totenmessen, nahmen Beichten ab, erteilten Absolution; sie wußten Rezepte gegen die kleinen Gebrechen des Alltags, aber auch gegen Liebeskummer und Verzauberung; und sogar Dämonensiegel, magisches Werkzeug und Beamtenlisten und Wegkarten der Unterwelt konnten sie vermitteln – kurzum alles, womit die Einfältigen sich gegen die unsichtbaren Mächte zu wappnen hoffen." (Porkert 1978, 52)

1067 Zur unterschiedlichen Entwicklung des Schamanismus und Daoismus s. Schwartz (1985, 376 u. 411) u. Strickmann (1985, 189). Zum Kampf gegen den Schamanismus Mitte der Hanzeit s. Waley (1973, 11).

1068 Zur „mystischen Wanderung" im Zhuangzi als „vergeistigte Schamanenreise" s. Thiel (1969, 183). Zur Himmelfahrt des Schamanen als „Darstellung subjektiver Erlebnisse" s. Schleichert (1980, 138). Zum Dichter Ch'ü Yuan s. Schwartz, der von dessen „famous Li Sao elegy" in der eine „spirit journey" beschrieben wird, meinte, sie hätte „a shamanistic outlook" (Schwartz 1985, 36). Zur „ecstatic journeys similar to those of shamans" s. Robinet (1979, 48 u. 61).

1069 Girardot wandte sich gegen eine Reduktion der Ekstaseerlebnisse auf den Schamanismus und betonte die Vielfalt der unterschiedlichen Richtungen. Er äußerte sich auch zum Motiv der „Reise" im Zhuangzi und seiner Beziehung zum Schamanismus sowie zu „the adept's successful training in Taoist mysticism and yogalike techniques" und sprach von den verschiedenen Schamanismusformen als „a complex assortment of differing cultural and religious institutions" (Girardot 1983, 82f.).

1070 Dazu Despeux: „All in all, one can most clearly trace daoyin back to ancient techniques of ecstasy – to shamanism." (Despeux 1989, 237)

1071 Zu den „sorceresses" und deren Besessenheit durch einen Gott sowie zur Trance und der Technik eines „increasingly rapid dance" mit Bezug auf Waleys Übersetzung der „Nine Songs" s. Maspero (1981, 29). Zu den schamanistischen Tänzen und ihrer Verbindung mit bestimmten Tieren s. Thiel (1969, 154).

ably related to those of the sorcerers and sorceresses." (Maspero 1981, 29) Eine Herkunft aus den „dances of the rain-bringing shaman" vermutete auch Needham (1992, 145). Despeux, die behauptete, schamanistischen Tänzen und gymnastischen Praktiken sei die „animal morphology" gemeinsam, erläuterte den Zusammenhang zwischen ekstatischen Tänzen, Ansichten von Krankheiten und anthropologischen Vorstellungen anhand eines Beispiels: „Shamanistic dances were also used to expel evil or any sort of demonic influences, which could cause serious diseases, among other things. ... In a similar way, daoyin is a practice that purports to drive all evil out of the body, a notion also present in the ancient meaning of the word yin: to pull close and expel." (Despeux 1989, 239)

Eine Ableitung des *daoyin* aus dem Schamanismus ist aber nicht so eindeutig, wie das Despeux wollte. Maspero war da vorsichtiger. Wahrscheinlich ist, daß allen diesen Techniken ein gemeinsamer Erfahrungsschatz zugrunde lag. Ekstatische Phänomene sind nicht auf den Schamanismus beschränkt. Auch die jahreszeitlich bedingten Tänze der Dorfgemeinschaft kommen als Quellen verschiedener Bewegungsstile in Frage. Ob tatsächlich der Schamanismus Ursprung der gymnastischen Techniken und Heilverfahren war, ist ebenso zweifelhaft wie die These, Daoismus und Medizin seien aus ihm hervorgegangen.[1072] Die religiösen und medizinischen Praktiken erschöpfen sich weder im Schamanismus, noch lassen sie sich auf ihn zurückführen. Klarer hatte da Needham den Zusammenhang von Leibschemata und Übungen des Leibes bemerkt, als er von dem Spektrum der letzteren schrieb: „It undoubtedly originated from the idea, very old in Chinese, as in Greek, medicine, that pores of the body were liable to become obstructed, thus causing stasis and disease." (Needham 1992, 145f.).Durch Übungen des Streckens und Dehnens sollte der Leib durchlässiger gemacht und Blokkaden (z. B. Verstopfungen oder Verkrampfungen) des freien *qi*-Flusses aufgelöst werden.[1073] An- und Entspannung sind leibliche Regungen, die durch das Spiel mit verschiedenen Bewegungsformen gezielt eingesetzt werden können.[1074] Ähnliches gilt für das oben schon erwähnte Verschließen der Öffnungen, das zu einem ganzheitlichen Gefühl leiblicher Fülle führen soll.[1075] Um diesen Effekt zu erreichen, wurden in den späteren daoistischen Systemen die verschiedensten Techniken kombiniert. Der Adept

1072 Dazu Despeux: „Just as traditional Chinese medicine evolved from but is not identical to shamanistic medical practices, gymnastics are a later development of originally shamanistic techniques." (Despeux 1989, 240)

1073 Dazu Despeux: „The dances are therefore conceived of as a means of resolving the congestion and stagnation of vital energy, to ensure its healthy circulation within human beings, as much as they are used to help the flow of the rivers on the earth. The loosening of the limbs and proper guidance of the qi is one of the essential functions of daoyin." (Despeux 1989, 238) S. a. Maspero (1981, 506).

1074 Dazu Schmitz: „Offenkundig ist aber, daß die Dehnung, indem sie den Leib weitet, zugleich Spannungen weckt, nur daß diese dabei von schwellender Weitung geführt werden." (Schmitz 1965, 96)

1075 Das Prinzip von „Opening and closing" spielte vor allem in der späteren daoistischen Praxis des Shangqing Stils eine zentrale Rolle, denn, so Robinet: „The extreme expansion, the outgoing movement, is the counterpart or the recovery of the far-off realms within." (Robinet 1989a, 188)

lernte, seinen Leib mit Hilfe ritueller Formen wie ein Instrument zu beherrschen und so die „Klaviatur der leiblichen Regungen" in seinem Sinne einzusetzen.[1076] Auch Massagetechniken wurden seit frühester Zeit – ähnlich wie im alten Ägypten und im frühen Griechenland – als Hilfen der Leibespflege und Krankenheilung eingesetzt. Im Laufe der Entwicklung bildeten sich einzelne Systeme heraus, und spätestens seit der Hanzeit war das *daoyin* eine selbständige Disziplin.

Für den Kulturvergleich aufschlußreich ist eine von Despeux vorgenommene Gegenüberstellung von *daoyin* und altgriechischer Gymnastik. Despeux schrieb: „Certainly, there also existed a tradition in ancient Greece of using gymnastics for therapy, but Hippocratic medicine allotted them a place of relative unimportance, on the same level as dietetics." (Despeux 1989, 258) Diese Aussage ist nur teilweise richtig. Am Beispiel des Herodikos wurde gezeigt, daß sehr wohl gymnastische Übungen verstärkt zu Heilzwecken angewandt wurden und einen wichtigen Platz im Spektrum der Techniken des Leibes innehatten. Sie sind beispielsweise auch im hippokratischen Traktat „Über die diätische Lebensweise" (2.64) aufgeführt und werden dort als gymnastische Übungen angewandt, um die Strömungen im Leib möglichst blockadefrei zu halten.[1077] In der Schrift „Über die Winde" kommt der griechische Autor zu dem Ergebnis: „Es zeigt sich also, daß die eingeschlossene Luft an allen Krankheiten am meisten beteiligt ist; alles andere aber sind nur sekundäre Ursachen. ... Ich hatte versprochen, daß ich die Ursache der Krankheiten zeigen würde, und ich habe gezeigt, daß die Luft sowohl im All herrscht als auch in den Körpern der Lebewesen." (übersetzt von Diller 1962, 186). Nicht nur, daß diese Auffassung wieder die große Ähnlichkeit mit dem *qi* belegt, mit ihr hängen auch die „Übungen der Handhaltungen" zusammen, wie ich den griechischen Begriff *cheironomia* in *peri diaites* (2.64) frei übersetze.[1078] Atemübungen finden sich ebenfalls dort, und besonders das Atemanhalten (*pneumatos katachesis*) wird erwähnt (zu den chinesischen Parallelen s. u.). Entscheidender als die Ähnlichkeiten ist aber eine weitere Beobachtung von Despeux, die auf die Herkunft der griechischen Gymnastik aus den ursprünglich sakralen Olympischen Spielen aufmerksam machte, denn sie betonte die damit zusammenhängende teleologische Ausrichtung der griechischen Athleten. Ihr Ziel sei es gewesen, länger, stärker und schneller zu sein,

1076 Dies beschrieb Thiel so: „Der Leib selbst ist das feine Instrument der Enstase, der aber sorgsam dafür bereitet werden muss, dass er zu klingen beginnt." (Thiel 1972, 85) Und mit Schmitz läßt sich sagen, daß die durch die Techniken erzielten und beherrschten leiblichen Regungen „gleichsam die Klaviatur solcher Mystiker" bilden, „auf der sie als Virtuosen zu spielen lernen müssen". (Schmitz 1965, 86f.)

1077 S. a. die Übersetzung von Diller (1962, 250, 184f. u. 139), wo es von der „Luft" heißt: „Wenn sie nämlich irgendwo stehenbleibt und abgesperrt wird, wird der Körperteil, wo sie stehenbleibt, kraftlos." Selbst der oben für *qi* benutzte Begriff der „Einflüsse" findet sich im Corpus Hippocraticum, wo es von den „Kräften" der Nahrung heißt: „Denn durch jeden Einzelnen dieser Einflüsse leidet der Mensch und wird so oder so verändert, und unter diesen Einflüssen steht das ganze Leben für den Gesunden, den Genesenden und den Kranken." (Diller 1962, 213)

1078 S. a. LSJ 1985, die ihn mit „shadow-boxing" übersetzen, sowie Platon Nomoi 830c. Ein *cheironomos* ist ein Pantomime, ein „posture-master".

eine am Leistungsdenken orientierte Haltung. „Physical exercises", so Despeux, „were used as a means to project a particular image of the human being as powerful and independent." (Despeux 1989, 258f.) In der Zeit Platons entwickelte sich, wie oben erwähnt, die Gymnastik aus dem religiösen Bereich heraus hin zu einem profanen Körpertraining, einer Vorform des heutigen Bodybuildings, behielt aber ihr agonales Element bei. Der Körper-Seele-Dualismus lieferte für diese Entwicklung die anthropologische Grundlage. Diese Profanisierung der Techniken und ihre Herauslösung aus dem kultischen Zusammenhang fand in China nicht in gleichem Maße statt. Maspero erklärte: „To start with, every exercise, even a simple gymnastic exercise, includes a religious aspect, since every limb and every organ has its divinity who must be propitiated when the exercise affects it in any way." (Maspero 1981, 346)[1079] Ein solcher Zusammenhang zwischen Gliedern des Leibes und bestimmten Göttern, der schon ähnlich für die altiranische, altindische und indonesische Sicht nachgewiesen wurde, bestimmte auch die Entwicklung der Techniken der Leibbemeisterung in China.

Atemtechniken im Daoismus

Eine Übersetzung des ersten schriftlichen Zeugnisses einer chinesischen Atemtechnik ist Helmuth Wilhelm zu verdanken. Der Text befindet sich auf Platten, die an einem Jadeknauf befestigt sind. H. Wilhelm hielt als Datum der Inschrift die ausgehende Zhouzeit für wahrscheinlich und machte auf Kap. 6 u. 15 des Buches Zhuangzi aufmerksam, wo sich Anspielungen auf Atemtechniken finden, ohne daß dort das genaue Verfahren beschrieben wird. Die Inschrift soll wegen ihrer historischen Bedeutung und wegen ihres Wertes als Beschreibung einer basalen Technik der Leibbemeisterung hier in der Übersetzung von H. Wilhelm vollständig wiedergegeben werden: „Beim Atmen verfahre man (so): Man hält (den Atem) an und er sei gesammelt. Ist er gesammelt, so dehne er sich aus. Dehnt er sich aus, so gehe er hinab. Geht er hinab, so sei er ruhig. Ist er ruhig, so sei er gefestigt. Ist er gefestigt, so keime er. Keimt er, so wachse er. Wächst er, so werde er (nach oben) zurückgezogen. Wird er zurückgezogen, so erreiche er den Scheitel. Im Scheitelpunkt stoße er oben an. Im Tiefpunkt stoße er unten an. Wer diesem folgt, wird leben; wer diesem entgegenhandelt, wird sterben." (H. Wilhelm 1948, 386f.).

Dieses atemtechnische Verfahren gibt Aufschlüsse über die Vorgehensweise zur Erzeugung einer Auf- und Abbewegung, die mit dem Atemrhythmus synchronisiert werden soll.Um den an eine naturwissenschaftliche Vorstellung erinnernden Ausdruck „Luft" zu vermeiden, wird im weiteren von „Atem" gesprochen. Man saugt diesen ein und hält ihn an, wobei im Brustbereich eine Spannung entsteht, die einen Druck auf den Unterleib ausübt und die dortige Leibesinsel anregt. Der Entfaltungsprozeß der unteren Lei-

1079 Maspero betonte den religiösen Charakter des Daoismus: „It is a religion which includes a hygiene, a medicine, and an alchemy, but in which the primary place always belongs to religious values." (Maspero 1981, 552f.)

besinsel – hier metaphorisch als „Keimen“ ausgedrückt – entsteht durch die Konzentration des Denkens und Fühlens auf das „untere Zinnoberfeld“.[1080] Das dem Druck folgende Spüren einer Regung, die den Leib entlang nach unten wandert, sich dort sammelt, „anstößt“, und dann wieder nach oben steigt, um dort ebenfalls „anzustoßen“, durchläuft einen Kreislauf, der eine perfekte Synchronisation von leiblicher Regung und Konzentration ermöglicht. Dadurch soll der Leib von Blockaden und schädlichen Einflüssen freigehalten werden, deshalb gehört die Technik zu den Systemen der „Lebenspflege“. Bemerkenswert ist noch, daß anstelle des Wortes „Scheitel“ nach H. Wilhelm ursprünglich der Begriff „Himmel“ (*tian*) stand. Dies deutet auf das Entstehen einer Mikro-Makrokosmos-Lehre hin. Die Grenzen waren jedoch noch nicht klar gezogen, denn die einströmende Kraft des *qi* durchdrang den Leib wie den Kosmos.[1081] Leibliches Geschehen und kosmologische Phänomene gehörten zusammen.

H. Wilhelm wies darauf hin, daß hier die „sogenannte einwegige Atemtechnik“ beschrieben worden sei, „die in der späteren Praxis durch die zweiwegige oder kreisende fast völlig verdrängt“ wurde. Zuerst, und eindeutig aus den oben erwähnten Übungen abgeleitet, entstanden Techniken, die von einer Identität zwischen kosmischem und leiblichem *qi* ausgingen und dieses in einer rhythmischen Bewegung durch den Leib strömen ließen.[1082] Das daraus entwickelte Verfahren ging von einem ausdrücklichen Unterschied zwischen der im Leib zirkulierenden Kraft und der Atemluft aus. Die erste Technik arbeitete mit „external air“, die auch als der „vital breath“ durch die drei Zinnoberfelder fließen sollte.[1083] Dies entspricht ungefähr der Unterscheidung zwischen der wärmeren menschlichen Luft und der kälteren kosmischen bei Diogenes v. Appolonia in Fr. 5.[1084] Das Ziel der Daoisten war es, einen freien Fluß durch alle Leibesgegenden zu erreichen (Maspero 1981, 339). Die Atemübungen des *bi-qi*, („to hold the breath closed in“) wurden, wie auch in den indisch-indonesischen Techniken, allmählich gesteigert und wirkten, ähnlich wie dort, besonders auf den unteren Leibesteil stimulierend. Das wiederum brachte eine Ausdehnung des Gefühls auf das ganze leibliche Ge-

1080 S. a. Maspero (1981, 457). Zu den Zinnoberfeldern meinte er, ihre Kenntnis sei alt, aber ihre detaillierte Beschreibung erst ab dem 1. Jh. n. Chr. nachweisbar (Maspero 1981, 268 u. 327). Dazu C. Y. Chang: „Beim Einatmen muß die Luft tief in den Leib hinabgesandt werden. Aus diesem Grund wird das Nierenzentrum unterhalb des Nabels das Meer des Atems genannt.“ (C. Y. Chang 1980, 133) Zum Bauch als „the seat of instinctual nature“ s. Chen (1973a, 461). Dazu Girardot: „Because of the apparent reference to meditation techniques and mystic experience in early Taoist texts, there is a strong suggestion that the ‚belly‘ as the true center of human action and wisdom is more than a simple literary metapher.“ (Girardot 1983, 268)

1081 Dazu Maspero: „Already in the ancient period, the breath was supposed to pass through the whole body.“ (Maspero 1981, 485)

1082 Zur Beschreibung und Topographie des Leibes im 1. Jh. n. Chr. mit K‘un-lun im Kopf und der „göttlichen Schildkröte“ im unteren Zinnoberfeld, die dafür sorgt, daß der „Original Breath“ durch den Körper fließt, s. Maspero (1981, 329). Hier sind die Parallelen zu Indien nicht zu verkennen.

1083 Zur Dreiteilung des Leibes bei den Griechen s. a. Putscher (1973, 15)

1084 Das Verhältnis von *pneuma* und *sperma* bei Diogenes v. Apollonia Fr. 6 (s. Kleinknecht 1959, 342) ähnelt dem von *qi* und *jing*.

schehen mit sich.[1085] Aus der sich dadurch ergebenden Steigerung des leiblichen Befindens entwickelte sich nach Maspero die sogenannte „Embryonalatmung" (Embryonic Respiration), wie sie dann im 5. Jh. n. Chr. praktiziert wurde, wie sie sich aber auch schon im obrigen Bild des Keimens angedeutet findet. Bei der „Embryonalatmung" wurde das *qi* mit dem *jing* vermischt und zirkulierte so durch den Leib.[1086] Diese Technik nannte man *huan-jing*, was soviel bedeutet wie „die Essenz (*jing*) zurückkehren lassen" (to make the Essence come back), nämlich vom unteren zum oberen Zinnoberfeld. Der Sinn dieser Zurückführung war es, den Effekt des *bu-nao* zu erreichen, was Maspero mit „to restore the brain" übersetzte.[1087] Daraus entstünde der „Mysterious Embryo", aus dem sich der „Body of Immortality" entwickeln sollte. Dieser sei das Ziel des *nei-dan*, der Zinnoberfeldtheorie bzw. der sogenannten „inneren Alchemie" (Maspero 1981, 342-345).[1088] Alle diese Vorstellungen hängen mit den frühdaoistischen Gedanken der rückläufigen Bewegung zusammen, wurden aber noch konkreter mit den leiblichen Regungen eines Aufsteigens der Kraft, wie es auch im Kundaliniyoga bekannt ist, verbunden.[1089]

Ab der späten Tangzeit wurde dann der Unterschied zwischen den alten Techniken, die mit einer im Inneren wie im Äußeren gleichermaßen wirkenden Kraft arbeiteten, und den Vorstellungen von unterschiedlichen, einmal in der Atmosphäre wirkenden, und zum anderen im Leib zirkulierenden Kräften, besonders herausgestellt.[1090] Die al-

1085 Dazu Maspero: „Thus respiration, digestion and circulation occur, closely dependent upon one another." (Maspero 1981, 270) Zur ähnlichen Verbindung von Zirkulation und Verdauung durch die Atmung wie im Timaios s. Maspero (1981, 450).

1086 Zum Unterschied zu der Sicht des Diogenes von Appolonia ging Aristoteles von einem eigenen eingeborenen (*symphuton) pneuma* aus und kannte auch einen *aer thermos* im Leib. Das *jing* der späteren Daoisten könnte in etwa dem *aer thermos* und das *qi* dem *pneuma* bei Aristoteles (De generatione animalium II 2. 735b37f.) entsprechen. Von denen schrieb Rüsche: „Die Lebenswärme ist demnach die Naturkraft im Pneuma; wenn dieses also in Lebensvorgängen tätig ist, ist es das nur kraft der in ihm enthaltenen Lebenswärme. Die genaue Bezeichnung der Natur dieses Pneumas im Sperma ist *aer thermos*." (Rüsche 1930, 234). Zur Unterscheidung zwischen der „eingeatmeten atmosphärischen kalten Luft" und „dem inneren, angeborenen und warmen *psychikon pneuma*" s. a. Kleinknecht (1959, 351), der auf Rüsche (1930, 78, 147, 159) verwies. Zum *symphyton pneuma* in der pneumatischen Ärzteschule und ihrem Verhältnis zur Stoa s. a. Rüsche (1930, 282f.) u. Marielene Putscher (1973, 8).

1087 Zur Embryonalatmung und dem „cirulating breath through the body" sowie zum Absinken der Kraft in das untere Zinnoberfeld und dem anschließenden Führen durch den „medullar canal to the brain" und wieder zurück in die Brust s. Maspero (1981, 270).

1088 Zu *neidan* s. Robinet (1989b, 299). Zum „earliest complete alchemical treatise" im 2. Jh. n. Chr. s. Girardot (1983, 292). Zu den *nei-tan* Techniken der Sung-Zeit s. a. Baldrian-Hussein Farzeen (1985, 25).

1089 Zur Verbindung von Meditation und Kosmogonie, nämlich Rückkehr zum und Identifikation mit dem *dao* bei den frühen Daoisten s. Girardot (1983, 100 u. 137). Zum Motiv der Rückkehr im *Ch'in-yüan ch'un* s. Baldrian-Hussein Farzeen (1985, 24f.).

1090 Zu den Techniken mit unterschiedlicher und identischer Kraft s. Maspero (1981, 461ff.). Zum Unterschied zwischen den Techniken mit „external breath" und „internal breath" s. Maspero (1981, 506).

ten Verfahren bezeichnete man sogar als Irrtum. Diese Entwicklung läßt sich mit der in Indien und Indonesien vergleichen, denn auch dort war die später entwickelte Kundalini-Kraft eine unabhängig von dem kosmischen *prana* existierende Größe, die zur Zirkulation bzw. zum Aufsteigen und Abfallen gebracht werden sollte.[1091]

Tantrische Vorstellungen, die auch in Chinaihren Eifluß ausübten,[1092] erhielten dort ein individuelles Gepräge, stimmten aber prinzipiell und besonders in leiblicher Hinsicht überein. Isabelle Robinet erklärte: „In dualistic terms, the sun and the moon are the celestial manifestation of yin and yang." (Robinet 1989a, 168)[1093] Dieses Konzept wurde nach Robinet von den Daoisten aufgenommen, wobei der Mond das wzip, die „spirit soul of the sky", repräsentierte. Läßt man die Seelenterminologie beiseite, so ergibt sich ein recht klares Bild von der Wirkung der Prinzipien im Leib, und mit Robinet kann ergänzt werden: „The dualism of yin and yang, water and fire, earth and heaven, governs their role within the human body."[1094] Anstatt von „dualism" sollte man allerdings besser von Polarität sprechen. Die Zirkulation der polaren Prinzipien von *yin* und *yang*, deren Sitz in den Augen und deren Vereinigung im Herzen und im Scheitelpunkt des Kopfes (top of the head) stattfinden sollte, beschrieb auch Maspero (1981, 281). Leiblicher Ort und regungshaftes Geschehen verschmelzen während der Vereinigung der Polaritäten in dem jeweiligen Zentrum, denn, so Robinet: „The center is where the union takes place." (Robinet 1989b, 314)

Diese Vorstellungen wurden, wie in Indien und Indonesien, durch ein ganzes Spektrum von Praktiken auch sexueller Natur unterstützt.[1095] Ebenso stimmt die Teilung des

---

1091 Es finden sich auch in China Übungen zum Leiten der Kraft für den Krankheitsfall. Dazu Maspero: „In case of illness, it was led to the ailing place so as to cure it." (Maspero 1981, 271)

1092 Dazu Morris: „The Daoist literature indicates that sexual practices played an important role in the early cult rituals, and were closely associated with beliefs about health and longevity. ... These practices were similar in many ways to those of the Tantric cults of South Asia, and it is probable that in early period such cults functioned in a manner akin to those of Daoism." (Morris 1989, 28) Zum Einfluß des Trantrismus im 8. Jh. n. Chr. s. Needham (1992, 427). Zu Ähnlichkeiten mit dem Kundalini-Yoga s. Rousselle (1934, 169). Zur Fixierung der Konzentration und Ähnlichkeit mit dem indischen Samahdi s. Erkes (1948, 374).

1093 Zu Sonne und Mond als rechtes und linkes Auge des Himmels im alten Ägypten s. Sethe (1929, 110).

1094 Dazu Robinet: „The binary system is not just a dualism, but a polarity that is never lost." (Robinet 1989b, 311)

1095 Zum Repertoir der „Shangqing school" schrieb Despeux: „The main techniques applied to lengthen life are dietetics, abstention from cereals, sexual practices, gymnastics, massages, breathing techniques, the circulation of qi, and visualizations of the body gods." (Despeux 1989, 245) Zu den allgemeinen Konzentrations- und Meditationsübungen, den „periods of physical and psychological purification through fasting, bathing, and completely withrawing from the world", und zu Übungen zur Beherrschung der Begierden s. Kohn (1989b, 195). Zu den Meditationstechniken der Sung-Zeit s. Reiter (1985, 89 u.96). Vom Samen berichtete Robinet: „Instead of being used in sexual intercourse it is redirected to the top of the head, where it nourishes the essential life-force of human beings." Denn: „Instead of giving life to another being, it is used to prolong and renew one's own." (Robinet 1989a, 186)

Leibes in „drei Zinnoberfelder" mit indischen Vorstellungen überein.[1096] Als eine weitere Parallele können die sogenannten Körpergottheiten (gods who are within the body) angeführt werden, die nach Maspero in der Inneren Vision geschaut würden (Maspero 1981, 256).[1097] Diese Visualisierungen der Gottheiten zählen zu den frühen Meditationstechniken und stehen in engem Zusammenhang mit den Regungsherden. Wie schon bei den indisch-indonesischen Beispiel spielen auch hier Lauttechniken (ind. *mantra*) eine besondere Rolle.[1098]Auch Jean Levi betonte die Identität zwischen Kosmos und Göttern mit dem Leib und den Leibesinseln.[1099] Die verschiedenen Methoden zur Stimulierung der Leibesinseln bezeichnete er als „a sort of mental ‚bodybuilding'". Gerade der anachronistische Ausdruck des „mental bodybuilding" zeigt die Differenz zu den heutigen Formen des „Bodybuilding", die im eigentlichen Sinn „mental" sind, denn hier werden mittels rein rationaler Verfahren bestimmte analytisch-physiologisch herausgearbeitete Muskelpartien trainiert und mit Hilfe von chemischen Präperaten aufgebaut. Diese Methoden betreffen den physiologisch-anatomischen Körper der westlichen Medizin. Demgegenüber setzen die asiatischen Techniken am Leib an, dessen ganzheitlicher Aspekt betont und dessen spürbare Kräfte (*qi*), nicht die sichtbaren Muskeln, gesteigert werden sollen. Diese spürbaren Kräfte wekkte man durch Konzentration auf die Regungszentren.[1100] Der Versuch, die leibliche Intensität zu steigern, führte

1096 Zum *Kunlun* im Kopf, Herz und Nabel als „three human energy centers" wo die „Three Primordial Breaths" ihren Ort haben, s. Robinet (1989a, 179) Diese werden auch „the Tree Ones" oder „three primordial energies" genannt. Und zu indischen Parallelen Robinet: „The world is thus divided into the three levels of heaven, earth, and underworld. The outer regions are also kown as the ‚secret regions'. Their names, organized in a double system of traditional Chinese and esoteric mantras based on Sanskrit syllables, are used in chants and invocations." (Robinet 1989a, 167)

1097 Dazu Maspero: „Our body is full of gods, and these gods are the same as those of the exterior world." (Maspero 1981, 279) Dies sei eine Konsequenz aus dem Mikro-Makrokosmos Denken. „These gods within the body are extremely numerous. Their number is, like that of the bones, the joints and the acupuncture points, related to that of the days of the year (for the calendar too is identical to the world and the human body)." Von denen schrieb Robinet: „The visualization of the interior illuminates all the divinities in the human body and makes them clearly visible." (Robinet 1989a, 185). Zu den Visualisationstechniken (im Huaziqi) sowie den Göttern und Kräften der „Kreise" und zur Konzentration auf die „Zinoberfelder" s. Toshiaki Yamada (1989, 108f. u. 119). Zu den Visualisationen im Sung-zeitlichen Text „Chung Lü Ch_uan-Tao Chi" s. Martina Darga (1992, 101-110).

1098 Zur Verbindung von Lauttechnik und einzelnen Zentren schrieb Lévi: „These organs /guardian spirits/ breaths bear names as fundamental as the form in which the parts of the body are visualized" (Lévi 1989, 117). Zur Rolle von Lauten in den modernen Techniken s. Miura (1989, 355). Zum Alter der Methode (z. B. im Daodejing Kap.29 und Zhuangzi Kap.15) schrieb Miura: „The sound method might also be connected with the ancient magic of ‚whistling', used before the Han dynasty to evoke the spirits of wind, rain, clouds, and thunder, but also demons and goblins." (Miura 1989, 356)

1099 Lévi wandte anthropologisch-dualistischen Vorstellungen gegenüber ein: „But this ‚spiritual body' is not distinguishable from his physiological body, and the murmuring of the gods mingles with the rumbling of his organs." (Lévi 1989, 115

1100 In ihrer dualistisch konnotierten Ausdrucksweise sprach Kohn von: „focusing of the mind on the inner organs of the body". U. weiter: „Concentrating on or visualizing these centers was thought to enhance the given life-force of human beings." (Kohn 1989a, 137). Zur Visualisation schrieb Robinet:

bis zur Erfahrung göttlicher Kräfte, wobei sich wieder jene für Empedokles schon typische Doppelrolle von Gottheit und Raum, von Person und Atmosphäre, Gestalt und Bereich zeigt.[1101]

Ab dem 2. Jh. n. Chr. wurde die Identifikation der Gottheiten mit Gliedern und Regungszentren des Leibes ausführlich beschrieben (Kohn 1989a, 134ff.). Die zu der Zeit nachweisbare Bedeutung dieser „Kardinalpunkte" für die Techniken der Leibbemeisterung stellt sich nach Engelhart so dar: „Die Fünf Speicherorbes mußten durch verschiedenste Praktiken (… ‚Aufnahme des qi' etc.) so gepflegt werden, daß sie rein, leuchtend und frei von jeder Fäulnis blieben, damit die Schutzgottheiten des Körpers in den Orbes residieren konnten." (Engelhart 1987, 180) Mit Hilfe von Göttern sollte der freie Durchfluß des *qi* gewährleistet und Blockaden aufgehoben werden. Außerdem findet sich wieder das Motiv der ‚Leere' (von störenden Einflüssen) als angestrebtes Ziel.[1102] Die Bahnen, an denen entlang die Konzentration verlief, waren den Daoisten längst bekannt. Sie hängen eng mit der Akupunktur zusammen, wo sie als mnemotechnische, die einzelnen Punkte zusammenfassende Ordnungsvorstellungen dienen. Die für die Techniken des Kreislaufs wichtigen Bahnen sind *ren-mo* und *du-mo*, wobei *ren-mo* als eine Art Zusammenfassung der indischen *nadis ida* und *pinggala* die Vorderseite herunterläuft und *du-mo* wie die *shushumna* den Rücken hoch zum Scheitel führt. Erst in den späteren Akupunktursystemen wurden diese Bahnen klar lokalisiert, in den Techniken der Lebenspflege dienen sie lediglich als Stütze für den Verlauf der Konzentration auf und der Koordination von leiblichen Regungen.[1103]

„Further within, these divinities are identical to the orbs of the adept's body. In a way, he or she is thus turned inside out like a glove, with the inner organs standing by from without." (Robinet 1989a, 184)

1101 Dazu Robinet: „The adept descends in the same manner as the gods themselves; they are the agents as well as the place of the descent." (Robinet 1989a, 189)

1102 Dazu Robinet: „It is necessary to make oneself empty to guarantee the vital energy the utmost freedom of circulation. Emptiness here means absence of blockage and not, as in other traditions, an abyss or a moat separating human beings from the gods." (Robinet 1989a, 188) Auch hier spielt Mikro-Makrokosmos-Denken hinein. Dazu und zur Visualisation von Gliedergöttern s. a. Kohn (1989b, 196) u. Lévi (1989, 117).

1103 Zu den „Haupt-" und „Odempulsen" *ren-mo* und *du-mo* s. Rousselle (1934, 154ff.). Zu den Bahnen generell Robinet: „This path … is located neither in the cinnabar field nor in the kidneys, as one would expect from reading ancient Taoist accounts of spiritual physiology. In inner alchemy it lacks any precise location." (Robinet 1989b, 322) Zu den Zentren und Bahnen, über welche „der Taoist vorstellungsmäßig seinen _Atem_ führt" meinte Stiefvater: „Diese Bahnen und Orte waren für die Taoisten nicht willkürlich wählbare, sondern aus ältesten Überlieferungen gegeben. Ohne Zweifel bestehen gewisse Ähnlichkeiten zwischen diesen Bahnen und Orten und jenen, die wir aus der indischen meditativen Physiologie kennen. Wir haben ja gesehen, daß von einem bestimmten Zeitpunkt an sich chinesische und indische Vorstellungen zu vermischen begannen." (Stiefvater 1980, 66) Zum Vergleich mit Indien und dem Kundalini-Yoga, wie ihn Avalon beschreibt, s. C. Y. Chang (1980, 132).

Der Kreislauf des Lichtes

Wie groß die Ähnlichkeit mit den für Indonesien beschriebenen tantrischen Systemen ist, soll nun noch an einer bestimmten Technik, dem „Kreislauf des Lichtes", gezeigt werden, die bis heute tradiert wird und sich auch im Westen steigender Beliebtheit erfreut.[1104] Sie läßt sich einer der Zusammenfassung von Chung-Yuan Chang entnehmen: „Der Kleine Himmlische Kreislauf beginnt im imaginären Zentrum der Brust, das heißt im Herzen, von wo er zur Mitte des Bauches, gleich unter dem Nabel absteigt, zur Niere. Dieser kleinere Strom ist die Grundlage für den Großen Kreislauf, der am unteren Ende der Wirbelsäule beginnt, durch die Wirbelsäule in den Kopf aufsteigt und sich dann vorwärts und abwärts durch das Gesicht, über Brust und Bauchoberfläche zurück zum Ende der Wirbelsäule bewegt. ... Es ist eine steigende und fallende Bewegung, ähnlich wie das Anwachsen und Abnehmen von *yin* und *yang*." (C. Y. Chang 1980, 124)

Der Rhythmus von *yin* und *yang*, von Enge und Weite, bestimmt das Spiel auf der Klaviatur der leiblichen Regungen. Die zusammenziehende Bewegung des *yin* wird als ein Fallen oder Herunterfließen auf der *yin* konnotierten Bauchseite gespürt, die expansive *yang*-Bewegung steigt die Wirbelsäule hinauf in den Kopf. Um einen kompletten Durchfluß und damit einen optimalen Rhythmus des Auf- und Absteigens zu erreichen, müssen die beiden Bahnen im Wurzelzentrum vereint werden. Im Buch „Hui Ming Ging" steht zum Kreislauf der Kraft und den Leitbahnen: „Wenn es gelingt, diese beiden Bahnen zum durchgehenden Anschluß zu bringen, so kommen alle Kraftbahnen in Verbindung." (R. Wilhelm 1982, 121)[1105] Die daraus folgende Reaktion, die durch die Praxis vom Adepten provoziert wird, kann mit C. Y. Chang so beschrieben werden: „Nach einer gewissen Zeit und in einem bestimmten Stadium der Übung wird er den Kreislauf des ‚Atmens' jedoch als einen Hitzestrom verspüren. Dieser Hitzestrom wird durch die Technik der Konzentration in Bewegung gesetzt." (C. Y. Chang 1980, 128)[1106] Ein solches Wärmegefühl wurde in Indien durch *tapas* erzielt und später als Aufstieg der Kundalini-Kraft durch die Wirbelsäule interpretiert, wobei man es irreführend – weil metaphorisch – als Zurückführung des Samens zum Gehirn beschrieb.[1107] Das, was

1104 Sowohl R. Wilhelm als auch E. Erkes und E. Rousselle waren in diese Technik initiiert. Die mittlerweile in der sogenannten „New Age" Literatur sich häufenden Beschreibungen scheitern meist an der These von den Organempfindungen (z. B. glauben manche Autoren, Chakren mit bestimmten Drüsen identifizieren zu können).

1105 Zu den Bahnen des Kreislaufs s. a. C. Y. Chang (1980, 127) u. Rousselle (1934, 164).

1106 Zu Beschreibungen der Erweckung von Leibesinseln und dem damit verbundenen Wärmestrom, der spontan die Leitbahnen entlangläuft, s. Miura (1989, 333) u. Baldrian-Hussein Farzeen (1985, 27). Zu heutigen Techniken der Konzentration auf die untere Wirbelsäule und zum Kreislauf des *qi* s. Miura (1989, 338).

1107 In Kap. 13 des Textes „Das Geheimnis (od. die Erfahrung) der goldenen Blüte" wird, um solchen Mißverständnissen vorzubeugen, ausdrücklich erklärt: „Was in der Wirbelsäule (*chia-chi*) emporsteigt, ist nicht ein Rädchen im Rücken, sondern die große Straße, die zum Palast aus Jade führt." (Mokusen Miyuki 1984, 164)

als Aufsteigen gespürt wird, ist eine leibliche Regung, die keinesfalls unkontrolliert freigesetzt, sondern durch den Kreislauf fixiert wird. Wie der Windhauch die Flöte zum Klingen bringt, so nutzt der Übende seinen Leib, um auf der Klaviatur der Regungen eine Melodie von exquisiter Harmonie zu spielen. Diese Souveränität kann nur durch eine ausgewogene Mischung von zweckgerichteter Übung und spontaner Entspannung erreicht werden.

Die Technik des Kreislaufs basiert auf dem Phänomen der „Rückkehr zur Wurzel", das schon im Daodejing beschrieben wird. Im ersten Kapitel des Textes über die „goldene Blüte" findet sich dazu folgende Anweisung: „Dieses Werk, das Licht kreisen zu lassen (*hui-kuang*), beruht auf der Methode der rückläufigen Bewegung (*ni-fa*), d. h. die Gedanken müssen auf den Geist des Himmels (*t'ien-hsin*) konzentriert werden." (Übers. Mokusen Miyuki 1984, 102)[1108] Das, was Mokusen Miyuki hier als „Geist des Himmels" (*tian-xin*) bezeichnete, lautet in der exakteren Übersetzung von R. Wilhelm „das himmlische Herz". *Tian* bedeutet Himmel, *xin* bedeutet Herz, und der Text fährt fort zu erklären, daß „das himmlische Herz" in der Stirnmitte „zwischen Sonne und Mond liegt" (R. Wilhelm 1982, 77). Es läßt sich eindeutig als das *ajna-chakra* des *kundalini-yoga* identifizieren. So heißt es bei Avalon in Vers 37 des indischen Werkes Shatchakranirupana: „Er sieht dann auch das Licht, das in Gestalt einer lodernden Flamme erscheint. Es strahlt wie die klar leuchtende Morgensonne und erglüht zwischen Himmel und Erde." (Avalon 1975, 248)[1109] Man vergleiche damit folgende Aussage in Kap. 3 des chinesischen Textes: „Das Licht ist nicht nur im Leib, es ist aber auch nicht (nur) außerhalb des Leibes. Berge und Flüsse und die große Erde werden von Sonne und Mond beschienen: das alles ist dieses Licht. Darum ist es nicht nur im Leib. ... Die Lichtblüte von Himmel und Erde erfüllt alle tausend Räume. Aber auch die Lichtblüte des einzelnen Leibes durchzieht ebenfalls den Himmel und deckt die Erde. Darum, sowie das Licht im Kreislauf ist, sind damit gleichzeitig auch Himmel und Erde, Berge und Flüsse alle im Kreislauf." (R. Wilhelm 1982, 87)[1110] Hier wird die Identität von Leib und Kosmos deutlichst beschrieben. Sie geht einher mit der Erfahrung einer sich ausbreitenden Helle, die den Raum atmosphärisch dicht durchzieht. Dieses Erlebnis erinnert an die oben angeführte Stelle im Buch Mengzi, wo das *qi* ebenfalls den Be-

1108 Dazu R. Wilhelm: „Die Arbeit des Kreislaufs des Lichts beruht ganz auf der rückläufigen Bewegung, daß man die Gedanken (die Stelle des himmlischen Bewußtseins, das himmlische Herz) sammelt." (R. Wilhelm 1982, 77)

1109 Zur Visualisierung von Sonne und Mond in den Augen und zu ihrer Vereinigung mit anschließendem Lichterlebnis s. Robinet (1979, 47). Zum Zentrum zwischen den Augen als „drittes Auge" s. Rousselle (1934, 168). Vgl. dazu Vers 38 des Shatchakranirupana entnehmen. Dort wird vom *purusha* als dem „Allerhöchsten, Ewigen, Ungeborenenen, Uranfänglichen Deva" gesprochen, den der Kommentar auch als den „Uranfänglichen Großen Einen" bezeichnet (Avalon 1975, 250).

1110 Zu „Lichterkranz" und „Lichtfülle des Leibes" als Alternativen zur R. Wilhelms „Lichtblüte" s. Mokusen Miyuki (1984, 114).

reich zwischen Himmel und Erde füllte.[1111] Die offene Weite des Leibes und des Raumes hebt die Grenzen auf.

Alte daoistische Motive, die über zweitausend Jahre hinweg tradiert wurden, klingen weiter an, wenn der Text in Kap. 12 warnt: „Im himmlischen Kreislauf liegt der Hauptakzent nicht bei *ch'i*, der Lebenskraft; das wahre Geheimnis ist, ihn mit seinem Herzen wahrzunehmen. ... Man sollte ihn wahrnehmen ohne Bewußtsein (*wu-hsin*), und man sollte ihn pflegen ohne Absicht (*wu-i*)." (Mokusen Miyuki 1984, 159). Das „absichtslose Herz" (*wu-xin*) ist weder das „himmlische" noch das „fleischerne Herz". Es meint einen ganzheitlichen Zustand der Leere und Unbestimmtheit, der zwar am Herzen als Ort des Leibes ansetzt, dessen Wirkung aber auf die ganze Situation ausstrahlt.

Im „fleischernen Herzen" residiert der *shen*. In Kap. 2 heißt es: „der bewußte Geist aber wohnt unten im Herzen. Dieses untere fleischerne Herz hat die Form eines großen Pfirsichs, es ist von den Lungenflügeln bedeckt, von der Leber unterstützt und von den Eingeweiden bedient. Dieses Herz ist abhängig von der Außenwelt. Wenn man auch nur einen Tag nichts ißt, so fühlt es sich äußerst unbehaglich. Wenn es etwas Erschrekkendes hört, so klopft es, wenn es etwas Erzürnendes hört, so stockt es, wenn es sich dem Tod gegenübersieht, so wird es traurig, wenn es etwas Schönes sieht, so wird es verblendet. Aber das himmlische Herz im Kopfe, wann hätte das auch nur im mindesten sich bewegt?" (R. Wilhelm 1982, 79)[1112] Die hier vorgenommene Gegenübersetzung von „fleischernem" und „himmlischem Herzen" verdeutlicht, daß mit fortschreitender Entwicklung medizinischer Kenntnisse in Zuammenhang mit einer allmählichen Ausdifferenzierung des leiblichen Spürens immer komplexer werdende Systeme entstanden. Das fleischerne Herz blieb aber ein Zentrum der Reaktion und behielt seine Semiautonomie. Einflüsse und Gefühle affizierten es, so daß es leiblich spürbar reagierte. Diese Reaktionen mußten kontrolliert und zum Leerlaufen gebracht werden, da sie als aktive Bewegungen vom passiven Spüren ablenkten. Ähnliches gilt für die Bemeisterung des Herzchakras in den indischen Yoga-Techniken.[1113] Die dort angestrebte Zerstörung der schlechten Eigenschaften meint eine Bemeisterung der mit dem Herzen

1111 Mokusen Miyuki schrieb: „Im zyklischen Kreisen der Kraft des Leibes erkennt man, daß das Größte gleichzeitig das Kleinste ist. .. Dies alles vollzieht sich im zollgroßen Feld des Elixiers, das zugleich der unendliche Raum ist." (Mokusen Miyuki 1984, 161) Zur Beschreibung des „original place of essence as a spring" im Guanzi (16.3a) und zur „circulation of energy" (16.5a) als „outward movement of mind and energy" schrieb Ishida: „The mind is therefore understood as fluid and is supposed to be in constant circulation, as are the energies and fluids of the body." (Ishida 1989, 48f.)

1112 S. a. „Ur-Geist" und „bewußter Geist" bei Mokusen Miyuki (1984, 107).

1113 P. H. Pott faßte zusammen: „As we have seen, the Anandakandapadma is the field of human qualities, out of which the ego is built up, and which is to be destroyed by way of the destruction of the eight elements out of which it is composed." (Pott 1966, 115) Er betonte die zwei Aspekte des Herzlotus, nämlich „the good and the evil human qualities". Die schlechten müßten bemeistert werden, denn „the lotus of the heart is similarly the field of earthly desires from which one must be liberated in order to break the bond with the phenomenal world and thereby create the possibility of union with the source of all things" (Pott 1966, 84f.).

als Ansatzort verbundenen Gefühle zwecks Erzielung einer identifikatorischen Erfahrung mit dem Absoluten. Dabei sollte in Indien wie in China gewaltfrei und entspannt gearbeitet werden, – ein Grundcharakteristikum der asiatischen Techniken der Leibbemeisterung, das im Daosmus eng mit dem Gedanken der Spontaneität zusammenhängt.[1114] Das betonte auch Rousselle, denn „das Wesentliche der Meditation" beruhe auf „Entspannung", nicht auf „Anspannung".[1115] Er hob den passiven Charakter der Meditation hervor, der die Voraussetzung für das spontane Einsetzen der Erfahrung sei, die nicht erzwungen werden könne (Rousselle 1934, 180). Diese spontane Erfahrung des *dao* tritt erst ein, wenn die durch die selbständigen Reaktionen des Herzens auftretenden Störungen ausgeschaltet werden. Die Technik der kontrollierten „Leerung des Herzens" versucht das Spannungsgeschehen auf der Leibesinsel zu beherrschen, um einen freien Durchfluß der feinen Strömungen zu ermöglichen, die durch die heftigen Gemütserregungen überlagert werden. Erst wenn das Herz von diesen frei ist, entsteht ein entspanntes und gesammeltes Spüren des eigenen Leibes, das zu einem Gefühl der Offenheit und Weite führt. Schmitz betonte, daß der Übende sich um „Regulierung" und harmonische Beherrschung der Regungen bemühe (Schmitz 1965, 184). Um dieses Ziel zu erreichen, muß das Herz geleert, aber auch fixiert werden.[1116] Das Leeren des Herzens geschieht durch die Kontemplation und Dämpfung der aufzuckenden Spanungsimpulse, das Fixieren sorgt für einen Zustand der Festigkeit, der wieder an das zitterfreie Herz des Parmenides erinnert, das bei ihm mit der Wahrheit ontologisch unaufhebbar verbunden war. Deshalb dürfen auch Formulierungen wie das schon im Buch Zhuangzi erwähnte „Leeren des Herzens" oder das im Text benutzte Bild vom „Ertöten des Herzens" nicht als ein „Vertrocknen und Abdorren" verstanden werden, sondern als Anweisungen zur Erlangung eines leiblichen Zustandes, in dem das Herz laut Text

---

1114 Mit Schmitz kann das folgendermaßen beschrieben werden: „Die weitere Übung geht darauf aus, die eigenmächtige und nicht zu beherrschende leibliche Spannung, als deren Sitz das Herz ausgezeichnet wird, allmählich absterben zu lassen. Dafür ist es unerläßlich, die leibliche Intensität zu dämpfen und deswegen nicht mit gealtsamer Anstrengung zu verfahren, da aus dieser wieder die Spannung Vorteil ziehen würde" (Schmitz 1965, 184). Dazu Rousselle: „Der ganze Sinn dieser Technik besteht in nichts anderm als in der völligen Auschaltung jeder Störungsmöglichkeit … und der Herstellung der Haltung des Wartens und Lauschens." (Rousselle 1934, 176)

1115 Rousselle resümierte: „Keine Verdrängung, keine Verkrampfung findet statt, denn das ist ja gerade das Zeichen asiatischer Weisheit: Weltüberlegenheit ohne Anstrengung, Enthaltsamkeit ohne Verdrängung, Zucht ohne Zwang, und das bedeutet: schweben in Freiheit, ‚leer' sein, ‚von selbst' handeln" (Rousselle 1934, 185f.).

1116 Dazu findet sich im Text folgende Erläuterung: „Um das Herz zu fixieren, geht man zuerst daran, die Atemkraft zu pflegen. Auf das Herz kann man nicht direkt wirken. Darum hält man sich die Atemkraft als Handhabe." S. weiter: „Das Herz läuft leicht weg, so muß man es durch Atemkraft sammeln." (R. Wilhelm 1982, 94f.) S. a. Mokusen Miyuki (1984, 123). Zur „Festigung der Erleuchtung" steht in Kap. 3 nach Wilhelm: „Kreislauf ist fixieren. Das Licht ist die Kontemplation. Fixierung ohne Kontemplation ist ein Kreislauf ohne Licht. Kontemplation ohne Fixierung ist Licht ohne Kreislauf." (R. Wilhelm 1982, 90) S. a. Mokusen Miyuki: „Kreisen ist *chih* und Licht ist *kuan*" sowie „*chih* = den streunenden Gedanken Einhalt gebieten und *kuan* = Kontemplation und Weisheit" (Mokusen Miyuki 1984, 117).

„ungeteilt und gesammelt eins geworden ist" (R. Wilhelm 1982, 95). Erst dann entsteht die „Erfahrung der Goldenen Blüte" oder die Einswerdung mit dem *dao*. Als „Zeichen, daß der Leib des Herzens sich zur Klarheit öffnet" wird in Kap. 6 nach R. Wilhelm angegeben: „Weiterhin fühlt sich der ganze Leib fest und stark, so daß er nicht Sturm oder Reif fürchtet." (R. Wilhelm 1982, 102)[1117] Auch hier findet sich also wieder die Betonung von Festigkeit und einschließender Spannung, wie sie schon bei Parmenides auffiel. Sie ist der Gegenpol zur der in Kap. 8 anvisierten „Reise ins Weite" (R. Wilhelm 1982, 106)[1118], die im „Hui Ming Ging" (Kap. 8) von Liu Hua Yang (1794), dem „Buch von Bewusstsein und Leben" unter der Überschrift „Die Leere Unendlichkeit" beschrieben wird (R. Wilhelm 1982, 124).

Damit wird offensichtlich, daß die uns sonst fremd und unverständlich anmutenden Techniken durch die Darstellung des historischen Hintergrundes und unter Anwendung der Leibperspektive eine Transparenz gewinnen, die sie als Quellen zur Erstellung jener anfangs erwähnten „psychischen Physiologie" (Hegel) oder „Topographie des Leibes" (Schmitz) unentbehrlich machen. Die Beschäftigung mit ihnen erweitert unser Wissen vom menschlichen Leib und hilft, die kulturellen Errungenschaften Chinas den philosophischen Bemühungen unserer Kultur zur Verfügung zu stellen. Erst die Integration weltweit gesammelter Erkenntnisse über den Leib bietet die kulturübergreifende Basis einer philosophischen Anthropologie, die nicht primär naturwissenschaftlich oder ethnozentristisch ausgerichtet ist, sondern sich bemüht, durch unbefangenes Sichten der Phänomene das Selbst- und Fremdverständnis zu steigern.

Schluß

Fragt man rückblickend nach den Anfängen der gerade besprochenen Techniken und geht man bei der Suche nach verwandten Motiven noch über den frühen Daoismus hinaus tiefer in die Vergangenheit, so stößt man auf das altägyptische Unterweltsbuch Amduat, in dem der Sonnengott seinen Weg durch die Welt nahm. Diese war als Leib der Himmelsgöttin *Nut* und als Urozean *Nun* vollkommen polar aufgebaut und in Ober- und Unterwelt sowie in einzelne Stunden genauestens gegliedert. Wie die Sonne in zyklischem Wechsel die einzelnen Stationen des Weges durchreiste, so schickte der Daoist seine Konzentration und Kraft (*qi*) durch seinen Leib. Ebenso versuchten die indischen Yogis und balischen Priester mit ihren rituellen Techniken leibliche und kosmische Bewegungen zu synchronisieren, um im Spannungsfeld von Ursprung und Ent-

1117 Dazu Mokusen Miyuki: „Der ganze Körper ist nun gestärkt mit neuer Kraft und braucht weder Sturm noch Frost zu fürchten." (Mokusen Miyuki 1984, 131) S. a. Kap. 6 bei Mokusen Miyuki): „Mitten in der Stille wird der Leib mit *ch'i* erfüllt und blüht auf." (Mokusen Miyuki 1984, 132) u. R. Wilhelm: „wird der Fleischleib ganz glänzend wie Seide oder Nephrit" (R. Wilhelm 1982, 104). Das Resultat besteht dann darin, daß man sich im Sitzen emporgerissen fühlt. S. a. Schmitz (1965, 185).

1118 Zur „Wirkung ins Weite" schrieb Mokusen Miyuki: „Die Unendlichkeit des Himmels und die Weite des Meeres werden oft als Bild gebraucht, als Umschreibung des Zustandes vom So-Sein, der Erleuchtung." (Mokusen Miyuki 1984, 208 A. 94 u. 138)

faltung zu einer Identifikation mit dem Sein zu gelangen. Sinnbild der kreisenden Bewegung ist die Schlange, die sich im Kundalini-Yoga als göttliche *sakti* im Wurzelzentrum (*muladhara-chakra*) des Menschen in den Schwanz beißt und geweckt werden soll, damit sie die Wirbelsäule hochfährt und die Pole von Chaos und Individuation, von Gattung (symbolisiert durch den Samen und die schöpferische Potenz der Schlangenkraft) und Individuum (manifestiert in der punktförmigen Konzentration des oberen Zentrums) verbindet. Sie ist verwandt mit dem ägyptischen, in den jüngeren Unterweltbüchern auftauchenden „Uroboros", der „in sich gekrümmten Schlange, die der Ägypter kurz und treffend ‚Schwanz im Maul' nennt" (Hornung 1984, 23). Der Urahne allerdings ist der Apophis, der Gegenspieler des *Re*, die Macht des Chaos, die die Individuation behindert.[1119] Die Reise des Gottes *Re* spiegelt den Wandlungsprozeß der Welt, ihre Individuation und ihr Versinken in das dunkle Urwasser.[1120] Am Ende der nächtlichen Fahrt durch die Unterwelt tritt der Sonnengott in eine riesige Schlange ein, die nach Hornung mit der „Weltumringler"-Schlange (der 11. Stunde des Amduat) identisch ist und durchfährt sie, wobei sich das Wunder der Verjüngung und die Geburt der Sonne vollzieht. Die Barke des Gottes wird dabei durch das „Rückgrat der Schlange" gezogen, durch ihren Wirbelsäulenkanal (Hornung 1984, 188f.).[1121] Der kosmische Kreislauf beginnt erneut.[1122]

Bei der Besprechung der Techniken des Kreislaufs in Indonesien wurde auf den Unterschied zwischen asiatischer Leibbemeisterung und platonischer Körperbeherrschung aufmerksam gemacht. Das bei Parmenides und Empedokles wichtige Bild des kugeligen Seins und die Spekulationen um Kreisbewegungen, die sich bei Heraklit, Parmenides und Alkmaion finden lassen, erfuhren durch Platon ihre Umge-

1119 Dazu Hornung: „Es scheint, daß Apophis in dieser jüngeren Deutung dem weltumringenden *Uroboros* gleichgesetzt und damit zum Bild des Nichtseins wird, welches das Sein zwar bedroht, aber auch erneuert und verjüngt. Schon das *Amduat* verlegt ja die nächtliche Regeneration der Schöpfung in den Leib einer riesigen Schlange" (Hornung 1984, 47).

1120 Dazu Morenz: „Bekanntlich aber wird der Neuvollzug der Schöpfung vor allem dadurch ins Werk gesetzt, daß der Sonnengott an jedem Morgen aus dem Urwasser *Nun* auftaucht und mit seinem Tageslauf die kosmische Ordnung nach sich zieht." (Morenz 1960, 176) Über den altägyptischen Gott *Re* auf seiner Reise durch das „Land der Toten" s. West (1971, 47). Zur täglichen Geburt der Sonne aus dem Urwasser *Nun* s. J. A. Wilson (1954, 53). Zum Apophis als Schlange, die jede Nacht versucht, die Sonne zu verschlingen s. J. A. Wilson (1954, 56). Zur Unterweltfahrt und zum Sonnenlauf s. Assmann (1991, 63ff. u. 283).

1121 Zum Verhältnis von „Samenkraft" und Wirbelsäulenkanal s. a. das oben angeführte Zitat von Grapow (1954, 57f.).

1122 Zur Verkörperung des Amun in einer Schlange, die dann „der, welcher seinen Augenblick vollendet hat" heißt und „die schöne Lebenszeitschlange, die zu Anfang entstand" oder „der sich schuf als Lebenszeitschlange" s. Sethe (1929, 26). Dazu Wilson: „Außerdem aber war Nun das die Welt umgebende Wasser des Weltmeers, das die äußerste Grenze bildete und auch der ‚Große Kreislauf'... hieß." (Wilson 1954, 53) Und Morenz: „Nun, die Vormacht des Chaos, wird in seiner Unendlichkeit danach am Ende wieder alles in allem sein, Atum nur zugehörige Urschlange" (Morenz 1960, 178). Zur Verbindung von *hundun*, *k'unlun* und dem Schlangenmotiv in der Mythologie s. Girardot (1983, 203). Zum Zusammenhang von Meditation und Schlangensymbolik s. Thiel (1970, 59 A. 100).

staltung. Aristoteles wiederum gibt ihnen eine gegenüber Platon veränderte Bedeutung. In seiner Metaphysik (MP 1072a) hängt der Kreislaufgedanke mit dem Bild der Einheit und des Umfassens zusammen, denn der aristotelische Gott wird als Verursacher des Kreislaufs von Entstehen und Vergehen betrachtet. Auf Ähnlichkeiten mit dem *dao*-Gedanken im Zhuangzi und Daodejing wurde bereits hingewiesen. Diese treten noch stärker hervor, wenn man auf Parmenides zurückgreift. *Dao* und *to eon,* aber auch das rigvedische *tad ekam* stehen für eine Erfahrung außergewöhnlicher Dichte und Intensität, in der Sein und Leib zu einem Zustand verschmelzen, der die Balance zwischen Bestimmtem und Unbestimmtem hält. Demgegenüber bemühte sich Platon um eine Trennung des Seins in zwei ontologisch nicht mehr vereinbare Bereiche. Seine Hierarchie hat keinen Platz für Verschmelzung.

Die oben gezeigten partiellen Übereinstimmungen zwischen den frühen Daoisten und Aristoteles in kosmologisch-theologischer Sicht sind auf anthropologischem Gebiet kaum noch zu finden, denn hier blieb Aristoteles in der Nachfolge Platons. Dies zeigt sich vor allem bei der Technik, die zur Erreichung des erstrebten optimalen Zustandes empfohlen wird. Schmitz wies diesbezüglich auf das „asketische Ideal im Gefolge des *Phaidon*" bei Aristoteles hin (Schmitz 1985b, 309). Wie vor ihm Platon empfahl auch Aristoteles dem Menschen gegen seine vernunftwidrigen Begierden eine Art Abstumpfung (*anaistehtos*), eine Abtötung der niedrigen Impulse. Diese Abstumpfung ist kein Spielen auf der Klaviatur der leiblichen Regungen mehr, sondern moralisch konnotierte Selbstbemächtigung, deren Ziel (wie im Timaios) darin besteht, mit dem ersten Prinzip in Übereinstimmung zu gelangen, um so das „Einswerden mit Gott im Intellekt" (Schmitz 1985b, 311) zu erreichen.

Im „Westen" bestimmten die von Platon initiierten, von Aristoteles übernommenen und vom Christentum aufgegriffenen und weitergeführten Vorstellungen bis heute unser Menschenbild. Platons Teilung der Welt war unaufhebbar. Die ihm folgenden „Vollendungshöhen" der „geistigen Mystik", stehen nach Klages „im äußersten Gegensatz zum weltdurchwogten Rausch der echten Ekstase" (Klages 1972, 762).[1123] Für Klages zeigt sich darin die „Geistesstufe" des „Erkennens aus Zwecken", die ein „Menschtum" charakterisiert, „das in sich wie außer sich die ‚Natur' unterjocht und heute ihre Triumphe feiert mit den ‚Wundern der Technik'". Er forderte kritisch auf zu ermessen, „inwiefern die unbezweifelbaren Leistungen auf den vermeinten Gipfeln, die man mit Platon und Aristoteles anzusetzen pflegt, nicht ohne Einbussen erkauft worden sind" (Klages 1959, 171). Die platonische Abwertung des Leibes läßt sich für ihn als „völlig vorgebildete Prägung der christlichen Weltidee" verstehen, nämlich als „den Geist, der vielfältig der Schlange den Kopf zertritt; der in einem Leben voller Marter und Anfech-

1123 Dazu Klages: „Ganz abgesehen von den Selbstzerfleischungsorgien der Märtyrer, von den Erniedrigungsverstiegenheiten und Kasteiungsparoxysmen der Büßer, die an Schauderhaftigkeit das indische Fakirtum hinter sich lassen, offenbart sich in den methodischen Maßnahmen zur Übung des Wollens durch Bindung der Sinnlichkeit der Lebenshaß der gehorsamheischenden Macht und das klaffende Zerwürfnis der asketischen Innerlichkeit." (Klages 1972, 759)

tung die Symbole des Kosmos – der späteren Hölle – zertrümmert" (Klages 1972, 753). Die hier geschilderten Zusammenhänge zwischen den Symbolen Schlange, Tier und Hölle und deren Bezug zur Sexualität erscheinen so als das historische Erbe und als Auswucherung der platonischen Leibfeindlichkeit. Das Symbol für den weltlichen Kosmos und den Teufel ist nach Klages im christlich geprägten Okzident die Schlange, die vom Geistesheros zertreten wird. Im Orient hingegen ist sie als *kundalini*, Weltfrau, kosmisch-sexuelle Kraft und weiblicher Gegenpol, *skakti*, des männlichen *shiva.*[1124] Sie soll nicht vom „Geist zertreten", sondern erweckt werden, um dadurch zu einem Vereinigungserlebnis[1125] – nicht im Intellekt, sondern als echte Ekstase im klagesschen Sinne –, zu einer „Ganzheitserfahrung" (Avalon 1975, 27) zu kommen.

Das mit dem Kreismotiv zusammenhängende Bild des „Rückstrebens zum Ursprung", wie es oben im Zusammenhang mit der *dao*-Erfahrung besprochen und bis in die Technik des Kreislaufs hinein verfolgt wurde, spielte auch in der Geschichte der europäischen Philosophie eine große Rolle. Es war bei Goethe ein wichtiges Thema,[1126] und in Hegels Dialektik kommt es zum Ausdruck. Die Bewegung des Geistes ist die des Kreisens und soll schließlich die Gegenteile aufheben. Das Unterscheiden wird zu diesem Zweck als eine seinsimmanente Tätigkeit des Geistes betrachtet, dessen „Bewegung des Sich-Aufhebens" selbst die „Unterschiede von Entzweiung und Sichselbstgleichwerden" aufhebt. So schrieb Hegel dann von der „Substanz, die der Geist ist": „Sie ist der in sich zurückgehende Kreis, der seinen Anfang voraussetzt und ihn nur im Ende erreicht." (Hegel 1973, 585) Hegels „Geist" leitete als Individuationsinitiator den dialektischen Fluß ein, der in Form des gegenseitigen Vermittelns der jeweiligen Glieder zugleich Prinzip und Resultat seiner Philosophie ist. In dem Doppelaspekt von jederzeit zugänglichem Prinzip und der durch die Widersprüche gleitenden Bewegung einer kreisenden Vermittlung sah Schmitz einen Anklang an das Parmenides Fr. 5 (Schmitz 1964, 106ff., 119 u. 1988a, 133). Bei Hegel bleibt die Vermittlung und Aufhebung jedoch ebenfalls nur eine intellektuelle Technik ohne leiblichen Bezug. In diesem Sinne kann Schulte zugestimmt werden, wenn er von Hegels Theorie schreibt: „Sie bedeutet zugleich die Verklärung der Rationalität zum absoluten Lebensmittel, darin letztlich ihr repressives Moment verleugnet wird." (Schulte 1982, 122) Hegel steht also hinsichtlich des Strebens nach intellektueller Machtergreifung ebenfalls gänzlich im Banne Platons.[1127]

1124 Zur Schlangensymbolik und -kraft als „Spirale" oder „Rotationsellipsoide", als „kreisförmige oder in Zyklen verlaufende Planetenbahnen" s. Avalon (1975, 28).

1125 Dazu Avalon: „Im Einzelkörper ist Kundali Shakti die im Ruhezustand befindliche Kraft, ist sie der statische Pol, um den herum eine jede Seinsform als bewegliche Energieform kreist…. Dieser Yoga nun ist die Aufhebung dieser Dualität, ist ihre Zurückführung in die Einheitlichkeit." (Avalon 1975, 29)

1126 Schmitz vermutete, daß Goethe das oben zitierte Beispiel des Alkmaion und das Bild der Schlange, die sich in den Schwanz beißt, kannte (Schmitz 1959, 57 u. 528ff.).

1127 Schulte sah hinter dem Hegelschen System einen mit den alchemistischen Erlösungsbestrebungen vergleichbaren Antrieb und arbeitete die Transposition dieser Gedanken in der Hegelschen Meta

In den chinesischen Versuchen einer Individuations- und Emanzipationsbewegung nimmt das Bild des Kreises und der Wiederkehr (return) ebenfalls von Anfang an eine besondere Stellung ein.[1128] Sie unterscheiden sich aber von den europäischen Ansätzen durch ihren leiblichen Bezug und das Bemühen, die verschiedenen Polaritäten des Spannungsfeldes Mensch nicht dualistisch gegenüberzustellen und hierarchisch zu organisieren, sondern sie zu verbinden und zu verschmelzen. Der zyklische Wechsel zwischen den Polen von Chaos und Individuation zählt zu den Urmotiven menschlichen Denkens. Kosmos und Leib spiegeln sich einmal in der altägyptischen Vorstellung des Universums als Leib der Himmelsgöttin und Unterweltsmeer, den die Sonne als strahlender Punkt durchwandert, wobei die Entfaltung der Ordnung und ihr Versinken in das Chaos täglich neu vollzogen werden, zum anderen in den Vorstellungen des Leibes als eines Universums, das die Konzentration des indischen oder chinesischen Adepten durchläuft, um in der Bewegung der synchronisierenden Verbindung den Kreislauf von Individuation und Regression nachzuvollziehen.

Die für die europäische Kultur so wirkmächtige platonische Verdeckung des Leibes hat zu einem Verlust leiblicher Entfaltungsmöglichkeiten geführt, der mit dem Wissen aus anderen Kulturen zumindest teilweise aufgewogen werden könnte. Doch um die Gedanken und Techniken anderer philosophischer Systeme zu verstehen und für die eigene Situation fruchtbar zu machen, bedarf es der sorgfältigen Forschung und neuer Perspektiven, unter denen das vorhandene Material gesichtet und interpretiert wird. Erst wenn die uns fremd anmutenden Bilder auf ihre leibliche Basis hin untersucht worden sind, können sie einer unverstellten philosophischen Selbstbesinnung dienen und dem menschlichen Selbstverständnis zur Verfügung gestellt werden. Mit dieser Arbeit sollte ein Beitrag zu diesem Unternehmen geleistet werden. Als Motto seines „Reisetagebuchs eines Philosophen" schrieb Hermann von Keyserling: „Der kürzeste Weg zu sich selbst führt um die Welt herum." In Abwandlung dieses Gedankens läßt sich von der hier unternommenen „Fahrt" zu den verschiedenen Kulturen abschließend sagen: Der kürzeste Weg zu sich Selbst und den Fremden führt über das Verstehen der leiblichen Wurzeln, denn die eigene Art erwächst aus dem Boden auch der Anderen.

---

physik heraus, indem er darauf aufmerksam machte, daß Hegel das Ouroboros-Symbol für unnötig erklärte, da der sprachmächtige Geist seiner nicht mehr bedürfe. Ersetzt werden soll der in sich geschlungene Kreis mythischer Darstellung durch Hegels Methode der spekulativen Wissenschaft (Schulte 1982, 17 A. 18 u. 57 A. 2). Zu Aristoteles und Alkmaion s. a. Schulte (1982, 77). Zum Motiv der Rückkehr bei Hegel und seiner Stellung zu anderen Kulturen s. a. Kramer (1981, 55ff.).

1128 Dazu Girardot: „The law of cyclic return is that which is ultimately characteristic of the Tao's creative activity and enduring presence in the world." (Girardot 1983, 55) Dazu Zhuangzi Kap. 22 in der Übersetzung von Chang: „Hervorragend, wie es dort immer wieder beginnt, wo es aufhört!" (T. T. Chang 1982, 22) In Kap. 27 übersetzte T. T. Chang: „Alle enden und beginnen wie in einem Kreis, daß niemand vermag, eine Hierachie darin zu erkennen." (T. T. Chang 1982, 53) Und zum Motiv der Wurzel in Kap. 22 s. a. T. T. Chang (1982, 67f.).

Bibliographie

Abel, Karlhans
1971 Die Lehre vom Blutkreislauf im Corpus Hippocraticum in: Antike Medizin, Hrsg.: Flashar, H, Darmstadt

Adkins, A. W. H.
1970 From the Many to the One; Ithaca, New York

Ahern, Dennis M.
1977 Ineffability in the LAO TZU; in: Journal of Chinese Philosophy 4

Akahori, Akira
1989 Drug Taking and Immortality; in: Taoist Meditation and Longevity Techniques
ed. Kohn, L. u. Sakade, Y., Michigan

Albertz, R./Westermann, C.
1976 Artikel: ruah; in: Theol. Handwörterb. z. Alt. Testam. II

Allers, Rudolf
1944 Microcosmus; in: Traditio, Vol. II

Alt, Karin
1973 Zum Satz des Anaximenes über die Seele; in: Hermes
1978 Die Überredung der Ananke zur Erklärung der sichtbaren Welt in Platons Timaios
in: Hermes
1982 Diesseits und Jenseits in Platons Mythen von der Seele (Teil I+II); in: Hermes

Arbman, Ernst
1926 Untersuchungen zur primitiven Seelenvorstellung mit besonderer Rücksicht auf Indien; in: Le Monde Orientale Bd. 20 u. 21
1931 Seele und Mana; in: Archiv für Religionswissenschaft, 29; Berlin

Aristoteles
1978 Metaphysik Bücher I (A) – VI (E) griech. – deutsch; Meiner, Hamburg
1991 Metaphysik Bücher VII(Z)-XIV(N) griech. – deutsch; Meiner, Hamburg

Assmann, Jan
1984 Ägypten – Theologie und Frömmigkeit einer frühen Hochkultur
Stuttgart, Berlin, Köln
1984b Artikel: Schöpfung; in: Lex. d. Ägypto., Wiesbaden
1990 Ma'at Gerechtigkeit und Unsterblichkeit im Alten Ägypten; München
1991 Stein und Zeit; München
1992 Zur Geschichte des Herzens im Alten Ägypten; in: Studien zum Verstehen fremder Religionen; Hrsg.: Assmann, J. u. Sundermeier, Th., Gütersloh

Austin, Scott
1986 Parmenides, being, bounds, and logic; New Haven and London

Avalon, Arthur
1975 Die Schlangenkraft; Bern, München, Wien

Baier, Martin
1977 Das Adatbußrecht der Ngaju Dayak (Salilah-Kodex) Bd. 1+2; Tübingen

Ballew, L.
1974 Straight and Circular in Parmenides and the „Timaeus"; in: Phronesis

Barfield, Owen
1985 History in English Words; Edinburgh

Barnes, Jonathan
1979 Parmenides and the Eleatic One; in: Arch. für Gesch. der Philosophie 61

Bartlett, Harley Harris
1973 The Labors of the Datoe and Other Essays on the Bataks of Asahan Michigan Papers on South and Southeast Asia No. 5

Baumgärtel,
1959 Artikel: Geist im Alten Testament; in: Th W NT 6

Béky, G.
1972 Die Welt des Tao; München

Belo, Jane
1949 Bali: Rangda And Barong; Seattle and London
1970a A Study of Customs Pertaining to Twins in Bali
in: Traditional Balinese Culture; New York, London
1970b The Balinese Temper;
in: Traditional Balinese Culture; New York, London

Ben, van der, N.
1975 The Poem of Empedocles' Peri Physios; Amsterdam

Bergson, Henri
1982 Materie und Gedächtnis; Frankfurt a. M., Berlin, Wien

Bickel, Ernst
1926 Homerischer Seelenglaube; Schr. d. Königsberger Gelehrten Ges.; Berlin

Bicknell, P. J.
1966 TO APEIRON, APEIRON AER and TO PERIECHON;
in: Acta Classica 9
1967 Parmenides' Refutation of motion an an Implication; in: Phronesis

Blust, Robert
1980 Notes on Proto-Malayo-Polynesian Phratry Dualism
in: Bijdragen tot de Taal-, Land- en Volkenkunde: 136

Bodde, Derk
1967 Harmony and Conflict in Chinese Philosophy
in: Studies in Chinese Thought, Hrsg. Wright; thur, F.; Chicago, London

Boeder, Heribert
1962 Grund und Gegenwart als Frageziel der Früh-Griechischen Philosophie; Den Haag

Bogner, H
1942 Heraklit; in: Rhein. Mus.

Böhme, Gernot
1985 Anthropologie in pragmatischer Hinsicht; Frankfurt a. M.

Böhme, Joachim
1929 Die Seele und das Ich im Homerischen Epos; Leipzig u. Berlin

Bollack, Jean
1957 Die Metaphysik des Empedokles als Entfaltung des Seins;
in: Philologus 101

Bormann, Karl
1971 Parmenides; Hamburg

Bowra, C. M.
1937 The Poem of Parmenides;
in: Class. Philolo., 32

Bratsiotis, Nikolaus Pan.
1966 nepes – psyche Ein Beitrag zur Erforschung der Sprache und der Theologie der Septuaginta;
in: Vetus Testamentum
Suppl. Bd. 15

Bremmer, Jan
1987 The Early Greek Concept Of The Soul; Princeton, New Jersey

Bröcker, Walter
1986a Die Geschichte der Philosophie vor Sokrates; Frankfurt a. M.

1986b Heraklit zitiert Anaximander; in: Um die Begriffswelt der Vorsokratiker Hrsg.: Gadamer, H.-G., Darmstadt

Brown, Norman W.

1942 The Creation myth of the Rig Veda; in: Jour. Amer. Orient. Soc. 62

Brunner, Hellmut

1983 Grundzüge der altägyptischen Religion; Darmstadt

1988a Das hörende Herz; in: Das Hörende Herz; Göttingen

1988b Das Herz im ägyptischen Glauben; in: Das Hörende Herz; Göttingen

1988c Zentralbegriffe ägyptischer und israelitischer Weisheitslehren in: Das Hörende Herz; Göttingen

Burkert, Walter

1958 Stoicheion – Eine semasiologische Studie; in: Philologus 102–103

1962 Weisheit und Wissenschaft; Nürnberg

1962b Goes – Zum Griechischen ‚Schamanismus'; in: Rhein. Mus. 105

1963 Iranisches bei Anaximandros; in: Rhein. Mus.

1969 Das Proömium des Parmenides und die Katabasis des Pythagoras; in: Phronesis

1977 Griechische Religion; Stuttgart, Berlin, Köln, Mainz

Burnet, John

1913 Die Anfänge der Griechischen Philosophie; Übers. von Schenkel, E., Leipzig, Berlin

Calogero, Guido

1970 Studien über den Eleatismus; Hildesheim 1970

Calvo, Thomas

1977 Truth and Doxa in Parmenides; in: Arch.für Gesch. der Philosophie 17

Cammann Schulyer

1987 Symbolic Expressions of Yin-Yang Philosophy; in: Chinese Ideas about Nature and Society; ed. Le Blanc, Charles u. Blader, Susan, Hong Kong

Capelle, W.

1925 Älteste Spuren der Astrologie bei den Griechen; in: Hermes LX

Carella, Michael Jerome

1991 Matter, Morals and Medicine; New York, Frankfurt

Carle, Rainer

1990 Greek Tragedy's Part on the Indonesian Stage in: The Dramatic Touch of Difference – Theatre, Own and Foreign; Tübingen

Cedzich, Ursula-Angelika

1985 Wu-t'ung. Zur bewegtenGeschichte eines Kultes in: Religion und Philosphie in Ostasien – Festschrift für Hans Steininger Hrsg.: Naundorf, G., Pohl, K.-H. Schmidt, H.-H., Würzburg

Chang, Chung-yuan

1980 Tao, Zen und schöpferische Kraft; Düsseldorf, Köln

Chang, Tsung-Tung

1982 Metaphysik, Erkenntnis und Praktische Philosophie im Chuang-Tzu; Frankfurt a. M.

Chen, E. M.

1973a The Meaning of te in the Tao Te Ching; in: Philosophy East and West 23

1973b Origin and Development of Being from Non Being in the Tao Te Ching in: International philosophical Quarterly 13Classen, Joachim, C.

Cherniss, H. F.

1970 The Characteristic and Effects of Presocratic Philosophy; in: Studies in Presocratic Philosophy, Vol.I, Hrsg.: Allen; R. E., Furley; D. J.; London

Classen, Joachim, C.
1977 Anaximander and Anaximenes: The Earliest Greek Theories of Change in: Phronesis XXII
1986 Ansätze: Beiträge zum Verständnis der frühgriechischen Philosophie; Würzburg

Claus, David, B.
1981 Toward The soul; New Haven, London

Clay, Jenny
1974 Demas and Aude: The Nature of Divine Transformation in Homer; in: Hermes 102

Coedès, G.
1968 The Indianized States of Southeast Asia; Kuala Lumpur, Singapore

Conger, George Perrigo
1967 Theories of Macrocosms and Microcosms in the History of Philosophy; New York

Connor, Linda
1982 The Unbounded Self: Balinese Therapy in Theory and Practice in: Cultural Concepts of Mental Health and Therapy Hrsg.: Marsella, A., J. and White, G., M.; Dordrecht, Boston, London

Cornford, F. M.
1952 Principium Sapientiae; Cambridge
1952b Plato's Cosmology; London
1970 Was the Ionian Philosophy Scientific? in: Studies in Presocratic Philosophy, Vol.I, Hrsg.: Allen u. Furley; London

Coxon, A. H.
1986 The Fragments of Parmenides; Assen

Crystal, Eric und Yamashita, Shinji
1987 Power of Gods: Ma'bugi'Ritual of the Sa'dan Toraja; in: Indonesien Religions in Transition; Hrsg.: Smith Kipp u. Rodgers; Tucson/Arizona

Danzel, Theodor-Wilhelm
1924a Kultur und Religion des primitiven Menschen; Stuttgart
1924b Magie und Geheimwissenschaft; Stuttgart
1928 Der magische Mensch; Zürich

Darcus (-Sullivan), Shirley M.
1974 Daimon as a Force Shaping Ethos in Heraclitus; in: Phoenix 28
1977 Daimon Parallels the Holy Phren in Empedocles; in: Phronesis XXII
1979a A Person's Relation to Psyche in Homer, Hesiod and the Greek Lyric Poets in: Glotta 57
1979b A Person's Relation to phren in Homer, Hesiod, and the Greek Lyric Poets in: Glotta 59, 60
1981 The Function of thumos in Hesiod and the Greek Lyric Poets; in: Glotta 59, 60
1982 Review: Claus – Toward the Soul; in: Phoenix 36
1988 Psychological Activity in Homer; Ottawa, Canada

Darga, Martina
1992 Das Chung Lü Ch'uan-Tao Chi; unverö. Magisterarbeit, Universität München

Debon, Günther
1961 Lao-tse – Tao-Te-King; Stuttgart
1983 Lao-Tse – Tao-Te-King; Stuttgart
1985 Randbemerkungen zum sechsten Kapitel des Chuang-tzu in: Religion und Philosphie in Ostasien – Festschrift für Hans Steininger
Hrsg.: Naundorf, G., Pohl, K.-H. Schmidt, H.-H., Würzburg

De Groot, J. J. M.
1918 Universismus; Berlin

Deichgräber, Karl
1958 Parmenides' Auffahrt zur Göttin des Rechts*)

1962 Rhythmische Elemente im Logos des Heraklit*)
1971 Die ärztliche Standesethik des hippokratischen Eides
in: Antike Medizin, Hrsg.: Flashar, H, Darmstadt
1983 Das Ganze-Eine des Parmenides*)
1984a Xenophanes°)
1984b Hymnische Elemente in der philosophischen Prosa der Vorsokratiker°)
1984c Persönlichkeitsethos und philos. Forschertum der vorsokratischen Denker°)
1984d Die Stellung des griechischen Arztes zur Natur°)
1984e Der listensinnende Trug des Gottes°)
1984f Natura varie ludens°)
*) in: Akad. d. Wiss. u. d. Lit., Abh. d. geist.- u. soz. Kl.; Wiesbaden
°) in: Ausgewählte kleine Schriften; Hildesheim, München, Zürich

De Josselin de Jong, J. P. B.
1933 Die Religionen der Naturvölker Indonesiens; in: A. f. R. 30
1977 The Malay Archipelago as a Field of Ethnological Study
in: Structural Anthropology in the Netherlands; The Hague

De Josselin de Jong, P. E.
1977a Introduction:Structural Anthropology in the Netherlands: Creature of Circumstance
in: Structural Anthropology in the Netherlands; The Hague
1977b The Participants' View of their Culture
in: Structural Anthropology in the Netherlands; The Hague (1956)

Despeux, Catherine
1989 Gymnastics: The Ancient Tradition; in: Taoist Meditation and Longevity Techniques
ed. Kohn, L. u. Sakade, Y.; Michigan

Deussen, Paul
1915 Allgemeine Geschichte der Philosophie; Leipzig

Deutsch, Eliot
1993 The Concept of the Body; in: Phenomenology East and West
ed.: Kirkland, F. M. and Chattopadhyaya, D. P.; Dordrecht, Boston, London

Diels, Hermann
1897 Parmenides Lehrgedicht; Berlin
1899 Elementum; Leipzig
1969a Anaximandros von Milet (1923)*)
1969b Über Anaximanders Kosmos (1897)*)
1969c Über die Gedichte des Empedokles (1898)*)
1969d Über ein Fragment des Empedokles (1897)*)
1969e Gorgias und Empedokles (1884)*)
1969f Über Leukipp und Demokrit (1880)*)
*) in: Kleine Schriften zur Geschichte der Antiken Philosophie; Darmstadt

Diels, Hermann, Kranz, Walther
1956 Die Fragmente der Vorsokratiker (Bd. I, II, III); Berlin

Diller, Hans
1973a Eine stoisch-pneumatische Schrift im Corpus Hippocraticum*
1973b Die Lehre vom Blutkreislauf, eine verschollene Entdeckung der Hippokratiker*
1973c Hippokratische Medizin und attische Philosophie*
1973d Der innere Zusammenhang der hippokratischen Schrift De victu*
1973e Stand und Aufgaben der Hippokratesforschung*
1973f Ausdrucksformen des methodischen Bewußtseins i. d. hippokratischen Epidemien*

* in: Kleine Schriften zur antiken Medizin; Berlin

Dion, Paul E.
1991 YHWH as Storm-god and Sun-god; in: Zeitschr. für Alttets. Wiss. 103

Dodds, Erec, Robertson
1970 Die Griechen und das Irrationale; Darmstadt

Dreytza, Manfred
1990 Der theologische Gebrauch von RUAH im A.T.; Gießen/Basel

Driesch, Hans
1923 Leib und Seele; Leipzig
1954 Alltagsrätsel des Seelenlebens; Zürich

Durkheim, Emile
1984 Die elementaren Formen des religiösen Lebens; Frankfurt, a. M.
1987 Schriften zur Soziologie der Erkenntnis; Frankfurt a. M.

Eberhard, Wolfram
1933 Beiträge zur kosmologischen Spekulation Chinas in der Han-Zeit in: Baessler Archiv 16

Eckhardt, Andre
1957 Laotses Gedankenwelt; Baden-Baden

Edelstein, Ludwig
1931 Antike Diätetik; Die Geschichte der Sektion in der Antike in: Die Antike; Berlin; Leipzig
1971 Empirie und Skepsis in der Lehre der griechischen Empirikerschule in: Antike Medizin, Hrsg.: Flashar, H.; Darmstadt

Effelsberg, Winfried
1985 Medizin und kultureller Wandel auf den Kei-Inseln; Gelsenkirchen

Egger, P. J. B.
1903 Begriff der Gymnastik bei den alten Philosophen und Medizinern Freiburg i. d. Schweiz

Eichhorn, Werner
1969 Das Herz im Chinesischen Denken in: Das Herz; Dr. Karl Thomae Gmbh; Biberbach an der Riss

Eisenberger, Herbert
1970 Demokrits Vorstellung vom Sein und Wirken der Götter; in: Rhein. Mus. NF. 113

Eliade, Mircea
1982 Schamanismus und archaische Ekstasetechnik; Frankfurt, a. M.
1985 Yoga; Frankfurt a. M.

Elvin, Mark
1989 Tales of Shen and Xin; in: Fragments for a History of the Human Body, Part Oneped.: Feher, Michel; New York

Emlyn-Jones, C. J.
1976 Heraclitus and the Identity of Opposites; in: Phronesis 21

Engelhardt, Ute
1981 Theorie und Technik des Taiji quan; Schorndorf
1987 Die klassische Tradition der Qi-Übungen (Qigong); Stuttgart
1989 Qi for Life: Longevity in the Tang; in: Taoist Meditation and Longevity Techniques

Englert, Ludwig
1929 Untersuchungen zu Galens Schrift Thrasybulos; Leipzig

Engmann, Joyce
1991 Cosmic Justice in Anaximander; in: Phronesis Vol. XXXVI, No. 1

Erbse, Hartmut
1990 Nachlese zur Homerischen Psychologie; in: Hermes 118

Erkes, Eduard
1943 Spuren chinesischer Weltschöpfungsmythen; in: T'uang Pao: Tirage a Part
1948 Die taoistische Meditation und ihre Bedeutung für das chinesische Geistesleben; in: Psyche

Fabry
1970 Artikel: Leb;
in: Theol. Wörtb. z. Alten Testa.
1990 Artikel: ruah
in: Theol. Wörtb. z. Alten Testa.

Farzeen, Baldrian-Hussein
1985 Yüch-yang and Lü Tung-pin's Ch'in-yüan ch'un: A Sung Alchemical Poempin: Religion und Philosphie in Ostasien – Festschrift für Hans Steininger, Hrsg.: Naundorf; G., Pohl; K.-H. Schmidt; H.-H.; Würzburg

Feng, Jingyuan
1985 Qi and the Atom; in: Chinese Studies in Philosophy 17

Ferwerdas, R.
1972 Democritus and Plato; in: Mnemosyne 25

Finkelberg, Aryeh
1986 'Like by Like' and Two Reflections of reality in Parmenides; in: Hermes 114
1988 Parmenides: Between Material and Logical Monism in: Arch. für Gesch. der Philosophie Bd. 70

Forke, Alfred
1927 Die Gedankenwelt des chinesischen Kulturkreises; München u. Berlin
1944 Chinesische und Indische Philosophie; in: Zeits. d. Deutsch-Morgenl. Ges. Bd. 98
1964 Geschichte der alten chinesischen Philosophie; Hamburg

Fox, James, J.
1979 „Standing" in Time and Place: The Structure of Rotinese Historical Narratives in: Perceptions of the Past in Southeast Asia; ed.: Reid, A., Marr, D.; Singapore
1988 Origin, Descent and Precedence in the Study of Austronesian Societies in: Public Lecture in connection with De Wisselleerstoel Indonesische Studien
1989 To the Aroma of the Name: The Celebration of a Rotinese Ritual of Rock and Tree in: Bijd. Deel 145, Rituals and Socio-Cosmic Order in Eastern Indonesian Societies, Hrsg.: Barraud, C. u. Platenkamp, J. D. M.

Fränkel, Hermann
1951 Dichtung und Philosophie des frühen Griechentums; New York
1955a Die Zeitauffassung in der frühgriechischen Literatur*
1955b Ephemeros als Kennwort für die menschliche Natur*
1955c Parmenidesstudien*
1955d Heraklit über Gott und die Erscheinungswelt*
1955e Heraklit über den Begriff der Generation*
1955f Eine Heraklitische Denkform*

Friedrich, Adolf
1966 Das Bewußtsein eines Naturvolkes von Haushalt und Ursprung des Lebens; in: Kulturanthropologie; Hrsg.: Mühlmann, W. E. u. Müller, E. W.; Köln

Fritz, K. von
1966 Philosophie und sprachlicher Ausdruck bei Demokrit, Plato und Aristoteles Darmstadt
1986 Die Rolle des Noos in: Um die Begriffswelt der Vorsokratiker; Hrsg.: Gadamer, H.- G.; Darmstadt

Frobenius, Leo,
1932 Schicksalskunde in Sinne des Kulturwerdens; Frankfurt a. M.

* in: Wege und Formen frühgriechischen Denkens; München

Fürlinger, Franz
1948 Studien zum Aither-Begriff in der griechischen Literatur bis Platon; Innsbruck

Fung, Yu-Lan
1952 A History of Chinese Philosophy; Vol. 1, trans. Bodde, Derk; Princeton

Furley, David (and Allen, R. E. ed.)
1970 Studies in Presocratic Philosophy; Vol. 1, Vol. 2, London
1987 The Greek cosmologists, Vol. I; Cambridge
1989a The Greek Theory Of The Infinite Universe*
1989b The Dynamic Of The Earth: Anaximander, Plato, And The Centrifocal Theory*
1989c Notes On Parmenides*
1989d Truth As What Survives the Elencho*
1989e Anaxagoras In Response To Parmenides*
1989f Variations On Themes From Empedocles In Lucretius'Proem*
1989g The Cosmological Crisis In Classical Antiquity*

Gadamer, Hans-Georg
1986 Antike Atomtheorie in: Um die Begriffswelt der Vorsokratiker; Hrsg.: Gadamer, H.-G.; Darmstadt

Garang, Johannes Enos
1974 Adat und Gesellschaft; Wiesbaden

Gaskin, Richard
1990 Do Homeric Heroes Make Real Decisions; in:Classicl Quarterly 40

Geldner, Karl Friedrich
1951 Der Rig Veda (Teil 3); Wiesbaden

Giacomelli, Anne
1980 Aphrodite and After; in: Phoenix 80, 81

* in: Cosmic Problems; Cambridge

Gigon, Olof
1936 Zu Anaxagoras; in: Philol. 91
1945 Der Ursprung der Griechischen Philosophie; Basel
1972 Die Theologie der Vorsokratiker in: Studien zur antiken Philosophie; Berlin 1972

Girardot, N. J.
1983 Myth and Meaning in Early Taoism; Berkeley, London

Gladigow, Burkhard
1967 Pneumatik und Kosmologie; in: Philologus 111

Glasenapp, Helmut von
1946 Die Weisheit des Buddha; Baden-Baden
1948 Stufenweg zum Göttlichen; Baden-Baden
1957 Die nichtchristlichen Religionen; Frankfurt a. M.
1958 Indische Geisteswelt; Wiesbaden

Gloy, Karen
1986 Studien zur Platonischen Naturphilosophie im Timaios; Würzburg

Gomperz, Theodor
1911 Griechische Denker Bd. 1; Leipzig

Gonda, J.
1966 De Kosmogonie van Rgveda 10, 129; in: Tijdschrift voor Filosofie 28
1975a The Indian Religions in Pre-Islamic Indonesia and their Survival in Bali; in: Handbuch der Orientalistik, dritte Abteilung Bd. 2 Religionen Abschnitt 1; Leiden
1975b The Concept of a personal God in ancient Indian religious thought in: Selected Studies Vol. IV; Leiden (1968)
1975c The Hindu Trinity; in: Selected Studies Vol. IV; Leiden (1968)
1975d Shiva in Indonesien; in: Selected Studies Vol. IV; Leiden (1970)
1975e „Gifts" and „Giving" in the Rgveda; in: Selected Studies Vol. IV; Leiden (1964)

1975f The Indian Mantra; in: Selected Studies Vol. IV; Leiden (1963)

1975g A note on Indian „Pessimism"; in: Selected Studies Vol. IV; Leiden (1948)

1975h „Ways" in Indian religions; in: Selected Studies Vol. IV:, Leiden (1965)

1975i Karman and retributive justice in ancient Java in: Selected Studies Vol. IV; Leiden (1970)

1975j Zur Frage nach dem Ursprung und Wesen des indischen Dramas in: Selected Studies Vol. IV; Leiden (1943)

1975k The sacred character of ancient Indian kingship in: Selected Studies Vol. IV; Leiden (1959)

1975l Mensch und Tier im alten Indien; in: Selected Studies Vol. IV; Leiden (1967)

1975m The Old-Javanese Agastyaparvan; in: Selected Studies Vol. IV, Leiden (1962)

1975n The Vedic Concept of Amhas; in: Selected Studies, Vol. II; Leiden

Gottschalk, H. B.

1965 Anaximander's Apeiron; in: Phronesis

Götze, Albrecht

1923 Persische Weisheit in griechischem Gewande in: Zeitsch.f.Indologie u.Iranistik Bd. 2 Hrsg.: Geiger, W.; (Deutsch.Morgenl.Ges.)

Grader, C. J.

1960 The State Temples of Mengwi in: Bali: Studies In Life, Thought, And Ritual; The Hague, Bandung

Graeser, Andreas

1969 Probleme der platonischen Seelenteilungslehre; München (Zetemata 47)

Graham, A. C,

1969 Cuan-Tzu's Essay on Seeing Things as Equal; in: History of Religion 2 u. 3

1991 Chunag-Tzu – The Inner Chapters; London

Granet, Marcel

1985 Das chinesische Denken; Frankfurt a. M.

1985 Die chinesische Zivilisation; Frankfurt a. M.

Grapow, Hermann

1935 Über die anatomischen Kenntnisse der altägyptischen Ärzte in: Morgenland, Heft 26; Leipzig

1954 Anatomie und Physiologie; Grundriss der Medizin der Alten Ägypter I; Berlin

1955 Von den medizinischen Texten; Grundriss der Medizin der Alten Ägypter II; Berlin

1956 Kranker, Krankheiten und Arzt; Grundriss der Medizin der Alten Ägypter III; Berlin

Grensemann, Hermann

1968 Der Arzt Polybos als Verfasser hippokratischer Schriften in: Akad. d. Wiss. u. d. Lit., Abh. geist.- u. soz. Kl.; Wiesbaden

1975 Knidische Medizin – Teil I; Berlin, New York

Groag, Emil

1913 Platos Lehre von den Seelenteilen; in: Wiener Studien

Großheim, Michael

1991 Ludwig Klages und die Phänomenologie in: Hestia, Jahrbuch der Klages-Gesellschaft; Bonn

1993 Philosophie im Wandel der Grundstimmungen, in: Existenz und Kooperation Hrsg.: R. Fechner u. C. Schlüter-Knauer, Berlin

1994 Ludwig Klages und die Phänomenologie; Berlin

Grot, Nicolas von
1898 Die Begriffe der Seele und der psychischen Energie in der Psychologie
in: Archiv für Systematische Philosophie Bd. IV

Guthrie, W. K. C.
1962 A History of Greek Phiosophy Vol. I; Cambridge
1965 A History of Greek Phiosophy Vol. II; Cambridge

Hagen, Hans Ludwig
1961 Die pysiologische und psychologische Bedeutung der Leber in der Antike; Bonn

Hahn, Robert
1981 Being and Non-Being in Rig Veda X, in the Writings of the Lao-Tzu and Chuang-Tzu, and in the 'Later' Plato;
in: Journal of Chinese Philosophy 8

Hall, D. G. E. ed.
1961 Historians Of South East Asia; London
1964 A History Of South-East Asia; London

Hall, R. W.
1963 Psyche as Differentiated Unity in the Philosophy of Plato; in: Phronesis

Handley, E. W.
1956 Words for „soul", „heart" and „mind" in Aristophanes; in: Rhein. Mus. 99

Harrison, E. L.
1960 Notes on Homeric Psychology; in: Phoenix 14

Harrison, Robert
1979 Where Have All the Rituals Gone?; Ritual Presence among the Ranau Dusun of Sabah, Malaysia;
in: The Imagination Of Reality; ed.: Becker; L.A., Yengoyan; A. A.; Norwood, New Jersey

Hauer, J. W.
1983 Der Yoga; Fulda

Havelock, E. A.
1958 Parmenides and Odysseus; in: Harvard Stud. Hesiod

Heelas, Paul
1981a Introduction: Indigenous Psychologies
in: Indigenous Psychologies; Hrsg.: Heelas and Lock; London
1981b The Modell Applied: Anthropology and Indigenous Psychologies
in: Indigenous Psychologies; Hrsg.: Heelas and Lock; London

Hegel, G. W. F.
1973 Phänomenologie des Geistes; Frankfurt a. M.
1975 Enzyklopädie der philosophischen Wissenschaften 1830; Hamburg

Hehn, Johannes
1925 Zum Problem des Geistes im Alten Orient und im Alten Testament; in: ZAW 43

Heidegger, Martin
1976a Was ist Metaphysik? (1929)*)
1976b Nachwort zu 'Was ist Metaphysik?' (1943)*)
1976c Einleitung zu 'Was ist Metaphysik?' (1949)*)
1977 Sein und Zeit; Gesamtausgabe Bd. 2; Frankfurt a. M.
1977b Der Ursprung des Kunstwerkes (1935/36);
in: Holzwege (Bd.5 der Gesamtausgabe), Frankfurt a. M.
1987 Zollikoner Seminare; Hrsg.: Medard Boss, Frankfurt a. M.
1988 Prolegomena zur Geschichte des Zeitbegriffs
Gesamtausgabe II. Abt., Bd. 20, Frankfurt a. M.

Heinimann, Felix
1945 Nomos und Physis; Basel

Heitsch, Ernst
1974 Parmenides; München

Held, Klaus
1980 Heraklit, Parmenides und der Anfang von Philosophie und Wissenschaft
Berlin, New York

Hendrischke, Barbara
1985 How the Celestial Master Proves Heaven Reliable
in: Religion und Philosphie in Ostasien – Festschrift für Hans Steininger
Hrsg.: Naundorf, G., Pohl, K.-H. Schmidt, H.-H.; Würzburg

Henry, Patricia, B.
1987 The Religion of Balance: Evidence From an Eleventh-Century Javanese Poem
in: Indonesien Religions in Transition
Hrsg.: Smith Kipp u. Rodgers; Tucson/Arizona

Hermann, Alfred
1961 Das Steinharte Herz;
in: Jahrb. f. Antike u. Christentum

Hershbell, Jackson, P.
1974 Empedoclean Influences on the Timaeus;
in: Phoenix 28
1983 Parmenides'Way of truth an B 16
in: Essays in Ancient Greek Philosophy, Vol. II; Ed.: Anton u. Preus; Albany

Herter, Hans
1975 Soma bei Homer; in: Kleine Schriften; München
1977 Seelenfrieden gegen Unrast bei Demokrit;
in: Wiener Stud. Beiheft 8

Hicks, David
1978 Mata in Tetum;
in: Ozeania 48, No. 4
1987 Space, Motion, and Symbol in Tetum Religion; in: Indonesien Religions
in Transition; Hrsg.: Smith Kipp u. Rodgers; Tucson/Arizona

Hippocrates
English Translation; London
1979 Vol. IV – W. H. S. Jones
1981 Vol. II – W. H. S. Jones
1984 Vol. I – W. H. S. Jones
1984 Vol. III – E. T. Withington
1988 Vol. V – P. Potter
1988 Vol. VI – P. Potter

Hofmann, Willi
1938 Leibesübungen, ein Heilmittel in der Medizin der Antike; Düseldorf

Hölscher, Uvo
1968 Anfängliches Fragen; Göttingen
1986 Anaximander und die Anfänge der Philosophie;
in: Um die Begriffswelt der Vorsokratiker; Hrsg.: Gadamer, H.- G.; Darmstadt

Homer
1967 The Homeric Hymns and Homerica with an English translation
by Evelyn-White; H.G.; Cambridge, London
1980 Ilias; griech.-deutsch, Übers.: Rupé, Hans; München
1982 Odyssee; griech.-deutsch, Übers.: Weiher, Anton; München

Hommel, Hildebrecht
1944 Mikrokosmos; in: Rhein.Mus.

Hooykaas, C.
1965 Agama Tirtha; Leiden
1973 Religion in Bali; Leiden
1974 Cosmogony and Creation in Balinese Tradition; The Hague
1980 Drawings of Balinese Sorcery; Leiden

Hornung, Erik
1971 Der Eine und die Vielen; Darmstadt
1984 Ägyptische Unterweltsbücher; München

Hoskins, Janet

1987 Entering the Bitter House: Spirit Worship and Conversion in West Sumba; in: Indonesian Religions in Transition; Hrsg.: Smith Kipp u. Rodgers; Tucson/Arizona

1988 The Drum is the Shaman, the Spear Guides His Voice in: Soc. Sci. Med. Vol. 27, No. 8

1989 Burned Paddy and Lost Souls; in: Bijdragen tot de Taal-, Land- en Volkenkunde, Deel 145; Rituals and Socio-Cosmic Order in Eastern Indonesian Societies, Hrsg.: Barraud, C. u. Platenkamp, J. D. M.

Howe, L. E. A.

1981 The Social Determination of Knowledge: Maurice Bloch and Balinese Time in: Man N. S. 16

1984 Gods, People, Spirits and Witches: The Balinese System of Person Definition in: Bijdragen tot de Taal-, Land- en Volkenkunde 140

1989 Hierarchy and Equality: Variations in Balinese Social Organisation in: Bijdragen tot de Taal-, Land- en Volkenkunde 145

Howell, Signe

1981 Rules Not Words; in: Indigenous Psychologies; Hrsg.: Heelas and Lock; London

1989 Of Person and Things: Exchange and Valuables among the Lio of Eastern Indonesia in: Man N. S. 24

Hsiao, Paul Shih-yi

1987 Heidegger and Our Translation of the Tao Te Ching in: Heidegger and Asian Thought, ed.: Parkes, Graham, Honolulu

Hüffmeier, Friedrich

1963 Teleologische Weltbetrachtung bei Diogenes von Apollonia? in: Philologus 107; Heidelberg

Hultkrantz, Ake

1953 Conceptions of the Soul among North American Indians Statens Etnografiska Museum (Sweden); New Series 2; Stockholm

Husserl, Edmund

1976 Die Krisis der europäischen Wissenschaften und die Transzendentale Phänomenologie; den Haag

1984 Logische Untersuchungen Bd.2 T.1 u.2; Köln

Ingenkamp, H. G.

1975 Inneres Selbst und Lebensträger; in: Rhein. Mus. 118

Ireland, S. and Steel, F. L. D.

1975 Phrenes as an anatomical Organ in the Works of Homer; in: Glotta 53, 54

Ishida, Hidemi

1989 Body and Mind: The Chinese Perspective; in: Taoist Meditation and Longevity Techniques; ed.Kohn, L. u. Sakade, Y.; Michigan

Jacob, Edmond

1973 Artikel: Die Anthropologie des Alten Testaments in: Theol. Wörterb. z. Neuen Testament. IX

Jacobsen, Thorkild siehe unter Frankfort

Jaeger, Gerhard

1967 ‚Nus‘ in Platons Dialogen; Göttingen

Jaeger, Werner

1953 Die Theologie der frühen griechischen Denker; Stuttgart

Jahn, Thomas
1987 Zum Wortfeld 'Seele-Geist' in der Sprache Homers; München (Zetemata 83)

Jan, Yün-hua
1980 Tao, Principle and Law; in: Journal of Chinese Philosophy 7

Jansen, H. J.
1977 Indigenous Classification Systems in the Ambonese Moluccas (1933); in: Structural Anthropology in the Netherlands, (Koninklijk Instituut voor Taal-, Land-, en Volkenkunde); Hrsg. P. E. De Josselin de Jong; The Hague

Jantzen, Jörg
1976 Parmenides zum Verhältnis von Sprache und Wirklichkeit; München

Jarcho, V. N.
1968 Zum Menschenbild der Nachhomerischen Dichtung; in: Philologus 111

Jardner, Heidrun u. Herbert W.
1993 Eingefangene Fäden; Minden, Köln

Jensen, Adolf, E.
1948 Die drei Ströme; Leipzig
1950 Die mythische Weltbetrachtung der alten Pflanzer-Völker in: Eranos XVII Jahrbuch 1949; Zürich
1951 Mythos und Kult bei den Naturvölkern; Wiesbaden
1966 Wettkampf-Parteien, Zweiklassen-Systeme und geographische Orientierung in: Kulturanthropologie; Hrsg.: Mühlmann und Müller; Köln (1947)

Johansen, Ulla
1987 Zur Geschichte des Schamanismus in: Synkretismus in den Religionen Zentralasiens; Wiesbaden

Johnson, Aubrey R.
1949 The Vitality Of The Individual In The Thought Of Ancient; Israel; Cardiff

Jones, Richard, H
1981 Joesph Needham's Mysticism and Sience in: Jour. of Chinese Philosophy Vol. 8 No. 2; Honululu

Jung, C. G.
1971 Über psychische Energetik und das Wesen der Träume; Freiburg im Breisgau

Jung, Hwa Yol
1987 Heidegger's Way with Sinitic Thinking in: Heidegger and Asian Thought, ed.: Parkes, Graham, Honolulu

Jüngel, Eberhard
1964 Zum Ursprung der Analogie bei Parmenides und Heraklit; Berlin

Kahn, Charles H
1960a Anaximander and the Origins of Greek Cosmology; New York
1960b Religion and Natural Philosophy in Empedocle's Doctrine of the Soul in: Ar .f. Gesch. d. Phil.
1970 Bespr.: Mansfeld – Die Offenbarung des Parmenides; in: Gnomon 8
1979 The Art and Thought of Heraclitus; Cambridge
1985 Democritus and the Origins of Morla Psychology; in: Americ.Jour.of Philology 106

Kaiser, Ronald
1990 Die Professionalisierung der Aryurvedischen Medizin und deren Rolle im indischen Medizinpluralismus; unveröffentlichte M. A.; (Uni. zu) Köln

Kaltenmark, Max
1981 Lao-tzu und der Taoismus; übersetzt von M.Porkert; Frankfurt a. M.

Karow, Otto u. Hilgers-Hesse, Irene
1978 Indonesisch-Deutsches Wörterbuch; Wiesbaden

Kasulis, T. P.
1977 The Absolute and the Relative in Taoist Philosophy in: Journal of Chinese Philosophy 4

Kelsen, Hans
1941 Causality and Retribution; in: Phil. of Sience Bd. 8

Kenig-Curd, Patricia
1991a ‚Parmenidean Monism'; in: Phronesis 36
1991b Knowledge and Unity in Heraclitus; in: The Monist 74.4

Kerschensteiner, Jula
1962 Kosmos; München

Keyserling, Herman von
1921 Das Reisetagebuch eines Philosophen Bd.I+II; Darmstadt

Kirfel, Willibald
1951 Die Fünf Elemente (Beitr. zur Sprach- u. Kulturgesch. des Orients 4) Walldorf-Hessen

Kirk, G. S.
1949 Heraclitus and Death in Battle; in: Am.Jour.of Philol.
1954 Heraclitus-The Cosmic Fragments; Cambridge
1970 Some Problems in Anaximander; in: Studies in Presocratic Philosophy, Vol.I Hrsg.:Allen; R. E., Furley; D. J.; London

Kirk, G. S., Raven, J. E., Schofield, M.
1983 The Presocratic Philosophers; Cambridge

Klages, Ludwig
1959 Die Sprache als Quell der Seelenkunde; Stuttgart
1972 Der Geist als Widersacher der Seele; Bonn

Klein, Heinz
1986 Die Esoterik der Medizinphilosophie Chinas; Göttingen

Kleinknecht, Hermann
1958 Platonisches im Homer; in: Gymnasium 65
1959 Artikel: pneuma; in: Theol. Wörterb. Neues Testa. 6

Klowski, Joachim
1967 Zum Entstehen der Begriffe Sein und Nichts in: Archiv für Geschichte der Philosophie
1970 Zum Entstehen der logischen Argumentation; in: Rhein. Mus. 113
1972 Ist der Aer des Anaximenes als eine Substanz konzipiert; in: Hermes

Koch, Alois
1965 Die Leibesübungen im Urteil der Antiken und Frühchristlichen Anthropologie Schorndorf b. Stuttgart Kohl, Karl-Heinz
1986 Religiöser Partikularismus und kulturelle Transzendenz in: Der Untergang der Religionen; Hrsg.: H. Zinser; Berlin

Kohn, Livia
1989a Guarding the One: Concentrative Meditation in Taoism; in: Taoist Meditation and Longevity Techniques;ed. Kohn, L. u. Sakade, Y.; Michigan
1989b Taoist Insight Meditation: The Tang Practice of Neigua; in: Taoist Meditation and Longevity Techniques; ed. Kohn, L. u. Sakade, Y.; Michigan

Koller, Hermann
1958 Soma bei Homer; in: Glotta 37

Korn, V. E.
1960 The Village Republic of Tenganan Pegeringsingan in: Bali: Studies In Life, Thought, And Ritual; The Hague, Bandung

Körner, Theo
1968 Zur Frage der Differenzierung der psychologischen und etymologischen Grundlage der sogenannten „Seelen"-Begriffe im Austronesischen Nachdruck von 1936–37 in: Z. f. Ethnologie

Kornexl, Elmar
1969 Leibesübungen bei Homer und Platon; Frankfurt a. M.

Köster, Hermann
1957 Über eine Grundidee der chinesischen Kultur; Kaldenkirchen, Rhld.
1958 Symbolik des chinesischen Universismus; Stuttgart

Krack, Niels,
1978 Ch'i-Energie im Menschen; Uelzen

Kramer, Fritz
1981 Verkehrte Welten; Frankfurt a. M.
1984 Notizen zur Ethnologie der Passiones in: Kölner Zeitschrift für Soziologie und Sozialpsychologie; Hrsg.: König; Opladen
1987 Der rote Fez; Frankfurt a. M.

Kranz, Walther
1967a Das Verhältnis des Schöpfers zu seinem Werk in der althellenischen Literatur*
1967b Vorsokratisches I–IV*
1967c Über Aufbau und Bedeutung des Parmenideischen Gedichtes*
1967d Gleichnis und Vergleich in der frühgriechischen Philosophie*
1967e Kosmos und Mensch in der Vorstellung frühen Griechentums*
1967f Kosmos als philosophischer Begriff frühgriechischer Zeit*
1967g Empedokles und die Atomistik*
1967h Die Entstehung des Atomismus*
1967i Die ältesten Farbenlehren der Griechen*
1967j Das „Rheuma"*
1967k Platon über Hippokrates*
1967l Lukrez und Empedokles*
1967m Das Gesetz des Herzens*

Krischer, Tilman
1984 Noos, noein, noema; in: Glotta 62

Kroef, Justus, M. van der
1954 Dualism and Symbolic Antithesis in Indonesian Society in: Am. Anthro. 56

Kronholm
1990 Artikel: reah in: Theol. Wörterb. Altes Testa. 7

Krug, Antje
1985 Heilkunst und Heilkult; München

Kubitschek, H.-D.
1965 Einige Bemerkungen zur Entwicklung der sozialen Organisation der Batak in: Ethnographisch-Archäologische Zeitschrift
1969 „Soziale Strukturen" in Indonesien; in: Ethnographisch-Archäologische Zeitschrift

Kudlien, Fridolf
1967 Der Beginn des medizinischen Denkens bei den Griechen; Zürich
1969 Antike Anatomie und menschlicher Leichnam; in: Hermes 97
1971a Probleme um Diokles von Karystos in: Antike Medizin, Hrsg.: Flashar, H, Darmstadt
1971b Herophilos und der Beginn der medizinischen Skepsis in: Antike Medizin, Hrsg.: Flashar, H.; Darmstadt

Kühn, Alfred
1935 Berichte über den Weltanfang bei den Indochinesen und ihren Nachbarvölkern Leipzig

Kulke, Hermann
1978 The Devaraja Cult; Data Paper: Number 108, Southeast Asia

* in: Studien zur antiken Literatur und ihrem Fortwirken; Heidelberg

Program; Department of Asian Studies, Cornell University; trans. by Mabbett, I. W., Ithaca, New York

1984 Max Weber's Contribution to the Study of „Hinduization" in India an „Indianization" in Southeast Asia; in: Recent Research on Max Weber's Studies of Hinduism, Hrsg.: Detlef Kantowsky, München, Köln, London

1991a Indian Colonies, Indianization or Cultural Convergence. Reflections on the Changing Image of India's Role in Southeast Asia

1991b Epigraphical References to the „City" and the „State" in Early Indonesia

Kullmann, Wolfgang

1985 Gods And Men In The Iliad And The Odyssey in: Harvard Studies in Classical Philology 89

Kurz, Dietrich

1973 Gymnastische Erziehung bei Platon und Aristoteles in: Phil. d. Sports, Hrsg.: Lenk, H., Moser, S., Beyer, E.; Schondorf

Laderman, Carol

1988 Wayward Winds: Malay Archetypes, and Theory of Personality in the Context of Shamanism; in: Soc. Sci. Med. Vol. 27, No. 8

Laderman, Carol and van Esterik, Penny

1988 Indroduction: Techniques of Healing in Southeast Asia in: Soc. Sci. Med. Vol. 27, No. 8

Lain-Entralgo, Pedro

1958 Die Platonische Rationalisierung der Besprechung und die Erfindung der Psychotherapie durch das Wort; in: Hermes

Landgrebe, Ludwig

1965 Die Phänomenologie der Leiblichkeit und das Problem der Materie in: Beispiele-Festschrift für Eugen Fink; Den Haag

Lansing, Stephen

1974 Evil in the Morning of the World; University of Michigan1979 In the World of the Sea Urchin: The Application of Husserlian Phenomenology to Cultural Symbols; in: The Imagination Of Reality ed.:Becker; L. A., Yengoyan; A. A.; Norwood, New Jersey

1983 The Three Worlds Of Bali; New York

Latacz, Joachim

1984 Das Menschenbild Homers; in: Gymnasium 91

Laubscher, M.

1971 Schöpfungsmythik ostindonesischer Ethnien; Basel

1977 Iban und Ngaju: Kognitive Studie zu Konvergenz in: Weltbild und Mythos; Paideuma 23

1983 Religionsethnologie; in: Ethnologie; Hrsg.: Fischer, H.; Berlin

Lauha, Risto

1983 Psychophysischer Sprachgebrauch im Alten Testament; Helsinki

Le Blanc, Charles

1987 From Ontology to Cosmology: Notes on Chunag Tzu and Huai-nan Tzu; in: Chinese Ideas about Nature and Society; ed. Le Blanc, Charles u. Blader, Susan; Hong Kong

Le Cron Foster, M.

1979 Synthesis and Antithesis in Balinese Ritual; in: The Imagination Of Reality ed.: Becker; L.A., Yengoyan; A.A. Norwood, New Jersey

Leeuw, Geradus, van der
1931 Die Struktur der Vorstellung des sogenannten höchsten Wesens; in: A. f. R. 29
1949 Urzeit und Endzeit; in: Eranos
1964 Macht und theoretisierte Macht; in: Religions-Ethnologie Hrsg.: Schmitz, C. A.; Frankfurt a. M.

Lesher, J. H.
1981 Perceiving and Knowing in the Iliad and Odyssey; in: Phronesis
1983 Heraclitus' Epistemological Vocabulary; in: Hermes 111

Lévi, Jean
1989 The Body: The Daoist's Coat of Arms; in: Fragments for a History of the Human Body, Part One; ed.: Feher, Michel; New York

Levin, David Michael
1987 Mudra as Thinking; in: Heidegger and Asian Thought, ed.: Parkes, Honolulu

Lévy-Bruhl, L.
1964 Das Gesetz der Teilhabe (1912); in: Religions-Ethnologie Hrsg.: Schmitz, C. A.; Frankfurt a. M.

Lewis, E. D.
1989 Word and Act in the Curing Rituals of the Ata Tana 'Ai of Flores in: Bijdragen tot de Taal-, Land- en Volkenkunde Deel 145 Rituals and Socio-Cosmic Order in Eastern Indonesian Societies Hrsg.: Barraud, C. u. Platenkamp, J. D. M.

Lichtenthaeler, Charles
1967 Hippokrates und die wissenschaftliche medizinische Theorie; München
1974 Geschichte der Medizin Bd.1; Köln

Liebenthal, Walter
1968 Lord Atman in the Lao Tzu; in: Monumenta Serica 27; TokyoLinck, Gudula
1987 Die Welt ist ein heiliges Gefäß, wer sich daran zu schaffen macht, wird Niederlagen erleiden.' in: Mensch und Umwelt in der Geschichte, Hrsg. Rüsen, J.; Striegnitz M.
1992 Über den Umgang mit dem Feuer im vormodernen China und was sich dahinter verbirgt; in: Oriens Extremus, 36. Jahrgang, Heft 1/2

Lin Yutang
1955 Laotse; Frankfurt a. M., Hamburg

Lloyd, G. E. R.
1966 Polarity and Analogy; Cambridge
1970 Hot and Cold, Dry and Wet in Early Greek Thought in: Studies in Presocratic Philosophy, Vol.I; Hrsg.: Allen u. Furley; London

Löbl, Rudolf
1989 Demokrit-Texte zu seiner Philosophie; Amsterdam, Atlanta

Loenen, J. H.
1959 Parmenides, Melissus, Gorgias; Assen

Long, A. A.
1963 The Principle of Parmenides' Cosmogony; in: Phronesis

Long, Herbert S.
1949 The Unity of Empedocles' Thought; in: Am.Jour.of Philol.

Longrigg, James
1964 A Note on Anaximenes' Fragment 2 (Diels/Kranz); in: Phronesis

Lonie, J. M.
1971 Die Knidischen Schriften des Corpus Hippocraticum I in: Antike Medizin; Hrsg.: Flashar, H.; Darmstadt

Lovric, B. J. A.
1986 The Art of Healing and the Craft of Witches in a „Hot Earth" Village in: RIMA (Review of Indonesian and Malaysien Affairs, 20/1; (Uni.of) Sydney

Lowenhaupt Tsing, Anna
1987 A Rhetoric of Centers in a Religion of the Periphery in: Indonesian Religions in Transition;Hrsg.: Smith Kipp u. Rodgers; Tucson
1988 Healing Boundaries in South Kalimantan; in: Soc. Sci. Med. Vol. 27, No. 8

Lüders, Hermann
1944 Die magische Kraft der Wahrheit; in: Zeitschr. d. Deutsch-Morgenl. Ges. Bd. 98

Lübbe, Hermann
1972a Die geschichtliche Bedeutung der Subjektivitätstheorie Edmund Husserls in: Bewußtsein in Geschichten; Freiburg
1972b Positivismus und Phänomenologie-Mach Husserl in: Bewußtsein in Geschichten; Freiburg

Lukas, Gerhard
1969 Die Körperkultur in frühen Epochen der Menschheitsentwicklung; Berlin

Luyster, Robert
1981 Wind and Water: Cosmogonic Symbolism in the Old Testament in: Zeitschr. für Alttets. Wiss. 93

Lys, Daniel
1966 The Israelite Soul According To The LXX; in: Vetus Testamentum 16

Mach, Ernst
1922 Die Analyse der Empfindungen; JenaMackenzie, Mary, Magaret
1982 Parmenides' Dilemma; in: Phronesis

Major, John, S.
1978 Myth, Cosmology and the Origins of Chinese Science in: Journ. of Chinese Philosophy 5

Malinowski, Bronislaw
1983 Magie, Wissenschaft und Religion; Frankfurt a. M.

Mani, N.
1959 Die historischen Grundlagen der Leberforschung Bd.1 (Basler Veröff. Gesch. Med. Biol. 1); Basel

Mansfeld, J.
1964 Die Offenbarung des Parmenides und die menschliche Welt; Assen
1967 Heraclitus on the Psychology and Physiologie of Sleep and on Rivers in: Mnemosyne 20
1971 The Pseudo-Hippocratic Tract peri hebdomadon Ch. 1–11 and Greek Philosophy Assen
1987 Die Vorsokratiker (Auswahl der Fragmente, Übersetzung und Erläuterungen) Stuttgart

Marcovich
1965 Artikel: Herakleitos; in: RE Suppl. X

Maspero, Henri
1981 Taoism and Chinese Religion; Amherst

Mauss, Marcel
1975 Soziologie und Anthropologie Bd. 2; München, Wien
1978 Entwurf einer allgemeinen Theorie der Magie in: Soziologie und Anthropologie Bd. 1; Frankfurt a. M.
1984 Die Gabe; Frankfurt a. M.

Maxwell, W. E.
1977 Shamanism in Perak; in: Journ. of the Straits Branch, Malayan Branch and the Malaysian Branch (M.B.R.A.S.) Reprint Number Four

Mazaheri; Simin
1992 Anfänge metaphysischer Spekulation im alten China und im alten Griechenland
Dissertation, Frankfurt a. M.

Mc Cauley, Ann P.
1988 Healing Texts and Healing Techniques in Indigenous Balinese Medicine
in: Soc. Sci. Med. Vol. 27, No. 8

Mc Gibbon, Donald
1965 The Religious Thought of Democritus; Hermes 93

Mc Kinley
1979 Zaman Dan Masa, Eras and Periods: Religious Evolution and the Permanence of Epistemological Ages in Malay Culture; in: The Imagination Of Reality
ed.: Becker, A. L., Yengoyan, A. A., Norwood, New Jersey

Mehlig, Johannes
1987 Weisheit des alten Indien Bd. 1; München

Mering, Wilhelmine
1937 Die Anschauungen des Hippokrates über Gymnastik und Massage München

Merleau-Ponty, Maurice
1966 Phänomenologie der Wahrnehmung; Übers.: Boehm, R; BerlinMershon, K. E.
1970 Five Great Elements, Pancha Maha Buta
in: Traditional Balinese Culture; Hrsg.: Belo, J.; New York, London
1971 Seven Plus Seven-Mysterious Life-Rituals In Bali; New York

Meuli, K.
1935 Scythica; in: Hermes 70

Meyer, Adolf
1900 Wesen und Geschichte der Theorie vom Mikro- und Makrokosmos; Bern

Miller, Harald W.
1957 The Flux of the Body in Plato's Timaeus
in: Trans. and Proc. of the Ameri. Philol. Assos. 88

Millerd, Clara, Elizabeth
1980 On The Interpretation Of Empedocles; New York, London (1908)

Mittelstrass, Jürgen
1962 Die Rettung der Phänomene; Berlin

Miura, Kunio
1989 The Revival of Qi: Qigong in Contemporary China; in: Taoist Meditation and Longevity Techniques;
ed. Kohn, L. u. Sakade, Y.; Michigan

Miyuki, Mokusen
1984 Die Erfahrung der goldenen Blüte; Bern, München, Wien

Möller, Hans-Georg
1992 Wissen als affirmation in der Philosophie des Xunzi
in: Orientierungen 2, Hrsg.: B. Damshäuser u. W. Kubin

Morenz, Siegfried
1960 Ägyptische Religion; Stuttgart

Moritz, Ralf
1990 Die Philosophie im alten China; Berlin

Morris, Brian
1989 Thoughts on Chinese Medicine; in: Eastern Anthropologist 4z

Moscati, Sabatino
1947 The Wind in Biblical and Phoenician Cosmogony;
in: Jour. of Biblical Literature

Mourelatos, Alexander, P. D.
1970 The Route of Parmenides; New Haven, London

Müller, Carl Werner
1965 Gleiches zu Gleichem; Wiesbaden

Müller, Reimar
1980 Naturphilosophie und Ethik in Antiken Atomismus; in: Philologus 123–124

Münsterberger, Werner
1938 Ethnologische Studien an Indonesischen Schöpfungsmythen; Den Haag

Murtonen, A.
1958 The Living Soul; Helsinki

Natrop, Paul
1893 Die Ethika des Demokritos; Marburg

Nebel, Gerhard
1963 Die Griechische Athletik; in: Antaios Bd. IV

Needham, Joseph
1979 Wissenschaftlicher Universalismus; Frankfurt a. M.
1992 Science and Civilisation in China Vol. II; Cambridge

Nestle, Wilhelm
1906 Der Dualismus des Empedokle; in: Philologus 65
1907 Metrodors Mythendeutung; in: Philologus 66

Nilsson, Martin, P.
1924 Götter und Psychologie bei Homer; in: Arch. f. Religionswiss. XXII
1976 Geschichte der Griechischen Religion; München

North, Helen
1966 Sophrosyne-Self-Knowledge ans Self-Restrain in Greek Literature Ithaca, New York

Nussbaum, Martha Craven
1972 Psyche in Heraclitus (I+II); in: Phronesis

Oelsner, Joachim
1961 Benennung und Funktion der Körperteile im hebräischen Alten Testament Diss., Leipzig

Onians, Richard Broxton
1951 The Origins of European Thought; Cambridge

Osborne, Catherine
1987 Rethinking Early Greek Philosophy; Ithacva, N. Y.

Ossenbruggen, F. D. E. van
1977 Java's monca-pat: Origins of a Primitive Classification System (1916) in: Structural Anthropology in the Netherlands; The Hague

Ots, Tomas
1987 Medizin und Heilung in China; Berlin, Hamburg
1987b Aneignung durch Umdeutung-Zur Rezeption der traditionellen chinesischen Medizin in Deutschland; in: Curare 3
1991 Stiller Körper -Lauter Leib; M. S. Hamburg

Otto, Rudolf
1922 Das Heilige; Breslau
1932 Gottheit und Gottheiten der Arier; Gießen

Otto, Walter, F.
1947 Die Götter Griechenlands; Frankfurt a. M.
1955a Die Zeit und das Sein*
1955b Gesetz, Urbild und Mythos*
1955c Die altgriechische Gottesidee*
1955d Der Durchbruch zum antiken Mythos im XIX.Jahrhundert*
1955e Die Menschengestalt und der Tanz*
1962 Die Manen oder von den Urformen des Totenglaubens; Darmstadt

Padel, Ruth
1981 Madness In Fifth-Century Athenian Tragedy in: Indigenous Psychologies; Hrsg.: Heelas and Lock; London

* in: Die Gestalt und das Sein; Düsseldorf-Köln

Pálos, Stephan
1985 Atem und Meditation; München

Parkes
1987a Introduction;
in: Heidegger and Asian Thought,
ed.: Parkes, Graham, Honolulu
1987b Thoughts on the Way: Being and
Time via Lao-Chuang
in: Heidegger and Asian Thought,
ed.: Parkes, Graham, Honolulu

Parkin, Harry
1978 Batak Fruit of Hindu Thought;
Madras

Peerenboom, R. P.
1990 Cosmogony, The Taoist Way; in:
Journal of Chinese Philosophy 17

Pfeiffer, Horand
1975 Die Stellung des Parmenideischen
Lehrgedichtes in der epischen
Tradition; Bonn

Pfister
1922 Artikel: Kultus;
in: RE. Supp. Bd.
1924 Artikel: Epode;
in: RE. Supp. Bd.

Pigeaud, Th. G. Th.
1977 Javanese Divination and
Classification (1928)
in: Structural Anthropology in the
Netherlands; The Hague

Plamböck, Gert
1959 Erfassen-Gegenwärtigen-Innesein;
Diss. 1. Fassung; Kiel

Platon
1990 Werke in 8 Bänden; griech.-deutsch;
Schleiermacher, Darmstadt

Pleyte, C. M.
1894 Die Schlange im Volksglauben der
Indonesier
in: Globus-Zeitschrift für Länder-
und Völkerkunde; Braunschweig

Pöggeler, Otto
1987 West-East Dialogue: Heidegger and
Lao-tzu
in: Heidegger and Asian Thought,
ed.: Parkes, Graham, Honolulu

Popplow, Ulrich
1960 Leibesübungen und Leibeserziehung
in der griechischen Antike
Schorndorf bei Stuttgart

Porkert, Manfred
1961a Untersuchungen einiger philoso-
phisch-wissenschaftlicher Grundbe-
griffe und Beziehungen im Chinesi-
schen;
in: Z. d. Deutschen Morgen-
ländischen Ges., Bd. 110
1961b Wissenschaftliches Denken im Alten
China; in: Antaios II/6
1962 Farbemblematik in China; in:
Antaios IV/2
1976 Lehrbuch der chinesischen
Diagnostik; Heidelberg
1978 Konstanten im Wandel; Stuttgart
1980 Richtung und Mass; Eranos
1982a Die theoretischen Grundlagen der
chinesischen Medizin; Stuttgart
1982b Die Bindung und Lösung unserer
Erkenntnis; Eranos
1983 Greifbarkeit und Ergriffensein;
Eranos

Pötscher, Walter
1959a Das Person-Bereichsdenken in der
frühgriechischen Periode; in:
Wien.Stud. 72, 73
1959b Ares; in: Gymn. 66
1959c Numen; in: Gymn. 66

Pott, P. H.
1966 Yoga and Yantra; The Hague

Prauss, Gerold
1966 Hegels Parmenides-Deutung;
in: Kant Studien 57

Prier, Raymond, Adolph
1976 Archaic Logic: Symbol and Struc-
ture in Heraclitus, Parmenides and
Empedocles
The Hague-Paris

Procopé, J. F.
1989 Democritus on Politics and the Care of the Soul; in: Cl. Quar. 39

Provencher, Ronald
1979 Orality as a Pattern of Symbolism in Malay Psychiatry; in: The Imagination Of Reality; Hrsg.: Becker, A. l. u. Yengoyan, A. A.; Norwood, New Jersey
Putscher, Marielene
1973 Pneuma, Spiritus, Geist; Wiesbaden

Ragon, Aomu
1982 Hart und Weich; Frankfurt a. M.

Rall, Jutta
1970 Die vier grossen Medizinschulen der Mongolenzeit; Wiesbaden

Rappe, Guido
1989 Kritische Analyse religionsethnologischer Seelenkonzeptionen an Beispielen von Wundt, Arbman, Hultkrantz und Fischer; unveröffentlichte M. A., Köln
1993 Animismus, Hylozoismus und der sphairos des Empedokles in: Rehabilitierung des Subjektiven-Festschrift für Hermann Schmitz; Bonn

Ras, J. J.
1973 The Panji Romance and W.H.Rassers' Analysis of its Theme in: Anthropologica XV, Bijd. 129

Rassers, W. H.
1959 Panji, the Culture Hero; The Hague

Reeve, C. D. C.
1982 Ekpurosis and the Priority of Fire in Heraclitus; in: Phronesis

Regenbogen
1948 Daimonion Psyches Phos-Erwin Rhodes Psyche und die neuere Kritik in: Kleine Schriften (1961); München

Reiche, Harald A. T.
1960 Empedocles' Mixture, Eudoxan Astronomy and Aristotle's Connate Pneuma Amsterdam

Reinhardt, Karl
1942a Heraklits Lehre vom Feuer; in: Hermes 77
1942b Heraclitea; in: Hermes 77
1959 Parmenides und die Geschichte der griechischen Philosophie; Frankfurt a. M.
1986a Heraclitea in: Um die Begriffswelt der Vorsokratiker; Hrsg.: Gadamer, H.-G.; Darmstadt
1986b Empedokles, Orphiker und Physiker in: Um die Begriffswelt der Vorsokratiker; Hrsg.: Gadamer, H.-G.; Darmstadt

Reinwald, Heinz
1990 Mythos und Methode; München

Reiter, Florian C.
1985 Der Name Tung-hua ti-chün und sein Umfeld in der taoistischen Tradition in: Religion und Philosophie in Ostasien-Festschrift für Hans Steininger Hrsg.: Naundorf, G., Pohl, K.-H. Schmidt, H.-H.; Würzburg

Renard-Clamagirand, Brigitte
1989 Uppu Li'i, „Fulfill the Promise"; Analysis of a Wewewa Ritual in: Bijd. Deel 145, Rituals and Socio-Cosmic Order in Eastern Indonesian Societies, Hrsg.: Barraud; C. u. Platenkamp; J. D. M.

Riezler, Kurt
1970 Parmenides; Frankfurt a. M.
1986 Das Homerische Gleichnis und der Anfang der Philosophie

in: Um die Begriffswelt der Vorsokratiker; Hrsg.: Gadamer, H.-G.; Darmstadt

Robinet, Isabelle
1979 Metamorphosis and Deliverance from the Corpse in Taoism in: History of Religions 19; Chigago
1989a Visualization and Ecstatic Flight in Shangqing Taoism; in: Taoist Meditation and Longevity Techniques; ed. Kohn, L. u. Sakade, Y.; Michigan
1989b Original Contributions of Neidan to Taoism and Chinese Thought; in: Taoist Meditation and Longevity Techniques; ed.Kohn, L. u. Sakade, Y.; Michigan

Robinson, H. Wheeler
1980 Corporate Personality in Ancient Israel; Philadelphia

Robinson, T. M.
1967 Soul and Immortality in Republic X; in: Phronesis 67

Roetz, Heiner
1984 Mensch und Natur im Alten China; Frankfurt a. M.

Rogerson, J. W.
1970 The Hebrew Conception of Copora-te Personality: A Re-Examination in: Jour. of Theological Studies N.S. Vol. XXI, Pt. 1

Rohde, Erwin
1925a Psyche Bd. 1; Tübingen
1925b Psyche Bd. 2; Tübingen

Röhr, Julius
1923 Der okkulte Kraftbegriff im Altertum; Leipzig

Rose, G. P.
1979 Odysseus'Barking Heart; in: Trans. of the Am. Philolo. Assoc. 109

Rösler, Wolfgang
1983 Der Anfang der ,Katharmoi' des Empedocles; in: Hermes

Rössler, Martin
1987 Die soziale Realität des Rituals; Berlin

Rousselle, Erwin
1925 Mysterium der Wandlung; Darmstadt
1934 Seelische Führung im lebenden Taoismus; in: Eranos

Ruben, Walter
1961 Beginn der Philosophie in Indien; Berlin

Rubin, Vitaly
1982 Wuhsing and Yin-Yang; in: Journ. of Chinese Philosophy Vol. 19

Rüsche, Franz
1930 Blut, Leben und Seele; Paderborn

Russo, J. and Bennett, S.
1968 Homeric Psychology and the Oral Epic Tradition; in: Jo. of the Hist. of Ideas 4

Saake
1974 Artikel: pneuma; in: Th. W. N. T.

Sander, Otto
1965 Leib-Seele-Dualismus im Alten Testament; in: Zeitschr. f. Alttest. Wiss.

Sartre, Jean-Paul
1993 Das Sein und das Nichts; Reinbek b. Hamburg

Saurbier, Bruno
1970 Geschichte der Leibesübungen; Frankfurt a. M.

Schadewaldt, Wolfgang
1978 Die Anfänge der Philosophie bei den Griechen; Frankfurt a. M.

Schärer, H.
1946 Die Gottesidee der Ngadju Dajak in Süd-Borneo; Leiden

Schipper, Kristofer, M.
1978 The Taoist Body; in: History of Religions 17, Chicago1985 Taoist

Ordination Ranks in the Tunhuang Manuscripts
in: Religion und Philosphie in Ostasien-Festschrift für Hans Steininger
Hrsg.: Naundorf, G., Pohl, K.-H. Schmidt, H.-H., Würzburg

Schipper, Kristofer u. Wang Hsiu-huei
1986 Progressive and Regressive Time Cycles in Taoist Ritual; in: Time, Science and Society in China and the West; Ed. Fraser, Lawrence, Haber; Massachusetts

Schipperges, Heinrich
1989 Die Welt des Herzens; Frankfurt

Schleichert, Hubert
1980 Klassische chinesische Philosophie (2. Auflage 1990); Frankfurt a. M.

Schlüter, Jochen
1979 Heidegger und Parmenides; Bonn

Schmidt, Werner
1964 Anthropologische Begriffe im Alten Testament; in: Evangelische Theologie (24)

Schmitt, Arbogst
1990 Selbständigkeit und Abhängigkeit menschlichen Handelns bei Homer; Mainz/Stuttgart

Schmitz, Hermann
1958 Soziologische Geschichtsbetrachtung und Universalgeschichte
in: Konkrete Vernunft, Festschrift für E. Rothacker; Bonn
1964 Die Gegenwart;
in: System der Philosophie Bd. 1; Bonn
1965 Der Leib;
in: System der Philosophie Bd. 2, T. 1; Bonn
1966 Der Leib im Spiegel der Kunst;
in: System der Philosophie Bd. 2, T. 2; Bonn
1967 Der leibliche Raum;
in: System der Philosophie Bd. 3, T. 1; Bonn
1968 Subjektivität; Bonn
1969 Der Gefühlsraum;
in: System der Philosophie Bd. 3, T. 2; Bonn
1972 Über leibliche Kommunikation
in: Z. f. klinische Psychologie und Psychotherapie, Jahrgang 20
1973a Der Rechtsraum;
in: System der Philosophie Bd. 3, T. 3; Bonn
1973b Zusammenhang in der Geschichte
in: Natur und Geschichte;
Hrsg.: Hübner, K. u. Menne, A.; Hamburg
1974 Das leibliche Befinden und die Gefühle;
in: Z. f. phil. Forschung Bd. 28
1975 Ausdruck zwischen Empirie und Spekulation
in: Z. f. klinische Psychologie und Psychotherapie, Jahrgang 23
1977a Das Göttliche und der Raum;
in: System der Philosophie Bd. 3, T. 4; Bonn
1977b Das dialektische Wahrheitsverständnis und seine Aporie
in: Ist systematische Philosophie möglich?, Bonn
1978a Die Wahrnehmung;
in: System der Philosophie Bd. 3, T. 5; Bonn
1978b Leib und Seele in der abendländischen Philosophie; in: Görres Jahrbuch
1980a Die Person;
in: System der Philosophie Bd. 4; Bonn
1980b Die Aufhebung der Gegenwart;
in: System der Philosophie Bd. 5; Bonn
1980c Neue Phänomenologie; Bonn
1981 Herkunft und Zukunft der Seelenvorstellung; in: Klinische Psychologie-Trends
in: Forschung und Praxis;
Hrsg.: Baumann, U. u. a. Bd. 4;

Bern, Stuttgart, Wien
1985a Die Ideenlehre des Aristoteles Bd. 1, T. 1; Bonn
1985b Die Ideenlehre des Aristoteles Bd. 1, T. 2; Bonn
1985c Die Ideenlehre des Aristoteles Bd. 2; Bonn
1987a Zeit und Freiheit; in: Theorie der Subjektivität; Frankfurt1987b Mannigfaltigkeit ohne Verschiedenheit; in: Das Andere und das Denken der Verschiedenheit; Hrsg.: Kimmerle, H.; Amsterdam
1987c Der vergessene Leib in: Z. f. klinische Psychologie, Psychopathologie und Psychotherapie 35
1988a Der Ursprung des Gegenstandes; Bonn
1988b Anaximander und die Anfänge der griechischen Philosophie; Bonn
1988c Der Schmerz als Konflikt in philosophischer Sicht; in: Curare 1
1988d Ethos und Rationalisierung; in: Görres Jahrbuch
1989a Leib und Gefühl; Paderborn
1989b Neuerscheinungen zur Philosophie des Psychischen (Bücherbespr.) in: Allg. Z. f. Philosophie 14
1989c Besprechung von: Études sur Parménide. Publ. sous la direction de Pierre aubenque Bd. 1+2; in: Gnomon 61
1990 Der unerschöpfliche Gegenstand; Bonn
1992a Hegels Logik; Bonn
1992b Die entfremdete Subjektivität; Bonn
1992c Aristoteles und Platons (?) ungeschriebene Lehre; in: Phil. Jahrb.
1993 Die Liebe; Bonn
1994 Neue Grundlagen der Erkenntnistheorie; Bonn

Schöner, Erich
1964 Das Viererschema in der Antiken Humoralpathologie; Wiesbaden

Schreckenberg, Heinz
1964 Ananke-Untersuchungen zur Geschichte des Wortgebrauchs; Zetemata 36; München

Schulte, Günther
1982 Hegel oder das Bedürfnis nach Philosophie; Hildesheim, Zürich, New York
1993 Der blinde Fleck in Luhmanns Systemtheorie; Frankfurt a. M.

Schumacher, Joseph
1940 Antike Medizin; Berlin

Schüngel-Straumann, Helen
1992 Ruah bewegt die Welt; Stuttgart

Schwabe, Wilhelm
1980 „Mischung" und „Element" im Griechischen bis Platon; Bonn

Schwabl, Hans
1955 Zur Selbständigkeit des Menschen bei Homer; in: Wiener Stud. 67, 68
1956 Empedokles fr. B 110; in: Wiener Stud. 69
1962 Weltschöpfung; in: RE. Supp. IX
1963 Hesiod und Parmenides; in: Rhein.Mus
1986 Sein und Doxa bei Parmenides; in: Um die Begriffswelt der Vorsokratiker Hrsg.: Gadamer, H.-G., Darmstadt

Schwarz, Ernst (Übers.)
1992 Laudse-Daudedsching; München

Schwartz, Benjamin I.
1985 The World of Thought in Ancient China; Cambridge, Massachusetts u. London
1973 On the Absence of Reductionism in Chinese Thought in: Journ. of Chinese Philosophy 1

Scott, R. B. Y.
1952 Meteorological Phenomena and Terminology in the Old Testament in: Zeitschr. für Alttets. Wiss. 64

Seewald, Jürgen
1992 Leib und Symbol; München

Seidel, Anna
1985 Geleitbrief an die Unterwelt. in: Religion und Philosphie in Ostasien-Festschrift für Hans Steininger Hrsg.: Naundorf, G., Pohl, K.-H. Schmidt, H.-H.; Würzburg

Seidensticker, Tilman
1992 Altarabisch ‚Herz' und sein Wortfeld; Wiesbaden

Seligson, Miriam
1951 The Meaning Of Nephes In The Old Testament; Helsinki

Sethe, Kurt
1929 Amun und die acht Urgötter von Hermopolis Abh. d. Preuss. Akad. d. Wiss. phil.-hist. Kl.; Berlin

Sharples, R. W.
1983 ‚But Why Has My Spirit Spoken With Me Thus.' Homeric Decision-Making in: Greece and Rome Vol. 25, No 1

Shien, Gi-Ming
1951 Being and Nothingness in Greek and Ancient Chinese Philosophy in: Philosophy East and West I/2

Shupak, N.
1985 Some Idioms Connected With The Concept of „Heart" in Egypt And The Bible in: Pharaonic Egypt, The Bible And Christianity; Hrsg.: Groll; S. I.; Jerusalem

Sigerist, Henry
1961 A History of Medicine Vol. II; New York/Oxford Uni. Press
1987 A History of Medicine Vol. I; New York/Oxford Uni. Press

Sinaga, A. B.,
1981 The Toba-Batak High God; St. Augustin

Sivin, Nathan
1968 Chinese Alchemy: Preliminary Studies; Cambridge
1978 On the word Taoist as a Source of Perplexity; in: History of Religions 17; Chigago

Smith Kipp, Rita und Rodgers, Susan
1987 Introduction: Indonesian Religions in Society in: Indonesien Religions in Transition; Hrsg.: Smith Kipp u. Rodgers;Tucson/Arizona

Snell, Bruno
1926 Die Sprache Heraklits; in: Hermes
1931 Böhme, Seele und Ich bei Homer; in: Gnomon
1978 Der Weg zum Denken und zur Wahrheit; Hypomnemata H. 57; Göttingen
1986 Die naturwissenschaftliche Begriffsbildung im Griechischen in: Um die Begriffswelt der Vorsokratiker; Hrsg.: Gadamer, H.- G.; Darmstadt

Soederblom, N.
1964 Der Animismus-Belebung und Beseelung (1916) in: Religions-Ethnologie, Hrsg.: Schmitz, C. A.; Frankfurt a. M.

Solmsen, Friedrich
1971 Griechische Philosophie und die Entdeckung der Nerven in: Antike Medizin, Hrsg.: Flashar, H; Darmstadt
1975 Love and Strife in Empedocles'Cosmology; in: Studies in Presocratic Philosophy Vol.II; Hrsg.: Allen; R. E., Furley; D. J.; London

Sommer, Manfred
1988 Denkökonomie und Empfindungstheorie bei Mach und Husserl-Zum Verhältnis von Positivismus und Phänomenologie
in: Ernst Mach-Werk und Wirkung; Hrsg.: R. Hallen u. F.Stadler; Wien

Spanár, Julius
1969 Die Seelenlehre des Herakleitos von Ephesos
in: Sbornik Praci Filosoficke Fakulty Brnenske University E 14
1970 Der Logosbegriff bei Herakleitos von Ephesos; in: Zbornik Filozofikkej Fakulty
University Komenskeho, Rocnik II, Graecolatina et Orientalia; Bratislava

Stambaugh, Joan
1987 Heidegger, Taoism, and the Question of Metaphysics
in: Heidegger and Asian Thought, ed.: Parkes, Graham, Honolulu

Staudacher, Willibald
1968 Die Trennung von Himmel und Erde; Darmstadt

Steininger, Hans
1953 Hauch- und Körperseele und der Dämon bei Kuan Yintze; Leipzig

Steuer, R. O. u. Saunders, J. B. de C. M.
1959 Ancient Egyptian and Cnidian Medicine; Berkeley

Stiefvater, Erich
1977 Praxis der Akupunktur; Heidelberg
1980 Chinesische Atemlehre und Gymnastik; Heidelberg

Stirner, Max
1981 Der Einzige und sein Eigentum; Stuttgart

Stöhr, Waldemar u. Zoetmulder, Piet
1965 Die Religionen Indonesiens; Köln
1968 Über einige Kultzeichnungen der Ngadju-Dajak; Ethnologica N. F. 4, Köln
1976 Die Altindonesischen Religionen; Leiden/Köln

Stokes, M. C.
1963 Hesiodic and Milesian Cosmogonies I–II; in: Phronesis

Stolz, Fritz
1971 Artikel: leb;
in Theolo. Handwörterb. z. Alt. Testam. I

Strickmann, Michael
1985 Therapeutische Rituale und das Problem des Bösen im frühen Taoismus
in: Religion und Philosphie in Ostasien-Festschrift für Hans Steininger
Hrsg.: Naundorf, G., Pohl, K.-H. Schmidt, H.-H.; Würzburg

Sung-Peng Hsu
1976 Lao Tzu's Conception of Ultimate Reality
in: International Philosophical Quarterly 16; New York

Sweeney, Leo
1972 Infinity in the Presocratrics; The Hague, Netherlands

Swellengrebel, J. L.
1977 Some Characteristic Features of the Korawasrama Story
in: Structural Anthropology in the Netherlands; The Hague (1936)

Szlezák, Thomas
1976 Unsterblichkeit und Trichotomie der Seele im zehnten Buch der Politeia
in: Phronesis 21

Tarán, Leonardo
1965 Parmenides; Princeton, New Jersey
1971 The Creation Myth in Plato's Timaeus; in: Essays in Ancient Greek Philosophy …
1977 Review: Mourelatos, The Route of Parmenides; in: Gnomon 49

Tauchmann, Kurt
1968 Die Religion der Minahasa-Stämme; Köln

Taylor, C. C. W.
1967 Pleasure, Knowledge and Sensation in Democritus; in: Phronesis 67

Temkin, Owsei
1971 Medizin als Wissenschaft und Handwerk
in: Antike Medizin, Hrsg.: Flashar, H, Darmstadt

Theiler, Willy
1965 Zur Geschichte der teleologischen Naturbetrachtung bis auf Aristoteles; Berlin

Thiel, P. Jos.
1969 Schamanismus im alten China; in: Sinologica X
1970 Das Erkenntnisproblem bei Chuang-tzu; in: Sinologica XI
1972 Der Begriff des tao im tao-te-ching; in: Sinologica XIII

Thieme, Paul
1952 Studien zur Indogermanischen Wortkunde und Religionsgeschichte; in: Ber. ü. d. Verh. d. Sächsischen Akad. d. Wiss. zu; Leipzig, philol.-hist. Kl., Bd 98 H. 5
1971a Bráhman; in: Kleine Schriften, Bd. 1; Wiesbaden
1971b Die Wurzel vat; in: Kleine Schriften, Bd. 1; Wiesbaden
1971c Beseelung in Sprache, Dichtung und Religion; in: Kleine Schriften, Bd. 1; Wiesbaden

Thrams, Peter
1986 Die Morallehre Demokrits und die Ethik des Protagoras; Heidelberg

Tobing, L.
1956 The Structure Of The Toba-Batak Belief In The High God; Amsterdam

Topitsch, Ernst
1959 Die platonisch-aristotelischen Seelenlehren in weltanschauungskritischer Beleuchtung; Österreichische Akademie der Wissenschaften, Phil.-hist. Klasse Sitzungsberichte, 233. Band, 4. Abhandlung; Wien

Tsagarakis, Odysseus
1980 Die Epiphanie Athenes im A der Ilias: Psychologie oder Religion; in: Gymnasium 87

Tsioli, Hero
1980 Platons Anthropogonie; (Diss.) Kiel

Tugendhat, Ernst
1970 Das Sein und das Nichts"; in: Durchblicke-Festschrift für Martin Heidegger Frankfurt a. M.

Tylor, Edward, Burnett
1958 Religion in Primitive Culture Nachdruck der Kapitel XI–XIX von Primitve Culture 1871; New York

Ulenbrook, Jan
1980 Lao tse; Frankfurt a. M.

Unschuld, Paul, U.
1973 Die Praxis des traditionellen chinesischen Heilsystems; Stuttgart
1980 Medizin in China; München
1986 Nan-Ching; Berkeley and Los Angeles, California

Van Houten, Richard L.
1988 Nature and Tzu-Jan in Early Chinese Philosophical Literature
in: Journal of Chinese Philosophy 15

Verdenius, W. J.
1943 A Psychological Statement of Heraclitus; in: Mnemosyne
1949 Parmenides' Conception of Light; in: Mnemosyne 2
1966 Der Logosbegriff bei Heraklit und Parmenides (Teil I+II); in: Phronesis
1976 Some Aspects of Heraclitus' Anthropology
in: Images of Man in Ancient and Medieval Thought; Leuven

Vernant, Jean-Pierre
1982 Die Entstehung des griechischen Denkens; Frankfurt a. M.

Villiers, John
1965 Südostasien vor der Kolonialzeit; Fischer-Weltgeschichte, Frankfurt a. M.

Vlastos, Gregory
1970 Equality and Justice in Early Greek Cosmogonies*
1970a Review of F.M. Cornford: Principium Sapientiae*
1970b Equality and Justice in Early Greek Thought*
1970c Theology and Philosophy in Early Greek Thought*)
1975 Ethics and Physics in Democritus*

Voigt, Christian
1933 Überlegung und Entscheidung; Berlin

Volkman, Toby, Alice
1987 Mortuary Tourism in Tana Toraja; in: Indonesian Religions in Transition Hrsg.: Smith Kipp u. Rodgers; Tucson/Arizona

Wales, Quatrich H. G.
1957 Prehistory and religion in South-East Asia; London
1959 The Cosmological Aspect of Indonesian Religion; in: Jo. of the Royal Asiatic Society

Waley, Athur
1952 Lebensweisheit im alten China; Hamburg
1958 The Way and Its Power; New York
1973 The Nine Songs; San Francisc

Warden, John
1971 Psyche in Homeric Death-Description; in: Phoenix

* in: Studies in Presocratic Philosophy, Vol. I + II Hrsg.: Allen, R. E., Furley, D. J.; London

Warneck, Joh.,
1899 Studien über die Literatur der Toba-Batak; Berlin
1909 Die Religion der Batak; Leipzig

Waschkies, Hans-Joachim
1989 Anfänge der Arithmetik im alten Orient und bei den Griechen; Amsterdam

Watson, Burten
1968 The Complete Works of Chunag Tzu; New York

Watts, Alan
1983 Der Lauf des Wassers; München

Weber, Max
1923 Religionssoziologie; Tübingen

Weck, Wolfgang
1976 Heilkunde und Volkstum auf Bali; Jakarta Wei-hsun Fu, Charles
1973 Lao-Tzu's Conception of Tao; in: Inquiry 16; Oslo
1976 Creative Hermeneutics: Taoist Metaphysics and Heidegger in: Jour. of Chinese Philosophy 3

Weinstock, Joseph, A.
1987 Kaharingan: Life and Death in Southern Borneo; in: Indonesian Religions in Transition; Hrsg.: Smith Kipp u. Rodgers; Tucson/Arizona

Wellmann, Max
1901 Die Fragmente der sikelischen Ärzte; Berlin
1928 Die PHYSIKA des Bolos Demokritos und der Magier Anaxilaos aus Larissa in: Abh. d. Preussischen Akademie d. Wissenschaften, phil.-hist. Klasse; Berlin

Wessing, Robert
1977 The Position of the Baduj in the Larger West Javanese Society; Man N. S. 12

West, Martin
1971 Early Greek Philosophy and the Orient; Oxford
1985 Review: Bremmer-The Early Greek Concept of the Soul; in: Class. Review 35

Westermann, C.
1976 Artikel: nefes-Seele; in: Theol. Handwörterb. z. A. T. II

Wikan, Unni
1989 Managing the heart to brighten face and soul: emotions in Balinese morality and health care; in: American Ethnologist 16/2

Wilhelm, Helmut
1951 Der Zeitbegriff im Buch der Wandlung; Eranos
1985 Die Wandlung-acht essaya zum I Ging; Frankfurt a. M.

Wilhelm, Richard
1925 LAO-TSE und der Taosimus; Stuttgart
1984 Dschuang Dsi-Das wahre Buch vom südlichen Blütenland; Köln
1985 I Ging; Köln

Wilhelm, Richard, u. Jung, C. G.
1982 Das Geheimnis der Goldenen Blüte; Freiburg, i. B.

Wili, Walter
1945 Probleme der Aristotelischen Seelenlehre; Eranos

Wilson, J. A.
1970 Parmenides, B 8. 4; in: Class. Quar. 20

Wing-Tsit, Chan
1970 Chinese Philosophy; Princeton, New Jersey

Wöhrle, Georg
1993 Anaximenes aus Milet; Stuttgart

Wolff, Hans Walter
1974 Anthropologie des Alten Testaments; München

Woo K.Y., Peter
1969 Begriffsgeschichtlicher Vergleich zwischen tao, hodos und logos bei Chuang-tzu, Parmenides und Heraklit; Kwang-tung, China

Woodbury, Leonardo
1958 Parmenides on Names; in: Harvard Stud.
1983 Review; in: Ancient Philosophy 3

Wouden, F. A. E., van
1968 Types of Social Structure in Eastern Indonesia; trans.:R.Needham; The Hague

Wright, M. R.
1981 Empedocles: The Extant Fragments; New Haven and London
1982 Review: Claus-Toward the Soul; in: Class. Review 32,33

Wundt, Wilhelm,
1920 Völkerpsychologie IV: 1 (Mythus und Religion); Leipzig

Yamada, Toshiaki
1989 Longevity Techniques and the Compilation of the Lingbao wufuxu; in: Taoist Meditation and Longevity Techniques; ed. Kohn, L. u. Sakade, Y., Michigan

Yosida, M.
1973 The Chinese Concept of Nature; in: Chinese Science: explorations Hrsg.: S. Nakayama u. N. Sivin, Cambridge; London

Yu, David, C.
1981 The Creation Myth and its Symbolism in Classical Taoism in: Philosophy East and West 31; Honululu

Yün-Hua, Jan
1975 Problems of Tao and Tao Te Ching; in: Numen Vol. XXII

Zeller, Eduard / Nestle, Wilhelm
1919 Die Philosophie der Griechen; Leipzig

Zimmer, Heinrich
1982 Yoga und Buddhismus; Frankfurt a. M.

Zimmermann, Georg
1985 Erkenntnistheoretische Anmerkungen zum vierten Buch des Kuan Yin-tzu
in: Religion und Philosphie in Ostasien-Festschrift für Hans Steininger
Hrsg.: Naundorf, G., Pohl, K.-H., Schmidt, H.-H.; Würzburg

Zoete, de, Beryl u. Spies, Walter
1938 Dance and Drama in Bali; London
1970 Dance and Drama in Bali;
in: Traditional Balinese Culture
Hrsg.: Belo, J.; New York, London

Zoetmulder, P. J.
1965 The Significance of the Study of Culture and Religion for Indonesian Historiography
in: An Introduction to Indonesian Historiography; ed.:Soedjatmoko; Ithaca, N. Y.

Personenregister

Abel, K. 267f
Adkins, A. W. H. 43, 46, 53, 65, 71, 73, 75–77, 79, 197, 225, 229, 255
Ahern, D. M. 384, 395
Akahori 475
Albertz, R./Westermann, C. 305–310, 319
Alkmaion 191, 232f, 242f, 249, 254, 259f, 263, 265, 270, 363, 367, 441, 461, 496
Allers, R. 203, 224, 238
Alt, K. 103f, 106, 112, 196–199, 171, 193, 225, 228, 235f, 239, 254, 258, 260, 265
Anaximander 95–105, 107, 114, 144, 166, 173f, 223, 240, 366, 388, 405, 414, 431, 438
Anaximenes 24, 35, 95, 97–116, 118, 120, 122, 125–127, 135, 144, 146–148, 150, 154, 166, 173f, 176–178, 208f, 225, 269, 315, 317, 342, 366, 380, 406, 413f, 418, 420, 424, 431, 435–440, 447, 455, 457, 478
Arbman, E. 37, 39, 48, 52, 71, 349–351,353, 355f, 467
Aristoteles 96, 99, 102, 155, 159, 171,f, 194, 205, 208, 249, 277, 388, 404–408, 411, 414f, 420,422, 455, 487, 497f
Assmann, J. 280, 282–285, 314, 316, 333–340, 399, 432, 496
Austin, S. 142, 145
Avalon, A. 363f, 368, 374f, 490, 492, 498
Avenarius, R. 25

Baier, M. 330
Ballew, L. M. 166
Barfield, O. 32, 82
Barnes, J. 149
Bartlett, H. H. 349–352, 355
Baumgärtel 310f
Béky, G. 378, 381
Belo, Jane 334, 345
Ben, van der, N. 137, 176, 181, 196
Bergson, H. 22, 26
Bickel, E. 31, 36–40, 42, 46, 48, 50–52, 70, 73, 78, 80, 85, 88, 131, 197, 356
Bicknell, P. J. 98f, 103, 106f, 111f
Blust, R. 345
Bodde, D. 400, 404, 422, 435, 445
Boeder, H. 100, 132, 146, 152, 157, 163, 167, 176
Bogner, H. 128
Böhme, G. 19, 86
Böhme, J. 37–40, 42, 48, 52f, 58, 64, 66, 68–73, 78, 80, 83f, 353, 356, 358
Bollack, J. 164, 171, 176
Bormann, K. 138, 161, 165f, 142, 145–147, 149, 152, 168
Boss, M. 17
Bowra, C. M. 136f, 142f
Bratsiotis, N. P. 296–298, 300
Bremmer, J. 52, 138
Bröcker, W. 97, 197
Brown, N. W. 340
Brunner, H. 280–285, 288f, 328f, 334f, 337f
Burkert, W. 50, 97, 113, 131, 137, 176, 187f, 190, 192, 196, 223, 237–241, 243, 247, 249, 312f, 315, 332, 358, 377, 399, 414–416, 446, 456
Burnet, J. 109, 129, 149, 169, 171, 180, 188f, 195, 242

Calogero, G. 145, 155f, 161, 164f, 167
Calvo, T. 153, 162
Cammann-Schulyer 444
Capelle, W. 112f
Carella, Mi. J. 192, 239
Carle, R. 320, 329–331, 334, 338, 340, 349–351, 355, 368
Cedzich, U.-A. 481
Chang, C. 479, 486, 490f
Chang, T.-T. 389, 392,395f, 398–402, 404–406, 408f, 411f, 416–418, 425, 431, 434f, 444, 448f, 454, 461–463, 466f, 478, 480, 499
Chen, E. M. 384, 386f, 409f, 460
Cherniss, H. F. 239
Classen, J. C. 96f, 101f, 143
Claus, D. B. 48, 52f, 73–75, 80, 84f, 120, 124f, 128f, 138, 190, 196–198, 209, 213, 218, 224, 228, 238, 240, 243f
Clay, J. 46
Coedès, G. 325
Conger, G. P. 110, 237
Connor, L. 359
Cornford, F. M. 138, 140, 170f, 176, 188f, 197, 223, 230, 257, 260–263, 267–269, 277
Coxon, A. H. 136, 140, 142, 145, 152, 155f, 162, 167, 256
Crystal, E. und Yamashita, S. 341, 345

Danzel, T.-W. 365
Darcus (-Sullivan), S. M. 53, 66, 71, 73f, 76, 79f, 85, 88, 92f, 121, 130f, 133f, 179, 182, 193, 196–198
Darga, M. 489
Debon, G. 379, 381–385, 389–391, 393, 395, 397, 399, 408, 417, 477, 479f
De Groot, J. J. M. 343, 437, 445, 462
Deichgräber, K. 99, 116f, 119, 121, 123f, 131, 135, 147, 159, 164f, 167–169, 181f, 188f, 195, 205, 212, 274
De Josselin de Jong, J. P. B. 343f, 347
De Josselin de Jong, P. E. 343–345
Demokrit 24, 30, 34f, 43, 109, 130, 200–222, 225, 228f, 231–233, 238f, 244, 270f, 280, 284, 388f, 415, 436f, 439, 459
Descartes 17, 25, 208, 241
Despeux, C. 475, 477, 482–485, 488
Deussen, P. 315, 339, 368, 372, 385f
Deutsch, E. 17
Diels, H. 95, 97, 137, 139, 156, 161, 165, 181f, 188f, 193, 195 197
Diels, H. u. Kranz, W. 104, 159, 161, 181, 239, 313, 388
Diller, H. 264, 267–269, 273, 369, 484
Diogenes 99, 104f, 107f, 111, 120, 264, 269, 276f, 317, 359, 420, 424, 439, 478, 486f
Dion, P. E. 315
Dodds, E. R. 30f, 33, 70f, 80, 84–90, 131, 137, 188, 190, 193, 197, 239–241, 243, 246, 255, 332, 352
Dreytza, M. 304–306, 309f, 316, 318f
Driesch, H. 22
Durkheim, E. 48, 330, 343f, 414, 457
Eberhard, W. 444f, 453f
Eckhardt, A. 379, 381–385, 389–391, 395, 479f

Edelstein, L. 187, 242
Effelsberg, W. 361
Egger, P. J. B. 242, 248f, 265
Eichhorn, W. 460
Eisenberger, H. 211, 214, 217f
Eliade, M. 138, 240, 364
Elvin, M. 432
Emlyn-Jones, C. J. 116
Empedokles 24, 35, 85, 99, 113, 131f, 158f, 165–167, 170–201, 203–205, 208f, 211–214, 219f, 222, 228–230, 233, 239, 247, 249, 254, 256, 261, 269f, 308, 313f, 323, 342, 345, 350, 366f, 380, 383, 390f, 407, 411, 414, 439, 446, 453–455, 457–459, 490, 496
Engelhardt, U. 417f, 425–427, 433, 441, 468, 473
Englert, L. 248
Engmann, J. 97f
Erbse, H. 39, 42, 51–53, 58, 64, 89f, 94
Erkes, E. 381, 481, 488, 491

Fabry 288–290, 292, 295, 304–306, 309, 311, 316, 319
Farzeen, B.-H. 487, 491
Feng, J. 437–439, 444, 452
Ferwerdas, R. 231
Finkelberg, A. 143, 149, 165–167
Forke, A. 379, 387, 392, 395, 400, 402, 404, 419, 437, 447, 450, 452, 455, 475, 477f
Fox, J. J. 327f, 341f, 347
Fränkel, H. 31, 38–40, 42f, 45, 47, 52, 55f, 88f, 90–93, 114, 137–139, 141–144, 156f, 165, 168, 186, 171, 218, 313
Friedrich, A. 437, 439, 466
Fritz, K. v. 54f, 57f, 62, 71, 90, 146, 152f, 179, 204, 209f, 212, 215f, 221, 231f, 332
Frobenius, L. 32
Fürlinger, F. 98, 313f
Fung Yu-Lan 382, 384, 387, 389, 392f, 398, 400, 407, 409f, 412, 419, 423, 444, 447, 452, 457, 466, 476, 478, 480f
Furley, D. 95–97, 100, 170, 204, 206

Gadamer, H.-G. 201, 206
Garang, J. E. 327, 331, 361
Gaskin, R. 69, 89, 226, 256
Geldner, K. F. 339, 386
Giacomelli, A. 71, 80, 84–86
Gigon, O. 96, 99, 111f, 116f, 129, 169, 196, 222, 322f
Girardot, N. J. 328, 338, 381–385, 387–390, 392f, 400, 409, 417, 419, 425, 435, 452, 463, 475–477, 481f, 486f, 496, 499
Gladigow, B. 98f, 107f,
Glasenapp, H. v. 326, 339
Gloy, K. 171, 223
Gomperz, T. 48, 193, 195, 198, 205, 277, 325, 334, 339
Gonda, J. 320f, 340, 344, 361f, 371
Gottschalk, H. B. 96
Götze, A. 112f, 285, 361
Grader, C. J. 361, 366
Graeser, A. 222, 229–232, 238f, 246, 252–254, 256, 259f
Graham, A. C. 387, 392, 396f, 399, 404f, 407–412, 417, 425, 435, 461, 463–465, 476, 479
Granet, M. 378, 397–399, 408–410, 412f, 416, 422, 445, 450, 454–457
Grapow, H. 275–284, 496
Grensemann, H. 188, 248f, 273–275
Groag, E. 251–254
Großheim, M. 17, 27f, 30
Grot, N. v. 82f
Guthrie, W. K. C. 43, 55, 62, 97f, 107, 111–113, 130, 137, 141f, 144, 152, 156, 161f, 167, 171–174, 176f, 187, 189f, 192, 195f, 204–206, 240

Hagen, H. L. 257f, 266, 277, 354
Hahn, R. 399, 412
Hall, D. G. E. 325
Hall, R. W. 251
Handley, E. W. 71
Harrison, E. L. M. 39, 54, 89f
Harrison, R. 348f
Hauer, J. W. 370, 374
Havelock, E. A. 139
Heelas, P. 32f
Hegel, G. W. F. 23, 25, 28, 81, 99f, 145f, 149, 185f, 194, 199, 264, 314f, 386, 402, 412f, 449, 495, 498
Hehn, J. 307–310, 315f, 317
Heidegger, M. 15, 17–19, 24f, 27, 29f, 81, 154, 385, 403f
Heinimann, F. 158f, 322f, 332
Heitsch, E. 138f, 147, 151–153, 167
Held, K. 19, 31, 62, 66, 81, 115–117, 119–122, 126–128, 130, 133, 137, 140–143, 147, 149, 153f, 162–166, 168, 403
Hendrischke, B. 452
Henry, P. B. 363, 399
Heraklit 24, 35, 43, 88, 105f, 108, 112, 114–130, 132–135, 148f, 163, 166, 170–173, 175f, 181f, 193, 200, 202, 209, 213–215, 217, 220, 225, 228f, 231, 239, 244, 259, 270, 282, 299, 313, 358, 380, 385, 390, 393, 398, 404, 406, 412, 414, 416, 423, 433, 439, 446, 454f, 496

Hermann, A. 284, 288
Herodikos 248f, 251, 264, 266, 273, 275, 484
Hershbell, J. P. 157, 159, 162, 165, 259, 261, 269
Herter, H. 44–47, 216, 219
Hicks, D. 345
Hippocrates 110, 189
Hofmann, W. 248
Hölscher, U. 136, 138f, 143, 157, 162, 165, 181
Homer 24, 30–32, 35–65, 67, 69–75, 77, 80, 85–91, 94, 98, 105f, 108, 117f, 123–134, 137, 139, 150, 152–157, 159, 171, 176, 180, 191, 193, 198, 209, 214–218, 221, 226–229, 234–236, 239, 254, 256–258, 263, 268, 270f, 280f, 284, 286–290, 297f, 300, 303, 306, 313, 322, 352–355, 356–358, 431, 459, 467, 469
Hommel, H. 112f
Hooykaas, C. 359, 361, 363, 366, 371f, 374, 469
Hornung, E. 329, 338, 496
Hoskins, J. 345, 362
Howe, L. E. A. 363
Howell, S. 359
Hsiao, P. S. 29
Hüffmeier, F. 111
Hultkrantz, A. 48, 52
Husserl, E. 16–18, 25–29, 59, 61, 163, 202

Ingenkamp, H. G. 67, 124, 128, 139, 149, 177, 208, 218,
Ireland, S. u. Steel, F. L. D. 66, 72, 74
Ishida, H. 381f, 419, 426, 443, 472, 493

Jacob, E. 288–291, 298–301, 306f
Jacobsen T. 274, 286, 312
Jaeger, G. 224, 230f, 255
Jaeger, W. 115, 142, 152, 170f, 189, 250
Jahn, T. 40, 42, 48, 52–55, 57–59, 64f, 72f, 75f, 79f, 86–88, 92, 288, 293–295,
Jan, Y. 382, 477
Jansen, H. J. 345
Jantzen, J. 138f
Jarcho, V. N. 92, 126
Jardner, H. u. H. W. 328
Jensen, A. E. 332, 334, 336, 345, 362
Johansen, U. 481
Johnson, A. R. 287, 289f, 292, 297f, 301, 304–306, 310, 319
Jones, R. H. 387, 411, 463, 476
Jung, C. G. 32, 37f, 82f, 356, 402, 427, 432, 477
Jung, H. Y. 404
Jüngel, E. 164

Kahn, C. H. 95, 111–113116, 119–128, 136, 140, 184, 190, 192, 195, 198, 208f, 211, 213f, 219–221, 223, 231, 313, 315
Kaiser, R. 362
Kaltenmark, M. 398–400, 402
Kant 314
Karow, O. u. Hilgers-Hesse, I. 331, 360
Kasulis, T. P. 380, 382f, 387, 405
Kelsen, H. 332
Kenig-Curd, P. 140, 142, 149, 152, 155, 256
Kerschensteiner, J. 96, 100f, 103, 106f, 112, 117, 125, 170, 175, 205–208, 222, 224, 229, 237
Keyserling, H. 317f, 499
Kirfel, W. 361, 363, 366
Kirk, G. S. 116, 119–121, 129, 259
Kirk, G. S., Raven, J. E., Schofield, M. 97, 112, 138, 161, 172f, 183, 213
Klages, L. 29f, 82, 497f
Klein, H. 431, 442, 444, 458, 460, 468, 473, 480
Kleinknecht, H. 132, 226, 311, 316f, 418, 433, 442, 480, 486f
Klowski, J. 102, 403
Koch, Alois 235, 249f
Kohl, K.-H. 346f
Kohn, L. 381f, 401, 435, 461, 480, 488-490
Koller, H. 44, 46
Korn, V. E. 361
Körner, T. 354
Kornexl, E. 350f

Köster, H. 378, 381, 423, 466, 468
Krack, N. 428
Kramer, F. 33, 498
Kranz, W. 103f, 112f, 140, 165, 171, 180, 189, 367
Krischer, T. 56
Kroef, J. M. v. d. 345,414
Kronholm 318f
Krug, A. 186, 191f
Kubitschek, H.-D. 344
Kudlien, F. 187, 190f, 196, 241f, 244, 247f, 269, 279
Kühn, A. 337
Kulke, H. 325f, 329, 339
Kullmann, W. 91f
Kurz, D. 234

Laderman, C. 359f
Laderman, C. u. Esterik, P. v. 362
Lain-Entralgo, P. 242–247, 250
Landgrebe, L. 17, 81f
Lansing, S. 326, 348, 363
Latacz, J. 37
Laubscher, M. 336f
Lauha, Risto 288–298, 300, 303, 306, 309–311, 354
Le Blanc, Ch. 400, 425, 476
Le Cron Foster, M. 345
Leeuw, G. v. d. 333, 335
Lesher, J. H. 129f, 152
Lévi, Jean 451, 489f
Levin, D. 17
Lévy-Bruhl, L. 31
Lewis, E. D. 331
Lichtenthaeler, C. 277, 373
Liebenthal, W. 404, 477
Linck, G. 452, 472
Lin Yutang 381–385, 389–391, 395, 397, 399, 408, 479f
Lloyd, G. E. R. 97, 170f, 173, 177, 224, 277, 414f
Löbl, R. 204, 209–211, 213f, 217
Loenen, J. H. 157
Long, A. A. 181f, 184–186, 195f, 198
Long, H. S. 177, 193, 197
Longrigg, J. 103, 112
Lonie, J. M. 278
Lovric, B. J. A. 363, 368, 371
Lowenhaupt Tsing, A. 331
Lüders, H. 314, 332f
Lübbe, H. 25, 27, 202
Lukas, G. 248, 274f
Luyster, R. 311, 315, 317
Lys, D. 296, 298f, 301f, 304f

Mach, E. 25, 142, 202
Mackenzie, M. M. 139, 149
Major, J. S. 382, 422, 443, 445, 454, 462
Malinowski, B. 343
Mani, N. 264, 266, 275, 277
Mansfeld, J. 43, 107, 113, 116, 118–121, 124, 126–129, 136f, 140, 146f, 151, 156, 158, 161, 165–167, 169, 177, 180–183, 196, 257, 285
Marcovich 116f, 121–123, 127, 129
Maspero, H. 387, 400, 425, 450–452, 468f, 474–477, 479–483, 485–489
Mauss, M. 343f, 414, 457
Maxwell, W. E. 362
Mazaheri, S. 49, 100, 102f, 107, 114, 116, 119, 123, 322, 341, 379f, 382f, 386f, 389f, 392, 394, 397f, 401, 405, 410f, 413, 418, 420, 424f, 431, 433f, 436, 438–441, 444, 452–454, 477
Mc Cauley, A. P. 361, 366, 368, 371
Mc Gibbon, D. 211
Mc Kinley 329
Mehlig, J. 314f, 332f, 339f, 364, 368, 370, 372, 385f, 396, 402, 422, 432
Mering, W. 242, 248, 275
Merleau-Ponty, M. 17–19, 26, 30, 81f
Mershon, K. E. 359, 366, 369–371, 374
Metrodoros 367
Meuli, K. 137, 188, 239f
Meyer, A. 109–111, 113, 207, 223
Miller, H. W. 260, 263, 265
Millerd, C. E. 170, 193
Mittelstrass, J. 222, 224, 229, 237, 242f, 250, 253, 257–259, 266
Miura, K. 430, 489, 491
Miyuki, M. 382, 400, 417, 435, 447, 450, 476f, 491–495

Möller, H.-G. 466
Morenz, S. 284f, 288f, 333, 335f, 496
Moritz, R. 421, 437f, 446
Morris, B. 378, 387f, 421f, 425, 429, 441, 445, 469, 488
Moscati, S. 315, 317
Mourelatos, A. P. D. 140, 145, 151, 177, 322
Müller, C. W. 43, 99, 115, 120, 155, 166f, 171, 182, 184f, 189, 204f, 207, 220
Müller, R. 201, 203, 212f
Münsterberger, W. 334, 336, 338, 355
Murtonen, A. 297f, 301–303

Natrop, P. 208, 212f, 231
Nebel, G. 251
Needham, J. 379–382, 384, 387f, 396, 398, 400, 414, 422f, 425, 435, 444–447, 449, 454–458, 461–463, 472, 481, 483, 488
Nestle, W. 48f, 108, 11, 119, 123, 171, 177, 180, 182, 189, 195, 200, 209, 213, 235–237, 239, 313, 367
Nilsson, M. P. 37, 48, 64, 70, 73, 131, 134, 137f, 188–190, 237, 241, 313
North, H. 244–247, 257
Nussbaum, M. C. 105, 118, 123–126, 128f

Oelsner, J. 275, 279, 287–292, 297f, 301, 304, 354
Onians, R. B. 49f, 70, 73, 80, 86, 90, 130, 268, 273, 277, 296, 321f
Osborne, C. 181–183, 187, 195
Ossenbruggen, F. D. E. v. 343f
Ots, T. 19, 426, 428f, 431f, 438, 440f, 447, 450, 460
Otto, R. 307, 311–315, 317, 332, 339, 361, 368, 386
Otto, W. F. 47–52, 94, 171

Padel, R. 32f
Pálos, S. 431f
Parkes, G. 17, 29, 403f
Parkin, H. 329–331, 336, 338, 346, 349–351, 354–356, 358
Parmenides 24, 35, 62, 85, 131, 135–160, 162–173, 176–180, 183, 185, 189, 196, 198f, 202–207, 209–212, 222f, 228, 230, 239f, 256, 259, 271, 322, 340, 342, 345, 363, 378–380, 383–398, 402–406, 410, 412–414, 422f, 439, 446, 463, 465f, 482, 494–498
Peerenboom, R. P. 380, 383, 387, 391, 394, 397, 401, 438, 475
Pfeiffer, H. 70, 137f, 141, 143, 153, 322
Pfister 37, 349, 355–358
Pigeaud, Th. G. Th. 343
Plamböck, Gert 40, 55–60, 66, 74f
Platon 24, 27–30, 33–35, 43, 70, 77, 83, 94–96, 102, 110–113, 124f, 128, 130, 132f, 138, 171, 181, 200, 207, 213, 215, 218, 221–271, 273, 277f, 281, 283, 285, 287, 312, 321–323, 342, 345, 348, 356–359, 361, 367, 369–371, 373, 375, 377, 411, 414f, 420, 422, 445, 449, 453, 455f, 459, 469, 480f, 484f, 496–498
Pleyte, C. M. 335
Pöggeler, O. 29, 404
Popplow, Ulrich 234, 251
Porkert, M. 378f, 392, 397, 407, 412f, 417–419, 422, 425–430, 433, 443–445, 447f, 451, 454–457, 467f, 470f, 474, 482
Pötscher, W. 171, 307
Pott, P. H. 339, 361, 364f, 370, 372, 375, 493
Prauss, G. 145
Prier, R. A. 162, 168, 170f, 177, 180
Procopé, J. F. 212, 218f
Provencher, R. 362
Putscher, M. 486f
Pythagoras 173f, 186f, 189, 191f, 195, 199, 235, 239f, 249, 256, 350

Ragon, A. 457
Rall, J. 467
Rappe, G. 31, 48, 108, 112, 142, 149, 170f, 176, 308, 329, 345, 349, 380, 450
Ras, J. J. 344
Rassers, W. H. 344
Reeve, C. D. C. 114, 117

Regenbogen 40, 48f, 51f, 113, 124, 126
Reiche, H. A. T. 224
Reinhardt, K. 115, 117, 123, 129, 139f, 142, 147, 168, 170f, 367
Reinwald, H. 241
Reiter, F. C. 441, 447. 488
Renard-Clamagirand, B. 361
Riezler, K. 55, 142, 147, 152–154, 168, 171f, 308, 322
Robinet, I. 387, 392, 414, 422, 446, 452, 480, 482f, 487–490, 492
Robinson, H. W. 287
Robinson, T. M. 253, 255
Roetz, H. 382, 387, 393, 397, 414, 419, 439, 442, 446, 452, 458, 460, 465f, 475
Rogerson, J. W. 287
Rohde, E. 36f, 40, 42, 48, 65, 107, 116, 119, 124f, 169, 188–190, 195, 236f, 239f, 274, 358, 361
Röhr, J. 356
Rose, G. P. 92
Rösler, W. 196–198
Rössler, M. 331, 334, 341
Rousselle, E. 381, 488, 490–492, 494
Ruben, W. 339
Rub Rüsche, F. 300f, 311, 487
Russo, J. u. Bennett, S. 90

Saake 316f, 433. 442
Sander, O. 300
Sartre, J.-P. 18, 20–22, 334, 402f
Saurbier, B. 248
Schadewaldt, W. 95f, 101, 131, 141, 152, 172f, 176, 188–190, 195, 240, 308
Schärer, H. 330f, 361
Scheler, M. 27
Schipper, K. M. 334, 441
Schipper, K. u. Wang Hsiu-huei 448
Schipperges, H. 279
Schleichert, H. 379, 395, 421f, 460, 482
Schlüter, J. 143, 145, 154–156, 161, 165–167
Schmidt, W. 287, 292, 298, 300f, 304–306
Schmitt, A. 55, 57–61, 64, 69, 72f, 76f, 91–94, 132, 136, 139, 226–228, 293
Schmitz, H. 13–16, 18–25, 27, 31f, 38, 40, 43, 54–58, 62f, 65–81, 83f, 86–90, 92, 94–103, 113–117, 125f, 130–132, 135–137, 139–164, 168–175, 177–180, 182–184, 194, 197, 199–201, 203, 205, 208, 215, 218, 221–226, 228–231, 233f, 240, 246, 251–253, 255–258, 262, 268, 270, 281, 287, 289, 307, 310–314, 317–319, 322, 332, 334f, 337, 339, 343, 351, 364–366, 374, 380, 386, 388, 391, 403–408, 410f, 414f, 420, 456, 467, 469, 480, 483f, 494f, 497f
Schöner, E. 367
Schreckenberg, H. 236, 239, 252f, 277, 321–323,
Schulte, G. 402, 498
Schumacher, J. 161, 167, 170, 187, 190f, 204, 249, 278
Schüngel-Straumann, H. 305, 310, 314, 318–320
Schwabe, W. 158, 176
Schwabl, H. 43, 46, 64, 88–90, 132, 156, 161, 164–166, 168, 181, 185, 195, 198
Schwarz, E. 381, 383–385, 388–391, 397, 399, 408–410, 420, 479f
Schwartz, B. I. 381, 387, 389, 396, 414, 419, 423, 429, 431, 435–446, 449, 458, 461f, 464, 466, 476, 478, 481f
Scott, R. B. Y. 309, 315
Seewald, J. 18f
Seidel, A. 362, 447, 450f, 472
Seidensticker, T. 288, 293–296, 303f
Seligson, M. 298–304
Sethe, K. 315–317, 329, 338, 488, 496
Sharples, R. W. 69, 226, 256
Shien, Gi-Ming 380, 388
Shupak, N. 288
Sigerist, H. 186, 190, 274–276, 278, 281, 285f, 354, 361
Sinaga, A. B. 331, 335, 337, 349, 351, 353f, 356, 407
Sivin, N. 379, 425, 429, 431, 454
Smith Kipp, R u. Rodgers, S. 345
Snell, B. 40–46, 52f, 62, 66f, 71–74, 84, 94, 115f, 124, 128f, 131, 201,210, 226f
Soederblom, N. 356

Solmsen, F. 257f, 264, 268f
Sommer, M. 25
Spanár, J. 116, 119, 125, 127,
Stambaugh, J. 29, 404
Staudacher, W. 337
Steininger, H. 450
Steuer, R. O. u. Saunders, J. B. de C. M. 273f, 278
Stiefvater, E. 469, 490
Stirner, M. 186
Stöhr, W. 324, 330–332, 334, 336, 338, 344–346, 348, 423
Stokes, M. C. 107
Stolz, F. 289–291, 311
Strickmann, M. 362, 4481f
Sung-Peng Hsu 387, 392, 398, 409f
Sweeney, L. 95, 97, 144, 170, 204
Swellengrebel, J. L. 325, 344, 360f, 366, 374
Szlezák, T. 251–253,

Tarán, L. 137, 140f, 145, 159, 161f, 165–167, 169, 222–224, 261
Tauchmann, K. 336
Taylor, C. C. W. 212, 216f
Temkin, O. 188f, 248
Theiler, W. 111, 171, 223, 2254, 261
Thiel, P. J. 381, 384f, 387, 389–391, 393, 395, 397, 409, 411, 418f, 423, 425, 431f, 443, 447f, 450, 463f, 466, 475, 478f, 481f, 484, 496
Thieme, P. 302f, 311, 315, 332, 339, 368, 386
Thrams, P. 208, 216f, 231, 384
Tobing, L. 330f, 346, 349–354,
Topitsch, E. 251
Tsagarakis, O. 75, 93f, 109
Tsioli, H. 225, 235, 253, 255
Tugendhat, E. 145, 403
Tylor, E. B. 37, 48, 52, 300, 356

Ulenbrook, J. 379, 381–385, 389, 391, 397, 399, 408, 417, 479f
Unschuld, P. U. 379, 428–431, 433, 440, 442f, 447, 450, 467–474, 481

Van Houten, R. L. 388, 410
Verdenius, W. J. 43, 58, 119, 127f, 136, 142, 152
Vernant, J.-P. 96f, 100, 188, 241
Villiers, J. 325
Vlastos, G. 97, 138, 140, 188f, 201, 204, 206, 208, 212, 216, 141
Voigt, C. 66–69, 89, 93, 227f
Volkman, T. A. 341

Wales, Q. H. G. 326, 330–333, 344, 347, 425
Waley, A. 381–385, 389–391, 397, 399, 409, 411, 417, 425, 444, 447f, 450, 458, 475–477, 479–482
Warden, J. 50–52
Warneck, J. 37, 83, 349–354, 356f
Waschkies, H.-J. 273
Watson, B. 379, 397, 400, 405, 407–410, 412, 435, 448, 463–466, 476, 478
Watts, A. 381
Weber, M. 325
Weck, W. 346, 359, 361, 363, 366–375
Wei-hsun Fu, C. 382, 392–395, 397–400, 404, 416, 449
Weinstock, J. A. 330, 344f
Wellmann, M. 188, 192, 277
Wessing, R. 331
West, M. 52, 142, 315, 333, 374, 496
Westermann, C. 296f, 301, 305–307, 309f, 319
Wikan, U. 359–361, 363, 369
Wilhelm, H. 400, 444, 446, 454, 457, 477f, 485f, 492
Wilhelm, R. 379, 381, 383–385. 390f, 395, 397, 399f, 405, 407–410, 412, 417, 432, 447–450, 463–466, 475f, 478f, 480, 491–495,
Wili, W. 251
Wilson, J. A. 149, 283, 286, 316, 334, 339, 496
Wing-Tsit, C. 382, 384, 387, 400, 419, 423, 425, 445, 447, 449f, 452, 457, 461, 466, 475–477, 480
Wöhrle, G. 101–104, 106f, 112
Wolff, H. W. 279, 287, 289–292, 295, 297, 299f, 304f, 309, 354

Woo K.Y., P. 380, 387f, 394
Woodbury, L. 52, 124, 144, 155
Wouden, F. A. E. v. 343, 345, 347
Wright, M. R. 170f, 180, 182f, 187, 192
Wundt, W. 36f, 39–42, 48f, 52, 108, 188, 287, 300, 356, 450

Yamada, T. 489
Yosida, M. 457
Yu, D. C. 382f, 388f, 392, 475, 478
Yün-Hua, J. 382, 419, 448, 477f

Zeller, E. / Nestle, W. 48f, 108, 111, 119f, 123, 169, 180, 209, 213, 235–237, 313
Zimmer, H. 361, 370, 372–374
Zimmermann, G. 447, 450
Zoete, B. d. u. Spies, W. 368
Zoetmulder, P. J. 326

www.ingramcontent.com/pod-product-compliance
Lightning Source LLC
LaVergne TN
LVHW081356011026
849161LV00013BA/2826
* 9 7 8 3 0 5 0 0 2 7 1 4 2 *